中国石化“十四五”重点图书出版规划项目

炼油专业管理实践

凌逸群　主编

中国石化出版社

内 容 提 要

本书聚焦炼油企业生产运营中的主要专业管理内容，重点论述了炼油企业安全、环保与健康，计划调度，工艺，设备，质量，营销，财务，生产优化等八个方面的专业管理工作，阐述了各专业管理的目的、意义、原理、要素、方法，提供了典型案例分析，具有科学性、系统性和指导性。

本书可供炼油企业或石化企业各类管理人员、工程技术人员使用，也可供相关领域规划咨询、研究设计、院校教学参考。

图书在版编目(CIP)数据

炼油专业管理实践 / 凌逸群主编 .—北京：中国石化出版社，2022.10
中国石化"十四五"重点图书出版规划项目
ISBN 978-7-5114-6867-3

Ⅰ. ①炼… Ⅱ. ①凌… Ⅲ. ①石油炼制-专业管理 Ⅳ. ①TE62

中国版本图书馆 CIP 数据核字(2022)第 176818 号

中国石化出版社出版发行
地址：北京市东城区安定门外大街 58 号
邮编：100011　电话：(010)57512500
发行部电话：(010)57512575
http://www.sinopec-press.com
E-mail：press@sinopec.com
北京柏力行彩印有限公司印刷
全国各地新华书店经销
*
787×1092 毫米 16 开本 39.25 印张 990 千字
2022 年 12 月第 1 版　2022 年 12 月第 1 次印刷
定价：358.00 元

《炼油专业管理实践》
编撰委员会

主　编：凌逸群

副主编：陈尧焕　权红旗　曹东学　王建军　尹彤华
王　沁

主要撰写人员：

程彬彬　常　田　张可伟　邢　勐　丘学东
李　鹏　颜均文　崔守业　林荣兴　蔡　铖
姜　川　刘相华　黄茂生　程　勇　单云峰
宗伟亭　余　雷　周建华　郑文刚　王　涛
赵　磊

PREFACE
前言

进入21世纪以来，随着我国经济社会的快速发展，炼油工业也得到迅猛发展。2021年，我国炼油加工能力已经达到900Mt/a，是世界第二炼油大国。从布局看，以市场和资源为纽带，形成了全国总体合理的产能布局；从规模看，单厂平均规模已超过4.5Mt/a，千万吨级炼油厂超过29家；从产业链看，炼化一体化已成为趋势，“调结构、促转型”提速加快；从资产属性看，国资央企、地方国企、民营、外资及合资合作等多种属性企业共存，充分竞争、良性发展。在过去二十多年炼油工业守正创新的发展进程中，技术和管理始终是推动行业发展的两个轮子。在炼油企业管理上，传统国企、民营企业、独资外企和合资合作企业发挥各自体制机制上的优势，相互对标、比学赶超，共同推动中国炼油工业争创世界一流。炼油工业由于高温高压、易燃易爆的行业特点，专业管理是企业管理的重要基础，无论什么属性的炼油企业，也无论今后如何数字化、网络化、智能化转型，炼油专业管理始终都是推动企业良性发展的基础。这也是组织编著此书的初衷和目的。

《炼油专业管理实践》一书，聚焦炼油企业生产运营中的主要专业管理内容，重点论述了炼油企业安全、环保与健康，计划调度，工艺，设备，质量，营销，财务，生产优化等八个方面的专业管理工作。这八个方面，是炼油企业贯彻执行国家法律法规、建立良好生产秩序、保障安全清洁生产、提高生产技术水平、提升企业运营效率和经营效益的有力保障，基本涵盖了炼油企业生产运营管理的全过程。全书共八章：第一章简要介绍了炼油企业安全、环保与健康管理体系，对风险管理、隐患治理、运行管控和应急管理等安全管理重点环节进行了较为详细的阐述，介绍了强化环保守法意识、污染物稳定达标排放、规范危废全流程管控、全面综合整治VOCs等有效方法，结合炼油企业特点介绍了职业卫生健康和员工身体健康管理经验。第二章介绍了炼油企业编制生产计划的原则、依据和方法，年度、季度、月度计划的编制流程，阐释了原油采购管理模式、储运流程、运输管理以及原油保值操作，介绍了调度管理的职能、工作流程和日常生产运行调度工作内容和流程，并列举和详细说明了计划、调度和原油管理典型实例。第三章比较系统地介绍了炼油企业工艺管理的主要内容，如工艺基础管理(工艺技术规程、岗位操作法、工艺卡片)、停开工管理、生产记录(技术台账、原始记录)、巡回检查与交接班、操作指令、工艺报警与联锁、盲板管理、工艺应急处置、岗位练兵、工艺技术例会、技术月报(年报)、技术资料管理等，对达标管理、节能降耗、工艺变更、“三剂”管理等专项管理工作也进行了较为详细的叙述，并就信息化技术提升工艺管理开展的探索与应用情况进行了介绍。第四章回顾了设备管理制度的形成与发展，较为全面地介绍了动、静、电、仪等设备基础管理工作，对加热炉管理、装置长周期运行及大检修管理、防腐蚀管理、工业水管理、计量管理等专项管理进行了较为系统的阐述。第五章结合炼油企业生产连续性、流程化的特点，以及炼油产品可调和性的特征，对外购原料质量管理、生产过程质量管理、储运出厂质量管理、检验分析管理、标准化管理、质量风险与投诉管理等产品质量保证方法进行了较为系统的阐释，并简要介绍了质量管理与信息化应用情况。第六章结合炼油产品市场流向和消费特点，简要介绍了成品油内贸、成品油出口、化工原料销售管理的现状、计划与优化、执行与协调、完成与考核等方法，重点叙述了润滑油、润滑脂、液化石油气、沥青、石油焦、硫黄、石蜡、船用燃料油等炼油特色产品销售管理。第七章从全面预算管理、成本管理、税务管理、资产管理等方面，较为系统地总结了炼油生产企业财务管理工作主要做法以及实践案例。第八章根据炼油生产物料的组分特点和市场需求以及价格的时效性，从原料及中间馏分加工优化、装置操作优化角度比较系统地介绍了炼油生产过程优化的思路、方法和典型案例。

本书具有以下显著特点：一是科学性。本书根据炼油工业连续化、流程化、组分化的特点，结合企业管理学的原理和规律，把炼油企业管理科学合理地划分为密切相关的系列专业管理，通过科学的专业管理来实现企业的规范、至简、高效管理。二是系统性。炼油企业生产运营管理涉及人员、设备、材料、技术、环境、市场各因素，包括采购、加工、营销各环节，通过这八个基本的专业管理，比较全面地夯实了炼油企业的全员、全过程、全天候管理，体现了系统性。三是指导性。本书以各专业管理的原理原则、制度规定、方法措施、案例分析为主线，参加编写的都是集团总部和特大型炼化企业相关专业管理部门的管理者或专家，理论功底深厚，实践经验丰富，很多专业管理案例都是实践中的典型样本，使本书具有很强的指导性。

本书在编写中得到中国石化炼油事业部、镇海炼化、齐鲁石化、金陵石化、九江石化、青岛炼化、石化出版社等单位的大力支持，在此表示衷心的感谢。由于时间比较紧，专业跨度比较大，不同企业的体制机制又不尽相同，所以在使用中可结合炼油企业管理实际参考使用。

本书可供炼油企业或石化企业各类管理人员、工程技术人员使用，也可供规划咨询、研究设计、院校教学参考。相信本书能为炼油企业提高管理效率、提升经营效益提供有益的帮助。

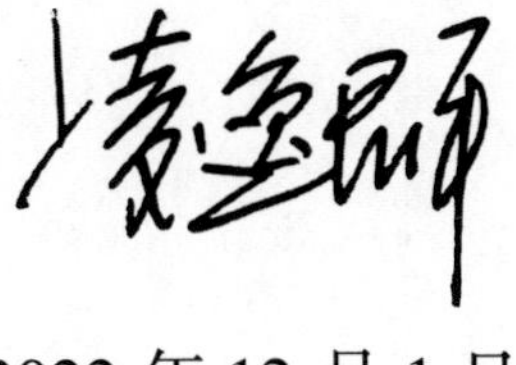

2022年12月1日

CONTENTS
目录

第一章　安全、环保与健康管理 / 001

第一节　安全、环保与健康管理体系 / 1
第二节　安全管理 / 5
第三节　环保管理 / 39
第四节　健康管理 / 75

第二章　计划调度管理 / 092

第一节　生产计划管理 / 92
第二节　原油管理 / 111
第三节　调度管理 / 124
第四节　计划调度管理信息化 / 132

第三章　工艺管理 / 153

第一节　工艺基础管理 / 153
第二节　停开工管理 / 169
第三节　生产记录 / 175
第四节　巡回检查与交接班 / 178
第五节　工艺报警与联锁 / 187
第六节　异常管理与岗位练兵 / 194
第七节　技术分析 / 198
第八节　专项管理 / 210
第九节　工艺管理信息化 / 231

第四章　设备管理 / 250

第一节　设备综合管理 / 251
第二节　转动设备管理 / 265
第三节　静设备管理 / 277
第四节　电气设备管理 / 294

第五节　仪控管理 / 308
第六节　加热炉管理 / 321
第七节　装置长周期运行及大检修管理 / 329
第八节　防腐蚀管理 / 345
第九节　工业水管理 / 365
第十节　计量管理 / 379

第五章　质量管理 / 386

第一节　外购原料质量管理 / 387
第二节　生产过程质量管理 / 392
第三节　储运出厂质量管理 / 402
第四节　检验分析管理 / 414
第五节　标准化管理 / 430
第六节　质量风险和投诉管理 / 437
第七节　质量管理与信息化 / 453
参考文献 / 462

第六章　营销管理 / 463

第一节　成品油内贸管理 / 464
第二节　成品油出口管理 / 466
第三节　化工原料销售管理 / 472
第四节　炼油特色产品销售管理 / 474

第七章　财务管理 / 492

第一节　全面预算管理 / 492
第二节　成本管理 / 510
第三节　税务管理 / 523
第四节　资产管理 / 534
参考文献 / 549

第八章　生产优化管理 / 550

第一节　生产优化概述 / 550
第二节　生产优化的内容、方法和工具 / 561
第三节　炼油生产优化实践 / 574
第四节　主要生产装置操作优化实践 / 597
参考文献 / 617

第一章 安全、环保与健康管理

石化行业具有“高温高压、易燃易爆、有毒有害、链长面广”的特点，固有风险较高，管理不当容易发生着火爆炸和人员中毒等安全事故，甚至造成较大人员伤亡和财产损失。

《中华人民共和国安全生产法》自2002年实施以来，已经进行了3次修订，明确了各级政府、部门和企业的法律责任，明确提出“以人为本，坚持人民至上、生命至上，把保护人民生命安全摆在首位，树牢安全发展理念”。2021年3月1日《中华人民共和国刑法修正案(十一)》完善了安全生产刑事处罚的内容。2015年以来，《中华人民共和国环境保护法》《石油炼制工业污染物排放标准》陆续颁布实施，完善了污染物排放等要求，强化了企业的环保责任。安全、环保、健康事关企业生存，石化企业要适应形势需要，也有责任将安全、环保与健康作为企业生存和发展的“基础和前提”。

石化企业一直在积极探索安全、环保与健康管理的有效方式。20世纪90年代以来，国际一流企业，如杜邦公司、壳牌公司等，逐渐形成了各自完整的HSE管理体系，成为评价石油石化行业HSE管理水平的参考标准。随着国内炼油行业和国际一流企业交流进一步深入，国内石油石化企业也陆续建立了HSE管理体系，安全、环保和健康管理逐渐从依靠行政手段、制度管理，转入体系化、系统化管理阶段，并取得较好成效，部分绩效指标已经接近国际一流石化企业的管理水平。

第一节　安全、环保与健康管理体系

一、HSE管理体系的起源和发展

HSE管理体系是安全、环保与健康管理体系的简称，是企业安全、环保与健康管理的基本准则。20世纪80年代以来，石油化工行业重大事故频发，引起了工业界对安全、环保与健康的普遍关注，人们认识到石油石化行业是高风险的行业，必须采取有效措施加强HSE管理。壳牌公司(Shell)于1984年提出了强化安全管理的思想，1987年发布了环境管理指南(EMG，1992年再版)，1994年壳牌公司HSE委员会制定了《健康安全与环境管理体系》。同期，埃克森、BP等国际大公司也纷纷提出了自己的HSE管理体系。1996年1月，国际标准化组织(ISO)结合ISO 9000和ISO 14000的管理思想，发布了《石油天然气工业健康、安全与环境管理体系》(ISO/CD 14690标准草案)，成为石油石化行业HSE管理体系的里程碑。

二、国内HSE管理体系

(一)发展历程

ISO/CD 14690标准草案发布后，1997年，国内石油石化行业制定了《石油天然气工业健康、安全与环境管理体系》《石油地震队健康、安全与环境管理规范》《石油钻井健康、安全与环境管理体系指南》等三个行业标准，首次引入 HSE 管理体系。2000 年，国内大型石油化工企业启动建设 HSE 管理体系。2001 年，国内首次发布 HSE 管理体系标准。到 2021 年，经过多年完善优化，融合《职业健康安全管理体系要求及使用指南》《环境管理体系要求及使用指南》《企业安全生产标准化基本规范》等国际标准和国家有关要求，国内大型石化企业已发布《HSE 管理体系手册》，作为建立实施 HSE 管理体系的依据和指引，标志着国内 HSE 管理体系进入系统化、规范化、科学化的发展阶段。

国内主要石化企业的 HSE 管理体系参照国际石油天然气行业 HSE 管理体系通行要求，采用国际通用的高阶结构模式，以领导和承诺、策划、实施、评价等为主要管理要素，形成了符合国际惯例、立足时代发展、具有中国特色的 HSE 管理体系。

（二）国内某石化企业 HSE 管理体系概况

某石化企业 HSE 管理体系包括领导、承诺和责任，策划，支持，运行过程管控，绩效评价，改进 6 个一级要素，下设 34 个二级要素，构成策划（Plan）、实施（支持、运行过程管控，Do）、绩效评价（Check）、改进（Action）的 PDCA 管理模式，如图 1-1-1 所示。

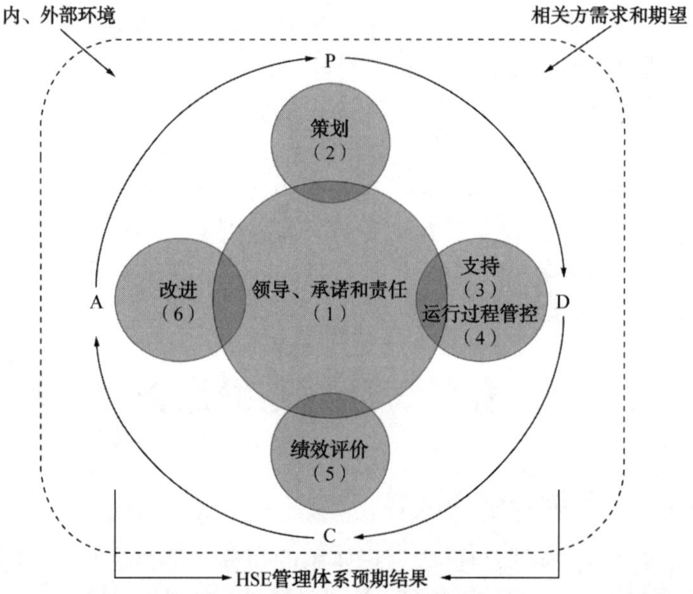

图 1-1-1 HSE 管理体系要素运行关系

6 个一级要素中，领导、承诺和责任要素是核心推动力；策划要素是构成体系运行的主线，将风险管理贯穿于体系运行全过程；支持要素是体系运行的重要保障；运行过程管控要素是体系运行的重点；绩效评价要素是对体系运行的监测和维护；改进要素是体系运行的目标，保证体系不断进步。HSE 管理体系要素组成如图 1-1-2 所示。

1. 总则部分

包括 HSE 管理理念、5 条安全生产禁令、5 条生态环境保护禁令和 9 条保命条款。强调“HSE 先于一切、高于一切、重于一切”“对一切违章行为零容忍”等管理理念。

2. 管理要求

1）领导、责任和承诺

包括领导引领力、全员参与、HSE 方针管理、组织机构和职责、社会责任 5 个二级要

第一部分 总则
第二部分 管理要求
1 领导、承诺和责任
　1.1 领导引领力
　1.2 全员参与
　1.3 HSE方针管理
　1.4 组织机构和职责
　1.5 社会责任
2 策划
　2.1 法律法规识别
　2.2 风险识别与评估
　2.3 隐患排查治理
　2.4 目标及方案
3 支持
　3.1 资源投入
　3.2 能力和培训
　3.3 沟通
　3.4 文件和记录
4 运行过程管控
　4.1 建设项目管理
　4.2 生产运行管理
　4.3 设备设施管理
　4.4 危险化学品储运管理
　4.5 采购质量管理
　4.6 承包商管理
　4.7 施工作业管理
　4.8 员工健康管理
　4.9 公共安全管理
　4.10 环境保护管理
　4.11 现场标识管理
　4.12 变更管理
　4.13 应急管理
　4.14 事故事件管理
　4.15 基层管理
5 绩效评价
　5.1 绩效监测
　5.2 合规性评价
　5.3 审核
　5.4 管理评审
6 改进
　6.1 不符合和纠正措施
　6.2 持续改进
第三部分 术语解释
第四部分 要素对照
附　　件 制度对照

图 1-1-2 HSE 管理体系要素组成

素。借鉴《职业健康安全管理体系要求及使用指南》(GB/T 45001)中领导的 13 条承诺，结合《中华人民共和国安全生产法》对领导人员的要求，制定了 10 条领导引领力条款，要素也明确了体系的管理职责。

2）策划

包括法律法规识别、风险识别与评估、隐患排查治理、目标及方案 4 个二级要素。要素明确了跟踪和识别法律法规、行业标准规范的管理要求，确保企业生产经营依法合规。

风险识别与评估要素要求企业在组织策划 HSE 工作时，全面考虑公司内外部环境，充分识别生产过程、作业过程、员工健康、公共安全、交通安全、环境保护所对应的重点 HSE 风险，并将风险识别管控贯穿于体系各个要素。

隐患排查治理要素，明确了隐患排查治理的长效机制，完善了隐患排查、评估、分级管控、重大隐患监管流程及要求，细化了隐患排查的重点内容。

3）支持

包括资源投入、能力和培训、沟通、文件和记录 4 个二级要素。

能力和培训要素，对经营管理人员、专业技术人员和技能操作人员的能力、培训、取证提出了要求。建立了领导人员 HSE 履职能力评估要求，每年对部分企业领导班子成员、安全总监 HSE 履职能力和尽职情况进行评估。

文件和记录要素，吸取了企业制度管理的经验，对制度文件获取、转化的闭环管理提出了明确要求，确保管理制度有效承接。

4）运行过程管控

包括建设项目管理、生产运行管理、设备设施管理、危险化学品储运管理、采购质量管理、承包商管理、施工作业管理、员工健康管理、公共安全管理、环境保护管理、现场标识管理、变更管理、应急管理、事故事件管理、基层管理 15 个二级要素。过程管理是体系管理的重点，融合了过程安全管理(PSM)的要求，强化要素的全生命周期管理，更加关注解决过程管理中的痛点和难点问题，强化本质安全管理。

(1) 建设项目管理要素：包括项目设计、项目建设、试生产与竣工验收三个方面，明确了建设项目各阶段的 HSE 管理要求，设计方面明确了设计阶段内部审查、风险防控、设计质量终身负责的要求；建设阶段明确了组织策划、过程变更、标准终交等要求；试生产与竣工验收阶段明确了依法合规手续、人员培训、试生产条件确认、文件修订等要求。

(2) 生产运行管理要素：包括生产运行控制、停工和开工 2 个三级要素。生产运行控制对工艺设防值、工艺平稳性、报警管理、联锁管理、危险与可操作分析(HAZOP)和安全仪表完整性等级(SIL)评估、异常管理、非计划停工提出要求。停工和开工要素确定了开工前、停开工期间风险识别、开停工实施方案编制、现场管理的具体措施和要求。

(3) 设备设施管理要素：对设备全生命周期管理、设备完整性管理、设备预防性维修策略、设备寿命管理、特种设备注册管理、设备信息化建设、“5S”现场管理提出了相关工作要求。明确了关键机组、高温油泵、腐蚀管理、泄漏管理、电气专业管理、仪表专业管理等专业管理要求及重点关注对象，设置了相应的可操作性条款。

(4) 危险化学品储运管理要素：结合近年来事故经验，对危化品安全技术说明书、化学品台账、化学品分区、分类存放管理提出了具体措施，对危险化学品装卸管理中的人员、装卸过程、安全附件等提出要求，以及明确危化品运输过程中的应急救援、安全管理信息系统的建设要求。

(5) 采购质量管理要素：实施物资采购供应资源管理，建立管理平台，确定量化评价标准并组织实施。提出了本质安全、绿色采购、质量优先的管理要求，明确了驻厂监造、入场验收、承包商考核相关要求，并关注采购设备的监造管理、关注供应商的管理理念。

(6) 承包商管理要素：强化对承包商和施工作业管理，对承包商安全资质、HSE 管理协议及分包管理提出要求，明确承包商项目经理、施工员、技术员和安全员的管理要求，完善了承包商量化积分考核及奖惩机制；确定分包商应纳入承包商管理体系管理，并定期开展 QHSE 管理体系审核的要求。

(7) 施工作业管理要素：明确了严禁未到现场安全确认签批作业的安全禁令要求，建立作业许可电子管理系统，将关键措施纳入程序管理，签票人员不到现场、措施不落实的不得开展作业。严格现场作业管理，规定了作业前能量隔离、上锁挂牌警示等条款，从现场双边作业数量、安全环保技术措施落实、作业条件确认、现场封闭化管理、作业安全分析(JSA)、作业许可管理、交叉作业管理、施工过程管理等方面提出了管理要求。

(8) 员工健康管理要素：强调了个体劳动防护装备的配备、职业病危害因素检测治理相关工作，做好员工保护；明确定期开展全员健康检查，做好工伤管理，推行员工帮助计划(EAP)，对员工健康状况进行督促，管理由职业健康向大健康扩展等。

(9) 公共安全管理要素：从公共安全风险、重点目标防范、交通风险、自然灾害及公共卫生管理、管道管理、危化品管理等方面提出工作要求，重点对厂外管廊和集输管道及“两特两重”的公共安全提出了管理要求。

(10) 环境保护管理要素：清洁生产、水污染防治、废气污染防治、固体废物污染防治、噪声污染防治、土壤和地下水、生态保护、放射污染防治、环境监测与统计、环境信息管理。

(11) 现场标识管理要素：工艺、设备与管道标志，生产、施工现场警示标志，厂内道路交通标志和标线，消防安全标志，职业病危害警示标志，高毒区域警示标志，环境保护图形标志，安全环保文化宣传标志。

(12) 变更管理要素：明确“未经风险评估不得实施变更，风险没有得到有效控制不得实施变更”“重大的设计变更应征得原设计单位同意”等要求。对变更风险识别、变更实施、变更投用条件确认、变更后评估提出要求，明确了变更管理应重点关注的对象。

(13) 应急管理要素：包括应急组织、应急准备、应急响应 3 个三级要素，系统地从应急机构建设、应急预案编制、应急资源配备、应急预案的演练、应急响应过程等方面提出管理要求。重点解决基层员工初期应急能力不足的问题，提出基层班组应急演练“135”原则，并要求企业成立基层应急演练抽查小组。

(14) 事故事件管理要素：明确事故事件要素管理的内容，制定零容忍条款，提高事故直接责任人和直接管理者的违章成本；鼓励异常信息上报，建立信息平台对异常信息溯源分析，深层次查找管理问题，回归体系做到事前管理。

(15) 基层管理要素：包括基层建设、基础工作、基本功训练 3 个三级要素。“基层建设”中明确了基层单位领导人员的选拔、基层“三大员”能力要求；“基础工作”中强化了基层制度承接、标准化操作等管理薄弱环节；“基本功训练”中明确按照“五懂五会五能”开展基层员工培训和副班学习、持证上岗等。

5）绩效评价

绩效评价包括绩效监测、合规性评价、审核、管理评审 4 个二级要素。增加了绩效监测要素，明确了各级管理人员对要素管理的职责、要素管理的方式和重点。明确了体系审核方式，明确企业开展体系审核的方式和频次、审核结果的应用等。提供了管理评审重点关注的内容，指导企业做好管理评审。

6）改进

改进包括不符合项和纠正措施、持续改进 2 个二级要素。主要针对体系运行的监测、审核和管理评审结果，以及事故事件暴露出的问题等，进行溯源分析，采取纠正措施，实现体系持续改进。

3. HSE 文件架构

HSE 管理体系文件包括手册、HSE 管理制度、相关专业管理制度及标准、作业文件等。

各层级、各专业按照管理分工和职责权限，将生产经营活动各环节 HSE 风险管控要求分别融入业务流程和管理制度，形成相应的 HSE 管理体系文件，实现 HSE 管理与生产经营活动一体运行。

企业承接 HSE 管理体系文件，结合地方政府相关要求和本企业实际，建立健全企业 HSE 管理体系文件，编制发布 HSE 或 QHSE 管理体系手册。企业二级单位/基层单位识别企业 HSE 管理体系文件要求，建立基层作业文件等。

第二节 安全管理

安全管理的目标，就是避免各类事故的发生。早期安全管理的重点是关注事故教训的吸取，避免发生类似事故，属于事后管理，受管理和技术限制，对事故的因果关系关注不够。随着时代进步，得益于大量安全基础性研究工作，大大丰富了人们对安全发展规律的认知，安全管理新方法、新技术也逐步得到推广应用，安全管理日趋规范化、科学化，逐步从管理事故向管理风险前延，向管理过程深化。过程安全管理(PSM)、设备完整性管理等管理工具，如奶酪模型、海因里希法则等模型，已在各行业安全管理中得到广泛应用。

石化企业固有安全风险较高，安全管理需要重点关注以下几个方面：

(1) 应涵盖生产经营活动的全过程，通过事前预防、事中控制、事后处置，以保证各项生产经营活动安全开展。既要尽可能识别出生产过程中存在的危险源并采取措施，避免为后续生产带来隐患；也要在装置设计、生产操作、设备运行等过程中尽量实现本质安全；同时关注对可能发生的事故做好预案并加强演练，以正确处置事故、降低事故造成的后果。总之，安全管理关注石化生产全过程风险是否受控。

（2）应突出对过程的管理方面，不仅仅是技术方面。20 世纪 70～80 年代，这段时间被定性为“技术时代”，当时人们认识到安全要从技术上进行突破、完善，如保护层理论，为危险源的防护提供了依据。但是，随着企业组织进一步扩大，系统复杂性进一步提高，人们逐渐认识到技术管理只是安全管理的一部分，资源、培训、沟通、监视、考核等组织管理行为对员工、团队的影响，必须要纳入安全管理的内容，才能构成安全管理的全部。比较典型的雷森模型很好地说明了组织的影响，如图 1-2-1 所示。

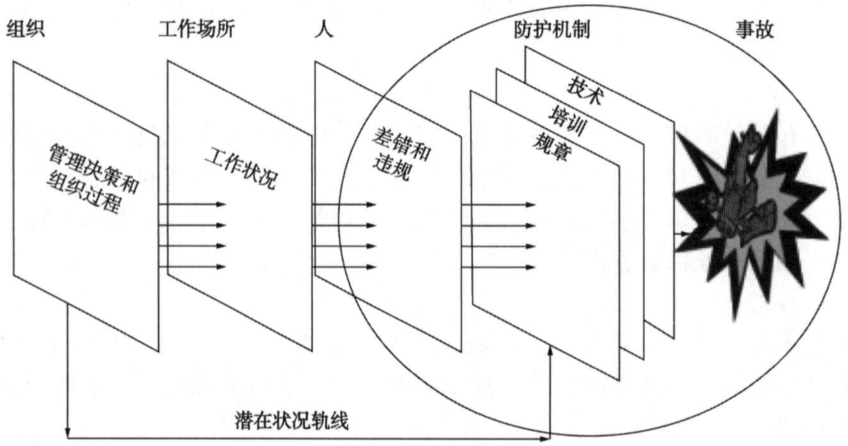

图 1-2-1　雷森模型对组织事故的分析

（3）应把安全和专业作为一体。多年来，国内人们习惯于把安全作为一个专业，相应地把专业管理加了一个专业安全的内容，看来十分科学，但对于安全专业和专业安全的管理范围、职责的划分一直没有停止过。从管理上讲，安全管理是涉及多个业务的综合性管理，就像企业管理一样，强调的是“牵头管理、分工负责”的原则，安全部门牵头，各业务线条对自己的业务安全负责，这也是国家多次强调的“管业务必须管安全”，安全是随着业务的开展衍生出来的管理问题，一个企业停止了业务活动，安全管理也就随着业务停止而停止。所以，安全管理的重点在业务部门，业务部门必须把安全和自己的业务融为一体，才能真正实现安全。

石化企业过程管理涉及的关键因素较多，如领导、方针、技能、风险管理、过程管控、变更管理、绩效管理和持续改进等方面。本节主要针对风险管理、隐患治理、过程管理等重点环节，侧重于从专业管理的角度介绍企业如何做好过程安全管理的一些经验和做法，供借鉴使用。

一、风险管理

管安全就是管风险。石化企业的特点，决定了企业生产活动每项决策都要全面考虑是否会带来安全风险、这些风险是否可控等。因此，风险管理贯穿于石化企业生产经营的全过程。

（一）石化企业安全风险分析

识别风险，关键是要利用各种工具和方法，采取各种方式，尽量识别生产活动所涉及的危险源、危害因素，以及可能造成的危害后果。石化企业生产经营过程的风险，要关注以下方面：

（1）危险化学品：如硫化氢、氯气等有毒有害介质，氢气、液态烃等易燃易爆介质。石化企业由于加工的原油中存在含硫的组分，这些组分会在加工过程中转化生成硫化氢、二氧化硫等硫化物，硫化氢在管道、下水井等广泛存在，少量的高浓度（$1000mg/m^3$）吸入可发生闪电型死亡，危害极大，多年来，硫化氢中毒导致人员伤亡的事故始终是石化企业管控的重点。另外，液态烃泄漏容易形成蒸气云团，扩散后如遇明火造成云团爆炸，后果非常严重，这些年，液态烃爆炸事故也时常见诸报端。

（2）危险化学工艺：如高压加氢、重油催化裂化等生产装置。

（3）重大危险源：根据国家安全监管总局令第40号《危险化学品重大危险源监督管理暂行规定》以及GB 18218—2018《危险化学品重大危险源辨识》，重大危险源是指长期地或临时地生产、储存、使用和经营危险化学品，且危险化学品的数量等于或超过临界量的单元。控制重大危险源是企业安全管理的重点，尤其要关注油品储罐、液态烃球罐等储罐的安全管理。如2015年7月16日，山东某科技公司液化石油气球罐区倒罐作业时，液化气由切水管排出，着火爆炸，200m内建构筑物门窗全部破碎，1km范围内居民房屋门窗被震坏。

（4）油气输送管道：包括长输管道和厂内管道，管道泄漏容易形成可燃气体，如遇明火容易引发着火事故，如果在密闭空间形成爆炸空间条件，极易发生爆炸事故。而且管道输送沿途，会遇到村庄、城镇、工厂等人口密集区域，一旦发生事故，可能造成群死群伤的严重后果。如2013年11月22日，东黄输油管道泄漏原油进入市政排水暗渠，密闭空间的暗渠内油气积聚遇火花爆炸，造成62人死亡、136人受伤。

（5）大型机组、高温油泵、液态烃泵等石化企业生产重点设备。

（6）特殊作业（用火作业、高处作业、进入受限空间作业、起重作业、盲板抽堵作业、临时用电作业、破土作业）、边生产边施工作业等。

另外，企业也要关注一些典型的残余能量风险，如残留的压力（真空）、电荷及机械能，以及一些残留的有毒有害物质等。如2021年某企业在锅炉停工检修过程中，对汽包冷却后，没有及时将放空打开，蒸汽凝结后汽包内形成负压，检修人员打开汽包人孔时，负压作用将检修人员吸入导致伤亡事故。

风险是一种动态变化的过程，外界条件的变化、生产参数的调整等，均会对风险产生一定影响。所以，识别出所有条件下、所有场所的危害源，是一件非常困难的事情。回顾多年来的事故，其中一个共性的问题，就是没有及时开展识别或识别出来风险没有采取相应的风险防范措施，最终导致事故发生。因此，风险识别既要有组织地全面、系统定期评估，也要结合工作场景动态开展。

（二）企业风险管理

风险管理按照管理程序，分为风险识别、风险评价、风险控制等方面。鉴于风险管理的复杂性，为统筹协调和组织好风险管理，企业应指定部门负责风险管理，制定相应的管理制度和工作程序。企业在组织和管理风险识别与评估时，应遵循以下原则：

一是统一领导，企业需要成立企业风险评价小组，组长由企业领导成员担任。

二是分工协作，主管部门归口管理，相关部门分工负责，基层单位具体落实。

三是分级管理，风险主管部门统筹公司级重大风险的评估和管控，相关部门分工负责所管理业务范围内的重大风险和较大风险的评估和管控，基层单位负责属地风险识别、评估和一般风险的管控，负责落实风险管控措施。

四是例会制度，企业应定期召开例会，协调、推进风险防控工作。

1. 风险识别

企业的危险源识别，要尽量覆盖生产经营过程的危险化学品、危险化学工艺等，对这些危险源，要从工艺、设备、外部影响、环境因素、操作与施工等方面识别。

风险识别应遵循“统一组织、分级管理”的原则，要有组织、有计划，主管部门应组织相关部门，结合企业生产经营实际，动态开展风险识别工作，建立风险识别库。

风险主管部门负责组织开展风险管理相关的培训。风险识别和评估须由经过培训的有经验人员完成，必要时可邀请专业机构开展。

相关部门负责制定所管理业务范围内的风险识别原则和范围，组织和指导基层单位开展风险识别。

基层单位负责属地内的风险识别，识别出的较大、重大风险，由相关业务部门组织开展后续的评价工作。

2. 风险评价

一般情况下，风险识别和风险评价可以同时进行，风险评价是对识别出的危险源及危害因素进行分析，并根据分析结果采取相应的应对措施，将风险降低到可接受的水平。企业可以根据生产作业特点、风险后果严重程度等，选用适用的风险识别和评价方法。

3. 常用的风险识别方法

常用的方法包括工作安全分析(JSA)、安全检查表(SCL)、危险与可操作性分析(HAZOP)、安全仪表系统安全完整性等级评估(SIL)、事件树分析(ETA)和故障树分析(FTA)等。

1）工作安全分析(JSA)

工作安全分析(Job Safety Analysis，JSA)是一种适用于作业活动的分析方法，即对作业活动的每一步骤进行分析，从而辨识潜在的危害并制定安全措施，得到更为合理的安全操作规程。

2）安全检查表(SCL)

安全检查表(Safety Check List，SCL)是依据相关的标准、规范，对工程、系统中已知的危险类别、设计缺陷以及与一般工艺设备、操作、管理有关的潜在危险性和有害性进行判别检查。为了避免检查项目遗漏，事先把检查对象分割成若干系统，以提问或打分的形式，将检查项目列表，这种表就称为安全检查表。它是系统安全工程的一种最基础、最简便、广泛应用的系统危险性评价方法。目前，安全检查表在我国不仅用于查找系统中各种潜在的事故隐患，还对各检查项目给予量化，用于进行系统安全评价。但是这种方法也有缺点，就是须事先编制大量的检查表，工作量大且安全检查表的质量受编制人员的知识水平和经验影响。

3）危险与可操作性分析(HAZOP)

HAZOP(Hazard and Operability，HAZOP)是一种定性危险分析方法，它是一种以系统工程为基础，针对化工装置而开发的一种危险性评价方法。它的基本过程是以关键词为引导，找出过程中工艺状态的变化(即偏差)，然后再继续分析造成偏差的原因、后果及可以采取的对策。通过 HAZOP 分析，能够探明装置及过程存在的危险，根据危险带来的后果明确系统中的主要危害。在进行 HAZOP 过程中，分析人员对于单元中的工艺过程及设备会有深入了解，对于单元中的危险及应采取的措施会有透彻的认识，因此，HAZOP 还被认为是对员工进行培训的有效方法。

4）安全仪表系统安全完整性等级评估(SIL)

安全仪表系统安全完整性等级评估(Safety Integrity Level，SIL)，是国际上公认的一种功能安全认证，国际电工委员会(IEC)标准中规定了安全仪表系统(SIS)功能安全的管理要求，以确保安全仪表在生命周期中的正确设计和有效管理。安全仪表系统通常包括紧急停车系统(ESD)、工艺关停系统(PSD)、高完整性压力保护系统(HIPPS)和火气安全系统(F&G)。安全仪表系统功能安全分析方法主要适用于涉及 SIS 的新建、改建或扩建的建设项目和在役装置或设施的 SIL 评估。我国石化行业目前主要对于“两重点一重大”项目要求进行 SIL 定级与验证。

SIL 评估的完整流程包括四部分：

(1) 确定安全仪表功能(SIF)回路。

(2) 风险分析(SIL 定级)。SIL 定级是为了确定安全联锁的可靠性目标，并为 SIS 系统配置提供设计依据，需要确定每一个 SIF 的安全完整性等级，可依据工艺流程与物料特性进行，目前广泛采用 LOPA 分析方法进行 SIL 评估，确定 SIF 回路所需的 SIL 等级。

(3) 编制安全要求规格书(SRS)。依据 SIL 定级结果与装置操作相关要求进行初版的 SRS 编制，SRS 由 SIS 通用要求与 SIF 回路安全要求组成。

(4) SIL 验证。SIL 验证是需要基于 SIF 回路传感器子系统(传感器、变送器和安全栅等)、逻辑解算器子系统(安全 PLC)和最终元件子系统(继电器、电磁阀、阀门、MCC 等)仪表设备配置搭建可靠性模型，运用权威的失效率数据进行计算，确保 SIF 配置以实现 SIL 等级目标。失效率数据的来源一般包括 SIL 证书、失效数据(如 PHAMS 系统安全可靠性数据库)、企业实际数据等三方面。

5) 事件树分析(ETA)和故障树分析(FTA)

事件树分析(Event Tree Analysis，ETA)是判断树在灾害分析上的应用。判断树(Decision Tree)是以元素的可靠性系数表示系统可靠程度的系统分析方法之一，是一种既能定性、又能定量分析的方法。树形图从作为危险源的初始事件出发，根据后续事件或安全措施是否成功作分支，最后到灾害事件的发生为止。事件树图的具体做法是将系统内各个事件按完全对立的两种状态(如成功、失败)进行分支，然后把事件依次连接成树形，最后再和表示系统状态的输出连接起来。事件树图的绘制是根据系统简图由左至右进行的。在表示各个事件的节点上，一般表示成功事件的分支向上，表示失败事件的分支向下。每个分支上注明其发生概率，最后分别求出它们的积与和，作为系统的可靠系数。事件树分析中，形成分支的每个事件的概率之和一般都等于 1。

故障树分析(Fault Tree Analysis，FTA)，又称事故树分析，是由上往下的演绎式失效分析法，利用布林逻辑组合低阶事件，分析系统中不希望出现的状态。故障树主要用在安全工程以及可靠度工程的领域，用来了解系统失效的原因，并且找到最好的方式降低风险，或是确认某一安全事故或特定系统失效的发生率。

图 1-2-2 为根据事故绘制的某企业储罐事故事件树图。该企业储罐在检修环节，因为处置残留物不当导致事故发生。分析这次事故的事件树图可以看出，紧急切断阀失灵，对其修理时，会发生如图 1-2-2 所示的 16 种不同的情况，这次爆炸事故属于图中的第 12 种情况。

6) 后果影响分析(CEA)

后果影响分析(Consequence Effect Analysis，CEA)是对基于容器、管道泄漏造成的扩散、火灾、爆炸及毒性等潜在的后果场景及影响范围进行模拟计算。常见的泄漏扩散模型有：单相泄漏、液滴蒸发、多相泄漏计算模型、气云扩散模型等；常见的火灾热辐射模型主要有：池火模型、火球模型和喷射火模型等；爆炸模型有：TNO 多能模型、BST 模型、TNT 当量法模型、基于流体力学的 CFD 分析方法模型等。

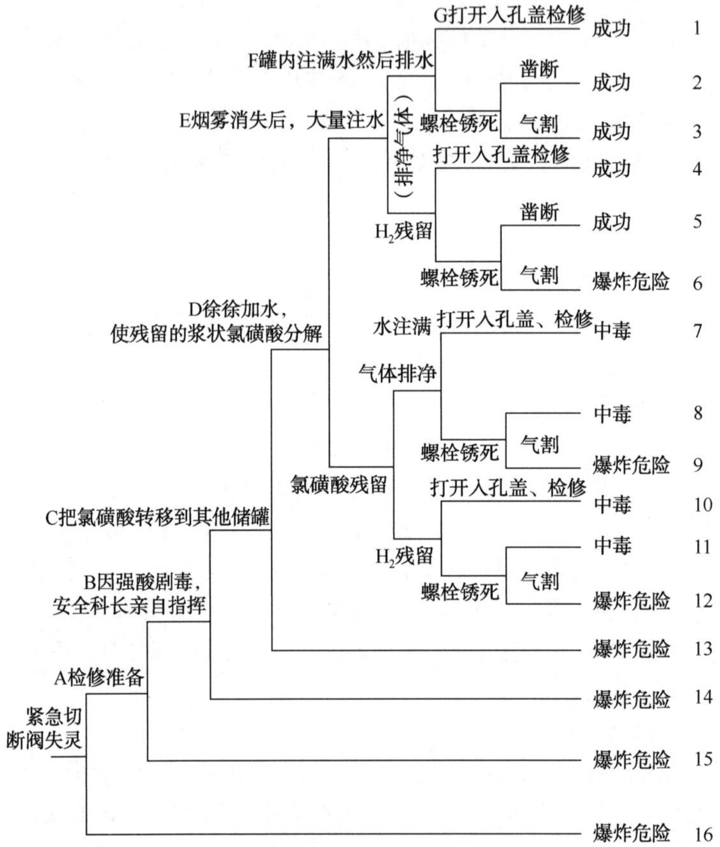

图 1-2-2　氯磺酸储罐爆炸事故事件树图

7）定量风险评估（QRA）

定量风险评价（Quantitative Risk Analysis，QRA）是指识别潜在风险事件，并对潜在风险事件发生的概率及可能造成的后果进行分析。

风险事件发生的概率受初始事件频率（如泄漏频率）以及其他相关事件的可能性（如立即点火或延迟点火）所影响。对后果分析则通过火灾及爆炸影响分析（FEA）或后果影响分析（CEA）来模拟计算。后果的量化可能受到物料、工艺条件、装置布置、风向、地形以及厂内外人员分布等多个因素的影响。流程如图 1-2-3 所示。

8）保护层频率量化分析（HALOPA）

保护层频率量化分析（HALOPA）为一种半定量方法，基本原理为 HAZOP 模型、保护层洋葱模型和事件树模型耦合的事故链，如图 1-2-4 所示。

由于具体原因为引发过程发生偏差的直接原因，称为初始事件或触发事件（Initiating Event）。当偏差进一步发展，穿过各保护层的漏洞并遇到合适的条件（如点火、外部阻塞环境、低温等）时，安全事故就会发生。HALOPA 方法假设每一个保护层相互之间独立，事故发生频率会基于每个保护层的风险降低作用而降低。事故后果是考虑所有保护措施均失效下的最坏后果。

4. 风险分析工具的选用

根据不同的场景和风险分析的对象，推荐使用的评估工具见表 1-2-1。

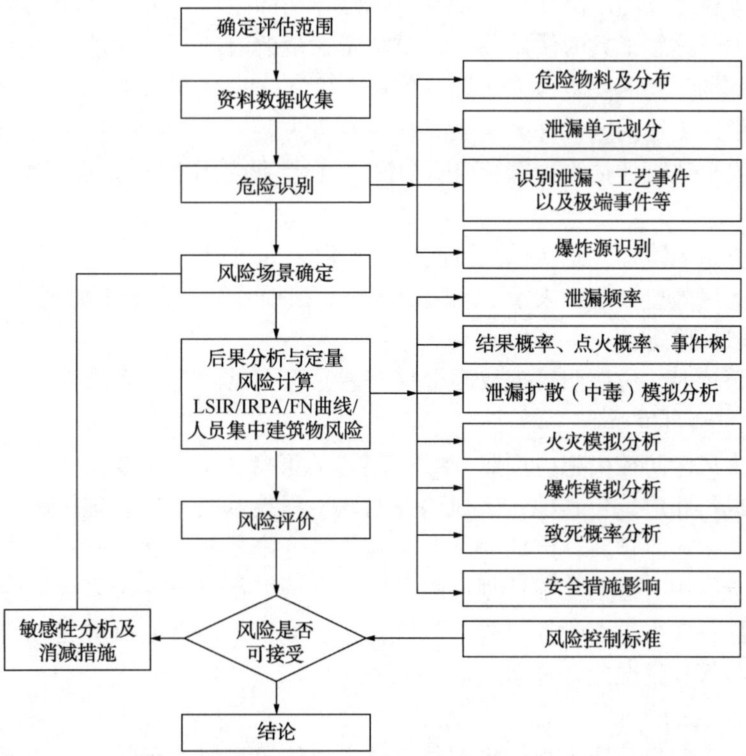

图 1-2-3 定量风险评估基本程序

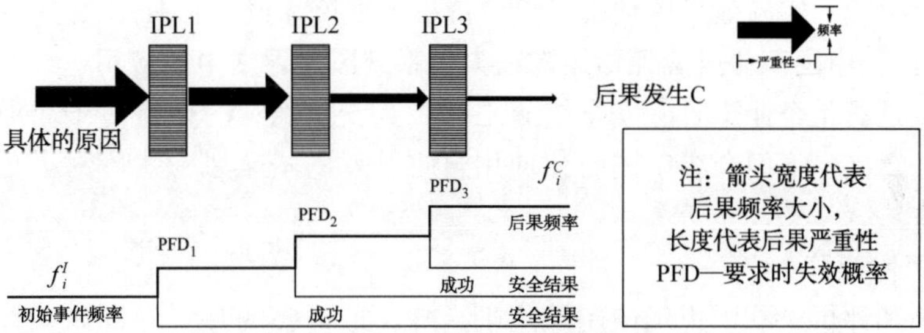

图 1-2-4 HALOPA 事故链条模型

表 1-2-1 分析对象适用的风险评估工具推荐表

分析对象	风险识别与评估方法
区域、总图与建构筑物	头脑风暴(专家审查)、安全检查表(SCL)、后果影响分析(CEA)、定量风险评估(QRA)
危险化学品生产、储存装置与设施(包括输油气站场)	安全检查表(SCL)、头脑风暴(专家审查)、开车前安全审查(PSSR)、危险与可操作性分析(HAZOP)、故障类型和影响分析(FMEA)、保护层频率量化分析(HALOPA)、定量风险评估(QRA)
危险化学品运输	管道隐患分级、安全检查表、头脑风暴(专家审查)、长输管道风险评价、后果影响分析(CEA)、定量风险评估(QRA)
作业	安全检查表(SCL)、工作安全分析(JSA)
工程施工	安全检查表(SCL)、头脑风暴(专家审查)、工作安全分析(JSA)
自然灾害与恐怖袭击	安全检查表(SCL)、头脑风暴(专家审查)、地质灾害评价

近年来，分析工具的广泛使用，丰富了风险评估的手段，进一步增强了风险管理的科学性。但是，由于这些工具的使用往往需要耗费大量的时间，有的甚至需委托专业机构开展，而且，有的场景还需要多种方法综合使用，这在一定程度上限制了风险管理工具在企业的应用。为解决上述问题，许多大型石化企业自主开发了风险评估系统分析软件，如中国石化开发了安全风险评估管理系统(PHAMS)，在企业应用中取得较好效果。

5. 风险评级

通常情况下，风险评价是从风险可能导致的后果和风险发生的可能性(概率)两方面进行，两者相乘的风险值大小，表示了风险的等级。根据等级，管理上将风险分为重大风险、较大风险和一般风险等。

企业风险评价时，应按照管理权限分级开展，重大风险需经风险评价小组审核通过并报企业 HSE 委员会批准。

较大、重大风险防控措施应按照“本质安全”的策略，企业主要负责人承包公司最大风险，其他班子成员相应承包其他重大风险；明确工程技术措施、管理措施、个体防护措施和应急措施；制定应急预案，定期演练；明确分级管控责任人和措施落实责任人；明确时间要求，制定近、中、远期实施计划，限期完成；每半年组织评价剩余风险等级。对于风险采用分级监控，突出重点管控风险的风险监控，如较大、重大风险建立定期检查、督办制度；重大风险管控情况应每月向风险评价小组汇报。

6. 效果评估

风险防控措施完成后应组织效果评估，效果评估包括风险等级评价、剩余风险管理或风险关闭等。企业应按照分级管理的原则，做好所管理风险的效果评价工作，编制评估报告。企业重大风险的实施效果评估由风险评价小组审核并报企业 HSE 委员会。

(三) 案例：中国石化风险评估矩阵在火炬系统风险评估中的应用

火炬系统是石化企业重要的安全措施之一，其安全稳定的运行对于企业的安全生产具有至关重要的意义。下面介绍中国石化使用自主开发的安全风险矩阵对火炬系统开展系统风险评价的方法。

1. 安全风险矩阵

风险识别和评价，除了正确使用风险工具外，最重要的是要保证风险计算矩阵的合理性。为系统评价火炬系统的风险，中国石化结合多年生产经验，开发了安全风险矩阵，作为安全风险等级量化工具，体现了容忍安全风险准则和可接受安全风险准则。安全风险矩阵见图 1-2-5，其中：

(1) 伤害后果需要考虑健康与安全影响、财产损失影响、非财务与社会影响三类，按严重性从轻微到特别重大分为 7 个等级，依次为 A、B、C、D、E、F 和 G，后果严重性等级分类见表 1-2-2。

(2) 伤害后果发生的可能性从低到高分为 8 个等级，依次为 1、2、3、4、5、6、7 和 8，可能性分级见表 1-2-3。

风险指数值表征了每一个风险等级的相对大小。对于某风险的具体风险等级，采用后果严重性等级的代表字母和可能性等级数字组合表示。例如：当后果等级为 A，可能性等级为 7 时，其对应的风险等级为 A7。风险级别分为重大风险(红色)、较大风险(橙色)、一般风险(黄色)和低风险(蓝色)4 个级别。

安全风险矩阵		发生的可能性等级——从不可能到频繁发生 ⇒							
		1	2	3	4	5	6	7	8
事故严重性等级（从轻到重）	后果等级	类似的事件没有在石油石化行业发生过，且发生的可能性极低	类似的事件没有在石油石化行业发生过	类似的事件在石油石化行业发生过	类似的事件在中国石化曾经发生过	类似的事件在本企业相似设备设施（使用寿命内）或相似作业活动中发生过	在设备设施（使用寿命内）或相同作业活动中发生过1或2次	在设备设施（使用寿命内）或相同作业中发生过多次	在设备设施或相同作业活动中经常发生（至少每年发生）
		$\leqslant 10^{-6}$次/年	10^{-6}~10^{-5}次/年	10^{-5}~10^{-4}次/年	10^{-4}~10^{-3}次/年	10^{-3}~10^{-2}次/年	10^{-2}~10^{-1}次/年	10^{-1}~1次/年	>1次/年
	A	1	1	2	3	5	7	10	15
	B	2	2	3	5	7	10	15	23
	C	2	3	5	7	11	16	23	35
	D	5	8	12	17	25	37	55	81
	E	7	10	15	22	32	46	68	100
	F	10	15	20	30	43	64	94	138
	G	15	20	29	43	63	93	136	200

图 1-2-5　风险矩阵图

表 1-2-2　后果严重性分级表

后果等级	健康和安全影响（人员损害）	财产损失影响	非财务性影响与社会影响
A	轻微影响的健康/安全事故： 1. 急救处理或医疗处理，但不需住院，不会因事故伤害损失工作日； 2. 短时间暴露超标，引起身体不适，但不会造成长期健康影响	直接经济损失在 10 万元以下	能够引起周围社区少数居民短期内不满、抱怨或投诉(如抱怨设施噪声超标)
B	中等影响的健康/安全事故： 1. 因事故伤害损失工作日； 2. 1~2 人轻伤	直接经济损失 10 万元以上、50 万元以下，局部停车	1. 当地媒体的短期报道； 2. 对当地公共设施的日常运行造成干扰(如导致某道路在 24h 内无法正常通行)
C	较大影响的健康/安全事故： 1. 3 人以上轻伤或 1~2 人重伤(包括急性工业中毒，下同)； 2. 暴露超标，带来长期健康影响或造成职业相关的严重疾病	直接经济损失 50 万元及以上、200 万元以下，1~2 套装置停车	1. 存在合规性问题，不会造成严重的安全后果或不会导致地方政府相关监管部门采取强制性措施； 2. 当地媒体的长期报道； 3. 在当地造成不利的社会影响，对当地公共设施的日常运行造成严重干扰
D	较大的安全事故，导致人员死亡或重伤： 1. 界区内 1~2 人死亡或 3~9 人重伤； 2. 界区外 1~2 人重伤	直接经济损失 200 万元以上、1000 万元以下，3 套及以上装置停车，发生局部区域的火灾爆炸	1. 引起地方政府相关监管部门采取强制性措施； 2. 引起国内或国际媒体的短期负面报道
E	严重的安全事故： 1. 界区内 3~9 人死亡或 10 人及以上、50 人以下重伤； 2. 界区外 1~2 人死亡或 3~9 人重伤	直接经济损失 1000 万元以上、5000 万以下，发生失控的火灾或爆炸	1. 引起国内或国际媒体长期负面关注； 2. 造成省级范围内的不利社会影响，对省级公共设施的日常运行造成严重干扰； 3. 引起省级政府相关部门采取强制性措施； 4. 导致失去当地市场的生产、经营和销售许可证

续表

后果等级	健康和安全影响 （人员损害）	财产损失影响	非财务性影响与社会影响
F	非常重大的安全事故，将导致工厂界区内或界区外多人伤亡： 1. 界区内 10 人及以上、30 人以下死亡，或 50 人及以上、100 人以下重伤； 2. 界区外 3~9 人死亡或 10 人及以上、50 人以下重伤	直接经济损失 5000 万元以上、1 亿元以下	1. 引起国家相关部门采取强制性措施； 2. 在全国范围内造成严重的社会影响； 3. 引起国内、国际媒体重点跟踪报道或系列报道
G	特别重大的灾难性安全事故，将导致工厂界区内或界区外大量人员伤亡： 1. 界区内 30 人及以上死亡或 100 人及以上重伤； 2. 界区外 10 人及以上死亡或 50 人及以上重伤	直接经济损失 1 亿元以上	1. 引起国家领导人关注，或国务院、相关部委领导作出批示； 2. 导致吊销国际、国内主要市场的生产、销售或经营许可证； 3. 引起国际、国内主要市场上公众或投资人的强烈愤慨或谴责

表 1-2-3　发生的可能性等级分级表

可能性分级	定性描述 （定性描述仅作为初步评估风险等级使用，在设计阶段评估风险或精确评估风险等级时，应采用定量描述）	定量描述 发生的频率 F/（次/年）
1	类似的事件没有在石油石化行业发生过，且发生的可能性极低	$\leqslant 10^{-6}$
2	类似的事件没有在石油石化行业发生过	$10^{-5} \geqslant F > 10^{-6}$
3	类似的事件在石油石化行业发生过	$10^{-4} \geqslant F > 10^{-5}$
4	类似的事件在中国石化曾经发生过	$10^{-3} \geqslant F > 10^{-4}$
5	类似的事件在本企业相似设备设施（使用寿命内）或相似作业活动中发生过	$10^{-2} \geqslant F > 10^{-3}$
6	在设备设施（使用寿命内）或相同作业活动中发生过 1 或 2 次	$10^{-1} \geqslant F > 10^{-2}$
7	在设备设施（使用寿命内）或相同作业中发生过多次	$1 \geqslant F > 10^{-1}$
8	在设备设施或相同作业活动中经常发生（至少每年发生）	>1

容忍风险（Tolerable Risk）是 ALARP（最低合理可行）区域的上限值，当超过该值时，风险属于不可容忍风险。在中国石化风险矩阵中，人员伤害的容忍风险为：界区内人员（主要指在厂界内工作的人员，包括内部员工、承包商员工等）年度累计死亡风险应≤10^{-3}次/年；界区外人员（主要指厂界外的社会人员）年度累计死亡风险应≤10^{-4}次/年。当风险处于容忍风险区域时，应采用 ALARP 原则确定风险是否可以接受。

可接受风险（Acceptable Risk）是 ALARP 区域的下限值，小于等于该值时，风险属于广泛可接受的风险。在中国石化风险矩阵中，人员伤害的可接受风险为：界区内人员年度累计死亡风险应≤10^{-5}次/年；界区外人员（主要指厂界外的社会人员）年度累计死亡风险应≤10^{-6}次/年。

2. 火炬系统风险识别和管控

火炬系统通常由泄放管网系统、气体回收系统、分液排凝系统、防回火设施、点火系统、火炬筒体及火炬头等组成。结合上述风险矩阵，火炬系统风险辨识和防控措施落实情况如下：

1）火炬系统风险辨识

火炬管网为装置泄放阀后到火炬筒体前的火炬管线，用于输送各类装置排放的可燃气体，主要风险包括：

（1）停电、停水等事故导致全厂性排放，火炬管网设计能力不足导致部分装置背压过高，无法及时泄放，造成装置超压泄漏导致火灾、爆炸事故。风险等级 E7，属于重大风险。

（2）装置中含氧的气体、罐区含氧的 VOCs 排放至可燃气体火炬管网，在一定条件下可能导致火炬管网形成爆炸性气体氛围，遇到内部点火源，导致火炬管网内发生爆炸，引起爆轰。风险等级 E6，属于重大风险。

（3）能与可燃气体反应、易聚合、剧毒和酸性等气体进入全厂性可燃气体火炬管网，导致火炬管网发生堵塞、腐蚀，泄漏、爆炸。风险等级 E6，属于重大风险。

（4）火炬防回火设施风险。火炬防回火设施包括水封罐、阻火器、分子封等，防止火炬发生回火，主要风险包括：火炬气排放时发生回火，水封罐内没有建立正常水封，火焰通过水封罐和分液罐窜入火炬气排放管网，引发火炬管道爆轰，造成人员伤害、装置停车（适用于设置水封罐的火炬管网）。风险等级 E6，属于重大风险。

2）火炬系统风险管控

（1）火炬管网风险管控：

① 火炬管网泄放要求。火炬管网能力应满足工艺装置、压力容器等在正常生产、开停工和各种事故状态下气体的安全、环保排放需要。多个工艺装置共用的火炬气排放管网，应保证在最大排放量时背压值最小的装置能顺利排放。应定期对火炬管线泄放能力进行核算，特别是对于新改扩建装置依托原有火炬管网应开展火炬管网泄放能力评估。

② 企业应设置双电源保护系统。各装置设有 UPS 电源，企业制定有停电工况下的装置泄放预案。

③ 能与可燃气体反应、易聚合、剧毒气体等禁止排放至火炬管网，酸性气体应单独设置一个排放管网。

④ 装置含氧气体、罐区含氧 VOCs 排放要求：禁止氧气含量大于 2%的气体进入排放至火炬管网。当存在含氧气体可能进入火炬管网时，需设置氧浓度监测报警。当罐区 VOCs 送往低压瓦斯系统时，VOCs 收集管道上应设氧含量分析仪，并设置氧含量高高联锁切断。氧含量分析仪和切断阀的安装位置应能防止过氧的 VOCs 进入低压瓦斯系统；氧含量高高联锁应进行 SIL 等级评估，通常在有氮封的情况下不低于 SIL2。

（2）火炬防回火设施风险管控：

① 设置水封罐，水封高度应能满足极端工况下（流量大、温度高）水封不被破坏。水封高度应满足下列要求：能满足排放系统在正常生产条件下有效阻止火炬回火，并确保排放气体在事故排放时能冲破水封排入火炬；含有大量氢气、乙炔、环氧乙烷等极速燃烧特性介质的火炬气，水封高度应≥300mm；火炬气密度小于空气密度时，水封高度应≥200mm；火炬气密度大于等于空气密度时，水封高度应≥150mm。

② 水封罐补水量应能满足大排气量情况下的补水需要，水封罐有效水量应至少能够在可燃气体排放管网出现负压时，满足水封罐入口立管 3m 充满水量。宜安装控制阀实现远程

控制(可燃气体排放温度不大于100℃，水封罐应设低液位报警及自动补水措施，保持水封水量)，补水管径宜不小于*DN*40。

③ 水封罐后设置有氮气吹扫，吹扫气体流量应使用限流孔板控制，合理设计氮气吹扫流速，保证火炬出口流速大于安全流速：采用速度型密封器时，吹扫气体流速≥0.012m/s；采用分子密封器时，吹扫气体流速≥0.003m/s。对高速燃烧或宽爆炸特性介质(含氢气、乙炔和环氧乙烷等气体)，采用速度型密封器时流速≥0.03m/s；采用分子型密封器时流速≥0.01m/s。

二、隐患治理

风险防控措施失效，导致风险达到不能接受的程度就会构成隐患。隐患分为一般隐患和重大隐患。原国家安监总局《化工和危险化学品生产经营单位重大生产安全事故隐患判定标准(试行)》二十条，明确了重大隐患内容。作为企业安全生产管理的一项法定工作，要建立隐患排查治理的长效机制，保证安全资金的投入，解决各类安全隐患。

(一) 隐患成因分析

石化企业的安全隐患，多数具有以下成因：

(1) 新技术、新工艺的应用。企业和设计单位由于缺少相应的数据和经验支撑，致使潜在的风险没有被发现，从而形成安全隐患。如：2015年，某企业重整装置为消除重整氢气中的氯离子而增加了碱洗塔，由于对液态碱洗的工艺缺乏经验，对碱洗塔的测厚也没有针对性，2021年，碱洗塔局部腐蚀减薄发生撕裂着火事故。

(2) 设计年代较早的生产工艺，没有按照新标准完善，从而形成隐患。如：某企业柴油加氢装置建设于20世纪90年代，缺少紧急情况下高低压互窜的保护措施，紧急泄压也不完善，导致某日装置出现异常后氢气窜入原料罐，原料罐撕裂发生着火事故。

(3) 生产方式/运行条件发生变更，但对产生的风险没有识别到位，导致隐患形成。如：某企业原设计为加工低硫原油，后改为加工高硫原油，由于对原油硫含量的提高对于系统性的影响考虑不周，部分设备材质使用规格偏低，而且硫化物影响到罐区，导致一段时期内连续发生轻质油储罐因硫化亚铁自燃着火的事故。

(4) 对辅助装置、偏远地区重视不够。如：企业的储运罐区、装卸站台和公用工程管道等，由于长期投入不足，往往是隐患比较集中的区域。

隐患就是事故，出现隐患表示风险不可接受，必须立即治理或采取防范措施，以保证风险可控，避免发生事故。这方面的教训不少，如：2019年7月19日，河南省某公司气化厂发生重大爆炸事故，造成15人死亡，事故从发现漏点到发生，历经23天时间，隐患一拖再拖，从小到大，直至发生爆炸。

(二) 企业隐患管理

和风险一样，企业应指定部门归口负责安全隐患管理工作，制定相关的管理制度，明确工作程序。在组织上，原则上由风险评价小组统一领导企业风险防控、隐患治理工作。

主管部门归口管理，业务主管部门负责本业务的隐患排查和治理，基层单位负责具体实施。

实施分级管理，主管部门牵头重大隐患管理，业务部门负责组织本业务范围内重大、较大隐患的方案编制、评价验收和后评估；基层单位负责属地隐患治理方案的具体实施，以及一般隐患的管理。

推进隐患治理例会制度。企业应每月组织会议，检查隐患治理措施落实进度，协调和推进隐患治理工作。

1. 隐患排查

隐患排查方式包括日常隐患排查、专业性隐患排查、综合性隐患排查、季节性隐患排查、事故类比隐患排查等。主管部门应组织相关部门编制年度工作计划。相关部门应制定业务范围内隐患排查的标准，指导基层单位开展隐患排查工作。

近年来，各企业为了及时发现和消除隐患，鼓励员工开展“低头捡黄金”等类似的全员隐患排查活动，有的单项奖励额度达到上万元，这些活动的开展，对企业隐患排查工作起到了巨大推进作用。

2. 隐患治理

隐患按照危害大小、治理难易程度和紧迫性分为一般隐患和重大隐患。重大隐患治理应落实“五定”措施(定整改方案、定资金来源、定项目负责人、定整改期限、定控制措施)。治理方案应包括工程技术措施、管理措施、个体防护措施和应急措施等，隐患消除前应制定安全预防措施。

隐患治理，不能盲目开展，按照国家应急管理部《安全风险分级管控和隐患排查治理双重预防》要求，首先要按照风险管理章节中有关要求，开展风险识别，使用正确的方法和工具，计算风险值是否处于可接受范围，确实构成了较大风险，能立即治理的要马上安排，不能治理的要列入隐患清单，同时要制定风险防范的措施，使风险受控，否则装置要停工处理。

3. 评估验收

隐患治理项目完成后，主管部门、相关部门和基层单位应按照管理职责组织项目的后评估，并做好文件和资料的归档管理。重大隐患还应编制隐患治理项目后评估报告。企业重大隐患的后评估报告，须经风险评价小组审定，报企业 HSE 委员会。

三、过程管理

过程管理包括建设项目管理、生产运行管理、设备设施管理、危化品储运管理、承包商与施工作业管理、变更管理和应急管理等，是石化企业安全、环保与健康管理的重点。

(一) 建设项目管理

近年来，新建项目、改造项目因为选用的工艺技术路线或采购和安装质量等存在缺陷等而导致的事故时有发生。因此，石化企业在项目建设时期，就要对各环节的质量严格把关，确保本质安全。

建设项目事故也容易发生在施工环节，如 2017 年江西丰城发电厂“11・24”坍塌特别重大事故，直接原因是建设单位在第 50 节筒壁混凝土强度不足的情况下，违规拆除模板，致使筒壁失去模板支护，不足以承受上部荷载，造成第 50 节及以上筒壁和模架体系连续倾塌坠落，造成 73 人死亡的特别重大事故。

建设项目按照管理流程，主要包括项目立项和评估、项目设计、施工安装、试生产和竣工验收等环节。企业应明确各环节要求，确保工程项目的本质安全。另外，项目建设阶段，也要避免出现“未批先建”“久试未验”等问题出现，确保依法合规。

1. 项目立项与评估

(1) 建设单位立项阶段应组织相关部门对建设项目采用的路线、周边防火间距及卫生防护距离、依托的条件进行综合判定评估，满足国家、所在地方政府现有的法律法规及标准规范的要求。

(2) 建设单位立项阶段应对项目建成投产后可能造成的环境影响进行初步分析，按照《中华人民共和国环境影响评价法》，对建设项目进行环境影响评价并报环境保护行政主管部门进行审批。重大项目应开展规划环评，分析环境承载力，明确规划实施的资源利用上线、污染物排放总量、环境质量底线、生态保护红线、环境准入负面清单、差别化准入条件等内容，对规模、结构和布局等提出合理的安排，以及适宜的目标。

(3) 建设单位相关部门申报项目时须明确项目负责人和项目可行性、经济性、安全性、可实施性。项目申报单位在申报项目时需附上《变更管理控制表》和相关的专业论证意见。

2. 可行性研究与评价

(1) 企业项目管理部门应委托具备相应资质的单位编制《可行性研究报告》，报告中应包括 HSE 评价所需的内容和资料。

(2) 建设项目可行性研究阶段，企业应依据国家相关法规标准，委托有资质和行业业绩的评价机构，对建设项目《可行性研究报告》进行安全、职业卫生预评价工作，评价报告应组织内部审查，评估评价报告是否符合国家标准或行业标准及有关编制要求。

(3) 危险化学品建设项目应向政府相关部门申请安全条件审查，职业病危害预评价报告应向政府相关部门申请备案(审核)。

(4) 在建设项目编制项目建议书或可行性研究报告时，应同步开展环境影响评价识别。

(5) 建设项目安全、职业卫生的预评价报告和环境影响报告书(表)经批准后，如果建设项目装置规模、建设地址、周边条件、生产原料(燃料)或者采用的技术、工艺路线发生重大变化及环境治理方案、安全条件审查意见书在有效期未开工建设等法规规定的重大变更，应重新报批申请安全条件审查、职业病危害预评价报告审查(备案)和环境影响报告书(表)审查。

3. 项目设计

(1) 项目设计遵循本质安全化、生态化设计原则，从源头控制装置的安全、职业健康、环境保护风险。

(2) 建设项目初步设计时，建设单位应当委托有相应资质和业绩的设计单位按国家标准、导则的要求编制安全设施设计专篇、环境保护设计专篇、消防设计专篇及职业卫生设计专篇，评价所提出的各项对策措施及建议在专篇中均应得到落实和采纳。

(3) 设计单位在建设工程项目设计阶段采取风险辨识及预防与纠正、控制及管理措施，对涉及“两重点一重大”(重点监管危险化学品、重点监管危险化工工艺、危险化学品重大危险)项目要组织建设单位相关部门、专业的人员进行项目 HAZOP(危险和可操作性分析方法)和 SIL 等级评估，并将分析与评估提出的防范措施落实到设计及安全设施设计专篇中。

(4) 建设单位设计管理部门应组织对建设项目的总体设计、基础设计、详细设计进行分阶段的内审，从工艺技术路线及材质升级、关键设备机组选型、安全环保及职业卫生消防设施的配置、设备监造等方面严格把关，从源头消除隐患及风险。

(5) 安全设施设计、职业病危害严重建设项目的职业病防护设施设计、消防图纸需经政府安全生产监管部门和消防部门审查(备案)。

（6）详细设计应当按照已批准的基础（初步）设计中安全设施设计专篇、环境保护设计专篇、职业卫生设计专篇等的各项措施和要求进行，在详细设计中落实有关设计及其投资。

（7）工程管理部门收集新建、改建、扩建、建筑内部装修以及用途变更工程项目的详细设计图、消防设计文件和有关资料，送交企业消防支队。消防支队将详细设计图及相关资料报送地方消防监督机构，取得消防部门的施工图审核意见书。

（8）建设项目的性质、规模、地点、采用的生产工艺或者防治污染、防止生态破坏的措施发生重大变更，列入国务院和地方政府环保行政主管部门发布的重大变动清单内的变动，应判定为重大变动。重大变动应重新开展环境影响评价，在重新开展的环境影响评价报告批复前，重大变动部分不得开工建设。

4. 项目实施

（1）项目开工前需取得环境影响评价、安全设施设计审查、职业病防护设施设计审查（备案）、消防设计审查等行政许可批复。

（2）已批复的建设项目及其安全设施、职业病防护设施设计有下列情形之一的，建设单位应当报原批准部门审查批复；未经审查批复的，不得开工建设：建设项目的规模、生产工艺、原料、设备及职业病危害因素种类等发生重大变更的；改变安全设施、职业病防护设施设计且可能降低安全及防护性能的；在施工期间重新设计的。

（3）严格控制设计变更。设计变更应进行风险分析，确保变更后的安全环保健康消防设施满足要求。涉及安全、职业卫生、环境保护设施的变更，由企业安全环保管理部门负责审查，并做好记录。设计变更需严格执行企业的变更管理程序，更新并及时沟通相应信息，如项目计划、图纸、风险登记表、问题台账、应急计划等。

（4）项目开工前，应取得地方住建部门核发的《施工许可证》。

（5）按照《招标投标法》等相关法规实施工程采购，杜绝应招未招、应公开未公开的问题。在招标文件编制过程中，在保证承包商具有相应资质的前提下，坚持业绩导向，使HSE业绩好的承包商更易承接相应的工程项目。

（6）分包管理。实施分包的工程，安全责任不能分包，禁止项目转包、违法违规分包。在总承包商投标时，需对工程分包进行初步策划，并作为技术标的评分标准之一。在总承包商进行分包前，需编制分包策划，并报建设单位审批，其中必须规定管理费上限。对非公开招标的，在总承包商实施分包采购前，建设单位对分包单位的履约能力进行审核。对于公开招标的，在总承包商签订分包合同前，由建设单位对分包单位的履约能力进行审核。

（7）对起重机、配电箱、挖掘机、电焊机等设备应在承包商自检合格后报监理单位检查，检查合格后在机具上贴上《设备工机具合格证》方可投入使用。

（8）对关键设备材料物资采购部门应安排第三方监造，同时建设单位进行飞行检验；不锈钢、合金等特殊材质材料入库后理化抽验。

（9）设备材料进场前需向监理单位报验，实物、质量证明文件一致。

（10）施工方案均需经审核会签；重大施工方案应根据相关法律法规进行专家评审；施工方案实施前必须进行安全和技术交底。

（11）施工方案中必须有环境保护的内容，对施工过程中可能产生的废水、扬尘、噪声、辐射等环境污染因素，应制定相应的处理和预防、防护措施，防止发生环境污染和生态破坏。

（12）工程管理部门应编制工地标准化建设相应的标准并督促落实。

(13) 承包商在日检的基础上，项目部应每周组织一次综合检查，企业应每月组织一次综合检查。

(14) 工程管理部门日检、周检、专项检查相结合，及时发现 HSE 隐患、“三违”，及时督促承包商整改存在的问题和隐患，对查出问题的整改情况进行验证，确保项目施工过程中的安全。

(15) 设有工程专业安全分委员会的企业，应每月召开一次管理会议，总结、部署 HSE 工作，讨论相关重大事项。

(16) 工程管理部门应组织各参建单位对可能发生的各类事故、事件及自然灾害制定相关的应急预案，并定期组织承包商开展应急演练。

(17) 对于环评批复中有要求实行环境监理的项目，企业 HSE 管理部门应委托具有工程环境监理资质的监理单位实施工程环境监理。

(18) 建设项目需要配套建设的环境保护设施，必须与主体工程同时施工，确保同时投入试运行。

(19) 所有人员进入施工现场必须按规定佩戴有效安全帽并按要求着装，各参建单位根据风险评估为其工作人员提供符合标准的个人劳动保护用品并对参建人员如何正确使用劳动保护用品进行培训，使每一个作业人员都能正确使用劳动保护用品。

(20) 企业公共安全部门负责组织建立由参建单位参加的联防治安保卫管理体系，并与当地公安系统建立工作联系，制定现场交通安全管理规则，做好交通管理。

5. 项目中交

(1) 三查四定。工程按照设计内容安装结束时，在承包商自检合格后，企业工程管理部门组织建设单位相关部门、设计、监理和施工承包商等单位按照单元和系统，分专业开展“三查四定”工作。工程管理部门组织确定“三查四定”问题的整改措施、整改时间、整改负责人落实工作。各相关责任单位负责“三查四定”问题的整改工作。工程管理部门组织问题销项。

(2) 中间交接。企业应建立工程中间交接的相关标准，工程项目中间交接应达到规定的条件。工程项目专业中间交接由工程管理部门组织，设计单位、施工单位、监理单位、质量监督机构、相关职能部门、项目所在单位按专业进行中间交接验收。项目所有专业均完成中间交接，且对联动试车有影响的“三查四定”项目及设计变更已处理完，其他未完施工尾项已落实相关措施后，按项目签署工程中间交接证书。未签署办理工程中间交接手续的工程内容，不得投入使用。

6. 试生产

(1) 建设项目中交后，需要试生产(使用)的，必须在正式投入生产或者使用前进行试生产(使用)。

(2) 试生产(使用)前，生产管理部门应当组织工程技术、设备动力、自控、安全、环保、职业卫生、消防方面的专业人员对试生产(使用)方案进行评审，并按规定程序审批后方可实施。

(3) 试生产(使用)时，工程管理部门应当组织专业人员对试生产(使用)条件进行全面确认，确认内容主要包括验证装置(设施)与设计要求是否一致、HSE 设施措施是否到位并满足要求、员工培训是否已经完毕、规章制度和操作规程是否建立等。

(4) 装置投料试车前，其配套建设的安全、消防、职业卫生、环保防护设施和技术措施必须与生产装置同时投入运行，办理所需的消防、防雷(防静电)检测，锅炉、压力容器(管道)、电梯、起重设备等应取得特种设备使用登记、检测检验证；生产、储存、运输有毒有害化学品、放射源的，应取得相应许可、备案、登记。未取得相应许可、备案、登记的严禁投料试车。试生产前应将突发环境事件应急预案报所在地政府主管部门备案。

(5) 试生产(使用)期间，生产管理部门应组织其他专业主管部门和工程管理部门对装置的运行效果进行评价，评价结果不满足规定时，生产管理部门与工程管理部门共同协调解决。建设单位应保证配套设施的安全，职业病防护、环境保护、消防设施与主体工程同时投入试车运行，对存在的问题及时进行整改。

(6) 试生产(使用)期间，企业应委托有资质和行业业绩的评价机构，开展建设项目安全设施竣工验收评价、职业病控制效果评价的工作，专业评价报告应组织内部审查，评估报告与国家标准或行业标准及有关编制要求的符合性。安全验收评价不得委托给在项目可行性研究阶段进行安全预评价的同一评价机构。

(7) 对于环评批复中有要求实行环境监理的项目，在试生产结束后，由工程环境监理单位编写建设项目环境监理总结报告，作为项目竣工环保验收的必备资料和验收条件之一。

7. 竣工验收

(1) 竣工验收之前需要进行安全设施验收、环境保护验收、职业卫生验收等专项验收，验收之前需要进行必要的调试和标定，标定需在生产满负荷运行的条件下进行。

(2) 建设项目投入正式生产或者使用前，应当组织对安全设施进行竣工验收，并形成书面报告报备。安全设施竣工验收合格后，方可投入生产和使用。

(3) 建设项目投入正式生产或者使用前，应当组织职业病防护设施竣工验收，并形成书面报告备查。

(4) 工程项目管理部门应收集消防竣工验收所需图纸及相关资料送消防管理部门，由消防管理部门报送地方消防监督机构，取得消防验收意见书。

(5) 在规定的试生产期间，企业应委托经环境保护行政主管部门批准的有相应资质的环境监测机构，对建设项目进行竣工环保验收监测(调查)和评价，编制《竣工环境保护验收监测(调查)报告(表)》，向有审批权的环境保护行政主管部门申请建设项目竣工环境保护验收，经批准后方可投入正式生产。

(6) 对试生产3个月但不具备竣工环境保护验收条件的建设项目，应当在试生产期内向有审批权的环境保护行政主管部门申请延长试生产期。试生产期限最长不超过1年。

8. 项目后评价

(1) 建设项目后评价管理部门要按照相关要求，组织做好项目后评价工作，内容要包括环保、安全、职业卫生工作开展情况，并进行总结评价并存档。其中按照环保分级管理的要组织审查，项目环境影响后评价结果报原审批部门备案。

(2) 项目在投产竣工验收2年内均要完成后评价工作。对于重点投资项目可委托咨询机构开展后评价工作。

(二) 生产运行管理

生产过程中的风险主要来自与危化品相关的工艺、技术等方面，包括：工艺变更不合理；工艺流程有缺陷；连锁管理不到位；工艺纪律、操作纪律执行不严；操作人员应急处置能力不足等。生产过程应关注以下几方面风险：

工艺操作方面，主要是超工艺指标、超工艺卡片等装置设计运行参数带来的风险。如：

2021年某企业"1·12"爆燃事故，事故装置为顺丁橡胶装置，由于装置未严格遵守工艺技术规程，溶剂回收系统内氧含量长期超标，丁二烯与氧接触易形成过氧化物，形成的聚合物造成储罐超压发生着火爆炸事故。

工艺报警和联锁管理方面，为了避免工艺超标引发事故，在设计阶段就对关键设备和关键控制指标设置了相对完善的工艺报警或联锁，以确保异常情况下能够尽快释放能量或切断能量传递，防止发生事故。因此，一般情况下，报警超标的现象多数能得到及时处理，但一旦出现紧急情况，由于关键报警处置不及时问题导致的事故仍可能发生。1994年7月24日，位于英国彭布罗克市米尔福德港的德士古炼油厂发生火灾爆炸，致使26人受伤。大火持续了两天，直接经济损失4800万英镑。当时雷击使原油蒸馏装置起火，操作员忙于处理，火炬分液罐高液位报警长达25min没有被注意到，导致发生管线破裂和爆炸。

应急处置能力方面，近些年，石化企业的基层管理模式发生了改变。一方面，操作人员管理装置的数量在增加；另一方面，由于自动化程度的提高基层操作人员人数在减少，但对于操作人员的能力是否满足要求却没有引起足够重视，导致基层员工的操作技能逐渐成为一个新的短板。再者，新进入企业的操作人员普遍缺少实战经验，老员工缺乏对新装置的深刻了解，出现紧急情况时不会操作、操作不熟练等现象，需要引起高度关注。如：2021年1月9日，某企业气分装置精丙烯塔中段回流泵P4005A泵轴承出现故障后，操作人员按照紧急停泵处置方案进行处置，但处置过程多次出现找错设备、切换流程不正确、操作不熟练等情况，处置时间过长，最终造成P4005A泵机械密封失效，大量丙烯泄漏引发着火事故。

装置开停工阶段，也是事故易发时期。如：2005年3月23日，BP公司得州炼油厂异构化装置的抽余油裂解塔维修重新开车，操作人员将液态烃原料泵入抽余油裂解塔。在3个小时的加料过程中，由于仪表报警和控制失灵，液体原料进入塔顶的管线，将大量的可燃液体泄放到放空罐里，并沿着罐顶的排放管喷洒到地面上，形成可燃气体蒸气云，一辆没有熄火的小型载货卡车发动机引擎的火花点燃了可燃蒸气云，引发了爆炸。事故造成15人死亡、180人受伤，经济损失超过15亿美元。

生产运行管理应注意以下几个管理重点：

1. 工艺技术规程、岗位操作法管理

应明确包含装置工艺原理、设计指标、工艺关键控制点、报警及联锁操作、岗位正常操作、设备的操作步骤、异常操作、装置开停工操作、应急处理、安全环保健康和注意事项等内容。

工艺技术规程、岗位操作法的修订、工艺指标范围放宽应纳入变更管控。经危害（环境因素）识别和风险（环境因素）评价，对中等及以上风险且岗位操作法未明确、操作票未细化的操作变更，必须编制技术方案，并按变更进行管理。

岗位操作人员运用自动控制仪表、DCS控制系统及定时巡回检查等手段对生产过程中的工艺参数进行监控，及时调整工艺参数，保证质量、安全、环保指标合格。指标超出工艺卡片指标时，岗位操作人员应及时调整直至参数恢复正常，并在交接班日志中做好记录和原因分析。影响设备、工艺生产安全的温度、压力、组分配比等工艺卡片指标不允许超标。

2. 危险工艺分级管理

对一般工艺和一级危险化工工艺、二级危险化工工艺进行危险工艺装置的过程危害分析和风险评价。其中一级危险化工工艺装置的过程危害分析应当在采用危险与可操作性分析（HAZOP）、保护层分析（LOPA）等方法的基础上，结合安全联锁系统的可靠性评定，辨识安全仪表功能(SIF)，确定所对应的安全完整性等级(SIL)。在役装置 HAZOP 分析要实行闭环管理，HAZOP 分析确认的建议措施及时进行整改关闭；对不能及时整改关闭的风险，应提出充分的风险控制措施，并落实相应的责任人和整改完成时间。

3. 报警、联锁管理

每项工艺卡片指标应在 DCS 系统中设置工况报警，工况报警值的设定不能超过工艺卡片范围，确保起到预警作用。操作人员应及时确认发生的报警，分析原因并调整工况。明确联锁管理要求，组织联锁确认，确保联锁全部投用。企业应将联锁确认作为装置开工的前置条件。检修后的生产装置(设施)、新装置、新增回路的联锁、联锁报警，必须在开工前或投运前进行现场试验确认。长期切除的联锁保护系统恢复投用之前，必须进行现场试验确认。联锁变更必须办理联锁变更手续，切除联锁保护系统时应制定相应的防范措施。

4. 盲板管理

盲板管理标准化，统一盲板编号规则和盲板牌样式。盲板作业应按盲板清单或作业方案实施抽堵，严禁擅自变更。常用盲板编号与盲板安装位置应一一对应，且编号固定(唯一)，盲板安装位置的描述要明确到阀前、阀后或法兰具体位置。现场在线盲板需挂盲板牌，盲板应有手柄，以便于辨识、抽堵。装置开停工，基层单位应指定专人负责盲板管理工作。

5. 生产应急管理

编制生产应急方案，列出异常工况处置要点、汇报程序及关键步骤，明确责任岗位操作要点。基层单位应加强相关人员培训，定期组织桌面推演、实战演练，演练结束后，应对演练全过程开展评估，根据评估结果和出现的问题进行有针对性整改。基层单位每年组织工艺技术专业应急预案评估，根据评估结果、应急演练、相关变更、生产事故等情况及时修订。

6. 非计划停工管理

制定非计划停工管理制度，组织非计划停工原因分析，制定防范措施，检查落实情况。对出现的非计划停工应及时处理并报告，处置后及时开展非计划停工技术分析(有异常经过、原因分析及对策措施等内容)，开展溯源分析、风险评估和制定防范措施并落实，对于不能立即整改的措施，应每月上报整改进度，直至整改措施完全落实、销项。

7. 开工、停工管理

企业应做好装置停开工的筹划、风险识别，确保装置停开工安全、环保、平稳，做到不超温、不超压、不乱排乱放，开停有序。装置停开工前，应组织风险评估，编制和审查装置停工、开工方案，明确停开工准备及确认要求，设备降量降温降压(或提量提温提压)、停开工操作步骤，设备(管线)置换、清洗、吹扫、交出、交回、气密和试压操作要求。基层单位应根据装置及辅助系统开停工方案编写开停工网络，以及开停工蒸汽、氮气、燃料等耗用计划和污水排放计划。装置交付检修前，安全部门应组织停工检查确认。装置开工进料前，生产管理部门应组织开工检查确认。达到开工条件后，由基层单位组织实施装置开工。

(三) 设备设施管理

设备设施管理包括动静设备、电气和仪表等专业管理，涉及设备采购、制造安装、运行维护、检修等环节。

1. 导致设备泄漏的原因

石化企业设备设施运行的风险，主要是泄漏导致的着火、爆炸风险，一旦发生事故，控制难度大，易造成较大的社会影响。导致设备泄漏的原因较多，主要有以下几方面：

（1）操作不当或维护不到位，设备运行过程出现超指标运行现象。如：2018 年 11 月 28 日，盛华化工氯乙烯泄漏扩散至厂外区域，遇火源发生爆燃，造成 24 人死亡。事故原因是氯乙烯气柜长期未按规定检修，事发前氯乙烯气柜卡顿，操作人员没有及时发现，仍然按照常规操作方式调大压缩机回流，进入气柜的气量加大，加之调大过快，氯乙烯冲破环形水封泄漏，向厂区外扩散，遇火源发生爆燃。

（2）设备腐蚀导致的泄漏。石化企业设备腐蚀现象是企业静设备管理的重点之一，设备腐蚀是一个长期缓慢变化的过程，不为人们所重视，事故发生也具有突发性。如：2020 年 1 月 14 日，某石化设备公司催化重整装置发生危险化学品泄漏爆燃事故，明火 5 个多小时才被扑灭。事故发生原因，是该企业催化重整装置的压力管道因腐蚀减薄破裂，石脑油、氢气混合物喷出后与空气形成爆炸性混合物，喷出介质与管道摩擦产生静电火花引发爆燃，附近部分塔器、管道及其他设备设施不同程度地损毁或破裂，泄漏的可燃物料加剧燃烧和火势蔓延，引发后续两次爆燃。如果能从管理上、技术上采取措施，减缓设备腐蚀速率，事故是可以避免的。

（3）设备密封、垫片等因为安装或质量问题导致的泄漏等。如：2011 年 7 月 16 日，某企业常减压蒸馏联合装置减压蒸馏塔塔底换热器泄漏引发火灾事故。事故主要原因是垫片不符合设计要求，事故换热器管箱法兰垫片的冲齿板进行了 3~4 次拼接点焊，造成垫片存在固有缺陷。安装时垫片局部偏移，紧固后垫片局部被“压溃”。

（4）除了设备本体外，安全仪表保护系统是设备安全的一道重要的保护层，仪表失效也会造成泄漏事故。如：2015 年 4 月 21 日，某企业环氧乙烷精制塔发生爆炸事故，精制塔压力指示、控制和联锁系统设计不合理，且均采用一个取压点，回流罐其他部位都没有设置远传压力表，引压管发生堵塞时，造成塔压力指示、控制和联锁系统失效。

（5）另外，企业大检修环节，由于现场施工作业任务重、交叉作业和特殊作业较多，也是作业事故易发、多发期。

2. 特种设备设施管理

设备主管部门应组织建立和完善特种设备管理台账，依法开展人员认证和设备取证，做好特种设备登记、注册、定期检验、维修、更新、报废等工作，做到依法合规管理。

1）动设备管理

大机组、机泵（含辅属设备、辅助系统）等应编制操作规程，操作人员须经培训合格后上岗操作，变更操作均须经过业务主管部门同意并办理相关手续。备用的机组、机泵应处于完好备用状态。

2）静设备管理

设备主管部门应组织制定防腐蚀设计、施工与验收、腐蚀调查的管理办法。工艺生产部门应组织制定和完善工艺防腐蚀措施，并对实施情况进行检查。主管部门应根据在线测厚和定点测厚台账，及时对数据进行分析，提出防护建议。

3）仪控设备管理

（1）涉及“两重点一重大”在役生产装置或设施在危险与可操作性分析基础上，通过安全完整性等级（SIL）评估确定安全仪表功能及其风险降低要求。

（2）一级或二级重大危险源需具备紧急停车功能，对重大危险源中的毒性气体、剧毒液体和易燃气体等重点设施，设置紧急切断装置；有毒性气体的设施，设置泄漏物紧急处置装置。

(3) 涉及毒性气体、液化气体、剧毒液体的一级或者二级重大危险源，配备独立的安全仪表系统(SIS)。

(4) 仪表设备校准后应进行回路试验及联校，参与联锁的仪表还应进行联锁回路的调试和确认。仪表联锁保护系统应建立联锁台账、联锁原理图/逻辑图、仪表联锁作业票、报警联锁确认单、报警联锁变更单、联锁预报警值及联锁值清单等。

(5) 检修后的生产装置(系统)、新装置、新增回路的联锁、联锁报警，必须在开工前或投运前进行现场试验，确认联锁、报警设定值的准确性、联锁动作的正确性、可靠性。

(6) 联锁变更(报警变更、联锁条件、联锁方式及联锁逻辑等)，必须办理联锁变更手续，制定相应的防范措施。

(7) 按规范要求设置现场可燃气体报警仪、有毒气体报警仪，并定期校验。

4) 电气设备管理

业务主管部门应建立电气管理制度，落实电气设备管理“三三二五”各项措施。制定公司电力设备运行方式，保证电气系统稳定运行，做好应急预案，组织、指挥、协调电力系统的运行、操作和事故处理。

5) 安全附件

主管部门应组织建立安全阀(爆破片)台账，并定期校验。紧急泄放系统等安全设施停用，按照变更管理程序进行，确保风险受控。

6) 设备检修管理

检修 HSE 管理结构原则上按照“检修指挥部统一指挥、主管部门统筹管理、HSE 部门等分工协作、基层属地单位负责实施”的原则策划组织。建立健全设备检修管理制度，明确相关工作程序，规范设备检修全过程管理。依据设备检修管理制度，按照“应修必修、修必修好”原则，编制检维修策略和计划，科学安排设备检修，按规定开展过程质量控制，消除设备缺陷、降低设备风险。

(1) 检修策划。企业应建立检修指挥部门，统一协调检修安全、环保、质量管理，统筹检修过程指挥、检查、协调和决策等工作。

(2) 风险识别。二级单位/基层单位、相关部门应根据检修项目内容，组织检修前的风险识别和评估，建立分级风险管控清单。HSE 部门负责建立公司级重大作业风险清单。

(3) 编制检修手册。二级单位/基层单位应结合风险识别和评估，编制 HSE 管理手册，HSE 部门统筹公司 HSE 手册编制工作，主管部门负责编制大检修管理手册。

(4) 检修准备。检修主管部门组织，HSE 部门配合，根据检修管理手册落实好施工队伍资质审核、施工方案(含 HSE 方案)审核、人员和机具管理等。

(5) 现场管理。检修现场标准化包括标准化工地、标准化管理、标准化检查等内容。

3. 案例：检维修网格化管理

为加强装置停工检修改造安全管理，落实各级检修安全主体责任，夯实停工检修区域安全防控基础，企业在检修改造阶段可推行安全网格化管理，建立“横到边、纵到底”的安全管理网格，落实现场管理责任。

1) 安全网格化管理目的

按照“谁主管、谁负责”“谁的区域谁负责”“属地管理”“专业管理”的原则，划分安全监管网格，落实网格内业主、监理、施工单位的安全责任，构建全员、全方位、全天候、全过程的安全监管机制，有效保障检修过程的安全。

2）安全网格化管理级别

分公司网络、区域网络、基础单元网络三个层级，原则上以装置/区域划分网格单元，每套检修装置可以根据装置布局划分若干基层单元，基层单元是网格化管理的基础单元，单元划分后要能够实现安全监管的全覆盖无遗漏。若干基层单元构成区域网格，若干区域网格构成公司网络。

3）安全网格化管理人员配置要求

（1）安全网格内人员原则上由承担安全监督、安全管理、安全监护职责的人员组成，应包括业主单位（含第三方安全监管机构）、监理单位、施工单位三方人员。

（2）公司网格由公司、安环处、职能处室、第三方监管机构、监理单位、运行部、施工单位负责人组成，全面负责检修安全管理。公司督查大队、HSE 管理部门为现场安全监管主要机构。

（3）区域网格内人员应包括安全监管部门（第三方安全监管机构）、二级单位或区域、监理单位、施工单位人员，承担区域内检修安全工作的组织、协调、监督、检查等职责。

（4）基层单元内人员由施工单位和检修装置双方选派，是网格管理的直接责任人员，主要承担网格内作业过程的安全监护、信息收集与反馈、应急处置等职责。

4）安全网格化管理职责

HSE 管理部门监管人员（第三方安全监管机构人员）、监理人员、区域负责人、施工单位负责人，承接区域内检修安全工作的组织、协调、监督、检查职责。基层单元的安全技术团队负责单元内所有作业的安全措施制定，对安全措施的有效性负责。基层单元安全经理 A 负责单元内需业主做的作业安全措施的落实，对措施落实的可靠性负责；负责组织安排基层单元内受限空间作业的监护工作，对各项监护落实的可靠性负责；负责检修改造各项安全管理要求在本单元的落实，如检修现场消防器材的管理要求、检修现场的环境安全要求（下水井、地漏、明沟的封闭）等。基层单元安全经理 B 负责单元内所有施工作业需施工单位做的安全措施的落实，对措施落实的可靠性负责。基层单元安全经理 A 和 B 共同负责单元内所有施工作业的安全监管，对施工单元的文明施工、各项施工规范贯彻落实、作业过程中是否有新风险进行检查、监督、整改，对违反安全规定的单位、个人实行通报、现场曝光、考核、处罚等，确保施工作业过程风险可控；共同做好单元内安全相关信息的收集与反馈，协调组织解决单元内安全施工的各项问题。

5）安全网格化管理要求

各级网络人员开展不定期联合组织安全检查，对违反安全规定的单位、个人实行处罚、通报、现场曝光，并在检修现场设立安全网格化管理图公告牌予以公示。

（四）危化品储运管理

炼油企业的危化品运输风险，主要集中在装卸作业环节，如：2017 年 6 月 5 日，山东临沂某石化企业液化气罐车装卸作业时，快速接头脱开，液化气大量泄漏，遇点火源发生爆炸，事故造成 10 人死亡、9 人受伤。企业应根据进出厂物流设施、装卸能力，明确车船及管线安全检查标准、装卸作业流程及规范、物流事故应急措施等内容，确保装卸作业安全。

1. 资质审核

1）承运商资质审核

业务主管部门每年对各承运商安全管理能力、安全业绩等进行评价，对安全管理能力不高、安全业绩差的承运商实行淘汰制。承运商资质审核至少应包括以下内容：

（1）营业执照、组织机构代码证等。

（2）危险化学品道路运输经营许可证。

（3）危险货物水路运输许可。

（4）安全管理制度、物流管理系统建立情况。

（5）应急救援体系建立情况及应急能力。

（6）安全业绩。

2）运输工具资质审核

（1）铁路罐车，具备过轨协议、许可证，经专业部门检定有效，罐体及罐车附件情况良好。

（2）汽车罐车，具备危险化学品运输营运证、移动式压力容器使用登记证，配备 GPS 定位仪，车辆危险警示标志灯、标志牌等完好，车辆按规定进行定期检验、检测并合格有效，车辆已办理责任险和相关登记备案。

（3）船舶，持有有效的船舶所有权证书和船舶国籍证书、船舶证书档案，必须是符合相关要求的 2（Ⅱ）型船，船舶舱容表必须为北京、上海、广州船舶舱容表计量站所标定，投保船壳险、船东对船员的责任险、保赔责任险（污染），或加入船东互保协会（P&I），船龄内河运输不超过 18 年，海运不超过 20 年。

3）人员资质审核

（1）装卸设施所在单位的技术负责人、安全管理人员、装卸人员，要按规定取得政府有关部门颁发的资格证，包括特种设备作业人员证、危险化学品装卸人员操作证等。

（2）驾驶员应持有驾驶员危险化学品从业资格证。

（3）押运员应持有押运员危险化学品从业资格证。

（4）船员应持有危险化学品从业资格证，临水作业人员，应经海（水）上求生、消防、急救等专业技能培训。

2. 培训

（1）承运商须接受装卸作业 HSE 安全教育或安全告知才能入厂。企业每年应有计划组织承运商安全培训班，使其了解进出厂物料装接卸作业基本规范、事故应急措施。

（2）物流安全管理业务主管部门要与承运商、公司签订入厂三方提货管理协议，明确承运商入厂 HSE 安全管理、计量管理、质量管理要求和违约责任。

3. 行驶安全

（1）运输车辆进厂凭厂区通行证、提货单或送货证明，出厂凭出厂票或出厂证明。

（2）汽车槽罐车按规定的进出厂路线、规定的车速行驶，防止车辆碰撞管线、管廊、含油污水井等，不得擅动周边的设备设施，未经许可不得擅自进入其他区域和场所。

（3）外购危险化学品运输车辆进入厂区前，采购单位应及时联系接收单位，确定现场接卸时间和地点，在接收单位确认可送现场后，危险化学品运输车辆应按指定路线抵达现场。

（4）汽车槽罐车进厂后，应停放在专用停车场，不得占用消防道路。

（5）汽车槽罐车停车场、装卸车台按规定配备消、气防等应急装备、个人劳动保护用品，并完好。

4. 装卸作业安全

装卸作业现场管理部门应结合装卸作业特点，主动辨识承运商装卸作业存在的 HSE 潜在风险与环境因素，制定安全有效的装卸作业操作规定和表格化的检查条款。

1）汽车、铁路槽罐车作业

（1）装车前，应对车辆、槽罐、驾驶员、押运员资质等进行核查，并做好登记记录；同时对车辆原盛装的介质进行检查，防止与待装物料产生化学反应引发事故。

（2）汽车槽罐车进入装卸车位后，应立即熄火，并采取可靠的防止车辆误启动和防溜滑措施，正确安装静电接地卡。

（3）装卸鹤管、装卸臂、油气回收密封盖的安装，岗位操作人员应与司机或押运员共同完成，确保连接正确。

（4）装卸作业应严格按操作规程执行，由岗位操作人员进行各项操作，并做好装卸记录，严禁由驾驶员、押运员等外来人员实施装卸作业。

（5）要严格按照提货单进行充装作业，不得混装；充装量不得超过规定所允许的最大充装量，否则必须卸车，并不得任意放空。

（6）充装汽油、苯等易挥发性油品，要正确使用油气回收设施。

（7）装车完毕，静止时间应大于5min再停用油气回收设施，断开静电接地线。

（8）在装卸作业过程中发生异常时，应立即关闭紧急切断阀，并立即组织现场无关人员撤离。发生物料泄漏时，不得随意启动车辆，防止发生火灾爆炸事故。

（9）应尽量避免夜间进行装卸车作业，确因生产需要，必须进行夜间装卸车作业时，要加强现场安全管理和监护，制定夜间装卸作业专项方案和应急预案。

（10）装卸车作业时，15m以内区域严禁进行明火施工作业；当发生泄漏等紧急情况时，相邻范围明火作业必须立即停止。

（11）出现下列情况之一时，立即停止装卸作业：雷雨天气；附件发生火灾和出现火种时；充装设备、管线或罐车突然损坏或发生泄漏时；压力异常超过设计工作压力时；罐车液位失灵观察不到液位时；出现其他不安全因素时。

（12）铁路发货时，严格按照铁路部门批准的计划安排装车，在充装前和封车后，发货点均应对罐车的附件及相关附件进行安全检查，确认无误后方可装载和放行。

2）靠泊装卸作业

（1）装卸作业前，船岸双方对作业方案、联系协调、应急处置等达成书面一致意见。船岸双方应严格按照《船岸安全检查表》的内容逐条确认落实并签字，并在作业期间定期进行检查。履行安全确认手续后，由收(发)货方指定的现场负责人发出作业指令。

（2）装卸软管、装卸臂、油气回收管线的安装，岗位操作人员应与船方共同确认完成，确保连接正确。

（3）油轮装卸油期间，安装有输油臂报警装置的必须使其处于完好投用状态。

（4）要严格按照提货单进行装油作业，装油量不得超过规定所允许的船舶载重量。严禁由非码头作业人员在码头上实施装卸作业。

（5）油轮在泊期间严禁就地排放烃类、油类等有毒有害物质，严禁开大舱盖装卸作业。充装汽油、苯等易挥发性油品时，正确使用油气回收设施。

（6）码头输油管道、装载臂等装卸设备及金属构件、船岸跨接电缆应进行电气连接并设置防静电、防雷接地装置。上下船的出入口处及有爆炸危险场所的入口处应设人体静电消除装置。装卸时，双方操作人员应首先消除人体静电，然后检查确认油轮与码头间接地导线连接情况。

（7）装卸结束，应将软管、输油臂内的余油除净，关紧阀门，不得用高压水冲洗橡胶、塑料管，经过规定的静置时间后，才可将软管拆除，再拆除接地线。接地线连接点应远离易燃易爆危险部位。

（8）严禁随身携带易燃物品或火种，严禁在油船、趸船上吸烟，严禁穿带钉的鞋、靴和易产生静电的服装，严禁在防爆区域使用手机。装卸作业时应使用防爆电筒和防爆工具，严禁进行喷溅式灌舱作业。

（9）进行芳烃等毒性较大的物品装卸时，操作人员应佩戴有效的个人防护用品。

（10）在装卸作业过程中发生异常时，应立即关闭紧急切断阀，并立即组织现场无关人员撤离。发生物料泄漏等突发事件时，应立即关闭紧急切断阀、停止相邻范围明火作业、划定警戒范围，启动相应应急预案，采取科学有效的堵漏和污油回收措施，防止环境污染和发生火灾爆炸等次生事故。

（11）出现以下情况之一时，必须立即停止装卸作业：雷暴、风浪过大天气；附近发生火灾和出现火种时；装卸设备、管线出现泄漏时；压力异常，超过设计工作压力时；船舶移位、漂移超限时；排烟管冒火或附近发生火警等。

（五）承包商与施工作业管理

石化企业承包商管理，多年来始终是安全管理的薄弱环节：

一是与国内劳务工市场的大环境有关，作业人员普遍存在学历不高、缺乏石化企业从业经验、安全意识和技能薄弱等问题。某石化企业近年承包商受教育程度统计如图 1-2-6 所示。

二是承包商人员流动性大、人员年龄普遍偏大、缺少系统培训等，某企业 2021 年承包商人员年龄结构如图 1-2-7 所示。

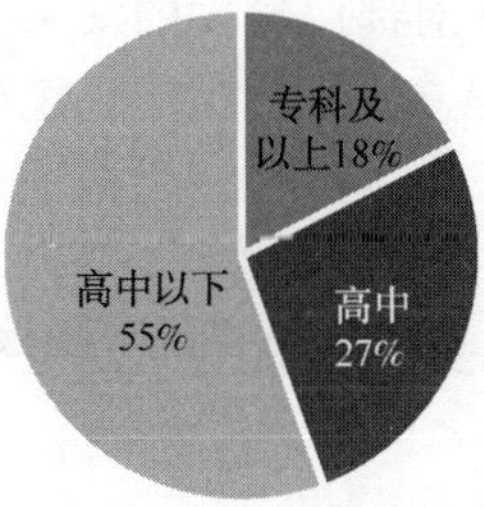

图 1-2-6 承包商人员受教育程度统计

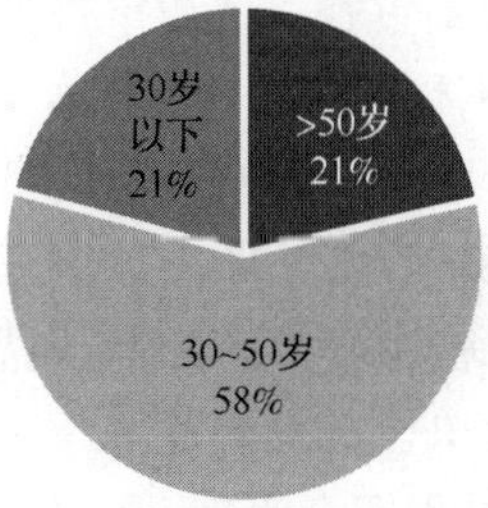

图 1-2-7 承包商人员年龄结构

三是单纯的商务手段，难以招到合适的承包商队伍。

四是承包商队伍近年来自有员工越来越少，大量使用临时性的队伍或人员，现场关键的管理人员配置不足，也导致了现场管理不到位等问题。

“有什么样的甲方，就有什么样的乙方”，鉴于国内承包商队伍现状，企业必须对承包商强势管理才是扭转承包商管理不到位的根本之道。

国外的承包商管理相对比较规范和成熟，以沙特阿美公司为例，HSE 管理体系的完善与否是沙特阿美公司选择承包商的重要条件之一，在进入沙特阿美公司市场之前的资格预审阶段，沙特阿美公司会仔细审查，如果不过关，承包商则失去投标的资格。沙特阿美公司有严格的分包商准入制度，会定期发布认可的分包商或供应商名单，如吊叉车公司、钻井大型设备搬运公司、探伤公司等，必须是名单内的公司。沙特阿美公司设置了特别机构，由一名副总裁负责，直接负责处置招投标中的受贿、造假、欺诈等事件，确保招投标过程公平透明。另外，沙特阿美公司特别重视工程施工过程的标准，坚持“说到的要做到”，严格按照投标和合同条件进行管理，缓解了“低价中标”的不利影响。

对承包商必须在入场资质、关键人员面试、人员培训、工机具检验、实操验证等环节进行细致把关，才能为后续的工作带来保障。近年来，许多炼化企业采取了比较好的做法，把安全业绩作为承包商选商、用商的重要条件，对承包商的项目负责人、技术人员、现场安全员等关键人员进行面试，并且要求施工期间必须在工作区域等。另外，国内企业也在逐步建立承包商的 QHSE 体系审核，通过审核，促进承包商自主管理，也能和企业的管理标准相统一。

国内企业现在业务外包已经比较普遍，涉及的单位和人员数量也具备一定的规模。但这部分也是我们管理的盲区，需要引起高度重视。

在施工作业环节，关注的重点应是特殊作业的风险管控，如高处作业、受限作业等。由于石化行业的特点，作业的对象大多含有可燃、有毒有害介质，这也是人员中毒和着火爆炸事故的易发因素，对作业前的能量隔离至关重要，以确保作业环境安全。

1. 企业对承包商的管理重点

企业应指定部门负责承包商管理，组织制定相关的管理制度，明确工作程序。在组织上，由承包商主管部门归口、相关部门配合，建立承包商准入标准、过程管控和退出机制，动态更新承包商档案库。相关部门按照业务分工，负责业务范围内承包商的 HSE 管理。基层单位负责属地承包商 HSE 管理。

1）资质审查

招标前，项目主管部门应审查招标文件中承包商的施工、安装资质等级及安全资质要求，确保与承担的施工项目相适应，工作业绩能满足项目的需要。HSE 部门参与承包商 HSE 资质和业绩审查。资质审查的内容包括但不限于：政府部门颁发的安全生产许可证情况；HSE 管理体系或安全管理体系、安全生产标准化的建立及运行情况；主要负责人、项目负责人、专职安全生产管理人员取得政府部门颁发的安全生产考核合格证书情况，特种作业人员和特种设备作业人员持证情况；近三年的安全业绩情况(主要包括安全事故率、损失工时率、总伤害率及事故简要描述等)。总承包单位负责分包商施工资质和安全资质审查，并报建设单位批准或备案。

2）招标过程安全管理

招标文件中应明确提出以下要求：安全保证措施的要求；工程分包控制措施的要求；特殊作业及危险性较大的施工现场必须配备安全视频监控设施的要求，安全防护措施费用单列、专款专用的要求；对施工过程中存在的危害因素进行风险分析，制定安全措施和应急预案的要求；现场管理人员、特种作业人员的配备要求。

3）合同管理

合同中应约定：开工前，承包商必须根据工程项目安全施工的需要，对参加项目的所有员工进行安全培训，并将培训和考试记录报送建设单位备查；明确对参与施工人员工种及技能的要求，主要施工机具设备的种类、规格、性能要求，以及分包项目内容与管理的要求；应明确参与项目建设的项目负责人、安全负责人、质量负责人、施工负责人名单，不得擅自更换；明确特种作业人员和关键工种人员的资格要求、报审程序，进场前报项目主管部门审查；承包商必须提交项目现场的危险性较大的分部分项和超过一定规模的危险性较大的分部分项工程清单。

合同中应根据当地建筑市场或本企业项目管理的能力，明确脚手架工程和大型特殊设备吊装工程的管理或分包的方式；明确安全防护措施和脚手架计费标准及费用使用审批方式，确保专款专用；签订工程合同时应同时签订安全生产管理协议，将其作为合同附件。

4）分包安全管理

禁止项目转包、违法违规分包。实施分包的工程，安全责任不能分包。总承包商、分包商应按照分包合同中的安全管理要求实施管理，若变更安全管理职责、界面，应重新签订分包合同。

总承包商与分包商签订工程合同时，应按照合同签订过程安全管理相关规定进行，并报送建设单位备查。施工总承包单位进行专业分包时，不得扣减脚手架费用和安全防护措施费用；总包单位对脚手架工程单独分包时，不得以管理费名义扣减任何费用。

劳务分包上，不得以劳务分包的名义进行专业分包。进行劳务分包时，施工现场管理机构应由劳务分包的发包单位组建，技术文件由发包单位负责编制，安全劳动保护用品等均应由发包单位负责提供。劳务人员应有相应的资质，业务技能与从事的施工项目相适应。劳务分包项目中的关键工种应杜绝临时零星用工。

发包单位应对劳务人员中的特种作业人员、特种设备作业人员、工程需要的其他人员进行业务技能的培训、考评，完善班组建设，并报送建设单位备查。分包单位应对劳务人员的身份证复印件、特种作业操作证、特种设备作业人员证或上岗证复印件进行建档保存，并报送建设单位备查。

5）施工前安全管理

（1）人员入厂。参加项目的承包商所有人员应有（职业）健康体检合格证明，无从事作业所涉及的工作禁忌证，现场施工人员的年龄不应超过法定退休年龄，从事高空作业及特种作业的人员年龄，男性不宜超过50周岁，女性不宜超过45周岁。参加项目的所有人员应经过当地公安系统进行身份信息采集、比对，防止无关人员进入现场。

（2）教育培训。承包商人员经内部培训合格后方可申请进行企业入厂培训。入厂培训由HSE部门负责，重点围绕公司规章制度、风险告知、应急管理等方面开展，培训合格后方可办理入厂手续。属地培训由二级单位/基层单位组织培训，重点针对属地风险告知、应急措施和作业风险防控等开展，培训合格后方可开始办理作业手续。业务部门负责承包商人员特殊工种的审查、考核。

（3）人员管理。进入厂区的承包商人员必须进行全员身份识别。入厂证件应在有效期内。列入黑名单的承包商人员，应立即注销入厂资格。

（4）工机具入厂。专业部门组织或委托第三方，对承包商使用的设备、机具的完整性进行检查，检查合格、张贴标识后方可入场。

（5）开工手续办理。建设单位、监理单位、施工单位对作业现场共同进行检查，确认已具备安全作业条件后，方可办理开工手续。

6）现场作业安全

（1）施工方案。施工方案包括现场作业方案和HSE方案。主管部门、监理单位、基层单位应按照规定审核施工方案，做到“双交底”。“双边工程”作业现场挂牌标识。需专业评审的施工方案应组织专家论证后方可实施。

（2）风险评估。企业应加强正常生产区域内作业的计划管理，减少生产区域内高风险作业。基层单位应论证作业的必要性和可行性，确需作业的，提出作业申请。

（3）风险辨识。企业应组织作业前风险识别，坚持风险不受控不作业。基层单位应组织工艺、设备、安全、班组、仪表、电气等专业人员，和施工单位共同开展作业风险评估，确定风险等级，属于较大及以上风险的，按照审批权限分级上报作业申请。业务主管部门负责组织本业务较大、重大作业风险的评估、审核和批准。主管部门负责组织公司重大风险作业的评估、审核、批准。主管部门根据作业各级审批意见，统计和公示公司作业月、周、日计划。

（4）作业许可。所有作业必须许可、现场签发。未经许可不得作业。

（5）方案交底。监理单位对安全技术措施或专项施工方案进行审查，属地单位、施工方必须在现场对施工方案、风险防控措施和应急方案进行检查，双方交底签字、挂牌确认。情况发生变化的，应重新组织风险评估，落实防范措施。作业许可申请人、接收人、监护人、审批人必须经过培训合格。

（6）现场监管。基层单位负责现场作业安全监管，高风险作业实行基层单位和承包商双监护，监护人必须经培训并取得相关资格证书。主管部门和业务相关部门应掌握较大及以上风险作业动态，组织开展现场检查。二级/基层单位应将较大及以上风险的作业现场作为重点监管内容。施工结束后，基层单位应安排现场验收，许可证验收存档。

（7）企业应依据项目进展和不同阶段的安全风险，对承包商管理人员、施工人员的安全教育和能力验证实施动态管理。

7）检查考核

企业应制定承包商 HSE 积分考核办法，考核结果与承包商（分包商）单位、监理单位绩效评价、业务承揽量、“承包商及个人黑名单”等挂钩。承包商主管部门应每年组织承包商管理情况总结，提出改进建议。

企业应定期开展承包商 HSE 管理体系审核，促进承包商内部体系有效运行。

2. 案例：直接作业管理系统

某企业为控制作业风险，利用信息化手段，建设直接作业管理系统，实施月、周、日作业管控机制，形成作业预申报、风险预分析、措施预安排的作业风险管控模式，取得较好效果。系统的主要功能介绍如下：

1）作业预申报

根据设备预防性策略、设备现实状况和生产情况拟定作业月计划。根据月作业计划，基层单位通过“直接作业管理系统”申报每周、每日作业计划，评估作业风险和系统风险。按照生产调整、检维修、技措技改、安全环保和热工 5 大作业分类和风险等级，设置计划的审批流程，经审核形成待执行的作业计划。

2）风险预审核

风险评估必须做到“两个必须”：所有作业必须识别是否涉及用火、受限空间、硫化氢、盲板和业务外包单位；所有作业必须识别是否涉及相关运行部，避免作业导致系统风险。风险管控系统自动计算当天风险总值，当超过该运行部最高风险总值时系统给予自动提醒，并向相关领导以短信形式发送当天作业信息，督促提醒运行部合理安排作业计划。

3）措施预安排

根据“直接作业管理系统”中已预审的待执行作业计划，基层单位每天 16：00 召开由工艺、设备、安全、班组、仪表、电气、保运等 7 大专业人员参加的专业协调会，共同对次日各项作业开展 JSA 分析，通过“九确认、五评估”分析现有控制措施，拟定补充控制措施。

"九确认"：确认作业内容、作业时间、作业必要性、作业风险和系统风险、作业单位，确认是否用火、是否受限空间、是否盲板作业、是否涉及有害介质；"五评估"：评估作业的风险和制定防范措施，评估施工单位的人力资源、检修机具是否充足，评估施工作业所在装置的作业内容是否存在交叉作业，评估监护和配合人员是否充足，评估视频设备是否充足。

4）风险分色预警

根据每日作业票数量及风险分级对区域安全风险进行研判，形成每日风险分布和区域风险等级动态公告，并以红、橙、黄、蓝四色进行风险预警，并在运行部和公司大门电子显示屏进行公示。

通过"直接作业管理系统"，有效规避、消减、控制了作业风险，同时识别出了某项作业对上下游相关作业的影响，避免高风险作业交叉的系统风险。每日作业管控清单让员工和承包商都能清楚当天装置现场的作业位置、作业内容和作业风险，各级管理人员依据风险管控系统发布的作业信息有的放矢地进行检查、管理。

（六）变更管理

1. 变更管理的必要性

变更管理适用于企业生产经营活动中发生的劳动组织变更、生产运行变更、工艺技术变更、设备设施变更等。变更按一般、较大和重大变更实施分级管理。变更过程是企业安全管理的重点之一。变更过程往往伴随着风险的变化，即原有的安全保护层被打破，新的保护层如果存在缺陷，风险不受控，事故就容易发生。

（1）工艺变更引起的事故，如：某企业焦化装置原设计辐射进料泵预热为内循环流程，改为进重污油罐后，工艺发生了变更，工艺卡片温度不允许超过95℃，但由于预热油温度约350℃，造成重污油罐内温度达到157℃，罐内液体突沸造成罐体撕裂，引发火灾事故。

（2）施工变更造成的事故，如：2018年某企业苯罐"5·12"燃烧爆炸事故，苯罐检修由密封更换变更为复盘整体更换后，作业内容发生重大变更，但没有重新制定工艺处理方案，没有组织制定施工方案，没有进行作业危害分析。浮盘变更也未履行变更管理手续，也未进行风险评估，在施工过程中造成燃烧爆炸，导致6人死亡。

（3）组织变更造成的事故，如：1984年印度博帕尔发生的泄漏事故，美国联合碳化物公司在印度合资的农药厂发生有毒气体泄漏，事故造成6495人不治，12.5万人中毒。事故调查发现，农药厂一年前更换了厂长，新厂长有很好的财务背景，但是对于安全和生产知之甚少，并采取了一系列措施来节约成本，如使用廉价材料、现场维护保养不到位、安全仪表失灵失修等，同时他还减少员工数量、缩短员工培训时间，原本每个班组有1名主管、3名领班、12名操作工和2名维修工，后来减至1名领班和6名操作工。操作人员培训由6个月减少至15天。

因此，石化企业应采取严格的手段，一方面要尽量控制变更，杜绝随意变更，另一方面，要严格变更的程序管理，每个经营活动的变更、每个生产经营环节的风险都要识别、确认、把关，保证措施落实到位。

2. 变更管理的职责和原则

（1）企业应指定变更管理主管部门，建立相关的规章制度，明确管理程序和工作目标。各职能部门为相应专业变更管理的归口部门，负责各自分管业务范围内的变更管理、变更事项的日常监督检查。变更申请单位（部门）为变更事项的属地单位，负责建立变更台账，成立变更评估小组，开展变更安全风险评估，制定和落实风险管控措施，对变更项目的安全可靠性负责。

(2) 谁主管谁负责、谁变更谁负责、谁审批谁负责的原则。按照业务分管、属地化管理和岗位职责对各自负责领域的变更负责，审批人应对审批的结果负责。

(3) 变更应当评估和批准的原则。严禁未经风险评估批准变更，严禁未经批准实施变更。

(4) 变更应当降低风险的原则。严格执行安全风险评估，变更后不得带来不可接受的风险。

(5) 尽可能减少变更的原则。能不变更的不变更，尽量减少紧急变更。

3. 变更管理流程

变更管理流程包括：变更识别、变更申请、变更风险评价、变更审批、变更实施、变更后续管理、变更关闭和变更后评价等环节。

变更的风险评价包括：风险评价的组织、变更的影响因素审查和风险评价、变更的风险控制。

变更的后续管理包括：变更管理台账、文件资料完善、培训等。

变更审批按照风险级别分级审批。变更申请单位负责人负责属地一般变更项目的审批；主管业务部门负责人负责本业务较大变更的审批；重大变更须经公司安全总监和相应业务的副总师审核风险管控措施，由公司分管领导审批。

构成公司重大风险的变更，须由公司风险管理小组组织审批。重大变更应制定相应的应急预案。

4. 变更管理重点关注点

(1) 工艺变更重点关注：工艺技术和路线的变更；化工原材料的变更；联锁、报警的变更；应急的变更；公用工程的变更；开停工统筹等。

(2) 设备变更重点关注：型式、材料或材质等的变更；润滑的变更；电气、仪表、常压储罐、特种设备、安保设施的变更；安全阀、爆破片等安全设施的变更；设备设施的停用等。

(3) 劳动组织变更重点关注：劳动工作制的变更；定岗定编的变更；业务外包的变更；岗位人员的变更；工期变更等。

5. 变更实施和关闭

变更应当严格按照变更审批确定的内容和范围实施，变更申请单位(部门)应当对变更实施过程进行管理。

变更实施前，变更申请单位(部门)要对参与变更实施的人员进行技术方案、安全风险和防控措施、应急处置措施等相关内容的技术交底或培训；重大变更实施前，申请单位应对变更实施的相关工作进行公示。

变更投入使用前，变更批准部门(单位)应当组织投用前的条件确认。主要对变更所涉及的管理、操作和维护人员的培训情况，对相关单位变更告知情况，对变更涉及的管理制度、操作规程、P&ID 图、工艺参数等技术文件和相关信息数据系统的修改情况进行确认。条件具备后方可投用。

变更实施过程中应当加强风险管控，确保实施过程安全。严格执行作业许可制度，高风险作业应当开展 JSA 分析。

需要紧急变更时，应当执行应急处置规定，在风险预判可控的情况下经现场负责人同意先行实施。实施期间应当做好相关技术记录，并及时按变更程序进一步开展风险评估，制定和落实风险管控措施，补办变更审批手续。

变更项目实施完成并正常投用后，由变更申请单位(部门)提出申请，由变更事项批准部门(单位)负责变更关闭审核。

变更关闭申请单位(部门)应收集完整的变更资料，包括变更申请、方案、风险评估及管控措施、培训记录、修改完善的制度以及投用后的运行情况等，提交给变更批准部门(单位)审核。

变更项目关闭后，由变更申请单位(部门)纳入正常管理范围进行管理。

变更申请单位(部门)应当建立变更台账，台账内容应当包括变更编号、变更名称、变更类型、变更评估小组成员、变更风险评估结果、变更审批情况、变更关闭等。

(七) 应急管理

应急管理不仅包括企业对突发事件的管理，还包括消(气)防管理等方面。应急管理是企业遇到突发事件的最后一道工序，如果处置不当，就会导致突发事件演变成较大的事故。如：2012 年 8 月 6 日，雪佛龙里奇蒙德炼油厂原油处理装置操作人员发现粗柴油管线有泄漏迹象，但班长认为还不至于让装置马上停车。经理、工程师、工艺员讨论决定首先查找漏点。正在拆除保温时，大量轻质蜡油从管线中喷出并着火，但火势马上被扑灭，消防员也试图用高压消防水将管线上的保温材料冲洗干净，但这时泄漏量却在瞬间扩大，大量物料从管线中喷出。炼油厂不得不启动紧急停车程序，但为时已晚。装置运行应以安全为前提，在危及安全的情况下，该停则停，避免异常状况演变成事故。

按照《中华人民共和国安全生产法》和《中华人民共和国突发事件应对法》等法律法规的要求，为应对突发状况，石化企业要编制有针对性的事故应急预案，进行应急预案演练，建立应急救援队伍，进行应急物资储备，做好应急值班值守等。除了关注企业整体应急处置体系外，也要关注初期应急处置，出现险情，如果处理及时，可以减轻后果，甚至避免事故发生。

企业应建立健全应急管理组织机构，不断强化应急准备，遵循"企业负责、专业管理、分级响应、统一协调"的原则，提高企业突发事件应急救援能力，预防发生次生灾害，保障企业员工和公众的生命安全，最大限度地减少财产损失、环境破坏和社会影响。

1. 应急组织

企业是应急管理的责任主体，应建立健全应急管理组织体系，明确各部门、各岗位的应急管理和处置职责。

企业 HSE 应急指挥部是应急管理工作的领导机构，企业主要负责人是法定的应急管理第一责任人。

企业应结合实际明确应急管理的牵头部门和相关责任部门，牵头部门主要负责统筹编制应急专业的制度及预案；相关部门按照"谁主管、谁负责"原则负责编制本专业的预案，针对本专业可能发生的突发事件做好应急准备和应急处置。

企业各基层单位应明确应急管理的负责人。基层班组落实全员应急责任，加强全员应急知识、技能培训和应急预案演练，提升应急能力。

2. 应急预案

(1) 预案体系。企业应按照分级分类、简明实用的原则，建设"横向到边、纵向到底"的应急预案体系。其中，企业级预案一般采取"一个总体预案+多个专项预案"的结构，覆盖自然灾害、事故灾难、公共卫生事件和社会安全事件等四类突发事件。二级单位可根据本单位实际情况和地方政府要求编制应急预案，也可只编制现场处置方案。基层单位重点编制现场处置方案，并针对具体岗位制定应急处置卡。

（2）预案编制。应急预案应依据风险评估结果和应急资源情况进行编制。预案应以应急处置为核心，明确应急职责，规范应急程序，细化保障措施。应急处置卡是现场应急预案的有效载体，应根据现场应急预案，突出人员抢救和初期工艺处置等内容。预案编制应依法成立工作小组，由主要领导牵头，工艺、设备、安全、消防等相关专业参与。

（3）预案评审与发布。企业应急预案和现场处置方案应组织专家审核后，由本单位主要负责人签署后公布，按要求报送政府相关部门备案，并向社会、本单位从业人员公布。

（4）预案定期评估。企业应不断完善应急预案，至少每年组织一次单位内部专家评估。评估应重点关注重大风险是否变化、启动条件是否清晰、应急信息上报和指令下达程序是否畅通、应急组织职责分工是否明确、应急处置程序和现场处置措施是否具体实用、应急资源是否变化，以及预案附件信息是否动态更新。

（5）预案修订。预案发布后，要通过定期评估、演练等形式进行验证，当预案规定的内容出现变化或执行出现问题时，应及时修订。例如，当法律法规或上位预案等编制依据发生重大变更的；应急指挥机构及其职责发生调整的；本单位生产工艺、技术或设备发生重大变更的；安全风险发生重大变更的；重要应急资源发生重大变更的；预案中的其他重要信息发生变更的；特别是在应急演练或应急救援中发现问题的，应尽快组织修订。

3. 应急演练

（1）演练计划。企业应制订应急演练计划，演练计划应涵盖不同类型的突发事件或安全风险，企业应急管理部门一般应在每年底组织相关职能部门对二级单位/基层上报的演练计划进行审核，并在年初下发审定的全年应急演练计划。企业要按照演练计划组织实施演练。

（2）演练组织。企业级演练，由专项预案主管部门组织，演练总指挥由预案主管部门负责人及以上领导担任；二级/基层单位演练，由所在单位领导担任演练总指挥；班组级演练，由班长担任演练总指挥。企业层面每半年至少组织 1 次演练，二级单位每季度至少组织 1 次演练，基层单位每月至少开展 1 次应急演练。企业主要办公场所所在建筑物每年至少组织 1 次建筑物应急处置或人员疏散演练。

各单位要针对重大风险、生产异常、设备故障等实际情况，以熟练掌握预案为目的定期组织应急演练。演练不能为演而演，要结合企业实际，哪些部位容易发生事故或者行业内曾经发生事故，就作为演练目标。

（3）演练评估。应急演练结束后，应对演练效果进行评估，提出改进措施和建议，形成演练评估报告，对改进措施和建议进行闭环管理。

4. 应急资源

（1）应急队伍。企业应根据应急处置需要建立专职消防队伍和其他专（兼）职应急队伍，负责消（气）防、应急抢修及其他综合应急救援工作，没有专业队伍的企业，必须与邻近的具备相应能力的专业救援队签订应急救援协议。消防专职队实行严格的准军事化管理，按正规化建设要求规范队伍管理，规范学习、训练、工作、执勤和生活秩序。建立训练检查考核制度，定期开展技术、战术、体能训练和实战演练。基层单位建立义务应急（消防）队，队员应掌握预防火灾的措施和扑救火灾的方法，具备自救和互救的能力，熟练掌握危险化学品应急处置要求，熟练使用消（气）防器材，会引导应急车辆，会扑救初起火灾，会组织疏散和警戒，熟悉本单位疏散通道和紧急集合点。参与企业、基层单位组织的应急演练和应急救援。企业应建立包括工艺、设备、电气、消(气)防、环保等专业的应急专家库，为危险化学品等应急处置提供技术支撑。

(2) 应急物资。企业应根据相关标准和规定合理储备应急物资，建立应急物资台账，定期检查测试、维护保养，确保应急物资齐全、完好、可用。企业应设置应急物资专用仓库，安排专人负责。常规物资检查周期不少于每季度 1 次，潜水泵等机电设备类应急物资，半年试运转 1 次。企业应动态掌握周边单位溢油回收、管道抢修、动力、照明、通信、排水等大型装备信息，建立相应工作机制，充分利用外部应急资源，提升重大突发事件应急综合保障能力。

(3) 应急信息平台。企业应建立应急指挥中心，配备应急值班人员，明确 24 小时应急值守电话，做好各类突发事件的信息接报、传递工作。该中心一般与企业生产调度合署办公，具备条件的还应整合企业消(气)防、治安保卫等专业共同应急值班。企业应急指挥中心应配置应急信息平台，具备应急值守、视频监控、监测预警、应急会商、联动处置、辅助决策等功能，有效实施日常安全监控和突发事件快速处置。通过运用先进信息技术手段，推动应急自动响应、应急信息共享，提升应急处置效率。

另外，要加强安全生产与消(气)防监管联动工作，将“119”接处警、视频监控、报警仪等进行集中管理和一体化联动。应急指挥平台可集成“119”接处警系统、工业电视、RDK(无线浓度检测仪)、可燃性气体报警系统、实时数据库、三维平台等数据源，通过建立监控预警与分析模型，实现信息快速传递，有效提高企业风险防范和应急响应能力。

(4) 其他。企业应根据应急工作需要建立其他应急资源，如应急资金保障、医疗保障、通信保障、运输保障、技术保障和治安保障等。

5. 应急处置

(1) 推动应急关口前移。关注生产异常情况，提前开始应急准备。落实“管安全就是管风险，管风险就要关注异常”“泄漏就是事故”的理念，加强生产、储存、运输、施工等各环节工艺、设备、人员的异常情况的安全管理，及时有效处置各类异常情况。企业通过有毒(害)气体、可燃气体、火灾探测等监测监控设施，对异常状况实时监控，及时研判事故风险、发布预警信息。基层单位应对工况异常和工艺设备报警划类分级，细化上报条件和流程；同时按照“防小防早”的原则开展应急处置，发现工况异常和工艺设备报警，及时采取工艺等措施控制危险源、封锁危险场所，防止事态扩大，突发情况时应及时研判是否提前启动应急预案。

(2) 及时做好突发事件上报。突发事件发生后，企业应根据地方政府信息报告要求，按时上报信息。

(3) 及时启动应急预案。达到应急预案启动条件后，应第一时间启动预案。生产(调度)部门接到应急报告后，立即通知相关职能部门、应急指挥中心，按照以下流程启动企业总体应急预案和相应的企业级专项应急预案：

① 事件已达到企业级触发条件时，生产(调度)部门值班长可直接启动企业级应急预案。

② 当事件情况不明时，由事件主管部门负责预测事件等级，依据预测结果提出是否启动企业级应急预案意见，并由主管部门或者生产(调度)部门报应急指挥中心同意启动企业级应急预案。

③ 当基层单位请求启动企业级应急预案时，由生产(调度)部门报应急指挥中心同意后启动企业级应急预案。

④ 当地方政府已经启动应急预案或者要求企业启动应急预案时，由生产(调度)部门报应急指挥中心同意后启动企业级应急预案。

（4）现场应急指挥。企业在应急预案启动后，应在第一时间成立现场应急指挥部，统一指挥协调现场应急处置工作。企业现场应急指挥部应配备应急对讲机、便携式气体报警仪、标识标牌等物资，明确各应急小组的应急职责，日常管理工作由消防部门负责。现场应急指挥部应设置疏散警戒区和抢险隔离区，撤离与应急救援无关人员，对现场实行隔离保护，妥善处置应急处置过程中产生的各类污染物。应采取拦截、导流、疏浚等形式防止水体污染扩大；采用燃烧、喷淋等方式防止大气污染扩大；采取隔离、吸附、打捞、中和等方式处置污染物。在应急处置过程中，当遇到危及人身安全的险情时，现场指挥员有权下达撤离命令。

（5）企地协同响应。对于可能影响周边企业、公众的突发事件，企业应及时向地方政府、周边企业和社会公众发出预警信息。日常要建立应急指挥协调机制、制定企地联动应急预案、定期组织企地联合演练、组织应急知识宣传教育，把应急准备工作做在前面。企业应建立应急事件网络舆情监控和信息发布机制，及时、准确、客观地向社会发布事件发展和处置进展情况。当应急事件超过或者可能超过企业应急处置能力时，企业应急指挥中心应及时向地方政府求援。

（6）应急响应终止与总结评估。当突发事件得到有效控制和处置，现场无次生、衍生事件风险，事发单位进入恢复阶段时，由企业应急指挥中心主任或其授权人员下达应急响应终止指令。应急响应终止后，应持续采取必要措施，对废弃物和污染物进行妥善处置。另外，要对突发事件造成的损失进行评估，尽快恢复生产、生活、工作和经营秩序；对受影响的人员及家属，及时制定救助、补偿、抚慰、抚恤、安置等善后工作计划并组织实施。应急响应终止后，要组织对事故基本情况、应急处置过程进行总结，分析处置过程中遇到的问题、取得的经验和吸取的教训。

6. 消(气)防管理

（1）消防水、消防通信、消防通道、消防设施等消防规划内容纳入本单位的总体规划。企业应从设计源头抓好消防安全，将消防安全布局、消防站、消防给水系统纳入总体规划并实施。企业建设项目的消防设计、施工必须符合国家、行业工程建设消防技术标准。

企业应当建立常规消防安全检查、消防专项检查和日常防火巡查等消防安全检查制度，根据实际确定检查人员、内容、部位和频次，填写检查记录，发现问题及时整改。

企业关键生产装置开(停)车与紧急抢修、存在重大安全风险的用火作业、生产装置(罐区)消防水中断、举办大型群众性活动等，应当安排消(气)防监护。

企业要按国家要求每年开展一次消防安全风险评估。评估应结合企业火灾风险分析，重点对稳高压消防水和泡沫、干粉、气体灭火等各类消防设施是否完好，能否满足各类改扩建后的救援需求进行测试、评估，全面摸清企业消防管理现状。

（2）消防设施管理。企业应健全消防设施管理制度，配置在生产现场的消防设施，应建立岗位日常巡检与专业定期检验相结合的工作机制，明确属地管理职责，落实责任人员，定期组织检查测试，确保消防设施完好备用。

企业应明确消防设施维护保养单位，建立定期工作机制，确保火灾自动报警、消防供水、消防泡沫等各类消防设施完好备用。同时依法委托具有资质的消防技术服务机构对自动消防设施进行维护保养，做好维护保养记录。

企业应当加强消防产品的采购、施工安装和竣工验收等环节的监督管理，使用的消防产品必须符合国家、行业及企业标准。企业消防安全管理部门应当参与消防设施、消防产品等装备器材和消防药剂的设计选型、采购招标和验收工作，严把技术质量关。

(3) 消(气)防培训。企业应明确各岗位必须熟练掌握的消(气)防技能，对本岗位的消(气)防设施做到“四懂四会”和“气防一能”要求，即：懂得岗位火灾的危险性，懂得预防火灾的措施，懂得扑救火灾的方法，懂得逃生自救的方法；会使用消防器材，会报火警，会扑救初起火灾，会组织疏散逃生；能正确使用气防器材。

企业消防安全管理部门应对在岗职工开展常态化的消(气)防技能培训，主要包含火灾报警及应急处置原则，消防水炮、室内消火栓、各类型灭火器和空气呼吸器佩戴等内容。完善空气呼吸器、灭火器、消火栓、消防炮等消(气)防设施器材的标准化操作步骤，指导员工快速掌握消(气)防应急技能。

企业要组织消防安全责任人、专职消防管理人员、消防控制室值班与操作人员、消防员等依法参加取证培训，做到持证上岗。

第三节 环保管理

环保管理，是指管理者为了实现预期的目标，对经济、社会发展过程中施加给环境的污染和破坏性影响进行调节和控制，实现经济、社会和环境效益的统一。“十二五”以来，环保“三大战役”(水十条、大气十条、土十条)逐步打响，国家推动生态环境保护决心之大、力度之大前所未有。各种环保要求和标准日益严格，“史上最严”环保法修订出台，石油炼制和石油化学污染物排放新标准开始实施，国家污染防治攻坚战扎实推进，环保标准不断提高；中央环保督查、生态环境部“回头看”、地方环保检查等力度不断加大，环保执法力度空前强大。

石油化工作为高能耗、高排放行业，企业环保守法意识是否到位、污染物排放是否稳定达标、危废全流程管控是否规范、VOCs 综合整治是否全面，直接影响着环保工作成效，关系着石化行业绿色发展和社会形象。

一、环保综合管理

(一) 环保管理策划

(1) 企业在生产经营等各项活动中应认真贯彻执行国家和地方环境保护法律法规，坚持生产与防治并举，发展与环保并重，持续推进清洁生产，实现经济与环境可持续、协调发展。

(2) 企业应将环保规划纳入整体发展规划，把污染物减排计划纳入生产经营计划。

(3) 企业在生产工艺技术开发过程中应同步研究解决该技术带来的生态环境问题。应加大环保技术研发，持续开展绿色工艺、清洁生产、污染防治和应急处置等环保新技术、新产品、成套设备的研究、开发和应用，推动环保技术升级。

(4) 企业应开展节能减排工作，最大限度地利用各种工艺废气、高温烟气、工艺废液、废渣、余热和冷凝水等资源和能源，做好节电、节水、节汽工作，降低能耗，控制和消除污染；充分利用国家政策，开展“三废”综合利用项目的认定，充分享受国家和地方的相关税收优惠政策。

(5) 企业应按环境因素识别与评价管理程序对所辖活动、产品和服务中产生的环境因素进行识别和评价，对识别出的重要环境因素进行控制。

(6) 企业应按照环保部门下达的环保目标和任务，制定出符合实际的环境保护目标、指标，并把目标、指标分解到基层单位执行，并对目标、指标和措施实施情况进行监督检查、考核和通报。

(7) 各基层单位应于每年初制定出本单位环保目标、指标和控制措施或通过管理程序进行有效管理，达到预防或减少环境污染的目的。环保目标、指标须量化；环保治理措施要确保技术可行、经济可行和环境可行，明确时间、进度、责任人，落实资金。

(二) 环保依法合规管理

(1) 企业应建立健全环保规章制度，分层级设置环保管理机构，配备满足需要的环保管理人员。各单位应明晰各级和各岗位环保责任，将环保考核指标完成情况与绩效考核挂钩，健全环境保护责任追究制度。

(2) 企业应依法申领排污许可证，必须达标排放、按证排污。定期分析污染物总量控制指标和排污许可总量执行情况，督促各单位落实污染物总量控制工作。按时完成执行报告，严格执行排污申报登记制度。

(3) 企业应当按照环保税法的要求按时、足额完成纳税义务。

(4) 企业应持续开展清洁生产工作，采用清洁的工艺技术、装备、资源、能源，从生产装置的设计、施工、运行全生命周期，提高能源资源利用效率，从源头和生产过程减少污染物产生。建立清洁生产长效机制，定期进行清洁生产审核。

(5) 炼油企业应建立公司环境监测体系。完善在线监测系统，并按要求与地方政府联网；配备满足实际需要的监测实验室、仪器设备和人员，能力不足部分应委托具备资质的第三方环境监测机构开展环境监测；健全环境监测质控保证体系，确保监测数据真实可靠。

(三) 建设项目环保管理

(1) 新建、扩建、改建项目过程中，应当严格执行环境影响评价、环保“三同时”、竣工环保验收、排污许可及环境影响后评价等制度，做到依法建设，合法开工。

(2) 在制定发展规划和产业布局时，应充分考虑国家和地方生态保护红线要求，规避生态保护红线区域，采取有效措施减少对生态环境的影响。

(3) 严格执行国家生态保护相关要求，项目建设、运营按要求制定和落实生态保护方案，采取有效措施降低对生态环境的扰动，按要求开展生态调查、监测、修复和统计，保护生物多样性，保障生态安全；严格遵守国家和地方生态保护红线管理规定，禁止在生态保护红线区域内建设不符合要求的生产设施。

(4) 建设项目应符合国家和所在区域的发展规划、产业政策、环境功能区划和环境承载力等要求，严格执行环境影响评价、环保“三同时”、竣工环境保护验收、排污许可及环境影响后评价等制度，按照要求开展环境监理。

(四) 环保装置(设施)管理

(1) 应对生产装置及厂区的对外排放口设置规范的采样口、环保标志牌等，满足排放标准和技术规范要求。

(2) 应将环保装置(设施)与生产装置同样管理。认真执行设备管理制度，加强环保设备设施的运行、维护、检修和更新，确保环保设备设施完好，运行稳定。

(3) 加强环保装置(设施)的运行管理，确保“三废”处理设施的平稳运行和“三废”达标排放。

(4) 不得擅自停运环保装置(设施)，不得损坏或擅自拆除环保装置(设施)。需要停运环保装置(设施)的，应向企业相关部门报告，并取得地方环保行政部门备案同意。

(五) 环保宣传教育与培训

企业应开展环境保护法律法规和环保知识的宣传教育，提高全体职工的法制观念、环保意识和环保管理水平；定期组织环保专业培训。应对职工开展经常性的环保教育，宣传环保方针、政策，普及环保知识，树立自觉保护环境的风尚和社会公德。

(六) 环保信息沟通协调

企业应建立日常生产运行环保信息、调度会环保信息等环保信息沟通渠道，及时通报、落实、解决有关环保问题。因异常工况导致污染物超标排放时，及时向地方生态环境主管部门报备。开展环境保护信息化建设，及时如实公开环境信息，建立与周边社区居民生态环境信息沟通机制，接受社会监督。

企业应建立与各级政府沟通协调机制，定期、不定期与地方政府进行沟通，主动汇报环保工作动态，畅通信息渠道，争取政策支持。

二、“三废”管理

“三废”是指生产经营、建设、产品和服务提供等过程中所产生的废水、废气和固废。“三废”的不合规排放，危害人类生存环境、健康以及生活质量，是环保执法部门管控的主要内容，“三废”达标排放、合规处置是企业环保管理的重要环节，是依法合规生产经营的重要前提，是长远生存发展的重要保障。

企业设立“三废”归口管理部门，实行日常管理和专项检查相结合，负责“三废”管理的检查、监督及考核。遵循“谁主管、谁负责”的属地化管理原则，实行分级控制管理，各基层单位负责本单位“三废”达标排放、环保技术管理、环保设施稳定运行、固体废物的产生、收集、储存、转移、处置及厂外运输等环节、“三废”资源综合利用等具体工作。明确职责，实行分级控制管理和专业管理相结合，其他职能部门将环保设施完好率、运行平稳率、“三废”管理保障等纳入单位目标管理。

(一) 基本要求

(1) 企业应建设满足需要的废水、废气、固废污染防治设施，并把环保设施纳入生产、技术、设备统一管理，并保证其正常运行。

(2) 废水、废气排放口应经政府部门批准，并按照国家排污口相关标准规范进行建设和管理，新增排放口应及时申报并变更排污许可证；固体废物收集、储存、转运、利用处置过程和设施，以及放射性废物的储存、转运、处理处置过程及设施，应符合相关法规和标准要求。

(3) 基层单位应按照清污分流、污污分治的原则设置相应的排水系统，认真做好预处理，达到分级控制指标后排放。合理用水，努力提高水的循环使用率和污水回用率，降低吨原油的废水排放量。

(4) 基层单位对生产过程中产生的废气(工艺尾气、燃烧烟气、储运尾气、污水处理收集尾气、无组织排放的VOCs、恶臭气体、扬尘等)，应采取对应的治理措施进行治理，做到稳定达标排放。严格控制恶臭气体的排放，防止发生异味扰民事件。

(5) 基层单位应当按照政府有关固体废物法规要求合法处置固体废物，严格按照公司固体废物管理规定进行固废分类和危险废物识别，做好危险废物合规收集及转运报批工作，并做好各类固体废物管理台账，准确记录固体废物的产生、流向、储存、处置等有关情况。

(6) 严格控制和减少噪声污染，对噪声源采取减震、隔音、消音的措施，保证厂界噪声达标。采取有效措施防止在检修、开停工期间的噪声扰民。

(7) 基层单位应当严格执行生产装置开停工及检维修环保管理要求，切实加强装置停工、检修、开工期间的环保管理，保证各项排放不冲击下游污染物处理装置，确保稳定达标排放，确保不出现扰民事件。

(8) 应严格执行国家、地方政府及对土壤和地下水保护的相关要求，定期开展土壤和地下水环境现状调查，并按要求开展详细调查、风险评估、风险管控、治理与修复。严格厂区、场地管理，有效控制各类污染源，切断污染途径，积极采取污染修复措施，保护和改善土壤及地下水环境质量。

(二)“三废”排放标准(现行)

企业三废排放必须达到国家生态环境保护部门颁布执行的炼油工业污染物排放标准。有地方生态环境质量标准、地方生态环境风险管控标准和地方污染物排放标准的地区，应当依法优先执行地方标准。目前，国家层面的污染物排放标准主要有：《石油炼制工业污染物排放标准》(GB 31570—2015)、《石油化学工业污染物排放标准》(GB 31571—2015)、《火电厂大气污染物排放标准》(GB 13223—2011)、《锅炉大气污染物排放标准》(GB 13271—2014)、《恶臭污染物排放标准》(GB 14554—93)、《工业企业厂界环境噪声排放标准》(GB 12348—2008)、《建筑施工场界环境噪声排放限值》(GB 12523—2011)等。具体执行标准严格按照环境影响评价批复要求、地方环保监管部门要求等执行。

(三)废水管理

废水是指在石油炼制生产、检维修等过程中产生的工艺废水、事故废水、生活污水、污染雨水等。炼油废水需要通过工艺改进、过程控制、末端治理以及加强管理等手段，使废水中污染物排放满足国家、地方排放标准要求。

1. 废水分类

石油炼制在汽提、注水、精制水洗、冷凝冷却等工艺过程中会产生大量的水质受到污染的废水，这些废水成分复杂，水质因加工原油的性质、工艺流程、装置结构等不同而存在较大差异。石油炼制产生的废水按水质类型划分，主要包括含硫废水、含盐废水和含油废水，分别占比43.3%、35.5%、21.3%。

(1) 含硫废水主要来自催化裂化、延迟焦化、加氢裂化、加氢精制等装置的油水分离器(罐)等，其硫化物和氨氮浓度较高，一般占污水中硫化物、氨氮总量的90%以上。含硫废水产生量较大的装置有催化裂化、加氢精制、常减压和延迟焦化等，见表1-3-1。

(2) 含油废水主要来自机泵冷却水、油罐切水、地面冲洗水等，主要污染物为化学需氧量、石油类等。含油废水产生量较大的装置包括常减压、催化裂化、延迟焦化、加氢精制等，见表1-3-2。

表 1-3-1 含硫废水产生情况

装置名称	占比/%	装置名称	占比/%
催化裂化	25.11	硫黄回收	6.10
加氢精制	25.07	催化重整	0.95
常减压	17.60	S Zorb	0.18
延迟焦化	9.54	其他	7.01
加氢裂化	8.44		

表 1-3-2 含油废水产生情况

装置名称	占比/%	装置名称	占比/%
常减压	9.91	硫黄回收	4.02
催化裂化	8.50	加氢裂化	2.61
延迟焦化	6.60	MTBE	0.71
加氢精制	6.11	S Zorb	0.60
催化重整	5.90	其他	55.04

(3) 含盐废水包括电脱盐废水和催化裂化、硫黄回收烟气脱硫脱硝装置废水等。电脱盐废水水质较为复杂，污染物主要有化学需氧量、石油类、无机盐等；烟气脱硫脱硝装置废水的污染物主要有化学需氧量、总氮及总镍等。含盐废水产生情况见表 1-3-3。

表 1-3-3 含盐废水产生情况

装置名称	占比/%	装置名称	占比/%
常减压	68.18	原油罐区切水	2.39
催化裂化	17.88	动力锅炉及其他	11.55

2. 废水源头管控

(1) 应按照国家、地方废水污染防治法规、政策、标准，优化产业结构和工艺路线，提升水资源利用效率，淘汰落后产能，提高清洁生产水平，切实降低水污染物排放强度。

(2) 公司在新建项目中应优先采用资源、能源利用率高以及污染物产生量少的清洁生产技术和工艺，采用先进高效的节能、节水设备，减少废水和污染物产生量。采用先进的污染防治技术和设备，实现稳定达标排放，满足总量控制要求。

(3) 各单位应优化新鲜水、循环水、化学水、蒸汽使用等系统运行和管理，降低系统排水率；加强水的串级使用、循环利用、凝结水回收及污水回用，提升水资源利用率；节水管理部门应对各装置的各类用水排水采取定额管理，按公司工业水管理规定对超用、超排单位进行考核。

(4) 在选用、采购、使用各种化工原材料时，应采用清洁环保型产品，核定消耗指标，使用单位不得过量使用，过期、报废的各种化工原材料不得向污水系统排放。

(5) 生产、储运装置必须重视各工艺过程油水分离控制，严格执行操作规程、工艺卡片技术规定的操作方法和工艺参数；加强电脱盐工艺优化、破乳剂筛选、生产运行管理；加强装置隔油池、初期雨水池的收油和运行管理，确保装置废水排放满足分级控制要求。

(6) 生产装置生产废水外送应采用压力密闭输送形式，应在装置端和污水处理场接收端分别设置采样口，在装置端设置数据可以远传的计量仪表，在重点废水排口应设置水质在线自动分析仪表。

（7）生产调整、产品采样、设备泄漏、故障处理等过程中不得将物料直接排入污水系统，必须采取置换、接临时线、容器回收、槽车倒运等方法回收物料，防止正常排放的生产废水受到冲击。

3. 清污分流、污污分治

（1）各单位应遵循“清污分流、污污分治”的原则，建立科学合理的雨水系统、污水系统、事故废水系统收集和输送管网，完善污水管网可视化，如图 1-3-1 所示。

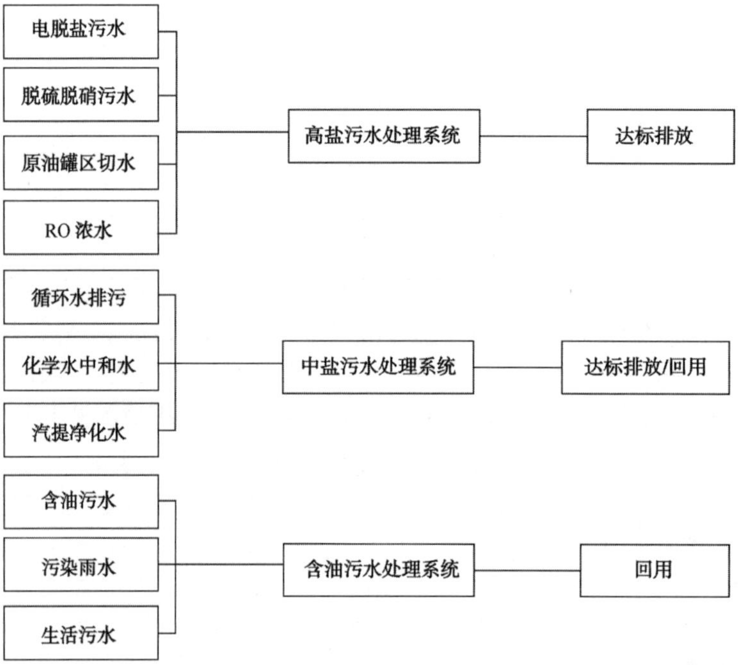

图 1-3-1　炼油污水处理污污分治图

（2）各单位所产生的污水应按主要污染因子、浓度进行分类，对影响末端废水集中处理效果的含硫含氨污水、烟脱高盐废水、化学清洗废水单独收集、储存并进行预处理。

（3）炼油污水宜分设高浓度含盐污水和低浓度含油污水处理系统，含盐污水处理后达标排放，含油污水经处理达标排放或回用，减少公司排污量。

（4）应结合废水处理设施能力情况优化污水处理去向。化学水排水、烟气脱硫脱硝装置高盐水应单独处理达标后排放，厂区生活污水应进行处理后排放。

（5）污染区应建立完善的雨污分流设施，生产装置主要设备区应设置围堰或环形排水沟，出口设置雨排、污水系统切换阀，污染雨水进入污水系统处理，清洁雨水通过雨排系统排放，实现雨水系统达标排放；应保持污水系统的设施完整性，防止雨污互窜，避免污水系统受到雨水冲击，避免污水无序漫溢冲击雨排系统。

（6）各单位明沟排水系统应无淤泥杂物、无泄漏物料、盖板无缺损、排水无漫溢无渗漏。界区雨排、污水排水口合理归并，提升泵、计量表、连通线、隔断阀等设施完好，标识完整、正确。

（7）各单位应将冬季防冻凝蒸汽疏水和下雪后的融雪水引至雨排系统，不得排入含油污水系统。

(8) 各单位在大雨前，应提前做好清污分流设施、隔油池等相关环保设施的检查，以及应急值班人员安排；大雨中，各单位必须到现场检查、指挥管辖区内的清污分流工作。

4. 废水分级控制管理

(1) 为保证废水总外排口废水稳定达标排放和废水处理装置稳定运行，对上游装置排放的废水（含油污水、含硫污水、电脱盐排水、烟气脱硫脱硝装置高盐废水等）和预处理装置排水（含硫含氨污水汽提处理后的净化水、碱渣处理后的中和水等）制定明确的内控排放指标，见表1-3-4。

表1-3-4 某企业废水分级控制指标

控制点名称	控制指标		
	油/(mg/L)	pH值	COD/(mg/L)
常减压装置含油污水	≤100	6~9	≤500
常减压、气分、双脱、MTBE、催化含油污水	≤200	6~9	≤500
加氢处理装置、煤柴油加氢装置含油污水	≤100	6~9	≤500
二制氢、加氢裂化装置含油污水	≤100	6~9	≤500
硫黄回收生产废水	≤50		<1000
储运罐区含油污水	≤500	<10	≤1500
聚丙烯装置含油污水	≤50	6~9	≤300
循环水场含油污水	≤50	6~9	≤200
动力中心含油污水	≤50	6~9	≤200
污水汽提净化水	<50	6~10	30(氨氮)
S Zorb含油污水	≤100	6~9	≤500
常减压电脱盐污水	≤300		≤1000
循环水场高浓度废水		6~9	≤300
动力中心循环水排污		6~9	
水处理站生产废水		6~9	
催化烟气脱硫含盐废水		6~9	70

(2) 各装置和预处理设施排放废水严格按照内控指标排放，并纳入生产工艺管理。

(3) 环境监测站指导各单位设置符合规范要求的采样口及标识。

(4) 各单位接到废水超标通知后，应立即分析超标原因，及时采取有效措施。对于目前因技术问题无法达到内控指标要求的，应采取技术升级措施实现稳定达标。

5. 废水异常排污管理

异常排污是指在非正常生产状态下污水排放点增加、污水量增加、污水浓度增高、主要污染物质改变、排放去向改变、排放方式改变的工业污水排放过程。

(1) 排污单位必须提前对需要排放的污水进行污染因子浓度测定，以便判断环境影响因数级别和确定排污控制措施，排污单位应提前联系环保管理部门，环保管理部门及时协调排污单位送样和环境监测站进行水质分析。采样单位对送检的污水采样要具有代表性，防止“避重就轻”给下游处置装置带来生产冲击。

(2) 异常排污根据企业管理机制和层级，实施分级申报、分级审批。

（3）排污操作人员在实施排污操作时必须严格执行非常规排污申请的要求，按照审定的要求严格执行“四定”排放。

（4）排污单位环保管理人员应到排污现场进行检查。

（5）排污结束后，排污单位应立即恢复正常流程，及时通知废水接收单位排污结束。

6. 污水处理场运行管理

（1）污水处理场的处理能力、工艺技术必须满足上游装置正常生产需要，保证末端治理设施与上游生产设施能力相匹配。

（2）污水处理场的污水存储调节能力应满足规范要求，保证污水处理场处理水量、水质稳定。

（3）严格执行工艺卡片制度，控制污水处理各工序生产运行参数在工艺指标范围内。严格污水处理场处理操作、工艺、参数的日常管理和考核，确保废水稳定达标排放。

（4）污水处理场应设置雨水系统、废水系统达标排放监控设施，对于不能达标排放的废水，应设回流设施，重新处理，实现达标排放。

（5）做好污水处理系统的水质、水量调节工作，避免高浓度、大水量污水的冲击。与上游装置建立联动机制，当上游有高浓度污水排放时，污水处理场要做好方案并及时调整生产。

（6）做好污水场进水井（池）的收油工作，油污厚度不能超过10mm；做好各边沟隔油池的收油工作，池末端能见清水。做好回收污油、浮渣的转输工作，保持污油、浮渣回收罐的必要罐容。

（7）做好污水处理系统隔油池的收油、刮泥操作，确保隔油池出水含油达标；保持气浮系统和刮渣机平稳运行，刮渣效果良好，在浮选池末端能见清水，出水含油≤30mg/L、悬浮物达标。

（8）根据污水特性选好浮选剂，做好浮选系统操作；做好浮选剂的使用效果评定工作。

（9）定期（每周一次）检测生化进水BOD（生化需氧量）：N（氮）：P（磷）营养比是否满足生产要求，按需要投加N、P营养。

（10）加强对生化曝气池的检查和调节，保持生化池曝气量适中，污泥颜色正常。对泥法要保持污泥正常翻滚，使泥水充分混合；对膜法要保持曝气均匀，不留死角。定期做溶解氧、污泥浓度、污泥沉降比等指标分析。

（11）做好生化系统、各沉淀池的浮渣（浮泥）、浮油的清理工作，池面无油、渣积聚。

（12）加强检查，确保污水总排口无油污和杂物。

（13）开好污水处理场废气处理设施，确保废气处理效果良好，排放达标。

（14）抓好对污水处理场环保设施的检修和日常维护，确保环保设施的正常运行或备用，设备完好率≥98%。

7. 污水排放口管理

（1）炼油废水总排口执行《石油炼制工业污染物排放标准》（GB 31570—2015）；部分省份和地市发布严于国家标准的地方标准，废水总排口执行地方排放标准。

（2）暴雨期间泄洪闸开启时做好对水质的监管工作，发现带油现象及时启动专项应急预案并立即报告。

（3）平时（非暴雨期间）各雨水排口泄洪闸/阀上铅封或者上锁，不得向外环境排水，如确需排放，必须申请并落实环保要求，排放时确保措施落实和人员在现场监护。

（4）下雨期间雨排口开闸泄洪时，运行部必须派专人全程现场监护，查看排放雨水水质情况，出现带油等异常情况启动应急预案采取临时措施并及时汇报。

（5）雨水排口排放期间需按要求开展环境日监测。

8. 案例：某企业废水污染防治

（1）强化源头减排。某企业将环保管理重心前移，抓清洁生产，促源头减排，将污染物减排控制在所在装置。开展了降低电脱盐切水、原油罐区切水油含量，降低净化水氨氮浓度等一系列攻关项目，取得了良好的效果。电脱盐切水、原油罐区脱水油含量从1000mg/L下降到150mg/L以下；净化水氨氮浓度从100mg/L降低到10mg/L，污水处理场来水污染物浓度出现断崖式的下降，COD浓度从1000mg/L以上下降到500mg/L左右，氨氮浓度从50mg/L下降到15mg/L左右。

（2）严格分级控制。一是精细管理，强化控制。将环保监管融入污染物的产生、处理、排放等各个环节，形成“日分析、周通报、月考核”闭环管理模式。每天在晨会上通报环保检查情况；每周分析污水处理情况，对各单位污水排放情况进行讲评和通报；每月对各生产单位的环保情况进行严格考核。二是严格污染源分级控制与考核。针对反复出现的分级控制超标点和影响污水处理场总进水口水质较大的关键点加大了考核力度；修订完善考核细则，环保考核做到“铁面无私、六亲不认”，通过严格考核来吸取教训，促进环保工作不断提高；对于污水排放控制成绩突出单位，及时进行表彰和奖励，分级控制成效显现。污水处理场来水污染物逐年稳定下降。

（3）实施污污分治。对全厂各装置排污情况进行分析，根据污染物种类、浓度等，分为含油、含盐、含硫、含胺、含碱废水。油品质量升级项目实施时，对污水处理场进行同步改造，污水处理场新建了含油污水、含盐污水处理单元、碱渣处理单元；新建了酸性水汽提装置，为污污分治奠定了基础。完成全厂污水管网暗改明，彻底实现污污分流、污污分治。

含硫污水经酸性水汽提处置，合格后的净化水到电脱盐等装置回用，提高水资源利用效率；含油污水含量低，处理达标后，直接回用循环水场，节省大量新鲜水；含碱污水经碱渣装置预处理后，氧化后碱渣到污水处理场处置，避免直接进污水处理场，冲击污水处理场；含盐污水，处理达标后外排。含胺废水通常只有装置大检修时产生，但对污水处理场冲击大，实施单罐收储，有计划地掺兑处理。

（4）推进深度治理，加强技术攻关，工艺管理精细化。开展污水处理活性炭投加实验、污泥絮凝剂投加实验、污泥镜检实验等攻关实验，使污水处理场的操作调整更加有针对性，更加精细，改变了过去根据经验进行操作的粗放式运行操作方式。通过对预处理溶气泵、砂滤反冲洗泵等关键设备定期检查清洗，确保了预处理设施、砂滤等设施长周期高效运行；对PACT系统ORP参数、排泥方式进行了优化，对深度治理装置清洗方式进行了优化，摸索出了一套成熟可行的工艺技术参数调整方案。

（四）废气管理

废气是指生产经营过程中排出的含污染物的气体，包括有组织排放废气和无组织排放废气。有组织排放废气是指通过集中排气筒（烟囱）排放的废气，无组织排放废气是指不经过排气筒无组织排放的废气。废气需要通过工艺改进、过程控制、末端治理以及加强管理等手段，减少废气产生量和废气中污染物浓度，使废气中污染物排放满足国家、地方排放标准要求。

1. 废气分类

炼油企业产生的废气按照产生环节分类，可分为燃烧废气和工艺废气两类，占废气量的比例分别为74%和26%。燃烧废气包括自备电厂锅炉及动力锅炉烟气、加热炉烟气，分别占燃烧废气量的57%和43%；工艺废气主要为催化裂化再生烟气、硫黄回收尾气以及其他工艺废气(包括工艺尾气、储罐呼吸气、储运挥发气等)，占工艺废气量的比例分别为68%、7%和25%。

按照排放方式可分为有组织排放废气和无组织排放废气。有组织排放废气的废气主要为燃烧废气、催化裂化再生烟气、硫黄回收尾气等工艺废气；无组织排放的废气主要为管阀泄漏气、储罐呼吸气、储运挥发废气等。

2. 有组织废气管理

(1) 催化剂再生烟气，宜进行原料清洁化处理，优化催化剂再生系统运行，采用硫转移剂等措施，全过程减少污染物产生。采取源头措施仍无法达标排放的，应配套建设再生烟气治理设施，并做好运行管理，实现稳定达标排放。常用的脱硫措施有碱洗湿法脱硫、半干法脱硫、有机胺脱硫等，脱硝措施有臭氧脱硝、SCR 脱硝等。

(2) 工艺加热炉宜采用低硫燃料，采用先进的低氮燃烧技术，优化加热炉运行，实现污染物达标排放。

(3) 酸性气应密闭输送至酸性气回收装置，酸性气回收装置加工能力应保证在加工最大硫含量原油及加工装置最大负荷情况下，能完全处理产生的酸性气。脱硫溶剂再生系统、酸性水处理系统和硫黄回收装置的能力配置应保证在一套硫黄回收装置出现故障时不向酸性气火炬排放酸性气。

(4) 硫黄回收应采用两级及以上克劳斯或其他实用高效的硫回收技术，回收尾气应采取焚烧或其他方式无害化处理，液硫池释放气应收集处理，回收硫资源，控制二氧化硫排放。常用的脱硫措施有 LS-Degas 技术、碱洗技术等。

(5) S Zorb 吸附剂再生尾气应经密闭管道输送至酸性气回收装置回收尾气中的硫，也可单独处理或者混合处理，确保尾气中污染物达标排放。

(6) 锅炉(含自备电站锅炉)应优先采用低硫分、低灰分的优质煤或其他优质燃料，应采用成熟、可靠、高效的烟气治理技术，确保达标排放。

(7) 含挥发性有机物的工艺尾气宜优先回收利用，不能(或不能完全)回收利用的应经有效处理后达标排放。常用的回收法治理技术有冷凝、吸附、吸收、膜分离等，常用的焚烧破坏法技术有 CO、RTO、TO、RCO 等。

(8) 确保火炬系统完好、通畅、充分燃烧；采取措施回收利用排入火炬系统的气体；火炬运行时，应连续监测火炬工作状态，并保存记录。

3. 无组织废气(VOCs、恶臭)管理

(1) 含挥发性有机物物料流经的设备与管线组件实施泄漏检测与修复(LDAR)，相应的采样口应采用密闭采样系统或等效设施。

(2) 酸性水罐、污水调节罐、均质罐、曝气池等含 VOCs、恶臭物质的废水集输、储存、处理设施应采取密闭措施，产生的废气应接入废气回收或处理装置，确保废气达标排放。

(3) 汽油、石脑油、三苯等含挥发性有机物的物料应按照标准规范规定的方式储存，浮顶罐应保证密封完好。

(4) 强化换热器管理，开展循环水系统石油类的监控，防止因物料泄漏污染周边大气环境。

(5) 含挥发性有机物的液态物料应采用全密闭装卸、顶部浸没式或底部装卸方式，挥发出的气体应收集、回收或送至处理装置，处理装置回收率和污染物排放应符合相关标准要求。

(6) 加强油气治理设施运行管理，罐顶气、油品装卸车过程逸散油气有效收集，确保油气治理设施回收率和污染物排放达到设计要求。

4. 废气治理设施管理

(1) 各生产装置应严格执行工艺管理制度，保证装置平稳操作，避免对废气治理设施造成冲击。

(2) 各生产装置要加强废气治理设施平稳操作，确保排口稳定达标排放。

(3) 废气排放口设置应符合《固定源废气监测技术规范》(HJ/T 397)的要求，并维护监测标识牌，保持完好。

(4) 废气治理设施停运时，必须按照政府相关要求，办理环保设施停运申报。

(5) 废气治理设施出现设备故障或停工等异常工况时，运行部应及时报告。及时组织废气治理设施的抢修工作，分析停运原因。

(6) 各运行部废气在线表数据超标时，应及时组织生产调整，降低生产负荷直至切断生产进料优先保证达标排放。

(7) 装置正常停工检修时，制定密闭吹扫方案，避免密闭吹扫不彻底，气体放空污染大气。对脱硫装置和含硫污水系统及接触含硫、氨介质的塔和容器等设备，吹扫前优先使用有效方法(钝化清洗等)进行脱臭处理；装置内管线采取向塔、容器密闭吹扫方式，塔、罐等设备采取密闭蒸煮方式或其他有效方式，合理安排冷凝液和不凝气的去向，确保废气达标排放和不发生扰民事件。

5. 泄漏检测与修复(LDAR)管理

LDAR(leak detection and repair)，即泄漏检测与修复，是通过对炼化装置潜在泄漏点进行检测，及时发现存在泄漏现象的组件，并进行修复或替换，进而实现降低泄漏排放。

1) 项目建立

(1) 通过审核装置的物料平衡表、工艺流程图(PFD)及管道仪表图(P&ID)、设备台账等资料，建立企业密封点基础信息台账。密封点基础信息包括装置、反应单元/工段、P&ID 图号、组件 ID、扩展号、密封点位置描述、密封点类型、密封点尺寸、介质状态(气体/蒸气、轻液、重液)、是否不可达密封点、不可达密封点原因、仪器检测频率、巡检频率等。

(2) 通过挂牌或挂牌与拍照编码相结合方式对组件进行定位描述。组件标签牌应为防风化的金属牌，标签牌需刻有 ID 号。

(3) 控制新建装置(包括改建、扩建)的不可达密封点数，原则上不应超过装置整体同类密封点总数的 3%。

2) 泄漏管理

LDAR 检测人员对泵、压缩机、搅拌器、阀门、开口阀或开口管线、气体/蒸气泄压设备、取样连接系统每 3 个月使用 FID 检测仪检测一次，法兰及其他连接件、其他密封设备每 6 个月使用 FID 检测仪检测一次；对于挥发性有机物流经初次开工转动的设备和管线的密封点，应在开工 30 日内对其进行一次检测；每周对挥发性有机液体流经的密封点进行一次目视检查，观察是否有液体滴落。检测时应收集仪器校准信息、仪器检测信息、保存 OGI 检测原始视频。

3）泄漏维修

（1）首次维修。检测过程中，发现有密封点净检测值超过泄漏控制浓度，装置必须组织在发现泄漏之日起 5 日内采取首次尝试维修措施，维修后立即进行检测，确认是否修复。

（2）实质性维修。在首次尝试维修后泄漏仍未消除，需进行实质性维修。实质性维修的期限为自发现泄漏之日起 15 日内，维修后立即进行检测，确认是否修复。

（3）延迟维修。存在下列情况之一时延迟维修：若检测到泄漏后，在不关闭工艺单元的条件下，在 15 日内进行维修技术上不可行；立即维修存在安全风险；泄漏密封点立即维修引发的 VOCs 排放量大于泄漏点延迟修复造成的排放量。应尽可能回收泄漏点延迟修复过程中排放的涉 VOCs 物料；延迟修复的泄漏点应在最近一次检修完成前完成修复；延迟修复的泄漏点仍应执行关于检测频率的规定，并记录检测浓度值。

（4）车间在维修时应收集的信息包括：首次维修时间（天）、首次维修复测开始时间（年/月/日/时/分/秒）、首次维修复测结束时间（年/月/日/时/分/秒）、首次维修复测值、实质性维修时间（天）、实质性维修复测开始时间（年/月/日/时/分/秒）、实质性维修复测结束时间（年/月/日/时/分/秒）、实质性维修复测值、是否维修成功、是否延迟维修、预计修复时间。

4）检查考核

环保管理部门每月按照抽样检查的方式对 LDAR 工作进行检查。现场随机检测密封点，在检测不超过 100 个密封点的情况下，发现 2 个以上（不含）不在修复期内的密封点出现可见泄漏或超过泄漏认定浓度的，对责任单位进行考核。

6. 案例

1）案例 1：硫黄回收装置尾气治理

GB 31570—2015《石油炼制工业污染物排放标准》要求硫黄回收装置烟气 SO_2 排放限值为 400mg/m^3，重点地区 SO_2 特别排放限值为 100mg/m^3，为世界范围内最严格标准。原有硫黄回收装置所采用的工艺技术及配套催化剂性能无法实现达标排放，同时国外也无此类技术的成熟经验可借鉴，硫黄装置尾气达标排放成为制约炼化企业生存的瓶颈问题。

国内自有知识产权 LS-DeGAS 技术，是创新型源头清洁生产技术。采用耐氧型加氢催化剂、高性能硫黄回收及尾气加氢催化剂、硫黄装置吸收塔顶净化尾气代替空气对液硫鼓泡脱气、液硫池含硫废气引入加氢反应器回收硫黄、选用高效脱硫溶剂等措施，能够有效降低硫黄回收装置烟气 SO_2 排放，实现硫黄回收装置烟气 SO_2 排放低于 100mg/m^3 的目标，达到国际领先水平，推动了我国含硫废气治理技术的进步。该技术先后应用于石化行业 70 余套硫黄回收装置上，根据每套装置不同的工艺组成、酸性气特点和排放要求等，在 LS-DeGAS 的基础上进行了不断完善与改进。

目前，LS-DeGAS 技术不依赖碱洗，全程均可实现烟气 SO_2 排放浓度小于 50mg/m^3 的目标，20 余套装置实现了烟气 SO_2 排放浓度小于 20mg/m^3，总硫回收率达到 99.999%以上，意味着一套产能 10 万吨级的硫黄装置，可减少烟气 SO_2 排放量 380t/a，降低了烟气 SO_2 排放浓度的同时回收了硫资源，变废为宝，助力企业增收创效。

为了保证硫黄装置在开停工和异常工况期间也能达标排放，部分企业设置了烟气碱洗设施，烟气经碱洗后二氧化硫排放浓度可降至 $10mg/m^3$ 以下，远低于国家排放标准，同时确保了硫黄装置全程达标排放。

2）案例 2：某企业热电锅炉超洁净排放

“十三五”期间，国家和各省陆续推出“超洁净排放”（“50355”）工程，按照天然气排放标准对燃煤电厂进行“超洁净排放”改造，实现超洁净排放。某企业经过国内外调研和现场试验，在综合考虑各方面的因素后，最终选用“烟气循环流化床半干法脱硫技术结合布袋除尘器进行脱硫和除尘，选用低氮燃烧器加选择性非催化还原及选择性催化还原组合技术进行脱硝”的技术方案。

两台 CFB 锅炉和两台煤粉炉完成了脱硫脱硝除尘改造后，烟气排放稳定达到了“50355”标准（氮氧化物浓度小于 $50mg/Nm^3$、二氧化硫浓度小于 $35mg/Nm^3$、烟尘浓度小于 $5mg/Nm^3$），热电站全部锅炉燃煤机组烟气排放指标领先全国，做到“烧煤跟烧天然气一样干净”，该标准的实现也证明了燃煤锅炉不用改烧天然气，烟气排放指标也能做到比天然气机组还要低，成为地方和行业的一个标杆。

“循环流化床半干法”技术不仅实现了锅炉的超洁净排放，还具有以下几个特点：一是超洁净排放改造后，4 台锅炉运行平稳，故障率较低，整体运行费用低，设备系统相对简单，配套辅助系统少，检修维护量少；二是系统设备布置灵活，占地相对小，有效解决了老电厂改造的场地难题；三是工艺过程为干态，无废水排放难题；四是整个系统为干态，运行温度高于烟气露点温度，烟气无须再加热，系统设备、烟囱无须防腐，可节省千万元的投资；五是排放透明，无视觉污染，无湿法脱硫的“烟囱雨现象”。

3）案例 3：某企业 VOCs 综合整治

（1）全面推进结构调整。一是大力推进结构调整。实施两轮油品质量升级改造，推行全加氢清洁生产工艺路线，采用国际上先进的渣油加氢工艺和催化汽油吸附脱硫工艺，在大幅度去除油品中硫含量的同时，大大降低了油品中烯芳烃的含量，为企业运营全过程植入“绿色基因”，基本实现了油品生产的全加氢路线。二是优化工艺调和及热供层面。采用管道调和代替传统的人工罐调和，降低油品损耗、提高产品卡边率。积极开展装置热供料节能改造，通过改造优化流程，增加油品装置直供比例，可停用或低开储罐，减少罐区尾气排放量。

（2）强化泄漏与修复管理。一是制定 LDAR 管理相关台账，包括检测原始记录、季度总表、检测仪器校准登记表、泄漏维修通知单、漏点维修复测台账、延迟修复台账；每月制订 LDAR 抽检计划，并组织对各装置现场 LDAR 情况进行抽检，同时落实考核制度，确保 LDAR 工作高质量开展；对于检测泄漏率达 0.4%的装置，严格执行增加检测频次的工作。二是为了提升各运行部（工厂）LDAR 管理工作动力，设立 LDAR 专项奖金，并完善季度竞赛评比工作，从修复质量、技术总结、仪器使用、系统维护、资料台账等 5 个方面细化竞赛规则，以期更好地管理 LDAR 工作。三是开发应用“LDAR 数据传输系统管理平台和 APP 移动端系统”。在现场端，涉及 VOCs 设备组件需增加二维码密封标识牌（见图 1-3-2）；在手机移动端，通过在有机气体分析仪器增加蓝牙并升级软硬件配置，借助于 GPS 和北斗定位功能，通过专业 APP 软件自动打开地图，检测人员按事先规划好的检测路线开展现场 LDAR 检测；在平台端，为实现检测数据自动传输，LDAR 检测仪器需增加蓝牙功能并更新有关配置。LDAR 管理平台通过数据传输实现包括任务下达、检测仪器端与管理平台数据自动传输、修复、统计分析和展示等功能的全过程管理；通过一键导入方式将相关数据上传到企业系统，实现现场检测数据实时智能传输。

图 1-3-2　某装置密封点二维码标识牌

（3）优化过程精细化管理。一是精细化生产管控。针对石化行业 VOCs 排放占比较大的有机液体储罐和装卸两个排放源项，在生产管理层面积极推行精细化管理措施，合理安排油品及化学品储罐的收发料工作，提高原料直供的比例，减少油品储罐的周转次数，降低储罐的“大呼吸”损耗；此外，结合有机液体储存、调和过程中 VOCs 挥发的机理，规定在环境温度较低的时间段（夜间和早晨）进行储罐物料收付和油品及化学品装载运输的相关工作；如需在高温时间段作业，则必须采取增加遮阳棚、喷淋等降温措施，与此同时，细化进出料的具体要求：进料速度宜快不宜慢，出料速度宜慢不宜快，出料之后立即进料等措施减少进出料环节的 VOCs 损耗和排放。

二是完善治理设施标准化管理。“十二五”期间，在油品储存、油品装卸、污水处理场、工艺废气等 VOCs 排放占比较大源项建设 12 套 VOCs 治理设施；“十三五”期间，进一步落实 VOCs 达标排放提标改造和保标措施，采用分区域集中治理的方法对“十二五”期间的 VOCs 治理设施进行提标改造治理，如图 1-3-3 所示。

图 1-3-3　某企业 VOCs 预处理和集中治理示意图

从图 1-3-3 可以看出，按照分散预处理和集中热力氧化处理的治理思路，依照现场实际情况，新建厂东、厂西、厂南和中转站四大片区的 VOCs 提标改造治理设施，采用蓄热式热力氧化(RTO)、蓄热式催化氧化(RCO)、直燃式热力氧化(TO)和多级冷凝+吸附、全接液式内浮盘等多种成熟治理技术。在建设 VOCs 装置的同时，也考虑从源头减少储罐的 VOCs 排放，选用“全接液高效浮盘+二次密封”的治理技术开展储罐 VOCs 深度治理。

(4) 强化 VOCs 治理设施管理。通过将“HSE 管理体系-工艺技术管理-生产计划管理-专业管理考核”等多种管理维度相结合的管理模式，为 VOCs 治理设施平稳运行全方位保驾护航：一是在 HSE 管理体系层面，明确 VOCs 治理设施运行管理“四原则”，即 VOCs 治理设施须正常投用、VOCs 治理设施的工艺管理标准等同于主生产装置、主装置生产负荷与 VOCs 治理设施处理能力须匹配、定期分析总结 VOCs 治理设施的排放异常波动。二是在工艺管理层面，将 VOCs 治理设施纳入工艺技术管理体系，制定和修订 VOCs 治理设施工艺技术规程、岗位操作法、工艺卡片、开停工方案等工艺技术文件，并将上述工艺技术文件在履行会签程序后统一管理、统一印发、统一备案；此外，还需完成月度装置生产技术数据库的统计分析和上报工作以及对装置工艺纪律执行情况进行监督、检查和考核。三是在生产计划层面，由于 VOCs 治理设施需与主生产装置等同管理，因此，生产管理部门需要考虑按照 VOCs 治理设施开停工方案、应急处理预案等生产方案和工艺卡片的指标要求组织生产；配合 VOCs 治理设施的标定、工业化试验，参与 VOCs 治理设施工艺联锁的审核、检查、考核；负责如实准确提供各阶段工作的统计数据和报表。专门设置了 VOCs 治理装置长周期运行奖励，鼓励通过精心操作及预防性维修等手段，提高装置长周期安全运行时间。四是在管理考核层面，将 VOCs 治理设施操作规程、工艺卡片、岗位操作法、开停工方案的编制工作纳入经济责任制考核范畴。

(5) 建立立体化 VOCs 监测模式。一是不断完善 VOCs 环境网格化监测建设，将 VOCs 走航监测纳入环境监测管理，制定《走航车监测计划》，以 VOCs 污染源分布特征为依据，规定监测路线和频次，以解决异味问题为导向，规定了具体的溯源和异味消除的工作流程，如图 1-3-4 所示。

图 1-3-4 某企业 VOCs 走航监测点示意图

二是以走航监测和环保举报为抓手加强 VOCs 异味管控。督查大队成员使用便携式 VOCs 检测仪每天对公司各主要生产装置、辅助装置的现场环保管理进行检查。重点督查油品及化学品罐区呼吸阀、装卸区、污水处理场、生产装置易泄漏设备等重点 VOCs 污染源。如发现泄漏，第一时间通知相关管理人员进行整改并及时复查整改情况。

三是建立生产区域 VOCs 网格化实时监控平台、VOCs 治理设施运行情况实时监控平台、LDAR 管理信息平台和在线监测数据监控平台 4 个环保管理信息平台，为环保管理人员装上了“眼睛”和“耳朵”，极大地提高了 VOCs 管理效率。环保在线监测数据监控平台，实现在线数据实时监控、小时均值计算、在线数据折算、内控超标数据预警短信群发等功能。内控超标数据预警短信群发属地领导干部和管理人员，便于相关人员在第一时间掌握相关固定源排口的异常环保数据并及时安排生产调整。

四是 VOCs 网格化自动监控系统，全公司范围内共选取了 22 个点作为网格化监控点，VOCs 在线监测数据实时显示。在管理层面，当监控点显示异常数据时，系统分两级报警并以短信形式推送至相关管理人员，提醒并督促属地管理人员进行溯源排查、消除异味的相关工作。VOCs 网格化监测系统的建立，一方面，便于环保管理人员对 VOCs 污染源的掌控，有的放矢地查找 VOCs 污染源，尽快消除异味污染；另一方面，也能推动企业进一步开展 VOCs 提标改造。

（五）固体废物管理

固体废物是指在生产、生活和其他活动中产生的丧失原有利用价值或者虽未丧失利用价值但被抛弃或者放弃的固态、半固态和置于容器中的气态的物品、物质以及法律、行政法规规定纳入固体废物管理的物品、物质。危险废物是指列入国家危险废物名录或者根据国家规定的危险废物鉴别标准和鉴别方法认定的具有危险特性的固体废物。

1. 固体废物分类

炼油企业工业固废主要为废催化剂、粉煤灰、炉渣、脱硫石膏、剩余活性污泥、浮渣及其他固体废物等。

对照《国家危险废物名录》，综合考虑各种危险废物产生来源及理化特性，炼油企业的危险废物种类包括废树脂类、精(蒸)馏残渣类、三泥类、废催化剂类、废吸附剂类、废有机溶剂类、废酸碱类和其他废物类共八种，分别属于：有机树脂类废物(HW13)；精(蒸)馏残渣(HW11)；废矿物油与含矿物油废物(HW08)；废催化剂(HW50)；废有机溶剂与含有机溶剂废物(HW06)；废酸(HW34)；废碱(HW35)；焚烧处置残渣(HW18)；含铬废物(HW21)；含汞废物(HW29)；石棉废物(HW36)；含有机卤化物废物(HW45)；含镍废物(HW46)；其他废物(HW49)等。其中，三泥产生量占总产生量的 61.80%，废催化剂占比 15.71%，废酸碱占比 14.42%，三种危险废物产生量占危废总产生量的 91.93%。三泥类危险废物包括罐底泥(油泥)、浮渣、生化污泥，脱水与未脱水两种条件下产生量差异性大，减量化潜力很大。废催化剂中，催化裂化废催化剂占废催化剂总量的 62.73%，加氢类催化剂占比 17.93%，催化裂化烟气脱硫废渣占比 15.08%，制氢、硫黄等其他装置产生的其他废催化剂占比 4.26%。管理和减量化重点在于催化裂化废催化剂。废酸碱主要为液态烃脱硫、汽油精制碱渣。管理重点在于液态烃脱硫碱渣，各企业由于规模和加工工艺不同，碱渣产生量差异较大。炼油装置危险废物清单见表 1-3-5。

表 1-3-5 炼油装置危险废物清单

装置名称	危险废物	主要危险组分
常减压装置	油泥	油泥
催化裂化装置	废催化裂化催化剂	重金属
	催化裂化湿法烟气脱硫废渣	重金属
	烟气脱硝废催化剂(钒钛系)	重金属
	清焦焦炭	油
	碱渣	油、碱、酚
重整装置	废加氢精制催化剂	重金属
	废重整催化剂	重金属
	废脱氯剂	油
	废脱硫剂	油
	碱洗填料	烃
	废有机溶剂	烃
	废白土	烃
加氢裂化装置	废加氢精制催化剂	重金属
	废加氢裂化催化剂	重金属
	废脱硫剂	油
	废保护剂	重金属、油
加氢精制装置	废加氢精制催化剂	重金属
	废保护剂	重金属、油
渣油加氢装置	废加氢催化剂	重金属
S Zorb 装置	废吸附催化剂	重金属
(天然气、干气)制氢装置	废转化催化剂	重金属
	废加氢催化剂	重金属
	废脱氯剂	油
	废脱硫剂	油
	废中变催化剂	重金属
	废吸附剂	烃
烷基化装置(硫酸化)	废酸渣	酸
	废碱渣	碱、烃
气体分馏装置	干燥剂	烃
	废脱硫剂	油
变压吸附(PSA)装置	废吸附剂	烃
液态烃碱精制(液态烃碱洗)装置	碱渣	碱、烃
脱硫装置(液化气、干气、瓦斯用 MDEA 脱硫)	废胺液	胺液
溶剂脱沥青装置	废碱液	碱、烃
润滑油白土精制装置	废白土	油

续表

装置名称	危险废物	主要危险组分
溶剂再生装置	废胺液	胺液
硫黄回收装置	废加氢催化剂	重金属
	废制硫催化剂	烃
芳烃抽提装置	废白土	烃
	废溶剂(废环丁砜)	芳烃
	劣化环丁砜再生系统废离子交换树脂	树脂
MTBE 装置	废树脂	树脂，烃
各装置设施	油泥	污油
	废润滑油	污油
	油抹布	污油
	废包装物	污油
	废石棉	石棉
	废活性炭	油、有机溶剂等
	废滤芯	油、重金属等
	废瓷球(带油)	油
	废铅酸电池	铅
污水处理场	浮渣	污油
	油泥	污油
	剩余活性污泥	油
储罐	油泥	油泥
化学制水装置	废离子交换树脂	重金属
实验室	废试剂	试剂
	试剂瓶	试剂
锅炉	废脱硝催化剂	重金属
办公场所	废含汞荧光灯管	汞
	废硒鼓墨盒	油墨

2. 基本管理要求

(1) 固体废物管理应纳入正常生产管理，编制管理计划，建立管理台账，加强统计和计量管理，明确管理责任，落实岗位职责，严格管理、监督和考核。

(2) 严格按照国家固体废物申报登记制度的规定，向地方环保主管部门申报固体废物的种类、产生量、流向、储存、处置等有关资料。

(3) 根据固体废物产生的工艺特征、排放周期、危险特性编制操作规程、应急预案，健全安全、环保保障措施，配备防护装备，防止突发事件产生二次环境污染。

(4) 选用先进的清洁生产工艺和技术，淘汰产生严重污染环境固体废物的落后生产工艺和设备，从源头上减少废物的产生量。

(5) 根据经济、技术条件对产生的固体废物进行综合利用。暂时不利用或者不能利用的，按照"三防"(防扬散、防流失、防渗漏)要求分类存放，不得擅自倾倒、堆放、丢弃、遗撒。

（6）固体废物收集、储存、处置的设施、场所，必须符合国家环境保护标准，各管理单位应加强日常运行管理、维护，保证其正常运行和使用。

（7）按照固体废物的性质分类收集、储存和处置，严禁将性质不同的固体废物混合堆放、储存和处置；严禁将危险废物混入非危险废物中储存；严禁混合收集、储存、运输、处置性质不相容而未经安全性处置的危险废物。

（8）定期对所储存的危险废物包装容器及储存场所进行检查，发现破损的应及时采取措施清理更换和维修，破损报废的危险废物包装容器应按危险废物进行管理和处置。

（9）对易爆、易燃、可能发生化学反应或排放有毒气体的危险废物须进行预处理后储存。

（10）根据危险废物的危险特性、物理形态和运输要求，使用符合相应标准的容器分类收集、储存危险废物。危险废物包装物或容器的标签标注必须按照国家和地方政府环保管理部门的相关要求执行。

（11）制定危险废物意外事故防范措施和应急预案，报当地环保主管部门备案。

3. 一般固体废物管理

（1）一般固体废物按照减量化、资源化、无害化的先后顺序进行处理。

（2）按照“谁产生、谁清运”的原则，监督施工单位（承包商）将施工、检修过程产生的一般固体废物进行分类收集和处置。

（3）一般固体废物临时堆放点进行规范管理，设置一般固体废物临时堆放点标识牌，落实防止污染和流失的措施。

（4）按要求建立一般固体废物转移处理登记台账，并及时在环保主管部门的固体废物监管信息平台上进行申报。

4. 危险废物收集储存管理

（1）对生产过程、设备检维修和装置大修中产生的各种危险废物，产生单位应及时向环保管理部门报告，并按指定地点放置和落实监管。

（2）各单位应监督做好危险废物的分类收集、包装工作，禁止将一般固体废物和生活垃圾混入危险废物中；沾染危险废物的杂物，应分类收集、包装。

（3）各单位应对危险废物产生点、临时堆放点进行规范管理，按《危险废物储存污染控制标准》（GB 18597—2001）规定设置危险废物标签、危险废物产生流程图和危险废物临时堆放点标识牌，落实防止污染和流失的措施。

（4）对危险废物暂存库进行规范管理，按《危险废物储存污染控制标准》（GB 18597—2001）规定设置危险废物标签，落实防止污染和流失的措施；建立危险废物暂存库管理制度和管理台账，并及时在环保主管部门的固体废物监管信息平台上进行申报。

（5）各单位应将属地范围内产生的零星危险废物进行收集和定期处置。

5. 危险废物转移处置管理

（1）建立危险废物处置承包商准入制度，凡参加危险废物处置业务的承包商，必须先进行资质审查，提供危险废物经营许可证、营业执照、排污许可证、法人代表身份证、银行开户许可证、道路运输经营许可证、危险废物运输合同等有效证件和资料，实行年度审查。

（2）严格按《危险废物转移联单管理办法》办理危险废物转移联单。

（3）环保管理部门对无利用价值的危险废物进行外委处置，并牵头办理危险废物转移环保手续，按要求建立危险废物外委转移处理登记台账。

(4) 对危险废物外委处置全过程有效监管，严格审查危废处置单位的危险废物经营许可资质和危险废物处置能力。对危险废物收集与运输过程、处置方式、处理效果、处理能力、安全防范措施、应急预案等进行跟踪、监督和检查。

6. 案例

1）案例1：某企业危废内部资源化利用措施

(1) 液态烃碱渣资源化利用：

随着油品质量升级的不断推进，炼油企业基本消灭了汽油碱渣、柴油碱渣，只剩下液态烃碱渣。以千万吨炼油企业为例，催化裂化装置产生的液态烃，在液化气脱硫醇装置采用4%～15%(质)NaOH碱液循环洗涤脱硫，失去脱硫功能的NaOH碱液、液态烃碱渣年均产生1100t左右。酸性水汽提单元酸性水当中的弱酸和强酸都能以化学方式固定氨，使之难于被汽提出去。在含硫酸性水中存在的氯化物、氰化物和CO_2也能以相应的形式固定氨，注碱可以使氨和硫化铵不被固定，并将被固定的铵返回成游离氨和游离分子态硫化物汽提出去。因此，企业经过多次试验，将液态烃碱渣注入汽提塔，既能提高H_2S、NH_3的拔出率，降低净化水中硫化物、氨含量，又能降低汽提蒸汽消耗，也处理了脱硫醇后的碱渣。

硫黄装置液化气脱硫醇处理后的碱渣通过定期换碱，将碱渣退至碱渣罐储存，并利用液压隔膜注碱泵将碱渣罐内的碱渣输送至单塔常压汽提第18～20层塔盘处，不仅确保了脱硫净化水质量，降低了汽提塔蒸汽耗量，而且从源头杜绝了碱渣外委处置费用。以40kt/a硫黄装置酸性水汽提为例，采用碱渣回用技术后，全年共回收处理碱渣730t，基本消化了自身产生的碱渣，同时降低了净化水当中的氨氮含量，为下游污水的安稳运行提供保障。

(2) 浮渣进焦化资源化综合利用：

企业充分利用政府鼓励固废自消政策，积极开展浮渣进焦化资源化综合利用，并依法取得行政许可手续。污水场产生的浮渣通过螺杆泵输送到焦化装置浮渣回炼罐，浮渣含水率高达90%以上，含有污油和固体杂质。焦化装置生焦时，浮渣被螺杆泵从焦炭塔顶部注入，利用焦炭塔顶400℃的高温油气将三泥中的油组分加热分解成油气和少量固体杂质，油气回收进入分馏塔变为产品，少量固体杂质则吸附在焦炭层表面上，并随高压除焦工序进入焦池而成为焦炭产品，从而实现密闭环保处理三泥的目的。浮渣回炼罐设置有罐顶气异味治理设施，罐顶气依托污水汽提装置酸性水罐罐顶气废气治理设施处理，经升压后送低压瓦斯系统。陆续在三套延迟焦化装置分别投用了浮渣进焦化系统，并对系统的运行进行了跟踪，正常处理量在20t/d，解决了浮渣处理后路对污水处理设施稳定运行的影响；避免了危险废物外委转移及处理过程中可能带来的二次污染与法律风险；浮渣全部厂内资源综合利用，提高了危废资源综合利用率。依法合规利用危废的同时，消除了危废外委处理过程的环境风险和法律风险。项目投用后，浮渣进焦化装置资源综合利用每年创效5000万元，取得了较好的经济效益和社会效益。

(3) CFB锅炉燃料耦合资源化综合利用：

由于厂内清池、清罐油泥量较大多，外委处置成本高、风险大。利用地方政府“鼓励危险废物产生量较大、年产5000t及以上一般工业固体废物或年产1000t及以上危险废物的企业，自建固体废物利用处置设施，消纳生产过程中产生的工业固体废物”的政策，经与地方环保部门反复沟通，决定进行掺烧试验并实施CFB锅炉燃料耦合资源化综合利用项目。经过反复试验，发现油泥、活性炭等危废具有高热值性的特点，可掺混进入CFB锅炉燃料中进行资源综合利用。企业编制了掺烧试验方案并报请地方环保管理部门获得批准后正式组织实施，试验期间委托监测单位对 CFB 烟囱排放源、大气环境质量以及二噁英类进行监测，并将掺烧产生的炉渣、炉灰等委托生态环境部华南环境科学研究所进行属性鉴别，鉴别结果显示掺烧试验产生的炉渣、炉灰不属于危险废物。掺烧试验结束后组织编制了《CFB 锅炉燃料耦合资源化综合利用项目掺烧试验分析报告》，并组织专家内审。项目环境影响分析报告正式报政府备案，油泥等危废正式合法进入 CFB 锅炉综合利用。油泥、干化污泥、活性炭等危废进 CFB 锅炉掺烧后，节省危废处理费用大约 1600 万元，减少了危险废物外委运输可能诱发的环境风险，既降低了企业危废处置费用，又利于绿色环保。

2）案例 2：某企业油泥浮渣减量化

某企业污水处理过程共计外委处置危废 2900t 左右，占总外委危废处置量 40%左右，污水处理过程产生的“三泥”危废主要包括池底罐底泥、浮渣和活性污泥，经三相离心机处理后含油含水率高达 85%，外委处理费用约 3000 元/t。为进一步实现危废减量目标，助力企业绿色发展，各相关部门协力攻关，实地调研，经过各技术对比、分析论证，决定通过新增污泥减量化装置来实现危废资源化再利用目标。

污泥减量化装置采用间接加热及热脱附技术处理含油污泥，以天然气为燃料，间接加热含油污泥，将含油污泥中的水、原油或多环芳烃等有机物加热蒸发，与固体残渣脱附分离。蒸发出的脱附汽通过喷淋冷却及尾气回收系统，回收石油组分，净化处理不凝气和污水，达到危废减量及石油资源回收利用的目的。污泥减量化后粉状干化料如图 1-3-5 所示。

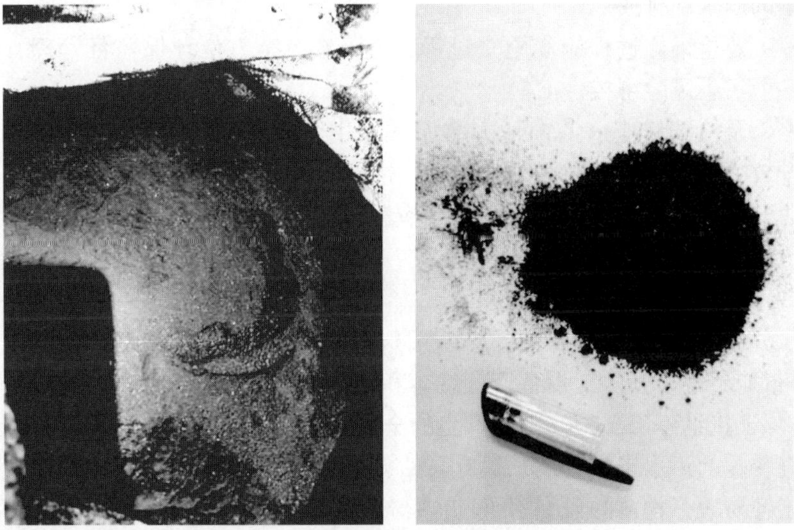

图 1-3-5 污泥减量化后粉状干化料

污水处理场三相离心机处理完成后，含油污泥平均含水率 80%，含油率 5%，含固率 15%，污泥干化项目投产后干化料含水率至 2.7%，整体危废减量率达 80%左右，年可降低危废产量超过 2000t。以电费 0.7 元/kW、天然气 3 元/m^3、氮气 1 元/m^3、循环水 0.2 元/m^3 计算，装置运行成本为 3710 元/d。装置每日可处理含油污泥 7.5t，干化污泥产量 1.5t，去除装置运行成本费用，污泥干化项目建成投用后，年可创效 600 余万元。热脱附技术在炼油企业污泥减量化领域的成功应用，实现了危废资源化，最大限度降低危废产量，对炼油含油污泥的减量处理具有独特的技术优势，该技术的应用助力企业持续绿色发展，具有显著的经济效益、社会效益和环保效益。

三、开停工及检维修环保管理

随着社会的发展，周边社区居民对企业的环保诉求越来越高。炼化企业开停工、检维修涉及环节多、系统复杂，期间污染物排放控制难度较大，环境风险较高。装置开停工及检维修过程中的环境保护工作是否受控，污染物是否达标排放，是否发生居民投诉现象，是开停工、检维修环保工作的重点。

（一）基本要求

对开停工及检维修过程进行环境因素识别与环境影响评价，确定重要环境因素，制定相应环保管理和工程措施，强化现场监督，实施“三废”按方案有序排放，保证开停工及检维修过程不发生环保污染事件。

（1）将污染物有序排放及突发环境风险防控措施等内容纳入开停工及检维修方案中，编制开停工及检维修环保管理方案，并组织审查、实施。

（2）做好开停工及检维修期间的环境因素识别和环境影响评估，科学安排各装置的开停工及检维修的时间和次序，环保装置(设施)应“后停先开”。

（3）开停工及检维修过程污染物排放执行开停工及检维修环保管理方案的相关要求。非计划停工及检维修污染物排放，应严格遵循“异常排污申报”相应管理程序。

（4）优化开停工过程装置的停工退料、蒸煮吹扫工序，合理使用各类资源、能源，减少各类废弃物的产生和排放。

（5）开停工及检维修过程应实施全过程、全天候、全方位环保监督管理，确保污染物有序排放，环境污染风险可控。

（6）开停工及检维修应事前向地方政府环保主管部门进行申报，内容包括排污原因、排污时间、排放类型、排放去向、排放浓度、排放量等。

（7）企业开停工及检维修过程中若发生突发环境污染事件，应立即启动相应类别级别的应急预案。

（二）准备阶段

（1）按照分类处置原则，相关单位(单元)依据各装置预估的废水产生量，应提前调整预留容量(容量应不小于开停工设备液位线容积的100%，倒料期间储罐排液泵的输排液能力也计入)，保证接纳停工、检修阶段产生的全部废水。

（2）检查装置的污水排放管线、提升泵站、集水池等设施状态，确保污水排放畅通。

（3）对于容易积存物料的设备死角如塔器底部等，配备临时管线、机泵等设备物资，以将残留物料转移至污油罐、碱渣罐、酸性水罐等相应系统，减少高浓度污水产生。对于需要移地清洗的设备如换热器等，设立专门清洗场地和废水收集设施，防止清洗污水污染雨水(清净废水)系统。

（4）需要钝化清洗、除臭的设备应预先制定钝化清洗方案，明确清洗部位及清洗方式。选择环保型清洗钝化剂，并要求供应商提供其成分和性质，以确定相应清洗废液的处置方式；企业不能自行处置的，应要求供应商回收处置或预先签署外委处置协议。

（5）污水系统做好接收处置各类污水的准备，包括预留收集、暂存设备、调整运行负荷、优化处理工艺等。

（6）停工前切断各装置至雨水(清净下水)系统的水体污染防控阀。

（7）检查火炬系统，确保火炬系统完好、畅通。

(8) 根据设备容量及物料特性，配置足够的加热和冷却、冷凝系统。

(9) 配备不小于设备容积500%的火炬气柜容积(可将倒空吹扫期间火炬或其他污染控制设施能处理的气量计入)。

(10) 用于接收退水、退油的轻质油罐应增设油气回收设施，实现罐顶气全部密闭回收。

(11) 根据气柜回收能力、各装置预期废气排放量，统筹确定不同设施排放火炬时间顺序，控制火炬回收总量在安全限制以下。

(12) 配置临时管线、机泵，以收集设备蒸煮产生的塔顶不凝气。

(13) 配备接收、处置不凝气的设备设施。可建设专用废气治理设施，或依托现有废气治理设施。

(14) 划定独立区域，对停工、检修过程产生的固废及危险废物进行分类、分质暂存。固废暂存场所应做到防晒、防雨、防渗、防风，并设标识牌。

(15) 做好危废外委转移手续；协调危废处置单位做好危废转运及接收准备，包括准备危废盛装容器、运输车辆、处置场所和设施等。

(三) 停工阶段

(1) 装置停工退料时，应遵循“先重后轻”的原则：由上游往下游逐步退料，由小流程集中到大流程，大流程集中到塔器，再由塔器退出装置。装置退油富集点应设临时管线至装置内污油罐，退油应先排至污油罐，再排至原料罐区，减少污油排放量。同时按照“能回收的物料一律回收”原则，对塔、罐、管线、阀门和泵等设施的残余物料，倒空至储罐，或利用其他密闭容器、小容器回收至相应的物料系统，禁止其进入污水系统。

(2) 严禁超标、超量排放污水。按照“污污分治”的原则，含硫含氨污水及相关系统初期冲洗、蒸煮水全部引入酸性水汽提装置；废碱渣及相关系统初期冲洗、蒸煮水送碱渣处理装置(储存装置)；高浓度含油/含盐污水送相应污油系统回收污油。上述三种废水达到控制指标后，方可送污水处理设施处理。企业若无碱渣处理装置，废碱渣及相关系统初期冲洗水、蒸煮水需按照危废处置。

(3) 化学清洗水(废钝化液)可由供应商回收处理；自行处理时，为避免造成活性污泥中毒失活，应按照控制标准少量多次送至污水处理设施处理。

(4) 在退料吹扫前，装置应首先利用设备自身的加热和冷却设施，形成装置内密闭蒸汽吹扫系统；或在装置搭建临时蒸汽管线和冷凝系统，或使用移动式的密闭吹扫回收装置。

(5) 常减压、催化、焦化、加氢等装置退料过程中产生的气态烃，首先考虑回收利用；不能回收利用送火炬处理时，控制排放至火炬管网的速度，禁止短时大量排放。

(6) 优化加热炉操作，适时调整燃料及风量，不冒黑烟。

(7) 设备蒸煮、管线吹扫采取密闭方式，并注意以下几点：

① 应采用间歇加热、冷却、冷凝的蒸汽充压方式进行吹扫，根据具体情况确定循环操作的次数。若采用连续加热、冷却、冷凝排放，应定期监测和记录冷凝器下游气体VOCs浓度，不凝气按压力等级首选进瓦斯脱硫系统，以减轻气柜压力。

② 重油系统清洗。重油系统退油结束后，可将柴油引入重油系统进行清洗，提高吹扫质量。

③ 轻油系统清洗。汽油、柴油等轻油线吹扫时，禁止用蒸汽往罐区吹扫，可通过水顶至界区即关闭界区阀门，再往装置内部吹扫。

④ 临氢系统置换。置换气应全部排入脱硫系统或火炬系统。有循环氢脱硫设施的装置应延长循环氢脱硫塔运行时间，减少系统硫化氢含量。

⑤ 严格按顺序吹扫。严格按照预先制定的吹扫方案进行吹扫，禁止集中吹扫，当管线界区阀吹热后关闭界区阀，加装盲板并往装置内污油系统吹扫，防止吹扫串线。

⑥ 设备蒸煮后，若用氮气进行吹扫冷却，吹扫气体应排入火炬气柜系统。

(8) 不产生异味。吹扫常减压、催化、焦化、重整、加氢及汽提等装置接触含硫、氨介质的塔、容器等设备及含硫污水系统，应在吹扫前使用有效助剂进行脱臭处理。在设备蒸煮、管线吹扫期间，禁止对地放空的低点进行放空，系统内凝液可以利用固定或临时管线转移至污油系统；设备蒸煮后蒸汽放散时，最高处的放散气体应接入洗涤塔等设备，经净化后排放；重油管线吹扫进罐区时，严格控制吹扫蒸汽用量和吹扫气温度，管线吹通(罐区见汽)后，应减小蒸汽吹扫量，并对溢出的废气采取措施收集、处置。

(9) 蒸煮、吹扫气体收集后，采取水冷或空冷等措施降低蒸汽及凝缩油含量，不凝气送废气处理设施(如通过临时管线引至焚烧炉、催化燃烧废气处理设施等)处理。

(10) 控制放火炬时间。放火炬时，严格控制排放火炬线废气中水蒸气、液态烃和空气含量，配烧足量瓦斯保证充分燃烧，火炬岗位人员随时关注火炬燃烧情况，及时调整喷散蒸汽阀开度，不冒黑烟。

(11) 优化硫黄装置停工程序，做好酸性气平衡，严格控制酸性气放火炬。紧急状况酸性气放火炬时，配烧足量瓦斯保证充分燃烧。

(12) 装置产生的固废，按照划定的区域，分类、分质定点存放。

(13) 按照“减量化、资源化”的原则，采取措施控制固废产生量，提高综合利用率。

(14) 控制工艺放空时间。工艺放空时，应有噪声控制措施，同时宜安排在白天进行。

(四) 检维修阶段

(1) 检查承包商检维修方案，确保环保措施全面、可行、有效。

(2) 设备拆卸检维修过程中，收集残余物料、油泥、保温材料、检修废料等，防止落地造成污染，分类暂存避免一般固废变危废。

(3) 清罐、清池产生的油泥、剩余活性污泥等应先采取干燥等方式进行处理后，再实施资源综合利用或外委处置。废水排入污水处理设施处理。

(4) 装置更换的废催化剂应全部回收，由供应商回收提取贵金属，或作无害化处理后实现资源化应用。

(5) 塔、容器检修时产生的含硫化亚铁焦渣，必须喷淋降温后及时清运，不得存储。

(6) 将可能造成污染的设备在指定地点清洗，清洗废水收集后排入污水处理设施处理。

(7) 对退役的含有污染物的设备或物资，外委处置前进行无害化处理，禁止违法转移。

(8) 装置检维修时，应同时对水体污染防控系统进行检维修。

(9) 检维修过程中放射源及射线装置管理，执行《放射性同位素与射线装置安全和防护管理办法》。

(10) 环保装置(设施)检修过程中产生的废水暂存至相应储罐，并应提前按质完成检修，达到开工条件。

(五) 开工阶段

(1) 检查环保设施，重点是污染物转输、存储设备，确保满足开工条件，并先于生产装置开工，做好接收处置物料的准备。

(2) 装置进料前，应按照开工方案要求，逐项、有序检查设备设施状态及工艺流程，确认开工条件，防止发生跑料事故。

(3) 引进物料时，应将置换出的含有机物的废气回收利用或排入火炬系统，防止大气污染。

(4) 装置开工过程中产生的废水、废气，按照正常生产流程处置，同时跟踪监测环保设施运行技术指标，直至稳定运行为止。

（六）案例：某企业绿色检修

某企业在停工检修工作中，推行“网格化”管理，落实环保主体责任。通过推行“属地单位负责、专业部门管理、安全环保部综合监管”管理模式，使网格化管理有效运行，做到“五个不”：臭气不上天、污油不落地、污水不乱排、噪声不扰民、废料不乱弃；“五个零”：零事故、零伤害、零污染、零投诉、零浪费，实现了安全绿色停工检修。

装置停工检修前组织编制《停工方案的环保控制要点》，指导装置停工方案编制，重点做好环境风险管控、废气排放控制、高浓度检修废水临时储存及处理、固废处置以及异味、扬尘、噪声管控等内容，制定大检修停开工过程中退料吹扫、钝化清洗、装卸剂等过程的技术方案，组织各运行部完善密闭吹扫设施，细化、完善到停开工方案中，停开工方案做到“写我所做，做我所写，知我所做，做我所知”，压实责任。

1) 废气方面

编制《停开工、检修期间空气质量监测方案》，并严格执行，通过走航监测、中心站溯源分析和现场检查等方式，加强装置停工检修期间污染物排放的监管，发现异常，及时沟通处置，并形成日报，杜绝乱排、乱放问题。对厂界进行走航监测、臭氧和非甲烷总烃定点监测，及时掌握装置停开工、检修期间厂区各装置污染物排放对周边环境质量的影响。

严格落实停工方案和停工网络，装置停开前报备地方政府主管部门，确保装置停开工过程有组织废气达标，装置停工有序，生产设施先于环保设施停运。同时在废气治理设施及在线监测设施停运前，在环保信息系统上提报废气治理设施启停运申请，完成审批流程后启停，设施停开可控、有序衔接，确保停开工期间外排废气达标。

按照停工方案规定的时间进行吹扫、放空，全面落实“密闭吹扫”原则，吹扫、置换、蒸塔、蒸罐的过程中严禁打开放空阀、排凝阀；装置吹扫结束开口前，对 VOCs 废气进行检测，不得超过 120μL/L，合格后方可放空。首次引进移动 VOCs 治理设施技术服务工作，本次停工大检修期间共有 11 个点位使用移动 VOCs 治理设备，服务单位 4 台设备进厂，在厂内服务总累计时长 232 天 · 台，设备就位连线累计用时 836.5h(35 天 · 台)，实际引气处理累计时长 2682h(112 天 · 台)，处理含 VOCs 废气量约 $50.9\times10^4m^3$，VOCs 去除率 97%以上，VOCs 减排量约 1.2t，处理气体使用点位现场无异味，极大地降低了停工期间环保风险。

2) 废水方面

检修前组织上游生产装置和水务运行部编制检修废水处置专项方案，并将各项控制措施落实到装置停工检修方案中；严控上游各装置废水排放，各装置废水排放前先采样分析，根据废水污染物浓度和污染因子，采用管输和槽车清运相结合方式，分别进入污水场含油均质罐、含盐均质罐、事故水罐储存。

通过回用雨水等方式调节废水污染物浓度，严格落实雨污分流措施，最大限度减少进入污水场的废水量，对污水进行分质分时处理，防止冲击污水场，确保废水排放达标。

3）固废方面

从教育培训、过程管理、监督检查等各方面入手，确保固废管理各项措施落地：一是做好固体废物管理要求宣贯，结合2021年新版《危险废物名录》，编制专项培训资料，并针对大检修录制固废管理培训视频，对各运行部员工以及检修施工人员进行培训。二是确保检修期间固体废物管理要求有效落地，在检修手册中明确属地垃圾分类要求和暂存点位，产生后及时清运处置；安全环保部联合行政事务中心、设备工程部等部门对生活垃圾、建筑垃圾进行专项检查。三是严格落实危险废物管理各项要求，危废产生、清运、暂存及外委处置各环节严格管控，安全环保部、物资供应中心、生产技术部密切配合做好跨省危废转移，检修期间废催化剂、废白土、油泥、碱渣、废树脂等固废转移量共计4406.02t。四是按照网格对区域承包商进行管控，在属地设立固体废物收集点，并在检修过程中督促承包商对废保温棉、建筑垃圾、生活垃圾等进行分类并及时清运。

四、环境监测管理

环境监测是指按照国家环保法律法规以及有关环境监测技术规范要求，对企业生产过程污染物排放的达标状况、总量、治理设施运行效果、生产设施排放以及对环境质量和生态影响进行监视、测试和评价的技术性过程。环境监测工作为环境管理服务，为企业有效实施全过程污染控制管理和污染物达标排放及总量控制服务。

（一）基本要求

企业认真贯彻执行国家环境保护法规对环境监测工作的要求，遵守国家环境监测标准和技术规范，统一环境监测分析方法，建立环境监测网络。环境监测工作实行网络化、标准化、自动化管理，配备监测技术人员和设备，并且不断提高监测人员的技术能力和仪器装备水平，保证环境监测数据及时、客观和准确。

（二）手工监测

质检部门配备足够的技术人员，并参加专业技术培训，取得环境监测上岗证，未取得合格证者，不得上岗独立开展监测工作、出具监测报告，监测质量由持证人员负责。实行岗位责任制，分析人员应熟练掌握本岗位的监测分析技术，对承担的监测项目做到严守操作规程、操作准确无误、数据真实可靠、记录完整清晰，并将记录汇总留存备案。

质检部门环境监测能力应满足公司环境监测工作的实际需要，不能满足需要的需及时识别并委托有资质的社会监测机构进行监测，保证满足各项制度的要求。监测项目、监测频次、分析方法要符合国家或地方的相关管理规定。

环境监测仪器和设备必须按规定配备，并依照国家计量法的有关要求进行定期维护和校验。采样工具、样品容器和采样用车必须予以保证。样品的采集、运送和保存各环节必须遵守有关规定以保证其真实性。做好采样和测试间的衔接和协调以保证最终结果的准确性。

在废水废气在线监测仪表拆除、停运、更换或者故障期间，应开展手工监测，废水排口每天不少于4次，监测间隔不大于6h；废气排口每天不少于1次。

（三）在线自动监测

（1）企业按照各级环保行政主管部门及公司环境在线监测管理要求，规范安装环境在线自动监测仪表，建立完善的数据有效传输系统。选用经国家环保部和省环保厅指定的环境监测仪器检测机构适用性检测合格的仪器仪表，数据通信应根据本单位实际情况选用通信方式，确保公司自动监测系统网络畅通，能够与国家、省、市各级环保部门联网。

(2) 企业制定污染源自动监测管理制度，明确自动监测设备运行管理技术要求，根据国家及地方政府对污染源自动监测工作有关要求提出采购安装需求，并按要求完成设备验收后备案；对自动监测设备运维管理情况、污染物达标排放情况、预警报警应急预案制定及响应情况等进行监管考核；在政府监管信息系统上进行监测数据管理与维护，对自动监测数据缺失、异常、超标等情况及时向政府监管部门上报，并做好信息公开；组织环境监测部门对运维单位比对校验等工作的规范性进行监督，并确保自动监测设施故障期间能够及时有效开展人工监测。

(3) 企业做好污染源自动监测设施设备设计、选型、采购、安装、验收、投用、运维、修理、报废和更新的全生命周期管理，包括签订运维管理合同、明确运维单位职责、做好备品备件管理、对运维单位日常工作进行监管等，并将与政府联网的排放口所安装的自动监测设备纳入关键设备进行管理，保障自动监测设备连续正常运行。对因设备故障等原因造成监测数据缺失、异常、超标等情况，要及时采取措施组织应对，并开展溯源分析，实现闭环管理。

(四) 环保监测预警管理

企业建立健全排放口自动监测数据预警报警应急预案，将监测数据纳入生产运行调度平台统一管理；科学合理制定逐级预警报警机制，制定相关应急措施并实现及时推送相关人员，组织溯源分析，及时有效管控。对因生产波动、治理设施运行不稳定等原因造成的排放浓度升高等情况，要及时采取应对措施，保障达标排放。

(五) 监测质量管理

企业应建立包括但不限于点位布设、样品采集、现场测试、样品运输和保存、样品制备、分析测试、数据传输、记录、报告编制和档案管理等过程的管理体系。使用的标准物质应当是有证标准物质或具有溯源性的标准物质。

监测机构应及时记录样品采集、现场测试、样品运输和保存、样品制备、分析测试等监测全过程的技术活动，保证记录信息的充分性、原始性和规范性，能够再现监测全过程。现场采样监测均应有监测人员实施或监督实施，不得由车间人员代为采集；所有对记录的更改(包括电子记录)实现全程留痕。

使用实验室信息管理系统(LIMS)时，对于系统无法直接采集的数据，应以纸质的形式予以完整保存，并能实现系统对这类记录的追溯。当输出数据打印在热敏纸或光敏纸等保存时间较短的介质上时，应同时保存记录的复印件或扫描件。

企业要按照法律法规和相关监测标准规范开展自行监测，制定监测方案，保存完整的原始记录、监测报告，对数据的真实性负责，并按规定公开相关监测信息。委托第三方机构承担环境监测工作的，企业仍是数据质量的主体责任人。严禁篡改、伪造或者指使篡改、伪造环境监测数据等行为。

(六) 案例：某企业环保在线监测预警管理

1) 明确职责和流程响应机制

依照行业技术规范和国家相关法律法规制度的要求，环保管理部门编制《污染防治设施运行管理实施细则》《环境监测管理细则》，设备工程部门编制《环保在线分析仪表系统管理办法》等相关管理制度，制度中明确管理部门及业务主要执行单位的管理及分工职责，同时制度中对发生环保预警所涉及单位具体响应流程机制进行了明确。

属地责任单位接收到数据异常报告或环保预警信息后，应在规定时间内(15min)在工作群汇报预警情况，并组织原因分析，记录发生预警时工况记录、生产工艺操作记录、设备运行记录等情况，采取有效的控制措施，及时消除预警后再次进行反馈。如发生环保预警时间较长的异常情况，环保管理部门及时向政府环保部门进行沟通、反馈。

2）建立环保三级预警机制

所有排放口纳入“生产指挥系统”进行管理，每个排口实施三级预警响应机制，即作业部预警(预警值设置为排污许可指标的30%~50%)、公司预警(预警值设置为排污许可指标的90%)、超排污许可预警。作业部预警推送至作业部管理人员；公司预警、超排污许可预警短信推送至作业部管理人员、管理部室主管人员、分公司领导。同时，公司环保部门组织将对排放口的重要参数(如污染因子、流量等)DCS预警设置情况纳入日常专项检查工作。此外，设置了189个环保设施预警，如对催化装置臭氧流量、脱硫装置贫液流量、液氨压力、瓦斯管网压力等参数的工艺运行设置了短信预警，通过设置环保设施预警进行前置管理，及时发现异常，及时进行管控和处理。

3）从严预警考核和问责

制定《环保预警管理考核方案》，量化各排放口的奖励和考核指标，并根据各排放口前一年环保预警情况滚动更新指标，既增强了基层员工的工作积极性，压实了环保责任制，又减少了污染物排放，提高了排口合格率。制定《突发环境事件及风险管理细则》《领导干部问责处分办法》，对在线预警纳入环境事件管理，落实考核和问责。制定了更为严格的考核和问责管理办法，对于小时均值超分公司级预警的，均纳入环境事件考核和问责，定期通报。

4）加强日常巡检维护

公司检验中心作为在线仪表的日常管理单位，制定了《环保在线设施维护方案》，对在线监测设施日常运维、监测数据管理(含预警响应流程机制)、监测设备故障处理、应急监测管理及向政府环保部门报备手续等做了明确规定，环保、设备管理部门组织专业的日常监督检查。同时，建立在线汇报检查工作群，每天专人对污染源监控系统、政府监控平台进行网上巡检，并对检查情况进行沟通汇报，确保了设备正常运行、数据依法合规。

五、环保隐患管理

环保隐患是指企业范围内经法律法规识别和环境因素识别及影响评价、环境风险源识别评估、环境隐患排查评估及各类检查中确定的，并且通过运行控制无法消除或降低的风险，需要通过采取工艺、工程技术措施，才能消除和降低环境风险的隐患。

环保隐患管理范围包括：①生产、储运、销售以及生活后勤等企业生产、经营、管理和生活过程中可能造成污染，不能稳定达标排放，不符合国家和本企业环保法规、标准、规范、规定要求的需要治理的环保隐患项目；②存在可能直接或间接产生环境风险，造成外环境污染需要治理的环保隐患项目；③可能造成厂界噪声、异味污染的环保隐患治理项目。

（一）基本要求

为了治理隐患而确定的投资性项目或成本性支出项目，按照分类审批、科学实施、注重实效的原则实施全过程管理。按照环保隐患评估结果确定隐患等级，依据审批权限报批，采用科学合理的技术，确定项目实施效果。

（二）隐患排查与评估

企业隐患治理主管部门定期组织环保形势培训及环保技术交流，及时识别国家、地方及本企业下发的政策法规标准等文件，下发各基层单位组织学习，梳理本单位存在的问题，确定环保隐患治理方向。各基层单位通过全员排查、专项排查、内部 HSE 检查、外部检查等途径，并结合公司确定的环保隐患治理重点方向，开展隐患排查工作。主管部门牵头组织相关管理部门和申报单位组成评估小组，以国家和行业环保法规、标准、规范以及本企业环保管理制度为依据，提出隐患评估意见。

（三）隐患治理项目实施

经评估确认的环保隐患编制《环保隐患治理项目可研报告》或施工图方案，按照本企业编制年度固定资产投资项目计划的总体要求，结合各企业的实际情况，提出环保隐患治理项目治理计划，并列入固定资产投资项目计划。批准实施的环保隐患治理项目，责任单位组织开展项目实施，落实“五定”(定整改方案、定资金来源、定项目负责人、定整改期限、定临时防控措施和应急预案)要求，确保施工进度，确保资金到位，主管部门对环保隐患治理工作进行全过程的监督管理，确保按时完成环保隐患治理年度计划。

（四）验收评估

隐患治理项目竣工后，由主管部门、相关职能部门以及项目所属基层单位按职责划分组织开展项目竣工验收和环保竣工验收，验收合格后项目所属基层单位纳入正常生产运行和检维修管理。项目投用后，环保管理部门牵头开展环境效益后评估，主要包括系统稳定性、有效性，如污染物去除率、达标率及运维费用等内容。

六、环境风险防控

突发环境事件，是指由于污染物排放或自然灾害、生产安全事故等因素，导致污染物等有毒有害物质进入大气、水体、土壤等环境介质，突然造成或可能造成环境质量下降，危及公众身体健康和财产安全，或造成生态环境破坏，或造成重大社会影响，需要采取紧急措施予以应对的事件。按照事件严重程度，分为特别重大、重大、较大和一般四级。

突发环境事件风险(以下简称环境风险)是指企业发生突发环境事件的可能性及可能造成的危害程度。环境风险源等级是指根据相关要求确定的企业内部环境风险源级别，从低到高分为三级环境风险源、二级环境风险源、一级环境风险源。

（一）基本要求

企业主管部门定期组织开展环境风险识别评估，建立环境风险源台账，按照属地管理原则和业务管理职责落实环境风险的主体责任。按等级划分环境风险，采取“谁主管、谁负责”和“全员、全过程、全方位、全天候”的原则实施分级动态管控。

（二）风险识别与评估

按照相关规范要求，对生产运营过程中涉及环境风险物质的生产装置、油库、罐区、码头、厂际管线、船舶、车辆、有毒气体和高浓度污水集中储存设施等开展环境风险识别、评估，编制环境风险评估报告。

环境风险源等级按照涉及环境风险物质数量与临界量比值(R)、可能影响的环境风险受体敏感性(E)、环境风险控制水平(M)矩阵进行评估，确定环境风险源等级。环境风险评估流程如图 1-3-6 所示。

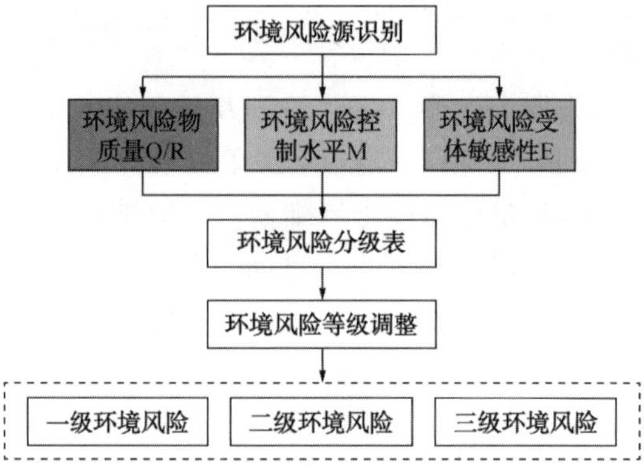

图 1-3-6　环境风险评估流程

针对一级环境风险源采取提升环境风险控制水平的管理措施、治理措施，并对一级环境风险源编制“一源一案”，对一级环境风险源制定隐患治理项目。

环境风险识别、评估报告每三年修订一次，有下列情形之一的，应及时重新划定本单位环境风险等级，及时评估或修订环境风险评估报告：

（1）环境风险未划定等级或环境风险等级划定已满三年的；

（2）风险物质种类、数量、生产工艺过程与环境风险防范措施或周边环境风险受体发生变化，导致环境风险等级变化的；

（3）发生突发环境事件并造成环境污染的；

（4）环境风险评估标准或规范性文件发生变化的。

（三）风险管控

企业应对一级环境风险源制定相应的管控方案，包括风险源情况（名称、描述、等级）、责任落实情况、工程措施、管理措施、应急资源等内容。各基层单位对各级环境风险源按突发环境事件应急预案、操作规程管理；应按照国家、地方政府有关要求及技术规范，完善环境风险防控措施，措施应当包括有效防止泄漏物质、消防水、污染雨水等扩散至外环境的紧急切断、导流、拦截、疏浚、捕集、收集、中和、降污等。将环境风险防控措施落实情况纳入日常检查内容，每半年组织开展环境风险专项检查。

（四）案例

1. 案例 1：某企业长江水体污染防控

某企业在长江沿岸设置油品、化学品、燃煤等产品和原料码头，存在物料泄漏、超标污水和污染雨水直接进入长江的风险。防止长江水体污染，防止对下游造成严重影响，做好水体污染防控工作，是企业环保工作的重中之重。

1）积极推进雨污分流彻底

完成雨污分流、循环水和化学水排污治理、排泥水治理、雨排口综合整治，确保总量和浓度双达标。

（1）全面实施和改造清污分流设施，实施了火炬山区域、北山罐区、腈纶大院、硫黄区域、老区油品罐区等地下污水管网改造，通过改造，完成了雨污分流工作，同时结合新建项目“以新带老”，完成全厂区污水管网可视化改造。

（2）完成了循环水排污水、化学中和水的收集输送改造，规范了雨水口排放。

（3）增上 53 套污水在线监测仪表，实时监控装置外送污水水质，严格执行企业污水分级管控管理，实现污水在线分级控制。

（4）雨水监控池增设了雨水在线分析设施，实时对雨水 COD、氨氮、油含量以及 pH 值实施监测，并与政府环保主管部门联网。此外，雨水监控池还设有不合格雨水返回输送至新区事故池、污水处理场的流程。

2）层层把好污水进入外环境水体关口

为防范和控制发生事故或事故处理过程中产生的泄漏物料及消防污水对长江水体环境的污染和危害，降低环境风险，对可能产生的事故废水进行三级防控体系管理。

（1）一级防控措施是在装置区和罐区设置围堰、防火堤，对事故情况下泄漏的物料及消防废水进行收集，围堰内设污水与清净雨水切换阀门，正常及事故情况下针对不同废水实施分流排放控制。

（2）二级防控措施是当围堰液位上升过快时打开切换阀门，将废水引入相应污水提升池，根据废水性质进污水处理场含油或含盐污水处理系统处理。

（3）三级防控措施是当污水系统无法满足要求时，提升至事故池。在装置区和罐区围堰、雨水管网、污水处理设施均设置切换阀，围堰内的初期雨水排入污水系统，后期雨水通过雨水管网排入雨水监控池，事故污水（含污染消防水）通过雨水管网截断阀切换自流排入事故池，然后进入污水处理场处理。雨水监控池和事故池均与外部水体隔离，事故污水均通过泵提升进入污水处理场，处理达标废水通过泵提升排入长江。设置污（雨）水监控池、罐，外排口安装在线监测设施，实时监控废水排放情况。

3）积极做好长江生态保护工作

（1）按照政府部门要求，规范运输船舶“三废”收集与治理工作。配合地方洗舱站项目建设，对长江流域过往船只洗舱污水进行接收，免费接收装卸船只的生活垃圾及生活污水，送至陆地进行合规处理处置，杜绝污水乱排至长江。

（2）积极推进输煤栈桥的环境整治和美化工作。在转型发展项目中增上全封闭煤筒仓、管带机，实现密闭存储、输送。以打造长江沿线生态公园为契机，开展输煤栈桥美化工程，改造输煤栈桥及区域墙面。

（3）增设溢油监测防止长江水体污染。实施了新码头和水务部雨水池增设溢油监测设施，分别在码头趸船和雨排口设置了溢油监测设施共 8 套，并设有提升返回流程，从而有效防止污染水体进入长江。该企业长江沿岸输煤栈桥环境整治如图 1-3-7 所示。

图 1-3-7 长江沿岸输煤栈桥环境整治

2. 案例 2：某企业黄河水体污染防控

某企业与黄河直线距离约 3.5km，当企业发生火灾爆炸、溢油或油品泄漏事件时，大量受污染消防水的排放可能影响到黄河。强化黄河水体污染防控，科学防范、化解突发水体污染风险，保护母亲河，是该企业践行黄河流域生态保护和高质量发展战略的重要工作内容。

1）建设水体污染防控体系

建立装置、区域、污水处理场三级防控体系，将泄漏物料、事故消防水或污染雨水控制在厂区内，避免造成外环境水域污染。

（1）一级防控：装置围堰及罐区防火堤装置区设置围堰、罐区设置防火堤，收集一般事故泄漏的物料，防止轻微事故泄漏时造成的污染水流出界区。罐区防火堤外设置的雨水系统阀门为常关。当发生事故时，事故区工艺物料、消防水及雨水均被拦截在防火堤内。

（2）二级防控：排水系统区域拦截设施装置区、罐区边界的雨排沟，设置有事故闸板。小型事故时及时关闭区内闸板和装置边界雨排沟通往厂外排洪沟的闸板，截流污染物，使污染控制在本区域内，避免污染扩散。

（3）三级防控：事故池(罐)及污水处理场。

2）完善应急防控设施

炼油污水处理场现有 6000m^3 的事故水调节罐，化纤污水处理场现有 10000m^3 应急事故池，作为事故状态下的废水储存与调控手段，将污染物控制在区内，防止重大事故时泄漏物料和污染消防水流出厂外。生产装置发生污染时，污染物进入围堰、堤内和污水系统、雨水系统，可紧急关闭相应闸板，截流污染物，导入事故罐和事故池临时储存，打回污水处理系统进行处理，达标后部分回用，部分排放。在炼油污水装置东南角设置一座 5000m^3 雨水监控池，清净雨水经厂区雨排系统进入雨水监控池，经监控合格自流外排，进入经一路大排洪沟；污染雨水用泵打入 10000m^3 事故池，再送入污水处理场，收集的污油水进含油污水总进口收油，处理后排放或回用。

3）优化污染应急处置措施

事故单位首先对泄漏的容器或管线堵漏，切断污染源，尽量减少污染物质外泄。安排人员关闭装置边界雨水沟通往厂外的所有阀门，带有物料的污水尽可能进入内部污水管网，以防污染物排入外环境；选择适当位置拦截外溢的污染物，用泵、容器、吸附材料或人工等方法将污染物转入临时储存设施，尽量回收利用，不能回用的通过污水处理场逐步处理或其他方式处理。

环境应急组及时组织监测力量对水体进行跟踪监测，确定监测位置、监测因子、监测频次，特别注意对附近环境敏感点(如取水井、黄河等)的水质监测，随时掌握环境污染情况。监测人员迅速开展现场监测，必要时对厂区周边水域进行采样检测，监控河水水质变化情况，快速向现场指挥部报告污染事故的应急监测状况，及时出具应急监测结果报告。

环境应急组根据监测结果，综合分析突发环境事件污染变化趋势，预测并报告突发环境事件的发展情况和污染物的变化情况，作为突发环境事件应急决策的依据。

3. 案例 3：某企业码头泄漏风险防控

某企业化工码头位于杭州湾北侧，是企业液态化工物料进出口的咽喉，主要负责汽油、柴油、喷气燃料、苯、对二甲苯、乙烯、丙烯、液化气、石脑油、凝析油、沥青等近 30 种油品和化工中间产品的海运进出。码头地处杭州湾，该区域洋流随季节多变，无固定洋流方向，码头距离海滨风景游览区不足10km，一旦发生泄漏，舆情反响极大。该码头转输的物料具有易燃易爆特点，在生产过程中码头装卸的输油臂、金属软管、输油管道、法兰、阀门及油轮均有可能发生泄漏事故。因此，有效采取泄漏风险防控措施，做好应急救援管理工作，保障员工的生命安全，最大限度地减少环境破坏和社会影响是企业高质量发展的基本要求。

1）滚动开展泄漏风险辨识

严格落实HSE管理体系，滚动开展泄漏风险的辨识与分析，通过区域普查、要害部位排查，识别出输油臂、金属软管装卸过程泄漏风险，落实对人、物、外部条件的全方位因素分析，制定了风险防范措施，完善了应急防控机制，将码头泄漏风险提高至公司二级环境风险，并落实领导承包制。

2）强化内部巡检

严格码头作业前的检查，形成作业管理规定。在靠泊前开展现场固定式报警仪信号、应急通信指挥设施、作业区域设置视屏监控系统专项巡查，对吸油毡、防化服、雾化水枪、消防水带等一系列应急物资进行清点；做好码头前沿水域围油栏布设等防污染的准备工作；实施码头操作区域的围堰、污油收集管线特级巡查，对污油池液位监控并及时将污油返至岸上污水罐内集中进行处理；油品输送前对管线进行升压、循环，确认管线无异常情况。

3）严格作业期防控措施

码头作业期间落实现场定时巡检制度，对输油臂、金属软管等重点部位加强监控，发现异常及时处理；加强对管线压力巡查，严格管理管线压力报警；作业结束后采用吹扫方式，将输料管道内的物料排空，关闭紧急切断阀，脱开装卸输油臂。

4）做实应急应对响应

定期开展应急演练，对演练进行记录和总结，并不断修订和完善应急预案；定期对应急物资进行清点、补充，满足应急状态下的所需。同时强化社会专业力量的依托，与委托方签订协议，委托码头前沿水域的防污染（围油栏布设、监护，工作船辅助、应急情况处置）和到港船舶生活污水、生活垃圾接收的作业，对码头防污染应急设备设施日常维护保养及使用，确保防污染应急设备设施正常好用。为实现资源共享，全面按照地方跨区域应急管理规定，实现码头防污染区域联防，区域联防能力不断互补、提升。

七、环境应急管理

环境应急管理是指在突发环境事件的事前预防、事发响应和处置以及应急恢复过程中，采取的一系列必要措施和管理手段。

（一）基本要求

突发环境事件应对，应当建立分类管理、分级负责的应急管理体制；编制突发环境事件应急预案，定期培训和演练；定期开展环境风险教育和技能培训。

（二）应急预案

企业内各单位涉及生产、储存、经营、使用、输送危险物品或向环境排放污染物的，以及其他可能发生突发环境事件的单位，须按照《突发事件应急预案管理办法》（国办发〔2013〕101号）、《石油化工企业环境应急预案编制指南》（环办〔2010〕10号）的规范要求，编制符合本单位实际情况（针对性、实用性、可操作性强）、与其他相关预案合理衔接的环境应急预案。

企业应结合业务性质、规模、组织体系和环境风险状况、应急资源状况，按照环境应急综合预案、专项预案和现场处置预案的模式建立环境应急预案体系。环境应急综合预案体现战略性，环境应急专项预案体现战术性，环境应急现场处置预案体现操作性。公司级、运行部级(工厂)应编制单独的环境应急预案，工区可以编制专门的环境应急预案或在突发事件应急预案中制定环境应急预案专章。企业应结合环境应急预案实施情况，至少每三年对环境应急预案进行一次回顾性评估，并重新发布。

各单位应制定年度环境应急演练计划，按计划开展演练。每年至少组织一次公司级环境应急演练或包含环境应急演练内容的综合应急演练；各运行部每季度至少组织一次运行部级演练；各装置每月至少组织一次环境应急现场处置方案演练。演练完成后，应对演练情况进行评价，分析存在问题，并根据演练情况及时修改完善应急预案。应急演练应采用文字、照片、音像记录演练过程，并对演练情况进行评估，评估预案的合理性、可操作性，评估指挥协调、人员处置等情况，分析存在问题，提出改进措施，建立预案演练台账，为预案修编、人员培训、措施、设施能力完善建设提供依据。

(三) 应急准备

(1) 配备必要的环境监测监控设施，加强对厂界、外排口及周边环境的监测监控，发现突发环境事件预兆立即发布预警信息。

(2) 当突发环境事件可能影响周边企业、社会公众等环境风险受体时，办公室及时向地方政府报告，宣传(统战)处向周边企业和社会公众发出预警信息。

(3) 对国家、地方政府发布的可能引发突发环境事件的预警信息，企业及时采取应对措施。

(4) 设置、安装符合标准规范要求的环境风险防控设施，合理配备环境应急物资，定期维护。

(5) 建立企业专(兼)职环境应急救援队伍或与专业环境应急救援队伍签订应急救援协议，并定期演练。

(6) 加强环境应急监测能力建设，配备满足需要的环境应急监测人员和应急监测设备。

(四) 应急过程处置

各企业或各单位造成或者可能发生突发环境事件时，立即启动相应级别的突发环境事件应急预案，采取切断或者控制污染源以及其他防止危害扩大的必要措施，具体现场处置原则如下：

(1) 切断源头，控制范围。立即查找污染源头，第一时间采取措施关闭、封堵物料泄漏源，控制、减少或截断污染物进入环境的总量；按照装置清污分流切换、运行部事故封堵、片区事故闸的顺序，根据环境应急实际情况分步、逐步或超前采取围挡、封堵、分区截留、回收措施，将污染物控制在尽可能小的范围，减少污染废水产生量，严控废水进入外环境。

(2) 及时通报，多方支援。运行部内发生的工区级环境事件，本单位应急资源不足以应对污染事件时，应及时向相邻单位、应急指挥中心部门请求支援，防止小事件演变成较大事件。

(3) 应急监测，掌握主动。污染事件发生后，立即按预案要求启动应急监测，监测下游断面和排口的水质，监测下风向环境空气质量，及时掌握污染物扩散的情况，预测环境影响程度，启动相应的联动预案。

① 环境事件发生后，员工应第一时间向本单位值班、领导和公司应急指挥中心(公司总调度室)汇报，由单位领导或值班领导首先快速安排布置采取紧急措施。公司级环境应急预案启动后，第一时间成立现场指挥部，开展现场环境应急处置，并依法依规做好相关资料证据留存。

② 环境应急处置过程中，根据应急监测结果确定突发环境事件可能的影响范围，及时通知可能受影响的周边企业、社会公众等，配合政府进行人员疏散和撤离；采取有效措施避免污染物进一步扩散；对事故产生的泄漏物料、事故污水、危险废物等污染物应及时回收并妥善处置。

③ 各单位应按照环境应急预案，有序组织现场环境应急处置工作，当事态可能超出本级应急能力时，应立即向上一级主管部门请求实施更高级别的应急救援。

④ 各部门在应急指挥中心的指挥协调下参与现场处置工作，按法规、制度要求的时限和内容及时向政府部门和企业报告，办公室向地方政府汇报，安全环保部门向事发地生态环境主管部门报告，宣传部门向媒体通报。

(五) 事后管理

应急处置工作结束后，按照“四不放过”的原则，进行调查和处理。查清事件原因，确认事件性质，认定事件责任，提出整改措施和处理意见。各相关部门、各相关单位对处置工作进行总结，提出改进措施，完善应急预案。

八、环保统计和信息公开管理

环保统计的类型有：普查和专项调查；定期调查和不定期调查。定期调查包括统计年报、半年报、季报、月报、总量核查、排污许可申报和排污权交易申报等。不定期调查包括污染源普查等。

环保统计工作应遵循“实事求是、科学准确、及时有效、严格保密”的原则。环保统计内容包括环境质量、环境污染及其防治、环境管理及其他有关环境保护事项。环保统计任务是对环境状况和环境保护工作情况进行统计整理、分析，提供统计信息和咨询。

环保统计资料是制定环境保护政策、规划、计划，考核环境保护工作的基本依据。各部门(单位)领导应重视环保统计工作，根据统计任务需要配备必要设备，逐步建立现代化的统计信息管理系统。

(一) 基本要求

环保统计工作实行分级负责，逐级上报，统一管理。

(二) 环境统计报表填制

企业各单位完善环境计量和统计管理，建立健全生产经营活动及其环境保护设施运行原始记录、统计台账。认真做好本单位环保统计工作，统计报表数据及时准确，如实反映本单位实际排污情况，不虚报、不瞒报。

各单位根据公司环保监测计划，按时上传或报送用水、节水、产品产量、产值及原辅料消耗、产品物耗、能耗等数据，质检部门每天将监测数据录入 LIMS 系统，及时上报安全环保部门。

安全环保部门统计人员及时收集、整理基础数据，按照国家、地方和本企业相关要求，开展环保统计工作，按月度、季度、年度编制并按时上报。

（三）环境统计报表分析与审核

环保统计报表中各项指标应按相关要求进行分析，与上期、往年同期以及控制标准进行对比分析，对上下浮动在10%以上以及超标数据，逐项详细说明原因，涉及上级考核和控制指标的偏差问题要制定有效的整改措施并由安全环保部门监督考核。

各运行部填制的环保报表及其他环保统计资料须经本单位分管领导审核后方可报出；安全环保部门环保统计人员填制报送国家、地方政府和本企业的各种报表、资料信息须经过安全环保部门主管领导和公司分管领导审核后方可报出。

（四）环境信息公开

通过公司网站、政府官方网站或者当地报刊等便于公众知晓的方式，及时、如实向社会公开相关环境信息。主要包括：

（1）基础信息，包括单位名称、组织机构代码、法定代表人、生产地址、联系方式，以及生产经营和管理服务的主要内容、产品及规模。

（2）排污信息，包括主要污染物及特征污染物的名称、排放方式、排放口数量和分布情况、排放浓度和总量、超标情况，以及执行的污染物排放标准、核定的排放总量。

（3）防治污染设施的建设和运行情况。

（4）建设项目环境影响评价及其他环境保护行政许可情况。

（5）突发环境事件应急预案。

（6）其他应当公开的环境信息。

（五）案例：某企业环保统计管理

某企业将排污许可环境管理与环保统计工作相结合，结合排污许可环境管理和环保统计要求，组织各单位编制环境管理台账。台账包含生产设施运行记录、污染治理设施运行记录、环境日常监测记录、原辅料使用记录、储罐运行记录、火炬运行记录、“三废”排放记录等相关环境管理内容。环境管理台账覆盖环保管理工作各个环节，满足排污许可管理和环保统计的要求。

（1）科学编制台账模版，个性定制统计报表，环保统计一站式管理。结合排污许可环境管理台账要求、地方政府环保统计模块需求数据以及日常环境管理要求，安全环保部编制了公司排污许可环境管理台账模版，模版涵盖公司各单位的环保管理要求。各单位结合本单位实际情况，从中选取相应的台账记录模板，同时，可根据日常统计需求添加相应的项目，实现环保统计一站式管理。

（2）做好责任分工，明确工作时限要求，保证数据及时上报。在排污许可管理规定中对各单位台账上报时限做了明确要求，如各运行部每月3日前完成本单位环境管理台账编制上报安全环保部。同时，在公司绩效考核中，明确考核要求，对未及时上报环保统计台账的单位进行考核。

（3）充分利用信息化系统，提高工作效率，降低基层人员工作量。环保统计工作涉及生产运行的各个环节，统计台账覆盖面广、数据量大，填报工作量大。另外，各单位环保统计人员多为兼职人员，人工填报统计台账，工作强度大、工作效率低且无法保证数据的准确性。基于以上原因，组织各运行部利用公司实时数据库软件对环境管理台账进行了更新，对于统计台账中涉及数据实现了实时抓取，大大提高了工作效率，降低了基层统计人员的工作强度，同时保证了数据的准确性。

（4）开展数据分析，做好报表上报。安全环保部负责全公司环保统计信息的上报工作，并对统计数据偏差超过10%的指标按要求进行原因分析。每月前5个工作日，公司按照三级审批的原则完成环保统计报表上报工作。

（5）做好统计数据的应用，提升环保管理水平。定期组织绿色企业行动计划例会，通报各排口污染物排放情况，各单位对污染物排放增加原因进行分析，并制定整改措施，促进总量减排工作。

（6）定期开展监督检查，规范环保统计台账。每月组织开展环保统计台账检查工作，对各单位环保统计台账记录的规范性、及时性和准确性进行检查，检查的范围包括污染治理设施运行记录、LDAR检测记录、储罐运行信息记录、原辅料台账、三废排放情况等相关记录。对发现的问题督促相关单位进行举一反三整改，并按要求进行考核。

（7）动态调整，优化台账记录。结合地方政府环境管理要求不断提升，对环境管理台账进行动态调整和优化，先后增加了VOCs收集系统监测指标、密闭除焦碱洗塔pH值等运行指标，保证了环境管理台账记录信息的及时性和有效性。

第四节 健康管理

2002年5月1日正式实施的《中华人民共和国职业病防治法》，先后进行了四次修订。石油加工企业职业病危害因素分布广、成因复杂、种类数量多，员工职业健康风险高。随着社会经济的发展，国民生活方式的变化，尤其是人口老龄化及城镇化进程的加速，心血管病危险因素对居民健康的影响越加显著，近年来，石化企业员工在岗期间发生猝亡的现象呈持续上升态势。本节主要结合石化企业特点，重点介绍职业健康和员工身体健康两个方面的管理实践。

一、职业病危害因素

（一）职业病危害因素识别

职业病危害因素是指职业活动中存在的各种有害的化学、物理、生物因素以及在作业过程中产生的其他职业有害因素。石化生产过程中存在的职业病危害因素种类多、分布广，每年要对各生产装置进行全面的工程分析和职业卫生现场调查，识别生产工艺过程、生产环境、劳动过程中以及建设施工过程存在的主要职业病危害因素及其来源、分布等，并分析识别各岗位接触的职业病危害因素。进行岗位职业病危害因素识别时，要考虑岗位日常的全部工作内容，对所有工作环节、接触地点的危害因素进行识别，同时要了解其作业方法、接触时间、频度与个体防护等。

职业病危害因素识别主要有以下3种方法：

（1）参考资料法：参考装置职业病危害评价报告，包括预评价、控制效果评价和现状评价报告等，识别工作场所的职业病危害因素。

（2）工程分析法：通过对生产装置的工艺特点、工艺流程和卫生防护状况等进行分析，结合生产过程使用的原料、辅料以及产品、联产品、副产品、中间品等的情况，对工作场所存在的职业病危害因素进行识别。

（3）现场检测法：用仪器设备对工作场所可能存在的职业病危害因素进行采样检测，定量、定性识别职业病危害因素。

（二）主要的职业病危害因素

石化生产过程中主要的职业病危害因素包括化学毒物、粉尘、噪声、高温、电离辐射等。

1. 化学毒物

化学毒物主要来自原料、辅助用剂、中间产物、产品。

（1）来自原料与产品：原油、蜡油渣油、石脑油、汽油、煤油、柴油、润滑油、液化石油气、芳烃（苯、甲苯、二甲苯）、甲基叔丁基醚等。

（2）来自反应中间产物：硫化氢、二氧化硫、一氧化碳、氮氧化物、硫醇、硫醚、污水等。

（3）来自辅助用料：氨、硫酸、二乙醇胺、氢氧化钠、氢氟酸、环丁砜、丁酮、二硫化碳、丙烷、二氯乙烷、催化剂（氧化铝、铂、镍、钴、钼等金属及其化合物等）、缓蚀剂、其他助剂等。

2. 粉尘

石化装置产生的粉尘，如催化裂化装置的催化剂粉尘、硫黄回收装置的硫黄粉尘、延迟焦化装置的石油焦粉尘等。

3. 噪声

石化生产装置中产生噪声的设备较多，如机泵、压缩机、空冷器、风机、振动筛、造粒机、包装机、火炬等，蒸气放空、物料在管线中流动及调节阀门节流也可产生噪声。

4. 高温、热辐射

来自生产装置的加热炉、反应器、换热器、焚烧炉、锅炉、蒸汽管线、造粒机、机泵等，如设备、管线保温不好，会对作业环境产生热辐射。另外夏季室外作业，还受环境高温的影响。

5. 电离辐射

连续重整、延迟焦化、汽油吸附脱硫、聚丙烯等装置使用放射性料位计，主要的密封放射源有^{137}Cs、^{60}Co和^{241}Am-Be等。

（三）常见职业病危害因素的健康危害

常见职业病危害见表1-4-1。

表1-4-1　常见职业病危害

序号	职业病危害因素	健康危害	职业接触限值
1	硫化氢	可经呼吸道进入人体。主要损害中枢神经、呼吸系统，刺激黏膜。表现为流泪、畏光、眼刺痛、咽喉部灼热感、咳嗽、胸闷、头痛、头晕、恶心、呕吐、乏力，重者抽搐、呼吸困难。吸入高浓度可立即昏迷，可致猝死。立即威胁生命和健康浓度（IDLH）为142mg/m^3	MAC：10mg/m^3
2	汽油	属低毒类。可经呼吸道、皮肤进入人体。导致中枢神经系统功能紊乱，对皮肤和黏膜有刺激作用。短时间大量接触可引起头晕、乏力、恶心、视力模糊、复视、步态不稳等症状，吸入极高浓度汽油蒸气，可导致猝死。长期过量接触可引起神经衰弱和自主神经功能紊乱症状	PC-TWA：300mg/m^3
3	液化石油气	属低毒类。可经呼吸道、皮肤进入人体，短期大量吸入可引起呕吐、头痛、麻醉等症状，严重者发生窒息死亡。长期接触对健康会有轻微的影响，产生头晕、乏力、嗜睡等症状。溅到皮肤上，能引起局部麻木，还可造成冻伤	PC-TWA：1000mg/m^3，PC-STEL：1500mg/m^3

续表

序号	职业病危害因素	健康危害	职业接触限值
4	苯	可经呼吸道、皮肤进入人体。主要损害神经和造血系统。短期大量接触可引起头痛、头晕、恶心、呕吐、嗜睡、步态不稳，重者发生抽搐、昏迷。长期过量接触可引起白细胞减少、再生障碍性贫血、白血病。IDLH 浓度为 $9800mg/m^3$	PC-TWA：$6mg/m^3$，PC-STEL：$10mg/m^3$
5	甲苯	属低毒类。可经呼吸道和皮肤进入人体。主要损害中枢神经系统，对皮肤和黏膜有刺激作用。短期大量接触可引起眩晕、乏力、步态不稳，重者发生恶心、呕吐、幻觉、抽搐，甚至神志不清。长期过量接触可引起神经衰弱综合征，皮肤干燥、皲裂，甚至引起皮炎	PC-TWA：$50mg/m^3$，PC-STEL：$100mg/m^3$
6	二甲苯	对中枢神经系统有麻醉作用，对皮肤黏膜有刺激作用。长期接触可影响肝、肾功能。急性中毒重症者有幻觉、神志不清症状。长期过量接触可引起神经衰弱综合征，皮肤干燥、皲裂，甚至引起皮炎	PC-TWA：$50mg/m^3$，PC-STEL：$100mg/m^3$
7	乙苯	属低毒类。可经呼吸道和皮肤进入人体。对皮肤和黏膜有刺激作用。短期大量接触可引起呼吸道刺激症状，并有胸闷、头晕；重者恶心、呕吐、步态蹒跚、昏迷。长期过量接触可引起神经衰弱综合征，皮肤干燥、皲裂，甚至引起皮炎	PC-TWA：$100mg/m^3$，PC-STEL：$150mg/m^3$
8	苯乙烯	属低毒类。急性影响主要是对眼、皮肤、黏膜及呼吸道刺激作用，高浓度时可引起麻醉症状。苯乙烯有脱脂作用，长期接触可引起皮肤粗糙、皲裂和增厚等改变	PC-TWA：$50mg/m^3$，PC-STEL：$100mg/m^3$
9	正己烷	属低毒类。具有高挥发性、高脂溶性，并有蓄积性。可经呼吸道、皮肤进入人体。吸入高浓度正己烷蒸气可发生急性正己烷中毒，主要表现为中枢神经系统抑制和皮肤黏膜刺激症状。慢性中毒表现为周围神经病和视觉障碍，严重者可引起肝肾损害	PC-TWA：$100mg/m^3$，PC-STEL：$180mg/m^3$
10	正戊烷	属低毒类。可经呼吸道进入人体。接触高浓度的戊烷可出现眼和黏膜刺激和麻醉症状。长期接触低浓度正戊烷可出现眼睛和呼吸道刺激症状，皮肤反复接触可出现皮炎	PC-TWA：$500mg/m^3$，PC-STEL：$1000mg/m^3$
11	异戊烷	属低毒类。可经呼吸道进入人体。接触高浓度的戊烷可出现眼和黏膜刺激和麻醉症状。长期接触低浓度异戊烷可出现眼睛和呼吸道刺激症状，皮肤反复接触可出现皮炎	PC-TWA：$500mg/m^3$，PC-STEL：$1000mg/m^3$
12	1,2-二氯乙烷	属高毒类。可经呼吸道和皮肤进入人体。主要引起中枢神经系统麻醉和抑制作用；另对皮肤黏膜有刺激作用，可引起皮炎及肺水肿	PC-TWA：$7mg/m^3$，PC-STEL：$15mg/m^3$
13	环己烷	属低毒类。可经呼吸道进入人体。对眼和上呼吸道有轻度刺激作用。持续吸入可引起头晕、恶心、倦睡和其他麻醉症状。皮肤接触可引起痒感	PC-TWA：$250mg/m^3$
14	环氧乙烷	属中等毒类。可经呼吸道和皮肤进入人体。急性作用主要表现为皮肤、眼睛、呼吸道的刺激作用，严重者可出现意识障碍、手足乏力等神经症状，长期接触可引起神经衰弱综合征和自主神经功能紊乱	PC-TWA：$2mg/m^3$

续表

序号	职业病危害因素	健康危害	职业接触限值
15	丁烯	经呼吸道进入人体，属低毒类。具有窒息、弱麻醉和弱刺激作用。高浓度接触可出现黏膜刺激症状、嗜睡、血压稍升高。高浓度中毒可引起昏迷。长期接触有头痛、头晕、全身乏力、记忆力减退等症状	PC-TWA：100mg/m^3
16	异丁烯	经呼吸道进入人体，属低毒类。具有窒息、弱麻醉和弱刺激作用。高浓度接触可出现黏膜刺激症状、嗜睡、血压稍升高。高浓度中毒可引起昏迷。长期接触有头痛、头晕、全身乏力、记忆力减退等症状	PC-TWA：100mg/m^3
17	丁二烯	主要经呼吸道进入人体。属低毒类，具有刺激和麻醉作用。主要表现为对皮肤、呼吸道的刺激和对中枢神经系统的麻醉作用。皮肤直接接触可发生灼伤或冻伤	PC-TWA：5mg/m^3
18	甲醇	可经呼吸道、皮肤进入人体。短期大量吸入主要引起中枢神经系统损害、眼部损伤及代谢性酸中毒。皮肤反复接触可引起局部脱脂和皮炎	PC-TWA：25mg/m^3
19	乙二醇	属低毒类。大剂量乙二醇早期引起中枢神经系统抑制，后期影响肾脏。吸入中毒时表现为反复发作性昏厥，每次发作 5～10min 后很快恢复，可有眼球震颤和淋巴细胞增多现象	PC-TWA：20mg/m^3，PC-STEL：40mg/m^3
20	糠醛	属中等毒类。可经呼吸道和皮肤进入人体。短期大量吸入可引起急性中毒，主要表现为呼吸道刺激症状，严重者可导致肺水肿、肝损害、中枢神经损害和呼吸中枢麻痹。对皮肤黏膜有刺激作用	PC-TWA：5mg/m^3
21	丁酮	属低毒类。高浓度可对上呼吸道产生刺激刺激作用，长时间接触能抑制中枢神经系统，引起头痛、恶心、呕吐等症状。皮肤长期接触可致皮炎	PC-TWA：300mg/m^3，PC-STEL：600mg/m^3
22	MTBE（甲基叔丁基醚）	属低毒类。可经呼吸道和皮肤进入人体。过量接触可引起头痛、恶心、呕吐、眩晕、麻醉、呼吸急促及神经系统抑制等症状。对眼和呼吸道黏膜有轻度刺激作用	PC-TWA：180mg/m^3，PC-STEL：270mg/m^3
23	氨（氨气、液氨）	可经呼吸道进入人体。主要损害呼吸系统。表现为流泪、流涕、咳嗽、胸闷，重者呼吸困难、咳粉红色泡沫样痰。液态氨可致呼吸道、皮肤、眼睛灼伤。IDLH 浓度为 360mg/m^3	PC-TWA：20mg/m^3，PC-STEL：30mg/m^3
24	一氧化碳	可经呼吸道进入人体。主要损害神经系统。表现为剧烈头痛、头晕、心悸、恶心、呕吐、无力、脉快、烦躁、步态不稳、抽搐、大小便失禁、休克。可致迟发性脑病。IDLH 浓度为 1700mg/m^3	PC-TWA：20mg/m^3，PC-STEL：30mg/m^3
25	二氧化硫	属中等毒类。主要经呼吸道进入人体，对眼和呼吸道黏膜有强烈刺激作用。高浓度吸入可引起肺水肿、喉水肿、声带水肿或痉挛而引起窒息。液态二氧化硫可灼伤皮肤及眼。长期低浓度接触，可有头痛头昏、乏力等症状，以及慢性鼻炎、咽喉炎、支气管炎、嗅觉及味觉减退等	PC-TWA：5mg/m^3，PC-STEL：10mg/m^3

续表

序号	职业病危害因素	健康危害	职业接触限值
26	二氧化氮	可经呼吸道进入人体。主要损害呼吸系统。表现为咽痛、胸闷、咳痰，可有轻度头晕、头痛、无力、心悸、恶心等，进而呼吸困难、胸部紧迫感、咳白色或粉红色泡沫样痰、口唇青紫，甚至昏迷或窒息。IDLH 浓度 $96mg/m^3$	PC-TWA：$5mg/m^3$，PC-STEL：$10mg/m^3$
27	臭氧	可经呼吸道进入人体。主要损害眼结膜和呼吸系统。短期吸入高浓度臭氧可直接刺激眼结膜和呼吸道黏膜，可引起肺水肿。长期接触可引起支气管炎、细支气管炎，甚至发生肺硬化、肺水肿	MAC：$0.3mg/m^3$
28	焦炉逸散物	可经呼吸道进入人体。主要损害呼吸系统。长期接触可致肺癌	PC-TWA：$0.1mg/m^3$
29	二甲基甲酰胺（DMF）	属低毒类。可经呼吸道及皮肤进入人体。对皮肤、眼、上呼吸道黏膜有刺激作用。皮肤接触可出现水泡、水肿、局部麻木、瘙痒、灼痛等表现；溶液溅入眼内可损害角膜。可引起肝、肾及胃损害，导致恶心、呕吐、腹痛及便秘等症状	PC-TWA：$20mg/m^3$
30	四氢呋喃	属低毒类。可经呼吸道和皮肤进入人体。具有刺激皮肤黏膜和麻醉作用。高浓度大量接触可引起头痛、头晕、恶心、耳鸣、视力模糊、咳嗽、胸痛、呼吸困难等。溶液溅入眼内可致严重角膜炎	PC-TWA：$300mg/m^3$
31	乙醚	主要经呼吸道进入人体。主要损害中枢神经系统，引起全身麻醉，对呼吸道有轻微刺激。皮肤长期接触可引起干燥以致皲裂	PC-TWA：$300mg/m^3$，PC-STEL：$500mg/m^3$
32	肼（联氨）	可经皮肤和呼吸道进入人体。主要损害呼吸系统，对皮肤黏膜有刺激腐蚀作用。表现为头晕、头痛、乏力、恶心、呕吐、眼痛、眼胀、咽痛、咳嗽、严重呼吸困难，咳粉红色泡沫样痰。可引起皮炎	PC-TWA：$0.06mg/m^3$，PC-STEL：$0.13mg/m^3$
33	六价铬（三氧化铬、重铬酸钾、铬酸盐）	可经呼吸道、皮肤进入人体。主要损害呼吸系统、皮肤黏膜。表现为流泪、流涕、咽干、咳嗽、呼吸困难、哮喘，长期过量接触可致皮肤溃疡、鼻中隔溃疡或穿孔。铬酸盐生产过程过量接触可致肺癌	PC-TWA：$0.05mg/m^3$
34	硫酸	属中等毒类。对皮肤、黏膜等组织有强烈刺激和腐蚀作用。蒸气或雾可引起结膜炎、结膜水肿、角膜浑浊，以致失明；引起呼吸道刺激，重者发生呼吸困难和肺水肿；高浓度引起喉痉挛或声门水肿而窒息死亡。皮肤灼伤轻者出现红斑，重者形成溃疡，溅入眼内可造成灼伤，甚至失明	PC-TWA：$1mg/m^3$，PC-STEL：$2mg/m^3$
35	盐酸	可经呼吸道、皮肤进入人体。对眼和呼吸道黏膜有较强的刺激作用。急性中毒出现头痛、头晕、呼吸困难、胸闷等。严重可引起化学性肺炎等。长期接触较高浓度可造成慢性支气管炎、牙齿酸蚀症等	MAC：$7.5mg/m^3$
36	氢氧化钠	可经呼吸道、皮肤进入人体。有强烈刺激性和腐蚀性。其粉尘或烟雾刺激眼和呼吸道，腐蚀鼻中隔；皮肤和眼直接接触可引起灼伤；误服可造成消化道灼伤，黏膜糜烂、出血和休克	MAC：$2.0mg/m^3$
37	酚	属高毒类。可经呼吸道及皮肤进入人体。主要损害血管舒缩中枢、呼吸和体温中枢神经系统。高浓度吸入可发生头痛、头昏、乏力、视力模糊，体温、血压、脉搏降低。溅入眼内立即引起结膜和角膜的灼伤坏死。污染皮肤可造成灼伤，长期接触可引起接触性皮炎或湿疹	PC-TWA：$10mg/m^3$

续表

序号	职业病危害因素	健康危害	职业接触限值
38	氯苯	可经呼吸道及皮肤进入人体。对中枢神经系统有抑制和麻醉作用，对皮肤和黏膜有刺激作用。主要表现为眼、鼻、黏膜的刺激症状，口干、恶心等，接触较高浓度可引起麻醉症状，甚至昏迷。长期接触可引起中毒性肝炎，液体对皮肤有轻度刺激性	PC-TWA：50mg/m^3
39	四氯化碳	可经呼吸道及皮肤进入人体。对中枢神经系统有麻醉作用，对肝肾有严重损害。吸入高浓度蒸气，最初出现对眼和上呼吸道刺激症状，随后出现中枢神经系统和胃肠道症状，重者出现中毒性肝肾损伤。吸入极高浓度可出现昏迷、抽搐。长期接触可引起皮炎干燥、脱屑和皲裂	PC-TWA：15mg/m^3，PC-STEL：25mg/m^3
40	六氟化硫	纯品无毒。六氟化硫气体在电气设备中经电晕、火花和电弧放电作用，会分解产生氟化氢、四氟化硫、十氟化二硫等有毒和腐蚀性气体，毒性增强。吸入六氟化硫分解产物可出现气短、胸闷、咳嗽、头痛、疲乏、恶心、呕吐等症状	PC-TWA：6000mg/m^3
41	粉尘	主要通过呼吸道进入人体。对眼睛、皮肤、呼吸道可产生刺激作用，引起咳嗽、咯痰、胸痛、呼吸困难、皮肤干燥和眼睛不适等症状。长期反复吸入可导致尘肺病	不同种类粉尘接触限值根据 GBZ 2.1 确定
42	电焊烟尘	可刺激眼睛、皮肤、呼吸道，使皮肤干燥、眼睛不适，吸入引起咳嗽等呼吸系统症状，引起鼻炎、咽喉炎、尘源性支气管炎、支气管哮喘和肺炎等。长期吸入可引起电焊工尘肺	PC-TWA：4mg/m^3
43	噪声	长期接触一定强度噪声主要引起听力下降，严重可导致噪声聋。并对神经系统、心血管系统和消化系统造成影响，表现为头痛、头晕、耳鸣、心悸及睡眠障碍，心率加快或减慢、血压不稳、胃肠功能紊乱等	85dB(A)(8h 等效声级，或每周 40h 等效声级)
44	高温	主要是引起体温调节和水电解质代谢紊乱为主的全身性变化，出现以循环系统及中枢神经系统障碍为主要表现的中暑性疾病	WBGT 限值依据 GBZ 2.2 结合劳动强度分级和接触时间率确定
45	工频电磁场	长期接触工频电磁场可引起神经衰弱症候群，引起头晕、头痛、失眠、心悸等症状	5kV/m
46	紫外线（电焊弧光）	主要为皮肤和眼睛的损害作用。经皮肤上皮层吸收可引起皮肤红斑和光超敏作用；经眼睛角膜上皮层吸收，可引起急性角膜结膜炎和白内障	辐照度：0.24μW/cm^2 照射度：3.5mJ/cm^2
47	电离辐射	电离辐射可引起放射病，短时间内接受一定剂量的照射，可引起机体的急性损伤，主要导致神经系统、造血功能和消化系统的改变。较长时间内超当量剂量的照射，可引起慢性放射性损伤，如皮肤损伤、造血障碍、白细胞减少、生育力受损等。电离辐射还可以致癌和引起胎儿的生长发育障碍、畸形和死亡	1mSv/a(公众剂量限值)

二、职业病危害防控

（一）职业病危害控制的优先原则

对工作场所职业病危害因素接触的控制，应根据工作场所职业病危害实际情况，按照 GBZ 1 的要求采取综合控制措施。在评估预防控制措施的合理性、可行性时，还应综合考虑职业病危害的种类以及为减少风险而需要付出的成本。

(1) 消除替代原则。优先采用有利于保护劳动者健康的新技术、新工艺、新设备、新材料，用无害替代有害、低毒危害替代高毒危害的工艺、技术和材料，采用低噪声设备，采用自动化、密闭化、智能化的生产工艺，从源头控制员工接触的有害因素。

(2) 工程控制原则。对生产工艺、技术和原辅材料达不到卫生学要求的，应根据生产工艺和危害因素的特性，采取相应的防毒、防尘、通风和防噪声等工程控制措施，使员工接触或活动的工作场所有害因素的浓度(强度)符合卫生要求。

(3) 管理控制原则。通过制定并实施管理性的控制措施，控制员工接触有害因素的程度，降低危害健康的影响。

(4) 个体防护原则。当所采取的控制措施仍不能实现对接触的有效控制时，应联合使用其他控制措施和适当的个体防护用品；个体防护用品通常在其他控制措施不能理想实现控制目标时使用。

(二) 防毒

1. 防毒原则要求

(1) 有毒物质的装卸(包括汽车、火车、船)应采用密闭方式进行，必要时设置油气回收装置。装卸管线、鹤管中残留的物料不得直接现场排放，应设密闭回收、吸附或集中高点放空设施。

(2) 含有苯、硫化氢、氨、一氧化碳、丙烯腈等高毒物品的介质采样应设置密闭采样器。

(3) 无法密闭或密闭不严的有毒物品作业场所，应安装通风排毒设施，将逸散的有毒有害物质排出，必要时设置回收净化系统。

2. 技术措施

1) 替代技术

(1) 无毒工艺替代有毒工艺技术。如烷基化装置原多采用高毒高腐蚀性的氢氟酸或腐蚀性强的浓硫酸作催化剂，现已采用固体酸作催化剂的烷基化工艺技术，从源头上消除了氢氟酸大量使用带来的职业病危害风险。

(2) 低毒物料替代高毒物料。如水的消毒杀菌原来多采用氯气，效果好、价格低，但氯气的毒性高，易中毒、易爆炸，安全健康风险很高，很多企业都陆续采用了低毒的杀菌剂替代氯气，如采用二氧化氯、强氯精等杀菌剂。管道防腐多已使用水性漆替代油性漆。丁二烯生产工艺萃取剂原来包括乙腈、DMF、NMP 三种，目前多已使用 DMF、NMP 作为萃取剂。

2) 通风

加强工作场所的通风排毒除尘。厂房车间是相对封闭的空间，室内的气流影响毒物的聚集，可采用局部抽出式机械通风系统及除尘装置排除化学毒物和粉尘，以降低工作场所化学毒物浓度。

3) 厂房布局

厂房建筑和生产过程的合理设置。在进行厂房建筑和生产工艺过程设备设施建设时，应严格按照《工业企业设计卫生标准》建设。有生产性化学毒物逸出的车间、工段或设备，应尽量与无危害工段、人员休息区域隔开，合理配置，以减少影响范围。厂房的墙壁、地面应以不吸收化学毒物的材料制成，表面力求平滑和易于清理，以便保持清洁卫生等。

3. 密闭化技术

(1) 密闭采样、密闭装车系统改造。密闭采样系统，使整个采样系统串联在装置的工艺系统中，同时配有回收系统，消除化学介质向大气泄漏的可能性。化学品装车系统也进行密闭化改造。

(2) 自动化、密闭化切水改造。开放式手工切水等操作存在职业卫生隐患，部分排放污水中硫化氢浓度较高，切水过程中空气中硫化氢浓度局部短时间内超标严重，进行自动化密闭化切水改造，消除职业病危害隐患。

(3) 高毒物品槽罐车密闭化自动清洗改造。针对人工清洗运输苯及苯系物槽罐车带来的高职业病危害风险，采用全自动密闭清洗装置替代人工作业，彻底消除涉苯作业可能造成健康损害的风险。

4. 密闭采样器选型

密闭采样器是减少员工采样时职业病危害接触的重要防护设施。企业要根据采样介质不同的性状和操作条件选择合适的采样形式，采样全过程必须达到密闭化，密闭循环置换、采样容器与采样器密闭连接，采样排气应密闭或经吸收过滤后排放。应统一阀门、管件、接头和采样器具等的规格型号和技术要求，确保采样器的质量，解决维修难的问题。

密闭采样器类型见表 1-4-2。

表 1-4-2　密闭采样器类型

介质类型	采样器类型
气体	中压气体
	高压气体
	低压气体
相态稳定液体(此类液体在常温常压下相态稳定，仅有少量挥发或者无挥发，能够长时间保持为液态，如苯、芳烃、汽油、喷气燃料等)	流动性好的介质
	流动性较差的介质
	重质油
相态不稳定液体(此类液体在常温常压下会很快汽化)	液化气
储罐	浮顶罐
	固定顶罐
	球罐

5. 实验室密闭要求

实验室操作岗是职业病多发岗位，应该高标准建设符合职业健康标准的一流实验室。采取先进设计理念，做到实验过程人流、物流、污染流路径分明；建立完善规范的职业健康管理制度；保障职业卫生设施先进齐全、高效运行等。可以有效减少采样、化验、回收等全流程污染对实验室人员的职业健康影响与危害，彻底消除职业病危害风险。

(三) 防尘

1. 防尘原则要求

对于逸散粉尘的生产过程，无法密闭或湿式作业时，应设置适宜的局部排风除尘设施对尘源进行控制。除尘器的选择要根据生产工艺情况、含尘空气和尘粒的特性及除尘效率的要求，选择合适的除尘器类型，如重力离心除尘器、过滤式除尘器、洗涤除尘器和静电除尘器等。

2. 综合防降尘措施

在工业生产中，把气体和粉尘颗粒的多相混合物分离操作良好的工业防尘设计在保护工人身体健康、减少大气污染、回收有用物料、消除爆炸隐患等方面具有重要意义。一直以来的“改、水、密、风、护、管、教、检”八字方针依然有效。

“改”：工艺改革。以低粉尘、无粉尘物料替代高粉尘物料，以不产尘设备、低产尘设备替代高产尘设备。

“水”：湿式作业可以有效地防止粉尘飞扬。

“密”：密闭尘源。使用密闭的生产设备或者将敞口设备改成密闭设备。

“风”：通风排尘。受生产条件限制，设备无法密闭或密闭后仍有粉尘外逸时，要采取通风措施，将产尘点的含尘气体直接抽走。

“护”：受生产条件限制，在粉尘无法控制或高浓度粉尘条件下作业时，合理、正确地使用防尘口罩、防尘服等个人防护用品。

“管”：要重视防尘设施的维护管理，确保设备的良好、高效运行。

“教”：加强防尘工作的宣传教育，普及防尘知识。

“检”：定期对接触粉尘人员进行体检。

3. 防尘技术

1）生产工艺过程粉尘治理

实施延迟焦化装置密闭化除焦改造，开发密闭除焦、远程除焦、汽车清洗等系统，对石油焦粉尘进行有效治理。催化剂生产粉尘控制技术，采用吹吸式通风技术，将催化剂表面的粉尘吹下来并加以捕集，解决催化剂生产过程中粉尘浓度超标问题。树脂产品自动化包装改造，对固体产品如聚丙烯、聚乙烯粒料包装都采用自动化、相对密闭化并带除尘设施的自动包装机。

2）输送过程粉尘控制

输煤段密闭，输煤皮带采用密闭的管道机输送。实施喷雾抑尘、微动力除尘器、无动力除尘等抑尘、除尘设施的应用及改造，输煤皮带采用微动力除尘器，配煤机处使用喷雾抑尘设施，除尘效果较好；采用微米级干雾抑尘、新型无动力除尘技术，解决输煤皮带粉尘逸散问题。

3）加装破袋过程粉尘控制

催化剂粉尘自动密闭加装改造，采用罐车运送催化剂，实施自动密闭化加装工艺，减少加装过程催化剂粉尘的逸散，减少人员接触粉尘机会，降低粉尘危害。石油工程企业粉尘专项治理，安装泥浆自动破袋输送装置，实现泥浆药品自动破袋与加药，减轻劳动强度，减少粉尘和毒物接触；开展水泥干混装置研究，治理固井水泥粉尘危害。

4）微动力除尘三维转运技术

微动力除尘、粉尘控制方面，原煤翻卸、煤仓上煤实现程控管理，入厂煤制样实现由机器人代替原先的人工和机械作业，翻车机等区域在布袋除尘的基础上采取加装喷淋设施。

（四）防噪声

1. 噪声治理范围

噪声是炼化企业主要职业病危害之一，呈现点多、面广、接触危害的人员多的特点，其导致的以听力系统为主的人体多器官系统损伤成为石化企业主要的健康风险。噪声危害治理的实施应重点关注以下范围：

（1）属于可造成岗位 8h 或 40h 等效声级>85dB 的典型高噪声设备，其对岗位 8h/40h 等效声级贡献度高，治理后可显著降低岗位噪声暴露水平。

（2）典型高噪声设备有空气压缩机、风机（含罗茨风机、离心风机等）、球磨机、汽轮机、大功率机泵、造粒机和包装机、物料输送管线、各种放空口和导淋口等。

（3）现已具备技术可行、效果良好、经济合理的降噪技术或潜在可用技术。

2. 噪声治理实施原则

（1）噪声危害控制包括从声源上降低噪声、从噪声传播途径上降低噪声以及对接收者进行防护三种措施，具体采取哪种方式应从经济、技术上综合考虑，这也是噪声控制的原则。

（2）声源降噪是噪声控制中最根本和最有效的手段，其方法包括优化机械设计、选用低噪声设备、优化工艺与操作方法、维持设备良好运转状态。

（3）当无法从声源上控制噪声时，可采取“闹静分开，合理布局”的设计原则，控制噪声影响范围；或利用地形地物、声源的指向性和绿化手段降低噪声。

（4）当无法对声源或传播途径采取降噪措施以满足听力保护要求时，应采取配备防噪耳塞或耳罩、轮换作业、降低暴露时间、建立听力保护计划等措施保护噪声接收者。

3. 消声降噪

消声器是石化企业应用最广泛的降噪设备，其设计、选择与使用应遵循以下要求：

1）消声器设计与选用原则

根据相关环境保护和劳动保护标准，适当考虑设备具体条件，合理确定实际所需的消声量。消声器除了要满足消声量外，还需要满足其他性能要求：所允许的气流速度、气流阻力损失、消声器的重量和尺寸、消声器对工作条件的耐受性和对工作条件的环境影响等，详细要求如下：

（1）消声量大：正常工况下，在所要求的频带范围内应有足够大的消声量。

（2）压力降小：对气流阻力小，压力损失要控制在允许的范围内，不影响设备的正常工作。

（3）适应性广：结构简单、体积小、重量轻，便于制作安装和维修。

（4）外形美观：外形美观大方，表面装饰应与设备总体相协调。

（5）材料适宜：①消声器材料选择应考虑吸声频率范围、吸声系数、吸声材料厚度，还要考虑消声器的使用环境。如在高温、潮湿、有腐蚀性气体等特殊环境中，应考虑吸声材料的耐热、防潮、抗腐蚀、耐气流冲刷及净化等工艺要求，通常采用离心玻璃棉作为吸声材料。②合理确定消声器内吸声层的厚度及密度。③合理确定阻性消声器内消声片的护面层材料。消声片护面层用料及做法应满足不影响消声性能及与消声器内的气流速度相适应两个条件。

2）消声器选型

根据消声原理不同，消声器类型有阻性消声器、抗性消声器、阻抗复合式消声器、微穿孔板消声器、喷注耗散型消声器等。消声器选型需要根据消声量、消声器的工作条件和环境要求进一步确定，见表1-4-3。

表1-4-3 消声器类型、使用范围与选型

类型	原理	形式	消声频率	适用范围
阻性	气流管道内的多孔吸声材料吸声声能	直管式、片式、折板式、声流式、蜂窝式、弯头式	具有中、高频消声性能	消除风机、燃气轮机进气噪声(即气体流速不大的情况)
抗性	通过控制声抗的大小来进行消声的	扩张室式、共振腔式、干涉型	具有低、中频消声性能	消除空压机、内燃机、汽车排气噪声(较高气速的情况)
阻抗复合式	阻性与抗性通过适当结构复合起来	阻-扩型、阻-共型、阻-扩-共型等	具有低、中、高频消声性能	消除鼓风机、大型风洞、试车台噪声
微穿孔板	利用微穿孔板吸声结构	单层微穿孔板、双层微穿孔板等	宽频带消声性能	适于高温、潮湿有水、有油雾及特别清洁卫生的场合
喷注耗散型	从发生机理上使干扰噪声减小	小孔喷注型、降压扩容型、多孔扩散型	宽频带消声性能	消除压力气体排放噪声，如锅炉排气、高炉放气、化工厂工艺气体放散

4. 隔声降噪

1）隔声罩

采用隔声罩来隔绝机器设备向外辐射噪声，是在声源处控制噪声的有效措施。隔声罩兼具隔声、吸声、阻尼、减振、通风和消声功能的综合体，具有技术简单、投资少、隔声效果好等特点，主要用于控制机器噪声，如空压机、鼓风机、内燃机、发电机组等。隔声罩的设计应主要包括以下方面：

（1）隔声罩设计过程中需综合考虑降噪、通风散热、安全、消防、检维修等多个方面。

（2）应便于操作、安装与检修，需要时可做成能拆卸的拼装结构。须考虑声源设备的通风、散热要求，通风口应安装有消声器，其消声量要与隔声罩的插入损失相匹配。

（3）对于有散热需要的设备加装隔声罩，需要根据设备的散热量计算通风换气量，并进行气流组织设计。气流组织通常采用下送上排的方式，宜通过流体仿真对通风散热效果进行分析模拟预测。通风管道应具有消声性能，穿过隔声罩壁板处应做密封处理。

（4）隔声罩安装时与机器间至少留出5cm的空隙，罩体与声源设备及其机座之间不能有刚性接触，与地面间应隔振处理。

2）隔声屏

隔声屏是设置在声源与接收点之间阻断声波直接传播的挡板。阻挡声波直接通过并将高频声反射回去，在屏障后形成的声影区内噪声明显降低。隔声屏对声影区的降噪效果通常用插入损失来衡量。隔声屏主要是遮挡直达声，用于室外防止直达声时效果明显。在混响明显的房间中隔声效果不明显，必须配合吸声措施，靠近声源的壁面宜首先进行妥善的吸声处理。在隔声屏朝向声源一侧也往往敷贴吸声材料；在混响明显的房间，可在屏的两侧都敷贴吸声材料。隔声屏设计要点如下：

（1）隔声屏应有足够的高度，通常宽度大于高度，一般宽度为高度的1.5~2倍。

（2）隔声屏主要用于控制直达声。结构形式可采用二边形、三边形或遮檐式等，能有效地防止噪声的发散。其中带遮檐的多边形隔声屏效果尤为明显。

(3) 隔声屏本身须有足够的隔声量，隔声量最少应比插入损失高出约 10dB。

(4) 在隔声要求不是太高时，可用人造革等密实的软材料护面，中间夹以多孔吸声材料制成隔声帘悬挂起来。

(5) 隔声屏应适当靠近噪声源，形式有固定式或移动式，后者可装扫地橡皮，以减少漏声。多块隔声屏并排使用时，应尽量减少各块间接头处的缝隙。

3) 隔声窗

隔声窗常采用双层或多层玻璃制作，以中间夹空气层的结构来提高隔声效果。相邻两层玻璃不宜平行布置，朝声源一测的玻璃有一定倾角，以减弱共振效应。选用不同码度的玻璃，可错开吻合效应的频率，削弱吻合效应的影响。隔声窗层间四周边框宜做吸声处理。严格密封，玻璃板紧嵌在弹性垫衬中，以防止阻尼板面的振动。

4) 隔声罩通风散热设计

(1) 通风散热设计需综合考虑散热换气量、气流组织形式、进排风口位置布置和消声设计。其中通风换气量需综合满足设备运行温度控制需要和降噪设备(通常指隔声罩)内毒物控制通风换气次数要求，取两者数值较大者。

(2) 常用的通风方式有自然进排风、机械排风与自然进风、机械进风与自然排风、机械进风与机械排风等，对温控有特殊要求的可采用“局部排风”或“局部送风”，进风采用环境空气。若具备条件可采用各种措施对进风预冷，提高换热效率。

(3) 在进行通风散热系统设计时，宜采用温度场和气流场数值模拟技术对方案进行优化设计。

(4) 热源组成分析是散热系统设计的基础。对隔声罩内部发热设备及发热量的分析，通常需要考虑：设备机壳表面的热辐射；齿轮和轴承摩擦产生的摩擦发热；主电机的发热；光辐射到隔声罩内部的热量；罩内风管表面的热辐射；通风换气扇(轴流风机)电机的发热。隔声罩内的热源还有噪声透射损失、罩内气体分子对流碰撞损失和设备振动等的发热量，但这部分发热量较小，通常忽略不计。

5. 吸声降噪

当室内声源发出噪声时，人们除了可以听到由声源传来的直达声以外，还会听到由室内各表面反射而形成的反射声。这种情况下，应采用吸声材料和物体的组成吸声结构来防止噪声污染。

1) 吸声材料选择

吸声材料要与周围的传声介质的声特性阻抗匹配，使声能无反射地进入吸声材料，并使入射声能绝大部分被吸收。尽可能使用吸声系数高的材料，以便使用较少的材料达到较好的效果。用作吸声材料的材质应尽量选用不易燃、不易虫蛀发霉、耐污染、吸湿性低的材料。由于材料的多孔性容易吸湿、尺寸易发生变形，所以安装时要注意膨胀问题。

2) 安装与施工

室内安装吸声材料，应尽量装在最容易接触声波和反射次数多的表面上，也要考虑分布的均匀性，不必都集中在天棚和墙壁上。大多数吸声材料强度较低，除安装操作时要注意之外，还应考虑防水、防腐、防蛀等问题。

吸声材料的吸声特性与安装构造有密切关系，施工环节与施工效果直接相关。应选择简单、便捷的施工构造提高吸声效果。

6. 阻尼降噪

(1) 部分振动构件机罩、风管以及机器设备的壳体上可紧贴或喷涂一层高阻尼的材料，或者把板件设计成夹层结构，受激产生振动时，阻尼层也随之振动，使金属板和阻尼层之间、阻尼层内部分子之间不断发生相对位移，使振动能量不断转化为热能而被消耗。

(2) 常用阻尼材料可选择阻尼板材、阻尼涂料和阻尼钢板等，而结构可采用自由阻尼结构、约束阻尼结构和多层约束阻尼结构等。

(3) 阻尼材料的选择时必须考虑使用环境温度，保证使用温度下阻尼损耗因子≥0.2。隔振系统中常用材料或结构的阻尼特性及其应用范围见表1-4-4。

表1-4-4 隔振系统中常用材料或结构的阻尼特性及其应用范围

类型	主要特性	应用范围
橡胶制品	承载能力低，弹性变形大，有蠕变效应。可做成各种形状，能自由选取3个方向的刚度	多用于主动隔振。载荷较大时做成承压式，载荷较小时做成承剪式。与金属弹簧配合使用，隔离高频振动效果好
金属弹簧	承载能力低高，弹性变形量大，水平刚度脚竖直刚度小，易晃动	用于被动隔振及大激振力设备的振动隔振。由于易晃动，不宜用于精密设备的隔振
钢丝绳	当振幅足够大时，各股钢丝绳之间发生干摩擦增加阻尼，有利于隔振	用于悬挂式隔振器，能吸收冲击能量也能衰减隔振器本身的驻波效应
空气弹簧	刚度阻尼由空气的内能决定	用于特殊要求的精密仪器和设备的被动隔振
泡沫橡胶	刚性小，富有弹性，承载能力小，性能不稳定，易老化	用于小型仪表的被动隔振
毛毡	阻尼大，在干、湿反复作用下容易变硬丧失弹性	用于冲击的隔离
其他材料	木屑、玻璃纤维、黄砂等不定形的隔振材料	用于冲击的隔离，地板与设备的被动隔离

7. 隔振降噪

在振动控制中，隔振是投资较低、行之有效的方法。隔振分成积极隔振和消极隔振两类，前者主要是隔振台座，后者是隔振器。常用隔振器材与隔振器见表1-4-5。

表1-4-5 常用隔振器材与隔振器

名称	种 类
隔振台	支撑式隔振台、悬挂式隔振台、悬挂支撑式
隔振垫	橡胶隔振垫、玻璃纤维垫、金属丝网格枕垫、软木、毛毡、乳胶海绵等制成的隔振垫
隔振器	胶隔振器、全金属隔振器、空气弹簧、弹性吊架
柔性接管	可曲挠的橡胶接头、金属波纹管、橡胶、帆布、塑料等柔性接头

除设备隔振外，管道隔振采取在动力设备与管道之间加柔性连接装置，如在风机的分管与风机的连接处，采用柔性帆布管接头，水泵进出口处加橡胶软接头，柴油机排气口与管道之间加金属波纹管。管道穿墙而过时，管路与墙体脱开，并垫以弹性材料。

8. 案例：大机组设备本体降噪设计

空压机、氧压机、氮压机、增压机等动设备本身声辐射部位多且分散难以通过局部处理达到良好的整体降噪效果，因此通常采用对设备本体加装通风散热隔声罩(或隔声室)或半密闭式的吸隔声结构。

1）全密闭通风散热隔声罩

当对降噪效果要求高、现场条件允许时，优先推荐加装全密闭通风散热隔声罩。隔声罩由罩体、隔声门、观察窗、排风扇、进排风消声器以及照明系统几部分组成，设计为模块化拼装结构，以实现快速便捷拆装。罩体所用罩板为多层复合吸隔声结构。隔声罩板的材料选择很关键，其中阻尼材料需选用宽温域、宽频带高分子阻尼材料；当现场低频噪声也很突出时，可考虑采用超构材料代替岩棉或玻璃丝棉等传统吸声材料。隔声罩设置隔声观察窗，用双层亚克力板，用于观察设备仪表显示及罩体内设备运行状态，方便工作人员及时掌握罩内情况。

全密闭隔声罩的通风散热设计尤为重要。降噪工程首先要求的围护结构的密闭性，严格阻隔声音的传播途径，但这同时也将热气的散发途径予以隔绝。而压缩机、增压机等在对介质进行压缩时会产生大量的热量，压力越高，产生的热量也越高，因此需安装强制通风散热系统。散热换气量、气流组织形式、进排风口位置布置和消声设计是通风散热系统能否保证机组稳定运行的关键。对机组的热源分析是基础，需综合考虑设备机壳表面的热辐射、齿轮和轴承摩擦产生的摩擦发热、主电机的发热、光辐射到隔声罩内部的热量、罩内风管表面的热辐射、通风换气扇(轴流风机)电机的发热等。空压站空压机、增压机等机组散热量大，机组对环境温度要求高，必须采用机械进风+机械排风的方式进行通风散热，气流组织为下送上排。对温控有特殊要求的设备局部采用“局部送风”；进风采用环境空气，若具备条件可采用各种措施对进风预冷，提高换热效率。散热系统进排风口加装减排风消声器或消声迷路防止漏声。

2）非全密闭通风散热吸隔声结构

对于机组散热量极大或降噪量要求不高时，可采用通风散热吸隔声结构。其主要由可移动隔声屏和通风散热吸声吊顶组成。可移动隔声屏设有骨架，中间为吸隔声罩板，其结构和材质与隔声罩相似，底部安装有万向行走轮，便于移动。在机组仪表部位的隔声构件上，设置有双层玻璃观察窗。可移动隔声屏环绕封闭机组，切断噪声的传播途径。另外，在机组的顶部安装通风散热吸声吊顶。吊顶置于可移动隔声结构上，与其组成半密封结构。通风散热吸声吊顶由若干个通风吸声元件、框架和铁丝网、吊钩等组成。通风吸声元件可用吸声材料制作成管状。通风散热吸声吊顶可用滑轮吊架悬挂，当机组需要检修时，可用滑轮轻轻推开，维修完毕后复位。

为降低吸隔声结构内的温度，在底部设置一周消声进气口，利用内外温度差实现空气的自然循环。冷空气由最低处的消声进气口补充进入隔声结构内，将机组辐射的热量从吸声吊顶元件带出。通风散热吸隔声结构为组合式，重量轻，便于拆装和维修。

三、健康管理组织

企业员工健康管理，应建立管理程序和相应的规章制度，实施规范管理。一般情况下，应包含以下内容。

1. 组织程序

企业应指定员工健康管理主管部门，建立相关规章制度，明确管理程序。主管部门归口员工健康管理，统筹组织开展健康风险识别、危害监测评估与控制、健康监护等。相关部门应根据业务特点，识别本专业职业健康风险，制定落实防控措施。基层单位负责落实属地范围的员工健康保护工作。

2. 健康风险识别

主管部门应每年组织相关部门、基层单位开展职业病危害、身体健康和心理健康风险的识别与评估，建立岗位职业病危害因素清单和健康高风险人员清单，并制定落实风险管控措施。

3. 职业病危害告知

企业在与员工(包括劳务派遣工)签订劳动合同或分配工作岗位时，应以劳动合同附件形式与员工签订职业病危害告知书。按标准规范要求在工作场所设置职业病危害警示标识和职业卫生公告栏，及时公布职业病危害因素、健康危害和检测结果等。

4. 职业病防护

企业应落实职业病危害源头控制，按标准规范要求设置完善职业病防护设施、卫生辅助用室和应急救援设备设施，为员工提供安全健康的工作环境与劳动条件。职业病防护设施应定期检查维护并建立管理台账。职业病防护设施按照业务管理分工，纳入企业生产管理体系，确保防护设施完好投用。

基层单位结合岗位接触职业病危害因素的特点，为员工提供符合国家和本企业要求的个体防护装备，并定期开展培训和检查，确保员工能够正确佩戴、使用和维护；在易燃易爆区域推行使用阻燃工作服。

5. 职业病危害监测与评估

主管部门每年制定日常监测和定期检测计划，对职业病危害因素进行动态监控和定期检测、评价，组织整治职业病危害超标场所。每 3 年委托第三方职业卫生技术服务机构开展一次职业病危害现状评价，并跟踪整改存在的问题。

6. 健康监护

企业每年组织开展上岗前、在岗期间、离岗时职业健康检查和全员健康体检，评估员工健康状况，建立健康监护档案。体检结果异常人员应及时组织复查，职业禁忌证应及时调离原岗位，疑似职业病人员按要求进行职业病诊断。企业应按制度做好工伤和职业病等人员的工伤认定、劳动能力鉴定和康复治疗等工作。

企业应根据员工体检情况建立高风险人员清单，并进行健康干预和定期跟踪。推行员工帮助计划(EAP)，在人员密集场所配置自动体外除颤仪(AED)。

四、健康监护

(一) 职业健康

1. 上岗前职业健康检查

新入职员工应进行上岗前职业健康检查，体检项目依据《职业健康监护技术规范》(GB Z188)的要求，结合岗位职业病危害确定。岗位安排尚不明确的人员，体检项目应包含企业全部的职业病危害因素。应根据上岗前职业健康审查意见安排人员上岗，不得将职业禁忌证人员安排至其所禁忌的岗位。涉及职业病危害的内部转岗，转岗前应进行职业健康审核，必要时进行上岗前职业健康检查，确认新岗位无职业禁忌证后方可转岗。

2. 在岗期间职业健康检查

依据《职业健康监护技术规范》(GB Z188)的要求，每年组织职业病危害接触的员工进行在岗期间职业健康检查，体检对象和项目应根据职业病危害识别的岗位和危害因素种类来确定。职业健康检查宜与普通健康体检合并进行。对体检发现与职业相关的指标异常、职业禁忌证或疑似职业病，应及时组织复查、医学观察和现场职业卫生学调查等。确诊为职业禁忌证的人员应及时调岗，疑似职业病应及时组织职业病诊断。

3. 离岗时职业健康检查

职业病危害岗位的离职员工(含退休、内退、退出现职及辞职)应进行离岗职业健康检查，离职前90日内进行的在岗期间职业健康检查，可视作离岗前职业健康检查。从事职业病危害作业的劳务派遣人员离岗前，企业应督促劳务派遣机构组织其进行离岗时职业健康检查，体检报告经企业审核后，劳务派遣机构方可办理相关离厂手续。

（二）身体健康

（1）企业应每年组织全体员工开展健康体检，并对员工健康状况进行统计分析，提出预防措施。

（2）结合企业实际，按性别、分年龄段科学设置体检项目，可采取固定套餐和自选项目相结合的方式。健康体检项目参考表见表1-4-6。

表1-4-6　健康体检项目参考表

类别	体检对象	体检套餐	固定套餐	自选项目
男职工	年龄<30	男职工1套餐	内科检查(含血压)	员工可根据自身状况自选以下体检项目： 胃幽门螺杆菌组合、胃功能四项、甲功3项+乙肝两对半(定量)、甲状腺彩超+地贫筛查+G6PD、心脑血管组合、心酶五项、糖类抗原-199(CA-199)、前列腺特异性抗体PSA、糖类抗原-153(CA-153)、糖类抗原-125(CA-125)、心脏彩超、乳腺钼靶(双靶)、CT(胸椎、颈椎、腰椎)、CT(头、鼻咽、上腹、中腹、下腹)、磁共振(头、鼻咽、胸部、上腹、上腹、颈椎、胸椎和腰椎)、胃十二指肠检查、电子肠镜检查
			外科(含皮肤科)	
			五官科(含眼、耳鼻、口腔和鼻咽部)	
			血常规23项	
			尿常规10项	
			肝功能8项	
			全腹部彩色B超	
			常规心电图(12导联)	
			胸部正位+侧位DR片	
	30≤年龄<40	男职工2套餐	男职工1套餐基础上增加以下项目	
			甲胎蛋白(定量)	
			癌胚抗原(定量)	
			血脂4项+血糖	
			肾功能3项	
	年龄≥40	男职工3套餐	男职工2套餐基础上增加以下项目	
			糖化血红蛋白	
			颈动脉彩色B超	
女职工	年龄<30	女职工1套餐	男职工1套餐基础上增加以下项目	
			妇科常规检查加白带检查（上皮细胞、脓细胞、念珠菌、滴虫）	
			妇科彩色B超	
			乳腺彩超	
			TCT(宫颈液基细胞学检查)	

续表

类别	体检对象	体检套餐	固定套餐	自选项目
女职工	30≤年龄<40	女职工 2 套餐	男职工 2 套餐基础上增加以下项目	员工可根据自身状况自选以下体检项目： 胃幽门螺杆菌组合、胃功能四项、甲功 3 项+乙肝两对半（定量）、甲状腺彩超 + 地贫筛查 + G6PD、心脑血管组合、心酶五项、糖类抗原－199（CA－199）、前列腺特异性抗体 PSA、糖类抗原－153（CA－153）、糖类抗原－125（CA－125）、心脏彩超、乳腺钼靶（双靶）、CT（胸椎、颈椎、腰椎）、CT（头、鼻咽、上腹、中腹、下腹）、磁共振（头、鼻咽、胸部、上腹、上腹、颈椎、胸椎和腰椎）、胃十二指肠检查、电子肠镜检查
			妇科常规检查加白带检查（上皮细胞、脓细胞、念珠菌、滴虫）	
			妇科彩色 B 超	
			乳腺彩超	
			TCT（宫颈液基细胞学检查）	
	年龄≥40	女职工 3 套餐	男职工 3 套餐基础上增加以下项目	
			妇科常规检查加白带检查（上皮细胞、脓细胞、念珠菌、滴虫）	
			妇科彩色 B 超	
			乳腺彩超	
			TCT（宫颈液基细胞学检查）	
			HPV 分型检测（人乳头瘤病毒检查）	

（3）根据健康体检结果，对健康高危人员进行筛查，识别患有 3 级高血压、脑卒中、外周动脉疾病、冠心病、肺心病等心脑血管疾病、肾脏疾病等以及体重指数（BMI）≥30kg/m^2 人员，建立档案并制定“一人一策”健康干预措施。

（4）企业应积极推进大健康管理数字化建设，结合员工队伍老龄化特点推行健康预警管理，努力减少员工在岗期间非生产性死亡事件。

（5）企业应关注员工心理异常情况，定期组织开展心理健康调查，结合企业重点工作或重大事件，对具有明显职业紧张的员工进行专项心理测评，或针对重点群体开展思想动态调查，落实员工帮助计划（EAP）。

（6）企业可因地制宜或依托社区或园区设置必要的医疗急救室，并鼓励员工培养健康的生活方式，促进全员全面健康。

第二章
计划调度管理

生产计划调度管理是石油化工企业生产经营核心业务之一。计划的制定贯穿炼油企业原油原料采购、装置检修、生产方案、结构调整、储运调和、市场供应、公用工程等全过程，是生产经营的关键环节。一套完整的计划优化方案必须是由企业中生产、计划、采购、运输、市场、销售、财务等众多部门共同努力完成。调度是实现生产计划方案的保障，是企业生产运行的指挥中心，是协调和应急处理的中枢，是企业生产经营管理的重要组成部分。调度管理工作是按照确定的计划方案进一步细化分解落实，通过统一协调、合理配置、优化互供，在安全平稳生产的前提下，有序落实计划安排，实现效益提升。

为实现企业效益最大化，计划和调度管理必须在原油资源配置、产品结构调整、内外贸市场配合、上下游一体化协作等方面建立完善优化生产经营计划体系。对于单企业来讲，如何充分利用企业自身的加工和经营资源，根据原料和产品市场以及经营环境的变化，及时优化调整企业计划任务目标，将计划分解落实到生产经营的各个环节并保持各节点协调一致，对于企业生产经营至关重要。对于集团企业来讲，以市场为导向、以效益为中心，根据国际、国内市场变化提出生产经营优化对策和建议，统筹平衡优化资源配置，优化产销衔接，保证产品质量，应用先进的管理理念和信息化工具优化生产经营方案和装置运行，为企业决策层提供量化的决策依据，是从事生产计划和调度管理人员的重要任务。

本章介绍了石油化工企业编制生产经营计划的原则、依据和方法，年度、季度、月度计划的编制流程；原油采购管理模式、储运流程、运输管理以及原油保值操作；调度管理的职能、工作流程和日常生产运行中调度工作内容和思路。列举了计划、调度和原油管理中一些典型案例，并对案例进行了分析说明，可使读者对炼油企业生产计划、调度和原油管理工作有基本的了解和认识。

第一节 生产计划管理

原油作为炼油企业主要生产原料，其采购与运输成本约占炼油企业生产总成本的85%~95%。面对高昂的原料成本、竞争激烈的市场环境，炼油企业必须不断提高科技竞争实力，一方面利用科技手段帮助制定最优的生产计划，另一方面淘汰落后的技术装备，采用更加先进的生产技术落实计划，这样企业才有可能在严峻的市场环境下继续生存和发展。

编制生产计划是炼油企业开展各项生产经营活动的前提和关键。从原油采购、运输到组织生产再到产品销售，计划工作指导着整个生产经营活动，每个环节的计划是否优化、是否衔接紧密都将直接影响着企业的成本效益。然而有了科学合理的计划还不够，如何使计划高效地执行落实同样会对企业的效益产生重要影响。利用好有限的原油资源，使它们按照计划优化形成的方案生产出尽可能多的高附加值产品，国内炼化行业提出的“分子炼油”“宜烯则烯，宜芳则芳，宜油则油”等根据原油性质进行精细加工的理念正是由此而出。

生产计划管理是石油化工企业生产和经营管理的重要环节之一，是企业生产的全过程管理。

根据计划周期的长短，生产计划可以分为：年度计划、季度计划、月度计划和短期生产计划等。计划时间越长，涉及的不确定因素越多，需要考虑的计划方案个数和组合可能也越多，计划精度也就越粗略，一般计划周期长的计划侧重于框架和宏观目标任务，周期短的计划侧重于具体工作和安排。

根据计划性质，生产计划可以分为：原油资源采购计划、原油配置与运输计划、原料油采购计划、炼油生产计划、产销平衡计划、原料互供计划、成品油出口计划、装置检维修及新改建装置(设施)投产计划、产品质量升级与新产品实施计划等。

一、计划编制

(一) 计划编制原则

生产计划是指导企业生产经营活动的指令性方案。生产计划编制需要遵循“依法合规、效益优先、准确严格”的原则。

1. 依法合规的原则

计划编制要遵守国家有关法律法规和政策规定，贯彻执行企业相关制度、规定和经营方针，坚持安全第一，保证产品质量，符合安全环保、清洁生产和绿色低碳等相关要求。

2. 效益优先的原则

计划编制过程中，要充分采用先进管理理念和计划优化软件等先进工具，以效益为中心、以市场为导向，优化生产经营和资源配置方案，优化加工方案，优化产品结构，挖掘生产潜力，努力降低生产成本，密切产销衔接，提高经济效益，不断提升企业竞争力，努力实现整体效益最大化。

3. 准确严格的原则

计划编制过程中，要从实际出发，动态分析原油、产品市场情况，结合装置运行，充分研究分析生产经营中存在的主要问题，制定符合实际、操作性强、充分体现降低成本、提高效益的生产方案，提高生产计划编制的准确性和科学性。计划执行过程中，要加强跟踪和考核力度，严格生产计划。

(二) 编制主要方法

1. 时序控制

时间因素是计划编制过程中要考虑的一个基本因素，一般来说，执行过程可分为几个阶段，而每个阶段又分为若干步基本操作，因此，计划可分解为一个控制序列，计划执行的各步操作是有先后次序的，并且每个步骤也有严格的时间限制，这就需要引入时序要求对此进行定时控制，每步操作必须在规定的时间内完成，到达规定时间就执行后续的操作。

在炼油企业的实际生产过程中，有的事件是连续性的，如生产装置运行；有的事件是间歇性的，如原油进厂、油罐切换、供料调整、产品出厂、装置停开工等。这些间歇性事件的计划安排要特别注意时序控制，如在安排某批次原油进厂时，要充分考虑到原油库存、加工方案衔接对时间的要求。

2. 滚动控制

滚动控制就是把生产和经营活动的工作目标分解为阶段性执行目标，在分阶段的执行目标上往往有超前或滞后，就要通过实施控制使其进度趋同，滚动控制实现的是累进目标。

炼油企业总体上看是一个连续性流程作业企业，但这种连续性流程作业不是一成不变的，而是有阶段性特点的，如炼油企业原油加工量或单套装置加工量，在某个时间段未达到计划进度要求，这就需要在计划编制时考虑目标滚动和目标累进，在下个时间段来弥补上个时间段欠量或不足，从而完成总的目标计划。

3. 平衡控制

现代企业面临日益复杂的外部环境和内部环境，平衡控制管理就是协调各种内外部关系和矛盾，充分利用各种资源，致力于将企业组成一个系统、一个整体，达到局部和总体的平衡。

炼油企业的计划编制过程中，要充分考虑各种矛盾因素来做到整体平衡，以加氢装置负荷安排为例，一方面要考虑到加氢料产出与消耗量的平衡，使加氢料库存处于受控状态；另一方面要考虑到全厂氢气平衡，不能脱离氢气的产耗平衡来安排加氢装置负荷。其他在计划编制中需经常考虑的平衡还有：各类物料平衡，如原油、石脑油、蜡油和渣油等平衡控制，各类公用工程平衡，如氢气、瓦斯、蒸汽和全厂酸性气等平衡控制；质量资源平衡，如汽油辛烷值资源平衡和产品产销平衡等。

4. 回归预测

回归预测是指根据相关性原则，找出影响预测目标的各因素，以及这些因素与预测目标之间的近似函数关系，回归预测的关键是数理统计分析处理，在此基础上建立回归分析预测模型。

炼油企业在实际生产过程中，有很多输入条件与输出结果有近似关系，如：加工原油的硫含量与全厂酸性气产量、全厂氢气消耗量有一定比例关系；催化或焦化装置原料的硫含量与产品硫含量有一定比例关系；特定原料与装置产品分布有大致比例关系等。以上对应关系均需要借助反应学机理模型，同时结合实际生产过程中的长期数据积累，计划人员编制计划过程中，要根据条件回归预测到某项热点，从而暴露矛盾、解决问题。

5. 优化比选

现代炼油企业是一个复杂的系统，系统越复杂，可选择的加工路线或方案就越多，这就为计划编制人员提供了广阔的发挥舞台。要达到某个目标，可能有多个途径或方案。各种方案执行难度、执行成本和所产生的效益各不相同，有的甚至差异较大，这就需要对各种方案进行优化比选，从中确定一条可行的、效益良好的方案。

在计划编制过程中，考虑物料平衡因素能否实施、能否周转是生产计划的基础，更高层次需要考虑市场因素和效益因素，以此来确定合适的加工方案或路线，使整个公司的效益最大化。

近年来，随着工厂加工规模扩大以及流程日益复杂化，传统人工方式已无法实现对不同方案进行优化比选，需要借助先进的流程模拟软件来进行决策。在炼油企业应用较普遍的优化软件有线性规划软件 PIMS、RPMS 等，流程模拟软件 RSIM、HYSYS 等，其主要功能是优化装置结构和工艺路线、优化生产计划、加工路线和产品方案对比等。另外，应用于乙烯裂解装置的优化软件主要有 SPYRO 软件，其主要作用：一是对加工不同原料的产品收率进行模拟，并根据价格体系测算出每种物料边际效益，从而优化原料选择和采购；二是在不同操作条件下对同一原料的产品收率进行模拟，并结合价格体系，摸索最佳的操作条件。

（三）计划编制依据

计划编制需要考虑的因素可分为外部影响因素与内部影响因素。

外部影响因素依据市场分析预测，一般有：国际形势、国家政策、产业政策、地方区域政策、原油(原料)供应情况、产品需求情况、原料和产品价格及变化趋势等，其中国际形势对以加工进口原油为主的企业影响较大，编制计划时要充分考虑不稳定地区的原油资源供应。

内部影响因素主要是企业装置特点、硬件条件、资源平衡和生产能力，如加工流程、加工能力、实际工况、检修安排、环保容量、装置上下游匹配能力、库容情况、产品质量要求、公用工程配套能力、码头接卸及铁路、水运和汽运出厂能力等。

1. 外部影响因素

编制年、季、月和短期生产计划重点应考虑市场因素。主要是本企业经营相关区域的市场变化和消费趋势，区域内竞争对手产能变化和对本企业的影响。

以某企业 2022 年度炼油生产计划编制为例：

（1）国内外宏观形势。全球经济基本面、新冠肺炎疫情依然严峻，未来发展趋势不明，预计出口继续受限，成品油市场需求不高。

（2）国际成品油及化工原料基本面。自 2018 年起，全球炼油能力进入新一轮的集中投产期，全球炼油能力大幅增长，2020 年世界炼油能力超过 5.1Gt/a。需求方面，受疫情等因素的影响，全球经济表现低迷，并波及供应增速，2022 年全球成品油市场供需总体仍显宽松。

（3）国内炼油产能方面。2022 年国内炼油行业正值优化调整阶段，但新增及扩建产能增速仍大于落后淘汰产能。2021 年沿海区域新投产的 36.0Mt/a 产能释放将在 2022 年体现；2022 年又将新增 20.0Mt/a 产能，预计国内一次炼油产能将突破 1.025Gt/a。

（4）成品油出口方面。随着国家碳达峰碳中和工作的推进，预计 2022 年国家将会继续收紧成品油出口政策，出口资源转国内的趋势仍将延续，国内成品油资源过剩的状态将进一步加剧。

（5）国内成品油消费方面。汽车保有量继续增加，但随着新能源汽车产销快速增长，汽油需求增长将进一步趋缓；柴油消费需求持续降低，各炼油厂虽大力压产柴油，但市场供大于求的矛盾无法改变；国际疫情不确定性因素仍存，航煤消费仍难恢复到疫情前水平。同时，各企业增产沥青，而国内沥青受基建启动慢影响消费恢复较缓，国内沥青供大于求矛盾凸显。

（6）化工原料(石脑油)供需基本面。石脑油偏紧局面将会继续维持，随着国家管控措施进一步收紧，预计部分炼油厂开工率难以提升，石脑油产量将会受到一定限制，加之国内乙烯新增产能快速增长，对石脑油需求旺盛，预计石脑油将继续保持偏紧状态。

（7）化工产品供需方面。尽管随着全球经济的逐步恢复，化工产品需求开始逐步恢复，2022 年国内化工新增产能集中释放，国内共计 6.3Mt/a 新增乙烯产能投产，供应量快速增长将打压烯烃产业链利润水平。2022 年对二甲苯产能面临爆发式增长，共计 7.39Mt/a 产能投产，市场将面临巨大压力。

2. 内部影响因素

1）加工流程

（1）主要生产装置：

① 原油加工装置：常压蒸馏、常减压蒸馏。

② 石脑油加工装置：连续重整、芳烃抽提、对二甲苯、正异构分离。

③ 柴油加工装置：柴油加氢改质、柴油加氢裂化、柴油吸附分离。

④ 蜡油加工装置：蜡油加氢精制、催化裂化、加氢裂化。

⑤ 渣油加工装置：催化裂化、延迟焦化、灵活焦化、针状焦、溶剂脱沥青、固定床渣油加氢、沸腾床渣油加氢裂化、浆态床渣油加氢裂化。

⑥ 产品精制装置：石脑油加氢、航煤加氢、柴油加氢、催化汽油加氢、汽油吸附脱硫。

⑦ 液化气利用装置：气体分馏、液化气正异构分离、MTBE、烷基化、轻烃芳构化、异丁烷反异构。

⑧ 干气利用装置：轻烃回收、干气制乙烯、回收分离、乙苯-苯乙烯。

⑨ 供氢装置：催化重整、干气(天然气)制氢、煤(石油焦)制氢、重油制氢。

⑩ 脱硫装置：气体脱硫、低分气脱硫、液化气脱硫脱硫醇、酸性水汽提、溶剂再生、硫黄回收。

⑪ 特种油装置：润滑油基础油生产装置、特种润滑油脂装置、白油装置、环保橡胶填充油装置。

(2) 加工方案：石油炼制过程是原油中碳、氢原子的重新分配及分子链重整的过程。炼油总加工流程设计核心是根据原油性质和产品结构要求，通过方案对比，优选出优化加工路线。主要包括：选择最佳的工艺组合，确定工艺装置的组成、装置规模、技术方案，工艺装置之间的优化，氢气、燃料、硫平衡以及优化的汽煤柴油调和方案。

2）炼化一体化

目前大型石油化工企业都采用炼化一体化技术，并依据“宜烯则烯、宜芳则芳、宜油则油”“少油品、大乙烯、大芳烃”等原则进行设计。炼化一体化模式能实现炼油和化工装置的优化配置，在减少用地、节省资源、减少操作运行人员，降低运营成本、提高经济效益和环境治理水平方面具有显著优势，主要包括如下方面：

(1) 全厂物料一体化优化。按照“分子炼油”理念，实施资源差异化战略，按照“细分物料，细分装置，精准匹配”的优化思路，将一、二次加工资源用好用尽。炼油部分对原油进行加工，充分利用炼油装置现有的成熟技术优势，突出差异，发挥优势，生产优质成品油。炼油部分副产的干气、丙烷、轻烃、石脑油、加氢尾油等，可作为化工部分的乙烯裂解原料；在催化剂作用下，直馏重石脑油和加氢裂化重石脑油进行重整反应，重整生成油经过分馏、抽提、歧化和异构化反应，经分离可生产苯、甲苯、对二甲苯和邻二甲苯等，作为化工芳烃原料；炼油部分设置干气回收分离装置，回收炼油部分炼油厂干气中碳二以上的轻轻、富乙烷气体和氢气资源，轻烃和富乙烷气体可作为乙烯裂解原料；炼油部分生产的丙烯送化工部分统一加工利用。化工部分副产的氢气除满足化工装置使用外，剩余部分送炼油装置统一回收利用；乙烯装置生产的裂解汽油经过加氢，加氢汽油经芳烃抽提可生产苯、甲苯、混合二甲苯，甲苯和混合二甲苯可作为芳烃原料或返回炼油部分作为汽油调和组分；乙烯装置芳烃抽余油可作为汽油调和组分，也可作为重整预加氢原料；丁二烯抽提装置产抽余液富含大量烯烃，可作为炼油部分 MTBE 装置、叠合装置、烷基化装置原料；聚烯烃尾气可送炼油部分催化裂化装置吸收稳定单元回收烯烃。

(2) 集中公用工程系统。集中供水(生产给水、生活给水、除盐水、除氧水)、供电、供气(氮气、氧气、压缩空气)、供蒸汽等。

(3) 集中建设辅助生产设施。集中建设全厂管控和分析化验中心；集中供应碱液、酸、氨等辅助物料；集中设置环保设施，如碱渣处理、固废焚烧、监测设施等；集中设置综合维修、保运中心、交通运输、码头、仓库等辅助生产设施。

3）加工能力

（1）企业加工能力和产品生产能力。以某企业原油加工量为例，其常减压一次原油加工能力23.0Mt/a(3套常减压能力分别为8.0Mt/a、6.0Mt/a和9.0Mt/a)，而综合考虑二、三次装置加工配套情况、结合效益最大化、选择合适的原油结构以及产品产销情况，其综合能力为22.0Mt/a。企业不应追求一次加工能力的最大化，而应根据效益最大化目标合理安排加工负荷。

（2）油品储存及进出厂能力。包括码头概况、气候水文、泊位状态、储运及吞吐能力、公路、铁路进出厂能力等，也是计划编制的参考依据。

（3）公用工程系统。包括水(原水、凝结水、循环水)、电力、风氮氧、蒸汽、瓦斯、氢气、酸性气和轻重污油系统的运行状况，处理设施及能力等方面也是计划编制参考依据。例如某企业硫黄处理能力是制约原油重质化的重要瓶颈，在硫黄装置检修期间装置加工硫含量进一步受限，影响总硫控制及整体加工负荷。在这种情况下，企业相关部门要抓好现有硫黄装置检修改造，考虑推进新建硫黄装置进度，消除硫黄制约原油重质化的瓶颈。

4）原油与原料资源

企业原(料)油采购与加工相匹配，一方面原油资源安排要贴近加工装置实际、适度劣质化，执行中以长期合同原油资源为主、现货合同资源为辅的模式安排原油进厂；另一方面，计划期原油加工要考虑原油资源种类、计划装量、到港时间等因素，统筹原油库存、到港、船期、输送环节，合理安排，确保加工资源衔接。

（1）统筹优化原油加工量和原油加工结构。以安全、环保为前提，根据装置能力，实事求是地把握原油劣质化进程，合理安排高(含)硫重质原油数量和比例，并努力争取最合理的船期，为均衡、稳定加工创造条件。

（2）优化原油库存。在对国际原油市场密切跟踪的基础上，加强市场研判，结合不断变化的国内外原油、成品油市场行情，滚动研判和优化控制策略，采取控制原油月度采购总量、落实月度加工量等措施对原油计价和库存进行分阶段调控。通过优化原油库存和加工量，实现原油成本的降低、吨油利润最高以及效益最大化。

5）出口能力与出口需求

结合市场需求、经济效益、出口配额分配、经营策略、企业生产实际和出口泊位能力等要求，确定企业的汽油、柴油、航煤、沥青和低硫重质船燃等产品出口计划。

6）产品产量目标

由于市场或经济效益等原因，产品产量是计划时要考虑的一个重要因素，不同的加工方案或路线对产品产量分布影响较大，因此要完成预定产品产量目标，在计划编制时就需要对加工方案进行比较或调整。生产和销售计划产品内容主要包含产品需求、产品产量、产品质量以及产品产值四类指标。

（1）产品产量目标是指企业在一定时期内生产的符合产品质量要求的实物数量，反映企业的发展和生产水平，是制定和检查产量完成情况、分析各种产品之间比例关系和进行产品平衡分配、计算产品生产指标的依据。确定产品产量目标主要是根据市场价格、国家或企业政策、产品供需和企业生产能力等条件，通过盈亏平衡分析法或线性规划法测算产品目标值。

（2）产品产值是用货币标识的产量指标，能综合反映企业生产经营活动成果，以便进行不同行业间的比较。

（3）产品质量指标包含两大类：一类是反映产品本身内在质量指标，主要是产品的平均性质、产品质量等级；另一类则是反映产品生产过程中工作质量指标，如质量损失率等。

（4）产品配置是上级管理部门下达给企业在一定加工量下可配置出厂的产品数量，该指标反映了原（料）油加工量、产品品种、市场需求以及统筹区域资源等信息，是上级管理部门调节资源配置和产品产销的内容之一。

7）质量要求

某些可提高产品质量指标的原料，可能因生产和出厂具有的阶段性特点，出现阶段性资源紧张，如柴油的硫含量、汽油的辛烷值等。计划编制中要充分考虑以上因素，必要时要调整好产品调和方案，或对生产装置的加工负荷、精制深度进行控制，以确保满足出厂备料需求。

8）装置检修

装置停工检修是炼油厂生产情况变化最大的一个时期，计划编制时要充分考虑到装置停工所造成的各种影响，如对物料平衡的影响、对上下游装置的影响、对产品产量的影响、对产品质量控制的影响、对公用工程平衡的影响和对出厂的影响等，调整和采取有针对性的措施，比较平稳地渡过波动期。

9）库容情况

石油企业储罐主要储存原油和石油产品，按介质品种可分为原油罐、中间原料罐（焦化料罐、催化掺渣料罐、油浆罐、蜡油罐等）、成品罐（汽油罐、柴油罐、航煤罐、石脑油罐、商品燃料油罐、液化气罐等）以及化工品罐（含化工液体原料、液体中间原料及成品）等。

为考虑库容安全及满足周转需要，企业在原料油采购及产品产销方面需考虑储罐安全高度、罐容量以及最低库存、最高库存和合理库存等因素。

10）公用工程

公用工程是炼油厂运行的基础，其能力是装置生产运行的一个重要约束条件。在计划编制过程中，要考虑到这些约束条件，特别是阶段性的蒸汽平衡、氢气平衡和瓦斯平衡，公用工程系统如有大的变化，势必打破整个工厂的生产平衡，需要评估对生产装置运行的影响。在计划编制过程中就要考虑相关的因素，采取有针对性的调整措施。

如冬季气温低时，各装置加热炉燃料气用量普遍增加，可能出现燃料气平衡矛盾。这时计划人员就应该提前考虑对接好天然气进厂计划、燃料气产耗装置负荷调整、燃料油或液化气的用量调整，以及燃料油、液化气出厂计划调整等。

11）多企业条件下资源与配置平衡

对于单企业而言，企业优化思路侧重通过围绕装置特点追求较为稳定的原油油种和供应来实现平稳生产。

在统筹多企业优化条件下，要充分考虑企业的区域优势、装置结构、下游市场，从而探讨不同炼油厂之间的运营优化战略，实现资源配置的区域优化和平衡，以获取较高的效益。

（四）计划编制流程

1. 年度计划

年度计划是企业生产经营的纲领性文件，主要作用是为公司年度生产经营利润、费用等目标的制定提供依据，年度计划由于执行周期长，受国际形势、各种内部和外部因素影响的变数较多，执行结果与计划往往有一定差异，这需要在季度和月度计划中予以调整。

（1）企业投资发展部门根据企业长远规划、投资建设进度，提出下一年度新装置投产和装置技术改造总流程物料安排建议。

（2）企业机动部门根据各生产运行部门的检修计划，提出下一年度企业装置检修计划及检修网络安排建议。

（3）企业生产部门根据机动部门装置检修安排，提出下一年度企业检修装置停开工总体网络初步建议。

（4）企业计划部门根据企业生产经营目标、生产装置运行状况、检修及开停工计划初步安排，结合市场需求和效益测算，经综合平衡后提出下一年度生产计划预安排初稿。

（5）企业分管领导组织计划、发展、生产、财务、机动、质管、各生产运行部等部门参加，对下一年度生产计划预安排初稿进行讨论。

（6）根据讨论情况，计划部门形成建议计划，在企业分管领导批准后上报上一级管理部门，并进行后续对接工作。

（7）根据与上一级管理部门对接的下一年度生产计划预安排，计划部门编制年度生产销售计划，与企业年度综合计划统一审批发布。企业计划编制流程图如图 2-1-1 所示。

2. 季度计划

季度计划的主要作用是细化落实年度计划，这时原油资源相对明确，可衔接企业的年度计划与月度计划。

（1）企业计划部门根据企业年度生产经营目标、生产装置运行状况及检修计划初步安排，对季度生产计划进行预安排。

（2）企业计划部门经综合平衡后提出下一季度生产计划预安排初稿。由计划部牵头，企业分管领导主持，生产、财务、机动、质管、企管、各生产运行部门等参加，对下一季度生产计划预安排初稿进行讨论，经讨论后形成下季度建议计划，企业分管领导批准后按上一级管理部门要求的时间上报。

（3）企业根据上一级管理部门时间安排，在季度产销衔接会上与上一级管理部门分专业对接计划，包括原油资源、原油加工量及分月安排、炼油产品产量、化工产品产量和原料互供等计划。

（4）企业计划部根据产销衔接会对接情况，结合企业实际情况，在季末编制出下一季度生产计划。

3. 月度计划

月度计划是执行计划，指导企业各部门单位按计划要求组织生产经营，满足市场和效益要求。

（1）企业计划部门根据企业生产经营目标、生产装置运行状况和检修计划初步安排，对月度生产计划进行预安排。

（2）企业计划部门提前与各生产运行部对接，经综合平衡后提出下一月度生产销售计划预安排初稿。

（3）由计划部牵头组织生产、质管、财务、企管、各生产运行部等部门讨论月度生产计划预安排，结合预讨论情况由计划部形成报上一级管理部门的下月度建议计划，经企业分管领导批准后上报。

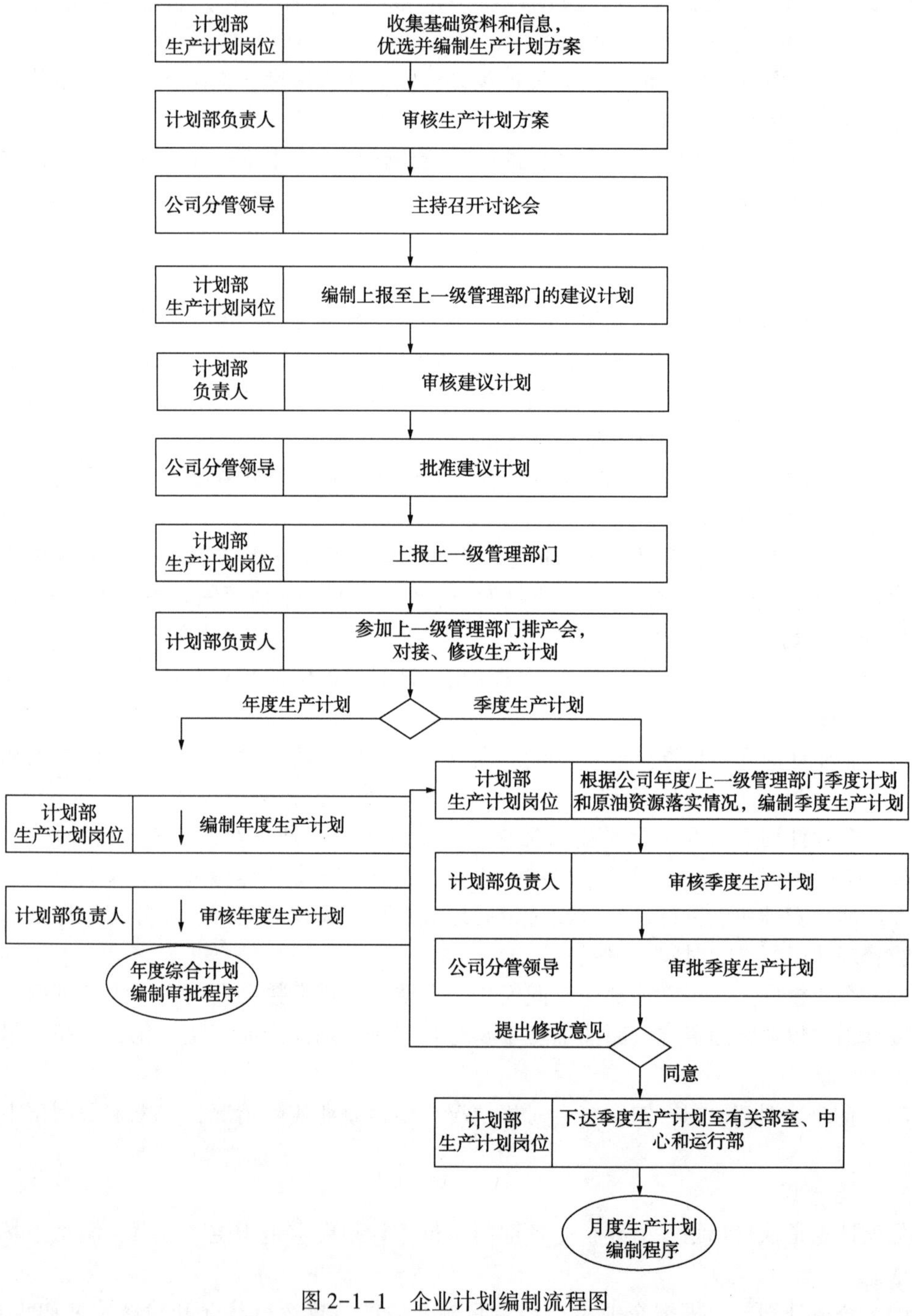

图 2-1-1　企业计划编制流程图

(4) 建议计划上报后，根据企业实际生产情况，动态做好月度计划的滚动优化，与上一级相关专业做好计划对接，落实原油加工量、炼油产品配置产量、化工产品产量等。

(5) 根据对接情况，计划部门编制下月生产和销售计划讨论稿，经组织讨论后，在当月底前编制形成下月生产及销售计划审批稿，经企业主管领导审批后下发执行。

以某企业月度生产计划编制(图 2-1-2)为例，分为如下步骤：

① 计划部生产计划岗位收集整理生产经营基础资料和相关意见。

② 计划部生产计划岗位根据年度和季度生产计划，编制月度生产计划预安排。

③ 计划部负责人审核生产计划预安排，若提出修改意见则返回步骤②，继续完善，直至同意后转入步骤④。

④ 计划部负责人主持召开月度生产、销售计划预讨论会。

⑤ 计划部生产计划岗位根据预讨论情况，完善生产计划预安排，并形成月度建议计划方案。

⑥ 计划部负责人审核月度建议计划方案，若提出修改意见则返回步骤⑤，直至同意后转入步骤⑦。

⑦ 企业分管领导审批月度建议计划方案，若提出修改意见则返回步骤⑤，直至同意后转入步骤⑧。

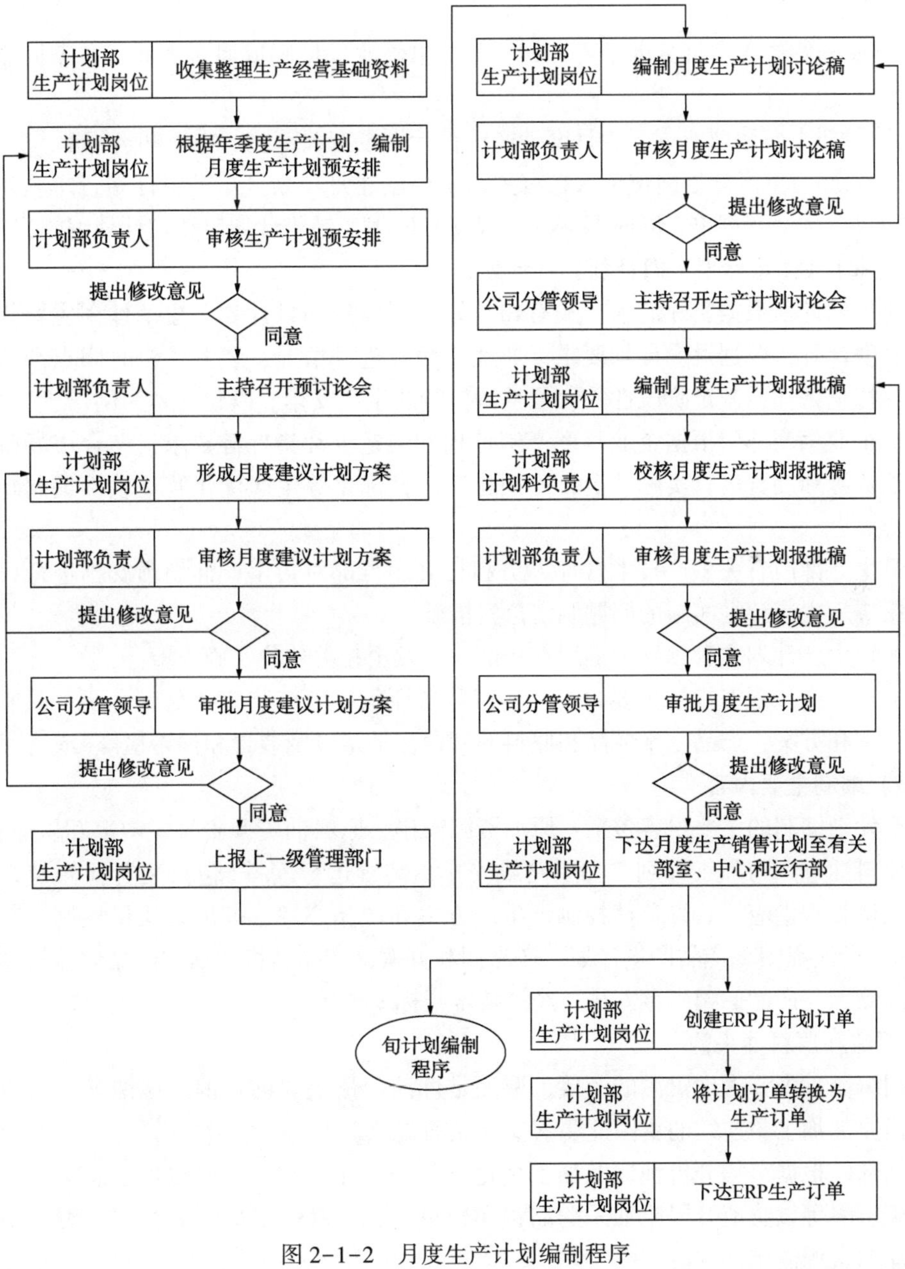

图 2-1-2　月度生产计划编制程序

⑧ 计划部生产计划岗位将建议计划方案上报上级管理部门。

⑨ 计划部生产计划岗位根据建议计划和上级管理部门的要求，编制月度生产计划讨论稿。

⑩ 计划部负责人审核月度生产计划讨论稿，若提出修改意见则返回步骤⑨，直至同意后转入步骤⑪。

⑪ 企业分管领导主持召开生产计划讨论会。

⑫ 计划部生产计划岗位结合讨论情况编制月度生产计划报批稿。

⑬ 计划部计划科负责人校核月度生产计划报批稿。

⑭ 计划部负责人审核月度生产计划报批稿，若提出修改意见则返回步骤⑫，直至同意后转入步骤⑮。

⑮ 企业分管领导审批月度生产计划，若提出修改意见则返回步骤⑫，直至同意后转入步骤⑯。

⑯ 计划部生产计划岗位下达月度生产销售计划至有关部室、中心和运行部。

⑰ 计划部门生产计划岗位依次在有关系统中创建月计划订单，将计划订单转换为生产订单，最后下达生产订单。同时调度部门根据月度生产销售计划启动旬计划编制程序。

4. 短期计划(旬计划、周计划、日计划)

企业短期计划根据实际需求一般有旬计划、周计划和日计划，短期计划主要作用是分解执行月度计划，根据月度计划要求、原油阶段性进厂情况、装置检修时间点和从产品出厂需要等特定条件，制定阶段性的、可具体执行的生产安排。以旬计划为例：

（1）企业生产部门根据企业月度产销计划和工艺卡片指标等要求，结合市场阶段性需求、原油资源和装置运行实际情况，运用排产、日优化等生产优化管理软件编制旬生产计划预安排。

（2）生产部门有关生产技术管理人员和相关运行部对旬生产计划预安排进行讨论和优化，对影响旬生产计划实施的问题制定落实措施。

（3）旬生产计划主管领导批准后在旬前一天发至相关单位实施。

（4）旬生产计划安排的主要内容：生产装置原料，生产装置负荷和主要产品收率，产品产量和调和方案，产品、半成品和原料的库存变动量以及装置和油罐检修(或清罐)时间。

(五) 编制主要内容

生产计划编制的主要内容包括：原油资源安排、原料油资源安排、内部互供原料安排、原油和原料油进厂与加工计划、加工路线安排、装置运行安排(包括装置检修与开停工安排、原油调和和供应、装置负荷控制、生产方案和产品产率、馏出口质量控制、产品流向安排)、生产流程图、产品产量计划、产品调和方案、产品销售计划、产品储输转及出厂安排、中间储罐与产品储罐库存安排、经济技术指标要求等。

1. 原油和原料油采购

计划编制首先要考虑资源的衔接。原油是炼油厂最重要的资源，原油进厂一般是阶段性的，而原油加工是连续的，因此要落实好原油资源。

计划部门根据市场分析预测及加工优化测算确定年、季、月原油加工总量，并结合企业装置硫、酸等设防值开展原油采购品种和数量优化测算。根据测算情况，编制企业年度及季度原油资源需求计划。

2. 原油加工量

计划部门根据当月采购原油资源及油价走势、产品市场及价格、上级管理部门要求和生产调整等情况，结合计划经营模型测算结果以及与上级管理部门对接情况，按效益最大化原则确定下季、月最优加工量。

3. 炼油投入

包含炼油投入的物料类别(原油、原料油)、各物料名称(原油名称、各原料油名称)、自营数量(原油加工自营、原料油加工自营)、来料加工数量(原油来料加工、原料油来料加工)等。

4. 炼油产量计划

包含产品的物料类别(汽油、航煤、柴油、化工轻油等)、细分物料名称及牌号[92 号车用汽油(ⅥA)、95 号车用汽油(ⅥA)、0 号车用柴油(Ⅵ)等]、自营产量、来料加工产量等。

5. 炼油技术经济指标

包含综合商品率、商品轻油收率、综合自用率、加工损失率、可比综合商品率、高附加值产品收率等。

6. 化工投入

包含化工投入物料类别(乙烯料、芳烃料)、名称、外购部分的量、从炼油板块来的量、从其他渠道来的量、合计总量等。

7. 化工产量计划

包含产出物料的物料大类、名称、总量、供炼油板块的物料数量、可供出厂的物料数量、去其他流向的物料数量、半成品库存变化等。

8. 装置流程

包含各装置的计划投入产出情况数量、开工天数、装置负荷以及产品收率等信息。

二、计划优化

在当期的市场价格体系下，受市场容量、库存、装置负荷、调和能力的约束，应采购哪些原油、采购多少量，如何安排装置负荷、物料走向、产品调和及库存，从而实现企业经济效益最大化是各炼化企业最关心的问题。

要解决上述问题，企业需要建立自身计划排产模型进行测算分析。目前使用最多的是多周期线性规划模型，并使用求解器求最优解，不仅能求解出最优的原油采购方案以及原油掺配、调和加工方案，还能分析特定原油的产品分布，以及每种产品对赢利能力的贡献大小；同时还可以对市场价格变化情况进行灵敏度分析，即原油采购价格能在多大范围内变化时，保持企业整体采购方案不变。在一个企业开展实施计划优化方案主要遵从以下流程，如图 2-1-3 所示。

(一) 优化方法与优化工具

石油化工企业是使用线性规划技术较早，也是应用得较为成功的行业之一。目前，发达国家的石油和石油化工企业已普遍应用运筹学方法和技术优化生产计划，为企业决策提供依据。有资料表明，全世界绝大多数炼油厂都采用计划经营软件来建立计划优化模型，指导生产计划编制、原油采购及生产方案优化。

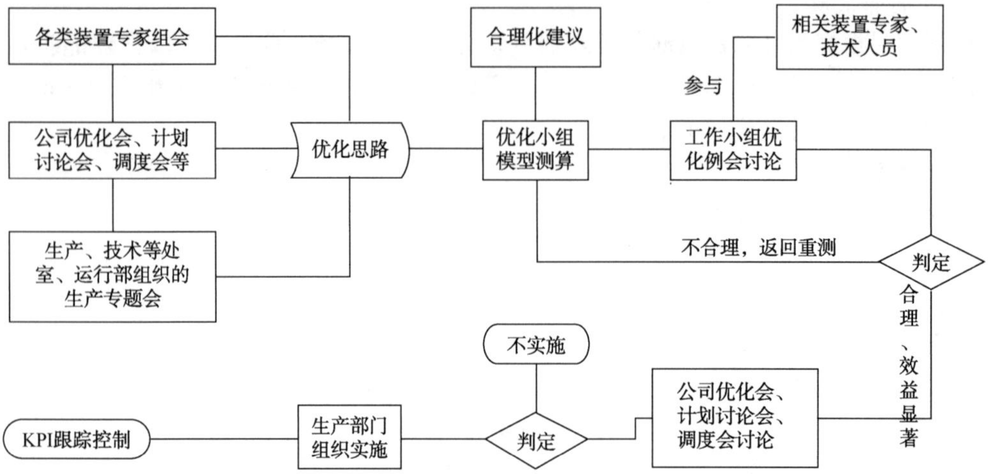

图 2-1-3　企业计划优化方案 PDCA 循环图

1. 国外相关产业和技术现状、发展趋势

墨西哥某公司从 20 世纪 80 年代开始使用某计划经营软件，是最早应用计划经营软件的公司之一。该公司有 6 个炼油厂，原油炼制加工能力 75.0Mt/a，以 Maya 原油和轻质原油为主，原油硫含量分别为 3.7%和 2.1%。该公司应用计划经营软件经历了从根据理论收率优化的总体应用、利用炼油厂实际数据的单周期优化到多周期精确模拟的开发和应用过程，取得了较好的效果。

2. 国内相关产业和技术现状、发展趋势

国内某石化企业自 20 世纪 90 年代就开始了线性规划技术的研究与应用，主要是在生产计划、企业规划和炼油总加工流程优化设计等几个方面开展了应用和研究，取得了一定的成绩，同时培养了一批线性规划技术开发和推广应用的技术人员。近年来，随着加工进口原油数量和品种的增加，如何选择采购合适的原油品种和数量，配置给合适的企业加工，产生最大的效益，是企业面对竞争日益加剧的原油和成品油市场，提高竞争能力和管理水平，从科学管理中要效益的重要举措。为此，该企业引进了某公司的计划经营软件包，成功地建立了上级和企业层面的生产计划优化模型，并持续利用模型开展优化应用，取得了良好的效果。目前，计划经营模型已成为各企业在编制生产计划、优化原油采购、优化生产方案方面的重要工具。以某企业为例，该企业长期以来以计划经营软件整体优化模型为主线，其他专业优化软件分工合作、取长补短，发挥集成整合优势共同指导企业整体优化方向。根据各个软件特点，结合应用的适应性，目前该企业计划经营模型应用于企业全流程效益最大化的整体优化，如：应用流程模拟形成炼油装置机理模型可根据操作条件变化指导炼油装置实际生产；应用收率优化软件形成乙烯装置机理模型，可根据操作条件变化指导化工装置实际生产。同时自主开发的专用测算模型，可解决相对简单、可以细化而其他软件无法完全解决的具体优化问题。

（二）原油采购优化

原油是炼化企业最主要的原料，占到了企业原料成本 95%以上，某炼油企业主要以加工进口原油为主，进口原油数量大、品种多、来源国多。此外由于各炼油企业的装置结构、产品结构、储运配套条件等均有差异，对原油品种及结构的适应性也不尽相同，而这些因素对经济效益影响的敏感度又相对比较强，因此如何科学优化原油采购品种和结构比例，从而有效降低炼油成本、提高整体效益水平成为生产经营的重点。根据企业装置整体配置，应用优化一体化计划经营模型对原油资源进行优化方向测算，重点是解决原油品种优化选择问题。

原油加工结构和优化应以保证装置平稳运行为前提，以效益最大化为目标，需结合企业常减压装置加工定位和装置设防值，适度劣质化。以长期合同原油为主、现货合同资源为辅模式，以兼顾发挥集中加工优势和保证平稳运行的原则做好原油采购优化工作。

（三）外购原料油优化

炼化企业除了外购原油外，还采购部分原料油作为二次装置原料或者成品油调和资源，这部分原料油约占总投入的10%左右。受市场价格变化以及成品油配置的影响，外购原料油的优化测算也是企业日常优化的一个主要方向。

以某企业外采甲苯提高歧化装置运行负荷为例，测算价格体系见表2-1-1。

表2-1-1　测算价格体系　　元/t

原　　料	市场价	买断价
石油苯	7564	
石油甲苯	5760	
石油混合二甲苯	5933	
对二甲苯		6799(预收款价)
石油邻二甲苯		6200
液化气	4700	

方案设置：在以上测算价格条件下，考虑甲苯外采预估5859元/t。考虑混二甲苯转化为对二甲苯80%、邻二甲苯10%、低价值气体10%，即1t甲苯转化为0.90t苯、二甲苯，0.1t液化气。对二甲苯加工费451元/t，歧化加工费399元/t。

测算结论：根据测算期市场情况、投入产出量价和公用工程消耗，甲苯进歧化装置有220元/t效益，故安排计划期外采甲苯进厂加工、提高歧化装置负荷，提升经济效益。另外，作为外购原料油，经测算，该计划期混合二甲苯市场价较高，外采混合二甲苯进厂增产对二甲苯无效益，该计划期未安排混合二甲苯进厂。

（四）产品结构优化

产品结构优化是指炼油企业对生产的汽油、煤油、柴油、化工原料、燃料油、润滑油基础油和其他特种产品产量进行调整优化。国内近几年炼油产能不断释放，国内炼油新增产能大于淘汰的落后产能，随着国内汽油和柴油消费放缓，同时在国家碳达峰碳中和大的长期战略目标背景下，国家将不断加强成品油出口管控，成品油产能整体呈现供大于求局面。国内炼油企业将需要在激励竞争中增强产品结构调整能力，以满足市场供需平衡不断波动与变化，同时需不断改进工艺，开发价高利厚产品，提升经营业绩，增强竞争能力。

（五）装置加工负荷优化

装置加工负荷优化主要是根据不同的装置加工费用、原料成本、产品价格，在各装置设计范围内调整装置加工负荷，降低吨原料油加工成本，提高吨原料油边际效益，从而实现企业整体经济效益最大化。近年来，国内新建炼油产能集中释放，但内贸成品油表观消费量并没有大幅增加，甚至内贸柴油表观消费量已达到峰值，国内炼油企业整体负荷呈下降态势。因而，有必要根据国内、国外两市场价格变化，结合供国内产品和出口效益情况，灵活优化调整产品产量和企业加工负荷，以实现效益最大化。

（六）成品油出口优化

国际汽油、航煤与柴油裂解价差受供需等因素波动变化，利用好有限的成品油出口配额，做好出口效益测算，实际成品油出口优化尤为重要。企业应根据国家统一部署和要求，结合市场情况加强测算，统筹内外贸资源，多争取效益较好的产品出口。

（七）原料互供优化

为做好生产和资源优化，实现互供双方整体效益最大化，遵循"互供优先、互供双方互惠互利、实现双赢"的原则，做好原料互供优化工作。炼化一体化企业炼油、化工之间互供物料多，不应单纯追求炼油或化工单板块效益，而是应遵循"实现资源优化、实现炼化整体效益最大"的原则做好原料互供优化工作。

以某企业为例，企业通过每周测算乙烯原料加工效益和保本点，指导乙烯原料结构优化。从该企业某月测算情况图 2-1-4 可以看出，石脑油作为原料进乙烯裂解装置效益略低于液化气作为原料进乙烯裂解装置；结合企业石脑油资源不足等实际情况，乙烯裂解改为 2.5 台气体炉运行格局，增加液化气消耗 11kt/月，相应减少石脑油消耗，而该部分少消耗的石脑油资源则可以作为商品供给其他企业。该企业 2018~2021 年石脑油进乙烯裂解装置效益见图 2-1-5。

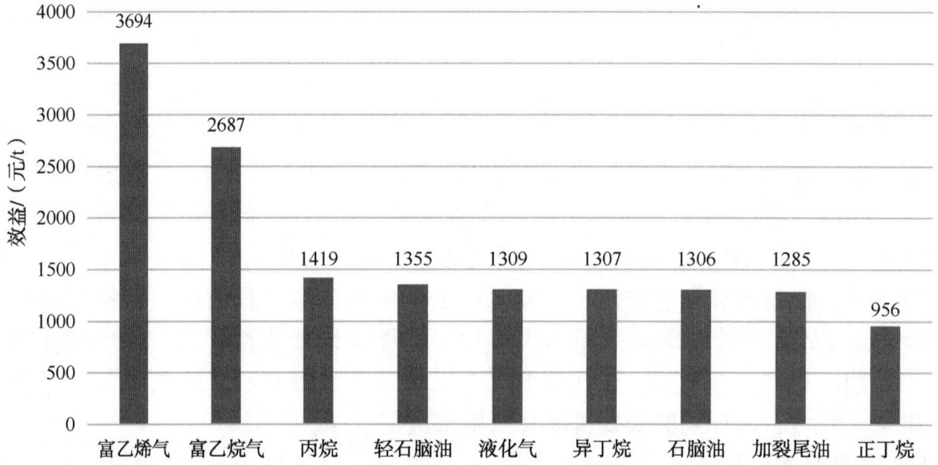

图 2-1-4　不同原料进乙烯裂解装置的效益排序

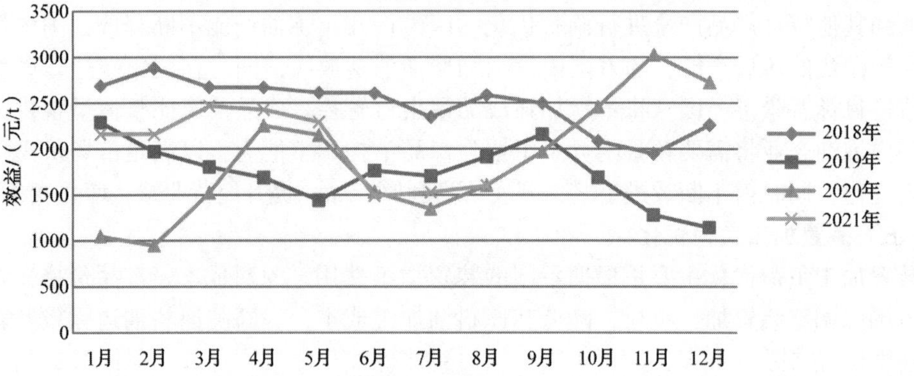

图 2-1-5　石脑油进乙烯裂解装置的效益变化

三、计划下达

（一）生产计划下达

生产计划下达是将编制和优化后的计划付诸实施的过程，计划编制部门需要组织会议，将计划的编制依据、考虑内外因素、拟要达到的目标以及分解到各装置的计划指标，向计划执行部门进行充分告知，使得计划能够有效落实。

年度计划下达。根据与上级管理部门对接的下年度生产计划预安排，结合上报的下年度建议计划，计划部门编制年度生产销售计划，按照年度综合计划时间要求，并入年度综合计划统一审批发布。

季度计划下达。计划部门将编制及审批完成的下季度生产计划下达至有关部门、中心和运行部。

月度计划下达。计划部门将编制及审批完成的下月生产销售计划下达至有关部门、中心和运行部。

（二）计划下达内容

生产计划下达包含要达到的具体目标值，这样企业内部各单位部门之间才有工作或奋斗的目标。炼油企业生产计划中一般包含以下任务目标：原油采购品种与数量及进厂时间、外购原料量、原油加工量、装置检修开停工时间节点、各装置加工负荷与产品收率、高附加值产品收率、分品种产品产量、产品流向与销售量、成品油出口品种与数量、内部互供原料品种与数量、全厂物料平衡、公用工程消耗、库存管控、加工损失率、能耗、自用率和综合商品率等指标。

四、计划执行

计划下达之后，各部门应根据总目标和子目标制定出详细的落实措施，明确职责，有步骤地推进工作，将计划落到实处，加大过程管理力度，形成闭环管理，不断提升企业的管理水平，提高企业经济效益和社会效益，实现生产经营目标。

（一）计划实施

炼化企业生产计划的具体实施：首先由计划人员将月度生产计划细化为可执行的短期作业计划，然后由调度部门执行短期作业计划。调度部门在计划执行中起非常关键的作用，调度人员将作业任务、要求时间和具体要求分派给相关的岗位人员，岗位人员按此执行，并将执行结果反馈给调度人员、计划人员，以此形成一个闭环，通过短期计划结果的不断积累和修正，最终完成计划目标。

（1）企业调度部门依据月计划和装置实际情况编制旬生产计划，并召集各运行部召开旬计划讨论会，形成统一意见后制定日生产计划并下发执行。

（2）计划部门根据月度计划安排和实际生产情况，抓好产品销售出厂及相关原料的采购进厂工作。

（3）各生产运行部根据月度计划安排及调度部下发的旬、日生产计划认真组织生产，在安全环保的前提下，做好装置生产优化，提高装置运行效率，确保完成生产和销售计划目标。

（二）计划调整

计划调整是计划管理中一个重要环节，在执行过程中，由于市场环境、客户需求、经营策略等发生重大改变，导致计划执行的基础发生变化，必要时需修正计划。计划调整要谨慎、科学和灵活，同时计划调整必须经过必要的审核、审批等程序，避免随意性。

（1）当企业生产计划与上级管理部门的要求有较大差异时，由计划部门负责综合平衡，报企业分管领导审批后及时下达调整计划。

（2）在计划执行过程中，因生产等原因调整计划时，由专业主管部门提出调整意见，经计划部综合平衡，报企业分管领导审批后下达调整计划。

（3）年度和季度生产计划原则上不做调整。

（4）对于上级管理部门下达的产品配置等指标，如因企业原因需调整月度计划，在调整计划下达前需报请上级管理部门审批确定。

月度生产计划调整程序如图 2-1-6 所示。

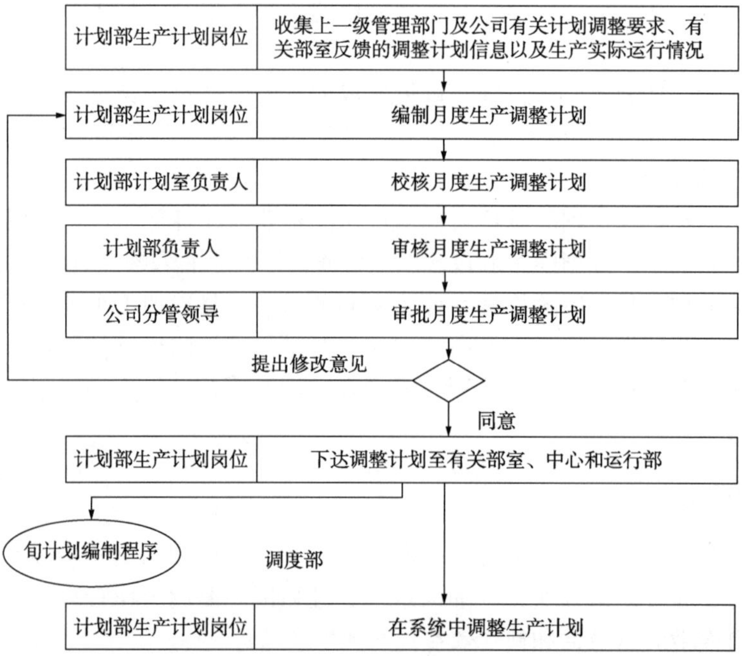

图 2-1-6　月度生产计划调整程序

（三）计划跟踪检查

计划执行过程中，要不断地进行检查分析，除了事后检查对比外，事中对执行进度以及实际情况也要进行督促和检查，这样才能保证整个计划的执行结果。在炼油厂实际生产中，除了计划制定者对计划的执行情况进行检查外，调度部门在计划执行检查环节中也起非常重要的作用，可以对每天乃至每个班组的加工量完成情况、产品出厂计划完成情况、原油原料调和供应以及产品物料流向等情况进行检查确认，有问题要及时通报计划制定者，计划人员汇总计划执行情况，提出下一步工作措施。

五、完成情况分析与考核

（一）生产计划完成分析

计划执行期结束后，应及时对生产计划执行情况进行总结和分析，执行情况分析一般可分为定性分析和定量分析，可以量化的内容尽量用定量分析，用数字说话，如加工量完成情况、产品完成情况、高附加值产品收率等，并将这些数据与计划量进行对比分析，找出差异原因，对完成较好的方面进行巩固完善，对不好的方面进行改进，以利于今后计划制定的准确性，提高计划管理水平。计划执行情况分析实质上是对企业过去一段时间生产运行绩效的总结，可以为公司下个阶段生产经营决策提供一定依据。

企业生产经营优化、计划执行管理应形成闭环管理机制。以某企业为例，其日常生产经营工作中，形成了日早调会、周产销会、旬优化会、月调度会和经济活动分析会等多层次以业务为纽带的沟通渠道，主要对照计划与实际执行情况，各业务部门保持“横向、纵向”双向立体沟通，提高生产计划优化及生产经营管理水平，“以日保周，以周保旬，以旬保月，以月保季，以季保年”，确保生产计划的实施效果和经营成果。该企业计划部门月度分析内容主要包括当月生产和销售计划执行情况分析对比、上半年主要指标完成情况及重点工作、下半年环境分析及生产经营优化策略。年度、季度计划完成的跟踪分析，主要体现在累计完成项。

（二）生产计划完成考核

在计划编制时，应根据生产的特点和难点以及效益等因素，同步考虑设定考核条款和目标值，以激发具体执行单位的工作热情和主观能动性。考核指标的设立应科学，指标过高，会使人望而生畏，感到可望而不可即，从而丧失了信心；指标过低，唾手可得，又使人不求进取，不利于调动积极性和潜能。

企业绩效考核方案应包括计划管理业务，计划部在考核目标设定过程中，应积极与考核主管部门协调沟通，取得一致意见，考核方案与生产计划发布应基本同步，尽量减少时间差，在计划执行期结束后，及时对相关考核目标值进行统计分析，及时兑现考核条款，提高时效性。

六、实践案例

1. 案例1：加工量优化

编制月度计划方案，测算不同加工量下的毛利。以某企业计划优化模型测算某月份加工量为例，寻求企业最优加工量。

方案设置：利用炼化一体化计划优化模型进行测算，产品价格采用企业预测价。装置检修按某月份生产销售计划（预讨论稿）预安排：渣油加氢装置在某月中旬停工检修，乙烯产量98kt（3160t/d），汽油出口设置为0，航煤出口60kt，柴油出口40kt，轻质燃料油上限7kt，增量（价格低于基准配置价）汽柴油上限放开，沥青出厂量100～170kt，测算1.65～1.92Mt加工量下的毛利水平。

方案如下：

Case1：加工量控制1.65Mt，汽柴油价格结合公司价格机制安排，即以三季度国内配置为基准量，按加工量进度，国内汽油XX%执行基准配置价，其余执行低于基准量的增量价格，国内柴油YY%执行基准配置价，其余执行增量价。

Case2-10：在Case1基础上，加工量按30kt步长逐步提高至1.92Mt，测算加工量变化对毛利的影响。

测算结果：

① 某月份最优加工量1.86Mt左右，加工量在1.83～1.86Mt时，毛利变化不大，加工量超过1.86Mt后，毛利下降较明显。

② 成品油出口减少，增量汽柴油可安排部分出厂，同时增量柴油出厂量随着加工量增加而增加。

③ 在增量柴油未考虑减价情况下，渣油进焦化装置效益好于作为沥青出厂，各方案沥青出厂均在下限 140kt。

2. 案例 2：加工条件约束下的原油采购优化

近年来，国际原油市场价格变化频繁，高低硫原油和轻重质原油价差不断变化。同时进口原油是按照 *M*+2 月的周期进行采购的，结合企业预期的成品油配置情况需要全流程测算原油采购品种，提高企业整体效益。以某千万吨级炼化企业采购 10 月份原油为例，其重油加工有生产沥青、进焦化装置加工和进渣油加氢装置加工三条路线。

一是在产品配置受限、配置数量相近情况下，原油吨价格越低效益越好。轻质原油，吨油价格最低的依次是沙超轻、UMM LULU、福蒂斯、DSW、WTI。高硫中重质原油，吨油价格较低，适宜公司加工的是卡斯蒂利亚、瓦斯科尼亚、卡夫基、长约巴士拉中、沙重、伊重、科威特等。低硫低金属中重质原油，价格较低的为 LAPA 原油。

二是在产品配置不受限的情况下，按当期预算产品价格体系测算分油种盈利性，如图 2-1-7 所示，从图中可以看出：

低硫轻质油：进口凝析油>UMM LULU>沙超轻>福蒂斯>CPC>DSW/WTI>萨哈林

渣油加氢路线：沙轻>LAPA>阿曼>福蒂斯

沥青焦化路线：卡夫基>巴士拉中(长约)>伊重>SGC>巴士拉中(现货)>沙重>卡斯蒂利亚>科威特>巴士拉轻(长约)>沙中

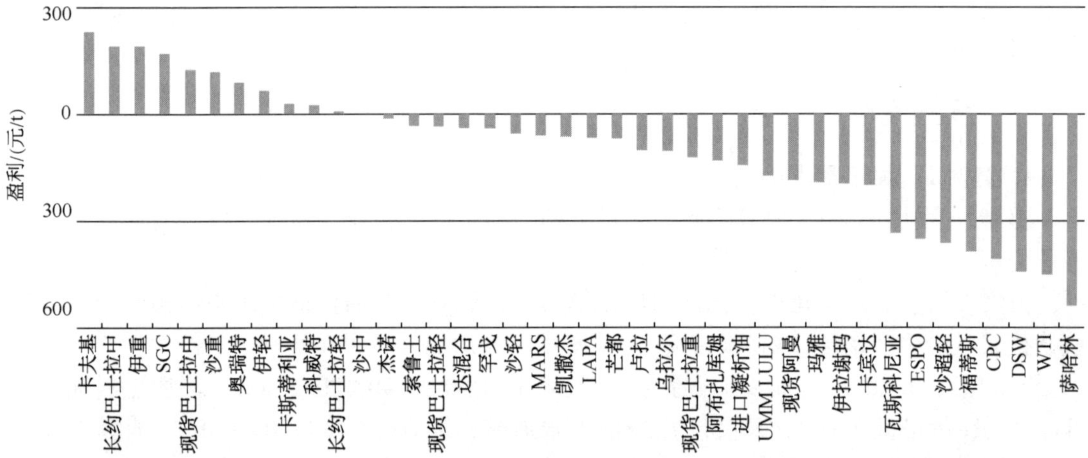

图 2-1-7　分油种盈利性与沙中的对比排序

10 月份原油加工量预排在 1.02Mt 左右，汽油 210kt，航煤 130kt，柴油 140kt，沥青 80~100kt。根据硫平衡测算情况，原油加工总硫性质可按不大于 2.6%控制，测算平衡见表 2-1-2。

表 2-1-2　沥青产销 80~100kt 下的硫平衡测算表

<table>
<tr><th>原油加工量/(kt/d)</th><th>原油硫含量/%</th><th>产硫黄/(t/d)</th><th>石油焦携硫/(t/d)</th><th>80~100kt 沥青携硫/(t/d)</th><th>其他携硫/(t/d)</th></tr>
<tr><td>35.0</td><td>2.54%</td><td rowspan="5">668.4</td><td>60.4</td><td rowspan="5">157</td><td rowspan="5">3.50</td></tr>
<tr><td>35.7</td><td>2.50%</td><td>64.0</td></tr>
<tr><td>36.5</td><td>2.46%</td><td>68.2</td></tr>
<tr><td>37.0</td><td>2.43%</td><td>70.8</td></tr>
<tr><td>37.5</td><td>2.41%</td><td>73.4</td></tr>
</table>

在上述的限制条件下对10月份不同采购油种进行多方案测算比较，测算结果见表2-1-3。

表2-1-3 10月份测算的原油采购方案

油种	加工流向	高硫油比选			
		Case1(沙中)	Case2(科威特)	Case3(卡夫基)	Case4(沙重)
平湖油	2#常、3#常	2.0	2.0	2.0	2.0
阿曼	2#常、3#常	13.0	13.0	13.0	13.0
LAPA	2#常、3#常	7.0	7.0	7.0	7.0
沙中	2#常、3#常	29.0	13.0	13.0	13.0
科威特	2#常、3#常		16.0		
卡夫基	2#常、3#常			16.0	
沙重	3#常				16.0
现货巴士拉中					
长约巴士拉中	2#常、3#常	40.0	40.0	40.0	40.0
卡斯蒂利亚	3#常	6.0	6.0	6.0	6.0
鲁宁	2#常	5.0	5.0	5.0	5.0
合计		102.0	102.0	102.0	102.0
硫含量/%		2.29	2.32	2.31	2.35
API度		28.80	28.84	28.31	28.36
原油采购成本对比/万元		比对基准	-688	-2480	-2032
边际测算排序(产品配置不受限)/万元			208	2080	1072

从表2-1-3中可以看出，Case3、Case4采购成本较低、盈利性较好；但Case4，沙重加工适宜性略差，进厂难度略高。根据采购成本及采购性质，建议10月份原油采购需求计划按Case3上报，如果卡夫基难以落实，Case1为落实可能性较大的保底方案，将争取部分科威特的方案，最后选择部分沙重的方案以降低加工及进厂难度。

实施结果：最终与代理公司沟通，大部分油种按照Case3进行了落实，因当月卡夫基资源紧张，改为了160kt科威特原油。当月的进口原油排名在系统内排在了第三名，采购均价比平均低0.92美元/桶，与方案测算的结果基本吻合。

第二节 原油管理

近年来，国际原油市场复杂多变，地缘政治动荡和基金炒作成为常态，油价波动剧烈，进口原油采购成本风险不断加大。国内炼油企业应根据自身原油加工特点，及时研判国际原油市场走势，通过控制原油采购节奏，优化采购结构，利用套期保值和优化测算工具等手段，最大化发挥一体化协同优势，对进口原油资源进行优化采购，控制原油采购成本，提高经济效益，提升企业竞争力。

一、国际原油市场分析

(一) 全球石油市场定价机制

经过多年发展，全球石油市场已经形成了以WTI、Brent和Dubai三大基准原油为主的定价机制。近年来，我国上海原油期货在全球的关注度和影响力也逐渐提升。在世界原油实货贸易中，通常以提单月全月均价或提单日前后某一段时间内的基准原油价格加上升贴水，作为原油贸易的最终结算价格。

（1）WTI 原油期货。1983 年 3 月 30 日，纽约商品交易所（NYMEX）推出 WTI 原油期货交易，对应美国中西部产地的轻质低硫原油，其 API 度为 42，硫含量为 0.14%。WTI 原油采取实货交割，交割库位于俄克拉荷马州库欣地区，是北美原油市场的定价基准。目前 WTI 原油期货是全球成交量最大、交易最为活跃的原油期货合约。

（2）布伦特（Brent）原油期货。1988 年 6 月 23 日，伦敦国际石油交易所（IPE，2001 年被洲际交易所收购）推出布伦特原油期货，对应北海地区轻质低硫原油，其 API 度为 37，硫含量为 0.46%。布伦特原油期货采取现金交割，是全球原油贸易中使用范围最广的计价基准，西北欧、地中海、非洲、南美等地多使用布伦特作为计价基准。

（3）迪拜（Dubai）原油现货。中东区域有多个计价基准，1984 年 1 月，咨询机构普氏（PLATTS）推出迪拜现货评估价格，对应中东中重质高硫原油，其 API 度为 30，硫含量为 2.17%。是中东地区的原油计价基准。此外，2007 年 6 月迪拜商业交易所（DME）推出阿曼原油期货，阿曼原油 API 度为 32，硫含量 1.1%，也逐渐成为中东地区重要的计价基准。2021 年 3 月，洲际交易所（ICE）推出 Murban 原油期货合约，Murban 原油是产自阿联酋的陆上轻质低硫原油，API 度为 40.5，硫含量为 0.78%，主要出口至亚洲，Murban 原油期货有望成为中东地区另一个重要的计价基准。

（4）上海原油期货（SC）。2018 年 3 月 26 日，上海期货交易所下属的上海国际能源交易中心（INE）推出上海原油期货，对应中质含硫原油，基准品质为 API 度 32，含硫量 1.5%。上海原油期货采取实货交割，可交割油种包括 Shengli、Dubai、Upper Zakum、Oman、Qatar Marine、Masila、Basrah Light、Murban 等。上市以来，上海原油期货成交越来越活跃，成为仅次于 WTI 和 Brent 的全球第三大原油期货合约，有望成为反映中国及亚太市场供求关系的原油定价基准。

（二）国际原油价格分析研判

1. 国际油价历史回顾

从历史上来看，原油期货（以布伦特原油期货为例）诞生 30 多年来，国际油价经历了数轮大涨大跌的波动周期，见图 2-2-1。

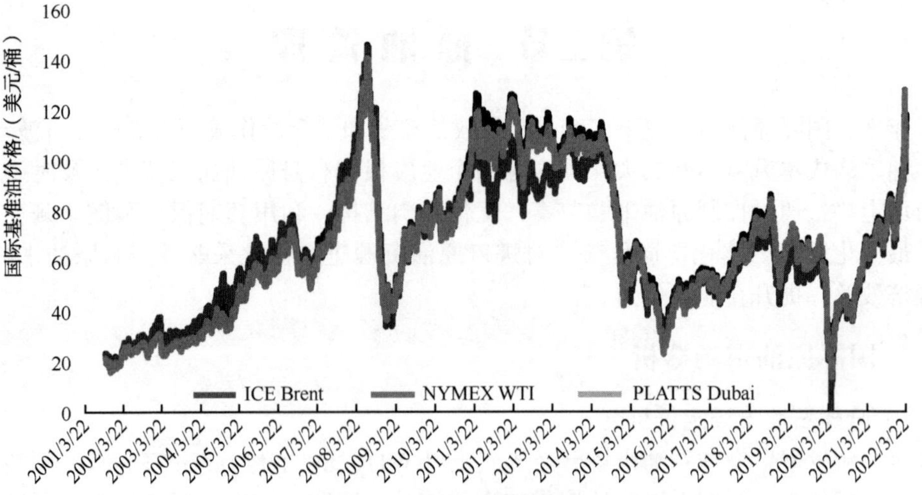

图 2-2-1 国际原油价格走势

1988～2007 年：平稳上升期。这一阶段全球石油需求较为旺盛，加之产油国剩余产能不足、炼油瓶颈突出、勘探开发成本上升、地缘政治不稳定等，国际原油价格呈现稳定上涨态势。在此期间，1990 年中东海湾战争爆发、1998 年亚洲金融危机爆发，都造成了油价的剧烈波动。总体来看，布伦特价格从 1988 年的 14.01 美元/桶逐步走高至 2007 年的 72.66 美元/桶，上涨了 4 倍多。

2008～2009 年：暴涨暴跌期。欧佩克限产叠加新兴经济体需求旺盛推动布伦特价格在 2008 年 7 月 3 日迈上 146.08 美元/桶的历史最高点，较 2008 年年初上涨 50%。此后，2008 年 9 月华尔街金融危机大幅蔓延，OECD 国家经济迅速陷入衰退，处于风暴边缘的新兴国家经济也面临严峻挑战，推动世界石油消费急剧下降，国际油价快速回落，2009 年 2 月 18 日布伦特价格跌至 39.55 美元/桶。

2010～2014 年：高油价黄金期。中美经济复苏强劲以及美国开启量化宽松政策拉动石油需求强势增长，2011 年中东“茉莉花革命”导致多个产油国地缘政治动荡，特别是利比亚战争爆发使得原油供应锐减，国际油价开启了长达三年半的三位数运行，布伦特油价自 2011 年 1 月 31 日突破 100 美元/桶大关，期间在 2011 年 4 月 8 日触及 126.65 美元/桶的高点，直至 2014 年 9 月 9 日跌破 100 美元/桶这一关口，是历史上油价在 100 美元以上运行时间最长的一次。

2015～2019 年：中低位运行期。美国页岩油革命迎来集中爆发期，原油产量迅速增长，美国超越沙特和俄罗斯成为全球最大的产油国，并推动全球供应逐年增加，加之新兴经济体需求增长放缓、全球新能源发展提速，世界石油市场由过去几年的供需紧张转变为供应过剩，布伦特原油从 2014 年 6 月的 115 美元/桶一路跌至 2016 年年初的 28 美元/桶，跌幅达 76%。此后几年，国际油价总体中低位运行。

2020～2022 年：宽幅震荡期。由于新冠肺炎疫情在全球范围内蔓延，全球石油需求断崖式下跌，布伦特原油从 2020 年年初的 68.91 美元/桶暴跌至 2020 年 4 月的 19.33 美元/桶，跌幅为 73%；此后，在新型冠状病毒疫苗加速普及、全球经济持续向好、石油需求逐步复苏、欧佩克大规模减产和石油市场去库存的推动下，国际油价总体呈现逐步回升态势。2022 年 2 月 24 日，俄罗斯对乌克兰发动特别军事行动，俄乌冲突急剧升温，欧美对俄罗斯启动金融和能源领域制裁，布伦特油价时隔 8 年后再次站上 100 美元/桶高位，并一度攀升至 130 美元/桶附近。

2. 中长期全球石油供应展望

新冠肺炎疫情导致油气上游投资锐减，2020 年全球油气上游投资大幅削减 30%，2021 年全球油气勘探量创近 75 年来新低，几乎没有重大油田的发现。在全球低碳转型的大背景下，越来越多的国际石油公司将 ESG（环境、社会和公司治理）纳入公司运营考量，壳牌、BP、道达尔等公司均纷纷宣布将高油价带来的利润用于投资可再生能源，并减少传统上游油气行业投资。从欧佩克来看，当前欧佩克剩余产能主要集中在沙特和阿联酋，但整体产量回升缓慢，中长期产量增长空间有限；此外，巴西、加拿大、挪威、圭亚那等产油国仍有油田新项目投产，但增量有限。“十四五”“十五五”期间，全球处在由高碳时代向低碳时代转型的过渡阶段，加之中东、非洲、拉美等地地缘政治动荡局势难以改善，石油市场或将出现阶段性、结构性供应短缺，新旧能源结构转换导致的能源危机或更加频繁。

3. 中长期全球石油需求展望

新冠肺炎疫情不仅极大地冲击了世界经济，同时深刻改变了人们的生活与工作方式，居家办公等形式将使得汽油需求下降一个台阶。后疫情时代全球石油需求尽管逐步回暖，但需求恢复正常后或将进入平稳增长阶段，增量和增速较过去几年或明显下降。当前，全球100多个国家提出碳达峰碳中和目标，荷兰、挪威、意大利、法国、西班牙等国家纷纷宣布在2025~2040年间淘汰燃油车，意味着全球石油峰值渐行渐近，2030年以后全球石油需求或迎来拐点。长期来看，世界对传统化石能源的需求依赖将逐步下降，核能、水电、光伏、风电等可再生能源有望继续快速发展。石油消费占比总体趋降，但仍是一次能源中消费占比最高的能源。

4. 国际油价研判

国际油价复杂多变、难以预测、难以把控已成为共识，但是，鉴于油价对企业生产经营影响巨大，跟踪油价、预测油价又成为必须要从事且需要高度重视的工作。近年来，石油公司紧紧跟踪国际油价变化，不断创新研究方法论，努力通过多种手段，尽可能较为准确地把控油价运行趋势。

当前行业内已逐渐摸索出定性分析和定量分析相结合的手段。定性分析主要是结合石油的三重属性(商品属性、金融属性和政治属性)，如图2-2-2所示，对宏观经济、美元、基金持仓、供需、库存、毛利、结构、价差、地缘政治等因素进行深入研究，特别是对供需基本面进行深入剖析；定量分析主要是通过数量模型和技术分析工具，对油价走势进行预测。数量模型包括多元线性模型、向量自回归模型、概率论模型等；技术分析工具主要包括K线、KDJ、MACD、斐波那契分析、布林通道、波浪分析等。

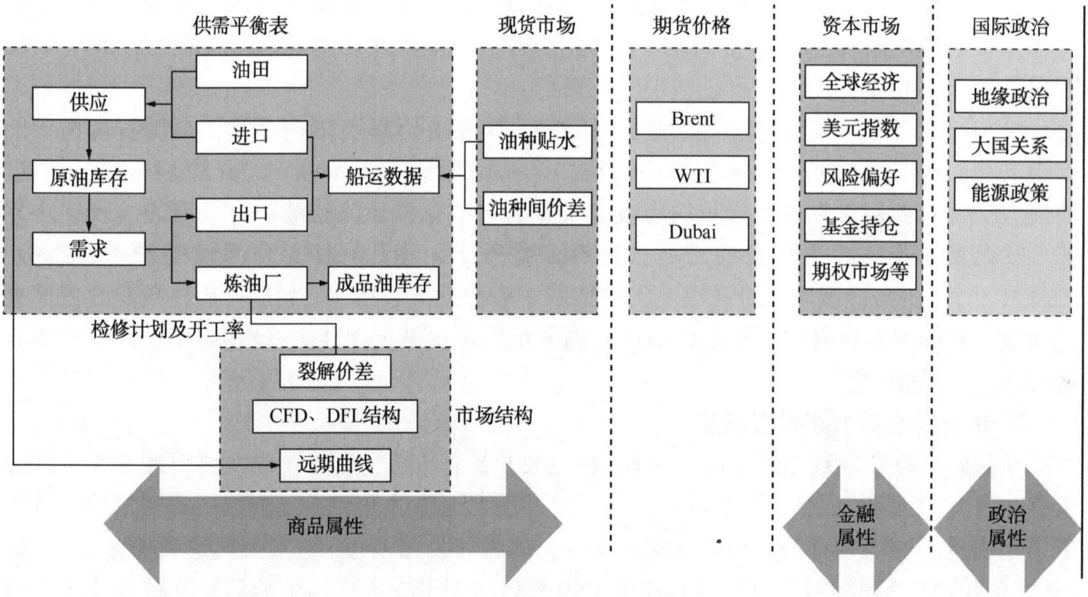

图2-2-2 石油的三种属性

二、原油计划管理

(一) 进口原油年度计划管理

每年下半年生产企业编制下一年度进口原油年度需求计划建议。外贸公司向炼油主管部门上报国际市场可供资源情况和进口原油年度总量建议。炼油主管部门根据生产企业需求和国际市场可供资源等，平衡后向上一级管理部门上报下一年度进口原油需求建议。根据上一级管理部门的平衡计划，每年年底前炼油主管部门向有关单位、外贸公司下达下一年度进口原油年度总量计划。

（二）进口原油月度采购计划管理

(1) 区域资源和船期优化。按地理区域划分的优化小组内企业分别作为轮值组长单位，每月组织区域内企业、外贸公司等相关单位平衡月度区域内进口原油资源需求及船期优化，按时上报相关上级部门。

(2) 计划下达。主管部门根据上级部门下达的月度原油资源总量滚动计划，分解下达月度进口原油资源配置计划。

(3) 计划落实。外贸公司根据上级部门下达的进口原油到港船期需求建议，与相关企业落实进口原油资源，执行中有偏差或市场发生重大变化时，及时向主管部门汇报，并落实进口原油资源替代方案。外贸公司根据进口原油采购的先后顺序，陆续将进口原油装期表或拼装方案报炼油主管部门，经审核后对外提报。

(4) 计划调整。根据国际市场变化和上级生产经营计划调整等情况，需要对进口原油月度资源总量进行调整时，主管部门向上级主管部门提出调整建议，并根据上级下达的调整计划总量分解下达外贸公司和企业执行。

（三）月度原油配置运输计划

(1) 计划上报。企业向主管部门上报自产原油和其他企业供原油月度配置和运输计划建议。

(2) 计划编制与下达。主管部门根据企业上报的月度原油配置和运输计划建议，综合平衡上级主管部门提供的自产原油和其他企业产原油，以及落实的进口原油资源量，编制企业月度原油资源配置运输计划，下达企业、相关专业公司执行。

(3) 计划调整。企业根据生产运行情况，向主管部门提出月度原油资源配置运输计划调整建议，主管部门与相关单位沟通确认后，向企业、相关专业公司下达调整计划。

（四）月度进口原油分港口接卸计划

(1) 船期需求建议。企业向主管部门、外贸公司提出月度进口原油品种、数量、船期、卸货港和拼装等建议计划，主管部门综合平衡后，向外贸公司下达月度进口原油到港船期需求计划。

(2) 计划编制与下达。主管部门根据外贸公司进口原油落实情况，编制月度进口原油分港口接卸计划，下达外贸公司、企业、相关专业公司及港口码头执行，同时报上级主管部门。

(3) 计划调整。因生产经营计划调整、原油资源接卸优化等原因，外贸公司、企业和相关专业公司及时向主管部门报告进口原油分港口接卸计划调整建议，主管部门综合平衡后，下达调整计划，同时报上级主管部门。

（五）月度进口原油来料加工计划

(1) 计划上报和下达。企业按照上级下达的成品油出口计划，向主管部门上报进口原油来料加工原油计划建议，主管部门综合平衡后，向外贸公司、企业下达月度进口原油来料加工原油计划，同时报上级主管部门。

(2) 计划调整。因企业生产经营变化、船期调整或突发事件需对月度进口原油来料加工计划进行调整时，主管部门根据企业调整计划建议，向外贸公司、企业下达进口原油来料加工调整计划，同时报上级主管部门。

三、原油采购管理

新冠肺炎疫情暴发对全球石油行业产生深远影响。全球贸易重心继续东移，中国原油进口量再创新高，维持全球第一大原油进口国地位。从中长期来看，中东仍是全球最重要的原油出口地；与此同时，美洲新增原油产量逐步增加，市场份额快速提高；非洲受地缘政治动荡、上游投资不足影响，在全球石油市场中的地位逐渐下降。

（一）原油实货贸易及计价基本原理

1. 原油实货

原油实货贸易包括现货交易、长期合同和远期交易。

（1）现货交易。买卖双方约定在近期按一定价格和其他条件一次性交收一定数量石油实物的交易。

（2）长期合同。买卖双方约定在未来某段时间内分批次总共交收一定数量石油实物的交易。

（3）远期交易。买卖双方约定在未来某一时间按一定价格和其他条件一次性交收一定数量石油实物的交易。

2. 原油计价基本原理

原油到岸价格=基准价+升贴水+运输成本+保险费用+财务成本+其他成本。

（1）基准价。双方约定将某段时间内的基准油价格的平均数作为基准价格，双方约定的这个时间段即为计价期，主要采用的计价期包括五天计价、全月计价和其他约定的计价期计价。

（2）升贴水。在实际的现货交易中，贸易员的价格谈判主要集中在升贴水。影响升贴水的因素很多，理论上升贴水是反映目标油种和基准油之间的品质差，但实际的交易中升贴水受到运输市场变化、基准油市场、成品油裂解价差、季节性因素、油田生产情况变化、远期价格结构、买卖双方的博弈能力等多重因素影响。

（二）全球分地区资源贸易特点

1. 中东区域

目前中东原油产量约 2800 万桶/d。绝大部分按长期合同方式交易并带有目的港限制，大约 325 万桶/d 的数量可自由交易，约占产量的 11.6%。沙特、伊朗、科威特、伊拉克国家石油公司 100%拥有该国石油的储量和产量。阿联酋、卡塔尔、也门、阿曼等国家石油公司拥有该国石油的储量和产量 50%~70%，其余储量和产量由外国石油公司持有。

中东国家出口原油的价格均由各国石油公司公布的官价来确定。几乎所有中东原油的基准油都按普氏迪拜/阿曼均价、DME 阿曼/普氏迪拜均价联动，也门出口原油按布伦特联动，2021 年阿联酋原油官价按照穆尔班期货价格联动。

中东的官价政策分为回溯性官价和前瞻性官价两种。回溯性官价即本月公布前一个月提货的原油价格。采取此种定价方式的国家为卡塔尔。回溯性官价主要参照当月交易的现货贴水情况及区域内炼油厂的原油加工效益。前瞻性官价即本月公布下一个月提货原油价格，中东其他国家主要采取此种方式。主要参考四方面内容：一是当月交易现货贴水情况；二是炼油厂的加工效益；三是市场的结构；四是 Brent/Dubai 价差。沙特是中东地区最大的原油生产国，沙特阿美拥有 100%的控制权，沙特的官价是中东前瞻性官价的标杆。

2. 西非区域

1）尼日利亚

（1）交易形式：以现货、投标交易为主，长期合同为辅。

（2）交易期：一般为 M 月 20 日公布 M+2 月的装期表，比安哥拉晚 7~10 天，部分印度招标原油交易时间较早，如印度国家石油公司在装期表公布前的 8 月初即会招标采购 10 月初装的尼日利亚原油。

（3）贸易方式：以 FOB 为主。

（4）计价方式：绝大部分为挂靠 DTD Brent 基准油，计价期为提单日后 5 天计价，也会采用尼日利亚国家石油公司公布的官价+/-贴水的形式交易，在市场交易中还有计价期选择条款，支付一定数额选择费即可获得计价期的选择权。

2）安哥拉

（1）交易形式：以现货交易为主，长期合同为辅。

（2）交易期：交易期早，一般为 *M* 月 15 日开始交易 *M*+2 月装的货。

（3）贸易方式：贸易形式以 FOB 为主。近年，供货商如挪威国家石油公司、道达尔公司等以到岸方式进行销售，主要针对部分国内用户，油种覆盖上述供货商大部分油种。

（4）计价方式：绝大部分为挂靠 DTD Brent 基准油，计价期为提单日后 5 天计价。

3）刚果、加纳、赤道几内亚、喀麦隆等其他产油国

（1）交易形式：以现货、投标交易为主，长期合同为辅。

（2）交易期：与安哥拉交易时间相近，部分油种稍晚于安哥拉交易期。

（3）贸易方式：贸易形式以 FOB 为主。

（4）计价方式：绝大部分为挂靠 DTD Brent 基准油，计价期为提单日后 5 天计价，有部分油种计价期可供选择，如选择全月或 5 天计价。

3. 南北美区域

1）巴西

（1）交易形式：以现货为主，长约为辅。

（2）交易期：运距较长(45~55 天左右)，交易期早，以 *M* 月作为到货月，通常在 *M*-3 月下旬就开始交易。

（3）贸易方式：与巴西国家石油公司及壳牌的合同贸易形式以 DES 为主，一般提交装卸准备就绪通知书后 10 天付款。

（4）计价方式：绝大部分为挂靠 ICE Brent 基准油。

2）哥伦比亚

（1）交易形式：以现货投标和长期合同结合的方式。

（2）交易期：一般为 *M* 月分多次公布 *M*+2 月的招标装期。

（3）贸易方式：贸易形式以 FOB 为主。

（4）计价方式：挂靠 ICE Brent 基准油。

3）厄瓜多尔

（1）交易形式：以现货和长期合同结合的方式。

（2）交易期：一般为 *M* 月交易 *M*+2 月到货的资源。

（3）贸易方式：贸易形式以 FOB 为主。

（4）计价方式：基本为挂靠 WTI 基准油。

4）美国

（1）交易形式：以现货交易为主。

（2）交易期：由于运距较长(通常 50~60 天)以 *M* 月为到货月，交易期为 *M*-4 月下旬到 *M*-3 月下旬。

(3) 贸易方式：贸易形式以 FOB 为主。

(4) 计价方式：多以装货月 WTI 平均价作为原始计价，销售绝大部分为挂靠 DTD Brent 基准油，计价期为提单月全月计价。

4. 远东区域

主要产油国有澳大利亚、俄罗斯、越南、马来西亚和印度尼西亚。主要特点是油种多、货量小、运距短。

计价方式，俄罗斯油东向油种一般采用 Dubai 计价，西向油种一般选用 DTD 计价，其他国家油种一般采用 DTD 计价。

四、原油储运管理

（一）原油资源平衡

炼油主管部门负责原油资源品种、数量的总体平衡，根据外贸公司进口原油采购实际情况，以及自产原油和其他外购国内原油落实情况，按照公司总体效益最大化的原则，统筹优化油轮拼装和卸港安排，平衡月度原油资源分企业安排。

（二）租船管理

外贸公司负责租用适航油轮并满足国内港口接卸要求。因船方人员操作不当、船舶屡次出现故障影响码头作业安全及不遵守中国相关法律法规要求的油轮，主管部门根据企业、码头报告情况，向外贸公司提出管理建议，外贸公司应对该油轮的租赁使用采取严格的审核措施，对情节严重的油轮纳入黑名单管理。油轮运费市场发生重大变化时，外贸公司应及时向上一级主管部门和企业通报信息。

（三）进口原油接卸管理

油轮到港靠泊接卸顺序，按照主管部门下达的月度进口原油分港口接卸计划，原则上“先到先靠”。如遇船期提前或推迟、恶劣天气、船舶故障及企业出现原油资源某一时间短缺急需卸油保供等特殊情况，主管部门及时协调各有关单位调整船舶靠泊顺序。外贸公司应及时向主管部门、企业和相关专业公司报送油轮航行、到港和靠离泊等动态信息。

（四）输油作业计划编制和执行

相关专业公司根据主管部门下达的月度原油配置运输计划和进口原油分港口接卸计划，与企业对接原油需求，滚动编制管道输油作业计划，与相关单位对接确认后，组织输油作业计划执行。专业公司负责原油管输业务的日常运行协调，负责码头到港原油的接卸罐容安排，向主管部门提出油轮接卸优化建议；主管部门负责炼油整体层面原油管输业务运行协调工作，根据企业原油管输计划的执行情况进行计划调整。

（五）原油水路运输管理

企业根据主管部门下达的原油运输计划组织原油水路运输，按照相关制度规定租用符合资质的适航油轮，并明确运输过程中的安全环保责任。企业如需调整原油水路运输数量和油种，须向炼油主管部门申请同意后执行。

（六）原油一体化协同管理

发挥炼油产业链一体化管理优势，按照“经济保供、装置适应、优化配置、一体协同、整体效益最大化”的原则采购和运输原油，保证企业原油资源稳定供应，最大程度降低原油采购和运输成本。

如 2020 年，某企业面对突如其来的新冠肺炎疫情影响，国内原油加工量大幅下滑，成品油需求大幅萎缩，国际原油价格宽幅震荡，主管部门统筹相关专业公司、外贸代理公司、码头公司、企业以及储运公司等单位协同运作，降本创效。一是调整采购节奏创效。迅速通过停装、退货、推迟装货月、转卖等多种方式迅速减少已采购的进口原油数量，减少库存跌价损失。二是抓住市场前低后高机会，在消化高价原油库存的同时，及时补充低价原油，实现降本。三是为原油采购收储做好库存基础。通过使用企业原油储罐，确保因新冠肺炎疫情影响富余原油资源收储工作顺利进行。

五、国际物流管理

本着“安全第一、保障供应、降本增效”的基本原则，国际原油运输工作重点做好准入管理、统筹优化、成本管控三方面工作，落实运输经济安全保供。

（一）管用分离，严把准入保安全

受全球经济形势与国际政治局势等因素的影响，国际原油运输收益会出现周期性变化，船东资信及船舶维修保养情况也随之发生变化。为保障船货安全，原油租船业务通过交易对手准入、船舶安全审查、船舶合规排查等手段加强对运输合同管理，从源头做好信用风险、安全风险与合规风险的管控。

1. 运输交易对手管理

在公司管理层面建立运输交易对手管理制度，要求所有潜在合作伙伴（船东、租家等）均需通过信用、合规等方面审查，审查通过后方可进入公司运输交易对手名单，不得与运输交易对手名单外的船东、租家开展原油船舶租赁业务。对运输交易对手名单实施动态管理，通过定期回顾、突发风险评估等手段动态评估交易对手资信状况，做好风险提前预警。

2. 船舶安全准入审查

建立船舶准入政策与安全审查工作流程，筑牢组织保障，重视拟租用船舶的技术与安全状况。坚持“管用分离”，依托船舶审查专业团队，对船舶技术状况、船舶历史营运情况、船东船舶管理水平等方面综合评判拟租入船舶的技术状况，严把船舶准入关。

3. 船舶合规排查

由于国际原油运输业务涉及多项国际公约与多国法律，特定国际组织与国家的制裁令会影响船舶的营运范围，进而影响运输需求的顺利实现。通过船舶合规排查，借助法律专业力量，在订立租约前对船舶历史轨迹、历史货载及船东等信息开展合规性排查，确保船舶合法合规。

（二）统筹优化，船货协同保供应

由于原油资源地与消费地分处不同区域，原油船舶需要在全球范围内运转，各区域、各船型运费市场相互影响、存在联动，但受运力供给的回补速度、贸易交易单位货量等因素的影响，各区域、各船型的运费市场又相对独立，运费水平波动并不同步。

1. 做好物流方案的经济性测算

强化与贸易团队的沟通协作，根据贸易需求评估物流拼装安排的可操作性，测算物流运输成本（如运费成本、滞期成本等），追求贸易需求与运输成本的最优平衡；加强对运输现货市场的跟踪与分析，借助船舶定位软件、摸排港口靠泊计划等手段，量化分析不同区域、不同船型的运力供给情况和短期运费走势，配合贸易做好物流方案“宜拆则拆、宜拼则拼”。

2. 深化同船东运力的合作

持续深化与船东公司的合作，努力由单一的运输服务向技术支持、应急管理等全方位合作转变，通过互通有无、优势互补，促进合作共赢。例如，为配合某新建炼油厂试运行，积极同船东公司沟通协调，配合企业落实首次靠泊接卸方案，促成新炼油厂码头的首次靠泊，为炼油厂节省运费成本约 37 万美元，节约滞期成本约 3.2 万美元。按企业计划安全、顺利靠泊新炼油厂码头，不仅为企业节约了大量运输成本，也为新炼油厂码头的正式投用打下坚实的基础，更为企业采购低价优质资源创造了有利条件。

（三）紧盯市场，择机入市降成本

运输团队持续完善信息沟通机制，大力推进租船需求的跨区共享、实时贯通，根据即期市场供需动态优化租船策略。例如，2020 年 3 月运输需求激增，某运输团队适时改变大船规模化运输的物流方案，通过对不同船型物流方案的经济性测算，果断采取 3 船阿芙拉型船舶的物流方案，在阿芙拉船型运费上涨前锁定较低运费成本，较传统物流方案为企业降低运输费用约 81 万美元。

（四）全程优化，动态管理降成本

加强贸易、租船与运输执行上下衔接环节的协同，做好运输过程管理，动态优化航次接卸方案，管控运输总成本。

在船期计划阶段，根据贸易装期预估船舶到港情况，配合贸易公司从计划源头调整分旬到港量，避免船舶集中到港。

在航次执行阶段，密切监控各航次运行状态，复核船舶预计抵港时间，结合对应卸港的接卸情况及时向上级管理部门和收货企业通报。在上级管理部门的统一指挥下，动态优化船速，及时调整卸港或挂靠顺序，积极配合优化接卸计划，落实滞期费管控要求；动态梳理易拥堵港口的靠泊计划、可用罐容情况和重点企业外输计划等关键信息，做到尽早了解、尽早优化，尽量减少或避免临时调整产生的额外运输成本。对于企业临时性的调整需求，根据租约条款、航程海况等关键信息评估调整方案的可行性与经济性，及时向有关部门及收货企业反馈。在上级的统一协调下，指示船舶按需调整。

在费用理赔阶段，强化与港口、代理及收货企业的沟通，多渠道信息校验船舶在港作业期间的关键节点，重点审查索赔费用的合理性、准确性、索赔及时性，严格按照租约条款对外理赔，管控航次运杂费。

除对航次全流程实时监控与动态优化外，还要注重对历史数据的分析与总结，推动运杂费及滞期费管理的持续优化。

六、原油套期保值业务管理

为规避国际油价大幅波动，企业根据市场走势研判适时开展原油衍生品业务，运用金融衍生品工具，有效规避价格风险，维护企业加工效益。企业开展原油衍生品业务根据相关制度要求执行。

（一）保值的基本概念

套期保值，又称对冲，是运用金融衍生品工具在纸货市场对冲现货风险的一种手段。它利用纸货与现货价格变化方向相同的原理，通过在纸货市场建立一个与现货数量相等，方向相反的操作来锁定价格，对冲风险。

（二）风险敞口和保值目标

1. 风险敞口

企业在生产经营过程中，经常遇到上游原料、最终产品以及原料与产品间价差的大幅波动，将造成原料采购成本大幅上升、产品销售价格下跌、加工毛利受损、库存原料和产品跌价，上述均为企业存在的业务风险敞口。

2. 保值目标

为规避上述风险，企业需运用适合的金融衍生品工具，制定适合的保值策略达到规避或降低经营风险的目的。企业保值目标主要包括：

（1）锁定原油采购成本，防范国际油价大幅波动造成的采购溢价风险。

（2）锁定原料和产成品库存价格，防范库存跌价风险。

（3）锁定原料端和产品端价差，防止加工毛利下跌的风险。

（4）锁定基准油价差，对冲实货采购价差变动风险。

（三）保值业务相关制度

企业开展保值业务需依据国家相关部门针对金融衍生品业务下发的有关文件，以及企业制定的金融衍生品管理办法执行。

（四）保值分类及操作工具

1. 按照保值工具种类划分

保值大体可分为固定价类工具和价差类工具。固定价类工具主要用途是锁定原料成本、库存成本、产品价格；价差类工具的主要用途是锁定加工毛利。

2. 按照业务类型划分

保值主要分为原料保值、产品保值、运费保值等。其中，原料保值包括：原油补库保值、原油月差保值、高低硫价差保值、INE 原油期现保值等；产品保值包括：汽煤柴保值、石脑油保值、燃料油保值、沥青保值等。

3. 保值策略和工具

1）原油采购成本保值

保值策略：在国际市场原油价格低于降库成本时对基准油进行锁价操作。

操作工具：DTD Swap、Dubai Swap、ICE 等。

2）INE 原油期现保值

保值策略：在 INE 原油实货交割价格低于现货采购价格时，锁定 INE 原油和基准油之间价差。

操作工具：INE SC 与 DTD Swap、Dubai Swap 等。

3）高低硫价差保值

保值策略：对于迪拜计价采购占比较大的企业，在高低硫价差较宽时进行锁定；对于布伦特计价采购占比较大的企业，在高低硫价差较窄时进行锁定。

操作工具：DTD Swap 与 Dubai Swap 等。

4）汽油、柴油、航煤及燃料油裂解价差保值

保值策略：在出口汽油、柴油、航煤及燃料油与原油价差较宽时，锁定出口汽油、柴油、航煤及燃料油与基准原油的价差。

操作工具：DTD Swap、Dubai Swap、MOGAS、Gasoil、Jet Kero、FO180、FO380、LSFO 等。

5）石脑油裂解价差保值

保值策略：在石脑油与基准油价差较宽，外供石脑油价格明显高于石脑油生产成本时，

锁定国际市场石脑油与基准油的价差。

操作工具：DTD Swap、Dubai Swap、MOPS、MOPJ 等。

6）锁定 INE 沥青与基准油价差

保值策略：在沥青与基准油价差较宽，INE 沥青期货价格明显高于生产成本时，择机锁定 INE 沥青与基准油的价差。

操作工具：INE 沥青、DTD Swap、Dubai Swap 等。

7）锁定运费指数(FFA)

保值策略：在运费指数明显低于企业预算水平时，择机锁定运费指数 FFA。

操作工具：场外 FFA TD3C 等。

（五）保值规模

根据有关规定，商品类衍生品业务年度保值规模不得超过对应业务品种实货经营规模的 90%。企业需根据年度经营情况，结合年度原料采购和产品销售规模，合理制定保值规模目标。

（六）业务操作步骤和流程

1. 保值操作步骤

保值操作主要分为以下 8 个步骤：发现风险敞口、建立保值逻辑、设定保值目标、选择保值工具、制定保值方案、选择操作时机、实施保值方案、评估保值效果。

（1）发现风险敞口是保值的前提条件，是指对生产经营过程中可能遇到的风险进行梳理，及时发现风险敞口。

（2）建立保值逻辑是保值的基础，需根据企业自身业务情况，以规避风险敞口为目的，综合考虑实纸货两端去建立保值逻辑。

（3）选择保值工具、设定保值目标、制定保值方案是保值的关键，关乎保值能否顺利实施，并直接影响最终保值效果。

（4）选择操作时机、实施保值方案是保值的核心，也是评判保值团队市场分析和操作水平的关键要素。

（5）评价保值效果是对保值过程和最终效果的总结与评判。

2. 保值业务流程

1）年度计划的上报与批复

企业根据年度经营规模、保值目标、风险敞口和财务状况等，编制金融衍生品业务年度计划，提出保值策略、保值品种、保值工具，并制定持仓限额、止损限额(亏损预警线)、资金占用规模、保证金预警线等指标。

年度计划经企业内部流程审批通过后，通过公文系统报送上级主管部门，经上级主管部门审批通过后下达给企业执行。

2）代理协议的签订

从事金融衍生品业务的企业作为委托主体，需与具备操作资质的操作主体签订《金融衍生品委托代理协议》，该协议通常为年度框架协议。协议中需明确约定委托主体与操作主体的责任和义务、工作流程、费用标准、结算方式等。

3）授权委托书的签订

操作主体要明确授权审批机制，由法定代表人签署《金融衍生品业务授权委托书》。授权委托书需明确人员名单，包括交易合同签约人、交易指令下达人、信息接收人。要保持交易授权和交易合同签约授权相互独立，使交易权与签约权分离。信息接收人要包括委托主体业务、风控和财务等部门或人员。

人员职责发生变更时，要及时终止授权或重新授权。相关授权变更或失效，委托主体要立即书面通知操作主体。

4）金融衍生品管理办法的编制

从事金融衍生品业务的企业需根据本单位情况，制定本单位的金融衍生品业务管理办法。制度中需明确各部门职责分工、业务审批、风险监控和预警、应急机制、监督检查等内容。

5）保值方案的上报和审批

企业需在进行单笔保值操作前，需将保值请示上报上一级主管部门，保值请示需由从事金融衍生品业务的主管部门发起，经企业分管领导、总会计师、法人代表（总经理）依次审批后报送，获批复后方可进行操作。

保值请示内容包括：年度计划批复情况和完成情况、保值操作理由及风险敞口、保值策略及逻辑、被保值项目和数量、操作时间、操作工具、目标价格、操作数量、实货匹配计划等。

6）保值指令下达和成交反馈

保值请示获主管部门批复后，企业即可进行保值操作。由被授权的交易人员通过事先约定好的方式向操作单位下达委托指令。委托指令成交后，操作单位向企业反馈成交结果，并由企业被授权的签约人员签订业务确认单。

7）保值的结算

企业持仓的保值头寸在计价期结束后，由操作单位向企业发送保值结算单，双方确认结算价格和结算时间，并依据签订的《金融衍生品代理协议》中的相关结算条款，履行结算程序。

8）保值报告的编制与上报

企业的业务部门和财务部门需定期进行保值日报、月报、季报及年报的上报。报表内容包括期初和期末的持仓品种、数量、浮动盈亏等情况。

9）档案管理

上一年度保值操作结束后，需对金融衍生品业务相关资料进行归档，包括年度计划、操作方案、交易原始资料、结算资料等业务档案。

七、实践案例

1. 案例 1：利用期纸货工具，为企业降本

外贸代理公司与企业优势互补，默契配合，充分把握市场机遇，实现收益共享，突显协同创效的积极意义。

一是 CPC 原油。某年 4 月，外贸代理公司跟踪到市场上出现低价的 CPC 原油，经与企业协商，共同开展库存运作，外贸代理公司采购 CPC 原油 200 万桶，原始到岸价格 MAY DTD-5.8 美元/桶，根据当时的市场结构，开展市场运作，最后实现供企业的到岸成本 DTD-9.8 美元/桶，与同类轻质原油相比测算，此次库存运作为企业节省 2000 万美元。

二是 INE 原油。外贸代理公司某年 6 月为企业采购 38 万桶在 INE 某交割库的巴士拉原油，比同期到港资源低 4.2 美元/桶，降低采购成本 160 万美元；5 月安排 INE 出库 145 万桶 UZ 原油，及时解决企业临时提出的 Dubai 计价资源短点问题，同时节省装港费约 60 万美元，为海外公司节省库存费用 210 万美元，同时按照低于市场价格 0.17 美元/桶销售给企业，降低企业采购成本 25 万美元。

2. 案例 2：INE 原油期现保值

1）保值逻辑

2018 年 3 月，上海原油期货在上海国际能源交易中心挂牌交易，交易品种为 INE SC，合约单位为 1000 桶/手，价格单位为元/桶。企业可以取得 INE 仓单，并从 INE 交割库出库实货。INE 原油按照月末 5 个交易日均价进行结算。

企业从上期所交割库出库原油，并通过锁定 INE 和 ICE 或 Dubai 之间的价差实现降本，实现 INE 期货与现货的联合保值。该保值逻辑为，当 INE SC 价格大幅低于 ICE Brent Swap 价格时，通过两者之间价差，锁定价差实现原油采购的降本。

2）操作案例

某年 3~4 月，由于国际油价跌至 40 美元/桶以下，市场大量采购原油存放在 INE 交割库进行套利，造成 INE 交割库罐容不足，仓储费大幅上调。进入 8 月，过高的仓储成本使得前期买家纷纷寻求转让仓单，INE 价格因此承压，并与 ICE Brent 形成较宽的价差。

某企业于某年 8~9 月锁定了 INE 与 ICE Brent Swap 价差，共计 153.1 万桶，平均价差 3.84 美元/桶。该操作的实际是在常规采购 ICE Brent 计价原油的基础上，降低 3.84 美元/桶的采购成本。

某年 9 月计价结束时，实货端除降本 3.84 美元/桶外，在运费、贴水、码头接卸费用、转计价等方面较常规采购实货进一步降本 9547 万元，剔除因价差继续拉宽而产生的纸货端亏损 1686 万元，该笔 INE 期现保值合计实现降本 7861 万元。

第三节 调度管理

炼油企业的生产特点客观上要求有一个生产指挥中心，来统领全局、组织生产全过程、进行科学的生产管理，以保持生产过程的连续性和协调性。

调度负责组织日常生产经营活动，统一协调，合理配置资源，优化原料互供，在确保安全、平稳生产的前提下，实现经济效益的最大化。即用最少的原料、最低的消耗，通过挖掘企业内部潜力、优化产品结构，获得最大的经济效益。

调度作为生产经营的指挥部门，承担着将企业决策层的指令及时下达的职责，并紧盯完成进度，同时肩负着下情上达的任务，将基层实际运行情况反馈给领导决策。对生产运行状态、模式、负荷情况、突发状况等，进行及时准确地传递，确保信息通畅，促进科学决策。

一、调度管理的原则

为了充分发挥联合优势，优化组织生产经营，有效应对市场变化，增强整体实力和市场竞争能力，提高整体经济效益，企业必须加强对生产装置的生产管理，统一安排生产计划，合理配置资源，优化原料互供，实现经济效益的最大化。企业必须以市场为导向，以效益为中心，统一安排组织好生产经营，完成企业的生产经营任务。

生产调度部门是日常生产经营的具体组织者，要坚决服从企业的统一指挥和具体安排，必须眼睛盯住市场，按市场需求组织生产，时刻关注国内外市场趋势和价格走向，及时调整产品结构，努力增产社会急需、市场短缺、附加值高的石化产品。同时，要功夫下在现场，充分挖掘内部潜力，优化生产要素，为企业创造最佳的效益。

作为企业日常生产经营的指挥部门。生产调度部门必须一年365天，一天24小时不间断地关注生产经营动态，要积极主动地帮助基层解决实际问题，及时分析生产运行状况，做到上情下达、下情上报，为各级领导决策及时提供准确的依据。

企业要充分发挥生产调度部门在生产经营中的指挥和协调作用，坚定不移地树立和维护生产调度部门在生产指挥方面的权威，为生产调度部门开展工作提供必要的条件。

为了加强调度工作，企业要加强生产调度部门的建设，建立和健全调度机构，设置专职调度人员，注重培养和提高调度人员的综合素质，提高调度人员的业务能力和水平。

二、调度管理的职能

炼油企业调度管理过程，实际上就是按照客观规律的要求，对企业生产经营实践进行有效指导的过程。现阶段生产调度的职能主要是通过“组织、指挥、协调、监控、服务”五个方面来保证生产任务的完成。

（一）组织职能

组织职能主要是为了完成企业的生产经营任务，按照阶段计划、目标，把企业各要素从时间、空间上合理地组织起来，形成一个有机整体，使系统处于正常的运行状态之中。同时对运作过程中出现的故障、不平衡现象及时采取有效措施，重新进行组织使其恢复正常。

（二）指挥职能

指挥职能是指依据决策和计划，根据当时当地的条件和情况，通过口头、书面或会议形式实行的带有权威性、强制命令性的行政职能手段，来及时有效地处理生产经营活动中出现的各种矛盾。指挥职能的实施必须拥有企业领导正式赋予的指挥权、奖惩权、激励权等，如果没有这个权力，将直接影响其职能的实施。

（三）协调职能

协调职能是指通过疏通处理各部门、生产过程中纵向、横向、内外部的关系，及时克服生产中不平衡的情况、调整不相适应的生产环节，避免矛盾和脱节现象发生，使之统一步调，确保生产经营顺利进行。协调工作是生产调度工作的重要组成部分，协调工作抓得早、有预见性，抓得细、无遗漏，就会大大推动生产进度和效益的增长，反之则会贻误时机，甚至造成停工、停产和人力、物力、财力的损失或浪费。

（四）监控职能

监控职能是指在及时了解掌握生产经营信息的前提下，按照既定的目标和标准，对生产经营活动进行监督、检查，衡量计划的完成情况，纠正执行中的偏差，使生产经营活动按既定的生产经营作业计划和标准进行，以确保企业目标的实现。

（五）服务职能

服务职能是指各级调度工作人员为确保生产经营计划的完成，为各生产环节、各部门提供生产、工作和生活等方面的便利，为企业目标的实现创造有利条件。

调度管理的各项职能最终将体现调度的核心功能，即：

(1) 最灵生产指挥中心：在企业领导的领导下行使生产指挥权，有权向各单位与职能部门了解与生产相关的信息，各单位与职能部门必须服从和支持调度的统一指挥，并按要求及时提供信息或资料。调度负责对各项工作任务落实执行情况进行检查。

（2）最全生产协调中心：全面负责装置之间、装置与系统之间的生产联系，跟踪、协调职能部门与各装置间热点、难点问题攻关处置。收集、汇总、整理大量生产实时信息，根据企业内部人员的分工，向特定人员进行信息传递。

（3）最快应急处置中心：负责异常与事故发生后第一时间的信息传递、调度应急处理和现场调度。制定详细的应急处置预案，确保异常与事故发生后的应急处置高效有序，减少生产系统波动，缩短恢复时间，杜绝次生或衍生事故的发生。

三、调度管理的日常任务

（一）调度值班

为保证 24 小时行使调度指挥职能，设立值班调度。值班调度实行倒班制度。

值班调度员在值班调度长领导下按照分工开展工作，通过生产管理系统和其他方式全面了解和掌握装置、公用工程系统的各类生产动态和信息，发布调度决定，协调处理生产运行中的问题，传递和处理生产信息。

（二）生产协调

生产调度定期召集和主持产销对接碰头会、生产值班工作协调会、生产调度会等生产协调会议，通报生产计划和指标完成情况，解决生产问题，反馈信息，布置生产事项，同时检查会议决议执行情况。

（三）生产联系

对于重要的跨装置流程改动作业，督促检查相关单位（部门）做好确认工作与横向联系。

对于各单位（部门）提出的问题和生产信息，及时向相关单位（部门）传递，由相关单位（部门）予以协调处理，相关单位（部门）协调处理有困难时向企业领导汇报。

（四）生产总结

负责编制《生产日报》《调度日报》，分析总结生产完成情况。

《生产日报》主要反映当天主要生产运行情况，对存在的问题进行跟踪闭环管理。《调度日报》主要反映原油加工量、主要装置产品产量、主要公用介质消耗、产品和半成品库存。某企业调度报表编制程序如图 2-3-1 所示。

（五）制定作业计划

1. 旬（周）作业计划

旬（周）作业计划主要作用是分解和执行月度生产计划，由于月度生产格局的不均衡性，旬（周）作业计划要根据月度生产计划要求，以及阶段性的原油（原料油）进厂衔接、生产经营情况、装置生产现状、产品调和和出厂情况，来编制和安排阶段性的、短期的作业计划。

旬（周）作业计划具体包含以下内容：原油进厂衔接、装置负荷安排、原料安排、加工方案、产品收率要求、较大的生产方案调整、装置开停工和检修时间要求、油罐投用或切出安排、产品产量预测、物料平衡、产品调和、产销衔接等。某企业旬（周）作业计划编制程序图如图 2-3-2 所示。

2. 日作业计划

日作业计划主要是分解和执行旬（周）作业计划，日作业计划将旬（周）作业计划落实为具体的生产操作指令，通过日作业计划的安排，达到以日保旬（周）、以旬（周）保月的目标。

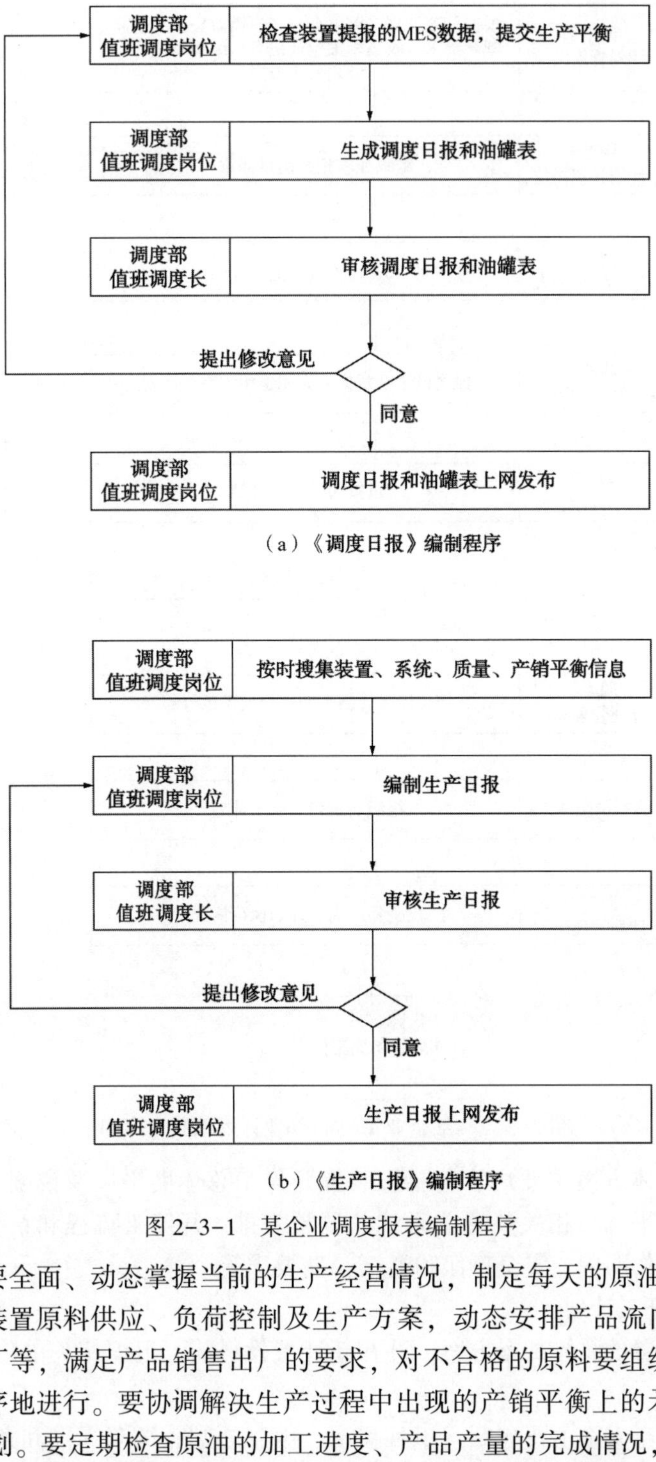

图 2-3-1 某企业调度报表编制程序

日作业计划要全面、动态掌握当前的生产经营情况，制定每天的原油接卸、原油输转、原油加工安排、装置原料供应、负荷控制及生产方案，动态安排产品流向、产品调和、产品输转、产品出厂等，满足产品销售出厂的要求，对不合格的原料要组织评审，确保生产连续、稳定、有序地进行。要协调解决生产过程中出现的产销平衡上的矛盾，确保顺利完成旬(周)作业计划。要定期检查原油的加工进度、产品产量的完成情况，对偏离计划进度或旬(周)作业计划执行有困难的，要及时分析并采取措施解决，确保原油加工量、产品产量、主要技术经济指标与计划的符合性。某企业日作业计划编制程序图如图 2-3-3 所示。

（六）装置检修开停工计划

根据企业的生产实际情况，制定装置的开停工总体方案和总体网络，经企业领导批准后组织实施。

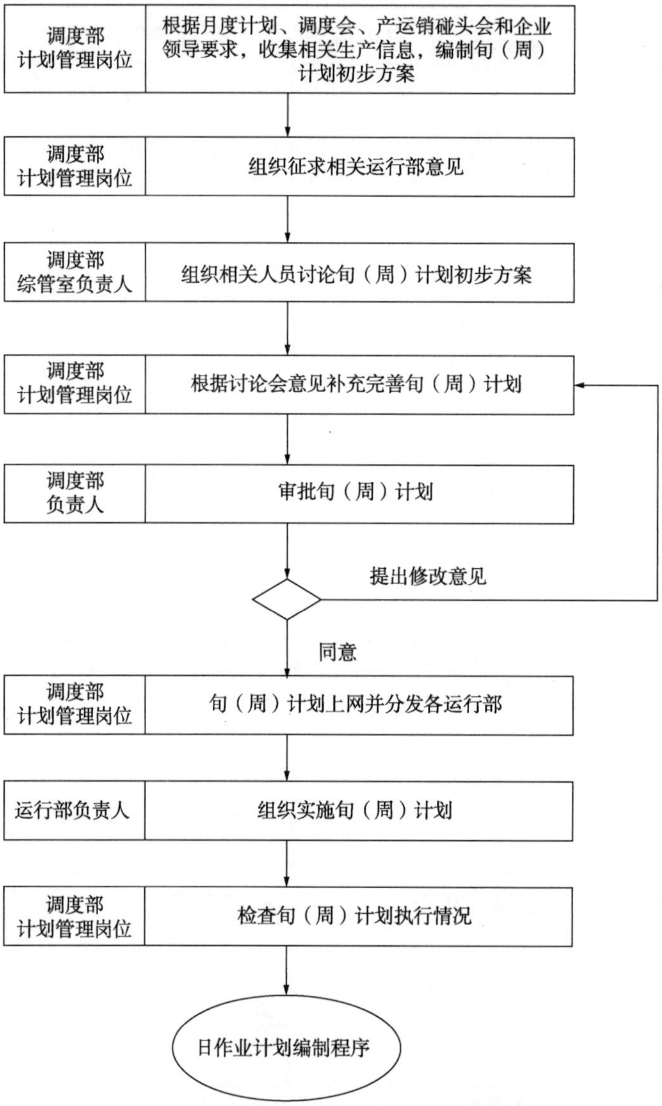

图 2-3-2　某企业旬(周)作业计划编制程序图

装置开停工总体方案主要内容包括：装置开停工总体网络以及说明、主要物料平衡、主要公用工程介质平衡、相关装置或系统的调整安排、开停工流程和系统管线处理方案、装置开停工重要操作明细、安全环保和消(气)防要求等。

(七) 新装置开工计划

负责编制新装置的总体试车方案，并在新装置投料前，组织相关单位对各项开工条件进行检查确认。

新装置总体试车方案主要包括：工程概况、编制原则、试车标准和条件、组织指挥体系、试车方案和进度、物料平衡和消耗等方面的内容。

(八) 变更作业统筹及作业风险管控

提前一周将拟安排的现场作业和施工项目与相关单位进行充分沟通交流，及早暴露问题、解决问题，达成共识。参与编制下周工作安排，完成系统风险的识别并发布，最终形成周作业计划风险管控汇总表并下发执行。

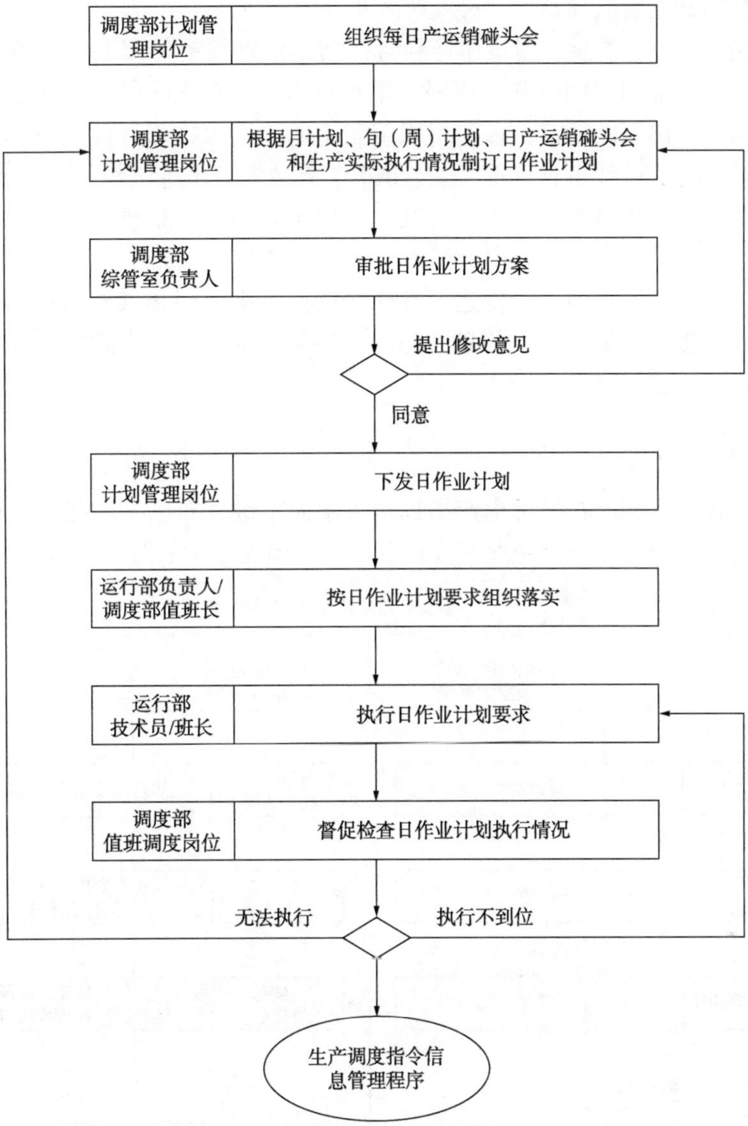

图 2-3-3　某企业日作业计划编制程序图

提前一日对相关单位编制的下一工作日作业计划和追加日作业计划进行审核，完成系统风险和变更后系统风险的识别并发布，最终形成日作业计划风险管控汇总表并下发执行。

（九）应急指挥

发生异常与事故时，负责向各相关单位和职能部门通报、向企业主管领导汇报；调动企业范围内的人力、物力、财力等资源进行协调处置；调度人员应及时下现场了解情况，必要时进行现场调度指挥。

四、调度工作的主要内容

在上级调度部门和企业领导的直接领导下，负责对本企业日常生产经营活动的统一调度指挥，优化组织生产经营，确保安稳生产和生产经营计划的全面完成。在生产发生异常或重大事件时，代表企业主管领导调动本企业范围内的相关资源赴生产现场协调处置，同时向上级调度部门和主管领导报告，必要时发布调度指令。

参与讨论制定年度、季度、月度生产经营计划，负责编制旬(周)、日作业计划；组织生产过程中厂际或各部门之间物料、原料、燃料及水、电、汽、风等公用系统的平衡调度和产品储存、运输、出厂的衔接；参与组织编制企业年度大检修开停工总体进度安排；参与企业发展规划制定、设计审查、重大工艺试验、新装置开工等工作。

组织原油和原料、物料互供、生产方案、公用工程运行、销售和储运、检修安排的优化等，做到少投入、多产出、快产出，努力降低生产成本，提高企业经济效益。

组织企业生产经营调度例会，传达、贯彻并执行上级部门和领导的指示和要求，通报情况，分析问题，提出对策，反馈信息，协调好各部门的关系，布置生产经营事项，检查调度会有关决定的落实情况。

五、调度指令

调度指令特指生产调度在日常生产指挥过程中向下级发布的一种指令。调度指令分为调度决定和调度令两个等级。某企业调度指令信息管理程序图如图 2-3-4 所示。

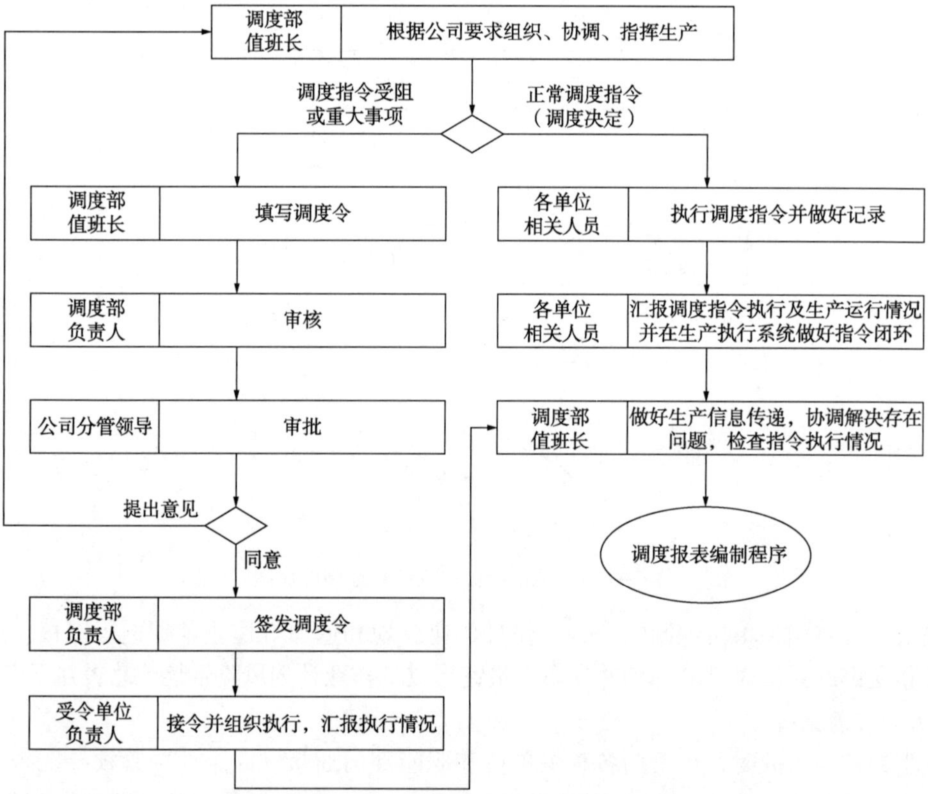

图 2-3-4　某企业调度指令信息管理程序图

(一) 调度决定

调度决定是生产调度贯彻上级领导指示，并根据生产实际需求对下级布置的工作，或对职能部门、下级提出的问题和要求所做出的结论性决定，也包括由调度组织召开的调度会、旬(周)计划会上所做出的决定。

(二) 调度令

下列情况可发出调度令：

（1）调度决定执行受阻；

（2）遇到特殊情况或重大突发生产异常与事故；

（3）上级领导要求下达调度令。

调度令以书面形式下达，经企业领导核准，由调度部门负责人签发后直接下达给受令单位，必要时由企业领导直接签发；调度令传真到受令单位或直接送达到受令单位。

受令单位必须坚决执行调度令，受令单位对调度令有异议时应及时向指令下达者说明原因，经指令下达者确认后方可修改或取消指令，否则应坚决执行。执行结果和措施要及时向发令部门汇报，对因拖延或拒不执行调度令而造成严重后果者，应严肃处理。

调度令下达者应对调度令的后果负责，在执行过程中可根据生产变化情况修改或取消调度令。

六、实践案例

1. 案例1：台风“烟花”应对情况

台风“烟花”于2021年7月18日2：00在西北太平洋洋面上生成，19日8：00加强为强热带风暴，20日14：00加强为台风，21日11：00加强为强台风，25日12：30前后在舟山普陀沿海登陆，登陆时中心附近最大风力13级（38m/s），26日9：50前后在嘉兴市平湖沿海再次登陆。

7月22日上午，某企业召开防御台风“烟花”工作会议。根据地方气象部门监测研判，台风“烟花”的强度大、水汽充沛，登陆时恰逢天文大潮，将造成严重影响。

生产调度根据企业统一部署，超常规应对强台风情况。

（1）组织人员力量：严格执行24小时值守和领导带班制度，抗台风期间加强岗位力量，共计约1300人在岗，青年突击队总队和19支青年突击队分队集结580余名青年突击队员待命。安排2家保运单位、2家土建专业承包商共计202人在岗待命。消防支队全员在岗，28辆消防车、6台手抬泵、2艘冲锋舟准备到位。此次防御累计出动消防车28辆次，人员179人次，处置时间47.4h，排水约$850\times10^4m^3$。安排2辆自吸污油罐车、2辆污油槽车、1辆应急泵车及相应司乘人员参与处置。

（2）成立后勤保障：增加员工上下班车辆通勤频次，确保员工准时到岗，并解决抢险人员住宿问题。

（3）调整生产安排：①安排一艘250kt原油船卸油，拉高原油库存，保障台风期间原油供应。②做好全厂物料平衡，充分考虑产品出厂不畅等因素，留足公路出厂产品库容。③事故储罐、事故池、雨水缓冲池保持低液位，并清理河道杂物，提高抗风雨能力；同时加强与地方联系沟通，尽量拉低外排口水位，确保外围水流不倒灌回厂区，避免加大企业防台风排洪工作压力。④开展外围高架线路检查、大型变电所周边轻质漂浮物清理，对柴油发电机等带负荷试运，确保事故电源完好备用。⑤台风期间做好重大作业管控，启动防台预案期间不安排高风险作业。

（4）应急物资安排：配备充足的应急物资，共动用救生衣15件、一次性雨衣2箱、专用防汛沙袋2500只、编织袋3000只、吸油毡720kg、篷布2块、围油栏100m等应急物资。

2. 案例2：某企业局部停电事故应对案例

2009年某企业变电所在进行35kV副母线复役操作时误将油厂314线改运行，因改运的变压器线路检修，导致带接地线合闸，引起系统三相短路，造成全厂低电压，部分装置失电。

调度指挥情况：

(1) 调度人员启动应急预案后，各相关装置严格执行调度指令，以防出现装置物料外排不畅等情况。

(2) 事故初期，部分设备需蒸汽维持温度、部分物料需蒸汽吹扫置换，导致蒸汽系统缺口较大，调度及时安排动力中心提负荷、受影响装置控制蒸汽使用量，确保蒸汽系统压力稳定。

(3) 两台空压机失电，对净化风系统造成了严重的冲击，安排工厂风补充净化风系统，未造成净化风压力低的次生事故。

(4) 轻污油管线由于流通量不够，间断有憋压现象，根据安全性安排各装置退轻污油顺序。

(5) 部分装置事故处理初期人手不够，一定程度上影响了生产恢复的进度。立即安排休班人员进行支持，确保事故处理有序进行。

第四节　计划调度管理信息化

一、生产调度指挥系统

（一）生产调度指挥系统发展现状

生产调度承担着“组织、指挥、协调、监控、服务”五个方面职能，是炼油企业综合指挥中心，担负着企业生产指挥中心、信息联系中心和应急处置中心三大功能。为了实现以上功能与职责，企业需要利用先进的视频会议等技术手段，建立一个控制中心和调度中心，实现对全厂生产全过程的统一监控和调度指挥。生产调度指挥系统主要面向企业级及分厂级的调度人员，实现调度指令在线闭环管理与评价，多维度、分角色、集成的调度监控，及时发现生产异常，实现各专业的高效协同，提高生产运行平稳性。

1. 生产调度指挥系统特点

(1) 有效集成企业各类业务信息。生产调度指挥系统有效集成了生产、库存、质量、设备、安全作业、环保等业务信息，划分出 4 大类动态监控主题。

(2) 生产实时监控、大屏联动展示。通过一个界面就可以关注到整个企业的主要生产信息，界面简洁直观，操作方便高效。同时，大屏幕展示能够实现正常模式和应急模式的快速调用。

(3) 生产过程全覆盖、调度监控一体化。实现原油原料进厂、加工、交库、出厂、报警、能源、库存、装置投入产出等调度可视化监控的建模，建立生产运行图、公用系统运行图、罐区动态图、物料平衡图等生产运行展示。

(4) 建立上下游异常报警和关联分析模型。通过搭建异常报警模型、异常主动推送模型实现对生产运行过程中的实时监控和信息推送，实现上下游装置异常时及时关联调整，降低异常波动产生影响，为生产平稳运行提供支持。

2. 国内外生产调度指挥系统现状

1) 国外某公司的“未来炼油厂计划”

借助信息技术，实现对生产主要过程和资源的远程实时监控，逐步实现“集中化生产营运的实时管理”模式。

第一阶段：原油快速评估，迅速地了解原油的质量，从而准确地评价原油项目建设全生命周期、生产运行的各个环节，实施风险识别与评估活动。

第二阶段：原料处理，观察衡量原油中含有的污染成分(如金属或酸度)产生的潜在影响的严重程度。

第三阶段：下一代物流，着重构建炼油厂的储运物理构造即保存原油、媒介质和产品的罐区。存储能力和处理产品的能力对业务的优化至关重要。

第四阶段：炼油厂范围内的优化，包括建立尖端的过程模型来整体运作炼油厂，而并非只关注各个个体组成部分，用最高效的方法来最大化产品的价值。

第五阶段：对炼油厂实施远程监测，这是一种聪明的、节约成本的监测炼油设备的方法，能够尽快地发现问题，并更有效地解决问题。

2）国外某公司跨业务的营运监控系统

生产过程全覆盖。系统覆盖5个炼油厂、8个天然气厂、61个油气分离站、2.4×10^4km管线、31个油库。

可视化的大屏联动，有效监控生产情况。建立了生产营运集中控制中心，在集中控制中心建立了大屏幕监控系统，实时监控企业营运情况。

上、中、下游业务信息的集中共享。营运监控系统通过与企业核心生产、经营信息系统集成，实现了上、中、下游业务信息的集中共享，实现生产调度管理、决策分析等应用，支撑公司的集中营运管控模式。

3）国外某公司的生产可视化系统

统一标准、统一平台。通过与企业生产执行MES、ERP、实时数据库等系统集成，实现生产经营信息的全方位集成。

生产过程动态跟踪。实现对生产过程、装置运行、产品质量、物流配送、库存，以及生产运行绩效等进行动态跟踪。

资源的及时调整与分配。实现对企业各种资源，如原油、原料、产品等进行实时监控，及时调整资源配置。

生产的实时调度管理。可视化展示使决策者和管理者实时跟踪生产计划的完成情况，第一时间掌握突发事件的细节，及时制定解决方案进行决策和管理，实现了生产的实时调度管理。

建立生产一体化管控。生产可视化系统(DATA Visualization)的建立，支撑了企业一体化管控，提高了资源的利用率。

区域负责，保证计划执行。区域中心负责原料供应、产品销售和各炼油厂运营监控，确保整体生产计划完成，因此主要关注原料库存、产品库存、装置运行、资源利用率。

关注焦点的高效集成。炼油厂负责原油加工、产品生产，因此主要关注生产过程监控、设备运行监控、产品质量、节能降耗、油品调和、产品库存、生产绩效。

4）国内某油田生产调度子系统

生产运行数据的采集和通信。将喷井、抽油机井、增压站等生产现场的油井和场站的数据进行实时采集，以便监控如温度、压力等运行参数，逐层汇聚以供生产指挥所用。

生产实时监控。根据现场生产数据，根据用户需求组态绘制可视化的生产监控画面，展现生产工艺流程，调度人员可随时随地查看现场生产情况，实现生产实时智能监控，直观及时。

分析决策优化。利用生产实时监控、报警自动捕捉，实现油田产能分析、单井动态分析、故障异常分析、生产参数优化，利用生成的分析监控数据，进行生产调度和执行。

生产调度指挥系统借助先进的信息技术，建立实时、全面、可视化的集中生产调度指挥中心，实现生产调度指挥系统与各生产营运环节系统的上下贯通，各个生产环节信息的横向集成；以生产管理数据和生产营运动态数据为基础，全方位、多视角、可视化地综合展示企业生产营运情况，实现对生产过程、物流配送和资源等的实时跟踪和监控，为统一组织资源、整体指挥生产营运、实现实时生产调度提供技术支撑。

（二）功能架构与技术架构

1. 功能架构

生产调度指挥系统包含调度指令、调度监控、异常处置、调度日常管理、调度知识库及数字化调度会六部分功能模块。系统功能框架如图 2-4-1 所示。

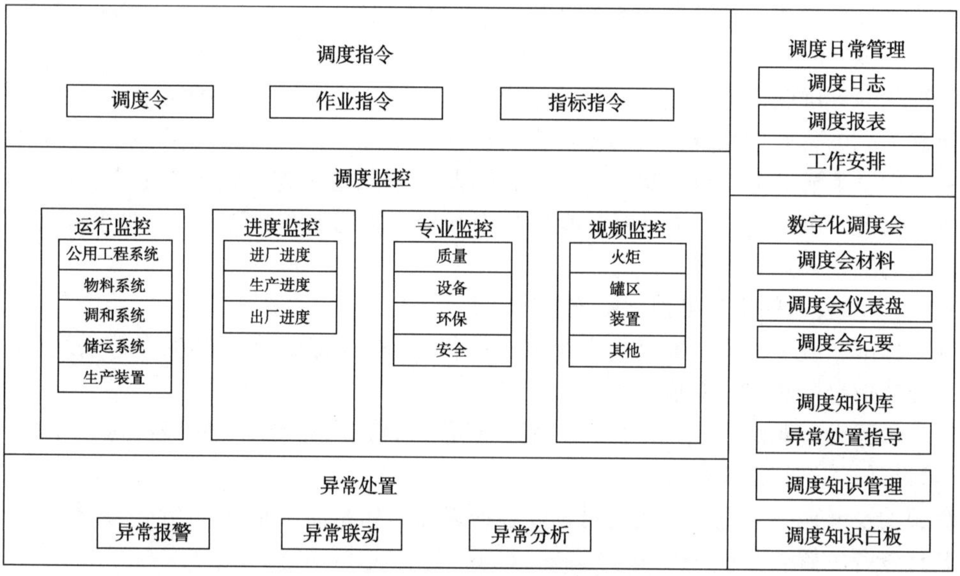

图 2-4-1　调度指挥系统功能模块

主要功能描述如下：

1）调度指令

信息传达、反馈是生产调度日常工作中的一项重要内容，通过调度指令平台，各级部门和生产单位，都应严格按规定的程序和内容汇报，并确保信息及时、全面、准确。调度指令模块功能涉及调度令、指标指令、作业指令的编制、审核、下达、反馈、浏览、评价等功能。根据企业实际情况，进行企业级调度和分厂级调度的职责划分，实现调度指令全流程闭环管理，辅助调度人员进行指令执行情况的跟踪和事后的问题追溯。

2）调度监控

调度监控功能模块按运行监控、进度监控、专业监控、视频监控四方面生产关注内容进行集成整合，对生产过程海量信息分专业、分类别地进行汇总展现、提醒、分析和管理，实现进厂、出厂、装置投入产出、产品产量、储运、公用工程等各生产环节的实时监控，辅助调度人员实时监控各生产环节情况和问题发现及处理。

3）异常处置

异常处置主要体现生产运行过程中的波动、调整和突发事件上的联动处置，通过搭建报警模型、异常联动模型、异常分析模型实现对生产运行过程中的实时监控和信息推送，通过触发报警模型，系统自主推送提醒、警告，通过信息确认，关联异常联动模型，实现异常工况下调度岗位操作步骤的自动推送，同时基于异常分析模型，自动关联厂际、上下游装置影响范围，实现异常信息第一时间的横向、纵向推送，并可一键短信通知相关领导及人员，为生产平稳运行提供支持。主要实现异常报警、异常联动和异常分析功能。

4）调度日常管理

调度日常管理模块实现调度每日工作安排、调度日报集成管理、调度台账自动生成的在线调度工作管理体系，实现调度管理人员对调度工作的实时监控及决策支持，满足日常调度人员工作实际需要，通过数据集成、手工录入等手段，辅助调度人员进行日常工作交接和生产情况记录。

5）调度知识库

调度知识库通过分类整理与调度相关知识，包括装置技术规程、岗位操作法、工艺卡片、调度预案等，建立调度知识库，实现搜索、在线培训查询、预案异常处置主动推送等功能；同时，通过建立调度人员交流看板，辅助调度及相关工作人员进行经验分享、人员安排、重点关注等内容交流，实现岗位操作看板化管理，切实养成员工对待工作精益求精、确保万无一失的良好习惯，增强员工的责任心和执行力，确保日常调度工作顺利开展和装置安全平稳运行。

2. 技术架构

调度指挥系统是基于智能工厂集中集成平台的一个综合应用，系统的技术架构如图 2-4-2 所示。

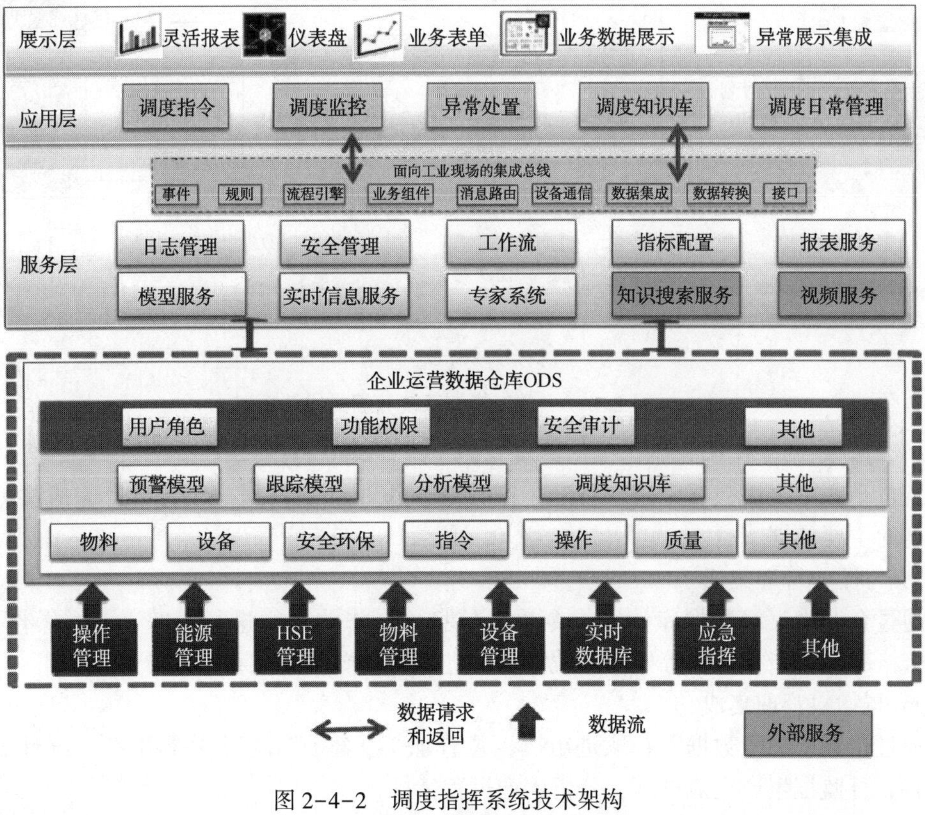

图 2-4-2 调度指挥系统技术架构

调度指挥系统技术架构包括数据层、服务层、应用层、展示层四个层次。

（1）在数据层，采用集成适配器等数据集成技术和工具，实现对生产管理数据、实时数据、衡器数据等各类数据的抽取及清洗，传送到企业运营数据仓库。

（2）在服务层，提供各应用模块可以共用的服务，为各个应用模块共享。

（3）在应用层，基于通用服务实现各综合应用的核心业务逻辑，并通过数据接口服务为调度指挥、生产绩效、领导驾驶舱、运营监控与经营分析等应用提供数据。

（4）在展示层，通过仪表盘、报表、表单等方式，经过处理的数据以丰富的展现形式为不同业务层面管理人员提供所需的各类信息，支撑企业的生产运营管理和分析，支撑生产调度例会。

3. 集成设计

调度指挥是生产执行层面的集中综合应用，位于生产层面各业务的顶端，通过对各业务系统的集成、建模、关联组织，提供生产运行的监控指挥应用，为生产操作和调度指挥提供支撑。与调度指挥相关的系统主要有计划调度操作一体化优化、操作管理、物料管理、能源管理、设备管理、HSE 管理、实验室信息管理系统、实时数据库、应急指挥等。数据集成关系如图 2-4-3 所示。

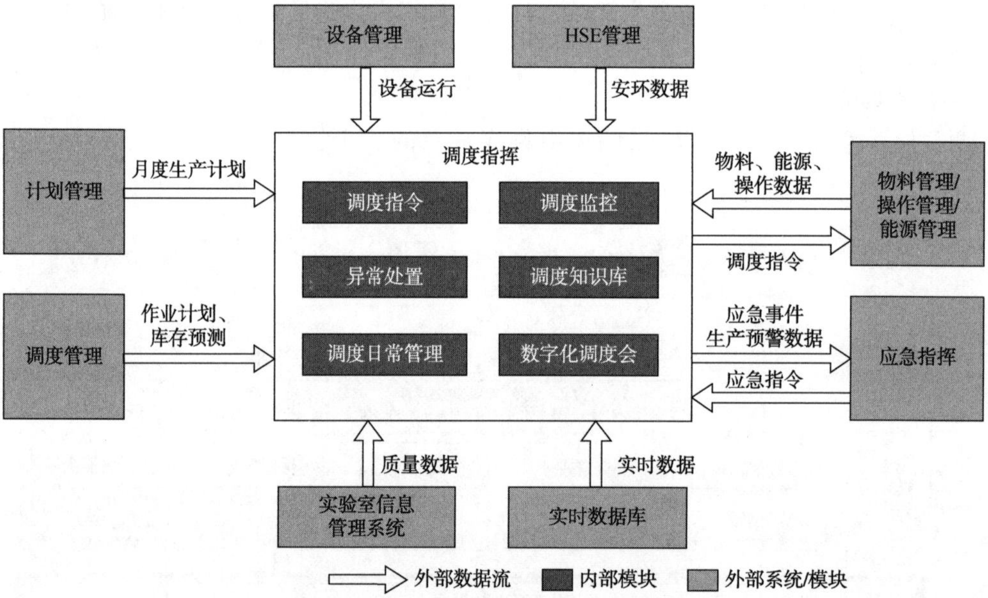

图 2-4-3　调度指挥系统数据集成关系图

1）与计划调度操作一体化优化集成

通过企业中央级数据库获取月度生产计划、作业计划数据，作为生产完成进度、进出厂进度的主要依据。

2）与操作管理集成

通过企业中央级数据库读取指令执行信息，对作业执行进行跟踪；获取操作平稳率、质量合格率、小指标竞赛等操作绩效数据，进行班组操作监控和竞赛。

3）与物料管理集成

通过企业中央级数据库获取进出厂、装置加工、罐存库存等物料平衡、统计数据，按班、日、月监控生产完成进度，分析生产过程情况。

4）与能源管理集成

通过企业中央级数据库获取能源产耗数据，分析能源消耗情况，监控能耗水平。

5）与设备管理集成

通过企业服务总线获取设备运行状态信息，监控设备运行情况。

6）与 HSE 管理集成

通过企业服务总线获取双边工程和动火数据，监控现场施工和动火情况。

7）与实验室管理信息系统集成

通过企业中央级数据库获取装置、公用系统、产品等质量信息，监控装置馏出口、公用工程介质、罐区产成品质量情况。

8）与实时数据库集成

通过实时数据库专有接口，为生产装置工艺流程图、公用系统、系统流程图提供实时生产数据。

9）与应急指挥集成

调度指挥为应急指挥提供生产预警数据，同时对应急事件直接触发应急响应；应急指挥与生产相关应急指令将提供给调度指挥，统一下发。

二、计划优化系统

（一）计划优化系统发展现状

计划优化作为企业生产优化的龙头，是炼油企业生产计划全过程管理的重要环节，也是“效益优化”的集中体现。所谓生产计划全过程管理，即日常生产中的 PDCA 循环，一般由计划的制定、计划的执行、计划的检查、计划的调整几个步骤组成。炼油企业生产计划需要综合考虑生产装置或是辅助生产装置加工能力和检修计划、库存、原料品种与供应量、产品品种与需求量、技术经济指标达标等多种因素，在一定时间范围内，安排原料加工、产品生产工艺流程、装置生产方案、产品产量的计划。炼油企业的一个完整计划闭环，由计划、调度、运行、监控、反馈和计划的调整再运行等步骤组成。计划优化在整个计划闭环中的定位是以全厂效益最大为目标进行的。

传统制定生产计划通常是利用 Excel 软件进行编排的，指定的计划只能做到“可行”，不能做到“最好”，只能实现厂内的物料平衡，并不具备优化功能。计划优化模型是用于计划编制的优化工具，可以帮助企业根据计划期内各种情况制定效益最好的计划，实现最大经济效益。炼油企业生产原料的价格和可用数量变化较大，每种原料不同的加工方案会带来不同效益结果，手工计算无法短时间内测算出各种原料的保本价和加工效益，所以无法及时决定是否购买此种原料，容易贻误商机。而计划优化模型在这方面具备十分明显的优势，企业可以通过计划优化模型根据市场需求和价格变化，快速及时地调整装置加工方案和产品结构，从而获得最大经济效益。炼油企业中生产计划编制频率较高，每次都需综合考虑到原油原料、产品品种数量及性质、库存情况、装置检修、运行状态和能力以及公用工程消耗等因素，手工计划不可能考虑到每个细节，另外生产装置多变性、生产配方多样化均需要计划优化模型进行系统测算。

生产计划优化层面：单企业层面，主要是根据企业自身的生产工艺流程、装置基础数据、产品质量要求、原料和产品价格等约束条件，制定出效益最大化的生产计划。上级主管层面，主要是根据下属各企业实际生产特点，根据市场需求合理分配原油资源和产品计划，有效利用各企业装置产能，实现总体优化。生产计划在企业和上级主管层面所覆盖的业务范围也是不相同的，单企业层面覆盖从原料购买到产品出厂之间的各个业务环节，而上级主管层面除覆盖企业的之外，还需覆盖上级管理层面整体资源平衡、原料配置、产品输送、互供流向、库存调节等业务环节。

计划优化软件是炼油企业借助软件来实现制定经济效益最大化的生产计划编制工具。目前生产计划优化系统常用的国外软件主要有四种：第一种是 Aspen 公司的 PIMS 软件，全球炼油总量的 40%的炼油厂在使用该软件，国内中国石化目前使用该软件产品。第二种是 Honeywell 公司的 RPMS 软件，国外约有 100 多家石化企业使用 RPMS，国内中国石油使用该产品。第三种是 Haverly 公司开发的 GRTMPS 软件，主要在欧洲炼油厂中应用，国内只有少数工程设计单位使用该产品。近年来，国内多家科研和开发单位陆续推出了多款计划优化软件，其中较为突出的是由中石化(大连)石油化工研究院开发的 S-GROMS(中国石化全局资源优化系统)，该软件是面向炼化企业的全流程建模与资源优化系统，可构建超大规模模型矩阵，可测算单企业单周期和多周期、多企业单周期和周期模型，并已在中国海油和中国石化部分企业成功试用。另外，石化盈科信息技术有限责任公司开发的 PIPO(流程工业计划优化系统)、时林公司开发的 SAPS(生产优化与智能运行系统)、清华大学开发的 GIOPIMS(石化企业图形化生产计划优化系统)也各具特点，为生产计划优化软件国产化增加了更多的选择。

（二）PIMS 模型应用

PIMS 软件是一个功能强大且用户界面友好的用于过程工业经济规划的系列工具软件。PIMS 软件采用线性规划技术来优化过程工业各装置的操作和设计，包括自动将物料性质传递到下游装置、非线性回归建模和数据辅助功能及分布式回归，适用范围广，可用于短周期、多周期或长期战略性的计划及规划。它可以应用于原油选择、油品调和优化、生产计划、库存优化、生产方案测算、产品结构优化、辅助检修方案测算等方面。它有一系列产品，主要包括：PIMS(单厂单周期小模型系统)、PPIMS(多周期模型系统)、MPIMS(多厂模型系统)、XPIMS(多厂多周期模型系统)。

中国石化自从 2000 年引进 PIMS 软件以来，在旗下的各炼化企业开始实施和推广工作。到目前为止，已经经历了三个较大的发展阶段：

第一个阶段到 2004 年为止，在各企业建立起单周期简单 PIMS 模型。第二阶段到 2006 年为止，在各企业建立起精确的企业级 PPIMS 模型，该模型和简单 PIMS 模型相比，增加了多周期、Delta-Base、油品调和的非线性结构等应用结构，使 PIMS 模型更能够精确地描述生产实际，提高了模型的精度。第三阶段到目前为止，PIMS 模型与信息系统集成，进一步推动了模型的深化应用，具有 35 家炼油企业级计划优化模型、19 家化工优化模型与 7 家炼化一体化模型运行。为加强板块、区域、企业之间的资源优化整合，实现规模化、集群化发展，提高产业集中度，公司构建了炼油生产区域优化模型系统，以华北、沿江等区域优化模型为核心，优化华北、仪长管输进口原油品种、数量、船期和库存，保证企业安全生产，降低原油采购成本，提高综合效益。

PIMS 软件功能模块包括：原料购买、生产过程(含性质递归结构)、产品销售、公用工程、库存，如图 2-4-4 所示。

Excel 是 PIMS 建模的主要方式，其中电子表格及资料库是输入格式，电子表格、图表格式、流程图、文本格式等是输出格式。按照功能大致分为供需表、原油蒸馏表、二次加工装置表、产品调和表、递归表等。

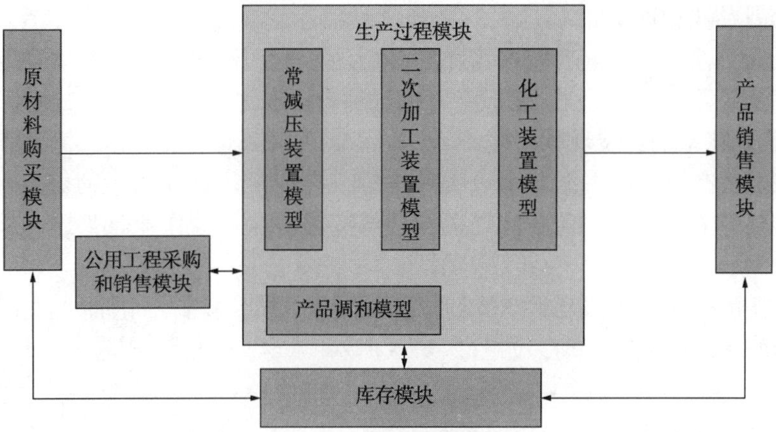

图 2-4-4 PIMS 模型功能结构图

1. 供需表

外购的原料、销售产品和公用工程的物料，原料资源及产品数量，原料的成本和销售价格主要由供需表(Supply & Demand)描述和约束。供需表包括 5 个表单，分别为原料购买表(BUY)、产品销售表(SELL)、公用工程购买表(UTILBUY)，公用工程销售表(UTILSELL)、物料代码转换表(ALTTAGS)。其中，原料购买表和产品销售表是 PIMS 模型里必不可少的表格，该表可同时规定物料数量和价格。

2. 原油蒸馏表

原油的评价数据(含性质评价数据和侧线收率等)、常减压蒸馏装置评价数据的对应情况、原油切割操作方案及原油的切割悬摆等内容要写入原油蒸馏表(Distillation)。原油蒸馏表包含蒸馏装置数据对应表(ASSAYLIB)、原油评价数据表(ASSAYS)、原油蒸馏方案并规定各方案可选原油表(CRDDISTL)、规定不同生产方案原油切割侧线表(CRDCUTS)、悬摆切割表(SWING)等。

3. 二次加工装置表

装置能力、进料、产品收率以及生产费用等数据由二次加工装置表(Submodels)指定。该表包含了模型中的二次加工装置代码(SUBMODS 表)、各装置的加工能力约束表(CAPS)、二次加工装置的进料、收率及公用工程消耗相关表单。每个装置在二次加工装置表中定义时，其执行表工作单的名称需要与二次加工装置表中名称一致。根据需要，在装置表可构建基准收率(Vector based)，可以反映由进料性质的变化引起的收率变化值(Delta based)、汇流和进料限制(Pooling)。

4. 产品调和表

调和产品规格参数、产品调和的方式、产品调和的组分设定、调和组分的性质数据由产品调和表(Blending)指定。产品调和表包括用来确认模型中的所有调和组分并指明调和方式的 BLENDS 表，建立调和产品与调和组分的关系并规定调和组分比例的 BLNMIX 表，根据质量指标要求约束调和产品性质的 BLNSPEC 表，规定组分物性的 BLNPROP 表等。

5. 递归表

汇流产品递归结构初始值、非线性关系的宣告等由递归表(Recursion)指定，其中最常用的是 PGUESS 表，可以指定给定物料的初始猜测值，这就把未知数转化成已知数，使一些非线性方程能够以此为初值进行迭代，转变为线性方程；宣告非线性关系表(NONLIN)与非线性曲线分割表(CURVE)。

三、调度优化系统

(一)调度优化系统发展现状

调度管理在生产执行层占据非常重要的位置，它位于计划和执行的衔接处，是将计划付诸实施的重要环节，对月度生产计划进行分解变为可执行的作业计划，为具体的生产运行提供指导。

炼油生产调度工作主要涉及生产计划、原料供应、装置操作、化验、油品移动、市场、收益核算、维修等多个生产活动，如图 2-4-5 所示。

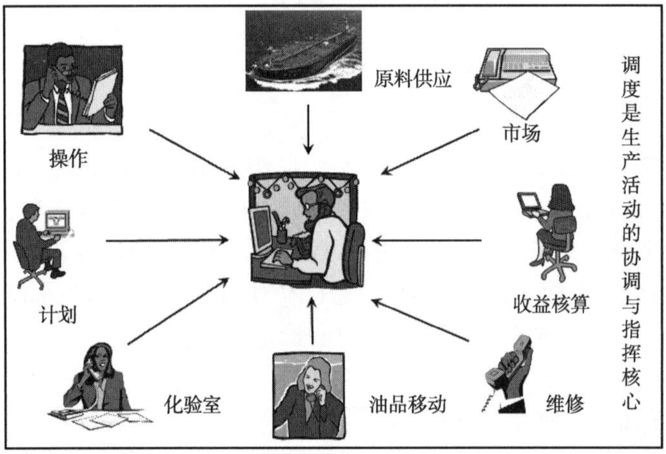

图 2-4-5 炼油企业调度与各生产活动的关系

1. 工作内容

生产调度根据生产计划，组织均衡生产，全面完成生产计划。重点工作内容包括：

(1) 三个平衡：生产物料平衡，能源动力平衡，产运销平衡。

(2) 两个衔接：正常生产衔接，生产装置检修和开停工衔接。

(3) 一个急需：在紧急情况下，有权调度企业人力、物力、财力等，以解决生产关键时刻和事故状态的急需。

(4) 组织好每周的生产调度会。

(5) 填写好相关报表：调度记录表，调度交接班日志和有关记录本。

2. 面临问题

目前炼油企业调度工作面临的问题：

(1) 国内炼油厂在原有基础上生产规模不断扩大，导致加工流程的复杂度提高；

(2) 原料结构的复杂化、进口油种的多样化，给原油混炼调度带来新困难；

(3) 原油和产品的市场价格波动较大；

(4) 生产管理由粗放管理到精细化管理的转变难度较大。

这些因素都给炼油企业生产调度计划工作增加了困难。无信息系统支撑的企业主要以人工调度和经验调度为主。

人工调度：以人工计算为主，调度人员工作量大。需要及时、实时了解生产、储运现状，做出较为精确的调度安排困难大。

经验调度：以调度人员的经验为主，经验丰富的调度人员可以根据炼油厂的生产及储运状况很好地安排生产和储运调度，但很难做到对生产预期的判断。

因此，做好调度工作，要以预测、预防为主，调度排产计划的编制就非常重要。采用先进的生产调度优化建模技术，建立炼油企业的生产调度优化模型，利用模型帮助企业编制准确可行的生产调度作业计划，提高生产能力，降低质量损失和库存，评估特殊工况并且对非计划事件做出快速反应，减少生产计划和调度的差异，保障平稳生产。

调度优化系统是一个支持复杂调度过程的集成系统，用于优化炼油厂的各工作环节，包括原油接收进厂、过程操作、产品调和和产品外运，能帮助企业获得更准确的、预测性的、更主动的调度安排，实现计划、操作、市场与调度之间更好的配合，是炼油厂和市场计划与调度应用软件的核心元素之一。调度优化系统是模拟辅助决策系统，主要为人工排产方案提供模拟验证，使生产调度操作更快捷、更精确，便于生产计划和调度过程的集成。

（二）模块功能介绍

1. 调度优化系统特点

（1）综合计划、调度和调和。可通过一个对于原油和进料调度、单元操作、产品调和和产品外运的单个环节进行更加精确的调度。整合了计划优化系统和目标管理系统更进一步的计划优化、调度和调和优化，为调度业务人员提供相同的图形化用户界面。

（2）调度实现自动化。结合模拟、线性规划和专家系统三种典型方法来进行调度。提供以内部逻辑功能或外部工具进行的逻辑计算功能。

（3）互动的图形化用户界面。提供操作简易的界面，炼油厂基础模型的图形化便于建模和模型维护。图形化界面如模型树、流程图模拟、事件界面等，使用简单，而且可对操作指令进行修改。

（4）多用户协作调度。多用户可在同一模型上同时进行操作，用户可共享整个对炼油厂的调度，可改进调度员和其他部门的合作。在所有用户的模型中，对调度进行的修改将被管理和更新。

（5）通用的模型环境。与计划优化系统共享模型，使评价、过程单元描述和调和过程都可进行合作，使得工作更加迅速和高效。

（6）报表和求解分析。提供自带的报表、数据库标准报表和需求、客户化的报表以及 Excel 格式的报表来帮助创建和比较多个方案，以体现炼油不同的操作过程。

2. 调度优化系统的优势

内置功能包含基于原油评价数据的原油蒸馏、原油混炼优化、原油管线间歇的跟踪等。

（1）基于事件的调度。系统是以一系列的事件来计算炼油厂的调度而不是以单日的活动来计算。这样的计算能够完全反映出调度事件发生的结果。更重要的是提供了长期调度（30~60 天）与短期调度（1~7 天）的兼容性。

（2）使用 Excel 作为指定的用户计算工具。用户能用 Excel 定义工艺产率关系，定义性质调和方程式以及定义炼油厂特有的调度逻辑。

（3）流程模拟器。对于工程师，流程模拟方法容易理解、易于修改和创建模型，更重要的是提供对炼油厂运行性能的精确预测。

（4）用户的图形界面。交互性的甘特图界面使之在最短的时间内建立出一个更详细的调度方案，提高效率。交互性的流程图界面更易修改和确认炼油厂模型。

（5）协调调度。帮助企业提高生产能力，降低质量损失、库存和逾期费用，缩短停车和开车的循环时间。调度能更好地评价特殊的机遇并且对非计划事件做出快速反应，减少生产计划和调度中的时间空隙。

(6) 多用户协作。使炼油厂内部和炼油厂间的工作过程简化，提供对于问题和机遇的快速反应，实现调度经验的知识共享。

(7) 工作过程的改进。通过对调度员所面对的常规或复杂的以日为基础的决策任务进行自动化或半自动化来提高生产产量。“What-if”分析手段帮助调度人员在考虑操作参数和价格的潜在变化的基础上做出最优的调度决策。

3. 调度优化系统功能

(1) 原油调度。该功能主要包括：原油接收、原油长输管线输送安排等功能，根据原油品种、原油加工计划、装置约束条件及产品质量的要求，进行原油进厂的调度；系统计算原油输送和进罐区的操作及原油进装置的次序；根据常减压进料计划及质量要求，进行原油混炼计算。

(2) 原油混炼优化。根据原油资源、常减压进料约束、装置侧线产品收率及物性指标，优化计算合理的原油混炼比例。

(3) 生产装置排产。主要包括常减压装置及二次装置的生产方案的切换、侧线产品收率及物性计算、侧线产品流向安排等。

(4) 油品调和。该功能依据设定批次，依次实现当前批次内的调和配方优化计算功能，即：按照设定的调和批次、按次序进行油品调和模拟计算；每批次计算时，依据当前批次的约束条件(组分罐库存、组分罐收油速率、组分物性、产品指标、产品目标调和量)，计算该批次调和配方，生成油品调和安排。

(5) 产品进出厂。该功能包括产品的购买进厂调度、产品的移动、产品的出厂调度等。

(6) 旬、周或日作业计划编制。该功能通过滚动编制的方式，实现旬、周或日调度作业计划编制。包括：原油调度、常减压装置、二次加工装置排产、中间产品调度；成品油的移动、外运安排。日期范围可以为1~3天、周、旬、月等。

(7) 开停工测算。该功能通过调度模型，对不同的开停工方案进行仿真模拟测算，供调度人员比较选择，最终得出最优的开停工方案。

(8) 平衡计算功能。该功能通过管理平衡算法，实现瓦斯平衡、氢气平衡和装置生产方案的绑定，从而保证调度作业计划编制时，满足瓦斯平衡、氢气平衡的需求，并模拟计算从原油到产品全生产过程的硫分布情况。

四、生产执行系统

(一) 生产执行系统(Manufacturing Execution System，MES)发展现状

1. MES 定义

MES 是指运用及时、准确的生产过程信息，指导、启动、响应并记录工厂活动，从生产原料的进厂到产成品的出厂对整个生产过程进行物流管理和跟踪，通过物料统计管理与分析，对生产相关条件的变化做出迅速响应，优化产品结构，促进及时交货，加快库存周转，提高企业生产效率，进而提高企业的经济效益。

2. MES 系统的主要特点

MES 系统的主要特点是集成性，实现企业内部物流和信息流的统一，同时具有模块化、功能性、开放性等特点。

(1) 集成性：MES 将实时数据库、实验室信息管理系统、衡器数据库、计量系统等上

游专业领域数据源紧密集成，通过业务流程整合，实现业务流程规范和优化，并为企业ERP、技术经济指标统计系统、生产营运指挥系统提供数据支撑。

（2）模块化：MES 的模块化结构设计使用户根据业务管理需求灵活地选用部分模块。

（3）功能性：MES 提供了一整套生产管理业务功能，每个业务由不同的功能模块组成。

（4）开放性：MES 系统遵照 ISA95 架构标准设计，通过 WebService 等多种手段，可以实现与第三方软件产品的有效集成。

3. MES 核心目标

（1）建立物料移动模块，对装置、进出厂、罐区、仓储业务进行在线实时追踪，促进生产业务规范化、精细化。

（2）建立生产平衡模块，支撑企业生产调度指挥人员精细掌握生产整体情况，加强生产管理。

（3）建立统计平衡模块，实现 MES 工厂物料统计实物和账面的"日平衡、旬确认、月结算"。

（4）实现与企业 ERP 集成联动，实现原料进厂、库存、装置投入产出、产成品出厂等业务集成，支撑 ERP 统计核算精细化。

（二）MES 主要功能模块介绍

系统主要功能包括可扩展的 MES 集成平台、物料移动、生产调度、生产统计、能源管理、操作管理及综合展示等内容，其中，物料移动包括装置投入产出、罐区管理、进出厂管理、仓储管理等子模块，能源管理包括公用工程数据采集、公用工程介质统计等业务功能子模块。

1. 系统业务功能架构

基于统一工厂模型，建立标准化、细粒度的生产物流量值管理体系，对原辅料进厂、罐区收拨存、生产装置原辅料投入、仓储、产品出厂等进行管理，实现数字化的生产管理，实现物料"日平衡、旬确认、月结算"，提升精细化管理水平，支撑生产营运及企业 ERP。

系统技术架构基于 MES 软件技术平台，今后可扩展数据平台的炼油企业数据集成，增加数据管理和应用服务。基于平台提供的主要业务功能包括物料移动、生产调度、生产统计、能源管理部分的公用工程介质统计、操作管理以及基于现有信息的综合展示，MES 系统架构如图 2-4-6 所示。

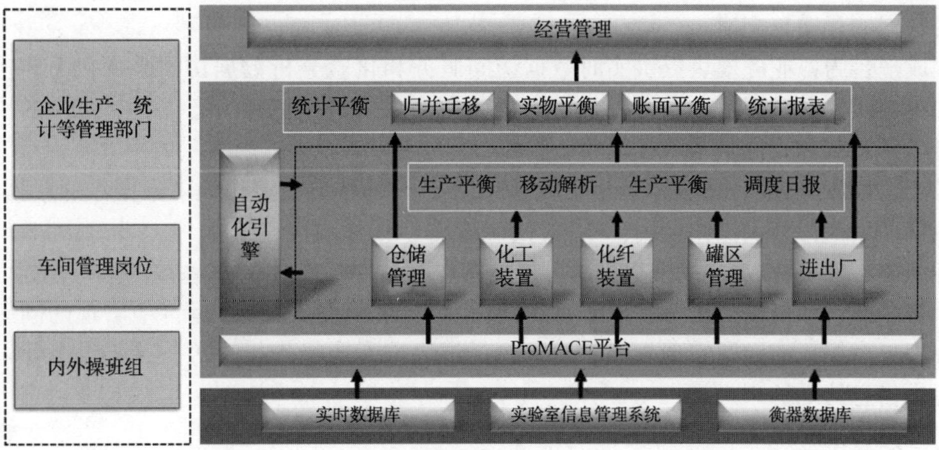

图 2-4-6 MES 系统架构图

2. 与其他系统的关系

在生产过程控制层(主要包括 DCS/PLC 控制及其实时数据采集系统)、生产执行层(MES 系统)、经营管理层(ERP 系统)三个层次中，MES 系统起到承上启下作用，在实际建设中与其他系统集成关系如图 2-4-7 所示。

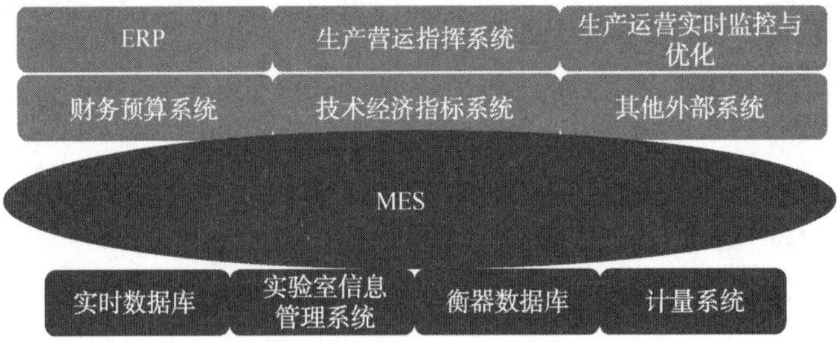

图 2-4-7　与其他系统集成关系

(1) MES 系统作为企业的生产执行集成平台，要为 ERP 系统生产计划模块提供装置收发货数据。

(2) MES 系统负责统计物料平衡，包括实物平衡和所有权平衡，要为技术经济指标系统提供物料平衡数据。

(3) 实时数据库系统作为 MES 系统的基础数据系统，要为 MES 系统提供装置侧线物料计量原始仪表量及温度、压力等过程参数，储罐液位计量数据及温度、压力等过程参数，公用工程计量原始仪表量，含水、电、汽、氮、风及燃料油、燃料气等公用工程计量数据。

(4) 实验室信息管理系统作为 MES 系统的基础数据系统，要为 MES 系统提供装置侧线和储罐油品的质量数据及化验分析数据，主要包括油品组分的密度、水分等质量信息。

3. 业务功能模块

现有 MES 系统主要核心功能包括集成平台、物料管理和能源管理，扩展功能包括综合展示及操作管理。物料管理包括物料移动、生产平衡、统计平衡等模块，能源管理包括公用工程数据采集、公用工程介质统计等。

1) 集成平台

集成平台基于核心数据库，提供统一工厂模型库、业务模型库、规则库和算法库，通过统一访问控制技术实现用户访问权限认证、安全认证、单点登录验证，实现与外部系统的集成及数据支撑服务，实现整个系统静态数据和动态数据的存储与交换，以及与外部相关系统数据的存储与交换。

集成平台为各业务模块提供实时数据访问服务和化验分析数据访问服务，面向实时数据库系统、实验室管理信息系统提供统一的数据集成接口、建模组态工具、统一的用户权限信息、日志服务，提供用户权限验证服务，建立集中统一访问控制。

核心数据库分为操作数据库和历史数据库，其中操作数据库作为事务操作的数据存储，历史数据库只执行查询操作使用，不进行事务操作。

运维支持模块为 MES 系统提供运行维护管理工具，实现对 MES 系统的运行性能、岗位业务操作状况、计量仪表运行状况等系统运行状态的实时监控，对运行中出现的问题实现联机提报，对提报的问题实现在线答复，包括解决方案或操作指导等，并提供企业运维组织和运维信息的维护。

2) 物料管理

物料管理模块主要包括物料移动(包括罐区管理、仓储管理、装置投入产出管理、进出厂管理）、生产平衡和统计平衡三个子模块。

（1）物料移动：

① 罐区管理。罐区模块对储罐收付（包括与装置侧线、进出厂点、互供点、其他储罐等收付关系）、储罐检尺、交退库、状态监测、罐存物料变更、罐存量计算、化验分析与质量信息采集、切水、复尺、清罐、扫线等各种操作实现事件级和班次级的记录与管理，利用数据集成平台提供的实时数据访问服务和化验分析数据访问服务，按需集成储罐实时检尺数据和化验分析等数据，提供储罐收付台账等数据管理业务，提供统计周期内所需要的储罐库存计量盘点数据。

② 仓储管理。仓储模块对固体产成品入库、出库、移库、升降级等各种操作实现事件级的记录与管理，提供统计周期内所需要的仓库库存按物料分类的计量盘点数据，通过贯穿仓储操作业务过程的集成管理来规范和提升企业的仓储管理，在完成岗位操作管理的同时，通过解析操作业务数据，完成物料移动管理模块所需的仓储移动关系数据以及仓库库存数据的解析。

③ 装置投入产出管理。通过对装置与装置间侧线互供和侧线投入产出计量等各种操作，实现班次级的记录与管理，利用数据集成平台提供的实时数据访问服务和质量数据访问服务，集成装置侧线仪表班结点实时数据，通过人工确认修正原始数据；提供装置投入产出班台账，提供基于不同加工方案下的装置投入产出模型、装置物理侧线计量模型与计量精度，提供基于多种收率模型的装置物料自动校正平衡计算，通过适当人工修正增加计算结果的合理性，提供装置校正过程实现误差侦破及超差报警功能，提供装置投入产出各种收率指标和其他指标的定义与运算。

④ 进出厂管理。进出厂模块对液体原料进厂和液体成品出厂操作实现按事件的记录与管理；实现以班为单位采集各 MES 工厂间物料互供计量原始数据，提供互供数据仲裁功能；提供统计周期内所需要的装卸台库存，提供按物料分类的计量盘点。进出厂管理模块以计量单管理为核心，进出厂操作岗位根据销售部门下达给进出厂操作岗位的发货单，在系统中建立和维护计量单，在详细记录进出厂物料计量明细数据并经必要的审核后关闭计量单。进出厂管理基于装置侧线、储罐、装卸台、互供点之间的收付操作记录，在完成岗位操作管理的同时，完成物料移动管理模块所需的进出厂移动关系数据的解析。

（2）生产平衡。生产平衡模块主要包括物料移动解析和生产平衡两个功能。物料移动解析模块利用物理拓扑模型，通过复杂的运算将每班装置、储罐、进出厂等操作记录转换为动态的移动拓扑模型，来描述节点间移动关系、移动类型、源节点、目的节点、源物料、目的物料，审核操作记录的完整性，检验操作记录的合理性，为生产调度推量提供动态移动拓扑模型数据。生产平衡功能基于物料移动模块解析后的物理节点量和物理移动关系，利用集成平台提供的统一规则库、算法库、工厂模型及模型求解器，自动完成节点拓扑模型动态生成和节点量平衡计算，达到炼油企业的调度级平衡，为生产调度提供数据支撑；提供平衡工具，实现生产平衡前节点间移动关系和节点量的检查，实现生产平衡过程的人机交互，提高平衡效率，降低平衡周期。

（3）统计平衡。物料统计平衡功能依据生产平衡推量后的生产数据进行归并汇总，按照逻辑节点量和逻辑移动关系与物理节点量和物理移动关系之间的对应关系，实现统计层逻辑节点拓扑模型的动态生成，达到炼油企业的车间、分厂、企业三级物料统计原始日平衡。基于实物罐存、实物库存和进出厂计量单实现分厂和企业物料统计实物“日平衡、旬确认、月结算”。基于销售结算数据实现物料所有权转换，实现物料统计所有权“日平衡、旬确认、月结算”。实现基于装置的物料投入产出平衡，基于统计物料的原油、原料、成品、半成品的收、发、存平衡及产、销、存平衡，为基础统计报表、技术经济指标统计和ERP系统提供数据支撑。

3）能源管理

能源管理提供公用工程介质统计业务支撑。以公用工程介质为基本对象，通过建立各种介质的管网和节点，构建企业拓扑模型，建立以介质管网为平衡中心的平衡体系，通过核算单元体系进行消耗核算，为能耗统计和ERP完工确认提供有效数据支撑。

公用工程介质统计模块主要包括企业公用工程数据采集、节点计算、管网产耗平衡、可视化展示、介质统计和ERP支撑等功能。

4）扩展功能模块

系统扩展功能模块包括综合展示和操作管理模块。

综合展示模块主要为企业领导层展现实时生产动态。主要功能包括生产总览、生产展示、进出厂展示、炼油原(料)油库存、炼油成品库存、炼油半成品库存等内容。

操作管理模块的主要功能是完成生产过程中的创建、维护、下达指令，通过计算装置平稳率、产品质量合格率、工艺卡片监控等生产控制操作，并以图表、台账等直观的方式展示出来，以提高装置平稳率、保证产品质量、降低装置能耗、提高工艺水平，追求企业生产过程的总体优化操作，努力实现安稳运行。主要功能包括操作指令、操作监控、操作日志、操作绩效、工艺月报、操作任务等内容。

五、应急响应系统

(一) 应急响应系统发展现状

随着炼油企业生产能力及规模逐年加大，生产储存装置逐渐向大型化、规模化发展，重特大危险源不断增多，一旦事故发生，容易产生连锁反应，导致事故灾害规模扩大，形成灾难性后果。为了预防和应对突发事件，许多国家、国际组织和大型企业都在推动建立高效统一的危险化学品安全生产风险监测预警机制。

国外应急响应管理，特别是石化企业应急响应管理始于20世纪80年代，发展至今，已经搭建了相对完善的应急响应系统，能够构建应急资源、危险源、巡检设施、应急预案及风险管理等功能模块，在企业的日常生产运行中得到了很好的应用。

国内的应急响应管理起步相对较晚，虽然近几年大力发展应急响应管理系统，但是仍存在系统智能化程度不高、辅助决策运行和风险预警的能力不强，各项技术和相关设施配套程度不高、缺乏统一的技术标准，系统缺乏组织人事管理信息系统支撑，系统缺乏日常管理功能造成“平战分离”等问题。

(二) 应急指挥系统功能介绍

1. 构建应急管理体系

统一数据标准，建设企业集团级的应急信息网络、基础环境、大数据、应用服务、安全与运维、标准规范等六大支撑保障和应用服务体系。实现从集团层到下属企业的应急信息化云平台“一张图、一张网、一盘棋、一体化、一平台、一系统”的基本格局。

一张图：应急系统整体规划图。

一张网：利用互联网+、人工智能、大数据等，绘制从集团到下属企业的安全风险区和风险监测点，建立全国范围的企业内监控预警网，实现各类风险识别、评估、监控、预警、处置全过程动态管理。

一盘棋：涵盖从集团、下属企业到地方的应急资源布局，集团到企业上下“一盘棋”。

实现应急资源的统一规划、统一建设、统一调度、统一使用。

一体化：统筹推进应急“专常”队伍建设。

一平台：构建全覆盖的应急指挥系统。

一系统：开展应急科技创新与支持保障，实现科研资源共享，构建应急管理学科和理论体系。

2. 业务设计方案

考虑到系统要支撑企业突发事件的应急处置，为集团级、企业级突发事件的应急处置提供信息系统支撑，并支持企业的日常应急管理、应急响应等业务场景，在设计上应基于融合通信、场所设施及现场监控3个基础支撑，建立统一协同的应急指挥平台。

在集团层建设视频调用、应急会商2项功能以及基于企业应急地图的厂区信息查询、应急资源查询等功能；企业建设应急地图、应急资源、监测报警、统一接警、联动处置、事故模拟6项功能，实现集团与企业的互联互通及资源共享。

在企业层，集成企业的地理信息、设备信息和监测报警数据、应急资源信息，构建工厂模型和应急资源、实时监测点数据库，并将工厂模型和应急资源等标绘在应急地图上。一旦发生警情，通过和工厂模型相关的监测报警数据，地图上即定位显示警情事故区域，关联查看区域内应急资源、视频讯息、人员(车辆)动态。通过联动处置，将警情相关讯息、通知下发给企业各负责人，并启动现场设备协助处置警情。平时日常管理则可通过应急地图，查看区域内的应急资源，监测设备运行状况，并通过事故模拟功能，培训应急人员，辅助制定应急预案，提高应急管理水平。

将企业层和集团层进行整合，在集团层内实现地理信息、应急资源、设备信息及监测报警数据的共享。通过平台可掌握各企业风险状况及应急资源分布，可实时查看厂区各区域的视频监控，一旦出现警情可根据应急会商系统远程及时下达处置方针，协调事故区域的应急资源。

3. 系统实现

基于应急指挥系统的业务设计，系统的建设步骤需包含：基础数据收集、实时监测预警模型建设、应急通信系统建设、应急地图建设和平台的集成及硬件建设。

1）基础数据的收集

应急指挥系统需要企业的基础数据及应急资源数据作为基础支撑，通过收集企业的基础数据并初始化至系统，建立企业的工厂模型和应急资源库。

2）建立实时监测预警模型

收集并集成企业的实时数据库、视频监控数据，用于获取现场的实时信息和实时影像，同时建立安全风险等级模型，实现系统对各类事故灾害的监测、预报、预判及安全分析。

当系统检测出安全隐患时，系统根据现场数据信息、硬件设备等数据源，结合大数据技术对可能发生的事故将造成的人员伤亡、财产损失、环境污染等情况进行定量描述、分析。并按照安全风险等级模型智能推送分析结果给企业，为事件确认和处理提供重要依据，企业根据风险等级等资料对推送事件做处置，从而起到事故预测、事前预防的效果。

3）建立应急通信系统

应急通信系统在集团层建设视频会议系统，当突发事件应急处置时，通过视频会议系统实现国家应急指挥中心、现场指挥部、远程专家及企业之间的互联互通和信息传递。同时集成调用各个企业的视频平台，实现集团对各企业现场情况的掌控。

企业层需通过融合通信平台这一硬件设备管理企业及其他部门的通信信息，确保通信畅通。当警情发生时，根据系统内的设置，自动将警情信息、处置方案传达给相关责任人。

4）建立应急地图

基于 GIS 地图将企业的生产装置、罐区、应急队伍、应急物资存放点、固定消防设施等信息标绘于地图。安全风险区用于关联企业的基础数据、应急资源数据及实时监测数据，通过建立关联关系，当警情发生时，可在应急地图上高亮显示实时报警点，自动展示周边区域应急资源和视频信息，实时显示应急队伍、车辆移动轨迹及所在位置，使企级上级部门和企业均能实时掌握现场状况，调拨应急资源。

5）建立应急平台硬件系统

系统建设分为集团环境和企业环境。

（1）集团环境下硬件包含大屏幕模块、视频会议系统建设。将集成而来的各企业地理信息、应急资源、视频、事故信息集中展示在大屏幕上，方便集团层级人员日常和应急状态下了解情况、制定决策。

（2）企业环境下，要建设融合通信平台、视频监控系统、有毒有害可燃气体及火灾报警传感器系统、实时数据库系统、GPS 定位系统及其他如警报系统、设备联动系统等硬件系统。集成设备的实时动态信息及影像信息、车辆队伍的实时位置信息以供软件的实时监测预警模型、应急地图调用，确保企业掌握现场的实时状况。通过建立平台的硬件系统，确保应急指挥平台在日常管理和应急状态管理中能正常运行，便于集团和企业管理，提高应急处置工作效率，减少错漏。

六、实践案例

1. 案例 1：生产调度指挥系统实践案例

某企业生产调度指挥系统以支撑日常分析、优化业务、提高效率三方面作为提升系统应用情况的基础，形成了符合该企业生产调度业务的重点监控分析功能模块，共建设 6 大功能模块近 71 个分析页面，如图 2-4-8 所示。

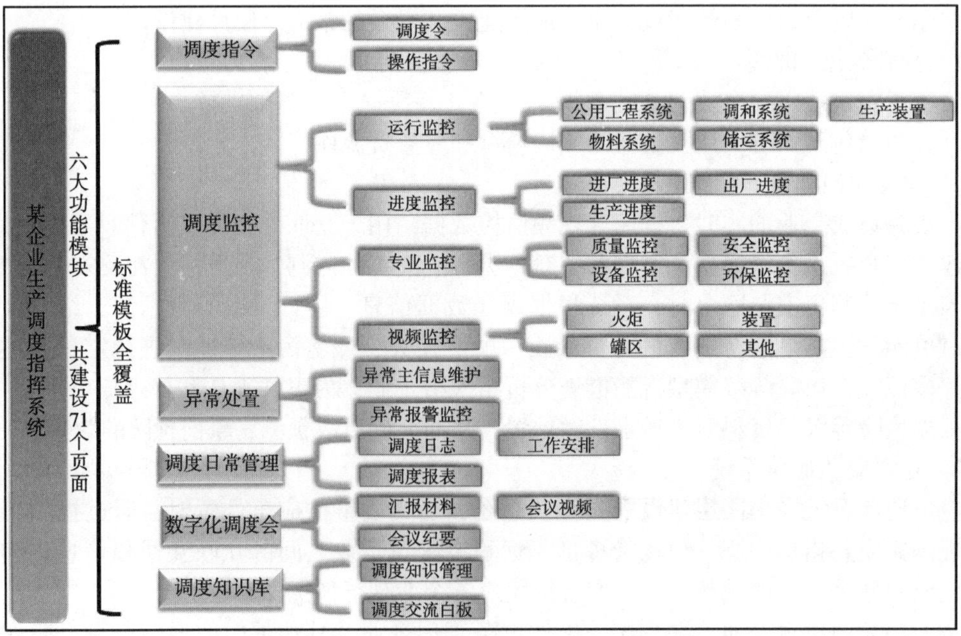

图 2-4-8　某企业生产调度指挥系统功能模块

（1）实现了生产运行高效协同。生产调度指挥系统将生产指标从计划层、调度层、执行层逐层分解监控，操作指标从调度指令、日常管理、操作任务逐层转变为控制参数，从而实现生产管理与装置控制、优化的一体化管理，如图 2-4-9 所示。

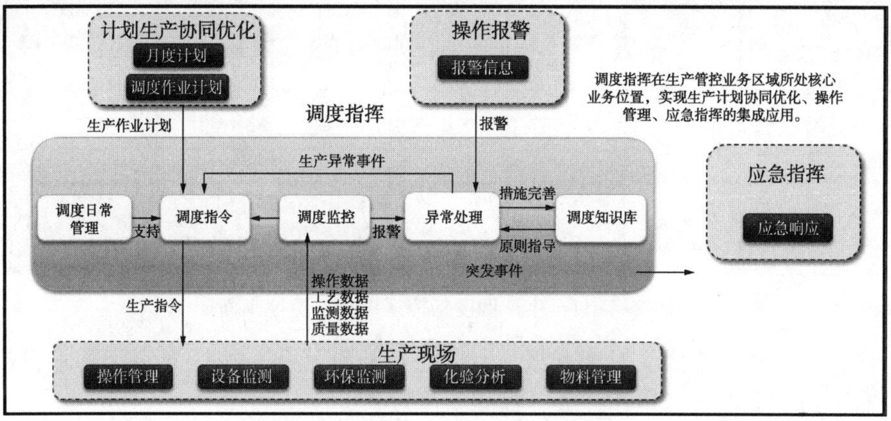

图 2-4-9　生产调度指挥系统业务协同

（2）调度指令在线闭环管理。通过与操作管理系统的相互集成，在线对指令的编制、下发、反馈及跟踪进行痕迹化处理，便于指令执行过程跟踪及事后追溯，如图 2-4-10 所示。

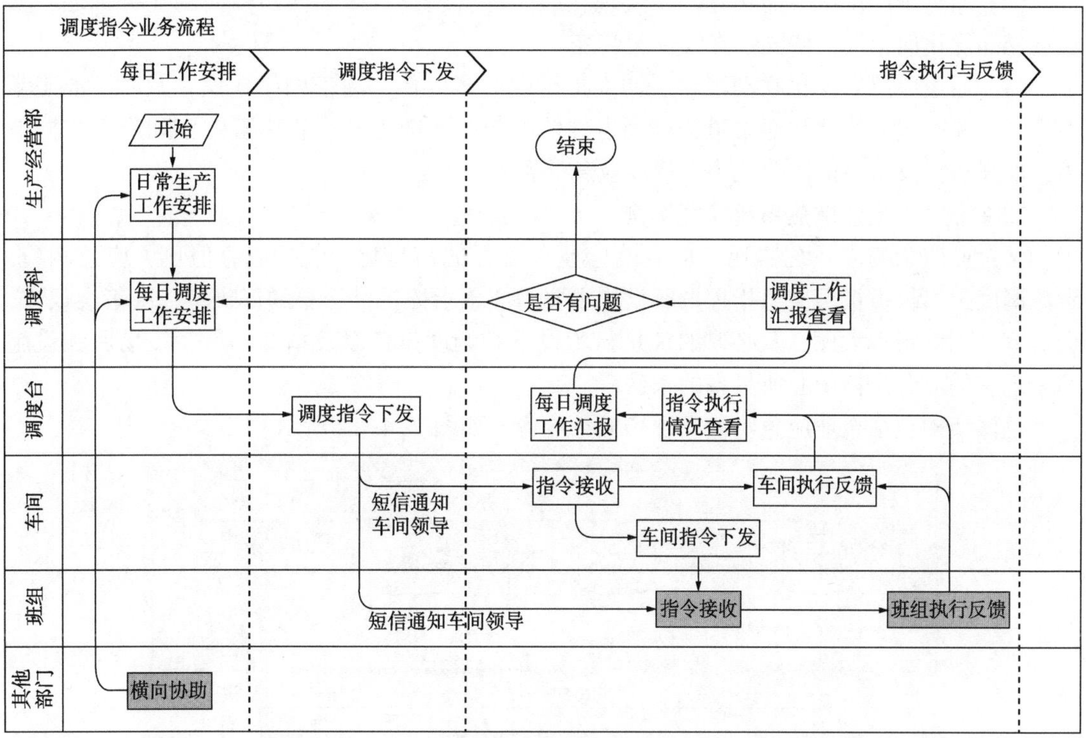

图 2-4-10　生产调度指挥系统调度指令执行

（3）日常生产过程监控。系统借助于智能工厂企业中央级数据库及生产实时管理系统，有效集成了生产、库存、质量、设备、安全作业、环保等业务信息，划分出 4 大类动态监控主题，包括对 16 套主要装置 49 条侧线的生产完成情况、对 20 套装置（含系统）的 212 个工艺指标的实时数据、10 个罐区 41 类油品信息、26 套装置馏出口 55 个检测项目 135 个检测点的质量数据及安全环保、关键机组等相关数据进行监控，实现了信息的全面可视化，提升指令流转、预警、监控分析与响应执行能力，如图 2-4-11 所示。

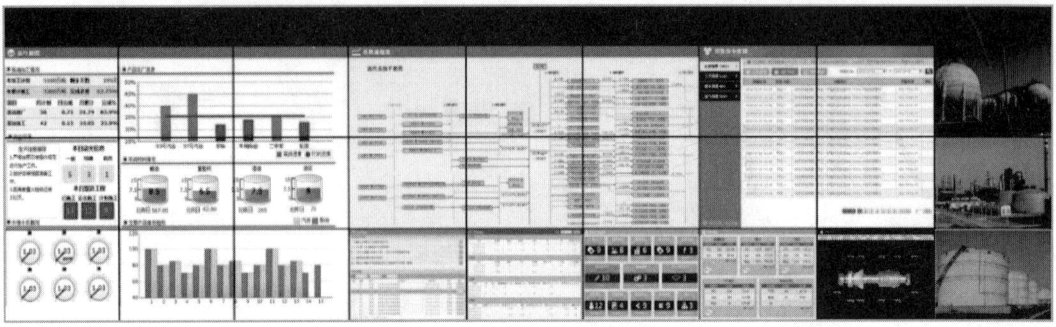

图 2-4-11　生产调度指挥系统日常监控画面

（4）调度台账在线生成。对现有纸质台账进行梳理优化，按业务实际需求自动进行数据抽取，有效减少调度人员工作任务，提高工作效率。

（5）通过计划生产系统优化建设，提高模型准确率，提高计划、调度协同优化能力，优化配置资源，降低能耗、物耗；提高各业务环节协同作业水平，使生产指挥信息共享，协调决策，增加了决策的透明性和对变化的快速反应能力。

（6）通过生产调度智能化建设，实现在线闭环管理，打破纵向与横向的业务围墙，实现从局部优化向全局、协同、在线优化转变。

（7）通过应急一体化联动平台、调度指挥中心多媒体、通信网络建设，及时、准确掌握生产情况，建立快捷沟通渠道，提高事件监测与预警能力、应急决策效率和应急协同能力，增强对突发事件的防控能力，提高应急处置效率。

2. 案例 2：应急响应系统实践案例

某企业应急响应系统实现了应急响应业务流程的信息化，包括应急值班、应急响应、资源调度、事故模拟。应急指挥场所设施主要为应急指挥提供必要的值班室、决策会议室、会商室、调度指挥大厅以及必要的信息显示设备和调度设备以及指挥场所，该场所和设施基于现有的应急指挥中心所具备的条件。

总体架构包括企业应急响应和现场应急响应，如图 2-4-12 所示。

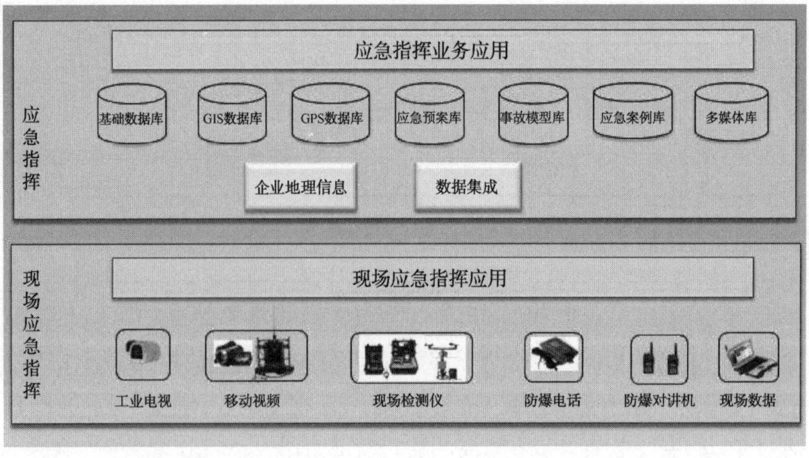

图 2-4-12　应急响应系统总体架构

系统采用成熟技术和现有成果，保证系统应用的稳定性、可靠性和可用性。基础硬件、软件采用国内外成熟先进的技术，满足个性化需求，支持二次开发工作。采用构件和接口设计技术，可充分利用已有的成果，保证系统实用、稳定和可靠。

应急指挥系统包括应急值班、应急响应、事故模拟、资源调度、系统管理以及管理员功能等模块，实现日常应急管理和突发事件时的应急响应。日常应急管理包括应急值班、管理维护；应急响应的业务功能主要包括应急准备、应急处置、事故模拟、资源调度等，实现对应急事件的快速响应和准确处置，如图 2-4-13 所示。

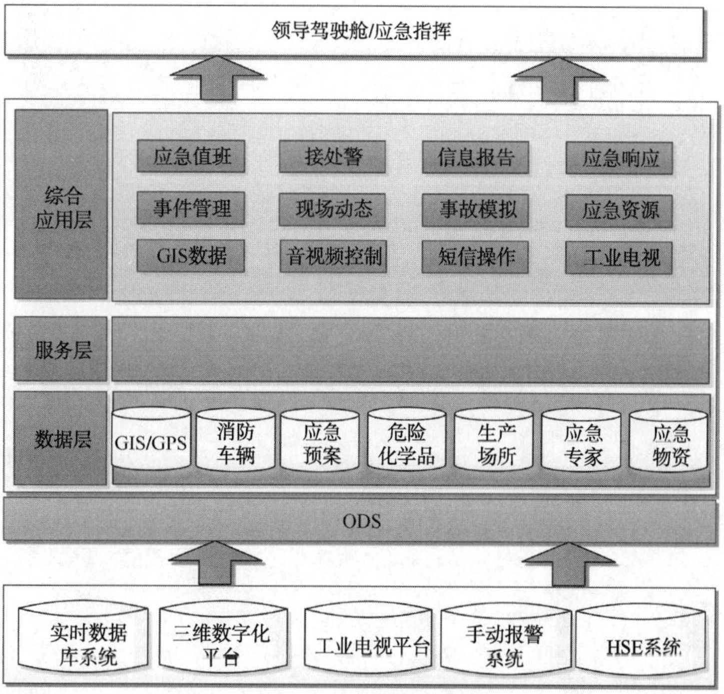

图 2-4-13 系统技术架构

1）应急值班

实现值班管理、接处警、信息报告等功能，该模块的主要目标是日常状态为企业及集团实现对应急交接班的可视化管理。

2）应急响应

实现应急准备、应急启动、应急处置、应急指令、舆情信息、应急终止等功能。该模块是应急指挥系统的关键模块，体现了应急业务的处理流程，实现应急资源的查询、指挥、调度与管理、应急方案的制定、应急处置过程的跟踪等，通过应急指挥调度过程的信息化，有效地提高应急处理的响应、指挥、调度与决策能力。

3）事故模拟

实现火灾、爆炸和泄漏扩展模拟功能。该模块的主要目标是提供事故分析功能，可对火灾、爆炸和泄漏扩散事故后果进行分析和模拟，预测事故对周边设施和人员的破坏区域和影响范围，模拟事故发展趋势等。

4）资源调度

实现对应急人员、应急物资、救援车辆等应急资源的调度，以及应急车辆的实时定位、轨迹跟踪、轨迹回放等，动态地获取应急车辆的位置。

5）事件管理

对应急事件进行实时记录、跟踪与回放，以及事后的事件归档，从而形成一个事件案例，最终建成事件案例库。该企业应急指挥系统集成了可燃有毒有害其他气体报警仪信号、工艺实时数据和现场报警信号，实现火灾探测、报警、工业电视联动以及事故扩散模拟和智能化数据分发的全过程应急指挥调度，为企业应急指挥业务体系提供技术支撑，实现对突发事件的事前预防、事发应对、事中处置和善后管理，实现了突发事件应急处置时企业应急指挥中心和现场指挥部之间的信息高效传递、资源有效调配和应急联动。

第三章

工 艺 管 理

炼油工艺管理主要任务是制定和组织执行技术规程、岗位操作法、工艺卡片等技术规范，开展技术攻关和创新，推进节能降耗，提高装置运行水平，实现全厂安全清洁、平稳高效生产运行的目的。工艺纪律是保证工艺管理工作贯彻执行，确保产品质量和安全生产而制定的约束性规定。工艺纪律执行是落实工艺管理工作的重要手段。

炼油工艺管理随着科学技术的发展和炼油规模的扩大不断改进提升。早期的炼油企业以生产燃料油为主，加工工艺简单，流程较短，苛刻度较低，受制于科技水平等诸多因素，工艺管理较为粗放，多以经验为主。

随着炼油企业规模化、装置大型化、管理集约化，炼油工艺流程复杂度大幅提高，促使企业建立、健全工艺管理各项制度，夯实基础管理工作。伴随工业信息化的发展和现代先进管理理念的引进，集散控制、安全仪表系统等广泛应用，工艺管理的规范化、流程化、信息化水平得到提升。

石化技术和经济社会的发展，使得市场需求不断增加，炼油企业工艺技术管理理念由"馏分管理"向"组分管理"和"分子管理"转变，炼化一体化深度融合，促进工艺管理由"单指标"管理过渡到"综合指标"离线管理并进一步转向"平稳性"管理、"技术分析及远程诊断"等在线平台管理，先进的工艺技术和数字化、智能化管理手段得到深度应用，工艺管理水平不断提升。

第一节　工艺基础管理

严谨、清晰、明确的技术文件和规范的基础工作可为操作人员提供全面正确的操作，是确保炼油企业安全、高效、低耗运行的保障，是实现严细、精准操作调整的依据。同时建立与基础管理相关的各项管理制度，强化对技术文件、资料、过程执行的管理，是提高工艺管理水平，适应现代企业精细化、体系化管理的需要。

一、工艺技术规程

工艺技术规程是组织生产操作、控制生产过程的主要工艺技术文件，是组织生产的技术依据，是企业保证安全生产、控制产品质量、提高运行效率的重要工具。

（一）内容要求

工艺技术规程是具有法规性的生产技术文件，是组织生产的技术依据。一般情况下，工艺技术规程主要包含以下内容：

(1) 装置概况：开工建设、中交、投产时间，设计规模，历次重大改造情况，主要工艺技术特点等；

(2) 生产工艺原理;

(3) 工艺流程简述(应有单独成册的 PID、PFD 图);

(4) 主要工艺指标和动力指标(设计);

(5) 物料及能源平衡图或表;

(6) 主要技术经济指标;

(7) 工艺参数(设计)一览表;

(8) 原辅材料、"三剂"等化学品名称、用途、物化性质、危害信息、质量指标、设计消耗量,危险化学品安全使用说明书(MSDS);

(9) 主要产品、中间产品及副产品物化性质、危害信息、质量指标、用途;

(10) 主要设备一览表:名称、位号、结构、材质、介质、尺寸、设计温度及压力、操作温度及压力、制造厂家;

(11) 仪表控制方案及主要仪表型式,主要控制仪表及计量器具一览表;

(12) 装置开停工及特殊设备、单元的操作维护说明书;

(13) 报警及联锁一览表(联锁点及联锁控制范围);

(14) 安全、环保、职业卫生技术规定;

(15) 装置布置图、地下管道图、主要设备单体图等。

(二) 管理要求

1. 工艺技术规程的制定/修订

工艺技术规程的制定/修订以工程设计或技术改造等技术文件为依据,以试车方案、试生产总结、工艺技术标定报告和国内外生产的先进经验为重要参考。工艺技术管理部门牵头,组织工艺、设备、安全等专业管理人员和技师等高技能操作人员参与编写或修订技术规程。新建装置在试生产前要根据设计单位或技术提供商的技术资料编制试行版,在试生产期间完成修订。工艺技术规程应定期修订。

工艺技术规程一般应每年评估 1 次适应性、有效性和执行情况,根据评估结果、年度安全检查、过程危害分析、生产事故等情况及时修订工艺技术规程。在工艺技术规程执行过程中,生产装置因实施检修、中小型技术改造、化工原材料改型、生产试验等原因涉及内容改变时,在新技术、新材料、新工艺、新设备设施投入使用前,要及时对工艺技术规程进行修订,并在该改变因素实施、投运前完成审批发布。如因客观实际条件无法在规定时间完成审批发布的,暂时编写的相关开工方案、项目投用方案或试生产方案等技术方案中必须包含该改变涉及的工艺技术规程相关内容,以暂时方案替代工艺技术规程。工艺技术规程的内容变更信息应及时传递到操作人员,变更的相关内容要组织操作人员进行培训。

日常生产中,管理人员、技术人员、操作人员可对工艺技术规程提出诊断建议,装置主管部门应及时组织评议、改进,提高工艺技术规程的准确性和可操作性。

企业应明确工艺技术规程的审批程序,工艺技术规程经各相关部门审核、会签,报公司分管领导批准后生效。工艺技术规程正式版本应附会签审批表。

2. 工艺技术规程的执行

工艺技术规程一经发布,操作人员及生产指挥人员必须认真学习、熟练掌握,并严格执行。技术管理人员应检查工艺技术规程的制定、修订、执行情况,并严格进行日、周、月检,严防超出工艺技术规程范围的操作。管理人员应严格执行工艺技术规程,杜绝违章指挥。

二、岗位操作法

岗位操作法是规定生产操作方法、操作要点、产品质量控制以及异常情况处理步骤及注意事项等内容的技术文件，是进行生产活动的主要指导性技术文件，是操作人员及生产指挥人员必须严格遵守的操作依据。

（一）内容要求

岗位操作法是指导操作人员生产操作的主要技术文件，规定生产操作的技术要求、操作步骤及注意事项等。一般情况下，岗位操作法主要包含以下内容：

（1）岗位适用范围及职责。

（2）岗位生产工艺流程及关键控制点。

（3）岗位报警、联锁及其投用与操作。

（4）开工操作：开工准备（内部、外部条件）与检查确认，开工操作步骤与注意事项，升温、升压、提量等操作及要求（升温曲线、升压曲线、提量曲线等）。

（5）岗位正常操作：产品质量调节及控制，工艺参数的调节及控制，关键设备的操作维护规定，原料切换、产品切换、“三剂”切换等操作。

（6）岗位异常操作。

（7）停工操作：停工准备（内部、外部条件）与检查确认，停工操作步骤与注意事项，降温、降压、降量等操作及要求（降温曲线、降压曲线、降量曲线等）。

（8）装置应急处理：公用工程故障紧急处理方法与步骤，如水、电、蒸汽、仪表风、动力风、氮气等停供；自然灾害紧急处理方法及步骤，如台风强风、暴雨雷电、暴雪寒潮、高温高湿等；主要设备故障，物料中断、泄漏，着火爆炸等紧急处理方法与步骤。

（9）主要设备操作法。

（10）“三剂”装卸、再生、烧焦、活化方案等。

（二）管理要求

1. 岗位操作法的制定/修订

企业应统一制定岗位操作法格式，以工艺技术规程、工程设计或技术改造等技术文件、同类装置成熟经验及有关技术资料为依据，由工艺技术管理部门组织编写或修订，新建装置根据设计单位或技术提供商的技术资料编制试行版，新建、经技术改造的装置在开工前，根据设计文件编写岗位操作法。岗位操作法应定期修订。

岗位操作法一般应每年评估 1 次适应性、有效性和执行情况，根据评估结果、安全检查、过程危害分析、生产事故等情况及时修订岗位操作法。每 3 年至少应组织对岗位操作法进行 1 次全面修订。由工艺技术管理部门牵头，组织工艺、设备、安全等专业管理人员和技师等高技能操作人员参与编写或修订。新建装置在试生产前要根据设计单位或技术提供商的技术资料编制试行版，在试生产期间完成修订。在岗位操作法执行过程中，生产装置因实施检修、中小型技术改造、化工原材料改型、生产试验等原因涉及内容改变时，在新技术、新材料、新工艺、新设备、新设施投入使用前，要依据工艺技术规程等技术文件及时对岗位操作法进行修订，并在该改变因素实施、投运前完成审批发布。如因客观实际条件无法在规定时间完成审批发布的，暂时编写的相关开工方案、项目投用方案或试生产方案等技术方案中必须包含该改变涉及的岗位操作法相关内容，可以暂时方案替代岗位操作法。岗位操作法的修订应与工艺技术规程的修订同步。岗位操作法的内容变更信息应及时传递到操作人员，变更的相关内容要组织操作人员进行培训。

明确岗位操作法的审批程序。岗位操作法经各相关部门审核、会签，报公司(或二级厂)分管领导批准后生效。岗位操作法正式版本应附会签审批表。企业应积极推行重要操作前“手指口述”工作要求，规范操作管理，可通过视频录像、对讲录音等方式对操作过程进行抽查。严禁违反操作程序擅自操作，严禁违章指挥他人冒险操作。为了确认操作条件，识别操作风险，规范操作步骤，优化操作流程，减少实际操作过程中人为因素造成操作偏差，企业应积极开展操作法标准化、精细化的编制及实施工作。

2. 执行要求

岗位操作法一经发布，操作人员及生产指挥人员必须认真学习、熟练掌握，并严格执行。技术管理人员检查岗位操作法的制定、修订、执行情况，并严格进行日、周、月检，严防超出岗位操作法范围的操作。管理人员应严格执行岗位操作法，杜绝违章指挥。生产管理技术人员应严格执行岗位操作法内容下达相关操作指令，并指导和监督装置岗位操作人员，操作人员应严格执行岗位操作法所规定内容，严防出现超出岗位操作法范围外的不安全操作。

岗位操作法的使用要求与工艺技术规程相同，应及时根据诊断建议进行评议、改进，提高岗位操作法的准确性和可操作性。

三、工艺卡片

工艺卡片(Process Sheet)是对生产过程所需控制的重要工艺参数进行汇总编制的卡片形式的技术文件，用于指导生产装置各工序实现安全、高效、稳定、低耗运行的强制性操作调整的工艺技术指标范围。

(一) 内容要求

工艺卡片是对装置主要指标控制范围进行明确规定的技术文件，应根据工艺技术规程及设计资料编制。一般情况下，工艺卡片应涵盖以下主要内容：

(1) 主要工艺、动力控制指标；

(2) 工艺联锁指标；

(3) 原料、主产品、中副产品的质量控制指标；

(4) 环保排放指标；

(5) 工艺防腐指标。

(二) 管理要求

1. 工艺卡片的制定/修订

企业应统一规定工艺卡片的具体内容和格式，依据国家和地方安全环保规范、设计资料、工艺技术规程及岗位操作法、原料性质、产品方案及质量标准、实际运行情况等进行编制，并参照国内外同类型装置先进指标。

工艺卡片由下达单位、主管单位、执行单位三家单位进行管理，原则上需要“管控分开”。其中下达单位为公司专业主管部门，主管单位一般为运行部，执行单位一般为运行部基层。

一般来说，工艺卡片根据不同的企业有不同的制定管理规定，有的实行多级管理，也有的实行一级管理。多级制定管理要求如下：

(1) 一级工艺卡片(有些单位也称公司级)指标由装置主管单位组织相关单位编制，由分管领导批准通过；二级工艺卡片(也可称为运行部级或车间级)指标由运行部(车间)装置技术人员编制，运行部(车间)主管领导批准通过；一级和二级工艺卡片指标往往合并为一张卡片的指标，两者指标不重复。执行单位负责卡片的参数在运行中的宣贯和实行，主管单位负责监督检查。

(2) 工艺卡片参数控制指标不应超联锁值，不带联锁的工艺卡片参数不应超设计值。新建或改造装置应在投用前完成工艺卡片的编制(修订)，开工过程应执行有效工艺卡片。在运行生产过程中，原料和生产工况发生变化时，工艺卡片需根据生产实际要求及时修改报批，工艺卡片一年需要进行一次修订；工艺卡片指标修订只需对修订项进行审批，指标修订审批程序与指标制定大体一致。一般要求纸质版工艺卡片存放于操作室内，便于操作人员学习翻阅。

2. 工艺卡片的执行

日常生产中，工艺参数根据工艺卡片指标范围进行调整，操作人员严格控制相关参数在工艺卡片范围内，管理、技术人员下达指令也须严格遵从工艺卡片要求，操作人员有权拒绝执行不符合工艺卡片要求的相关操作作业。当操作工艺参数在控制指标边缘或者因特殊工况(如短时极端天气、校表等)，参数短时超出工艺卡片规定范围时，操作人员应该将超标原因记录于交接班日志，以便日后其他人员查阅，同时查找超标原因，及时调整直至参数恢复正常。而当原料、操作工况等发生变化时，须提前按程序进行变更。当某参数长时间超出工艺卡片值，经调整无法恢复时，必须进行危害识别和风险评估，制定防范措施，同时执行单位应及时将问题反馈给主管部门，按卡片修改程序进行修订。运行部(车间)工艺技术管理人员或值班人员应对每天工艺卡片执行情况进行监督、检查，在技术月报中分析工艺指标超标原因及采取的措施。

操作平稳率是反映生产装置工艺参数平稳的最直接指标。可利用工艺管理系统将主要生产装置工艺卡片控制指标纳入平稳率考核，并按照“控制范围要严、超标原因分析要清、预防措施要得当、考核硬兑现”的原则，实现操作平稳率常态化考核、标准化管理。

四、图纸管理

(一) 内容要求

炼油装置图纸一般包含原则流程图(PFD)、管道仪表流程图(PID)、平面布置图等。通过相关图纸可对装置整个生产过程和相关工艺、设备信息有充分清晰的了解。

(二) 管理要求

1. 图纸的绘制

图纸的绘制(修订)以工程设计或技术改造等技术文件、装置现场实际为依据。一般由运行部工艺技术人员按装置绘制，运行部主管领导审定后发布，对新装置、经技术改造后的装置图纸需提前发布，并在图纸的右下侧注明绘制人员、审批人员信息、绘制时间，注明图号，方便查询。

(1) 原则流程图(PFD，Program Flow Diagram)：也称工艺物料平衡图。通过 PFD 图，可以对整个生产工艺过程和与该工艺有关的信息资料有一个基础性的了解。绘制 PFD 图包括关键工艺设备位号和名称、工艺操作温度、压力、主要控制仪表及其信号走向、物流走向、物流号等相关信息，另外，PFD 图还包括一份装置设计工况下的物性物料平衡表，其中包括对应的物流组成、温度、压力、状态和流量信息，装置原则流程图如图 3-1-1 所示。

（2）管道仪表流程图（PID，Piping & Instrumentation Drawing）：是炼油生产的关键性核心基础技术文件，它不仅是设计、施工的重要依据，也是企业管理、试运转、操作、维修和开停车等各方面技术支持的一部分。PID 图需借助统一规定的图形符号和文字代号，将装置所有的设备、仪表、管道、阀门及相关公用工程系统详细绘制出来，了解熟知 PID 图上每一个字母、符号所表示的含义，并清楚明白相关元件的作用和控制方法，是专业技术管理人员、操作人员必须掌握的专业技能，借助管道仪表流程图可简化推进工艺装置的开发、工程设计、施工、操作和维修等相关项目的进行。装置管道仪表流程图如图 3-1-2 所示。

（3）平面布置图：是指装置俯视图，包括主要设备、装置各区域划分等。要求各主要设备绘制简图与现场一致，并标记装置各分区的规格尺寸。装置平面布置图如图 3-1-3 所示。

2. 图纸的修改、审批

运行部各装置必须保存的图纸有装置原则流程图（PFD）、管道仪表控制流程图（PID）、平面布置图及联锁逻辑图。保存的图纸应以工程设计或技术改造等技术文件、装置现场实际为依据，与现场流程保持一致。

图纸可由运行部工艺技术人员按装置绘制，运行部主管领导审定后发布。新装置、经技术改造的装置图纸在开工前 1 个月发布。每个操作室应至少有 1 套纸质的活页图纸，确保流程动改等信息能及时更新。经技术改造的装置，对流程动改等相关信息需要及时修订，工艺技术人员修改后，由运行部（车间）主管领导审批后发布，正式版图纸发布后及时印刷，内外操作室均存放一份，便于操作人员学习翻阅。

实时数据库的装置流程图画面以该装置 DCS 画面为模板绘制。新建装置或技术改造装置画面要在装置开工前一周发布。装置小型改造涉及画面需变更的，运行部应在改造项目投用后一周内提出修改申请。运行部应定期对所辖装置或系统的流程图画面进行检查，对存在的错误及时提出修改；对实时数据库相关内容进行变更（含新增）时，相关变更内容需交主管部门会签。

五、执行过程

（一）控制和检查

专业技术人员要指导、监督装置岗位操作人员按岗位操作法进行操作，工艺参数根据工艺卡片指标范围进行调整；运用自动控制仪表、DCS 控制系统及定时巡回检查等手段对生产过程中的工艺参数进行监控，并根据工艺过程要求、原料变化和中间产品质量特性分析及时调整工艺参数，保证质量、安全、环保指标合格。

生产计划安排不能超过装置的设计能力和环保设施的处理能力，不得停用安全和环保设施。技术管理人员应定期检查工艺卡片执行情况，保证影响设备、工艺生产安全的温度、压力、组分配比等指标不超出控制范围。其他超出控制范围的指标要及时分析原因并调整，相关情况在交接班日志及工艺技术台账上做好记录。

质量管理部门按照分析项目及频率规定或生产需要，对生产过程的产品和中间产品进行检测分析，并将检测结果及时上传，重要检测结果应及时反馈。生产部门在接到不合格信息后，应立即进行原因分析、生产调整，防止再次出现不合格情况。

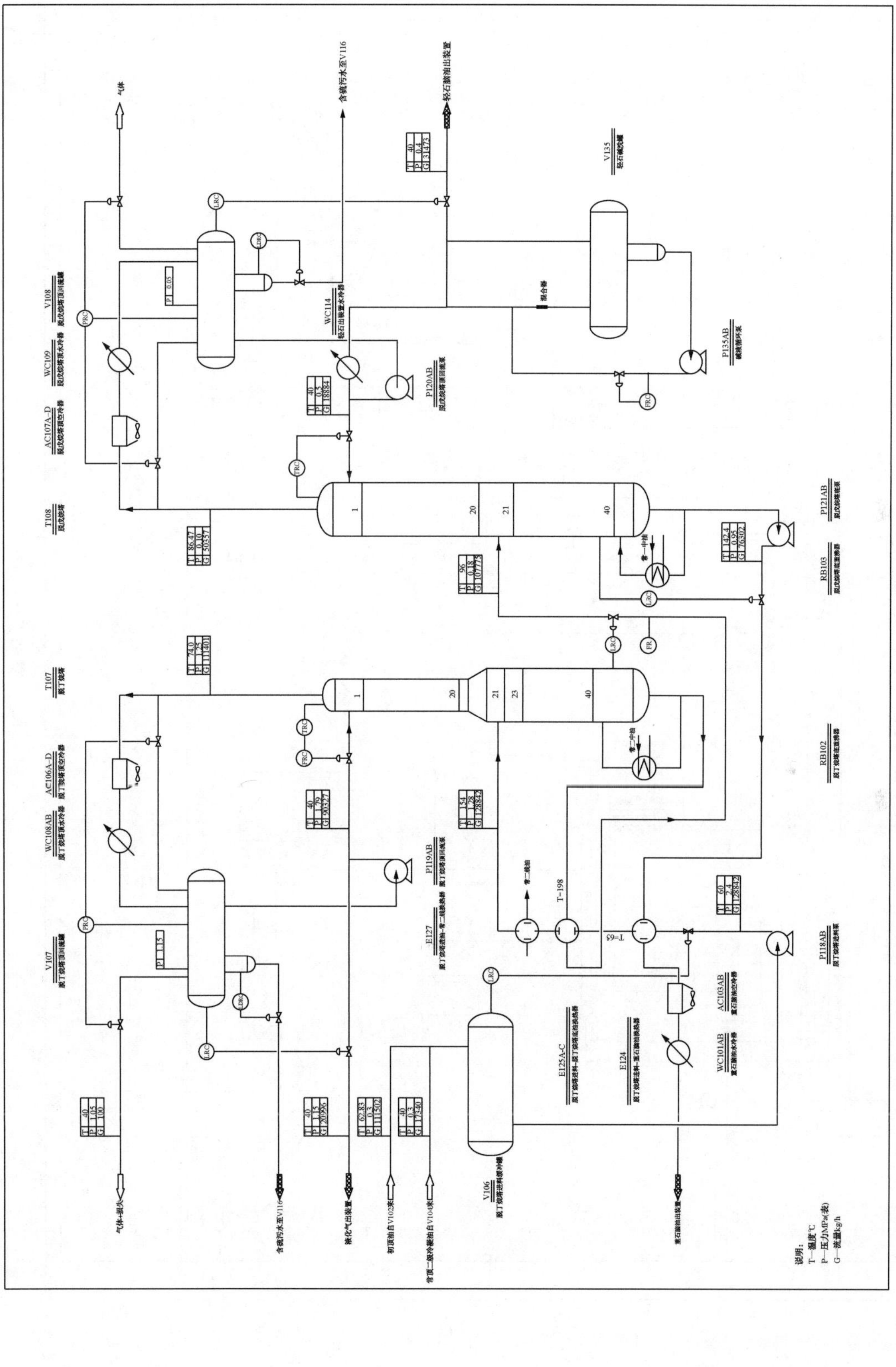

图 3-1-1 某装置原则流程图

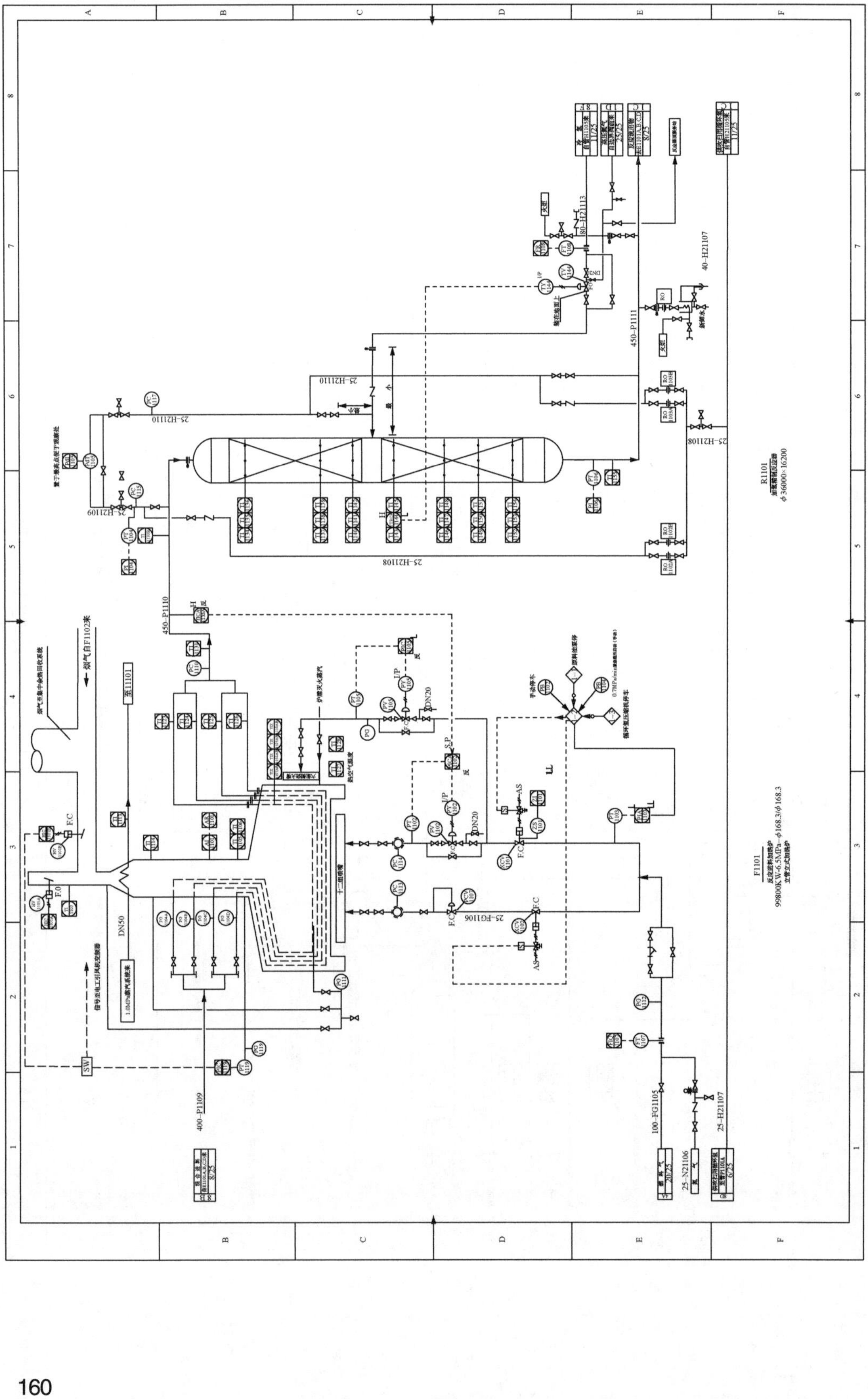

图 3-1-2 某装置PID流程图

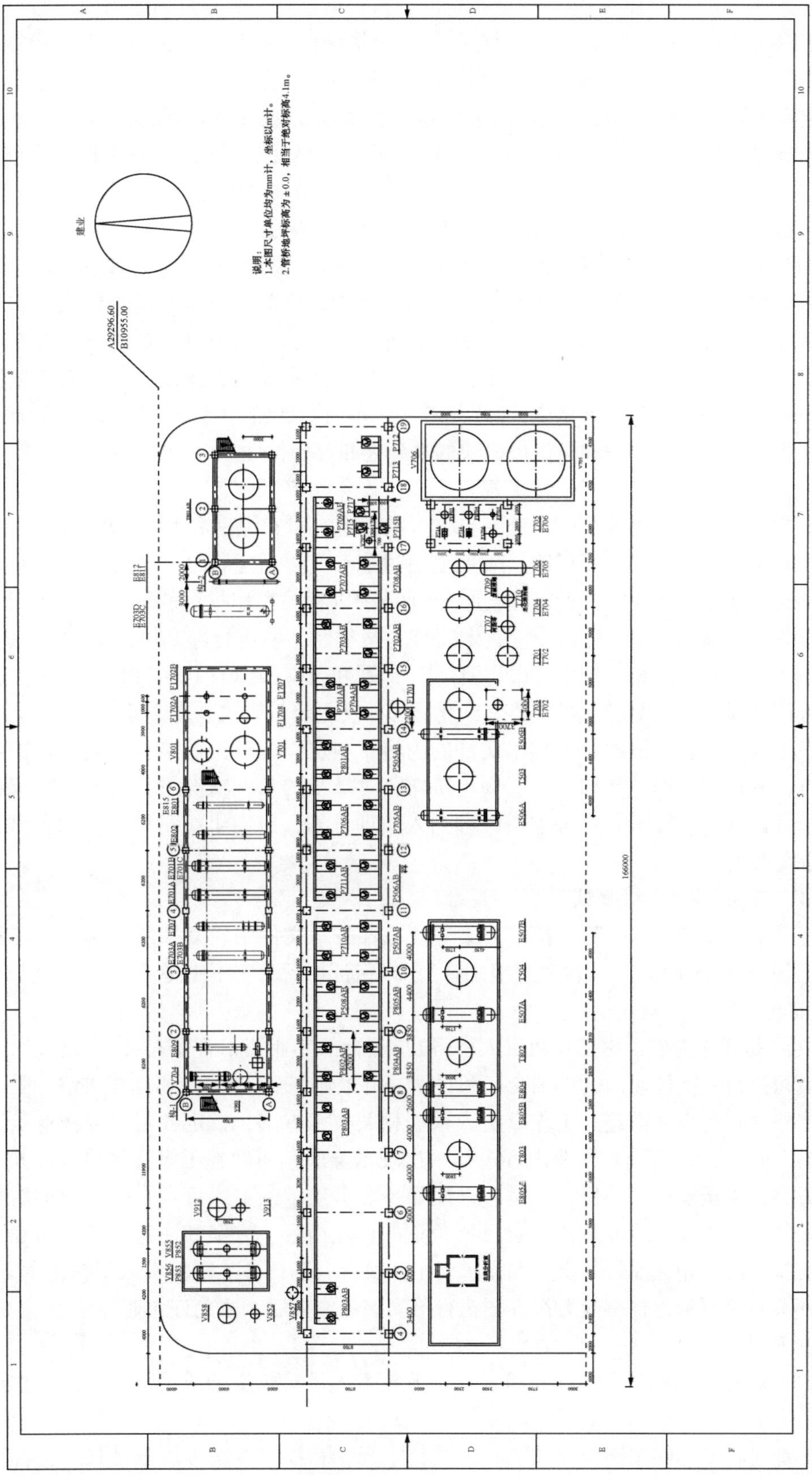

图 3-1-3 某装置平面布置图

当发现连续超出控制范围一定时间的指标时，执行单位要组织分析制定书面的纠正预防措施，并组织纠正措施的实施及验证。对已采取纠正措施但仍超出控制范围的控制指标，指标执行单位应及时按照管理控制程序，将相关信息报告装置主管部门，由主管部门组织原因分析，确定责任部门，由责任部门制定纠正措施，主管部门负责跟踪验证实施效果。如果指标超出控制范围仍未得到纠正，装置主管部门应按照公司管理控制程序填写工作联系单，将相关信息传递到指标下达部门，指标下达部门牵头相关单位分析原因、落实和整改。

在工艺技术规程、岗位操作法的规定范围内，运行部基层(车间)有权利和义务对岗位操作法的内容做进一步细化完善，也可以在工艺卡片规定的指标范围内，对指标进行适当调整，并以操作指令等形式下达至相关人员。对加热炉、压缩机切换及换热器投用和切出等非常规操作，运行部基层(车间)可组织编制操作票，作为岗位操作法的补充，并在岗位操作法修订时及时补充完善。日常生产中，管理人员、技术人员、操作人员可对工艺技术规程和岗位操作法提出诊断意见建议，运行部基层(车间)及装置主管部门应及时组织评议、改进，持续提高工艺技术规程和岗位操作法的准确性和可操作性。

当工艺条件、操作等超出工艺技术规程、岗位操作法等规范性文件范围，且确实需要改变时，应启动相关变更管理程序，变更实施前进行影响因素识别和 HSE 风险评价，制定并采取相应对策措施消除或控制风险，确保变更过程和变更后运行处于受控状态。对需下达到操作岗位的变更操作内容，运行部基层(车间)须以相关操作指令的形式下达到相关岗位操作人员学习。操作指令一般由专业技术管理人员编制，经运行部基层(车间)区域主管及以上岗位人员审批后发布。经危害(环境因素)识别和风险(环境因素)评价，对于一般及以上风险且岗位操作法未明确、操作票未细化的操作变更，编制成技术方案。

工艺技术管理人员应根据相关技术文件的内容，制定岗位员工的培训计划，定期组织开展岗位练兵和培训工作，并结合日、周检工作，对员工的掌握情况进行检查。将流程改动、工艺卡片、联锁、技术方案等重点内容列入培训计划，定期组织培训，组织考试，促进员工技能的提升。

(二)“工前会”和“三级确认”

岗位操作法、工艺技术规程、技术方案等规范性技术文件中较复杂或关键重要工作的执行，应组织开展“工前会”，做好“三级确认”，以保证执行落实不出差错。

1. 工前会

“工前会”是指作业前，由工作负责人(一般指运行部专业技术管理人员)在现场对本作业相关人员再进行一次作业前的详细交底和说明，并鼓励“三向交流”和互相讲解，是确保技术方案严格执行的有效措施。工作负责人根据相关技术方案，指定各工序的作业负责人(一般指施工方管理人员)，对作业内容进行一次现场交底，明确各工序交接界面，并详细说明技术方案，强调安全、环保、质量、进度等主要事项。各工序负责人按作业前后顺序进行模拟操作，向作业团队成员说明自己所负责的作业内容、方案和注意事项，明确下一道工序的交接标准、相互配合的要点和需求。工作负责人确认各工序负责人掌握技术方案，配合衔接环节对接清晰，且有能力按方案执行落实该项作业后，才允许作业。

2. 三级确认

“三级确认”指的是岗位人员、班组长、专业技术人员对较复杂或关键重要的工作进行确认。

为使作业过程都能够按岗位操作法、工艺技术规程和技术方案等规范性技术文件执行并处于安全受控状态，确保较复杂和关键重要操作安全可靠，生产运行部(车间)应识别较复杂或关键重要操作清单，明确职责，责任到人，做到"三级确认"。

对于较复杂或关键重要操作，作业前由班组长通知相关人员进行三级确认工作，岗位人员、班长和专业技术管理人员应按各自职责规定对操作进行检查确认，并制定相关操作"确认表"。

（三）总结分析

专业技术管理人员要对工艺过程管理执行情况及时进行总结分析，一般采用技术月报、年报、技术台账等方式。对特定的情况，如装置大修、新建(改建)装置投产、新油种加工、新产品开发等进行技术总结。

技术总结是按规定格式和要求，通过对特定过程的定性、定量分析后所作出的书面综合结论，一般由主管部门备案。在生产装置每个年度、装置大修后、新建生产装置投产后、装置经技术改造后、新油种加工后，生产新产品、技术攻关及技术改造项目执行后，以及其他特定要求情况下，所在装置工艺技术人员须进行技术总结，完成时间以所在公司要求为准。

1. 年度运行总结

主要内容包括：装置年生产情况、能耗情况、化工原材料消耗情况、产品质量情况以及装置原料、安稳长满优运行、存在主要问题、事故或非计划停工、主要技术经济指标完成情况、指标先进性分析、新技术应用、新产品试产、标定、技改技措、安全、环保、工艺防腐等方面。

2. 装置大修总结

主要内容包括：开停工方案及控制网络的执行情况、设备检查情况、开停工消耗情况、技改技措实施情况、装置日常运行存在问题在大修检查时的确认、分析，以及安全、环保、消(气)防措施实施效果、工艺防腐措施实施效果、开停工存在问题等方面。

3. 新建装置(包括重大技术改造)投产总结

主要内容包括：装置概况、单机试车情况、联动试车情况、装置原料情况、产品质量情况、物料平衡、能耗情况、物耗情况、化工原材料情况、试车过程存在的主要问题及改进建议，安全、环保、工艺防腐等方面总结。

4. 新油种加工总结

新油种加工总结由多家单位合作完成，生产主管单位根据加工方案做好馏出口产品的质量考察，化验分析检验检测单位在新油种加工后一定时间内向生产主管单位递交质量考察数据。运行基层部门在一定时间内完成"原油加工总结"并上报生产主管单位，最后由生产主管单位在规定时间内完成新油种加工全面总结，并发送公司相关单位和部门。如常减压、催化裂化装置总结主要内容包括：加工过程、物料平衡、主要操作条件变化、轻收与总拔、产品质量、电脱盐运行、工艺防腐、原料性质分析、产品分布分析、催化剂影响等方面。

5. 新品试用总结

主要内容包括：基本概况、质量指标、使用部位、方法及用途、作用机理、工业应用性能评价指标或方法、具体使用部位流程图及说明、使用起始时间及消耗情况、使用性能分析评价、供应商技术服务情况等方面。

（四）标准化做法

工艺管理是装置安全平稳长周期运行、连续生产合格产品、创造经济效益的基本保证。工艺管理不到位，对涉及高温高压、有毒有害、易燃易爆等高风险的炼油化工装置来说影响极大，极易造成严重的质量、安全、环保事故，造成人员伤害、设备损害以及经济效益的重大损失。要实现装置安全长周期运行目标，稳定现场管理是关键。工艺技术人员是企业生产现场最重要的管理人员和最直接的指挥者。加强工艺技术人员管理、规范其工作行为，是抓好工艺技术管理的一项重要基础工作。工艺技术人员应做好以下几个方面：

1. 日常生产

（1）掌握信息：通过查阅公司生产日报及旬、日生产计划、各部门及本单位的相关工作要求、会议纪要，掌握装置运行工况，关注上下游、公用工程系统生产情况；日常掌握装置生产薄弱环节和设备缺陷，生产指挥心中有数；了解班组岗位人员力量配备情况和特长。

（2）交接班会：提前到岗，掌握当前生产信息；仔细查阅交接班日志，了解班组生产情况、存在问题；仔细查阅分析数据，了解超出控制指标或异常变化原因；查阅实时工况，关注重要参数趋势变化；与操作人员沟通了解装置生产情况、存在问题；交接班工作安排言简意赅，强调HSE注意事项；分析生产作业中存在的问题，解答生产疑问。

（3）生产检查(日检)：检查联锁、报警变更及处置情况，先控、自控仪表等投用情况；检查装置平稳率、产品质量、存在问题，分析原因，提出措施，组织实施；检查操作人员操作指令执行情况；了解设备运行状况，检查现场“三剂”使用情况；检查现场施工作业安全措施落实情况，制止不安全作业；检查外操巡检、现场操作和内操监盘质量；加强与操作人员的沟通，获取改进生产的合理化建议；检查操作人员工艺纪律、操作纪律、劳动纪律的执行情况。

（4）生产指挥：严格执行操作法、技术规程和规章制度；影响安全的问题要坚持及时处理，在处理过程中，要制定落实可行的受控措施；处理问题要考虑装置上下游整体关系；作业安排要兼顾安全、环保、质量、设备相关专业。

（5）作业安排：作业前每日碰头会提出作业计划，评估必要性，做风险评价，定安全措施，书面下达；掌握当班人员技能水平、身体状况，了解精神面貌；根据工作量、轻重缓急，合理安排任务，避免交叉作业；布置工作时明确工作目的、理清工作步骤、强调注意事项；作业过程中对重要操作要到现场指导、指挥；掌握作业执行情况，关注执行过程中的变化，立即纠正不良趋势，作业执行完毕后要适时抽查，重要任务必须现场检查；及时记录和总结作业执行情况、存在的问题。

（6）生产绩效指标：做好生产计划指标对接，严格落实生产任务；跟踪装置绩效指标，及时预警并组织调优生产，确保完成；关注系统和原料情况，及时汇报和传递信息，提出处置建议。

（7）应急处理：接到信息后，快速了解装置、系统现状；按照预案要求，做好信息联系汇报，理清思路，指导班组处理；严控设备超温超压，采取措施保护催化剂和运转设备；物料停进、出装置要安排关闭边界阀门，管线按规定撤压；应急处理完毕，到现场确认流程、设备的状态，发现问题及时处理；总结应急处理情况，开展班组技术分析。

2. 技术管理

（1）文件处理：文件编写规范，语言通顺，文字简洁、准确；及时阅读处理文件，掌握相关制度、文件要求和通知精神；及时阅读处理邮件，发邮件不忘加标题，区分主送与抄送；对ISO文件的修改，要有修改内容的摘要提示，文件应按修改状态提交；及时答复合理化建议，反馈执行情况。

(2) 变更管理：加强日常变更作业风险识别和管控；节假日及夜间严格控制变更作业；操作变更应采用书面操作指令；日常仪表修改、流程变更、操作方法等变更，按公司制度规定的程序执行；变更内容要进行备案，传达到操作人员、相关管理人员，并在相应资料上完善，为下次修订创造条件；在执行生产任务变更时，做好与相关单位的信息传递。

3. 停开工检修

(1) 停开工前管理：根据平时积累的问题和优化措施，配合做好检修计划编制工作；预估装置内化工原材料使用情况，提出更新、采购计划；根据停开工特点，编写装置停开工方案(网络)；查阅装置历次停开工总结，吸取经验和教训，掌握本次装置停开工特点和重点关注部位；方案编写要考虑操作的可行性，查找存在问题，识别安全、环保风险，提出对策措施；方案要充分考虑对系统的需求和影响；编写化工原材料更换方案，对接、策划装卸事宜；通读方案，理顺各个步骤的衔接，汇总准备所需物资；方案讨论后，征求班组意见，完善改进后审批发布，根据方案，以书面形式下达操作任务，明确作业目的、步骤和注意事项；制定检修期间化工原材料更换网络，提前核实化工原材料到库情况，确保更换计划可行；提前办好消防用水、“三废”处置手续；进行停开工前“三讲”，向班组交代清楚各个细节步骤。

(2) 停开工过程管理：按方案严格执行，方案若需调整，须按规定审批；根据现场实际情况，合理调整网络节点，记录各个关键步骤的实际节点、存在问题和对策措施；停工过程中出现的缺陷，可以安排到检修期间处置的，坚决安排到检修期间；开工期间，影响长周期生产的问题须及时处理；全程负责盲板、限流孔板的动态管理，做好装置“三剂”和关键设备的保护；做好吹扫质量和进度的管理工作。除臭钝化后，安排人员监控重点部位温度参数，落实防自燃措施。

(3) 检修过程管理：掌握设备交出进度，控制设备交出节奏；关注现场检修过程，复核生产疑问，收集、分析、处理检修中发现的新问题；做好化工原材料装卸工作，严把装卸质量关；做好检修现场安全环保检查工作；重要设备封人孔前详细检查。

(4) 项目管理：策划技措技改，借鉴成功经验，推进项目实施；结合装置实际，做好设计方案审查，确保实现预期目标；协调实施进度，组织现场检查，落实问题整改；编制投用方案，开展人员培训，组织项目投用，总结实施效果。

(5) 开工后管理：指导班组调优参数到目标值；根据生产计划，对接组织装置标定，编写标定方案，收集数据，编制标定报告。标定内容包括：设计和实际原料的性质对比，技改技措实施效果，物料平衡、能耗、物耗、产品质量等主要技术经济指标对比，设备性能，化工原材料使用性能等。做好检修总结，内容包括：开停工方案及统筹控制网络计划的执行，设备检查，开停工消耗，技改技措实施，开停工存在问题等情况；改进停开工检修存在的不足，固化提升好的做法。

4. 技术积累

勤于思考，善于总结，在日常工作中完善、提升自我；按时填写台账，编写月报，数据翔实、分析透彻，不主观臆断；掌握工具软件的应用，整理、计算特征参数，分析运行工况，指导装置调优；整理装置热点、难点问题，制定滚动整改计划，总结经验教训；实时记录合理化建议、优化措施、技措项目等工作设想；重视对外交流，储备先进技术理念。

六、工艺检查

（一）日常检查

日常检查主要包括：岗位人员工艺卡片、工艺指标、操作票、作业票的执行情况；联锁、报警投用和记录情况；机泵运行情况；DCS 报警确认和调整的及时情况；仪表回路自控率、重要参数平稳率情况；日常抄表情况和报表数据记录、数据核对情况；班组交接班记录内容；工艺指令执行情况及操作人员掌握情况；操作人员巡检、巡屏（包括工业电视）制度执行情况；现场标准化情况；设备缺陷、仪表故障处理情况等。

运行部基层（车间）可根据岗位对日常检查内容做进一步细化，确保责任到人。

（二）特殊检查

特殊检查是针对炼油装置的特点和人员的配备，根据各部位的安全风险情况，对一些特殊部位采用特殊方式进行的检查，包括高处巡检、临氢系统的闭灯检查等。高处巡检、临氢系统闭灯检查均应选择在天气较好的情况下开展，高处巡检须有专人负责监护，检查发现的问题运行部基层（车间）应安排专人督促整改，闭环管理。

（三）日、周、月、季检

1. 日检

运行部基层（车间）的日检一般根据装置划分，由各装置主管技术人员负责实施（法定公休日或节假日，可由值班人员负责）。日检内容一般包括：装置原料性质，加工负荷及产品质量、能耗物耗控制情况；生产任务、产品收率完成情况；工艺纪律、操作纪律、装置工艺卡片、关键操作参数执行情况；关键或重点设备运行情况；工艺联锁投用情况；自控仪表及先进控制系统投用情况；化工原材料使用与配置情况；装置遗留问题整改情况等。

装置主管工艺技术人员应将日检情况及时记录在工艺技术台账中。对检查中发现的问题，及时整改，难以处理或需其他专业配合的问题，应及时向主管领导汇报，组织力量进行处理。

2. 周检

运行部基层（车间）的周检一般由所在装置主管领导组织，工艺技术人员实施并参加，周检时间一般相对固定。周检应涵盖日检问题的跟踪，事故预案防范措施的落实，化工原材料使用、备货情况的检查；还可以总结分析节能降耗工作开展的效果并提出改进措施；对日常不易检查的部位在周检中应进行重点检查。周检发现的各类问题和隐患，要求及时研究对策措施并组织整改闭环。

3. 月检

运行部基层（车间）的月检由运行部基层（车间）主管领导组织，本单位相关管理人员参加。月检一般结合运行部基层（车间）例会进行。月检例会一般包括：分析与总结本月的日、周检情况；分析工艺纪律、操作纪律执行中存在的问题；分析当月岗位责任制落实情况；讨论确定遗留问题的进一步整改方案、落实防范监控措施；讨论分析影响装置安全生产的问题，分析隐患产生原因，制定对策措施；总结相关技改技措项目、挖潜增效项目的实施投用情况；总结本月生产任务及各项技术经济指标完成情况；布置次月工作重点等。

月检应有会议纪要或会议记录，对遗留问题及将要实施的技改技措形成督办，闭环管理。

4. 季检

季检一般由公司工艺主管部门组织，每季开展，覆盖所有运行部。检查主要是为了保障管理体系运行的适应性、充分性和有效性。季检重点是对工艺技术管理、操作纪律管理、生产工艺变更管理、报警联锁管理、生产异常管理、化工原材料管理、盲板管理、行为规划及外包管理等进行检查。季检一般包括检查标准制定、检查计划编制和发布、检查实施、检查评分等过程。对检查发现的问题，责任单位要从管理职责、规程制度、人员能力、资源配置、检查考核等五个方面溯源分析，制定有效果、能落实的整改措施。主管部门对问题整改情况进行验证，并加强业务指导，帮助基层单位分析和解决问题。

季检检查方式可分为现场检查和非现场检查两种方式。现场检查要“突出重点、注重实效”，带着问题、带着课题开展，重点关注体系和制度执行的有效性。非现场检查可直接通过报表统计、电话咨询、电子邮件、信息系统等方式开展，减少基层负担。

七、实践案例：我为操作法、技术规程做诊断

1. 背景

操作法是炼油企业的“操作纪律”，是岗位操作的“根本大法”，也是平稳优化、安全生产的基础。为进一步完善操作法，提升规范化操作水平，提高员工技术素养，ZH 公司生产部、设备部、工会联合组织开展“我为操作法、规程做诊断”竞赛活动。在各参赛单位共同努力下，通过开展多种形式的“学、查、找、改、比”活动，有效促进操作人员对操作法的再学习、再认识和再提高，提高操作人员风险识别能力、完善操作法的准确性和操作性、快速提高新员工技能水平，也为建立“我为操作法、规程做诊断”长效机制提供了坚实的基础。

2. 机制和做法

（1）领导重视，精心组织，营造浓厚氛围。组织召开活动动员会，公司领导作动员讲话，并对竞赛宣传发动、方案细化、氛围营造、活动形式等方面提出了要求。各参赛单位积极响应，都在第一时间成立了由党政领导为组长的竞赛领导小组，由各区域主管、专业技术人员组成的工作小组，使竞赛活动做到主要领导重视、分管领导具体抓，齐头并进，上下互动的工作格局，为竞赛的顺利开展提供了强有力的组织保证。各参赛单位结合本单位实际，把“我为操作法、规程做诊断”竞赛融入当年的各项工作中，与规范管理结合，与技能培训学习结合，与优化运行结合，精心策划了各具特色的竞赛实施方案和日常考核细则，开辟竞赛专栏和管理平台，为竞赛深入有序地开展做好准备。竞赛过程中，各单位相继召开了动员会、推进会，挂横幅、出板报，营造学习竞赛的氛围，让每个员工都热起来、动起来、参与进来，激发班组、员工对岗位操作法、规程学习的主动性、积极性，形成了“比学赶帮超”的良好氛围。

（2）注重过程控制，狠抓活动实效。为确保竞赛不流于形式，能真正取得效果，各单位把竞赛活动作为促进规范操作、促进“安稳长满优”的重要工作来抓。

① 注重丰富活动形式。公司化工部在竞赛中，坚持梳理操作、明确责任，先后 3 次在各装置召开专题推进会，树立样板，形成模式；公司炼油 A 部通过“初诊”“会诊”和“重诊”的三诊断，将操作法和操作规程中存在的问题揪出；炼油 B 部突出“点、评、讲、学、考”五字诊断法，促进竞赛活动，规范岗位操作行为；炼油 C 部通过“五步”法，提升操作法的完整性和规范化操作水平；公用工程部电站作业区充分利用仿真系统进行操作法的模拟演

练来查找不规范行为，供排水二个作业区采用岗位预学和集中诊断相结合的方式进行，开展全方位诊断活动；炼油D部开展现场模拟过程操作考试竞赛，深化和巩固竞赛活动成果。此外，炼油A部、B部、D部、公用工程部、储运部等单位还在内部网上搭建竞赛平台，员工对操作法、技术规程、工艺流程图等各类技术资料进行“把脉诊断”，技术人员确认、审核和整改完善，形成闭环管理。

② 狠抓活动实效。注重学和用紧密结合，在诊断过程中，各单位注重操作人员与自己的现场工作经验充分结合，大家不是就事论事就操作法的文字进行修改，而是运用现身说法、未遂事故回顾、异常波动分析等方法，找出操作法中各步骤与实际操作过程的真实差异，切实加以整改。化工烯烃部对操作法中一些文字表述不清容易误解、与实际流程不符、易引起操作波动、损害人身健康、易发生环保事故等问题和不完善的地方，逐一分析危害或后果，提出具体建议措施，并结合下一年装置检修改造，突出对检修开停工方案、规程做诊断。炼油A部以装置区域为单位，组织装置操作骨干对历年来装置发生异常波动的处理方法进行总结分析，对操作法和规程进行专家“重诊”，提出完善建议，统一班组操作思路，减少重复异常情况的发生。炼油C部操作人员结合现场、事故处理经验，总结提炼优秀操作经验，对现有操作法、规程等资料提出修改合理化建议。注重技术和操作紧密结合，化工部确定JHA的诊断方法，形成新员工讲述、老员工补充、班组质疑、技术人员讲解和点评的分析过程，对操作法进行梳理；炼油E部运行部管理团队不仅做好活动策划工作，还深入各班组指导、实时点评，提高班组人员对操作法的认知程度；港储部竞赛中把握好“学、核、议、辨、提”五个环节，强化可操作性和实效性。技术员与班员一起对操作法、规程进行学习，与生产现场平时操作方法相比较、核对，开展充分的讨论，进行全面的风险识别和评估，提出对操作法完善的修改建议，注重点与面紧密结合。炼油C部、化工烯烃部、储运部针对面大、点多、内容多的特点，对操作法、规程、操作票、应急预案切块，作为责任田分到班组，使诊断不留盲区。公用工程部以班组为单位制定诊断计划书，密切联系实际工作，针对装置运行实际情况，对优化运行提问题，经验共享促提高，做到了学用结合。

据统计，各参赛单位共收到诊断建议2万余条，采纳1.6万余条，诊断效果显著。

(3) 抓好竞赛服务到位，做好总结固化提升。作为竞赛的组织方，公司生产部、设备部、工会着力做好竞赛的指导、服务、协调和管理等工作。为了解各运行部活动开展及职工参与情况，组织方以调研问卷及现场交流的形式对各参赛单位进行了调研，并派员观摩基层单位竞赛活动组织实施过程，全面了解掌握竞赛活动动态，之后又以随机走访的形式，到各单位了解活动总体开展情况。为进一步推进活动开展，公司专门在化工部召开了“我为操作法、规程做诊断”现场推进会，通过学习交流、经验共享，掀起了竞赛活动的新一轮高潮。并以推进会为契机，对一些值得推荐的活动方案、亮点，进行总结提炼固化，形成了《“我为操作法、规程做诊断”竞赛活动指南》，下发各参赛单位，供后续的活动中借鉴和执行。

(4) 抓好竞赛评比表彰机制，促进竞赛活动持久性。为最大程度地激发职工的参与热情，各单位在竞赛中注重物质奖励和精神奖励相结合。在竞赛方案中，结合本单位实际，对考核评比和奖励细则进行精心设计，根据建议重要性，对各类建议进行分级奖励、即时奖励，极大地调动了广大员工踊跃参加竞赛的积极性。为检验各单位竞赛效果，公司组织对运行部“我为操作法、规程做诊断”竞赛成效进行阶段性检查，通过笔试答题，一定程度上了解掌握了操作人员对操作法的实际掌握水平。

3. 效果

通过竞赛，涌现了一批“我为操作法、规程做诊断”竞赛的先进单位及个人。在各参赛单位的共同努力下，产生了公司“我为操作法、规程做诊断”竞赛优秀组织奖4个，标杆操作法(规程)4本，“我为操作法、规程做诊断”竞赛取得阶段性胜利，为以后常态化推进竞赛，建立长效机制取得了一定的经验。

第二节 停开工管理

随着石油化工行业生产规模不断扩大，特别是生产装置的大型化、原料的劣质化，产品质量和环保指标的日益提高，检修周期的不断延长，加之装置运行负荷受市场因素波动加大等不利因素的影响，装置停工检修改造工作已经成为恢复设备性能、消除装置瓶颈、治理装置隐患、提高产品质量标准、环保装置升级、提升智能化水平的重要途径；炼油装置停开工是一项复杂的系统工程，流程动改、工艺调整、设备启停等比较集中和频繁，装置温度、压力变化较大，安全环保风险高，停开工过程中稍有疏忽就会出现问题，甚至发生泄漏、着火等事故。停开工的企业与装置，应充分识别停开工过程各阶段风险，制定并落实防控措施，确保停开工过程安全环保无事故。

装置停开工应建立专门组织机构，安排专人指挥，理清思路，协调好各个步骤之间的衔接，控制好停开工工作节奏；确保停开工操作人员岗位力量以及机电仪各专业保运力量，确保各专业、各岗位联系沟通紧密，及时联系协调。

一、停开工方案

停开工方案的制定是装置在停开工过程中保证各项作业有条不紊进行的关键，是具有重要指导意义的规范性技术文件，详细规定了准备工作、停开工步骤及注意事项等。装置因检修或抢修、物料倒空后长时间停车、新建及重大技术改造等情况需编制装置停开工方案。运行部基层(车间)应提前根据工艺技术管理制度要求编制或完善停开工方案，明确关键节点和应具备的条件，包括设备流量、温度、压力变化要求，设备(管线)置换、清洗、吹扫、防护、交出、环保要求，为装置停开工做好技术准备。

停工方案中一般包括：停工前期准备；停工总体统筹控制网络；停工步骤；特殊设备的停工处理及维护要求；停工安全环保健康注意事项；停工退料、吹扫安排；除臭清洗、清洗安排；停工盲板拆装明细表；停工关键步骤确认表；危险性和环境因素分析。

开工方案中一般包括：开工前的准备和检查；开工网络；开工步骤；设备管线置换、吹扫、气密、试压要求；设备提量、升温、升压要求；开工安全环保健康注意事项；开工关键步骤确认表；盲板、限流孔板确认登记表；危险性和环境因素分析。

(一) 停开工方案的制定/修订

停开工方案一般由工艺、设备、安全技术人员共同参与编写，编写前要根据实际情况进行危害识别和风险评价，经管理人员、技术人员、操作人员共同讨论、评审通过后，由公司分管领导批准通过，临时停开工方案由运行部(车间)审批，停开工前至少提前1个月发布正式版停开工方案，把纸质版停开工方案发放至各岗位，便于各岗位人员学习翻阅。装置停、开工方案需保存一定年限，便于后期查阅(一般为2个生产周期)。

当停开工方案发生统筹变化时，按实际进行调整，走变更管理控制程序，一般情况需经停开工方案的编制、会签、审核(单位)人共同评估后，按程序进行变更后提交、审批、执行。方案的变更信息及时传递到操作人员，变更的相关内容要组织操作人员进行培训。

(二) 停开工过程管理

1. 停开工“三讲”

在装置停开工前，运行部基层(车间)要组织做好对岗位人员的“三讲”工作，即宣讲装置停开工方案、宣讲流程动改、宣讲新技术应用情况。停开工“三讲”主要是为了让操作人员熟练掌握停开工方案、大修改造变更及相应的操作要求。宣讲后要将其作为停开工考试的主要内容。

2. 停开工吹扫置换准备

停工过程中用到的临时设施，如电动葫芦、污油、污水转移泵等停工前应检修完毕并确保好用；临时退液管线提前安装到位并确保连接部位不漏。装置所在运行部基层(车间)应提前组织对污水井进行疏通、污泥打捞，修补地面裂缝；提前对污水池收油，避免含油污水中大量带油冲击排水。准备各项环保指标(加热炉烟气 VOCs、NO_x 等)控制调节措施，必要时向当地环保部门备案。

装置在吹扫前，应按装置停开工方案要求编制“吹扫(试压)作业票”，并经运行部基层(车间)主管领导审定后方可组织岗位操作人员实施；吹扫管线涉及跨生产运行部基层(车间)的，技术人员应做好联系确认工作。“吹扫作业票”一般包括：吹扫时间和作业人员安排；吹扫流程图(给汽/给气/给水点、排汽/排气/排水点)；吹扫操作步骤及要求；阀门开关状态；吹扫结果确认，确认人签名等。

3. 停开工节点确认

装置停开工过程是一项复杂的系统工程，安全环保风险高，容易发生泄漏、着火等事故，所以装置吹扫完成交出检修、装置检修结束交回、装置气密试压结束转入开工等关键节点的确认至关重要，节点确认前相关职能部门应提前准备好《停工检修确认表》《装置检修交回确认表》《装置开工确认表》，确认签字完成将作为关键节点之间的标志。

装置停工吹扫完成后，安全环保部门组织相关单位召开安全验收会，检查确认设备容器人孔全部打开、相关盲板拆装完成、容器采样分析合格、相关设备全部停电、下水井封堵完成，对照《停工检修确认表》，经相关部门签字确认后，装置正式交付检修，方可开具用火、用电、进入受限空间等相关票证，进入检修状态。

装置检修结束后，设备部门组织召开检修交回确认会，各职能部门对照《装置检修交回确认表》联合检查检修施工质量，合格后交付开工。

装置所在运行部基层(车间)组织相关人员按照吹扫(试压)方案进行蒸汽贯通吹扫、试压气密，合格后生产部门组织相关单位对照《装置开工确认表》进行检查确认，经主管领导批准后，运行部基层(车间)组织开工。

4. 停开工过程注意事项

(1) 流程动改：停工过程中物料的引用、停用过程，一般按“先联系调度、再协调上下游装置”顺序联系，同意后再进行流程动改作业。作业期间加强岗位与调度、内操与外操、上下游装置之间沟通联系，作业完成后确认数量、质量是否满足要求。物料停出装置后，要立即关闭边界阀；阀门关闭后及时汇报调度。

(2) 工艺介质退料：退油工作要统一安排，防止物料互串；重油单元要紧密衔接“油洗”各个相关步骤，注意对循环线、控制阀副线、换热器旁路等管线均要进行置换，要注意边界条件控制(退轻污油不能带烃，退重污油不能带轻污油)。

(3) 降温降压过程：为防止反应器床层超温，应遵守“先降温后降量”的原则。停工降温速度应严格按方案进行，内操密切监控各关键点温度，外操加强温度变化较大的部位巡检；高压装置应加强高分液位核对，避免因液位拉空造成高压串低压。

(4) 吹扫置换要求：蒸汽吹扫置换时要全过程执行密闭吹扫，分析达到环保要求才能就地排放。吹扫气采样分析应具有代表性，不要边吹扫边采样。密闭吹扫时应避免设备超温超压，避免“死区”管线的遗漏，如装置循环线、开停工线、设备及控制阀旁路、导淋、相关仪表管线等；吹扫完成后高点放空、低点导淋需打开，排尽残液。

5. 开工过程注意事项

吹扫气密要按既定方案执行，检修动改过的流程应列出清单、专人负责、单独吹扫；整个过程应注意保护催化剂、设备内件、仪表测量元件、在线分析仪及调节阀等；有特殊设备和系统有特殊要求的需要单独吹扫气密，如洁净度有特殊要求的系统需要憋压吹扫、水冲洗等措施处理干净；水含量有特殊要求的系统需要吹干或烘干，必要时检测水含量；新增管线有特殊要求的需要打靶、爆破、酸洗等方式处理，打靶、爆破要提前预告，并做好安全、环保降噪等防护工作；颗粒物、清洁度、油脂含量等有特殊要求的(如氧气管线)需要进行针对性处理。运行部基层(车间)主管领导及装置开工负责人牵头组织现场验收吹扫质量。

开工盲板作业要对照清单对盲板状态进行确认，检修后新增盲板也要列入清单，防止盲板漏抽、漏堵，盲板拆装部位气密也要合格。

开工流程检查重点确认各阀门状态是否正确，管线标识已恢复或已采取临时措施。开工流程动改可以实行操作人员、班组长、技术人员三级确认，物料引入应缓慢，防止液击，投料应遵循“物料到哪里人到哪里”的原则，遇到泄漏及时处理。

6. 开工初期注意事项

开工初期装置不稳定因素较多，管理人员、技术人员要集中精力做好装置全面检查监控、平稳运行、优化调整，实现装置“开得起、稳得住、长周期、出效益”的目标。

做好装置全面检查，重点关注机电仪完好情况，核查流程动改结果，梳理开工后装置存在问题，并制定相应措施组织落实。重点关注变更项目(催化剂、设备、流程、工艺等)的运行工况。如遇装置工况波动要及时做好沟通联系，避免对系统及上下游装置造成较大影响。

做好装置平稳运行，梳理排查装置联锁投用情况、装置报警情况、控制回路投用情况；及时纠偏运行异常参数，提升装置运行平稳度；及时投用先进控制系统，提高装置平稳率；遇到异常问题及时解决，及时召开技术攻关会，对难点问题进行攻关；及时投好化工助剂系统，如消泡剂、破乳剂、中和缓蚀剂、阻聚剂等。

做好装置工况优化，及时投用空预器、余热回收等各类节能设施；及时对装置组织比对分析调优，对各参数与停工前进行比较，挖掘优化点，投用实时优化系统，优化各工艺参数，降低能耗物耗。

7. 停开工过程总结

装置检修改造开工后，技术人员应对本次停开工检修过程及时总结，旨在通过总结指导装置下一个周期停开工工作。总结内容一般包括：停开工过程遇到的问题及对策；停工前装置存在的缺陷验证及开工后消缺效果评价；下次停开工方案和网络优化方向；新技术、新方案在停开工过程中应用效果；设计质量、检修质量与效果评价；开工后与停工前工艺、质量等方面主要变化情况及遗留问题应对措施等。

8. 停开工过程异常案例

装置停开工是生产过程的重大操作调整，无论是原料性质、工艺流程，还是设备经受的温度、压力等变化，均是很大的。因此，安全风险相对较高，发生事故的概率也较高，要严格各项操作，规避风险，避免各类事故。以下是停开工发生的事故案例，供学习借鉴。

1）案例 1：某厂加氢裂化装置减压分馏塔顶部填料段筒体倾斜

事故经过：某炼油厂加氢裂化装置按计划于 6 月 29 日上午 8：00 开始停工进行装置大修。6 月 30 日晚 8：00 分馏系统全面给汽吹扫，至 7 月 3 日晚 10：00 分馏系统停止给汽吹扫，并对减压分馏塔 T106 进行水洗，5 日 14：30 装置人员到现场检查时发现 T106 上部塔身已向西北方向倾斜，填料段下部变形，塔壁被烧红，发生了硫化亚铁自燃。

事故原因：由于硫化亚铁自燃，填料段塔体局部高温过热，材料强度降低，在塔体自重作用下，塔体凹陷而倾斜歪头。

事故点评：①对加工高含硫原料带来的设备腐蚀认识不足，对塔内易积聚的腐蚀产物未及时清洗，未选用适宜的螯合剂对硫化亚铁进行钝化。②停工时打开人孔后没有采取足够的预防和监控措施是造成事故的关键。

2）案例 2：某炼油厂催化装置开工待生斜管流化不正常

事故经过：某炼油厂催化裂化装置某年 11 月 11 日主风机检修过程中，因备用风机软启动系统故障，装置切断进料，在开工过程中，因待生斜管流化不正常，于 11 月 13 日停工处理，抢修后于 11 月 25 日开工正常。

停工后检查发现：沉降器粗旋结焦严重，粗旋、单旋筒体间基本结焦堵死，清出焦块将近 300t；二反区入口喷嘴部分结焦堵死，一反出口挡板周边约 5 圈结焦堵死。

事故原因：装置开停工管理存在不足。切断进料后和开工时恢复进料速度过快等生产大幅波动造成结焦严重。

事故点评：装置停开工方案必须明确停工降温降量和开工恢复进料的提降负荷和温度速度，并严格要求岗位人员按方案进行操作。

二、盲板管理

盲板是用来保证检修、生产安全或避免物料互窜、计量准确的硬隔离设施。为了确保生产和施工安全，防止介质互窜引发安全和质量事故，日常工作中需加强对装置开停工检修盲板和正常生产期间油品等物料输转系统质量盲板的控制与管理。

（一）分类

从外观上看，盲板一般分为板式平板盲板、8 字盲板以及垫环。盲板起隔离、切断作用，和封头、管帽、焊接堵头所起的作用是一样的。由于其密封性能好，对于需要完全隔离的系统，一般都作为可靠的隔离手段。板式平板盲板是一个带柄的实心的圆，用于通常状况下处于隔离状态的系统；而 8 字盲板，形状像 8 字，一端是盲板，另一端是节流环，但直径与管道的管径相同，并不起节流作用。8 字盲板使用方便，需要隔离时使用盲板端，需要正常操作时使用节流环端，同时也可用于填补管路上盲板的安装间隙。另一个特点就是标识明显，易于辨认安装状态。

盲板又分为常用盲板和临时盲板两大类。常用盲板是指在固定位置需反复使用或周期性使用的盲板。常用盲板需根据工艺技术规程、岗位操作法等技术文件已批准的范围，列出《盲板清单》。临时盲板是指《盲板清单》中未列入，因运维、抢修安全等原因需临时使用的盲板，使用完毕后需拆除，临时盲板的拆装清单需在相应的抢修等专项方案中明确。检修盲板特指不属于设备安全检修交出所需要，而是因试压等设备本体检修原因所采取的隔离设施，是临时盲板中的一个子类，检修盲板拆装清单在设备检修方案中明确。

盲板的变更包括盲板的新增和取消。盲板新增是指《盲板清单》未列入，但需要增加的常用盲板。盲板取消是指《盲板清单》所列常用盲板的永久取消。盲板的安装状态分为在线和不在线。盲板的在线状态分为“通”和“盲”。盲板的作业分为拆、装、倒通和倒盲。其中，快速盲板阀在隔离功能上等同于盲板，纳入盲板管理，但其操作按相关岗位操作法要求执行。

（二）管理内容

常用盲板、临时盲板作业统一在相关生产管理系统盲板管理模块登记、闭环。常用盲板编号与盲板安装位置一一对应，且编号固定，一般情况下，常用盲板编号规则为：装置简称+盲×××号。临时盲板编号与盲板安装位置一一对应，编号可不固定，一般情况下，临时盲板编号规则为：装置简称+临盲×××号。检修盲板编号与盲板安装位置一一对应，编号可不固定，一般情况下，检修盲板编号规则为：装置简称+检修盲×××号；检修盲板为设备试压所需，可不在生产管理系统盲板管理模块登记，按设备检修方案拆装清单进行管理，运行部做好相应确认工作。

运行部应指定专人负责、其他管理人员配合做好盲板管理工作。现场盲板要求设立盲板牌，盲板牌的样式统一（图 3-2-1），尺寸为 90mm×160mm×1mm，材质为不锈钢，面板文字为宋体阴刻。盲板应按管道内介质的性质、压力、温度选用合适的材料；盲板应有手柄，以便于辨识、抽堵，8 字盲板可不设手柄。

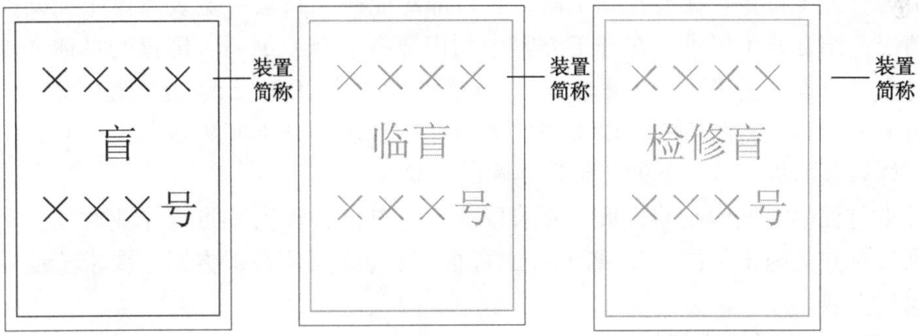

（a）常用盲板　（b）临时盲板　（c）检修盲板

图 3-2-1　盲板牌样例

对施工或现场操作过程中可能发生跑冒事故的盲板相关阀门要求上锁挂牌、管线要求设置明显可靠的警示标志，并加强巡检与监控。在实施日常盲板作业前，盲板所在单位应做到“一板一票一图一识别”，对每一盲板的每次作业进行作业风险识别，并对涉及设备或管线内介质进行处理。

盲板作业前要做好现场条件的确认与交底工作，作业按相关管理规定执行，一般盲板作业许可票一式三联，签发单位留存一联，监护人、作业人员各持有一联。作业完成签字确认后，第一联由签发单位保存1年以上，盲板作业应含有作业位置示意图(图3-2-2)。作业许可票审批人、作业监护人持证上岗和作业过程视频监控等按相关安全管理要求执行。

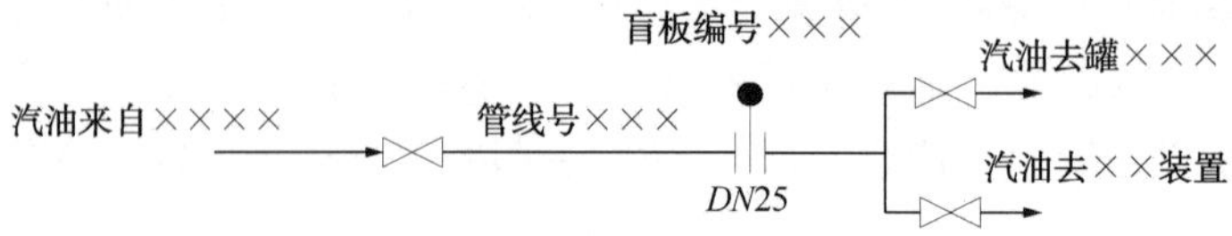

图3-2-2　盲板作业位置示意图样例

对需进入作业的各类设备容器，均应采取盲板隔离措施。对确因场地、时间等条件限制而无法实现盲板隔离的设备容器，应结合现场具体情况采取其他可靠的替代隔离措施，防止介质流窜，并加强现场作业过程监控与防护，设置明显的警示与禁动标志。如实际执行盲板作业清单与原方案存在差异的，在盲板作业前应参照按相关变更管理程序对其影响因素开展审查与风险评价，并办理审批。

(三)停开工盲板、检修盲板管理

根据检修范围、隔离要求、工艺介质特性及流程走向等实际条件，装置管辖单位的工艺技术人员组织设备、安全技术人员编制停开工盲板一览表、作业计划，并负责现场盲板的作业确认、验收登记工作。检修盲板的拆装清单、作业计划由设备技术人员在设备检修方案中明确。安全专业技术人员负责停开工期间现场盲板的检查确认及标记设置工作。

(1)装置停工盲板：在装置停工前，运行部应根据装置《盲板清单》、停工检修具体内容、检修隔离要求及设备状况(如被隔离介质、压力等级、腐蚀性、毒性等)，在停工方案中列出需拆、装、倒通、倒盲的具体停工盲板一览表，并在一览表中明确盲板位置、编号、规格(直径/压力等级)、介质等信息，对有特殊材质要求的盲板应在备注栏中加以说明。对检修过程中需临时增设的隔离盲板，要求同开停工盲板一样进行管理。运行部结合装置停工吹扫实施情况，按照停工盲板一览表组织好盲板的拆、装、倒通、倒盲和确认、验收。

(2)装置开工盲板：在装置开工前，运行部对照停工盲板一览表及停工期间的盲板实际作业情况，结合开工要求，在开工方案中列出需拆、装、倒通、倒盲的具体开工盲板一览表，并在一览表中明确盲板位置、编号、规格(直径/压力等级)、介质等信息，对有特殊材质要求的盲板应在备注栏中加以说明。运行部结合装置开工实际进程，按照开工盲板一览表组织好盲板的拆、装、倒通、倒盲和确认、验收。

停开工过程中实施作业的盲板，要求盲板所在单位合理安排盲板作业时间，对盲板作业做出预安排并交施工单位。《装置开停工盲板一览表》与停开工方案中要求上墙的相关纸面内容同时上墙。

(四)日常生产动态盲板管理

日常生产期间的装置内盲板，由装置管辖单位的工艺技术人员根据《盲板清单》、工艺技术规程、岗位操作法或有关方案的要求进行作业确认、验收登记及现场盲板牌的设置。运行部对管辖装置蒸汽吹扫头(及氮气吹扫头、水冲洗头，下同)要进行全面清理，蒸汽吹扫头必须加盲板隔离，对于确实无法装盲板的蒸汽吹扫头，可采取双阀加导淋进行有效隔离，并列出清单。

日常生产期间的系统动态盲板，由装置管辖单位的工艺技术人员根据系统管理部门或运行部提出的要求进行作业确认、验收登记及现场盲板牌设置。

(五) 产品质量相关盲板管理

航煤、液化气、军用柴油生产装置，要建立流程、盲板的“二定一申请”制度，即流程固定、盲板定位，没有特殊情况流程不能随意改变，盲板不能随意移位；如确因生产需要改变已固定的流程、已定位的盲板，必须向相关部门(如生产部)汇报，并做好相应防范措施的落实工作，防止物料非预期移动。

在军用柴油、航煤储存、输转过程中，必须严格系统管线的“三专”(专线、专罐、专泵)管理，与其他油种相连的管线均应用盲板隔离。

油品储运系统的其他产品质量相关盲板，可参照系统的动态盲板进行管理，由装置管辖单位的专业技术人员根据系统、质量管理部门或运行部提出的要求进行作业确认、验收登记及现场盲板牌设置。

第三节 生产记录

一、技术台账

技术台账是指工艺技术管理过程中形成的记录、报表等，是生产运行装置的原始记录及统计结果，是进行工艺技术改进和历史追溯的重要依据。企业应建立技术台账管理制度，统一规定工艺技术台账的种类、记录格式、保存要求。技术台账可采用电子版形式进行记录，可自动生成，但必须手工签字或电子签章确认。企业应指定专人对技术台账当日进行检查确认后存档。

(一) 内容要求

技术台账一般应包括：

(1) 装置原料、加工负荷、产品(中间产品)质量、能耗、物耗控制情况，产品收率完成情况。

(2) 装置主要工艺参数控制情况(含工艺卡片指标执行情况)。记录各项参数的最高值、最低值、平均值、实时值。

(3) 装置关键或重点部位运行情况。

(4) 装置工艺联锁投用情况及执行情况。各监测、分析仪表及现场液位计、压力表的准确性，各类自控仪表投用率及先进控制系统投用情况。

(5) 节能降耗工作开展情况，工艺参数控制、不同等级能量的回收利用及现场加热炉、冷换设备、机泵运行状态是否达到节能要求。

(6) 现场化工原材料使用与配置情况。

(7) 装置生产中出现的异常、事故情况原因分析、处理结果及对策措施。

(8) 工艺纪律、操作纪律执行情况，是否存在违章或违反工艺技术规程、岗位操作法的行为。

(9) 周检情况(包括：装置存在问题、整改措施，工艺指标执行情况抽检及一、二次表抽样核对情况，关键装置危险点的检查情况等)。

(10) 其他生产情况记事。

(二) 技术台账的编制

台账可用纸质或电子版形式进行记录。各级工艺技术管理部门应根据自身需要建立健全技术台账，运行部工艺技术台账由运行部工艺技术人员根据各自管辖范围，从日检、周检、岗位操作记录、交接班日志、实时数据库系统等收集信息，记录台账。对新建装置，生产单位应在装置“中交”后开始建立工艺技术台账，内容可按照正常生产运行装置要求酌情记录，但开工过程发生事件、存在问题必须记录。另外检修装置检修期间的工艺技术台账可结合检修日报编写。

运行部工艺技术人员要根据各装置特点，对技术台账监控内容进行清理，列出表征装置运行状况的重点参数和计算参数，将之作为技术人员每日重点监控内容，并在台账格式中细化日检规定记录栏目。纸质版技术台账保存期满后，列出清单由公司主管部门批准销毁。

二、原始记录

原始记录是工艺技术管理和组织生产的重要技术资料，包括岗位操作记录、交接班日志、DCS 和 PLC 电子记录等。岗位操作记录、交接班日志等原始记录的格式和内容按企业统一规定要求。各级工艺技术管理部门组织对纸质原始记录、电子版原始记录的记录质量进行检查、监督、考核，确保按时、完整、准确记录，存档完好。

岗位操作记录、交接班日志等原始记录不得提前预记或事后补记。交接班日志采用手写或电子化记录均可，交接班时由交接方分别签字确认。岗位操作记录须由操作人员手写记录，记录频率一般为 2h/次，最长不超过 4h/次，外操若具备条件也可采用电子化记录。要求外操、内操对现场、控制室操作参数定期进行校核记录，工艺技术管理人员抽查确认。班组长应每班审阅各岗位交接班日志并签字；运行部(车间)工艺技术管理人员或值班人员应每天检查交接班日志并签字；运行部(车间)应定期检查交接班日志；企业工艺技术部门应定期抽查交接班日志。DCS、SIS 报警记录等电子记录应定期导出、保存，由工艺、仪表专业共同实施。

三、操作指令

操作指令适用于重要的工艺参数调整与现场操作，涉及以下操作的需执行操作指令：B 级及以上工艺卡片控制指标范围内调整；岗位操作法没有明确规定的操作；装置开停工方案、临时方案没有明确规定的操作；关键设备切换操作；危险性大以及需要相关岗位互相协调配合的操作；容易引起装置生产波动或造成联锁停车的特殊操作。企业应对操作指令单编制下达、执行、保存及检查、监督要求做出统一明确规定，保证严格执行。

操作指令由运行部(车间)的专业技术人员编写指令单，主要包括以下内容：

(1) 作业内容及工作步骤；

(2) 主要危害因素辨识、风险评估及环境因素识别；

(3) 流程示意图(如涉及工艺流程变动)；

(4) HSE 保证措施及注意事项。

操作指令单必须由运行部(车间)主管领导审批，操作指令一般由技术管理人员编制，实施前经生产运行部(车间)区域主管及以上岗位人员审批，并由指令下达人员、班长签字确认、执行。经危害(环境因素)识别和风险(环境因素)评价，对于一般及以上风险且岗位操作法未明确、操作票未细化的操作变更，须编制技术方案。

四、技术资料管理

技术资料包括工艺管理制度汇编、生产指导性技术文件、技术台账、原始记录、工艺技术工作形成的方案及总结、开(停)工方案及条件确认单、操作指令单等。

(1) 工艺管理制度汇编：要求分(子)公司定期编制工艺管理制度汇编资料，运行部(车间)必须保存最新版工艺管理制度汇编。

(2) 生产指导性技术文件：《工艺技术规程》《岗位操作法》《工艺卡片》《开(停)工方案》《产品切换方案》生产应急预案、工艺技术改造说明书、PID 图、主要设备及内构件图等。运行部(车间)须建立生产指导性技术文件目录并集中保存。

内、外操作室应放置批准有效的纸质版岗位操作法和工艺技术规程，便于操作人员查阅和学习。纸质版文件应按规定范围发放，若出现人员变更等情况，变更人员应将本岗位文件移交给接替其工作的人员或归还至发放部门。当版本作废或失效时，由发放部门回收后销毁处理。当岗位操作法、工艺技术规程修订时，将修改内容以修改标识页附在内、外操作室原版本中，并在原版本内容中做出标识。

纸质版工艺卡片以受控文件形式存放于内、外操作室，便于操作人员学习翻阅。工艺卡片有修订时，应及时更换内、外操作室纸质版文件。当工艺卡片作废或失效时，为了保密需要由发放部门回收后销毁处理。

装置停开工前，将批准有效的纸面版停开工方案发放到所在岗位上，其中方案中的停开工关键步骤确认表、停开工网络图、升温曲线图等重要内容应在控制室内张粘。

(3) 技术台账：各级单位的技术台账要建立纸质版目录，目录中注明各种台账保存方式是纸质版、电子版。纸质版技术台账集中管理、顺序摆放、专柜保存 10 年以上；电子版技术台账在信息管理平台统一保存或电子存储设备统一长期保存。

(4) 原始记录：岗位操作记录、交接班日志等原始记录由运行部(车间)技术人员收集并汇总整理后，归档保存。班长、各岗位交接班日志、记录按规定期限保存，有事故或生产不正常的记录长期保存。DCS、PLC 电子记录原则上应保存半年以上。

(5) 工艺技术活动形成的各类技术总结、技术报告：《专题(项目)技术总结》《装置技术标定方案》《装置技术标定报告》《新技术应用总结》等工艺攻关项目资料和总结报告、非计划停工分析报告、《新型“三剂”试用方案及总结》、三剂使用效果定期评价结果、生产周期运行总结、装置事故案例汇编等。各单位必须建立技术报告、技术总结目录，资料集中长期保存。电子版的报告及总结使用电子存储设备长期保存。

(6) 技术月报、年报：纸质签字版按规定期限保存，电子版长期保存；分(子)公司主管部门及基层单位的技术月报、年报保存方式及保存期限由本单位自行规定。

(7) 开(停)工方案及条件确认单：开(停)工方案、开停工条件确认单(确认人签字原件)、盲板拆装确认表(确认人签字原件)、关键控制点确认表等至少保存 5 年。

(8) 操作指令单：电子版操作指令单在信息管理平台长期保存，纸质版操作指令单(签字原件)至少保存 5 年。

工艺管理人员应根据相关技术文件的内容，制定岗位员工的培训计划，定期组织开展岗位练兵和培训工作，并结合日、周检工作，对员工的掌握情况进行检查。将流程改动、设备操作、工艺卡片参数、联锁、技术方案等重点内容列入培训计划，定期组织培训，通过组织考试，促进员工技能的提升。

装置工艺技术规程、岗位操作法、技术问答、培训资料、基础资料、流程图集、关键(重要)装置的岗位操作记录、工艺技术台账、开停工总结、化工原材料新产品试用总结、化工原材料使用总结、年度生产总结、专题技术分析、标定报告、达标统计月报、生产技术月报、原油加工方案、化工原材料新产品试用方案、开停工方案、标定方案、能源评审报告以及有保密要求的技术资料等均属技术保密资料，均应做好保密提醒，执行本单位保密规定。

第四节　巡回检查与交接班

一、巡回检查

巡回检查是指为及时了解、掌握装置运行情况，发现和消除隐患，根据设备重要性、运行周期和季节特点，在不同的时间段进行有目的、有重点的巡视，实现彻底、无遗漏检查，开停工期间可考虑增加频次。

(一)巡回检查标准

巡回检查标准，一般包括巡回检查路线、巡回检查内容、巡回检查要求和巡回检查频次等。巡回检查路线应当按生产岗位(系统)工艺顺序和其他要求确定，将重点设备、关键部位、关键装置要害(重点)部位危险点列入巡回检查路线中；各巡回检查路线、站(点)的检查内容、要求应当在巡回检查标准中予以明确，如装置高温油泵的振动、温度、润滑油温、油位、油质等运行状况，装置的原料、中间产品、产品的外观检查等都应列入巡检内容；巡回检查频率应当根据不同的巡检站(点)情况来确定，可视情况设 2h/次、4h/次、1 班/次、1 天/次、1 周/次、1 月/次等检查频率，必要时可视情况增加检查频率。对高清工业电视覆盖的区域，可降低巡回检查频率，内操可每 2 小时利用工业电视辅助巡检 1 次。

各企业可根据实际情况，结合危害风险识别管理，建立各装置的高处巡检点，制定作业人员和管理人员高处巡检线路，明确临氢、催化裂化等装置闭灯巡回检查时间、频次。高处巡检的内容包括检查设备的静密封点的泄漏情况、挂霜结露情况；检查高处设备及安全附件的保温、保冷情况；检查管线振动偏移情况、支吊架完好情况；检查塔体扶梯、平台等部件的脱位、腐蚀情况；闭灯检查含有氢气装置，如重整、加氢装置，因为在反应器或高换等高温部位，氢气泄漏出来就会发生燃烧，而氢气燃烧时呈淡蓝色火焰，在强烈光线下看不见，只能采用闭灯方式，在黑暗的环境下检查氢气是否泄漏。班组操作人员检查结合装置巡回检查标准，每月不少于 2 次，并在交接班日志中记录高处巡检、闭灯检查结果。

(二)巡回检查要求

巡检人员必须按要求劳保着装，穿戴好防护用具，确保自身安全。携带好对讲机、巡检包等工具；夜间巡检时还要随身携带好照明灯；非正常情况下检查有毒、有害部位时应有两人(或两人以上)同行。各岗位、各专业必须按巡检路线进行巡检，不得随意调整、变更或取消巡检点。运行部(车间)要制定好本单位各巡检点需要检查的工艺、设备、安全等参数明细表，要求巡检人员在巡检过程中记录工艺、设备、安全的现场参数，进行内、外操关键参数核对，如参数超出了规定范围或设备出现异常现象，要及时进行处理和汇报，并记录在《巡检记录本》(或手持智能巡检仪)上。

巡检人员在巡回检查、设备维护保养、现场操作处理过程中发现问题时，应当将有关信息向内操人员或班长汇报。班组要对问题的重要程度进行识别评估，班组可自行处置的，立即自行处置，或根据问题属性，联系对口业务单位进行维修、校对、更换等措施进行处置；班组无法自行处理的，应当及时向运行部(车间)汇报，影响上下游装置、公用工程系统、产品质量时，还应当及时向相关部门汇报，由运行部或公司牵头处理，班组要对本班的处理过程进行记录。

企业应建立“五位一体”巡回检查制度，明确各装置操作、静设备、电气、动设备、仪表巡检职责，巡检内容。通过合理设置巡检时间、频次和巡检点，使各专业巡检做到时间上不交叉、空间上不重叠，实现全装置全覆盖，不间断巡检。装置操作工应按照“边巡检边核对”原则和“看、听、摸、查、比”等行为规范，对现场工艺、设备运行操作参数，管线、设备和设施等的完好和备用情况，对环保、安保现场“跑、冒、滴、漏”、安全阀泄漏、施工现场及薄弱部位监控情况进行巡回检查。工艺技术员巡检应检查装置关键部位运行参数、生产工况、岗位人员操作纪律等。

动设备专业应检查动设备压力、温度、流量、电流、油位、油质等是否正常，参数要求是否在红线范围内；检查动设备法兰、填料、密封、大盖等连接部位有无“跑、冒、滴、漏”现象；封油线要开、平衡线要通、冷却水线要摸；自启泵开关在自启动位。静设备专业应对各装置加热炉、换热器和装置关键部位运行情况进行检查。电气专业应对各装置关键设备运行电流、电机接线盒、保护接地、各紧固螺栓、各配电柜等进行检查。仪表专业应对各装置各关键部位的传感器、变送器、转换器、定位器、执行机构、调节阀等是否完好进行检查，检查仪表工作环境环境温度、振动等是否满足仪表技术要求，检查封液、保温和伴热、供气和供电等是否满足仪表工作要求。企业应建立各专业巡检信息互通，检查问题协同诊断的机制。

高处巡检人员须在气候条件较好(晴朗、无风)的情况下于白班开展高处巡检，高处巡检人员的身体素质要符合安全生产有关规定。各企业也可根据实际情况建立视频巡检制度，要求岗位内操对装置视频监控、火焰检测进行视频巡检，应制定巡频和切频的相关要求。运行部管理人员应当结合周检、月检对高处巡检情况进行监督检查，以确保每月至少有1次检查。

(三) 标准化做法

1. 外操工作行为标准规范

1) 巡检

(1) 巡检前劳保穿戴：规范佩戴安全帽、扣牢帽带，长发盘入帽中；进入现场，需佩戴好防护镜、耳罩或防噪耳塞；按规定穿着工作服和劳保鞋，工作服衣袖放下并扣好衣扣；特殊天气时，携带必要的防护器具，如雨衣(撑伞、穿雨披者不得进入现场)、雨鞋等；进入现场前关闭手机。

(2) 巡检工具：巡检需携带对讲机、巡检仪、巡检工具包、测温枪、测振笔、可燃气体报警仪、巡检三件宝(听棒、扳手、抹布)等工具。

(3) 准备工作：向上一轮次巡检人员了解现场工况及动改作业情况，做好巡检交接；进入现场巡检前通知内操并向其询问本次巡检所需的作业内容及其他事项。

(4) 巡检：看清风向，按装置规定路线认真巡检，巡检到位，不留死角；把握巡检时间，做到不等、不赶；上下楼梯需抓扶手，留心脚下格栅、边沟、细小管线及盖板等。看动设备，检查动设备压力、电流、温度、流量、油位、油质等是否正常，参数要求在红线范围内；检查动设备法兰、填料、密封、大盖等连接部位有无“跑、冒、滴、漏”现象；做到封油线要开、平衡线要通、冷却水线要摸；自启泵开关在自启动位。看静设备，如炉子外观是否正常，烟囱是否冒黑烟；人站在看火窗旁，一手拉看火窗，一手试负压，佩戴看火镜，查看炉膛是否明亮，齐火焰不发飘，无黑烟和扑炉管等异常现象。看塔、罐，检查塔、罐压力、液位等是否在红线范围内，重要参数定期同内操核对；检查塔、罐的液位计、安全阀、连接法兰等附件是否正常。看地面、高空管线，检查地面有无油渍、水渍，周围管线、设备有无“跑、冒、滴、漏”现象；检查管线有无保温破损、变形、油漆脱落，阀门有无腐蚀等现象。用手触摸感知电机、轴承箱温度和振动情况，以及回水、安全阀后路和封油温度，转动部位、高(低)温部位不可用手直接触摸，可用测振笔、测温枪。

巡检中闻到异味或硫化氢报警仪报警，巡检人员要立刻佩戴好防护器具查找原因，注意人身安全；巡检中闻到油气味，巡检人员要立即检查，支援人员要携带防护器具，视情况佩戴使用，注意避免火源；巡检中听到异常声音，需用听棒进一步检查确认，如往复机汽缸、活塞环、气阀、机泵电机轴承箱及管道介质流速等异常声音。巡检中发现异常，及时向内操汇报并询问相关情况。

巡检后将巡检中发现的问题及时登记，并在交接班日志中有所体现；向下一轮巡检人员说明现场工况及动改作业情况。

注意：爱护对讲机、巡检仪等工具，不抛掷、不敲打；巡检数据需当场记录、真实准确、不作假；运行状况不佳的、单泵运行的设备要重点检查；冬季关注泵的预热线、封油线及伴热线；夏天关注轴承箱的温度；在上一班流程有改动、机泵切换过的要重点检查。

2）联系汇报

双方互报姓名，发令人下指令，受令人先复述、后执行，作业结束逐级反馈。内操接受指令互报单位、姓名，问清指令内容和执行时间；复述指令、做好记录，并向班长汇报。指令执行、内外操联系，内操向外操下达指令，并明确工作目的，外操复述指令，执行指令按程序，出现问题要沟通。

操作前，外操主动联系内操，再次确认操作内容，核对现场操作信息，如位号、流程走向、阀门开关情况(需用F枪确认)及存在的其他问题；操作后，外操向内操反馈操作信息，内操确认DCS相关参数、指标，无误后，外操仍需加强观察，不得立即离开操作区；外操在现场发现问题时应当及时向内操汇报、询问，同时按规定频次核对参数，核对要真实，不能作假。

3）操作

(1) 操作要做到“一听、二看、三复查”，了解操作目的，理清操作步骤，不犯经验主义错误。操作前，确认操作内容，核对现场操作信息，如位号、流程走向、阀门开关情况(需用F枪确认)及存在的其他问题。操作后，外操向内操反馈操作信息，内操确认DCS相关参数、指标无误后，外操仍需加强观察，不得立即离开操作区。实习岗人员不得独自操作。

(2) 操作执行过程须采用“手指口述”操作法：一是内外操协同的操作，外操人员在操作前，手指、口述需要操作部位和执行的操作，在得到班长或内操的确认后再进行实际操作，并反馈操作结果。操作过程中阀门全开(全关)作业严禁一次调整到位，宜分步调整、确认、操作。二是内、外操独立进行的操作，手指、口述需要操作部位和执行的操作，然后进行操作。

(3) 介质通断前要缓慢、有序开关阀门，并同内操加强联系，缓慢引入介质，通过听介质流动声音、摸管线温度以及查看现场仪表判断流程动改完成情况，操作完毕清理现场，未用备件放回仓库。

4）节能环保

气温升高时，及时调整防冻防凝措施；服务站节约用水、用汽；空调温度冬季不高于20℃，夏季不低于26℃；随手关灯，养成节能好习惯；杜绝乱排乱放现象；做好污水处理、清污分流工作；循环冷却水回水温度定期检查。

交接班总则：提前到岗、认真预检，严格执行“十交五不接”规定，签字确认。交接班前提前到岗，认真预检。工作交接要详细，接班需签字确认。

5）定置管理

(1) 外操室：个人生活用品、防护用品、工器具以及文件资料等按规定位置摆放整齐，保持外操室美观、整洁。

(2) 装置现场：F枪、消防器材、垃圾回收点、化工原材料等现场设施、器具使用后需及时归位，保持良好的现场规格化。

2. 内操工作行为标准规范

1）文明礼貌

语言文明，用语规范，讲普通话，语速适中，设备位号要报全；待人接物热情礼貌，重要客人来访时，做到来有迎声、去有送声。

2）工作状态

坐姿端正，着装整齐，注意力集中；不做与工作无关的事；保持操作室内安静，不大声喧哗，不聚众聊天；不阅读与工作无关的报刊、杂志；DCS操作不能无人监控；了解装置现场情况，做到心中有数，操作才有保障；查阅工作要求，认真执行到位；了解出装置物料流向及物性变化对下游的影响。

3）监盘操作

执行各类操作时须采用“手指口述”操作法：

(1) 巡屏监盘：DCS巡屏要勤，认真仔细不遗漏，重要参数心中有数；出现波动要及时处理，操作有疑难应当讨论或请示；工业电视是眼睛，重点部位常巡检，情况掌握心不慌。

(2) 报警处置：看清报警、及时确认、分析原因、调整操作。不改变报警设置，不合理的要做好记录并反映。

(3) 操作调节：看准趋势、找出原因、理清思路、预判预调；按序调整，把握时机；调节前把握全局，过程中跟踪参数；幅度应当适当，目标要最优；内操之间要交流，调整思路要统一。

(4) 自动控制：控制回路要投自动，否则应当联系进行处理或汇报相关技术人员(由于操作波动使控制回路无法自动控制或存在安全风险时，应当采用手动控制，操作调整稳定后及时投回自动)。

(5) 联锁操作：联锁必须全部投用，联锁切除必须审批；联锁恢复时，确认工况具备条件，才能投用；想清逻辑关系、落实防范措施，看准开关位号再进行操作；先进控制要正常投用，勤加维护。

（6）质量监控：操作参数有波动，安排外操现场检查，及时联系加样，必要时汇报并联系改线；关注原料变化、产品外观，稳定馏出口质量，不得在采样前突击调样。

（7）节能降耗：关注加热炉氧含量、塔顶回流量、压缩机转速等工艺参数，合理调节；掌握实时能耗，关注趋势变化，合理组织调节。

（8）风险评估：评估操作风险，考虑周全，采取措施，确保平稳。

注意事项：正常生产时，用箭头键入操作参数，禁止使用数字键；操作结束后，将光标移至安全区，防止误操作；禁用笔尖、钥匙等尖硬物点触屏幕和键盘；交接班前，尽量不做大的操作调整；操作要清楚目的、对象和内容，核实、确认安全措施及落实情况。

4）联系汇报

（1）双方互报姓名，发令人下指令，受令人先复述、后执行，操作结束逐级反馈。接受指令互报单位、姓名，问清指令内容和执行时间；复述指令、做好记录，并向班长汇报。

（2）执行任务：理清指令内容、分配操作任务，联系涉及岗位共同执行；执行指令按程序，出现问题要沟通；多人配合操作，要明确负责人；操作过程保持联系，跟踪参数变化，紧密配合；操作完成后，及时收集和记录信息，并向发令人汇报指令执行情况、完成时间及存在的问题。

（3）内外操联系：操作过程要保持联系，操作结束要检查确认；按规定频次核对参数，核对要真实，不能作假；核对数据偏差大，应当及时处理；参数异常，及时联系外操核对；清楚外操操作情况，外操操作要受控；对外操现场发现的问题，问清位置、状况，联系处理；操作调整时，向外操通报操作目的和调整内容。

（4）横向联系：上下游装置流程动改、原料和馏出口质量变化、操作波动，要及时联系；公用工程水、电、蒸汽、工业风、氮气、氢气、燃料等的产耗量及温度、压力等状态发生较大幅度变化，要及时联系；储运原料换罐、产品改线、顶线置换和物料收付状态变化应当及时联系；设备运行异常、故障、停送电，及时联系机电仪。

（5）信息传递：对外联系有困难、操作指令有异议及其他重要信息要及时汇报。

5）应急处理

沉着冷静、准确判断；把握全局、抓住重点、理清处理次序；随时掌握现场动态情况，提醒外操关注薄弱环节，处理任务落实到人；注意人身安全，设备不超温、不超压，避免次生事故。

6）运行记录

交接班日志及时准确记录操作变动及质量调整等各类事件；操作数据逐个对照记录，对异常数据要敏感；贸易计量数据掌握现场计量数据，做好记录，比对数据不外泄密；主动查看并记录化验分析数据。记录要求字迹整洁规范、内容真实完整、记录及时有效；记录要在非键盘区域完成。

7）交接班

交接班总则：提前到岗、认真预检、严格执行“十交五不接”规定、签字确认。交接班前提前到岗，认真预检。工作交接要详细，接班需签字确认。

8）定置管理

操作台禁止放与操作无关的杂物；个人用品、文件资料摆放整齐，保持室内整洁美观；禁止在显示器、辅操台上面放置物品，避免掉落到操作键盘上。

3. 班长工作行为标准规范

1）班组管理

（1）纪律管理：以身作则，带头遵守各项纪律，不逾越安全禁令“红线”；合理安排人员，保证班组力量，满足安全生产；检查班员到岗和班前预检情况；监督班员劳动纪律执行情况；及时查阅巡检记录，监督、检查外操巡检质量；督促班员遵守内外操工作行为规范；督促班员遵守操作纪律；督促班员严格执行操作法，不得违章操作；检查班员操作记录和操作质量。

（2）教育培训：班组培训有计划，学习针对性强；组织学习制度，剖析案例，举一反三，吸取教训；开展特色专题讨论培训；主动传授操作经验；向班员示范规范操作；注重培养班员安全意识和安全技能；组织开展预案演练；鼓励班员多岗位学习；组织技术分析，提出合理化建议。

（3）文明生产：保护环境，严禁乱排乱放；设备承包落实到人并定期检查；及时联系整改设备缺陷；闭环管理设备缺陷；落实现场规格化工作；资料、工具、器材定置管理；保护好各类器材；督促落实“防冻防凝”措施。

（4）团队建设：树立工作目标，激发班组集体荣誉感；团结协作，创造和谐班组；民主管理，奖惩分明；做好思想引领，关心班员工作和生活。

2）常规工作

（1）HSE 管理：组织开展危害识别、风险评估；关注人员和设备的安全状态；检查消防、气防等设施的维护和使用情况；及时纠正不安全行为并做好记录。

（2）巡回检查：检查班员的巡检和操作质量；掌握重点设备、装置“死角”和异常；重点关注班员反映的生产问题；检查现场施工安全措施的落实情况，操作确认；对内、外操“手指口述”操作法的执行做好监督；核实并落实安全措施；按规定做好检查确认。关注原料、馏出口质量变化；督促内操确认联锁投用状态，联锁切除时要按规定审批。

（3）节能降耗：关注在线能耗数据，查找差距，合理改进，杜绝“跑、冒、滴、漏”。

3）生产指挥

（1）任务安排：及时查阅交接班日志、指令、通知；掌握管辖装置生产运行情况；关注班员身体状况和思想情绪，及时调整人员分工；任务安排要分轻重缓急，避免交叉作业；明确工作目的，理清思路，合理安排；重要操作到现场指挥；掌握重点工作任务的执行情况；及时组织处理操作中出现的问题；任务执行完毕，及时安排确认。

（2）问题处理：及时处理装置存在问题；影响安全生产的问题要“事不过夜”并做好交接；未处理完的问题要加强现场监控。

（3）应急处置：启动应急预案，沉着冷静，准确判断，立即汇报；服从调度，把握全局，抓住重点，理清处理次序；合理调配班组人员，任务落实到人；随时掌握现场动态情况；避免次生事故；设备跳车原因不清不盲目开启；物料停出装置要安排关闭边界阀门。

（4）开停工：带领班员讨论并熟练掌握方案及相关制度要求；掌握本班任务，落实准备工作；严格执行方案，确认关键步骤；边界阀操作前要汇报调度；按要求密闭吹扫，吹扫彻底，不留死角；开工过程不冒进，条件未达到不进入下一步；物料边界条件不达标，不得出装置；督促班员确认、处置报警；开工过程中具备条件的联锁要及时投用。

4）联系汇报

（1）双方互报姓名，发令人下指令，受令人先复述后执行，操作结束逐级反馈。接受指令互报单位、姓名，问清指令内容；复述指令、做好记录。执行指令理清指令内容、分配操作任务；执行指令要严肃，操作过程要跟踪；操作完成后，及时收集和记录信息，并向发令人汇报执行情况。

(2) 横向联系：流程动改、原料和馏出口质量变化、操作波动，要及时联系；公用工程介质、氢气、燃料产耗量及温度、压力等状态发生较大变化，要及时联系；大功率、特高压电机的开停，要事先征得电调同意并通知电气部门准备；原料换罐、产品改线、顶线置换，物料收付状态变化及时联系；设备异常、故障、停送电，及时联系机电仪；执行指令后，有异常变化要立即汇报。

二、交接班

交接班双方必须坚持“十交五不接”原则。“十交五不接”内容见表 3-4-1。

表 3-4-1 “十交五不接”主要内容

交接内容		主要内容
十交	交任务和指示	任务完成情况、领导指示及注意事项等
	交操作	报警、操作调整、操作波动、计量器具、仪表和产品流向等
	交指标	工艺指标执行情况、工艺参数偏差、装置平稳率情况等
	交质量	馏出口合格率、原料及产品质量等
	交设备	设备运行、备用及缺陷处理情况等
	交安全环保	安全生产、事故预防处理、环保及职防设施运行情况等
	交现场卫生规格化	岗位卫生、资料摆放、消防器材、现场工器具摆放及有无缺失情况等
	交问题和经验	报警未处置、设备设施故障、生产指令未完成等
	交工具	对讲机、报警仪、空气呼吸器、巡检仪、扳手、消防器材等
	交记录	装置运行记录、内外操操作记录等
五不接	设备润滑不好不接	设备润滑油缺失或油雾润滑系统故障交代不清不接
	工具不全不接	F 扳手、对讲机、巡检仪发生损坏或丢失不接
	操作情况交待不清不接	操作波动、主要参数失常未处理好不接
	记录不全不接	记录资料、数据不全不接
	现场规格化不好不接	消防器材及现场工具摆放杂乱，岗位卫生不好不接

运行部(车间)要明确各岗位班前检查的重点内容，接班人员必须进行接班前系统(岗位)检查，并按时参加交接班会；明确参加交接班人员、时间，一般情况下，全体接班人员及交班班长必须参加交接班会；运行部(车间)领导、主管、技术人员在日常工作期间要参加交接班会；值班人员必须参加值班期间非日常工作时间全部班次的交接班会。

(一) 交接班流程

由交班班长介绍当班生产情况、工作任务完成情况，遗留或待处理问题等。接班班长及岗位人员应当提出预检问题并与交班班长进行协商。运行部(车间)管理人员、值班人员结合交接班情况及装置实际生产情况和任务，布置工作任务，提出工作要求、生产注意事项及遗留问题处理要求等。当班操作人员出现违章违纪，装置(或系统)发生生产、安全、质量、设备异常时，必须召开班后会。班后会参加人员为全体交班人员、值班人员及相关管理人员。由班长对当班生产情况进行总结讲评，及时总结经验教训，表扬好人好事，批评违章违纪。

（二）交接班日志的填写要求

交接班日志根据岗位设定，要求运行班组的每一个岗位(系统)必须设交接班日志，注明当班日期、时间、轮班号。书面交接班日志的填写，对当班各项生产任务的执行与完成情况、各项操作调整情况，要进行及时、详细、准确、具体的记录。对当班生产中出现的参数超标、生产波动、报警、联锁的投用和切除及其他异常情况的发生时间、处理过程、应对措施与原因分析等都必须做详细记录。班长交接班日志侧重于记录上下游装置联系、调度指令执行、异常处理、班长现场巡检、外操岗位的巡检执行等情况；内操交接班日志侧重于岗位操作调整等工作内容、外操反馈的主要信息；外操交接班日志侧重于巡检、现场操作处理、设备维护等。

交接班日志可电子化记录，交班人员需在装置预检记录中签名，确保责任落实。交班前 1 小时，生产方案、工艺条件原则上不宜做大的变动和调整。当班班长对当班其他岗位交接班日志进行审阅并签名。装置工艺技术人员或值班人员每天对班长交接班日志检查并签名。

三、实践案例："五步巡检法"助力安稳生产

1. 背景

安全是民生之本、和谐之基，安全生产在化工生产过程中更是重中之重。炼油生产往往是在高温、高压、真空的情况下连续进行的，大多数介质具有易燃、易爆、有毒有害、腐蚀的特性。生产装置越来越趋向大型化、复杂化，其布置高度密集，管道纵横交错，且生产过程中存在着一些不安全或危险的因素，会造成生产波动或发生各种事故。巡回检查是保证装置安全生产的第一道屏障，也是每一位岗位操作人员的基本职责。

某企业历来对巡检工作极为重视，多年来积极探索行之有效的巡检方法来守牢安全生产。他们拥有一大批巡检认真仔细、查找隐患经验丰富的老职工，企业在对他们的巡检心得和宝贵经验进行收集、梳理和总结的基础上，提出了"五步巡检法"。

2. 内容与实践应用

"五步"是指"问、走、看、闻、摸"，通过发挥巡检人员的脚、眼、耳、鼻、手、嘴、脑的功能，对装置运行过程中设备、管线及介质的外形、颜色、声音、气味、温度、振动等一系列进行全方位的监控，进一步规范巡检行为，提高巡检质量，将生产设备存在的问题尽可能及早发现，以免产生大的生产事故或人身伤害事故等，致力于把安全生产的理念真正落实到每一个具体的工作环节。

一问：问清前面几个班的生产调整、设备检修、流程动改等情况，明确自己当班时的工作重点；问清装置运行工况和现场作业的整体情况，全面掌握装置信息，更好地完成自己的工作；问清各项操作和指标情况，确保在出现异常状况时及时反应，有针对性地处理；问清上个班次有无重大生产调整，涉及具体操作内容，各项指标有无明显变化，工作任务是否较好完成；问清上个班次遗留或待处理的问题；问清产品的质量状况是否良好、有无安全环保问题；问清各类设备运行工况是否正常等。

实践应用：2020 年 10 月 21 日上午，该企业总调度对某运行部(车间)的催化裂化装置处理量进行调整，处理量增加 15t/h。接班时的李某第一时间查看交接班日志，了解白班的生产调整和作业，同时咨询白班的岗位人员有无遗留问题和重点的生产关注点。在从同事口中得知白班提量速度有点稍快时，他立即就明确了下一趟巡检需要重点关注的区域，夜

间 8：45，巡检到原料油进料喷嘴区域时，他认真查看每个喷嘴，当查看到 10#喷嘴附近时，听到有啸叫声，声音是从 10#喷嘴雾化蒸汽管线处发出的(管线有保温)。他刚开始以为是蒸汽的气流声，但经过一段时间与其他几组喷嘴的雾化蒸汽管线气流声相比对后，发现此处的气流声异常，啸叫声特别大，有呲漏的感觉，于是汇报班长。联系人员拆保温处理后，发现是雾化蒸汽管线器壁接管有三分之二圈裂缝，由此消除了装置非计划停工隐患。

二走：按照规定的巡检路线走遍管辖装置区域内的每一个角落，不仅包括地面，还有平台和高空；不仅要对主管线和关键设备进行细致的检查，还要对平时容易被忽视的小管线多加关注，特别是高空的安全阀、液位计、压力表等设备和相关管线。

实践应用：该企业某运行部(车间)职工严格遵从“五步巡检法”标准，对重点的高温部位、关键设备进行重点关注，对隐患发生概率较小的地方也进行同样的关注，确保设备设施正常；在巡检过程中，装置的每个角落都不放过，管线变径处、弯头处和焊缝等区域作为重点关注区域，经常回头看一看、回身转一转，确保现场安全后，才会继续进行巡检；雨雪大风等恶劣天气情况下，增加巡检频次，对暴露的高温法兰、换热器封头、空冷电机等易发生泄漏、故障的管线设备仔细巡查，通过“五步巡检法”发现各类大大小小安全隐患不下百件，其中一名运行部号称“事故克星”的工人在 2020 年发现生产隐患 52 项，在运行部(车间)占比 10.3%；近三年发现生产隐患 140 项。

三看：通过压力、电流、温度、液位等现场参数指示的变化发现动静设备运行、生产流程存在的异常，从地面的几滴油、水和设备管线外观的变化发现跑、冒、滴、漏。

实践应用：某运行部(车间)班组长在分馏泵区查看机泵运行参数时，地上一金属碎片引起了他的注意。他立即警觉意识到这不是一片普通的金属碎片，他以碎片为中心向四周查看，当走近回炼油泵 P1208A 时，听到一阵阵“当—当—当”的轻微杂音间断传来，不一会间断的异常声响更加明显了，根据多年的工作经验，他判断出小碎片是机泵对轮弹簧片。于是他拿出测振仪测了一下机泵振动，数值明显异常，随后用听棒仔细听了该泵的运行声音，杂音很大。P1208A 泵弹簧片碎裂甩出，加剧了机泵振动，随时会有爆轴泄漏的危险。该泵是回炼油泵，属于高温油泵，介质一旦泄漏，极大可能引发着火，后果不堪设想，须马上切出检修。他立即与内操联系，经过默契的内外操配合，P1208A 泵很快切到备泵运行。泄压后钳工对该泵进行了全面检查，最终得出的结论与该班长的判断一致。巡检过程中对声音的异常做出敏捷判断，快速查找隐患并处理，有效避免了事故的发生。

四闻：闻声辨识，闻味排查，及时排查隐患。在巡检现场，用听棒对泵、风机、电机运行过程中的节奏和噪音进行仔细辨识，用报警仪检测异味的来源，对出现的隐患进行及时的排查和针对性的处理。充分利用自己的耳朵倾听设备的声音是否有异常，如往复机汽缸、活塞环、气阀、机泵电机轴承箱及管道介质流速等异常声音，借用听棒进行仔细辨识。在巡检过程中，当无意间闻到油气或硫化氢的气味时，应先判断气源，用报警仪检测异味附近的管线、设备，对出现的隐患进行及时的排查和针对性的处理。对一些腐蚀严重、经常发生泄漏的部位，要经常用报警仪检测，以及时发现隐患。

实践应用：某日上午，某运行部(车间)职工张某巡检至泵区，隐约闻到汽油味，他朝着上风向寻找，查看周边设备管线，不放过每一个弯头、焊缝点，一路找去，未发现一处泄漏点，但现场的汽油味浓度却有所增加。尽管此刻附近的可燃气检测仪也未报警，但张某没有放过这一微小的异常，最后在塔区发现了异味源。“汽提塔塔顶挥发线泄漏，泄漏量逐渐在增大，内操请注意”，随后班长技术人员到场，立即制定紧急处置方案。通过降低塔压、减少泄漏量，下游降低处理量维持系统平衡。当日下午在采取进行气体防护的措施下搭架子、拆保温，确认是管线有砂眼，打卡子、包盒子，于当日23：00处理结束，迅速恢复了装置系统的正常运行。

五摸：利用自己的手触摸和感知设备、管线的温度、振动频率，温度是否超过正常范围，振动触摸是否有麻木感，都要引起重视，查明原因，果断采取措施处理。高(低)温部位不可用手直接触摸，须使用测振笔、测温枪。

实践应用：某运行部(车间)一职工在6#加氢装置泵区现场巡检时发现高压注水泵P6502B轴承温度较高，手靠近时，周边温度较高。该职工立即掏出巡检包中的测温枪，测量结果显示为98℃，但正常温度应在75℃左右，随即拿出测振笔对机泵做全面的“诊断”，结果显示机泵的振动正常，润滑油压力为0.22MPa，较以往偏低，因此立即向班长汇报。班长和技术员迅速赶至现场，依次排查各支路循环水管线，最终确认是由于炉区末端循环水主管路堵塞，夏天高温循环水水质差，再加上4#重整循环水最近调整操作，导致管线内杂质随之被带出，引起高压注水泵P6502B异常工况的发生，轴承温度持续上升。

3. 意义

(1) 有助于职工养成良好的日常巡检习惯，促进班组规范管理发挥积极的作用，同时传承了石化企业严细认真的优良传统，对加快青工岗位技能培养起到积极的推动作用。

(2) 加强了职工在日常工作中的责任意识，提高职工发现事故隐患的能力，从而保证装置的安全平稳生产和各项目标任务的顺利完成。

(3) 有助于提高员工巡检质量，做到眼到、耳到、手到、鼻到、心到，做到有效巡检、用心巡检。

(4) 明确了巡检应检查的内容、项目及标准，减轻员工的工作量，提高工作效率，减少不必要的人员浪费。

第五节　工艺报警与联锁

报警、联锁系统是安全生产重要的自动化保证措施，也是现代化生产过程中非常重要的组成部分。报警联锁系统不但可以自动检测生产过程的状况，更重要的是当生产过程发生异常变化时，能以灯光和声音的方式提醒操作人员，以便及时地采取适当的措施恢复正常生产，以及发出联锁信息使执行机构快速动作，切断危险源，避免事故的发生。

企业要加强对报警的敏感性的认识，强化操作人员、巡检人员、值班人员等对这些报警的敏感性，通过岗位培训、案例学习等措施提高岗位人员辨识报警危害、采取措施消除报警或应对报警的能力，坚决杜绝“报警是误报”的侥幸心理。要利用工艺管理平台，提高对工艺报警的监控效率，开展高频报警优化攻关，对报警实施分级管理，消除频繁报警、无效报警和错误报警，有报警必须及时响应。逐步完善报警分级，针对此前工艺报警分级不合理的情况，根据分类原则进行重新梳理。工艺主管部门也要通过岗检、抽查等方式对各单位的报警管理情况进行检查、通报和督促。

企业要加强对联锁的认识，重点做好五个方面的工作：一是在设计阶段，通过安全完整性等级(SIL)评估、危险与可操作性(HAZOP)分析，设置合理的联锁；二是定期对联锁点进行维护，保证在其需要动作时完好；三是联锁的临时摘除和恢复需要严格的审批，并有临时措施；四是将联锁动作纳入事故管理，分析原因并采取措施；五是定期开展联锁管理符合性审查。

一、工艺报警

工艺报警是指当工艺偏差、设备故障或其他非正常情况需要做出响应时，对操作人员的听觉和视觉上的警告手段。

（一）工艺报警设置原则

1. 报警参数选择

生产装置可以根据过程危险与风险分析、工艺及设备的安全要求、环境监管要求以及产品质量要求等因素，全面识别和评估可能存在的风险，确定需要设置报警的参数。同一种异常情况不宜用多个报警参数来指示。对于已设置的多个报警参数，应基于测量的可靠性、误报的最小化、与产生问题关联的密切性等因素进行选择。报警一般应是在真正发生异常状况时才触发，正常工艺操作过程(如顺序过程或开/关控制、加热炉的烧焦过程等)不应产生报警。

一般情况下，设置报警的参数包括但不限于带联锁的参数、工艺卡片参数、环保监测参数、影响产品质量的参数、上下游装置运行的参数、原料进装置主要参数、公用工程参数、影响设备安全的参数(静设备：塔器类压力、温度参数；动设备：机泵、机组安全运行参数；加热炉安全燃烧监控参数)。对于重要联锁参数、分馏塔差压可以设置偏差报警。

2. 报警优先级设置

企业应综合考虑报警事件所引发的后果在安全、经济、环境等方面的严重程度，将报警优先级分为紧急、重要、一般三级。紧急报警、重要报警和一般报警宜按照5%、15%、80%比例配置。

（1）紧急报警：为严重事件报警，包括但不限于：可能导致泄漏、着火、爆炸、人身伤亡的事件；可能造成大范围非计划停车的事件；可能造成群体环境事件；其他可能造成严重经济损失的事件。

（2）重要报警：为重要事件报警，包括但不限于：除严重事件以外的安全联锁参数；装置关键设备安全运行参数；可能造成装置非计划停车、影响上下游装置平稳运行和产品质量的公司级工艺卡片参数及其他参数。

（3）一般报警：为一般事件报警，包括但不限于：运行部级工艺卡片，除紧急、重要报警外可能影响装置局部异常的参数。

同一流程上的多个相同参数，可以其中一个带控制点参数为主设置优先级，不涉及联锁的其他相关参数可相应降级设置。

3. 报警值设置

报警按高低限可分为一级报警和二级报警。一级报警是指参数的高限或低限报警，即参数超出正常操作范围。二级报警是指参数的高高限或低低限报警，即参数超出安全操作范围。如图3-5-1所示。

紧急报警和重要报警一般设置一级报警和二级报警；一般报警设置一级报警，根据实际需要也可以设置二级报警。参数报警值应根据工艺卡片指标控制范围和工艺包参数设计范围，综合考虑操作人员处置所需的响应时间及过程变化速率等因素设置。

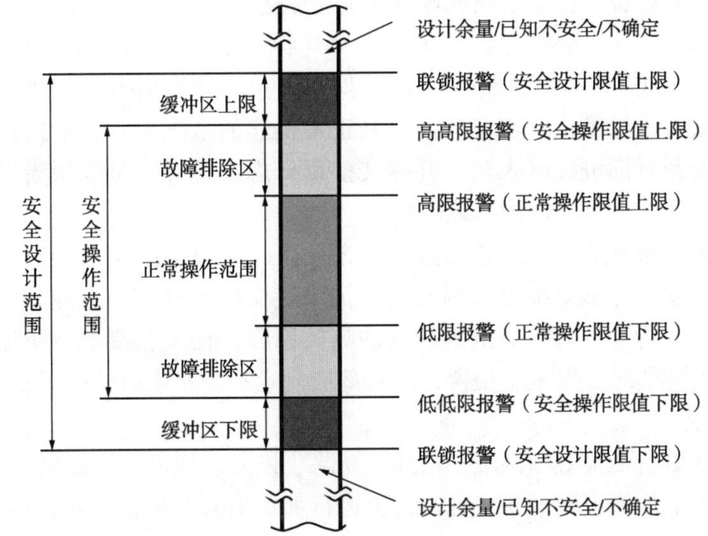

图 3-5-1 报警值设置示意图

报警值设置一般应符合如下要求：

（1）在正常的过程波动和信号噪声中没有报警发生。

（2）操作人员有足够的响应时间。

（3）报警值不能与仪表量程重合，且应在仪表最大量程的 10%~90%范围以内。

（4）一级报警和二级报警不能设置为同一个数值。

（5）报警值应在联锁设定值以内，并且不能超出工艺卡片范围。

（6）使工艺参数不超过工艺或设备的约束值，并应考虑工艺或设备约束值的不确定性。

4. 报警显示和提示音

一般报警显示的颜色和提示音应便于操作人员识别和响应，颜色区别于 DCS 流程画面颜色。可以按照报警优先级设置报警显示状态，报警声光信号应易于区分。紧急报警可采用红色、高频音；重要报警可采用黄色、中频音；一般报警可采用橙色、低频音。具体根据 DCS 系统供应商的不同及实际操作习惯可区别设置，但同一供应商的 DCS 系统应保持统一设置。

（二）工艺报警执行

1. 报警值清单

装置一般应建立工艺报警值清单。新建装置的报警值清单由运行部根据设计资料和同类装置运行管理经验进行编写，在装置中交前交给仪表管理部门，仪表管理部门根据运行部提供的清单，在装置引物料前完成 DCS 的设置。装置开工正常后，运行部要再次核对报警值设置情况，如报警值发生变更，必须办理报警变更手续，变更完成后更新报警值清单。

每次装置停工检修前，运行部要清理报警值设置情况。如报警值发生变更，应办理报警变更手续。报警值设置每个检修周期由运行部组织仪表、电气专业等有关人员按报警值清单进行确认。

2. 报警的使用

生产装置的报警设备必须保持完好，报警除按程序批准切除外，必须全部投用。操作人员应熟悉装置报警设置情况，严格执行岗位操作法，随时监控报警信息，及时确认和消除报警。备用单元和设备的报警必须同样处于完好状态。

3. 报警的响应

（1）一般报警响应：一旦发生报警，岗位操作人员必须及时查找原因并处理，安排外操和仪表等相关人员进行确认，使参数恢复到正常操作的范围。对正常操作调整后无法消除报警的参数，要及时汇报技术人员，并在交接班日志上记录。多个报警同时发生，岗位操作人员应按照报警优先级次序确认处理报警。

（2）紧急与重要报警响应：紧急与重要报警发生时，岗位操作人员应立即查找原因并处置，当班班长将紧急与重要报警的触发情况记录在交接班日志中，并分析初步原因。生产技术人员应组织分析紧急与重要报警触发的具体原因，在工艺技术台账记录分析紧急与重要报警原因及处理情况。对紧急报警，运行部应制定报警发生时的应对预案或应对措施。

4. 报警的变更

一般报警的变更包括报警的修改、增加、切除、恢复、取消、优先级变化等。

（1）正常情况下如果报警需要变更时，由运行部提出修改申请，申请前进行风险评估，经运行部主管领导审核、仪表或电气中心确认后，由仪表或电气中心实施。

（2）在夜间、双休日、节假日期间，报警需要变更时，可由当班操作人员提出，经运行部领导同意后，由仪表或电气中心先行实施，实施后补办报警变更手续。运行部操作人员需及时对变更情况进行确认并在交接班日志中做好记录。

（3）对于紧急报警的变更，运行部在风险评估、提交修改申请、运行部主管领导审核后，还应提交装置工艺主管部门审批同意。运行部应同步更新应对预案或应对措施。

（4）当出现仪表故障报警、设备（单元）停用报警等频繁且无效的报警时，由当班操作人员提出，经汇报运行部区域主管以上领导同意后，可短时实施切除，操作人员要落实好监控措施，在交接班日志中做好记录（记录内容至少包括报警位号、切除原因及监控措施、切除/恢复时间、汇报同意人等）。超过24小时，一般要按正常报警变更程序补办报警变更手续。

（三）工艺报警管理

1. 报警的检查、统计和分析

运行部应结合日、周、月检对装置DCS发生的报警、报警处置、报警变更等情况进行检查，以保证DCS报警正常投用，发生报警及时处置，杜绝报警的随意修改。对于每月发生的高频报警、紧急和重要报警，技术人员要在技术月报中进行分析，制定针对性整改措施，跟踪改进情况。可以利用中控室大屏幕显示本中控室所涉及装置频繁发生的前10个报警，相关装置按月合并统计，每月更新一次。生产指挥中心有大屏幕的，可以显示公司装置频繁发生的前10个报警，每月更新一次，相关情况可以列入月度技术例会通报。

装置的工艺主管部门应制定报警绩效指标，每月对装置的报警管理情况进行检查、考核。对于因开停工正常操作过程、间歇操作、程序化控制、仪表故障以及特殊天气原因引起的报警，可不计入统计，但需密切关注报警情况和加强DCS监屏。

2. 无效报警的处置

对于生产过程中产生的各种无效报警应及时清除，避免造成报警泛滥，影响正常生产操作。已拆除装置产生的无效报警，运行部提出拆除回路的具体清单，经工艺主管部门确认后，可以由仪表人员在DCS中进行清除。对于暂时停用装置的无效报警，可以按照变更程序进行报警切除，但是在装置开工前要恢复投用。

二、工艺联锁

工艺联锁是指当某项工艺指标(如压力、流量、液位、温度等)超出安全操作范围时,保证生产装置(单元)安全运行而设的保护措施。

企业要明确联锁管理的主管部门,制定联锁管理制度,并监督、检查制度执行情况。一般工艺技术管理部门负责工艺联锁管理,审核确认装置(单元)工艺联锁的逻辑图、联锁值、联锁报警值和联锁变更。

(一)联锁资料管理

新装置的联锁逻辑图、联锁值、联锁预报警值以设计资料为准。新装置开工后,联锁值、联锁预报警值由运行部工艺技术人员、设备技术人员根据技术规程、装置设计资料等负责整理成册,在开工正常后报工艺主管部门核准后执行。联锁逻辑图由仪表和电气专业技术人员根据设计资料、软件组态资料负责整理,在装置开工正常报工艺主管部门审核,然后下发给各相关单位。生产装置每个操作室一般应至少有1套书面的联锁逻辑图(活页),联锁逻辑图下发后运行部放置或更新。联锁每1个生产周期审核确认1次,联锁预报警值及联锁值清单的审核可结合工艺技术规程、岗位操作法的评审、修订进行。

(二)联锁使用管理

1. 联锁的确认

检修后的生产装置、新装置和新增回路的联锁、联锁报警,要在开工前或投运前进行现场试验,确认联锁、联锁报警设定值的准确性、联锁动作的正确性、可靠性。对于临时安排检修的装置,如果涉及联锁回路动改,在该联锁回路投运前也应进行现场试验确认;长期切除的联锁保护系统恢复投用之前,也应进行现场试验确认。

检修后装置、新装置的联锁及联锁报警的确认由生产装置的主管部门组织。对新增回路、长期切除联锁恢复投用、临时检修后装置的联锁及联锁报警的确认,分别按工艺、设备联锁组织确认,如同时涉及工艺、设备联锁,由生产装置的主管部门组织确认。仪表、电气、车间(运行部)等有关单位技术人员需参加联锁及联锁报警的确认,《联锁确认单》按工艺联锁、设备联锁分别填写并签字确认。确认单由装置的主管部门、动设备专业团队下发给车间(运行部)、仪表、电气,各单位应统一保存。

生产部门、机动部门、安环部负责协调解决联锁确认过程中遇到的问题。联锁确认前,仪表应完成联锁保护系统的调试、联校工作。

生产装置的联锁设备必须保持完好,联锁除按程序批准切除外,必须全部投用。操作人员应熟悉装置联锁的设置情况,严格执行岗位操作法,随时监控联锁报警信息。备用单元和设备的联锁必须与运行装置一样处于完好状态。

2. 联锁的变更

联锁的变更一般包括联锁的修改、增加、切除、恢复、取消等。联锁值、联锁预报警值、联锁条件、联锁方式及联锁逻辑等需变更,都要办理联锁变更手续,如果要切除联锁保护系统一般应制定相应的防范措施(应急预案)。

联锁变更由运行部基层(车间)负责提出申请。因仪表、电气等原因需变更时,分别由仪表、电气负责填写《工作联系单》并送运行部基层(车间),运行部基层(车间)根据信息传递内容填报《变更管理控制表》。正常情况下的联锁变更,必须提前办理联锁变更手续。联锁的变更审批程序，申请单位填报《变更管理控制表》，并附上所变更联锁(切除、恢复除外)变更前后的逻辑图，并对所变更内容确定变更等级、进行影响因素审查与风险评价后，实施流转审批。联锁变更由运行部基层(车间)主管领导审核后，经仪表或电气会签后，由申请单位交专业主管部门、动设备专业团队审核，专业主管部门、动设备专业团队报公司协管副总工程师审核(重大变更报公司安全总监及协管副总工程师审核)、分管设备或工艺分管领导审批。重大变更实施前应当公示。

联锁变更的等级按《变更管理程序》确定，其中装置(设备)安全相关联锁的切除和取消、联锁的安全功能发生改变的联锁修改属重大变更；联锁的切除属临时变更，联锁的取消属永久变更，联锁的其他变更根据实际情况识别。

仪表、电气、运行部基层(车间)根据联锁变更的审批意见，实施联锁、联锁报警的变更。变更实施完成后，仪表、电气应对联锁逻辑图集中相关图页进行电子可编辑化修订发起审批，与变更相关的单位会签后，报专业主管部门、动设备专业团队核准。核准完成后的联锁逻辑图由实施单位返专业主管部门、动设备专业团队，专业主管部门、动设备专业团队下发运行部基层(车间)、仪表、电气，各单位应统一保存，并动态更新联锁逻辑图(活页)。

正常生产装置的联锁、联锁报警变更实施时，需落实好防范措施，联锁系统开关(包括操作站内软开关)、按钮由操作班长操作；其他变更均由仪表、电气人员负责。仪表、电气实施人员要严格执行作业票制度，作业时必须征得生产装置当班班长或主要操作人员同意，在仪表联锁作业票、电气作业票上签字。在作业过程中，作业人员应与操作人员保持密切联系。恢复使用前，必须按规定进行确认，处理完毕后，必须在作业票上做详细记录并签字确认。作业票中应注明该作业的依据、作业执行人/监护人、执行作业内容、作业时间等。联锁变更必须做到图纸、资料齐全。

3. 特殊情况下联锁的切除、恢复投运

根据岗位操作法要求在开、停工时需要临时切除的联锁，由当班生产班长组织执行，需要时由仪表、电气人员配合实施，并做好记录。投运条件具备后，由生产班长负责提出或恢复投运。

在生产装置发生异常或在紧急情况下(如仪表失灵等)需暂时切除联锁时，由当班班长提出，经装置技术人员、运行部主管领导同意，提出相应的防范措施并得到落实后，由当班操作班长组织执行(或通知仪表、电气人员执行)，当班操作人员需填写《联锁短时切除审批表》，办理审批手续。装置恢复正常后，由当班班长请示装置技术人员、运行部主管领导同意后，及时恢复联锁，并填写《联锁短时切除审批表》办理审批。

仪表、电气等设备维护人员在进行定期保养、故障处理等与联锁有关的作业需切除联锁时，由仪表、电气等设备维护人员向操作班组提出申请，操作班组负责填写《联锁短时切除审批表》办理审批，审批完成并落实防范措施后切除联锁。作业时必须严格执行仪表联锁作业票、电气作业票制度。恢复投用前必须经仪表、电气设备维护人员及操作班长共同严格确认，并填写《联锁短时切除审批表》办理审批，审批完成后恢复投用。

生产期间不论何种原因，联锁切除时间超过 24 小时的，都应及时办理联锁变更审批手续。工艺主管部门、设备部门、安环部门、运行部、电气、仪表等部门对长期切除的联锁回路、暂时无条件实施的联锁每年组织清理和专题评估，提出整改意见，并组织实施。

联锁保护系统的安全完整性等级(SIL)评估、危险与可操作性(HAZOP)分析按所在公司《安全仪表系统安全完整性等级评估管理办法》《危险化工工艺和危险与可操作性分析安全管理规定》执行。

4. 联锁保护系统及其回路的维护、检修及管理

仪表联锁保护系统是指由测量单元、控制单元(逻辑运算器)及相关软件、执行单元等组成，实现安全仪表功能的仪表系统。

联锁保护系统所用器件(包括一次检测元件、线路和执行元件、运算单元)应随装置停工检修进行检修、校准、标定。新装置和检修后装置联锁保护系统投运之前以及长期解除的联锁保护系统恢复之前，必须对所有联锁回路中的联锁值、联锁预报警值和联锁动作的正确性进行全面检查联校、试验、确认。

联锁保护系统及其回路的检修工作必须由专人负责，严把质量关。要有计划地对易损部件进行更换，做好系统隐患的整改工作。联锁保护系统应达到：设定值准确，回路动作可靠，系统运行安全。企业要安排业务素质高、熟悉本装置联锁保护系统、会维护保养、能排除故障的人员负责联锁保护系统的日常维护。联锁保护系统故障处理、维护作业，必须一人监护，一人作业。要把联锁保护系统作为日常维护工作的重点，维护人员必须每天检查联锁保护系统运行状态、UPS 电源的工况，并做好书面记录，发现问题应及时处理，做好隐患登记。对于重要联锁设备的故障处理，应进行危害识别和风险评价，落实方案，主管技术人员或领导要到现场负责实施。

联锁保护系统的设备要设立明显的警示标识，系统软件和应用软件至少有两套备份，并异地妥善保管。联锁资料要齐全准确，做到联锁保护系统的逻辑图、接线图和现场实际一致；联锁保护系统设备台账上的型号规格和现场相符；仪表中心与电气专业的分界端子接线图清楚和现场标号一致。为便于维护，机柜内应设有正确清楚的接线图，并做到班组的维护人员都有该岗位的正确、完整的联锁维护资料。

联锁保护系统的设备台账、联锁原理图/逻辑图、接线图、联锁作业票、变更单(审批单)、确认单、联锁预报警值及联锁值清单等资料要及时整理归档，并至少保存一个生产周期。

(三) 工艺联锁的检查

运行部技术人员在生产正常情况下，应检查设备、工艺联锁投运、切除情况，并在工艺技术台账、生产技术月报上说明联锁投运情况；如装置经过停开工，则在开工正常后 24 小时内检查，并做好记录，对存在的问题要及时报告工艺主管部门，工艺主管部门负责落实解决。

工艺主管部门要对工艺联锁投运、切除情况进行不定期的检查，纠正不合理的投运和切除。对非正常跳车，要进行原因分析，写出原因分析报告并提出整改。

(四) 数字化应用

企业要以信息化、数字化、智能化的方式，不断规范联锁、报警管理，提升规范化、信息化水平和高效化管理。推进建设操作报警系统，收集报警相关信息并分类展示，定期报警分析，提高装置运行平稳性。装置技术人员要结合工艺日、周、月检，对软件运行情况进行巡视，并利用软件统计分析装置 DCS 发生的报警、报警的处置、报警变更等情况，对无效报警、高频报警要采取措施予以消除，对不规范的报警处置、变更行为要及时予以纠正。

第六节　异常管理与岗位练兵

一、工艺异常处置

炼油企业生产异常工况一般有工艺异常、设备设施异常和其他异常。工艺异常主要是指反应、分离等工艺过程异常，如飞温、爆聚、快速结焦和积炭、压差异常上升、严重带液、介质互串等；各种突发性泄漏；各类联锁动作、爆破片起爆、安全阀起跳、火炬系统异常排放等。

(一) 异常处置原则

如果波动或事故已经发生，如何使装置“退守稳态”，保证处于安全状态，是运行部必须解决的问题，这是最低的要求。生产应急处置应按照“135”原则，提升基层班组应急响应能力。1 分钟内应急响应，及时采取能量隔离、切断物料等关键操作动作，确保事态不扩大；3 分钟内实施退守稳态，由班长研判并下达指令，岗位员工 3 分钟内实施退守稳态操作；5 分钟内消(气)防联动，消(气)防救援力量于 5 分钟内到达现场，与属地单位配合开展应急处置工作。

应急处置关键在于做好预案和应急演练。预案的数量不求多，但内容一定要贴近实际，尽可能以发生过或发生的概率较高的事故为场景，例如液态烃泄漏、高温重质油泄漏、加热炉熄炉、高串低、装置晃电、系统管网蒸汽波动、大型机组联锁停机等。预案的应急措施制定也一定要简洁明确、重点突出，切忌长篇大论面面俱到。预案制定后一定要认真开展定期应急演练，应急演练应以现场演练为主，各条措施明确到人、明确到具体位置，演练人员手指口述，演练结束后应及时进行总结。演练活动可安排在班组日常教育培训中，也可以安排在副班培训中。通过应急演练，不断提高职工应急处置能力，将装置波动或事故造成的不利影响降至最低。

(二) 异常工况处置卡

装置异常工况处置卡，是把事故处理预案“卡片化”。其主要目的是当装置发生异常工况时，现场处置负责人能快速掌握处置要点和关键步骤，能准确汇报并得到有效支援；各岗位操作人员能快速实现装置发生的异常工况不扩大、不发生次生事故，并有效处置。异常工况处置卡应列出异常工况处置要点、汇报程序及关键步骤，明确责任岗位操作要点。

企业编制异常工况处置卡要保持“三统一”，即统一版式、统一尺寸、统一内容。处置卡分为正面和反面：正面主要是供现场最高处置负责人使用，明确处置要点、汇报程序、关键步骤等。处置要点应列出异常工况处置的关键点，条数不宜过多，一般 3 条，最多不超过 5 条；汇报程序应列出需汇报的部门、岗位、人员等；处置步骤应按处置先后顺序排列。反面主要供各岗位操作人员使用，明确责任岗位、处置内容要点等。

(三) 异常管理、分析

减少各类异常是筑牢生产安全的有效手段，要通过分析异常，查找漏洞，举一反三吸取教训，落实技术、管理措施，实现本质安全。

异常管理应坚持“关注异常、应报尽报、追根溯源、经验共享”的原则，鼓励基层单位如实报告异常。企业要明确各类异常情况的报告途径和处理程序；充分利用自动化控制系统、安全监控系统、安全管理信息系统等，建立异常情况监测与预警机制。要及时记录异常情况，保存有关数据、图表、趋势，对异常原因进行溯源分析，评估处置措施，提出改进方法，明确整改内容、责任人、完成时间等，对整改工作进行跟踪检查，直至整改措施完全落实。要定期查看同类企业事故、事件及异常情况分享信息，对照问题自查自改，举一反三吸取教训。异常主管部门要对基层单位的异常管理工作进行指导、监督、检查，可以对异常溯源分析质量进行评比，奖优罚劣，提高异常管理水平。

另外，企业也要考虑应用信息化数字化手段，建立异常全流程数字化管理模式，通过分析应用，及时找出现场管理薄弱环节和装置运行短板，夯实安全运行基础，提升装置安稳长满优运行水平。依托信息系统，建立异常台账档案，做好各类问题的录入、分析、整改、归纳总结提升等全过程管理。

二、岗位练兵

(一) 目标原则

岗位练兵是对操作人员、工艺技术管理人员进行基本功训练的核心工作。企业应制定岗位练兵和培训、演练的相关管理制度，引导员工立足本职岗位勤学苦练，掌握应知应会，提高技能水平。岗位练兵以保障装置安全平稳优化生产、预防各类事故发生为目标，坚持“以人为本、全员培训，注重能力、适度超前，规范管理、改革创新”原则。着眼管理人员“守法合规意识、风险意识、体系思维、领导引领力、风险管理能力和应急管理能力”培训，专业技术人员“专业技术能力、专业 HSE 管理能力、风险管控和隐患排查治理能力、应急处置能力”培训，技能操作人员“五懂五会五能”培训，明确培训管理主体责任，提升内部全体员工培训工作实效，促进常态化高效开展岗位练兵。各基层单位按照企业及装置的特点和人员实际情况，优化培训方法，切实有效地开展岗位练兵工作。

(1) 以人为本、全员培训原则。着眼企业与员工的共同发展，把握人才成长规律和各类员工的培训需求，激发员工学习的内在动力和潜能，根据企业发展战略、岗位能力需求和员工职业发展需要，分层分类进行岗位练兵培训。

(2) 注重能力、适度超前原则。全面提高员工思想政治素质、科学文化素质、业务能力素质，把能力培养贯穿于培训全过程；坚持联系实际，学以致用；坚持选拔、培训、使用一体化，整体推进人力资源开发。

(3) 规范管理、改革创新原则。坚持“寓培训于管理、以培训促管理”，不断推进岗位练兵管理创新。突出岗位练兵培训的针对性和实效性，优化培训资源，创新培训内容，改进培训方式，实现培训规模和质量、效益的统一。

(二) 基本要求

以营造“比学赶帮超”氛围为重点，建立集“日常练兵+品牌竞赛”于一体的练兵竞赛平台，面向全体员工开展工艺、设备、安全等专业通用岗位练兵培训。

企业应明确岗位练兵主管部门，负责制定企业岗位练兵管理制度，建立培训办班、实操训练、仿真模拟管理机制。各专业部门提出岗位练兵要求，各基层单位按照公司要求，结合本单位实际开展岗位练兵。

岗位练兵主管部门应牵头各专业部门充分梳理培训内容，通过月度指导意见形式定期下发学习任务，明确练兵范围、学习内容和时间期限等。相关单位分解完善本单位月度岗位练兵计划，抓好抓实培训开展。岗位培训与练兵可采用一事一练、一问一答、技术征答、技术讲座、应急演练、技术比武、仿真培训、在线学习、现场考试和智力竞赛等多种形式进行。

（三）管理实务

1. 培训办班

以提升员工管理、专业、技术、技能水平为重点，建立“企业+基层单位”两级培训办班管理机制，规范开展各类培训办班。培训应全面征询企业全体员工意见建议，经专业部门审核后，发布培训计划。各项培训办班应按照计划有序开展，对重点培训班应建立课程、课堂和课后评估，严格把控培训班开展全过程，实现培训高效开展。

2. 实操训练

以培养正确操作习惯为重点，建立集“培训+实操+考核”于一体的实操训练基地，开展规范训练、反复训练、强化训练，锤炼技能人员操作技能，做到规范操作、熟练操作、精准操作。要建立实操基地与培训考核管理机制，分人群、分阶段明确培训时长与培训内容，细化考核办法，将实操考核成绩与上岗取证挂钩，实操考核合格人员才能上岗。

3. 应急演练

以提升应急处置能力为重点，建立集“综合+专项+运行部级”三级应急演练机制，即明确一个企业综合应急预案、N个企业专项应急预案、Y个二级单位应急预案和细化到点的现场应急预案，形成“$1+X+Y$”的三级应急预案体系。制定关键岗位的应急能力标准，实战应急演练企业级每半年至少1次，运行部级和班组级每季度至少1次，全覆盖相关应急处置预案，企业和运行部级应急演练均应有演练方案、演练小结、定量评估和整改验证，有效提升员工快速反应和应急处置能力。

4. 仿真模拟

以强化规范操作和故障处理能力为重点，建立集“在线+单机”于一体的仿真平台，针对主体装置、重要流程、关键设备岗位的人员开展仿真模拟训练。梳理典型工况、故障事故等系列案例，科学设计仿真模拟培训计划，并有计划组织开展训练。建立仿真培训管理机制，分人群明确仿真时长与仿真内容，月度跟踪并通报仿真培训开展情况，对仿真不达标单位与个人实行绩效扣减。

5. 考核答题

以效果评估验证为重点，建立“线上+线下”考核答题平台，针对培训办班、实操训练、应急演练、仿真模拟等各环节进行培训效果评估验证。考核答题可采用在线集中考核、APP随机考核、书面考核、现场实操考核、桌面演练等多种形式进行，根据培训内容明确考核要点、考核标准和通过分数，确保做到以考促培、以考督培、以考验培。

三、技能竞赛

（一）目标原则

为提高企业核心竞争力，增强人力资源实力，夯实全员专业技术水平，有效弱化工学矛盾，坚持“统筹规划、突出主业，分级分类、规范有序，赛训结合、注重实效”原则，聚焦专业技术和技能操作两大序列人员，规范制度，制定标准，强化跟踪，着重奖励，建立程序完善，职责分明，流程规范的竞赛管理机制。

（1）统筹规划、突出主业原则。着眼企业核心岗位、主体装置、重点人群，有重点开展以岗位工作规范或职业技能标准为依据的与岗位实际密切结合的竞赛活动。

（2）分级分类、规范有序原则。聚焦专业技术、技能操作两类人群，根据人员专业、技能水平有重点参与或组织国家级、集团公司级、企业级等各级竞赛，明确竞赛程序，规范竞赛过程。

(3) 赛训结合、注重实效原则。坚持“以赛促学、以赛促训、以赛促用”，不断推进竞赛管理创新。突出竞赛针对性和实效性，优化培训资源，创新培训内容，改进培训方式，实现培训规模和质量、效益的统一，通过全员竞赛实现业务技能再提升。

（二）基本要求

企业应建立常态化业务竞赛管理机制，以岗位工作规范或职业技能标准为依据，以提高员工综合素质和履职能力为目标，围绕岗位必备知识和技能开展全员竞赛，通过阶段递进模式，配套对应激励奖励措施，实现以赛促练、以赛评练。竞赛可按国家级、集团公司级、企业级等多层级开展，应包含竞赛准备、岗位练兵、选拔推优、决赛冲刺、总结表彰等各环节，形成全员参与、能者胜出的选拔管理机制。

企业应明确公司级竞赛管理主管部门，负责制定竞赛相关管理制度，组织国家级、集团公司级竞赛的方案编制、团队组建、材料填报、裁判推荐、工作检查与指导等工作；教育培训部门负责国家级、集团公司级竞赛备赛工作，负责协调课程安排、培训指导、人员选拔等工作，落实有关设备及仿真软件采购、教材发放、培训场地安排，负责定时组织召开备赛工作例会，编发备赛工作简报。

（三）管理实务

1. 竞赛组织

国家级竞赛按照“竞赛准备、岗位练兵、选拔推优、决赛冲刺、集中决赛”等阶段进行，其中竞赛准备阶段由人力资源与教育培训部门会同有关单位(部门)成立备赛工作组及专业小组，编制竞赛备赛方案；岗位练兵阶段由各有关单位(部门)大力宣传，制定具体实施细则，动员有关人员广泛参与岗位练兵；选拔推优阶段由各有关单位(部门)开展赛前专业知识和实际操作培训，通过公开规范的逐级选拔，检验选手练兵效果；推选优秀个人参加集中决赛培训；决赛冲刺阶段由教育培训部门牵头制定强化培训计划，专业小组统筹安排培训内容，通过层层选拔，确定最终参加决赛选手；集中决赛阶段由教育培训部门结合竞赛通知协商专业小组指定领队人员，参加公司级以上业务竞赛决赛。集团公司级别竞赛各环节组织实施同国家级竞赛一致。

企业级竞赛按照“竞赛准备、岗位练兵、选拔推优、公司决赛、总结表彰”等阶段进行，其中竞赛准备阶段由人力资源部门发布年度竞赛总体通知，各主办单位编制本专业(工种)业务竞赛方案并发布相关竞赛通知；岗位练兵阶段由各主办单位大力宣传，制定本专业(工种)业务竞赛备赛方案，广泛动员各单位(部门)员工参与岗位练兵；选拔推优阶段由各有关单位(部门)自行开展赛前专业知识和实际操作培训，通过公开规范的逐级选拔，检验选手练兵效果，推选优秀团队(个人)参加决赛；公司决赛阶段由公司有关单位(部门)组织各专业(工种)公司级业务竞赛决赛；总结表彰阶段由人力资源部门统一表彰先进单位和优秀团队(选手)。

基层单位级竞赛各阶段安排由各单位(部门)自行组织安排。

2. 荣誉表彰

企业可将获奖情况与职级晋升、荣誉推选等挂钩，畅通获奖人员晋升通道。如对取得国家级竞赛和集团公司级奖项的个人，企业可完成相应的技师、高级工的认定；对符合条件人员，可放宽条件申报相应等级职称；对取得企业级竞赛奖项的个人，可按最高到技师的标准认定技能等级。

四、实践案例

ZH公司以全员岗位练兵为基础，划分为技术、技能和综合等三大类竞赛，建立了年度常赛、常赛常新、品牌自立的业务竞赛管理机制，以岗位工作规范或职业技能标准为依据，以提高员工综合素质和履职能力为目标，坚持赛训结合、全员参与，结合实际将岗位练兵融入竞赛，拉长练兵时长、拓宽练兵范围，通过“竞赛准备—岗位练兵—选拔推优—决赛冲刺—集中决赛(总结表彰)”的递进模式，以赛促练，以赛评练，同时还配套优先评先推优的精神鼓励和“个人奖牌奖—团队名次奖—备赛单位奖”的物质奖励，以及任职资格、技能等级和职级破格晋升等多方面相结合，既明显提高全体技能人员技能提升的积极性，又不断输出了各类优秀青年人才。该企业近两年参加的竞赛中，共获个人8金5银4铜和团体一等奖4项二等奖2项的佳绩，并配套发放公司内部奖励近40万元。

2017年始，该公司推出“最强巡检”竞赛并升级为当下的“最强操作”，寻找传统技能培训之外的新途径，在以公司领导为组长的竞赛领导小组统领下，以员工喜闻乐见的形式，采用全员参与、随机抽取的方式，区别主动报名与非主动报名两类，划分现场比赛和决赛比拼两部分，引入多媒体互动答题并设有“理论强基础、我爱记流程、实战练精兵、一辨决胜负”等具有新鲜感和趣味性的环节，内容综合涵盖了工艺、设备、安全等相关理论、实操和意识知识点，把只有少数人参与的“精英赛”，办成全员参与的“全员赛”，以竞赛为牵引，树立正确的学、练、赛导向，促使员工从“要我学、要我练、要我赛”向“我要学、我要练、我要赛”转变，不断提升全员业务素质和技能水平，为该公司持续赋能赋智的人才强企战略提供支撑。

第七节　技术分析

一、工艺技术例会

工艺技术例会是加强工艺技术分析力度，优化生产过程，提高产品质量，提升工艺技术管理水平的重要手段。企业工艺技术管理部门应定期组织召开企业级工艺技术例会，由分管领导主持，相关部门及运行部(车间)工艺技术管理人员参加。工艺技术例会要有专人记录，会议记录或纪要按照技术资料管理要求保存。

工艺技术例会主要内容如下：

(1) 主要技术经济指标完成情况及分析；

(2) 原料、主产品、中间及副产品等质量情况以及重大变化情况分析；

(3)“三剂”使用情况分析；

(4) 平稳率分析，工艺报警、联锁情况，异常操作情况分析，工艺防腐情况分析；

(5) 重大工艺调整情况分析及重大异常情况分析；

(6) 技术攻关及技术改造项目完成情况分析；

(7) 节能降耗、生产优化工作完成情况；

(8) 工艺技术管理及检查考核情况；

(9) 上次例会布置工作落实情况；

(10) 下一步工作安排。

二、技术月报

生产技术月报(季、年报)是指定期对产品产量、技术经济指标等生产运行情况进行分析的技术报告，是工艺技术管理的重要基础之一。生产技术月报一般由生产运行部装置工艺技术人员编写。

(一) 主要内容

1. 装置生产情况

主要是当期及累计生产计划完成情况(包括原料、产品等物料平衡情况，轻收、总拔、液收等收率情况)；停开工(或生产异常)情况；工艺指标执行及平稳率情况，其中工艺指标执行包括公司级、运行部级工艺卡片中的所有工艺指标，也要包括锅炉汽水品质月度情况；联锁、报警、自控(先进控制、在线仪表)情况，包括联锁投用率及联锁变更情况、装置时平均报警数，高频报警、紧急及重要报警发生次数及原因分析、改进措施，在线仪表投用率及 APC 有效投用率、仪表自控率、控制回路状态等。

2. 装置能耗情况

主要是当期及累计能耗完成情况、能耗分析、能源绩效参数控制情况(包括目标值完成情况、目标值未完成情况原因分析；当基准值、标杆值、目标值不适用，需调整时，说明更新值、更新原因)、相关变量运行表、节能工作情况(包括能源管理方案的实施情况、其他节能措施、存在的问题及节能计划)。

3. 化工原材料使用情况

主要是当期及累计化工原材料消耗情况(包括对本装置各类化工原材料的总消耗量、单耗变化、使用效果及跟踪考察情况进行综合分析)、固定床催化剂运行情况(包括对固定床催化剂运行中出现的异常情况进行分析；对跑损、中毒等情况提出对策措施；固定床催化剂还原、再生等需说明，并在表中设栏注明)。

4. 产品合格率及质量改进情况

内容包括：上月、本月及年累计馏出口合格率数据，应用适当的统计技术进行分析，对不合格要说明原因。质量管理情况、在产品质量的改进上所做的工作以及产品质量改进建议。港储部、储运部要说明中间罐、产品罐质量控制情况。

5. 装置工艺技术分析

工艺技术分析是技术月报的重要内容，一般应包括：物耗、能耗、质量等指标分析，操作平稳率、仪表自控率、馏出口合格率的超标分析，设备、工艺、仪表等瓶颈问题处理情况，工艺防腐情况，待解决的问题及准备采取的措施；生产过程事故及重大异常情况分析，异常或应急处置情况分析，岗位练兵和应急演练情况；重要技术改造项目、新产品试产、新技术应用的完成情况；装置检修及改造前后开停工情况分析；装置参加达标竞赛活动的分析、工艺技术管理工作及工作纪律执行情况。

(二) 编制注意事项

(1) 要注重内容符合性。首先，要符合公司主管部门提出的相关要求，掌握写什么内容，怎样写，哪些情况要进行必要分析等等，其次，要符合公司内部工艺类关联的各类制度要求。

(2) 要注重内容准确性。内容要做到数据信息记录准确和分析准确，为技术管理人员提供经验数据和管理借鉴。

① 数据信息记录准确。第一，数据信息的来源一定是公司官方统计或使用的数据信息，确保能够追根溯源；第二，对来自办公软件快速提取的数据信息，要进行合理性、准确性和适用性校验，消除取数公式问题造成的各种误差；第三，数据信息录入时要做好审核，避免错行、漏项等情况发生。

② 分析准确。第一，分析结果不能前后矛盾或与数据矛盾；第二，分析过程要用实际数据验证推论；第三，分析要全面，不能只从单一角度得出最终结论，如某公司催化装置的产品分析，从原料、操作调整、生产瓶颈等各个角度展开分析；第四，重点、热点分析内容，应是专题讨论达成共识的结论，避免一家之言误导阅读者。

(3) 要注重内容有效性。总结分析不仅要给阅读者提供参考、借鉴，还要对生产过程管理进行梳理、总结，固化、提升工艺基础管理水平。工艺技术员首先要思想上重视，以负责任的态度完成；其次要从数据入手，总结管理上、技术上的得失，避免记流水账，蜻蜓点水似地用数据简单分析数据。

三、优化控制与技术攻关

(一) 优化控制

生产优化是指资源和产品、生产流程和公用工程等生产方案的优化，包括从炼油到化工板块联合优化，达到运行统筹结合、总流程优化、整体效益最佳的目的。

目前炼油企业可以应用 RSIM、PIMS 等先进流程模拟工具，定期开展炼油生产优化工作。也要积极采用控制回路评估、PID 整定、APC、RTO 等技术方法及工具进行装置优化。工艺技术管理部门作为 APC、RTO 等信息化系统使用主管部门，负责提出 APC 的建设需求及使用管理，并定期对控制回路评估、PID 整定、APC、RTO 等技术应用情况进行检查，提出整改意见，督促先进技术的有效应用。

1. 先进控制优化

先进过程控制(Advanced Process Control，简称 APC)是指通过建立模型确立对象的特性(如塔、换热器、管道、反应器等)，实现过程控制，并以系统辨识(最小二乘法为基础)、最优控制(极大值原理和动态规划方法等)以及最优估计(卡尔曼滤波理论)等现代控制理论为基础的一种控制方法。

APC 的实施，通过建立模型可以实现预测控制，使控制偏差更小，可以改善过程动态控制的性能、减少过程变量的波动幅度，使之能更接近其优化目标值，从而使生产装置在更接近其约束边界的条件下运行，最终达到增强装置运行的稳定性和安全性、保证产品质量的均匀性、提高目标产品收率、增加装置处理量、降低运行成本、减少环境污染等目的。先进控制类优化系统控制功能需要较复杂的计算，一般由专用的计算机平台实现，含先进控制系统(APC)、其他先进控制类系统(在线优化、原油调和、汽油调和)。

正常生产时先进控制类优化系统的所有回路应全部投用，运行部要定期检查先进控制系统投用情况，对先进控制回路投用率长期较低的要分析原因并采取有效措施。因客观原因无法投用的，需办理变更(回路切除、恢复)审批。如果因工况影响临时切除的，也要在交接班日志中记录好。切除时间超过 24h，运行部需要办理《先进控制回路变更单》，并完成审批。

生产运行期间，先进控制类优化系统出现故障时，运行部要及时联系仪表专业查明原因，制定恢复方案，运行部评估认可后再实施。因工艺改造或设备变更，先进控制回路需修改或取消的，运行部也要按管理程序办理审批。

企业也要建设 APC 有效投用率监控平台，做好先进控制类优化系统的日常投用工作，充分利用此类优化系统信息化、数字化、智能化的优势，实现装置提质增效的目标。树立数字化思维，统筹考虑先进控制类优化系统的建设规划，从单套装置的平稳，到单套装置的优化，再到区域的联合优化，最终实现公司级的优化系统全覆盖。

2. 控制回路管理

企业应规范炼油装置过程控制回路的技术管理，监测和改善控制回路的性能，减少不良控制回路，优化控制效果，改善工艺生产过程的稳定性。

(1) 控制回路评估。控制回路性能评估是指控制回路性能监测、分析等一系列工作，包括对控制回路状态、控制效果、性能指标等做出评估，发现并诊断出性能差的控制回路，生成控制回路性能评估报告等工作。杜绝将因工艺、电仪、设备等原因造成的无法投自动的回路纳入不统计回路中。开停工(非计划、检修、消缺)期间可以不参与监控计算。企业应当建立各生产装置的控制回路台账，在控制回路新增、取消、控制方案变更时应及时更新。企业应通过稳定性、准确性、快速性等指标对回路进行评估。企业应建立实时自控率评估指标，评估当前时刻投自动的控制回路数占有参与统计的控制回路数的百分比，用于实时评估装置的自控率。

(2) 控制回路监控与整定。控制回路性能评估应定期进行，收集装置控制回路相关参数的历史运行数据及相关设置参数，根据控制回路管理技术规范生成控制回路性能评估报告。对于诊断出性能“较差”及长期处于手动状态的控制回路，企业应及时进行整定。企业可采用控制回路评估专业软件开展相关工作。

(二) 技术攻关

技术攻关是指为增加知识存量以及设计已有知识的新应用而进行的创造性、系统性工作，是具有明确创新目标、系统组织形式但研发结果不确定的活动，包括基础研究、应用研究和试验开发三种类型。基础研究和应用研究统称为科学研究。研发活动应当满足五个条件：新颖性、创造性、不确定性、系统性、可转移性(可复制)。

为获得科学与技术新知识，创造性运用科学技术新知识，或实质性改进技术、产品(服务)、工艺而持续进行的具有明确目标的活动，如企业开发新产品、新技术所进行的活动，不包括企业对产品(服务)的常规性升级或对某项科研成果直接应用等活动(如直接采用新的材料、装置、产品、服务、工艺或知识等)。研究和开发活动的目的是为了实质性改进技术、产品和服务，将科研成果转化为质量可靠、成本可行、具有创新性的产品、材料、装置、工艺和服务。

一般情况下，攻关项目的过程管理包括立项、实施、总结验收及推广应用等过程。

1. 立项

由企业科研管理部门牵头，向各运行部(车间)征集拟立项科研项目，根据项目经费情况、攻关目标、难易程度、是否需要其他单位配合等情况，进行分类并选择合适口径进行立项调研，根据当前企业发展战略和生产经营需求，向各运行部(车间)下发申报通知，并组织申报。

科技项目立项应遵循创新性、可行性、可用性、合理性等原则，重点围绕企业实际需求和生产难点热点问题，可以以竞争性立项、“揭榜挂帅”等为主要方式进行，并由论证专家确认该项目是否属于研发项目。通过立项评审的项目，按程序填写项目相关材料，如《开题报告》等，下一步转入实施阶段。

针对一些优势团队或优势领域，可通过定向委托和稳定支持的方式立项。

2. 实施

科研项目的研发实施阶段，主要是指科研项目立项后组织实施直至科研成果验收前这一阶段，此阶段是科研项目全过程的核心。科研项目实施一般实行项目负责人制，其主要职责包含：制定项目实施方案，确定项目攻关小组成员，统筹安排、组织项目的实施，确保项目按计划要求高标准地完成。

科研管理部门根据科研项目过程管理的要求，定期开展协调和关键节点检查，对项目进度、完成质量等组织检查和监督。检查内容包括：课题进度是否按照预定时间进行，原定方案是否有改动、科研经费使用是否合理，课题开展过程中是否存在困难等，对研究计划执行不力、无故拖延、毫无进展或经费使用不当的项目，由科研管理部门、财务主管部门、二级单位与项目来源单位协商解决方案。

在项目的执行过程中，当项目的攻关内容、经费、计划、攻关时间等需做出调整时，由项目负责人提出申请，当项目出现以下情况时，经相关主管领导批准后可中止。中止情况包括：

(1) 公司发展战略、重点发展方向以及政策发生重大变化，造成项目无法继续正常进行的。

(2) 经实践证明，所选技术路线已不可行或无任何实用价值；国内已有相当或更高水平同类科技成果的。

(3) 市场、技术、合作研发、参加项目工作的技术骨干等发生变化，造成原定目标及技术路线发生变化，导致项目无法进行的。

(4) 项目保障条件不能落实，或项目所依托的工程已不能继续进行，影响项目正常实施的。

(5) 其他客观原因使项目无法正常进行或预期目标不能实现的。

3. 总结验收

项目完成攻关目标或者合同约定目标后，由项目负责人或者项目组进行判断是否具备验收条件，具备条件后，可向企业相关科研管理部门申请项目评审，并对总结报告和评审申请进行审查，组织专家进行验收。

当出现以下情况时，经所在企业相关科研管理部门审查同意后可办理结题手续：①项目(合同)约定的研究开发任务已完成，但因客观原因暂时不具备工业应用条件；②开展了工业试验，但因客观原因暂时不具备验收条件的项目；③某些探索性及基础研究项目，因与预期不符等客观原因，未能取得预想成果的项目。

4. 推广应用

科研项目参与人员、科研主管部门在科技项目实施过程中需要做好专利跟踪、技术保护和保密工作，对具备专利、专有技术的发明创造及时申请保护。科研项目在实施过程中，产生的知识产权，可申请专利及专有技术。如属于与外部单位合作开发的，按照双方合同签署时的约定执行。

在成功实施后进行推广应用的，双方权属按推广应用合作协议执行。

5. 专家作用

公司攻关团队专家在履行本岗位职责的同时，应收集掌握国际国内同类专业的发展近况或同类装置的主要技术经济指标，参加企业有关生产技术会议，帮助解决专业技术难题，提供技术支持；参加并指导本专业(装置)重要的技术攻关活动；按专业协作性，参加装置重要的投资、大修和更新等项目的论证、设计审查及竣工验收等工作，提高公司整体的工程项目实施水平；跟踪本专业技术管理以及同类装置运行情况，提出改进、优化意见。

企业应发挥攻关团队专家在实施创新驱动战略、推进公司高质量发展的引领作用，充分萃取显化专家成果，细化明确年度授课任务，有计划安排专家成员传授专业技术或装置操作技艺，培养和指导年轻生产技术、技能骨干；安排其参与企业职称评审、等级认定等人才选拔中有关论文评审、答辩考核环节；安排其作为相关专业创新工作室成员参与工作室项目共挂、日常运行管理。

(三) 合理化建议

合理化建议是指在岗员工对公司改革发展、生产经营、企业管理、党建工作等各项工作所提出的符合法律法规，具有可行性、先进性和效益性的改进完善意见。其中可行性是指建议者所提方案、措施在实际工作中可以实施；先进性是指方案、措施对原有项目或某一项工作有所改进、完善和提高；效益性是指建议采纳实施后可以带来经济效益、管理效益或社会效益。

1. 管理范畴

合理化建议主要包括以下范围：改进完善质量管理、工艺管理和节能降耗管理、设备管理、HSE 管理、人力资源管理、营销管理、物资管理、投资管理，优化资源配置和生产运营、财务管理、资产管理，改进提升党建工作、数字化转型工作、职工代表提案工作；优化完善制度、流程，消除“低老坏”，促进管理标准化、行为规范化，提升“三基”工作的措施及亮点，其他管理提效、降本减费、挖潜增效措施等。

合理化建议一般不包括以下内容：涉及企业发展战略、长远规划；已立项或列入计划的投资、科研、修理等资本或费用支出项目；已安排实施的优化生产经营、降本增效及挖潜增效等措施；已在公司范围内推广应用的建议或做法；有关职工福利、待遇等非生产经营性内容；属于履行本职日常工作所提的建议。

2. 管理内容

合理化建议的管理一般需设置相关组织机构，其中需设立归口管理部门负责组织合理化建议的评审，跟踪项目的实施；业务职能部门负责组织对各类建议进行初审，并按职责分工组织实施相关建议，对实施情况进行检查、协调、监督、指导，组织项目实施评价或验证；运行部(车间)负责对员工提出的合理化建议进行初审和建议的具体实施工作。

合理化建议管理一般分为公司级与运行部(车间)级，公司级建议须经所在运行部(车间)初审后，由归口管理部门按照企业职责划分交给业务职能部门评审。运行部(车间)级的建议，由本单位组织评审即可。建议评审一般会明确“采纳”和“不采纳”的具体意见。

对评审采纳的公司级建议，归口管理部门会负责明确建议实施部门(车间)。实施部门(车间)负责完成建议实施情况的闭环管理，定期反馈实施进展情况。对经评审采纳的具有推广价值的工作亮点类建议，业务职能部门可组织制定实施推广方案。对推广后确实能够有效改进、提升管理水平的，业务职能部门应将相关管理要求固化至公司相关制度、流程中。对评审采纳的运行部(车间)级建议，可由运行部(车间)组织实施。

对采纳的合理化建议给予一定奖励，其中奖励可在工资薪酬、职称评定、先进评比、业绩考核、职务晋升等方面体现，进而充分调动员工的积极性和创造性，促进企业发展，提高企业管理水平。

四、技术标定

技术标定是评价装置实际运行状态的方法，为了表征装置的真实状态，在确定的条件下，取得装置的特定工况下一段时间的运行数据，进行技术分析后，给出结论与建议。一般是装置在设计条件下，对装置能耗、产品质量、产品分布、塔器、冷换设备、机组和机泵等数据测量后进行核算，确定装置是否达到设计标准，找出存在的问题和运行瓶颈等，为装置优化操作和技术改造提供指导和依据。

装置标定通常有几种情况：新装置投产 3 个月后（通常运行稳定一年内）应进行标定；定期标定，一般一个生产周期内应进行一次全面标定，标定时间最好在检修后的第二年进行，临氢装置分初期、中期、后期进行三次标定，对装置运行进行系统评估；装置重大技术改造前、后分别进行标定，以考核改造效果，总结经验；催化剂、新型助剂等重要化工原材料首次工业应用前后应进行工业标定；装置重要设备更换前后应进行标定，确定是否达到设计要求。

（一）标定的目的

（1）新装置投产后一般都需要进行考核标定，以满足工程验收等合规性要求。考核装置加工能力及技术水平是否达到设计的工艺、设备性能、产品质量和物料消耗要求，找出差距和潜力，为提高装置经济技术指标提供基础数据。

（2）根据标定数据制定生产计划（甚至标定几个生产方案，进行比较）或进行经济核算。

（3）找出装置生产潜力和运行瓶颈，为制定脱瓶颈技术措施提供可靠资料。

（4）考察技术改造或采取特定技术措施（如切换原料种类、使用新牌号催化剂）的效果。

（5）摸清装置用能现状，考察主要用能环节与主要用能设备的运行工况及使用效率，找出存在的问题，为进一步技术改造积累参比数据。

（6）为运行模拟软件，提供基础方案数据。用数学模型开发的模拟软件，依据装置基础方案，预测新条件下装置运行性能对基础方案的影响，从而输出预测结果。这时装置拥有准确、翔实、真实和完整的基础方案数据是极其重要的。采用标定数据则是完成基础方案的前提。

（二）标定管理

1. 准备工作

确定标定的时间和时段；一般一个标定方案标定 48~72h，主要是为了取准原料和产品的计量数据。指定标定开始和结束的年、月、日、时，如 2022 年 12 月 1 日 10 时至 3 日 10 时。若在预定的标定时段，无论任何原因，当操作出现较大波动时，需延长标定时间，把操作波动的时段删除，以保证原料和产品计量的准确性。

从质量和数量上做好原料的稳定供应，保持标定期间原料性质相对稳定。应至少在装置标定前 24h 完成操作条件的调整，即将处理量及工艺参数调整到标定要求的工艺条件，产品质量合格。若装置有除原料以外的其他外来物流，如原油蒸馏装置来的瓦斯等，应尽可能在正式标定 24h 前切出，以清除对本装置产品计量的影响，否则应对这些物流进行单独计量和分析。若更换新牌号催化剂，应在使用前进行基准（空白）标定，新剂使用后按照新剂使用的技术协议要求进行标定。

检查准备好有关的测量和计量仪表，如精度合格、检查和调整好零位等。罐区原料和送罐区的液体产品要安排固定储罐和单罐计量，以保证计量数据的准确性。若使用经鉴定准确的质量流量计，也可采用其读数值。对装置内所有计量表(含原料、产品以及水、电、蒸汽、工业风、氮气等计量表)进行校验和检查，确保准确好用。利用好装置在线测试仪表，重点是温度、压力、流量、液位、压降、密度等测量仪表。如装置有 DCS，DCS 上显示的温度、流量、压力、密度等测试数据可随时打印出来。DCS 上没有显示的测试数据，需注意充分利用好现有测量点，对于设计有测量点但正常生产不用或停用的，应予以恢复。标定前要对一次仪表进行全面检验，使其测试精度达到要求。根据标定方案及记录表的要求，确定对关键部位增装测试仪表或采用便携式仪表进行现场测试。

标定前对机组、机泵、空冷器以及冷换设备等进行一次全面检查，标定期间应减少切换，保证备用设备处于良好备用状态。对公用工程系统进行一次全面检查，及时处理存在的问题，确保标定期间公用工程满足要求。

准备散热测试设备(如风速仪、热流计、测温仪、功率或功率因数测试表)以及烟气等化验分析采样器等。准备好有关物料的化验分析工作。标定时，全部分析项目要专门安排，包括非常规分析项目，如苯胺点、黏度、折射率等。如有需要部分分析项目可外委专业机构进行分析。再生烟气组成分析非常重要，用气相色谱(GC)分析较好，若采用奥氏分析，应更换新鲜的吸收溶液，分析操作时确保吸收充分，保证分析数据准确。检查好所有采样点，安排好加班分析人员。指定专人负责样品的采集，与化验分析人员确定增加的采样器，并贴好标签。

2. 标定要求及注意事项

在标定期应精心操作、保持装置平稳操作、确保装置运行正常、产品质量合格；明确参加标定的各单位的工作分工、人员安排；在规定的时间采样，同一批数据采集和采样要尽可能保证在一个小时内完成，试验数据最少采集两组，并按照要求项目及时分析化验。采样分析应规范、准确；标定时间根据项目验收要求必须连续标定，计量和记录时间必须与实际的抄量时间对应；产品质量方案保持不变。

通常新装置建成投产验收和装置改造评价，装置标定时应满负荷生产(每小时的处理量不低于设计负荷)。主要工艺参数(如温度、压力、回流比、物料消耗等)应尽可能达到设计值。

(1) 数据采集和分析：应安排专人随时跟踪标定过程，防止样品遗漏、数据未记齐全。日常正常分析的样品项目和频次在标定方案中可不体现，但根据标定需要，应增加的分析项目、频次及采样地点相关单位要逐项确认。记录和分析数据不应少于四组，一般取其平均值作为标定依据。原料、产品、燃料、烟气等其他能量平衡需要的化验分析数据应齐全、准确，每个分析化验项目至少要有两组数据。

(2) 其他注意事项：设法消除不可测的可变因素。如装置外来加工的污油、气体、调和半成品等，在标定前尽可能切出。物料平衡是装置能量平衡的基础。物料平衡应根据装置在线流量仪表和物料储存设备的容量变化(如油罐检尺等)互为核对。应注意收集各物料进出装置的流量、温度、压力、物料状态以及理化性质，以便对流量计设计值进行校对。对液体物料储罐，在标定期间应尽可能安排单进或单出，同时对储罐在标定前、换罐或标定后至少各进行一次密度、温度、油尺的测定。标定期间各塔、容器的液位(催化剂料位、藏量等)应尽量保持相同，避免物料堆积在装置内，造成装置内计量表与罐区计量的偏差。

标定期间，能量平衡要取全关键用能设备数据，测试气温、风向、风速等气象条件，分析燃料组成，准确记录水、电、蒸汽、工业风、氮气等公用工程条件。检查各测试项目，对于没有测试手段、不能确定测试方法或不能平衡推算的项目，应想办法进行现场测试。每天对当天标定记录进行核查，发现问题，可通过DCS系统历史趋势进行核实修正。

（三）标定方案和标定报告

1. 标定方案

标定方案基本内容包括简述装置简况及改造情况，注明标定的主要目的，按照标定管理的相关要求准备标定工作，明确标定范围及标定时间，明确标定期间各部门工作职责。

（1）标定期间数据采集。标定前后，需对油罐进行检尺及取油样，测定密度，同时测定油罐温度。油样应取罐的上、中、下三点的混合样品。标定期间最好不进行换罐，避免多次检尺造成不必要的误差，油尺最好近期经过校验或标定，重油检空尺。标定前需核查流量计类型，是否需要温度压力校准，是否有温压补偿。计量值需要校正的计量表需记录计量时的温度和压力情况。计量数据每天上午、下午各记录一次，有累计数的计累计数，无累计数的计瞬时值，同时拷贝DCS画面。DCS拷屏每天两次，安排专人负责(信息化程度好的企业可专门建立取数表格)，需要拷屏历史趋势的测量点建议拷屏时该测量点数据按时间间隔8：00~16：00为每个计量周期。

（2）标定方案中主要工艺参数。包括记录表、标定前需要校正仪表清单、样品分析清单、DCS拷屏无法读取数据表、罐区检尺数据记录表等附件。附件包含但不限于物料平衡记录表、能量消耗记录表、工艺操作参数数据表、压力平衡或压降分布记录表、重点设备操作条件表、机泵运行数据表、空冷风机运行数据表、换热器运行数据表、原料油性质分析清单、催化剂性质分析清单、各产品或中间产品分析清单、烟气分析清单、各污水分析清单、辅助单元分析清单、气相条件、器壁温度、无远传显示的容器液位等内容。

样品分析的主要原则是，能马上分析的立刻安排分析，分析完成后结果及时报给标定负责人，甄别分析数据是否异常，如分析数据异常需马上加样分析，确保分析数据具有代表性。有需要留样的按照清单留样。

2. 标定报告

标定报告一般包括标定概况、装置原料及产品、装置主要操作条件、催化剂性质及三剂消耗、物料平衡、热量平衡、压力平衡、装置能耗、工艺和设备核算、标定结果及分析评价、存在问题和优化建议、结论、附件等。

1）标定概况

描述标定装置的名称、建成投产时间、基础设计参数；装置组成、主要采用工艺；原料及产品介绍。装置改造情况主要包括改造时间、改造内容及改造目的。重点介绍装置本周期改造情况。包含标定目的、标定组织机构、标定时间及相关情况说明、标定范围、标定内容。

2）装置原料及产品、主要操作条件

装置标定时，要求加工原油油种具有代表性、原油性质稳定。标定期间定时获取的实时操作数据(如温度、压力、流量、压降、液位等)，采用每天各操作数据的平均值作为标定数据。要筛查数据，若发现个别数据异常，则应予以剔除。标定期间所需要采集的数据如下：主要温度参数，主要压力、压降参数，主要流量操作参数，主要密度参数，主要液位、界位参数。对重点操作参数进行说明。

3）催化剂性质及三剂消耗

记录标定期间每天消耗量。

4）物料平衡

装置的物料平衡可以用来衡量装置的运行水平，不同原料不同的操作条件可以得到不同的产品产率。相同的原料生产出来的目的产品越多，说明运行水平越高。

标定期间，应每隔 12h 取一套物料量数据，但以 24h/48h 的物料量作为物料平衡，中间数据用于检查计量数据的准确性。原料或产品的检尺计量，不一定都恰好前后间隔 24h，若有偏离，应换算至 24h，以能统一计算产率。各装置原料和产品均要描述来路和去路，对物料平衡数据进行分析和说明。各装置物料平衡一般含有以下几大平衡：以催化裂化装置为例，装置标定的几大平衡包含粗物料平衡、细物料平衡、元素平衡(包含氢平衡、硫平衡、氮平衡、重金属元素平衡)、水汽平衡、催化剂平衡。

5）热量平衡、压力平衡

（1）热量平衡：是生产装置运行重要的平衡之一，标定期间，根据装置特点，热量平衡主要包括两个方面：一是反应过程中的热平衡；二是精馏塔全塔的热平衡。研究热量平衡就是要研究各种参数变化对反应再生系统的热量平衡所产生的影响及相应应该采取的对策。

（2）压力平衡：以催化裂化装置为例，反再系统操作中，保持各设备之间的压力平衡是安全生产的关键之一。保持压力平衡就是保证催化剂和气体按照预定的方向作稳定流动，不出现倒流、架桥和串气等现象，同时，使催化剂循环量满足工艺要求的变化范围。通过压力平衡的计算，可以确定反再设备的相对位置，确定不同处理量下反再设备的操作压力，催化剂料位高度等。

6）装置能耗

能耗计算范围包括工艺装置和辅助系统。各炼油装置实际能耗以实物消耗为基础，按照实际能量换算系数计算而得的能耗量，反映了装置的对比能耗状况。常见的能耗工质有新鲜水、循环水、软化水、除盐水、除氧水、蒸汽、压缩空气、氮气、氧气、燃料气、冷量介质、导热油、电等，各能耗工质按照统一能源折算值进行核算成标准能源，通过加和得到装置综合能耗。

基准能耗是基于给定的特定条件，用能量平衡原理为基础制定的。即以装置原料与产品之间的化学焓差、不能回收的排弃热及损失和能量转化损失计算。也可以概括为化学焓差与能量损失之和。与传统的实物消耗计算方法不同，只计算能量消耗而不计算能量循环与回收，其制定的基础条件主要是规定工艺物流≥100℃的能量均直接回收，≥200℃的烟气能量均直接利用。

7）工艺和设备核算

以催化裂化装置为例，工艺核算包含反应和再生两部分的核算，其中反应工艺核算主要包含剂油比、反应时间、旋分线速、反应各段压降等；再生工艺核算包含催化剂循环量、烧焦强度、旋分线速、各段压降、输送分离高度(TDH)、烟气量等。对精馏塔进行水力学计算，对塔的实际运行状况进行分析和评价。

8）标定结果及分析评价

加工原料和装置设计加工原料进行比对；原料组成对产品结构的影响；各产品重要质量点控制分析，各产品组成分析和评价；装置加工负荷的分析和评价；装置运行重要参数和参考指标的分析和评价；催化剂性能分析和评价；各平衡核算结果的分析和评价，产品中硫、氮分布、氢分布分析；装置用能分析和评价；关键机组运行分析和评价。

9）存在问题及优化建议

通过标定结果和分析评价，针对装置长周期运行、节能降耗、产品分布、经济技术指标、工艺防腐、关键设备运行等方面存在的问题进行剖析。优化建议应该从标定报告的分析总结和运行问题中获得，从而考察装置的处理能力、产品质量、产品分布、能耗物耗情况，并根据标定结果进一步优化操作方案等这几个方面入手，使标定更具有现实意义。

10）结论

装置运行负荷、能耗、产品质量控制情况，主要设备的运行情况，通过标定得到优化建议。

11）附件

标定报告中要包含以下附件：原料及产品分析数据；主要操作参数；主要计算公式；DCS 画面截屏。

五、实践案例："延迟焦化装置密闭除焦技术开发"攻关

1. 背景

由于重质原油和劣质原油的价格相对较低，因此加工重质原油和劣质原油日益得到人们的重视。延迟焦化技术作为一种适应性强、投资少、见效快的渣油加工工艺，受到越来越多的炼油厂采用。

延迟焦化装置在焦炭塔生焦后，除焦、脱水、取焦、输送、储存及装车等传统处理过程多为敞开式设备和开放式操作过程，会造成恶臭气体挥发和焦粉飘散等环境污染问题，严重制约了延迟焦化技术的发展和应用。但纵观世界，虽然德国 TRIPLAN 公司发明了 CCS 系统，却因技术存在问题，仅仅在本国的卡尔斯鲁厄炼油厂得到工业试用，无法在工业应用中得到推广。

面对延迟焦化在重油轻质化中起着不可或缺的重要作用，面对日益强化的资源及环境约束，面对以技术创新为主要特征的激烈国际化竞争，某公司清楚地知道，有必要对石油焦处理全过程进行技术开发、优化，也只有克服了自主技术创新能力薄弱问题，才能彻底打破制约企业发展的瓶颈，才能提升企业的核心竞争力，才能推动公司实现更有质量、更可持续的发展，才能真正践行绿色低碳的发展战略。市场买不到，生产急需要，那就通过自主创新来实现全球的领跑。

2. 攻关内容

2014 年，该公司组建成立了"密闭除焦创新团队"，并将目标定于解决以下三个问题：

（1）石油焦除焦、脱水、取焦、输送、存储及装车过程等传统处理过程均为开放式作业，过程中挥发性有机化合物（VOC）、恶臭气体挥发及石油焦粉尘飘散等问题对环境造成严重污染。

（2）传统水力除焦过程完全依靠操作人员的经验来判断焦炭塔内除焦的完成情况，而操作人员在焦炭塔顶平台等区域作业时存在不安全因素。

（3）焦炭塔为间歇操作，具有阀门和设备数量大、操作步骤多、变更频繁、复杂以及操作要求特殊等特点，容易发生误操作。

3）攻关形式

为了更好地对接与推进各种问题的攻关，团队随后与中石化洛阳工程有限公司、中石化安全工程研究院有限公司、洛阳涧光石化设备有限公司等单位共同参与《安全环保型延迟焦化密闭除焦、输送及存储成套技术》项目的调研、开发、试验，整个团队包括了生产、研究、分析、表征、市场拓展等相关领域的专业人员。在明确的共同目标和人员激励制度下，确保所有问题被及时有效地探讨、分析，并由各方协商解决，制定相关措施，努力为密闭除焦系统的研发提供快速通道。

4）攻关的途径和方法

针对国内外无延迟焦化装置密闭除焦成熟经验可借鉴的情况，坚持以科学发展观为指导，依托公司现有人才技术队伍和生产管理架构进行基础管理和运作，对各种关键技术和瓶颈问题开始全新的基础理论、制造技术和装备的系统研究，遇到问题集思广益，查阅大量资料文献；跑现场不断将理论数据与现场实际比对，与多家设计研究院进行技术探讨对接，远赴厂家谈设备制造，始终立足现有科研装备，不断优化方案，提高转化效率，不仅提出创新攻关思路，还制定网络节点，保证了整个项目目标明确、协调统一。团队定期和不定期召开例会，随时开会讨论和研究创新过程中发生的问题，及时提出改进措施，制定任务和目标，落实情况按时汇报，做到创新工作 PDCA（计划、执行、检查、处理）循环管理。

5）攻关成果

经过 4 年的持续攻关，创新团队不但研发出了破碎机、螺旋提升机、隔断门、脱水仓等关键设备，而且成功将这些设备首次应用到延迟焦化装置，同时还发明了尾气洗涤脱硫的新工艺。由于既能够在技术开发时予以必要的调研、试验，从技术手段上考虑新设备的适应性，又能够在实施阶段予以充分的调试、改进，使该公司延迟焦化装置成为国内第一套应用密闭除焦成套技术的装置。

密闭除焦成套技术成果已在中国石化扬子石化、中国石化青岛炼化、中国石化上海石化等焦化装置平稳运行。事实证明，这项技术的运用，实现了焦炭塔除焦、石油焦静置脱水及取焦过程的密闭作业，解决了敞开式焦池存在的焦粉及恶臭污染问题，完全实现了全过程自动控制及高效运输的目的，不但大大降低了操作人员的劳动强度，而且彻底颠覆了传统延迟焦化装置“脏、乱、差”的形象。同时，可将系统产生的废气、尾气由无组织排放改为集中收集、治理，达到非甲烷总烃类（VOC）、粉尘及恶臭排放指标符合相应国家标准要求，实现了石油焦处理全过程密闭、清洁和安全生产操作，改善了延迟焦化装置及周边环境，从根本上消除了污染严重的负面形象，提升了装置本质安全水平，排放完全符合国家新标准的要求。各项数据表明，处理后的尾气 VOCs 小于 $30mg/m^3$、颗粒物小于 $20mg/m^3$、SO_2小于 $50mg/m^3$，取得了显著的社会效益。

2018 年 11 月，以 S-CCHS 命名的密闭除焦整套技术顺利通过了中国石化科技部鉴定。同德国 TRIPLAN 公司的 CCS 技术相比，S-CCHS 技术不但具有流程简单合理、操作便捷、设备可靠、能耗低、可利旧原装置设施进行改造的优势，且施工周期短、投资少，完全值得在炼化行业全面推广。

密闭除焦创新团队所创造的成果，是创新团队协作的体现，同时也发挥了团队的辐射和引领作用，形成了人人都有创新意识的文化氛围，各部门技术人员时刻紧跟石化行业最新动态，拓宽视野，开阔思路，积极为企业的安全环保、降本增效、长周期运行做好前瞻性工作，为提高装置经济技术指标而不断创新。

“密闭除焦创新团队”彻底解决延迟焦化装置的安全环保问题，形成了具有中国石化自主知识产权的成套技术，不但充分体现了爱岗敬业、为国奉献的主人翁精神，也展现了石化人艰苦奋斗、勇于开拓的拼搏精神，更呈现了团结协作、与时俱进、超越自我的工匠精神。

第八节　专项管理

一、达标管理

达标，即达到设计标准。改革开放前，与发达国家相比，我国炼油工业无论是规模、实力、装备还是技术、人才、经验，都处在相对落后的状态。装置生产能力和各项技术经济指标与设计值差距明显。为推动我国炼油工业的快速发展，改变落后面貌，提高生产的安全、环保和经济效益，20 世纪末期，炼油企业开展了达标活动。

（一）达标管理的由来

第一轮从 1985 年开始，以引进大化肥装置达设计能力为主要内容；第二轮从 1990 年开始，以引进的石油化工及部分炼油生产装置在产量、质量、品种、消耗、能耗、环保等 6 个方面达设计值为主要内容，也称生产装置全面达标；1995～2000 年是第三轮达标，这一轮达标活动进一步扩大了范围，增加了专业和企业达标，包括生产装置、专业和企业三个层次，除工艺装置外，还包括了部分公用工程，对于炼油、化工、化纤和化肥专业，按专业特点和实际情况提出了多项具有代表性的技术经济指标，同时还增加基层建设、装置检修周期和安全生产等内容。

进入 21 世纪之后，达标工作内涵不断拓展。“十五”至“十三五”期间达标工作是前一轮达标工作的延续和发展，又是在我国加入 WTO 等形势下开展的，突出了成本和费用指标，增加了现金操作费用；突出了增强市场竞争力；突出了环境保护和可持续发展，增加了安全、环保考核指标，把质量、安全和环保等作为达标否决条件。之后，达标活动成为企业抓好日常生产管理的一项重要手段，走向常态化、规范化，达标指标由设计值向国际同类装置先进水平提升。同时，在生产装置基本实现达标下，开展同类装置竞赛，形成了“比学赶帮超”的良好氛围。

通过达标管理，炼化企业生产装置的技术水平、专业技术经济指标、石化产品的品种、质量和结构有了明显的改进和提高，新技术的推广和应用成效显著，达标活动对炼化企业生产发展发挥了重要推动作用，全面提升了炼油工业竞争力。

（二）达标活动开展

1. 达标组织体系

一般情况下，企业会设立达标领导小组、达标办公室、执行单位等，达标领导小组由企业主要领导或分管领导担任，工艺技术管理部门等专业主管部门组成。达标办公室通常设在工艺技术主管部门，负责编制生产装置、专业和企业达标计划，制定达标考核办法，编写月度、季度、年度达标及主要技术经济指标报表、分析总结材料、同类装置竞赛管理等。执行单位设在基层运行部(车间)，负责实施生产装置达标活动。

2. 达标活动实施

各专业主管部门在总结历年和当前达标活动基础上，结合地方政府等要求，制定出达标活动计划并下发执行。达标办公室定期收集整理生产装置、专业达标数据基础上，编制月度达标报表。运行部(车间)作为达标活动具体实施单位，负责实施装置达标活动，制定落实达标对策措施，开展同类装置达标竞赛活动，并在技术月报中对装置达标指标完成情况进行统计和分析。为进一步提高企业广大员工对标一流，争创一流积极性，企业往往会设立达标奖励体系，对达标活动先进个人、装置和部门等进行奖励。

(三) 炼油专业达标

炼油专业达标是炼油企业最重要的综合性管理工作，涉及工艺技术管理、生产管理、设备管理、安全环保管理等多个方面工作，是否实现专业达标是衡量炼油企业各项技术经济指标好坏的"晴雨表"。

炼油专业达标主要以提高经济效益和企业持续盈利能力为目标，提升企业核心竞争力，一般将综合商品率、加工损失率、能源消耗、原油储运损失率等作为主要考核指标；润滑油基础油专业可将润滑油基础油综合收率、综合物耗、综合能耗、高档产品比例等作为主要考核指标；润滑油专业可将润滑油脂生产总量、高档产品比例、高档车用内燃机油比例、润滑油脂综合能耗、润滑油生产损耗率、润滑脂生产损耗率等作为考核指标。

1. 炼油专业主要技术经济指标含义

1) 综合商品率

综合商品率是指石油产品商品量占全厂原油和外购原料油加工量的百分比。是表示原油加工过程投入产出的指标，直接反映原油加工过程的效率和效果，最大限度地提高石油产品综合商品率，可以使炼油过程价值最大化。综合商品率越高，说明从一定量原油(包括外购原料油)中得到的石油产品商品量越多；或者说生产一定量的石油产品商品量，所用原油(包括外购原料油)越少。石油产品商品量包括：已销售和准备销售的石油制品；已销售和准备销售的其他石油产品，如丙烯、丁烯、硫黄等；供本企业基建、生活等非工业生产部门的石油产品。石油产品商品量不包括：自备电站用的燃料，本企业非炼油装置用的原料、燃料。

2) 炼油综合能耗

炼油综合能耗是指企业在报告期内，加工每吨原油和原料油综合消耗的各种能源的总和。能耗的高低是影响吨油完全费用的重要因素，直接影响炼油的盈利能力。

3) 炼油单因能耗

炼油单因能耗是指综合能耗与炼油企业能量因数的比值，用来比较炼油企业间的用能水平。

4) 加工损失率

加工损失率是指原料油加工生产过程中的损失量占原油和外购原料油加工量的百分比。是综合反映原油资源的利用程度和技术水平的指标，损失率越低，说明原油资源的利用程度越高，损耗控制和管理的水平越高。原油加工生产过程中的损失量是指原料油从进装置加工到产品交库整个生产过程中所发生的损失，主要包括生产装置加工损失、瓦斯跑损、污水排放带油、半成品输转和调和损失、酸碱渣和白土带油及其他损失。

5) 原油储运损失率

原油储运损失率是指原油自购入到进入装置加工之前的损失比率，用来衡量原油从购入到蒸馏装置的过程中原油的损失比率，反映企业对储运过程的控制能力。原油储运损失率包括原油运输损失率(即原油自购入到企业内第一计量点的实际接收量之间的损失量/原油购入量)和原油储存损失率(原油自企业第一接收点到进入蒸馏装置加工之间的损失量/原油购入量)。

2. 炼油专业达标判定

炼油专业、润滑油基础油专业和润滑油专业所有指标全部完成当年下达的年度考核目标，则认定实现年度专业达标，有一项及以上指标未完成年度下达的考核目标，则认定未实现年度专业达标。

对于当年发生重大安全事故，发生在省部级及以上媒体曝光的环保事故，以及重大质量事故等，一般取消参加炼油专业达标评比资格。

(四) 炼油专业竞赛

对于有多个炼油厂的企业，在炼油专业达标的基础上，可进行炼油专业竞赛，开展达标企业之间的“比、学、赶、超”活动，进一步引导企业调整产品结构，降低排放，实现增效目标。炼油专业竞赛的主要技术经济指标可设单因能耗、吨油取排水、综合损耗、轻液收、非计划停工、目的产品价值量增加值和专业达标情况等。

1. 主要指标含义

(1) 吨油取排水=吨油取水+吨油排水

(2) 综合损耗=综合能耗(修正)/10+综合损失率

其中：综合能耗(修正)=综合能耗+1/2×外购氢数量×当年制氢装置平均能耗/原料油加工量

(3) 轻液收=(轻质油+液化气+丙烯收率)×原油密度系数

其中：原油密度系数=本企业原油平均密度/所属企业原油平均密度

(4) 目的产品价值量增加值：目的产品为汽油、煤油和化工轻油，计算公式为：

目的产品价值量增加值=本年∑目的产品收率×价格权重×原油密度系数 - 上年∑目的产品收率×价格权重×原油密度系数

考虑价差，汽油收率价格权重取 1.15，煤油收率价格权重取 1.1，化工轻油收率价格权重取 1.0。

(5) 非计划停工：在年度检修计划之外，由于装置自身原因(加工负荷调整等因素除外)发生的停工。扣分计算公式为：

非计划停工扣分=本年∑装置非计划停工扣分×装置系数

其中：装置非计划停工扣分=装置停工次数×每次停工所扣分数+停工天数×每天停工所扣分数；装置系数：催化裂化、催化重整、加氢裂化、S Zorb 装置为 1，常减压、焦化、加氢装置为 0.75，其余装置为 0.5。

(6) 专业达标情况：是指综合商品率、加工损失率、原油储运损失率和综合能耗等四项指标完成情况，该项指标实现达标即得分，未达标不得分。

2. 竞赛考核办法

对于单因能耗、吨油取排水、综合损耗、轻液收和目的产品价值量增加值等指标，可单独考核先进性或进步性，也可同时考核先进性和进步性，依据排名赋分。

指标计分办法有线性插值法、序位法等。

1）线性插值法

$$线性插值计分得分=某项指标满分\times(X-B)/(A-B)$$

式中 B——某项指标最低值；

A——某项指标最高值；

X——某项指标实际值。

2）序位法

$$序位法计分得分=某项指标满分\times(A-X)/(A-1)$$

式中 A——某项指标参加排序企业总数；

X——某项指标实际值的序位数。

（五）炼油转型指标

面对风起云涌的能源革命、绿色低碳的产业大势、完全竞争的行业常态，炼油企业要持续推进供给侧结构性改革，不断适应市场变化与行业趋势，努力向“油转化”“油转特”方向转型，各指标含义如下：

1. 油转化收率

1）指标定义

油转化收率是指报告期内炼油板块加工原油直接生产化工原料产品产量占原油加工量的百分比。

2）计算公式

$$油转化收率=\frac{化工原料产品产量-用于化工原料外购原料加工量}{原油加工量}\times100\%$$

式中 化工原料产品产量——报告期内炼油生产供化工板块做原料使用的产品产量，包括化工轻油、轻烃原料、富乙烯和富乙烷气、乙苯-苯乙烯原料气的产品产量。

其中 化工轻油——报告期内由原油经常减压蒸馏后所得的馏分油及二次加工的馏分油，并供给企业内外用于裂解、重整、芳烃等装置作原料的轻质油品，如航煤组分油、乙烯裂解用原料（含石脑油、轻石脑油、加裂尾油、加氢柴油、AGO 等）、重整原料和其他化工轻油。

轻烃原料——报告期内生产 C_3、C_4 等液化气供化工作为裂解原料的产品产量。不做裂解原料的按液化气统计纳入“油转特”指标的特种产品中。

富乙烯和富乙烷气——报告期内炼油干气提浓、轻烃回收等装置产出供化工作为裂解原料的富乙烯和富乙烷气产品产量，不含供化工板块用作其他用途的干气产量（如主要作为化工板块燃料气用），化工返炼油作原料的脱附气在油转特指标中“用于特种产品外购原料加工量”予以扣除。若干气提浓在化工板块，含富乙烯和富乙烷气干气供作化工原料，按纯碳二及以上组分（按质量分数折算）折算富乙烯和富乙烷气的产品产量［即干气总量×（1-干气中氢气和甲烷含量）］。

乙苯-苯乙烯原料气——在报告期内炼油催化装置产出供乙苯-苯乙烯装置作原料的气体产品产量。如乙苯-苯乙烯在化工板块，则催化干气按照乙烯质量分数折算。乙苯-苯乙烯装置返回炼油作原料的气体在油转特指标中“用于特种产品的外购原料加工量”予以扣除。

用于化工原料外购原料加工量——报告期内外购石脑油、轻烃、加裂尾油等用于可直接或通过加工转换为化工原料的外购化工原料加工量。

3）指标用途

反映炼油加工原油转化工原料状况。

2. 油转特收率

1）指标定义

油转特收率是指报告期内炼油加工原油直接生产润滑油基础油、工业白油、液化气、硫黄、低硫船燃、沥青、石油焦等特种产品产量占原油加工量的百分比。

2）计算公式

$$油转特收率=\frac{特种产品产量-用于特种产品外购原料加工量}{原油加工量}\times 100\%$$

式中　特种产品产量——报告期内炼油直接生产润滑油基础油、工业白油、液化气、硫黄、低硫船燃、沥青、石油焦等特种产品产量。炼油商品中不属于成品油、化工原料、化学品的其他产品均属于特种产品，特种产品产量=综合商品量-成品油产量-化工原料产品产量-化学品产品产量。

用于特种产品外购原料加工量——报告期内能转换为特种产品产量的外购原料加工量。炼油外购原料中不属于用于化工原料或用于化学品的外购加工量均属于用于特种产品外购原料加工量，用于特种产品外购原料加工量=总外购原料加工量-用于化工原料外购加工量-用于化学品外购原料加工量。

3）指标用途

反映炼油加工原油转特种产品状况。

（六）装置达标

1. 达标装置范围及分类

企业可结合自身实际，安排部分或全部生产装置参加装置达标活动；部分企业还会对参加达标的装置进行分类，即将传统意义上的炼油五大类装置（常减压、催化裂化、加氢裂化、焦化、连续重整）和其他重要装置（蜡油加氢等）划分为一类达标装置，将汽柴油加氢精制、溶剂脱沥青、硫回收等其他装置划分为二类达标装置。

2. 指标的确定

对参加达标活动的装置，可以从降本、增效、节能、降损、提高目的产品产量以及安全、环保、质量等方面，也可结合其自身技术经济指标，设立若干个达标指标。炼油主要装置指标选择参考如下：

1）常减压装置

原油密度^2×总拔/能耗、加热炉热效率、脱盐合格率、脱后含盐、常1/2线重叠度和减压深拔。

2）催化裂化装置

[丙烯收率×1.5+汽油收率×1.2+柴油收率×0.8+液化气收率（扣除丙烯收率）]×（原料密度/1000）×100/（100-原料残炭×0.8）+掺渣比例/20、汽油收率×RON、烟机累计回收功率/主风机累计耗功、（干气产率+生焦）/转化率、干气 C_{3+} 含量、催化汽油和柴油重叠度以及催化烟气排放合格率。

其中，掺渣比例=[未加氢减渣量+0.85×加氢减渣量+常渣量/2+(未加氢焦化蜡油量+脱沥青油量)/3+(加氢焦化蜡油量+加氢脱沥青油量)/4]/原料油量。

3）延迟焦化装置

原料密度×总液收、生焦系数、加热炉热效率和干气 C_{3+} 含量。其中，总液收=装置汽油+柴油+蜡油(含重蜡油)+液化气收率；生焦系数=石油焦产率/原料残炭。

4）重整装置

纯氢产率、生成油产率×生成油 RON 和反应炉热效率。

5）加氢裂化装置

液体(C_{5+})收率+原料硫含量(质量分数)+原料氮含量(质量分数)×5、氢气利用效率和加热炉热效率。其中，氢气利用效率=化学氢耗/实际氢耗，化学氢耗=0.0249×(轻石脑油收率+重石脑油收率)+1.4684；实际氢耗=耗氢量/加工量×100%。

6）渣油加氢装置

总液体收率+原料硫、氮含量、加氢渣油量/(减渣量+新氢耗量)、加热炉热效率、综合脱除率、减渣比例。其中，综合脱除率=(脱硫率+脱氮率+脱金属率+脱残炭率)/4

7）加氢精制装置

耗氢率/(装置硫差×原料系数)和加热炉热效率。其中，硫差为原料平均硫含量-精制产品平均硫含量；耗氢率=全年耗新氢量/原料加工量；原料系数=直馏原料比例+二次原料比例×3。

加氢精制装置包含焦化汽油(石脑油)加氢、煤油加氢、柴油加氢和蜡油加氢等 4 个系列装置，不包括催化汽油后加氢装置。

8）催化汽油后加氢装置

RON 损失×(原料烯烃含量-产品烯烃含量)/脱硫率和加热炉热效率。

9）S Zorb 装置

RON 损失×(原料烯烃含量-产品烯烃含量)/脱硫率^2、加热炉热效率、吸收剂单耗。

10）硫回收装置

吸收塔净化尾气 H_2S 含量、尾气排放合格率和碱洗塔外排废水量。其中采用氨法脱硫的装置，将碱洗塔外排废水量改为吨硫黄氨的消耗量。

11）制氢装置

纯氢产率、水碳比和转化炉热效率。

12）气分装置

丙烯产率和低温热占总热源比例。

13）MTBE 装置

异丁烯转化率和产品硫含量。

14）污水汽提装置

净化水 H_2S 含量、净化水氨含量和氨产率。

对于各装置具体指标值的确定，可结合该装置设计值和当年、历年实际水平，综合考虑地方政府对企业能耗管控的要求，以及指标先进性等因素确定。部分企业为进一步激发基层积极性，将达标指标分为确保(基准)值和奋斗值两档，将该装置当年的累计值作为下一年度的达标确保(基准)值，将该装置历史最好水平作为达标奋斗值；也有些企业将达标指标分为三档，即确保(基准)值、力争值和奋斗值，将该装置历史最好水平作为力争值，将行业内同类装置最好水平作为奋斗值等。对于新装置，可直接将设计值作为达标指标。

3. 同类装置竞赛

对于有多套同类装置的炼油厂，或多个炼油厂的企业，为更好地提高装置长周期运行水平，降低物耗、能耗，提高装置运行效益为目标，可在装置达标基础上，开展同类装置竞赛。

当炼油厂中同类装置因工艺路线、设计建造年限、总流程配置等因素，出现一定的差异性时，为体现公平，可对同类装置的界区进行界定，如常减压装置，仅包含电脱盐、初馏、常压和减压等部分，不含轻烃回收系统(表 3-8-1 罗列了国内某企业炼油同类装置竞赛中各装置考核界区)。

表 3-8-1　国内某企业炼油同类装置竞赛中各装置考核界区

装置类别	考核界区
常减压	包括电脱盐、初馏、常压和减压等部分，不含轻烃回收系统
催化裂化	包括反应、再生、分馏、吸收稳定、能量回收系统、余热锅炉、烟气脱硫，不含双脱精制部分
焦　化	包括加热炉、焦化塔、分馏、吸收稳定等部分，不包括气体产品脱硫精制部分
加氢裂化	包括精制、裂化和产品分离、循环氢脱硫等部分，不包括气体产品脱硫精制部分
催化汽油加氢	包含轻重汽油分离单元、轻汽油脱硫醇以及混合汽油脱硫醇单元
催化重整	不包含预加氢部分，只包含重整、再生、分馏部分(只包含脱戊烷塔)
硫回收	不包含溶剂再生单元，尾气 SO_2 浓度扣除 S Zorb 尾气影响
制　氢	包含氢气提纯单元
加　氢	加氢装置液体收率统计中原料母项包括氢气；装置液体收率不应大于 100%

二、节能降耗

(一) 概述

1. 节约能源定义

能源，是指煤炭、石油、天然气、生物质能和电力、热力以及其他直接或者通过加工、转换而取得有用能的各种资源。节约能源(以下简称节能)，是指加强用能管理，采取技术上可行、经济上合理以及环境和社会可以承受的措施，从能源生产到消费的各个环节，降低消耗、减少损失和污染物排放、制止浪费，有效、合理地利用能源。

2. 节能管理基本原则

(1) 依法合规原则。严格遵守国家节能相关法律法规，依法用能、合规用能。节约优先的原则。以构建清洁低碳、安全高效能源管理体系为目标，控制能源消费总量，提高能源利用效率。

(2) 优化存量与控制增量的原则。淘汰落后产能和设备，实施节能挖潜改造，优化用能结构；强化投资项目节能审查，提高新建(改扩建)项目能效水平。

(3) 节能专业管理和专业节能管理相结合的原则。节能主管部门对节能工作统筹管理，其他各相关部门负责本专业节能工作，落实节能责任。

3. 节能管理主要任务

(1) 根据国家有关法律、法规和方针、政策，完善能源管理体系，加强能源的生产、加工、转换、输送、储存和供应管理，提高能源利用效率；

(2) 调整优化产业和结构、产品结构和能源消费结构，淘汰落后产能和设备；

(3) 转变能源发展方式，积极开发和利用新能源、可再生能源；

(4) 推动能源科技进步，开展节能新技术的研究、开发、示范和推广，促进节能技术创新；

(5) 强化节能宣传和教育，增强员工的节能意识。

企业节能管理涵盖设计、开发、建设、经营管理、生产运行、采购、销售等环节的全过程和为之服务的辅助管理环节的过程，是一个全局性、系统性的工作。节能工作涉及生产管理的每一个部门、每一个环节、每一套装置、每一台设备、每一个人员，节能不仅涉及技术层面，还涉及企业管理和生产操作层面，是一项“全员、全面、全过程”的工作。

(二) 节能管理组织

企业应搭建节能管理组织机构，完善管理责任，细化责任分工，强化节能管理。

(1) 建立、健全节能管理机制。企业应成立节能工作领导小组，由企业主要领导担任组长，各单位主要责任人为小组成员，制定节能减排工作方针政策和战略规划，指导和部署节能工作。重点用能单位要聘任具有节能专业知识、实际经验以及中级以上技术职称的人员担任能源管理负责人，明确节能管理机构和人员，设立专职节能管理岗位。

(2) 建立、健全日常节能管理网络。为将节能具体工作和计划落实，企业可以建立节能管理网络，由公司主管节能的领导与各单位(部门)节能主管领导组成公司、用能单位二级节能管理网络。运行部基层(车间)也要加强节能工作的组织领导，主要领导亲自抓节能工作，并组织工艺和设备技术人员开展节能工作，形成用能单位内部的节能管理网络。通过明确职责，定期召开专题会议，保证每项用能设备、每个用能流程、每道用能工序的能源管理，有人管、有人做、有人查。

(三) 规划与目标管理

1. 节能规划、计划

节能规划的目的是使节能工作能够深入持久地稳步前进。它必须符合国家和地方政府产业政策，符合企业实际情况和发展需要。企业节能规划要充分分析和评价现有的管理和技术实力，分步骤、分阶段地进行，达到期望的目标。目标要明确，既要有长期目标，也要有分阶段的短期目标，措施要有力，并要有年度实施计划。制定节能规划分为三个阶段：第一阶段就是确定目标，即企业在未来的发展过程中，要应对各种变化所要达到的目标。第二阶段是就是要制定规划，通过系统分析，找出节能潜力，有针对性地采取管理、技术措施达到目标。第三阶段是对节能规划进行评估，如果与目标相距较大，需要考虑调整修正。

企业每年还要根据年度生产计划制定年度节能计划，一方面是为了细化落实节能规划任务，另一方面也要通过分析，深入挖掘新的节能措施，根据企业的资金、生产计划明确节能计划各项措施的实施时间、责任部门、责任人等。

2. 节能目标

节能目标的提出有多种途径，大致分为两类：一类是国家或地方政府提出的强制要求、国家标准规定的具体指标和行业准入条件规定的指标等；另一类是企业从自身出发提出的意愿，如企业发展规划要求达到的目标和企业承担社会责任提升形象的要求。能耗“双控”目标属于第一类国家和政府下达的节能目标。“十二五”开始，国家初步建立能耗总量和强度“双控”目标责任考核机制，“十三五”继续实施“双控”行动，随着2030年碳达峰目标和2060年碳中和目标的提出，能源“双控”目标将继续成为驱动我国低碳发展的重要动力。地方政府一般会给企业下达五年或每年节能目标。企业要根据地方政府指标要求，做好节能目标的分解、落实。一般由节能主管部门将指标分解到各专业、各运行部基层(车间)和各装置，并纳入绩效考核。

另外，企业也应依据相关法规和标准要求，开展能效对标工作。能效对标是将用能单位或用能设备的能效指标与相关能效标准进行对比分析，采取管理和技术措施，提高能效水平的活动。能效对标的主要内容包括现状分析、选定标杆、制定方案、对标实践、指标评估、改进提高等。2021年11月15日，国家发改委等五部委联合发布《高耗能行业重点领域能效标杆水平和基准水平(2021年版)》。拟建、在建项目，应对照能效标杆水平建设实施，推动能效水平应提尽提，力争全面达到标杆水平。对能效低于本行业基准水平的存量项目，企业要有序开展节能降碳技术改造，提高生产运行能效，坚决依法依规淘汰落后产能、落后工艺、落后产品。

为使节能目标落地，进度可控、效果可保障，企业一方面应建立科学、合理的考核奖励机制，另一方面应严格检查与考核。节能考核奖励要有对运行部基层(车间)的递进式月度考核，有对各专业的如节电、节蒸汽竞赛，也要开展节能合理化建议或节能金点子奖励，提高技术人员、专业管理人员和操作人员等各层次人员的节能工作积极性。检查和考核要对照制度对各单位执行情况进行检查和考核，每年检查要覆盖所有单位，覆盖所有条款，发现的问题要实行闭环管理，低老坏问题应加倍考核。日常要对变频设施、无级调量设施、液力透平等节能设施等实行重点监管。

装置技术人员每月要对装置能耗完成情况与节能措施落实情况，定时报送企业节能主管部门。节能主管部门每月也要对公司能源消耗状况进行分析，掌握各种影响能耗的因素及其变化规律，挖掘节能潜力。一般能源消耗状况分析包括能源管理目标或能源消耗计划完成情况、对标情况；能源消耗(包括总耗和各单耗)同比与环比上升或下降的原因；装置、系统(或单元)用能水平评价；节能措施(包括能源管理方案)的完成情况；节能效益分析等。

(四) 节能方案管理

节能方案是落实节能目标的主要途径，包括管理方案和技术改造方案。节能方案管理包括方案的提出、方案跟踪实施及方案效果评价。

(1) 企业节能方案要广开渠道。装置技术人员通过能源评审、能效监测、能效对标、能耗分析等途径，发现系统或装置上的用能薄弱环节，向节能主管部门提出节能方案或节能合理化建议。节能主管部门也要紧密跟踪行业内的节能技术发展，了解同类型企业、装置的能耗情况，通过调研学习、技术交流与合作，推进节能降耗新技术、新工艺、新设备和新材料的开发与应用，形成节能管理方案与技术改造方案。设备部门根据主要耗能设备能效监测结果提出设备改进项目方案。节能主管部门汇总各类节能方案后，组织专业论证、效果评估，对技术可行、经济效益达到要求的项目补充完善方案内容。对于无投资方案，节能主管部门组织实施工艺节能管理方案，设备专业部门组织实施设备节能管理方案；对于需要投资的方案，由投资部门按程序落实资金，也可以根据企业实际，考虑采用合同能源管理模式实施技术改造方案。

(2) 节能方案实施要受控。项目所在单位技术人员要定期跟踪节能管理方案和技术改造方案的进展，对投用方案每月计算节能量，对比分析实施前后节能效果与经济效益。节能主管部门也要定期跟踪节能方案的进展与效果，对于实施过程中遇到的问题及时联系相关部门协调解决，对于进度滞后的，及时督促项目所在单位尽快实施。

（3）节能方案要开展效果评价。节能主管部门根据操作参数与运行数据，对节能方案的效果进行评价，可结合竞赛奖励机制，根据节能量大小与个人贡献程度实施奖励。对于节能效果较好的方案，节能主管部门要及时总结经验，树立典型案例充分发挥示范引领作用，并在其他适合装置推广应用，促进企业节能降耗工作的良性循环。企业也要主动了解地方政府的财政奖励政策相关要求，组织技术改造方案申报地方政府的节能专项奖励，如实提供技术改造方案相关材料，配合做好投资额度与节能量审核工作，最大程度争取地方政府的财政奖励和支持。

（五）能源使用管理

能源使用(消耗)管理是企业节能管理的主要环节，要通过优化工艺、产品结构，耗能设备的经济运行，加强能源转换、能源传输环节的管理，防止和减少能源损失和浪费，提高能源应用效率、转换效率和输送效率，合理有效地利用能源。

1. 工艺节能

全厂能量使用的统筹协调、优化，全流程工艺优化和能量系统优化配合，工艺装置、辅助装置、公用工程系统协同优化，降低工艺总用能，实现工艺装置节能，是实现炼化企业全厂节能的关键基础。

1）技术路线选择

对标国内外先进水平，新建与改造装置优选节能工艺技术，优选高效催化剂，合理降低温度等运行苛刻度。

2）换热网络优化

换热网络设计的合理性和高效性直接影响工艺生产装置乃至全厂的能耗与能效。通过对已有换热网络流程的优化和改造，可以充分利用工艺物流的能量，实现热量梯级利用与源阱匹配，显著提高能量回收效率，有利于降低过程能耗。基于“夹点技术”原理，根据各种约束条件，选择合适的目标函数，如最小投资(即换热器投资)和最小运行费用(即公用工程用量)，对换热网络进行调优，使每一股物流都达到目标温度，获得最优或接近最优的换热网络，实现冷、热物流的合理匹配，最大化回收能量，提高能量的利用效率；同时，需要提高换热网络的适应性，以维持换热网络优化设计与改造带来的效益。

3）物料热直供

根据“高质高用、低质低用、梯级利用”原则，强化装置间热直供料、热量的联合，强化冷换设备传热，优化换热网络、合理副产蒸汽，合理利用蒸汽、凝结水、循环水。

热直供料是指两套装置或多套装置间的物料供给关系，即上游装置的产品物料不经过冷却或者不完全冷却，也不送至中间罐储存再用泵送到下游装置，而是直接(或经过一个热缓冲罐)引至下游装置作为进料。热直供料是热联合的一种形式，有效避免中间物料先冷却再被加热的过程，从而减少换热网络两次传热的㶲损失，并减少中间罐区中转物料输送机泵的电耗，降低物料送往罐区的伴热保温蒸汽消耗。炼油企业通过采用热直供料技术，单装置能耗可以降低 0.1~1.0kgEO/t。

4）低温余热利用

低温余热是指工艺装置、系统部分通过内部优化改造后，装置内仍未利用的热量。目前，石油炼制过程产生大量150℃以下的低温热能多数没有充分利用。炼化企业通过优化构建和运行低温余热系统，回收余热资源，根据"温度对口，梯级利用"的原则，实现低温余热的高热高用、低热优用，提高热量回收利用效率，有效降低企业炼油能耗。在低温余热利用方面，优选通过直接换热的方式进行热量同级利用。其次是用热泵升级利用、低温热制冷、低温热发电。

5）压力能回收

在石油加工流程（如高压加氢裂化、渣油加氢）中有大量高压流体通过减压阀或孔板进行减压而造成能量浪费。随着流体余压回收技术的发展，高压流体可以通过压力透平做功，将压力能转换为透平的机械能，以轴功率的形式输出，达到回收能量的目的。

6）烟气余热回收

优化回收烟气，提高余热锅炉效率，提高余热锅炉产汽压力，增加产汽量、发电量。催化裂化装置再生烟气中蕴藏着大量的物理能、化学能和机械能，一般情况下，再生器高温烟气所带走的能量约占整个装置能耗的1/4，其能量回收率将直接影响催化裂化装置的生产能耗。因此，高效回收催化裂化装置再生烟气的热能和压力能具有重要意义。

7）节能设施投用

优化机泵运行，合理增上节能设施。机泵在条件允许时实施无刷双馈变频、高、低压变频、永磁调速；压缩机增上无级气量调节、余隙调节、防喘振3C控制；风机变频调节代替风门调节。

8）生产工艺优化用能控制

节能主管部门和各运行部基层（车间）要确定和控制对能源消耗、能源利用效率有重要影响的过程，使其在受控状态下运行。各运行部组织识别能源管理方面的最佳可行技术和良好操作规范并予以实施，包括优化生产方案；优化工艺参数；优化工艺操作；优化工艺流程；充分利用余热、余压、回收凝结水；优化公用系统运行；优化热集成；优化储运系统等。

生产工艺优化用能控制应做到：工艺指标控制，体现能源绩效；单装置精馏塔回流比等于或低于设计值；空冷或水冷器合理停运情况（根据气温与工况变化及时停用空冷或水冷器，热供料时停用空冷器、水冷器）；无长流水、长冒汽、长明灯、乱排放现象；及时停用不必要的伴热管线等。各项节能优化措施和实施结果要进行相关记录。

2. 设备节能

炼化操作单元设备种类很多，包括流体输送机械（泵、压缩机、透平）、换热设备（锅炉、加热炉、换热器、冷却器等）、蒸发设备、塔设备（精馏、吸收、萃取、结晶等）、干燥设备、变压设备、设备及管线保温等，每一类设备有其特有的节能措施，通过提高能量转换、输送设备效率、减少损失等措施，实现设备节能。

1）流体输送机械

设计时选择合适的机械，避免"大马拉小车"。设计与选择高效离心泵、提高泵的运行效率是企业降本增效的重要举措之一。高效节能泵从叶轮、泵壳、附属组件等多个方面进行改进，不断提高机泵的运行效率。高效机泵的最高运行效率可达92%以上，有效节约了泵的运行费用。

电机的节能是一项系统工程，要从电动机的整个寿命周期考虑其节能措施的效果。参照国家标准 GB 18613—2012《中小型三相异步电动机能效限定值及能效等级》规定，以

315kW 电动机为例，效率应在 95.8%以上。

2）换热设备

（1）高效预热器。加强回收烟气余热，减少热损失。加热炉选用高效预热器，例如陶瓷蜂窝空气预热器、板换+铸铁复合空预器、变相换热器空预器、复合相变空预器、热媒水空预器、热管空预器等。

（2）高效换热器。主要有高通量换热器、螺旋波纹管高效水冷器、缠绕管换热器等。

3）高效保温

高标准的保温强化节能技术，通过开发新型保温材料和结构，大幅减少散热损失，并延长保温使用寿命，具有重要的意义。“复合保温”技术，可有效防止软质材料的下沉、硬质材料的“热通道”，在降低散热损失和造价的同时，延长保温使用寿命；气凝胶纳米绝热材料双层异材新型保温结构，实现节能效果和经济性的统一。

4）高效燃烧器

对锅炉和加热炉强化燃烧，应用高效燃烧器，控制过剩空气系数，提高燃烧特性。加热炉选用高效燃烧器，采用加热炉理论配比燃烧技术、烟气 CO 控制技术等先进技术。

低氮强化燃烧技术是将低氮燃烧和强化燃烧相结合，通过采用燃料分级和烟气再循环，扩大火焰面的同时卷吸大量烟气进入燃烧区，降低燃烧温度，减少 NO_x 的产生；同时适当强化燃烧，使二级燃料更容易达到着火点，降低助燃空气中的氧浓度，使二级燃料在低氧分压条件下燃烧，实现低氮燃烧的同时降低烟气中 CO 含量。低氮强化燃烧技术解决了加热炉安全、高效、低氮燃烧问题，能够使加热炉热效率在原来的基础上提高 1%~2%。

过剩 CO 燃烧控制技术，利用 CO 直接反应燃烧状况，控制 CO 就意味着控制可燃物的量；CO 分析仪光束横向穿过烟气测量 CO，检测样品更具代表性，数据更准确；CO 分析仪响应快，能适应燃料热值的波动和燃烧率的变化；空气泄漏会致使 O_2 出现 20%~50%的偏差，直接导致 O_2 控制处于不安全状态，但对 CO 控制方式的影响不大。加热炉采用低氧燃烧控制技术后，热效率可以提高 0.5%以上。

5）设备运行优化用能控制

设备部门要根据《用能单位能源计量器具配备和管理通则》消耗限制确定企业主要耗能设备设施，组织相关单位（部门）对能源消耗、能源利用效率有重要影响的设备、设施的采购、使用和处置进行有效控制。各运行部在选用新设备和替代设备时，要充分考虑设备能源利用效率和相关法规要求。设备主管部门要定期对主要用能设备、设施的能源利用效率进行监控，并优化设备运行参数，使其经济运行；对主要用能设备耗能情况要定期进行分析，查找存在的问题，并提出整改措施；建立主要用能设备、设施使用台账；做好设备维护、保养和更新，主动淘汰高耗能设备，以确保设备高效运行。

优化设备优化用能控制应做到变频器完好率达 100%，变频器运行频率低于 45Hz；液力透平、烟机同步运行率大于 95%，其他节能设备、设施投用率达 100%；正常情况下，投用变频泵运行；疏水阀漏损不明显；管线、设备、阀门、法兰保温后外壁温度符合设备管理要求；主要用能设备、设施能源利用效率达到能效标准。

3. 公用工程节能

重点做好蒸汽、氢气、燃料、循环水、电力、储运等系统优化。

1）蒸汽系统优化

蒸汽动力系统模拟优化，通过对蒸汽动力及输送管网模拟与优化，建立动力站+管网+

装置深度集成的蒸汽系统模型，进行综合分析与调优，从流量、压力、动力设备及凝结水方面确定产/输/用环节的用能瓶颈，提供系统解决方案，实现炼油厂全厂蒸汽动力系统生产现状的量化分析以及实现对动力站锅炉-汽轮机负荷分配、蒸汽管网操作压力、关键节点温度和装置产用汽的优化以及蒸汽管线优化布置改造和保温评价。

2）氢气优化

随着加氢装置加工能力的持续上升、加氢处理深度的不断增加，炼油厂对氢气资源的需求逐年增长，氢气成本在原料成本中所占比例越来越高。根据氢气平衡和企业供耗氢能力分析，及时调整制氢装置负荷，优化耗氢装置运行，降低装置氢气耗量；根据氢纯度“高质高用，低质低用”匹配的原则，优化、完善氢气管网系统；控制循环氢纯度，严格控制临氢装置的氢气排放。

利用氢资源优化软件，建立全厂氢气系统的流程模型(包括产氢单元、用氢单元、氢气提纯、氢气分配系统、燃料气系统等)；依托加氢反应动力学模型，对各加氢装置用氢条件进行详细分析，优化装置用氢；采用氢夹点分析技术对氢气网络进行问题诊断，并通过数学规划算法对现有网络进行统筹规划；氢气网络优化与加氢装置用氢优化相结合，在改善加氢装置操作条件的基础上开展氢气全系统优化；氢气资源优化与全厂总流程优化相结合，在优化炼油厂总流程的基础上进行供用氢平衡计算，制定合理的用氢优化方案。通过全厂氢气系统优化，氢气利用率可提高 5%~15%，降低全厂炼油综合能耗 0.05~0.50kgEO/t，降低公用工程供氢 5%~16%，减少制氢装置 CO_2 排放量 10%~30%。

3）燃料优化

优化调整装置燃料气产量和消耗，提高装置操作平稳、优化燃料气管网平衡等措施，降低燃料气放火炬量。

根据燃料气组成变化，及时做好加热炉调优工作。采用降低排烟温度、降低过剩空气系数、强化燃烧、减少热损失、加强温度控制等措施提高加热率热效率，减少燃料消耗。

4）循环水系统

炼油厂循环水系统是指以水为冷却媒介，由冷却塔、工艺侧换热设备、水泵、管网及阀门等设备组成，用于将工业生产废热传递给环境。系统一般由多设备、多支路组成，最佳供水量受生产装置的工艺热负荷、污垢系数、环境温度、换热器性能等多种因素影响，具有复杂多变的典型特征。

循环冷却水整体优化是根据利用环节、输送环节和转换环节，通过全方位的测试和全流程的分析，对换热器、冷却塔、机泵、管网、调控系统进行整体优化，实现系统个性化最优，具体包括以下 5 个方面：水温优化；水量平衡调整控制；扬程优化；泵效优化；系统优化运行控制。通过合理匹配循环水管网压力，减少节流损失；采用高效节能电机及循环水泵；采用高效冷却水塔、先进的复合空冷；通过控制循环水补水水质，降低换热设备堵塞，调整装置换热器循环水的出入口温差等措施，克服系统瓶颈，有效提高设备运行效率和循环水进出口温差、减少系统用水总量，实现系统节能。

4. 新开工装置及停开工用能管理

新开工装置投产稳定运行后，企业节能主管部门要及时组织用能诊断和优化，使装置能耗尽快达到设计值以下。

炼油企业一般四年检修一次，企业也要做好停开工用能优化，采用总费用最低的停开工处理方式，如将冲洗试压水串级使用，有变频的使用变频泵试压，检修期间清洗催化余锅、加热炉炉管，提高余锅、加热炉效率。另外也要做好检修停开工用能统计及节能技术的总结工作。

（六）固定资产投资项目节能管理

为从源头上杜绝能源浪费，提高能源利用效率，加强能源消费总量管理，国家和各地方政府制定了固定资产投资项目相关的管理办法。国家碳达峰碳中和战略和能源新政，对炼油企业产业结构调整，尤其是高耗能高排放新改扩建项目提出了更高的要求。固定资产投资项目节能管理包括节能审查、事中监管与验收。

1. 节能审查

节能审查，是指根据节能法律法规、政策标准等，对项目节能情况进行审查并形成审查意见的行为。企业固定资产投资项目应按国家、地方政府要求开展节能评估和审查。投资项目节能审查根据核准部门、年综合能源消费量的不同，由地方节能审查机关分级负责。企业根据固定资产投资项目可研报告委托第三方机构编写节能报告，节能报告主要包括分析评价依据、项目建设方案的节能分析和比选，包括总平面布置、生产工艺、用能工艺、用能设备和能源计量器具等方面；选取节能效果好、技术经济可行的节能技术和管理措施；项目能源消费量、能源消费结构、能源效率等方面的分析；对所在地完成能源消耗总量和强度目标、煤炭消费减量替代目标的影响等方面的分析评价。

节能主管部门要严把固定资产投资项目节能审查关，新上项目不仅要确保效益，也要考虑项目能效甚至是公司整体能效的提升。从项目设计开始做好能源利用的优化工作，采取各种措施促使设计能耗达到国内先进水平。首先，努力避免工艺流程中先分离后混合再分离、先冷却后加热、先降压后提压再降压等现象的发生。其次，要选用先进工艺和技术领先的节能型催化剂。再次，设备选型要达到二级以上能效水平。通过节能审查的固定资产投资项目，要在 2 年内开工建设，当建设内容、能效水平等发生重大变动时，企业要向节能审查机关提出变更申请。

2. 事中监管与验收

企业各相关部门要全程参与固定资产投资项目的可研评估、总体设计、基础工程、方案设计审查，对照项目节能审查意见、节能报告（报批稿）监督节能有关内容的落实情况，有不符的地方及时联系设计人员进行整改。项目竣工后，企业将项目能耗纳入竣工验收标定，其节能措施及能耗指标要达到地方政府节能审查意见的要求。固定资产投资项目要严格执行节能“三同时”“四到位”制度，即节能设施必须与主体工程同时设计、同时施工、同时投入运行；做到用能计划到位、节能目标到位、节能措施到位、节能管理制度到位。

通过节能审查的固定资产投资项目建成后，节能主管部门在规定期限内组织节能验收，验收人员应由具备节能验收工作能力的专业技术人员组成，并将节能验收报告、验收意见及时报送出具节能审查意见的节能主管部门。固定资产投资项目节能验收主要内容应包括建设方案、用能设备、节能技术和措施、能源计量器具、能效水平、能源消费量、节能审查要求的其他内容等。

（七）其他

1. 能源计量与统计管理

（1）能源计量：是用能单位按照国家能源计量标准，对企业能源消耗量实施计量、检测、统计、管理的活动，是企业能源管理的基础。企业应建立完善的能源计量体系，为能源目标管理、能源消耗核算和能源绩效考核提供保障。计量主管部门应做到企业用能实行全面计量，各种能源(包括一次能源、二次能源)和含能工质在其分配、加工、转换、储运和消耗的全过程中，按生产过程需要实施分别计量。企业设立能源计量的机构，配备专业人员，建立健全能源计量的具体管理制度，完成能源计量的管理、检定、测试和维修工作。计量主管部门按生产工艺的具体情况和实际需要，按工艺流程，绘制企业能源计量网络图，编制能源计量器具配备表。

（2）能源统计：是能源管理的重要基础工作，其主要任务是统计企业能源消费量，首先研究能源消耗的规模和构成，从而计算各能源的消耗量和消耗部位，用以分析能源消耗的去向和分配。其次统计能源利用情况，分析变动原因，为加强能源管理提供资料。企业应贯彻执行国家、地方政府有关统计法律法规及其他要求，设置专职统计人员，制定统计工作管理制度。统计管理主要内容包括原始数据、统计台账、统计报表、统计数据、统计资料、统计人员管理等方面。

2. 能源审计

能源审计是对煤、水、电、气、油等能源及其设施的事先设计及事后管理与节约所进行的审计项目，是提高经济效益和社会效益的重要途径。企业按照国家及地方相关法规、政策要求组织实施能源审计，分析现状，查找问题，挖掘节能潜力，提出切实可行的节能措施。

3. 能源管理体系

重点用能单位应按照《能源管理体系要求》(GB/T 23331)、《能源管理体系　石油化工企业认证要求》(RB/T 115)、《能源管理体系　石油、天然气开采企业认证要求》(RB/T 122)等标准要求，建立健全能源管理体系并使之有效运行。

4. 节能技术进步与应用

企业要积极开发、推广、应用节能新技术、新工艺、新设备、新材料，推进节能技术进步。在对国内外节能新技术进行充分论证的基础上，积极引进、消化、吸收先进节能技术，促进技术创新和成果转化。企业也要安排资金支持节能技术研发、示范、推广以及重点节能工程的实施，有计划、有重点组织实施节能技术改造。

企业要搭建、运用能源管理信息化系统，推进数据、技术、业务流程、组织结构的互动创新和持续优化，充分挖掘资源配置潜力，不断打造信息化环境下的新型能效提升能力。能源管理信息化系统一般要具备能源运行、能源统计、能源优化、能源监控、评价分析等功能，实现能源“说得清，管得住，省得下”的目标。

5. 节能培训和宣传

企业节能主管部门要积极组织参加各类节能专题培训，取得相关的资格证书，并将培训内容及时传达给相关岗位人员学习；将节能教育纳入节能管理人员和用能设备操作人员上岗培训中，取得合格证才能持证上岗。技术人员在编制装置操作法、停开工方案、应急预案等技术资料时，要充分考虑节能降耗工作，并对相关操作人员进行强化培训，提高操作技能和节能专业知识。节能主管部门要围绕法律法规、政策标准、节能专业知识及新技术等方面，制定下一年度的节能培训计划，根据企业自身需求明确培训主题、对象、课时等内容，以提高节能相关岗位人员的守法合规用能意识与节能管理水平。

节能主管部门要有计划地组织开展节能宣传教育活动，充分利用网络、电视、报纸、刊物、讲座和其他宣传媒体，宣传节能法律、法规、方针、政策、标准和节能科学知识，宣传节能先进典型，曝光浪费能源行为，引导广大员工树立节能观念，提高节能意识。

三、工艺变更

工艺变更是指工艺条件、操作等超出已批准范围的改变。主要包括工艺技术的变更、原材料的变更、联锁和报警的变更、应急的变更、公用工程的变更、开停工统筹管理变更、化工辅料性质的变更等。

正常生产过程中，难免为解决实际问题或生产优化进行工艺变更，变更往往伴随着风险，在变更前充分识别风险，并采取恰当措施将风险降至预期，可避免事故的发生。另外，企业应严格控制生产工艺变更次数，能不变更的不变更，尽量减少紧急变更，重大变更须征得原设计单位同意。变更安全风险识别应做到“零遗漏”“零放过”，确保“零事故”。

（一）变更管理原则

“谁主管谁负责、谁变更谁负责、谁审批谁负责”的原则。按照业务分管、属地化管理和岗位职责对各自负责领域的工艺变更负责，审批人应对审批的结果负责。

（1）严格管理。加强变更管理的严肃性，变更有利于生产平稳和安全，严禁无效变更。变更须经过相应的审批或许可后方可实施，严禁未经批准擅自实施变更。

（2）充分识别。变更应进行充分的影响因素审查和风险评价，并作为变更项业务审批的前置条件，确保不因变更而发生事故。

（3）全程受控。应制定变更的风险控制措施，并对落实情况进行全过程跟踪监督，确保变更过程和变更后运行处于受控状态。

（二）主要变更事项

（1）工艺技术的变更。包括：工艺技术规程变更(到期换版、文字优化的除外)；工艺卡片指标超设计值或超过已批准的操作范围的变更、超出岗位操作法规定或已批准操作票范围的操作、工艺管线的介质流向改变、工艺管线废除；新油种加工、盲板清单外的新增常用盲板或常用盲板永久拆除。

（2）化工原材料的变更。包括：化工原材新产品试用、改造/添加化工原材料注入点的位置。

（3）联锁、报警的变更。包括联锁值、联锁预报警值、联锁条件、联锁方式及联锁逻辑、联锁切除等的变更。

（4）公用工程的变更。包括：公用工程运行方式调整；开停工统筹变更(包括总体停开工方案的调整)。

（三）工艺变更分级管理

工艺变更应按照一般变更、较大变更、重大变更分级管理。按照业务分管、属地化管理和岗位职责对各自负责领域的工艺变更负责，审批人应对审批的结果负责。

（1）一般变更：危险程度和重要性低的工艺变更。

（2）较大变更：危险程度和重要性任意一个高的工艺变更。

（3）重大变更：危险和重要性高或引入了关键安全因素的工艺变更。关键安全因素，任意一项为“是”即为重大变更，风险评估时必须制定控制措施。

（四）工艺变更风险评估

1. 工艺变更申请

申请单位应成立变更风险评估小组，负责工艺变更的风险评估工作，对评估的结果负责。重大工艺变更可由变更的主管部门负责人担任评估组长，负责组织工艺变更风险评估。

一般变更、较大变更可采用专家审查的方式进行风险评估，重大变更应当采用 HAZOP 方法进行风险评估。

2. 工艺变更审批

一般变更由变更申请运行部基层（车间）主任审批。较大变更由变更事项的主管处室领导审批，重大变更应当经公司安全总监和分管副总经理审批。

3. 工艺变更实施

工艺变更实施前，变更申请运行部基层（车间）生产或工艺主任对参与变更实施的人员进行技术方案、安全风险和防控措施、应急处置措施等相关内容交底和培训；重大变更实施前要在企业网上公示。

工艺变更投用前，变更批准单位负责组织投用前的条件确认。主要确认对工艺变更所涉及的管理、操作和维护人员的培训情况，对相关单位变更告知情况，对变更涉及的管理制度、操作规程、P&ID 图、工艺参数等技术文件和相关信息数据系统修改情况。条件具备后方可投用。

变更实施过程中应加强风险管控，确保实施过程安全。严格执行作业许可制度，高风险作业应开展作业安全分析（JSA）分析。需要紧急变更时，在风险预判可控的情况下经现场负责人同意可以先行实施。实施期间应做好相关技术记录，并及时按变更程序进一步开展风险评估，制定和落实风险管控措施，补办变更审批手续。

4. 工艺变更关闭

工艺变更项目实施完成并正常投用一个月后，由变更申请运行部基层（车间）提出关闭申请，由批准单位负责变更关闭审核。工艺变更关闭申请单位应收集完整的变更资料。工艺变更项目关闭后，由变更申请运行部基层（车间）纳入正常管理范围进行管理。

四、三剂管理

（一）三剂管理的定义

三剂是指炼油企业在生产过程中所使用的催化剂、助剂（溶剂）、添加剂等各种化学药剂。重要三剂是指对石油炼制和生产有重大影响、应用范围广、技术含量高的三剂。三剂管理主要包括计划管理、检验管理、使用管理、新产品试用管理等内容。

通过加强三剂管理，充分发挥三剂在优化装置运行、改善产品分布、降低能耗物耗、提高产品质量、实现清洁生产等方面的作用，并进一步降低三剂消耗。

（二）日常管理

1. 计划管理

三剂消耗要实施定额管理。由三剂管理部门根据企业年度生产计划，组织三剂使用单位提出年度需求计划。需要进口的重要三剂年度需求计划一般应单独提出并专题论证。年度三剂使用计划和消耗定额制定并经企业领导批准后，下发到三剂使用单位执行。各使用单位根据年度三剂计划和每月的生产计划，提出月度三剂需要计划，经三剂主管部门批准后执行。如因生产计划调整、工艺流程变化等引起三剂的追加、变更，使用单位可以通过三剂零星计划申请使用。

三剂采购部门根据三剂的库存数、需求数、包装规格以及资源市场等情况确定合理采购量，保证生产需要。对生产周期较长的三剂，应提前订货，通知供应商及时安排生产、保证供应。为减少三剂包装物产生的废物，应要求供应商选用包装废物产生量少、包装物可重复利用或不产生废弃包装物的方法进行绿色包装。

为减少资金占用，降低成本，具有同类型装置的企业，可与催化剂供应商协商，由催化剂供应商统一集中备剂。含贵金属(有色金属)催化剂可开展贵金属租赁、废旧催化剂回收等业务。

2. 检验管理

为保证三剂的质量、性能，企业可以对使用量大、影响面广的三剂品种建立统一的技术标准，有条件的企业也可以建立三剂的技术标准。三剂技术标准实行动态管理，确保其时效性。三剂采购部门要按照企业与供应商约定的三剂品种、型号、技术指标进行采购，不能私自更改品种、型号、技术指标，如需更改，需按企业管理要求进行审批更改。

三剂到货后，采购部门要组织验收，对三剂的包装、标签、数量、重量、质量进行检验，需要质量复检的按要求进行复检，需要留样的按要求进行留样处理。三剂检验可以按照企业与供应商的约定或国、行标的指标要求和方法。验收合格后的三剂，根据三剂的储存要求存放于符合要求的仓库中，并在显眼位置放上三剂标签，标签要字迹清晰、内容完整。

3. 使用管理

企业一般要有三剂领用程序，三剂使用单位提前按程序申请三剂领用，以避免错领物料。三剂领用要遵循“先进先出”的原则，防止三剂长期放置失效。

三剂使用过程中，使用单位要每月对三剂使用情况进行技术分析，发现问题及时处理并向三剂主管部门报告，确保生产过程正常。三剂主管部门每月对重要三剂使用情况进行技术分析，提出改进意见。首次工业应用的新型三剂，最好事先经过试验，经相关部门技术鉴定通过后再应用。使用单位要做好员工培训工作，使员工掌握三剂的特性、正确的使用方法、泄漏的处置措施等。

现场三剂的存放要符合 HSE 要求。生产现场堆放的三剂一般要有醒目的标识牌，标识牌上有“名称”“合格品”或“不合格品”或“待检”等标志，不同品种的三剂分开堆放，现场存放量不宜超过 15 天的使用量。属危险化学品的三剂存放管理，应符合《危险化学品安全管理条例》的要求。现场堆放的三剂包装要完好，使用单位对现场堆放的三剂状况要进行检查并记录异常情况，发现包装破损应及时将物料转移，防止跑损和污染的发生。超过规定保管期限的三剂使用前最好重新进行检验，检验合格再使用，检验不合格的要及时处理。

如企业要对三剂进行更换(更新)，一般应遵循比原使用的三剂具有更高技术含量、更好使用效果、更长使用周期、功能适用与成本降低相结合的原则，并且更换前要做好原使用三剂的库存消耗。三剂报废处置前一般应进行失效判定。失效判定原则是指三剂已经失去使用功能或使用方向。为节约资源，降低生产成本，企业可以对失活催化剂再生并重复使用。为确保催化剂的再生质量，企业应组织催化剂研制单位到催化剂再生厂家进行现场技术监督。催化剂再生完成后，催化剂再生厂家应提供催化剂再生情况报告，包括催化剂再生的数量、回收率、再生剂的物化性质等内容。使用再生催化剂要事先进行主要质量指标的检验，并在制定更换方案时进行评估。

4. 评价与考核

企业应建立科学、严格、规范的三剂采购、使用评价考核体系，要从源头抓好三剂质量管理，在供应商准入管理、产品和服务质量供应能力的评审管理上下功夫，并在全面的经济、社会效益评估基础上，按照“技术先进、经济合理、实用可靠”的原则选择最优供应商。

企业每年应对在用三剂进行评价，重点从三剂单耗、使用性能、经济社会效益、安全环保、供应商技术服务等方面开展评价，根据评价结果及时进行调整，淘汰使用效果不理想的三剂。企业可以开展三剂采购和使用管理效能监察活动，不断规范三剂采购和使用管理。

（三）新产品试用管理

三剂新产品试用是指新型号和新产品的试用，不包括供应商进行型号变更但实际该型号剂种已经列入企业相关标准或技术要求内的三剂产品。首次工业应用试验的新型三剂、进口剂和重要三剂，企业三剂主管部门要组织评价、论证。企业应制定新产品试用的审批流程，根据试用三剂的重要性、影响范围和影响程度明确具体审批步骤和审批层级。

在试用前按需开展技术交流，技术交流一般由企业三剂主管部门组织生产部门、使用单位、采购部门等参加，根据交流情况提出试用意见。综合考虑供应商的技术力量与生产能力、产品质量报告及分析评价、国内外同类型装置应用鉴定报告、现场技术服务能力等情况，开展技术交流后评价。对于重要三剂、试用费用较大或对生产过程有重大影响的新产品，专业主管部门还应再次组织使用单位、相关职能部门进行研究论证，论证的主要内容包括：该新产品研制情况，试用过程中可能存在的危害，供应商综合能力等。

技术交流后，企业三剂主管部门与供应商签订技术要求。技术要求一般包括：该产品的理化数据及性能，分析检验方法，单耗及其他技术保证指标，试用周期，工业运转风险及双方责任，取数方式、效果评价方法、试用考核及保密要求等。企业应制定技术要求的会签、签订程序，并按程序进行审批。签订技术要求前，三剂供应商应提供产品安全技术说明书，属危险化学品的还须提供危险化学品生产许可证，采购部门需对供应商危险化学品经营资质进行确认。签订技术要求后，使用单位发起使用申请和试用计划，试用计划申请应含技术要求、产品安全技术说明书、危险化学品生产许可证(如该剂种为危险化学品)。采购部门按照使用计划和技术要求，与三剂供应商签订商务合同，在商务合同中，应明确新产品试用质保金约定条款，专业主管部门参加会签；其中重要三剂，或对生产过程、质量、长周期运行有重大影响的新产品，可要求供应商根据合同约定出具银行保函。

新产品正式使用前，企业应根据技术要求及供应商提供的资料，结合装置或系统的生产实际编写试用方案。在新产品试用过程中，使用单位要根据试用情况及时调整工况，专业主管部门做好跟踪。使用单位在试用过程中发现问题要及时与专业主管部门、采购部门(或三剂供应商)联系解决。试用完毕，使用单位及时编写试用总结，专业管理部门及时做好后评价工作。采购部门根据试用总结及试用效果评价履行相应的商务合同。

三剂新产品试用合格后，企业应制定不低于国家和所签订技术要求的三剂入厂检验标准，并审批执行。企业专业主管部门应对三剂新产品试用情况进行检查和考核。

五、实践案例

（一）案例1：降低加工损失

原油加工损失率是炼油专业达标四项指标之一，也是炼油专业竞赛的重要组成部分，它直接反映了炼油企业生产管理水平。降低原油加工损失可以促进石油资源的有效利用，提高企业经济效益，还可促进企业节约资源、减少污染、保护环境。本节以国内某炼油厂为例，介绍炼油达标活动中，通过加强管理和技术进步，逐步将炼油损失降低0.36%。

该炼油厂1990年参加达标活动，当时该厂设计原油加工能力3000kt/a，有16套炼油生产装置，当年炼油加工损失0.93%；参加达标活动后，该厂通过不断加强管理，结合技术进步，充分利用炼油一体化优势，加工损失不断下降。

2020年，该厂设计原油加工能力达到23000kt，有50余套生产装置，当年实际加工原料油21884kt，炼油加工损失仅0.36%，以1990年的加工损失为基准，相当于减少原油损失124.7kt，按该厂2020年平均原油采购价(不含税)计算，增效约2.95亿元。

1. 加强平稳运行管理

该厂把生产异常和波动当作事故抓，将非计划停工、生产异常纳入“平稳率”考核，做到“四不放过”；将平稳率考核延伸到电气、仪表及上下游，并持续开展“我为操作法、规程作诊断”“我为上下游平稳运行做贡献”活动，促进形成了“公司管平稳、基层抓平稳、岗位保平稳”的炼化一体化大平稳格局；在加工损失达标指标基础上，设置了确保、力争和奋斗三个台阶，并纳入经济责任制考核体系，每月进行考核；把年度瓦斯排放火炬时间控制目标列入调度轮班竞赛考核，要求做到正常生产情况下瓦斯不排放火炬。

2. 抓好物料平衡优化

该厂建立“日平衡、周优化、旬决策、月分析”的生产经营预测、优化、监控、纠偏机制，不断优化和细化计划的编制、执行。开展炼化一体化整体格局下的原料结构优化、装置运行优化、产品结构优化和公用工程优化，针对阶段性的市场情况和生产运行、不同原油加工方案，采取不同的产品优化调和路线，按照“宜油则油、宜烯则烯、宜芳则芳”的原则，持续做好资源的综合利用。

3. 完善设施，抓好瓦斯管理

(1) 完善瓦斯回收设施和监控手段。该公司配置高、低压瓦斯管网系统，配置2台干式气柜，总容量$5\times10^4m^3$，配置6台火炬气回收压缩机，总回收能力$14600Nm^3/h$，回收的火炬气脱硫后并入公司燃料气管网。每套装置边界低压瓦斯总线上全部安装热式流量计，加强对瓦斯排放的监控。

(2) 加强瓦斯系统平衡管理。将瓦斯平衡纳入生产计划安排，利用“系统平衡和调度优化系统”软件，做好瓦斯产耗监控及预测工作，实现瓦斯系统“定量调度”和“事先调度”；根据生产和昼夜温差变化，跟踪瓦斯产耗情况，利用气柜缓冲作用，及时调整回收压缩机负荷；瓦斯产耗不平衡时，调整焦化、催化等装置加工量和天然气补入量，2020年全年瓦斯燃放火炬时间仅8小时29分钟，基本实现正常生产和正常开停工期间瓦斯不排放火炬。

(3) 加强瓦斯源头控制。加氢装置废氢排放必须征得公司调度同意，排放的废氢安排进PSA装置回收氢气。

4. 抓好污油污泥回收回炼

通过对污油按装置分类统计，查清来源，制定对策，加强日常考核管理，严格控制污油产量；浮渣、污水池底泥安排进焦化装置作为急冷油，重污油进焦化装置回炼，轻污油进焦化或催化装置回炼；清罐污油进焦化或常减压回炼，清罐清出的杂物与炭黑、CFB底渣掺混后作为CFB锅炉燃料。

5. 合理利用氢气资源，优化氢气平衡

(1) 完善氢回收设施。两套重整配置PSA装置，提高重整氢纯度；氢回收装置回收PSA解吸气、加氢低分气、加氢裂化干气、渣油加氢膜分离尾气和低分气，提高氢气回收率。

（2）合理利用氢气资源。优化两套重整反应苛刻度、多生产氢气；合理控制用氢装置加氢深度，优化调控产品质量裕度；根据5套氢提纯装置的实际运行工况及产品利用方式，对歧化尾气、1#PSA解析气、2#PSA解析气、加氢加裂装置低分气等的回收方式进行优化，停用氢气回收率相对较低的膜分离装置，使总回收氢产量达到最大。

（3）合理调配氢源，停用制氢装置。利用好乙烯氢，将纯度相对较低的乙烯氢尽量安排在柴油加氢、蜡油加氢装置等，提高两套加氢裂化装置的新氢纯度；结合新建6#柴油加氢装置用氢增加情况，2011年上半年完成了化肥氢扩能改造，停开石脑油制氢装置，降低制氢损失。

6. 加强装置开停工管理，减少开停工损失

组织编制装置开停工总体方案，落实物料平衡、公用系统平衡、装置停开工顺序、装置停开工流程、系统管线处理安排、开停工重要操作；组织制定同类装置开停工规范要求，编制装置开停工方案和密闭吹扫方案，全面实行停工过程密闭吹扫；加强开停工各环节的衔接，做好装置开停工过程的协调工作，明确装置技术权威负责装置开停工总指挥；开停工产生的不凝气冷却后送至低压瓦斯系统回收，轻重污油回收后送至焦化、催化等装置回炼。

7. 全面推广精细化管理，减少各类损失

消除装置跑冒滴漏，开展设备完好活动，评比运行状况最差的10台机泵，每月不定期进行抽查。正常情况下，要求装置放空阀必须加装盲板，低点导淋丝扣加装堵头、法兰加装盲板。

加强采样管理，实行密闭采样；采样分析油，全部回收回炼；逐步推广在线仪表，降低分析频次，减少采样和分析损失。

减少设备检修损失，设备检修收集的污油和检修清洗油，全部回收。减少碱渣和白土带油损失，改进工艺采用加氢精制。

8. 减少输转和储存损失

做好装置原料直供，装置原料直供率达到67%以上，减少输转和储存等中间环节损失；减少半成品储存及调和损失，石脑油罐增加进罐混合器，石脑油罐增加氮封，严格控制进罐收油量和蒸气压；加强调和管理，做好产品调和质量预测和过程监控，充分利用在线调和设施，优化调和方案，提前抽查成品罐重点项目或主要项目，提高产品一次调和合格率，汽煤柴油一次调和合格率达到95%。

（二）案例2：低温热利用

1. 案例背景

石油炼制过程产生大量150℃以下的低温热，充分利用低温余热对提高能源利用效率、促进节能减排工作具有重要意义。但很多企业因热阱相对较少，利用难度大，有些通过空冷冷却后排弃，没有得到充分利用。某企业顶层设计全厂热量流，并根据全厂加工总流程、平面布置和热源热阱的位置等进行整体分析，建立低温热系统，实现能量的“高质高用，低质低用，梯级利用”，以提高能量利用效率。低温热系统将分散在各装置低温位热量(即热源)与热媒水换热后，输送到全厂需要低温位热源加热的地方(即热阱)。

2. 实施情况

（1）炼油装置间热联合。2#催化装置低温热系统主要回收分馏塔顶油气、顶循环油、轻柴油、产品油浆、凝结水等低温热量51.8MW，用于气分装置的原料预热器、脱乙烷塔重沸器、精丙烯塔重沸器；对二甲苯罐区、芳烃罐区、原油罐区维温(仅冬季)。1#催化/1#常压装置低温热系统回收1#催化分馏塔顶油气与轻柴油、1#常三线等低温热量17.3MW，用于加热两套气分装置的原料预热器、脱乙烷塔重沸器、脱乙烷塔进料加热器、丙烯塔重沸器、MTBE装置的共沸塔进料加热器、厂前区采暖(冬季)等。

(2) 炼油装置与动力中心热联合。2#焦化装置低温热系统回收分馏塔顶油气、顶循环油、焦化柴油、焦化蜡油等低温热量21MW，用于预热2#动力中心除盐水预热。

(3) 炼油装置与化工装置热联合。2#加裂装置低温热系统回收分馏塔顶油气的低温热量4.2MW，用于预热乙烯裂解炉空气。

(4) 炼油装置与生活区热联合。生活区采暖低温热系统回收两套S Zorb装置汽油的低温热量10MW，用于生活区采暖系统供热。

(5) 芳烃装置与化工园区热联合。利用对二甲苯抽出液塔顶气低温余热加热热媒水，持续输出0.9MPa、145℃的240t/h高温热水，返回90℃的低温热水，作为周边石化园区某企业C_5抽提装置塔底再沸器的热源，替代塔底重沸用蒸汽，达到节能目的。项目投资1696.2万元，于2012年8月投用。投用后热水利用热量为54GJ/h，年节能量15468t标煤(按8400h计算)，减少二氧化碳35000t。该项目的投用不但显著改善了装置区的热岛效应，降低了装置能耗，还有效解决了高负荷下尤其是夏季高温季节对二甲苯抽出液塔顶部物料空冷全开造成的操作波动问题，而且为周边生活区提供有竞争力的热源，实现能源利用效益最大化。

3. 实施效果

低温余热的提质利用、同级利用节能实践提高了低温热品质和利用价值，促进了区域能源利用意识，节约了能源消耗，有较强的示范意义，可在石油化工、钢铁生产、电力生产等企业推广。

第九节 工艺管理信息化

一、技术分析及远程诊断系统

(一) 系统简介

某企业从2008年开始，集科研、设计、生产、服务等多方力量共同开发了炼油技术分析与远程诊断系统，旨在运用信息化技术，推动炼化生产装置的技术分析，为生产诊断开辟远程专家服务。系统自投用以来，取得了显著成效，有力支撑了两化深度融合。

1. 系统功能简介

炼油技术分析及远程诊断系统面向企业技术管理、科研及设计专家，业务功能包括：装置生产总览、装置运行监控、技术报告、装置技术分析、工艺研究学习、科研设计分析、诊断巡检等。

(1) 装置生产总览模块。该模块是登录系统后的第一个页面，主要展示各类装置的总体运行状况，包括：各类装置的综合排名；催化剂寿命；装置腐蚀风险预警；各类装置的报警汇总及分析；主要运行参数、原料及产品性质；各类装置的水质分析；装置开停工状况；企业运维日报等。通过该模块可以大概了解常减压、催化裂化、延迟焦化、加氢、重整及S Zorb、气分、MTBE、制氢等各类装置的总体运行状况，并且可以从该模块提供的各子系统导航进入相应的子系统。

(2) 装置运行监控模块。该模块包含装置竞赛排名、生产状态监测、装置流程展示、报警管理等功能。

(3) 技术报告。该模块可自动生成企业、科研机构所需的各类技术报告，包括日报(Excel 格式)、周报(Excel 格式)、月报(Word 格式)、季报(Word 格式)。其中月报和季报的内容和各企业以及科研单位经过了为期近半年的对接讨论后制定，内容包括工艺生产情况、工艺技术分析、原料性质及产品质量分析、能耗分析、工艺防腐和水质分析、同类装置竞赛评比情况、装置异常情况统计、催化剂活性预估、原料可裂化性、主要技术改造情况等，涵盖了装置日常生产的各个方面，并且此类报表均由系统自动生成，在很大程度上可以将企业生产技术人员从日常繁杂的月报编写工作中解脱出来，使其将更多的精力放在装置生产优化等工作中。由于报告中所含部分内容是基于基础数据进一步计算获得的，所以该报告生成工具中将集成数学计算模型。

(4) 装置技术分析模块。该模块包含原料性质评估、催化剂评估、产品收率预测、质量预测、装置腐蚀评估、换热网络评估、能耗预测等功能。通过这些功能，为装置预警、装置优化运行、提高产品收率、降低能耗提供理论依据。

(5) 工艺研究学习模块。该模块包含数据查询、资料查询和工艺模型演算三大功能。系统集成工艺数据、质量数据、专家知识、历史事件资料及工艺模型等，实现知识的共享、积累和传承，形成一个技术人员的学习园地。

(6) 科研设计分析模块。该模块包含数据分析、设计指标监控、催化剂运行分析等功能。

(7) 诊断巡检模块。该模块包含专家排班调度、专家点评、专家诊断、专家会诊、诊断分析报告、技术事件管理等功能。

(8) 知识管理模块。可实现专家库维护、信息发布、论坛和文档管理等功能。

(9) 工艺模型服务模块。可实现工艺模型信息、工艺计算模型、工艺模型维护等功能。

2. 系统应用效果

炼油技术分析及远程诊断系统的应用效果主要体现在如下几个方面：

(1) 技术服务在线化。以往企业的技术诊断均为事故发生后再进行诊断的事后处理流程。这主要是因为企业的数据无法及时反馈到专家手中，通过系统的建设，可以实现企业数据在科研单位的共享，通过对企业生产数据的分析从而实现技术服务常态化。

(2) 应急诊断迅捷化。以往装置问题的诊断流程如下：企业发现问题后电话通知科研院所需要进行问题诊断，科研院所的人员到企业现场进行问题分析，需要收集生产数据、化验数据，甚至还需要增加一些数据，在收集数据的基础上再进行数据梳理、分析，从而发现问题，再提出解决的办法，这种方式造成问题的解决往往延后较长时间。通过系统的建设，专家可以直接通过网络及时查看生产问题，快速依据系统提供的数据进行分析诊断，并提出解决方案。

(3) 专家资源共享化。由于科研院所及企业分布在全国各地，造成专家资源分布范围较大，而高水平专家的培养也需要较长时间，使专家资源稀缺、数量少，对企业来讲往往无法同时进行系统内专家的联系。通过系统的建设，将企业、科研单位的专家集中到一个平台上，从而实现专家在系统内的共享。

(4) 常用分析自动化、在线化。专家在解决企业问题时需要根据自身的经验及模型进行相关的判断，而这些经验和模型并不能被大多数人掌握。通过系统的建设将专家的经验变成模型的方式展现，通过系统自动完成相关计算，实现常用分析的自动化，帮助企业尽早尽快完成问题诊断。

(5) 生产诊断业务流程规范化。生产诊断过程是一个严谨的业务管理流程，包括诊断需求的提出、需求的审核、诊断任务分配、诊断、诊断结果的审查、确认、诊断结果的发布。通过系统建设，能够提供相应的管理信息系统，将此流程实现电子化，从而达到规范化之目的。

(6) 企业与科研互动交流日常化。为了使企业、科研院所、生产单位的技术人员更好的交流沟通，系统提供了相互交流的信息平台，包括技术论坛、在线交流、资料共享等。用户可以在论坛上提出问题，其他用户在登录后可以在问题后面进行跟帖回复，通过这种方式增强业务人员之间的技术交流，提高彼此的技术水平。

(7) 装置问题专家会诊网络化。装置出现的很多问题不是一个专家就可以解决的，需要多名不在一地的专家的共同协作，多名专家的协同合作需要通过视频、语音等方式完成，系统提供了一个专家讨论、分析问题的平台，从而实现多名异地专家对同一装置的会诊。

(8) 技术管理工作精细化。通过该系统建设，可以实现企业生产操作数据在企业内部的共享，通过系统完成日报、周报、月报及年报，通过图形、报表等方式快速展现企业的生产技术状况，实现在企业对生产状况的监测，从而使技术管理真正变成过程管理，提升技术管理工作的精细化程度。

(二) 系统应用

炼油技术分析与远程诊断系统是一个面向炼油技术管理、技术服务、技术分析的专业应用系统，突出了集中集成、共享服务、协同智能，强调模型化、智能化。对于企业技术人员而言，将技术人员从繁重的数据统计、汇总等日常工作解脱出来，让工艺技术人员把更多的精力放在优化生产、平稳生产上。对于企业管理而言，系统生成图形、报表等快速展现企业的生产技术状况，为整体工艺技术管理提供动态支撑。对于科研专家而言，可以远程对装置的问题进行分析及诊断，查找问题根本，解决问题，大大提高诊断的速率和效率，促进专家资源的充分整合，提升数据、知识、模型及专家资源的共享水平。

1. 科研专家

系统大大方便了科研专家的技术分析与远程诊断工作，通过系统，科研专家可方便地开展如下工作：

(1) 线上技术交流、解答生产技术问题。系统将为用户提供在线交流的功能，在企业人员与专家之间建立紧密联系，生产技术人员及时反馈生产问题，科研专家提供技术指导，提高生产人员技术水平。

(2) 装置线上巡检。专家通过系统可以开展巡检和诊断，对企业生产运行状况进行评估，能够及时发现企业生产存在的隐患和问题。例如，加热炉是影响装置生产运行的重要设备，系统实时监测加热炉的热效率、排烟温度、烟气氧含量的参数指标，生成加热炉日报，专家可实时查看加热炉的各项指标，评估加热炉的状况，尽早发现问题、解决问题，大大提高评估的速率和效率。

(3) 远程诊断或会诊装置问题。通过本系统，科研技术专家可以不用去现场，依据系统提供的数据、表格、图形，可以远程对装置的问题进行分析及诊断，查找问题，提供专家级的解决办法，大大提高诊断的速率和效率。此外，系统支持视频、语音及网络会议的形式实现装置问题的专家会诊功能，使不同地理区域的专家可以通过该功能完成对同一套装置的远程诊断及分析工作，从而使得行业内专家资源得以整合，提升数据、知识、模型及专家资源的共享水平。

(4) 远程指导装置生产操作优化。通过系统中提供的数据、表格、图形，以及各个单装置的模型，专家可以评估装置运行状态，并通过知识、经验、模型对技术数据做深入分析，提供优化方案，把生产装置的运行水平推向更高的水准。

2. 企业管理人员

通过系统，企业管理人员可方便地开展如下工作：

(1) 自动获取各类技术报告。系统可自动生成各类技术报告，如日报、周报、月报、季报等，内容包括工艺生产情况、原料及产品性质情况、装置物料平衡、装置能耗情况、装置非计划停工情况等，涵盖了日常生产的各个方面。由于技术报告均由系统自动生成，很大程度上可以将企业生产管理人员从日常繁杂的技术报告编写工作中解脱出来。

(2) 装置横向比较。系统提供了各装置运行排名，并在系统中以柱状图及雷达图的形式发布。企业管理人员通过该功能，可以对同类装置进行横向对比，发现装置运行差距，为加强企业生产管控，为装置技术改造、调整产品结构、促进产业升级提供了精确的基础数据。

3. 企业生产技术人员

通过系统，企业生产技术人员可方便地开展如下工作：

(1) 装置监控。系统汇集了多个其他系统的生产数据，通过本系统，企业生产技术人员可实时地监控本装置的各项生产数据、产品收率、设备腐蚀、装置能耗、报警情况等，便于生产技术人员及时掌控生产状况。

(2) 装置技术分析。系统提供了工艺数据、质量数据的趋势查询，工艺和质量数据的关联查询，用户可以方便地查询其所关心的生产数据，查询的结果以趋势图的方式呈现。如此，生产技术人员不仅可以实时监控生产运行状态，还可以依据知识、经验、内部模型对技术数据做深入分析，为生产操作优化提供指导。

(3) 装置评估及预测。生产技术人员可通过系统提供的数据、图表，准确评估装置的运行状况，还可以依据内部模型进行预测，如催化剂寿命预测、装置能耗预测、设备腐蚀预测、设备结焦结垢预测等。

(4) 向科研专家发起远程诊断或会诊请求。系统提供了远程诊断请求功能，生产技术人员可以向科研专家发起远程诊断或会诊的请求，协助专家进行远程诊断或会诊，在专家的指导下，解决生产中的问题。

二、工艺管理系统

(一) 系统简介

工艺管理是企业生产营运领域的重要业务。通过贯彻“科学、规范、严谨、务实”的工艺技术管理原则，对工艺管理过程进行全覆盖监管，开展工艺管理系统的建设，可以规范工艺管理流程，促进信息化与工业化的深度融合。

1. 系统功能简介

工艺管理系统主要功能包括：工艺监控、知识管理、操作指令、工艺检查、装置预检、工艺分析、个人工作台、工艺审批等模块。各个模块的功能简要叙述分述如下：

(1) 工艺监控模块。主要实现对装置工艺参数进行实时监控、报警统计，辅助工艺人员掌握装置指标执行情况。系统可对企业生产装置工艺卡片参数、工艺报警参数分级、分类监控，对超标数据进行报警次数、报警时长、合格率、平稳率、控制稳定率、馏出口合格率的统计，并且满足工艺人员对整个装置及各班班组的数据统计，出现报警的指标系统提供原因说明功能，进一步强化装置对工艺指标监控的严肃性；针对不同装置，系统可根据实际装置运行工况对参数进行分侧线去向、分操作方案、分产品牌号灵活监控；装置即使出现停工或局部单元停工，系统可自动屏蔽停工期间的异常报警数据，保证系统更加合理的监控统计；对于装置的在线仪表，系统不仅可监控实时数据，还可与化验分析数据进行定期对比；装置工艺出现变更，需要对指标进行修订，系统可支持线上变更审批，审批后系统可自动同步更新新指标，并同时更新变更记录台账。

(2) 知识管理模块。主要实现装置工艺资料分级、分类集中保存，提高文档规范性与有效性；同时采用知识管理的方法建立知识库，逐步完善企业的工艺技术知识库，使企业的工艺知识沉淀复用，系统提供工艺资料管理功能，对企业的工艺技术文档进行分类、分版本管理，并统一规范企业的文档命名，包括技术规程、工艺卡片、工艺台账、技术报表等文档；方便用户对工艺文档的使用查询；其次部分工艺文档系统可对文档内的数据进行自动生成，例如工艺参数台账、质量台账等、技术月报中的工艺数据等，可大大降低工艺人员的数据填报工作，进一步提高工作效率。

(3) 操作指令模块。主要实现操作指令上传、操作指令审批、操作指令反馈、操作指令查询。适用于重要的工艺参数调整与现场操作的工作指导，岗位操作法没有明确规定的操作；装置开停工方案、临时方案没有明确规定的操作；关键设备切换操作；危险性大以及需要相关岗位互相协调配合的操作等。系统可支持对日常指令进行集中线上管理，方便工艺人员未来可以调用、复用、修改等操作，并且对工艺指令进行闭环管理，实现从工艺人员下发到操作人员反馈的全过程管理，过程期间如有需要监控的工艺参数，可实现过程监控。

(4) 工艺检查模块。主要实现工艺资料检查、检查内容、检查清单、检查结果、检查整改。工艺检查主要内容包括工艺资料管理情况、技术报表上报情况、生产工艺变更管理情况、工艺卡片执行情况、现场巡检质量情况、达标管理情况、生产运行优化工作情况等。系统可支持超标指标统计，工艺文档上报情况检查，管理人员可在系统上初步检查各装置数据执行情况和文档提交情况，针对现场的检查，系统可针对检查要求自动生成检查清单，并配合手机、平板电脑等移动设备协助管理人员现场完成工艺检查工作。

(5) 装置预检模块。主要实现技术人员的电子化巡检，综合其他业务数据，快速提取有用的生产信息，提高工艺人员每天对装置预检的效率，减轻了工作量。系统支持工艺人员灵活配置关键预检参数，并且自动汇总装置高频报警，方便工艺技术人员迅速了解装置情况，排除隐患；系统可提供预检期间工艺人员对班组的交接班日志查看，巡检漏检率查看，及时让工艺人员掌握班组运行动态。

(6) 工艺分析模块。工艺分析是工艺人员的日常工作，系统可支持工艺人员进行线上分析，包括：关键参数分析，可对操作实时数据、LIMS 分析数据进行设组对照分析，帮助技术人员寻找问题的关键所在；工艺公式配置，工艺人员可配置计算公式，实现工艺、化验分析多类数据源的复杂工艺计算；系统可自动生成装置标定数据、达标数据和报表数据，方便工艺人员及时掌握装置参数。

（7）工艺审批模块。工艺审批是针对工艺指标变更、工艺联锁变更、资料上传等业务的审批；工艺指标审批配置，可对不同级别的工艺指标审批流程 ID 进行维护。

（8）个人工作台模块。主要实现日历查看具体工作明细，系统可将企业安排给装置的定期工作通过工作日历展示出来，便于工艺人员安排自己工作，对于即将到期的工作，系统会根据不同事件，提前发出短信、邮件、系统消息，保证用户可以按时完成相关任务。

2. 系统应用结果

工艺管理系统的建设，为生产企业工艺管理带来了巨大的优势。系统提供了工艺管理指标的全生命周期管理流程，支持企业的工艺指标变更闭环管理。系统提供了工艺资料和工艺台账的规范管理平台，支持企业的工艺资料和台账标准管理，很好地满足了各级技术人员的需要。系统提供了动态可配置的数据组态和装置预检工具，支持企业的工艺数据分析支持，为装置平稳运行提供了技术支持。

工艺管理系统的应用效果主要体现如下几个方面：

（1）工艺文档管理完整化。以往企业对工艺技术文档缺乏集中管理，一些重要的工艺文档并没有在企业管理体系进行管控，通过工艺管理系统的建设，保证了工艺技术管理文档资源的有效性和完整性，实现了工艺技术管理知识的积累和传递，实现了企业文档资源全生命周期管理。

（2）工艺台账管理电子化。工艺台账的管理是工艺技术管理的一项重要内容，传统管理方式一般为纸质原始记录或者电子版打印纸质保存，台账数据量大，需要消耗大量时间或人力维护。通过工艺管理系统的建设，对台账实现模板化，并运用信息化手段自动生成部分台账，在线完成部分台账记录，具体包括：实现工艺技术台账的模板化和电子化；在模板的基础上，实现部分工艺技术台账数据的自动采集；工艺技术台账配置方式简洁易用，修改或新增内容方便快捷。

（3）审批管理最优化。文档资源中制度类、部分技术资料类以及企业工艺技术管理业务中均涉及文档审批流程业务。审批内容主要包括指标修订、联锁摘投、报警调整、文档上传、制度发布等。通过工艺管理系统的建设，实现线上审批操作配合信息提醒的功能，解决线下审批时效差、成本高、不可控的问题。

（4）装置预检在线化。装置预检工作是装置工艺技术管理人员了解装置运行状态、发现问题的重要手段。以往工艺技术管理人员需要通过查看 DCS 或登录数据采集系统来了解装置的报警基本信息；需要登录 LIMS 系统获取装置的关键质量参数指标的异常情况；需要通过查看 MES 系统来了解装置投入产出平衡和装置能源消耗情况。频繁登录不同系统查看数据为工艺技术人员增加了工作量，且 DCS 和数采系统没有对高频报警和高时长报警进行统计，需要工艺技术人员自行统计。需要登录操作管理系统获知装置班组的巡检情况和查看交接班日志，操作管理系统中数据量大而全，工艺技术人员在预检时只需要查看特定的几个指标即可，数据的查找和筛选为工艺技术人员增加了工作量。通过工艺管理系统的建设，配合企业相关制度实现装置预检流程规范化，实现快速获取重点信息和关键数据，包括关键运行参数、质量参数、报警和生产完成情况等装置运行信息，装置平稳率、交接班信息、巡检合格率、现场巡检质量情况等班组操作管理数据和其他工艺技术管理相关的数据信息，重要信息能够及时地通知，使装置工艺技术管理工作做到心中有数、重点突出。

（5）工艺卡片管理动态化。工艺卡片作为装置主要指标控制范围进行明确规定的技术文件，包括主要工艺、动力控制指标，原料、中间产品、产品的质量控制指标、环保排放指标等，是装置生产运行的重要依据。在解决装置生产波动、质量异常、优化装置工艺防腐时，对装置进行技术改造和调整操作时，可对工艺卡片中的指标数据进行修订和修改。通过工艺管理系统的建设，实现对工艺卡片执行情况进行动态监控，包括指标实时监控、报警统计；配合企业报警原因分析制度和流程，提供便捷适用的报警原因辅助分析功能；装置工艺卡片指标随着生产方案、质量方案调整和原料变化等情况需要及时调整，系统具有工艺卡片指标变更评估功能；提供工艺卡片修订提醒和重要指标超标短信及时提醒功能；提供工艺卡片网上修订申请和审批会签等功能。

（6）辅助技术分析便捷化。在进行生产问题分析时，工艺技术人员经常通过 DCS 将关联数据组合在一起，进行历史趋势查看，从而找出内在原因。工艺技术管理人员只能将数据拷贝或抄写下来结合 DCS 数据，再导入 EXCEL 中进行分析，工作量大，也大大降低了工艺人员的分析效率。工艺管理系统的建设，提供了便捷的技术分析工具，实现了 DCS 和 LIMS 多组数据历史查看功能和关联分析功能。

（二）系统应用

工艺管理系统实现工艺卡片、工艺报警、工艺联锁、工艺变更、工艺技术文件、三剂使用多项主要工艺业务的管理，并为技术分析提供了基础数据和便捷工具。班组操作人员、车间技术及管理人员、公司管理人员可以在系统上针对工艺卡片业务协同办公。

1. 工艺卡片管理

工艺管理系统利用信息化手段将纸式的工艺卡片转化成结构化的数据，实现对工艺卡片的修订、变更、执行、考核的全流程的管理。

1）工艺卡片修订

（1）业务管理流程：车间技术层每年可在工艺管理系统线上发起工艺卡片的换版修订，公司工艺技术管理部门牵头组织有关部门审核会签，报公司分管领导批准后作为下一年的执行标准。

（2）系统操作指导：车间技术层在工艺资料上传界面发起工艺卡片的换版修订，技术管理部门与公司分管领导在工艺资料审批界面完成审核与批准。新版工艺卡片被批准后，车间技术层会在首页看到通过提醒；班组可以在工艺资料类别查询界面看到已批准的新版工艺卡片；车间技术层可以通过系统打印的方式，下发到班组。

2）工艺卡片变更

（1）业务管理流程：在工艺卡片正常使用周期内，因生产方案调整等原因需要对工艺卡片指标进行变动修改，车间技术层可以在工艺管理系统线上发起变更流程申请、由风险评估小组对其进行风险评估，经管理部门审批通过后执行。在新指标执行 2~3 个月后，由车间技术层发起变更关闭，对本次变更的效果进行反评价。

（2）系统操作指导：车间技术层在工艺指标变更申请界面完成变更的申请和风险评估的填写，风险评估小组在工艺指标变更审批界面完成风险评估环节，管理部门在工艺指标变更审批界面审批。申请通过后，车间技术层会在首页看到通过提醒；车间技术层也可以通过系统打印的方式，下发到班组执行，并在工艺指标变更实施界面上传班组的培训记录。新指标执行 2~3 个月后，车间技术层在工艺指标变更关闭界面上发起变更关闭流程，管理部门审核通过，此次工艺卡片变更流程结束。

3）工艺卡片执行

（1）业务管理流程：工艺管理系统通过与企业的实时数据库与实验室信息管理系统的

集成，实时采集数据，并与工艺卡片进行比对，记录班组对工艺卡片的执行过程，如工艺卡片超标开始时间、工艺卡片超标结束时间、最大峰值等信息。车间技术层对工艺卡片超标进行原因分析，并提供防范措施，便于班组对类型情况的处理。

（2）系统操作指导：工艺管理系统向用户提供工艺卡片超标明细、工艺卡片综合分析、超标原因分析界面。

4）工艺卡片考核

（1）业务管理流程：工艺卡片控制指标已纳入平稳率考核。根据用户岗位不同，工艺管理系统向用户提供不同层次的工艺卡片合格率，支撑工艺卡片考核业务。工艺卡片执行的过程数据与班次服务相结合，生成班组工艺卡片考核结果，工艺卡片执行的过程数据与组织机构相结合，生成车间工艺卡片考核结果。此外，车间技术层对工艺卡片执行的过程数据产生疑问，可以向公司工艺技术管理部门提出剔除申请。

（2）系统操作指导：车间技术层在报警剔除界面发起剔除申请，公司工艺技术管理人员在报警剔除审批界面对其仲裁。系统会对工艺卡片合格率重新计算，报警考核指标统计界面为公司工艺技术管理部门提供车间工艺卡片合格率，操作报警班组统计界面为车间技术层提供班组工艺卡片合格率。

2. 工艺报警管理

工艺管理系统利用信息化手段将纸式的报警台账转化成结构化的数据，实现对报警变更、报警监控、报警考核的业务流程管理。班组操作人员、仪表人员、车间技术及管理人员、公司管理人员可以在系统上针对工艺报警业务协同办公。

1）报警变更

（1）业务管理流程：因生产方案调整等原因需要对工艺报警指标进行变动修改，车间技术层可以在工艺管理系统线上发起变更流程申请、由风险评估小组对其进行风险评估，经管理部门审批通过后执行。在新指标执行 2~3 个月后，由车间技术层发起变更关闭，对变更的效果进行反评价。

（2）系统操作指导：车间技术层在工艺指标变更申请界面完成变更的申请和风险评估的填写，风险评估小组在工艺指标变更审批界面完成风险评估环节，管理部门在工艺指标变更审批界面审批。申请通过后，车间技术层会在首页看到通过提醒；车间技术层也可以通过系统打印的方式，下发到班组执行，并在工艺指标变更实施界面上传班组的培训记录。新指标执行 2~3 个月后，车间技术层在工艺指标变更关闭界面上发起变更关闭流程，管理部门审核通过，此次工艺报警变更流程结束。

2）报警统计

（1）业务管理流程：工艺管理系统通过与企业的实时数据库、操作报警管理系统的集成，实时采集操作数据和 AE 数据，记录班组对工艺报警的执行过程，如工艺报警开始时间、工艺报警结束时间、最大峰值等信息。车间技术层对工艺报警进行原因分析，并提供防范措施，便于班组对类型情况的处理。

（2）系统操作指导：工艺管理系统向用户提供了报警超标明细、综合分析、超标原因分析界面，向用户提供了报警次数、报警时长、报警专业分布、报警优先级分布的统计结果。

3）报警考核

（1）业务管理流程：根据用户岗位不同，工艺管理系统向用户提供不同层次的工艺报警考核业务。工艺报警执行的过程数据与班次服务相结合，生成班组工艺报警考核结果，工艺报警执行的过程数据与组织机构相结合，生成车间工艺报警考核结果。此外，车间技术层对工艺报警执行的过程数据产生疑问，可以向公司工艺技术管理部门提出剔除申请。

（2）系统操作指导：车间技术层在报警剔除界面发起剔除申请，公司工艺技术管理人员在报警剔除审批界面对其仲裁。系统会对工艺报警的合格率重新、时评均报警数、24 小时持续报警数的统计结果重新计算，报警统计报表界面会为公司工艺技术管理部门提供车间的工艺报警考核数据。

3. 工艺联锁管理

工艺联锁是装置工艺管理工作的重要组成部分。工艺管理系统将车间的工艺联锁台账进行结构化处理，并实现工艺联锁变更和工艺联锁监控的管理。

系统操作指导：车间技术层在联锁维护界面完成联锁数据的机构化处理。当联锁需要变更时，车间技术层可以在联锁指标变更、联锁摘投变更界面发起变更申请和风险评估填报，公司技术管理层在工艺联锁变更审批界面完成业务审批。联锁变更实施后的 2~3 个月，车间技术层在联锁变更关闭界面发起关闭流程，经公司技术管理层审批后结束本次变更流程。车间技术层、公司技术管理层会在联锁监控界面查看到各联锁的投用状态，在工艺联锁投用率界面查看到装置、车间的联锁投用率。

4. 工艺变更管理

工艺变更是工艺管理系统的一项重要功能，车间提出变更申请，经专家风险评估，公司管理层审批后执行变更，变更内容可下发班组通知培训，变更完成的 2~3 个月后，车间技术层提出变更关闭，经公司管理层审批后结束本次变更的生命周期。

系统操作指导：用户在工艺变更申请界面发起变更申请和填报风险评估，专家在工艺变更审批界面完成风险评估环节，公司技术管理层在工艺变更审批界面完成业务审批。车间技术层可将变更打印下发班组学习，在工艺变更实施界面完成变更培训、过程操作确认单等相关资料的上传。变更实施 2~3 个月后，车间技术层在工艺变更关闭界面发起变更管理，公司技术管理层在工艺变更审批界面完成变更关闭审批。

5. 工艺技术文件管理

工艺管理系统提供了统一的、标准的、规范的工艺技术文件管理功能。

系统操作指导：关键用户在工艺资料类别维护界面创建工艺技术文件种类，并对其属性进行设定。其他用户便可以在工艺资料上传界面上传对应的工艺技术文件。需要审批的技术文件，用户在工艺资料审批界面会看到审批待办事项，文件审批过后发布有效。用户在工艺资料类别查询界面查看工艺技术文件。如果上传的文件有误或者无需电子保存，关键用户可以在资料删除界面对其进行删除处理。

6. 三剂管理

工艺管理系统通过文件资料管理、工作流程和台账管理模式完成企业内部的三剂原材料管理，包括三剂紧急申购管理、三剂使用效果评估、专家论证、三剂计划管理、固定床三剂更换、废除三剂管理、三剂使用管理、三剂实际消耗填报等业务场景的应用。

系统操作指导：用户在资料上传界面，发起三剂紧急申购管理、三剂使用效果评估、专家论证、三剂计划管理、固定床三剂更换、废除三剂管理、三剂使用管理的业务申请，管理层在工艺资料审批界面审批。关键用户在三剂维护界面维护本企业三剂种类，车间技术层在装置三剂维护界面挑选本装置的使用三剂，并将三剂的技术协议上传到系统归档。

每月车间技术层在三剂消耗填报界面填报本月实际消耗的三剂使用量、领用量。管理层在三剂消耗查询界面查看三剂消耗台账，并可将本年度的三剂使用情况统计，作为下一年度三剂计划的提报依据。

7. 工艺台账

工艺台账是工艺管理工作中一项重要的日常工作，是对生产过程数据的记录，为追踪溯源问题提供了数据支撑，繁琐多样是它的特点。随着信息化程度的提高，许多数据都实现自动采集，通过工艺管理系统的台账功能减轻了车间技术层的重复性工作。对于不可采集的台账，系统提供了标准的记录模板，用户只需要按时在模板上填报即可。

（1）业务管理流程：工艺管理系统通过集成，实现了实时数据库、Lims 系统、操作管理系统、MES 物料统计系统、能源管理系统的数据共享。用户通过一次性的台账配置，实现各类台账的记录工作。对于工艺台账，用户只需要进行查看确认，便可完成工艺台账的管理工作。

（2）系统操作指导：用户在台账模板中，完成工艺参数执行台账、防腐台账、生产记事台账进行配置，选择所需要采集的数据或者制定相应的模板即可。用户在工艺台账中便可对工艺参数执行台账、质量台账、工艺防腐台账、物料平衡台账、巡检台账、装置能耗台账进行数据查看和确认。对于记录类台账，用户在装置生产记事台账中记录装置波动情况、异常工况情况等重要生产事情。

8. 工艺分析

工艺管理系统中集成了大量工艺数据的集成，如实时操作数据、化验分析数据、物料平衡数据、能耗数据等，形成了珍贵的数据宝箱。工艺管理系统根据用户工艺分析的场景，提供了便捷的分析跟踪工具。

用户可以在关键参数分析界面，将具有一定关联的实时操作数据、化验分析数据进行组合，对其历史趋势进行实时跟踪。用户也可以在工艺参数分析查询界面，将所需要的实时操作数据、化验分析数据进行导出，线下进行分析处理。

9. 工作待办提醒

为了提高办公效率，工艺管理系统为用户提供待办提醒功能，并结合日历将个人工作任务展示给用户。根据工作任务的性质不同，将提醒任务分为 3 类：定期任务提醒、审批待办提醒、临时任务提醒。

1）定期任务提醒

在工艺管理工作中，许多任务都具有周期性，如 3 年修订一次技术规程、1 年修订一次工艺卡片、每月上传月报、每周组织调度会材料等。

（1）技术资料类的提醒：用户在工艺资料类别维护界面创建目录时，对于技术文件的有效周期进行设置，并在工艺资料任务提醒配置界面设置提醒的时间和提醒人群。被提醒的用户会在后面的待办提醒区域和日历表中看到提醒事项。

（2）周期性的工作提醒：用户在工作日历界面中增加周期性任务，系统提供年、月、周 3 种时间类型。根据设置情况，用户在工作日历中会看到设置的待办提醒，如上述提到的每周组织调度会材料。

2）审批待办提醒

在工艺管理工作中，许多业务都需要工作流的支撑，因此工艺管理系统不可避免要为用户提供审批待办提醒。用户在工作管理系统中发起申请，管理层会在首页看到审批待办。

当流程通过或被驳回时，发起者会在首页待办提醒区域看到提示信息。

3）临时任务提醒

在工作当中，不可避免会穿插大量临时任务，这些任务可能来自领导吩咐的工作、会议上安排的工作等，这些工作的生命周期较短，并且具有突发性。因此工艺管理系统在设计上增加了临时任务提醒，以满足用户日常办公的需求。

用户在工作日历界面中编辑临时任务，类似于电子便签，该任务便会在工作日历中显示，提醒用户完成工作。

除上述功能之外，用户还可以在工作日历界面中，对当月任务进行回顾，查看本月工作的完成情况和进度。

三、工艺平稳性管理探索

（一）工艺平稳性体系建设背景

国际大型跨国石油公司埃克森美孚（Exxon Mobil）、壳牌（Shell）、英国石油（BP）公司等均建立了保障工艺平稳运行的管理机制。如 Exxon Mobil 建立了以操作完整性管理体系（Operational integrity management system，OIMS）为核心的一体化管理体系，强调过程安全中的信息资料、工艺操作与设备维护、操作界面管理等，该体系在工艺管理方面有良好的实践，具有规范的制度和先进的技术支撑。Shell 公司形成了适合多层次跨国经营的 HSSE&SP 管理体系，分别从工艺安全、个人安全、公共安全、产品管理等方面提出了全球统一的标准。其核心是危害和影响管理程序（HEMP），分为 4 个步骤：辨识、评估、控制、整改，最后使风险降至合理的可接受限度（ALARP）。BP 公司建立了运营管理体系（Operation management system，OMS），提供了一个实现运营卓越的整体框架。它整合了 BP 公司在健康、安全、环境、运营可靠性等方面的各项要求，形成了一套统一的体系。国外非常重视先进的技术工具的应用，并在炼油装置工艺平稳性管理方面形成了许多的技术标准、分析方法和工具，主要集中在报警系统性能评估与优化、控制回路性能评估与诊断等方面。

国内大型炼油企业在工艺技术管理不断探索的过程中形成了独特做法，如某企业的“一平稳四优化”管理机制、某某企业的“流程体系”管理等，均有效地推动了各企业价值创造能力的不断提升。但同时也应注意到，与国外大型石化企业广泛采用先进的体系与技术管理模式相比，目前各企业在工艺管理方面没有形成管理体系，各企业基本都采用以经验管理为主的“基础制度+检查管理”的模式，工艺管理呈现碎片化、经验化，好的经验与做法没有一套有效的标准化的体系来传承，整体水平与世界先进企业还有一定差距。此外，在制度方面，缺少顶层引领性的制度设计，制度呈“松散化”，制度之间联系性不强造成某些工作职责分工不明确，影响了工艺管理的成效。在流程建设方面，尽管制定了一系列管理制度来规范业务流程，但是各个管理制度有不同的目标，大多只能涵盖企业的一部分流程，缺乏全局意识。

工艺技术也应采用体系化思维进行管理。建立工艺平稳性管理体系，符合现代化管理发展趋势的需求，不仅可以辅助企业综合管控风险、促进改革持续创新，还可为企业处理复杂业务流程、明确责任目标提供有效工具。与管理制度侧重于局部性和针对性的作用不同，工艺平稳性管理体系以管理制度为基础，重点关注制度间的相互关联和相互补充，以系统化、全局性的体系思维集成职能管理、个人经验、信息化手段、技术指导等全流程要素，有效提升企业工艺管理效率，保障企业满足提质增效、安全平稳的现代化发展要求。

构建管理体系，利用流程节点将组织架构、管理制度、技术标准和指标体系等方面相关联，既能避免同一个流程信息被不同制度“多次描述，相互割裂”的混乱，又能防止“两张皮”现象。因此，管理体系的建设，不仅是落实风险管控要求、开展多维度管理的基础，更是获取卓越管理绩效的必经之路。

国内炼油企业积极探索工艺平稳性管理，历经技术调研、框架结构设计、关键要素与流程梳理、企业试点应用等程序，于2020年首次建成发布了工艺平稳性体系。

（二）工艺平稳性管理体系结构及要素设置

为便于工艺平稳性管理体系有效落地及与HSE管理体系相融合，工艺平稳性管理体系框架采用HSE管理体系结构设计，包括领导、承诺和责任、策划、支持、运行过程管控、绩效评价、改进等6个一级要素及33个二级要素，涵盖了工艺技术管理的全过程。基于PDCA原理，突出“领导作用”对体系其他要素的引领和驱动，强调风险管理和业务流程的融合，将“实施”阶段划分为“支持”和“运行”两个过程，为工艺平稳性技术的应用提供体系支撑，实现工艺平稳性管理的有效落地。

工艺平稳性管理体系文件架构包括体系手册、专业管理制度及标准、作业文件及工作标准、记录格式等，通过构建一套标准化规范化的管理体系，以体系化系统化管理理念提升工艺管理的水平。

（三）工艺平稳性管理体系要求

1. 总体原则与目标

工艺平稳性管理体系以风险管理、工艺报警管理、控制回路管理、工艺执行与检查、工艺变更管理等为核心要素，坚持技术引领、科学管控原则，通过提高炼油工艺精细化、体系化管理水平，保障装置的安全、稳定、高效运行。

依据国家法律法规及标准规范，过程安全管理理念、ISO标准/原则以及工艺平稳管理最佳实践等，构建了一套科学的全过程、全周期的炼油工艺平稳性管理体系，实现管理标准化→标准程序化→程序表单化→表单信息化的工作流程，达到工艺平稳运行、风险有效控制、应急处置得当的总目标。

企业应根据规范的要求，通过策划、实施、检查、改进的闭环管理，不断提高工艺平稳性管理水平。同时，体系是企业一体化管理体系的重要组成部分，可将工艺平稳性管理体系与HSE管理体系、设备完整性管理体系相融合，形成一体化管理体系。

2. 运行部分核心要素

运行部分主要包括工艺报警管理、控制回路管理、工艺联锁管理、生产控制优化、工艺变更管理、原料管控、质量管控等7个核心要素，重点介绍以下4个要素：

1）工艺报警管理

企业应规范工艺报警的设置与处置标准、程序，减少无效、频繁报警，提高报警响应效率，提升工艺平稳性，减少事故的发生概率。

2）控制回路管理

企业应规范炼油装置过程控制回路的技术管理，监测和改善控制回路的性能，减少不良控制回路，优化控制效果，改善工艺生产过程的稳定性。

（1）控制回路评估。是指控制回路性能监测、分析等一系列工作，包括对控制回路状态、控制效果、性能指标等做出评估，发现并诊断出性能差的控制回路，生成控制回路性能评估报告等工作。杜绝将因工艺、电仪、设备等原因造成的无法投自动的回路纳入不统计回路中。开停工(非计划、检修、消缺)期间可以不参与监控计算。企业应当建立各生产装置的控制回路台账，在控制回路新增、取消、控制方案变更时应及时更新。企业应通过稳定性、准确性、快速性等指标对回路进行评估。企业应建立实时自控率评估指标，评估当前时刻投自动的控制回路数占参与统计的控制回路数的百分比，用于实时评估装置的自控率。

(2) 控制回路监控与整定。控制回路性能评估应定期进行，收集装置控制回路相关参数的历史运行数据及相关设置参数，根据控制回路管理技术规范生成控制回路性能评估报告。对于诊断出性能“较差”及长期处于手动状态的控制回路，企业应及时进行整定。企业可采用控制回路评估专业软件开展相关工作。

3) 生产控制优化

企业应利用报警性能评估、控制回路性能与 PID 参数分析等平稳性管理工具，综合掌握装置运行情况并采取措施，提升装置的工艺指标合格率、工艺参数报警率、平稳率及自控率，降低非计划停车次数。

(1) 平稳率管理。企业应明确平稳率的控制指标与管理要求，加强对平稳率的实时监控，并定期分析平稳率管理中存在问题，落实改进措施。平稳率指标要包括工艺卡片重要参数，指标上下限要在工艺卡片控制范围内，波动幅度控制在较小的范围之内。各企业应建立公司级、运行部基层(车间)级平稳率指标，指导工艺管理工作的开展。

(2) 先进控制(APC)。企业应明确先进控制建设、运行、维护等方面的要求，确保先进控制系统长周期稳定可靠运行，提高装置运行平稳性和高价值产品收率，降低装置能耗。定期分析 APC 存在问题，落实改进措施。已经实施先进控制的装置必须成立一个由装置工程师、仪表维护人员和信息系统维护人员组成的 APC 运维小组，明确分工和责任。如果因装置改造、生产方案变更等原因，原有的先进控制器已不能适应新的工艺状况和控制要求，企业工艺技术管理部门应及时组织制定运行维护。

4) 质量管控

应严格执行国家及有关部门颁发的标准化管理方面的法规和制度，根据市场情况及用户要求，积极采用国际标准和国外先进标准，不断提高产品质量水平。

(1) 生产工艺的质量管理。各运行部门应严格按工艺卡片、岗位操作法和产品质保体系组织生产。若主要原辅材料、基本工艺流程、主要操作条件和产品调和工艺等工况发生变更，须按规定办理变更手续，并向生产部及时传递信息。生产装置过程控制分析项目和频率由生产部(或主管过程质量部门)会同有关部门制定。中间产品的质量控制指标，由生产部在工艺卡片的基础上，根据产品质量实际需要制定、下达。新装置分析项目及频率在装置开工试运行三个月后，主管部门应将其正式纳入分析项目及频率文件。各生产装置要根据工艺卡片和质量控制指标的要求搞好平稳操作。当操作发生较大波动，产品质量无法保证时，及时向调度汇报，由调度根据实际情况安排产品走向，并及时向化验分析部门通报信息。应加强工艺技术分析，每月对影响产品质量的因素进行分析和总结，提出质量纠正措施，实施质量改进。

(2) 产品的质量管理。生产部、各运行部基层(车间)要加强馏出口直接出厂产品的过程质量管控，将馏出口产品当作成品管理，稳定产品质量。当运行部已预判或装置已发生波动，将引起或已出现馏出口质量不合格时，运行部要立即联系调度和化验分析部门，经化验分析部门会商调度部、计划部后，由计划部与用户做好沟通，决定是否暂停产品出厂。

3. 绩效评价

1）监测、分析和评价

企业应通过工艺平稳性管理工具监控装置工艺平稳运行状态，如工艺指标合格率、工艺报警率等。企业应开展工艺日、周、月检等活动，不定期进行工艺专项检查，对装置运行、三大纪律执行情况进行检查。企业应编制检查标准，并根据平稳性管理目标和股份公司相关制度适时调整。

工艺平稳性绩效指标应按照两级指标进行设置：一级指标包括工艺指标合格率、工艺参数报警率、工艺参数波动率、流程自动化率和非计划停工等5项指标。二级指标共计13项，其中工艺指标合格率包括工艺卡片合格率和馏出口合格率2项二级指标。工艺参数报警率包括时平均报警数、10分钟峰值报警数和24小时持续报警数等3项二级指标。工艺参数波动率包括装置平稳率1项二级指标。流程自动化率包括自控率、APC有效投用率、联锁投用率、人均控制回路数、控制回路复杂性指数、先进控制复杂性指数等6项二级指标。非计划停工包括非计划停工次数1项二级指标。

2）审核

企业应定期对工艺平稳性管理进行审核，以判定工艺平稳性管理体系的符合性和有效性。工艺平稳性管理审核可以与公司其他审核工作合并进行。

3）管理评审

工艺平稳性管理评审可以与相关评审活动合并进行，评审依据包括：

（1）工艺平稳性方针、目标和计划的实现程度；

（2）标准和规范的适用结果；

（3）工艺平稳性关键绩效指标；

（4）不符合项纠正和预防措施的执行情况；

（5）以前评审问题的整改情况；

（6）改进建议。

管理评审的结果应符合持续改进的承诺，并应包括持续改进的决策和措施。各企业应每年定期组织开展管理体系审核。

4. 改进

1）不符合项的纠正

企业应建立不符合项审查程序，审查工艺平稳性体系管理相关的不符合项。审查应包括：

（1）不符合项所带来的后果；

（2）不符合项产生的根本原因，包括直接原因、间接原因和管理原因等；

（3）评价是否需要预防措施，以避免不符合项的发生；

（4）与相关方沟通审查的结果；

（5）跟踪纠正防范措施的落实情况。

2）持续改进

应在工艺平稳性管理体系运行过程中识别持续改进的机会，持续改进体系的适宜性、充分性和有效性。企业应培育良好的工艺技术管理文化，鼓励学习和创新，提升人员能力或技能。积极使用新技术、新材料和新方法，借鉴内部和外部优秀做法和实践，提升工艺技术管理绩效。

（四）工艺平稳性管理体系实施

企业工艺平稳性管理体系的建立和实施工作可策划为五个阶段：

1. 第一阶段：工艺平稳性管理现状评审

该阶段主要目的是了解企业工艺管理现状与平稳性管理要求之间的差距，查找企业工艺管理的薄弱要素和工艺残余风险分布，明确目前所处的状况，为策划、实施工艺平稳性管理体系提供依据和基准，并提出策略性改进建议。

1）评审工具、方法和过程

评审工具包括现状评审表、企业工艺管理制度梳理表；评审方法主要是文件查阅、现场调查及人员访谈等；评审过程为首次会议、审查企业工艺管理文件、现场评价、总结会议等。

2）评审工作组和培训

（1）评审工作组：由工艺平稳性管理技术专业人员与所属企业人员组成，分为动工艺组、设备组、仪控组、综合管理组，涵盖工艺、设备、电气、仪表、安全、工程、综合管理等各专业。

（2）培训：对企业管理层开展领导意识培训，提高对工艺平稳性管理体系的认识；对评审工作组开展评审技能的培训。

工作步骤与内容(初评前需要待评审公司及二级单位提供充分的资料)：

（1）现场评估。

（2）工艺管理制度梳理。

（3）现状评审报告编写与专家审核。

2. 第二阶段：工艺平稳性管理体系整体策划

依据现状评估结果和工艺管理相关的法规标准，明确企业工艺管理与平稳性管理要素的差异及工艺风险所在，策划企业工艺平稳性管理策略、管理框架，编写工艺平稳性管理手册。

主要工作内容包括：识别和更新企业工艺平稳性管理所遵循的法律法规和其他要求；策划并确定工艺平稳性管理的方针和目标；策划并确定风险评估准则(矩阵)，明确工艺平稳性管理各阶段使用的风险评估方法，建立企业风险管理程序；基于风险评价确定平稳性管理的工艺范围，并分级管理；基于风险管理程序，策划基础信息管理、工艺控制管理、工艺执行与检查、异常工况管理、变更管理等要素建设具体内容；策划并确定文件编制原则。

3. 第三阶段：工艺平稳性管理体系文件的编写和审查

主要目的是结合企业工艺管理实际，制定规范化业务流程，梳理工艺管理制度，编制工艺平稳性管理程序文件，最终建立企业工艺平稳性管理体系文件。

在规范工艺管理业务流程，明确了关键节点的基础上，编写平稳性管理体系文件。文件编写主要由咨询项目组咨询人员指导(协助)企业平稳性工作小组进行编写，编写内容参考文件策划的结果，同时在编写过程中要严格结合企业的实际。梳理工艺现有管理制度，融合新编写的程序文件、操作文件，建立企业工艺平稳性管理文件体系。

咨询项目组和企业共同对所编写的工艺平稳性管理体系文件进行审查，审查企业的工艺文件与标准的符合性、有效性，对发现的不符合，咨询项目组指导企业及时进行纠正。审查经批准后，企业正式发布工艺平稳性管理体系文件。

由咨询组协助企业进行工艺平稳性管理体系文件的编写和审查。审查、批准后，企业正式发布工艺平稳性管理体系文件。

4. 第四阶段：工艺平稳性管理体系的实施

（1）主要目的：宣贯、培训体系文件，企业试运行工艺平稳性管理体系。

（2）主要工作内容：将修订、新编制的程序和作业文件对相关工作人员进行培训，建议由程序文件归口管理部门的领导或工艺骨干人员亲自上台进行讲解；项目组到相关部门、装置、单元进行关键程序的运行指导，确保各层次员工理解并执行体系文件；策划系统、科学的工艺平稳性绩效指标体系，并收集数据、动态监测；发布体系文件，实施培训和宣传；推行工艺平稳性管理体系，选取典型装置进行试运行，各部门按照工艺平稳性管理体系文件的要求运行；企业工艺管理部门检查各部门实施工艺平稳性管理体系的情况，并把相关情况反馈给咨询人员。经运行后，体系文件不符合的地方，应核实并修订完善。

5. 第五阶段：工艺平稳性管理体系的审核和管理评审

（1）主要目的：进行审核员培训，实施企业平稳性管理审核，指导企业进行工艺管理评审。

（2）主要工作内容：包括审核和管理评审。进行审核员培训，培训内容包括工艺平稳性体系规范与实施指南、企业基于风险的管理理论、审核方法；指导企业收集工艺绩效指标，进行趋势分析，并指导管理评审。

开展工艺审核员培训，使工艺管理部门和各单位审核员掌握体系审核知识，通过参加现场审核，具体指导审核小组和各单位审核员开展内部审核和管理评审，掌握审核技巧。开展审核，咨询人员指导企业开展审核工作。企业对审核中发现的不符合须进行纠正，并制定预防措施。指导开展绩效评估和管理评审。指导企业提出持续改进的措施，并编制管理评审报告。

四、关键 KPI 指标

（一）平稳率

装置平稳率是评估装置运行状况的量化指标，是企业工艺专业管理的重要内容。工艺卡片作为装置生产的技术标准，其执行情况可由装置平稳率来衡量。平稳率考核方法就是用装置运行过程中各种参数数据与工艺卡片上的工艺约束条件进行比较来分析判断指标偏差情况，从而对生产运行、产品质量和人员操作水平进行量化考核，促进提高自控率，确保各类物料计量准确。装置平稳率是装置能够“安稳长满优”运转的保证。因此企业应从技术、制度、管理等方面采取大量措施来保证装置平稳运行。

平稳率指标计算公式：

企业平稳率＝∑（企业装置平稳率）/装置总数

装置平稳率＝∑（装置日平稳率）/统计天数

$$装置日平稳率=(装置单个控制指标日平稳率)\times\frac{\omega_i}{\sum_1^n\omega_i}$$

$$单个控制指标日平稳率\ \sigma=\left(1-\frac{\sqrt{\frac{1}{M}\sum_{i=1}^{M}(x_i-\bar{x})^2}}{|\bar{x}|}\right)\times100\%$$

式中 ω——单个控制指标的权重；

n——单装置内控制指标的个数；

σ——单个控制指标的当日运行平稳率；

M——单个控制指标当日有效实时数据的个数；

x_i——单个控制指标当日第 i 个有效实时数据的值；

$\bar{x}$——单个控制指标当日实时数据平均值。

在上述指标计算中，以月为统计时间范围，单指标的日平稳率可根据装置控制指标实时数据使用方差法计算。

在正常生产过程中，由技术人员利用实时数据采集系统对操作平稳率及公司其他考核指标进行统计，每月对所辖各套装置进行平稳率评比。由于生产实际需要生产调整而造成平稳率低的可申请免除相关点。

（二）自控率

炼油装置大多采用连续生产，设备间相互关联。自控水平的高低决定了生产偏离正常时回归常态的响应速度和效果，反映了自控系统排除各种干扰因素、保持预先规定值的能力。因此，自控率是衡量装置平稳操作的重要指标，提高生产装置自控水平，对企业生产经营有着重要的意义。提高自控率，不仅可以降低操作工劳动强度，改善劳动成本，更有益于装置的平稳操作，确保生产安全，提高产品质量，降低生产能耗。同时，装置运行平稳可以有效延长设备使用寿命、降低设备故障率。目前石化系统内采用的自动控制系统主要包括集散控制系统（DCS）、紧急停车系统（ESD）、压缩机组综合控制系统（ITCC）、安全仪表系统（SIS）以及先进过程控制系统（APC）。其中，工艺生产的自动控制调节主要仍由 DCS 完成。

目前 DCS 控制系统仍然使用常规的 PID 调节器控制方法，利用调节器模块对工艺参数进行调节。通常调节器的参数不是最优，致使自动控制效果较差，经常需要操作人员人工干预，操作人员往往将控制器打到手动状态，将偏离的工艺参数值拉回到正常状态。在这种情况下，装置生产粗放化。同时，由于装置操作不平稳，经常会出现工艺参数超过控制范围而出现报警，致使装置报警频繁。

在进行 PID 参数整定和优化控制前，炼化企业主要生产装置的实际自控率普遍偏低，主要存在的问题集中在以下几个方面：PID 控制器处于手动状态，影响自控率；人为设定上下限，为投自动而投自动；部分投入自动运行的回路运行效果不好；串级控制回路不投用；报警频繁。

某炼化公司通过生产实践总结出了一套行之有效的自控率提升方案，具体有清理统计自控率回路，确保数据的准确性；开发 DCS 系统功能，实现自控率的自动统计；统计无法投自控回路，分别制定方案投用；根据制定方案逐个回路开展工作；制定长远期策略，进一步提升自控率。

装置自控率提升不会产生直接的经济效益，但可以大大提高劳动效率，降低操作人员的劳动强度。装置自控率提升还可以减少由于操作人员因自身问题造成的误操作事故，避免因而引发的工况波动或者非计划停工，安全效益显著。

为了衡量企业自动化控制技术应用水平，维持自动控制系统长周期稳定可靠运行，提高装置运行平稳性，企业应设置自控率作为 KPI 指标，评估装置自控系统运行的好坏。

$$自控率=\frac{投自动的控制回路数}{总控制回路数-不参与统计的控制回路数}\times 100\%$$

在上述指标计算中以月为统计时间范围，统计期间内装置实时自控率的平均值，评估装置的自动化水平情况。其中，自控率以实时数据库取样频率采集各控制回路的模式变量，评估该取样时刻装置所有投用自动的控制回路个数占应该计入的自控回路总投用个数的百分比。

（三）先进控制（APC）有效投用率

APC（Advanced Process Control）先进控制是对那些不同于常规控制，并具有比常规单回路PID控制更好控制效果的控制策略的统称。先进控制一般是基于模型的多变量控制，整体控制一组工艺变量或一段工艺过程，并在稳定控制的前提下，利用预定的、有效的操作策略，依据内置的线性或非线性规划优化算法，将工艺过程稳定控制在优化操作点上。与常规单回路控制器相比，先进控制提高了生产的自动化水平及管理水平，能够在生产不断面临扰动时仍然为操作人员提供保证优化生产的工具。

在部署先进控制系统时，首先要明确应用先进控制系统的目标。例如，提高产品生产效率、提高产品质量、提高装量（或设备）的处理能力、降低能耗、降低原材料消耗、减轻劳动强度、提高企业的安全性等，或者是这些目标中几个方面的综合。但是根据不同的应用和不同的工业生产实际，又有不同的具体目标，一般以提高企业或生产装置的经济效益为先进控制系统的首要目标。先进控制系统目标的确定，必须是在深入分析企业、生产流程、生产装置的现实状况以后才确定的。

先进控制的维护是随时检查先进控制系统的运行状况，其中包括：先进控制系统的投运率是否在95%以上；先进控制品质是否保持在投运验收时的指标上；在实施先进控制的工程师的帮助下，对多变量控制系统性能进行实时评估，并适当调整多变量控制器的参数。

国内外APC先进控制应用实践表明，在石油化工等流程工业的主要生产装置上实施先进控制，对稳定装置操作、提高产品品质、降低操作人员操作强度、提升高附加值产品收率、节能降耗、增加产量具有重要意义；对进一步挖潜增效、提高管理水平，提升企业在国际的竞争能力有很大帮助。

为了规范炼油装置的先进控制技术合理应用，维持先进控制系统长周期、稳定可靠运行，提高装置运行平稳性，应制定APC有效投用率作为KPI指标，评估装置先进控制系统运行的好坏。

$$APC有效投用率=MV有效投用率\times 0.5+CV有效投用率\times 0.5$$

其中：

$$CV有效投用率=\frac{CV当前值最近一天变化范围与CV上下限范围比大于50\%时间累计}{装置连续生产时间}$$

$$MV有效投用率=\frac{MV上下限范围与最近一天该MV变化范围比值大于50\%时间累计}{装置连续生产时间}$$

式中　CV有效投用率——用于表征APC控制器实际投用的被控变量（CV）发挥被控作用的时间与该装置连续生产时间的占比，%；

MV有效投用率——用于表征APC控制器实际投用的操作变量（MV）发挥控制作用的时间与该装置连续生产时间占比，%；

APC有效投用率——综合表征控制器整体控制作用，%。

（四）报警率

报警的统计和评估应以DCS系统中的报警日志为对象，理想的报警性能指标见表3-9-1（统计评估时间区间宜为30天）。

表3-9-1 报警关键性能指标（KPI）

报警关键性能指标（KPI）	计算方法	管理目标
时平均报警数	平均每小时报警次数	≤6（理想目标） ≤24（实践目标）
10分钟峰值报警数	每10分钟内出现的最大报警次数	≤10（理想目标） ≤100（实践目标）
24小时持续报警数	报警持续时长在24小时以上的平均报警次数	0
前10位高频报警占比%	频次排名前10位的参数的报警次数之和占报警总次数的百分比	约1%~5%
重复报警数	任意连续1分钟内，报警触发3次或以上，为一次重复报警	0
未经审批的报警设定值的修改		0

第四章

设备管理

炼油生产具有“高温高压、易燃易爆、有毒有害、链长面广”的特点，决定了设备是安全生产最重要的基础性地位，“基础不牢，地动山摇”，因此，设备管理工作一直都是炼油企业最重要的专业管理工作之一。

炼油企业在传统管理组织结构上，均设有分管设备的副厂长、设备副总工程师或总机械师；机关设有专业齐全的设备管理部门；车间设有分管设备的副主任和设备员；班组有不脱产的工人设备员。从厂部到基层班组，形成了完整系统的设备管理组织架构。在设备检维修力量方面，绝大多数企业均有自己的维修车间(或机修车间)、检修机构(或分厂)、电工车间、仪表车间等，有的企业生产车间也有维修班组。

进入21世纪，炼油企业检维修力量作为辅业，被分流到主业以外，并进一步社会化。2008年，随着检维修力量社会化带来的问题，中国石油所属企业重新将检维修力量恢复了传统模式，中国石化则通过能力认证等方式重新规范了检维修力量，并在多数企业重新恢复了电仪中心。2010年后，国内新建的合资企业、大型民营炼油企业在设备管理组织结构上基本采用传统模式，并建立了自己的核心检维修队伍。

装置长周期运行是炼油企业综合管理水平的体现，更是设备管理水平的具体体现。进入21世纪，我国炼油装置的长周期运行水平逐步提高，尤其是2006年华南某企业建成后第一个周期连续运行三年；2011年，华东某企业建成第一个运行周期连续运行四年，标志着我国炼油技术从设计、制造、安装、运行管理、检维修水平达到了较高的水平，目前我国炼油企业已经开始向“五年一修”迈进。

随着科学技术的不断进步，各类先进、精准的设备检测仪器和手段方法不断出现，为设备管理人员更好地掌握设备运行状态、准确预测故障创造了条件，因此利用大数据、物联网、信息技术广泛开展的预知维修、预防性维修极大地减少了突发故障的发生。同时以可靠性为中心的维修(RCM)、以风险为基础的检测(RBI)、全员生产管理(TPM)、5S现场管理、设备全寿命周期管理等先进管理理念和方法，近年来在国内炼化企业得到普遍应用和发展。以信息化互联网为基础的设备管理软件和系统以及适用于现场采集数据的移动APP被大量开发和应用，极大提高了维护维修的工作效率和管理水平。

自2014年开始，国内炼油企业开始推行在石化传统管理基础上融合“机械完整性”理论，借鉴ISO 5500和GB 33172资产管理体系化管理思想，建设适合我国石化特色的设备完整性管理体系，该体系的建设标志着我国石化设备管理开始从经验管理向科学管理迈出了坚实的步伐。设备完整性管理体系是以KPI绩效为引领，以风险管控为中心，以“可靠性+经济性”为原则，以设备全生命周期运行为主线，以标准化业务流程为依据，以信息化技术为依托，传承我国石化传统设备管理文化，引进和创新设备管理理念和技术，并使之有机融合成一套完整性管理体系。从已经实施的炼油企业看，在设备运行周期、降低故障率、提高设备可靠性等方面都取得了良好的业绩。

第一节 设备综合管理

一、我国石油化工企业设备管理制度

（一）设备管理制度的形成

设备作为工业生产的物质基础，其维护维修先后经历了事后维修阶段、设备预防维修管理阶段、设备系统管理阶段、设备综合管理阶段，相应的各阶段的设备管理制度也同步得到了建立和发展。

（1）事后维修阶段。工业时代初期，由于设备简单、修理方便、耗时少，一般都是在设备使用到出现故障时才进行修理，此时设备修理一般由设备操作人员承担。随着工业生产的发展，结构复杂的设备大量投入使用，设备修理难度不断增大，技术要求也越来越高，专业性越来越强，于是便从操作人员中分离出一部分人员专门从事设备修理工作。为了便于管理和提高工效，把这部分人员统一组织起来，建立相应的设备维修机构，并制定适应当时生产需要的最基本的管理制度。

（2）设备预防维修管理阶段。1925 年前后，美国首先提出了预防维修的概念，对影响设备正常运行的故障，采取“预防为主、防患于未然”的措施，以降低停工损失费用和维修费用。主要做法是定期检查设备，对设备进行预防性维修，在故障尚处于萌芽状态时加以控制或采取预防措施，以避免突发事故。预防维修比事后修理有明显的优越性。预先制定检修计划，对生产计划的冲击小，采取预防为主的维修措施，可减少设备恶性事故的发生和停工损失，延长设备的使用寿命，提高设备的完好率，有利于保证产品产量和质量。炼油企业实施的生产装置定期停工大检修，就是预防性维修的具体体现。

（3）设备系统管理阶段。1954 年，美国通用电气公司提出了“生产维修”的概念，强调要系统地管理设备，对关键设备采取重点维护政策，以提高企业的综合经济效益。20 世纪 60 年代末期，美国企业界又提出设备管理“后勤学”的观点，它是从制造厂作为设备用户后勤支援的要求出发，强调对设备的系统管理。设备在设计阶段就必须考虑其可靠性、维修性及其必要的后勤支援方案。设备出厂后，要在图样资料、技术参数、检测手段、备件供应以及人员培训方面为用户提供良好的、周到的服务，以使用户达到设备寿命周期费用最经济的目标。

（4）设备综合管理阶段。体现设备综合管理思想的两个典型代表是“设备综合工程学”和“全员生产维修制”。由英国 1971 年提出的“设备综合工程学”是以设备寿命周期费用最经济为设备管理目标，开展设备综合管理。20 世纪 70 年代初期，日本推行的“全员生产维修制(TPM)”是一种全效率、全系统和全员参加的设备管理和维修制度，它是以设备的综合效率最高为目标，在生产维修过程中做到优质高产、低成本和安全生产。

（二）设备管理制度的发展

我国炼化企业设备管理制度的形成起源于大庆精神，完善于几十年管理经验的积累，炼化行业的发展也是先炼油后化工。石油工业部从 20 世纪 60 年代开始，组织专家和技术人员根据生产运行中积累的经验和事故教训，编制了《炼油厂设备管理制度》和《炼油厂设备维护检修规程》。1973 年燃料化学工业部组织修订《炼油厂设备维护检修规程》。这是炼化企业最早的三项规章制度，其后各类专业制度基本上都是在此基础上不断完善和发展起来的。1975 年石油化学工业部成立后，将设备完好率和静密封泄漏率作为衡量企业设备管理的技术指标，各企业定期上报，进行了“无泄漏工厂”“无泄漏装置(区)”等活动，促进了生产装置静密封技术的提高。

(1) 在机组管理方面：适用于大机组的“机、电、仪、操、管”五位一体的“特级维护”制；润滑管理方面的“五定”(定点、定时、定质、定量、定期清洗换油)、“三级过滤”(从大油桶到岗位油桶，从岗位油桶到油壶，从油壶到加油点三次过滤)润滑制度；台台设备实行操作人员及维修人员的包机制等。

(2) 在大检修管理方面：准备工作“六落实”(工程任务落实、设计图纸落实、器材设备落实、施工力量落实、施工机具落实、技术安全措施落实)，维修现场“二图一表”(施工检修网络图、施工现场布置图、施工项目计划表)。检修施工场地“三不见天”“三不落地”“三条线”“五不乱用”“三净”“两清”；大检修工作“三不交工”“四不开车”等。

(3) 在现场管理方面：“一平、二净、三见、四无、五不缺”。“一平”：地面平整；“二净”：门窗玻璃净、四周墙壁净；“三见”：沟见底、轴见光、设备见本色；“四无”：无垃圾、无杂草、无废料，无闲散器材；“五不缺”：保温油漆不缺、螺栓手轮不缺、门窗玻璃不缺、灯泡灯罩不缺、地沟盖板不缺。多年来，这些优秀传统经验为提高企业设备管理水平起到了重要作用。

20 世纪 80 年代，石化企业设备管理迎来了较快的发展时期，为了向快速发展的国家经济提供更多的油品，炼油装置的长周期运行得到了高度重视。石油化工企业装置从“一年一大修，大修保一年”的传统做法，到 20 世纪 90 年代开始通过“三年二修”的过渡，进而主要生产装置的运行周期实现“二年一修”，在这个时期设备管理手段、方法和技术得到了快速发展。进入 21 世纪，设备管理手段、技术进一步完善，装置向长周期“三年一修”“四年一修”“五年一修”迈进中。

20 世纪 90 年代，国外石油石化企业开始推行设备完整性管理方法。该方法以风险理论为基础，以设备生命周期全过程管理为主线，综合考虑设备安全性、可靠性、维修性及经济性，采用工程技术和系统化管理相结合的方式来保证设备功能状态的完好，用于预防和遏制重大危险化学品事故的发生。

进入 21 世纪，我国石油化工企业开始与国外先进企业设备管理水平进行对标，在借鉴国外完整性管理理论的基础上，结合我国石油化工设备管理优良传统，建立了具有我国石油化工设备管理特色的设备完整性管理体系。

(三) 设备大检查

石化企业的设备大检查起源于 20 世纪 60 年代，石油工业部组织的炼油系统设备大检查。由于大检查确实能够推动企业设备管理水平的提升，受到企业的欢迎，从那时起，石化企业每年进行一次全系统设备大检查，形成了制度传承下来。

设备大检查工作一般分为自查和现场抽检两个阶段。检查内容包括设备综合管理和设备专业管理两部分。设备综合管理主要检查企业设备管理制度和管理体系、设备管理主要技术经济指标、设备现场管理、设备基础资料和信息化管理等。设备专业管理检查内容按照专业检查细则内容进行检查。检查按照综合管理、动设备、特种设备、电气、仪表、加热炉、锅炉、储罐、工业水等专业分组检查，通过看现场、查资料、听介绍、座谈会以及互动交流等方式进行。

设备大检查组的要求及规则，一是加强组织领导，以科学态度做好检查，实现检查目标；二是坚持标准，真实反映设备管水平和存在的理深层次问题；三是结合企业实际、突出重点，加大相对薄弱环节抽查比例；四是发挥专家组和宣传队作用，帮助企业解决管理和技术难题，提高职工对设备管理工作重要性的认识；五是严守纪律，做执行安全规定的模范；六是丰富检查手段，创新检查方式，确保检查取得实效。

2015 年后，设备大检查在《炼化企业设备检查细则》的基础上，按照设备完整性管理体系的思维，确定检查标准和检查方法，有针对性地对设备综合管理及八大专业进行细致、全面的检查。同时，针对炼化企业发生的一系列生产安全事故暴露出企业设备管理和设备操作等方面存在的问题，设备大检查还增加了对基层技术人员及操作人员关于“四懂三会”、故障应急演练等方面的专项检查。设备大检查进一步深挖问题，加大问题整改力度，确保检查出的问题得到及时整治，实现闭环管理。

设备大检查是对炼化企业设备管理进行的一次集中“体检”，能够促进企业间的横向交流，发现企业优秀的管理方法和存在的共性问题。企业能够较好地利用大检查的成果，进一步提升自身的管理水平，还可以对存在的共性问题采取有针对性的措施，同时对于管理水平相对落后的企业重点帮促，不断提升设备管理的总体水平。

二、设备完整性管理体系

2013 年，设备完整性管理方法开始在我国石化行业实践，2016 年后进一步发展，该方法是在融合《机械完整性》理论的基础上，借鉴 ISO 5500 体系化管理思想，传承石化传统设备管理文化，引进和创新设备管理理念和技术，逐步成熟为石化设备完整性管理体系。

中国石化、中国石油、中国海油先后在多家所属企业进行设备完整性体系建设。从企业试点和推广情况看，设备管理体系建立和实施，较大幅度推升了设备管理水平的提高，设备管理从经验管理逐步向科学化、体系化和信息化转变。

（一）设备完整性管理体系的内涵与依据

设备完整性管理体系首先是一套体系，在遵循体系架构的大框架下，对各一级元素、二级元素进行丰富，尤其是对运行元素进行了创新，提出了设备分级管理原则，编制了设备缺陷标准库结构，确立了管理定时性事务，创造了更具体的系列 KPI 指标，固化了标准业务流程，制定了各类设备的预防性维修策略。根据体系架构编制出信息化的一套管理软件，体系运转信息全部在软件内完成和体现。可以说，该体系是在融合《机械完整性》理论，借鉴 ISO 5500体系化管理思想，以 KPI 绩效为引领；以风险管控为中心；以“可靠性+经济性”为原则；以全生命周期运行为主线；以标准化业务流程为依据；以信息技术为依托，传承了我国石化传统设备管理文化，引进和创新设备管理理念和技术，并使之有机融合的一套体系。

与国内其他炼化企业相比，设备完整性体系相对来说是最系统、最全面和最具有我国石化特色的体系，《炼化企业设备完整性管理体系（V1.0 版）》2013 年 10 月印发，同时配套印发了《炼油企业设备完整性管理体系规范》和《炼油企业设备完整性管理体系实施指南》。体系试点建设首先在华东某企业、华南某企业开展试点，取得成功经验后，进一步完善体系内容，2017 年在华北企业等 9 家企业推广，2020 年全面推广。

（二）设备完整性管理体系的要素设置

1. 炼化企业设备完整性管理体系要素结构及 PDCA 循环

设备完整性管理体系的总体架构采用了 ISO 管理体系的高阶结构，设置了 10 个基本要素，即目的和范围、规范性引用文件、术语定义和缩略语、组织环境、领导作用、策划、支持、运行、绩效评价、改进。这 10 个要素构成了设备完整性管理体系的整体 PDCA 循环。

2. 设备完整性管理体系有效运行的条件

设备完整性管理体系涵盖炼化企业所有生产设备和设施。它采用以流程/任务为主线的设备管理模型，通过流程/任务建立装置/设备与组织/人员的关系，流程/任务是实现设备完整性管理体系运行机制模型中 PDCA 循环的主要手段，也是规范管理、明确职责的重要途径，按照综合、动设备、静设备、电气设备、仪控设备五大方面可细分为 P 类、D 类、C 类、A 类流程/任务，如图 4-1-1 所示。

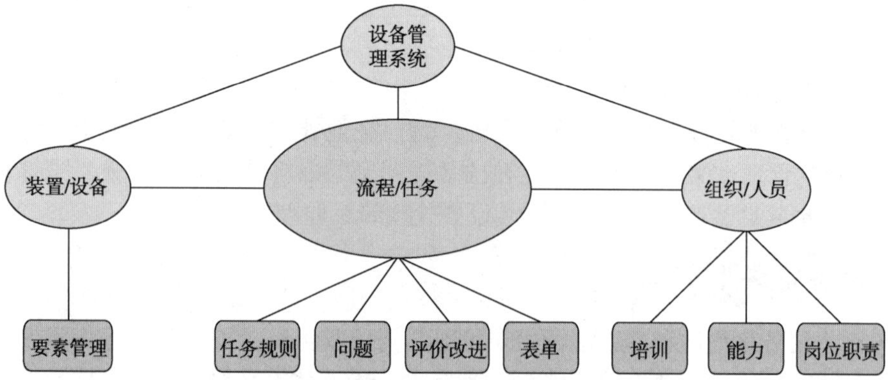

图 4-1-1　设备完整性管理体系流程模型

3. 设备完整性管理体系组织机构设置

企业需要建立与设备完整性管理体系相适应的组织机构，并对其职责和权限做出明确规定。一般在体系建设过程中需要成立体系建设领导小组、工作小组和专业工作团队。领导小组的职责是全面领导推进设备完整性管理体系构建各项工作，负责重大事项的决策，建立体系化长效运行机制。工作小组的主要职责是贯彻执行领导小组的决策，制定工作计划，在领导小组的指挥下，按照工作节点完成各项具体工作。专业工作团队承担设备风险识别和评估、可靠性分析和评价、专项方案的编制与实施工作，并为企业设备完整性管理方案的实施提供支持保障。在设备完整性管理体系运行时，需要建立可靠性工程师团队、区域工作团队等设备完整性管理团队。

（三）设备完整性管理体系的策划与实施

1. 建立设备完整性管理体系应遵循的原则

设备完整性管理体系的建立、实施、保持和持续改进遵循以下原则：符合国家法律法规、标准规范和上级设备管理相关要求；符合炼化企业设备完整性管理体系要求，符合设备完整性管理体系推广实施方案和管理程序等基本管理要求；符合企业一体化管理、文件控制和内控管理制度等要求，传承企业设备管理特色，并与企业设备管理发展规划相匹配；注重设备管理的整体性，涵盖成套装置所有设备设施的管理，涵盖全部设备管理活动，并细化融入设备完整性管理体系要素，具有可操作性；注重树立基于风险管理和系统化的思想，采取规范设备管理和改进设备技术的方法，体现管理规范性和技术先进性；注重贯穿设备整个生命周期的全过程管理，包括设计、购置与制造、工程建设、投运、运行维护、设备修理、更新改造、报废处置等全生命周期管理；注重管理与技术相结合，以整合的观点提出解决方案和措施，涉及设备各专业管理，包括综合、静设备、动设备、电气、仪控管理；注重遵循 PDCA 循环，体现设备完整性管理体系不断完善、持续改进的理念。

2. 设备完整性管理体系策划的开展

设备完整性管理体系的整体策划主要包括三个方面的内容：一是体系文件建立完善。建立一套设备完整性管理体系文件，包括管理手册、程序文件、作业文件三个层次文件。二是技术方法集成应用。采用风险分析、可靠性分析等完整性管理相关技术方法，在成套装置设备全生命周期进行集成应用，实现技术方法与管理方法相结合的完整性管理实践，做精做强专业技术管理。三是设备完整性管理信息平台建设。在现有设备管理系统的基础上，搭建集成化的设备完整性管理信息平台。

3. 建立和保持设备完整性管理目标

设备完整性管理目标决定着设备完整性管理的基本方向，是评价设备完整性管理的基本标准。一般应体现以设备 KPI 为指引、以风险管控为核心、以预防性维修工作为重点、遵循 PDCA 工作方法，实现设备经济可靠运行的设备完整性管理思想。

根据设置的目标，应按其相关性和复杂性进行分解，确定指标值以及具体措施，督办完成以促进和保证设备完整性管理目标的实现。对应目标，应制定和保持设备全生命周期的完整性管理计划，并定期对计划进行跟踪。设备完整性管理计划应包括：风险管理，分级管理，过程质量管理，检验、检测和预防性维修，缺陷管理，变更管理，绩效管理等内容。

4. 设备完整性管理体系运行机制

企业设备完整性管理体系的运行机制应包含以下三个方面：管理要素、专业管理和组织架构，三者有机结合，实现体系的有效运行，如图 4-1-2 所示。

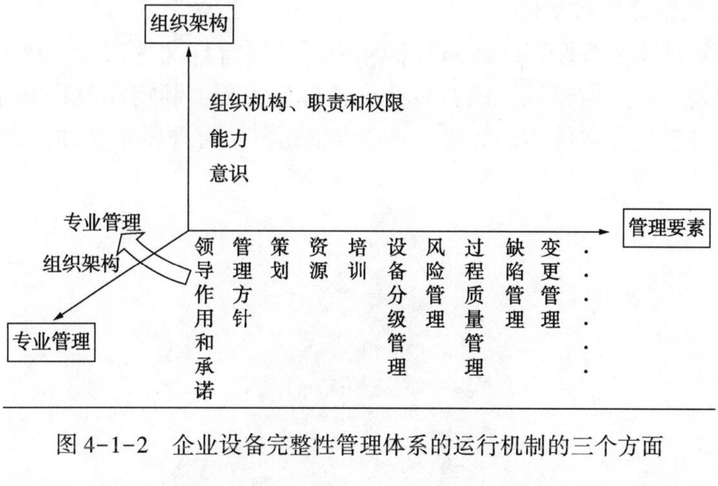

图 4-1-2 企业设备完整性管理体系的运行机制的三个方面

（1）管理要素：是对设备完整性管理体系要求的具体体现，一般应包括方针、目标、设备分级管理、资源、培训、风险管理、过程质量管理、ITPM、缺陷管理、变更管理、外部提供的过程、产品和服务的控制、定时事务、绩效评价、改进等内容。

（2）专业管理：是设备完整性管理体系的技术载体，一般包括静设备专业管理、转动设备专业管理、电气仪控设备专业管理、综合管理等内容。

（3）组织架构：是设备完整性管理体系的运行基础，是设备完整性管理体系有效运行的重要保障。

5. 设备完整性管理体系管理活动内容

设备完整性管理体系以要素维度将目前炼化企业设备管理业务全覆盖，根据各相关方安全等级要求，炼化企业规定了各要素的管理要求、执行业务范围，具体包括：识别和更新企业设备完整性管理所遵循的法律法规和其他要求；策划并确定设备完整性管理的方针和目标；策划并确定风险评估准则(矩阵)，明确设备全寿命周期各阶段使用的风险评估方法，建立企业风险管理程序；基于风险评价确定完整性管理的设备范围，并分级管理；基于风险管理程序，策划设备分级管理、设备过程质量管理、ITPM、缺陷管理、变更管理、绩效管理等要素建设具体内容。

6. 设备主管部门及各运维团队的主要职责

企业设备主管部门是体系运维的主体，负责体系的建立、实施与改进。负责本企业的设备管理统筹规划；负责建立企业的设备完整性管理体系和相应的组织架构；负责组织制订企业设备管理的方针、目标，设备管理 KPI 指标和预防性工作策略；负责制定企业设备管理制度与程序、发布各类设备技术标准和规范；负责专家团队、专业团队、区域团队的职责界定；负责重大检维修项目的审批；负责组织运行本企业设备完整性管理体系，并定期开展完整性管理体系的评审和持续改进工作。

区域团队是设备完整性管理体系运行的基层执行团队，由区域设备分管领导负责，组织协调可靠性工程师、现场工程师和维护工程师共同完成区域设备管理工作。负责制定并实施区域设备管理目标、KPI 指标和工作计划。负责设备完整性管理体系在本区域的正常运行，执行各项设备管理制度和技术规范要求。负责在区域内组织开展以可靠性为基础的设备专业管理工作，负责开展区域内设备隐患排查，实施风险管控。负责组织区域内设备检修改造和技术攻关。

7. 设备完整性管理体系文件

设备完整性管理体系按照国际体系标准，遵循三层管理文件架构，体系的有效建立与实施需依据企业的体系文件格式，结合企业设备管理实际，制定规范化的业务流程，编制系统化的程序文件与作业文件，最终建立企业设备完整性管理体系文件，审核并发布实施。文件层次如图 4-1-3 所示。

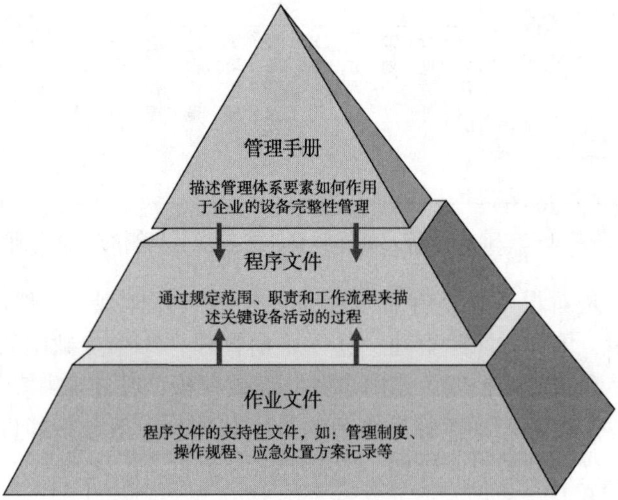

图 4-1-3　设备完整性管理文件层次图

(1) 管理手册：阐述企业设备方针和描述设备完整性管理体系整体信息的纲领性文件，描述设备完整性管理体系的管理范围与目标、管理部门的职责与权限等内容。对内是实施设备管理的指南，对外是企业设备管理方针和承诺的声明。

(2) 程序文件：是管理手册的支持性文件，细化了体系各要素的设备管理内容，明确了各职能部门职责、权限与工作流程，指导各职能部门完成设备管理目标，具有可操作性和可检查性；程序文件是企业进行设备管理的重要依据。

(3) 作业文件：是程序文件的支持性文件，通常是对某一特定作业的详细描述或定义，包括管理性作业文件(管理制度)、操作性作业文件、岗位作业指导书、设备计划书、应急处置方案、记录等，必要时有管理方案或作业流程图。

8. 企业设备分级管理

根据炼化企业设备管理模式通常将设备分为三级，即关键设备(A级)、主要设备(B级)、一般设备(C级)。根据设备分级结果，企业应明确各级设备管理的职责、权限及内容，全面跟踪与落实设备分级管理内容。通常设备主管部门负责组织A级设备的运行管理，二级单位牵头负责B级、C级设备的运行管理。

9. 设备风险管理

对设备管理过程中的异常事件发生频次及其影响后果进行识别和评价分析，确定风险的严重程度和可能影响的最大范围，采取有效降低风险措施，确保风险可控，实现以风险为核心的设备管理。在设备全生命周期内，设备风险管理包括设备风险识别、风险评价、风险控制及风险监测，将风险控制在可接受的范围内。

10. 设备缺陷管理

以缺陷表征设备异常情况，遵循分级管理原则，对设备缺陷进行识别、响应、传达、消除，实现对缺陷的闭环管理，避免设备失效，保障设备完好，提高设备可靠性。建立设备缺陷识别标准。企业设备主管部门应依据设备分类分级结果，组织建立新设备购置、制造和安装验收，在役设备运行维护、修理过程中缺陷的识别标准，指导设备管理人员识别设备缺陷。确定缺陷识别标准时，应考虑各种可能的潜在设备缺陷，应针对具体的设备类型给出观察和评估方法。对于满足缺陷识别标准的设备，应在设备完整性管理活动中重点关注。

11. 设备绩效管理

对企业设备完整性绩效进行有效管理，明确设备绩效指标，通过收集分析绩效数据，监督测量绩效指标执行结果，促进设备管理水平提升，为设备完整性管理评价提供依据。设备绩效指标的制定，必须遵循设备完整性整体目标、具体目标，从安全性、可靠性、经济性方面进一步细化分解，体现指标的先进性。根据上一年度设备绩效评价结果，结合本年度企业战略要求，制定企业年度各专业设备绩效指标体系，提出每个指标的目标值，明确目标实现措施计划。

(四) 体系持续改进

1. 持续改进的目的

设备完整性管理体系的持续改进是为了保持设备完整性管理体系的适宜性、充分性和有效性，以提升设备管理绩效。可结合企业内审、管理评审以及外部审核情况，开展方式多样的改进活动，如改善经营管理建议、QC活动、现代化管理等，落实改进的管理职责。

2. 设备完整性管理体系对于不符合项与事件管理的要求

企业应建立、实施和保持相关程序，用以调查、处理与设备完整性管理有关的不符合项与事件。调查应包括：采取措施减少不符合项或事件所带来的后果；调查不符合项与事件，确定它们的根本原因；评价是否需要预防措施；与相关方沟通调查的结果；跟踪验证纠正预防措施的有效性。

调查组成员应包括：接受过设备事件调查方法培训的人员；具有相应专业知识与经验的专业技术人员。调查时间安排应与实际或潜在后果相匹配。

3. 设备事故调查与处理的要求

企业应建立相应管理程序，处理和调查设备事故事件。设备事故发生后，基层单位应按照管理程序逐级上报设备管理部门，并采取相应的应急措施，依据管理程序开展设备事故调查工作。

针对影响安全生产的设备事件、故障、功能失效等，可组织开展设备失效分析工作，确定失效机理并制定改进措施。根据需要组织开展设备事故、设备故障、重复性不符合项的根本原因分析，找出问题的根本原因并加以解决。

事故调查分析后，应按照管理程序，通过报告分发、会议或培训的形式，对失效原因和纠正预防措施与相关人员(包括设计、采购、使用、维护等)进行沟通。

4. 根原因分析

根原因分析是一种结构化的问题处理方法，用于逐步找出问题的根本原因并加以解决。对故障强度为四级及以上缺陷、重复性不符合项开展根原因分析，目的是找出问题的根本原因，有针对性地提出解决方法，并制定预防措施，避免问题再次发生。

三、设备基础数据管理

(一) 设备基础台账

设备基础台账是设备管理最重要的资料，设备的名称、规格、型号、材质、设计温度、设计压力、制造日期、投产日期、制造厂家、出厂文件等，在设备运行、维护维修、故障分析、技术改造等系列活动都需要最原始基础的资料作为依据。

在纸质资料管理时期，一般每四年需要进行一次设备台账的更新维护；进入信息化时代后，电子档案逐步取代纸质资料，但是在电子档案建立及维护过程中，资料的完整性仍然由于各种原因出现遗漏、缺失等不全不准的问题。

我国炼油装置建成后，一般都会伴随着多轮扩量改造、消“瓶颈”改造、技术改造等，为适应高硫高酸原油的加工，也经常进行材质升级，因此历次改造的资料管理和更新往往出现更新不及时甚至丢失问题，因此很多企业需要进行档案数据确认。目前随着新建企业设计资料数字化交付的实施，设备基础台账更加完善和准确。

(二) 设备故障信息

设备运行中所出现的故障，用统一的标准格式记录下来，当数据积累到一定程度，将是一笔巨大的财富。在大数据广泛应用的时代，利用这些数据准确预测设备的运行状态、故障发生的时间及故障强度，顺利开展预防性维修工作都是可靠的技术支撑。

预防维修的实施，高度依赖基础故障数据的积累。在传统的设备管理方面，设备故障数据格式不统一、信息不完整、描述不准确，导致大数据挖掘价值品位低，不具应用价值。目前，在设备完整性体系建设中，标准故障缺陷库结构的建立将有效解决以前存在的问题。

根据 ISO 14224 标准的设备层级结构，建立地址信息，如图 4-1-4(a)所示。

依据设备可维修部件为中心建立关联，将某类设备可能发生的主要设备故障现象以及故障原因和失效模式机理等内容进行标准描述，如图 4-1-4(b)所示。设备人员在进行故障登录时，进行菜单选择模式，这样故障数据无论谁、在什么地方，同一类故障登录的数据就有了高度一致性。

同时，故障发生时间及维修时间和完成时间、零部件的更换等相关信息都需要在同一条故障信息记录中闭环完成，移动 APP 的使用使得维修工单的相关信息将更及时、更全面地采集到信息系统，极大提高了数据的价值。

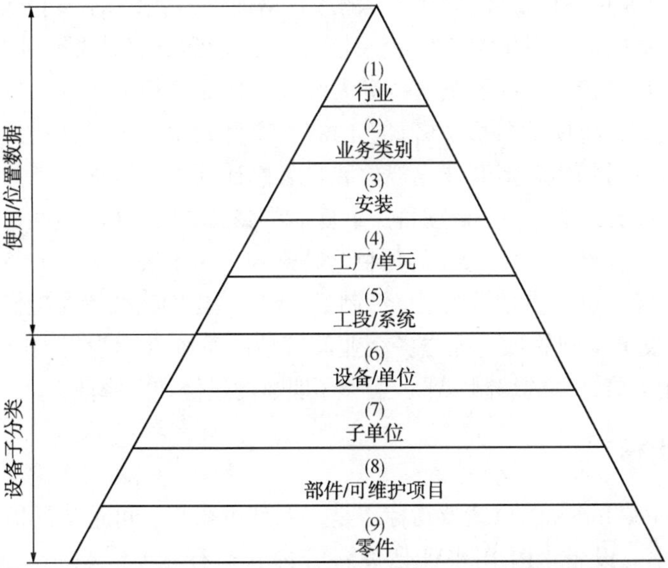

(a)层级结构

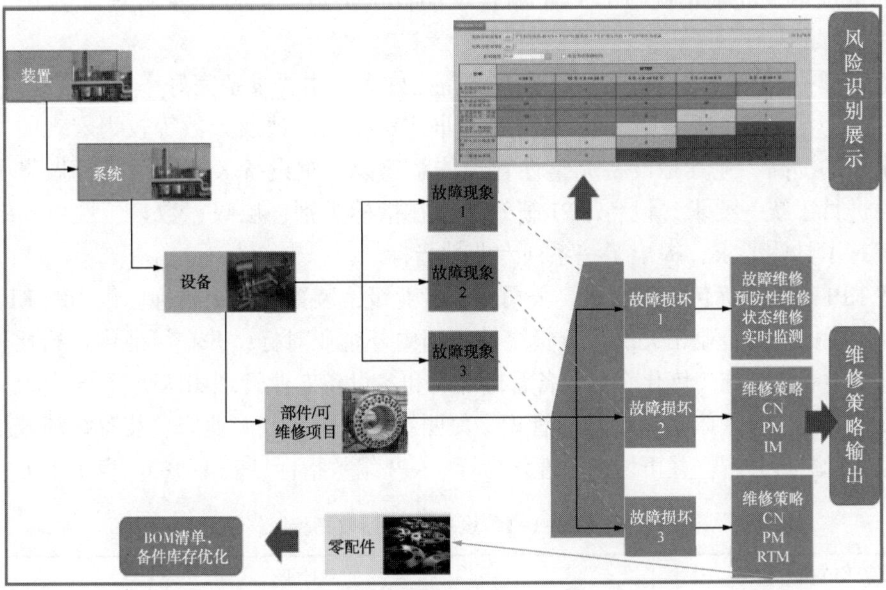

(b)故障关联关系

图 4-1-4 设备层级结构以及故障关联关系

（三）大检修计划数据

装置大检修计划以及停工前大修补充计划、停工后内部检查的隐蔽项目计划，这三类计划往往都以单独的档案形式保存。由于各大修项目都带有备件、材料需求明细，并且历次大修中，计划项目重复性达到70%以上，因此生产装置一本完善的大检修计划往往成为装置设备管理人员珍贵的资料被加以保存。

大检修计划的编制风格带有很强的企业特点甚至是装置特点，对于企业内部，同类装置的大检修计划进行大数据分析仍然存在困难。一个企业如果采用统一标准格式的装置大检修模板，将会对提升大检修计划的编制水平带来巨大益处。

例如：中国石化2018年举行了“催化裂化设备主任培训班”，每个学员在入学前需携带本企业2套次已经实施完成的催化裂化大检修完整计划，入学后学员们对收集到的100套次的大检修计划进行评审，选出最接近标准规范的一套大修计划作为模板，所有学员将自己携带的大检修计划按照标准模式，将项目名称、格式、内容、项目大小分类、材料、备件等所有信息进行重新编制。将统一后的100多套催化裂化装置大修计划进行数据统计分析，重复率在70%以上的项目判定为每次大检修的必修项目；重复率在25%的项目判定为可选项目，同时设置问答，有条件的推荐为大检修项目；5%的项目为特殊项，由于装置工艺的特殊性，其所拥有的设备不具普遍性。经过进一步分析挖掘，编制了一套《催化裂化装置大检修计划智能编制系统》，针对部分项目设定了问答项，根据各企业问答情况系统推荐为列入或不列入大修项目，实施后大大提高了大修计划的编制水平，避免了明显的过修和失修现象。

四、KPI绩效指标

KPI(Key Performance Indicators)绩效指标，是一系列可衡量、可量化的值，用于反映实现关键业务目标的效率。设备KPI用来评估设备管理和运行水平，目标实现、关键任务和计划的进度以及完成情况等，是企业管理层科学决策、提升设备管理综合水平的重要依据。

设备管理中KPI绩效指标主要设置有设备完好率、主要设备完好率、静密封点泄漏率、仪表“三率”、装置大修后一次开车成功率、非计划停工次数及天数等较为宏观的指标。随着管理水平的提高，尤其是设备完整性管理体系建设，对设备KPI绩效指标做出了较大的调整，并进行了统一要求。设备KPI绩效指标在指标类别、层级、数量、性质及结构逻辑关系上都有了具体要求，提出了一系列专业性指标。

设备KPI绩效指标包含集团级、公司级、专业级、装置级四级指标。集团级KPI绩效指标是最高层指标，由企业相关部门负责统计与国内外企业对标，并在行业内进行比较，查找不足，进一步制定措施。炼化企业设备管理部门和各设备专业管理团队负责公司级、专业级、装置级设备完整性管理体系绩效指标管理。集团级、公司级、专业级、装置级绩效指标由各企业按照装置进行分解，并可增补个性化指标。KPI绩效指标见表4-1-1~表4-1-6。

表4-1-1　设备KPI绩效指标

设备KPI绩效指标	计算公式
装置可靠性指数	1-Σ[(装置综合蒸馏能力)×(大修分摊天数+日常维修天数)]/(考核年天数×Σ装置综合蒸馏能力)
维修费用指数	(保运费+日常维修费+分摊大修费)/Σ(装置综合蒸馏能力)×100%

续表

设备 KPI 绩效指标	计算公式
千台离心泵密封消耗量（催化、常减压、焦化）	年出库机械密封套数+（检修期间更换机封数/检修间隔年数）/［机泵机械密封数量（含备用泵）］×1000
换热设备切除检修率	生产期间换热设备切除检修台次/换热设备总数量×100%
仪表 DCS 自控率	［投自动的控制回路数/（总控制回路数−不参与统计的控制回路数）］×100%
压力容器取证率	（实际取证台数/总台数）×100%
压力管道取证率	（实际取证台数/总台数）×100%
转动设备故障性维修率	转动设备故障性维修次数/维修总次数×100%
大型机组故障率	Σ（考核大型机组故障时间）/Σ（所有考核大型机组计划投用时间）×100%
设备引起的非计划停工次数	设备引起的装置切断进料时间超 24 小时的次数

表 4-1-2　公司级 KPI 绩效指标

指标名称	计算公式
装置可靠性指数（装置运行比例按 1 计算，当月企业生产计划不需开工装置按 0 计算）	1−Σ（装置综合蒸馏能力）×（大修分摊天数+日常维修天数）/［考核年天数×Σ（装置综合蒸馏能力）］
维修费用指数（装置运行比例按 1 计算，当月企业生产计划不需开工装置按 0 计算）	（保运费+日常维修费+分摊大修费）/Σ（装置综合当量蒸馏能力）×100%
千台离心泵密封消耗量（催化、常减压、焦化）	年出库机械密封套数+（检修期间更换机封数/检修间隔年数）/［机泵机械密封数量（含备用泵）］×1000
换热设备切除检修率	生产期间换热设备切除检修台次/换热设备总数量×100%
自控率	［投自动的控制回路数/（总控制回路数−不参与统计的控制回路数）］×100%
压力容器取证率	（实际取证台数/总台数）×100%
压力管道取证率	（实际取证条数/总条数）×100%
转动设备故障性维修率	转动设备故障性维修次数/维修总次数×100%
大型机组故障率	Σ（考核大型机组故障时间）/Σ（所有考核大型机组计划投用时间）×100%
设备引起的非计划停工次数	设备引起的装置切断进料时间超 24 小时的次数

表 4-1-3　企业级动设备级绩效指标

指标名称	计算公式
大型机组故障率	Σ（考核大型机组故障时间）/Σ（所有考核大型机组计划投用时间）×100%
转动设备故障性维修率	转动设备故障性维修次数/维修总次数×100%
千台离心泵密封消耗量年度滚动值（催化、常减压、焦化）	［年度出库机械密封套数+（检修期间更换机封数/检修间隔年数）］×1000/［机泵机械密封数量（含备用泵）］
紧急抢修（故障维修工时率）工时率	（加班抢修工时/维修总工时）×100%
机械密封平均寿命	S=［Σ（泵投用时长×泵机械密封点数）/（泵投用期间使用密封数量）］/Σ（泵总台数）
机械密封平均寿命	S=［Σ（泵投用时长×泵机械密封点数）/（泵投用期间使用密封数量）］/Σ（泵总台数）

续表

指标名称	计算公式
轴承平均寿命(催化、常减压、焦化)	S=[∑(泵投用时长×泵轴承数)/(泵投用期间使用轴承数量)]/泵总台数
轴承平均寿命	S=[∑(泵投用时长×泵轴承数)/(泵投用期间使用轴承数量)]/泵总台数
检修一次合格率	(检修设备总次数-检修一次不合格次数)/检修设备总次数×100%
机泵平均效率	∑(考核机泵平均输出轴功率)/∑(考核机泵平均输入功率)×100%
机组平均效率	∑(考核机组平均输出轴功率)/∑(考核机组平均输入功率)×100%
往复机组故障率	∑(往复机故障性维修时间)/∑(往复机计划投用时间)×100%
机泵年度重复检修台次	机泵重复检修台次/机泵设备总数

表 4-1-4　企业级静设备级绩效指标

指标名称	计算公式
千台换热设备管束(含整台)年更换量	[全年更换换热设备管束数量(含整台)+检修期间更换管束数量(含整台)/检修间隔年数]×1000/换热设备总数量
换热设备切除检修率	生产期间换热设备切除检修台次/换热设备总数量×100%
水冷器切除检修率	生产期间水冷器切除检修台次/水冷器总数量×100%
千台静设备腐蚀泄漏次数(有毒有害易燃易爆介质)	盛装有毒有害、易燃易爆介质的容器腐蚀造成泄漏次数×1000/静设备总台数
压力容器定检率	(1-超期未检台数/压力容器总数)×100%
压力容器取证率	(实际取证台数/总台数)×100%
压力管道定检率	(1-超期未检条数/压力管道总条数)×100%
压力管道公里带压堵漏数	年度带压堵漏数/管线总长度
常压储罐定检率	(1-超期未检台数/常压储罐总台数)×100%
压力管道取证率	(实际取证条数/总条数)×100%
安全阀定检率	(1-超期未检台数/安全阀总台数)×100%
设备腐蚀监测计划完成率	(1-未维护监测数据监测点点数/监测点总数)×100%
月度腐蚀监测指标合格率	检测实际合格项目数/检测项目总数×100%
电脱盐合格率	(检测实际合格项目数/应检测项目总数)×100%
静设备检维修一次合格率	(1-静设备重复检修台数/静设备检修总台数)×100%

表 4-1-5　企业级电气专业级绩效指标

指标名称	计算公式
高压主保护投运率	(1-主保护停运时间/主保护应投运时间)×100%
高压系统继电保护装置动作次数	高压系统继电保护装置动作次数
电力电子设备故障率	(电力电子设备故障台件数/电力电子设备总台件数)×100%
高压一次设备故障率	(高压一次设备故障台件数/高压一次设备总台件数)×100%
百台电机故障性停机维修次数	(电机故障性停机维修次数/电机总台件数)×100
高压电力线路运行平稳率(电压6000V及以上)	(1-线路故障次数/线路总数)×100%

表 4-1-6 企业级仪表专业级绩效指标

指标名称	公　　式
自控率	[投自动的控制回路数/(总控制回路数-不参与统计的控制回路数)]×100%
联锁投用率	(投用的联锁回路数/联锁系统总回路数)×100%
百个控制回路控制系统报警率	(控制系统的系统报警次数/装置控制回路数)×100%
百个控制回路控制阀下线维修率	(控制阀下线维修次数/装置控制回路数)×100%
仪表故障率	(仪表故障总台件数/仪表总台件数)×100%

五、实践案例

(一) 案例 1：华东某企业设备完整性管理体系建设

1. 主要内容

华东某企业通过现状评审，指出风险管理、缺陷管理、组织机构、变更管理、绩效评估与纠正预防措施 5 个管理要素与设备完整性管理体系要求有差距。分析企业设备管理的重要活动和关键流程，识别出对设备完整性影响较大的关键流程；针对目前企业设备管理内容与设备完整性管理体系进行对照，涵盖设备管理的实际工作要点，形成该企业设备完整性，管理流程整合设计有 17 个一级要素，55 个二级要素，86 个三级要素；梳理设备管理制度，形成完整性体系文件目录及拟新增的管理程序和管理办法。

结合该企业设备管理实际情况，开展了设备管理组织架构改革，成立专家团队、专业团队、区域团队、维护团队，实行专业管理+区域服务模式，使设备管理重心下移，在片区形成区域技术中心、管理中心、成本中心。

同时，开展技术工具的集成应用，将已有的技术工具进行规范管理，如：以可靠性为基础的动态预防性维修(DRBPM)、SIL 评估、RBI 分析等，进行标准化、固化，并开发运用一些新的技术工具。在此基础上，开发计算机程序，构建设备完整性管理平台。以“可靠性+经济性”为原则，以风险管控为中心，以业务流程为依据，以信息技术为依托，通过管理与技术的融合，高效简洁地搭建该企业设备完整性管理平台。

2. 实施效果

实现装置长周期运行创效，装置利用率提升、装置运行比例提升、年均开停工费用降低、装置运行漏损降低。该企业在 2012~2016 年度运行周期内仅发生一次非设备原因造成的非计划停工，高质量实现了“四年一修”的目标，装置运行末期各项设备技术指标仍能保持较好水平。

提高了设备可靠性，优化设备完整性管理体系，减少突发性设备故障，降低设备故障率，转动设备 MTBF 从 2010 年的 11 个月上升至 2017 年的 43 个月；专业 SOP 编制使维护一致性增强；FEMA 分析、根原因分析的开展使得突发性故障得到显著控制，预测性维修成为主流，故障强度稳中有降；设备管理 KPI 指标大幅提升。

该企业设备完整性管理内部评审显示：各要素平均增幅达到 32.4%，其中设备缺陷管理、风险管控、设备分级管理、设备变更管理四大要素进步最为明显，增幅同比分别达到 67.5%、65.9%、55.2%和 35.1%，设备完整性管理体系有效实施。

（二）案例2：华北某企业设备完整性管理体系建设

1. 主要内容

华北某企业在建设设备完整性体系中，一是新增设了操作班组设备员岗位，负责设备运维基础工作，承担了之前部分设备技术人员的事务性工作，实现设备管理工作深入到班组。二是增加了综合团队，负责整体组织协调各专业通用性、事务性工作，保证了设备管理部门工作开展的系统性，提高了各专业的工作效率。三是科学设置可靠性工程师团队，包括专业可靠性工程师和设备技术支持中心专职可靠性工程师，在分工明确的同时，做到了专业技术的传承。设备技术支持中心独立运行，受设备管理部门和运行部双重领导和考核，主要负责体系文件的编写和修订、平台的运维、A、B类设备的质量验收、设备状态运行分析、故障分析等工作，强调与运行部的沟通，为运行部提供管理和技术支持，实现了“专业人干专业事”，为设备的可靠运行提供团队支持。

2. 特色做法

实施可靠性维修（RCM）系统。通过制定合理的维修策略，在保持恰当的可靠性水平和风险水平基础上，合理制定检修范围和检修周期，有效降低综合运行成本。利用实时数据和在线监测系统，分析确定关系变量，通过故障模式和可靠性的分析研究，及时预警设备故障，预期故障周期，及时采取预防性维修措施，减少或避免非计划停机，有效提高设备可靠性，降低运行风险。通过对设备运行状态分析，合理制定备品备件的采购和储存策略，帮助装置采购人员进行科学的设备选型，合理制定采购周期，降低采购成本，提高采购效能。通过持续开展基于可靠性维修（RCM）策略后，设备可靠性明显提高，故障率、非计划停工或因设备故障造成的工艺波动大幅度降低。

利用云端传输和手机APP技术的电池巡检仪。该技术通过在线监测装置实时检测UPS及直流屏蓄电池内阻、温度和充放电流等信息，并将信息通过无线方式传输到系统，再由系统传输至手机APP程序，运行维护人员可通过手机远程实时了解蓄电池运行和报警情况。

以“定时定设备定人员推送、最低必须审批、数据同源化、数据结构化、缺陷问题集中输出管理、报告表单自动生成”为原则，提高工作效率，实时统计执行率，为缺陷管理提供数据支撑。

设备分级管理上，在平台上实现自动统计分析的功能，每月输出设备分级调整清单，同时数据源从EM系统直接获取，打分完毕后自动回写到EM系统，提高工作效率，两个系统数据实时更新、保持一致。

设备变更管理上，设备变更管理流程由设备工程部牵头，企管法律部、生产技术部、安全环保部参与制定，三大专业变更在完整性平台上统一管理。设备变更管理细则是在HSE体系变更管理的基础上制定的，同时从设备专业的角度增加了临时变更、变更后评价、设备设施重大/较大变更识别标准等部分内容，将设备完整性各专业要求体现在管理过程中。设备变更与风险评估子模块贯通，获取风险评估模块得评估结果，指导风险管理。

设备缺陷管理上，对于管理类、制度类、现场卫生类等无缺陷分析意义的问题进入非缺陷流程，由相关单位反馈结果，自动生成表单，实现PDCA循环。缺陷流程则固定完整性平台一个登记口、一个处理流程，综合输出各种管理表单，EM系统取数并实现自动反写，与风险评估、ITPM流程实现贯通，全过程管理受控。

第二节 转动设备管理

炼油企业转动设备一般是指大机组、泵、空冷风机等带有电力、蒸汽和液力驱动的设备，由于其工作时具有转动部件而被称为转动设备。在转动设备管理中，大机组和工艺流程泵是两大主要设备类型，大机组的管理代表着炼油企业转动设备的管理水平。在传统炼油企业的生产运行中，设有专职操作人员对转动设备进行监护运行，例如在泵房(区)的“司泵工”、大机组厂房的“大机组操作工”等，其主要工作就是对机泵运行状况进行检查巡检，司泵工还负责对泵轴承箱定期进行润滑油加注和检查更换工作。随着炼油装置 DCS 技术的应用和信息化技术的发展，现代炼油企业操作工，只分为内操和外操两类操作人员，内操负责“盯盘”，关注各类操作参数的变化和调节，外操负责装置所有设备的巡检和执行内操的命令进行现场操作。

转动设备的管理除了运行和维护管理外，其零配件管理也是一项重要内容，由于转动设备故障率相对较高，零配件更换频繁，加之转动设备种类多，配件规格多数量大，在 20 世纪七八十年代社会配件供给不及时的条件下，转动设备经常出现因无备件导致的停工现象，因此大型炼油企业均有自己的铸造车间和金工车间，负责设备零配件的加工制造，发生故障或事故后确保在最短时间供给零配件。进入 21 世纪后，炼油企业的机械加工制造车间与检维修队伍一起进行了社会化改制，随着我国机械制造业的大发展，炼油设备转动设备零配件的供应变得多元和充足，为降低库存备用物资，炼油企业部分设备零配件“零库存”现象也开始呈现，转动设备的管理工作更多地转向于运行管理、故障检维修管理和状态监测以及预防性维修方面。

一、大机组管理

大机组被称为是装置的“心脏”，其能否平稳运行直接影响到装置的运行水平。在早期的炼油企业，受投资等因素影响，大机组基本上没有备机，因此大机组的运行被上升到“特护管理”级别。随着装置的扩能改造，部分装置的老机组被当作备机保留，在主机故障条件下仍能保持装置在 60%以上的负荷下运行，大大减少了机组故障对生产的影响。随着装置大型化和自动化水平的提高，装置停工损失巨大，为了提高装置的可靠性，对于部分新建装置从设计阶段开始就有大机组的备机方案，备机和主机在负荷能力上完全相当，这样当主机出现故障时，备机快速切换投入运行，不会对装置生产运行带来影响，例如催化裂化装置主风机，一般在新建装置中都设有备机。

大机组由于其重要地位，炼油企业在管理上创造了许多好的管理方法，例如“机、电、仪、管、操”五位一体的特护管理，对于每一台特护机组都成立由钳工、电工、仪表工、设备管理人员和操作工组成的“特护小组”，并制定详细的大机组特护管理规定，小组成员每日对机组巡检挂牌，定期对机组的运行状况进行分析。目前特护机组成员的范围扩大到了设备、生产和安全及运行管理部门的技术人员和操作人员与维保单位机电仪人员。

运行部大机组特护小组组长由各运行部选定，成员包括管理人员、操作人员和机电仪维保人员，主要工作包括文件记录和现场运行维护，文件记录主要是大机组的设备档案，包括设备图纸、操作说明、润滑基准、易损件清单、机组运行时间统计、机组的故障、事故记录、检修记录资料、润滑油分析记录、状态监测记录、特护例会记录等。现场维护包括大机组润滑油、控制油的定期质量分析和润滑管理，机组现场噪音、泄漏等本体检查，利用大数据、状态运行趋势、振动频谱等运行参数等信息对机组状态进行综合诊断分析，及时掌握工艺参数变动对机组的影响，停工大检修前制定详细的机组大修方案和相关备件的落实工作。

特护小组组长每周召集特护小组成员进行一次小组活动，并形成记录。活动主要内容有：各专业特护人员通报一周大机组运行状况和存在的主要问题，对大机组一周的运行情况作出状态评价，并对存在的问题提出建议和相应预案措施及下周特护工作安排等。

企业级设备主管部门每月组织一次大机组特护例会，不定期对各运行部特护小组的工作进行检查和大机组现场运行情况进行巡视。每月例会的主要内容包括：上月机组例会布置任务的完成情况与本月特护小组工作总结；机组本月的运行、维护、润滑与状态监测的情况；对机组存在的问题确定解决方法；机组的备件储藏与消耗情况；下月特护管理工作的安排。同时对各运行部大型机组进展一次管理检查，会议形成纪要并由二级单位经理或主任签发、存档。每半年组织召开一次公司大机组管理会议，对大机组的管理和运行情况进行总结，对大机组存在的重大缺陷或隐患，及时制定相应的应急预案并落实必要的防措施。

二、大机组的联锁报警管理

大型机组的报警、联锁系统能否合理设置，直接影响异常情况下机组的安全，是关系整个装置能否正常平稳运行的关键。不同类型机组的报警和联锁设置要求各不相同，在设置报警和联锁系统时，根据不同机组的固有特性与运行工况，以及“简单、可靠、实用”的原则，使设备管理人员、操作人员在理解报警和联锁含义的基础上采取正确的应对措施，进而提高大机组运行的可靠性。

大机组报警和联锁的设置要准确反映机组运行中出现的异常，及时发出报警信息或自动联锁停机。报警和联锁设置应遵循国标《石油炼油安全仪表设计规范》GB/T 50770 的要求。机组参与联锁的各项测量信号，如温度、压力、振动、转速等，首选“三取二”或“二取二”方式联锁，即 3 个测量信号中 2 个信号达到联锁设定值即联锁停机，或 2 个测量信号全部达到联锁值即联锁停机．不建议采用单点联锁设置。为防止“二取二”联锁拒动，可设置偏差报警，参与“三取二”或“二取二”联锁的输入/输出信号应分配在不同的输入/输出卡件上，所有参与报警、联锁的 I/O 信号应有 SOE 记录，通信信号只能用于指示和报警，不应用于联锁或控制。机组联锁应设置“人工复位”按钮，防止机组误动。

机组的润滑油系统应设置温度高/低、压力低报警。润滑油压力低报警时应自启动润滑油备泵，采用双润滑油电泵的，还须在电气控制柜设置电联锁。润滑油应设置总管油压低低联锁，联锁应采用“三取二”方式，可延时联锁。设置有事故油泵的润滑油站，停主机时自启动事故油泵，机组全部冷却到常温后手动停止事故油泵。润滑油箱和高位油箱应设置液位低报警。润滑油过滤器应设置压差高报警。

密封油系统应设置温度高/低、压力低报警，密封油压力低报警时自启动密封油备泵，采用双密封油电泵的，还须在电气控制柜设置当主油泵停，自启备用电泵的电气联锁。密封油系统应设置油气压差低报警、低低联锁；高位油罐宜设置液位高报、低报自启动油泵、低低联锁停机。密封油过滤器应设置压差高报警。

控制油系统应设置压力高/低报警。控制油压力低自启动油泵。速关油宜设置压力低报警值、低低联锁。机组每个径向轴承部位应安装 2 个振动探头，应设置振动高报警、高高联锁。机组推力轴承应安装 3 个轴位移探头，并设置轴位移高报警、高高“三取二”联锁；对于只能安装 2 个轴位移探头的系统，应设置轴位移“二取二”联锁。机组推力轴承主副推力瓦、径向轴承设置双点双支测温元件，轴承温度应设置高报警、高高报警，必要时设置联锁。

离心压缩机和轴流压缩机应设置防喘振控制和保护，并设置喘振报警。压缩机在正常工况时，气体进入叶道的方向角基本上等于叶轮叶片的进口安装角，这时不会出现气体附着面层脱离的现象，但流量减小到一定程度时，气体进入叶道的方向与叶片方向将产生较大的偏角，在叶片的背面将形成涡流区，导致整个流道被堵塞，压缩机出口的压力低于管网压力，从性能曲线上表现为压缩机的性能曲线存在顶点，这是离心式压缩机的特性决定的。不同转速下，顶点的连线形成了压缩机的喘振线。为了使压缩机不喘振，必须使压缩机工作在喘振线的右侧，远离喘振线。

往复式压缩机应设置主轴承、填料函、吸气、排气温度的高报警、高高报警，必要时设置联锁。机身应设置振动高报警、高高联锁，活塞杆应设置位移下沉高报警、高高报警。

轴流压缩机应设置喉部差压报警及联锁。持续逆流信号宜采用“三取二”联锁停主风机组。汽轮机应设置独立的电子超速保护系统，电子超速保护联锁宜采用“三取二”或“二取二”方式。电子调速宜采用“三取中”或“二取高”方式。电子超速保护系统、电子调速系统具有自诊断功能，系统异常应立即发出报警。入口蒸汽温度应设置低报警。凝汽式汽轮机应设置排气压力高报警、高高联锁，联锁宜采用“三取二”方式；设置排气温度高报警。背压式汽轮机应设置排气压力高/低报警。汽轮机热井、集液箱应分别设置双液位测量系统，液位应设置高/低报警、高高联锁及液位自动控制，复水泵设置液位高时自启动。热井、集液箱宜设置高温报警。

烟气轮机应设置独立的电子超速保护系统。电子超速保护联锁应采用“三取二”方式。烟气轮机轴振动设高报警、高高报警及手动停机，应设置第三级高报警、“二取二”联锁停机。烟气轮机轴位移设高报警，高高报警及联锁停机。

在现场的操作盘和控制室的辅操台应分别设置大型机组的紧急停车开关，并加防护罩。机组吸入罐液位宜设置高报警、高高联锁。根据机组特点和生产需要，设置压缩机进出口压力和温度报警与联锁，级间冷却器温度、压力及液位报警，必要时设置联锁。

炼化装置的大机组数量众多，人工实时监控机组运行状态效率低下，任何一台机组的故障若不能及时发现，都有可能造成事故。设置合理的报警值，通过完善、精准的联锁设置，形成大机组，同时也减少设备管理人员和操作人员查看机组运行参数的工作量。

三、转动设备状态监测

转动设备状态监测，是指在设备运行过程中或在基本不拆卸的情况下，通过各种监测手段，掌握设备运行状态，分析产生故障的部位和原因，并预测、预报设备未来的状态。一般认为，最初的设备状态监测主要靠人的感官判断，“听、看、闻、摸”，有时借助于“听针”判断轴承的状态，这个时期称为 1.0 时期；2.0 时期就开始借助于仪器，例如手持测振仪、手持温度仪等对设备的状态进行监测分析；随着在线状态监测仪器的使用，开启了 3.0 时代，基于在线传感仪器采集的信号数据，各类含有专家分析系统的软件开始出现，设备状态监测技术进一步提升。

机组状态监测技术从 20 世纪 90 年代引入国内后，经历几个发展阶段，并不断丰富完善。国内最初的机组故障诊断主要依靠设备管理人员使用听诊棒、便携式测振仪等工具对故障机组进行诊断监测。该过程主要依靠设备人员个人经验，结合离散型数据的记录分析，对机组故障进行简单的判断分析，通过现场经验的积累，培养了一批监测诊断人员。21 世纪初的 10 年，随着石油炼油行业对设备管理要求的不断提升，企业对提高设备检修周期的需求越来越高，对大机组状态监测系统重视程度不断提高。除新建装置机组要求配套状态监测系统外，厂内老机组配套状态监测系统的需求也越来越多，状态监测系统逐步在更多的大机组上推广普及，为实现机组的"安、稳、长、满、优"提供科学的状态监测支持。

状态监测分析技术不断发展，从离线检测频谱分析仪时期，各类分析软件开始出现，依据振幅、加速度和轴位移数据的诊断到轴心轨迹、频谱分析、历史趋势等诊断方法不断出现，随着监测数据与故障现象的耦合案例积累，基于在线监测数据的专家诊断系统不断出现。随着工业 4.0、智能制造、大数据 AI、物联网、云计算等理念的不断进步，状态监测系统多种算法预测技术的更加准确和实用，依据设备故障发生的概率，状态检测趋势，准确预见故障发生时间，提前开展预知维修，标志着工业维修 4.0 时代来临。

状态监测的主要作用：一是故障预警方面。根据状态监测系统的全时段监测，结合后台数据计算分析，系统可根据分频报警等功能在机组故障前期及时报警，为装置争取尽可能长的工艺调整和机组检修准备时间。二是故障诊断方面。根据状态监测系统提供的多种专业图谱(常规图谱、启停机图谱)，结合专业人员分析，可对机组故障部位和原因进行诊断、分析，并据此制定检修方案，最大程度将机组故障损失降至最低。三是延伸应用方面。状态监测系统可对机组运行数据进行储存，设备管理人员根据长周期的运行数据制定合理的检修计划，进行科学有效的备件储备，减少过度维修和过多的备件储备，有效延长设备运行周期，实现降本增效。

大机组状态检测推动了检修方案和技术革新。设备达到故障判定标准而进行维修作业的故障性维修，按预定的时间间隔和规定的准则实施的预防性检修，通过对设备运行状态进行监视、测量，识别设备中可能存在缺陷的零件并确定维修时间，从而开展预知性检修。

将状态监测、故障诊断、状态预测和维修决策多位合一，状态监测和故障诊断是基础，状态预测是重点，维修决策得出最终的预测性检修。预测性维修是一个系统的过程，将维修管理纳入了预测性维修的范畴，通盘考虑整个维修过程。检修方案的制定是检修能否成功的关键因素，由于大型机组长周期运行的特点，预防性检修和预知性检修相结合是目前机组检修最经济合理的原则。

泵类设备的在线状态监测技术在近几年得到了快速发展，各类有线、无线数据传输的探头被广泛应用，小型探头通过磁力或螺钉方式安装在轴承箱体，定时将振动信号、温度信号传输到后台系统，后台软件对泵区所有安装振动探头的泵进行实时状态监测数据分析，带有专家系统的软件还可以对每台泵的运行状态给出诊断意见，管理人员还可通过移动 APP 系统直接获得泵区运行状态情况，一旦出现振动报警等紧急异常工况，系统能够给管理人员自动发出短信通知，这一技术的发展极大地提高了泵类设备的运行管理水平。随着企业对转动设备状态监测系统的重视和成功应用，避免了大量的非计划停机，有效延长了装置的运行周期，提升了设备管理水平。

状态检测技术的进步推动了基于可靠性为中心的维修(RCM)和预防性检修的发展，在装置运行期间，以可靠性维修等技术手段为主的预防性工作策略得到广泛应用。

四、泵类设备管理

机泵设备是指除列入大型机组管理范围外的转动设备，包括泵、压缩机、风机、汽轮机、膨胀机、干燥分离过滤机、产品成型包装及输送机械、变速器、搅拌机、特殊阀门等。据统计，现有压缩机、风机、汽轮机、燃气轮机、制冷机、膨胀机等机类标准 750~800 个，泵类标准 860 多个，离心机标准 60 多个，密封标准 230 多个，总计标准数量在 2000 个以上。上述统计仅局限于中国国家标准、行业标准、国际 ISO 标准以及美国、英国、日本、德国、法国等国的国家级标准和美国机械工程师协会标准以及美国石油协会标准。各级地方标准和企业标准以及其他国家的各类标准则未包括在内。

机泵标准所规定的内容非常广泛，有机泵产品的基本型式与参数、性能、名词术语、标记、评价、尺寸、通用技术条件、试验方法、施工规程、验收规范、测量方法、等级划分等，但大体可以归纳为设计、制造、安装验收三个方面。也有些是机泵某些部件如阀片、铸件、联轴节的标准或某些性能的规定，如有关振动、噪声、润滑的标准等。所涉及的产品种类也非常多，以泵为例，有离心泵、计量泵、螺杆泵、往复泵、水轮泵、潜水泵、油泵、清水泵、试压泵、旋涡泵、低温泵、真空泵、罗茨泵、分子泵、齿轮泵、泥浆泵、耐腐蚀泵、深井泵、水环泵、混流泵、轴流泵、锅炉给水泵、液下泵、注水泵、炼油流程泵、不堵式泵、无泄漏泵、塑料泵、消防泵等，还有很多。其名称有些是按泵的常规分类方法划分的，如叶片泵、容积泵等，有些则是按用途划分的，如污水泵、卫生泵等，有些名称则比较随意，如扩散泵、液氮泵等。只要有此类产品的生产，就会有相应的标准依据，作为设备管理人员，应熟练掌握相关标准。

（一）机泵选型

炼油企业的机泵是为满足装置的工艺流程需要而提供动力的机械，在新建装置中机泵投资占设备总投资的 20%~30%，占整套装置投资的 4%~5%，由此可见，机泵的地位十分重要。其适用性能的高低、运行质量的优劣、维护管理费用的高低直接取决于选型。

机泵选型应符合相应最新版本的技术标准和规范，做好技术论证和经济论证，按照技术先进、经济合理、安全可靠、高效低耗、易维修、标准化、通用化，优先选用国产设备，禁止选用国家明令淘汰的设备，选用设备全寿命周期费用最优和安全可靠性高的机泵，同时考虑泵的制造厂家因素，防止一个炼油厂使用的泵类产品出现“万国牌”现象，给后续维护维修以及备品备件存储和管理带来难度。

机泵选型和安装设计要符合装置工艺要求，出口压力、流量等主要参数不允许有负偏差，额定流量点应当位于所提供最佳效率点流量的 80%~110%区间内。对于设计流量变化较大的机泵，宜采用变频调节等措施。

机泵选型时要综合考虑现场气候和环境条件，明确材料要求，与介质接触的材料需充分考虑介质的腐蚀特性，根据输送介质的性质合理选择密封的形式和材质。对于毒性强、污染大、价值高的介质，采用可靠性高的密封形式。

机泵的选型要关注性能曲线，性能曲线能直观地反映一台泵的性能，它是指在一定转速下，运转时扬程、功率、效率、流量等重要性能参数值以及它们间的相互关系，常用性能曲线图表示。机泵的性能曲线反映了在一个参数确定、其他工况相同的条件下，机泵的另一个参数的数值变化趋势。性能曲线的形状也反映出机泵的特性，可依据曲线形状，选用适合工艺需要的机泵，还可应用机泵性能曲线确定泵的工作点。性能曲线包括流量与扬

程 $Q-H$ 曲线，流量与功率 $Q-P$ 曲线，流量与效率 $Q-\eta$ 曲线，压差与流量 $\Delta P-Q$ 曲线，压差与功率 $\Delta P-P$ 曲线，压差与效率 $\Delta P-\eta$ 曲线等。机泵的性能曲线一般是由性能试验得到，在设计时可以用计算的方法得到预期的性能曲线，制成后需进行验证。

（二）机泵安装

机泵设备的安装是一项很重要的工作，具有很强的专业性，如果出现安装精度问题，对后续机泵的运行将带来振动高、噪声大、故障频繁等问题，并且通过维修无法彻底消除，因此安装环节必须严格按照标准进行。

一般来说，机泵设备的安装过程包括编制安装方案、技术交底、基础验收、对机泵进行吊装就位、泵地脚螺栓孔灌浆、泵设备的精准找正、泵设备的二次灌浆和抹面等一系列步骤。在安装中，不仅要确保机泵设备的基础尺寸和安装位置符合要求，还要确保地脚螺栓孔中心位置的精准。安装时应当由监理单位全程跟踪土建和安装过程，保证安装规范，验收时由业主、施工单位、监理单位一起对机泵的安装状况进行检查和评价，对机泵的安装是否符合工程设计要求，安装过程的技术资料及记录是否准确齐全、机泵的安装状况等需要经评价合格后方能接收。

（三）机泵试车

机泵设备经过设计、制造、安装等环节后，已经形成实物的设备工程，但对其本质的技术性能并没有进行验证，故在其安装完成后，必须进行试车或调试，其目的有以下几点：检查机泵的安装质量是否符合技术要求；对机泵的制造质量及技术性能进行验证及评价；对机泵相关的各系统（电、水、风、汽、润滑油等）进行验证，评价其整体功能；对机泵设备的控制、保护、联锁机构等进行可靠性试验；为机泵的正式使用提供操作数据。

为了确保机泵设备试车目的的实现，试车之前必须要做好充分的准备，包括技术准备、试车条件准备、试车人员准备等。只有在完成了充分的准备工作后，方可进行试车活动。

机泵试车前，必须对厂家的出厂测试验收；检查管线系统与机泵设备是否做到了无应力连接；机泵设备的轴承箱和供油系统是否完全冲洗；供电、配电、控制等系统是否测试合格。所有检查完成并且全部合格的条件下才能试车。

机泵制造厂家的出厂测试验收作为所有炼油工程试车的第一个步骤，供货厂家必须按照有关标准，提交详尽的出厂测试方案，供业主和监理审批。测试内容必须依照相关标准，如 API 610 或 API 617 或 API 618 的要求，做到面面俱到，业主需要派遣有经验的人员，对整个测试过程进行监督检查、严格把关，确保所有指标必须符合标准要求。

管线系统与机泵设备的无应力连接是保证设备安装、调整精度的需要，更是对配管专业的要求。配管固定焊口应远离机泵设备；管道与机泵连接前，系统管道施工应完成，应在自由状态下检查法兰的平行度、同轴度和端面间隙，偏差应符合规范要求；管道与机泵连接把紧螺栓时，应当在联轴节上架设百分表监视机泵轴线位移；管道经过试压、吹扫合格后，应当对管道与机泵的接口进行重新检验，偏差应符合规范要求。管道安装连接合格后，机泵法兰不得承受来自管道系统的、超出规范如 NEMASM23 的设计允许值以外的附加载荷。

大机组的独立强制润滑供油系统的油冲洗，普遍受到大家的重视。但是一般机泵的轴承箱和润滑系统的检查和清理比较容易被忽视。实际上，即便它们在出厂时非常干净，在出厂后经长途运输和安装现场的长期搁置后也会受到污染，因此油系统的检查冲洗是机泵设备试运的必备防线。油系统检查时遇到的常见问题包括：轴承甩油环的位置不正确，轴承没有安装正确到位，轴承箱内有硬颗粒异物，轴承箱夹套冷却器内部是否干净，翅片式冷却器的翅片是否洁净，轴承箱内是否由于过长时间存放出现锈蚀等。

设备供电、配电、控制系统的检查、试验和试运行是否做好，可以直接决定机泵设备启动、试运的成败。软启动或变频器等部位需要检查，防止出现故障导致启动失败。电气系统的检查及试运行工作必须提前按照工作程序和标准一步不落地完成，这是机泵试车能够开始的先决条件。

（四）机泵验收

机泵类设备与其他动设备一样，都需要出厂前的机械运转试验和进厂后的检验，根据API610标准和技术协议进行验收。机械运转试验时，要密切关注机泵的各项运行参数，如压力、流量、扬程、轴功率等。查看现场采集的数据和由此绘制的性能曲线是否符合设计要求，并要注意检测机泵运转时的噪声和振动情况。机泵进厂后的开箱验收需要根据相关验收标准和签订的技术协议逐项比对，仔细检查设备的包装是否破损，配置、机体洁净程度和防腐是否符合要求，零部件有无损坏或缺失，随机资料是否齐全，发现问题立即要求总包单位或厂家澄清并整改，对原则性问题坚决不让步，并注意收集保存过程资料。

（五）润滑管理

机泵的润滑管理主要包括设备润滑油(脂)的选购、储存、使用、处置。设备润滑油(脂)的选购要根据设备厂家的指导意见、设备工况、环境温度和替代方案，科学选型，保证设备润滑效果。使用单位应整体考虑润滑油品种优化方案，从减少润滑油品种、缩短采购周期、统一同类设备油品、降低管理成本等角度出发，由归口部门统筹实施。

润滑油(脂)的存储：存储的油库(站)要保持干燥和清洁，通风良好，有完善的灭火措施及严禁烟火的标志；室温不应高于45℃或低于-5℃；各种储油容器及用具应清洁，完好无损，并标明油品的名称及牌号；存储宜不低于采购周期的油品用量。

设备润滑的“五定”管理：“五定”即定点、定人、定质、定时、定量。定点，指规定每台设备的润滑部位及加油点；定人，指规定每个加、换油点的负责人；定质，指规定每个加油点的润滑油品牌号；定时，指规定加、换油时间；定量，指规定每次加、换油数量。

设备润滑的“三级过滤”管理：油浴润滑方式的一级过滤为领油大桶到固定储油箱(筒)，二级过滤为储油箱(筒)到油壶，三级过滤为油壶到润滑部位。循环、集中等润滑方式必须从领油大桶经滤油设备后方可加入油箱，其他严格按设备润滑系统说明书进行。

润滑油(脂)的化验分析，需要制作油质分析的设备清单，制定油品化验分析计划，按时对油品进行化验，常规分析项目包括黏度、酸值、闪点、水分、杂质等。

设备润滑的换油标准：经目测，外观颜色明显变色、乳化严重、变干变硬，有明显可见的固体颗粒；经化验分析，黏度超过润滑油黏度等级的±10%，酸值超过标准的10%，闪点低于标准的10%，机械杂质高于0.1%，水含量高于0.1%，应部分置换或全部更换新油。

润滑油的领用、加注、更换应做好记录，油品替代要编制技术方案并进行审批后，方可实施替代工作。

（六）运行管理

机泵设备是炼油企业生产的关键性设备，设有机泵的运行与管理、维护维修等制度。同时建立专业化的维护管理团队，并建立规范化的工作制度，明确设备的维护与保养内容，详细列出检查维修的零部件位置，工作人员按照设定的步骤逐一进行，搜集分析机泵维修的数据和生产运行情况，制定系统的巡检时间表，观察机泵的实际运行状态。

有针对性开展机械设备维护管理工作，确保机泵的稳定可靠运行。建立转动设备状态检测制度，对关键机泵增上在线状态检测措施，可靠性工程师团队定期对机泵的运行状态进行分析，除了对监测数据振动、温度、轴位移、频谱等特征值以及趋势进行分析外，还需要与机泵运行工艺参数拟合分析。在进行维修保养或大修时，对机组故障现象和监测数据与实际内部各转动部件的损伤情况进行比对，不断提升监测分析和预警水平。

五、高危机泵管理

高危泵包括高温泵(输送介质操作温度≥自燃点或260℃)、液态烃泵(输送介质为 C_1 ~ C_4 的烃类)、中度有毒有害介质泵(含苯类、硫化氢及其他有毒有害介质，具体参考 HG/T 20660—2017《压力容器中化学介质毒性危害和爆炸危险程度分类标准》。有毒有害介质泵一般包括芳烃泵(指输送含苯环结构的物质的泵，如苯、甲苯、二甲苯等)、含硫化氢介质泵(一般指酸性水泵、富胺液泵)。高危机泵故障泄漏危害性大，尤其以高危机泵故障造成的损失最严重，成为制约企业安全平稳高效运行的一项重要因素。

(一) 高危泵设计选型要求

高危泵更新、改造或新建项目时，在设计、选型、选材制造、检验和试验中，离心泵按 API610(SH/T 3139)要求执行。轴端机械密封应采用符合 API682(SH/T 3156)要求的串级、双端面机械密封或泵用干气密封。液态烃泵、有毒有害介质泵选型也可按 API685(SH/T 3148)选用无密封泵(屏蔽泵或磁力泵)。

高危泵轴端密封配置要求：高温泵密封方案推荐优先采用 Plan32+53A，现场条件不具备时，也可采用 Plan21+53B。液态烃泵：C_1 ~ C_3 泵密封方案推荐采用 Plan11+52 或 Plan11+72+76，立式泵可根据情况采用 Plan14+52 或 Plan14+72+76。C_4 泵密封方案推荐采用 Plan11+52 或 Plan11+72+75(或 76)。有毒有害介质泵：含芳烃的介质密封方案推荐采用 Plan11+53A；含硫化氢的介质密封方案推荐采用 Plan32+53B(或 53A)。如没有合适冲洗源，一级密封也可采用 Plan11 或 Plan21。

高温泵一级密封可采用 Plan32、Plan21；密封背冷要采用除盐水或压力不大于 0. 3MPa 的蒸汽；带换热器冷却的机械密封，冷却介质采用软化水；新建装置应配备软化水站，严禁使用循环水或新鲜水对机械密封及冷却器进行冷却；对于没有软化水站的装置要逐步改造实施。冲洗油温度(含自冲洗和外冲洗)应≤70℃(特殊情况按设计要求执行)。

密封选型及材质按 API682 标准(SH/T 3156)执行。密封辅助封液罐要求配备压力、液位、温度等监测仪表。压力和液位显示一般应选用变送器。压力、液位信号应传至操作室加以实时监控，并纳入日常报警管理。Plan53A 系统每个封液罐应配置独立氮气调压阀，并配备带压补液设施。

高危泵选用无密封泵(屏蔽泵或磁力泵)，具体配置要求新增无密封泵应符合 API685 标准，屏蔽泵应配备泵转向监测、屏蔽套泄漏检测(或屏蔽套温度检测)。石墨轴承应配备轴承磨损监测。无密封泵要配置低负荷报警。

(二) 高危泵设计要求

高危泵更新、改造安装设计时，要规定具体的安装要求，出入口法兰与管线的对接要有具体偏差要求，确保达到无应力连接。要组织专人对安装质量进行检查并做好记录。

新建项目电气、仪表电缆要避免在高温泵上方穿行，对于现存高温泵上方已有电缆槽盒且无法移走的，必须采取防火措施。高危泵入口罐抽出管线根部要设置切断阀，切断阀位置与泵的距离应≥6m，且与泵间距小于 15m 时该切断阀应为带手动操作功能的遥控阀，遥控阀就地操作按钮距泵的间距不应小于 15m，并在 DCS 配备切断阀门功能，便于紧急状况下可以迅速切断物料。

高温泵出、入口阀门口径≥*DN*300 时，为方便操作，可选用气动闸阀或电动闸阀，做到在事故状况下能方便切断物料。就地操作按钮距泵的间距不应小于 6m。有条件的企业，可在 DCS 配置停机和切断阀门关闭功能，便于紧急状况下可以迅速关闭电机和切断物料。

（三）高危泵所在区域应安装视频监控系统

高危泵应配备在线状态监测系统，新增高危泵应在设计阶段完成状态监测配置。测振、测温探头信号要标准化，要与企业在用状态监测系统相兼容。机泵正常运行时，宜每 2 小时采集 1 次数据。机泵运行异常时，要自动增加数据采集频率，并及时到现场检查原因。振动和温度信号要接入操作室，设置超标报警和趋势报警，并纳入日常报警管理。

（四）高危泵应配置油雾润滑系统

新增高危泵应在设计阶段完成油雾润滑配置（远离操作区、不具备条件的可暂不配置），油雾润滑机泵轴承温度应≤50℃。高危泵出口单向阀应选用旋启式。对于进出口压差≥4.0MPa的泵，出口应设置双切断阀和不同型式的双止回阀。高危泵出口不宜选用对夹式单向阀。介质可能含有颗粒杂质、固体垢物、腐蚀掉落部件的高危泵，进出口闸阀应优选安装在竖直管道上（告知供应商，阀板与阀座配合精度要满足操作要求），避免阀座沟槽积垢导致阀门内漏。

（五）高危泵运行及维护管理

每年都应梳理高危泵清单，经设备管理部门审批后，部分纳入 A 级设备管理。要根据设计文件、设备出厂文件编制高危泵操作规程。新增设备要在设备投运 1 个月之前完成操作规程编制，由责任部室审批后下发执行，并完成操作人员培训。做好高危泵及辅助设施平稳运行，要按照操作规程要求确保在规定工况范围运行，禁止低于最小允许流量运行。泵流量密封系统隔离液罐压力，使液位保持平稳，出现异常波动要分析原因，并尽快恢复。操作人员要关注泵抽出罐的压力、液位及泵出口压力等相关参数的平稳性和准确性。仪控专业要落实好相关仪表的防冻防凝措施，做好防冻防凝工作。

（六）做好日常巡检

操作人员每 2 小时对高危泵进行巡检，重点做好高危泵机械密封系统、轴承润滑系统的维护检查。密封辅助系统是确保密封性能的基础，操作人员至少每 4 小时检查 1 次密封罐运行液位、压力及冲洗油等。应定期检查冲洗油过滤网是否完好，发现缺陷及其他异常情况及时处理。对不能及时处理的缺陷，要按照缺陷管理要求，采取防范措施，列入检修计划，直至缺陷消除。

（七）开展高危泵知识培训

操作人员要熟练掌握机泵操作，机泵正常切换、机泵故障切换、状态监测、阀门操作、阀门开关是否到位判断、阀门执行机构校准、现场应急处置等技能。要清楚状态监测工作内容和工作要点，明白状态监测超标报警和趋势报警的重要意义。开展高危泵基本结构、工作原理、叶轮轴承、机械密封等相关知识培训，掌握阀门本体和执行机构的结构和工作原理。

（八）完善应急预案内容及演练安排

各企业应制定高危泵应急预案，要对高危泵泄漏着火、有毒有害介质泄漏、人员伤害等事故设立专题章节，明确事故发生时的操作步骤。预案要简洁明了，理解上不易产生歧义。要充分识别故障泵切换与正常泵切换的不同，每半年一轮对停开泵、切换进行演练，演练内容包括但不限于正常操作、故障操作、状态监测操作等。每半年一轮对有操作条件的阀门进行开关、调节、泵出口单向阀内漏判断等实操演练，确保紧急状况下的处置准确有效。

六、最差 10 台机泵管理

少数机泵由于先天不足或运行磨损以及工艺条件变化等原因，故障率高，运行寿命短，影响了装置的安稳长运行，此类机泵一般占机泵总数约 5%，但消耗的易损件往往占到总易损件消耗的 30% 以上。如果能降低这些机泵的故障率，不仅可以提高设备运转率，而且还可以节省人力、物料损耗和易损件的消耗。

（一）最差 10 台机泵筛选方法

一般每年 1 月底前，企业对上一年度机泵运行、检修情况进行统计，按照以下原则，筛选出故障率最高的 10 台(不限于此数量)机泵：

（1）上年度机械密封、滚动轴承等易损件消耗较多的机泵；

（2）运行在 D 区(振动指标)的机泵或长期运行在 C 区(振动指标)的机泵；

（3）故障率较高的往复压缩机等其他转动设备；

（4）连续发生重复检修或影响安全运行的机泵；

（5）多次检修后仍被评为不合格的机泵。

一般每年 2 月底前动设备专业团队组织运行部的工艺、设备管理人员及维保单位的作业、管理人员，就最差 10 台机泵筛选进行讨论，对确定的最差 10 台机泵存在的问题进行原因分析，制定具体的对策措施，落实责任人及实施进度，并组织实施。

（二）最差十台机泵攻关实施

最差 10 台机泵攻关工作纳入动设备日常管理工作。根据年初制定的计划，按步骤实施改进措施，进行技术攻关、技术改造。最差 10 台机泵的普遍问题是机泵振动大、机械密封泄漏频繁，其中有部分机封漏与振动大联系在一起，因振动大同时引起机封漏，检修频繁。攻关措施主要为：通过改进密封结构、机泵消振、加强工艺平稳操作等手段，使机泵的运行状况得到改善。

1）加强工艺、操作管理

通过完善操作法和加强巡检等措施，对工艺操作不稳、易抽空的机泵，通过改变控制方案、提高入口液位等稳定操作的方法，防止泵抽空引起振动超标和机封损坏发生；通过工艺改进或增设过滤器等措施防止介质中带入杂质，提高往复机气阀、活塞环等寿命。

2）通过对机封改进提高机封运行寿命

采取对机械密封动静环及密封圈进行改进、采用波纹管密封、增加外冲洗等措施来提高机封运行寿命。

3）开展机泵消振专项治理

（1）通过调查，对运行偏离设计工况的机泵，采取叶轮切割来降低机泵的振动，同时达到节能目的；

（2）通过工艺上改变控制、操作方案，防止泵小流量运行引起的振动超标现象；

（3）通过改进联轴器来消除机泵的振动；

（4）改造叶轮降低振动；

(5) 对基础出现软脚或是管线影响等因素导致振动大的机泵，通过基础加固、改变管线支承或重新配管等方法来降低振动。

(三) 最差10台机泵动态管理

企业每月初在EM系统中上报上月最差10台机泵攻关情况及下一步攻关计划，动设备专业团队每月对最差10台机泵的攻关情况及效果进行检查评估。经过技术攻关、技术改造，企业改造已达到目的，把该位号机泵的整改状态调整为已整改，动设备团队对运行部的整改情况进行确认，对整改达到稳定运行的机泵，把整改状态调整为已验证。

最差10台机泵的管理是动态管理，按照最差10台机泵的调整原则及筛选原则，将通过技术攻关取得实效的机泵及时从最差10台机泵中调整为已验证状态，将新发生的符合最差10台机泵筛选原则的机泵及时补充到最差10台机泵的攻关范围，循环往复，不断地解决转动设备存在的问题，提高转动设备的整体运行水平，真正实现动态、有序管理。

七、实践案例

(一) 案例1：机泵群在线状态监测系统建设和应用

2018年年初~2021年年中，沿海某石化企业开展机泵状态监测系统建设和应用管理创新工作，效果显著，具体情况如下。

1. 基本情况及背景

石化行业是典型的流程工艺，在现场生产装置中，数量众多、分布广泛的机泵是重要的流体输送设备，该石化企业就有4500台左右的机泵。机泵的管理一直是该公司的重点和难点，曾因机泵发生故障引发严重的安全事故，给安全生产带来严重威胁。因此，该石化企业开展机泵状态监测系统建设，将在线监测范围确定为大型机组(如催化裂化装置的主风机组和气压组，动力车间的空压机组以及其他装置的大型压缩机等)和小型关键旋转设备(如机泵、压缩机、小型风机、小型电机等)。

2. 主要做法

为提前预知设备故障发生的部位和故障特征，第一时间发现隐患，做到事前预防、预知维修，保障生产的安全、可靠和稳定运行，该公司于2018年开始投用机泵群状态监测系统，涵盖全厂67套装置共2122台设备，机组、主流程泵、高危泵(高温油泵、液态烃泵、有毒有害介质泵)实现在线监测全覆盖。采取的管理及技术措施主要有以下几方面：

(1) 思想上重视。从公司领导到各级部门充分认识到机泵群安全平稳运行的重要性，设备工程部作为机泵群系统运行管理的职能部门制定了严格的管理制度，严抓制度执行落实，对制度执行不到位不彻底的现象敢于较真、敢于动真格，坚持抓，抓坚持，形成了“全员参与，高度重视”的良好氛围。

(2) 机泵群监测系统管理不断优化、完善。好的技术、好的系统，更需要好的管理。机泵群监控系统上线投用后，通过在系统运行管理上地不断摸索，系统应用不断完善，主要体现在：

① 从状态监测、故障诊断、信息推送，到信息接收、检查核实、响应处理及反馈互动，形成一个完整的PDCA循环。在状态监测环节，形成现场智能算法预警和远程诊断监测相结合的模式，现场智能算法重点监测机泵群实时状态变化，监测到异常故障特征后，第一时间在后台EPM和手机APP中推送预警或报警，并同步推送手机短信。在报警信息接收和响应环节，预报警信息会在第一时间被当班班组接收，并结合报警提示，进行工艺调

整或润滑改善等工作，同时及时将现场检查处理情况在机泵群 EPM 系统中反馈，远程工程师对操作调整或改善处理后的状态跟进监控。如现场检查确认需切出检修处理的，现场设备员会将拆检情况及故障现象反馈给后台，并保留相关故障件实物，以便进一步分析。设备工程部每周对预报警信息进行统计分析，形成周报，在每周一公司生产调度会上对预报警信息推送不及时及现场响应不及时、处理不得当的情况进行讲评，公司领导对执行不到位的部门进行点评。机泵群报警率纳入动设备 KPI 考核指标，通过 KPI 指标引领作用，促进动设备管理水平提高。

② 预防性维护工作实现刚性执行。机泵群在线监测系统上线以来，前置服务器算法监测机泵运行状态变化，对异常特征及时推送预警信息，在机泵群报警响应制度约束下，在监控系统的连续诊断监测下，设备早期故障或操作波动第一时间被响应重视，通过采取维护措施或操作调整，运行状态得以改善，以往依靠巡检人员责任心的自主维护行为，变成了维护效果可跟踪、可监测的闭环管理要求，机泵预防性维护要求通过智能预警响应处理的形式得以落地执行，在预报警次数的变化趋势上表现出“预警数量上升，而报警次数下降”的良性变化。

③ 充分发挥大数据作用。通过对机泵群预报警数据的收集、分析和整理，能准确获取运行状态欠佳的机泵，结合报警原因分析，通过加强运行维护、优化操作、加强检修质量控制、组织特护攻关或重新选型更新等手段，逐步消除故障频发机泵，从源头上提高机泵本质可靠性。此外，通过对机泵启停机状态的诊断识别，实现机泵运行时长自动统计，为机泵定期切换和预防性维修策略实施提供了准确的时间依据。

3. 实施后效果

该公司自 2018 年投用机泵群状态监测系统以来，累计完成 25818 例体检报告、476 例故障案例和 446 例诊断报告，多次避免了设备故障，机泵运行可靠性得到明显提升，动设备故障检修率大幅下降。2021 年前 4 个月实现机泵故障检修次数 0 记录，千台机泵机封消耗量、千台机泵轴承消耗量等动设备 KPI 指标向好提升，具体成效为：

（1）提高公司机泵健康管理决策水平。机泵维修策略由原来以事后维修与人工定期维修为主的方式逐步转变为更加科学可靠可控的预知性维修为主的方式。

（2）提升机泵运维技术经济指标。对比 2018 年季度机泵轴承更换数量和费用统计数据，以及 2017~2020 年度轴承、机封消耗费用，机泵群状态监测系统上线后，机泵维修成本大幅下降。

（二）案例 2：C/D 区机泵离线监测

沿海某石化公司 2015 年针对振动值处于 C/D 区的机泵开展离线监测综合管理，2019~2021 年对管理内容进行优化，提高人工劳效，促进问题机泵精细化管理，具体情况如下：

1. 基本情况及背景

沿海某炼化企业针对振动值处于 C/D 区的机泵开展了离线状态监测，形成以状态监测班为基础，覆盖全厂的机泵频谱分析，状态监测班配备 2 名分析师、4 名采数员，每月 2 次对全厂机泵情况进行普查、分析，最后得出 C/D 机泵的清单。离线状态监测班的设立可以充分弥补在线状态监测无法覆盖全厂的缺点，确保全厂每台机泵每月都能进行频谱分析，及时发现机泵的潜在缺陷，达到预防性检修的目的；但这样的运行模式仍然存在采样周期过长、人员分析能力不足、无法重点监测特殊机泵等问题，需对其进行优化，提升监测预警能力，全面掌控运行状态。

2. 主要做法

为了夯实基础管理，优化人员配置，企业修订了《状态监测管理细则》，状态监测班配置 3 名分析师、3 名采集员，为了最大化发挥人力资源作用，将班组成员重要时间放在对重要机泵的监测、分析上，优化运行模式。对监测机泵、电机(共计 1854 台设备)进行分级管理，共分为三级：特护监控机泵(轴承故障中期阶段，时刻关注振动趋势、轴承损坏因子以及故障频谱)、重点监测机泵(全厂 A 类关键设备以及轴承故障初期阶段机泵)以及普通检测机泵(运行状况正常机泵)。

(1) 特护监控机泵：每日采集频谱和跟踪，有异常实时汇报，每周定期在机动部石化通工作协调群汇报当天特护机泵运行情况。

(2) 重点监测(A 类设备及振动处于 C 区以上机泵)：有异常及时汇报，每周定期汇报本周重点监测机泵监测运行情况。若运行状况快速恶劣，则按特护监测机泵监测处理。(重点机泵监测报告每周一次，每周五定期在设备管理部门石化通工作交流群汇报当周的重点监测机泵运行情况)。

(3) 普通检测机泵：每月监测 1 次，每月底发一次普通机泵监测报告，并备注好运行情况。

(4) 普通机泵监测报告每月 1 次；特护监控机泵和重点监测(振动处于 C 区以上机泵)，每月月底出一次分析报告(分析报告每月一次)。

3. 实施后效果

2019~2021 年对管理内容进行优化后，状态监测班的分析时间与采数时间比由 30%上升至 50%，着重加强了对问题机泵的分析、跟踪、处理，企业内机泵未发生一起机泵抱轴故障，全厂监测的机泵、电机(共计 1854 台设备)运行平稳，企业内 C/D 区机泵比例由 4.2%下降至 2.1%。同时利用节省的时间每月定期开展状态监测案例分享。

第二节 静设备管理

炼油企业静设备一般是指塔、反应器、罐、容器等设备，其中承压设备被列入特种设备，特种设备的管理和使用受到国家法律法规约束，2013 年我国颁布了《特种设备安全法》，因此炼油设备中反应器、塔、换热器、压力储罐等承压设备必须按照特种设备管理要求进行管理和使用。

一、特种设备

(一) 定义

特种设备是指涉及生命安全、危险性较大的设备设施及其所用的材料、附属的安全附件、安全保护装置和与安全保护装置相关的设施。

国家对特种设备实行目录管理，现行目录中包含锅炉、压力容器(含气瓶)、压力管道、压力管道元件；电梯、起重机械、客运索道、大型游乐设施、场(厂)内专用机动车辆、安全附件共 10 个种类，每个种类又分为若干类别、品种。

(二) 类型

特种设备分为承压类特种设备和机电类特种设备两大类。承压类特种设备包括锅炉、压力容器(含气瓶)、压力管道；机电类特种设备包括电梯、起重机械、客运索道、大型游乐设施场、(厂)内专用机动车辆。炼油企业特种设备主要有锅炉、压力容器、压力管道、电梯、起重设备、(厂)内专用机动车辆、安全附件等。

1. 压力容器

压力容器，是指盛装气体或者液体，承载一定压力的密闭设备，其范围规定为最高压力≥0.1MPa(表)的气体、液化气体和最高工作温度高于或者等于标准沸点的液体、容积≥30L且内直径(非圆形截面指截面内边界最大几何尺寸)≥150mm的固定式容器和移动式容器；盛装公称工作压力≥0.2MPa(表)，且压力与容器的乘积≥1.0MPa·L的气体、液化气体和标准沸点≤60℃液体的气瓶、氧舱。

石油化工常见压力容器类型有：换热器、散热器、加热器、再沸器、冷却器、冷凝器、容器、过滤器、分离器、反应釜、反应器、反应锅、反应罐、抽提塔、脱硫塔、氧化塔、精馏塔、吸收塔、填料塔、冷却塔、饱和塔、脱氯塔、合成塔、碳化塔、焦炭塔、冷凝塔、板式塔等。

炼油企业最典型的压力容器主要有：加氢反应器、热高分罐、分馏塔、螺纹锁紧环换热器、催化再生器、沉降器、焦化焦炭塔、制氢吸附变压器、原料缓冲罐、压力球罐等。

2. 压力管道

压力管道，是指利用一定的压力，用于输送气体或者液体的管状设备，其范围规定为最高工作压力≥0.1MPa(表)，介质为气体、液化气体、蒸汽或者可燃、易爆、有毒、有毒、有腐蚀性、最高工作温度≥标准沸点的液体，且公称直径≥50mm的管道。公称直径小于150mm，且其最高工作压力<1.6MPa(表)的输送无毒、不可燃、无腐蚀性气体的管道和设备本体所属管道除外。

压力管道由管子、管件、阀门、法兰、补偿器等压力管道元件以及安全保护装置(安全附件)、附属设施等组成。为了便于安全技术管理和监察，将压力管道分为工业管道、公用管道和长输管道三类。

(1) 工业管道：工业管道是工矿企业、事业单位为生产制作各种产品过程所需工艺管道、公用工程管道及其他辅助管道，如工厂输送氯气、氢气、汽油、柴油、氮气等压力管道，其安装资格类为GC类，下分为GC1、GC2、GC3三级。

(2) 公用管道：是指城市或乡镇范围内的用于公用事业或民用的燃气管道和热力管道，如城市煤气公司输送煤气到居民的煤气管道、热电厂将蒸汽输送到住宅的暖气管道等。其安装资格类别为GB类，下分为GB1、GB2两级。

(3) 长输管道：指产地、储存库、使用单位间的用于输送商品介质的管道，如将大庆的原油输送到锦西炼油厂的输油管道等，其安装资格类别为GA类，下分为GA1、GA2两级。

3. 锅炉

《特种设备安全法》所定义的是指利用各种燃料、电或者其他能源，将所盛装的液体加热到一定的参数，并通过对外输出介质的形式提供热能的设备，其范围规定为设计正常水位容积≥30L，且额定蒸汽压力≥0.1MPa(表)的承压蒸汽锅炉；出口水压≥0.1MPa(表)，且额定功率≥0.1MW的承压热水锅炉；额定功率≥0.1MW的有机热载体锅炉。

石油化工常见锅炉类型有：水管锅炉、导热油炉、余热锅炉、链条锅炉、真空锅炉、蒸汽锅炉、燃煤锅炉、特种锅炉、燃气锅炉、燃油锅炉、水煤浆锅炉、循环流化床锅炉、燃油(气)锅炉等。

石油化工典型锅炉有：动力厂循环流化床锅炉(CFB锅炉)、催化装置余热锅炉。

4. 电梯

电梯，是指动力驱动，利用沿刚性导轨运行的箱体或者沿固定线路运行的梯级(踏步)，进行升降或者平行送人、货物的机电设备，包括载人(货)电梯、自动扶梯、自动人行道等。非公共场所安装且仅供单一家庭使用电梯除外。

石化行业常用电梯包括防爆电梯、办公用曳引驱动乘客电梯、曳引驱动载货电梯等。在炼化企业中，电梯是延迟焦化装置水力除焦系统重要组成部分。

5. 起重设备

起重机械，是指用于垂直升降或者垂直升降并水平移动重物的机电设备，其范围规定为额定起重≥0.5t 的升降机；额定起重量≥3t，且提升高度≥2m 的起重机；层数≥2 层的机械式停车设备。

石化行业常用起重设备包括防爆桥式起重机、电动单梁起重机、电动葫芦桥式起重机、门式起重机、轮胎起重机、履带起重机等。

6.(厂)内专用机动车辆

场(厂)内专用机动车辆，是指除道路交通、农用车辆以外仅在工厂厂区、旅游景区、游乐场所等特定区域使用的专用机动车辆。

石化行业常用(厂)内专用机动车辆主要是叉车。

7. 安全附件

安全附件主要是指特种设备所属各类附件，包括安全阀、爆破片装置、紧急切断阀等，为特种设备起到保驾护航的作用。安全附件和安全保护装置的设计、制造，应当符合相应国家标准、行业标准的规定。使用单位应对在用压力管道上的安全附件和安全保护装置做好维护保养工作，并按国家计量管理部门的有关要求，进行定期校验。石油化工行业典型安全附件是安全阀。

安全阀是一种自动阀门，它不借助任何外力而是利用介质本身的力来排出一额定数量的流体，以防止压力超过额定的安全值。当压力恢复正常后，阀门再行关闭并阻止介质继续流出。其分为直接载荷式安全阀、平衡式安全阀、先导式安全阀、带动力辅助装置的安全阀等。

二、特种设备的法制化和安全管理

(一) 特种设备法规标准体系

我国特种设备管理建立了完整的特种设备法规标准体系，特种设备法规标准体系集合了特种设备安全的各个要素，是对特种设备安全监察、安全性能、安全管理、安全技术措施等的描述，是实现依法监管的基础，是完善法制化建设的重要内容。我国现阶段特种设备法规标准体系的结构可以分成 5 个层次，如图 4-3-1 所示。

(二) 特种设备安全管理

作为炼油企业，要做好特种设备管理，应注意以下方面的内容：

(1) 企业管理：首先，企业应配备特种设备安全管理机构，配备特种设备安全管理人员；其次，应建立特种设备相关的安全管理制度，同时应建立安全技术档案，并制定特种设备的事故应急措施和救援预案，配备相应数量的营救装备和急救物品，对应急救援预案进行更新和完善并定期组织演练，开展隐患整改等相关工作。

法规体系表

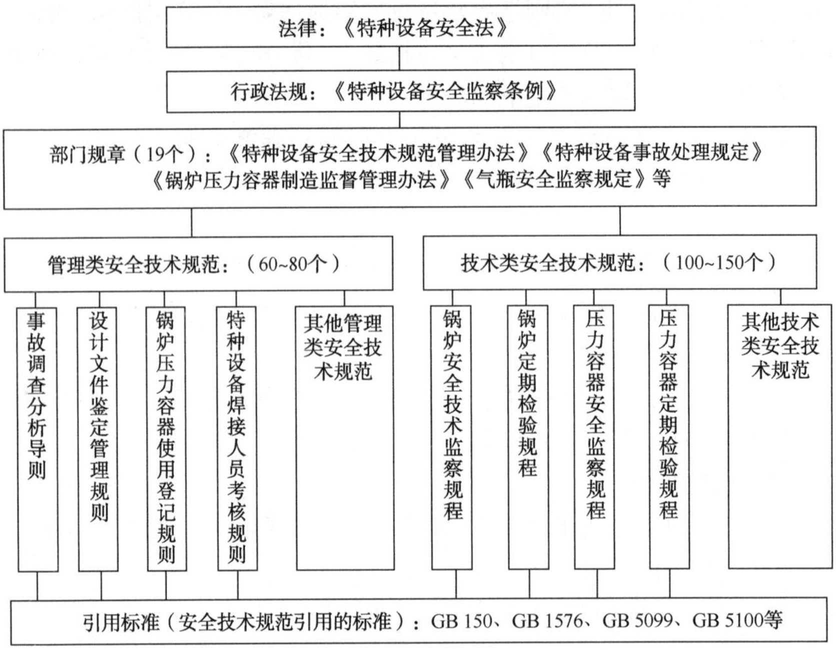

图 4-3-1　特种设备法规标准体系的结构

(2) 人员管理：使用单位主要负责人应熟悉本单位特种设备相关安全知识，对特种设备安全使用全面负责，特种设备安全管理人员应经特种设备安全监督管理部门考核合格，取得资格证书方可从事相应工作。特种设备作业人员要从事相应的特种设备作业，应经特种设备安全监督管理部门考核合格，取得相应的资格证书后方可进行。使用单位应对管理人员、作业人员进行定期的安全教育和培训，确保人员具备必要的安全作业和节能知识。

(3) 设备管理：高度重视特种设备管理工作，对取证、注册、检测、安全附件管理等环节全面梳理，研究制定特种设备管理办法，明确各方管理职责，切实规范特种设备管理，保障特种设备安全平稳运行。日常管理业务主要包括特种设备设计委托业务、特种设备采购业务、特种设备安装业务、特种设备投用前的试运和验收业务、特种设备使用登记业务、特种设备变更登记业务、特种设备月度检查业务、特种设备年度检查业务、特种设备定期检验业务、安全附件定期校验业务、特种设备延期检验业务、特种设备一般和重大修理业务、特种设备报废业务、特种设备管理人员和操作人员取证(培训)业务、特种设备事故报告业务等16项日常业务。

1. 特种设备使用登记证取证

特种设备使用单位的设备管理人员，负责收集、整理、填写使用登记表等相关资料，在新增特种设备使用前或使用后30日内，使用单位或施工安装单位到所在地县级以上特种设备业务管理部门办理注册登记手续。地方特种设备业务管理部门受理、审查后，颁发使用登记证。使用单位应将特种设备使用登记标志设置在特种设备显著位置。

基层单位取证需提供以下资料：①特种设备使用登记表，由运行部填写提供电子版。②登记汇总表，由运行部填写提供电子版。③特种设备产品合格证。④产品数据表(没有产品数据表的特种设备，可以参照已有特种设备产品数据表的格式制定，由使用单位填写)。

⑤特种设备监督检验证明(安全技术规范要求进行使用前首次检验的特种设备，应当提交使用前的首次检验报告)。以上复印件装订在一起，在右上角手写单位内部编号和位号。

管理单位取证需提供以下资料(按台办理)：使用单位统一社会信用代码、特种设备使用登记表(一式两份)、特种设备产品合格证及复印件、产品数据表及复印件、特种设备监督检验证明及复印件等。

2. 特种设备定期检验

1）压力容器检验管理

使用单位根据特种设备有效期，于每年年底编制本单位下一年度压力容器定期检验计划，报主管部门申请定期检验计划，主管部门根据各单位检验需求，制定并下达下年度特种设备检验计划，依法实施压力容器定期检验工作。使用单位在检验有效期满前 1 个月向特种设备检验机构提出定期检验要求，并向检验机构提供特种设备相关资料和必要的检验条件。对经过长周期运行、风险较高的压力容器，具备停工检验条件的，优先选择开罐检验。对因装置连续运行等原因不能按期实施全面检验的，经设备管理部门批准后采用基于风险的检验。检验完成后，使用单位应在检验工作完成后 15 天内将检验信息维护。

(1) 首次定期检验。压力容器一般应当在投用后 3 年内进行首次定期检验，但其他安全技术规范另有规定或者使用单位认为有必要缩短检验周期的除外。首次定期检验的日期由使用单位在办理使用登记时提出，登记机关按照有关要求审核确定。特殊情况，不能按照前款要求进行首次定期检验时，由使用单位提出书面申请说明情况，经使用单位安全管理负责人批准，向登记机关备案后可适当延期，延长期限不得超过 1 年。

(2) 全面检验。全面检验具体流程业务流程如图 4-3-2 所示。

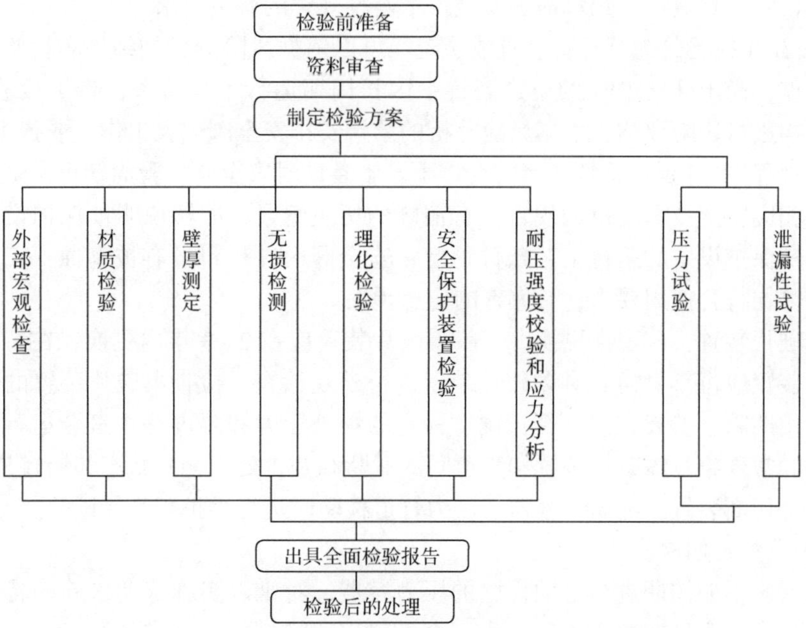

图 4-3-2 压力容器检验流程图

压力容器检验重要说明：第一，重要容器制定单独的专门检验方案，如球罐、氨合成塔、加氢反应器、焦炭塔等；第二，一般压力容器可制定通用检验方案，针对每一台容器检验，由通用检验方案做一个检验过程实施控制卡，规定检验项目、无损检测方法和比例、重点检验部位等。

2）压力管道检验管理

压力管道全面检验项目包括外部宏观检查(包括年度检查项目)、材质检验、壁厚测定、无损检测、理化检验、安全保护装置检查(停车时的检查)、耐压强度校验、应力分析、压力试验和泄漏性试验等。使用单位应当在特种设备定期检验有效期届满的1个月以前，向特种设备检验机构提出定期检验申请，并且做好相关的准备工作。

全面检验开始前，运行部门应准备好与检验有关的管道平面布置图、管道工艺流程图、单线图、历次年度检查和全面检验报告、运行参数等技术资料，检验人员应在了解这些资料的基础上对管道运行记录、开停车记录、管道隐患监护措施实施情况记录、管道改造施工记录、检修报告、管道泄漏等事故处理记录等进行检查，并根据实际情况制定检验方案。生产运行部门应按照有关规程要求，做好停机后的技术性处理和检验前的安全检查，确认符合检验工作要求后，方可进行检验。设备管理部门、生产运行部门应指派专人对检验单位的现场检验工作进行质量监督。检验单位应按有关规定办理各种票证，接受安全教育，指派技术人员参加现场检验工作，确保安全。

3）安全附件检验

(1) 安全阀：安全阀的校验应委托有资质的单位进行，安全阀校验周期依据《固定式压力容器安全技术监察规程》与相关安全技术规范的要求，按以下原则执行：

① 新安全阀校验合格后才能安装使用。

② 安全阀一般每年应校验一次，要求在到期日前安排校验。

③ 经解体、修理或更换部件的安全阀，应当重新进行校验。其中蒸汽锅炉安全阀检修后应做热态校验，且应符合蒸汽锅炉安全技术监察规程的有关要求。

④ 开展RBI检验的连续运行装置或系统，可以依据风险分析的结果和检验策略安排安全阀校验工作；尚未开展RBI的生产装置中因长周期运行不具备条件拆下校验的安全阀，委托检验机构进行风险评估，根据风险分析的结果安排安全阀校验工作，或依据《安全阀安全技术监察规程》办理延期手续。当符合以下基本条件时安全阀校验周期可以适当延长，延长期限按照相应安全技术规范的规定：有清晰的历史纪录，能够说明被保护设备安全阀的可靠使用；被保护设备的运行工艺条件稳定；安全阀内件材料没有被腐蚀；安全阀在线检查和在线检测均符合使用要求；有完善的应急预案。

(2) 爆破片装置：应定期更换。一般爆破片装置应在2~3年内更换，在苛刻条件下使用的爆破片装置应每年更换。对爆破片装置进行外观检查，检查爆破片装置的爆破片是否在规定的使用期限、安装方向是否正确、标定的爆破压力和温度是否符合运行要求、有无泄漏及其他异常现象、爆破片装置和管道间的截断阀是否处于全开状态和铅封是否完好。

(3) 紧急切断装置：随压力容器、压力管道检验时进行维护与性能试验。

4）特种设备延期检验

因情况特殊不能按期进行定期检验的压力容器，对难以实施定期检验的特种设备提出延期检验申请，说明延期的原因和理由，书面提出监控措施，经审核同意后，征得上次承担定期检验的检验机构同意或者组织进行基于风险的检验，设备管理部门编制特种设备延期检验书面申请备案报告，经公司主管领导批准，向当地特种设备监管部门备案后方可延期检验。在延期运行期间，应落实好特种设备延期期间监控措施，做好监控记录。

5）特种设备报废

对于存在严重事故隐患，达到报废条件的特种设备，使用单位申请报废并经专业部门审批后，到当地特种设备业务管理部门办理注销手续，并采取必要措施消除报废设备的使用功能，按程序进行资产报废，同时更新台账和技术档案。作为废旧设备材料销售时，须先进行破坏性解体。压力容器铭牌、使用登记证及相关制造、使用文件统一交回设备管理部门。

6）特种设备改造及其他特殊业务

（1）改造应首先征得原设计单位和制造单位或取得相应设计资质单位同意，并取得证明文件，之后选择具有相应资质的施工单位承担。使用单位应督促施工单位在施工前将拟改造内容书面告知当地特种设备安全监督管理部门。改造应接受监督检验，施工前使用单位还应对施工单位资质、人员、施工方案等完成审查。

（2）特种设备达到设计使用年限，使用单位认为可以继续使用的：

① 应当按照安全技术规范及相关产品标准的要求，经检验或者安全评估合格，由使用单位安全管理负责人同意、主要负责人批准办理使用登记变更后，方可继续使用。

② 使用单位应当持原使用登记证、《特种设备使用管理规则》规定达到设计使用年限特种设备需办理的相关证明材料，到登记机关申请变更登记。登记机关应当在原使用登记证右上方标注“超设计使用年限”字样。

③ 允许继续使用的，应当采取加强检验、检测和维护保养等措施，确保使用安全。

（3）特种设备拟停用 1 年以上的，使用单位应当采取有效的保护措施，并且设置停用标志，在停用后 30 日内填写《特种设备停用报废注销登记表》，告知登记机关。重新启用时，使用单位应当进行自行检查，到使用登记机关办理启用手续；超过定期检验有效期的，应当按照定期检验的有关要求进行检验。

（4）压力容器修理及带压密封：使用单位根据维修内容，选择具有相应资质的施工单位承担。压力容器内部有压力时，不得进行任何修理。出现紧急泄漏需进行带压堵漏时，使用单位应按照设计规定提出有效操作要求和防护措施，并且经过使用单位安全管理负责人批准。带压堵漏作业人员应当经过专业培训考核取得特种设备作业人员证书并且持证上岗。在实际操作时，使用单位安全管理部门人员应现场进行监督。

（5）特种设备改造等需办理特殊事务。

三、特种设备检验技术

特种设备种类繁多，结构类型各异，所承受的载荷复杂多变，甚至有些设备还要承受介质的腐蚀和磨损，因而在对特种设备进行检验时，需要采用各种不同的检测方法。

特种设备常用的检测方法主要有宏观检查、化学成分、力学性能试验、金相检验、射线检测、超声波检测、MT、渗透检测、衍射时差超声波检测、相控阵超声检测、涡流检测、漏磁检测、声发射检测等。

（一）宏观检查

直观检查和量具检查统称为宏观检查，是对特种设备进行检验时的常用方法。宏观检查的项目主要是外观状态是否有异样（松脱、偏斜、卡死或损坏等现象）、表面是否有缺陷（裂纹、未熔合、气孔和夹渣，咬边、根部凸出和内凹）、外形尺寸是否符合设计要求。通过宏观检查来确定是否需要进行进一步检验。

（1）化学成分：是决定金属材料性能和质量的主要因素。因此，标准中对绝大多数金属材料规定了必须保证的化学成分，有的甚至作为主要的质量、品种指标。在化学成分方面，主要有化学分析方法和光谱分析方法。

（2）化学分析：根据化学反应来确定金属的组成成分，这种方法统称为化学分析法。化学分析法分为定性分析和定量分析两种。通过定性分析，可以鉴定出材料含有哪些元素，但不能确定它们的含量；定量分析，是用来准确测定各种元素的含量。实际生产中主要采用定量分析。通常制造过程中原材料采购时要求提供材料的化学成分分析报告，制造企业也会进行相应的检验，同时化学成分也是失效分析的重要检验内容。

（3）光谱分析：各种元素在高温、高能量的激发下都能产生自己特有的光谱，根据元素被激发后所产生的特征光谱来确定金属的化学成分及大致含量的方法，称为光谱分析法。现场通常对铬钼钢、不锈钢等特殊材质用该法进行快速鉴定，确保材质的准确。

（二）力学性能试验

力学性能试验用来测定材料、焊缝金属和焊接接头的强度、塑性和韧性，通常包括拉伸试验、弯曲试验、冲击试验等。力学实验通常是破坏性实验，常用于在设备制造的材料检验、焊接工艺评定及失效分析方面。

（三）金相检验

金相检验的目的是通过观察到的宏观组织和微观组织来判断其物理性能和机械性能。

（1）宏观组织试验：用肉眼或低倍放大镜研究金属表面的不均一性。

（2）微观观组织试验：利用光学显微镜或电子显微镜，用于以下用途：①判断材料的类别；②材料的受腐蚀情况，并判定腐蚀或断裂的类型；③判定材料的晶粒度；④长期在高温高压等恶劣环境下材质劣化情况；⑤热处理效果和质量情况；⑥临环境下氢损伤的情况；⑦检测材料中的疏松、晶间裂纹、过烧等情况。

通常对高温材料如炉管等设施进行金相检验判断长期在高温下运行的材质劣化情况，及通过金相判断材料的腐蚀状况和类型，同时在制造重要设备如加氢反应器时通过金相检验材料热处理状况。

（四）射线照相法

射线照相法是指用 X 射线或 γ 射线穿透试件，以胶片作为记录信息的器材的无损检测方法，是现场焊接广泛应用的检测手段，具有可靠性高的特点。

（五）超声波检测

超声波探伤仪(声源)产生高频电磁振荡信号(脉冲波)，采用一定的方式使超声波进入工件，超声波在工件中传播并与工件材料以及其中的缺陷相互作用，其传播方向或特征被改变，反射回来的超声波被超声波探头接收，进行处理和分析，根据接收的超声波特征进行评估。超声波检测可用于焊缝检测及板材等缺陷的检测。

（六）衍射时差超声波检测

衍射时差超声波检测是采用一发一收两个探头的工作模式，主要利用缺陷端点的衍射信号探测和测定缺陷尺寸的一种超声检测方法。相控阵超声检测技术以灵活的声束偏转和聚焦性能，对同一探头实现不同壁厚、不同材质工件的检测，克服了常规超声波检测系统调整难度大、探头适用范围窄的缺点。常用于加氢反应器制造时焊缝的检测，目前现场焊接也开始逐步推广。

（七）磁粉检测

铁磁性材料工件被磁化后，由于不连续的存在，使工件表面和近表面的磁力线发生局部畸变而产生漏磁场，吸附施加在工件表面的磁粉，在合适的光照下形成目视可见的磁痕，从而显示出不连续的位置、大小、形状和严重程度。通常用于碳钢等材质的表面检测。

（八）渗透检测

渗透剂在毛细管作用下，渗入表面开口缺陷内；在去除工件表面多余的渗透剂后，通过显像剂的毛细管作用将缺陷内的渗透剂吸附到工件表面，在一定的光源下缺陷处的渗透剂痕迹被显示，从而显示缺陷的存在，这种检测方法称为渗透检测。

渗透检测可用于各种材质的表面及内部缺陷检测（注：特殊渗透检测包括氨试漏，是换热器检测轻微泄漏的有效方法之一）。

（九）涡流检测

当载有交变电流的试验线圈靠近导体试件时，由于线圈产生的交变磁场的作用会在导体中感应生出涡流。涡流的大小、相位及流动形式受到试件性能及有无缺陷的影响，而涡流的反作用磁场又使线圈的阻抗发生变化。因此，通过测定试验线圈阻抗的变化，就可以推断出被检试件性能的变化及有无缺陷的结论。

通常用于换热管、管道及设备的壁厚检测，特别是近年来发展起来的脉冲涡流检测筛查技术已得到较好的应用。

（十）声发射检测

材料受外力或内力作用产生变形或断裂，以应力波形式释放出应变能的现象。

特点：能够检测出活动的缺陷；可远距离操作；干扰因素较多；一般需其他方法复验。通常用于裂纹等缺陷是否扩展的监测。

（十一）漏磁检测

漏磁检测是指铁磁材料试件被磁化后，因试件表面或近表面的缺陷引起磁场畸变而在其表面形成漏磁场，人们通过检测漏磁场的变化来发现缺陷的一种无损检测方法。采用磁粉检测漏磁场的方法，常称为磁粉检测法；而采用磁敏传感器检测则称为漏磁检测法。漏磁检测法通常用于储罐底板的缺陷检测。

（十二）RBI 技术在特种设备检验中的应用

基于风险的检验（Risk Base In-spection，简称 RBI）是以风险分析为基础，通过对系统中固有的或潜在的危险及其后果进行定性或定量的分析、评估，发现主要问题和薄弱环节，确定设备风险等级，从安全性与经济性相统一的角度，对检验频率、检验程度进行优化，使检验和管理行为更加经济、安全、有效。通过 RBI 技术的实施，可以有效地节约检验、检修成本，降低设备运行风险，为生产装置长周期安全运行提供可靠的技术保障。

RBI 技术的核心是将安全系统工程和风险管理理念引入到设备检验之中，其检验行为是基于风险之上的。传统的设备检验则是基于保守的安全考虑，按照相关法律法规的要求，刚性地设定一个相对固定的检验周期，造成检验频率、检验程度与设备风险的不对称，忽视了安全性与经济性的统一协调。进行同样程度的检验，RBI 的风险小于传统检验；在同等风险水平上，RBI 的检验量小于传统检验。因此，RBI 技术是全面考虑安全性、经济性及潜在失效风险的优化检验策略，同时也是科学的决策支持工具和安全管理手段。

近年来，我国石化行业为了缩小在生产装置长周期运行方面与世界先进水平之间的差距，降低生产成本，增加经济效益，提升企业竞争能力，本着“重点试点，有序铺开”的原则，会同部分大专院校、科研院所，先后在华东某石化企业的成套装置上引入并试点开展了基于风险的检验(RBI)，取得了较好的实际效果，为后续逐步推广 RBI 技术积累了宝贵的经验。原国家质检总局于 2006 年 5 月就开展基于风险的检验(RBI)技术试点应用工作专题下发文件，对进一步推进 RBI 技术在我国特种设备检验环节中的应用进行了具体的部署。

大量的设备检验数据表明，一套生产装置 80%以上的风险来自不足 20%的设备。也就是说，在一个由若干单元组成的系统中，约 20%的关键单元贡献了整个系统近 80%的风险。这一事实与著名经济学家巴莱多的 20∶80 法则完全吻合。因此，特种设备的检验与监管的重点应集中于少量高危设备，实行更加科学、有效的差异化管理。

根据现行的法规要求，目前我国在用特种设备的检验实行的是周期基本固定的强制性安全检验。这一检验制度的实施，对于确保特种设备的安全运行起到了极为重要的基础保障作用。但是，由于这一特别强调安全性的检验制度过于刚性化，也相应带来了一些不容忽视的副作用，主要表现在设备的检验行为与设备的实际风险状况相脱节，部分设备检验过度，部分设备检验不足，安全性与经济性无法实现有机的协调统一，在某种程度上影响了在用特种设备、特别是一些大型成套生产装置的长周期安全、经济运行。将 RBI 技术引入在用特种设备的检验环节，是破解这一难题的有效方法和手段。根据欧美国家部分石化企业的经验，在大型成套装置中应用 RBI 技术，可以节约 25%左右的检验、检修费用，同时可以相应延长生产装置的安全运行周期。我国石化行业已经完成的近 30 个 RBI 试点项目也都取得了令人满意的实际效果，其中，华东某企业大型乙烯装置应用 RBI 技术后，连续安全运行周期达 79 个月，节约检验检修成本上亿元。应当说，在用特种设备的检验环节引入 RBI 技术效果良好，作用明显，势在必行。然而，为了促进这一先进技术在更大范围内的进一步推广，必须对其应用过程中存在的一些亟待解决的问题进行认真分析、研究。

综上所述，基于风险的检验(RBI)是国内外对在用设备进行检验和安全管理的发展趋势，是利用新技术改进特种设备检验工作，全面提升特种设备风险管理水平的重要手段。大力推广 RBI 技术在特种设备安全监管领域的应用，对于进一步提高安全监察工作的有效性，在保证安全基础上努力降低风险和成本，实现“保安全、促发展”的工作目标具有特别重要的意义。

四、常压储罐管理

炼油企业主要原料、产品都是液体，因此在生产中需要大量储罐作为原料、半成品、成品的储存设备。由于储存的介质种类较多，对储存条件的要求也多样化，储罐的形式是储罐设计必须首先考虑的问题，它必须满足给定的工艺要求，根据场地的条件(环境温度、雪载荷、风载荷、地震载荷、地基条件等)、储存介质的性质及容量大小、操作条件、设置位置、施工方便、造价、耗钢量等有关因素来决定。在炼油厂油罐区，按几何形状和结构形式不同，最常见的是拱顶罐和浮顶罐。

拱顶储罐：是指罐顶为球冠状、罐体为圆柱形的一种钢制容器。拱顶储罐制造简单、造价低廉，所以在国内外许多行业应用最为广泛，最常用的容积为 1000~30000m^3。

浮顶罐：可分为外浮顶罐和内浮顶罐。浮顶罐的浮顶是一个漂浮在液体表面的浮动顶盖，随着液面上下浮动。浮顶与罐壁之间有一个环形空间，有密封元件使得环形空间中的储液与大气隔开。浮项的形式种类很多，如单盘式、双盘式、浮子式等。

国内外用于内浮盘的材料，除钢板外还有铝板、玻璃钢、硬泡沫塑料以及各种复合材料等，采用铝板的好处是可防止污染储液，采用合成材料的好处是节约钢材，质量轻，内浮盘不会沉没，耐腐蚀性能好。美国石油学会认为，设计完善的内浮盘是迄今为止控制固定油罐蒸发损耗所研究出来的最好的和投资最少的方法。美国环境机构(EPA)也建议炼油厂使用内浮顶油罐储存易挥发烃类产品。因此，内浮顶罐可用来储存原油、汽油、喷气燃料等挥发性油品，以及乙醛、丙酮、丁醇、乙醇、甲醇、丁酮等化工产品，选择合适密封材料后也可以用来储存苯类产品。

（一）储罐技术的发展

20 世纪 70 年代以来，内浮顶储油罐和大型浮顶油罐在国内外发展较快。1985 年石油天然气管道局秦皇岛输油公司以技术贸易结合的形式，从日本新日铁株式会社引进了 2 台 $10\times10^4m^3$ 超大型单盘浮顶油罐，同时引进设计、高强度钢板、成品部件及施工技术等，拉开了国内建造超大型浮顶油罐的序幕。国内超大型浮顶油罐的发展经历了四个阶段：第一阶段为整套技术引进，包括设计、高强度钢板、热处理成品部件和施工技术，如 20 世纪 80 年代中后期在秦皇岛、大庆建造的 $10\times10^4m^3$ 超大型浮顶罐；第二阶段为国内设计和施工，引进高强度钢板和热处理成品部件，如 20 世纪 90 年代在镇海、舟山等地建造的 $10\times10^4m^3$ 超大型浮顶罐；第三阶段为国内设计，仅引进高强度钢材，焊后消除应力热处理在国内完成；第四阶段从设计、高强度钢板和热处理全部国产化。目前国内对 $10\times10^4m^3$ 油罐设计有比较成熟的设计、施工和使用经验，国产大型储罐用的高强度钢材已大批生产。$15\times10^4m^3$ 油罐国内已经建设完成并投用。这标志着国内超大型油罐的设计与施工已跨入世界先进行列。

近 10 年来，我国在石油储备库建设方面取得了很大进展，已建成多个国家石油战略储备库和商业储备库，对保障我国经济发展起到了重要作用。通过大量大型储罐的设计、建造和使用发现，在总库容相同的情况下，由大型油罐组成的罐组比小型油罐组成的罐组节省投资。采用大容量油罐储油具有节省钢材、减少占地面积、方便操作管理、减少油罐附件及管线长度和节省投资等优点。因此我国油罐建造的大型化将成为发展的必然趋势。经过 40 年的大型浮顶油罐设计与建设，国内已经设计出了 $20\times10^4m^3$ 的浮顶油罐，而且也具备了生产该类型油罐的技术。但在大型储罐的建设中，也遇到一些技术瓶颈，需要进一步研究、解决。

对于浮顶油罐，浮顶结构包括了单盘式浮顶以及双盘式浮顶。单盘式浮顶的优点就是使用的钢材量比双盘式要少 30%左右，选择单盘式能够节省大量的建设成本。比如说构建一个 $10\times10^4m^3$ 的储罐，和双盘式储罐相比节省钢材量 120~220t。而双盘式在浮力与排水以及使用年限方面具有明显的优势。双盘浮顶和单盘浮顶相比，双盘浮顶结构复杂而且刚性高，但是稳定性有待提高。因此，在设计双盘式浮顶时，要将不平衡载荷时出现的倾斜或者位移问题纳入考虑范围。

现阶段国内所使用的浮顶油罐所运用的是一次密封装置，而这种装置有三种形式，即泡沫软密封、机械密封、充液密封。因为充液密封的安全性与稳定性差，而且价格偏高，现阶段已不再使用。机械密封的特点就是使用寿命长，但是结构复杂，因此对于安装的精度要求更加严格，价格也相对较高；泡沫密封的价格比较有优势，而且结构简单且操作快捷，但寿命较短。因此开发高稳定性、使用寿命长的密封技术在未来是有必要的。

炼油厂储罐的发展由于受到地域限制，大型化趋势发展较慢。大多数储罐是在检修过程中通过引进新技术、新工艺、新材质来不断增加储罐本体的安全性及可靠性来保证炼油厂整体油品储运系统的储存与周转。

（二）储罐日常管理

油罐区日常运行的安全，在炼油化工生产中具有举足轻重的地位，直接影响着生产过程的平稳性和整体处理量。因此，强化油罐区日常运行安全的责任管理，是安全生产、平稳发展的重要因素。炼油生产过程具有连续性、规模化的特点，除开停工过程中需要操作人员到设备现场进行设备操作外，正常生产中操作人员的大部分工作时间是在操作室内，通过DCS对设备运行情况、生产操作进行仪表监测与调节。虽然DCS系统可以模拟控制油罐运行的液位、温度、油品流量及设备运行状态，但其监控参数有一定的局限性，不能完全反映设备状况，如机泵、油罐设备局部的泄漏、振动及设备的自身润滑情况等。要保证油罐等设备系统运行安全、环保、可靠，必须通过人员巡回检查，随时了解运行过程中的设备状态，防止生产过程中设备出现异常。巡回检查是炼油厂设备日常操作维护的主要工作内容，是强化炼油厂油罐区日常运行安全的首要措施。

油罐区根据生产需求布置罐组，罐组通过防火堤分成单罐或多罐。防火堤是所有油罐区必不可少的安全、环保设施，但在管理上往往不受重视。为了保证炼油厂的安全生产，一定要加大对防火堤的责任管理和巡回检查力度。要保证防火堤完整牢固，不允许有裂缝及孔洞存在，对堤身严重空臌、裂缝、歪斜、堤身基础塌陷、下沉严重的，结构强度不够的应拆除，重新按要求砌筑。对不影响结构强度的堤顶开缝和小孔，应及时修补。管线穿越防火堤时不允许有孔洞存在。套管处若有间隙、孔洞，两端填料脱落时，应及时修补。雨水穿越处的隔断措施应健全，关闭开启应灵活。要按国家标准《石油库设计规范》规定，保证防火堤的有效容积和规定防火距离，不得在防火堤内堆放物品，罐区内的杂物要及时清除，保证防火堤高度在1~2.2m之间。

（三）常压储罐操作管理

避免储罐超温、超液位运行。严格储罐进出油操作，检查储罐介质是否按设计要求的温度、介质组分、雷德蒸气压等条件进罐。储罐进油流速应按设计文件执行，设计文件无明确规定时按以下规定执行：进油操作时应缓慢开启进罐阀，在进出油管未浸没前，进油流速控制在1m/s以下，浸没后应控制在3m/s以下，防止静电荷积聚。液位升降速度不应超过0.6m/h，新建或维修后首次进油时液位升降速度减半。

日常维护中，为防止罐底腐蚀，储罐介质底部沉水需要定期排放，储罐透光孔在生产过程中应关闭并保持严密，在检尺取样后应将量油孔盖盖严，浮顶罐、内浮顶罐正常操作时，其最低液面不应低于浮顶、内浮顶(或内浮盘)的支撑高度，油位升高至规定液面以上后方可开动管内搅拌器或调和器。生产过程中输油量要保持在油罐正常设计范围内，不准任意加大油罐进出油量，严格控制油品储存温度。常压储罐罐区的操作应采用防爆工具；维修时应依据现场作业条件，确定是否采用防爆工具；常压储罐罐区应采取其他控制火源的措施。上罐时必须穿戴劳保保护服装；上罐前必须在盘梯扶手铜环释放人体静电；油罐盘梯同时上(或下)不宜超过4人；罐区作业必须使用防爆的电器和用具；罐区巡检及作业必须携带便携式硫化氢报警仪；遇五级以上大风或雷雨天气时一般不宜上罐，特殊情况上下罐时，应采取必要的安全防护措施；油罐盘梯同时上(或下)不宜超过4人，浮顶油罐的浮梯同时上下不应超过3人，固定顶油罐上人数不应超过5人，且不应集中在一起，上下油罐时应手扶栏杆。

（四）常压储罐检查、维护管理

油罐本体在使用过程中会逐渐老化，附件松动、腐蚀、变形，甚至可能发生罐体裂缝，出现突发事故等。安全巡检能及早发现、及早处理，是确保安全生产的基础。油罐易出现的事故隐患有：呼吸阀被凝结、阻火器被堵塞、安全阀失灵或锈卡，都可能引起油罐胀裂或抽瘪；往罐底有明水或油品含水量较高的油罐内输转热油或加温过高，进油过程中不注意监控，可能引起冒罐；罐体或浮顶变形、透气阀堵塞、排水系统堵塞、导向装置卡涩等可能引起罐浮顶沉没。为了防止事故发生，油罐罐体、浮顶和呼吸阀、阻火器、安全阀要定期、定制度强制检查和校验，主要包括：

高液位报警系统的巡检。储罐排气口和阻火器的巡检。防火堤、排放阀区域完整、无杂草、排水畅通。储罐的定期沉降监测。操作人员巡检罐体及其附件有无泄漏。收发物料时应注意罐体有无鼓包或抽瘪等异常现象。储罐液位计、高低液位报警、温度测量、压力测量、火灾报警、快速切断阀、氮封等仪表系统，由作业公司/作业区依据《仪表维护检修规程》有关内容，结合现场实际制订 PM 制度并严格执行。

定期对自动脱水器进行检查维护。检查连接法兰是否泄漏，过滤器是否堵塞，排水是否正常。对泄漏的法兰换垫，清理过滤器，检修、更换内部配件。储罐呼吸阀每月检查一次，每季度维护一次，冰冻季节应加强检查，检查或维修结果应有记录。每年对呼吸阀进行标定。常压储罐防雷、防静电设施应符合有关规范标准的要求，大型常压储罐应符合《大型浮顶储罐安全设计、施工、管理规定》的要求。在雷雨季节前应对防雷、防静电设施进行全面检查，每年至少 1 次对接地电阻进行检测，发现问题及时解决。内外浮顶与罐壁、内外浮顶与密封、罐壁与地面的接地等电位连接。

罐区应清洁，防火堤内不准有杂草、污油、火源及易燃物；罐区内防火堤不可随意开口；罐区排水不准将水排到罐区内，防火堤内雨水应立即排放；罐区不应该装设非防爆电气设备和高压架空线路；油罐顶无污油、无积水；罐区仪表和安全设施由罐区作业人员按时维护保养，确保完好；储罐发生高低液位报警时，罐区作业人员必须到现场检验确定，采取方法，严禁随意消除报警；罐区宜有适量安全警示和安全标志牌，储罐应有罐号及存储物料名称标志，管线应标有管号及物料名称和走向。

储罐发生以下现象时，操作人员应按照操作规程采取紧急措施，并及时报告有关部门：浮顶、内浮顶罐浮盘沉没，或转动扶梯错位、脱轨；浮顶罐浮顶排水装置漏油；浮顶罐浮盘上积油；储罐基础信号孔或基础下部发现渗油、渗水；储罐及内浮顶罐液位自动报警系统失灵；储罐罐底翘起或设置锚栓的低压储罐基础环墙（或锚栓）被拔起；重质油储罐突沸冒罐；接管焊缝出现裂纹或阀门、紧固件损坏，难以保证安全生产；罐体发生裂缝、泄漏、鼓包、凹陷等异常现象，危及安全生产；发生火灾直接威胁储罐安全生产。

（五）储罐日常防腐蚀管理

日常防腐蚀检查与维护管理的具体内容包括：组织操作人员定期记录、跟踪在线腐蚀监测数据的趋势；组织设备、仪表管理人员定期检查在线腐蚀监测/控制设施（定点测厚、物流腐蚀性分析、阴极保护、腐蚀探针等）使用情况，并进行维护；组织操作人员和设备管理人员定期检查储罐罐体外防腐涂层有无脱落，若发现涂层破损严重或罐体锈蚀严重，应对罐体腐蚀程度进行检查并及时进行处理；组织操作人员及时清除浮顶罐浮顶上的雨雪、油蜡、氧化铁等脏物，定期清扫，保持中央排水系统畅通；组织操作人员、设备和仪表管理人员定期检查采用阴极保护的保护效果；定期记录阴极保护整流器读数。

组织设备管理人员对有内涂层防腐措施的储罐，检查其涂层有无脱落、起皮、粉化等缺陷，测定涂层厚度，根据检查结果确定是否需要对原涂层进行补涂或对储罐进行重新防腐。组织设备、仪表管理人员对采用牺牲阳极阴极保护的储罐，检查阳极的溶解情况，与储罐的接触点是否完好等，测量其保护电位，根据检查情况确定阳极是否要重新安装或更换。

组织设备管理人员对涂层已失效的储罐，认真检查储罐各部位的腐蚀程度，如有无麻点、蚀坑、裂纹、凹陷、穿孔等缺陷，并对罐底和罐壁进行测厚，根据检查结果确定储罐是否需要进行修理，并采用防腐措施。组织设备管理人员对含硫原油储罐的腐蚀情况，建立不同油种进罐台账，定期分析油罐污水成分，做好记录，为掌握油罐腐蚀介质状况、制定防腐措施提供有效的依据；对油罐中的沉积污水应及时脱水处理，有条件的则应安装自动脱水系统，以保证油罐污水量在最低液位。组织操作人员落实浮顶结构的油罐，在使用过程中避免立柱碰撞底板，保证油罐内有一定的液位。组织操作人员、设备管理人员检查储罐罐体外防腐涂层有无脱落，若发现涂层破损严重或罐体锈蚀严重，应对罐体腐蚀程度进行检查并要及时进行处理。

（六）储罐日常操作维护文档管理

储罐日常操作维护环节的文档包括：运行操作规程、工艺卡片、操作记录、巡检记录、定期检查记录、档案、台账、检查计划、检测记录、检验计划、维护检修计划、更新改造计划、维护维修报告、风险评价和缺陷分析报告、维护检修交工资料、检查考核记录等。作业公司/区负责文档的收集和归档工作。分/子公司生产部负责对文档的归档情况进行定期检查考核。

（七）储罐定检管理

在用常压储罐要进行定期检查，定期检查应包括对各部件、附件防腐蚀情况的检查。定期检查分为常规检查、年度检查和定期检验。储罐附件应按《常压立式圆筒形钢制焊接储罐维护检修规程》(SHS 01012)要求建立定期检查维护制度，按维护制度要求定期进行检查，检查必须有完整的记录，并及时归档。年度检查由使用单位组织进行，根据储存介质和地区特点，每年至少应检查 1 次。

常规检查、年度检查要重点关注以下内容：检查罐顶和罐壁是否变形、减薄，有无严重的凹陷、鼓包、折皱及渗漏穿孔，焊缝有无渗漏及裂纹，发现超标及缺陷应进行修复；检查进出口阀门、人孔、透光孔、清扫孔等处的紧固件是否牢固；呼吸阀、泄压人孔、阻火器、通气管、自动切水器及其他安全附件是否完好，与之连接的台、梯是否脱焊、腐蚀；量油孔孔盖与支座间密封垫是否脱落或老化、导尺槽磨损情况、压紧螺栓活动情况、盖子支架有无断(裂)痕；液面计及高低液位报警器是否准确、好用；水喷淋设施、消防泡沫管、泡沫发生器等消防设施是否完好；外防腐层、外保温层是否完好；浮顶及附件腐蚀程度、船舱有无泄漏、密封有无异常、转动浮梯及导向装置是否灵活好用、浮顶排水装置运行是否正常、阀门伴热是否完好、静电导线是否完好及接头是否牢固；氮封及其配套设施是否完好；罐区排水系统是否畅通、完善；基础有无下沉、罐体有无倾斜、防水层有无破损、封口是否完好；盘梯、平台、抗风栏杆、踏步板(或防滑条)的防腐情况；防雷、防静电接地设施是否完好；照明及其他设施是否完好；对采用阴极保护的储罐，应定期检查阴极保护效果并确保有效；按储罐固定的测厚点并在罐体做好标志，按规定做好每年 1 次的定点测厚工作。

1）常压储罐定期检验

是按一定的检验周期对常压储罐进行的较为全面的检验。对于常压储罐定期检验，可采用在线检验或停工开罐检验；对于储罐群或罐区内的储罐，其定期检验还可采用基于风险的检验(RBI)方法，常压储罐的RBI工作按照《常压储罐基于风险的检验及评价》(GB/T 30578)及《基于风险的检验》(API RP 580)、《基于风险的检验技术》(API RP 581)等标准规范进行。定期检验工作完成后，检查单位应出具检验报告。

2）常压储罐基于风险检验策略的制定

确定常压储罐风险时，须综合考虑储罐壁板和底板风险，以最大风险定义风险等级，检验策略按不同部件分别制定。提供开罐和不开罐等同效果的检验方案。在储罐运行期间通过在线检验降低风险，避免盲目停车和清罐检验带来的高额费用。

根据可接受的失效可能性和风险可接受水平确定基于风险的检验周期，根据潜在的损伤模式确定检验方法。确定基于风险的检验周期时，应尽可能使储罐长周期运行，但要确保在下一次检验前，设备的各种损伤、劣化不致影响安全使用。基于风险的检验周期的确定应综合考虑我国法规规范的要求和国内外同类设备使用的历史经验。

依据国内相关检验法规对出现超出设计或制造标准的腐蚀或缺陷的储罐进行安全状况评价，评价的结果分为：继续按原检验周期使用；缩短检验周期使用；返修后使用；合于使用评价后使用；报废。

常规检验检测后的合于使用评价，其触发条件为：在储罐检验检测过程中会发现储罐上存在一些超标缺陷，如果这些超标缺陷经常规检验结果评价需返修后才能保证储罐安全运行，而这些超标缺陷不具备返修时机或根本无法返修，则应该考虑合于使用评价。应按照缺陷对安全的影响、缺陷的扩展和降低储罐操作参数等因素来逐级选择合于使用评价的应用：对安全生产不造成危害的缺陷经合于使用评价后允许其存在；对安全性虽不造成危害但会进一步扩展的缺陷，要进行生命预测，并允许在监控下使用；若含缺陷结构，降低操作参数使用时可以保证安全可靠性，可降低操作参数使用；若含有对安全可靠性构成威胁的缺陷，应立即采取措施，返修或停用。

五、静密封管理

静密封通常是指法兰密封，法兰结构、公称等级、垫片形式、螺栓、密封面、温度、压力等构成法兰密封的主要影响因素。静密封泄漏是石化装置“三大泄漏”(静密封、动密封、腐蚀)之一，静密封泄漏率也是石化传统设备管理中最重要的一项KPI指标，长期以来，静密封泄漏的治理以及“无泄漏工厂”的创建，都是围绕静密封技术开展的。目前随着环保VOC治理的需求，静密封泄漏的管理提到了新的高度。随着法兰螺栓定力矩紧固技术的发展，越来越多的企业在基建、大检修中采用法兰螺栓定力矩紧固技术，在装置大检修现场实施定力矩紧固后基本实现了“大锤不进装置、热紧环节取消、气密一次通过、VOC小于200μL/L”，可以说随着法兰及垫片和紧固技术的进步，炼油企业法兰密封泄漏问题基本得到了解决。

（一）选用原则

法兰、垫片、紧固件的选用首先应符合HG/T 20614—2009、HG/T 20635—2009《钢制管法兰、垫片、紧固件选用配合规定》的要求。

（二）紧固件要求

（1）低温、高温（操作温度≥400℃）、高压、长期承受交变载荷或振动的危险部位使用的紧固件，在采购前应编制采购技术条件。

（2）随设备、阀门等非单独订货的紧固件，应在采购技术条件中具体说明对紧固件的要求。

（3）压力管道和压力容器使用的紧固件制造质量应当符合 HG/T 20634《钢制管法兰用紧固件》或 SH 3404 或 JB/T 4707 专用级紧固件标准的技术要求。

（4）压力容器上的紧固件还应满足如下要求：螺柱和螺母用毛坯材料试验要求应满足 GB 150.2—2011 标准第 7 条的规定；使用温度的限制应满足 SH/T 3075《石油化工钢制压力容器材料选用规范》第 6.4 条的规定。

（5）紧固件检验要求：应按照 GB/T 90.1《紧固件验收检查》标准进行验收检查。紧固件现场验收检查一般应至少包含如下内容：文件检查、包装与标识检查、尺寸特性检查、表面缺陷检查。重要场合使用的紧固件还应包括化学成分和金相特性检查、机械性能检查、硬度检查等，必要时应进行探伤检查。

（6）紧固件的表面缺陷检查一般按照 GB/T 5779《紧固件表面缺陷》的规定执行。化学成分特性检查和金相特性检查的合格标准参照 GB 3098 的规定执行。机械特性检查判定标准可参照 GB 3098 的规定。低温、高温、高压、剧毒介质、承受交变载荷或振动的危险部位使用的紧固件，化学成分检查的比例应不低于 5%且不少于 5 件，同时至少抽查一件样品的金相特性。低温、高压、承受交变载荷或振动的危险部位使用的紧固件（奥氏体钢制紧固件除外），验收检查时应抽样进行冲击试验。冲击试验按 GB/T 229 及 GB 150 的规定进行。

（三）垫片选择

法兰垫片有多种形式和种类，石化企业最常见的垫片有：不锈钢石墨缠绕垫、波齿垫、铁包垫、纯金属八角垫、椭圆垫、石棉垫等，垫片的选择依据法兰结构和使用条件进行选择。一般设计文件、国家和行业相关标准选择垫片型式、材质都有具体的规定和要求。炼油企业加氢装置高压临氢类管线设备法兰的垫片要求最为严格。对温度、压力波动较大的关键部位应采用具有良好回弹特性或自密封性能的垫片。

（四）紧固力要求

压力容器和压力管道法兰及受压元件紧固时应采用定力矩紧固的方式（包括使用手动扭矩扳手、液压力矩扳手、液压拉伸器等专用工具和材料）。设备及管道原始设计文件对紧固工具及紧固方法有明确规定的应严格执行。应通过定量控制螺栓拉伸变形或紧固力矩控制紧固力。换热器小浮头法兰应使用控制紧固力的方式紧固。

紧固力确定：螺栓紧固前，应首先根据设计要求、工艺参数、相关标准及规范等确定螺栓紧固力。其值应大于设计及相关标准规定的最小值，但一般不大于设计及相关标准规定的最大值。在任何情况下，紧固力都不得使螺栓超过其屈服极限，以及发生法兰变形情况，并保证垫片得到正确压缩。在未明确设计要求的情况下，炼化企业与作业单位应根据相关标准和规范，计算出法兰密封所需要的螺栓紧固力。

目前大多数场合使用转矩控制螺栓装配，紧固力矩应充分考虑到各种摩擦力因素、材料、装配技术的影响，在紧固力的基础上确定合理的紧固力矩。当采用液压扳手供应商提供的扭矩值时，应充分考虑该扭矩值未充分考虑实际工况，必要时炼化企业及作业单位应共同根据实际情况进行相应调整。

(五)静密封安装

作业前，企业负责列出需要紧固力控制的静密封点清单，作业单位负责编制作业指导卡。紧固前应对密封组件进行检查，包括：检查法兰表面精度合格，无锻造伤痕或裂纹等缺陷，密封面无划痕、毛刺等缺陷，密封槽、密封环逐个检查是否存在裂纹、划痕、撞伤等表面缺陷。检查密封法兰之间错口、开口、张口及法兰螺栓孔错孔值符合相应标准规范要求。检查密封垫片尺寸、公差及其他质量应符合设计图纸或相关标准的要求；主体表面不允许有影响密封性能的扭曲、变形、裂纹、分层、伤痕、空隙、凹凸不平及锈斑或外来杂质等缺陷。检查螺柱、螺母的数量、规格尺寸、材质等质量符合图纸或相关标准的要求，无变形、弯曲、损伤、缺损、锈蚀等缺陷。

设备或管道操作温度在300℃及以上时，螺栓、螺母的螺纹及螺母与垫圈的接触面应涂以高温防咬合剂。设备或管道操作温度在300℃以下的，螺柱及螺母应按相关规定涂以二硫化钼、石墨机油或石墨粉。

六、实践实例：罐底板全面检测方法——漏磁检测技术

1. 基本情况及背景

某炼化企业高温蜡油罐大修结束投用，运行2个月后发现罐底部有渣油泄漏，紧急切除清罐检修。由于该罐储存介质为渣油，冷态下黏度大，特别是底板部位人工不易清理，遇底板焊缝裂纹时采用真空查漏工艺难以发现缺陷。高温重质油罐罐底板修理施工中有两个难点：一是腐蚀情况难以全面观察和表述，包括底板的下表面腐蚀、上表面蚀坑面积及状况等，这些问题直接影响修理方案的选择和确定；二是修理方案不同，诸如堆焊磨平、局部换板、全部换板等，由于实施的难易程度不同，出现的遗漏多少也不同，从而影响修理的效果。采取随机割板具有一定的局限性，无法实现系统性的检查，从而留下安全隐患。

2. 主要做法

对底板采取高压水力清洗，彻底清除底板残余的渣油，通过对清洗过的底板宏观观察更为直观。

为更全面地对底板进行检测，对底板采取了漏磁检测技术，如图4-3-3所示。漏磁检测是一种新型的磁学检测技术，其原理是：利用励磁源对铁磁材料进行磁化，磁力线穿过材料从N级回到S级，如果材料本体存在在缺陷，磁场将产生畸变，即：①大部分磁通绕过缺陷；②少部分磁通穿过缺陷；③还有部分磁通绕过缺陷通过空气，即为漏磁通，可以被传感器检测到，通过计算机对传感器信号的分析，即可以建立磁场和缺陷之间的量化关系，从而对缺陷进行评定。

3. 主要成果

漏磁检测具有以下优点：①结果准确可靠，可以确定腐蚀的具体位置和程度，排除了人为的因素；可以很好地指导罐底板的返修工作，减小油罐底板返修的盲目性。②漏磁检测是对油罐底板的全部面积的检测，相对来说效率较高，不需要进行表面的打磨，设备灵活好用，降低劳动强度，易于推广。

对高温重质油罐底板修理的方法还没有形成一套固定的理论来指导实践，传统的检测方法由于固有的局限性，无法实现全面的检测，这样就留下了隐患，只能被动地等到油罐发生泄漏时采取紧急措施进行处理。漏磁检测技术在国外已经相当普遍，并且形成了多个

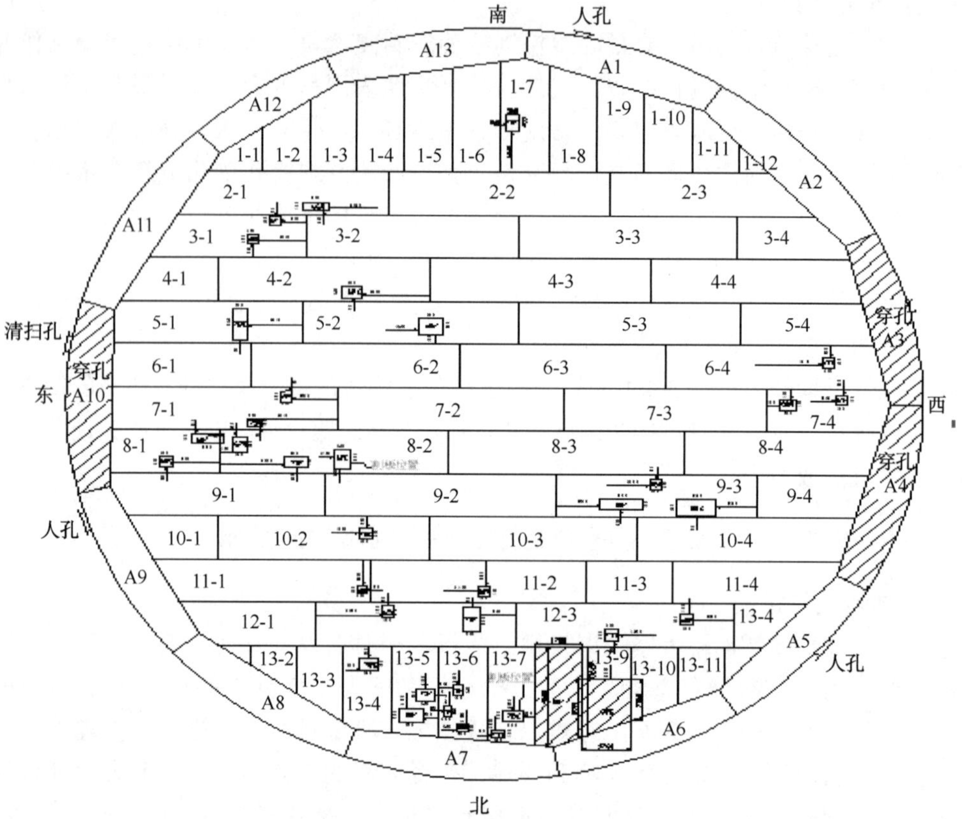

图 4-3-3　底板漏磁检测分布图

标准：美国油罐检修标准《Welded Steel Tank For Oil Storage》(API650)中要求油罐的底板采用漏磁检测和超声测厚共同来检测底板，主要用漏磁检测获得底板的厚度数据，而超声测厚主要是作为辅助手段，验证漏磁检测结果的准确性，配合漏磁检测的进行，同时将高压水力冲洗技术应用到油罐检修过程中去，大大提高了工作效率，使得在检修过程中可以对底板的腐蚀情况进行全方位的掌握，增大了油罐安全运行系数，降低了安全运行风险。

第四节　电气设备管理

电气专业管理主要负责企业供配电网络和用电设备的管理。炼化企业主电网主要由220kV、110kV 高压电网，35kV、6/10kV 中压配电网和 380/220V 低压配电网组成，在此网络中包括电力线路、变压器、GIS 组合电器、开关柜等，二次设备包括继电保护及安全自动装置、不间断电源、电气监控系统等。在确保供电网络安全可靠的同时，要对发电机、电动机等设备运维检修管理、继电保护管理、运行方式和电力调度管理、电气倒闸操作、临时用电等作业进行管理。

一、电气专业特点

(一) 供电可靠性要求高

炼油企业装置规模大，其生产特点为“高温高压、易燃易爆、有毒有害、链长面广”。

炼油生产工艺对电网扰动敏感。电动机对电压深幅波动和瞬间失电的承受能力差，电网稍有扰动即可导致关键机泵停机，还可能造成设备超温超压、有毒有害物质泄漏，产生火灾爆炸、人员中毒、环境污染等次生事故。因此，电力系统和电气设备的安全稳定可靠运行对炼油企业的安全生产极其重要。

(1) 母线电压范围：400~420V，6.0~6.3kV，10.0~10.5kV。

(2) 承受电压波动能力：母线残压≥85%U_n 且 t≤80ms，用电设备一般不会停机，生产装置不会停车。

(3) 连续供电：生产装置用电负荷不能中断供电。

(4) 频率：炼油装置电动机拖动机泵的介质多数为流体。机泵的流量与转速成正比，扬程与转速的2次方成正比，轴功率与转速的3次方成正比，即频率与机泵的流量、扬程、轴功率分别呈1次方、2次方、3次方关系。

(5) 供电谐波：使用电力电子整流设备会产生谐波，按照“谁污染谁治理”的原则，严格控制接入整流设备谐波注入量，同时在每一级变电所监测总的谐波含量，如超标须集中治理。

(6) 长周期运行，与主生产装置运行周期相匹配。电气系统和电气设备须连续运行4年及以上。

（二）供电网络复杂

大型炼油企业电网结构复杂，供电电压等级多，用电负荷大，接入系统电压为220kV或110kV，由两个或以上独立电源供电，双电源运行。厂区分布变电站多，高压输电线路纵横交错。一般有自备热电站，其规模与企业需求相适应，有些规模大的热电站除满足本企业用电、用汽需求外还向属地园区或居民供汽供电，富裕电力向电网公司销售。配置的汽轮机多以背压式、抽汽背压式或抽汽凝汽式为主。近年来，随着大型化、集约化炼油生产基地相继建设，一批兼具技术先进可靠、安全经济并重、主网结构科学合理、管控一体化系统的大型炼油企业电网先后建成。

（三）大量电动机驱动

炼油企业主要用电设备是异步电动机，用以拖动风机、压缩机、油泵水泵，也有少量的同步电动机。电动机具有结构简单、制造、使用、维护方便、运行可靠、成本较低等优点，有较高的运行效率和较好的工作特性。其型式有隔爆型、增安型、正压通风型、非防爆型。异步电动机运行会消耗无功功率，使得企业配电网功率因数降低，需要进行无功功率补偿。催化装置有主风机等特大型电动机，其启动问题是电气专业关键问题之一。企业进行技术改造或扩能，用电负荷逐步增加，供配电系统会留有一定的弹性和扩展余地。

二、企业电力主网架结构

电力主网架结构是指企业电网的一次设备接线方式，包括企业内所有自备热电站、变电站的主接线及其连接方式。企业电网既是炼油生产的重要组成部分，也是属地电网的自然延伸。企业35kV及以上的电网系统和发电机组接入系统方案须经属地电网公司审查批准。

早期炼油企业主网结构简单，用电负荷不大，一般配置一座110kV总降，2台主变，两回110kV架空线路，由属地电网变电站供电。企业内部没有发电机组，燃油锅炉直供工艺装置蒸汽。20世纪80年代，大部分炼油企业快速发展，扩建炼油加工能力以及技术改造，随之启动“煤代油”工程配套自备热电站，建设新的110kV变电站，主变容量扩容，满足企业用电负荷增长的需求，发电机就近接入总降6kV主母线，形成发供合一母线，6kV主配电装置比较庞大，配有各类限流电抗器，企业建成具有发电、输电、变电、配电、用电五个环节的小型企业电网。

进入21世纪，部分炼油企业启动千万吨级炼油改造工程，配套新建烧石油焦的循环流化床(CFB)锅炉及汽轮发电机组，新建220kV总变及若干座110/35/6kV区域变，满足炼油扩建用电负荷增长需求。

为适应炼油装置大型化以及工艺生产要求，形成了炼化企业电力系统主网结构指导意见(试行)，从主网结构型式、电压等级、外电源接入、变压器、各级母线主接线方式、总变电站、区域变电站、联合变电站、装置变电站、发电机接入系统、升压站、厂用电、大型电动机接入方式、电压调节和无功补偿、中性点接地方式、系统运行方式、主要设备选择等诸方面加以规范，并得到有效执行，新建的大型炼化基地，按照上述指导意见，一次性建立企业电力主网架结构，老企业电力主网架结构按照指导意见随着主体工艺装置扩建而逐步演变、发展、完善，日趋合理。

三、主要电气设备选型

(一) 开关设备

1. 110kV、220kV开关设备

随着开关无油化技术的发展，110kV、220kV开关由少油逐步过渡到SF_6(六氟化硫)气体绝缘和灭弧，配电装置也逐步使用GIS。GIS是气体绝缘组合电器的英文(Gas Insulated Substation)缩写，将断路器、隔离开关、接地开关、互感器、避雷器、母线、连接件和出线终端等零部件全部封闭在金属接地的外壳里，内部充有绝缘和灭弧性能优异的SF_6气体，故也称SF_6气体绝缘全封闭组合电器。对比户外少油开关及配电装置，GIS的故障率、维修量、占地面积优势明显。20世纪80年代初期，电力行业从国外引进110kV GIS，炼油企业于80年代末开始应用。

早期国产110kV和220kV GIS，因制造、安装、检修、维护等存在问题影响长周期运行，如盆式绝缘子污渍及细小裂纹、筒体内部金属屑及粉尘、导体插接件发热、防爆膜破裂、隔离开关油脂滴落在绝缘体上、避雷器故障、带电气室被误抽真空、焊缝砂眼、操作机构漏油、操作机构塑料件破裂、隔离开关卡涩、气室漏气、微水超标等问题。近年来，随着技术进步和管理加强，GIS故障率大大下降。炼油新项目建设、老企业的电气隐患治理或设备更新，110kV、220kV配电装置基本选用GIS设备。

2. 35kV开关柜

在20世纪90年代以前，炼油企业的35kV配电装置都是间隔式，使用断路器、互感器、刀闸等开关设备现场拼装，占地面积大，经常受雾霾、盐雾、灰尘、腐蚀性气体甚至冻雨冰雪影响，开关故障频发。20世纪90年代开始使用户内金属铠装空气绝缘开关柜，安装方便、占地减少、便于设计。但在实际运行中，因为开关柜绝缘距离小于户外型配电装置，绝缘能力下降，容易发生短路和接地故障，没有长周期运行能力。2005年，经过电气隐患治理后，重要变电站不再使用35kV空气绝缘柜，选用充气式气体绝缘CGIS或GIS，自此逐步扭转35kV空气绝缘开关柜频繁短路的被动局面。目前在炼油新项目建设、老企业的电气隐患治理或设备更新中，35kV配电装置选用CGIS或GIS设备。

3. 6(10)kV 中压开关柜

6(10)kV 中压开关柜是指按一定的配电方案将一、二次设备组装而成的 6(10)kV 成套配电装置，用来对供电线路、电气设备实施控制、保护。开关柜结构主要分为母线室、断路器室、二次控制室、馈线室，各室之间用钢板隔离。开关柜内部元器件包括母线、断路器、常规继电器、综合继电保护器、计量仪表、隔离开关、指示灯、接地开关等。

各类开关设备必须具备五防功能。“五防”最早是针对 6(10)kV 中压开关柜提出来的，后来要求所有配电装置都必须做到，其内容是：

（1）防止误分误合断路器；

（2）防止带负荷分合隔离开关；

（3）防止误入带电间隔；

（4）防止带电挂接地线；

（5）防止带接地线送电。

现场使用的 6(10)kV 中压开关柜分为国产与外资品牌，制造标准相同，运行中需要注意的问题有：质量不够稳定，元器件间隙配合差，强度不够，动静触头发热严重，柜内大量使用固体绝缘，遇到暖湿空气，固体绝缘表面容易凝露。随着计算机辅助设计工具应用、新材料涌现、数控机床提高加工精度、立体仓库和工业机器人推广，开关柜制造质量不断提升。

4. 低压开关柜

低压开关柜广泛用于炼油生产装置低压配电系统。其柜体框架为组合式结构，金属结构件经镀锌处理，通过螺钉连接成基本框架，加上门、隔板、安装支架以及母线功能单元等部件组装成完整的开关柜。每一个柜体分隔为三个室，即：水平母线室、抽屉小室、电缆室。室与室之间用钢板或高强度阻燃塑料功能板相互隔开，上下层抽屉之间由带通风孔的金属板隔离，防止开关元件因故障引起的飞弧或母线与其他线路短路造成的事故。母线用高绝缘强度塑料功能板保护，具有抗故障电弧性能。结构件以 20~25mm 为模数，进行多种组合满足实际需求。抽屉机械联锁机构有连接、试验、分离三个明显的位置。采用标准模块设计，分别可组成保护、操作、转换、控制、调节、测定、指示等标准单元。柜体可用相应的防护等级。相同功率的电机抽屉具互换性，二次控制回路设计标准化，适应就地、控制室两地操作及其他不同控制的要求。

制造商和运行维护单位普遍注重发热问题，针对抽头接触发热，开展低压开关触头夹紧力检测和红外测温。近年来，炼油企业也开始使用智能低压开关柜，将各种电量和非电量信息高度集成，远程监测和控制，提高智能化水平。

（二）电动机、变压器、电容器

1. 电动机

炼油装置现场大量使用防爆电机，其明显处设置清晰的永久性标志，如 Ex Ⅱ CT4（Ex 为防爆标记、Ⅱ防爆等级、C 气体组别、T4 温度组别）。按防爆原理可分为隔爆型电机、增安型电机、正压型电机、无火花型电机及粉尘防爆电机等。炼油生产要求电动机长周期稳定可靠运行，而电动机处于连续高负荷运转，要经受各种严苛条件考验。提高电动机可靠性的主要措施如下：

（1）防高温：关注接线盒压接点和电机引线发热问题，注意接线盒大小，引线截面积放大一级。

（2）防进水：接线盒制倾斜45°设置，进线口向下，户外电动机设置防雨罩。

（3）防轴承损坏：定期正确加油和自动加脂，减少振动，控制对中偏差，严格轴承进货渠道防止假冒伪劣产品。

（4）防绝缘老化：制定维修策略，运行25年以上或绝缘老化严重的电动机，重新真空浸漆，防电晕试验。

（5）增安型电动机吹扫设施：新版防爆规程要求增安型电动机，每次启动前要先用净化风吹扫，每次吹扫45min，新投用的增安型电机执行这项规定。

2. 变压器

变压器由绕在同一铁芯上两个或两个以上的线圈组成，线圈之间通过交变磁场相互耦合并按电磁感应原理工作，能够变换电压和传送电能。电力系统在输电线路中输送功率时，功率损耗与电压的平方成反比，利用变压器提高电压可减少送电损失。变压器能升高电压把电能送到用电地区，也能将电压降低为各级使用电压，以满足用电需要。

炼油企业总变电站主变压器、发电机升压变压器、大型电动机的专用变压器等，宜选用有载调压型电力变压器。生产装置变电站装设两台及以上变压器，变压器的容量应能满足 $N-1$ 准则，负载率应按小于50%配置。为了控制各系统的额定电流、短路容量、接地电容电流、电缆截面积，各级变压器的容量为：220/110kV 变压器容量≤240MVA；110/35kV 变压器容量≤90MVA；110/10kV 变压器容量≤50MVA；110/6kV 变压器容量≤31.5MVA；35/6kV 变压器容量≤25MVA。

严格执行变压器运行维护检修规程，重要变压器设置绝缘和油气体在线监测仪，及时检测变压器的发热、渗漏油、油中总烃超标等问题，使变压器长周期可靠运行。

3. 电容器

无功功率在不同的输电、变电、配电系统中穿越，会导致企业电力系统电能损耗增大，效率降低，影响供电质量。炼油企业中，用电设备绝大部分为异步电动机，属于感性负荷，在消耗有功功率的同时，也吸收大量无功功率，需要在各个局部系统分散配置无功电源，提高功率因素，达到节能降耗效果。在电网中配置并联电容器是最常见的一种无功补偿方式。

（三）电力电子设备

1. UPS

UPS（Uninterruptible Power System）是一种持续、稳定、不间断地向自动控制仪表和计算机供应电源的设备。由“交流整流+直流充电+直流逆变”构成，有较宽的输入电压范围，无切换时间且输出电压稳定精度高，适合对电源要求较高的场合。

炼油过程控制仪表电源，由一路UPS供电和一路市电供电，重要装置可采用2台UPS供电。通过发布《生产装置过程控制仪表电源供电系统技术管理规定》，进行标准化管理，用系统性思维解决单套UPS设备可靠性不足的问题，提高仪表电源整体可靠性：

（1）选用高可靠的UPS，提高UPS本质安全，无故障使用寿命至少15年。严禁出现“关断逆变”和“静态开关切换不成功”等严重故障。

（2）重要元器件，如电容器、风扇、电路板、整流器、逆变器、静态开关，制定维修策略，定期检测和更换。

（3）蓄电池维护到位。每年对蓄电池进行容量试验，将每台UPS的蓄电池用空气开关分为2组，方便校核蓄电池容量时不用退出整台UPS。

(4) UPS供电系统冗余配置。摒弃双机UPS并联或双机串联试图一味提高单一供电回路可靠性的思路，建立UPS供电和仪表用电的冗余系统，要求过程控制仪表电源模块能接受2路电源，任一路失电不影响仪表正常运行。UPS系统冗余配置可以弥补单台UPS故障导致的过程仪表电源问题引发的联锁误动作，用系统性方法解决问题，效果明显。

(5) 合理选型合理设计。优先选择三进单出UPS，尽量给仪表提供单相220V电源。当选用三进三出(380/220V输出)UPS时，不选用IT接线。

(6) 技术创新。部分企业在一些装置尝试用直流电源向仪表供电，取消交流UPS电源。关键在于过程控制仪表电源模块，包括DCS、SIS、操作站、现场仪表、电磁阀等都能接受2路直流电源，这样电气专业用直流系统供电，系统冗余很容易实现，不需要静态开关进行同步切换，也不需要直流交流逆变环节，可靠性和投资维护等问题迎刃而解。

2. 变频器

为了保证炼油生产的可靠性，各种转动机械设备在配用动力驱动时，都留有一定余量，同时给机泵配套的电机按轴功率选择，对照标准制造容量按不低于机泵轴功率选择电动机容量，这样往往会出现严重的"大马拉小车"情况，普遍采用阀门节流降压，增加了能量消耗，降低了机泵效率。采用变频器进行调节控制和节能，在保证电机输出力矩的情况下，降低输入电流，达到节能目的。变频器软启动功能降低启动电流，减少对电网的冲击，提高功率因数。变频器主要采用交-直-交方式，先把工频交流电源通过整流器转换成直流电，然后再把直流电转换成频率、电压均可控制的交流电供给电动机。变频器的电路一般由整流、直流、逆变和控制四个部分组成，分为中压变频器和低压变频器，3~10kV为中压变频器，380~690V为低压变频器。

变频器由电子元器件组成，存在可靠性差、抗扰动能力弱、谐波污染、故障率高等问题，主要治理措施有：选择高可靠性的变频器，设置备机自启动，在母管制系统中使用变频器，利用转动设备惯性实现故障联锁转工频运行，应用变频器低电压穿越技术等。

(四) 电力电缆、架空线

1. 电力电缆

电力电缆需要专用通道。炼油企业用地紧凑，电缆通道有直埋、沟、桥架、隧道和廊桥等几种，需要统筹规划。35kV电力电缆有单芯和三芯两种选择。单芯电缆允许弯曲半径小，适合电缆通道狭窄的老企业，单芯电缆采用钢丝或钢带铠装会产生危险的涡流致热，烤伤主绝缘，造成单相接地。在满足电缆弯曲半径要求前提下，优先选择三芯电力电缆。施工环节必须严格执行电缆安装规范，严格执行验收标准。运行中定期检查电力电缆外护套感应电压、电流、电缆桥架、接地箱、电缆沟及排水井等完好情况。

2. 架空线

炼油企业外电源联络线一般采用架空线，是企业最重要的电力通道和安全生命线，其沿线下一般有道路和机动车穿行、果园、农地、物流公司、大型货柜车停车场、汽修厂、设施施工等环境复杂地段，加之属地经济活跃，开发强度加大，若出现异常情况将严重威胁企业电力系统安全。应根据当地空气质量和运行环境合理选用架空线路绝缘子，采用玻璃绝缘子或瓷绝缘子。要注重提升防雷水平，加大绝缘裕度，在线路易遭雷击段配置线路避雷器，通过各级避雷器、良好接地、等电位连接、屏蔽等技术防止雷电过电压。须加强沿线设施的监控，定期检查绝缘子，安装无线视频监视系统，使用无人机巡检和作业，确保线路的安全运行。

（五）继电保护与安全自动装置

电力系统继电保护(含安全自动)装置，因在其发展过程中曾主要用有触点的继电器来保护系统及其元件(发电机、变压器、输电线路、母线、电动机等)使之免遭损害，所以称为继电保护。继电保护装置必须具有正确区分被保护元件是处于正常运行状态还是发生故障，是保护区内故障还是区外故障，为实现这一功能，需要根据电力系统发生故障前后电气参量和物理参量变化的特征为基础来构成。如：电流增大、电压降低、电流与电压之间的相位角改变测量、阻抗发生变化、不对称短路时出现相序分量，利用短路故障时电气参量的变化，可构成各种原理的继电保护。还可利用故障时非电气参量，如瓦斯(通过油速整定)、温度、防爆压力、弧光、超速等变化，构成非电量保护。整套继电保护装置由测量元件、逻辑环节和执行输出三部分组成。

炼油企业的继电保护还要考虑自身特点，如增安型防爆电动机 t_E 时间保护，是指电动机交流绕组在最高环境温度下达到额定运行稳定温度后，从开始堵转直至上升到极限温度所需的时间。

继电保护与安全自动装置是随着电力系统的发展而完善演变的。从 20 世纪 50 年代到 90 年代末的 40 余年时间里，继电保护装置完成 4 个阶段演变，电磁保护→晶体管保护→集成电路保护→微机保护。90 年代末，部分炼油企业开始应用进口品牌的微机型继电保护，很快国产微机保护研制成功，并广泛应用。目前炼油在 110kV 及以上电压等级基本是国产微机保护，35kV 及以下继电保护国产和合资品牌同台竞技，平分秋色。

通过制定继电保护及安全自动装置系统配置原则、配置方案和整定计算原则，确保继电保护及安全自动装置动作正确率达到 100%。继电保护及安全自动装置应选用技术先进、成熟、可靠的微机产品。110kV 电源联络线配置光纤纵差保护并实现双重化，35kV 及以上和重要装置变电所的 6(10)kV 电源联络线装设光纤纵差保护。

（六）电力监控系统

电力监控系统(Supervisory Control And Data Acquisition，SCADA)，应用网络技术和远程通信技术对远方运行电力设备进行监视和控制，以实现远程传送、远程测量、远程控制和远程调节等各项功能，是自动化技术与远程通信技术在电力生产上的有机结合。利用电力监控系统的“五遥”(遥信、遥测、遥控、遥调、遥视)功能监控电力系统设备的运行情况，实现电网安全监控、电量及非电量监测、参数自动调整、中央信号收集、当地电压无功综合控制、电能自动分时统计、事故跳闸过程自动记录、事件顺序记录、事故处理提示、快速处理事故、微机远动一体化功能，及时掌握和处理电力系统的各种事故、报警事件功能，利用该系统的后台工作站对系统进行数据归档和统计报表功能。SCADA 在大型区域变电站具备“管控一体化”功能，为推行变电所无人值守提供了强大的技术支持。

四、企业电力系统运行

（一）电气运行内容

炼油企业依据国家标准、石化行业标准、电力行业标准，编制电气运行规程、电气事故处理规程、电气调度规程，确定系统正常方式、特殊方式、禁止方式，调度设备管辖分界划分图，新建设备命名图及编号，继电保护及自动装置整定原则，继电保护及自动装置传动试验方案，主要设备消缺、检修进度表。新建、改扩建设备投运进度表，新建设备送电方案；低周(低压)减载方案，系统关键节点电压监控，月度调度计划，重大事故预想及预防措施，系统优化措施及试验计划。

（二）制定电力系统运行方式

1. 正常运行方式。

（1）运行方式一：对于有发电机并网运行的炼油企业，系统电源联络线、总变电站、自备热电站或动力中心 110kV 及以上母线并列运行；区域变电站、装置变电站等供配电系统均分列运行；对于无发电机并网运行的炼化企业，系统电源联络线、总变电站、110kV 及以上母线、区域变电站、联合变电站、装置变电站的各级母线全部分列运行。

（2）运行方式二：系统电源联络线、总变电站、区域变电站、自备热电站或动力中心、装置变电站等系统均分列运行。

企业优选方式一运行，当选择方式二时，要特别注意发电机同系统解列形成孤网的风险，有必要通过技术措施加以弥补。

2. 非正常运行方式

针对各种电气元件退出时的方式，制定非正常运行方式。线路、变压器、母线及其断路器、继电保护装置停运检验，导致上述主要元件退出运行，从而衍生出各种非正常运行方式。

3. 异常运行方式

由于设备故障或外部条件变化会导致孤网运行、电网频率低、电网电压低、过负荷、小电流接地系统的单相接地运行等各种异常运行方式。

4. 制定禁止操作及运行方式

各种正常运行方式不应存在“瓶颈”问题，网架结构应避免高、低压线路并联运行、长线与短线并联、粗线与细线并联、短线路成串成环。主电网线路不允许 T 接其他负荷。

（三）继电保护定值管理

炼油企业制定继电保护定值管理规定并严格执行。继电保护装置定值通知单是现场保护装置的唯一依据，是电力系统的工作任务书，应有计算、审核、批准人的签名。定值单包括下列内容：①定值单编号、填表日期。②厂站名称、开关编号、设备名称等。③保护名称及装置型号。④电流、电压互感器变比。⑤保护装置定值项目，整定（更改）原因、整定值。⑥保护的使用要求。⑦执行日期、执行人。

定值单根据现场电气运行状态的改变及时更新、定期整理，遇有与现场情况不符时应及时核实纠正。继电保护班单独设置定值台账，并落实专人管理。所有继电保护定值更改必须履行许可手续，任何人员不得擅自修改继电保护定值。

（四）安全性 *N*-1 准则

炼油企业电力配置应符合 $N-1$ 原则。$N-1$ 原则是判定企业电力系统安全性的一种准则，又称单一故障安全准则。指炼油企业电力系统的 N 个元件中的任一独立元件（发电机、输电线路、变压器、母线、断路器等）发生故障而被切除后，应不造成其他线路过负荷跳闸而导致负载停电，不破坏系统的稳定性，不出现电压崩溃等事故，不出现炼油生产装置大面积停车事故以及安全环保事件。$N-2$ 准则类推。

（五）建立企业电力系统三道防线

1. 第一道防线

为保证炼油企业电力系统正常运行状态及承受第 I 类大扰动时的安全要求，应由一次系统设施、继电保护等，组成保证电力系统安全稳定的第一道防线。系统预防性控制包括发电机功率预防性控制、发电机励磁附加控制、并联电容补偿控制。

2. 第二道防线

为保证炼油企业电力系统承受第Ⅱ类大扰动时的安全要求，防止稳定破坏和参数严重越限，由紧急控制实现电力系统安全稳定的第二道防线。紧急控制包括炼化企业电力系统在关口与外电源解列、集中联切负荷、稳控系统等措施。

3. 第三道防线

为保证炼油企业电力孤网稳定运行，应配备防止事故扩大避免系统崩溃的紧急控制，须配备低周减载系统，机组 OPC 超速保护控制系统、大型机组配高频切机保护，实现电力系统安全稳定的第三道防线。

4. 配置黑启动电源

有条件的炼油企业配置黑启动电源或事故柴油发电机，利用有别于主供电源联络线的其他电源，对全厂已经停电的自备热电站机组进行重新启动，使企业供电系统快速恢复正常运行。

5. 预案和演练

制定因外电网故障造成孤网运行的技术措施和事故预案，定期组织演练。加强同属地电网公司的协调沟通，掌握电网公司相关的一次设备、继电保护、运行管理、调度方式、架空线路防雷击、大风、外力破坏等状况，提出改进措施建议，并督促落实。

五、电气专业管理

（一）电气隐患治理

针对普遍存在的问题，如电力主网结构不合理、受外电网故障影响范围大、电气设备老化严重导致事故、开关“五防”功能不全发生操作事故、发电机励磁系统性能低劣引发系统波动、UPS 接线不合理以及蓄电池超期服役诱发非计划停车、继电保护超期服役发生拒动误动事件、没有配齐快速保护无法实现快速切除故障、生产装置重要机泵用电设备抗“晃电”措施达不到要求、大型关键机组仪表电源抗“晃电”能力差等问题，持续开展电气隐患治理，结合技改项目“以新带老”，对国家明令淘汰、性能低劣和故障多发威胁生产安全稳定的电气设备进行治理。对电力系统配置和设备选型的进一步明确规定，解决了主网结构不合理、淘汰早期生产的 GIS、油断路器、35kV 金属铠装柜，实现 UPS 接线标准化，率先采用集中框架招标采购模式，设备标准化和可靠性显著提升，采购费用大幅度节省。

通过电气隐患治理活动，加强了横向交流沟通，发展规划、工程设计施工、企业电气专业管理、物资供应等多领域人员交流信息沟通明显畅顺，形成高效合作模式，达成广泛共识。随着一大批隐患治理项目的成功实施，电气系统运行及设备可靠性大为提高，取得了较好的治理效果。

（二）电气“三三二五制”

在多年管理经验基础上，总结出涉及运行、检修、试验、管理等方面内容，简练成独具石化特色“三三二五制”，固化成为电气管理的基本模式：

（1）三图：操作系统模拟图、电缆走向图、二次原理图。三图应完整、准确，模拟图应能模拟操作。

（2）三票：运行操作票、检修工作票、临时用电票。

（3）三定：定期检修、定期清扫、定期试验。

（4）五规程：运行规程、检修规程、试验规程、事故处理规程、安全工作规程。

(5) 五记录：运行记录、检修记录、试验记录、事故记录、设备缺陷记录。

各企业依据自身实际，制定详细具体的“三三二五”制度。

(三) 电气安全管理

(1) 针对炼油企业电力专业特点，展开企业电气安全管理，制定适用于企业电气系统和设备的施工、运行、检修、检查制度和流程，包含电业安全工作总则、电气运行安全、电气检修安全、临时用电安全、爆炸危险场所电气安全和消除静电以及漏电保护器安装和运行等规定。

(2) 对照国标，为解决企业在执行过程中存在局部的理解差异和实施偏差，进一步明确和细化要求，制定电气操作票和工作票细则实施。

(3) 制定临时用电管理规定。

(四) 电气设备分级、全寿命周期、维修策略

明确各级电气设备管理人员的职责，分清主次层次，既要全面管理又要重点突出，提高管理效果，保证电力系统的连续稳定，制定电气设备分级管理制度。

制定企业生产经营和电力系统长周期运行目标，通过一系列技术、经济、组织措施，对电气设备规划、设计、制造、选型、购置、安装、使用、维护、维修、改造、更新直至报废的全过程进行管理，以获得电气设备寿命周期费用最经济、综合产能最高的理想目标。

1. 制定企业电气设备分级管理规定

根据炼油生产设备连续性、长周期流程生产过程中对生产安全、质量、环保影响程度大小，将电气设备分 A、B、C 三个级别：

(1) A 级：主 6kV 及以上电压等级设备、热电站汽轮发电机组、催化主风机、被纳入生产装置 A 级设备中配套的电气设备(含辅助设备)。

(2) B 级：A 级以外的 6kV 及以上电压等级设备、生产装置中主流程的电气设备。

(3) C 级：A、B 级以外的设备。

二次设备及辅助设备随主电气设备定 A、B、C 级。

2. 全寿命周期管理

(1) 前期管理：设备的前期管理包括规划、决策、计划、调研、购置、库存、安装、调试，试运转的全部过程。

(2) 运行维修管理：防止设备性能劣化而进行的日常维护保养、检查、监测、诊断、修理、更新等管理，其目的是保证设备在运行过程中经常处于良好技术状态，并有效地降低维修费用。

(3) 轮换及报废管理：对于部分可修复设备，设备定期进行轮换和离线修复保养，然后继续更换服役。设备整体已到使用寿命，故障频发，维修成本已超出设备购置费用，必须对设备进行更换，至此，设备寿命正式终结。

3. 维修策略

依照《炼化企业设备完整性管理体系预防性工作策略》《电气设备检修规程》电力设备预防性试验规程》、“三三二五制”等，制定生产装置运行期间电气设备预防性维修策略。对电气设备定期性维护、季节性维护、预防性维修、专项检查维护等提出明确的指导意见，用以提升电气设备运行水平，降低电气设备故障率，保障电力系统及电气设备可靠运行。以策略为基础，优化电气系统运行，在线监控电气设备健康状态，开展电气设备维护维修定时性事务工作和预知检修，减少电气设备缺陷和故障。

4. 直接作业指导书

为方便现场作业人员更好地执行电气的标准、规范、方法，避免因对有关内容理解不明确、不透彻导致在方法运用时造成因人而异，影响作业质量和结果正确性，制定电气作业指导书。电气作业指导书包含：标题、范围、要求、方法、材料、工具、环境条件、步骤、记录的数据、判定、质量评估、安全措施、参考文献、原始记录表格式、授权批准等内容。

（五）三级确认制

为了确保装置停工检修及新装置投运后电气设备的长周期可靠运行，消除因一、二次连接松动、接触不良或接线不正确造成供电故障、机组跳车、装置停工等隐患，强化对电气回路接线正确性、完好性及接线牢固性的检查与验收，提高电气设备的施工质量和本质安全性，执行电气回路“三级确认”过程控制。

充分重视新建电力工程的调试启动工作。自备热电站和35kV及以上的输变电工程，成立“设备验收及启动调试委员会”，严格执行电力设备设施工程验收和调试启动及试运行工作；在新建项目向生产运行交接的过渡阶段，制定详细具体的管理规定，明确各单位所管辖的物理界面和时间界面，制定新系统和新设备启动送电方案。

六、电气新技术应用

近些年来，炼油行业电气专业结合生产实际，应用科技含量高、成熟可靠的新技术，提高了企业电力系统安全经济运行水平。

（一）电源快速切换技术

炼油企业用电设备中电动机的比例大，电动机在失电后，由于机械惯性会在母线上产生逐渐衰减的残余电压，传统的备自投或重合闸的切换方式通过不断检测母线上的残余电压，当残余电压衰减到20%~30%时，再进行电源切换操作。由于残余电压衰减较慢，所以备自投和重合闸的切换方式会导致负荷失电时间较长，电动机重新上电后，不利于电动机的重启。由于炼油工艺的连锁特性，电机的重启失败会导致生产工艺中断和装置停车。

电源快速切换技术能够在供电电源异常时，根据系统的状态以最快的速度把负荷切换至备用电源，避免因电源异常造成设备运行中断或冲击损坏，并简化切换操作、减少误操作，确保母线电压不下降，低电压保护不启动，工艺流程正常、连续、平稳运行。

（二）中压系统中性点电阻接地

中压电网中性点不接地或经消弧线圈接地运行时，单相接地时会产生间歇性的弧光过电压，使健全相的电位升高破坏绝缘，形成相间短路。因此，多家炼油企业中性点采用中电阻10~500Ω接地方式，控制15A≤接地故障电流≤600A。优点有：自动切除故障，运行维护方便；利用保护快速切断接地故障点，过电压水平低，消除谐振过电压，减少绝缘老化，延长设备使用寿命，提高设备可靠性；增强继电保护灵敏度，解决单相接地选线难的问题；降低火灾事故的概率。

（三）永磁调速

近年来，炼油企业陆续应用永磁调速技术进行节能改造。永磁调速结构简单、运行可靠、节能降耗，很好地应用于各行业的电机拖动系统节能。产品可靠度和市场成熟度以及工程应用案例还在完善之中。

调节器调节筒形永磁转子与筒形导体转子在轴线方向的相对位置，改变永磁转子和导体转子耦合的有效部分，即可改变两者之间传递的扭矩，实现可重复的、可调整的、可控制的输出扭矩和转速，实现调速节能的目的。主要由三个部件组成：永磁转子、导体转子、调速机构。平滑无级调速，柔性启动。

（四）线路变压器组

线路变压器组接线就是将线路和变压器直接相连，是一种最简单的接线方式，其特点是设备少、投资省、操作简便，简化了配电装置的结构，减少了占地面积。主变电所不设高压配电装置，一台主变压器退出时，其他主变压器能承担本主变电所供电范围内的全部负荷。线路变压器组接线形式被广泛应用于炼油企业装置变电所。

（五）大型电动机启动

随着炼油装置大型化，配置的电动机容量越来越大，空分装置超过 35MW 特大型电动机比较普遍。由于电网容量不是无限大的，当电动机直接启动时，启动电流为额定电流的5~8 倍，此电流作用在电网的阻抗上会产生电压降，从而使电网的供电电压降低，电网电压降低到一定程度就会影响电网上其他设备的正常运行。大容量电动机直接启动对电力系统的影响不能忽略，软启动就是通过增加附加的启动装置，使电动机启动时减小启动电流对其本身和电网的冲击，使电动机从零升速至额定转速的启动过程更加平稳。电机启动装置分为降压启动和变频启动两大类。

目前炼油行业应用较多的软启动装置基本都可以连续调节，主要有以下 5 种：①以开关变压器为限流器件的开关变压器软启动；②以磁饱和电抗器为限流器件的磁控软启动；③以电解液限流的液阻软启动（水电阻）和热变电阻软启动；④以晶闸管（SCR）为限流器件的晶闸管软启动；⑤变频软启动。以上几种软启动器可以启动异步电机，也可启动同步电机，当启动同步电机时，先按异步方式启动，当电动机的转速达到亚同步转速时加励磁，把电机拉入同步运行。

（六）电气设备故障预诊断技术

近年来，炼油行业逐步应用电气设备带电检测和在线监测技术，可判断设备寿命和及时发现早期故障，实时检测与诊断绝缘状况，及时掌握设备健康状态。监测与诊断的主要内容包括：自动连续检测流过绝缘介质的泄漏电流、介质损耗角正切（$tg\delta$）、局部放电、绝缘油中气体、连接点温度、超声波等信号。应用直流叠加法的绝缘在线绝缘监测，在 6~35kV 中压系统取得较好效果。

（七）抗晃电

炼油行业因电压暂降（晃电）导致的装置停车或波动事件约占总电气事件的 80%以上。“晃电”是指电网因雷击、对地短路、发电机故障及其他外部、内部原因形成电网短时间故障，引起电网电压短时大幅度波动甚至短时断电数秒钟，造成用电设备非正常停机或装置生产短时间波动的现象。

高压电动机的低电压保护定值一般设为额定电压的 65%~70%。当供电系统发生晃电，电压值降至设定值以下时，不重要的高压电动机可设置在 0.5s 内就被切除，重要的电动机则可以延时 5s 或 9s，以等待电压恢复实现自启动。但由于变压器容量所限，需考虑电动机自启动时对供电系统和变压器的冲击，因此会限制参加电动机自启的数量和容量。

低压抗晃电交流接触器的应用：普通低压交流接触器当电压低于 75%左右便不能可靠吸合，经过 20~100ms 的延时接触器便会释放，造成电动机断电。抗晃电交流接触器的原理主要为：晃电出现时，通过抗晃电模块进行延时释放。当电动机正常停止时，按下停止按钮，同时接触器通过抗晃电模块给外部发出一个停止信号，接触器失电使电动机停止。

将抵御系统电压波动、快速恢复用电设备运行的电气装置，称为抗“晃电”装置。抗晃电技术能够快速识别系统瞬时晃电，可与接触器、软启动器、变频器等配合实现完善的抗晃电控制功能，有效避免系统晃电时接触器脱扣的情况，保证生产无忧进行。

七、实践案例

（一）案例1：电气回路实施“三级确认”管理

从2014年开始，华东沿海某炼化企业电气专业制定电气回路“三级确认”质量验收管理规定，提高电气专业新建施工和停工大修的安装、调试、验收质量，实施至今并在不断完善，效果显著。

1. 基本情况及背景

公司新建、改扩建、停工检修项目不断，其中许多项目工期短任务重。施工单位容易在电气一、二次回路接线和试验调试环节疏漏施工内容、接线松动甚至接线差错，留下质量隐患，给以后装置长周期运行带来风险。电气一次回路接线松动而造成接头发热烧损短路，二次接线差错或松动而导致误动作、拒动作，开不起停不下，进而造成机组跳车、装置停工的现象时有发生。必须强化对电气回路接线正确性、完好性及接线牢固性的检查与验收，提高电气设备的施工质量和本质安全性。

2. 主要做法

（1）电气新建工程（含改造、更新）的“第一级确认”：工程施工单位完成交接试验基础上，中交前对电气设备的接线的正确性、电气连接部位的紧固性按照质量标准进行全面检查确认，连接部位以空开、接触器、一次端子等最小原件模块为单位，做好紧固划线标识。原则上新建项目高压按回路、低压按盘、电加热器柜、控制箱、可控整流装置、直流电源装置、不间断电源、监控柜成套设备按套确认，并在“电气回路三级确认表”的第一次确认栏中填写确认情况并签字，交设备接收方的代表保管。

（2）电气新建工程“第二级确认”：一次设备的试验质量部分，工程施工单位完成一次回路交接试验时，维保单位通过旁站形式对交接试验结果确认；接线牢固和功能正确部分。第二级确认分为常规性检查和试验（包括电气性能试验、保护功能性能试验）两部分。

① 常规性检查：施工单位第一级确认完毕后由设备接收方安排相对独立的专业人员对设备电气连接部的紧固性和接线的正确性进行全面检查，检查确认结果填写在第二级确认栏中。

② 试验性检查：采取高、低压两种方式进行。6kV及以上新建工程：施工单位第一级确认完毕，业主的常年维保单位即介入，按继保校验标准进行常规试验和继保装置自动装置功能校验、成组试验（极性、相别、变比校验要从CT、PT一次侧加入电压电流，接地保护校验从零序CT一次侧加入电流），确认继电保护定值、CT及PT极性、保护压板有效和唯一性、整组动作特性；各种电气、仪表量闭锁及联锁信号的有效和唯一性、二次回路的正确性、接线牢固与否进行检查与验收，并在每个回路的“电气回路三级确认表”上签字第二级确认，同时出具试验报告；6kV以下低压电气新建工程：在施工单位第一遍试验检查完毕后，由业主的常年维保单位负责再次检验低压保护定值的正确性。

电气新建工程“第三级确认”：设备接收方安排相对独立的专业人员检查设备一次连接线、一次动、静触头的正确性、牢固性，二次线接线的正确性、牢固性，相关责任人在每个盘或回路的“电气回路三级确认表”上第三级签字确认，全部填写完毕的“电气回路三级确认表”由设备接收方的业主作为基础资料保管。

停工大修项目电气设备“三级确认”做法与新建、改扩建工程基本相同，只是部分进行了简化。

3. 实施后效果

自从 2014 年开实施电气专业“三级确认”质量验收管理规定以来，及时发现并纠正施工遗留各类缺陷数千个，有力促进了电气设备的安全可靠运行，为电气设备的可靠正确运行提供了保证，也为装置长周期安稳运行打下了坚实的基础。

（二）案例 2：UPS 专项治理

近些年来，因 UPS 故障或关键时候 UPS 失效导致非计划停车、给生产造成重大损失，某石化企业在进行 UPS 标准化治理的基础上，开展 UPS 专项治理工作，效果良好，具体情况如下：

1. 基本情况及背景

UPS 故障给生产带来重大损失，概括起来有两大原因，一是制造质量问题，另一个是使用维护不当。统计分析 UPS 故障，因使用维护不当造成的事故主要原因有：

（1）UPS 切换过程中导致 N 线断线；

（2）UPS 切换过程中或切换后导致中性线失去接地点；

（3）UPS 电池维护不到位，造成关键时刻 UPS 失效；

（4）UPS 电池出口开关跳闸或保险断开不能及时发现；

（5）UPS 报警信号未引至有人值班的控制室；

（6）UPS 正常单相输出是 IT 接线，切旁路后变成 TN 或 TT 系统，切换过程中的暂态过程造成仪表电源模块烧毁；

（7）UPS 输出为 380/220V，采用不接地系统时，当三相负载不平衡或发生单相接地故障时，烧毁仪表电源模块；

（8）部分 UPS 有紧急切断输出功能，用户如果不用此功能，厂家出厂时将此功能卡输出口短接，但该功能卡故障导致 UPS 切断输出；

（9）UPS 输出上下级断路器之间动作的选择性失配，造成越级跳闸；

（10）标准化治理不彻底，电气和仪表专业没有按冗余电源系统配置。现场还使用双机 UPS 并联模式，两并联的 UPS 公共卡件故障导致双机故障。

2. 主要做法

强化 UPS 管理，加强对各装置 UPS 运行风险管控，提高 UPS 安全运行水平，采取了以下措施：

（1）合理选型。UPS 容量宜选 60kVA 以下，三进单出，当有小容量的三相负载时，宜另设一台小容量的三进三出 UPS。

（2）合理设计。当选用三进三出（380/220V 输出）UPS 时，不选用 IT 接线。要求制造厂提供含零线的接线图，静态旁路、检修旁路、逆变输出隔离变压器出口宜选用 3 极断路器，如选用 4 极断路器，注意切换过程中或切换后是否存在零线断线或失地的现象。

（3）加强在线监测。蓄电池出口选用带辅助接点的直流断路器或保险，禁止使用交直流两用断路器，并将断路器或保险辅助触点信号接至DCS或SCADA；蓄电池设置在线监测，监测信号送DCS或SCADA；UPS报警输出接到监测信号送DCS或SCADA。DCS或SCADA有人值守。

(4) 防止开关越级动作。在保证灵敏度的前提下，上级开关宜选大一级或选择带延时的开关，当下级开关容量较大时，宜增加下级开关的数量，降低单个开关的容量。

(5) 拔掉UPS远程停机板卡。

(6) 禁止选用静态控制开关仅取自蓄电池的机型。新安装时，先拉开蓄电池，再切换旁路，检测是否能正确切换。

(7) 仪表电源按冗余系统配置，重要的仪表电源选取双电源供电的电源模块，采用两路UPS或一路UPS一路市电供电。不选用双机并联的UPS。

(8) 加强运行维护。控制好UPS室温湿度，做好防尘工作；检查冷却风扇运行状况；结合大修做好蓄电池的充放电和切旁路等试验，更换易损件如风扇和电容。UPS试验内容、步骤和操作票标准化。

(9) 装置停车大修或必要时，组织电气和仪表专业进行联合试验，即：电气在UPS输出回路断开任一路配出开关，不应影响仪表系统正常工作，否则，需要查明原因并消除。

3. 实施后效果

通过采取上述措施，从UPS选型、施工质量控制、人员操作培训方面采取了一系列管控手段，逐步把UPS图纸标准化、检修操作标准化，提高了UPS运行的可靠性。

第五节　仪控管理

炼化装置的仪表控制是指检测、调节和执行部件构成仪表控制回路，代替人工完成温度、压力、流量、液位等参数的检测和调整，从而提高生产效率和稳定产品质量。炼化装置的联锁控制，早期采用继电器电路实现逻辑功能，应用DCS后多数采用DCS顺序控制功能来实现。随着可编程安全逻辑控制器的发展，借鉴国外先进的过程安全控制理念，推广应用紧急停车控制系统(ESD)来实现仪表联锁，称为安全仪表系统(SIS)。

从气动到电动，从分立元件到集成放大电路，直到微处理器的应用，自动化控制设备技术进步的每一步，都是一次颠覆性变化。进步带来了设备性能提高，可靠性和耐用性增强，也带来了结构精密、编程组态、集成电子元器件失效和数据安全等新特征，这些变化或直接或间接地对仪控管理的技术能力、管理内容等产生了深远的影响。

此外，社会逐步发展过程中，从安全、环保切入，对仪控应用提出更多、更新的需求，将仪控专业管理的重要性又提高一步。现代化的生产装置，检测监控范围更加宽广，这不仅是传统过程参数检测控制点的增多，安全仪表系统、环保排放检测(CEMS、VOCs等)、爆炸性气体和毒气泄漏检测(GDS)、重要设备运行状态检测，如机组运行状态、机泵群监测系统等均成为专业管理的组成部分。我国石油化工企业全面推进现代企业制度改革，DCS凭其信息处理能力，强力支撑了系统操作制度改革，并且促成区域性、全厂性中央控制室产生，为实现管控一体化构建了硬件平台。

一、仪控管理原则设定

仪控设备机理繁杂、数量庞大、更新淘汰周期短、智能化程度高，使得各种类型的失效模式多，其中多数还不易提前发现预兆，还有些失效不能够及时或最终也发现不了物理上的根本原因。由于突发性失效，以及维修常需要在线进行并由此带来一定风险的特点，对仪控设备管理目标应该是注重本质可靠，所以可以合理地设定以下管理原则：

(1) 分级管理。免于设备数量庞大产生主次不分，干扰了重点设备管理。通过制定科学的设备分级方法对设备进行分级管理来确定设备管理的重点，作为设备缺陷风险评估的重要依据和制定预防性维修策略的基础，指导设备管理过程中资源的合理分配，提高设备管理的有效性。

(2) 运行状态监测和预防、预知性维修。及时消除潜在因素，避免突发性功能失效可能导致的装置异常事件，以及紧急处理中可能出现的次生事故。充分利用仪表智能化功能，逐步实现在线资产服务维修(ASM)管理，提高故障预知能力。

(3) 控制系统运行环境，以及仪表电源、气源等公用系统的可靠性，尽量避免公共因素造成的大规模仪表失灵。

(4) 日常维护和检修标准化。避免人的因素产生结果差异，从而着重管理检修维护标准化、维护检修作业和变更等。

依照各类检测、执行仪表设备、安全联锁系统、过程控制系统等不同管理对象，在各自管理细则中对管理原则细化明确。

二、分级管理

实施分级管理，将受到制约的人员、资金、物资等资源进行合理配置，对管住最重要事件(如非计划停工)，指引检维修策略制定和日常运行管理(如检修立项、巡检细则制定)等产生很大影响。分级工作需要充分考虑设备特点，既要达到分级结果有效，又要减小分级工作难度。

仪控设备早期分级一般按照种类定性划分，将仪表设备分为 A、B、C 三级，最高级为 A 级。如控制系统划为 A 级，联锁报警仪表划为 B 级、其他划为 C 级。

虽然定性分级简便易行，但是在人员紧缩和精细化管理要求下，均质化问题还是比较严重，所以需要更细的分级，重点管理重要设备。设备信息化管理加深后，可获取较完整的运行数据，一些企业经摸索改进后应用量化评价方式，将仪表设备关键性通过安全环保、生产影响因素、装置重要性和设备故障裕度 4 个要素进行量化(表 4-5-1)。评价由不同专业人员参与，安全环保因素由装置安全工程师基于风险分析方法、生产因素由装置工艺工程师依据设备失效产生的影响评价，仪控维护工程师负责维修因素、经济因素和设备故障裕度评价，体现了仪控设备特点。

对管理具有特殊性、不适于定量分级的仪表设备仍然采用定性办法分级。如 DCS、CCS、SIS、国家控制污染源排放监测仪表、进出厂计量仪表等直接划分为 A 级，对气体报警仪表划分为 B 级，见表 4-5-2。

表 4- 5-1　仪控设备分级评价表

要素	分值	安全环保	生产影响	装置重要性	故障裕度
权重		25%	40%	10%	25%
说明		故障可造成的环境污染和人员伤害	故障时对装置生产造成的影响(表 4-5-2)	参照企业生产装置分级原则	仪表设备的运行故障裕度

续表

要素	分值	安全环保	生产影响	装置重要性	故障裕度
权重		25%	40%	10%	25%
细则	0	无介质泄漏、无环境污染，不会对人员造成伤害	造成6级故障		
	1	介质压力2~10MPa，温度<200℃	造成5级故障	辅助装置	测量仪表、控制回路的测量仪表、有副线的控制阀
	2	无环境污染，对人员造成伤害轻微。介质压力≥10MPa、温度≥200℃	造成4级故障		非联网环保仪表
	3	存在一般环境因素/危险源，对人员造成严重伤害，后遗症；介质为易燃易爆气体、烃类	造成3级故障	乙烯裂解、炼油八大类装置	无副线的控制阀、联锁冗余设置的测量仪表
	4	有爆炸或火灾危险，存在重要环境因素/重要危险源，对人员造成生命威胁；剧毒介质	造成2级故障		装置局部停工或造成大幅度波动
	5		造成1级故障	公用工程（水、电、风）	大机组停机电磁阀、电液转换器、喘振阀等影响装置切断进料或紧急放空的阀门等关键仪表

表4-5-2　仪控专业故障强度等级表

故障强度等级	后果严重程度	对生产主要影响描述
1级	严重故障	全厂生产波动，2套以上生产装置非计划停工或全厂生产降量
2级	严重故障	单套装置非计划停工或2套以上装置异常波动
3级	严重故障	系统或装置局部停工，大机组急停，单套装置有5台及以上A类设备停运
4级	严重故障	单套装置异常波动，未引起装置异常波动的大机组停机，或单套装置有2~4台A级设备停运
5级	一般故障	单台设备停运
6级	一般故障	无影响

分级管理对管理的组织形式提出了适应性要求，A级关键设备由企业设备管理部门、仪控专业管理人员组成的团队负责；B级主要设备、C级一般设备由生产单位分管设备的领导和单位内可靠性工程师、现场工程师、维修工程师组成的区域团队负责，全过程管理具体工作按照管理界面划分责任开展。企业设备管理部门组织本企业相关的采购、设计、维保等单位组成专家团队，专家团队负责制定专业管理策略、指导技术性工作、评价管理过程有效性以及解决疑难技术性问题。

企业实施分级管理后，调整了管理部门和基层单位的部分职责，对仪表维护人员进行优化整合，对巡回检查工作重新进行了设定，建立了专业管理人员、使用人员和维护人员多层级巡检机制。

三、绩效管理指标

炼化装置早期一般采用“三率”，即使用率、完好率、控制率，作为衡量仪控设备管理水平的关键绩效指标(KPI)，并且较长时间处于基础性指标的地位。当时仪表配置总数与现今相比少了数倍，设备维护量大、故障率高，每百台件数配置的维护人员比例高，仪表“三率”符合客观条件和主观要求，在早期专业管理上发挥了积极的作用。

随着仪表的可靠性不断提高，“三率”作为 KPI 的客观条件逐渐消失。生产操作安全和操作复杂程度增强了工艺操作对报警、联锁和其他安全仪表的依赖性，管理绩效聚焦到与仪表运行可靠性直接关联因素，通过问题导向思维分析，设置与控制回路运行、联锁回路运行、仪表故障等相关联的 KPI 指标。其中自控率指标直接体现装置运行的平稳程度，是仪控管理对工艺生产的首要影响因素。有的企业还针对使用者信心不足，需要突出管理的设立阶段性 KPI，如在线分析仪表投用率、计量仪表完好率、气体报警周检率等。

2018 年以后，一些大型石化企业建立了设备完整性体系，从可靠性、安全性、技术性和经济性多个维度科学和完整地设定仪控管理 KPI。

四、仪控设备运行管理

运行管理包括使用、维护保养和故障处置等方面，涉及操作使用、变更、巡回检查、特护、检试验、清扫润滑、故障维修、作业安全措施配合以及台账维护、故障(事故)分析等管理工作。

仪控设备运行管理全部工作中，工艺操作、维护保养参与者工作分量大，并且与机械设备、静设备、电气设备均有很深的管理交叉，厘清管理界面是首要任务。由于企业的组织形式不同，岗位专责有一定差异，管理界面会有不同。但是，遵循“专业管理集中化，现场管理基层化”的总体原则，基本上符合仪控设备特点。在设备全生命周期管理纵横两方面，结合分级管理，让复杂的工作关系实现操作可行、管理可控。

仪控变更和维护维修作业管控不当，极易发生人身伤害和工艺安全事故，以及误动造成装置停运。运行管理应具有很高的风险管控能力，采取许可管理机制。

设立有效的运行管理内容、流程和标准，各企业仪控专业管理按各自管理需求制定一些制度，如控制系统操作管理制度、仪表变更管理制度、巡回检查制度、关键仪表特护制度、设备缺陷管理制度、仪表设备管理制度、控制系统管理制度、联锁控制系统管理制度、安全仪表管理、工业控制网络安全管理制度、仪表维护和故障处置作业管理制度等，另外，仪控专业还参与大机组联保、特殊阀门管理。

失效分析是提高可靠性的重要手段之一，尽管受到人才、仪器设备的影响，企业还是能够通过缺陷管理，建立标准化的数据收集、故障(事故)分析办法，对普遍发生影响较大并需要找出深度失效原因的可采取委托专门的机构进行分析，不断积累经验，自我改进加强。在积累的基础上，企业应朝着建立自有仪表设备失效数据库的方向发展，以便科学有效地开展诸如 SIL 评估等可靠性评价工作。

(一) 仪表控制系统管理

在工艺过程安全保护“洋葱”模型中，基本过程控制系统(BPCS)、报警功能和安全仪表系统(SIS)是保护的第一、二、三层，实现功能的核心设备是仪表控制系统。炼化企业仪表控制系统已经全面采用了数字控制系统，即结合微处理器技术、网络信息技术，将工艺过程参数转化成数字进行处理，是构成生产装置过程控制运算、操作媒介的核心设备。

围绕着仪表控制系统的管理特点，形成机房管理、硬件管理、软件管理、工控信息安全管理、电源管理共五项重点管理业务。

(1) 设备电子元器件高度集成化，失效模式复杂，物理失效根原因半数无法发现，控制器、电源、网络等共因部件的失效影响具有放大性，乃至影响全局设备，往往需要在线处理故障。因此对防止硬件共因失效的管理是控制系统硬件管理的关键。

(2) 如 DCS、SIS 等采用可编程序构造主要的控制功能，比较容易进行变更。变更形成的变化甚至错误有时只在功能“唤醒”后才能得到表现，因此软件可靠性需要引起高度关注。变更管理是控制系统软件管理的重要活动。

(3) 对运行环境的要求比较高，机柜间温湿度、静电、灰尘、建筑物漏水渗水和小动物出没都有可能导致控制系统部件甚至大范围失效，对机房进行细致的管理不容忽视。

由工艺设定的控制功能到实现存在转化过程，转化过程的断裂常会形成工艺与仪控专业之间的矛盾，须得到关注。

需要注意的是，工业控制系统还是较为封闭的系统，尽管采用了以太网和通用计算机构成系统的部分功能，备品备件、软件等依然有着对制造厂家的强依赖性。有的大型炼化企业拥有控制系统品牌、型号多达 7、8 种，管理中存在备件库存庞大或者短缺、技术人员水平参差不齐和维护检修人员不足等困难。如何应对这些难点，各企业的办法不尽相同。由于是动态变化的，对这些问题的关注和思考，应该经常性出现在管理活动中。

(二) 联锁管理

安全仪表系统处于生产过程安全保护层主动控制的关键位置，对其管理至关重要。异常工艺状况下安全仪表系统拒动而出现安全事故的情况不可能被接受，同样也不能接受检测单元、逻辑控制单元、执行单元的设备故障造成生产波动，防误动和拒动是联锁管理的重点工作。

与过程控制系统不同，安全仪表系统在运行中处于被动或休眠状态，联锁条件满足后，系统被唤醒，产生联锁动作。安全仪表系统的被动特征产生了不同于常规控制系统的管理差异，这包括以下内容：

(1) 为了避免操作结果隐形存在，联锁系统更注重变更管理的闭环，如旁路、强制操作等。可以采取操作远程提醒的办法，以达到强化管理的目的。

(2) 联锁设备的检维修策略应倾向预防性维修，发生维修时需要根据 SIL 评估结论选择合适的替换设备。

(3) 经常性评估、审核活动，如对单点联锁问题、建设时间较早的在役装置安全功能问题。

(4) 更强烈的法规和源自安全管理要求，管理措施更新和执行力要更强。有企业及时总结事故教训，发布指导意见，如中国石化《炼油装置管式加热炉联锁保护系统设置指导意见》《炼油装置大型机组运行操作及检修管理补充意见》等。

作为重点管理活动之一，企业应按照法规要求的周期(3 年)，或在发生影响安全评价的工艺流程改变时组织开展安全完整性等级(SIL)评估。注意评估质量，有些企业通过统一评估过程、统一执行单位、统一专家审核对评估质量进行管控。SIL 评估结果或建议措施按照风险管理程序予以落实，对不能及时整改关闭的风险，应提出充分的风险控制措施，并落实相应的责任人和完成时间。由于认识水平和经验问题，安全生命周期管理的部分主要工作尚未在大部分企业规范化开展，如安全功能设置、评估、安全需求规格书编制等，这会造成安全仪表应用依据不足，可能产生过度或欠缺两种截然不同的结果，为此开展了 SIL 评估过程标准化工作，细化 SIL 定级和 SIL 验证要求。

(三) 现场仪表管理

现场运行管理具体事务繁多，并且专业技术渗透其中，使用、管理、维护单位工作协调存在现实性难点，影响了管理工作质量。

现场仪表管理需要紧密围绕三个环节：异常(缺陷)发现和记录、异常报告和处置、过程管理凭证和归档。

炼化企业仪控专业管理工程师，有的集中在设备管理部门，有的配员到生产装置；维护服务人员可能是全部外包，也可能是企业自有的专业作业中心，或两者兼有。虽然存在不同的组织构架，但是使用、管理、维护维修作业人员职责是清晰的。遵循职责定位原则划清管理界面，使用单位主责使用保养、维护维修协调和现场安全；专业管理基层主责检维修计划、维护质量控制、台账和档案管理，管理部门主责管理策划、维护运行效能管理和技术管理等。

在设备故障处理界面，制定并执行工作流程，突出使用单位的现场管理和专业管理的技术管理地位，基层、专业中心或管理部门可以实行矩阵式管理机制，保证运行部需求的快速响应和技术支持的有效组织。

对其他专业与仪控具有交集管理的设备，如特阀、动设备、动力成套设备及其他成套包设备仪表、仪表接管部件(管嘴、法兰)等由静设备、动设备等主专业归口管理，仪控作为辅助专业进行协同管理。

巡回检查是发现异常情况的主要途径，其具体形式设定需要考虑实际人手和设备数的矛盾，还要考虑符合设备可靠性为目的，在分级管理指引下形成不同强度的多样化形式，保证巡检工作的有效程度。

管理凭证包括异常(缺陷)记录、主要报警记录、维修作业许可、联锁确认单、仪表变更审批、控制系统维护记录、自控率评价等，企业按需求制定和管理。

(四) 环保监测设备的管理(CEMS、VOCs 等)

出于企业社会责任，炼化企业把废水、废气排放监测提到很高的管理位置。排放监测仪表具有企业和环境监管部门内外双重管理属性，统一按照环境行业应用管理技术规范实施管理。按照监管部门要求，固定污染源烟气排放监测设备(CEMS、VOCs)的运营维护单位具有独立运营权，对环保监管部门负责数据真实性，对企业负责运维质量，这一类设备作为专门化监测设备实行特殊化管理。

内部管理和外部监督之间应注意充分发挥运营维护单位的媒介作用，相关责任在选取运维承包商时予以明确。

企业内部管理要求必须严于监管部门管理，为监管启动留有必要的缓冲时间，如异常响应和故障处理时间要求，企业要求一般快于监管要求 2~3 倍。当监测数据异常时，工艺原因和检测错误往往不能够直观判断，如不能够限时辨别清楚，或环境损害或超标处罚，对企业都有直接影响。在共生目标下，内部管理协同机制必须高效运作，数据异常时必须快速查清生产情况，排除或尽量减少实际排放。有些生产单位和环保管理单位建设了异常数据移动报警平台，有条件的单位将故障信息远程通信传输到 DCS，均能帮助快速查出数据异常原因。

由运维承包方独立运营的国控在线排放监测，选择优质承包商是首要工作，在发包前提出详尽维护运营要求，约定运维质量检查办法，制定详细的考核管理办法。有些企业非常注重对此类仪表可靠性管理，采取“一台一档”管理模式，将监测系统全年维护工作定时、定内容详细列表，确保运维工作严格按要求进行，取得良好的运维质量。

五、仪控设备检维修管理

（一）预防性维护工作

定时开展预防性维护工作是仪控设备运行管理的重要内容，工作实质是检查发现隐形状态的异常，或在可能产生异常的条件出现时防止异常产生，避免故障突发而引起紧急事件。为保持仪表及控制系统可靠性，在装置生产运行期间依据设备状态、环境和地域等特点，有计划地开展定期性维护工作，内容包括仪表检定、校准、校验、比对、检查、试验、清扫和润滑。定期预防性维护工作与巡回检查工作有一些关联性内容，在巡回检查策划中对其检查内容、参与人员和结果记录与问题处置等进行统筹规定。

（1）定期检定。是指依据国家计量检定规程，通过实验确定仪表示值误差是否符合要求的活动；

（2）定期校准。是指依据相关校准规范，通过实验确定仪表示值的活动。通常采用与准确度较高的标准仪表比对测量，确定仪表相对误差，从而得到仪表示值的修正值。固定式可燃及有毒气体报警器、贸易结算计量仪表、国（省）控污染源在线环保监测仪表（CEMS、COD、VOCs、氨氮等）、能源及物料计量仪表等，按国家计量规范要求进行检定或校准。

（3）定期校验。是指在没有相关检定规程或校准规范时，按照企业自行编制的方法实施量值传递溯源的一种方式。联锁回路、控制回路、与产品质量相关的测量回路中的压力（差压）变送器（开关）、有副线的流量仪表、有副线调节阀、在线分析仪表、外浮筒液位计、带套管温度仪表等应按仪表及控制系统检修规程、企业自行制定的作业指导书进行校验。

（4）比对。是指在规定条件下，用有确定准确度等级的测量仪表或测量方法进行示值比较的过程。联锁及控制仪表回路、与产品质量相关的测量回路中的雷达液位计、浮子式液位计、无副线的流量仪表及调节阀等在运行期间无法进行校验的，进行在线比对。

（5）定期检查。经过一定时间运行积累，或者季节气候性改变对仪表设备运行状态产生影响，可能形成功能不稳定或导致失效。抓住设备特征设定检查内容，如控制系统时钟同步检查、控制器负荷及通讯负荷检查，仪表风系统积液、杂质检查，机柜间渗漏水、防涝、封堵检查，防雷防静电检查，设备季节性发热检查等。

（6）定期试验。对一些被动型仪表，确保条件触发时能被“唤醒”，采取定期试验办法进行确认。如报警灯屏及音响试验、DCS 服务器热备切换、固定式可燃及有毒气体报警器通气试验、切断阀部分行程动作试验等。对工艺具备试验条件的切断阀，亦可开关动作试验，为确认长期屏幕保护状态下运行的小型控制系统人机界面完好，通过触发屏幕操作的非控制按键进行检查。

(7) 定期清扫、润滑。依据仪表设备、设施使用、维护说明书要求，结合环境实际情况，设定洁净、润滑工作要求。涉及设备如空调过滤网、散热片，控制系统过滤网及风扇，工程师站、操作站等上位机主机，光学测量仪表透镜等。润滑设备如执行机构机械润滑点、需注油的控制阀、刮板流量计等。

(二) 停工检修管理

仪控设备检修包括检查(检查、检定、校验、试验)和故障(隐形和显性)维修，是设备功能得到恢复和确认的工作，通过升级换代进行设备技术提升是符合仪控设备特点的重要检修内容。

检修管理是专业知识密集、沟通协调密集的工作。检修过程管理中，仪控专业比较容易被"忽略"，造成进度、质量管理出现窘迫的局面。过程管理中，管理者应具备规范的项目管理知识，实行全专业化管理，统一调配资源。检修管理策略应对各方责任、界面具体定义。以下是仪控设备检修管理工作需要多加考虑的方面：

(1) 检修项目系统化。因缺乏系统性思维，仪表检修常会出现检修计划项目碎片化，造成范围和深度不够，装置才检修完投产即频繁发生故障的情况。设备和现场设施数量多、繁杂琐碎，全面检查困难和潜在缺陷是系统化检修计划制定的难点。检修项目确定至少要在检修标准项目(预防性维修，如控制系统点检、联锁检测仪表校验、联锁阀门试验和下线检查、接线紧固等)、非标项目(缺陷维修，如来自日常和停工后发现的缺陷、配合其他专业的检维修项目、追加项目等)、技改技措和技术提升项目三个方面进行考虑。为达到满意的检查范围，首先是日常缺陷记录有非常重要的参考作用；其次检修计划编制应对重要仪表设备运行逐一检查评价，对引压线等设施采用典型抽样检查；再次可在停工后使用和维护联合对执行机构进行动作检查，也可利用停工处理期间对阀门关断泄漏情况进行初步判断；最后由于仪表隐蔽项目多，甚至检修期间还可能发生损坏，不可避免有相对较多的追加计划，在策划阶段需要对追加计划检查和确认制定管理要求，在检修尾期再次进行仪表设备现场完好检查。

(2) 全专业进度统筹。检修施工与建设项目施工进度管理主要差别在于周期时间短、参与检修施工的单位包括了更多的专业检修服务单位，要求检修应编制全专业进度计划网络，并且由检修管理团队负责编制。进度计划中注意停工处理过程和开工投用过程中与工艺专业配合，带入开停工过程中仪表保护、仪表处理等内容。还要注意起重资源合理利用，注意与管道、设备专业配合，及时安排追加计划施工。

(3) 仪控设备保护、质量保护。仪表设备在装置中几乎无处不在，检修中如不采取保护措施特别容易损坏，这样的情况除了仔细完成现场交底外，预先做好标志标识也是设备保护的有效办法。如有些管道、设备施工为了便利，对仪表引压线、接管部件、电缆线路随意割除和踩踏、起重操作不当等，造成仪表设备设施损坏。检修完成后运回现场的仪表设备，受到管道、铆焊和起重专业的施工计划影响无法立即安装的情况也常常发生，尽可能从进度计划安排上衔接好，确实不能立即安装的需要防水、污物进入和碰撞等。

(4) 检修作业标准化。对通用仪表、控制系统的标准检修，采用编制应用作业指导书来实现检修作业标准化，作业指导书包含了检修准备、步骤和质量控制等内容。专业化服务单位和设备生产厂实施的检修项目，采用统一模板内容的检修作业方案，或转换成为维修技术协议内容传递和实现标准化作业要求。作业指导书在检修开始前 2 个月编制或者针对性修订完成，发布后要确保施工单位组织宣贯学习。有些企业对一些特定内容制定专项检修标准化要求，如仪表紧固三级确认。

(5) 多专业联合确认。仪控设备检修后联合确认工作包括回路试验、联锁确认。与其他专业不同，均是以工艺、设备、电气等多专业联合试验的方式进行，并且要求投用之前限定的时间内完成检查确认。确认组织工作是约束确认质量的关键因素，确认方法应是以文字形式固化的，确认记录应及时完成。

(6) 检修期间工艺生产安全管理。装置开工期间，或者检修完成后一些设备先投入运行时，仪表的回路确认不一定全部结束，投用仪表和故障处理也比较多，需要通过管理措施保证开工顺利，一般通过作业许可进行管理。遇到检修装置控制系统与在运装置的同处于一个机柜间、操作室时，要充分考虑在运设备的安全管理。

(三) 设备选型和采购技术管理

仪控设备特别容易产生多品牌、多型号的复杂情况，不必要地增加了人力、备件等维护检修资源需求，本质上带来了运行可靠性的问题，对专业管理带来困扰。所以消除“万国牌”的实际意义不是简单地消减品牌型号数量，而是保证运行可靠并兼具经济技术性、合理性，是一项长期管理工作，需要关注和考虑以下一些问题：

(1) 造成仪控设备杂乱的原因主要是选型、采购和历史积累，制定《仪表设备购置和设计审查导则》，统一设备技术应用认识，不形成因人而异的管理状况，在企业管理体系下规范设备应用。

(2) 建立技术专家决定机制，采取集中化的技术管理办法。专家牵头关注技术发展，把握好仪控设备技术进步脉络，技术团队和可靠性团队定期活动进行评价，指导设备技术的应用。

(3) 大幅度提高框架协议招标比例，组织专家组，通过调研、考察，论证等，萃取最合理采购技术方案，避免低价中标后形成问题。

(4) 有序淘汰可靠性不高、与安全环保和节能不再适应的仪表。定期评估设备老旧风险，制定中长期更新计划，通过规模化更新淘汰老旧设备。停工检修期间项目设立除了标准检修、缺陷检修外，积极考虑改善性检修项目规整仪控设备应用。

(5) 关注小型设备(包设备)采购管理，不要形成主要专业包办而忽视仪控等配套专业审核的情况。

(6) 随着生产装置顺应需求，更多配置设备运行状态监测、安全监测设备，如机泵运行监测、加热炉火焰检测、视频监测、循环水泄漏污染监测等，这些专门系统的现场设备、I/O 接口和操作显示设备与过程控制系统设备无异，尽量统一专业管理实现产品选型优化。

六、安全仪表管理

炼化生产装置容易受到泄漏影响置于火灾爆炸和毒害危险环境，需要设置大量固定的有毒有害、可燃气体检测仪表，以及火灾检测、火焰监测仪表等安全仪表，对装置危险环境进行监测。监测间断一定要在控制之下，所以安全仪表运行投用率要同安全仪表系统(SIS)投用率一样，始终达到100%。

与安全仪表系统(SIS)相比较，在生产装置中布置安全监测仪表并没有诸如安全仪表功能(SIF)及其相应的功能安全要求或安全完整性等级(SIL)按危险程度对其功能进行量化评价，并且不会直接控制改变生产过程，危险状态发生概率不大，可能不会有人对测量准确提出确定要求，而且要想得到准确的检测结果，常受到测点位置、安装、气候，甚至检测元件对介质的敏感度等因素影响变得更加复杂，对检测准确性会有一定程度的忽视。但也会有相反的情况，为了不漏掉测出危险状态，不惜配置过多的仪表，即使这样还无法确定是否会漏检出危险状态。

在安全仪表设计中，需要工艺、设备专业提供丰富的配置信息进行深化分析，与检测仪表原理结合，可求取最合适的布置位置和数量。对于点式气体报警仪表，将测点形成网格化，可提高监测准确性；在集中显示报警设备上建立远传气体报警仪的监测范围平面图，可提高监视便利性。

与安全仪表系统(SIS)一样，安全仪表在生产正常情况下也是处于休眠或静止状态，仪表显示为零值或安全状态值。为了让失效早期显露，企业建立了检验测试规程，提出检验测试的频率和测试要求，定期进行检验测试有效性评估，同时开展进行预防性维护工作。

多数企业制定的安全仪表的检验测试的频率一般大于过程监测仪表，如固定式可燃、毒气报警器每月进行一次零点检查，每6个月进行一次通气试验。主要预防性维护工作包括校准、试验和维护检修等定时性工作。巡回检查通常要检查试验声光指示、报警系统、试验按钮，检查检测器接头、盖、罩是否有松动，防止检测元件浸水受潮后影响其工作性能。

检查中发现和运行中发生的所有异常情况要及时发现和得到处理。对于装置的异常，企业的安全管理部门或应急管理机构需要监督事件处理；对于仪表的异常，设备管理部门和维护人员需要及时处理故障。

炼化企业渐渐普遍地将安全仪表的测量报警信号从监测系统传送到仪控设备状态监测平台，有些企业已经规定采用HART信号的仪表，采集和传送更多的仪表状态信息，如故障报警信号等。仪控设备状态监测平台可通过手机短信形式分级推送到管理人员、维护人员等，实现事件及时处理机制。

为了不因故障原因造成的监测长时间离线，需要建立故障快速处置措施。简单有效的办法是准备充足的备件，包括定期损耗部件和整台仪表。安全仪表的有效寿命相对比较短，通常使用8~10年就需要更换。

七、专项管理活动

(一) 全流程自控提升项目

报警频发，操作动作多，操作员工作强度大，装置运行平稳程度低，这些问题与装置自控水平和自控性能均有较多的关联。实际应用中，自控率虽然很长时间以来是仪表管理基础性指标，但是受到检测和执行仪表可靠性、PID参数整定、手动操作观念误区等问题综合影响，生产操作对自动控制回路信任度不高，装置平均自控率一直处于较低的80%以下水平。PID控制器虽然传统，但是简便有效，是过程控制器持久采用最普遍的型式。2000年，某技术公司与北方某炼化企业合作，研究开发自控提升新方法，逐步掌握单回路、多回路和装置间自动控制规律，提出全流程自动控制提升方法，并且开发基于对象模型的PID整定方法、自控率监控管理信息系统。经过不断成长、完善，2012年首次在南方某炼化企业实现全流程自控提升项目。

全流程自控提升工作包括现场PID整定、控制方案评估、监控管理信息系统建设，实现大幅度降低操作工操作次数和报警发生数量，从而减小误操作的概率；实现装置平稳操作，达到精准控制，进而提高产品收率、减少能耗等诸多益处。监控管理信息系统能对所有自动控制回路投用状态进行监控，自动统计自控率、依据规则自动计算平稳率，实现了报警管理等功能，是长期自控率管理的极好工具。

自控提升工作现场整定技术要求高，具有一定的风险，实施企业需要观念转变和适应过程。大型企业一般需要经过这样的过程，即试验(验证科学性、可行性和有效性)、试点(扩大应用，验证企业适应普遍性)、推广(计划性开展全面部署行动)，制定管理办法监督并保持规范应用。

自控提升项目后管理，主要包括仪表设备可靠性管理、控制性能管理。企业需要在检测仪表、执行部件上投入更多，保证检测仪表失效率更低，配置高性能定位器使得控制阀更精准、故障失效更少。定期进行自控性能测试能够较好地发现性能问题，指导设备维修和控制参数修正。降低失效率也意味着维护能力需要提高。

（二）控制系统隐患治理

DCS 寿命末期，故障频发并出现一些全局性故障，由于各 DCS 厂家新型系统推出一段时间，老旧设备还存在备件问题和 HMI 操作系统升级问题。DCS 老化现象对平稳生产影响严重，企业不得不将普遍性 DCS 老化首次作为隐患提出并着手进行整治。整治项目投资巨大、工程量巨大，并且老旧设备和工程的技术基点差异可能形成新系统技术差异，为后续管理带来不便。为稳妥推进工作，企业主要采取了以下措施保障治理项目顺利实施：

(1) 集中更新换代需要投入巨大资金，更新施工期与装置运行周期匹配，企业设定 3+1 年治理期，资金筹措更容易，并且符合运行周期。

(2) 统一进行招标采购，节约资金使用同时，选择有经济竞争力的设备，既保证了设备可靠，又避免了过多品牌、型号带来的管理问题。

(3) 采购同时达成备件专项储备协议，解决了备件供应时间长、价格变动大的问题。

(4) 治理方案经过工程设计和生产企业专家评审优化。

(5) 制定了采购技术标准，完善了工程设计技术标准，为企业专业管理便利奠定了基础。

(6) 支持国产化设备应用，针对现状提出应用指导性意见。

(7) 以可靠性为终极目的，明确了控制设备生命周期为 12~15 年。

过程控制系统老化问题周期性存在，在成熟技术方案和规范化采购支持下，已经更新踏入常态化管理范围，现今企业通过设备更新途径进行管理。

（三）先进过程控制(APC)应用与管理

先进过程控制(APC)以经济效益、操作稳定、质量和能耗为目标，通过多变量预估等异于常规 PID 控制的算法实施在线优化控制，达到预期目的。

由于先进控制建设往往带有专有技术，常出现因用户运行维护管理缺失导致运行中止或无法达到优化目标，这是先进过程控制管理难点。日常管理中需要注意克服的问题有：

(1) 模型修正、设备维护(软仪表、服务器、数采接口)、分析仪表参与控制，APC 项目的运维带有强烈仪控专业特点。有些企业信息化部门是 APC 的项目实施和维护单位，没有充分考虑到设备和应用本质属于仪控，这也是造成用户团队技术支持不够、人员接续力不足，从而导致业绩不佳的一个原因。

(2) 稳定的维护团队和技术全面的工程师培养，从仪表、工艺专业培养跨专业人才。

(3) 加强常规仪表维护，保持底层常规 PID 控制器处于良好投入状态。

(4) 技术服务提供商的稳定和支持，项目后技术支持工作，有些提供商提出效益分配支付项目维护费用办法值得考虑。

(5) 多部门协作，保证效益统计的科学性、真实性。

(四) 控制系统网络安全管理

联网构成了控制系统受到外部病毒感染或恶意侵入的基本条件，使得工控系统网络安全管理成为控制系统日常管理工作。在信息化不断膨胀的时代，工业控制系统(尤其 DCS)采集的过程数据需要被调度、决策信息系统(如 MES)所用，通过信息网络与外界通讯，从而使得控制系统可被恶意进行网络攻击，产生了工控信息安全的问题。控制系统安全问题已经与生产安全密切关联，恶意攻击的意图都是破坏或勒索，一旦恶意攻击成功，危害将是无可估量的。在无法确定隐藏的企图是否存在时，只有做好预先防范才是正确的。多数企业已将控制系统安全运行纳入管理工作范围，现在需要做的是如何针对过程控制系统实际情况，与国家有关计算机信息系统安全保护若干规范结合好，形成过程控制系统网络安全管理工作办法。

通过风险分析后，在技术应用和运行管理上形成了这样一些经验：

(1) 对于尚未实现网络安全保护的在运控制系统，设置以管理措施为主、技术措施为辅的管理模式为大多数企业所接受。这种模式可抵御网络攻击的能力与风险较为适配，整改压力小。按照自主确定原则，以装置为单位对控制系统信息安全等级保护定级，按装置重要性质宜定为一、二级。

(2) 新建、改建、扩建的过程控制系统应当同步设计和建设规范的网络安全保护功能，适应设备全生命周期网络安全管理需要。

(3) 仪控专业管理与信息管理的分工与责任划分对建设和管理过程控制系统有很大影响，仪控专业对控制系统结构内的安全负责，信息管理对系统外周界防护负责，周界设置可以是一个装置，也可以是一块集中区域。

(4) 仪控与信息双方仅有一个界面，数据仅有一个通道。诸如 APC 服务器等需要从控制系统获取数据的计算机节点，宜安装在控制机柜间，直接连入控制操作网络，不允许节点服务器直接外传数据。

(5) 控制系统操作站外部存储接口均进行封堵管理，对可接入外部存储器的接口施行安全审计管理。

八、实践案例

(一) 案例 1：仪控设备完整性管理体系绩效指标(KPI)

1. 基本情况与背景

建立设备完整性管理体系之前，炼化企业一直采用仪表完好率≥95%、使用率≥95%、控制率≥90%、联锁投用率 100%，以及可燃、有毒气体检测报警仪的安装率、完好率和使用率 100%作为仪控管理绩效指标，在建设现代化企业过程中，企业发现部分指标存在形式化，不能很好与管理重点工作相结合，无助于实现管理目标。建立设备完整性管理体系后，依据设备完整性管理整体目标，以风险管控为主线，进行细化分解，在体现指标安全性、先进性、突出可靠性管理的同时兼顾经济性，通过设置合理的 KPI 指标，全面地对维护、维修质量、设备可靠性、维修成本、效率进行评价。

2. 主要做法

企业提炼了与长周期生产关系密切、有效反映设备管理工作的战略目标，促进安全平稳运行，选择表4-5-3中所列6个指标作为完整性管理体系绩效指标。该指标结合仪控专业特点，强调设备的可靠性和可维修性分析，以设备故障率为控制重点，并对预防性检维修工作、维护质量、维修成本进行深度剖析。由于自控率指标对装置运行稳定和效益产生了重要作用，表征仪表设备对生产企业的贡献，列入最高级指标。

表4-5-3　仪控专业管理绩效指标

绩效指标	计算公式
自控率	$\frac{\text{投自动的控制回路数}}{\text{总控制回路数}-\text{不参与统计的控制回路数}}\times 100\%$
联锁投用率	$\frac{\text{投用的联锁回路数}}{\text{联锁系统总回路数}}\times 100\%$
百个控制回路控制系统报警次数	$\frac{\text{控制系统的系统报警次数}}{\text{装置控制回路数}}\times 100$
百个控制回路控制阀下线维修次数	$\frac{\text{控制阀下线维修次数}}{\text{装置控制回路数}}\times 100$
仪表故障率	$\frac{\text{仪表故障总台件数}}{\text{仪表总台件数}}\times 100\%$
仪控专业故障裕度	设备缺陷引发的故障对生产活动的冲击、影响

企业对KPI绩效指标计算方法和取数业务规则进行了标准化定义，完成了控制系统、设备管理信息系统数据互通，结合企业设备KPI绩效指标数据源实际情况，实现在线数据获取、自动统计分析、数据负面偏离报警等功能，减少人工干预，确保数据真实客观。

建立了“月度细分析、半年回头看、年终总评估”的管理机制，对设备完整性体系运行情况进行考核和评价，实现以KPI指标为引领，定期开展KPI指标分析工作，评估仪控管理工作绩效并持续改进。

3. 实施后效果

设备完整性管理体系绩效指标将企业的年度工作目标分解为针对性和操作性更好的工作目标，指导设备管理工作的开展，并如实反映设备管理的绩效，为炼化企业设备管理运行状况评价提供了透明、客观、可衡量、可审计的科学依据。通过设备完整性管理体系绩效指标设置，建立大数据分析理念，为设备完整性管理提供数据支撑，科学合理地指导设备管理工作。

（二）案例2：华南沿海某炼化企业自控率提升经验做法

1. 基本情况及背景

华南沿海某炼化企业常减压等10套装置均采用FOXBORO公司DCS系统进行控制，DCS系统的实施为提高过程控制和管理水平起到了较大的作用。但是受到参数设置、控制方案和手动控制的偏好观点的影响，10套装置的平均自控率仅为45.5%。自控率问题还造成操作次数多带来的劳动强度大、工艺报警多带来的装置平稳率低等问题，影响装置效率发挥。

2. 主要做法

2020年，企业用了8个月时间，对其10套主要炼油装置实施自控率提升改造工作。主要进行了控制回路优化，以内模-PID等技术优化控制器形式，整定控制器参数，减小控制回路波动，提高控制回路抗干扰能力，改善控制回路控制稳定性、跟踪准确性与快速性等动态特性，解决装置无法投自动及自动控制不平稳的问题；以全流程自动控制的思想进行装置控制优化，实现装置全流程自动控制，达到一键操作的目标；进行全装置报警优化与操作优化，确保装置长周期安全平稳运行。自控率提升项目还开发了自控率和稳定监控系统，逐个分析和设立控制回路工艺原因停用判据，自动采集DCS回路状态数据，对自控率、报警实时监控，在此基础上建立了量化考核机制，解决了难以科学统计和量化管理的问题。

3. 实施后的效果

自控率提升项目实施完成后，控制效果大幅度提升，串级控制回路全部投运，达到高精度的控制，监控系统的统计结果表明长期平均自控率达到96%以上。并且关键被控变量标准偏差降低30%以上，在装置工艺生产减少报警、增加稳定、降低操作强度，以及节能降耗、提高产品质量等方面也达到了很好的效果，对装置长周期运行提供了有力的保障。得到益处后，该公司于2020年年底开展了12个装置的自控率提升工作。企业在采取技术措施的同时，制定了更细的自控率管理制度，提高了对设备维护的要求，在技术和管理措施相互作用下，自控率管理得以提升和高水平持续。

第六节　加热炉管理

加热炉是炼油生产装置的主要设备之一，也是耗能大户，加热炉燃料耗量约占炼油企业能耗总量的50%~70%，加热炉操作管理关系到加热炉的热效率和全厂的能耗水平。目前许多炼油企业进一步在提高加热炉热效率方面展开攻关，新的技术不断出现和应用，炼油厂加热炉热效率最高已达94%以上。

一、加热炉运行管理

加热炉的运行管理中，确保加热炉安全稳定运行是最重要的任务之一。在炼油企业，操作人员对加热炉运行状况进行调整操作，通过“三门一板”调节加热炉火焰燃烧状态，控制烟气合理的氧含量和排烟温度。随着自动化技术的进步，基于烟气温度、烟气氧含量和一氧化碳含量等特征参数，自动调节风门、燃气阀门、烟道挡板的控制系统已在部分加热炉上应用，大大降低了操作人员的劳动强度。

加热炉正常运行期间需定时巡检，观察火焰燃烧状况，保证火焰形状正常，呈淡蓝色，不发飘，顶部无黑烟。如果发现火焰散乱、冒火星、脉动等异常现象，应及时拆检、清洗喷嘴。如果发现喷嘴喷头出现结焦、积垢或堵塞等异常现象，应随时对喷头停运清洗或更换。根据加热炉负荷变动随时调节，确保燃烧器处于良好的运行状态。通过调节将烟气氧含量控制在1.5%~2.5%的范围。对烟气进行组分测定，保证烟道气无CO等可燃组分。

对于有多台燃烧器的炉子，应调节各燃烧器的燃料操作压力基本相同，以使它们的释热量相同，并遵守“低背压，多火嘴”的原则，保证炉内温度场均匀。停运时应将燃料气阀门关严，安装盲板，以避免停运时燃料气泄漏。为满足环保要求，降低烟气中NO_x的含量，国内炼油企业加热炉大量采用了低氮燃烧器。此类燃烧器最大特点是弱化燃烧，运行中需要提高风速来引射燃料，所以调节燃烧器的重点成为燃烧器供风的调节，有变频调节的供风系统可以升高风机的频率增大风压，无变频的供风系统应该适当打开风道挡板增加风压，通过调节燃烧器一、二次风门控制炉子的氧含量，以保证燃料完全燃烧。由于燃烧器的一、二次风门功能相同，调整时应采用少量多次的方法慢慢调节燃烧器风门。根据加工的负荷工况不同，应相应地改变风门的开度。

(1) 长明灯的调节。长明灯的燃气量不应太大，火焰不应太长，以刚出火盆砖为宜，火焰太长会影响 NO_x 的含量。若出现烟气中 NO_x 含量超标的情况。首先看炉子的氧含量是否过高，可通过调节燃烧器风门、风道挡板的方法降低风量，从而降低氮化物的含量。若氧含量不高，可以通过增高风压的方法调节。长明灯熄火，首先检查燃料系统压力，如果正常，可考虑长明灯小喷嘴堵塞，应将喷嘴卸下通堵，而后再行点火。主喷嘴熄火，首先检查燃料系统压力，如果正常，可考虑燃料喷嘴或阀门堵塞，应将喷嘴卸下通堵，或检修阀门。如果无以上情况，则可能是由于燃料管网压力波动或其他因素导致熄火，应按上述条款要求再行点火。

火焰绵软无力、冒黑烟，应考虑供风量不足，并适当开大风门。另外，由于炉子低负荷运行致使燃气压力过低(低于0.02MPa)或燃气中重组分如 C_3、C_4 甚至 C_5 含量过高都有可能造成配风不良、冒黑烟。如果炉子负荷过低，可停运部分烧嘴，适当提高燃气压力、增大单台烧嘴的负荷；如果燃气重组分多，长期燃用应考虑更换主喷嘴。

火焰偏斜，主要为主喷嘴喷孔部分堵塞，应将主喷嘴卸下通堵。火焰颤动不稳、冒火星，检查是否有燃料管网压力波动、喷头松动、堵塞或燃料气携带残液等原因；如果仍不能解除，可考虑管道、炉体共振，这时需调节操作压力，避开共振点。

为保证喷嘴长期安全、可靠运行，即使在正常运行情况下也应定期拆洗，以清除喷孔内的积炭。由于喷嘴软管接头与内构件有密封面及密封件，一般情况下，切勿随意拆卸，更不能敲击，以免损坏密封面。如果密封件损坏，请及时更换。

喷嘴清洗完毕后，应按其内部构件原有顺序进行组装，注意各紫铜密封垫表面必须平整光滑，否则应予以更换。组装后用力拧紧喷嘴喷头，以保证内构件间的密封。喷嘴运行一定时期后，会造成喷嘴孔磨损(视燃料气含固体颗粒的多少而定，这一时期会有所不同)，此后运行状况恶化。为保证燃烧器的正常运行，应更换喷嘴。

(2) 加热炉操作的安全操作规程。各企业应制定本企业加热炉管理规定、操作规程，明确加热炉工艺指标。各企业应定期对加热炉操作人员进行加热炉应知应会知识培训和考试，合格后方可上岗操作。应对生产装置建立加热炉基础档案资料(做到一炉一档)，并有完整的运行记录。

(3) 燃烧过剩空气量的监控。正常运行周期内，加热炉的平均氧含量应达到以下控制指标：加热炉热负荷在10MW及以上，通过技术改造后长期运行氧含量控制在1.8%以下，新建加热炉的氧含量达到1.2%以下；加热炉热负荷在10MW以下，氧含量应达到低于2%。企业在提高加热炉热效率的同时，应定期监测加热炉烟气露点温度，合理控制物料进料温度，确保炉管管壁温度高于烟气露点温度，避免烟气露点腐蚀，达到节能降耗的目的。

二、炉效及合规性管控

加热炉运行过程中的管理包括许多方面，但其面临的挑战主要是炉效和排放及合规性管控问题。加热炉的排放又分为碳排放和大气污染物排放。提高加热炉热效率是减少加热炉碳排放的主要途径，加热炉的效率及相关指标按照《中国石化加热炉管理办法》执行。大气污染排放指标按照国家标准执行，同时应参照企业自身制定的高于国标的指标要求。加热炉运行安全，应按照加热炉安全操作规程所规定的内容执行。

（一）加热炉热效率管控

按照加热炉管理办法的规定，在正常运行周期内，加热炉的平均热效率(以下简称热效率)应达到以下控制指标：加热炉热负荷在10MW及以上，通过技术改造后长期运行热效率应在92.5%以上，新建加热炉的热效率应达到94.0%以上。

设计热负荷10MW以上的加热炉最终排烟温度一般应不大于110℃，5~10MW之间的加热炉最终排烟温度一般应不大于130℃，5MW以下的加热炉最终排烟温度一般应不大于150℃。如燃料含硫量偏离设计值较大，则应进行标定和烟气露点测试，然后确定加热炉合理的烟气排放温度(一般应确保烟气温度高于露点温度20℃以上)。

为保证燃烧完全，应尽量降低排放烟气中的CO含量，一般应不大于100μL/L。炉膛温度低于500℃的加热炉烟气中CO含量宜不高于200μL/L。为保证合理的燃烧工况，应严格控制辐射炉膛负压。简单炉型辐射炉膛顶部的负压值应控制在-20~-30Pa之间。多炉膛联合或多炉共用烟道的炉型，其辐射炉膛顶部负压值可适当放宽至-50~-60Pa，但不得超过-80Pa。

进对流室前烟气中的氧含量，燃气加热炉应控制在1%~3%；燃油加热炉应控制在2%~4%。已采取低氧燃烧自控技术的加热炉，在保障安全运行的前提下，氧含量控制指标可进一步降低。组织好烟气系统的查漏堵漏，保证烟气最后一个受热面的氧含量小于4%。企业在提高加热炉热效率的同时，应定期监测加热炉烟气露点温度，合理控制物料进料温度，确保炉管管壁温度高于烟气露点温度，避免烟气露点腐蚀，达到节能降耗的目的。加热炉的外壁温度应符合设计规定的要求。

（二）加热炉的合规排放

为保护环境，延长设备的使用寿命，应严格控制燃料品质，控制烟气中的污染物排放。污染物的排放应达到国家标准和当地环保部门规定的指标。采用低NO_x燃烧器，以减少排放烟气中的NO_x含量。应采取有效措施控制燃料中的硫化物含量和固体颗粒含量，减少排放烟气中的SO_2、SO_3等硫化物含量和粉尘含量。燃料气中总硫含量应不大于100μL/L；燃料油中总硫含量应不大于1%，固体颗粒含量应不大于2000μL/L。燃料中的硫化物含量和固体颗粒含量达不到要求的，应制定整改计划，采取措施，尽快达到要求。

（三）加热炉安全合规性管理

加热炉运行应严格遵守操作规程及工艺指标要求，保证加热炉在设计允许的范围内运行，严禁超温、超压、超负荷运行，避免过低负荷运行(过低负荷一般指低于设计负荷的60%)，其工况应能满足本装置生产运行周期的要求。

由于特殊原因对加热炉进行特护运行时，应制定特护方案并报设备管理负责人批准执行，生产装置操作人员应严格按规定执行检查，并严格执行特护方案规定的内容。加热炉的开(停)工必须严格按照工艺操作规程执行。装置开(停)工前必须制定详细严谨的开(停)工方案，并经有关部门审核会签。停工时须特别注意防止硫化物在对流室内自燃，防止连多硫酸造成奥氏体不锈钢炉管应力腐蚀开裂。

加热炉使用单位要分层级落实加热炉运行监控，组织现场定期巡回检查，及时发现异常和隐患，有效处置缺陷和故障。运行监控和巡回检查内容至少应包括且不限于以下内容：①加热炉监控参数应包括物料流量、分支炉管物料流量、出入口温度及压力、排烟温度、炉膛温度、炉膛负压、氧含量、燃料温度、压力等。②现场巡回检查时加热炉内部检查内容应包括燃烧状况、炉管及支撑件、衬里、火盆砖完好等。③现场巡回检查时加热炉外部检查内容包括炉体漏风和超温情况，空气预热器运行状况，挡板(包括燃烧器调节风门)的开度、灵活度和指示的准确性，快开风门正常关闭与否，吹灰器运行状况，燃料切断阀开度和压力表读数的准确性，停用燃烧器风门关闭与否，门孔类严密性，物料、燃料、仪表风有无泄漏，引(鼓)风机运行状态，就地压力表、温度计指示，炉管 TMT 检测(如制氢炉、裂解炉)，炉管的支吊架刻度，炉本体的穿墙管处密封保温、现场物料线及热风保温等。

企业应规定装置技术管理人员每日对本装置管辖范围内加热炉的运行情况至少巡检 1 次；每周应对加热炉热效率和烟气外排环保指标检查 1 次，每月应对加热炉运行状况进行 1 次技术分析，并形成报表存档。装置操作人员应按照本企业制定的加热炉操作规程，认真进行巡回检查，保持加热炉处于良好状态运行；要加强三门一板[油(气)门、汽门、风门，烟道挡板]的调节，保证炉膛明亮不浑浊，避免燃烧器火焰过长、过大、冒烟，严禁舔管；要尽量保持多火嘴齐火焰，维持高效运行。

加热炉引(鼓)风机按照专业管理策略和预防性维修计划执行，烟风道挡板及其执行机构应每月活动试验一次，燃烧器根据燃烧状况及时清理，热电偶、氧含量分析仪应每季度校验一次，对发现的问题和缺陷应及时处理。

加强加热炉运行状态监测工作，包括但不仅限于：炉管表面温度监测、炉衬红外热成像检测、定期炉效监测、露点温度监测、环保指标监控、噪声监测、漏风检测等。

加热炉每两年对炉体外表面进行 1 次红外热成像测试；每年应对制氢转化炉炉管、焦化炉炉管、裂解炉炉管、硫黄焚烧炉筒体进行至少 1 次红外热成像测试，及时发现和处理局部过热点，并及时处理，不能立即处理的和已发现炉管颜色异常的，应增加监测频次，并列入大检修计划。

装置停工检修前一年组织一次加热炉标定，用于指导检修改造。停工大检修后，开工正常三个月内组织一次全面的加热炉能效标定。应采取降低烟道散热、增加引风机保温、提高鼓引风机变频投用率等有效措施，提高加热炉综合热效率。加热炉计划长期停用时(通常是指 6 个月以上)，应制定专项保护方案，备用的燃烧器可在风门处增加盲板，长期停用的燃烧器拆下火嘴清洗后保存。

三、加热炉的检修及改造

加热炉是石油化工工艺加工过程中重要的耗能设备，其作用就是给工艺过程中的各种介质(液体或气体)提供热量，使其达到工艺生产要求。因此，其运行状态的好坏，直接关系到工艺过程的安全正常运行和节能环保能否达到要求。随着技术的进步，加热炉的运行参数指标也在不断提高，原有的加热炉可能达不到新的更高指标要求。这时，就需要进行加热炉的改造，使之达到更高的标准，满足更加严苛的运行要求。

(一) 停工检修要点

加热炉一般可分为以下五部分：工艺部分、监测及调节控制部分、供热部分、余热回收部分、炉体部分。

1. 工艺部分

即炉管系统。生产装置内的工艺介质通过炉管获取热量，达到工艺条件所需的温度，以满足工艺生产需要。这些工艺介质均为流体(液体或气体)，且大多为易燃易爆介质。因此，其生产过程极具危险性，是停工检修的重点对象。

(1) 检查炉管、弯管有无弯曲变形、鼓包、氧化爆皮、裂纹、腐蚀、冲蚀等。高温重油介质(如温度在450℃以上的渣油)的炉管要特别注意检查有无局部过烧。

(2) 应结合前期运行情况，安排炉管的厚度测定。并根据需要，安排金相、硬度、探伤等检查。

(3) 检查回弯头堵头、顶紧螺杆、元宝螺母及支耳有无裂纹；打开堵头检查胀口处有无结焦积炭、腐蚀、松动等异常情况。

(4) 检查炉管管内结焦及管外积灰、结垢。

(5) 检查管板、吊挂件和导向杆的变形、断裂及卡死等损坏情况。

(6) 临氢炉管、易结焦介质炉管及连续运行4~5年以上的炉管，在常规检查发现无异常时，应进行焊缝射线检查，必要时应做金相检查。

(7) 检查炉管热电偶及套管的焊缝及其他缺陷。

2. 监测及调节控制部分

监测及调节控制部分相当于加热炉的耳目和大脑，能够随时了解加热炉各部分的运行状况，及时操作控制加热炉，使其在满足工艺条件下安全、高效、环保地运行。这部分的检查，主要是定期检查校验所有的监测仪表，保证其正确可靠；结合巡回检查，及时检查所有调控阀门、挡板，检查鼓风机引风机，看其是否正常运转，是否操控灵活可靠，有无破损；检查DCS的手动、自动和遥控，保证灵活好用；检查所有的联锁报警功能，保证动作准确无误，并不得随意解锁报警系统。

1) 供热部分

也就是燃烧室和燃烧器部分。其作用是通过燃烧燃料(液体或气体)输出热量，来加热炉管内的工艺介质。加热方式为炉管直接受火式。因此，这一部分的运行好坏，对满足工艺需要、降低燃料消耗、减少污染物排放有着直接的影响。

2) 余热回收部分

是将已被炉管吸收热量后的高中温烟气里的剩余热量加以回收利用，以提高加热炉的工作效率，达到节能环保的要求。炉体部分起到整体的支撑、耐火、隔热作用，使加热炉能够正常运行。要检查空气预热器的腐蚀、损坏及积灰结垢情况；要检查空气预热器及相关烟道、风道是否通畅，有无泄漏；检查相关的阀门、挡板是否灵活好用；引风机、鼓风机是否运转正常。

3) 炉体部分

要检查所有钢架、钢板有无变形，有无锈蚀和超温烧蚀部位；检查辐射室、对流室及烟风道的耐火隔热衬里(砖)有无损坏脱落，托架、挂钩和护板是否完好；检查加热炉炉管导向管有无变形卡涩等情况；检查看火门、防爆门、弯头箱门是否完好，有无超温、泄漏；检查各部位的外保温有无损坏；检查油漆、防火涂料有无损坏脱落。所有的检查完成后，应汇总检查结果，对照相关标准和规程规范，确定需要修理的部位和内容，安排隐蔽工程计划并实施。

(二) 大检修项目全过程管理

根据各部分的作用特点，在停工检修时，可有针对性地进行检查。对检查中发现的问题，根据相关标准和规程规范，对问题进行分析判断，最终确定修复方案，并在检修中实施，生产装置运行过程中要监测炉体外壁有没有超温。

当技术进步和管理要求提高，加热炉的运行状况满足不了实际需要时，就要进行技术改造。

(1) 技术改造首先要了解加热炉的现实状况，分析存在的问题，找到相应的改造对策。为了准确地确定存在的问题，留下改造后的对比数据，应该在加热炉改造前的运行状态下进行一次全炉标定测试。

(2) 全炉标定测试后，结合炉子的实际状况，分析判定，确定加热炉的改造方案。

加热炉的检修改造(不包括工艺改造)，主要有余热回收系统改造、燃烧器改造、操作系统增设自动优化控制系统、耐火隔热材料改造，以及看火门、防爆门、人孔门改造。具体进行何种改造，必须根据各台炉子的实际情况分析确定。

(3) 确定改造方案，安排设计、采购、制造、安装。全程跟踪，确保质量标准。要确保改造意图在设计图纸上实现。采购时，必须严控质量标准。制造、安装过程中，必须随时跟踪制造安装的质量。

(4) 制造安装完成后，必须进行检修项目的质量验收。

(5) 准备装置的开工投运。开工准备投运实施时，必须严格按照开工方案进行。具体有以下工作：

① DCS 和所有仪表的调试、联调结束。

② 如果炉管经过改动，则必须按标准进行试压。开工前要进行炉管的吹扫。

③ 如果加热炉进行了耐火隔热衬里的施工，在开工前必须按标准规程进行烘炉。

④ 鼓风机、引风机和挡板阀门的调整试运，与 DCS 的调试一并进行。

⑤ 加热炉燃烧器的点火、调整。燃烧器的点火按制度规定执行，必须在确保安全的前提下进行。使加热炉的整体运行平稳调整。

⑥ 开工后，待装置运行正常，需要进行一次加热炉的全炉标定测试。取得数据后，与改造前的标定数据进行对比，以评估改造效果。

四、加热炉新技术

(一) 加热炉排管优化

管式加热炉计算一般采用 FRNC. 5PC 软件。如果采用多管程小管径排管，可有效地缩短原料流过炉管的长度，降低压力降，减少原料泵的能耗。通过采用合理的炉膛空间和在不增大炉膛空间容积的前提下加大炉内壁面积，增大热交换面积提高炉膛热交换，提高热效率。

辐射室炉管表面平均热强度约是对流室表面平均热强度的 2 倍，如果优化燃烧系统和强化辐射室传热，可增加辐射室传热量减少炉管用量，而且可以降低烟气出辐射室的温度。

(二) 降低排烟温度

排烟温度在一定程度上对管式加热炉的热效率起决定因素。排烟温度越低，其烟气带走的热量越少，热损失越小，热效率越高。排烟温度与介质入口温度有关，随介质入口温度升高而升高，和烟气与介质之间的温差关系很大。所以应充分利用对流室的空间，降低介质入口的温度，缩小烟气与介质之间的温差，使排烟温度降低。但在确定管式加热炉的排烟温度时必须要考虑到炉管、空气预热器及风机的露点腐蚀。对于露点腐蚀，通常的解决方法是选用耐露点腐蚀的材料(如铸铁、搪瓷管、玻璃管、ND 钢等)作为换热面。

（三）合理控制过剩空气系数

燃烧所用实际空气量与理论空气量之比为过剩空气系数。加热炉辐射室出口烟气氧含量的控制范围，烧气时为1%~3%，烧油时为2%~4%。通常过剩空气系数控制方案是：以炉顶烟气氧含量来控制供风挡板或燃烧空气入炉量，使加热炉处于最佳的燃烧状态，减少燃料消耗。还可以设置自动控制系统，用及时精确地控制来实现节能：炉温与燃料流量串级控制，燃料与空气的比例控制及烟道尾气的含氧量控制等。

加热炉优化控制技术，在实现自动控制的基础上，实现了低氧燃烧的情况下，对 NO_x 及 CO 进行多变量控制，控制参数和控制目标在线优化，驱使加热炉始终处于效率最优状态。数字化燃烧与控制技术在国外已经取得进展，其核心是燃烧器的喷嘴和配风进行数字化改造，突破传统意义上的操作弹性限制，在操作负荷变化较大时，对加热炉的高效运行影响很小。

（四）降低炉体表面散热损失

根据 SH/T 3036 一般炼油装置用火焰加热炉，在无风、环境温度27℃条件下，炉体和热烟风管道外壁应不超过82℃，辐射段底部外表面温度应不超过90℃。目前通过各种新型技术，外壁温度可降至50℃甚至更低。新型炉门采用耐高温玻璃，或采用新型隔热密封结构，对节能有很好的效果，外壁散热仅194W/m^2，比传统炉门低约20倍。

采用新型衬里材料，优化炉衬结构。在保证炉子的结构强度和耐热度的前提下，炉衬应尽量提高绝热能力，减少蓄热。但单纯依靠增加炉衬厚度来降低外壁温度不仅增加蓄热和成本，而且减少了换热面积。有的企业采用的纳米隔热材料，在纤维材料中融入了纳米材料，500℃下导热系数可达0.031W/(m·K)，而普通陶瓷纤维板约为为0.18W/(m·K)。保证炉体的完整和密封性。如果炉体密封不严，将会造成能源浪费、设备烧坏等状况。

（五）富氧燃烧技术

富氧燃烧是采用氧气浓度高于21%的空气进行燃烧的技术。富氧燃烧技术可减少排烟量及热损失，提高辐射室温度，增加辐射室传热温差，强化辐射传热，从而缩小设备尺寸，使炉膛温度更加均匀，提高热效率，利于尾气的回收及综合利用。氧气可取自企业空分装置副产品氧气，也可以在炉前通过膜技术或者磁化分离技术制备。但含氧量的增加将导致炉膛温度升高，尾气中 NO_x 含量增加，是制约富氧燃烧技术进一步发展的重要因素。

五、实践案例：华东某企业4#常减压加热炉节能改造

1. 项目背景

华东某企业4#常减压装置常压炉和减压炉组试点建设炼油装置高效示范加热炉，由SEI负责改造设计，集成多项新技术应用到加热炉节能改造中。

加热炉组改造前存在的问题如下：

（1）加热炉最终排烟温度高，全年平均130℃左右。以当前的技术水平可以将排烟温度降到90℃以下，余热回收空间大。

（2）烟道密封挡板密封性差，调节挡板卡涩严重，影响烟气中氧含量和炉膛负压控制。

（3）通过红外成像实测，炉外壁存在超温现象，散热损失较大。辐射室壁温普遍在60~75℃之间，看火窗、人孔门、泄压门部位最高可达130℃以上；对流段壁温普遍在60~83℃之间，多处超多100℃，最高部位达130℃以上。

（4）看火窗、泄压门、穿墙管、对流室弯头箱盖板等部位密封性能差，存在漏风现象。

（5）原燃烧控制是依据炉膛过剩空气系数的变化，控制鼓风机提供助燃空气的多少，实际操作过程中炉膛氧含量偏高。

2. 主要改造内容及实施过程

1）建设方案

（1）更换新型高效无泄漏、耐腐蚀空气预热器。将原先使用的（高温段扰流子+低温段热管）复合式空气预热器更换为高温段金属板式+低温段玻璃板式的组合式空气预热器，最终排烟温度降低到90℃。

（2）为空气预热器配套增上凝液处理输送设施。

（3）更换常压炉、减压炉烟道调节挡板和密封挡板，确保密封挡板严密，调节挡板灵活。

（4）在炉体炉管出入口等漏风较严重的部位采用新型密封组件进行封堵。

（5）采用四连杆传动的新型密封式看火门。

（6）衬里修复优化：对辐射室及转对流烟道超温部位的衬里采用陶瓷纳米纤维喷涂衬里技术进行修复；对超温较严重的对流段更换衬里材料，采用耐火纤维毯+纳米微孔板+耐火纤维整体模块+热防护涂料的复合衬里结构；泄压门内部增加密封隔热模块；热风道拆除原有浇注料衬里结构，采用陶瓷纤维板+高强低导浇注料的衬里结构形式，避免助燃空气温度提升后风道外壁超温和膨胀；在冷烟道壁板内表面和保温钉上涂刷防低温露点腐蚀涂料，衬里采用重质浇注料。

（7）引风机壳体及转子防腐。

2）项目进度

（1）2020年3~4月，资料收集、方案讨论，形成初版建设方案。

（2）根据审查会参会领导和专家提出的建议，重新对建设方案进行论证优化，2020年5月底形成第二版建设方案，并于6月10日、11日组织SEI、相关技术厂家召开了现场对接讨论会，明确了四常装置示范炉建设方案采用的节能技术。

（3）2020年6月中旬至9月中旬，SEI完成主要改造内容的详细设计，完成主要设备和材料的采购。

（4）2020年9月23日，现场正式开始施工，由于工程量大、工期紧张，采用两班倒的施工模式。截至11月20日改造内容全部完工，验收调试合格。

3. 改造效果

（1）对两台加热炉进行红外热成像检测，与改造前对比可以发现衬里修复部位外壁温度明显降低，大大减少了散热损失。改造前后加热炉外壁温度对比见表4-6-1。

表4-6-1　加热炉外壁温度改造前后对比数据　℃

加热炉	部位	改造前（环境温度17.5℃）		改造后（环境温度6℃）	
		最高温度	平均温度	最高温度	平均温度
常压炉	辐射室	89	68	65	31
	对流室	239	73	153	29~36
	泄压门	274	106	49	22
减压炉	辐射室	92	62	40	31
	对流室	154	71	102	33~42
	泄压门	298	110	40	24

（2）新更换的挡板灵活好用，加热炉负压控制平稳、易于调节。

（3）新更换的看火门、密封组件隔热密封效果良好。

（4）2021 年 10 月对加热炉运行情况进行标定，加热炉热效率达到 94.5%。

第七节 装置长周期运行及大检修管理

炼油装置长周期运行是企业综合管理水平的体现，更是设备管理水平的综合体现。从 20 世纪 60 年代我国炼油行业发展开始，炼油装置一直按照“一年一修”的模式进行停工大修。90 年代开始学习西方发达国家炼油先进技术和管理经验，炼油装置逐步出现了“三年两修”“两年一修”的势头，到 20 世纪末基本实现了“两年一修”。21 世纪头 10 年炼油装置追求更长周期运行成为重要的运行指标，“十二五”末中国石化炼油装置基本达到了“三年一修”。伴随着我国经济技术的不断发展，炼油装置的长周期运行越来越接近世界先进水平。至 2018 年底，中国石油独山子炼化、大庆石化，中国石化济南炼化、青岛炼化、天津石化、武汉石化、金陵石化、镇海炼化、海南炼化、北海炼化、广州石化、洛阳石化等多家企业全厂炼油装置整体实现了“四年一修”，中国石油独山子炼化，中国石化武汉石化、镇海炼化、天津石化、北海炼化将向“五年一修”挺进，标志着我国炼油装置运行管理水平达到了新的高度。

一、装置长周期运行的意义

在装置生产能力一定的条件下，通过装置满负荷、连续长周期运行等技术手段降低生产成本是企业提高经济效益的有效途径。目前，对装置长周期还没有统一的规定，不同的企业给出不同的规定。我国石化生产企业一般规定催化装置运行“四年一修”。工业发达国家的催化裂化装置运行周期较长，为 4~5 年，相比而言，我国炼油装置长周期运行水平与国外仍有一定的差距。

如今，很多炼油企业在管理炼油装置设备的过程中，不仅能有效地掌握相应管理模式及要点，同时还能对原有的管理理念进行创新完善，引入新型管理方式后，对管理方案进行优化处理，以此来提高炼油装置设备的管理水平。对于装置设备长周期运行管理中存在的难点问题，相关管理团队也能根据实际情况，对问题产生的原因进行及时的分析，并制定出妥善的解决方案，降低不利因素对炼油装置设备运行效果的影响。在发展中，炼油装置长周期管理水平得到了很大的提升，很多独特高效的管理手段被应用其中，总结出了许多值得借鉴的经验。

二、长周期运行管理现状及问题

装置长周期运行一直是石化生产企业不懈的追求。在装置高负荷运行、高含硫原油比重越来越大的情况下，如何根据新的情况制定新的有效措施，实现装置长周期运行，已成为检验企业内部管理水平的硬标准。

（1）设备管理使用上表现为“重用轻管”，设备常常处于超负荷状况工作，或带“病”作业，甚至违章操作。设备维修管理往往局限于事后维修，预防维修意识不够重视，对设备的故障及劣化现象也就未能早期发觉、早期预防、早期修理，以致造成人力、物力、财力不必要的浪费。

（2）生产物料平衡困难，设备运行波动大。原油生产的不均衡性，致使部分装置出现原料充足时超负荷生产，原料短缺时低负荷运行，甚至循环待料。加工负荷的频繁提降，严重影响装置的安全平稳运行。

（3）目前企业单系列操作普遍存在，催化裂化装置的长周期运行是企业长周期管理中的关键，催化装置普遍存在衬里脱落、烟气粉尘含量超标、烟机结垢等操作瓶颈。随着社会、企业对环保要求的提高，催化裂化装置先后增加了烟气脱硫、脱硝等环保设施，由于一些设施主要依靠专利商设计和供货，缺少长周期运行的理念，存在运行缺陷，给催化裂化装置长周期运行带来不利影响。

（4）新建装置长周期运行存在短板。随着炼油规模进一步扩大，建设周期进一步加快，设计工艺和能耗指标技术领先。但也存在长周期运行的短板，比如施工设计与实际操作衔接不够紧密，有的装置开工运行即显露缺陷，设计水平亟待提高。设计审查深入程度存在不足，造成新建装置开工过程中整改较多，短期开工后停工整改现象时有发生。成套设备供货质量存在不足，制造厂家设计过程中对长周期运行理念的缺失，成套供货的辅助设备质量难以保证，核心技术制造厂家不轻易交底，造成运行管理的不足。制造和现场施工质量的缺陷也制约了装置长周期运行。

三、长周期运行管理目标及措施

随着时代的发展与国家整体实力的提升，越来越多新型的炼油装置设备出现在了各炼油厂以及炼油企业中，不仅对炼油领域的发展提供了不小的动力，还间接地提高了炼油领域的发展水平。在近几年的发展中，很多炼油企业都提高了对装置设备长周期运行管理的重视与研究。一方面是由于传统落后的管理模式已经不能满足新时期炼油领域的需要，应该对相应的管理模式进行更新与创新；另一方面是由于装置设备长周期运行管理水平会受到一些因素的影响而出现问题，需要相关管理部门对其进行妥善的处理，保证装置设备安全运行。

（一）长周期运行管理目标

1. 创新生产管控体系

构建科学的生产装置长周期运行目标体系，突出关键生产装置年度产量、运行周期、非计划停车次数、时间、损失、综合能耗等生产管理指标，实行目标管理和月度分析研判、决策调度。健全生产管理组织体系、制度体系、责任体系，构建考核奖惩机制，签订年度责任状，强化责任目标过程跟踪和结果考核，考核结果与旗下企业负责人绩效薪酬挂钩。运用互联网+HSE思维，自主设计开发生产管理系统，用信息化手段建立生产管理数据库，建立全过程、全方位、一体化、信息化生产管理体系。聚焦旗下企业生产装置运行共性问题、重点问题、典型问题，精准发力重点企业、重点对象、重点环节，用钉钉子的态度逐项落实重点难点工作。

2. 提升工艺设备保障能力

健全工艺设备技术管理体系，实施装置定期评价及预防性管理，增强预见性检维修能力，降低设备故障率。健全设备日常巡查维护保养机制，加强设备“润滑、清洁、紧固、防腐”，实施重点、关键设备“机、电、仪、操、管”五方联合精细维护，运用状态监测、故障诊断技术监控大型机组。健全计划性检修机制、临时故障抢修响应机制，避免欠修，完善检维修规程并强化执行力，开展“创完好”“无泄漏”活动。健全供配电设备、线路、继电保护设备、预防性试验等重点检查机制，强化供用电设备运行维护检修专业能力。健全课题立项、攻关机制，积极运用先进技术、先进设备、先进材料，针对性开展工艺设备改造。

3. 安全生产支撑能力

扩大生产装置关键工艺安全参数联锁控制、自动化调控、信息化管控覆盖面，推进"两重点一重大"化工装置安全仪表系统(SIS)改造，持续提升本质安全水平。强化安全风险管理和隐患排查治理体系"双重预防机制"，坚持风险预控、关口前移，健全安全风险辨识评估工作机制，推行安全风险分级管控，健全隐患排查治理长效机制，实行"一企一标准"，建立安全检查标准表，实施标准化检查，逐级落实从企业负责人到每位从业人员的隐患排查治理责任。运行过程中的管理工作直接决定装置及设备长周期运行中的稳定性、连续性及高效性，而炼油装置长周期运行中的管理工作以腐蚀预防及处理为主。在日常生产过程中，要加强压力容器、管道的防腐管理工作，及时掌握装置的腐蚀倾向，掌握装置的腐蚀动态和腐蚀规律。根据工艺防腐和设备防腐的特点，加强设备管线的防腐检查，对高温含硫临氢管线定期进行普查和测厚，同时抓好压力容器和管道的定期检修。

4. 实现"三化提效"

实现机械化换人、自动化减人、信息化省人"三化提效"，从传统制造业向高端制造业转型，建设数字工厂、智慧工厂。实施化工生产装置 DCS 控制大集中大联合，实行高度集中统一生产组织管理，提升组织效率。实施企业制造资源、物资管控、生产过程、现场运行、质量管控数字化建设，实时采集各业务管理流程数据汇入数字工厂数据库，形成基于云计算的互联互通大数据信息库，为企业生产经营管理提供决策支持。

5. 减少炼油装置非计划停工

炼油厂的催化裂化装置如果发生非计划停工，将对装置的长周期运行产生危害。在炼油催化裂化生产过程中减少停工次数，延长催化裂化设备的运行周期，提高炼油的经济效益，是炼油厂必须解决的问题。经过科学研究和现场试验，确定最佳的生产工艺技术措施，优化生产过程管理，降低各种风险，提高设备安全运行的效率，达到预期的生产目标。

催化裂化生产过程中，优化炼油的生产原料，对加工工艺进行优化设计，减缓沉降器的结焦，延长沉降器的运行周期。更换机组的控制系统，减少烟机的故障，将油浆系统进行升级改造，降低换热器的压力损失，通过工艺和技术的革新改造，提高催化裂化装置的运行周期。

6. 岗位人员标准化管理

健全岗位责任制、岗位操作规程、岗位管理制度，完善开停车作业程序、标准化作业程序、故障处置程序，实现标准化全覆盖，强化操作规程、管理制度执行力。加强从业人员教育培训，实行岗位技能考核上岗制度，提升从业人员岗位履职尽责能力，实现岗位达标、专业达标、企业达标。

(二) 炼油装置长周期运行管理主要措施

装置长周期运行是企业快速发展壮大的基本要求，是企业提高生产效率、降低生产成本、增加经济效益的有效途径。要想炼油装置设备长周期连续稳定的运行，就需要做好装置设备的管理和维修工作，这样不仅可以降低运行成本，而且可以提升企业效率。因此，炼油装置设备长周期安全平稳运行是综合性管理，它涉及各方面的管理工作，不仅会对生产环节的效率、装置安全运行和产品质量产生影响，而且与企业的经济效益也有着直接的关系。因此，就需要结合具体情况，科学开展炼油装置设备管理和运行管理。

1. 加强设备管理

装置设备长周期安全运行，首先就必须加强设备管理，主要做好设备前期的选型管理、设备的日常维护保养、设备操作运行和科学检修管理。设备选型非常重要，同时要做好设备的现场安装调试工作，在安装过程中做好质量控制，才能保证调试一次成功。其次要加强设备正常操作，优化操作指标，严禁设备超温、超压、超速、超负荷运行。另外要加强设备基础管理，修订设备管理各项制度和台账，规范设备管理程序，明确设备管理职责，强化设备“四懂三会”的培训，要加强设备日常维护保养工作，加强设备巡回检查，坚持操作工岗检，安全、工艺、设备技术员日检，机、电和仪专业技术员专检的三位一体的巡检体系，实行日查、周检月考核管理制度，达到及时发现隐患，及时解决问题的目的，将隐患消除在萌芽状态，实现设备和工艺管线安全平稳运行。

2. 加强技术管理，解决“瓶颈”问题

设备材质进行升级换代，提高装置长周期运行水平。对于常压装置，影响装置长周期运行的关键因素主要有三点：一是高温部位的环烷酸腐蚀；二是初馏和常压塔顶的硫化氢和氯化氢腐蚀；三是加热炉炉管的磨损腐蚀和空气预热器低温露点腐蚀。针对不同的腐蚀介质采取不同的防腐措施，对于环烷酸腐蚀要从温度、酸值和流速等三个主要的影响因素方面进行分析总结，选用合适的耐腐蚀性材料，延长装置运行周期。进行材质升级换代，对于常压塔内件、塔体、加热炉炉管、加热炉转油线都采用材质升级办法，以对抗高温环烷酸腐蚀。对于塔顶部位低温腐蚀主要以加强“一脱三注为主，材质升级为辅”的防腐办法，主要在空冷、冷却器管束、常顶油气换热器管束上采用材质升级，以对抗低温硫化氢和氯化氢腐蚀。对于加热炉的露点腐蚀，采用建立干气硫黄回收装置，降低干气硫含量，采用提高材质，调节操作，加强保温，避免结露，降低露点腐蚀。

采用新技术、新工艺、新设备，提高设备运行可靠性。对于常压装置采用三级电脱盐技术达到良好的效果，有效控制塔顶油气的腐蚀。对于催化装置来说，影响长周期运行“瓶颈”主要有外取热管束泄漏问题、汽提段喷嘴的磨损问题、沉降器结焦问题、大型机组特护管理问题等，对于上述存在问题，通过进行多次的技术改造，落实从材料到厂各项指标检验、施工程序验收、开工烘衬程序，做好每道工序的过程控制，提高设备运行可靠性。

3. 实施节能精细化管理

建设能源管理体系、能源管理中心，开展能源管理体系认证。推行精益化生产技术管理，开展重点物耗能耗对标，优化原材料结构，精准实施余热余压利用、硫酸低温位热能利用、黄磷炉尾气利用、低压蒸汽发电、蒸汽梯级利用、循环冷却水余压利用、电机系统节能、电机更新、加装变压器节电器、能量系统优化等节能技改项目。精细化管理要实行全过程管理，贯彻“预防为主”的方针，抓好预防性维修，首先要管好设备的“前半生”设备投用后，抓好精心维护，关键设备的“特级维护”，搞好日常巡检和定期，不定期地专项检查和检测，特别要对大型机组开展好状态监测及故障诊断。备好备齐必要的备品配件，对影响长周期运行的薄弱环节和难题，及时组织技术攻关。对存在的设备故障及事故隐患，采取措施予以消除。停工检修要贯彻“应修必修，修必修好”的原则，使检修彻底，保证质量，还要有一支过硬的检维修队伍，并要经常做好“事故预想”，时刻准备好突发事件的应急措越，一旦发生立即组织抢修，做到事不过夜，将事故消灭在萌芽状态，确保装置和系统安全、稳定、长周期运行。

4. 加强装置年度大检修管理，实现装置长周期运行

近年来，炼化企业紧紧围绕高效、优质、零事故和“四年一修”的检修目标，借助装置大检修的机会，把大修作为消除装置隐患、恢复设备性能、提高装置长周期运行的关键。狠抓装置检修质量，提高装置检修的验收标准，不断延伸检修深度，防止检修漏项和过剩检修。通过成立技术攻关组，在大修中解决影响装置长周期运行的难题，采用提高材质、改变工艺、降低腐蚀、结垢、堵塞等方法，从源头上消除装置运行隐患，达到提高装置整体技术水平的目的，确保装置长周期运行。

加强大检修管理，一是做好大修的各项准备工作；二是严把检修质量关，坚持“应修必修、修必修好”的原则，实行检修过程控制和检修质量跟踪制，各施工队严格按照《设备维护检修规程》进行施工，确保每项检修质量一次合格，开车一次成功。

5. 加强特护特设备管理，控制非计划停车

抓好主要装置、关键设备、特种设备的管理一直是设备管理工作的重头戏。通过优化特护设备管理措施，加强巡检，实行五位一体的包机制，明确责任，形成“以生产车间为主，维修、电气、仪表及相关职能科室为辅”的联合检查，及时排除隐患，将隐患消除在萌芽状态，有效控制非计划停车次数。

加强水、风、电、汽和仪表控制管理，抓好水、汽质量的运行平稳率和原水供应的平稳性，加强药剂管理，增加水质分析和化验频率，合理控制循环水浓缩倍数，保证生产用水水质合格。提高外网供电的可靠性，逐渐全部技改内网故障率高的配电柜，确保供电平稳性。加强仪表管理，逐步将原有落后的、不可靠的常规控制系统进行改造，提高集中控制能力，实现仪表“三率”达标。

6. 加强防腐管理，做好在线检测工作

在运行管理中加强压力容器和管道防腐管理，对装置的腐蚀动态和腐蚀规律倾向及时掌握了解，定期普查和测厚高温含硫临氢管线，并对工艺管线测厚情况做出科学分析，同时定期检验压力容器和管道，确保管线安全运行。对于腐蚀风险相对高的环节，要单独制定设备防腐管理方案，强化防腐工作。重点对设备运行中容易发生腐蚀的部位进行防腐管理，同时注意每个设备的防腐管理工作与既定的防腐管理流程相符合，做好重点环节原油监测与分析，依照前期经验建立并完善原油生产设备管理机制，以氯离子分析为主，实现全程炼油装置保护。在引入先进生产设备防腐技术的同时，规范调配原油加工生产，从生产源头上规范操作达到保护设备的目的。

7. 提高维护水平

对于催化裂化装置的管理，应加强对主风机、气体压缩机、烟机、增压机以及进料泵、油浆泵的维护保养，避免设备处于故障状态。对设备进行必要的日常维护保养，及时排查安全隐患，避免发生安全生产事故。严格执行各级各类设备的维护保养周期，按照维护保养操作规程，加强对设备的维护保养，避免机件的严重磨损，延长设备的使用寿命，减少设备故障，避免停机频次的增加，延长催化裂化装置的运行周期。

建立健全设备的维护保养制度，并建立奖惩制度，提高设备安全运行水平。避免工艺和设备超负荷运行，严格控制催化裂化的生产过程，设备的开车和停车执行确认制度，防止其中某一环节出现问题而导致整个装置停止运行。

8. 采用四新技术，提升装置运行平稳性

(1) 引入推广 RBI(基于风险的检验) 技术，化解特种设备长周期运行矛盾。针对炼油装置长周期运行与特种设备法定检验周期的矛盾，积极推动在压力容器和安全阀的管理上采用 RBI 技术。目前 RBI 技术已经列入国家法规，作为法定检验的手段有条件替代定检，有效地解决了特种设备及附件长周期运行与法定检验周期不匹配的矛盾，炼油企业已有 320 多套装置进行了 RBI 检验，有力地保障了特种设备的长周期安全运行。

（2）推广动设备状态监测技术。从 2010 年起，炼化企业推广动设备状态监测技术，尤其是将状态监测技术从压缩机监控推广到高温油泵和其他油泵上。状态监测系统从最初的离线状态监测到有线传输的在线状态监测，再到无线传输的状态监测，逐步发展进步。目前所有的大机组和高温油泵均已做到状态监测系统全覆盖，可实时掌握大机组和高温油泵的运行状态，预测其未来运行故障。

（3）干气密封技术。相比传统机械密封，干气密封的密封面能在非接触状态下运行，具有辅助系统简单、密封气体耗量小、连续运行寿命长、维护费用低、可靠性高、经济实用性好等特点，还避免了工艺气体与密封油相互污染的问题。近年来，炼化企业离心压缩机全面采用干气密封技术，新建装置离心压缩机密封形式全部选用干气密封，在用离心压缩机也普遍完成了干气密封改造工作。干气密封技术的全面推广应用，能够有效提升密封可靠性、延长压缩机运行周期、降低维修费用、减少机组非计划停车。

（4）油雾润滑技术。油雾润滑技术能解决润滑油膜不均匀、机泵轴承磨损快的问题，具有轴承摩擦热量易带走、外界灰尘等杂质不易进入摩擦副部位、延缓轴承磨损、减少操作人员劳动强度、提高轴承寿命的特点。

（5）针对催化裂化装置近几年出现的催化剂细粉含量高、烟机易结垢问题，采用动静叶栅流速亚音速设计、静叶围带与动叶围带同角度设计、新的轮盘冷却蒸汽设置等防止结垢措施，取得了较好效果。近几年烟机运行水平不断提高，故障停机次数和时数总体呈下降趋势。在持续落实好大机组“机电仪操管”五位一体的特护管理制度的同时，不断提升大机组状态检测手段和监测技术。通过制定增加分液罐、密封采用“硬对软”型式、优化保温等一系列措施，防止干气密封事故重复发生。

（6）推广法兰螺栓定力矩紧固技术。2018 年华东某石化公司 38 套装置、华北某炼化公司 15 套装置、华东某炼化公司 27 套装置大修中先后应用该项技术，均取得了较好的效果，成功实现了“大锤不进装置、气密一次通过、热紧环节取消、VOCs 小于 200mg/L”的目标。

9. 装置设备的改造与更新

提高对炼油装置设备改造与更新的重视，也会在一定程度上提高其管理水平与装置设备的运行效果。在新时期影响下，很多套老的炼油装置和设备已经不能发挥出正常的使用效果，如果不能对装置设备进行及时更换或者改造创新，不仅会造成能源资源浪费情况，还会间接威胁到相关工作人员的生命安全。所以提高对炼油装置设备改造与更新的重视，对炼油领域未来的发展有着深远的意义和影响。

在改造与更新装置设备的过程中，相关工作团队需要对其工艺特点以及周期运行情况进行全面了解与掌握，同时还要对已存在的故障问题进行全方位分析，从而为后续更新改造的开展提供有利条件。另外，相关管理团队还需要按照规范的流程步骤对其进行管理，注重新型管理模式的应用。对于新型炼油装置设备的操作原理和注意事项等，还需要进行实际性操纵，掌握其运行原理，以此来提高相关管理工作的效率与质量。

四、大检修前期管理

随着石化生产经营规模不断扩大，特别是生产装置大型化、满负荷、长周期运行，通过检修改造工作、提升智能化、消除瓶颈、治理隐患、优化流程已经成为保障生产稳定和优化设备性能、实现整体效益最大化的前提条件，已经成为生产经营、设备管理的重要环节。

装置停工检修改造是一项复杂的系统工程，面临时间紧、任务重、交叉作业多、作业空间受限、短期资源需求量大等诸多困难。各企业对检修改造工作必须切实增强责任感和使命感，进一步提高重要性认识，转变管理思维，调动一切可用资源，采取一切必要措施，全面提升检修改造管理水平，做到“应修必修，修必修好”，勇争一流，为安全平稳高效的生产经营保驾护航。

停工检修改造工作要紧紧围绕“安全、优质、经济、长周期”这一目标，按照“八分准备、二分实施”的理念，做细做实各项准备工作；高度重视“停工交付检修，检修结束交付开工”两个环节安全环保措施的落实；重点抓好“计划、组织协调、承包商”三个方面的管理；科学把握“常规大修和技改，质量、成本、进度，专业管理和综合管理，具体工作和总结分析”之间的关系，确保组织体系运转高水准，确保技术方案高水准，确保物料和公用工程系统平衡高水准，确保大修和开停工过程高水准。

（一）检修管理手册编制与管理

为了严格遵守检修改造的管理规定，全面抓好投资、进度、质量、安全和合同五大控制，实现“安全、优质、经济、长周期”的检修改造目标，各企业应编制《装置停工检修改造管理手册》，并在检修改造管理中予以认真执行。检修结束后各级指挥部应根据《装置停工检修改造管理手册》的执行情况，在检修总结中提出对《装置停工检修改造管理手册》内容的评价以及补充和修改建议。《检修改造管理手册》一般分为综合篇、HSE 篇、生产篇、检修篇和工程篇。

（二）检修组织架构与人员安排

各企业应根据自身特点、装置检修规模等情况，建立相适应的检修改造管理模式。大规模装置检修的企业，管理模式宜采用总指挥部+分指挥部管理模式。

指挥部一般在装置停工前 1 年成立。指挥部由公司领导任总指挥，负责公司装置停开工、检修、改造的总体统筹，负责重大问题的决策、指挥、调度，负责各阶段工作的组织协调管理。分指挥部由二级单位领导任指挥，设备或工程管理部门的科室主任任副指挥，电气、仪控、设计、物资、生产、安环、后勤等部门的专业工程师及承包商项目经理为成员。

指挥部的职责如下：

（1）全面负责授权范围内的检修管理工作。

（2）分解检修任务，落实成员责任，按照授权协调解决问题。

（3）控制检修费用和各类变更。

（4）总体统筹技措、改造、隐患、更新、大修等各类项目，避免重复或遗漏。

（三）协调机制

主要协调内容包括：检修改造项目统筹协调和专业技术协调。应采取专题会议、信息沟通、会后处理等方式实现分层次、分专业、多方位协调，及时解决问题。

（1）准备阶段（装置停工检修之前阶段）。总指挥部协调会及分指挥部协调会在成立时即启动。总指挥部协调会每月至少召开1次，对各分指挥部及其他单位反映的需总指挥部协调的问题落实解决方案，明确牵头部门，限定完成时间。分指挥部协调会，根据检修装置数量、需协调问题数量以及停工大修时间的临近等因素确定会议频次，每半月至少召开1次，安排落实总指挥部的决定，协调解决存在的问题，对分指挥部无法协调的问题提交总指挥部协调。

（2）实施阶段（装置停工实施检修阶段）。装置停工检修改造实施期间，检修改造协调机制按三个层面开展：一是公司层面的总指挥部定期召开检修协调会，每周1次；二是各分指挥部层面的检修协调会，每周至少2次；三是专题协调会，根据需要不定期召开。公司总指挥部成员根据工作需要参加分指挥部会议，以加强对相关分指挥部检修协调力度，提高协调解决问题的时效性、针对性。

（四）检修计划编制与费用系统管理

1. 计划编制原则

（1）装置长周期运行原则。

（2）“应修必修不失修，修必修好不过修”原则。

（3）三结合原则。大修装置与技术改造相结合、与安全环保隐患治理相结合、与产品质量升级达标相结合。

（4）检修计划动态滚动优化原则。

2. 计划编制要点

（1）消除隐患缺陷。根据日常巡检、定期检查、状态监测和故障修理记录所积累的设备状态信息，结合年度设备检查、检验的结果，对技术状态劣化、存在缺陷的设备，列入检修计划。

（2）使用寿命到期。按照预防性检修策略确定的使用寿命已到期时，应将需更换部件的设备列入检修计划。

（3）政策法规规定。根据国家和有关主管部门的安全与环境保护、节能等要求，对安全防护装置不符合规定的设备，对因性能下降导致排放的气体、液体、粉尘等污染环境的设备，以及高能耗设备，列入检修计划。

（4）法定检验要求。对本次检修或下次检修之前已到法定检验时间的设备和管道等特种设备及计量器具，列入检修检验计划。

（5）恢复设备性能。对塔、换热器、反应器、容器等设备内部因内构件损坏、结焦、积垢等原因造成运行状况恶化，列入检修计划。

（6）长周期运行需要。设备存在无法安全稳定运行到下一个检修周期的问题，列入检修计划。

（7）注重检修前测评，科学降低开盖率。通过采用加热炉测评、机组状态监测、腐蚀监测、红外检测等状态监测手段和风险分析技术的应用，以降低开盖率。

（8）鼓励在稳妥情况下采用新的检修技术，提高检修效率和检修质量。

（9）对装置运行期间能检修的项目，原则上不列入停工检修计划。

3. 计划编制时间

检修计划一般包括：基本计划，补充计划，隐蔽计划，与检修同步进行的技改技措等其他项目实施计划。

（1）停工检修基本计划：在装置停工前9个月完成编制并下达。

（2）停工检修补充计划：在装置停工前3个月完成编制并下达。

（3）停工检修隐蔽计划：在装置交付检修后3~5天完成编制。

（4）与检修同步进行的技改技措等项目第一批实施计划，应在装置停工前6个月完成编制并下达。最终计划下达时间应能满足与检修项目同步实施的条件。长周期物资采购计划下达应满足物资采购周期要求。

4. 计划审核

对工厂、运行部申报的检修计划，设备管理部门应从以下几个方面做好计划的审核工作：

（1）项目的合规性。严禁不符合管理规定的项目列入检修计划。

（2）项目的必要性。本着“应修必修不过修”的理念，对项目的必要性进行审核，避免过修现象。

（3）内容的准确性。检修计划的项目及物资提报是否准确，是否符合编制的原则和要点的要求。

（4）项目的完整性。审核计划项目是否有遗漏，避免因失修造成装置非计划停工或影响装置长周期运行。

（5）费用的合理性。对检修计划的材料费用、施工费用合理性进行认真审核，力求计划费用合理，以避免结算费用与计划费用出现大的偏差，造成修理费失控。为使检修计划更加完善，在内部审核的基础上，对于重要装置检修或新装置首次检修，建议邀请兄弟单位的专家对检修深度、检修计划、检修方案等进一步审核优化。

5. 费用与预算管理

承包商根据设备管理部门下发的有效外委检维修工单，并按要求于15日内在检维修费用管理系统编制工程预算进行上报，设备管理部门于7日内完成审核工作，相关编制与审核要求按照企业检维修预结算管理办法来执行。对无定额套用无法确定预算价或返厂维修的设备不能及时确定合同价，由运行管理部门签头组织相关部门共同确定维修的内容，经与承包商商务谈判，以会议纪要或会签单确定合同金额，并作为结算依据，必要时组织到现场检查维修过程。

运行管理部门和设备管理部门对工单组件及用量严格审核，做好材料费用的管理，并督促承包商及时领用，对超领材料在审核结算时签署意见。设备管理部门专业工程师对检维修工程项目的竣工资料、工程量、质量进行审核，在检维修系统对结算书审核并签署审核意见。设备管理部门主管领导对运行管理部门和设备管理部门专业人员的审核意见进行检查，在检维修系统签署意见，必要时进行市场调研和询比价。根据各企业招标管理要求具备招标外委检维修项目，职能部门负责编写比价或招标文件，并组织开标评标。

6. 检修方案的编制与审查

编写施工方案之前，工厂、运行部专业技术人员要对承包商进行交底并提出施工方案编制要求。承包商在检修前应编制整个装置的施工组织方案，以及检验方案、腐蚀检查方案等专业检查方案等。

7. 施工方案编制的原则

（1）适应性。对重要设备、重点项目、复杂项目、大型吊装等项目应编制符合现场实际情况的检修施工方案。

（2）先进性。施工方案必须保证在完工时间上符合合同的要求，并能争取提前完成。为此，在施工组织上要统筹安排，均衡施工，在技术上采用适用的施工技术、施工工艺、新材料，在管理上采用现代化的管理方法进行动态管理和控制。

（3）可行性。应充分考虑工程质量和施工安全要求，并提出保证工程质量和施工安全的技术组织措施。

（4）经济性。承包商应科学组织、充分优化施工方案，提高工作效率，保证检修的可靠性，降低施工成本，使方案更加经济合理。

（5）合规性。使方案完全符合现行技术规范、操作规范和安全规程的要求。

8. 施工方案编制的主要内容及要求

施工方案的编制主要包括编制说明、工程概况、编制依据、施工程序、施工方法、技术和质量要求、进度计划、资源计划、质量管理措施、安全技术措施、施工设备机具及措施用料计划、施工设施及平面布置等内容，还应满足下列要求：

（1）对业主有实物样板要求的，承包商必须严格按实物样板要求执行。

（2）对关键检修项目编制检修施工方案后，承包商应进行实物推演，确保施工方案切实可行。

（3）采用科学的组织管理方式和先进的施工技术、施工方法，提高机械化施工程度。

（4）施工顺序安排要以加快施工进度，充分利用工作面，避免施工干扰，做到不增加资源，加快工期，有利于成品保护。

（5）现场吊机、工具箱及临时摆放的物资等力求布置科学、合理，努力减少现场移动频次，提高检修效率，要确保消防通道的畅通。

（6）对检修设备应制定检查鉴定计划，计划中至少应包括拟保留部位的检查鉴定要求。

（7）施工方案应在装置停工前 3 个月审批完成。

9. 施工方案的审查

承包商编制的项目施工方案，在承包商内部完成审核程序后，还需交给业主单位检查业主内部各方工作要求的响应情况。对重大施工方案和专项施工方案，承包商应按规定组织审查。

五、大检修过程管理

（一）装置停工管理

（1）装置停工期间密闭吹扫、退油等需要配合的项目，需要在装置切断进料之前完成预制和安装，达到使用条件。

（2）装置切断进料、退油、吹扫期间，装置现场禁止施工。

（3）停工钝化清洗的短接拆复、临时线的预制等工作量需要提前与清洗单位对接，并编制补充计划，落实配合单位，在停工退料完成后钝化清洗前第一时间进行施工配合。

（4）配合停工的盲板抽堵作业，装置要指定专人负责盲板管理，提前组织承包商人员进行 JSA 分析，办理盲板抽堵作业许可证，按照企业相关制度要求做好盲板抽堵作业安全措施、作业过程管理。

(5) 根据生产工艺处理情况进行设备的开盖，一般塔器、反应器等人孔打开后，需要关注硫化亚铁自燃的防护，在内部未分析合格前人孔处需设置人孔封闭器，防止人员误入。

(6) 安全环保部组织生产、技术、设备、消(气)防等相关单位对装置停工检修前联合检查，通知装置是否可以进入检修全面施工，对于不符合项进行书面通知，并要求检修装置组织整改。

(二) 装置开工管理

(1) 装置检修完工后必须做到工完、料尽、场地清，检修过的设备、管道内部必须清扫干净，经过仔细检查方可封闭，封闭要有检查记录和签字。

(2) 仪器仪表系统校验合格；压力容器已取证，压力表校验合格并有统一警戒线。

(3) 转设备单体试车正常，安全联锁装置完好复位，有装置检修质量记录、交工资料和签字交接手续；未经试压和检验的设备、管道、仪表经有关职能组确认后，能投入生产。

(4) 电气设备绝缘良好，防雷防静电设施合格；各变电所防小动物措施可靠，防爆灯具符合要求。

(5) 设备容器检修试压、试漏、气密性试验合格，记录清楚；新安装的设备、容器、管道符合质量标准；封人孔检查落实，设备内无异物。

(6) 安全阀校验合格有记录，安全阀前后隔断阀已全开并加铅封。

(7) 电缆沟、下水井清洗，畅通；水封井完好。

(8) 盲板拆卸记录清楚，现场检查无误。

(9) 临时电源、灯、线全部拆除。

(10) 防护器具、消防器材完好备用，消防道路畅通。平台、梯子、栏杆等基础安全设施完好。机具、工棚等设施器材除保运留用外，全部运出装置；脚手架等临时设施全部拆除。

(11) 可燃气体、有害气体报警器全部校验合格，处于完好状态。

(12) 生产计划部组织有关单位对检修装置进行开工前 PSSR 检查。

(三) 检修质量管理

1. 施工质量控制内容

(1) 施工质量控制是工程施工的一项重要控制内容，主要包括：制定质量控制点，审查开工报告，对施工质量进行监督、检查和验收等。

(2) 施工质量控制分专业进行，一般分为：动设备、静设备、工艺配管、电气、仪表、防腐绝热等专业。

(3) 施工质量控制技术准备：质量控制工程师、专业工程师必须熟悉本项目的质量计划，熟悉、了解设计意图，掌握有关施工规范、规程及验收标准，掌握有关的质量评定标准。

(4) 检查和验收依据：已会审的施工图、施工方案等，制造厂的产品说明书、技术规定和检验报告，国家有关部委颁布的施工技术规范、规程，公司技术规定和标准，地方政府有关规定。

2. 质量控制原则

(1) 按照总指挥部质量控制组的职责和分工，确定承包商、分指挥部、总指挥部三级检修质量控制体系，明确责任，按照质量管理办法、程序和考核标准进行质量管理。

(2) 质量控制组按照专业和设备类别组织编制专项检修质量检查表，并安排专人负责检查和考核。

(3) 企业应组织对承包商管理人员、特种作业人员(焊工、电工、起重工、架子工等)进行资质核查，确认施工人员具备相应的资质。

(4) 各参加检修的单位应组织对检修机具、检测仪器状况进行核查，确保合格、有效。

(5) 各参加检修的单位应按自身程序文件的要求严格审核、审批各类施工方案，明确质量控制点、停检点及质量控制标准，并做好宣贯和培训工作。

(6) 所有进入检修现场的设备、材料，承包商应按相关规定进行复检和验收，确保所采用的物资均符合法规和相关技术文件的要求。

(7) 建立并严格执行统一的检修标识管理规定，确保对所采用材料的可追溯性。

(8) 大机组的检修实行按工序验收。

(9) 建立畅通的质量信息收集、传送通道，保证相关部门及领导及时掌握检修现场的质量信息，便于做出准确的判断、制定有效的决策。

(10) 由质量控制组牵头，对各承包商的行为质量和实体质量进行监督检查，确保质量管理体系有效运行。

(11) 按照检修质量总体方案的要求进行单个项目完工质量验收和单元检修完工最终质量验收。

(12) 强化静密封管理，编制作业指导书。对于重点部位法兰要推行使用“力矩扳手”进行紧固的方法，并对法兰平行度进行测量。

(13) 将仪表三次确认范围由接线端子扩展到机柜内设备元器件。

(14) 焊工的首件焊接实体必须进行检查。

3. 施工过程质量控制

(1) 根据所编制的质量检查表，质量控制分三个层次进行：承包商自控(C级)分指挥部检查、验收(B级)和总指挥部质量控制组检查、验收(A级)。

(2) 承包商质量自控检查必须实行“三检制”，即：作业人员自检、班组交接检(也称互检)、质量检查员专职检查。分指挥部要对承包商的“三检制”进行监督检查。

施工工程中实施“三检制”主要内容如下：

① 施工人员自检应满足以下要求：检查自己是否按照施工技术人员的技术交底及自检记录表所注明的质量要求等进行施工；填写自检记录；对无依据、交底不清的施工内容应立即予以停止，解决后方可继续施工。

② 班组交接检(也称互检)应满足以下要求：包括工序交接或换班交接时交接双方施工人员和施工技术人员之间的互相检查；上道工序的施工者在交出时不仅应认真交清施工质量情况而且要向接受方提交必要的技术资料(包括含有实测实量数据、机械故障情况的记录等资料)；下一道工序施工者在接收时要按上道工序施工者提供的资料对实体的质量状况进行复检；对于不符合质量要求的问题交出方应立即进行处理，不合格的工序不得交接；经互检合格的工序应办理交接手续，交接双方的施工技术员、检查员应在相关记录上签字；已办理好交接手续的施工内容，如再发现质量问题，由接收方负责处理。

③ 质量检查员专职检查应满足以下要求：承包商应设置相应的专职(含兼职)质量检查员；专职质检员对自检、交接检的结果必须进行认真的核查；符合质量要求的，专职质检员应在相应的质量检查表上签字，并对已核查的内容负责；对不符合质量标准的内容，专职质检员有否决权并有权责令其返工。

(3) 隐蔽工程验收是指工序施工需隐蔽的部位、分项、分部工程，在其隐蔽前质量状况的验收。隐蔽工程验收的确认内容，除与工序检查验收相同的部分，还必须由承包商的专职质检员在其完成隐蔽工程验收记录内容确认的前提下，由业主单位对以上内容进行复验，并签字认可。《隐蔽工程验收记录》将被作为施工可追溯性记录之一，列入工程交工资料档案中。

(4) A 级质量控制点必须在分指挥部检查验收合格，填写相关质量验收记录向总指挥部质量控制组提出报验申请，由总指挥部质量控制组检查验收，验收合格后签字确认。B 级质量控制点必须在承包商专职质检员检查验收合格后，填写相关质量验收记录，向分指挥部提出报验申请，由分指挥部进行检查验收，验收合格后签字确认。

(5) 无论对哪一控制等级进行检查，承包商都必须提供有关施工记录或检验试验报告。验收不合格项目，不得转入下道工序施工。

4. 施工的检查与验收

检修施工检查与验收主要包括：检修设备开盖后的隐蔽项目检查、检修施工过程中的工序检查验收和隐蔽工程检查验收、检修项目完工后的竣工验收等。

(1) 检修设备开盖后的隐蔽项目的检查：业主单位要制定隐蔽项目检查表和检查标准，增加检测手段，提高隐蔽项目检查水平。对重要设备实施多部门、多专业联合检查。

(2) 检修项目完工后的竣工验收：检修项目竣工验收实行二级验收责任制。即检修施工项目竣工后，在承包商质检部门首先自检合格的基础上，一般设备和一般工程项目由各运行部组织验收，重要设备及重点项目由机动部或专业中心(团队)组织验收。验收时，必须确认单项验收单(包括隐蔽工程及中间工序验收单)、检修技术记录、理化检验等资料。

(四) 检修安全管理

1. 安全管理总体要求

坚持“安全第一、预防为主、综合治理”的方针和“谁主管，谁负责”“谁签发，谁负责”的原则。坚持“谁发包，谁负责”的原则，对装置检修、改造工程负有管理责任的部门应承担相应的安全监管责任，督促承包商做好项目施工的安全管理，以确保施工安全。装置检修改造安全管理由总承包商负总责，对分包商进行统一协调管理，分包单位建立安全监管组织实行自主检修改造施工安全管理。安全监督部门负责装置检修改造施工过程中的安全监督管理。运行部负责所在区域的施工项目配合和现场安全监督检查。

2. 安全管理具体要求

施工单位应组织检查队伍每天按照《检修施工现场 HSE 日检表》进行检查，及时纠正和制止违章，重点对起重设备、用电设备(设施)、脚手架、施工机械、防护用品、规范作业等方面进行检查，并做好检查记录。施工队伍提前提交特殊作业计划、方案、确定作业内容和人员，提早进行现场确认，办理票证。

(五) 检修环保管理

装置停工检修改造环保管理总体要求是：密闭吹扫，有序排放，清洁停工，安全处置，达标排放。为做好停工和检修期间的环保工作，停工装置要落实密闭吹扫及除臭方案，对排放污水、吹扫尾气放空、工业废物处置应进行预申报，排放时必须做到先检测后排放，主管部门根据监测结果确定处理方式。对于化学清洗等产生的废水，项目管理部门在与清洗单位签订合同前要明确废水处理相关责任及要求。

（六）检修期间现场签证及增补计划管理

1. 检修项目签证的范围

（1）检修计划外增加的项目。

（2）根据合同，需按实单独取费的脚手架。

（3）合同约定的需签证的吊机。

（4）检修计划中，工程量未明确的检修项目，如零星防腐、保温、土建等。

（5）临时设施。

（6）由于甲方原因造成重复施工的项目。

（7）其他经甲乙双方协商确定需签证的项目。

2. 检修项目签证的要求

检修项目的签证要做到及时、准确、有效。

（1）注重过程中的实时签证，避免事后签证。

（2）企业应规定签证的时限。项目检修施工完工后，一般要求在 3 天内完成工作量的确认签证工作。超期的申请，甲方可拒绝签证。

（3）隐蔽工程项目，在下一道工序施工前须完成签证。

（4）脚手架、临时设施在拆除前须完成签证。

（5）吊机在离场前需完成签证。

改造项目的签证管理按工程项目建设相关标准规范执行。

3. 增补计划的管理

装置检修中交后 15 天内提报增补计划。增补计划要求根据现场实际施工情况明确检修施工工程量、材料情况，以及是否属于抢修等，便于后续决算。

（七）协调机制

装置停工检修改造实施期间，检修改造协调机制按三个层面开展：一是公司层面的总指挥部定期召开检修协调会，每周 1 次；二是各分指挥部层面的检修协调会，每周至少 2 次；三是专题协调会，根据需要不定期召开。

公司总指挥部成员根据工作需要参加分指挥部会议，以加强对相关分指挥部检修协调力度，提高协调解决问题的时效性、针对性。

检修协调会，根据检修施工网络计划进度表的要求，检查施工实际进度、质量、安全和现场管理情况，指挥协调各方面的工作。

检修协调会须是各单位负责检修的主要负责人参加，不得随意派人顶替。协调会中针对检修安全、进度、质量、投资、物资采购、设计图纸、文明施工等各种日常问题进行通报，对提出的问题落实解决方案，明确牵头部门和责任人，限定完成时间，并在检修协调会中动态跟踪销项。

各检修项目小组遇到检修重大问题，或对检修进度有影响且项目小组和运行部不能解决的问题，以书面形式立即报告检修指挥部，指挥部迅速召集相关会议，讨论并确定解决方案，协调会汇总指挥部领导批准并迅速组织实施。

六、大检修结束后管理

（一）交工资料

承包商应在检修项目结束后 30 天内将交工资料完整地交给使用单位，资料包含内容如下：

（1）竣工图纸，施工技术方案，吊装方案，施工组织设计；

（2）施工技术记录，试压记录，中间工序验收单，隐蔽工程验收单，拆检回装记录，发现问题与修复记录，设备开箱资料，设备封闭记录；

（3）设备、材料、管道附件、配件的合格证明书及质量保证书，理化检验资料，衬里、防腐、保温施工技术记录及检验报告。

除上述要求外，压力管道交工资料还应增加下列内容：管道、管件、阀门的型号规格、材质及数量，管道的空视图、焊缝布置图及其编号，焊接记录，焊接理化检验资料（其无损检验编号与焊缝编号相一致），管道及阀门的试压记录，监督检验机构的《压力管道安装安全质量监督检验报告》等。

压力容器取证相关资料在15天内，由施工管理部门交给使用单位办理压力容器取证手续。相关资料至少应包括：修理改造方案或图样及施工方案、压力容器修理改造告知书、实际修理改造情况记录、材料质量证明书、施工质量检验技术文件和资料、压力容器重大修理和改造监督检验证书等内容。

上述资料一式三份，设备所在单位、档案馆、施工管理单位各一份，并提供电子版，工业管道要提供可编辑的电子版空视图。改造项目的竣工资料按工程项目建设相关标准规范执行。设备所在单位要在竣工资料收到后一个月之内完成资料的归档。

（二）检修总结

装置检修结束后，运行部、相关中心处室及承包商要在装置开工正常一个月内对检修改造工作进行总结，对好的做法进行总结、提炼，固化这些经验，指导今后检修改造工作；对总结检修改造中存在的问题，分析原因，完善措施，不断提高管理水平。

检修总结一般包含如下内容：

（1）检修改造概况，至少应包括检修和改造项目实际实施的范围和深度等内容。

（2）检修准备情况（组织体系、检修计划、检修方案、施工交底、检修材料）。

（3）检修过程管理（HSE管理、质量管理、进度控制、文明施工管理）。

（4）检修计划准确性分析（对检修计划项目变更、材料变更情况进行分析）。

（5）检修施工队伍评价（组织体系、施工力量、人员素质、关键作业人员评价、施工管理、施工机具）。

（6）材料供应评价，包括供应商评价。

（7）设计质量评价。

（8）检修质量评价。

（9）本次检修主要变化情况及遗留问题。

（10）本次检修好的经验和存在的不足和下次检修需注意的问题。

七、修理费管理

修理费是指固定资产范围内的各类设备、建筑物、构筑物在使用一定时间后，为恢复或维持其原有性能所发生的修理、维护、检测、检查等费用。

修理费管理应坚持“五原则”：

（1）坚持设备应修必修、修必修好，确保设备安全、可靠、经济运行的原则。

（2）坚持科学、规范、经济检修，努力降低成本的原则。

（3）坚持修理费使用严格管理、合理使用的原则。

(4) 坚持实行分级管控原则。

(5) 坚持规范化管理原则，从计划、采购、合同、施工、结算等环节规范管理，明确各部门、各单位的职责。

(一) 检修计划费用指标管理

检修计划费用指标实行“静态控制、动态管理”的管理模式，以概算为依据，运用总量控制、合理调整的原理，采用跟踪、监督、分析、预测等手段，动态调控费用管理，严肃变更管理，以不突破批准的费用为目标。

检修计划立项阶段费用控制应按照“既不失修，也不过修”的原则，实事求是编制检修计划，估算项目施工费用时，要结合ERP“综合单价”功能，做到施工费用预算基本准确。机动部门对各部申报的检修计划的必要性、费用准确性进行认真审核。

检修计划项目设计阶段费用控制应督促设计部门严格按设计委托单内容、批准的计划费用和设计进度，进行工程项目的设计。对超计划费用的项目要及时办理费用变更审批手续。

检修计划项目实施阶段的修理费控制有以下要求：

(1) 设备、材料采购控制。物资部门在订货前，确认采购物资是否控制在计划费用内，对费用超出计划的项目，及时办理费用变更审批手续，物资部门在追加费用落实后，才可进行签订采购合同。

(2) 对到期的压力容器及工业管道，采用RBI检验方式，缩短检验时间，节省检验费用。

(3) 施工阶段控制。必须严格按批准审定的内容实施，不得擅自变更或增加内容。对确需变更的项目，要按规定办理变更审批手续。

(4) 结算控制。修理项目、更新工程的结算应采取结算书复审制、项目核销和工程项目监督管理，按《检修安装工程管理制度》的有关规定做好工作量、取费定额审核等工作。

(二) 检修费用分解与统计分析

企业设备管理部门应会同财务管理部门分解下达各运行部及装置修理费年度控制目标，并组织实施，合理使用；定期检查修理费使用情况。

修理费指标分解必须按照运行部、装置、专业等进行分解并制定相对应的绩效考核指标，根据修理费使用情况，提出考核意见。

企业设备管理部门应定期召开修理费使用例会，将修理费实际支出与计划和历史数据进行对比分析，修理费使用单位应建立本单位使用台账，每月分析修理费使用情况并列入所在单位经济活动分析会内容。

(三) 预结算管理

检修项目预结算管理是对修理费使用进行控制的重要一环，规范预结算审核程序，合理确定和有效控制工程造价，发挥投资最大经济效益，最终达到节约资金的目的。

1. 预算管理

预算是指根据施工图等设计文件确定的工程量以及人工、材料、机械台班等当期预算价格编制的工程造价文件。项目预算是签订施工合同、办理进度支付、编制工程结算的依据。

对检修项目进行预算控制是为了规范企业修理计划的编制以及计划费用测算及时、准确，便于审核人员对修理计划的审批以及对修理费的事前控制。

项目预算编制需准确反映设计内容、准确计算工程量，全面考虑施工现场可能影响造价的各种因素，避免重复和漏算。工程项目发生的较大设计变更，须及时编制预算，并办理审批手续。工程项目预算，应按照清单计价造价管理平台设定的模板和方法编制。

2. 结算管理

结算是指工程完成、质量验收合格后，依据合同专用条款约定，对施工图预算或中标价(合同价)调整后，确定工程项目最终价款的工程造价文件。结算是核定工程成本、拨付工程价款、调整项目投资和编制工程财务决算的依据。

项目结算编制必须在工程项目全部完工验收合格、资料编制完整(包括同一项目涉及各专业统一送审、内附报告手续齐全)后方可进行，项目结算书应包括施工委托、施工方案、技术措施、质量验收证明、图纸、修理工单、验收单、签证单、甲供转乙供审批单以及计价文件等资料。

3. 签证及验收管理

检修项目签证是指检修项目实际工作内容与计划工作内容存在不同，主要包括：

(1) 检修计划外增加的项目。

(2) 根据合同，需按实单独取费的脚手架。

(3) 合同约定的需签证的吊机。

(4) 检修计划中，工程量未明确的检修项目，如零星防腐、保温、土建等。

(5) 临时设施。

(6) 由于甲方原因造成重复施工的项目。

(7) 其他经甲乙双方协商确定需签证的项目。

检修项目签证的要求：

(1) 项目检修施工完工后，要求乙方在3天内完成工作量的确认签证工作，超期未签证的工作量，甲方有权拒绝签证。

(2) 隐蔽工程项目，在下一道工序施工前须完成签证。

(3) 脚手架、临时设施在拆除前须完成签证。

(4) 吊机在离场前需完成签证。

检修项目验收是检修项目工作量的再体现，是项目实际工作量的认证，同时也是项目结算书编制的重要依据。

检修项目验收内容必须包括项目计划号及工作内容(工作量需有具体规格型号、压力等级及所用材质等)，并由相关单位进行已立项的计划工作内容及具体数量的完工情况进行现场确认。对已立项计划而未实施部分的内容不予验收签字，对超计划施工内容一律不予验收签字。

第八节 防腐蚀管理

炼油装置在生产运行中存在严重影响安全的“三大泄漏”，即动密封泄漏、静密封泄漏和腐蚀泄漏，在防止泄漏的管理和监测上，这“三大泄漏”中，腐蚀导致的泄漏在炼油厂是最难以预测和提早发现的，由于腐蚀问题的发生在从原油进厂到成品油出厂的整个工艺过程中，贯穿所有设备和管线，因此监测范围、监测部位、监测手段和技术都存在局限性。因此，工艺防腐、材质升级和监测成为炼油厂防腐蚀泄漏的三种基本手段。

一、炼油装置腐蚀管理

由于炼油工业不单是流程工业，同时还属于危险化学品生产行业，防腐蚀历来是该行业的重中之重。随着石油资源深度开采以及进口高硫、高酸原油的不断增加，原油劣质化趋势日趋明显，导致炼油装置原料劣质化严重。随着国内原油资源的深度开采，原油的密度和酸值不断提高，而且在三次采油过程中加入许多助采剂，使得炼油装置腐蚀加剧。随着世界原油供应市场的变化，加工高硫、高酸劣质原油可以获得较好的经济效益。我国加工的原油不仅数量大，而且品种多，每年进口的原油多达100多种，不同油种在炼制过程中，硫、酸以及氯离子的分布规律不断变化，给防腐蚀管理及措施带来极大挑战。

（一）腐蚀管理技术

腐蚀管理经历了经验式管理、制度管理、计算机信息化管理、体系化管理四个阶段，每个阶段的管理均离不开以下三个方面的技术内容，即腐蚀控制、腐蚀监检测和腐蚀调查。

1. 腐蚀控制

就是采取有效的防腐蚀措施，控制和降低可能发生的腐蚀破坏的风险。金属材料腐蚀可分为电化学腐蚀、化学腐蚀和生物腐蚀等类型，主要的防护措施包括隔离法、缓蚀剂法、电化学保护等方法。

常采用的隔离法有涂层法、钝化法和电镀法等；缓蚀剂法是一种常用的防腐蚀措施，在腐蚀环境中加入少量缓蚀剂就能和金属表面发生物理化学作用，从而显著降低金属材料的腐蚀；电化学保护是金属腐蚀防护的重要方法之一，其原理是利用外部电流使被腐蚀金属电位发生变化从而减缓或抑制金属腐蚀，电化学保护可分为阳极保护和阴极保护两种方法。

2. 腐蚀监检测技术

利用各种仪器工具和分析方法，确定材料在工艺介质环境中的腐蚀速度，及时为工程技术人员反馈设备腐蚀信息，从而采取有效措施减缓腐蚀，避免腐蚀事故的发生。

腐蚀监检测包括检测和监测两个组成部分。

（1）腐蚀检测。是在设备运行一定时期后检测有无缺陷裂纹，有无局部腐蚀穿孔的危险，剩余壁厚是多少，它主要是为了控制危险性和防止突发事故，最终了解设备及管线腐蚀状况。目前最常用的手段就是定点测厚，还有宏观检查、壁温检测和采样分析。

（2）腐蚀监测。就是在装置运行期间，采用一些技术手段对设备、管道的腐蚀状况进行检测，跟踪金属表面在真实环境中的腐蚀行为，检测因介质作用使设备发生的腐蚀速度是多少，最终得到的是设备腐蚀过程的有关信息，以及生产操作参数（包括加工工艺、工艺防腐措施）与设备运行状态之间相互联系的数据，并依此数据调整相应操作参数，其主要目的是控制腐蚀的发展速度，使设备处于可控的良性运行状态。

3. 腐蚀调查

针对装置的具体情况制定腐蚀调查方案，在装置停工检修时，组织专门的队伍，根据腐蚀调查方案，采用宏观检查和其他有效的检查手段，对设备、管道进行腐蚀形貌、腐蚀状态的调查，据此分析其腐蚀机理、计算其腐蚀速率、确定破坏程度，给出修复措施建议。

（二）腐蚀管理的发展趋势

随着科学技术的进步，对工业应用材料的要求越来越高，特别是金属材料的防腐蚀尤其受关注。腐蚀防护常用的隔离法、缓蚀剂法、电化学保护法等只能防护，而不能从根本上根治金属的腐蚀问题，同时这些防护方法存在使用成本高、污染环境、应用环境受限制等问题。因此，研究开发新的特种合金、新型陶瓷、复合材料等耐腐蚀材料，是从根本上治理腐蚀问题的最好途径。同时随着计算机、互联网、云计算和5G技术的发展，更高效、精准的腐蚀控制、腐蚀调查、监检测技术及信息化、智能化的腐蚀管理得到提升和发展，腐蚀管理的发展趋势是越来越智能化。

二、炼油装置常见腐蚀类型及机理

（一）原油中腐蚀性成分分析

原油中除存在碳、氢元素外，还有硫、氮、氧、氯以及重金属和杂质等，原油中存在的非碳氢元素在石油炼制过程中的高温、高压、催化剂作用下转化为各种各样的腐蚀性介质，并与石油炼制过程中加入的化学物质一起形成复杂多变的腐蚀环境。

原油中的含硫物质包括活性硫和非活性硫，在原油加工过程中，非活性硫可向活性硫转变。炼油装置的硫腐蚀贯穿一次和二次加工装置，对装置产生严重的腐蚀，腐蚀类型包括低温湿硫化氢腐蚀、高温硫腐蚀、连多硫酸腐蚀、烟气硫酸露点腐蚀等。

原油中的部分含氧化合物以环烷酸的形式存在，在原油加工过程中，对常减压等装置高温部位产生严重的腐蚀，因而加工高酸原油的常减压装置应该进行全面材料升级以应对环烷酸的腐蚀问题。

原油中的含氮化合物经过二次加工装置高温、高压和催化剂的作用后可转化为氨和氰根，在催化裂化、焦化、加氢裂化流出物系形成铵盐结晶，严重时可堵塞设备和管线，而且会引起垢下腐蚀。氰化物还会造成催化裂化吸收、稳定、解析塔顶及其冷凝冷却系统的均匀腐蚀、氢鼓泡和应力腐蚀开裂。

原油中的无机氯经过水解或分解作用，在一次和二次加工装置的低温部位形成盐酸复合腐蚀环境，造成低温部位的严重腐蚀。腐蚀类型包括均匀腐蚀和不锈钢材料的氯离子应力腐蚀开裂。

原油中的重金属化合物在原油加工过程中残存于重油组分中，进入二次加工装置，引起催化剂的失效，严重影响装置的正常运转。原油中重金属钒在原油加工过程中会在加热炉炉管外壁形成低熔点化合物，造成合金构件的熔灰腐蚀。

炼油厂常见的腐蚀类型包括硫腐蚀、环烷酸腐蚀和与氢有关的腐蚀，同时由于炼油厂腐蚀介质的多样性，还包括奥氏体不锈钢的氯离子应力腐蚀开裂、铵盐或碱引起的应力腐蚀开裂、糠醛引起的腐蚀、高温炉管的高温氧化与渗碳等。此外，还存在循环水系统的腐蚀、蒸汽系统的腐蚀、埋地管线的土壤腐蚀、临海炼油厂的大气腐蚀等。

（二）硫腐蚀

从炼油厂设备腐蚀与防护的角度考虑，一般将原油中存在的硫分为活性硫和非活性硫。元素硫、硫化氢和低分子硫醇都能直接与金属作用而引起设备的腐蚀，因此它们被统称活性硫；其余不能直接与金属作用的硫化物统称为非活性硫。活性硫在一定温度下可以与钢直接发生反应造成腐蚀，非活性硫在高温、高压、催化剂的作用下可部分分解为活性硫。有些硫化物在120℃就开始分解。原油中的硫化物与氧化物、氯化物、氮化物、氰化物、环烷酸和氢气等其他腐蚀性介质相互作用，可以形成多种含硫腐蚀环境。由于原油加工过程不断有非活性硫在高温、高压、催化剂的作用下分解为活性硫，因此硫的腐蚀不仅存在于一次加工装置，也使二次加工装置遭受硫的腐蚀，甚至延伸到下游化工装置，可以说硫的腐蚀问题贯穿于整个炼油的全过程。原油中的总硫含量与原油腐蚀性之间并无精确的对应关系，原油的腐蚀性主要取决于单质硫化物的种类、含量和稳定性，如果原油中的非活性硫化物易于转化为活性硫，即使含硫量很低的原油，也将对设备造成严重的腐蚀。这种变化使硫化物的腐蚀发生在低温及高温各部分。

1. 高温硫腐蚀

高温硫化物的腐蚀环境是指240℃以上的重油部位中的硫、硫化氢和硫醇形成的腐蚀环境。典型的高温硫化物腐蚀环境存在于蒸馏装置常压、减压塔的下部及塔底管线、常压重油和减压渣油换热器等；流化催化裂化装置主分馏塔的下部、延迟焦化装置主分馏塔的下部及其管线等高温硫化物的腐蚀环境部位。在加氢裂化和加氢精制等临氢装置中，由于氢气的存在可加速 H_2S 的腐蚀，在240℃以上形成高温 H_2S+H_2 腐蚀环境，典型例子是加氢裂化装置的反应器、加氢脱硫装置的反应器以及催化重整装置原料精制部分的石脑油加氢精制反应器等。高温硫腐蚀机理是在高温条件下，活性硫与金属直接反应，它出现在与物流接触的各个部位，表现为均匀腐蚀，其中硫化氢的腐蚀性很强。高温硫腐蚀速度的大小，取决于原油中活性硫的多少，但是与总硫含量也有关系。

2. 低温硫腐蚀

原油中存在的硫以及有机硫化物在不同条件下逐步分解生成 H_2S 等低分子的活性硫，与原油加工过程中生成的腐蚀性介质（如 HCl、NH_3、CO_2 等）和人为加入的介质中的腐蚀性成分（如乙醇胺、糠醛、水等）共同形成腐蚀性环境，在装置的低温部位（特别是气液相变部位）造成严重的腐蚀。典型的有蒸馏装置常压、减压塔顶的 $HCl+H_2S+H_2O$ 腐蚀环境；催化裂化装置分馏塔顶的 $HCN+H_2S+H_2O$ 腐蚀环境；加氢裂化和加氢精制装置流出物空冷器的 $H_2S+NH_3+H_2O$ 腐蚀环境；干气脱硫装置再生塔、气体吸收塔的 RNH_2（乙醇胺）$+CO_2+H_2S+H_2O$ 腐蚀环境等。

（1）$HCl+H_2S+H_2O$ 型腐蚀环境。该腐蚀环境主要存在于常减压蒸馏装置塔顶及其冷凝冷却系统、温度低于120℃的部分，如常压塔、初馏塔、减压塔顶部塔体、塔盘或填料、塔顶冷凝冷却系统。一般气相部位腐蚀较轻，液相部位腐蚀较重，气液相变部位即露点部位最为严重。

在 $HCl+H_2S+H_2O$ 型腐蚀环境中碳钢表现为均匀腐蚀，0Cr13 表现为点蚀，奥氏体不锈钢表现为氯化物应力腐蚀开裂，双相不锈钢和钛材具有优异的耐腐蚀性能，但价格昂贵。在加强“一脱三注”工艺防腐的基础上制造的换热器、空冷器在保证施工质量的前提下，采用碳钢+涂料防腐的方案也可保证装置的长周期安全运转。

（2）$HCN+H_2S+H_2O$ 型腐蚀环境。催化富气中 H_2S 浓度很高。原料油中的氮化物在催化裂化反应条件下约有10%~15%转化成 NH_4^+，有1%~2%则转化成 HCN。在吸收稳定系统的温度（40~50℃）和水存在条件下，从而形成了 $HCN+H_2S+H_2O$ 型腐蚀环境。

（3）RNH_2（乙醇胺）$+CO_2+H_2S+H_2O$ 型腐蚀环境。腐蚀部位发生在干气及液化石油气脱硫的再生塔底部系统及富液管线系统（温度高于90℃，压力约0.2MPa）。腐蚀形态为在碱性介质下，由 CO_2 引起，应力腐蚀开裂是由胺、二氧化碳、硫化氢和设备所受的应力引起的。

MEA 和 DIWA 溶剂装置的所有碳钢设备和管道要进行消除应力处理；DEA 装置碳钢金属温度大于 60℃和 MDEA 装置碳钢金属温度大于 82℃要消防应力处理。确保热处理后的焊缝硬度(HB<200)，防止碱性条件下由胺盐引起的应力腐蚀开裂。

(4) NH_4Cl+NH_4HS 结垢腐蚀。加氢装置空冷器 NH_4Cl+NH_4HS 腐蚀环境主要存在于加氢精制、加氢裂化装置中反应流出物空冷器中，由于 NH_4Cl 在加氢装置高压空冷器中的结晶温度约为 210℃，而 NH_4HS 在加氢装置高压空冷器中极易形成 NH_4Cl 和 NH_4HS 结晶析出，在空冷器流速低的部位由于 NH_4Cl 和 NH_4HS 结垢浓缩，造成电化学垢下腐蚀，形成蚀坑，最终形成穿孔。

(5) $CO_2+H_2S+H_2O$ 型腐蚀环境。该腐蚀环境存在于气体脱硫装置的溶剂再生塔顶及其冷凝冷却系统，温度为 40~60℃酸性气体部位。其腐蚀主要是酸性气中 CO_2、H_2O 遇水造成的低温腐蚀。在该腐蚀环境中，碳钢为均匀腐蚀、氢鼓泡、焊缝应力腐蚀开裂。奥氏体不锈钢焊缝会出现应力腐蚀开裂。该腐蚀环境采取的防腐措施以材料为主。溶剂再生塔顶内构件采用 0Cr18Ni9Ti，塔顶筒体用碳钢+321 复合板。塔顶冷却器壳体用碳钢，管束用 0Cr18Ni9Ti。酸性气分液罐用碳钢或碳钢+0Cr13Al。

(6) 湿硫化氢腐蚀环境。即 H_2S+H_2O 型的腐蚀环境，是指水或水物流在露点以下与 H_2S 共存时，在压力容器与管道中发生的开裂的腐蚀环境。该腐蚀环境中，对碳钢为均匀腐蚀、氢鼓泡、焊缝硫化物应力腐蚀开裂。湿硫化氢环境广泛存在于炼油厂二次加工装置的轻油部位，如流化催化裂化装置的吸收稳定部分、产品精制装置中的干气及液化石油气脱硫部分、酸性水汽提装置的汽提塔、加氢裂化装置和加氢脱硫装置冷却器、高压分离及液气球罐、轻油罐顶部、气柜等过程设备。

(三) 环烷酸腐蚀

环烷酸是一种存在于石油中的含饱和环状结构的有机酸，其通式为 RCH_2COOH，石油中的酸性化合物包括环烷酸、脂肪酸、芳香酸以及酚类，而以环烷酸含量最多，故一般称石油中的酸为环烷酸。其含量一般借助非水滴定测定的酸度来间接表示。石油中的环烷酸是非常复杂的混合物，其相对分子质量差别很大，可在 180~700 之间，以 300~400 之间居多，其沸点范围大约在 177~343℃之间。低相对分子质量的环烷酸在水中的溶解度很小，高相对分子质量的环烷酸不溶于水。

环烷酸腐蚀机理：环烷酸在石油炼制过程中，随石油一起被加热、蒸馏，并随沸点相同的油品冷凝，且溶于其中，从而造成该馏分对设备材料的腐蚀。原油和馏分的酸值是衡量环烷酸腐蚀的重要因素。经验表明，在一定温度范围内，腐蚀速率和酸值的关系中，存在一临界酸值，高于此值，腐蚀速率明显加快。一般认为原油的酸值达到 0.5mgKOH/g 时，就可引起蒸馏装置某些高温部位发生环烷酸腐蚀。

环烷酸腐蚀的温度范围大致在 230~400℃。流速是环烷酸腐蚀中的一个很关键的因素，在高流速条件下，甚至酸值低至 0.3mgKOH/g 的油液也比低流速条件下酸值高达 1.5~1.8mgKOH/g 的油液具有更高的腐蚀性。现场经验中，凡是有阻碍液体流动从而引起流态变化的地方，如弯头、泵壳、热电偶套管插入处等，环烷酸腐蚀特别严重。

环烷酸在低温时腐蚀不强烈，一旦沸腾，特别是在高温无水环境中，腐蚀最激烈。由于 $Fe(RCOO)_2$ 是油溶性腐蚀产物，能被油流所带走，因此不易在金属表面形成保护膜，即使形成硫化亚铁保护膜，也会与环烷酸发生反应而完全暴露出新的金属表面，使腐蚀继续进行。遭受环烷酸腐蚀的钢材表面光滑无垢，位于介质流速低的部位的腐蚀仅留下尖锐的孔洞；高流速部位的腐蚀则出现带有锐边的坑蚀或蚀槽。

（四）氢相关腐蚀

1. 氢鼓包

氢原子扩散到金属内部（大部分通过器壁），在另一侧结合为氢分子逸出。如果氢原子扩散到钢内空穴，并在该处结合成氢分子，由于氢分子不能扩散，就会积累形成巨大内压，引起钢材表面鼓包甚至破裂的现象称为氢鼓包。低强钢，尤其是含大量非金属夹杂物的钢，最容易发生氢鼓包。

（1）产生氢鼓包的腐蚀环境。介质中通常含有硫化氢或者砷化合物、氰化物、含磷离子等毒素，这些介质阻止了放氢反应。

（2）预防措施。消除毒素介质；如果不能消除，选用空穴少的镇静钢，也可采用对氢渗透低的奥氏体不锈钢。或者采用镍衬里、橡胶衬里、塑料保护层、玻璃钢衬里等；有时加入缓蚀剂。

2. 氢脆

在高强钢中金属晶格高度变形，氢原子进入金属后使晶格应变增大，因而降低韧性及延性，引起脆化，这种现象称为氢脆。氢脆与钢内的空穴无关，所以仅仅靠使用镇静钢无效。

预防措施：选用对氢脆不敏感的材料，如选用含 Ni、Mo 的合金钢。在制造过程中，尽量避免或减少氢的产生。

3. 氢蚀

在高温高压环境下，氢进入金属内与一种组分或元素产生化学反应使金属被破坏，称为氢蚀。如在 200℃以上氢进入低强钢内与碳化物反应生成甲烷气体，这种气体占有很大体积使金属内产生小裂缝及空穴，从而使钢变脆，在很小的形变下即破裂。这种破裂没有任何先兆，是非常危险的。

预防措施：选用抗氢钢。可选用 16MnR（HIC）、15CrMoR（相当于 1Cr-0.5Mo）、14Cr1MoR（相当于 1.25Cr-0.5Mo）、2Cr-0.5Mo、2.25Cr-1Mo、2.25Cr-1Mo-0.25V、3Cr-1Mo-0.25V 等。抗氢钢中的 Cr 和 Mo 能形成稳定的碳化物，这样就减少了氢与碳结合的机会，避免了甲烷气体的产生。

其实氢腐蚀从理论上分为三种，而实际中三种腐蚀几乎同时存在。所以遇到氢腐蚀环境（临氢环境）的设备一般按纳尔逊曲线进行选材，要引起高度重视。

（五）氯引起的腐蚀

近年来，原油劣质化是国内外炼化企业面临的趋势，原油中所含的硫、酸、氯等腐蚀性杂质给原油加工带来诸多的腐蚀问题。

1. 氯化铵结垢和腐蚀

由氯化物导致的氯化铵结垢和腐蚀问题已由常减压装置扩展到了催化裂化、加氢裂化和延迟焦化等二次加工装置，成为炼油装置安全连续运行的不稳定因素之一，也引起了国内外炼化企业和行业组织的广泛重视。针对催化分馏塔顶循系统、加氢反应流出物系统和焦化分馏塔顶循系统的氯化铵结盐问题，炼化企业通常采用间断注水冲洗的方法缓解，在水洗过程中不可避免产生高浓度的氯化铵水溶液，形成酸性较强的酸性水腐蚀环境，对设备和管道造成严重腐蚀。氯化铵腐蚀表现为均匀或局部腐蚀，通常为点蚀，一般发生在氯化铵或铵盐沉积物下，通常没有自由水相的存在。盐通常为白色、绿色或灰色。水洗和/或吹扫会去除沉积物，这样在内部视觉检查过程中结垢的迹象可能会不明显。所有常用的材料都受影响，按耐蚀性能由低到高为：碳钢、低合金钢、300 系列不锈钢、400 系列不锈钢、双相不锈钢、800 合金、825 合金、625 合金、C276 合金、钛。

氯化铵水溶液的腐蚀是一种电化学过程。氯化铵为一种强酸弱碱盐，其水溶液呈酸性，氯化铵水溶液的 pH 值随氯化铵浓度的升高而降低，其腐蚀性加剧。

2. 不锈钢氯离子应力腐蚀开裂

不锈钢氯离子应力腐蚀开裂(SCC)只有在一定特殊条件下才会发生。发生不锈钢氯离子应力腐蚀开裂的三个必要条件是：材料表面受拉应力环境、特定的腐蚀介质(氯离子)和不锈钢对腐蚀介质(氯离子)的敏感性。这三个条件必须同时存在。局部所受的较高的集中拉应力往往是导致开裂的起源。当局部较高拉应力和腐蚀性介质共同作用于工件时，一般经过一段时间就会萌生裂纹继而扩展到整个断面而导致工件的彻底破坏。只有当作用力为拉应力时应力腐蚀开裂才发生，而压应力不会导致开裂发生。因此，当存在的拉应力、压应力为多向时，只有在最大主应力为拉应力时，才满足应力腐蚀开裂发生的前提条件。应力腐蚀开裂存在一个临界拉应力值。在所施加的拉应力比该值低时，是不会发生应力腐蚀开裂的，只有超过该阈值，才能导致开裂。应力除了由载荷产生的工作应力外，更多的是来自制作加工过程中产生的残余应力。

产生不锈钢氯离子应力腐蚀开裂的另一重要条件是环境介质，如氯化物或含氯化物的溶液。不锈钢材料在高 pH 值的环境下表面会形成一层钝化保护膜，这就隔绝了和腐蚀溶液的直接接触。在这层钝化膜的保护下不会发生 SCC。但是如果在制作加工、使用过程中发生了弹性、塑性变形，这层钝化膜就会被破坏，导致金属表面与腐蚀性溶液直接接触，这就为 SCC 的产生创造了必要条件。

应力腐蚀开裂的整个过程分为三个阶段：孕育阶段、裂纹稳定扩展阶段和失稳破裂阶段。

(1) 孕育阶段。在拉应力的作用下，形成最初的局部腐蚀裂口，它使材料表面产生塑性变形，形成活性的滑移系统，在局部形成“滑移阶梯”，破坏了不锈钢金属表面致密、有效的钝化膜。暴露在腐蚀溶液中的金属阶梯因此快速溶解，形成腐蚀坑。当有点蚀坑存在时，在点蚀坑的中部出现了应力集中且垂直于受力方向，裂纹最可能出现在此处，并沿垂直于受力方向扩展。

(2) 扩展阶段。腐蚀裂口在拉应力与腐蚀溶液的共同作用下，沿起裂点向纵向发展，也向横向发展。出现裂纹以后，在裂纹的尖端出现了较高的应力集中，加速了裂纹的扩展。

(3) 失稳破裂阶段。发展最快的裂纹崩溃发展，最终产生宏观裂纹，导致泄漏。

一般来说，孕育阶段的时间长短取决于工件表面所受拉应力水平和表面的原始状态，这段时间可以占到整个过程总时间的 95%以上。所以如果工件已经存在预裂纹，就不需要经历孕育阶段而直接进入扩展阶段，裂纹破断速度非常之快，可能产生灾难性事故。

(六) 其他腐蚀

炼化装置生产过程中，还存在保温层下腐铵蚀、垢下腐蚀、连多硫酸应力腐蚀、微生物导致的腐蚀(MIC)、高温烟气硫酸露点腐蚀、铵盐或碱引起的应力腐蚀开裂、高温炉管的高温氧化与渗碳等。此外，还存在循环水系统的腐蚀、蒸汽系统的腐蚀、埋地管线的土壤腐蚀、临海炼油厂的大气腐蚀等。

1. 保温层下腐蚀

大多数炼油装置设备都会发生外部破坏，有些是材料逐渐减薄，有些是应力腐蚀开裂。影响最严重的外部破坏通常为保温层下的腐蚀(CUI)。保温材料会受潮或受污染，从而加速腐蚀。CUI 特别严重的另一原因是很难监测。CUI 主要由于保温层与母材表面的蒸汽空间中的积水造成。积水可能来源于雨水、漏水、蒸汽凝结等。通常，位于年降雨量大的区域或较暖和的海上区域的装置容易受到 CUI 外部腐蚀。冷却塔和蒸汽排放口附近的装置都对外部腐蚀高度敏感。

碳钢和低合金钢保温层下腐蚀通常发生在 121℃以下，尤其是 49~93℃。奥氏体不锈钢的保温层下腐蚀往往是由于氯化物引起的应力腐蚀开裂，敏感温度为小于 149℃，尤其是 60~93℃。

保温层下腐蚀通常发生在如下部位：

(1) 冷却塔水珠喷溅受潮区域。

(2) 蒸汽系统附近区域。

(3) 遭受暴雨的区域。

(4) 易泄漏，使湿气或酸雾进入的区域。

(5) 操作温度低于 121℃的碳钢管线，尤其温度反复变化的部位。

(6) 经常开停的装置或相关设备。

(7) 保温层或涂料已损坏的部位。

(8) 经常在露点以下运行的冷冻设备。

(9) 管支座、吊架、管口和保温防水层接口处。

2. 垢下腐蚀

由于金属表面沉积物产生的腐蚀称为垢下腐蚀。垢下腐蚀首先要在金属表面上有垢层，由于垢在钢铁表面不同的区域覆盖度不同，不同覆盖度的区域之间形成了具有很强自催化特性的腐蚀电偶。同时，垢层表面与管材表面的接触不紧密，存在 0.1~0.3mm 的间隙，形成膜下缺氧区，会和周围的富氧区形成氧浓差电池，膜下金属因缺氧电位较负，腐蚀速率加快。

对于内壁结垢的管子，由于结垢的影响，改变管内流体的流速和流向，加剧了管子的冲刷腐蚀。其影响因素包括以下几方面：

(1) pH 值的影响。pH 值提高，易产生积垢。

(2) 温度的影响。在一定情况下，温度提高，腐蚀加剧。

(3) 流速的影响。流速加大时，不易积垢，腐蚀减轻。

(4) 环境介质的影响。溶液中氧的浓度和 Cl^- 促进腐蚀加速。

3. 微生物导致的腐蚀

微生物导致的腐蚀(MIC)是一种由于生物如细菌、藻类或真菌引起的腐蚀。通常与锈瘤或黏性有机物的存在有关。MIC 通常发生在水环境或有水存在(有时或永久)的环境中，尤其是在允许或促进微生物生长的停滞或流速低的条件。因为种类较多，有机物可以在严重的环境包括缺氧、缺光或黑暗、高盐度、pH 值在 0~12 之间、温度从-17℃到 113℃之间生存和繁殖。系统可能通过有机物的引入而移植。不同的有机物在不同的养分中生长旺盛，包括无机物质(如硫、氨、H_2S)和有机物质(如油、有机酸)。另外，所有的有机物的生长都需要碳、氮、磷的来源。含有油或 H_2S 的工艺介质的泄漏会引起微生物结垢和腐蚀的大幅度增加。

受影响的材料包括大多数常见结构材料，如碳钢、低合金钢、300 系列不锈钢和 400 系列不锈钢、铝、铜和一些镍基合金。通常在换热器、储罐底部的水、静止或低流速的管线、与土壤接触的管线等。在采用过水试压的设备去水后或设备放置在外边没有保护的情况下会发生 MIC，受冷却水处理不正确影响的任何装置的产品储罐和水冷换热器也会发生 MIC。MIC 腐蚀通常表现为局部的垢下腐蚀或有机物遮盖的瘤。损伤通常为碳钢的杯状点蚀或不锈钢的表面下空洞。

4. 连多硫酸腐蚀

在高温含硫化氢环境中，钢表面生成硫化铁，运转停止时同外部来的水分和氧接触，通过化学反应，生成连多硫酸。在酸性环境加上处于敏感或焊接态条件下的敏感建造材料，导致迅速地晶间腐蚀和开裂，就是连多硫酸应力腐蚀开裂。典型反应为：

$$8FeS+2H_2O+11O_2 \longrightarrow 4Fe_2O_3+2H_2S_4O_6$$

连多硫酸应力腐蚀开裂最易发生在装置中由敏化不锈钢制造的设备上，一般是高温、高压、含氢环境下的反应塔器及其衬里和内构件、储罐、换热器、流程管线、加热炉管，特别在加氢脱硫、加氢裂化、催化重整、蒸馏转油线、常减压塔底等系统中用奥氏体钢制成的设备或管线上。

5. 高温烟气硫酸露点腐蚀

加热炉中含硫燃料油在燃烧过程中生成高温烟气，高温烟气含有一定的 SO_2 和 SO_3，在加热炉的低温部位，SO_3 与空气中水分共同在露点部位冷凝，生成硫酸，产生硫酸露点腐蚀，严重腐蚀设备。在炼油厂多发生在加热炉的低温部位，如空气预热器与烟道，余热锅炉的省煤器及管道、圆筒加热炉炉壁等位置。

三、腐蚀控制与监检测技术

腐蚀控制主要通过材料防腐、工艺防腐、设计结构改进防腐、表面改性工程技术防腐、电化学保护等实现。腐蚀监检测就是利用各种仪器工具和分析方法，确定材料在工艺介质环境中的腐蚀速度，及时为工程技术人员反馈设备腐蚀信息，从而采取有效措施减缓腐蚀，避免腐蚀事故的发生。腐蚀监检测方法种类繁多，按腐蚀结果是否直接获得可以分为直接监测和间接监测两种。直接腐蚀监测技术包括腐蚀挂片、电阻探针、线性极化电阻探针、交流阻抗探针、电化学噪声等，间接腐蚀监测技术包括超声波(测厚)、射线照片、红外线温度分布图等。炼油厂常采用的腐蚀监检测方法有定点测厚、在线腐蚀监测、腐蚀介质分析、腐蚀产物分析、装置停工腐蚀检查、腐蚀挂片等。

（一）常用腐蚀控制方法

1. 材料防腐

1）合理选材

合理选材及合适的结构设计是腐蚀控制的重要手段。而合适的材料选用需要从设备特性、腐蚀环境、腐蚀影响、耐蚀材料评价等方面综合考虑。

2）选材基本原则

单一材料往往难以同时满足耐蚀性及物理、机械、加工性能和经济指标的要求，因此应根据不同设备正确处理技术性和经济性之间的关系。将两种材料复合使用是一种有效而经济的方法。所选材料应满足整个装置的预定寿命，同时应使装置中各部分的材料均匀劣化。

2. 设计结构改进防腐

腐蚀控制对结构设计的一般要求如下：

(1) 设备结构尽可能简单，减少腐蚀电池形成的机会。

(2) 整体结构比分段结构好。

(3) 设备表面状态应当均匀、平滑、清洁，突出的紧固件的数目愈少愈好。

(4) 尽量避免缝隙、死角、坑洼、液体停滞、应力集中、局部过热等不均匀因素。

(5) 注意材料相容性和设备之间的相互腐蚀性影响。

(6) 采用覆盖层保护的设备(如衬里设备)有要足够的强度和刚度，使用中不能变形。

(7) 方便设备清洗、维修和防腐蚀施工。

3. 表面改性工程技术防腐

表面工程是表面经过预处理后，通过表面涂覆、表面改性或多种表面技术复合处理，改变固体金属表面或非金属表面的形态、化学成分、组织结构和应力状况，以获得表面所需性能的系统工程。表面工程技术是表面工程的核心和实质。

表面工程技术分为表面改性、表面处理、表面涂覆、复合表面工程、纳米表面工程技术等。

(1) 表面涂覆技术：是将液态涂料涂覆在材料表面或将镀料原子沉积在材料表面形成涂层或镀层。热喷涂、堆焊、电镀、化学镀、气相沉积和涂装技术属此类。

(2) 表面改性技术：是仅对材料的表面进行处理的技术，利用热处理、机械处理、离子处理和化学处理等方法，改变材料表面的成分及性能的技术，如渗碳(或渗氮)、喷丸、激光处理、离子注入、表面涂层法、阳极氧化、化学气相沉积、物理气相沉积等。热扩渗、转化膜、表面合金化、离子注入和喷丸强化属此类。

(3) 薄膜技术：是薄膜制备、测试等相关的各种技术的总称。采用各种方法在工件表面上沉积厚度为100nm至1μm或数微米薄膜的技术，气相沉积技术属此类。

4. 电化学保护

1) 阳极保护(适用有钝化曲线的金属)

凡是在某些化学介质中，通过一定的阳极电流，能够引起钝化的金属，原则上都可以采用阳极保护法防止金属的腐蚀。例如我国化肥厂在碳铵生产中的碳化塔已较普遍地采用阳极保护法，取得了良好效果，有效地保护了碳化塔和塔内的冷却水箱。

注意：钝化区的电势范围不能过窄，否则容易由于控制不当，使阳极电势处于活化区，则不但不能保护金属，反将促使金属溶解，加速金属的腐蚀。

2) 阴极保护

阴极保护就是在要保护的金属构件上外加阳极，这样构件本身就成为阴极而受到保护，发生还原反应。阴极保护又可用两种方法来实现。

(1) 牺牲阳极保护法：它是在腐蚀金属系统上联结电势更负的金属，即更容易进行阳极溶解的金属(例如在铁容器外加一锌块)作为更有效的阳极，称为保护器。这时，保护器的溶解基本上代替了原来腐蚀系统中阳极的溶解，从而保护了原有的金属。此法的缺点是用作保护器的阳极消耗较多。

(2) 外加电流的阴极保护法：目前在保护闸门、地下金属结构(如地下储槽、输油管、电缆等)、受海水及淡水腐蚀的设备、化工设备的结晶槽、蒸发罐等多采用这种方法，它是目前公认的最经济、有效的防腐蚀方法之一。该法是将被保护金属与外电源的负极相连，并在系统中引入另一辅助阳极，与外电源的正极相连，电流由辅助阳极（由金属或非金属导体组成）进入腐蚀电池的阴极和阳极区，再回到直流电源。当腐蚀电池中的阴极区被外部电流极化到腐蚀电池中阳极的开路电势，则所有金属表面处于同一电势，腐蚀电流消失。因此，只要维持一定的外电流，金属就可不再被腐蚀。

3）气相中阴极保护

电化学方法在气相环境中使用是人们一直希望解决的问题。1988 年，中国研究出了气相环境中的阴极保护技术，用于架空金属管道、桥梁、铁轨、海洋工程构件上的飞溅区保护，并在架空金属管道的实际试验中取得了非常好的保护效果，使材料的寿命延长了 20 多倍，为气相环境中的构件保护提供了一个崭新的途径。气相阴极保护原理与溶液中的阴极保护原理相同，只是用固体电介质代替溶液，成为阴极保护电流从阳极层流向阴极层的主要离子迁移通道。外加阴极电流从辅助阳极流入，经过固体电介质至阴极（即被保护的结构材料），从而使处于气相环境中的结构得到保护。

5. 工艺防腐

1）工艺防腐

工艺防腐主要指为解决常减压装置“三顶”（初馏塔、常压塔、减压塔顶）系统，以及催化裂化、焦化、重整、加氢精制、加氢裂化等装置分馏系统中低温轻油部位设备、管道腐蚀而采取的以电脱盐、注中和剂、注缓蚀剂、注水等为主要内容的工艺控制措施。从广义上说，工艺操作上，对温度、流速、浓度等参数的控制，以及开停工期间的工艺保护都属于工艺防腐范畴，随着信息技术、大数据分析技术的发展，工艺数据对防腐蚀预测和腐蚀强度计算都有非常重要的意义，通过调整工艺参数降低腐蚀强度，给设备创造更加温和的腐蚀环境，都属于工艺防腐内容。

2）一脱三注

原油电脱盐是炼油厂重要的预处理装置，其作用是通过注水洗出原油中可溶于水的大部分无机盐类以及其他杂质，减轻常减压装置“三顶”系统的腐蚀，减少后续催化裂化和加氢裂化装置催化剂的中毒。由于塔顶冷凝水中存在大量的 Cl^-，易引起奥氏体不锈钢的压力腐蚀开裂，双相钢和钛是较为合适的材料选择，但价格较为昂贵，因而塔系统在材料选择上以碳钢为主，以注中和剂、注缓蚀剂、注水为主的工艺防腐措施成为炼油厂抑制塔顶系统低温腐蚀的关键。

脱盐过程包括原油预热，加入新鲜的洗涤水、通过混合使之与原油中的残留盐、水及其他杂质充分接触，并需要向原油中注入少量的破乳剂，以促进乳化液的破乳，使之和杂质更有效地分离。经混合器、混合阀或泵混合后乳化液进入电脱盐罐，在罐内原油乳化液通过金属电极产生的高压电场，受电力的作用小水滴聚结成大水滴，当水滴足够大时，就会在油层中沉降。沉降到容器下部的积水排出罐外，而脱盐脱水后的原油从脱盐罐的顶部管线引出。

塔顶中和剂（注氨或胺）的主要作用是中和塔顶的腐蚀性酸液，提高冷凝液的 pH 值，减缓设备的腐蚀。塔顶注水炼油厂经常采用的工艺防腐手段，在常减压装置的初馏塔塔顶，催化裂化的分馏塔前，气压机后，加氢裂化的高压空冷前一般采用注水工艺。

3）工艺防腐管理

加强工艺防腐管理是确保工艺防腐效果的重要手段，一方面，随着石油资源的深度开采以及进口高硫、高酸原油的不断增加，原油劣质趋势日趋明显，而且原油性质变化频繁，有的炼油厂原油酸值和硫含量已经超出原设计指标，这就对炼油厂的腐蚀控制和腐蚀管理提出了更高的要求。另一方面，炼油厂有些部位由于选材的局限性，工艺防腐还是减轻设备腐蚀，保证生产安全的重要手段。

工艺防腐蚀管理在炼油厂涉及多个职能部门的相互协调，主管工艺管理部门、设备管理部门、物资采购供应部门、生产作业部或车间等部门应明确各自职责，贯彻执行有关工艺防腐工作的标准、规范、制度，确保工艺防腐措施和工艺防腐效果的评定工作顺利开展。

（1）加强药剂管理：当工艺防腐药剂无法满足现场要求时，应由工艺技术管理部门牵头，组织有关部门对工艺防腐药剂进行实验性评定，进行工艺防腐药剂的筛选，确定药剂的型号和用量，并进行现场工业应用试验，考察药剂的现场使用性能，试验合格后，确定防腐蚀药剂的型号和供应商。

（2）工艺防腐措施的运行管理：工艺防腐操作必须严格按照工艺卡片制定的相关指标进行，如要更改工艺防腐蚀操作指标，必须办理工艺指标更改审批手续。改变生产工艺时要考虑设备的承受能力，及时分析进料装置的原料，辅料和助剂是否偏离设计指标，其中对设备有不良影响时应做好评估，检查是否超过设计许可范围，必要时要考虑材料升级或增加防腐措施。

（3）检查与考核：工艺技术管理部门每季度应对工艺防腐装置、仪器、药剂注入的具体实施情况进行检查，发现问题及时解决。

（二）常用腐蚀监检测技术

1. 定点测厚

定点测厚技术是目前国内外炼化企业普遍采用的腐蚀监测技术。它采用超声波测厚方法，通过测量壁厚的减薄来反映设备管线的腐蚀的腐蚀速度。测厚通常包括普查测厚和定点测厚，定点测厚又分为在线定点测厚、定期测厚和检修期间定点测厚。管道的普查测厚应结合压力容器和工业管道的检验工作进行，普查测厚点应包括全部定点测厚点。

测厚监测主要针对设备、管道的均匀腐蚀和冲刷腐蚀，对于氢腐蚀、应力腐蚀等应通过其他检测手段进行监测。在高温硫和高温环烷酸环境下，应重点对碳钢、铬钼合金钢制设备、管道进行测厚监测。新建装置或新投用的设备及管道，在投用前就应确定定点测厚的位置，并取得原始壁厚数据。

1）定点测厚布点原则

定点测厚布点应由设备管理部门组织车间的设备及工艺技术人员根据工艺工况及介质的腐蚀性和历年的腐蚀检查情况确定，应能覆盖全厂的腐蚀部位。定点测厚布点原则应参考行业标准 SY/T 6553—2003《管道检验规范在用管道系统检验、修理、改造和再定级》和《加工高含硫原油装置设备及管道测厚管理规定》进行，具体布点原则如下：

（1）对于易腐蚀和冲刷部位应优先考虑布点，如加氢反应产物馏出物系统在注水点以后的管线、常减压高低速转油线、阀门或孔板后、弯头、大小头等部位等。

（2）输送腐蚀性较强介质的管道一般在直管长度大于 20m 时，一般纵向安排三处测厚点；长度为 10~20m 时，一般安排两处测厚点；小于 10m 时可安排一处测厚点。

（3）介质腐蚀性较轻的管道一般在直管段（两个弯头间的连接管）安排一处测厚点，在弯头处安排一处测厚点。

（4）管线上的弯头、大小头及三通等易腐蚀、冲蚀部位应尽可能布置测厚点。

2）定点测厚频率

定点测厚频率应根据设备管线腐蚀程度、剩余寿命、腐蚀危害性程度等进行确定，通常采取以下原则：

(1) 当腐蚀速率在 0.3~0.5mm/a 或剩余寿命在 1~1.5 年之间时，应每三个月测定一次；当腐蚀速率在 0.1~0.3mm/a 或剩余寿命在 1.5~2 年之间时，应每六个月测定一次；当腐蚀速率小于 0.1mm/a 时，可在每次停工检修时测定一次；腐蚀极为严重(腐蚀速率大于 0.5mm/a)或剩余寿命小于 1 年的部位应进行监控，对监控部位应增加测厚频率(测厚频率及位置由测厚管理部门、车间和检测单位共同确定)。

(2) 停用设备及管道重新启用前应增加一次测厚。

(3) 当原料中腐蚀性介质含量如酸值、硫、氯等发生明显变化时，应适时调整测厚频率。

(4) 在装置检修期间应对装置所有的定点测厚进行常温测厚。

3) 测厚数据处理

定点测厚数据可以用于预测腐蚀速度、评估设备管线剩余寿命。

(1) 腐蚀速度的计算。采取以下公式：

测厚腐蚀速率(mm/a)= 某两次所测得的常温厚度差(mm)/对应次测厚间隔时间(a)

(2) 剩余寿命估算。用所测得的剩余壁厚常温值减去按照 GB 150 和 SH 3059 所确定的最小壁厚，所得差除以平均腐蚀速率即为钢制炼油设备及管道的剩余寿命。该剩余寿命的可靠程度取决于测厚数据的可靠程度，且只能用于均匀腐蚀，可指导确定检测频率，不宜作为判断依据。对于腐蚀减薄超过设计腐蚀裕度的数据应及时核对其准确性，并分析原因，提出处理建议。

2. 在线腐蚀监测

在线腐蚀因其实时高效而成为目前国内外炼油企业普遍采用的腐蚀监测方法之一。该系统利用电阻、电感、电化学等监测技术，将多个腐蚀探针的监测信号通过模数转换、远程传输、数据处理、软件集中控制等实现多路在线自动腐蚀监测。该技术推荐用于低温部位腐蚀检测，高温部位由于温度、介质、探头、操作危险性等方面的影响，测量结果存在较大偏差，不推荐使用。但随着技术进步，高温部位的腐蚀在线监测问题会逐步得到解决。国外比较著名的腐蚀在线监测系统开发商有 Hongeywell、R CS、Nanocorr、Metal、Sample、Cortest 等。国内中科院金属研究所、胜利炼油检测中心都拥有自己的在线检测技术，其中金属研究所的产品在国内各炼油厂应用比较广泛。目前应用比较多的腐蚀在线监测技术有电阻、电感和电化学。

3. 涡流检测

对于炼油企业腐蚀监测，应用远场涡流检测技术，主要用于冷换管束检查，如用于加氢反应器高压空冷碳钢管束的腐蚀检查等。此外，涡流检测还可用于油罐底板的腐蚀检查。

近年来，随着脉冲涡流技术的发展，石化企业已经广泛应用脉冲涡流技术开展管道、设备的壁厚扫查，并开展管束检测的研究。

4. 红外成像

红外成像监测技术主要用于监测诊断加热炉炉管、加热炉炉衬里、反再系统衬里、蒸汽管线、烟气管道等设备故障，评价炉管寿命、衬里损伤和保温效果。

目前，国内多家炼油企业采用该技术用于炉管剩余寿命评估、反应器衬里损伤评估、加热炉保温效果评估等。

5. 腐蚀挂片

腐蚀挂片监测作为腐蚀监测最基本的方法之一，具有操作简单、数据可靠性高等特点，可作为设备和管道选材的重要论据。目前炼油厂采用的腐蚀挂片技术主要有两种方式。

（1）现场腐蚀挂片监测。利用装置停工检修，在装置设备内部重点腐蚀部位挂入腐蚀挂片，待运行一个生产周期，装置再次检修时取出，测量挂片腐蚀失重情况，计算腐蚀速率，这种方法被称为现场腐蚀挂片监测。该方法监测周期以装置运行周期为准，主要用于设备选材研究，也可以作为其他腐蚀监测数据比较的基础。

（2）挂片探针技术。该技术属于在线监测技术的一种，可以在装置运行过程中对重点腐蚀部位进行监测，监测周期通常 1~2 个月，适用于高温部位的腐蚀监测，同时可以作为腐蚀在线监测系统的对比监测和工艺防腐效果的评估。试片材质根据现场设备管线材质进行选择，也可根据需要采用其他种类材质。探针挂片主要由探针杆、密封填料盒、锁紧环等组成。与安装在现场管道上的阀门配合可进行带压装卸操作，因此可随时取出监测挂片进行腐蚀测量。

6. 其他技术

（1）氢通量腐蚀监测技术。与传统的压力和电化学氢测量技术一样，原理基于测量设备管线外壁渗出的氢原子量反映设备内部的腐蚀程度，在炼油厂，该技术常用于高温环烷酸腐蚀、湿 H_2S 环境下的腐蚀、HF 烷基化中的腐蚀、各种形式的氢损伤、焊接除氢监测、焊前除氢工艺的控制等，并用于工艺防腐注剂的评价和实时控制。

（2）烟气露点监测技术。目前各炼油企业都采取各种手段节能降耗，对于加热炉采用降低排烟温度的方法来提高热效率，但这会造成空气预热器、余热锅炉等余热回收设备的换热面上产生强烈的低温露点腐蚀，甚至运行不到 1 年，换热面就会严重腐蚀穿孔。因此要准确判断烟气露点温度，保证排烟温度尽量低且不造成设备腐蚀。露点温度的确定有计算法、图表曲线法、实测法等。由于影响烟气露点温度的因素很多，而且又与实际操作条件有关，用理论方法进行准确计算很困难，一般用经验方法，但易造成误差。因此准确判断加热炉烟气露点温度的方法是采用露点测试仪实际测量。

（3）无损检测技术。超声、磁粉、渗透、涡流、声发射等无损检测技术也被广泛用于炼油企业设备管线腐蚀监测中。

四、炼油装置的腐蚀管理

（一）腐蚀管理策略

1. 加强原料控制

从炼油厂设备腐蚀与防护的角度考虑，进厂原料和进装置原料油中的主要腐蚀介质含量应严格控制，以确保装置长周期安全运转。炼油厂原料控制应遵循以下原则：

（1）进厂原油应尽量做到“分储分炼”，如果原油硫含量和酸值不能满足常减压装置设计加工原油的硫含量和酸值时，可考虑在罐区对原油混掺，原油混掺时应采取有效措施使不同种类原油混合均匀，避免不相容原油的混合，避免由于原油混合不均匀对设备造成的冲击。

（2）进一次加工装置原油必须进行腐蚀性介质分析(硫含量、酸值、盐、氮、水分等)，采样除了在原油罐区外，电脱盐罐前也必须采样分析，但分析频次各企业可根据自身情况适当调整。

必须跟踪监测电脱盐的运行状况，对脱后含盐、脱后含水、排水含油等指标定期监测，确保电脱盐系统的有效运行。

进装置原油除考虑控制硫含量和酸值外，还应根据本企业电脱盐设施情况，对原油含盐、含水、密度等进行控制。

进二次加工装置原料油的酸值、硫含量及其他腐蚀性介质含量应低于装置设计值。当欲加工原油的酸值和硫含量高于装置设计值时，应组织有关部门进行装置的腐蚀适应性评估与 RBI 风险评估，对全装置的设备和管道的腐蚀状况和安全隐患进行综合分析，摸清装置的薄弱环节，做到心中有数，从而有针对性地采取相应的措施，如材质升级、加强腐蚀监检测、完善工艺防腐措施等。

2. 强化工艺防腐

工艺防腐是指为解决各炼油装置分馏系统的中低温轻油部位设备、管道腐蚀所采取的以电脱盐、注中和剂、注水、注缓蚀剂等为主要内容的工艺防腐蚀措施。工艺防腐应遵循以下原则：

(1) 电脱盐是蒸馏装置及后续加工装置工艺防腐的基础。当原油性质发生变化时，应及时进行电脱盐工艺条件评定和药剂筛选，确保脱后含盐、含水达到控制指标。

(2) 常减压装置三顶和二次加工装置分馏系统的低温部位，当监控冷凝水的 pH 值小于 7 时，应考虑在水溶液的露点温度前加注中和剂。

(3) 常减压装置三顶和二次加工装置分馏系统的低温部位，当塔顶油气中的无机盐冷凝后有可能结垢时，应考虑在水溶液的露点温度前加注水。

(4) 常减压装置三顶和二次加工装置分馏系统的低温部位，当塔顶冷换设备为碳钢，且介质中腐蚀性介质含量较高时，可考虑在水溶液的露点温度前加注缓蚀剂。常减压装置减压系统的高温部位，当加工高酸原油时，若减压侧线管道材质为碳钢或低合金钢时，管道腐蚀严重时，可考虑在侧线抽出管线上加注高温缓蚀剂。

工艺防腐药剂的使用效果应采用化学分析或仪器分析方法进行跟踪监测，并根据监测结果及时调整注入量。

工艺防腐药剂注入口的设计应能保证注入的药剂在油气中均匀分散，避免在注入口附近管壁出现局部露点腐蚀；而且注入口应伸入工艺管道内，流向与工艺介质流向相同。

原油加工方案和工艺流程的变化、操作条件的波动等因素有可能对装置的腐蚀位置和腐蚀程度产生影响，因而在生产过程中，应考虑加工方案的变化、操作条件波动带来的腐蚀问题。

3. 合理选材

设备、管道选材要根据装置正常操作条件下腐蚀性介质(如硫、酸、氯等)的含量，并充分考虑最苛刻条件下可能达到的最大腐蚀性介质含量，结合现场操作条件(温度、流速等)进行。炼油厂选材应遵循以下原则：

(1) 设备选材前应对企业主要加工的原油品种进行硫分布、酸分布、流速和氯分布研究，以此作为选材的基础数据。

(2) 设备选材应参考装置腐蚀适应性评估和 RBI 的评估，如果操作介质泄漏会造成人员中毒、着火等恶性后果，选材则应考虑升高一个等级。

(3) 低温腐蚀部位的选材以碳钢为主，主要靠工艺防腐来解决，如果腐蚀严重，可以考虑选用更高的材质，如 0Cr13、304 不锈钢、316 不锈钢、双相钢等，但选用奥氏体不锈钢时要注意阴离子(如氯离子等)的影响，Monel 应考虑氨的腐蚀，防止出现点蚀或应力腐蚀开裂。

(4) 对于高硫低酸原油，在高温下主要是高温硫的腐蚀，选材要根据现场经验并参照

API581 标准，比照 McConomy 曲线进行。对于物料输送管道，介质温度小于240℃的部位选材以碳钢为主；介质温度在 240~288℃之间时，原则上选用 1CrMo 钢；介质温度大于或者等于 288℃的部位应选用铬含量在 5%及以上合金钢。如现用为碳钢材质的管道，应结合原油含硫情况，在有可靠数据证明腐蚀速率小于 0.25mm/a 且腐蚀余量足够时，可继续使用碳钢，但必须加强监测。

(5) 对于高硫高酸原油，在高温下主要是环烷酸腐蚀，选用设备材料根据硫含量和酸值，参考 API581 和现场实际经验进行。通常含 Mo 大于 2.5%(质)的 316 不锈钢耐高温环烷酸腐蚀性能良好。

(6) 对于临氢设备管线，如果系统中含 H_2S，则选材要依据 COUPER 曲线进行。如果不含 H_2S，则依据 NELSON 曲线选材。

(7) 加热炉炉管的选材除考虑输送介质外，还应根据炉膛温度和燃料性质，选用耐高温氧化、硫化、碳化、脱碳的材质。

(8) 对于具有同样操作条件的管道选材，应注意每条管道上各元件材料的协调和统一，同一根管道上的管子、管件、阀门、仪表管嘴及其根部阀等，原则上应选取同种材料或性能相当的材料；与主管相接的分支管道、吹扫蒸汽管道等的第一道阀门及阀前管道均应选取与主管道同种材料或性能相当的材料。

在选用材料时，还应考虑介质的操作条件(如温度、压力)、流速以及是否处于相变部位等因素，从材料选择到结构设计进行特殊处理，如加大流通面积、降低流速、适当增加壁厚、增设挡板以及局部材料升级等，以防止局部产生严重腐蚀，同时提高选材的经济合理性。当工艺技措改动时应严格执行变更管理的相关规定，考虑设备管线材质能否满足改动后工艺条件(腐蚀性介质、温度、流速等)要求，如果不能则需要进行材质更换或升级。

要加强材料防腐技术的应用，包括涂料、表面处理、阴极保护等。在采用新技术前应进行材料腐蚀试验，并考察其在其他企业的应用效果。

压力容器、压力管道若经检测剩余壁厚小于最小允许壁厚，应立即更换，若经检测年腐蚀速率，压力容器大于 0.3mm/a，压力管道大于 0.275mm/a，则应选用更好的耐腐蚀材料。

4. 加强腐蚀监检测

腐蚀监检测是炼油厂防腐蚀的关键，各企业要根据自身情况，尽可能多地开展各项腐蚀监检测工作，尤其是长周期运行的装置，更应加大腐蚀监检测范围和频率，及时发现装置设备管道存在的腐蚀问题，防患于未然。设备腐蚀监检测应遵循以下原则：

(1) 定点测厚是炼油企业最直接有效的腐蚀监测方法，企业可参照中国石化《加工高含硫原油装置设备及管道测厚管理规定》、中国石油天然气标准《管道检验规范在用管道系统检验、修理、改造和再定级》和自身装置特点全面开展定点测厚工作。要求定点测厚规范、准确、数据处理及时，并实现测厚数据计算机管理。

(2) 腐蚀在线监测系统是炼油腐蚀监测的发展趋势，有条件的企业应尽快开展。推荐在低温腐蚀部位采用腐蚀在线监测系统，具体监测部位应由车间、机动、技术、安全等部门联合确定。在高温高压部位可以采取腐蚀探针挂片进行腐蚀监测，有条件的可以增设腐蚀监测旁路，以保证监测的安全性。

(3) 装置停工时应做好停工装置腐蚀检查工作。企业可以参照中国石化企业标准 Q/SH 0752—2019《炼油装置停工腐蚀检查导则》进行，腐蚀检查前要根据装置运行情况和特点制定检查方案，并由专业防腐技术人员进行检查，检查完成后要提交检查报告和防腐建议。

(4) 装置开工前应进行现场腐蚀挂片，各装置重要部位及腐蚀严重的塔、容器、冷换等设备部位都可以挂入现场腐蚀挂片，随装置运行一个周期后再取出测量腐蚀速度。

(5)“三注”后的冷凝水分析要求各企业必须进行，监测频率为每周3次。有条件的企业可增设pH值在线监测系统，并逐步实现自动控制加药。催化、焦化等装置分馏塔顶冷凝冷却系统，稳定吸收的解析塔顶系统，各加氢装置反应单元的高压冷凝冷却系统以及分馏单元分馏塔顶冷凝冷却系统等部位，也可以考虑进行冷凝水或酸性水分析。

(6) 为了监测高温环烷酸造成的腐蚀，可以进行原料油及侧线油酸值、铁离子或铁镍比的跟踪监测，根据其变化情况判断设备腐蚀情况。有溶剂的装置要分析溶剂，如胺脱硫要分析胺液的酸性气吸收量、胺老化物质的量、铁离子和机械杂质；如制氢装置采用本菲尔法用环丁砜溶剂要分析缓蚀剂 V_2O_5 浓度和铁离子。

(7) 对进装置的物料进行腐蚀介质跟踪，如油品的硫、酸、氮等，系统氢气含氯，化学水和循环水等。可以采取脉冲涡流扫查、氢通量检测、红外成像、露点腐蚀监测、无损检测等其他腐蚀检测技术，提高腐蚀检测的准确性和工作效率。要及时跟踪国内外最新腐蚀监检测新技术，并不断在炼油企业推广应用。

5. 设备防腐蚀管理工作要求

防腐蚀工作能否得到有效落实，腐蚀管理是关键。对于炼油企业来说，应加强以下几方面的防腐蚀管理工作。

(1) 建立健全全厂腐蚀管理网络。要形成由厂领导牵头，设备部门、工艺部门、生产车间、科研检测部门等组成的一体化腐蚀管理体系。各部门都应建立相应设备工艺防腐台账，对腐蚀事故、重点腐蚀监控部位、防腐措施等进行详细认真地记录和管理，逐步建立腐蚀控制文档(CCD)。

(2) 设备防腐要从设计和管理入手。对于炼油厂的腐蚀与防护，设计与施工过程的管理相当重要。在设计过程中，设计人员应当充分分析设备可能存在的腐蚀环境，判断可能发生的腐蚀类型，从设备选材、工艺设计、结构设计等方面出发尽可能消除腐蚀隐患。

(3) 腐蚀监检测是炼油厂防腐的重点工作。其关键在于定点定人，即监测部位要确定，监测人员要固定。

(4) 加强防腐攻关。包括腐蚀失效案例分析和腐蚀规律研究，以建立相应的腐蚀数据模型，为腐蚀预测和监测提供理论依据。

(5) 加强防腐新技术的考察和应用管理工作。目前国内开发了许多新型防腐技术，如新型材料和表面处理技术、中和缓蚀剂等。炼油厂在实际应用时，不仅要注重其防腐效果，还要进行经济效益评估，并考察新技术是否会对产品、工艺操作等产生负面影，结合装置大修腐蚀检查开展对防腐新技术以及工艺防腐效果量化评价。

(6) 加强装置运行过程中的腐蚀控制。为了防止设备腐蚀，很多生产装置建立了相应的开停工方案和运行方案，在装置运行过程中要严格按照操作方案进行。

(7) 加强国外同行业的腐蚀资料调研。跟踪国外最新防腐动态，总结先进的腐蚀防护经验，为企业更好地采取防腐措施提供新思路。

(8) 加强企业员工的腐蚀防护教育。设备腐蚀防护是一项贯穿企业上下的工作，要做好防腐工作，必须对各个层次参与防腐的人员进行培训教育，包括厂领导、工程技术人员和操作及维修人员。

（二）腐蚀风险评价与设防值评估

1. 腐蚀风险评价的定义

由于腐蚀失效引起的破坏、伤害、损失或其他情况的可能性而产生后果的潜在影响，称为腐蚀风险。

腐蚀风险评价是以实现安全为目的，应用腐蚀控制工程安全系统工程原理和方法，辨识与分析工程、系统、生产经营活动中的有关腐蚀源带来的危险、有害因素，预测发生事故或造成人们生命财产危害的可能性及其严重程度，提出安全措施，做出风险评价结论的活动。

腐蚀风险评价应对腐蚀控制工程完整性、经济性、体系运行的有效性、各要素以及要素间的整体性、系统性、相互协调和优化性进行评价，确保腐蚀控制工程的安全性、经济性、全周期运行。

风险评价结果应作为腐蚀控制工程设计、过程管理、验收及持续改进、完善的依据。

2. 腐蚀风险评价的分类

风险评价按照实施阶段的不同分为三类：风险预评价、风险验收评价、风险现状评价。

1）风险预评价

在建设工程项目可行性研究阶段或腐蚀控制工程各要素、各环节组织实施之前，根据相关的基础资料，辨识与分析建设工程项目、腐蚀控制工程各要素、各环节潜在的危险、有害因素，确定其与安全生产法律法规、标准、规范的符合性，预测发生事故的可能性及其严重程度，提出预防风险措施，做出评价结论的活动。

2）风险验收评价

在建设工程项目竣工后或正式生产运行前，通过检查建设工程项目的安全设施与主体工程同时设计、同时施工、同时投入生产和使用的情况的安全设施、设备、装置投入生产和使用的情况，检查腐蚀控制工程各要素、各环节等风险预防措施的到位情况，检查风险预防措施规章制度健全情况，检查事故应急救援预案建立情况，审查确定建设工程项目的有关腐蚀控制工程是否满足安全生产法律法规、规章、标准、规范要求的符合性，从整体上确定建设工程项目的运行状况和安全管理情况，做出评价结论的活动。

3）风险现状评价

针对腐蚀控制工程各要素、各环节的事故风险、安全管理等情况，辨识与分析其存在的危险、有害因素，审查确定其与安全生产法律法规、规章、标准、规范要求的符合性，预测因腐蚀发生事故或造成职业危害的可能性及其严重程度，提出科学、合理、可行的安全对策措施建议，做出评价结论的活动。

3. 腐蚀风险评价的内容

风险评价包括风险识别、风险分析、风险防控等内容和过程。

1）风险识别

发现、确认和描述风险的过程。风险识别包括对风险源、事件及其原因和潜在后果的区别。风险识别可能涉及历史数据、理论分析、专家意见以及利益相关者的需求。

2）风险分析

理解腐蚀风险性质、确定风险等级的过程。风险分析是风险评价和风险应对决策的基础。通常有以下几种风险分析的方法：

（1）定性评价方法。评价结果一般为风险等级或其他定性描述的方法。代表方法有风险矩阵法、安全检查表法等。

（2）半定量评价方法。评价结果一般为一相对数值，用其高低来表示风险高低的方法。

（3）定量评价方法。评价结果一般是数值，用数值大小表示风险高低的方法。代表方法有概率风险评价、故障树分析、事件树分析、数值模拟方法等。数值有量纲。

3）风险防控(应急预案)

（1）风险防控内容。腐蚀控制工程风险主要是对包括风险评价结果提出的腐蚀控制措施的改变，包括腐蚀控制技术方案，腐蚀源、主体工程的应对措施的改变和优化。在原程序文件的基础上，识别风险点，确定风险类别，进行风险分析，并用相应的风险评价准则进行风险评估，确定风险级别，需要制定控制措施的，依据评价结果，制定风险应对措施，制定相应的文件和方案。

（2）风险防控要求。对于腐蚀风险应对措施的制定，应评估其剩余风险是否可以承受。如果剩余风险不可承受，应调整或制定新的风险应对措施，并评估新的风险应对措施的效果，直到剩余风险可以承受。

（3）风险防控的过程控制。执行腐蚀风险应对措施会引起腐蚀控制工程的改变，需要跟踪、监督腐蚀控制工程本身风险应对的专用效果和主体工程的有关环境信息，并对变化的风险进行评估，必要时重新制定风险应对措施。

（4）风险防控计划。在选择了腐蚀风险应对措施之后，需要制定相应的风险应对计划，计划中应当包括以下信息：

① 预期的收益；

② 考核指标及其考核方法；

③ 腐蚀风险管理责任人及实施风险应对措施的人员安排；

④ 腐蚀风险应对措施涉及的具体业务和管理活动；

⑤ 选择多种可能的风险应对措施时，实施风险应对措施的优先次序；

⑥ 报告和监督、检查的要求；

⑦ 与适当的责任人的沟通安排；

⑧ 资源需求，包括应急机制的资源需求。

4. 设防值

1）设防值的定义

设防值的概念是一个安全的概念，设防值的目标是确定装置必须达到的抗腐蚀的能力，保障装置安全平稳运行。设防值研究是由装置的腐蚀适应性评估技术延伸出来的，腐蚀适应性评估技术是随着国内的石化企业加工的原油不断劣质化，借鉴风险评估技术而发展起来的一项石化设备定量风险评估技术。

2）设防值研究的意义

装置是针对特定的原料进行设计和建造的，对于新建装置，以设计的硫、酸含量作为设防值较为合理。但装置建成投产后，由于原料的变化以及随着生产时间的推移，情况将发生变化。原油劣质化程度加重、装置设备和管道的改变、装置长周期安全运行的压力增大、装置本身存在缺陷、原油的合理采购与优化排产需要，企业效益的这些变化都将引起不同的设防值的要求。

3）设防值的确定方法和内容

硫和酸等腐蚀性杂质在高温下对材质造成高温硫和环烷酸腐蚀，随着温度升高腐蚀加剧；装置低温部位也会产生湿硫化氢等引起的腐蚀，低温部位的腐蚀可以通过工艺防腐蚀等措施来控制从而减缓腐蚀。高温硫和环烷酸对装置造成的腐蚀只在装置某些部位发生，设防值的研究就是针对这些部位的设备、管道考虑的，比如，各套炼油装置都有其重点部位，对这些重点部位的设防，实质上就是装置的设防。设防值评估首先是根据原油评价数据、硫分布和酸分布数据确定装置关键部位腐蚀介质含量；其次是结合高温部位进行理论腐蚀速率计算；然后根据现场监检测数据计算实际腐蚀速率并与理论腐蚀速率进行对比。综合考虑以上三方面因素给出装置腐蚀薄弱部位清单，核算这些薄弱部位所能承受的腐蚀介质最大含量，推算原料中允许的最大硫含量和酸值，评价装置当前设防值的合理性。同时给出目前装置薄弱部位的材质升级、腐蚀监检测等应对措施。

（三）腐蚀信息化管理系统

信息技术的发展，为腐蚀管理带来了新的机遇和突破。腐蚀管理系统主要由数据采集层、数据分析层和数据应用层组成。

1. 数据采集层

数据采集层的首要任务是采集有用，有效的数据，为此应开展如下工作：

（1）开展腐蚀机理、腐蚀回路的分析。根据腐蚀机理，对装置进行细分，将操作温度、介质、流速、材质等相同或相似的流程划为一个腐蚀回路，对不同的腐蚀回路进行分析，找出每个回路上的腐蚀薄弱点，然后筛选出整个装置的主要腐蚀部位。

（2）根据腐蚀机理，对重要腐蚀部位进行分析，找出影响腐蚀的主要参数。在生产装置实时数据库系统、化验分析系统、腐蚀在线监测系统等获取相关的参数。

2. 数据分析层

结合相关的理论、经验、标准、规范建立相应的数学模型，对系统采集的数据进行计算、分析并及时给出预警信息。

3. 数据应用层

根据数据统计、分析结果指导设备选材、工艺防腐、防腐监检测等生产活动，更进一步的腐蚀管理系统还加入了对生产系统的控制，并可产生各类不同需求的报表。同时建立知识库，供各级管理人员学习借鉴。

腐蚀管理及预警平台实现了工艺实时数据、化验分析、管道测厚、在线腐蚀监测等多个系统中腐蚀相关数据的采集、整合和集中管理。用户可在管理平台上对关键参数进行分级管理和设防值设置，当监控数据超过设防值设定时，系统会形成报警信息，以报警页面和邮件通知等方式，及时提醒现场操作人员和远程监控人员对发生的腐蚀问题进行跟踪处理，避免腐蚀失效的扩大。

通过腐蚀管理及预警平台的运行，可以使装置的腐蚀隐患被及时发现，降低了装置腐蚀风险，减少了因腐蚀引起的火灾、爆炸及非计划停工事故，确保了生产装置长周期安全稳定运行。

第九节 工业水管理

一、工业水管理

炼油企业工业水主要有新鲜水、循环水、化学水和污水处理及回用等四个系统，针对炼化企业的工业水管理，现有一级企业标准 Q/SH 0628《水务管理技术要求》系列，该系列标准规定了不同水类别在人员与运行管理、工艺技术、设备设施、质量管理、HSE 以及技术经济指标等方面的技术要求。

工业水的运行管理必须满足国家相关法律法规的要求：《中华人民共和国水法》《中华人民共和国环境保护法》《中华人民共和国海洋环境保护法》《中华人民共和国环境保护税法》《中华人民共和国水污染防治法》《中华人民共和国循环经济促进法》《中华人民共和国节约能源法》《中华人民共和国长江保护法》《国务院正式发布“水十条”》。

炼油企业具备一定规模的新鲜水系统、循环水系统、化学水系统和污水处理与污水回用系统要求进行水务专业竞赛。根据突出管理和效益，注重实效等原则，结合水务专业特点，共分为 11 项可量化、能对比、易考核的竞赛指标，见表 4-9-1。

表 4-9-1 各水系统水务竞赛指标

水系统	指标 1	指标 2	指标 3
新鲜水	供水单位电耗	供水自用损失率	供水单位现金操作费用
循环水	循环水单位电耗	循环水标准补新水率	循环水单位现金操作费用
化学水	化学水标准离子水耗	化学水单位现金操作费用	
污水处理系统	污水处理单位电耗	外排污水达标率	污水处理单位现金操作费用

工业用水排水重要指标：根据 GB/T 18820《工业企业产品取水定额编制通则》、GB/T 18916. 3《取水定额第三部分石油炼制》、GB/T 18916. 13《取水定额第十三部分乙烯生产》、《水利部关于印发钢铁等十八项工业用水定额的通知》(水节约【2019】373 号)、GB/T 7119《节水型企业评价导则》等国家标准，综合考虑各企业实际情况制定企业的重要指标：吨油取水、吨油排水以及工业水重复利用率。吨油取水量和吨油排污水量是石化企业最重要的 KPI 考核指标。

二、新鲜水管理

(一) 新鲜水运行管理

应按照工序单元分别提出运行管理的质量控制、检验要求，构筑物或装置的启用、停用技术条件，设备设施维护保养、现场管理要求等。

对于水泵、电动机、变压器、变频器、空压机、鼓风机、清污机、刮泥机、闸门与阀门等主要供水设备，应具体规定日常管理、定期维护与设备大修的技术条件、工作内容、质量标准。

企业选用地表水或地下水为水源时，原水水质应分别符合 GB 3838、GB/T 14848 的要求，生活饮用水给水系统的原水水质应同时满足 CJ 3020 的要求。

生活饮用水供水水质应符合 GB 5749 的规定；生产用水供水水质应根据生产需要确定，并写入本企业新鲜水工艺技术规程，且浑浊度应不大于 3NTU。

集中式供水单位的卫生要求应按照《生活饮用水集中式供水单位卫生规范》执行。

（二）新鲜水重要控制指标

新鲜水重要控制指标见表 4-9-2。

表 4-9-2　新鲜水控制指标

序　号	项　目	控制值
1	工业用新鲜水水质合格率	≥98%
2	生活饮用水水质合格率	100%
3	制水自耗和管网漏失水率	≤15%

三、循环冷却水管理

（一）循环水运行管理

循环水处理的工艺技术过程主要包括清洗、预膜和日常化学处理、异常工况的处理等。日常化学处理可选工艺包括：自然 pH 值运行、控制 pH 值碱性运行和补充水预处理运行等。自然 pH 值运行工艺不控制循环水的 pH 值，依靠性能优良的阻垢分散剂使循环水处于中等结垢或严重结垢状态下运行；控制 pH 值碱性运行工艺是用酸调节循环水的 pH 值，降低循环水的碱度以提高循环水的浓缩倍数的运行方法，也称为加酸调 pH 值碱性运行工艺；补充水预处理运行工艺是将补充水进行软化、除盐或提质后作为循环水补水的运行方法。针对不同的补充水水质、工艺及过程，使用不同的技术方案。

1. 水处理方案选择

1）清洗、预膜

方案确定原则、步骤、水质监测和评价方法参照 HG/T 3778。应通过设备状况和垢样分析确定清洗重点；通过清洗预备试验，确定清洗主剂、清洗助剂、清洗强度和清洗时间等参数。清洗剂中应含有缓蚀剂，清洗过程中 pH 值宜控制在 4~6。清洗置换时应加入缓蚀剂，置换到总铁小于 2mg/L 和浊度小于 10NTU 时，开始预膜。宜进行冷态清洗、预膜。新装置和检修后装置开车，宜水洗后直接预膜。宜采用基础投加缓蚀型阻垢缓蚀剂或低磷预膜剂方案。

2）冷态运行

应根据水质选择耐氯分解和适应长停留时间的阻垢缓蚀剂。应以控制腐蚀为主，当钙硬度小于 50mg/L 或总碱度小于 80mg/L 时，宜补加氯化钙或碳酸氢钠。应以氧化型杀生剂为主；非氧化型杀生剂宜选用异噻唑啉酮或有机溴。

3）正常工况

（1）阻垢缓蚀。应参照 GB/T 16632、GB/T 22626、HG/T 4541、Q/SH 0725. 2—2019 附录 B、GB/T 18175、HG/T 2160 规定的试验方法进行静态阻垢性能评价试验、稳锌性能评价试验、旋转挂片缓蚀性能评价试验和动态模拟试验，并经过现场应用试验，确定阻垢缓蚀方案。

对于“钙硬度+总碱度”小于 100mg/L 的补充水水质，应采用自然 pH 值运行工艺，通过旋转挂片缓蚀性能评价试验和动态模拟试验，确定“钙硬度+总碱度”的控制下限。对于“钙硬度+总碱度”介于 100~300mg/L 之间的补充水水质，在满足 Q/SH 0628.2—2014 要求的浓缩倍数下，可采用自然 pH 值运行工艺，通过静态阻垢性能评价试验和动态模拟试验评价阻垢效果，通过极限碳酸盐法确定“钙硬度+总碱度”的控制上限；对其中钙硬度大于 100mg/L 的补充水水质，宜参照“钙硬度+总碱度”大于 300mg/L 的补充水水质方法执行。

对于“钙硬度+总碱度”>300mg/L 的补充水水质，应采用加酸控制 pH 值运行工艺，通过旋转挂片缓蚀性能评价试验和动态模拟试验，确定钙硬度和总碱度的对应关系。

应根据不同水质确定锌离子的控制范围，浓度宜<2.0mg/L。宜结合企业磷平衡和环保要求，确定循环水和阻垢缓蚀剂中的磷含量指标。动态模拟试验评价应优先选用中国石化具备实验条件的第三方机构。现场应用试验应至少连续 3 个月，水质和监测换热器试管数据应达标。

每个运行周期，如出现下列情况，应对系统使用的水处理方案进行评估：

① 平均腐蚀速率大于 0.075mm/a 的炼油循环水系统；

② 平均腐蚀速率大于 0.050mm/a 的化工及其他循环水系统。

（2）微生物控制。新型杀生剂和黏泥剥离剂应经现场应用试验评价。杀生剂宜评价 1h、8h、24h、48h 和 72h 的杀生率；黏泥剥离剂宜监测 8h、24h 和 48h 的浊度和异养菌总数。应以氧化型杀生剂为主，非氧化型杀生剂为辅。氧化型杀生剂宜选用三氯异氰脲酸或次氯酸钠，非氧化型杀生剂宜选用季铵盐、异噻唑啉酮、有机溴、戊二醛或季鏻盐等交替投加。

4）异常工况

（1）物料泄漏。重油类物料泄漏时应关闭旁滤系统。应针对泄漏后水质，优化水处理方案：

① 游离氯降低或消失，应提高氧化型杀生剂投加量，若增投氧化型杀生剂至原剂量 3 倍时游离氯仍难以维持，应停止连续投加氧化型杀生剂，改为冲击性投加氧化型或非氧化型杀生剂，非氧化型杀生剂宜选择季铵盐、有机溴、戊二醛或季鏻盐。

② pH 值变化，应通过加碱或酸调节总碱度至阻垢缓蚀剂的适用范围。

③ 提高阻垢缓蚀剂投加量至不低于控制高限，或对阻垢缓蚀剂配方进行调整。

（2）监测换热器监测结果异常。循环水系统物料泄漏时按照异常工况条款①进行。水质波动或超过控制范围时，调整水质满足控制要求。水质调整后结果仍异常时需调整水处理方案。

2. 自动加药和排污

1）阻垢缓蚀剂

应采用原液自动投加，通过荧光示踪剂（或总磷）在线分析仪的输出信号，控制计量泵的运行，实现自动加药。补充水水质稳定的系统，可根据补充水电导率、循环水电导率和补充水流量，自动计算药剂投加量，将信号输出给计量泵，实现自动加药。投加浓度宜控制在水处理方案推荐浓度的 80%~120%。

2）杀生剂

氧化型杀生剂应自动投加，通过游离氯或 ORP 在线分析仪的输出信号，实现计量泵（或调节阀）的自动运行，控制游离氯为 0.1~0.5mg/L。非氧化型杀生剂应定期、交替、冲击性投加，投加浓度宜为：

（1）季铵盐和异噻唑啉酮（有效含量 1.5%）50~100mg/L；

（2）固体有机溴 30mg/L；

（3）戊二醛 50~100mg/L；

（4）季鏻盐 20mg/L。

3）硫酸

应通过 pH 在线分析仪的输出信号，控制加酸泵的运行，实现自动加酸。应比对 pH 在线分析仪数据和人工检测的总碱度，至少每月 1 次，总碱度超出控制范围时，对 pH 在线分析仪设定值进行调整，使钙硬度和总碱度之间的对应关系满足表 4-9-3 规定。

表 4-9-3 循环水水质控制指标

项目	要求和使用条件	允许值
pH 值	—	6.8~9.5
钙硬度+总碱度（以 $CaCO_3$ 计）①	碳酸钙稳定指数 RSI≥3.3	≤1100mg/L
总铁①	—	≤1.0mg/L
铜离子	—	≤0.1mg/L
氯离子	碳钢、不锈钢换热设备，水走管程	≤1000mg/L
	不锈钢换热设备，水走壳程，传热面水侧壁温不大于 70℃，冷却水出水温度小于 45℃	≤700mg/L
硫酸根离子+氯离子	—	≤2500mg/L
硅酸（以 SiO_2 计）	—	≤175mg/L
镁离子×硅酸	pH 值≤8.5	≤50000mg/L
氨氮	铜合金换热设备	≤1mg/L
	—	≤10mg/L
石油类	非炼油企业	≤5mg/L
	炼油企业	≤10mg/L

①在满足水处理效果（腐蚀速率、黏附速率等）基础上，可对指标进行适当调整。

4）排污

应自动排污，排污水应进行收集和合理处置。根据浓缩倍数、氯离子或"钙硬度+总碱度"等控制指标上限设定相应的电导率值，通过电导率在线分析仪的输出信号，控制排污阀（泵）的自动运行。在清洗及预膜、物料泄漏和黏泥剥离等工况下，可手动排污。

（二）循环水水质效果监控方法

1. 监测换热器法

采用监测换热器、压力降监测管和在线腐蚀速率仪等设施，综合评定循环水处理效果。监测换热器以电加热产生的常压饱和蒸汽或工业低压饱和蒸汽为热介质，以循环水为冷却介质，在规定循环水流速、初始进出水温差、蒸汽温度和材料材质等条件下，根据监测周期内试管质量变化计算腐蚀速率和黏附速率，根据在线监测的温度和流量等数据计算热阻。压力降监测管在流量恒定条件下，根据压差变化在线监测生物黏泥附着情况。在线监测数据实现实时远传。

2. 水质监控法

通过筛选循环水处理方案、完善水质监测、采用自动加药和自动排污等措施，评价循环水处理效果。通过静态阻垢性能评价试验、稳锌性能评价试验、旋转挂片缓蚀性能评价试验、静态杀生性能评价试验、动态模拟试验和现场应用试验，确定循环水处理方案；通过水质的在线监测和人工检测，测定包括钙硬度、总碱度、总铁、浓缩倍数、浊度、游离氯、氯离子、阻垢缓蚀剂浓度、异养菌总数和生物黏泥量等水质指标，评价循环水处理效果；采用自动加药系统和自动排污系统，实现稳定投加水处理剂和稳定排污；在线监测数据实时远传。

3. 装置水冷器法

采用周期检验，目视检测表面状态分级、垢型判断以及无损监测，结合运行过程，定期统计关键水冷器的流量、温度、压力(差)等结果，综合评定循环水处理效果。根据流量、温度等计算水冷器的热阻和能效。在线监测数据实现实时远传。

(三) 循环水水质控制

1. 源头水控制——补充水

补充水包括新鲜水、再生水、回用水和淡化海水等。补充水水质应满足如下要求：

(1) 新鲜水水质应符合 Q/SH 0628. 1 的要求。

(2) 再生水、回用水和淡化海水水质应不低于 Q/SH 0628. 2 的要求。

2. 过程控制——循环水

水质控制指标应根据补充水水质及换热设备的结构型式、材质、工况条件、腐蚀速率和黏附速率，并结合水处理剂等因素综合确定，宜符合表 4-9-3、表 4-9-4 的要求。

表 4-9-4 循环水其他水质控制指标

项目	单位	以新鲜水、淡化海水及相近品质的水为补充水	以再生水、回用水为补充水
浊度①	NTU	≤20(炼油)；≤10(其他企业)	≤30(炼油)；≤25(其他企业)
生物黏泥	mL/m^3	≤3(炼油)；≤2(其他企业)	≤3(炼油)；≤2(其他企业)
石油类	mg/L	≤10(炼油)；≤5(其他企业)	≤10(炼油)；≤5(其他企业)
游离氯	mg/L	0. 1~0. 5，连续加氯 0. 3~1. 0，间歇加氯(保持 2~3h)	0. 1~0. 5，连续加氯 0. 3~1. 0，间歇加氯(保持 2~3h)
异养菌总数	个/mL	$\leq 1.0\times10^5$	$\leq 1.0\times10^5$

①在满足水处理效果(腐蚀速率、黏附速率等)基础上，可对指标进行适当调整。

3. 处理效果

循环水系统浓缩倍数和处理效果指标见表 4-9-5。

表 4-9-5 循环水系统浓缩倍数和处理效果指标

项目	以新鲜水、淡化海水及相近品质的水为补充水	以再生水、回用水为补充水(占补充水量≥60%)①
平均浓缩倍数	炼油≥3. 5；化工、化纤和发电≥4. 0；化肥≥4. 5	炼油≥3. 0；化工、化纤和发电≥3. 5；化肥≥4. 0

续表

项目	以新鲜水、淡化海水及相近品质的水为补充水	以再生水、回用水为补充水（占补充水量≥60%）①
腐蚀速率	(1)炼油：20#钢测试管腐蚀速率≤0.100mm/a，铜质测试管腐蚀速率≤0.005mm/a，不锈钢测试管腐蚀速率≤0.005mm/a，无明显孔蚀现象； (2)化工、化纤和化肥：20#钢测试管腐蚀速率≤0.075mm/a，铜质测试管腐蚀速率≤0.005mm/a，不锈钢测试管腐蚀速率≤0.005mm/a，无明显孔蚀现象； (3)发电：铜质测试管腐蚀速率≤0.005mm/a，不锈钢测试管腐蚀速率≤0.005mm/a，无明显孔蚀现象	
黏附速率	(1)炼油：20#钢、铜质和不锈钢测试管黏附速率≤20.0mg/(cm^2·月)； (2)化工、化纤、化肥和发电：20#钢、铜质和不锈钢测试管黏附速率≤15.0mg/(cm^2·月)	
循环水水质综合合格率	≥95%	

① 全部采用再生水、回用水的循环水系统浓缩倍数可降低0.5。

（四）水冷器管理

（1）源头控制。搞好水冷器管理是实现全过程水质管理的重要环节，炼化企业要在循环水回水总管上安装在线的油分或其他易泄漏物料的监测仪，及时发现水冷器泄漏，应在易泄漏水冷器上配置水质在线监测仪表。水冷器设计应科学、合理，满足材质、换热和循环水流速等需求，应选择有相应资质的水冷器制造商，确保制造与设计一致。对因物料腐蚀性强或操作条件苛刻等造成频繁泄漏的水冷器，应在论证的基础上升级水冷器材质。宜在碳钢水冷器循环水侧采用防腐涂料或阴极保护技术减缓腐蚀。水冷器的安装、检修和验收等，应执行SHS 01009等有关规定，必要时对检修后的水冷器循环水侧进行专用药剂预涂膜。

热介质温度>150℃时应先进行热量回收，再用间接循环水冷却。应建立水冷器设备台账，包括但不限于设备位号、型号、标高、列管直径、换热面积，管程及壳程的介质、材质和进出口温度、压力，以及投用时间和检维修情况等内容。用水单位应在循环水出口管线上设置取样口。关键水冷器水侧及物料侧进、出口管线应安装在线温度和压力仪表，实现数据远传和共享。

（2）冷却循环过程控制。用水单位换热器运行管理应符合企业有关要求。装置的冷却水总管进出口温差宜在8~10℃，最低不小于6℃，确因工艺有特殊需求而无法达到上述要求的，应经相关部门确认后报主管部门备案。

宜定期检测水冷器的循环水流速和温差，根据水冷器分级情况合理制定检测频次。定期开展水冷器现场查漏工作，并建立查漏台账，包括查漏时间、水冷器位号及状况、处置措施等。备用水冷器应采取风干或注氮等措施进行有效保护，启用初期应进行水质跟踪检测。

根据运行过程中关键水冷器的在线进出口温度和压力等参数，计算流速、温差和热阻，实现关键水冷器运行状态可视化。通过关键水冷器进出口在线温度和压力等参数，实现流速、温差和热阻的计算、存储和共享。流速、温差和热阻的在线计算频率根据企业实际情况确定，宜每30min计算一次。应定期监测水冷器的进出口温度等运行参数，频率不低于每季度一次。

（3）效果评价。采用周期评价，结合流速、温差和热阻的检测，综合评价循环水处理效果。通过目视检测、垢样分析等，对检修水冷器水侧换热表面状态分级和垢型确认，进行周期评价。关键水冷器检修时应进行垢样采集，水走管程的水冷器宜在出水端管束内取样，水走壳程的水冷器宜在出水端管束外壁取样。

（4）表面状态评级。选择腐蚀或结垢严重的端面进行评价，水冷器综合评级取决于腐蚀、结垢或生物黏泥最差分类等级，评价等级标准见表 4-9-6。根据评级结果可分为：Ⅰ级（很好）可继续使用；Ⅱ级（较好）宜清洗后投用；Ⅲ级（一般）应清洗后投用；Ⅳ级（较差）应清洗后进行评估，视情况投用。

表 4-9-6　水冷器目视检测评价等级标准

级别	腐蚀状况			结垢状况			生物黏泥状况		杂物状况	
	表观印象	腐蚀管束比例/%	管板最大坑蚀/mm	表观印象	结垢管束比例/%	管束内最大垢厚/mm	表观印象	覆盖的管束比例/%	表观印象	覆盖的管束比例/%
Ⅰ①	基本无	<5	<0.2	基本无	<5	<0.2	基本无	<2	基本无	<3
Ⅱ②	少量	5~15	0.2~0.3	薄垢	5~15	0.2~0.3	少量	2~10	少量	3~10
Ⅲ③	较多	15~30	0.3~0.5	较厚	15~30	0.3~0.5	较多	10~20	较多	10~20
Ⅳ④	多	>30	>0.5	厚	>30	>0.5	多	>20	多	20~30

① Ⅰ级（很好）可继续使用。
② Ⅱ级（较好）宜清洗后投用。
③ Ⅲ级（一般）应清洗后投用。
④ Ⅳ级（较差）应清洗后进行评估，视情况投用。

（5）垢样类型。分为均衡型、腐蚀型、结垢型和污泥型，垢样类型判断标准见表 4-9-7。垢样类型可以指导下一周期循环水场运行使用缓蚀阻垢剂的主要性能。

表 4-9-7　垢样类型判断标准

项目	垢样组成	均匀型	腐蚀型	结垢型	污泥型
腐蚀因子	Fe_2O_3	60%~85%	90%左右	15%~55%	20%~50%
结垢因子	$CaO+MgO+ZnO+P_2O_5$	10%~25%	10%左右	35%~75%	20%~45%
污泥因子	550℃灼烧减量	10%~25%	10%左右	10%~25%	30%~60%

（五）实践案例：胺液泄漏到循环水场的处理

1. 基本情况及背景

某炼油企业某循环水场循环水颜色加深，COD 急剧增加，pH 值比平时上升，游离性余氯测不出，氨氮比平时增大，生物黏泥变化不大，浊度明显上升，循环水异常结果和常规水质数据对比见表 4-9-8。

表 4-9-8　胺液泄漏后的循环水异常结果和常规水质数据对比

项目	pH 值	COD/（mg/L）	细菌总数/（个/mL）	氨氮/（mg/L）	生物黏泥/（mL/m^3）	浊度/（mg/L）	全铁/（mg/L）
最大异常值	9.19	4580	260000	6.52	0.13	50.60	5.10
常规值	8.68	70.7	781	0.55	0.07	2.81	0.58

监测换热器监测试管腐蚀结垢数据连续两个月超标，尤其在 2018 年 1 月黏附速率达到 42.99mcm，严重超标。监测试管腐蚀结垢数据见表 4-9-9。

表 4-9-9　胺液泄漏后监测试管腐蚀结垢数据

项　　目	2017-10-16~2017-11-15	2017-11-16~2017-12-15	2017-12-16~2018-1-15
试管腐蚀速率/(mm/a)	0.0089	0.1051	0.3254
黏附速率/mcm	4.08	22.80	42.99

经分析，是延迟焦化装置贫胺液循环冷却水换热器 E2302 泄漏影响循环水质检修后未严格试压即投用，导致反复泄漏，严重影响循环水质。冷却器检修后投用时，初期的冷却水进入循环水系统，导致循环水铁含量最大值 5.10mg/L(控制≤1.0mg/L)。

2. 主要做法

根据水质特征推断冷却器泄漏；切断漏源；根据水质状况适当换水；投加非氧化性杀菌剂；增加缓蚀阻垢剂投加量；处理冷却器，经试压后投用，投用初期清洗水不应进入循环水场。通过一系列措施，2017 年 11 月 9 日发现泄漏，2017 年 11 月 18 停用，堵管 5 根，投用 5 天后又于 12 月 3 日泄漏，使循环水中 COD 从 131mg/L 突增至 4580mg/L；检修堵管 9 根，2017 年 12 月 15 日投用后两天发现又泄漏，循环水 COD 从 580mg/L 以下猛增至 1460mg/L，当天切除停用，堵管 4 根。

3. 实施后效果

2018 年 1 月 16 日监测换热器监测试管腐蚀结垢正常，水质正常，取得较好效果监测试管腐蚀结垢数据见表 4-9-10。

表 4-9-10　水质恢复后监测试管腐蚀结垢数据

项　　目	2018-1-16~2018-2-15	2018-2-16~2018-3-15
试管腐蚀速率/(mm/a)	0.0364	0.0318
黏附速率/mcm	6.81	6.72

四、化学水管理

(一) 化学水运行管理

化学水处理工艺分水的预处理和水的软化、除盐。水的软化、除盐工艺主要有离子交换、反渗透、电除盐等方法。化学水处理工艺的选择和设计，应遵循运行可靠、技术先进、节水减排等原则，参照执行 GB/T 50109、DL/T 5068、HG/T 20653。软化、除盐设备的进水应经合适的预处理，以满足其进水水质的要求。进水水温过低影响处理效果时，应设加热系统，优先选择低温余热作为热源。阴、阳、混床、超滤、反渗透、EDI 出水等处应安装在线水质分析仪表。化学分析仪表应定期由专业人员进行校验和维修，保持化学分析仪表完好。所有使用化学水的用水点都要安装水计量仪表。化学水装置产水要实现水质自动监测控制。

(二) 化学水考核指标

化学水考核指标见表 4-9-11。

表 4-9-11 化学水控制指标

项目	控制值	项目		控制值
产品水水质指标综合合格率/%	≥98	凝结水回收率/%	炼油	≥40
离子交换法制水比	≤1.1		化工	≥60
全膜法制水比	≤1.2			

（三）化学水水质管理

1. 进水水质

软化和除盐设备的进水应经合适的预处理，其进水水质应符合表 4-9-12 要求。

表 4-9-12 软化、除盐装置进水水质

项目	离子交换		反渗透①	电除盐
污染指数/SDI	—		<5	—
浊度/NTU	对流再生	顺流再生	<1	—
	<1②	<3		
水温/℃	5~40		5~35	5~40
pH 值	—		3~11	5~9
化学耗氧量③/(mg/L)	<2		<3	—
游离氯(以 Cl_2 表示)/(mg/L)	<0.1		0④	0.05
含铁量(以 Fe 表示)/(mg/L)	<0.3		<0.05	<0.01⑤
含锰量(以 Mn 表示)/(mg/L)	—		—	

① 指复合膜。

② 无过滤工艺企业执行 GB/T 50109。

③ 高锰酸钾法，以 O_2 表示。

④ 允许最大值<0.1mg/L。

⑤ 指含铁量和含锰量两项合计值。

2. 产水水质

化学水系统产水水质应满足用户的需求，达到设计值。软化系统产水水质参照表 4-9-13 控制。除盐系统产水水质参照表 4-9-14 控制。

表 4-9-13 软化系统产水水质

项目	出水硬度①/(μmol/L)	出水碱度/(μmol/L)
石灰-钠离子	<20	800~1200
单级钠离子交换	<20	与进水相同
两级钠离子交换	<2.5	与进水相同
氢钠串联	<2.5	500~300
氢钠并联	<20	500~300
弱酸	—	<1000

① 硬度以 Ca^{2+} 计。

表 4-9-14 除盐系统产水水质

项目	电导率(25℃)/(μS/cm)	SiO_2/(μg/L)
顺流再生一级除盐	<10	<100
对流再生一级除盐	<5	
一级除盐加混床	<0.2①	<20
反渗透加一级除盐加混床	<0.1①	<20
两级反渗透加电除盐	<0.1①	<20
二级除盐水箱出口	<0.4①	<20

① 在线分析数值。

五、污水回用及节水管理

(一) 回用水作循环冷却水补水的管理

1. 回用水指标

回用水作循环水补水必须达到相关指标要求，见表 4-9-15。

表 4-9-15 再生水、回用水等补充水指标

项目	控制值	项目	控制值
pH 值	6.5~9.0	挥发酚/(mg/L)	≤0.5
COD_{Cr}/(mg/L)	≤60	钙硬度(以 $CaCO_3$ 计)①/(mg/L)	50~300
BOD_5/(mg/L)	≤10	总碱度(以 $CaCO_3$ 计)①/(mg/L)	50~300
氨氮①/(mg/L)	≤10	氯离子①/(mg/L)	≤200
悬浮物①/(mg/L)	≤30	硫酸根离子/(mg/L)	≤300
浊度①/NTU	≤10	总铁/(mg/L)	≤0.5
硫离子/(mg/L)	≤0.1	电导率①/(μS/cm)	≤1200
石油类/(mg/L)	≤2.0		

① 在满足水处理效果(腐蚀速率、黏附速率等)基础上，可对指标进行适当调整。

以再生水、回用水等作为循环冷却水补充水时建议回用比例：

(1) 当再生水、回用水等水质中的任何一个指标超过外排水水质指标时，全面停止回用到循环水系统。

(2) 当回用水指标中任何一个值在以下范围内时，即 COD 在 50~60mg/L(含)、氨氮在 5.0~8.0mg/L(含)、石油烃含量在 2.0~5.0mg/L(含)范围内时，各循环水系统内的回用水量控制在总补水量的 70%范围内。

(3) 当回用水指标中任何一个值在以下范围内时，即 COD 在 40~50mg/L(含)、氨氮在 2.0~5.0mg/L、石油烃含量在 1.0~2.0mg/L 范围内时，各循环水系统内的回用水量控制在总补水量的 80%范围内。

(4) 当回用水 COD≤40mg/L、氨氮≤2.0mg/L、石油烃含量≤1.0mg/L 时，各循环水系统内的补充水可以全部使用再生水或回用水。

2. 回用水作循环水补水的杀菌方案

(1) 氧化型杀生剂宜选用三氯异氰脲酸或次氯酸钠，控制游离氯为 0.1~0.5mg/L，最好达到 0.3mg/L。

(2) 非氧化型杀生剂宜选用季铵盐、异噻唑啉酮、有机溴、戊二醛或季磷盐等交替投加。

3. 回用水的其他用途

回用水达到相关标准，可以作为生产生活杂用水以及绿化、景观及道路清扫等。

(二) 节水管理

吨油取水和吨油排水是最重要的工业水控制指标，炼化企业又是耗水大户，工业节水也是法律法规明确要求的重点工作。工业节水管理是指通过加强用水管理，采取技术上可行、经济上合理、符合安全环保要求的节约和替代措施，减少和避免生产及辅助生产过程中用水的损失和浪费，高效、合理利用水资源。企业应积极推行清洁生产，促进废水循环利用和综合利用，实现废水资源化，鼓励综合利用海水、微咸水等非常规水资源，创建节水型企业。各企业应积极采用先进的技术、工艺、设备、器具及信息化技术，进一步提高工业用水系统运行效率，控制用水总量。

1. 建设项目节水管理

建设项目应根据国家和地方要求，取得水资源批复后方可建设。

可行性研究报告中必须有水源、取水、用水等分析，以及节水措施内容，并按规定审批程序同时报批。

建设项目不得采用国家明令禁止的高耗水工艺、设备或产品，新建项目的布局和规模应与当地水资源、水环境相协调。

建设项目应严格执行“三同时、四到位”制度，即工业节水设施必须与主体工程同时设计、同时施工、同时投入运行；各企业要做到用水计划到位、节水目标到位、节水措施到位、管理制度到位。

建设项目设计时，应选用符合国家规定的节水型工艺、设备，重视工艺物料热联合、空冷等无水或节水工艺，推行水串级使用、污水回用等节水技术以及水夹点技术。

建设项目竣工验收应包括工业水设施的验收，其验收内容、验收程序按照国家法规和公司有关规定进行。建设项目可行性研究、基础设计、建设施工、竣工验收以及后评估等阶段，须有节水管理部门全程参加。

2. 工业节水管理

1) 水网管理

(1) 企业须按不同用途建立完善的供水装置及相应供水管网，并绘制供水系统流程图及供水管网图。

(2) 企业应按照 GB/T 12452《企业水平衡测试通则》要求，定期进行水平衡测试。

2) 新鲜水节水管理

(1) 企业应按照国家和地方政府有关法律和法规要求，加强取水许可管理，严禁超取地表水和超采地下水，有关管理技术要求应按照 Q/SH 0628.1《水务管理技术要求第 1 部分：新鲜水》执行。

(2) 企业应采用技术可靠、经济合理的节水工艺，加强自耗水控制；定期查漏、及时消漏，减少管网漏失水量。

3) 生产工艺节水管理

(1) 企业应不断优化工艺过程用水，采用节水或无水的生产工艺，减少工艺过程新鲜水消耗。

（2）企业应建立主要用水点节水台账。生产工艺过程用水应按照装置设计和工艺条件的要求，做到优水优用，分质利用。

（3）用于工艺过程的原料、半成品、成品的洗涤水和其他用水，应按照水质要求定量使用，积极推广使用水夹点技术。

（4）油田注水开采，应优先采用油田采出水。实行聚合物驱、三元复合驱和蒸汽热采等开发方式的油田企业，生产用水应在技术经济允许情况下，优先采用油田污水。

4）化学水系统节水管理

（1）企业应采用技术可靠、经济合理的化学水处理技术，相关要求应满足 Q/SH 0628.3《水务管理技术要求第 3 部分：化学水》规定，建立新鲜水用量、反渗透回收率等约束性考核指标。

（2）企业应采取措施回收凝结水及其热能，提高凝结水回收率。

（3）鼓励采用化学水制备新技术、新工艺，科学控制运行周期，减少再生化学剂和新鲜水消耗，提高化学水产水率。

（4）鼓励采用技术可靠、经济合理的污水回用化学水处理技术，降低新鲜水消耗。所采用的污水回用技术和方案应进行专家论证。

5）循环冷却水系统节水管理

（1）企业新建项目或原为间接循环水的冷却水系统，严禁采用或改用直流水冷却，必须使用直流水冷却的要报节水管理部门审批。

（2）企业循环冷却水系统应严格闭路，用水单位（装置）不得将循环水用作冲洗水或任意排放。

（3）鼓励采用节水型循环冷却水处理技术，适当提高循环冷却水浓缩倍数。

（4）鼓励采用技术可靠、经济合理的污水回用循环冷却水技术，降低新鲜水消耗。所采用的污水回用技术和方案应进行专家论证，充分考虑污水回用后对装置冷换设备的影响。

（5）企业应在炼油装置循环水回水总管和易泄漏换热设备冷却水出口安装在线油分检测仪，其他装置循环水回水总管安装易泄漏物料在线检测仪，及时发现物料泄漏和采取对应处理措施，避免循环水系统污染。

（6）企业设备管理部门应设专职人员管理水冷器设备，建立水冷器设备档案，每次大检修均应对水冷器腐蚀、结垢和黏泥等状况进行检查并记录存档，清洗检修后的水冷器必须经验收合格后方可投用。

（7）企业循环冷却水系统所采用的节水技术应满足 Q/SH 0628.2《水务管理技术要求第 2 部分：循环水》要求。

6）污水处理系统节水管理

（1）企业污水处理应采用“污污分治”原则为污水经济回用创造有利条件。

（2）污水处理过程中的冷却、冲洗、配药等用水，应优先使用污水。

（3）污水处理和排放，严禁使用新鲜水勾兑或稀释。

（4）企业污水处理系统所采用的节水技术应满足 Q/SH 0628.4《水务管理技术要求第 4 部分：污水处理与回用》的要求。

3. 水处理剂管理

新鲜水、循环水、化学水、污水处理与回用系统等四大水务系统使用较多种类的水处理剂，主要包括：阻垢分散剂、缓蚀剂、阻垢缓蚀剂、杀生剂、混凝剂、清洗剂、预膜剂、生物菌种、碳源、生物营养剂，以及离子交换树脂等。为了提高水处理效果，保障装置长周期安稳运行，需要对水务系统所用水处理剂的采购、验收、使用和评价等进行全过程管理。

1）水处理剂管理原则

（1）闭环管理。加强水处理剂的采购、验收、使用和评价等全过程管理。

（2）业务融合。专业技术与物资采购深度结合，提高水处理剂的适配性和水处理技术方案的针对性，降低综合成本。

（3）智能控制。通过水质在线监测和自动化设施，实现主要水处理剂智能化投加。

（4）环境友好。优先采用生产、使用等过程环境友好型水处理剂。

（5）技术引领。积极推进新技术、新产品的研发和应用，提高水处理整体水平。

2）水处理剂管理内容

企业应选用水处理剂评定中心等科研单位评定的产品，并优先使用生产过程绿色、生物可降解的水处理剂。

（1）水处理剂应按 HG/T 2762《水处理剂产品分类和命名》等标准进行命名，并附规范的产品质量标准、安全技术说明书（MSDS）及中文说明书、合格证等，每批次水处理剂均应附厂家质检报告。进口水处理剂必须提供符合 HG/T 2762《水处理剂产品分类和命名》的分类说明。企业不得使用不符合命名规则的水处理剂。

（2）水处理业务外包服务应提供水处理剂试验技术报告和水处理技术方案等技术附件，技术附件需通过水处理剂专家组审核。循环水处理技术方案包括但不限于清洗预膜、正常工况、异常工况等方案，可参考《循环水处理效果监控方法第 2 部分：水质监控法》。阻垢缓蚀剂供应商应提供阻垢缓蚀剂静态阻垢、旋转挂片和动态模拟等完整的试验技术报告，动态模拟试验评价应选用具备实验条件的第三方机构。

（3）企业应对每批次水处理剂进行验收。

（4）水处理剂使用管理应符合《水务管理技术要求》《循环水处理效果监控方法》等标准要求；危险化学品管理应执行国家、地方和相关管理规定。

（5）应按有关标准要求，通过关键水质指标在线监测和自动化设施，实现主要水处理剂智能投加和水质自动控制。

企业应明确业务外包服务商的业务范围、人员管理和运行管理等，并对业务外包服务商水处理效果进行评价和考核，对技术力量不足、水处理剂不合格或水处理效果不满足要求的服务商，应及时予以更换。应定期开展业务外包服务商水质数据比对工作。监测换热器分析数据不应由业务外包服务商提供。

（6）水处理技术方案变更时，应按照企业工艺变更相关规定执行。可委托科研单位进行方案评审。

企业应自行或委托科研单位对水处理剂使用效果进行评价。对于循环水阻垢缓蚀剂等，处理效果好的应保持稳定使用期（一般不少于 3 年），效果不好的必须及时整改（整改期不超过 4 个月），整改后仍达不到要求的应及时更换。

3）水务生产营运管理信息系统

水务生产营运管理信息系统具备以下功能：

（1）形成水务系统标准模板。根据新鲜水、循环水、化学水、污水处理及回用业务标准，构建“四水合一”水务工厂模型，完善水务规范化管理体系；形成了样板水场信息化标准模板，涉及包括5大主题606项数据指标、16套业务模板、13项开发标准。

（2）实现水务信息自动采集。实现水务运行状态和水务生产消耗信息的自动采集，提高岗位人员工作效率；通过在线仪表远程传输技术完成水务运行状态的实时采集、跟踪报警。

（3）实现水质水量预警预测。实现水务生产运行在线监控、报警预警的工作模式，缩短异常情况的响应时间；搭建腐蚀结垢预测模型，对循环水的水质稳定性倾向进行量化，结合循环水油品在线监测，利用大数据，在水务运行生产监控、异常报警、分析预测方面开展应用。

（4）实现水务运行可视化。实现水务可视化实时分析，支持水务运行调度指挥与生产决策优化；建立水务移动应用，实现水务生产关键运行参数、重点水质信息以及重要水量数据的实时监控与变化趋势分析。

4）实现智慧水务

推进标准循环水场、标准化学水场以及标准污水处理场的标准化、自动化、信息化和智能化建设，逐步实现智慧水务，全面提高运行管理水平和服务保障能力。智慧水务将具有以下特点：

（1）管理标准化。全面满足有关标准和制度的要求。

（2）运行自动化。采用DCS或PLC方式各项指标，实现远程或就地自动控制。

（3）数据信息化。建设水务生产营运管理信息系统，集成DCS、LIMS、MES等相关数据，水质控制、生产运行和设备状态等参数实现信息化和移动应用。

（4）决策智能化。在信息系统的基础上，开展大数据分析，形成水处理、机泵运行等方面的优化建议，实现运行管理智能化。

（5）环境友好化。生产过程本质绿色低碳，工作环境安全整洁友好。

六、实战案例：炼油企业处理检修废水的中水回用于循环水场

1. 基本情况

某炼化企业循环水场2021年3月、4月、5月连续三个月系统腐蚀速率监测数据超标，主要受回用中水水质影响。2021年炼油装置、污水汽提装置、污水处理场大检修开工正常后，1月25日污水汽提装置开始大量处理大检修化学清洗污水，后来增加处理带有机胺的含胺废水，污水汽提净化水进污水处理池，处理后的污水进入污水回用装置处理后回用到循环水系统。

2. 对循环水系统影响

回用水水质异常，消耗氧化性杀菌剂强氯精的量是正常回用水的10倍，因块状强氯精溶解性能差，投加后溶解部分很快被消耗；粉状强氯精投加后循环水游离氯只有短暂升高，很快也会被消耗掉，且不具备连续大量投加的条件。循环水系统回用中水后，系统游离氯浓度难以达到控制值，导致系统细菌总数控制难度加大，虽然增加了数倍杀菌剂的使用量，但仍难以控制循环水系统中的微生物形成的黏泥，导致系统腐蚀速率、黏附速率都超标。

为了提高中水回用量，该企业在循环水场使用某科研院研制的低磷阻垢缓蚀剂进行工业试验，检验其是否能满足循环水系统补水全部是中水的要求。2月24日开始将循环水系统补水全部使用回用水，循环水系统水质控制及监测数据异常，4月5日后将回用中水补水率降低到70%左右。中水回用期间监测试管腐蚀结垢数据见表4-9-16。

表 4-9-16 中水回用期间监测试管腐蚀结垢数据

项　目	2 月 16 日~3 月 15 日	3 月 16 日~4 月 15 日	4 月 16 日~5 月 15 日
试片腐蚀速率/(mm/a)	0.2620	0.2850	0.1605
试管腐蚀速率/(mm/a)	0.2080	0.2370	0.1515
黏附速率/mcm	16.93	21.00	22.18

3. 主要做法

(1) 停止污水汽提装置掺炼化学清洗水和有机胺废液。4 月 30 日企业组织相关部门讨论后期生产运行方案，确定后期运行方案为保证循环水水质，避免发生冷换器大规模腐蚀或结垢影响后期近五年的安全生产，先暂停循环水系统回用中水，停止污水汽提装置掺炼化学清洗水和有机胺废液，由专业公司利用专有技术处理含胺废液及混入了胺液的化学清洗水，减少对回用水水质影响。

(2) 先暂停循环水系统回用中水，再逐步提高回用水比例，并加强中水和循环水的杀菌。4 月中旬污水汽提停止掺兑化学清洗水和含胺废水后，在 5 月 1 日停用中水，适当降低浓缩倍数，并增大缓蚀阻垢剂投加量，5 月 6 日回用水水质转入正常，监测试片腐蚀率 0.0146mm/a，完全在控制范围内。5 月 11 日将回用中水比例提高到 50%，监测试片挂入 5 天几乎无腐蚀(试片挂入初期就能反映水的腐蚀性)；5 月 18 日将中水比例提高到 70%；后面根据回用中水水质、循环水水质及监测试片试管腐蚀状况逐渐调整中水回用比例到 100%。为控制循环水场腐蚀结垢，杀菌是最关键的，每周交替投加不同种非氧化性杀菌剂，增加固体氯投加量使游离性氯为 0.3~0.5mm/L，可以控制循环水的腐蚀结垢。

4. 实施后效果及建议

大检修化学清洗水、含胺废水不再经过污水汽提装置处理，回用水水质稳定并加强杀菌后，循环水系统腐蚀速率、黏附速率转入正常。污水回用改进措施数据实施后效果见表 4-9-17。

表 4-9-17 污水回用改进措施实施后效果

项　目	5 月 16 日~6 月 15 日	6 月 16 日~7 月 15 日
试片腐蚀速率/(mm/a)	0.0976	0.0107
试管腐蚀速率/(mm/a)	0.0831	0.0177
黏附速率/mcm	10.35	7.06

为防止化学清洗水再次影响回用水水质，建议炼油企业大检修期间的装置化学水清洗水单独储存，将约 $2\times10^4m^3$ 的化学清洗水逐步兑入高浓度污水处理场处理，按一年的时间安排处理，掺兑量在 $2.5m^3/h$ 以下，仅占高浓度污水处理场正常处理量的 1.6%，对污水处理场基本无影响，处理后达标外排。若仍进入污水汽提处理，每个月影响脱硫净化水进入污水处理池水量 $12\times10^4m^3$ 以上，且直接影响回用水水质和循环水系统稳定。

第十节 计量管理

计量管理是企业管理中的一项基础工作，计量数据是企业一切经济活动分析的基础，炼油企业从原油进厂到成品油出厂的贸易计量，装置间的物料计量，能源(水、电、气、汽)的消耗计量，装置内进料、侧线的计量，以及助剂、添加剂等均需要计量。随着炼油企业精细化管理的实施，计量范围和计量精度都有了更高的要求。

为了充分考虑炼油企业流程行业的计量管理特点，采用以体系架构为中心的设计方法，体现规范的先进性、有效性、符合性、开放性和灵活性等原则，利用信息化的手段和统一平台指导测量管理体系的建立、运行和审核，充分实现资源共享，实现测量工作流程的标准化、流程化和信息化，使测量管理与“数字化计量”紧密结合，优化直接作业流程，夯实数据管理基础，更好地保持体系的符合性和有效性，促进对测量管理体系的不断改进和完善，对实现生产经营的精细化管理、提高生产效率、提高产品质量、降低生产成本和经营风险等方面都具有很大的促进作用。

一、物料进出厂计量管理

炼化企业物料进出厂计量管理主要包括原油进厂、成品油出厂、物料和产品的进出厂的计量器具、计量过程、计量数据等计量活动，加强对原油商检以及原油储耗等计量管理，采用静态和动态原油计量相结合，致力于管理和技术双轮驱动提高原油管理水平。成品油出厂牢固树立用户第一的理念，以计量公平公正为原则对成品油计量实施全流程优化，运用定量装车控制系统精准控制，以质量流量计进行出厂计量，利用信息化、智能化手段全过程监控装车过程，实现油台装车无人化，为精准计量提供了强有力的技术支撑。炼化企业对物料和产品的进出厂在做好日常管理的基础上，开发衡器远程集中控制的智能计量系统，满足日益增长的物料和产品进出厂的计量需求。

（一）原油计量管理

原油是炼油企业成本的大头，占总成本的90%以上。降低原油损失，提高经济效益是股份公司重点要求之一，更是企业实现降本增效的重中之重。炼化各企业都十分重视原油的进厂计量工作，创新原油管理模式，定期召开原油储运损失率管理专题会，转变原油途耗管理模式，由传统“吨损”管理转为“桶损”管理；并不断强化“日跟踪、周优化、旬决策、月分析”的原油经营优化机制延伸至全过程、全产业链，不断拓展优化边界、打开优化空间产业，加强接卸管理，想办法“吃干榨尽”，切实提升原油途耗管理水平。原油水运进厂安排人员全程跟踪监督商检计量、采样、验仓等，卸油前、后分别对船上污水仓、污油仓的油水界面进行检尺计量；安排专职人员负责接卸、验仓、查管线、阀门等；在洗仓阶段，安排人员提前介入验仓监督，在洗仓过程中提早发现问题；原油水运和管输进厂，安排专职人员对岸罐计量，交接量和监督量进行比对，提前发现问题。炼化部分企业采用撬装质量流量计比对监督，抓好原油数据管理，加强对损耗原因的溯源分析；同时抓好机械清罐工作，减少原油储存损耗，控制原油储耗成效显著。

（二）成品油计量管理

船运、管输成品油出厂计量都采用油罐静态计量方式，公路运输采用汽车衡进行称重计量，铁路液体产品以油罐车人工检尺进行计量。由于静态计量受罐容、温度、密度以及压力的影响，计量操作环节多，受人为因素的影响大，计量的准确性受到一定程度的制约。

炼化企业开始探索采用0.2级高准确度等级的齿轮、腰轮、涡轮等流量计进行动态计量，取得了一定的成效，但由于测量的是油品的体积，计量的准确性受到了一定程度的制约，静态计量还是贸易计量的主流。随着我国使用质量流量计，高准确度、高可靠性、直接式质量流量计被贸易双方所接受，特别是不受人为因素的影响，对规范贸易计量过程提供了技术保障。

炼化企业开展计量升级改造，率先使用质量流量计用于成品油出厂的计量，并开发出定量装船计量控制系统，并逐步应用到水路、管输、公路、火车装车出厂计量，并总结出不同油品、不同工况条件下质量流量计的安装、调试、使用经验并得以推广运用。炼化企业都完成了以质量流量计进行动态计量的技术改造，部分企业还实现了出口油品采用质量流量计进行动态计量，为我国油品贸易计量水平的提升做出了较大的贡献。当质量流量计检定时已没有设置单方向系统误差，且常用流量点已趋于零误差调整，供需双方比对误差控制在0.05%以内。

（三）物料和产品进出厂计量管理

炼化企业物料和产品主要通过管输、水路、公路和铁路进出厂，管输、水路、铁路主要采用质量流量计计量出厂，在计量技术上探求“零误差”。公路出厂主要计量方式是汽车衡，虽然衡器投资费用低，安装方便，称量迅速、准确、灵敏度高，数字显示、直观易读，稳定性、可靠性强，寿命长久，但衡器计量点分散，系统集成度不高，衡器现场计量点工作环境恶劣，安全风险较大；计量员工作量较大，效率不高，还存在着廉洁风险。炼化企业自我加压，完善汽车衡自动化称量，减少人工干预，加强防作弊监控，深化信息系统和衡器系统的融合，实现衡器远程集中控制的智能计量，满足日益增长的物料和产品计量需求。

二、装置间物料计量管理

随着国内外油品市场竞争不断加剧，炼油企业实现精细化管理已势在必行。加强装置间物料的精细化管理，通过计量数据实现物料平衡的基础，向生产经营的全过程要效益，已成为炼化企业的共识。炼化企业自我加压，积极开拓创新，组织对所有装置的进出口物料等物料计量器具准确性调查，针对大量使用孔板式一次测量元件用于物料计量，由于受生产工艺变化影响，测量介质的压力、温度和组分变化大且频繁，实际工况与设计有偏差，无法做到实时在线补偿导致测量失准的客观原因，组织计量人员重新计算核实孔板式一次测量元件、修改变送器差压量程，并针对补偿失准等问题，明确了实施压力与温度补偿修正方案，使计量数据回归真值，实现未花一分钱实施多重补偿。同时炼化企业履职担当，大胆创新，与生产厂家研究新型计量原理的双参数气体质量流量计，可以在未知组分情况下测量出介质的密度和质量流量，性价比高、故障率低、准确度小于1%，可解决炼化企业装置燃料气计量误差大问题，打破国外质量流量计的市场垄断。同时炼化企业加强计量数据的应用来指导生产经营，与生产、统计等相关专业紧密合作，制定装置物料计量数据KPI考核指标，如沿江某炼化企业计量中心对标先进指标，制定KPI考核指标，通过对物料精益管理和技术创新，提高物料计量器具的配备率和准确率，为节能降耗提供可靠的数据，有效控制能源的消耗，降低能源损失，真正做到计量管理是“维护利益总闸门，评价绩效度量衡，优化经营导航仪，辅助决策数据库”。

三、能源计量管理

国家“十一五”规划纲要指出，将节约资源作为基本国策，中共十七大再次强调了坚持节约资源和保护环境的基本国策，同时期《企业能源计量器具配备和管理导则》更名为GB 17167《用能单位能源计量器具配备和管理通则》，并变为强制性标准。随后，结合石油化工特点的GB/T 20901《石油石化行业能源计量器具配备和管理要求》发布施行，炼化企业将能源计量分为“三级四类”进行管理，突出解决能源物料计量器具配备率不高的问题。

炼化企业认识到能源消耗计量的重要性，更新和升级了部分能源物料计量器具，对影响效益较大的采用进口或国产质量流量计，全面加强蒸汽、氮气、水等能源计量仪表的管理，逐步提高计量技术水平，保证计量数据的准确、可靠，充分反映出企业的实际生产经营水平，为精细化管理、降耗减费和提高效益提供数据支撑。如某炼化企业尝试蒸汽计量新方法，配备能量积算设备，将蒸汽计量由质量计量改为能量计量，公司供热系统热网管损失从12%下降到6%。

四、计量器具使用及检定管理

（一）计量器具使用管理

国内计量仪表大部分还都是气动仪表、电Ⅱ仪表，就地指示的容积式仪表与机械式水表、电表是计量仪表的主流，大都没有数据远传功能，双波纹管记录仪是一种最典型的应用表。随着20世纪80年代初国外成套炼化装置的引进，专门用于计量的电Ⅲ差压变送器、积算仪、电磁流量计、涡轮、涡街流量计被引进到了国内，国内各大仪表厂如西安仪表厂、四川仪表厂等成立了中外合资企业，生产电Ⅲ型仪表，使国内计量仪表的发展得到了质的飞跃，计量仪表的准确性与可靠性都有了较大的提升。

基于科里奥利原理，美国MicroMotion公司生产的质量流量计被引入国内，改变了传统的测量体积的计量方法，科氏质量流量计是国外20世纪70年代发展起来的，由于它能直接显示被测流体的质量，受介质压力、温度、密度、黏度等参数变化的影响很小，不受人为因素的干扰，其高准确性与高可靠性，使油品计量产生了质的飞跃，并得到广泛应用。促进了油品出厂贸易计量由静态计量向动态计量转变，规范了出厂计量行为，为市场经济下计量“公平、公正、公开”方针的实施打下了良好的基础。在使用过程也发现质量流量计受安装、环境与介质温度、压力等因素影响，企业计量技术人员总结出一系列的安装调试经验，消除安装应力与管线振动的影响，用压力在线补偿方法消除了压力对流量计的影响。通过一系列的举措，质量流量计测量的准确度与可靠性得到了大幅度提升。

计量器具管理更加规范，配备日趋合理。炼化各企业均建立了计量器具台账，实施分级和分类管理，编制计量器具年(月)检定计划开展检定/校准，进出厂贸易交接计量的流量计以及其他强检的计量器具周检率100%。计量器具配备日趋合理，瓦斯干气越来越多采用质量流量计计量，蒸汽计量采用一体化喷嘴、孔板计量表，重要水表采用涡街和超声波流量计，显著提高了计量准确性。

随着质量流量计的发展，因其可直接测量质量、密度、温度，维护量少、精度高，优势非常明显，在炼化企业的使用越来越广泛，已成为石化企业首选的计量设备。但对质量流量计计量使命及维护提出了更高的要求，把被动的事后维护模式升级到预测性维护要求，为持续生产提供高精度的计量数据，炼化企业开发了质量流量计智能远程诊断专家服务系统，管理人员可利用实时监控系统，准确、快速追溯质量流量计的实时运行数据和操作过程诊断数据信息，为及时发现质量流量计运行过程的问题和处置计量纠纷提供了准确的依据，同时对质量流量计实施远程诊断和预测性维护管理，提升了工作效率。

炼化企业罐区成品油虽配备伺服液位计及单点温度测量，但伺服液位计测量的是空高，其计量基准点和对液位测量的影响因素不一样，造成人工测量与液位计测量对比时误差较大。同时，温度测量未配备多点自动计量、热电偶准确度不符合标准要求，造成目前油罐计量系统仅作为储罐生产控制用，无法用于贸易交接计量、监督比对，无法实现罐区的精细化计量管理。因此，炼化企业贸易油品计量多采用人工计量，计量员上罐测量水高、油高和取样及实验室测量密度，存在计量员工作量大、计量过程时间长等问题。同时随着炼化企业减人增效实施，计量工工作强度大，罐区基层单位要求取消人工计量的呼声强烈，亟须实现罐区油品自动计量。自动计量技术属于国内技术，储罐自动计量仪表安装在人工计量孔上，可实现储罐内液位、温度、密度、油水界面的精确测量，电源线引自原来液位计的电源，安装过程不需要动火作业；通讯通过无线方式传输的总控，无需清罐即可安装。

（二）计量器具检定管理

炼化企业建立了一整套完整的计量法规体系、计量行政管理体系、计量技术机构体系和计量量值传递体系，为量值传递或溯源编织了一张严密的服务网络，为炼化企业发展提供了质量技术基础设施，为产品研制和企业管理提供了强有力的制度保障和数据支撑。

炼化企业重视计量器具量值溯源传递计量工作，一方面设立直属计量技术机构为炼化企业计量管理提供技术保障，如中国石化北方工业计量站（天津石化）和南方工业计量站（茂名石化），建有静态质量法水流量标准装置、一等密度计标准装置、可燃气体检测报警器检定装置、一等铂铑10-铂热电偶标准装置、铁路罐车检定装置等中国石化最高企业计量标准。同时炼化企业还建立国家专业计量站，如茂名国家铁路罐车容积计量站、武汉国家石油天然气大流量计量站，国家专业计量站不但发挥法定计量技术机构作用，为炼化企业发挥计量的助推器作用和以计量杠杆撬动炼化企业产业发展，不断加强计量测试技术、方法和设备的研究和应用，努力服务产业创新发展和质量提升，而且是国家计量体系的重要组成部分，强化计量服务支撑国家重大战略能力、促进产业发展等方面发挥着重要作用，为提升国家治理能力现代化提供强有力的计量基础支撑和保障。计量器具量值传递溯源主要通过检定、校准等形式达到需要的准确度，其管理内容应符合国家计量技术规范和计量检定规程。

检定是指依据国家计量检定规程，通过实验确定计量器具示值误差是否符合要求的活动，国家计量法明确规定的强制检定的计量器具必须要进行检定，凡用于贸易结算、安全防护、医疗卫生、环境监测方面的列入国家《实施强制管理的计量器具目录》且监管方式为V（强制检定）和P+V（型式批准+强制检定）的计量器具应进行强制检定。强制检定计量器具应由法定或经授权的技术机构执行检定，其他非强制检定的计量器具可以参照检定规程进行检定。

校准依据相关校准规范，通过实验确定计量器具示值的活动。通常采用与精度较高的标准器比对测量得到被计量器具相对标准器的误差，从而得到被计量器具示值的修正值。校准主要用于非强制检定的在用工作计量器具。

校验是指在没有相关检定规程或校准规范时，按照企业自行编制的方法实施量值传递溯源的一种方式。主要用于专用计量器具或对准确度相对较低的计量器具。

比对是指在规定条件下，用有确定准确度等级的测量仪表或测量方法进行示值比较的过程。炼化企业围绕计量器具量值溯源这一关键环节，建立满足企业需要的最高标准，不但可保证企业量值的准确传递，还可节约检定经费，增加企业效益。但随着计量技术的进步和信息化的发展，为了解决炼化企业因连续生产无法拆卸计量仪表或送检过程中可能导致损坏等问题，某炼化企业公司与计量院、生产厂家共同编写在线校准规范，编制了JJF

1708—2018《标准表法科里奥利质量流量计在线校准规范》国家标准，发布 QSH 0728—2018《小口径液体超声流量计在线检验方法》和 QSH 0405—2011《外浮顶原油罐带液容量测量方法》企业标准等。

五、计量人员管理

坚持“可持续性”，强化人才培养：首先，炼化企业推动计量知识普及，结合“世界计量日”“质量月”等活动，大力普及计量常识，增强全民计量意识，营造支持计量是国家质量的基础，从技术、管理等多个层面进行培训和宣传。其次，加大对计量专业技术人才的培养，造就一批懂计量、懂技术的专业计量技术人才队伍。再次，完善注册计量师制度，加强计量技术人才培训，打造富有自主创新精神、专业技术能力强、善于解决实际问题的计量人才队伍。

炼化企业计量主管部门可根据 Q/SH 0100. 2《计量管理与考核规范 第 2 部分：炼油化工企业》明确计量人员的资质能力要求，分层次开展培训，组织实施计量管理以及高级计量技术人员的培训。炼化企业直属计量技术机构可承担炼化企业计量人员取证培训，提供集中办班培训服务，积极融入企业生产活动，为企业提供一站式服务，积极打造智慧计量服务平台，解决企业计量测试难题。某炼化企业在实践中不断丰富和创新培训形式，内容不断充实，有理论授课，又开通线上授课答疑，累计为企业举办计量技术、可燃/有毒气体报警仪检定员、注册计量师、油品/称重计量员等培训班 20 期以上，培训计量人员 3000 余人次。炼化各企业应重视计量人员培训工作，不但对计量法律法规、计量标准、计量管理基础知识等开展培训，而且要认真抓好计量人员的培训管理，健全计量人员培训档案，检定员和计量员持证上岗率须达 100%，提高计量人员的素质。

六、实践案例

（一）案例 1：原油进厂监督智能计量系统

1. 基本情况与背景

目前炼化各企业管输原油计量交接都采用刮板流量计配套在线自动采样器、标准体积管的方式。计量交接采用流量计系数法，人工定期抄录现场参数，经过实验室化验分析，综合计算得出交接纯油质量，并使用标准体积管定期对流量计进行在线检定。在交接过程中，由于进口原油的产地及品种繁多，原油密度、黏度等性质差别较大，不具备密度、含水等过程参数的实时监测记录功能，事后分析出的较大含水量会对装置安全生产造成隐患。同时由于缺乏有效计量监督手段，容易造成计量争议或纠纷，给其中一方造成较大的经济损失。

2. 主要做法

2018 年某炼化企业建设并投用了管输原油进厂监督智能计量系统。该系统采用撬装方式实现管输原油有效实时在线监督、比对。系统包括：质量流量计计量及配备标准表为 0. 05 级校准单元、在线含水分析单元、在线采样单元、在线清洗单元、智能计量控制单元等。通过流程切换用标准表对其他质量流量计进行在线实流校准；在线含水分析单元可以测量原油含水率；智能计量控制单元全面采集记录现场实时流量、温度、压力、密度、含水等运行参数信息，自动得出监督纯油量并与交接量进行比对。同时具备流量计远程智能诊断功能，实时诊断流量计驱动增益、零点、刚性、挂壁等运行状态。

3. 实施后效果

系统实现了管输进厂原油计量数据比对、水含量在线实时监测预警、质量流量计运行状态的实时监测和远程在线智能诊断与在线校准，有效降低了进厂原油损耗，保障了生产装置安全稳定运行。系统投用以来，共监控到20余起原油含水率较大情况，避免了常减压装置冲塔等意外生产事故。监测到多起上游自动采样器停止采样、高低密度油种混配比例错误导致的密度异常增大等情况，双方比对偏差由最初的0.29%降至0.14%；原油含水检出率由80%提升至90%；累计避免原油计量交接损失1785.327t。

（二）案例2：质量流量计远程智能诊断系统

1. 基本情况与背景

质量流量计是一种直接测量流体质量的高精度多变量智能计量仪表，具有准确度高、性能稳定、诊断功能丰富等特点，在石化行业计量交接中得到广泛应用。天津石化在进出公司、部际间设置有113台质量流量计，用于原油、成品油、液化气、石脑油等管输物料交接与监督计量。在长期使用过程中发现存在以下问题：常规的采集监测无法发现仪表刚性、零点、挂壁、报警等深层问题；人工定期逐台现场核查效率低；关键参数的变化调整不能被记录；仪表本身智能化诊断功能不能被网络化应用等问题。

2. 主要做法

为了进一步提升质量流量计智能化监测水平，借助信息化、大数据分析等技术，建立质量流量计远程智能诊断系统(MMS)。通过优化数采总线结构，完善质量流量计采集参数，实现每台仪表刚性、驱动增益、线圈电压等影响计量准确性的220个关键参数采集，建立起质量流量计全生命周期运行监测管理档案。通过开发大数据算法，实现在线实时智能诊断。具有对工艺影响因素的运算分析功能，可评估工艺对批量不确定度的影响。具有"智能自诊断""零点标定与验证""生命周期分析"等3项健康状态自诊断功能，操作人员不必到现场用手抄器或ProlinkII软件逐台连接获取相应数据，该系统能够实时获取详细数据进行自诊断分析，并将诊断结果呈现给用户，同时应用专家库信息对相应故障给出处理建议。

3. 实施后效果

质量流量计远程智能诊断系统实现了对现场质量流量计远程集中监控管理，应用大数据实时智能诊断运算分析给出量化结果的可信度。自投用以来，运行稳定，计量和诊断报警等数据准确。系统建设投用以来，及时发现了核心处理器、传感器故障，驱动增益异常、汽化、挂壁异常情况15次，累计避免了原油、航煤、石脑油、液化气等18534t油料计量交接损失。

第五章

质 量 管 理

现代人们对于质量的认识已经越来越广义，质量不只是符合产品规格和要求，还意味着满足和超越顾客的需要和期望。质量管理有助于实现更低的成本、更高的收益，造就忠诚的顾客和负责的员工。国际标准化组织在综合提炼全面质量管理的实践经验及理论分析的基础上，确立了“八项质量管理原则”：以顾客为关注焦点，领导作用，全员参与，过程方法，系统方法，持续改进，决策方法和供方关系。这八项原则之间存在着内在的逻辑关系，无论是近十多年来风行全球的 ISO 9000 族标准，还是由各国质量奖所体现的卓越绩效模式，或者是诸如六西格玛、精益生产等管理模式，均体现了这八项质量管理的原则。这些管理原则可以认为是对全面质量管理的基本特征或基本理念的最权威的概括。

质量管理必须以系统的方式进行，应用过程方法和系统管理方法构造，并持续改进质量管理体系是现代质量管理最主要的途径。目前各国普遍采用的 ISO 9000 标准从保证顾客的利益出发，提出了对质量管理体系的最基本要求，这个体系始于识别顾客需求，终于满足顾客要求，并不断增强或超越顾客满意，可通过第三方审核的形式获得认证和公示。质量管理的内容不仅限于产品和服务，还包括过程和体系，乃至任何可以单独描述的实物，对于质量的要求也不仅是顾客明确的要求，还包括那些隐含的、不言而喻的要求和必须履行的法律法规要求。质量的产生、形成和实现，涉及组织流程各环节的工作，包括营销、设计、生产、检验、交付产品等，任何一个组织，最终产品和服务的质量，都需要过程和系统的质量来保障。炼油行业质量管理最初采用产品检验的方法，质量指标分析合格即可，这种方法应用过程中，形成了“产品质量是分析出来的”错误认识，随着顾客需求与企业质量意识的提高，“产品质量是生产出来的”得到共识，过程控制与全员参与不断推进，质量管理向中间生产过程延伸，全面质量管理方法得到广泛应用。20 世纪 90 年代，ISO 9000 族标准质量管理体系引入，一直沿用至今。

近几十年，为了适应原油品质劣质化、交通运输燃料清洁化步伐不断加快的趋势，国内炼油厂装置结构调整迅速，加氢裂化、加氢精制、重油加氢、烷基化等装置比例不断加大，新工艺、新技术应用越来越多，产品生产过程越来越复杂。随着我国环保法规的日益严格，中国油品质量升级步伐明显加快，2000 年以来，车用汽、柴油标准从国Ⅰ升级到国Ⅵ，硫含量由 2000 年的不大于 1000~2000mg/kg 下降到 2017 年的不大于 10mg/kg，降低幅度达到 99%以上。汽油烯烃含量由不大于 35%降低至不大于 15%，芳烃含量由不大于 40%降低至不大于 35%，苯含量由不大于 2. 5%降低至不大于 0. 8%，全国每年近 300Mt 车用汽柴油质量的大幅提高，为我国环境空气质量改善做出了贡献。

鉴于炼油行业连续性、流程化的生产特点，炼油产品流动性、可调和性的性能特征，炼油质量管理更加强调原料可靠、过程平稳、检测准确、装运安全，通过体系建设、指标管理、因素控制、操作调和、供应商管控等方法保证产品质量持续可靠，在理化指标达到标准的同时，还需要满足客户的使用要求。近些年，随着我国炼油工业信息化水平的不断提高，炼油质量管理也开始向自动化、信息化、数字化方向发展，通过产品质量信息管理系统、实验室信息管理系统等手段，将过程质量控制环节通过信息技术实现自动管理，大大提高了管理效率，提升了数字信息应用，为质量控制、生产决策提供了有力支撑。

第一节　外购原料质量管理

外购原料是指从企业外部采购，用于直接调和或经过加工后调和生产产品的组分，主要包括油品添加剂和外购油品调和组分等。

油品添加剂是在炼油生产过程中直接加入产品能显著改善油品原有性能或赋予油品某些新的品质的各种化学物质。按功能，可分为抗静电剂、抗氧剂、抗磨剂、十六烷值改进剂、清净剂、降凝剂、抗爆剂、润滑油各类添加剂等。

外购调和组分是指非炼油企业自产，从企业外部采购并直接用于调和产品的组分。如汽油调和组分，MTBE、异辛烷、芳烃等；另外，帮助海关、市场监管、销售等部门处理的罚没油、走私油、混油等也属于外购原料范畴。

由于添加剂和外购调和组分直接用于产品调和，其质量直接影响产品的质量，因此要高度重视添加剂和外购调和组分的质量管理。

添加剂和外购调和组分的质量管理实行统一领导、分级管理、分工负责的管理体制，炼油企业应将其纳入质量管理体系范畴并有效运行，通过制定相应的规章制度和要求，明确各部门、各单位管理的职责和内容，规范添加剂和外购调和组分供方管理、采购管理、入库存储管理、使用管理等要求，使添加剂和外购调和组分的管理贯穿于品种选用、需求计划填报、合同签订、运输、验收、仓储、使用、评价等各个环节。

一、供方管理

（一）管理制度和要求

为规范供应商管理，保证获取性价比最优的产品和服务，企业应制定供应商管理的制度或要求，明确供应商准入资质、审核标准、考察标准、考核标准、考核措施等内容。

（1）供应商准入资质。需要提交的相关资料，包括有效的工商营业执照、组织机构代码证、税务登记证书、生产许可证、资信证书、质量管理体系资料、产品标准、企业安全生产管理人员从业资格证书等基本资料，以及企业和产品简介、产品获奖证书、专利证书、产品销售业绩清单等其他资料。

（2）供应商准入审核标准。审核营业执照，主要审核内容包括营业执照是否在有效期内(工商行政管理部门核准为长期的除外)，是否加盖所在地工商行政管理部门印章，供应商名称、法定代表人名称、经营范围、营业执照编码、营业执照有效期和注册资本等内容是否与供应商填写的注册信息一致，是否按期在国家市场主体信用信息公示系统公示，公司年度报告是否被载入经营异常名录。审核税务登记证，主要审核内容包括税务登记证是否加盖所在地工商行政管理部门印章，供应商名称、法定代表人名称、经营范围等内容是否与营业执照一致，国税号码是否与供应商填写的注册信息一致。审核组织机构代码证，主要审核内容包括公司名称是否与营业执照一致，是否在有效期内，是否有发证机关年检记录，是否加盖发证机关印章。审核质量保证体系相关证书，主要审核内容包括公司名称是否与营业执照一致，是否在有效期内，认证机构是否有效。审核其他资质，包括生产许可证、安全环保认证等，核实是否在有效期内，是否还需要提供其他特殊要求的资质材料。

(3) 供应商考察标准。主要包括企业概况(供应商资质、企业性质和经营状况等)、企业设备和生产经营情况(原料供应及质量、技术装备能力、产品工艺及生产能力等)、质量保证体系建设(产品质量检测、服务与技术能力等)等内容。

(4) 供应商考核标准。包括供应商整体实力、合同执行等考核评分标准。

(5) 供应商考核措施。包括历年供货质量及服务质量，第三方现场审核，同行评价等措施。根据考核情况，可给予警告、暂停交易资格、取消交易资格等处理。

(二) 合格供方管理

炼油企业应有效选择和评价供应商，做好供应商的资质审核和现场审查，选择信用可靠、产品质量有保证、供货稳定的合格供应商，从源头防范采购风险。审查合格的供应商，可根据采购需求进行抽查复核，违约处理后恢复交易资格的供应商应重新审查；审查不合格的供应商，不得交易。

建立供应商动态量化考评机制，对供应商的资质、履约、综合三个方面进行评价，各项考评数据计入供应商档案。资质评价，由采购部门组织专家团队按照供应商现场审查标准进行评价；履约评价，采取对采购合同(订单)进行即时评价和使用过程中追加评价两种方式进行，并给出评价等级；综合评价，是对供应商资质、履约情况以外的服务能力进行评价。根据供应商动态量化考评结果，评定供应商星级，实施供应商分级管理。

对发现的质量等问题，及时向供应商通报并督促其限期整改。对在交易活动中存在的质量等违约行为，视情节轻重，给予通报降级、暂停交易资格、取消交易资格等处理。对于发生质量问题受到暂停其交易资格处理的供应商，由炼油企业书面通知供应商落实整改，完成整改后由供应商提出恢复交易资格申请，由炼油企业组织相关部门进行考察合格后方可恢复其交易资格。

(三) 供方评价

供方评价一般以第二方审核为主，以法人信用认证、产品质量评价、履约动态考评、市场业绩表现为主要内容，客观评价供应商综合实力。

(1) 法人信用认证。联合专业信用认证机构，从基本资质、生产经营、财务状况、行政合规等方面，对法人主体合规守信状况进行评价，并给予综合信用评级。法人信用认证结果有效期内实施年度跟踪评价。

(2) 产品质量评价。联合专业产品质量评价机构，从资质等级、装备能力、质量保证体系、性能检测等方面，对产品满足先进标准或技术规范水平，给予专业评定并评级。产品质量评价结果有效期内实施年度跟踪评价。

(3) 履约动态考评。包括履约评价和综合评价两部分，由物资供应部门、物资使用单位(以下统称用户)从质量、服务、交货等方面量化考评供应商交易履约情况，并实施分级管理。依托大数据技术，从行业认可、采购变革、创效引领等方面，综合评价供应商市场业绩表现。按供应商采购金额、销售金额、订单数量、在线支付等方面进行评价。

二、采购管理

(一) 采购技术要求

炼油企业应依据添加剂及外购调和组分的国家标准、行业标准、企业标准、技术协议等技术文件，结合企业的实际使用要求，采用或制定添加剂及外购调和组分的准入和验收标准。

准入和验收标准应明确采购的添加剂及外购调和组分的品种类别、技术规格、验收方式、分析频率、试验方法等。根据使用技术要求和实验室检测能力，验收方式按项目可分为检验和质保书验证两种。准入和验收标准应定期进行修订，期间可根据执行标准的更新、技术规范的调整等情况，以及新增、更换添加剂及外购调和组分等实际使用变化情况，及时进行修订，确保添加剂及外购调和组分规格符合实际生产需要。

添加剂有新增、更换、指标变化的，应按工艺技术管理要求进行使用性能评价。使用性能评价完成后再申请转正式生产应用，修订添加剂的准入和验收标准。外购调和组分有新增、更换的，按验收标准进行全项分析合格后才可使用，并且做好相应产品的质量跟踪。

（二）采购过程管理

采购应遵循“质量第一、比质比价”的原则，炼油企业应将添加剂及外购调和组分的准入和验收标准纳入与供应商签订的供货合同之中，按准入和验收标准进行采购。

企业应建立有效的质量管理体系，明确采购过程中各岗位人员质量控制职责，监督检查采购过程中的质量控制工作。在填报需求计划时，须明确添加剂及外购调和组分的技术要求；在编制采购方案、询价书、发出招标文件、商务谈判、签订合同时，须明确添加剂及外购调和组分的技术要求、包装储运条件、售后服务、质量违约责任，以及质量争议的处理等内容；在采购时，应要求供应商提供与验收标准的技术要求、试验方法完全相符的质量合格证明（供方无检测能力的应委托第三方）并妥善保存。

企业应加强承运商管理，尤其强化外购调和组分的承运商管理。承运合同中要明确质量保证、交接、车（船）专项清洗、前载货物追溯等环节与职责划分；应做好供应商和运输单位的危险化学品经营、储存、运输等资质审查；应加强运输工具及运输过程的质量管控，确保装运产品不被污染；应保证铅封完整，运输要专车（船）专用；如不能做到专车（船）专用，应参照 NB/SH/T 0164《石油及相关产品包装、储运及交货验收规则》的要求执行；外购调和组分的质量报告单、车船运输记录和清洗记录等质量保证内容要随车（船）传递。

企业应加强外购调和组分运输环节的质量监管，制定车（船）等运输工具和输转设施的管理要求，明确质量交接环节及责任界定，严格仲裁样品管理，做到从出厂、运输到接收各环节全过程可控、质量可追溯。对供应商出现产品质量不合格并退货时，应按规定对该供应商进行暂停交易、取消交易资格等处罚。

三、入库存储管理

（一）质量验收管理

添加剂及外购调和组分的质量验收按各企业最新有效的验收标准严格执行，从源头确保产品质量稳定。

企业应组织专业人员现场核对添加剂及外购调和组分的品种、包装、数量，核对并确认车（船）号、车船运输记录和清洗记录、包装完好性、铅封完整性、铅封号等信息，收集质量保证书或合格证等质量合格证明，并做好记录。

根据添加剂及外购调和组分的技术要求和实验室检验能力，质量验收方式分为检验和质保书验证两种。需要检验的，应明确品名、来源、数量、取样地点、测试要求、送检日期等信息；需要验证的，由采购部门或接收部门根据供应商提供的质量保证书或合格证，对照添加剂及外购调和组分的验收标准进行验证，并做好记录。

检验部门按照 GB/T 4756《石油液体手工取样法》、SH/T 0229《固体和半固体石油产品取样法》及时组批和取样，确保样品的代表性。按照验收标准中规定的检验项目和分析方法进行测定，并根据测定结果及时作出合格与否的判断，出具检验报告单。

经检验、验证合格的，凭检验报告单或质保书、合格证等入库或使用，并做好检验报告单、质量保证书、出厂检验合格证等质量证明文件的收集、保留和存档工作。经检验、验证不合格的，应及时加以标识和隔离，防止误用，按企业的不合格品控制要求进行评审和处置。

检验、验证结论尚未做出的，不得放行和投入使用。如因生产急需等原因，来不及检验而需紧急放行的，按照规定程序紧急放行，但应进行明确标识，并做好记录。分析部门应尽快完成测定，一旦发现不合格，应立即通知管理部门、使用部门和采购部门等，追回并追溯处置。

为保证产品质量的可追溯性，企业应制定添加剂及外购调和组分的留样管理规定，建立留样台账。留样参照 NB/SH/T 0164《石油及相关产品包装、储运及交货验收规则》执行，采用绳封或纸封，每批留样数量应满足产生质量争议时双方共同检验或仲裁检验的需要，留样信息包括样品名称、采样日期、留样人、供应商、组批车(船)等，留样应有效保存在阴凉、干燥、安全、避光的样品间内，保存时间与对应产品的保留时间同步，应确保保留期内样品完整无损。

（二）存储要求

检验、验证合格的添加剂及外购调和组分办理入库手续，并按类别、品种、批次等分区存放和保管，做好标识并建立台账。

物料储存管理做到规格不串，质量不变，资料齐全，包装完好，标志明显，档案齐全完整。物料应根据其化学性质特点分类堆放，严禁混堆混放；注意防火、防潮、防淋雨、防晒等。在储存期内应定期进行质量检查，必要时按规定进行质量抽查，以防变质误用。

物料出库时，必须坚持“先进先出”的原则，保证发出物料数量准确、质量合格，并附上质量合格证明文件。

未经检验、经检验不合格、超过保质期的物料必须标识明显，严禁发放；库存物料中出现损坏、变质、影响使用等情况，不得发放；质保书、合格证等质量证明文件不全的，不得发放。

对库存超过保质期的，必须重新按准入和验收标准进行检验、验证，确认质量合格的，可继续发放使用，并做好后续产品的质量跟踪，一旦发现异常应立即停止使用；确认不合格的，按企业不合格品控制要求进行评审和处置。

使用单位对质量不佳、没有质量合格证明文件的，有权拒绝使用，同时及时告知采购部门落实整改。

（三）不合格处置

添加剂及外购调和组分经检验、验证不合格的，应将不合格信息及时传递至送检部门、使用部门和管理部门等相关部门。不合格物料应及时隔离、单独存放和标识，并做好记录。

不合格添加剂及外购调和组分，应按不合格品控制要求进行评审和处置。企业组织采购、生产、工艺、质量等相关专业进行评审，并做好记录。评审结果为退货、更换的，采购部门负责不合格料的拒收、退货、更换；评审结果为让步接收和使用的，管理部门应组织对存在的质量风险进行识别和管控，必要时开展试验和验证工作，经采取措施，在确保对产品质量没有影响前提下，经主管领导批准后，方可让步接收和使用，同时做好后续产品的质量跟踪和验证工作，确保产品质量。采购部门负责索赔事宜，并对该供应商提出评价和考核意见。在无法确定其使用性能情况下，严禁让步接收。

未经让步接收和使用许可，不合格添加剂及外购调和组分严禁使用。

四、使用过程管理

（一）新外购原料试用管控

新型添加剂及外购调和组分，是指新品种、新型号、新产品，具有更高的技术含量、使用性能、经济效益等。

对于首次应用的添加剂及外购调和组分，必须经过试用评价。应根据在用添加剂及外购调和组分的目录、有关文献、相关单位调研等情况进行初步筛选，填报更换或选用申请，组织开展技术交流，充分进行技术论证和技术经济比较，确认先进性后，与供应商签订技术协议，提出选用意向，按相关程序审核审批。

在提出工业试验申请前，应先进行实验室小试，根据结果组织评审。对产品的使用性能会造成潜在质量风险的，必须经过专业部门的台架、行车试验，确定无害方可试用。

试用新型的添加剂及外购调和组分，由试用部门提出工业性试验申请，并附有关工业试验方案、技术协议等技术文件，按工业试验申请审批程序执行。

在工业试验过程中，应按照技术文件要求严格考核，试验完毕应及时组织完成总结报告，组织专家复核并确定适用范围，综合评定达到技术要求的方可纳入正常计划管理，并及时将工业性试验的总结等有关情况上报上级部门备案。

试用新型的添加剂及外购调和组分工业试验转正式生产申请批准后，应根据试用的添加剂及外购调和组分的名称、规格、控制指标等，及时修订添加剂及外购调和组分验收要求。

（二）外购原料使用过程控制

对于具有相同使用效果或技术水平、但供应商不同的添加剂及外购调和组分，企业应在保证安全生产、产品质量和整体效益情况下，充分考虑性价比，优先选用性价比好的添加剂及外购调和组分，性价比相对差的作为技术储备或应急替代。必要时组织评审，对添加剂及外购调和组分的使用提出评审意见，按评审要求落实。

外购原料使用前应查验质量合格证明、包装是否完好、数量是否准确。根据调和产品标准要求确定添加数量，核定计量器具完好，检定有效。对于固体或黏度较大等需要稀释调和的添加剂，应选择调和产品作为稀释母液，保证溶解充分，稀释浓度准确，添加量精准。

停止使用某种添加剂及外购调和组分，由使用部门填报停用申请，按企业规定的审批程序审查批准后执行。

企业应做好添加剂及外购调和组分的评价管理。凡在用的添加剂及外购调和组分，应每年进行 1 次评价。评价工作由企业组织，使用部门填写在用添加剂及外购调和组分评价表，实施分级管理，按企业规定的程序审核审批，并将评价结果反馈给采购部门。

五、实践案例：外购 MTBE 的质量问题

1. 案例概况

某企业接到一客户反映，从该企业采购的 MTBE 产品中硅含量高(120mg/kg)，质量异常。该企业立即委托第三方检测机构对 MTBE、车用汽油等相关产品硅含量进行检测，MTBE 硅含量 348mg/kg、97#车用汽油硅含量 33mg/kg，质量异常。立即停止 MTBE、车用汽油产品出厂，并将发出的汽油召回，同时委托第三方检测机构对所有在库相关物料进行实物质量调查，及时封存问题油品，避免了一次区域性质量事故的发生。

2. 原因分析

通过对在库汽油产品及所有调和组分分析排查，发现 MTBE 硅含量高是造成汽油产品硅含量高的直接原因。通过排查 MTBE 生产过程及原料，确定是外采裂解石脑油原料受污染，混入了非常规石油炼制工艺生产的含硅组分，造成 MTBE 硅含量高，最终导致汽油硅含量高。

为进一步查找原因，通过对外采裂解石脑油的接卸、存储情况进行排查，确认企业外购原料运输过程质量管理失控，对承运单位管理不到位，主要包括三方面问题：一是大部分车辆除运输石脑油业务外，还承运其他化工物料，未明确专车专用或洗车管理要求；二是承运公司承揽运输业务时，大部分运输车辆未回公司进行车辆内部检查，车底质量状况不明，存在装载石脑油受前载物料污染的风险；三是对运输车辆装料口无打铅封要求，部分车辆 GPS 轨迹记录丢失，同时无车辆视频监控录像，质量保障与追溯措施未落实。

3. 整改措施

(1) 完善外购原料运输过程质量管理要求，细化监管措施。重点强化装运工具前载物料追溯及洁净性管控。

(2) 严格供应商资质管理，加强对供应商和承运商质量保障体系审查和考核，避免非炼油工艺生产的油品组分调入(混入)外购原料。

(3) 完善外购原料进厂和车用汽油中硅、氯等相关检验分析，明确禁止混装物料及车辆检查清洗要求。

第二节 生产过程质量管理

生产过程的质量管理是质量管理体系的重要组成部分。在实际生产中，从原料投入至装置产品产出的所有过程的质量管理称为装置生产质量管理。

产品质量是生产出来的，而不是检验出来的，稳定提高产品质量的最主要环节在生产过程。装置生产过程质量管理的主要内容可以分为：①装置加工原料管理，确保原料质量符合装置生产要求；②馏出口质量管理，确保装置馏出口产品质量符合产品标准、产品调和要求或下游装置原料控制指标；③工艺变更、馏出口指标等变更管理，将变更过程的风险进行全面识别评估，使馏出口的质量保持在可控范围内；④装置开停工质量管理，能够有效控制因停工退料、管线吹扫置换、开工等操作引起的产品质量异常；⑤特殊产品工艺控制管理，对航空煤油、航空汽油等特殊产品制定专项管理规定，从原料、生产过程、储运出厂等过程进行管理确保特殊产品质量受控。

一、装置原料质量管理

（一）原油及外购原料油

1. 原油的质量管理

内容包括原油评价、原油到厂验收、原油调和、首次加工制定加工方案、原油加工总结等。

1）原油评价

原油评价的意义在于在实验室条件下，对原油进行一系列性能分析、实沸点蒸馏等试验，以了解原油的性质、组成及类别，并估计直馏产品的产率及品质，为选择合理的原油加工路线提供基础数据。原油评价报告内容包括：

（1）原油性质。根据原油的关键组分、硫含量、酸值等性质数据，对该原油进行初步分类。原油按密度或API度可分为轻质、中重、重质、特重原油；按K值可分为石蜡基、中间基、环烷基原油；按硫含量可分为低硫、含硫、高硫原油；按酸值可分为低酸、含酸、高酸原油。

（2）各段窄馏分的实沸点收率。

（3）石脑油馏分性质。根据石脑油的杂质含量及PONA组成数据，初步判定该石脑油馏分是否适于作为乙烯裂解原料或重整原料。

（4）喷气燃料馏分性质。根据喷气燃料馏分的硫含量、酸值、烟点、冰点、硫醇硫含量、铜片腐蚀、闭口闪点等关键性质，比照3#喷气燃料标准，初步判断该馏分是否可生产3#喷气燃料。

（5）柴油馏分性质。根据柴油馏分的十六烷值、凝点、冷滤点、密度、硫含量等关键性质，初步判断该馏分是否可生产柴油加氢料。

（6）蜡油馏分性质。根据蜡油馏分的残炭值、硫含量、饱和烃含量等性质，初步判断该馏分段VGO的二次加工性能。

（7）渣油性质。根据常压渣油、减压渣油的残炭值、金属含量、硫含量、沥青质含量等性质，初步判断该渣油的二次加工性能。

原油评价可以分为新油种原油评价和非首次进厂油种原油评价：

（1）新油种原油评价。新油种采购前，需收集供应商评价资料或者油样，若有油样，则对油样进行评价，编制评价报告。根据供应商评价资料或油样评价报告，讨论、评估该新油种是否适宜采购进厂和加工。新油种采购到港后，若已对该油进行过原油评价，则根据评价报告编制原油加工方案；若未对该新油种进行过原油评价，新油种到港卸油前组织采样，进行评价。

（2）非首次进厂油种原油评价。对于非首次进厂的年度长期合同原油，应间隔一定时间后做一次原油评价。

2）原油到厂验收

应建立本企业原油质量监控体系，对到厂原油进行检测，水路运输的监控采样点为船舱样、管输原油的监控采样点为进罐前的管线样，监控分析项目为密度、水含量、硫含量、酸值等指标。

3）原油调和

原油调和是降低原油成本、优化装置生产、提高企业收益的有效手段，是生产装置安全、稳定、长周期运行的重要基础。企业对到厂的原油应按原油性质分储在各原油罐区内，进行沉降脱水，分析原油罐内原油的水分，确保原油水含量达到工艺卡片要求，随后根据常减压装置对加工原油的性能要求，经调和后输送至常减压装置加工。同时在输送过程中加强管线内的原油质量监控，可采用近红外、核磁等快速检测技术对原油进行快速评价，得到输送原油的主要基本性质数据，如密度、残炭、酸值、硫含量、氮含量、蜡含量、组分收率等，及时为生产操作调整、装置优化提供数据。

4）首次加工制定加工方案

为保证新油种加工更符合企业实际生产情况，首次加工的原油，根据生产计划以及原油特性制定相应的加工方案，加工方案包括一次加工装置的物料平衡、操作条件、产品方案、质量考察项目以及对二次加工装置的可能影响、后续装置加工注意事项等。对于硫含量较高的原油，在方案内制定塔顶防腐蚀指标，及时调节防腐药剂注入量，下游二次装置也需密切关注原料硫含量的变化情况。通过方案实施，保证装置生产平稳，产品质量可控。

5）原油加工总结

原油加工总结涵盖了常减压、重整、催化、加氢裂化、焦化、渣油加氢等装置，通过加工过程、物料平衡、主要操作条件、原料性质分布、产品性质分布对原油加工情况进行总结，全面地反映不同油种对企业生产的影响，为后续生产提供指导方向，从而提高各装置产品质量。

2. 外购原料油的质量管理

外购原料油指除原油外，从企业外购入的进入常减压蒸馏装置或二次加工装置进行加工的原料油，包括石脑油、蜡油、渣油、催化油浆、罚没油、返厂加工混油、海关查获走私油、污油等。

（1）原料油到厂验收。企业要选择信誉良好的原料油供应商，不采购加工来历不明的原料油。要制定外购原料油采购标准，结合原料油加工装置的原料质量要求，严格控制指标，对于罚没油、返混油、走私油、污油等品质不明的原料，重点关注非常规污染物对产品质量的影响，每批原料均要进行入厂分析检验，尤其要注意硅、氯含量等的测定，并做好留样管理。

（2）外购原料油加工。外购原料油到厂后应与企业自产原料油分储，按进厂批次做到专罐存放；要根据外购原料油的检验结果、产品性质制定加工方案，评估对产品质量、装置运行无影响后，再组织加工。

（二）互供原料

装置互供原料需结合产品结构、产品质量和防腐蚀等要求，遵循“宜油则油、宜芳则芳、宜烯则烯”的原则，将原料油资源合理利用，主要通过对原料油指标、原料油质量分析与控制等几个方面对装置互供原料进行管理。

（1）原料油指标管理。根据装置设计条件、产品质量和长周期运行要求制定装置原料质量控制指标，并按质量控制指标合理安排装置原料。如上游装置物料直供下游装置，物料质量应符合下游装置控制指标要求；如采用多路供料的装置，应在日常生产中通过控制不同性质原料的品质与比例搭配，在满足装置混合原料指标控制基础上，达到原料资源的有效利用。催化剂对原料要求十分严格的装置，如连续重整装置，原料不宜直供。

（2）原料油质量分析与控制。在正常生产时，按照分析项目频率表在生产装置的原料采样口进行采样分析。当上游装置操作发生异常时，应及时汇报并联系进行采样分析。装置原料罐供料时，需要对进罐原料进行质量抽查；装置原料直供时，需要对下游装置原料加强质量跟踪。进装置原料质量出现不合格时，上游装置要及时调整操作，采取措施确保馏出口样品质量合格。在生产正常时，上下游直供装置需要将原料的外观纳入检查内容，有脱水设施、需要脱水的，要将脱水情况纳入检查内容。

二、馏出口样品质量管理

（一）样品的采集

馏出口样品的分析数据反映了馏出口采样时间段物料质量状态，因而采集样品的代表性和真实性，对真实反映装置生产工况和产品实际质量至关重要。

（1）采样时间。馏出口样品要按规定时间采样，企业有条件时应建立装置样品采集信息系统，准确记录采样时间，与实际生产工况相对应。

（2）采样量。采样量既要满足化验分析消耗量，也要保证有足够的留样量以备异常时核查。对于有些遇空气会发生氧化液体样品，则要求尽量采满整瓶样品以免被空气氧化，必要时采用密闭采样方式。

（3）采样点设置。要确保馏出口样品的代表性，除采样时要求做好样品的置换外，在装置的原始设计时，就要考虑采样点的代表性：

① 原则上调节阀组管道上的采样点应设在旁路操作时不形成死角处，应设在主管道上，不能设在调节阀和旁路管道上。

② 采样点不应设在工艺管道的流速缓慢区，泵出口管道的采样点应设置在两台泵出口的共用管道上。

③ 在满足取样要求的前提下，采样点应尽量靠近工艺主管道或设备，避免将高处的取样点引到低处取样(可循环置换的除外)。

④ 馏出口出装置采样口后不能有不合格物料并入。

（二）质量指标和分析频次的制定

馏出口样品质量指标来源于出厂产品质量指标要求或装置设计要求，一般馏出口样品质量指标要严于出厂产品质量指标，以确保出厂产品质量。当然，由于装置工艺不同，随着出厂产品质量要求变得更加严格，有些装置馏出口质量已不能达到出厂产品质量的最新指标要求，部分具有可调和性能的指标如 RON，可以通过与其他工艺装置产出的高 RON 组分进行调和，但不能低于原始设计要求，必要时装置工艺需要择机进行改造。

馏出口样品的分析频次不是固定不变的，应根据实际生产工况变化进行动态调整。装置开停工过程分析频次可适当加密，装置开工初期，馏出口样品连续分析合格且经装置或专家组确认操作稳定后，方可转入正常分析频率；正常生产过程中，装置进行调整或者出现波动也应该适当增加分析频次。对高频次的分析项目，企业要推广应用在线质量分析仪表，在线质量分析仪表已取代的分析项目，以在线分析数据为准。

（三）馏出口样品质量控制

馏出口样品质量关系到出厂产品质量，需要有质量预判的意识，最大限度减少波动。装置管理人员需要识别出各操作参数与馏出口样品质量指标的关系，装置的技术、操作人员要通过对操作参数，如温度、压力、回流等的变化来预判馏出口样品质量，及时做出相应调整，维持产品质量合格、稳定。

当馏出口样品出现质量不合格或原料变动、操作波动较大，预判产品质量无法保证时，要及时联系将产品改进不合格罐。

装置工艺技术人员要充分识别影响馏出口样品各项质量指标的操作参数，将各项指标的异常判断及相应调整措施形成操作规程纳入《岗位操作法》中，供操作人员做好预判和调整，确保馏出口样品质量。部分关键参数要纳入装置工艺卡片并严格执行，企业每月对工艺卡片的执行情况进行统计，对超出工艺卡片较多的情况，需要认真分析原因并采取有效措施。

（四）质量数据的运用

为了保证产品质量，指导生产操作调整，每天要对馏出口样品组分进行大量的检测分析，要充分利用这些质量数据，通过采用平均值、标准偏差、趋势图、操作关联、性质关联、合格率等统计方法，对生产操作提供支撑和指导。

馏出口样品的质量分析数据不只是反映了馏出口样品的质量。运用信息管理系统，可以将任何一项质量指标的分析数据制成趋势图，判断当前馏出口产品质量的控制水平；可以体现操作参数与质量的对应关系，为装置正常调整提供数据支持；在装置先进控制系统（APC）投用时，馏出口产品数据可以为APC有效运行提供参数，有利于提高装置的运行平稳率；可以对下游原料质量和出厂产品质量做出预判或为产品调和提供数据支持。

对于馏出口产品的质量，要建立相应的考核机制。通过设置馏出口产品关键质量指标的合格率考核指标，定期对馏出口样品合格率进行统计，对不符合考核指标的需进行分析，根据实际情况进行考核，同时制定相应改进措施。

三、质量指标变更管理

装置工艺条件发生变化或者出厂产品质量指标发生变化时，相应馏出口样品指标也需随之进行变更，以适应新的生产要求。

（一）指标变更的程序

馏出口样品指标的变更应由专业管理部门发起，变更前专业管理部门要召集生产装置技术管理人员根据日常的生产情况评估馏出口样品指标变更的可行性，开展好质量风险识别，对于存在的风险，需要制定相应改进措施，在确认风险可控后方可下达并实施。

（二）指标变更后的管理

馏出口样品指标变更后，要定期跟踪指标的执行情况，跟踪风险识别时提出的改进措施落实情况，不但要确认指标变更的可行性，同时也要确认变更后的风险也在受控中。

馏出口样品指标变更后，要确认各相关管理文件的指标范围也进行了变更，确认相关人员已熟悉指标的变更。新馏出口样品指标开始执行后，馏出口样品分析频次按要求进行调整。

四、开停工质量管理

（一）质量保证原则及要求

停工过程中，要根据产品质量控制降温、降量速度，降温、降量幅度要均匀，必须遵循“先降温、后降量”的原则，每次降量后应有一定的稳定时间。在产品质量无法保证时，及时改走不合格线，停用并脱开在线分析仪表，确认装置边界进产品罐盲板已隔离。同时视具体情况考虑对停工最后一罐（次）产品进行质量跟踪，以确保停工过程中产品质量。

开工前做好“三级检查”工作，有关部门共同签字验收后才能开工。馏出口产品产出后，先进不合格罐，原则上两个采样点分析合格后方可改入产品储罐，并监视馏出口产品质量投用在线分析仪数据的动态变化趋势。开工所进产品要加强油罐脱水，增加外观、水质的监控，安排全项分析。在实际开工过程中，对于直接进成品罐的产品，企业应提前制定质量管控方案，明确专罐储存要求并做好质量跟踪，方便后续处置。

（二）质量风险的识别和防控措施

装置停、开工过程中，涉及停工退料、管线吹扫置换、操作调整、开工改线等操作，情况较复杂，极易发生各种非预期的质量异常。为保证装置停开工过程产品质量受控，企业要编写停、开工方案和装置停、开工总体安排，并同时进行质量风险识别，针对风险要及时组织落实管控措施，尤其要重视退油所使用的管线与产品管线之间物料的串线风险，并经领导批准后发布实施。

五、特殊产品质量管理

（一）特殊产品的范围

特殊产品指航空、航天或客户对产品质量有更高或特殊要求的定制产品等，主要有航煤、航空汽油等。

（二）航煤生产质量控制

航煤生产质量管理包括原材料控制、生产过程控制、储运调和控制、产品出厂交付等方面的管理。

航煤在正常生产过程中，生产方案、工艺流程、主要工艺条件、添加剂配方、产品质量指标等必须符合“产品定型”时的要求。目前航煤生产已获得认可的生产工艺技术为直馏航煤精制、加氢裂化、加氢精制等成熟的工艺技术。其他生产工艺技术需通过相关方认可。

1. 原料管理

直馏航煤精制和加氢精制工艺生产航煤的原料均为常减压装置常一线组分油，当常一线按航煤料生产方案控制时，常减压加工的原油不得掺炼污油，不得与未批准和不适宜生产航煤的原油混输混储。首次用于航煤生产的新品种原油必须经过原油评价，切割后的航煤组分符合质量要求方可组织生产。对航煤组分评价数据中烟点<20mm、芳烃含量>25%（体）的原油不建议安排试生产航煤。

加氢裂化工艺生产航煤不限原油种类。加氢裂化原料中二次加工原料限值比例根据压力等级进行控制。

2. 添加剂管理

航煤生产所使用的抗氧剂、抗磨剂、抗静电剂等添加剂需采购经相关方认可的生产厂家产品，经检验合格后方可入库使用。加氢裂化、加氢精制工艺生产的航煤必须添加抗氧剂。抗氧剂加剂罐宜设一开一备，应在航煤接触氧气前加入。

加剂设施应在室内或设置顶棚，用以防尘、防雨。航煤抗氧剂加剂口应设置过滤网，防止树叶、包装袋碎片等杂物进入储罐，堵塞计量泵过滤网，引起加剂不畅。不同种类的添加剂，需要分别设置加剂罐，以免高浓度添加剂混合发生不良化学反应。

添加剂储罐及相连管线应使用不锈钢材质，并按规定涂有醒目的编号、物料名称、流向箭头及其他相关标识。加剂罐要定期检查及清洗。

航煤添加剂加剂量应严格按标准执行，并做好相关记录，确保计量准确、加剂均匀、可追溯。加剂计量设备定期校准，添加剂应按储存要求进行存放，先进先出，并在有效期内使用。

3. 生产过程管理

生产过程中严格执行工艺卡片要求，控制好主要操作参数，确保馏出口产品质量合格平稳。加氢装置进料量、反应温度和反应压力等操作参数调整时提降幅度不宜过大，操作调整期间，应加强对精脱硫前航煤硫化氢含量的测试监控。

当馏出口出现铜片腐蚀、冰点等指标不合格时，应立即改不合格线，至少连续两个采样点分析合格后，方可改回合格线进航煤储罐。当产品改线时，装置对流程动改要做好确认，严防介质互窜污染航煤成品罐。

加氢裂化装置二次加工原料比例超过10%时，应加强动态热氧化安定性破点温度监控。

4. 储运系统管理

1）储罐及管线

航煤储运系统应做到专线、专泵、专罐。合格航煤储罐、管线与不合格航煤及其他物料之间应确保有效隔离，避免物料互窜。

航煤储罐的设计与建设应考虑保障航煤有足够的沉降时间，避免水分和灰尘进入，以及排除沉积水分和杂质的操作便利性等因素。

航煤储罐应根据生产需求定期切水，雨季应增加检查频次，北方大风、杨絮季节，还应关注空气杂质的吸入，目视检查燃料是否有水分及杂质，防止发生微生物污染。对安装自动脱水器的储罐，应确保自动脱水器运行良好，并定期人工检查罐底水分和杂质情况，做好记录；无自动脱水器的储罐，需安排人工日常脱水，检查水分和杂质情况并记录，确保航煤产品质量。

航煤储罐内壁应喷涂经技术鉴定合格符合航空燃料要求或已经过成熟应用且未发生质量问题的涂料。

新投用航煤罐、管线、泵、过滤分离器等设备投用前必须经航煤冲洗浸泡，航煤罐和管线检修后，如与燃料接触部位新涂覆了涂料，且新涂料表面积大于与燃料接触的总表面积的5%时也需浸泡。浸润至少96h后，从可能受污染最严重的部位提取代表性油样，检验外观、实际胶质、水反应、水分离指数、电导率、赛波特比色、热氧化安定性等项目，检测合格且实际胶质与浸润前的检验结果比对不超过3mg/100mL，才能用于储运航煤。由铝合金或不锈钢材质制成的设施设备进油后的浸润时间应不少于1h。用于浸润的航煤应满足产品规格要求，电导率宜在200pS/m以上。抗静电剂宜为同一牌号，以避免引起电导率异常。

首次启用的储罐12个月内应进罐进行检查和清洗，之后每2~3年清洗一次。油罐清洗后，应确保罐底水分和杂质排放干净，第一次装油至满罐1/3时取底部样进行油品质量检验，合格后储罐方可使用。

管道始终端口、交接处、泵的入口、过滤分离器和油品装卸处及油罐等设施均应有明显的标识，并按规定标明物料名称、流向箭头及其他相关标记，标识清晰。标识符号应能在日常的日光条件及应急、下雨或夜光条件下迅速识别。

2）过滤器

航煤系统的过滤分离一般按三级管理：航煤出装置、进罐区、出厂前。过滤器性能应满足GB/T 21357、GB/T 21358或GJB 610要求，滤芯的生产厂家和型号应符合相关方认可。过滤器防腐参照储罐防腐要求。过滤器进、出口管线应设置采样口。每个过滤器的壳体沉淀槽最低点安装带阀门的排污管，便于定期取样观察外观。

航煤过滤器进、出口应安装压力表或压差计(表)，用来显示燃料通过过滤器时的压力损失，并做好更换记录。过滤分离器表面应有注明内部检查和滤芯更换日期的揭示牌或标识。

航煤输送过程中，应定期对过滤器沉淀槽进行排放检查，并取样观察外观、颜色、水杂等是否异常并做好记录。

过滤器至少一年检查一次，聚结滤芯一般一年更换一次。对未到更换期限，但出现过滤器压差≥0.1MPa、压差突然下降、下游发现不正常的杂质等情况时，应立即更换或清洗滤芯，并查明原因。

过滤器日常检查记录包括检查时间、检查人员、排放情况、外观情况及压差情况等。过滤分离器维护记录应包括更换滤芯情况、安装过滤分离器的滤芯数量和型号、更换前后的压差、更换原因及相关详情。

5. 装运容器管理

航煤装运容器质量应满足NB/SH/T 0164要求。运输工具内锈蚀严重、无梯子、底油为重质油或石脑油、化工料、原装剧毒物或其他无法确定质量风险的物料，不得装运航煤。

1）车辆管理

首次装运航煤的槽车必须经过特洗并检查合格后方可使用；槽车特洗检查合格后若长时间(超过24h)停放仍未装油，需重新检查确认合格后方可装运；自备航煤车(含龙组)在装车前必须确认铅封完好，目测无杂物，方可装车，回龙车应至少按“五次普洗一次特洗”进行清洗；非自备航煤车及铅封损坏的航煤车、非装运航煤的轻油车装油前应特洗，合格后方可装车。公路槽车必须做到专车专用。

2）船只管理

首次装运航煤的船只、前一航次非装运航煤的船只或经大修后的船只，原则上不予装油；若前一航次载装汽油、柴油的船只，装运航煤前，需严格按照NB/SH/T 0164标准要求进行特洗，检查合格后方可装船，采样可参照每舱装油至500mm高时停止装油作业，从货油舱中采取5L多个油舱的组合油样进行，并将检验结果与岸罐检验结果进行比较。检验项目包括外观、密度、闪点、冰点，也可根据情况增加项目。如果密度差值超过$3kg/m^3$、在油样中发现异常水分或杂质、闪点差值超过3℃或冰点差值超过3℃，表明油品可能受到了污染，应停止装油并调查污染来源；若运输船只前一航次装的是航煤，由用户代表与企业授权质检员一起共同验舱，确保船舱合格后，方可装油，验舱记录需双方共同签字。对于安装有惰性气体系统的油船，由于无法对油舱进行检查，按照“谁请船谁负责”的原则，并做好管线末端共同取样留样。若与客户另有约定，以约定为准。

3）检查验收标准

罐车、槽车、船舱验收标准应包含(但不限于)：无油泥、无水杂、无纤维、无明显浮锈、敲击罐顶无锈片落下等。在容器内不同位置选取10~20点位，用白色绸布进行擦拭，颜色显示淡黄色或未变色为合格。各装卸口、检查口、人孔和测量孔密封面良好，铁路槽车及船舱孔盖敲击无锈片。对改装车、异味车不宜装车。

6. 出厂交付管理

航煤封罐交付前必须满足循环时间、沉降时间后，交付化验分析，质量满足标准要求，开具合格证，经企业相关领导、用户代表等签字(签章)确认后交付。

储罐、装车等环节做好防尘措施(例如风沙、柳絮等)。装车站台要有防雨顶棚。

航煤停输、停运时间超过30天，必须对装车(船)管线作顶线处理，由质量部门和用户代表现场目测水分和机械杂质，合格后方能继续使用。航煤存储30天未进行发运，发运前应重新进行抽检及切水。

装油前执行“三对、二复查”规定：对品种牌号、对罐号管线号、对车号鹤位号，复查装油流程、复查车内有无异常。对于公路罐车及铁路槽车，装油前应核对相关阀门及孔盖铅封，并记录；铁路槽车装油后应进行水杂检查，确认无问题后封孔盖；公路罐车及铁路槽车装油后应对相关阀门及孔盖进行铅封，并记录铅封号。

对于民用航煤，每罐首批装车，需对首车采样，分析水杂、外观、密度等主要指标，合格后方能发车。对于特种航煤，每次装车需采首、尾车样品，混合样品分析水杂、外观、密度、银片腐蚀等主要指标，合格后方能发车。新车及首次进厂的公路槽车，需经浸润，采样分析合格后方可出厂。对于交付公路装车的航煤，除仲裁留样外，企业还可根据质量交接协议及运输工具属性，在靠近发油末端等位置进行取样，取样量及保存时间自定。

出口航煤在输油臂末端采开泵后30min和停泵前30min样品(具体时间各企业根据岸罐到装船输油臂间的管线长度及航煤流动时间自行确定，务必保证采到罐内航煤刚到输油臂末端时的样品)，观察外观、分析密度，密度如与罐内航煤密度不符(一般按超差±2.7‰)，应立即停止装船，查明原因后方可继续装船。

7. 航煤分析检验管理

航煤满足循环时间、沉降和脱水后，按照GB/T 4756要求进行采样，并交付实验室按照标准要求进行全项分析检验，不能有保留项目。合格后，出具航煤出厂质量合格证，产品合格证上要注明添加剂类型和加入量。

航煤质量检验原则上应使用仲裁分析方法。使用非仲裁分析方法应定期与仲裁分析方法进行比对。原始记录应信息完整，确保其可追溯性。

企业应按照要求留样，留样数量不应少于1L，留样时间不得少于6个月，保留样品按照留样管理规定存储和处置。

航煤留样须经生产企业和用户双方签封，用户无法履行签封职责时，可书面委托企业或第三方履行签封职责，并承诺留样同样有效。

(三) 航空汽油工艺控制要求

航空汽油是一种高辛烷值燃料，用于往复式发动机的飞机上，具有足够低的结晶点(-60℃以下)和较高的发热量，良好的蒸发性和较高的抗爆性。根据GB 1787—2018分类，国内航空汽油通常牌号分为75#、UL91#、95#、100#和100LL#五种，汽油颜色因染料而异，为方便飞行员分辨不同种类的航空汽油。

航空汽油对马达法辛烷值、馏程、净热值、品度等指标要求较高，需通过试验确定调和组分和比例，并按产品标准要求加入一定比例的抗氧剂、染色剂、抗静电剂、四乙基铅等添加剂。航空汽油储存、输转过程中，严格“三专”管理，设置专用的调和罐、成品罐及产品出厂设施。

航空汽油生产需严格执行民航局的适航审定及证后监管程序，首次生产需经中国民航局适航司对第一批产品进行合格审定，企业获得民航局批准书后应按鉴定批准的原料和工艺生产。

六、实践案例

（一）案例 1：加氢精制装置柴油硫含量不合格

1. 案例概况

某企业柴油加氢装置切换原料开工，27 日馏出口精制柴油硫含量连续两个采样时间点合格后改进产品罐，期间对精制柴油在线总硫分析仪进行校正，确认正常。29～30 日装置进料量从 200t/h 开始逐步提高至 290t/h，同时装置 1#加热炉出口设定温度由 297℃逐步提高至 300℃，其后基本维持不变。

29 日 19：00 精制柴油在线仪总硫含量由 3.3mg/kg 下降至 2.4mg/kg 后，一直显示 2.4mg/kg，期间装置操作人员认为仪表正常，未联系化验人员分析加样，直到第二天白天操作人员觉得异常，联系仪表人员才确认精制柴油总硫在线分析仪故障失灵，采样分析精制柴油硫含量为 76mg/kg(产品指标：≤10mg/kg)，本次事件共造成该企业三个柴油产品罐硫含量不合格，严重影响了产品的出厂周转。

2. 原因分析

（1）直接原因：柴油加氢装置提量过程中，操作人员简单根据总硫在线仪表数据进行调整，未发现在线仪表数据长时间趋势异常，导致装置反应温度调整不到位，精制柴油实际硫含量严重超标。

（2）间接原因：在线质量分析仪表管理单位对精制柴油在线总硫分析仪表运维管理不到位，因分析仪检测器温度控制单元故障，引起分析仪初始化进程失败并停止运行，“死机”后仪表保持最后一个测量数据不变，误导了生产操作人员。

（3）深层次原因：①操作人员质量责任意识淡薄，思想认识不到位，盯表监控不力。本次柴油加氢装置提量操作，总进料量提高 90t/h，但反应器入口温度只提高了 3℃，前后约 12h 没有发现总硫在线仪表数据走直线，说明装置室内操作人员质量意识淡薄，对装置提量操作对产品质量的影响认识不足。②在线质量分析仪表故障风险识别和异常处理不到位。对在线质量分析仪表故障可能对产品质量造成的影响在思想上不够重视，风险识别不深入，质量意识不强，未能主动研究落实仪表异常走直线时的有效报警及管控措施。

3. 整改措施

（1）生产装置加强岗位人员质量意识教育，规范加氢装置提量操作管理，在提量过程中要加强盯表，密切关注在线质量仪表数据变化情况并做好研判工作，发现数据异常时，要及时加样分析比对。

（2）生产装置在 DCS 系统上设置在线质量仪表异常走直线时的报警功能，确保故障信息能够在第一时间有效传递，提醒岗位人员及时关注干预。

（3）加强在线质量分析仪表运维管理，提高在线仪表的稳定性和可靠性，提高承包商质量责任意识，加强巡检维护，及时发现并快速处理仪表运行异常问题，做好信息传递工作。

4. 管理提升

（1）要重视操作人员的技能培训，操作人员应熟悉掌握装置操作调整对产品质量的影响。

（2）深化在线质量分析仪表数据应用，对在线仪表走直线等异常设置报警值并推送到相关岗位，实现“以异常数据找人”。

（3）要加强承包商管理，提高承包商质量责任意识。

（二）案例 2：航煤外观质量问题

1. 案例概况

某油库反映，近期接收某企业发运过来的航煤后，外观质量异常，槽车底部油品浑浊，聚结分离过滤器堵塞，压差超标。主要现象槽车底部 10～15cm 范围内油品普遍呈乳白色，聚污槽存在深色锈水；卸油站储罐经长时间沉降脱水后仍呈白色；使用库的聚结分离器更换频繁，正常情况下，输油过滤器检查清洗周期为每季度一次，近期开始，平均输油 $800m^3$（约 7～8h）过滤器压差即达到限制指标。

2. 原因分析

（1）航煤加氢装置处理量超设计负荷，体积流率超过脱水设计值，导致精制航煤进过滤器前外观浑浊，虽经过滤器后外观变清澈透明，但航煤进罐前过滤器底部油样浑浊，未达到充分将油中水分离的管理要求。

（2）航煤产量提升过快，出厂沉降时间不足。

（3）航煤微量水含量偏高。检查出厂航煤和出厂火车槽车航煤样品，微量水含量平均值达 110mg/kg。

（4）火车龙组清洗管理不到位。龙组外运按“五次免洗一次特洗”运行，多次运行后车底有水杂，高温季节滋生微生物细菌。

（5）航煤交付计划集中、发油集中，致使收油库储罐接收油品后无法满足沉降时间，油品进入中间储罐及长输管线后，溶解水析出助长微生物滋生，对聚结分离过滤器造成冲击，加快过滤器堵塞和压差超标。

3. 整改措施

（1）加强返空车的清洗检查监控。针对龙组运行时返空罐车底部经常有水分、杂质的情况，航煤龙组运行按 1 次特洗 5 次普洗的方案执行。

（2）严格装置馏出口质量控制。控制馏出口航煤微量水含量不大于 50mg/kg，考核电脱水罐、聚结器出口水含量。

（3）加强航煤储罐、过滤器的管理。确保储罐、过滤器脱水无明水、不浑浊、清澈透明，储罐自动脱水器投用完好，脱水槽无积水。

（4）保障航煤均衡发运。加强与用油单位协调沟通，及早落实航煤的销售配置，避免航煤集中发运。

4）管理提升

（1）要保证全过程产品质量本质安全。在产品研发、装置设计、技术选择、设施配备、质量把关各阶段采取措施，保证产品质量；在装置改造、工艺变化、操作调整过程中，要充分考虑对产品质量的影响，避免出现质量问题。

（2）加强全过程质量管理与控制，强化储运、装车（船）环节、检车（船）等环节的检查和监控，确保出厂产品质量。

第三节 储运出厂质量管理

受石油炼制加工工艺的限制，各炼油装置生产的许多一次组分性能无法直接满足油品质量要求。为了降低成本、节约能源、提高效率、优化工艺，需要充分利用不同组分油的物理化学性质，发挥各自的性能特点，将多个组分油品按不同比例调和，并加入添加剂，达到用户的要求。油品调和是炼油企业生产汽柴油的最后一道工序，也是保证产品质量和使用要求的重要手段。通过调和，可以合理利用蒸馏、精馏和其他二次加工装置生产出的馏分油，改善性能，提高质量，增加品种，满足各种牌号产品标准要求，既达到使用性能要求，又保证质量合格和稳定。

油品调和大部分为液-液相系互相溶解的均相混合；个别情况下也有不互溶的液-液相系，混合后形成液-液分散体；当添加剂是固体时，则为液-固相系的非均相混合或溶解。液-液相系均相混合是分子扩散、湍流扩散、主体对流扩散等三种扩散机理的综合作用。不互溶的液-液相系的混合，实际上是其中的一相(分散相)分散到另一相(连续相)中，使连续相内液滴不断地分散和不断聚结形成液-液分散体。固态的添加剂为数并不多，一般要求互溶而形成均相。

石油产品一般是以气态、液态、固态三种形态存在，由于具有易燃、易爆、易挥发等性能特点，在储存、运输过程中需要充分考虑防明火、防碰撞、防蒸发、防水分、防杂质、防腐蚀、防超温变质等方面的因素，对储存运输过程进行严格管理。

产品储存方式一般有液体储罐、气体球罐、固体包装仓库等形式，运输方式包括汽车、火车、船舶、管道等多种形式。

一、调和过程管理

(一) 调和的分类与特点

目前，常用的油品调和工艺分为两种：油罐调和和管道调和。油罐调和也称为间歇调和、离线调和、批量罐式调和。管道调和也称为连续调和、在线调和、连续在线调和。这两种不同的调和工艺由于都有各自独有的特点和不同的适用场合，所以目前两种调和工艺共存。

(1) 油罐调和。把待调和的组分油、添加剂等，按所规定的调和比例，分别送入调和罐内，再用泵循环、电动搅拌等方法将它们均匀混合成为一种产品。这种调和方法操作简单，不受装置馏出口组分油质量波动影响；缺点是需要数量较多的组分罐，调和时间长、易氧化、调和过程复杂、油品损耗大、能源消耗多、调和作业必须分批进行，调和比例不精确。油罐调和适合批量小、组分多的油品调和，在产品品种多、缺少计算机技术装备的条件下更能发挥其作用。

(2) 管道调和。利用自动化仪表控制各个被调和组分的流量，并将各组分油与添加剂等按预定比例送入总管和管道混合器，使各组分油在其中混流均匀，调和成为符合质量指标的成品油；或采用先进的在线分析仪表连续控制调和成品油的质量指标，各组分油在管线中经管道混合器混流均匀达到自动调和的目的。管道调和需要有满足混合器要求的连续混合器，需要有能够精确计量、控制各组分流量的计量器和控制手段，必要时还要有在线质量分析仪表和计算机控制系统。可实现优化控制，合理利用资源。管道调和是连续进行的，其生产能力取决于组分罐和成品罐容量的大小。管道调和适合生产规模大、品种和组分数量较少，有足够的进出储罐容量的油品调和。

1. 调和方案制定

石油产品调和前应制定调和方案，调和管理部门结合产品生产出厂需求和调和组分性质资源，做好质量资源预测，提出产品调和方案。调和方案应包括调和组分及比例、添加剂加入品种及比例、循环(搅拌)时间、沉降脱水时间等。

2. 添加剂加入管理

生产现场堆放的产品添加剂应有醒目的标识牌，标识牌上应有“名称”“合格品”“不合格品”“待检”等标识，禁止不同品种产品添加剂混放。加剂操作方法需纳入岗位操作法，按规程操作，固体添加剂和加剂量小的添加剂要先在配制罐中进行稀释，搅拌均匀后再加入，要保证稀释比例准确，计量精准，计量器具检定有效。添加剂使用遵循“先进先用、现配现用”原则。产品添加剂应在油品进罐过程中均匀加入，有利于油品和产品添加剂在储罐内混合均匀。生产单位应做好加剂设施的日常维护，加剂量等参数应记入岗位记录。

产品添加剂加入量要根据产品标准、添加剂技术要求严格控制，在满足产品质量的前提下尽可能减少加入量，以降低加剂可能导致的质量风险和生产成本增加。炼油厂燃油调和所使用的主要添加剂如下：

（1）汽油安定性改进剂。外观为无色至深红色液体，主要成分为对仲丁基对苯二胺，通过捕获自由基，中断氧化链反应，使自由基链式反应得以终止，达到阻止胶质生成的目的，延长汽油的诱导期。加入量应根据生产实际定，催化稳定汽油诱导期指标有富余时可不加入。

（2）汽油抗静电剂。外观为琥珀色透明液体，主要组分为溶于芳烃溶剂的有机聚合物，通过离子化基团或极性基团的离子传导或吸湿作用，构成泄漏电荷通道，从而有效消散静电荷。正常加剂量为汽油 1. 0mg/L、柴油 3. 0mg/L 左右。

（3）柴油抗磨剂。外观为深黄透明液体，分为脂肪酸型和脂肪酸酯型两种，主要成分为 C_{12}～C_{18}脂肪酸或脂肪酸酯。由于活性组分与金属表面有很强的亲和力，在泵的摩擦面容易生成胶状摩擦聚合膜，从而减缓柴油泵的磨损。正常加剂量为≤300mg/kg。

（4）柴油十六烷值改进剂。外观为无色或淡黄色透明液体，主要成分为 2-乙基己基硝酸酯，其分解产物易成为链反应引发剂，促进氧化及降低燃烧开始的温度，从而加快柴油压燃时链式反应的速度，改善柴油的着火性能。正常加剂量为≤800mg/kg。

（5）柴油降凝剂。外观为乳白至淡黄色液体，主要成分为乙烯醋酸酯聚合物和高沸点溶剂的特殊复配物，可以使柴油在浊点附近成为晶核与蜡共晶或吸附在蜡表面，改变蜡晶晶型和生长方向，形成均匀松散的晶粒，达到降低凝点、冷滤点的效果。正常加剂量为 100～500mg/kg。

（6）航煤抗氧剂。外观为白色结晶，主要成分为 2，6-二叔丁基对甲酚，抗氧剂与传递氧化链反应的自由基进行反应，产生活性更低的化合物，从而中止了氧化反应，降低链氧反应的速度，起到抗氧化的作用。正常加剂量为 17～24mg/L，需要在生产环节油料接触空气前均匀加入。

（7）航煤抗磨剂。广泛使用 T1602，外观为黄褐色液体，主要成分为石油环烷酸，是油溶性表面活性剂，可以吸附在摩擦部件的表面，避免金属之间的干摩擦，改善航煤的润滑性能。正常加剂量为不大于 20. 0mg/L，在航煤润滑性指标达到标准要求时，可以不添加。

（8）航煤抗静电剂。外观为琥珀色透明液体，主要成分为亚砜聚合物，通过利用有机极性聚合物提高导电性。正常加剂量为初时加入量不大于 3. 0mg/L，累积加入量不大于 5. 0mg/L。

3. 调和均匀性

采用油罐调和的油品，调和组分进罐顺序按照密度不同先重后轻。为保证调和后罐内产品均匀，一般采用循环或搅拌措施，管道调和可采用静态混合器提高调和均匀性。循环是用循环泵和罐底喷嘴将高速射流在静止流体中穿过，一面推动其前方的液体运动，同时射流边界上存在的高剪切速率造成大量旋涡把周围液体卷入射流中，把动量传给低速液体，使组分很好地混合，适用于中小黏度油品的调和；搅拌是在油罐内安装固定插入式侧向伸入式搅拌器，油品在搅拌器的作用下，形成主体对流和涡流扩散传质、分子扩散传质，使罐内油品性质均一。油罐循环或搅拌时间应根据设计值制定，并纳入工艺卡片管理，调和部门可以根据油罐进油情况或分层情况增加循环或搅拌时间。

成品油分层判定依据 GB/T 4756《石油液体手工取样法》，当罐内上、中、下密度最大值与最小值之差在 1kg/m^3 之内时，可判定油品均匀；在此基础上，进一步考虑其他产品如航煤电导率、汽柴油硫含量、沥青罐针入度等指标的均匀性。

4. 油罐脱水

（1）脱水时间顺序。为避免水分对产品质量产生影响，需要定期脱除油罐中的水分、杂质，一般油品封罐后搅拌或循环前应先沉降脱水，避免含水油品在搅拌或循环后发生乳化现象。油品封罐后搅拌或循环后应再沉降脱水，脱水完成后才能交付化验进行检测分析，分析合格，出厂装运前，进行最后一次脱水。

（2）脱水要求。油罐脱水必须有记录，对脱水情况进行描述；对于装置异常带水、管线处理顶水进罐、储罐清罐后投用等工况，应延长脱水时间，直至脱净；暴雨时外浮顶罐应加强脱水；脱水操作时发现脱水量异常增大或脱出的水外观异常，企业要对上游组分油异常变化情况进行追溯，查明产生异常的原因，及时消除存在的隐患。

脱水方式包括人工脱水和自动脱水两种，对于装有自动脱水设施的油罐，需要定期进行人工脱水，观察判断油罐运行状况及油品外观情况，检查自动脱水设施是否运行正常。

（二）调和合格率管理

油品调和工作就是要用最少优质的原料、以较短的时间，调和出完全合乎质量要求的产品，尽可能实现调和一次成功，从而为企业创造出最大的经济效益。

企业应对产品一次调和合格情况进行监督考核，每月统计一次调和合格率(一次调和合格率=每月一次调和合格罐数/每月总调和罐数)，对调和合格率低的原因要进行分析，制定改进措施，不断提高一次调和合格率。对于在线调和，要将调和设施投用率和在线调和准确率作为控制指标。

（三）不合格品的评审和处置

调和产品出现不合格时，企业要组织不合格评审，分析不合格原因，制定重新调和方案，必要时组织相关单位制定纠正和预防措施。经评审作“返工”处置的产品，经重新检验，确认合格后方可出厂；经评审作“降级”处置的产品，按重新评级后的产品质量指标进行检验并开具产品合格证。

（四）在线调和系统管理

1. 系统简介

汽油在线调和是自动化的连续生产过程，采用 DCS 实施底层的调和控制及在线分析仪实时检测汽油性质参数；采用优化软件进行调和优化，根据组分及产品性质调整各组分流量，在满足质量指标的前提下合理利用各调和组分，保证成品汽油质量合格。

汽油在线调和系统建设主要包括软件部分和硬件部分。

（1）软件部分。主要包括调和监控、调和优化、调和调度及系统整体集成。

（2）硬件部分。主要包括软件应用所需要的服务器、控制器；现场工艺控制所需要的机泵、调节阀、流量控制器、静态混合器、在线加剂系统，在线检测所需要的在线仪表及预处理设施等。应选用技术先进、可靠的在线仪表，确保在线仪表长期、稳定运行，一般采用集成的在线分析仪表，设置近红外分析仪表、总硫分析仪表、蒸气压分析仪表等，对组分油和成品油的质量进行在线实时检测。

汽油在线调和系统流程图如图 5-3-1 所示。

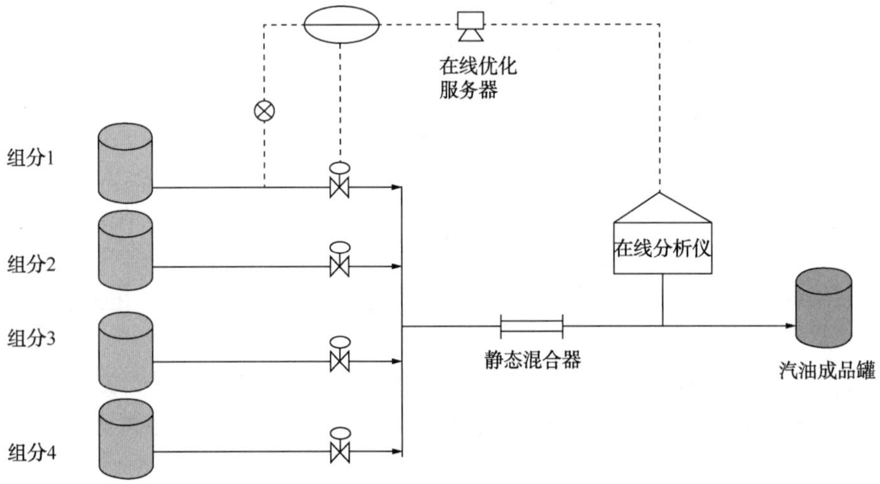

图 5-3-1　汽油在线调和系统流程图

2. 使用管理

汽油在线调和系统可通过开发的网页界面进行管理。其主要功能包括：调和批次指令的离线核算与测算(组分、配方、约束等)，调和批次指令的下达与管理，调和批次结果的分析与建议，调和情况的网页浏览等。在调和过程中，实时显示调和的数据、设备状态以及趋势曲线，对流量异常情况进行诊断和处理。

汽油调和配方可通过在线优化技术进行优化，在优化过程中，主要考虑的性能指标包括：辛烷值(研究法和抗爆指数)、蒸气压、终馏点、氧含量、烯烃含量、芳烃含量和苯含量等。在优化过程中，采用滚动优化的方法，将整个调和目标罐分为三个部分：罐底油部分，已经完成的调和部分和未完成调和部分。通过属性和体积累计，更新优化目标，最终达到调和配方实时优化的目的。

3. 维护管理

在建模数据的范围内，调和模型往往表现出较好的精度，然而随着调和组分油性质的变化、调和配方的变化，调和模型的精度逐步降低，甚至完全失效，不能再用于调和配方的优化。为了保证调和模型在较大工况范围内有效，一是需要对在线调和数据进行定期比对，根据比对结果，对调和模型进行校正。在线调和组分发生较大变化时(如大修、组分增加或减少)要增加比对频次。二是调和软件自动获取目标成品罐质量数据，与预置质量数据进行比对，不断自我完善调和模型。

二、合格证管理

(一) 产品质量合格证的格式要求

产品质量合格证由三部分组成，即产品可追溯信息、产品实物质量信息和合格证判定签发信息。

(1) 产品可追溯信息。应包括生产企业名称、产品名称、产品牌号或规格、产品批号、执行标准、签发日期、工业产品生产许可证编号等重要信息，要求既符合产品质量法律法规要求，又要满足产品可追溯性要求，是产品质量合格证的重要组成部分。

(2) 产品实物质量信息。应有与产品执行标准相一致的项目、质量指标、检测结果和试验方法。要求不得漏项，若产品标准修订，应及时补充或修改相应项目。

(3) 合格证判定签发信息。应有合格判定或等级判定、质量检查员的签字或盖章、质量合格专用章。

(二) 产品合格证编制和审核

产品按标准检验完成后，由分析班长确认各项数据的准确性，形成分析报告单，质量检查员对分析报告单的符合性和产品留样信息等审核确认，符合要求后生成合格证，加盖"质量合格专用章"后签发。其中航煤等特殊产品需经用户驻厂代表和企业主管领导共同签字后方可签发。

1. 编制要求

(1) 为防止报告的随意性，检测报告的格式应设计为适用于所进行的各种检测类型，并尽量减少产生误解或误用的可能性。结果报告的编排要求科学合理、信息全面，数据表达易于理解，标题标准化，不同类的检测报告格式逐一专门设计。

(2) 结果报告应准确、清晰、明确和客观地反映每一项检测或一系列检测结果，并符合检测方法中规定的要求。当检出结果低于检出限时，应在检测报告中提供检出限的数值。如果报告的结果是用数字表示的数值，应按照方法标准的规定进行表述，当方法标准没有相关规定时，依照 GB/T 8170 有效数值修约的规定表述。

(3) 结果报告应包括客户要求、检测结果必需的说明及所用试验方法等全部信息。

(4) 新标准或改版内容较多的新版标准实施前，应在 LIMS 系统(实验室信息管理系统)中做好静态数据设置，并测试无误后打印测试合格证，经主管部门或人员审核确认后，方可投入使用。

2. 审核要求

(1) 成品的检验结果由分析车间授权人员进行审核，质量管理部门授权的人员判定，符合产品质量标准的签发合格证；经判定不符合产品质量标准的，按照成品不合格处置流程进行处置评审。

(2) 委托检测样品的检测结果报告，经分析车间授权人员进行审核，由质量管理部门授权的人员判定，质量管理部门授权的签字人签发。委托方需要带 CNAS(中国合格评定国家认可委员会)认可标识的检测报告时，须由 CNAS 授权的签字人签发并加盖实验室认可标识章，不在 CNAS 认可范围内的检测项目需加标识说明，避免超范围使用 CNAS 标识。

(三) 产品质量合格证使用和保管

产品转移、装车(或船)必须以产品质量合格证为依据，企业产品出厂单位应根据用户需求提供产品合格证。

产品合格证一般通过 LIMS(实验室管理系统)进行查询、打印和存档等管理。企业要规范合格证打印，建立合格证打印人员权限审查流程，合格证打印时需有打印日期、打印人。合格证发放时需建立合格证发放台账，做到发放的每一份合格证均可追溯。产品质量合格证应按年度归档，并规定保管期限。

（四）产品质量合格证发放

（1）一般情况下，客户应当面领取和签收结果报告。若客户要求用电话、传真或其他方式传送结果报告时，应声明以收到的纸质结果报告为准。在传递过程中，应做好其保密保护工作。结果报告的复制也需要有页码和总页数。适当时，作出“未经实验室书面批准，不得部分复制报告”的声明。

（2）产品合格证一般在LIMS系统进行查询、打印等管理，需要打印合格证的人员，及时提出查询、打印权限申请，经过有关部门审批通过后方可使用。

三、储存管理

（一）储罐的选型及油品储存

1. 储罐的分类和选型

储罐按结构形式，可分为球罐、拱顶罐、外浮顶罐、内浮顶罐、卧罐等。

（1）球罐。是一种承压、大容量的球形储存容器，一般用于储存常温下饱和蒸气压大于大气压的物料，如液化石油气。

（2）拱顶储罐。是指罐顶为球冠状、罐体为圆柱形的一种钢制容器，制造简单、造价低廉。对于蒸发损耗不是主要问题，且需要适当加热储存的物料，宜选用拱顶罐，如渣油、蜡油等。

（3）内浮顶储罐。是在拱顶储罐内部增设浮顶而成，罐内增设浮顶可减少介质的挥发损耗，外部的拱顶又可防止雨水、积雪及灰尘等进入罐内，保证罐内介质清洁。主要用于储存轻质油品，如汽油、航煤、石脑油等。

（4）外浮顶储罐。是由漂浮在介质表面上的浮顶和立式圆柱形罐壁所构成。浮顶随罐内介质储量的增加或减少而升降，浮顶外缘与罐壁之间有环形密封装置，罐内介质始终被浮顶直接覆盖，减少介质挥发。外浮顶比内浮顶在容积上更有优势，原油、柴油等通常选用外浮顶罐。

（5）卧式储罐。容积一般小于100m^3，通常用于生产环节或加油站。

2. 油品储存

成品油在储存过程中，应按规定控制储存温度，防止超温变质；加强油罐液位的监控，设置液位波动报警值，出现报警时要查明原因，确保不发生漏油窜油。成品油分析合格后储存时间超过规定期限的，出厂前应安排重新检验抽查主要项目。若抽查发现产品变质或不合格，或者储存油罐发生异常，有可能影响产品质量时，应停止该罐产品出厂，并立即进行标识和处置。

（二）储罐的清洗和检查

储罐的定期清洗可以保持储罐内部洁净，避免罐内长期沉积的水分、杂质、油垢、铁锈等在装运时携带出厂。储罐清洗周期：一般航煤储罐2~3年清洗一次，汽油、柴油等储罐4年清洗一次。特殊情况或已影响到产品质量时应安排提前清罐；当储罐改变储油品种，在预知对产品质量有明显影响时，必须安排清罐；当储罐清洗周期到期，无法安排按期清罐时，须办理延期清罐手续，并加强日常监控。

储罐清洗包括倒油、垫水、罐外水冲洗、通风、分析、进罐人工清罐等步骤。

储罐清洗后须经质量检查合格后才能封罐投用。质量检查标准包括但不限于：罐底无明水、异物(如抹布、扫帚杆、砂粒、粉灰、锈泥、脱落的漆片等)；罐壁清洁、罐顶(浮盘)内壁清洁；罐体内壁防腐涂层完好(尤其是罐体 1.8m 以上)；罐内采样器连接点牢固，罐内采样器上中下进油孔与罐外采样器上中下取样点对应，进油孔无堵塞，罐内采样器管线完好无裂缝；罐外采样器完好，上中下取样点标识清晰，采样器整洁。

(三) 罐下采样器及其管理

1. 罐下采样器的设置

(1) 储罐应配置气动泵罐外采样器，采样点至少设置上、中、下、底(或出口液面)4个部位，按采样代表性标准要求，上部取样点需在液面下 1/6 位置处，中部取样点需在液面下 1/2 位置处，下部取样点需在液面下 5/6 位置处，出口液面取样点需在泵出油罐的最低液位处，底部取样点需按现场要求安装时调整。

(2) 为确保正常采样或采样过程中不发生气阻，采样管线直径应不小于 1.2cm。

(3) 配置加热盘管的储罐要评估采样器的安装位置，避免低液位时采样管卡在加热盘管支架上，导致样品不具代表性。

(4) 储罐罐外采样器应设置视窗(可观察样品的流动性)，采样箱底部应设有引流管，可将采样时滴漏或溢出的样品引向废液沟，采样箱门上应印有简易操作步骤，各取样点标识应清晰易见，标注在不易被样品污染的地方。采样箱顶部设置挡雨的可折叠板。

2. 罐下采样器的管理

安装罐下采样器有利于降低采样安全风险、提高采样效率，各企业应积极安装罐下采样器。储罐检修改造、清罐结束恢复投用前，采样设施所在单位应做好采样器检查确认，确保设施完好，避免故障及采样异常的发生。企业对安装罐下采样器的油罐应定期采样比对罐上与罐下采集样品的密度分析数据，确保罐下采样器处于受控状态。

四、发运管理

(一) 发运前的检查确认

成品出厂严格执行“六不许出厂”规定，即质量、品种、规格不符合标准要求，不许出厂；未分析或分析项目不全，不许出厂；没有质量合格证，不许出厂；包装物品不符合标准规定，不许出厂；未按规定留样，不许出厂；产品质量不符合内控标准，不许出厂。

成品出厂前必须脱水、看外观、检水尺，油罐水尺不得超过规定要求。成品出厂要按罐存时间的先后顺序安排出厂，避免产品长时间储存发生质量变化。出厂装车(船)前要做到“三对”，即：对车船号、对装运品种及罐号、对鹤管及装运流程。装船管线处理后首次装船前，应确认输油臂无水后方可进行装船。

(二) 发运管线的顶扫置换

成品装车(船)及管道输送应按不同品种、牌号坚持做到专泵、专线、专鹤管。不同品种的油品不能互相顶线。产品牌号改变时，企业应按“就低不就高”原则制定顶线方案，由输送方控制顶线量并及时通知对方收油操作岗位切换油头，顶线后应对顶线油头进行质量确认。

(三) 运输工具的管理

1. 出厂容器检查要求

企业对装运容器要安排专人检查，验车要求执行 NB/SH/T 0164《石油及相关产品包装、储运及交货验收规则》，检查合格后才能装油。成品油船船舱检查时，对上航次装运介质的判定以船方的航海日志为准。由于船舱特洗条件的不可控性，故对特洗船舱的检查应有用户质保书。

顾客提供的油船、汽车、火车槽车、车皮等运输工具必须完好，对不符合有关规定的，不能装油(或货)，由顾客自行处理，合格后方可装油(或货)；对符合有关规定的，由容器检查单位对内部清洁情况进行检查，通过看、摸或配合其他必要的理化检验方法检查运输工具、容器是否满足产品的装载要求，确认合格后(必要时出具容器检查合格证)才能装油(货)。

顾客提供的装运槽车、罐车，承运人、押运人在装车前须填写前次所装运产品名称并签字确认，对于前次装运介质与本次装运产品不相符的槽车、罐车且未经清洗的，不予装油。对顾客提供的装运容器的验证仅指对容器表面初步确定，由于上次装运及内部管线情况存在无法确定等不可测因素引起的质量问题，双方应签订交接协议，由顾客自行负责。

当出现验车、验舱不合格时，应拒装，特殊情况，应有能代表货主一方出具的证明材料，明确因容器不合格而产生的质量问题由用户自己负责、生产方不承担任何责任。

2. 装车后管理

产品牌号切换后的首车、首舱油品要进行验证分析，确保将合格产品送到用户手中。

恶劣环境(如雨雪大风天气)条件下装车(船)时应采取有效的防范措施。装车(船)后应及时盖好车(船)盖、把紧螺栓、打好铅封，避免灰尘及其他杂物进入车(船)内影响产品质量，确保出厂产品可追溯。

五、固体产品管理

(一) 固体产品包装物管理

包装袋是指用于包装各种用品的袋子，广泛用于日常生活和工业生产中，按制作工艺分为塑料包装袋和复合包装袋，其中塑料包装袋又分为塑料编织袋和塑料薄膜袋。塑料包装袋具有重量轻、强度高、耐腐蚀等特点，加入塑料薄膜内衬后，则可防潮防湿，轻型袋载重量在2.5kg以下，中型袋载重量在25~50kg，重型袋载重量在50~100kg。复合包装袋的轻型袋载重量在1kg以上，中型袋载重量1~10kg，重型袋载重量10~30kg。硫黄固体产品包装袋推荐选用内涂膜塑料编织袋。

1. 质量要求

采购内涂膜塑料编织袋时，编织袋质量应符合GB/T 8946《塑料编织袋通用技术要求》的规定。塑料编织袋毛边袋口与内衬薄膜卷折后缝线，内衬薄膜袋应摊平、底缝到角，不得扭折妨碍装料，编织袋缝底线至底边宽度8~10mm。编织袋不允许使用再生料生产。编织袋正面的产品名称、生产厂名称等图案(包括文字、字体)等必须清晰、不得随意更改。每批包装袋应附有包装袋供应商提供的检验报告。

2. 检验规则

组批时，在同一时间进货的包装用编织袋以15万条为一批，不足15万条时仍按一批计算。抽样时，执行GB/T 2828.1《计数抽样检验程序》规定的放宽检验原则，如果编织袋的供方改变且第一次使用，或在使用过程中发现编织袋质量下降，或放宽检验不合格时，应按照GB/T 2828.1《计数抽样检验程序》规定的一次正常抽样方案原则进行检验。

3. 装卸与储存

装卸时，应轻装轻卸，防止机械碰撞或接触锐利物体。储存环境应在清洁、干燥、通风的库房内，严禁日晒雨淋，远离热源和污染源，保证内装物不受损坏。

（二）固体包装产品的防护要求（硫黄等）

1. 入库和堆放要求

固体产品入库时要严格按质量级别和产品批号整齐堆放，严禁不同批号、不同牌号产品混合堆放。码堆高度应能确保产品包装在堆放、移动和储存过程中不受挤压破坏。每批之间要留有一定的通道，特殊情况下批次间无法留足通道时，可采取拉隔离绳的方式进行有效隔离。库房货位上应标明堆放产品牌号、批号、批量和检验状态，标识须整齐、清晰、明显，有字的袋面朝上。

产品库房应通风、干燥、清洁并配置良好的消防设施。储存时应远离热源，防止阳光直接照射。原则上产品禁止露天堆放，在生产紧张、库房无法堆放的特殊情况下，可临时选择地势较高的场地，产品底部要用适用托盘垫好，并用防雨布盖严，确保产品不被水浸泡和雨淋。库外产品优先发货，避免长期储存造成产品变质。

2. 出库要求

出库时应按“先进先出”的原则如数发货，并做好出厂产品牌号、批号、数量、发送单位、发货日期等内容的记录，以便于出厂产品质量的追溯。

装运时避免雨天露天作业，特殊情况下，如客户提出要求雨天袋装出厂，应要求客户出具证明材料，明确水分不合格而产生的质量问题由用户自己负责后方可同意装运。

在装运过程中严禁使用铁钩等锐利工具。搬运工人不得穿硬底、尖底或带有钉子的鞋子，搬运袋子时必须文明作业，最好水平搬运，不得将产品袋在车厢内壁上挤压、擦蹭，不得在车厢底板上拖拉，不得空中抛掷传递。叉车司机叉运入库、出库过程中，不能超载、开快车、快速急转弯等，防止袋子滑落或散垛、倒垛。

运输车厢应具备如下条件：清洁、无水、无油渍、无泥土等其他杂物；车厢底面光滑、四周边角无毛刺、锐角、窄缝、破裂，必要时内部铺帆布或草垫，以减少装运过程中最底部包装袋的破包；车门关闭严实。装车时发现有产品质量问题，如散包、破包、带水、袋脏、批号或牌号不清等严禁装车，必须重新返包处理。

3. 固体产品包装物的标识

塑料编织袋上应有明显、牢固的标志，内容包括：产品名称、执行标准、产品等级或牌号、生产企业名称和地址、商标、批号或生产日期、净含量、生产许可证标志和编号以及符合 GB 190—2009 规定的“易燃固体”标志。

（三）固体散装产品的防护要求（石油焦）

1. 焦池管理

焦池必须保持清洁，铁丝、石块等杂物须及时清理干净。焦池粉焦流道要保证畅通，以免粉焦混入正常焦中装运出厂。焦池清出的淤焦不能作为正常产品出厂。切换产品牌号时，装置应制定切换方案，避免将焦池内低等级产品送到高等级产品中。

焦池采样应确保样品代表性。石油焦由皮带从焦池转运到焦棚时，在皮带口定时取样；未通过皮带转运焦棚的，抓取焦炭塔上、中、下部位焦各一份，混合后作为代表样品。

2. 石油焦的组批管理

汽车出厂的（含汽车短泊后船运出厂）石油焦，可以焦棚内一个堆放区的量为一批，取样执行 SH/T 0313《石油焦检验法》。火车出厂的，以一列火车的量为一批，可在装车过程中，每节车厢抓取部分样品混合后作为该批产品的样品。

3. 石油焦的堆放及出厂管理

焦棚的石油焦要按照“分区堆放”的原则进行堆放，并做好产品的状态标识。对外观异常的产品，需做好产品在焦棚单独区域堆放的隔离工作。

焦棚石油焦出厂实行“先进先出”原则，根据石油焦产品合格证对应牌号装车出厂，严禁不同牌号的石油焦混合出厂，也不能把底部粉焦以及塘渣、泥沙等杂物混入合格石油焦出厂。

石油焦装运车辆不得带有石块、砖块、铁丝等杂物，车辆需经确认干净后，才能开始装车。

六、质量交接管理

（一）产品质量交接协议

企业应与用户签订质量交接协议，明确产品交付执行标准、产品质量交接点、质量异议处置方式、双方质量责任、保留样品的采集和保存，以及质量免责声明等条款。

（二）产品质量交接点的确定

液体石油产品按照 NB/SH/T 0164《石油及相关产品包装、储运及交货验收规则》的规定执行，对有特殊要求的产品应将质量交接点延伸至装载点。固体包装产品一般以包装实物质量为质量交接点。

（三）产品质量交接点的留样管理

（1）为便于质量追溯，应从发货产品中预留样品，并设立符合要求的留样间，确保留样有效保存在阴凉、干燥、安全、避光的暗室内。留样容器必须清洁、干燥、密封，确保样品的性质及代表性在留样保留期内保持不变。企业应与用户共同签字封样和留样，收货方因故不能到现场监护采样或封样签字时，应在质量交接协议中明确认可生产企业封样。

（2）产品留样依据 NB/SH/T 0164《石油及相关产品包装、储运及交货验收规则》等标准执行。对留样进行纸封或绳封后放置留样间保存，封样标签应包含产品名称、批次、签封人、签封时间等信息，产品留样数量、保存要求及保留期限应对交接货品质量具有足够的代表性、时效性和稳定性。

（3）出厂产品留样是查证提供给客户产品质量状况的依据，样品在整个保存期间签封应完整无损，不得随意开封。

（4）外购调和组分和产品槽车抽查样品的留样管理，参照对应的出厂产品留样要求执行。外购调和组分(含产品添加剂)留样数量、保存要求及保留期限应对交接货品质量具有足够的代表性、时效性和稳定性。

七、实践案例

（一）案例1：商品丙丁烷液化石油气带液事件

1. 案例概况

某企业储运操作人员发现液化气储罐脱水包液位上涨，安排对其进行脱水(事后统计脱水达 2.1m^3，经分析液体呈碱性)，脱水完成后直接付装车站出厂。由于液化气球罐进出罐根为同一条管线，当液化气带碱液时，罐根阀组段约 0.3m^3 碱液无法脱除，装车时，在一段近 18m 左右的埋地段内沉积，当装车站大排量装车时将埋地段内的碱液带出进入槽车，造成液化气装运车辆带碱液。

2. 原因分析

(1) 直接原因：①储运单位脱水管理不到位，对液化气储罐带液异常现象重视不够，未对后续情况进行及时跟踪并采取有效措施，也未及时向专业管理部门汇报。②装置操作管理不到位，操作人员盯表不紧，未及时发现碱液罐液位较快下降的趋势，对脱硫系统的日常碱液消耗变化未能引起足够关注，导致大量碱液带入液化气罐，问题出现后又未及时查找原因。

(2) 间接原因：①液化气碱洗工艺存在缺陷。由于生产装置液化气脱硫均采用碱洗工艺脱硫醇，后续均没有水洗设施，易使液化气出装置时夹带碱液。②储运单位对液化气储罐缺陷重视不够，认识不深，风险识别不到位。

3. 整改措施

(1) 储运单位要进一步加强内部管理，增强质量意识，认真执行液化气产品质量保证体系等相关制度，及时传递、反馈异常信息，堵住漏洞，严把出厂产品质量关。

(2) 液化气生产装置要加强生产过程监控，通过调整操作，努力避免或尽快消除操作波动，认真落实液化气质量保证体系，确保产品质量。

(3) 液化气生产和储运单位一旦发现生产异常，要及时将信息向专业管理部门和下游单位通报。

(4) 进行技术改造，对液化气脱硫设施增加碱液聚积或水洗等设备，从源头解决液化气带碱液问题；液化气球罐进出管线低点增加引出线，可定期脱除管线内沉积的水。

4. 管理提升

(1) 要重视质量硬件基础设施建设，从源头上保证出厂产品质量。

(2) 要加强质量风险隐患排查，对识别出的风险要制定有效管控措施。

(3) 质量部门要加强质量管理制度落实情况的日常监督检查，不断提高制度的执行力。

(二) 案例 2：自动计量设施在油罐均匀性测定中的应用

1. 背景

某企业 95 号车用汽油储罐进油调和结束后，储运操作人员通过该企业配置的储罐自动计量仪进行均匀性测定，发现自动计量仪软件界面报警提示“储罐分层”，查看数据，自动计量仪在 10 个不同液位下测得的密度差>1kg/m^3。储运操作人员安排汽油储罐循环搅拌至油品均匀，并将异常信息传递至质量管理部门。通过自动计量仪测定储罐均匀性，减少化验人工分析和搅拌循环时间，提高了工作效率。

2. 创新做法

2018 年企业为解决贸易油品储罐人工计量造成的工作强度大、工作效率低、计量风险高等问题，给储罐配置自动计量设施，实现罐区的精细化、自动化计量管理。该设施不仅具备自动测量液位、温度等计量功能，还含有测定不同液位下油品密度的功能。为此该企业与厂家进行联合技术攻关，挖掘和运用其不同液位下密度测定的功能，实现对储罐均匀性的判定和质量管控。

自动计量仪密度测量采用国际上最先进的小型谐振筒原理，通过测量谐振筒的谐振频率来测量液体密度，并通过与伺服液位计的完美结合，实现任意点密度的测量(最多可以实现 20 个不同高度点的密度测量)。该企业攻关团队经大量分析数据比对、计量设施反复校正和改进，最终使得自动计量设施密度测定值与化验密度值误差≤±0. 3kg/m^3。

为确保数据实时监控，该企业攻关团队通过程序开发，将自动计量设施数据传输至 PI

(数据集成)和 QMS(质量管理)系统，由系统自动对数据进行汇总、判定其均匀性，并将异常信息推送至相关人员进行处置。

3. 效果

结合汽油在线调和系统和自动计量设施，该企业实现了在线调和的汽油产品罐区不循环出厂，不仅大大提高了汽油产品周转速率，同时降低了储罐循环过程中的“呼吸损耗”。

随着自动计量设施的应用，该企业对于静罐状态下的柴油、航煤、汽油等产品密度抽查分析和均匀性判定均改由自动计量仪替代，减少了人工采样和分析，提高了工作效率。

第四节　检验分析管理

实验室检测分析管理主要包括采样管理、HSE 管理、分析过程管理、设备计量、标准物质管理和检验结果准确性管理、人员管理、分析技术管理等。实验室 HSE 管理结合炼油化工企业高温高压的特点，包括采样、分析过程安全及实验室废弃物处置等内容。分析过程管理包括分析条件、分析方法、分析操作、分析结果、分析数据等管理内容。设备管理包括实验室仪器设备选型、采购、安装调试、日常使用维护及校验管理等内容。计量管理包括实验室、计量器具的检定及使用管理、标准物质的验证及使用管理。检验结果准确性管理包括样品采集代表性、仪器设备期间核查、分析方法管控、人员培训、分析过程质量控制和分析结果报出等影响数据准确性的内容，鉴于在线质量仪表对过程产品质量管理的重要性，本节也简单介绍在线质量分析仪管理相关内容，阐述在线质量分析仪的选型、日常使用管理、故障处理及日常检维修等几个方面内容。

实验室所检测的样品和项目各不相同，但是管理原则大致相同，在确保安全的前提下，对实验室人、机、料、法、环、测等要素，实施严格的过程管理和质量控制，为企业生产提供及时准确的检测数据。传统实验室管理分为软件管理和硬件管理，按照国际通则来说，实验室各项管理原则上要遵循 ISO/IEC17025 的要求。

一、采样管理

(一) 采样设施的管理

1. 固定采样点

固定采样点是根据工艺生产需要，在生产装置各流程点上设置的采样设施。采样设施通常分为密闭式和短节阀式两大类。为了确保采样安全环保及样品代表性，采样设施通常采用密闭取样方式。密闭采样设施一般分为密闭采样器和罐下采样器(以下通称为密闭采样器)，密闭采样器由两部分构成，安装在装置(或罐区)现场固定不动的部分由各作业部按一般设备进行管理，由各生产装置负责日常维护和管理，及时储备阀门、快速接头等采样设施易损件，保证发生故障能及时修复。采样后盛装分析样品取走的部分(如钢瓶、玻璃瓶等)由检验部门按照化验耗材进行管理。非密闭采样设施则由阀门加短节组成，直接使用采样容器进行采样。无论使用哪种采样设施，均应在采样点或采样设施上清晰标明采样点位号、样品或介质名称，若是高温高压或带硫化氢等有毒有害的样品还应标注 HSE 警示标识。

2. 临时采样点

临时采样点是指因采样设施故障或生产需要，在固定采样点之外临时增加的采样点。临时采样点位置由生产装置工艺管理人员根据物料情况进行确定，选取采样点前应进行安全和质量评估，一是需要确保采样安全，二是需要确保样品代表性。由于分析化验人员不掌握临时采样点的温度、压力等工艺参数，因此由生产装置人员采集。

（二）样品采集的规则

1. 样品代表性

样品采集应严格遵循 GB/T 4756《石油液体手工采样法》、GB/T 11147《石油沥青取样法》、SH/T 0233《液化石油气采样法》、SH/T 0313《石油焦检验法》、SH 0229《固体和半固体石油产品取样法》等的相关采样技术规定，保证样品的代表性。采样前，采样人员应佩戴合适的劳保防护用品；检查采样器具、设施是否完好、干净；使用密闭采样器采集样品时，应先打开样品循环线充分循环置换；使用非密闭采样器采样时，应先对采样管线进行充分置换，避免采到无代表性的样品。无论采用何种方式采样，采样容器均需用待采新鲜样品充分置换，才能采集样品。采集气体样品时要做好与外界空气隔离，避免引入空气。采样完毕后，关闭阀门并确认采样阀门无泄漏后方可离开。

2. 液体样品采样

油罐样品采集参照 GB/T 4756《石油液体手工采样法》执行，当油罐内液体均匀分布时，分别取上部、中部和下部样品，然后等比例混合均匀作为混合样；某些由于分析项目(如汽油蒸气压)需要的样品，需要采集全程样。

槽车样品采集全程样，油船样品应尽可能采集各舱样品，然后等比例混合成一个样品，当条件不允许时，可以按 GB/T 4756 中规定的抽样比例经与供方协商一致后采样，但必须包括首舱样品。由于槽车和船舱底部样更能反映样品的均匀程度，有时也用底部采样器采集底部样品来判断油品的质量。

3. 安全环保分析采样

生产装置的塔、容器、罐、管道等需要进行施工作业时，需要对其内部空间的环境采样分析。一般而言，塔内空间至少要分别采集上部、中部和下部空间三个样，采样时至少采集内部空间 1.5m 以内样品。

4. 固体样品采样

采样人员在采集固体样品时，应遵循固体物料采样的操作要求。采集原煤和石油焦，应遵循 SH/T 0313《石油焦检验法》等；采集硫黄时，应遵循 GB/T 2449.1 中的采样要求。固体样品的取样，选定取样点位置后，应在垂直方向上插入一定深度进行取样，不能取堆面的样品；若是在运送皮带上取样，需要随机或按一定的时间间隔采集截面样品。如果待取的固体样品会与周围环境中的组分发生反应，要快速取样，采出的样品应立即置于与周围环境相隔离的器皿中。

（三）样品采集的 HSE 要求

采样人员采样过程中，应遵守国家、行业、地方和企业的有关安全管理规定。现场采样时，采样人员应先用手直接接触裸露接地金属消除人体静电。采样人员应清楚所采样品的种类、性质、温度、压力、应急设施位置和使用方法。采样时应按照相关安全规定采取相应防护措施，注意避免吸入、接触有毒有害物质。遇雷、电、冰雹、暴雨、大雾、阵风风力在 6 级以上等恶劣天气情况时，禁止上罐采样；雨雪冰冻天气采样时注意防滑跌倒。

采集易燃易爆样品时，应观察采样周围有无动火作业，若有动火作业应禁止采样，待动火作业停止后再实施采样。进入采样现场，禁止携带手机等非防爆设备，照明应使用防爆型电筒。采样时尽量减少样品暴露在环境中的时间，防止有毒有害或易挥发介质的挥发和扩散。采样过程中产生的废样应倾倒至指定地点。

氮封罐样品原则上采用罐下采样器采样，若需上罐采样，相关人员应按操作规程对氮封罐卸压，符合采样安全条件后才能上罐采样。采样过程中，操作人员要进行监护，采样完成后恢复氮封。

二、仪器设备及计量器具管理

仪器设备是实验室开展分析化验活动必需的资源，仪器设备的性能优劣直接影响化验数据的准确性、可靠性。计量器具是表征分析化验条件和分析化验结果的器具，是保证分析结果准确性和可溯源性的重要器具。

（一）仪器设备的选型和验收

1. 仪器设备的选型

正确选择和购置仪器设备，是分析结果准确可靠的前提。仪器设备选型时，相关人员既需要熟悉分析标准和技术对仪器设备的要求，又需要具备设备专业相关技能。要在充分调查分析的基础上对各种因素进行综合评价。实验室仪器设备选型一般按如下程序进行。

（1）掌握拟购置的仪器设备需承担的分析任务，包括检验样品、检验项目、执行标准、测量范围、分析精度等，其功能与性能应与可预见的检测需求相适应。按需配置，以能满足分析需要为原则，选择功能与应用需求相匹配的仪器。

（2）通过同行交流、技术交流等手段，掌握所需采购仪器的主要技术参数、仪器的稳定性和故障率，售后服务信息以及国内同行的应用业绩，了解仪器设备大概价格是否在预算范围内。必要时可与多家仪器供应商进行技术交流，最终形成需采购仪器的技术要求。技术要求应包括但不限于仪器适用的分析方法、仪器拟测定的样品性质、仪器灵敏度、检测限、与 LIMS 系统的关系、仪器自动化程度、仪器中文版操作软件、仪器验收条件，必要时需跟仪器设备供应商签订技术附件。

2. 仪器设备的验收

仪器设备投用前必须经过验收，验收一般包括实物验收、设备调试和技术参数验收、量值溯源、操作培训和验收报告编写等。

（1）实物验收。是指仪器设备开箱检查是否与购置清单相符、外观是否完好，大型精密仪器开箱时，要通知厂家或供应商共同到现场开箱验货。检查时首先查看包装是否完好，有无破损、锈蚀、变形、雨水浸湿，有问题应做详细记录，必要时拍照留据。然后查看设备铭牌上的制造厂家、设备名称、规格型号等是否与采购协议相符；再检查主机和附件的数量、随机技术资料如使用说明书、维护手册、产品检验合格证、系统软件等是否与采购协议条款中的内容和数量一致，最后双方共同签字确认。

（2）仪器设备调试。根据设备使用的复杂程度，确定开箱验收后的仪器设备是否需要厂家工程师安装调试。安装调试是指对仪器设备进行水电气风的安装，然后开机运行。运行稳定后按照采购技术协议条款、仪器说明书，测试各种技术参数，验证仪器的技术指标和性能是否与说明书相符，是否达到采购协议的要求。调试过程中应包括使用标准样品和实际样品进行测试试验，通过标样重复性测试来考察仪器设备的稳定性和精密度，通过测试实际样品来考察是否满足生产分析需要。必要时，可选择存在“干扰因素”的实际样品进行测试，检查仪器设备的“抗干扰能力”，对于仪器设备应用于实际分析检验具有重要意义。一般而言，仪器设备至少需要连续运行72h，并分别用标样和实际样品各测试6次以上，技术指标达到采购协议的要求才能通过调试。部分仪器设备需要按照分析方法条件建岗时，应按分析方法的要求设置仪器参数，使用标样和实际样品考察仪器性能是否满足分析方法的要求。

(3) 量值溯源。仪器设备投入使用前应进行检定或校准，以证实其量值准确且能够溯源。

(4) 操作培训。在仪器设备安装调试验收后，厂家工程师须对用户技术人员、操作人员、维修人员进行现场培训。培训内容一般包括仪器原理、仪器操作、仪器校验方法、简单故障处理、日常维护保养要求等内容，培训达标以用户掌握该仪器的操作和日常维护为准。

(5) 编制验收报告。仪器设备安装、调试完成后，需要编制验收报告。验收报告包括开箱验收、安装调试及操作培训等全部内容，验收记录内容要齐全，要有相关结论，会同相关签名确认信息一并归档保存。

(6) 仪器设备投用。仪器设备投用前应编制仪器操作规程，内容包括仪器简单原理、操作步骤、仪器维护保养和仪器使用注意事项，以指导分析人员准确使用和维护仪器设备。

(二) 仪器设备的使用管理

实验室仪器设备的使用管理主要包括使用前状态检查、日常操作、维护保养、期间核查、使用记录及关机确认等。

仪器设备使用前要检查仪器设备的状态是否正常，是否在检定有效期内使用，参数设置是否正确等，部分仪器还应按照规范要求使用标样进行验证，使用过程严格按照操作规程进行开机和操作。对环境有特殊要求的分析仪器要检查其环境是否达到要求，如红外光谱仪要求分析间的温湿度在一定范围内。为了对仪器设备的使用进行有效管控，对需要分等级授权的仪器设备应进行分级授权。一般而言，分析检验人员只给予操作方法调用和分析使用授权；技术人员给予建立分析规程和参数修改的授权。仪器使用过程中要根据仪器参数和样品性质不同，做好HSE防护，如使用高温仪器设备要注意防烫，分析高硫化氢样品时佩戴好防护用品，气相色谱仪要检查气路管线是否有泄漏等。

若不需要连续分析样品，仪器设备使用完毕后应按照规程进行关机、清洁、复位，填写仪器设备使用记录，记录开机、关机时间及使用时长、使用过程存在问题等，为后续使用提供仪器设备受控状态的信息。

若仪器设备出现故障修复后使用，在使用前要进行重新标定或校验，合格后才能继续使用。

备用仪器设备应定期进行开机运行和性能检测，确保其工作性能的稳定，具备随时启动分析测试的能力。

(三) 仪器设备维护保养

仪器设备运行过程中，其性能状况会发生某些变化，需要制定维护保养计划，定期做好仪器设备的维护保养，保证仪器设备性能稳定、量值可靠。

实验室应制定仪器设备的维护保养计划，根据仪器说明书要求、仪器使用频率等，确定维护周期、维护部件、维护内容、维护方法和维护人员。维护周期一般分为每天、每周、每月、每季度、每半年和每年，维护保养方式通常有日常维护和定期全面维护。例如需要处于干燥环境的仪器设备，应定期检查和更换干燥剂；带有转动设备的仪器设备，需要定期检查润滑状态或更换润滑油；与使用次数相关的部件，需要根据使用次数进行更换；可能存在泄漏的部位需要检查是否存在泄漏。全面维护一般是在仪器运行到某个限制条件时实施，例如辛烷值分析仪每使用 500h 对气缸进行大修；气相色谱仪的电路板等易吸附灰尘，需要每年停机一次进行除尘。

（四）仪器设备、计量器具的计量检定管理

1. 仪器设备计量检定管理

实验室仪器设备计量检定是指对仪器设备进行检定、校准或校验，是确保量值准确的重要措施。实验室仪器设备种类繁多，不直接出具分析结果的仪器设备(例如电炉、磁力搅拌器等)可不用计量检定，直接或间接出具分析结果的仪器设备必须进行计量检定。

国家规定强制检定的仪器设备，应依法实施强制检定；强制检定以外的仪器设备，企业可根据不同需要和条件采取检定、校准、校验、比对等形式进行计量检定。在一般情况下，应首选检定和校准，在无相关的法定检定规程和校准规范时，自行编制校验规程实施量值的传递溯源。

实验室应建立仪器设备检定台账，内容包括仪器设备名称、编号、检定日期和检定计划等，并按期进行检定，确保仪器在检定有效期内使用。外部检定/校准的仪器设备，实验室应根据检定/校准证书的信息，对该仪器是否满足分析标准要求进行确认。同时对所有检定、校准、校验后的仪器设备进行标识，防止误用不合格仪器设备。标识应包含仪器编号、检定或校验单位、检定或校验日期、有效期和确认人等信息，并根据仪器的检定状态使用不同颜色的标识进行醒目管理，计量检定合格并验证符合计量要求的设备粘贴绿色合格标识；经计量检定不合格、已损坏或已产生不正确测量结果的测量设备、禁止使用或报废处理等测量设备粘贴红色停用标识；某些功能已丧失，但经计量检定可降级使用的设备粘贴黄色准用标识。

2. 计量器具的检定和使用管理

计量器具是指能用以直接或间接测出被测对象量值的装置、仪器仪表、量具和用于统一量值的标准物质。实验室计量器具主要包括温度计、滴定管、量筒、移液管和容量瓶等器皿器具。实验室所有试验使用的计量器具，必须经过检定且在有效期内方可投入使用。

实验室应按规定建立计量器具管理台账，内容应包含计量器具编号、生产厂家、检定日期、检定点值、下次检定日期和检定单位等信息。检定台账和检定报告要妥善保管，方面随时取用。

计量器具原则上检定范围应覆盖需测量的数据范围。如温度计实际测量范围为 100~400℃，若检定点选择在 50~350℃范围内则不合适，需要选择覆盖测量范围且接近使用温度点进行检定。所有计量器具须由有资质的计量检定机构检定，收到检定报告后，实验室技术人员应该对检定范围和结果进行计量确认。

分析过程中，分析人员应根据测定范围选择合适的计量器具，并对测定结果进行修正，确保分析结果准确可靠。

三、标准物质管理

（一）标准物质的采购要求

标准物质(RM)是分析化验的“量具”，在仪器设备校准、分析测量、期间核查和分析准确性验证等方面具有重要作用。标准物质按基准可分为有证标准物质(CRM)、工作标准物质(WRMS)、校准物质(CALS)和基准标准物质(PRMS)等。按状态可分为标准气体、标准溶液和固体标样。标准物质具有准确性、均匀性和稳定性的特征。

采购标准物质时，需要根据实验室待测物质的量值来确定。为消除由于标准物质与待测物质在基体材质和测量范围不同而产生的影响，一般选用与待测物质组分接近的标准物质，其特征量水平应和实验室待测样品的特征量水平相匹配。购买标准物质时，一般首选经过国家认可和批准的标准物质中心的产品，并带有相关证书。

标准物质到货后应该进行验收，符合要求方可投入使用。验收方式一般包括：

(1) 检查包装是否完好，无破损或渗漏；

(2) 检查证书的信息是否符合使用要求；

(3) 查看是否在有效期内或处于有效期末期；

(4) 检查标准物质的数量是否足够；

(5) 对标准物质的质量进行验收，若存在问题或结果超出方法再现性范围，则需查明原因，确认后做退货处理。

（二）标准物质的使用管理

实验室应建立标准物质台账，对标准物质的名称、批号、生产日期、有效期、生产厂家、成分和浓度等信息进行记录。使用标准物质前应检查其有效期，防止过期使用。实验室应对在有效期内的标准物质进行期间核查。一般可以通过控制图的方式记录标准物质的特征值，或采用与其他标准物质比对等方式进行核查。如果特征值出现异常，需要确认是测定过程存在异常还是标准物质失效，例如发生分解、有效组分挥发等情况，如果确认标准物质已失效应立即停用。

标准物质一经取出，不得再倒回原标准物质中重复使用，以避免本体被污染。标准物质原则上不允许分装使用，若需分装使用，需确保分装过程质量受控，不被污染。

（三）标准溶液配制

实验室标准溶液配制按照 GB/T 601 或分析方法规定的配制要求执行，当 GB/T 601 与分析方法的配制要求有冲突时，应执行分析方法的要求。配制一般有两种方式：一种是用一级或二级标准物质(又称基准试剂)直接配制；另一种是用分析纯以上规格的试剂配成接近所需浓度的溶液，再用标准物质或溶液进行标定，标定过程参照 GB/T 602 执行。配制好的标准溶液应贴上标签，标签上应注明标液名称、浓度、配制人、配制日期、有效期等信息，同时建立标准溶液配制记录、发放和领用记录。标准溶液应在有效期内使用，超过期限的标准溶液需重新标定后才能使用。

（四）标准物质的存储管理

标准物质的存储要根据其理化性质或证书上的要求来选择不同的储存条件，如冷藏、避光、隔绝空气等。不同性质的标准物质要分开放置，如酸性标准物质和碱性标准物质，氧化性标准物质和还原性标准物质均需分开存放。

四、保留样品管理

样品管理是贯穿于实验室检测过程的一个重要环节，保留样品是进行分析结果再确认或质量再确认的基础，应确保其代表性和可追溯性，确保储存环境条件满足要求。

（一）保留样品的分类及要求

保留样品一般分为分析留样和质量仲裁留样。实验室分析留样时间相对较短，一般由实验室设立专门的留样柜进行存储。质量仲裁留样时间相对较长，一般由质量管理部门负责留样和封样。

实验室分析留样包括进厂原料、过程样品、中间原料和产品，用于分析结果再确认或溯源。实验室应根据样品的物态、样品分析数据的质量控制要求等留样必要性条件制定留样管理办法。管理办法一般包括留样周期、留样地点、留样保存方式及特殊留样的处置手段等。

一般液体、固体出厂产品均应按标准规定进行留样，留样量应满足产品标准规定或质量仲裁的要求。所留样品要贴好标签，并标注样品名称、采样日期、采样点、产品批号和留样人等信息，并按照要求进行封样，做好登记。同类产品宜在留样间分区集中放置。样品保留期间，企业应确保留样间温湿度满足留样代表性的需要。并制定留样管理制度，明确留样时间、定期留样外观抽查和问题处理机制、到期样品处置方法等要求。

（二）保留样品的储存与处理

炼油企业需保留的样品以油品类居多，存在易挥发、易燃易爆等特点，存储样品的容器应确保在留样周期内密封不渗漏，留样间应避光、电气防爆并设置通风和降温设施。留样时做好入库登记。

当样品留样期满后，需要及时清理过期留样，做好相应的处置记录。留样处置原则为集中回收至装置或交由有处理资质的单位进行处理。

未到保留期的样品禁止启封。若确因用户争议等原因需要启封验证时，应办理相关审批手续。

五、人员技能管理

（一）分析人员上岗管理

（1）实验室分析人员要求：实验室应合理设置技能操作岗位，确保岗位人数满足生产操作要求。分析检验人员需经过分析理论和实操知识培训，考试合格后方能上岗。

（2）实验室应采用有效的激励机制对分析人员进行培训，推动分析人员的培训工作，确保熟练掌握分析技能和技术业务知识。实验室应编制分析人员年度和月度培训计划，按计划开展培训。培训内容主要包括分析技术、仪器使用、专业安全等方面知识，同时结合对新仪器投用、新技术应用开展在岗培训，实验室还应结合工作需要开展人员的轮岗培训，组织员工积极参加分析工轮训或技术比武。

所有分析人员均需持证上岗，常规性项目由企业相关部门组织考试合格后上岗。政府、行业及上级主管部门要求统一取证的分析项目，如辛烷值、十六烷值、煤炭分析制样等，应参加指定单位上岗取证培训，获得资格证书后才能上岗作业。

企业应每年对分析岗位人员的持证上岗项目进行复审，确保分析人员技能水平满足分析检验需要。

（二）分析人员的职级评定管理

分析人员的职级评定是人力资源管理的重要组成部分，是优化人力资源配置的条件之一。职级评定内容一般包括责任心、积极性、技术能力、纪律性、团结协作等。

分析人员职级评定有晋升和复审考核两种方式。晋升分为初级、中级和高级三个等级，初级工以实操技能和工作态度相结合的方式进行综合评定；中级工以中级理论考核、实操技能考核和工作态度进行综合评定；高级工以高级理论考核、实操技能考核和工作态度进行综合评定。

属法律法规规定或上级主管部门要求，且分析检验必需的特殊工种作业人员取证、职(执)业资格取证，由企业向培训发证的单位申请参培和取证。

六、分析过程管理

（一）分析样品的制备及分发

每个采集的样品因分析项目由多个岗位完成，所有样品需要分发、转移至不同的岗位进行分析。样品分发过程要根据样品的性质和分析项目，在通风柜内实施。样品分发过程中装样器具和转移器具要干净，避免污染；确保样品的均匀性，并做好记录；盛装分发样品的器皿要做好标识，标识应至少包括样品名称、采样时间。对于分发过程难以控制分析结果偏差的样品，不允许对样品进行分发，例如测定蒸气压的样品应专瓶专用，不能分发。分析检验过程中，按待分析、已分析样品划分区域和标识，防止混淆。在分析流转过程中，按“分析”“完成”和“留样”进行样品状态区分。

为了满足分析方法的要求，部分样品需要进行前处理。常用的样品前处理方法有干法灰化法、消解法、溶剂萃取法和蒸馏法等。

干法灰化法是用高温灼烧的方式破坏样品中的有机物，又叫灼烧法。大多数金属元素和部分非金属元素的测定都可用该方法处理样品，如使用原子吸收光谱法测定重质油品中的金属就是采用干法灰化进行样品前处理。溶剂提取法是利用样品各组分在某一溶剂中的溶解度不同，将各组分完全或部分地分离的方法，又叫溶剂萃取法，如测定原油中的盐含量就是采用溶剂萃取法将原油中的无机盐萃取到水相中。蒸馏法是利用液体混合物中各组分沸点不同而进行分离的方法，可用于收集需要测定的组分，如分析原油中有机氯含量就是采用蒸馏法收集204℃前馏分，分析氯含量，再按204℃前馏分占总量的百分比计算得到原油中有机氯含量。消解法与干法灰化法的原理相近，将样品置于专用的消解炉中，使其高温无焰灰化。

（二）分析过程管理

分析过程必须严格执行相关分析标准和操作规程，做到“五准确”(采样准、基准准、分析准、计算准、结果准)、“三及时”(采样及时、分析及时、报结果及时)。

1. 分析前准备

分析样品前应先检查样品的标识，核对样品名称、编号和采样时间等是否与委托计划相符，检查样品的外观是否有不具备分析的异常。如需分样，要确保分样的代表性。检查需要使用的标准溶液(气体)、试剂、计量器具是否在有效期内，使用的各种容器、器皿等是否清洁。

检查仪器参数，若仪器状态不稳，应调整仪器状态，必要时用标准(质控)样进行验证；操作规程规定需要采用标准(质控)样对仪器状态进行验证的，必须采用标准(质控)样进行验证，确认仪器状态符合分析要求后再进行样品分析。对于需要测定转化率的仪器，如微库仑仪分析前需要测定标样转化率，结果符合要求才能进样分析。

2. 分析方法执行

分析过程必须严格执行分析方法的要求，分析仪器必须正确调用适合样品的仪器参数和数据处理方法，才能得到正确的分析结果。如色谱模拟蒸馏中，不同样品对应不同的仪器参数和数据处理方法，应根据需要分析的样品正确选择。分析过程中需要关注仪器设备运行状态，及时发现和处理异常。

3. 分析过程数据记录

分析过程中与分析结果计算相关，且无法与样品信息一一对应自动保存的分析过程数据，均记录在原始记录或转移记录上，保证数据真实可靠且可追溯。记录应包含时间、样品名称、分析数据和计量单位，并签名。已实施 LIMS 系统的实验室，需把分析过程数据作为原始数据录入或自动上传至 LIMS 中，由 LIMS 系统自动计算得到分析结果。

4. 分析结果

分析结果需要按照分析方法要求进行数据修约，分析结果的计量单位应与质量指标的计量单位相一致。已实施 LIMS 系统的实验室，在系统中由班组长对分析结果最终审核后，形成信息化的电子报表供外部查阅；未实施 LIMS 系统的实验室，班组长对分析结果最终审核后，编制结果报告单外报。

5. 分析异常管理

若分析过程出现异常或对结果有疑问，需要从仪器参数、样品代表性、分析方法执行等多方面查找原因，可采用重新复测样品或重新采样复测的方法进行复查，必要时可采用测定质控样、标准样等已知结果的样品，确认全过程是否存在问题。

（三）原始记录数据管理

实验室原始记录数据包括分析过程数据和最终分析结果。所有原始记录数据可以采用纸质或信息化手段进行保存，不管以何种方式储存，均需实现整个过程可溯源。原始记录保存期限应根据数据需要追溯的时限或相关法规、准则来确定，例如产品分析数据通常保存 1~3 年，生产装置过程物料的数据通常保存 3 个月至 1 年，实验室认可项目的原始记录至少需要保存 6 年。

（四）外委分析管理

外委分析是指实验室现有条件不具备检测能力或者实验室仪器故障暂时无法检测的项目委托外部分析，选择外委机构时，一般应选择具有 CNAS 或 CMA（检验检测机构资质认定）认证资格的第三方检测机构。为了规范实验室外委分析管理，实验室应对被委托方的资质和能力进行评审，应与被委托方就委托的样品性质、委托检测的项目、拟采用的分析方法等进行详细的沟通。外委分析结果的管理和责任等同实验室自测的结果。

1. 外委分析流程

外委分析一般由分析需求单位填写外委联络单，并经业务主管部门审核后，交由实验室联系外委分析。实验室接到外委联络单后，根据分析项目及要求，联系具备检测能力的外委单位。实验室收到外委单位提供的检测报告后，要检查该份报告，确认分析项目和试验方法、结果报告等是否符合委托要求，分析结果是否合乎逻辑，若存在疑义，及时与检测机构进行沟通核实。

2. 外委机构的选择

选择外委机构时一般选择具有 CNAS 或 CMA 认证资格的第三方检测机构，该机构应具有委托项目检测资质或所委托的项目检测能力。若委托样品数量多，还需签订委托检测服务合同。

(五) 实验室期间核查管理

实验室期间核查的目的是为了保证实验室在用仪器设备及标准物质在两次检定/校准周期之间，保持着良好置信度的检定/校准状态。由技术人员负责识别出需要进行期间核查的设备和标准物质，制定期间核查计划，确定期间核查结果的判断准则，负责对核查结果的有效性和符合性进行确认，如期间核查发现测量设备、标准物质失准，应立即停止使用，并对之前出具的分析结果准确性进行追溯。

1. 仪器设备和标准物质期间核查间隔识别和计划制定

实验室应根据设备的稳定性、使用情况和分析标准要求来确定期间核查计划。

对于稳定性好的仪器设备，可选择较低的期间核查频次，如：历次校准结果(或稳定性核查结果)表明稳定性好、校准结果的最大误差“远离”最大允许误差(如示值误差位于“中心线”附近)、核查难度大的设备，不具备实施期间核查条件的设备，如无法获得有效的核查标准或核查标准的配置成本过高等。

对于稳定性较差的仪器设备，可适当增加期间核查频次，如：使用频繁的设备；历次校准结果波动较大或临近最大允许误差的设备；新购置不了解其计量特性及变化规律的设备；使用或存储环境(振动、高湿等)恶劣或发生过剧烈变化的设备；主要和重要设备(计量基准、标准等)稳定性差(易漂移、易老化等)的设备；经常拆卸、搬运、携带到客户现场或脱离机构管理控制的设备；使用中易受损、数据易变或有可疑现象发生的设备；使用寿命临近到期的设备；准确度要求较高的关键设备；对测量结果有重要价值和重大影响(如较大风险等)的设备；仪器设备的使用环境较为恶劣，有可能影响性能状态的设备等。

对于检测/校准方法有规定的，应按方法中的要求进行期间核查。校准周期较长或校准周期内出现过分析异常的仪器设备，应在适当时间安排期间核查；对于校准周期短且稳定性好的仪器设备，可不考虑期间核查。仪器设备易发生故障或故障修复后不需要进行校准的仪器设备，应考虑安排期间核查。当仪器设备使用频次较高时，应考虑较高的期间核查频次。对于稳定性较差的标准物质和非有证标准物质，应考虑较高的期间核查频次。

实验室技术负责人应根据识别出来的期间核查间隔，组织制定年度期间核查计划，核查计划应包括核查的设备、需核查的参数、核查周期、核查方式等信息。

2. 期间核查的方法

期间核查可以采用高一个精度等级的计量标准、仪器设备或有证标准物质进行核查；可采用同等精度的计量标准、仪器设备进行比对；也可选用稳定性好、灵敏度高的样品在不同时期、不同地点进行多次重复测量，并采用统计技术对每次测量结果进行评估；还可以通过对样品不同特性检验结果的相关性进行验算。

对于有证标准物质，应核查其有效期、性状是否有异常变化、储存环境是否符合要求、其配制的标准溶液浓度是否发生偏离等方面。

对于非有证标准物质，应定期用有证标准物质对其特性量值进行期间核查；如果无法获得适当的有证标准物质，应通过实验室间比对或送有资质的校准机构进行核查；或通过测试近期能力验证结果满意的样品、实验室质量控制样品等方式进行期间核查。

3. 期间核查计划的制定

化验室技术负责人应结合在用设备的稳定性、使用状况、上次校准的情况、使用频次、设备操作人员的熟练程度、设备使用环境、标准物质使用情况以及分析标准等，确定需要进行运行检查的对象和期间核查的间隔。年度运行核查计划应包括实施期间核查的设备、标准物资、需核查的参数、核查间隔的设置、核查方式等信息。

4. 期间核查的实施

实验室技术人员按照期间核查计划组织相关人员，按计划开展期间核查，期间核查结果应形成书面的记录，技术人员应对核查结果的有效性、符合性进行检查。

5. 期间核查结果的应用

当期间核查结果表明该设备出现偏差，应停止使用该设备(器具、标准物质)，对之前运用该设备(器具、标准物质)测定的结果进行追溯。

(六) 分析方法的管理

分析方法是实验室对样品进行分析检验的依据，是数据准确性、不同实验室之间数据可比性的决定性因素。分析方法标准按发布机构可分为国家标准、地方标准、行业标准、企业标准及国外标准等，实验室应确保使用最新有效版本的分析方法。

1. 分析方法的确定

实验室应根据客户的要求、产品标准的要求，选用相应的分析方法，除特殊要求外，优先选用国家、行业和国际认可度较高的方法，并确保所用分析方法标准为最新有效版本，除非最新版本不适合(如客户、产品标准里规定的方法中明确了标准年代号)。在没有标准方法可用时，可以选用由知名技术组织或有关科学文献和期刊中公布的方法，或仪器制造商推荐的方法，或由实验室自己制定的方法。这些非标准方法在使用前应文件化并经技术确认且批准。实验室应根据检验计划和客户的要求，列出所有分析的项目及对应方法标准号。技术负责人组织相关人员对在用分析方法标准的有效性进行检查，对使用的检测分析方法实施有效的控制与管理，实验室应指定专人负责分析方法查新管理，关注或订购标准发布机构关于标准改版的信息，确保在用标准为最新有效版本。

2. 分析方法的确认和技术验证

实验室对首次采用的分析方法、自己制定的分析方法、超过范围使用的标准分析方法或其他修改的标准分析方法应进行技术能力的验证，验证内容一般包括设施和环境、设备等，还应通过试验确认结果的准确性和可靠性，如检出限、回收率、准确度和精密度等，如对结果准确性有疑虑，应进行实验室间比对，应对非标准方法、超过预期范围使用的标准方法、标准方法的偏离进行确认。当设备、环境变化可能影响检测结果或不满足制造商的要求时，实验室对检测方法特性重新进行确认；分析方法改版后，应确定改版内容与前期已实施的确认的关系，当发现影响原有的确认时，应重新进行方法确认，方法确认后应进行评审，经相关部门或人员审定批准后方可使用。

方法确认可使用以下技术手段之一或组合进行：

(1) 使用参考标准或标准物质进行校准或评估偏差和精密度；

(2) 对影响结果的因素进行系统性评审，根据对方法原理的理解以及抽样或检测方法的实践经验，评定结果的测量不确定度；

(3) 通过改变控制检验方法的稳健度，确定操作条件；

(4) 与其他已确认的方法进行结果比对；

（5）实验室间比对。

3. 方法查新和技术验证

对首次采用的标准方法，技术人员需对实验室可执行标准方法能力进行验证，验证内容不仅包括人员、设施和环境、设备等，还应通过试验确认结果的准确性和可靠性，如检出限、回收率、准确度和精密度等，如对结果准确性有疑虑，应采用实验室间比对进行校正。

在用方法需定期进行查新，如有方法更新，技术人员应识别新旧方法差异，核查设备、材料、人员培训、环境设施、方法重复性等内容，对实验室是否具备执行新方法的能力进行确认，必要时进行技术验证，填写《方法验证表》（样式见表 5-4-1）。若在方法确认或验证过程中，发现标准方法中存在未能详述但影响检测结果的环节，应将该环节的详细操作步骤编制成作业指导书，作为标准方法的补充。实验室应关注检测方法中提供的限制说明、浓度范围和样品基体，选择的检测方法应确保在限量点附近给出可靠的结果。

表 5-4-1 方法验证表

原方法			新方法		
方法差异					
仪器符合性确认					
材料符合性确认					
环境符合性确认					
员工培训效果评价					
检测结果证价					
方法更改后评价					
编制人		审核人		审批人	

七、实验室 HSE 管理

保护实验人员的安全和健康，防止污染环境，保证实验室工作安全而有效地进行是实验室 HSE 管理工作的重要内容。实验室 HSE 管理应遵循“谁主管谁负责、谁的属地谁负责、谁的岗位谁负责”的原则，组织全员切实开展 HSE 风险评估和管控，采取有效措施来降低实验室 HSE 危害风险。

（一）实验室 HSE 要求

实验室 HSE 要求分为分析人员的 HSE 素质要求、危险化学品使用的 HSE 管理要求、设备设施使用的 HSE 要求等几方面。

实验室分析人员上岗前应进行三级 HSE 教育培训及考核，上岗培训不少于 72 学时，每年再培训不少于 24 学时，确保在岗人员的 HSE 素质符合以下要求：能做到熟悉本岗位 HSE 常识和应急处理措施，能正确使用消防、气防、洗眼器、喷淋器等应急救援器材，熟知逃生通道和应急电话，熟练掌握自救互救和应急预案操作；熟练掌握本岗位分析方法和有关安全技术规程，并经考试合格；熟悉本岗位所使用化学药品的物理、化学性质，能根据各种化学品的性质采取相应的个人防护措施；了解岗位使用的仪器、设备性能以及操作方法和安全使用规程，掌握预防和处置操作异常以及故障的方法。

实验室作为可能产生职业病危害的工作场所，应在可能存在职业性危害的区域或部位，根据 GBZ 158—2003 要求组合使用与产生危害因素相关的安全警示标识、中文警示说明和告知卡，安全警示标识要求设置在作业场所入口处或作业场所的显著位置，并保持清晰、完整。同时为保障分析岗位人员的职业健康，实验室应组织接触职业性有害因素的分析人员进行岗前、岗中、离岗职业健康检查；推进“无毒代替有毒、低毒代替高毒”的分析方法使用，并采取有效的设备、工艺等防护措施，减少或隔断与有害因素的接触剂量和时间；实验室应按规定对健康危害因素开展动态监测，并将监测结果进行公示；为分析岗位人员配备符合国家标准要求的个体防护用品，建立个人防护用品台账。

实验室内储存和使用的危险化学品种类多，接触频繁，对危险化学品要建立规范的管理要求。日常工作中应按品种、规格、单位、数量和用途等建立管理台账，领取剧毒品、易制毒或易制爆化学品时还应严格执行“双人收发、双人保管”制度，并应填写专用登记表。对存放的危险化学品应定期进行检查，发现过期、失效、包装损坏、无标签或标签脱落损坏而无法辨认的应立即进行处理。及时更新危险化学品安全技术说明书，并放在方便获取处，操作人员应掌握危险化学品的基本特性和应急处理方法。

为保障所使用的仪器设备处于良好的工作状态，减少由于仪器设备管理不善引发的 HSE 事故，实验室应有专人负责仪器设备的定期维护保养，建立规范化的仪器设备档案台账。HSE 设施是降低 HSE 事故发生概率、减轻事故伤害程度的重要手段之一，HSE 设施管理上应执行“三同时”要求，有专人负责、建立设施台账，做好设施更新、维护保养和检修工作。

实验室各种高压气瓶必须储存在指定地点，并且要有防倾倒措施，使用中的高压气瓶应定期检查压力下降值，发现压力异常下降时，应立即组织检查室内气路管线是否存在泄漏点。使用氢气发生器作为供气源时，氢气发生器的输出流量等要定期记录，发现流量明显上升时，应查明原因，必要时要停止使用并实施系统查漏。

（二）分析过程的 HSE 管理

分析人员在分析过程中应严格按照操作规程和安全技术规程，了解设备性能及操作安全注意事项，掌握预防和处理一般事故的方法。分析过程通用性防范措施主要有以下内容：

（1）分析人员在进行取样、分析、配制试剂时，均需根据化学品特性穿戴好相应的防护手套、防毒面罩等劳动防护用品，按标准着装要求扣好衣领、袖口，盘扎好长发；涉及酸、碱、易产生液体飞溅、高温高压、有毒蒸气等分析操作时，应佩戴相应的护目镜；工作服被酸、碱、有毒物质及化学试剂等玷污时，必须及时进行处理。

（2）所有的分析试剂(包括水)、药品、样品必须贴有规范性的标签，不得在容器内装入与标签不相符的物品，禁止使用实验室器皿盛装食物或作为饮用器皿，分析室内严禁带入食用品和食用器具，严禁将分析无关的物品放入分析室冰箱、消毒柜、烘箱等设备内；禁止用手直接接触化学药品和试剂；禁止用口尝的方法鉴别物质。用移液管吸取液体时，禁止用嘴代替吸耳球；溶液、试剂、样品、仪器和计量器具等与分析检验相关的用品使用完毕应放回规定地点，废弃抹布等清洁用品应弃入指定的实验废弃物容器中。

（3）进行易燃、有毒、挥发性物质的分析检验工作，必须在面风速符合规范要求的通风橱内进行，头部不得伸入通风橱内，分析时通风橱透视玻璃窗要拉至操作人员呼吸道以下，避免吸入有害气体。对于易挥发或易燃的液体储瓶，当储放在温度较高的场所或当瓶内温度较高时，不得立即开瓶，应该冷却后方可开启。

（4）在加热化学药品和样品时，应使器皿放置平稳，瓶口或管口禁止对人，在加热过程中，管口不得对着面部，要不停搅拌，以防因上下温度不均匀发生突沸而引发事故；移动高温物品时，应使用隔热护具，轻拿轻放，确保稳妥可靠。

（5）停电停水时，要及时切断电源，关闭水阀。分析工作结束后，所有的仪器设备清洗干净，切断电源，关闭水、气阀门。当室内发生易燃易爆气体大量泄漏等危险情况时，应立即停止动用明火以及能产生火花的任何行为，迅速切断气源并打开门窗加强通风，人员撤离现场。

（三）实验室废弃物的管理

实验室产生的废弃物种类复杂，包括毒害品、重金属、有机污染物等。实验室废弃物处理的一般性原则为：分类收集、集中存放，根据废弃物特点回收至有能力处理的场所处理。

废液收集和存储过程应注意不能将实验后的废液直接倒入下水槽，应分类倒入不同的废液收集容器内，然后统一回收处理，严禁将能相互发生化学反应而产生有毒、易燃、易挥发物质的试剂、废液直接混合排放或混合在一起，如：①过氧化物与有机物废液；②氰化物、硫化物、次氯酸盐与酸性废液；③挥发性的酸（如盐酸、氢氟酸等）与不挥发性酸（如硫酸等）；④铵盐、挥发性胺与强碱的废液等。

实验室应对其产生的固体废弃物进行危害性鉴定，做到分类处理，做好废弃物交接的相关记录。所有固体废弃物（废渣）都不允许同生活垃圾混放。无价值的固体残余物（如化学沉淀）、实验损耗品（如玻璃器皿等）应收集后统一送到指定的工业垃圾堆放点处理；有毒有害固体废弃物（如化学试剂瓶、带油抹布、吸油纸、残留或失效的固体化学试剂等），应分类清理收集到暂存间内，定期交由具备资质的单位依法合规处置。

八、在线分析管理

炼油装置使用的在线质量分析仪主要用于装置生产过程质量验证及质量预判。

（一）在线质量分析仪前期管理

1. 在线质量分析仪的需求分析

炼油装置配置在线质量分析仪，应重点围绕工艺操作质量难点及质量控制关键点、提高生产控制平稳率和安全环保等方面来考虑，同时需兼顾上下游、总管与支管等关联关系统筹考虑，避免重复配置。确定在线质量分析仪表需检测的分析项目、分析精度及仪表分析技术实现可行性，经生产过程管理、质量管理、装置、化验、仪表等相关方讨论形成共识后，编制需求文本，作为进一步开展工作的依据。

2. 在线分析系统技术路线的确定

在线分析的需求明确以后，需要确定技术方案，原则上应尽量选择与实验室检测原理相同或相近的成熟技术，必要时可向同行咨询应用情况，避免仪表选型错误。技术交流时在线分析系统所涉及的装置、化验、仪表等单位应参与，充分考虑分析原理、取样方式、取样点的代表性及滞后、分析项目及分析精度、取样预处理的特殊配置及分析尾气和分析废料的回收处理方案等各方面。

3. 设计审查的关注重点

应重点审查仪表的检测原理，仪表分析的项目及组分，分析的精度，采样点的代表性、采样方式、样品中水杂及 H_2S 等腐蚀性物质的去除，样品进样方式，保温伴热，分析废料的回收处理，分析小屋设置，标样采购，分析数据准确性验收等。

4. 安装、调试与投用

在线分析仪安装期间，主要看有没有漏项、安装质量是否符合要求。如气体样品的取样口要求在管道或设备的上部避免液体被样品夹带，液体样品的取样开口应在管道的中部，避免气体或固体杂质被夹带出来；阀门应安装在维护人员容易操作的位置或设置操作平台等。

在线分析仪调试送电前应检查确认接线是否绝缘，测试通信信号是否准确、平稳；使用标样或模拟信号校验仪表，分析仪输出信号应与 DCS 系统联调，确保 DCS 数据与仪表显示数据一致。仪表风、氮气投用前应对管道进行放空吹扫、查漏；载气、工艺介质投用前检查是否有泄漏，加大旁路排放，待介质无明显水杂且为目标样品时再投用；在线分析仪投用前应确认回收系统能够正常工作。

在线分析仪投用前应编写作业指导书，相关操作参数、谱图等应及时记录。

（二）在线质量分析仪的日常运维管理

1. 仪表维护人员要求

熟练掌握在线分析仪表技术，具有较强的动手能力。掌握一定的化验分析知识，以更好地与化验分析数据开展比对。了解一定的工艺流程知识及工艺质量控制指标，可以更好地与工艺操作人员进行沟通。

2. 规范化巡检

在线分析仪表有效的日常巡检是保证其长周期稳定运行的重要措施，编制巡检规范，对各类型仪表明确巡检重点、巡检标准、巡检周期及问题处置，并及时做好巡检记录。

3. 预防性维护

做好在线分析系统预防性维护工作，通过主动维护、主动更换易损件，可大大减少分析系统故障发生的概率，提高设备无故障工作时间。根据不同仪表部件的损耗及故障情况，制定不同部位的维护标准、维护周期，一个年度后进行回顾评估，优化调整维护标准及维护周期，精准开展预防性维护。

4. 规范化操作

不同类型仪表均需编制作业指导书，主要包括以下内容：安全注意事项，分析仪菜单功能说明，分析仪投用步骤，分析仪停用步骤，分析仪校准步骤，分析仪预防性维护步骤，样品预处理操作说明，样品回收系统操作说明，辅助设施操作说明等。

5. 在线质量仪表的大修

装置大修期间，在线分析仪应同步进行大修，主要工作有：取样阀、取样探头、取样管线的检查、清洁、维修；分析小屋基础、屋顶、法兰螺栓等腐蚀部位刷防腐油漆；空气过滤器、压力表、温度计、仪表箱等破损部件更换；电路板类的备件，平时无法上机测试，可在装置停工大修时进行；对工控机、数采仪、色谱仪等程序进行备份；更换分析仪内的存储电池；接线端子的检查、紧固；分析机柜内电气线路、分析仪电路板除尘清洁；装置开工期间不能进行的预防性备件更换等。

（三）在线质量仪表取代管理

1. 取代人工分析流程

企业应明确在线分析数据替代化验分析数据的程序，发挥在线分析数据的作用，减少化验成本。程序应首先明确相关单位职责，制定在线质量仪表数据是否准确的判定依据，一般可以与化验分析或标样进行比对，根据不同样品、不同分析仪表、不同生产控制要求，将两者之差与化验分析方法的重复性、再现性或者标样的允差(或不确定度)等对比，确定在线质量仪表比对的允差，若质量富裕度较大，甚至可以按照化验分析方法重复性的3倍来确定，满足允差的作为可以取代的依据。仪表取代前应稳定运行一段时间，明确比对牵头单位，明确采样及比对方式(化验分析比对、标样比对)，明确比对允差，明确比对时间及比对次数等。若数据符合比对允差，按流程进行申报、审批，批准后实施替代化验分析。

2. 取代后质量仪表的使用和管理

1）质量仪表定期比对

质量仪表要明确比对方式、比对允差、比对周期，比对期间发现超差问题要及时分析原因并采取措施，仍然超出允差的由仪表管理单位申请暂停仪表取代，恢复化验分析，直至仪表修复后再申请取代。

2）质量仪表的数据使用

工艺操作人员使用质量仪表的数据进行工艺操作，若发现质量仪表死机、走直线、出现坏值等，或出现质量仪表数据与操作预计值相背离的情况，应及时通知仪表运维单位检查确认，必要时安排化验人员加样分析确认，直至问题排除。

3）质量仪表的管理

在线质量仪表取代化验室分析后，需保证质量仪表的准确、稳定。运维单位按照要求做好巡检、数据运行趋势检查、预防性维护和故障报修处理等工作，确保仪表运行平稳、数据准确。管理单位需不定期抽查质量仪表是否运行稳定，数据是否准确，确保运行可靠。

九、实践案例

(一) 案例1：误采半成品样作为抽检样品

1. 案例概况

某单位两位产品质量抽检人员到达某公司进行成品油质量抽检。经协商定于第二天上午安排采004罐车用柴油成品，第二天上午恰逢暴雨，该公司罐区积水严重，不具备采样条件，直至下午雨量稍有减小。到达现场后，由于罐区内积水严重，该公司两名化验人员绕行进入罐区采样，未仔细核对罐号，误采002半成品罐样品作为抽检罐样品。

2. 原因分析

(1) 采样人员责任心不强，现场未仔细核对采样罐号与需采罐号的一致性，导致本应采004罐合格车用柴油成品，错采成半成品柴油002罐油样，当时002罐正在收装置柴油。

(2) 现场罐下采样器无罐号标识，不能第一时间识别采样罐号，现场管理不完善。

(3) 采样后未及时安排对主要项目进行分析核对，存在管理漏洞。

(4) 质量抽检人员未实施采样环节的全过程跟踪监督，未能及时发现采错罐的问题。

3. 改进措施

(1) 对采样人员进行责任意识教育和采样上岗培训。

(2) 罐外采样器处增加明显的罐号标识。

(3) 完善管理要求，现场采样时需确认采样瓶标签与采样罐号的一致性。有条件时应采用信息化手段，自动确认采样罐号的准确性。

(4) 增加管理程序，对于外部抽检样，应增采一份样品，进行关键项目再分析，验证样品的代表性。

（二）案例 2：93#汽油调和组分油饱和蒸气压超标

1. 案例概况

某公司接到用户反馈，发往某油库的 1 批次 93#乙醇汽油调和组分油入库检验饱和蒸气压为 67kPa，不符合夏季汽油饱和蒸气压不大于 61kPa 的要求。接到信息反馈后，该公司组织人员赴油库进行现场抽样，与此同时，对 93#乙醇汽油调和组分油的生产工艺过程、关键工序控制、产品检验和产品出厂等各环节进行自查。经核实，不合格油品为 5 月 8 日发出，出厂分析时饱和蒸气压为 58.9kPa，符合质量指标要求。16 日早上，从油库抽取了该批油品中的 2 车样品进行饱和蒸气压分析，测定结果为 70kPa、73kPa，不合格。某公司对化验分析过程进行检查，发现测定该批油品的饱和蒸气压分析仪快速接口内部有渗漏现象。

2. 原因分析

（1）化验检测站对化验分析仪器监管不到位，汽油饱和蒸气压仪器快速接口存在泄漏，导致测定结果出现偏差。

（2）工艺管理和汽油调和方面对换季期间汽油饱和蒸气压指标重视不够，没有及时调整操作和优化调和方案。

3. 改进措施

（1）加强化验分析设备日常管理，定期联系专业人员对仪器进行排查和校验。

（2）加强分析仪器设备期间核查和分析比对，及时发现设备偏差情况。

（3）加强变更管理。换季期间，要及时把蒸气压质量指标变化的信息通知到生产装置，产品调和单元要重点关注蒸气压指标。

第五节　标准化管理

标准是指农业、工业、服务业以及社会事业等领域需要统一的技术要求，是通过标准化活动，按照规定的程序经协商一致制定的，为各种活动或其结果提供规则、指南或特性，供共同使用和重复使用的文件。从来源上看，标准分为国际标准、国外标准和国内标准。《中华人民共和国标准化法》由第七届全国人民代表大会常务委员会第五次会议于 1988 年 12 月 29 日通过，自 1989 年 4 月 1 日起施行。最新版本由第十二届全国人民代表大会常务委员会第三十次会议于 2017 年 11 月 4 日修订通过，自 2018 年 1 月 1 日起施行。《中华人民共和国标准化法》将我国标准划分为五种，即国家标准、行业标准、地方标准、团体标准、企业标准。国家标准分为强制性标准、推荐性标准，行业标准、地方标准属推荐性标准。强制性标准必须执行，国家鼓励采用推荐性标准。2021 年 10 月 10 日，中共中央、国务院印发了《国家标准化发展纲要》，指出标准是经济活动和社会发展的技术支撑，是国家基础性制度的重要方面。标准化在推进国家治理体系和治理能力现代化中发挥着基础性、引领性作用。新时代推动高质量发展、全面建设社会主义现代化国家，迫切需要进一步加强标准化工作。

随着社会进步和经济发展，标准化发挥着越来越重要的作用。在计划经济时代，标准的主要作用是为产品的生产服务。而在当今社会主义市场经济的发展进程中，在经济全球化的背景下，标准在全球贸易中的地位得到更大提升。对于一个国际化的大企业来说，标准已经成为赢得市场竞争的有力武器。掌握了标准的制定权，就掌握了市场的主动权，一般来说，标准化工作的主要作用表现在以下几个方面：

（1）标准化为科学管理和现代化大生产奠定了基础。随着科学技术的发展，生产的社会化程度越来越高，分工越来越细，生产协作越来越广泛，这就必须通过标准化来保证各生产环节的活动，在技术上保持高度的统一和协调，合理发展产品和服务品种，以更好地满足社会需求。标准化在保证生产的同时也为科学管理提供了依据。所谓科学管理，就是依据客观经济规律对企业进行管理，而各种科学管理制度的形成，都是以标准化为基础的。

（2）标准化是促进技术进步和科技创新的重要手段。技术进步和科技创新是经济和社会发展的根本动力，实践证明，充分发挥标准的技术扩散作用和桥梁作用，可以实现科技成果向生产力的快速转化，使科技优势转化为竞争优势进而转化为经济优势。标准化是推出新产品、形成新产业、促进产业结构优化升级的重要手段和措施。

（3）标准化在保障人身健康、安全生产，促进自然资源的合理利用，保持生态平衡和可持续发展等方面的作用更加突出。近年来，大批与环保、卫生、安全相关标准的制定并发布实施，对维护人类社会当前和长远的共同利益有着至关重要的作用。这些标准已经越来越多地被相关法规所引用，使标准的实施得到有力保障。

（4）标准化在各社会组成部分之间发挥协调作用，确立共同遵循的准则，建立稳定的秩序。标准化应用于科学研究，可以避免在研究上的重复劳动；应用于产品设计，可以缩短设计周期；应用于生产，可以使生产在科学有序的基础上进行；应用于管理，可以促进统一、协调，提高效率。按照规范程序制定的标准，在保证产品质量、维护消费者利益、消除贸易障碍、促进国际技术交流和贸易发展、提高企业的应变能力和产品在国际、国内市场上的竞争能力方面具有重要作用。

一、标准制定、修订管理

（一）基本要求

标准化工作主要指制定标准、组织实施标准和对标准的实施进行监督检查。要做好标准化工作应当达到以下基本要求：

（1）企业应组建标准化组织。企业按照生产经营的专业范围成立企业标准化技术组织，开展相关专业的企业标准化工作。

（2）标准起草人应具有较高的专业技术水平。企业应组织标准化岗位工作人员参加标准化培训，熟练掌握标准化知识和技能。

（3）企业应建立本企业标准体系。企业标准体系可以作为生产、管理、贸易和服务的依据。相关业务部门应根据企业标准体系情况，建立本业务领域标准体系，指导企业不断优化标准体系并有效实施。标准体系应完善合理、动态更新，优先采用现行有效的外部标准。

（4）企业生产的产品，应按照国家有关规定严格执行各级产品标准，并在其产品说明书、合格证、标签或包装物上注明所执行的标准。

（二）标准制定、修订的规则

标准制修订应按照 GB/T 1.1《标准化工作导则》、GB/T 20000《标准化工作指南》、GB/T 20001《标准编写规则》和 GB/T 20002《标准中特定内容的起草》等四个标准执行，一个高质量的标准应符合以下要求：

（1）具有可执行性；

（2）标准文本和格式规范，文字简练、流畅，无生涩难懂、需要左右推敲的语言；

(3) 技术内容完整、使用范围贴切、技术指标合理，产品性能由适当的检测方法表征，供需双方利益均衡；

(4) 在标准的制定过程中，能有效识别和控制来自各方面的风险，安全问题相关章节编写完整，引用基础标准准确；

(5) 标准编制说明、编写规范，翔实记录了标准制定过程中的重要问题，有较好的可追溯性，数据充分且对各项指标的确定构成支撑。

(三) 标准制定、修订的程序和要求

1. 国家和行业标准制定、修订过程

(1) 标准的立项阶段。根据国家和行业标准化管理规定，标准的立项申报原则上可以是企、事业单位或任何自然人。国家标准或行业标准的立项需通过该领域的标准化委员会或技术归口单位进行申报。标准化委员会或技术归口单位则对申报项目的必要性、紧迫性和可行性进行分析，必要时对一些重要标准的申报情况进行协调。

(2) 标准的起草阶段。标准草案在起草阶段为标准征求意见稿和送审稿。标准征求意见稿发往相应的标准化分技术委员会委员以及有相关业务的企业或事业单位征求意见；标准送审稿是根据反馈意见对征求意见稿进行修改后形成的，是送交审查会进行技术审查的稿件。

(3) 标准的审批阶段。标准送审稿提交标准化技术委员会进行审查，根据审查结果进行修改后，提交标准报批稿，标准报批稿经该领域标准化技术委员会或标准化技术归口单位复核后上报标准化主管部门批准并发布实施。国家标准报国家标准化管理委员会，行业标准报归口管理的行业部委，如石油和石油化工行业标准报国家能源局或工业和信息化部。

(4) 标准的发布实施。国家标准和行业标准分别以“中华人民共和国国家标准批准发布公告”和“行业部委公告”的形式批准发布。一般发布和实施日期之间有半年左右的间隔，以使相关单位做好标准实施的各项准备。自标准实施之日起，至标准复审重新确认、修订或废止的时间，称为标准的有效期，又称标龄。我国在《中华人民共和国标准化法实施条例》中规定国家标准实施 5 年内要进行复审，即国家标准有效期一般为 5 年。

2. 团体标准的制定、修订过程

根据国务院《深化标准化工作改革方案》关于“对团体标准进行必要的规范、引导和监督”的要求，为落实国家市场监督管理总局和国家标准化管理委员会联合发布的《关于培育和发展团体标准的指导意见》中“国务院标准化行政主管部门组织建立全国团体标准信息平台，加强信息公开和社会监督”的意见，国家标准化管理委员会组织中国标准化研究院开发建设了全国团体标准信息平台，于 2016 年 3 月正式发布上线。团体标准制定、修订公共服务平台依据开放、公平、透明、协商一致及促进贸易和交流的一般原则，以及团体标准制定、修订主要编制流程，建立了科学规范的线上管理机制，为社会团体提供了从立项申请到报批发布的全流程管理，向社会团体提供公共服务。

团体标准的制定、修订程序包括：提案、立项、起草、征求意见、技术审查、批准、编号、发布、复审。团体标准的主管部门为国务院标准化行政主管部门。国务院有关行政主管部门分工管理本部门、本行业的团体标准化工作。

3. 企业标准的制定、修订过程

企业标准的制定、修订程序包括以下阶段：标准立项(项目提出、立项论证、计划下达)、标准编制(起草、征求意见)、标准审查与标准报批发布。

(1) 标准立项。首先开展相关外部标准调研，论述与标准体系的关系，进行必要性和可行性论证，收集整理生产实践和市场应用数据；组织实验研究和验证，评估实施标准所需投入，预期实施后的作用和效益后，向相关业务部门提交立项申报材料。业务部门对申报标准项目进行技术审查，通过后报标准主管部门。主管部门首先委托技术归口单位进行标准项目查新、标准体系审核与形式审查，提出立项建议；然后会同业务部门，组织相关专家、归口单位召开立项论证会，提出论证结论；最后根据论证结论及年度经费预算形成企业标准年度制定、修订计划。

(2) 标准起草。标准制定、修订计划下达后，由标准第一起草单位牵头成立标准起草工作组，明确分工，拟定工作方案和进度。在调研、试验验证的基础上，按照标准立项论证确定的内容和范围以及标准编写规则起草标准工作组草案稿和编制说明。标准第一起草单位的标准化主管部门组织对工作组草案稿内部审核后，将标准文本、编制说明、审查纪要等材料上报业务主管部门审定，形成标准征求意见稿。业务部门组织标准第一起草单位向相关单位征求意见，征求意见的范围涉及生产、销售、用户、科研、检验等各领域。起草工作组根据反馈意见修改完善标准征求意见稿，有重大技术修改的标准应重新征求意见。修改后形成标准送审材料报相关业务部门。

(3) 标准审查。业务部门对送审材料进行技术审核，确认具备审查条件后报标准管理部门。由标准管理部门委托归口单位对送审材料的完整性、与计划内容的一致性、标准编写的合规性、标准第一起草人资质等进行审查，对不符合要求的退回起草单位修改。之后会同业务部门，组织相关专家对标准送审材料进行审查。标准通过审查后，起草单位按照审查纪要修改标准，形成标准报批稿。

标准未通过审查的，起草工作组应根据审查纪要，重新起草、征求意见。经本单位标准化主管部门审核，业务部门审定后，再次组织专家进行标准审查。

(4) 标准报批发布。起草单位在审查纪要规定的时间内(一般不超过一个半月)将标准报批材料报业务部门审核。业务部门对起草单位报送的标准报批材料进行技术内容把关、审核，通过后报送标准管理部门。经归口单位对报批材料进行形式审查、复核，通过后批准发布。

(四) 标准编写中的常见问题

1. 未按既定程序开展工作

(1) 立项阶段经常出现的问题。对立项标准的必要性、可行性没有进行充分论证。如：有相应的国家标准或行业标准，仍重复制定地方标准，超出地方标准的立项范围。

(2) 编制阶段容易出现的问题。没有进行相关技术内容的分析和验证，造成标准技术内容不够合理和科学，从而影响了标准的质量。标准在技术内容合理性方面存在的问题主要有：技术指标确定的依据不充分，技术内容不完整，技术内容的属性不合理等。

(3) 征求意见阶段经常出现的问题。征求意见发函对象过少，发函对象不具代表性，不能够覆盖标准涉及的生产、用户、科研、检验、管理、教学等各方面；征求意见回函中重要反对意见没有体现；征求意见汇总对未采纳的意见未说明理由或理由不充分，对有些反对意见不作任何解释就予以拒绝等。

2. 要素编写问题

(1) 资料性概述要素的编写。如：封面上未填写国家标准分类号和国际标准分类号或填写错误；未填写代替标准信息；标准英文译名不够准确；原应纳入编制说明的内容误放入前言；前言中说明的内容有遗漏；混淆了代替、废止的概念；内容编排顺序有误；引言中包含了要求的内容等。

(2) 规范性一般要素编写常见问题。如：标准名称与内容不一致；适用范围包含了要求内容，与标准中有关的技术内容不匹配等；规范性引用文件混淆了引用文件的性质，引用方式错误，引用文件列表中标注日期与标准正文中提及的标准不统一，漏引(或多引)了引用标准，引用标准有误，引用了过时、作废甚至错误的标准，引用文件排序有误等。

(3) 规范性技术要素的编写。如技术要求不符合目的性、性能和可证实性三大原则；规范性附录中重复列出了范围、术语和定义等要素；附录中的图、表编号错误等。

(4) 资料性补充要素编写常见问题。如资料性附录性质不准确，参考文献、索引的排列顺序有误等。

3. 标准结构常见问题

(1) 标准结构常见问题。标准结构、层次混乱，逻辑、条理不清；章条结构不合理，各个章条之间没有相关性，导致要求、试验方法、检验规则相混淆，有的内容相互重复和交叉。

(2) 条文编排编写常见问题。同层次的条文有无标题不统一；列项的编写无引导语、列项的层次编号不正确；标准中的助动词使用不规范。

(3) 图、表、数据常见问题。图未编号，或图的分层不规范；表的接排写法不规范，如，未写表×(续)、未列出图题；数据表达不规范；出现表中套表，表格的写法不规范。

二、标准宣贯与实施管理

(一) 宣贯的主要内容

标准发布后，只有经过宣贯实施才能转化为生产力。企业标准的宣贯不应只是集中会议宣贯、由标准主要起草人讲课的模式，在信息技术高速发展的时代，应充分发挥多媒体技术，采用如网络课堂、Flash 动漫等模式，使标准的作用得到更快、更好的发挥。

标准的宣贯和实施提出了如下要求：

(1) 对于新发布的重要标准，相关业务部门和各企业应及时组织宣贯培训。宣贯内容包括：标准的编写意义、背景、起草依据、标准文本等。

(2) 企业应采取有效措施按期实施所执行的标准。

(3) 企业生产的产品，应按照国家有关规定在其产品说明书、合格证、标签或包装物上注明所执行的标准。

(4) 新产品销售前应确定产品标准或与需方签订产品技术协议，作为供需双方质量交接的依据。

(5) 对于不符合标准、采用未自我声明公开的标准或无标准的产品和服务，禁止采购、生产、提供、销售和使用。

(二) 实施的准备工作

标准的实施主体是企业。标准实施前要做好充分的准备，在工艺方面要判断是否能够达到标准要求，达不到要提前落实技改技措项目；在分析检测方面要判断是否具备检测能力，没有检测能力的要做好实验室建岗、培训等工作。

(三) 标准实施的注意事项

(1) 新标准执行前要做好充分的准备，特别是主要技术指标发生重大变化时，要做好风险评估并制定对策。

(2) 产品质量指标中与使用性能相关的指标发生变化时，一定要注意收集用户的意见，如果出现使用问题应及时解决。

(3) 新标准执行要制定严格的内控指标，新产品置换要有一定过渡期，保证产品合格好用。

三、标准复审管理

(一) 标准复审的要求

已经发布实施的现行标准，经过一定时期的使用后，对其内容进行技术性审核，以确保其有效性、先进性和适用性的过程称为标准的复审。复审是标准维护和更新的重要手段。国家和行业标准的复审周期一般不超过 5 年，企业标准实施后复审周期一般不超过 3 年，当有相应国家标准、行业标准和地方标准发布实施后，应及时复审，并确定其继续使用状态，有效、修订或废止。

(二) 标准复审的程序

国家或行业标准的复审由该领域标准化技术委员会或技术归口单位组织进行，企业标准的复审由企业组织进行。标准复审主要技术工作包括，对采用的国际标准或国外先进标准以及相关的国家标准、行业标准、地方标准和企业标准等进行查新，收集标准实施过程中的产品实测数据，分析存在的问题，如产品质量水平，生产、使用状况和市场反馈信息等。可发函至相关单位征询对标准的意见和建议。经复审的标准要以书面形式作出复审结论，如反馈的主要意见及处理情况、复审结论和依据等。复审结论要确认有效、修订、废止三种。复审报告可采用会议审查或函审的形式。

1. 确认有效

经复审后的标准，若其技术内容不需要修改，或无需作编辑性修改仍符合当前科学技术水平并满足市场需求的，可继续有效，则给予确认。经确认的标准，在发布时，不改变标准的顺序号和年代号，只是当标准再版时，在标准代号的年代号后，以括号的形式标明确认的年代号。

经过复审后的标准，对标准技术内容仅需少量修改补充，仍可继续使用的，对需要修改补充的内容采用标准修改单的形式，按照标准的制定程序，经标准化主管单位批准发布。

2. 修订

经复审后的标准，若主要技术内容需要作较大修改才能满足当前生产、使用和市场要求的，则应作为修订项目。标准的修订程序按标准的制定程序进行。修订后的标准顺序号不变，年代号需改为修订后发布时的年代号。

3. 废止

经复审认为，标准技术内容已不适应当前生产、使用和市场的需要，或已被其他标准代替，无存在必要的，则应予以废止。标准的废止需报标准化主管部门批准备案。国家标准的废止信息通过国家标准公告发布，行业标准废止信息由行业部委发文通知，企业标准则以公司文件形式通告。

四、标准声明公开管理

(一) 声明公开的目的和意义

通过开展企业产品和服务标准的自我声明公开，企业不需要再到标准化主管部门申请企业标准备案，可以随时随地对所执行标准的情况进行自我声明公开。建立企业标准自我声明公开和监督制度，一是有利于保护消费者权益，消除消费者与企业之间产品质量信息不对称的问题；二是有利于推进简政放权，保障企业主体地位，落实企业主体责任；三是有利于政府更好地提供公共服务和事中、事后监管；四是有利于社会监督，形成全社会质量共治机制。

(二) 公开的主要内容和注意事项

(1) 企业执行的产品和服务标准应向社会公开。

(2) 企业执行外部标准的，应公开标准的编号和名称。企业执行自行制定的企业标准的，还应公开产品、服务的功能指标和产品的性能指标。

(3) 企业应按照所在地政府部门的具体要求开展标准自我声明公开工作。自我声明公开的企业标准不得涉及企业技术秘密。

(三) 信息公共服务平台的使用

企业标准信息公共服务平台的网址为 www. qybz. org. cn。

(1) 登陆 www. qybz. org. cn 进入平台首页，点击企业登陆入口，选择企业所在的行政区域，点击新用户注册，按流程完成注册。

(2) 输入账户密码后，点击新增标准，点击企业标准，按提示输入标准名称、标准编号，选择年代号。

(3) 点击增加产品，依次填写产品名称、产品型号、产品分类后，点击保存。

(4) 选择上传文本，文本需要上传 PDF 版本或 Word 版本，大小不超过 10Mb，完成后点击提交。

(5) 阅读企业声明与承诺，勾选，提交。标准公开成功，如需修改，在 72h 内删除，重新操作。

五、实践案例

1. 案例概况

2015 年 11 月，国Ⅴ标准的车用汽油投放市场后，生产企业在走访市场时了解到，陆续有用户进行咨询或反映，由国Ⅳ97 号汽油改为国Ⅴ95 号汽油后，车辆出现发动机声音异常、发动机故障灯亮、油耗增加、动力性差等问题。汇总后发现，进行问题咨询的主要车辆涉及宝马、路虎、奔驰等高档进口车，数量约为 6~7 人次，呈偶发性特点。

2. 原因分析

追溯质量情况，国Ⅴ95 号汽油的质量全部合格，将其与原国Ⅳ97 号汽油质量进行对比，主要差异有辛烷值降低、硫含量下降、未添加抗爆剂 MMT 等。国Ⅴ95 号汽油 RON 实际下降约 1.0 个单位，抗爆指数也同时下降约 1.0 个单位。辛烷值的降低将直接影响汽油抗爆性。由于高档进口车辆对辛烷值变化比较敏感，当首次更换汽油牌号后，车辆根据自记忆功能，发动机故障灯亮，行驶一段时间后，匹配性自动调整正常。

3. 经验教训

产品新标准执行前要做好充分的准备，特别是主要技术指标发生重大变化时，要做好风险识别并制定对策措施。

产品质量指标中与使用性能相关的指标发生变化，一定要注意收集用户的意见，如果出现使用问题及时加以解决。

新标准执行要制定严格的内控指标，新产品置换要有一定过渡期。

4. 管理提升

油品生产企业要深入研究变更产品标准中各项指标对使用性能的影响，在新标准实施前做好风险评估并制定措施，必要时，进行试销或投放前的应用实验，保证新标准执行后产品合格好用。

第六节　质量风险和投诉管理

质量风险是指企业在原料、过程物料、半成品、产成品全过程质量管理活动中的偏差，使最终产品与目标产品产生差异，导致产品质量、用户使用等方面的风险。产品质量风险是指由于产品设计考虑不周、生产技术水平不够、生产过程把关不严等原因所造成的产品质量不确定性风险。

产品质量风险有三种类型：一是市场风险型。这一类型中产品质量本身符合相关法规要求，只是由于种种原因致使产品质量不再完全满足客户需要，让产品质量的客户满意度下降，但企业并不会因此而承担法律责任。二是道德风险型。此类产品并不违反任何法律规定，也能够满足社会的需要，但该类产品可能导致社会资源的浪费，与主流的社会价值观不符。三是法律风险型。就不同行业、不同产品而言，各国法律的具体规定或质量标准要求可能有所不同。一般来讲，企业会因产品质量而承担民事、行政、刑事三类法律风险与责任。

产品质量投诉是指消费者因商家的产品质量问题，以书面或口头上的异议、抗议向商家反映情况、检举问题，并要求得到相应的补偿的一种手段。质量投诉一般来说需要书面的或者通过电话、网络等途径投诉并有书面记录，质量投诉结果一般是要索赔或者解决问题。企业对质量投诉的管理要有文件规定，并确保质量投诉符合公司质量管理文件中对投诉的要求，且投诉均已得到解决或者正在解决。

一、风险识别

（一）质量风险评估的要求

所有参与评估的单位和个人应遵循“实事求是”的原则，围绕着产品质量问题、产品生产成本和用户的需求等因素展开。包括“严重性”“可能性”和“可检测性”等 3 项评估要素，“严重性”是风险评估的重点要素，因为以人为本、保护人体健康是评估中首先应考虑的问题，同时再考虑其他因素，如产品标准、经济费用、生产效益、技术可行性及对风险本身的认识度等。执行风险评估决定后，应对质量风险的处理方案及其对用户的影响进行监控。

参与质量问题风险评估的人员，应充分挖掘各自的潜能，尽可能全面罗列出潜在的问题，并进行讨论与分析。

产品质量问题风险评估过程的所有活动应有记录，并给予妥善保存，相关人员应不断地进行总结分析及回顾，不断提高其分析能力，达到不断降低风险评估偏差的目的。

评估前应充分准备好评估所需要的数据信息，如质量问题的信息，质量问题出现的规律及其产生概率的试验数据等，尽可能做到以数据说话。

对一般企业而言，进行产品质量风险评估的时期主要集中在 3 个阶段，即新产品研发阶段、产品的生产检验阶段和产品出厂把关阶段，涉及的主要部门有：负责新品研发的技术部门，负责产品生产制造、仓储、运输及现场检验的生产检验部门，负责质量管理的质量部门，负责产品销售的销售部门。公司的其他相关部门必要时应参与评估。

实践证明，在企业中实施产品质量风险评估管理是可行的，也是必要的，不同的企业可以根据自身行业特点制定相应的风险评估要素和风险评估标准。

（二）原辅料质量风险识别与管控

原辅料质量风险识别应从质量标准、采购过程、检验分析、储运出厂等环节进行识别，重点关注供应商风险、检测验证风险。

1. 原辅料采购质量标准

（1）风险点：原辅料来源不明，采购活动中未制定采购质量标准（技术要求），制定的质量标准（技术要求）指标不全或标准不高、标准中相关指标对应的分析方法不一致、指标描述或解释上出现差异等不规范行为，造成采购原辅料质量不符合使用方要求的风险。

（2）管控措施：①企业应该明确采购的原辅料来源、工艺技术特点、产品性质、可能的污染元素，制定科学的原辅料采购质量标准（技术要求）；②上级主管部门有相关质量标准的，必须严格执行或制定严于上级主管部门要求的质量标准；③质量标准（技术要求）应该充分考虑到原辅料在加工过程中的质量、设备、生产、安全环保等方面要求，并进行相关方评审；④要评估供需双方相关指标分析方法的一致性；⑤对于直接调入产品中的外购组分质量标准，应根据调和产品标准、使用要求及其他组分性能指标等制定；⑥要充分评估不同加工工艺的原辅料，尤其是外购组分对产品质量影响的不确定性风险。

2. 原辅料入库质量

（1）风险点：原辅料入库未按要求进行检验或验证；入库原辅料未留样或留样不规范；不合格原辅料管控不规范，造成入库原辅料质量状态不明或不合格原辅料质量管控缺失。

（2）管控措施：①经检验部门检验、验证合格的原辅料方可入库；②企业必须按照原辅料质量管控要求建立相关制度，原辅料入库要规范管理，原辅料管理部门需组织检验部门严格按照合同规定的质量条款进行检查验收，并出具质量检验报告书。经验证放行的原辅料入库前，原辅料管理部门应认真检查实物质量，并检查质量保证书、商检证书或合格证等质量证明文件。对于检验不合格的原辅料，原辅料管理部门应依据具体检验结果办理让步接收、更换、退货、索赔等事宜；③企业必须配备相匹配的检验能力，入库原辅料必须留样，留样管理应符合质量管理要求；④不合格原辅料按相关规定进行不合格评审，如需要让步接收的需按程序审批后方可入库，不合格原辅料让步接收必须评估质量风险并制定管控措施；⑤原辅料台账必须有相对应的质量状态；⑥物资管理部门应向供应方索取原辅料质量合格凭证和相关技术资料，并妥善保存；⑦物资管理部门应对原辅料供货方进行有效的评价和选择，严格按标准或技术要求进行采购。

3. 库存原辅料质量

（1）风险点：库存原辅料存在因储存不善或过期储存造成质量变化，影响使用性能。

（2）管控措施：①原辅料的储存应该符合避光、防潮、防尘等质量管理要求；②在储存期内按需要应定期进行质量检查；③超过有效期的原辅料原则上不允许使用，如需使用，生产管理部门、物资管理部门应通知检验部门按规定进行质量抽查，经相关方评审合格后方可使用，以防变质误用，必要时对下游产品进行持续质量监控。

4. 原辅料出库质量

（1）风险点：原辅料未经质量部门检验或不合格原辅料未经评审出库，造成质量隐患。

（2）管控措施：①物资管理部门应根据“先进先出”的原则发放原辅料，出库时应附有质量检验合格凭证；②出库原辅料质量动态台账应和现场状态标识相对应；③不合格原辅料（包括储存变质原辅料）应按规定的程序进行不合格评审，并做好记录。因紧急需求不能进行检验的原辅料，可按照规定程序，经主管领导批准后紧急放行，但应进行记录和标识，一旦检验不合格或生产使用发生问题，要立即追回。

5. 原辅料采购过程

（1）风险点：原辅料采购过程中存在采购计划不规范，供应商资质不符合要求，采购合同中质量条款不完善，造成采购的原辅料不符合使用要求或质量存在风险，以及在质量有争议时处理程序不明确而导致质量风险。

（2）管控措施：①各生产单位应明确、规范地提出所需原辅料的质量标准和技术要求。相关部门必须对各单位提报的原辅料需求计划严格审核把关，确保采购的原辅料质量和数量符合使用要求。②原辅料管理部门按照资格审查标准对供应商进行资格审查，对采购渠道进行控制，对供应商进行动态量化考评，处理违约供应商。原辅料管理部门应及时向质量、生产等业务部门通报供应商在其他企业出现的产品质量问题，不得选择未经资格审查、资格审查不合格、违约停用期内的供应商进行签约。③应定期开展针对采购质量、服务质量情况等原辅料采购供应活动专项分析，对不同供应商的原辅料质量差异性进行评估。④在招标、询价、联合谈判及合同文本中，必须明确所需原辅料的质量检验标准、技术要求、质量控制计划、包装储运条件和质量违约责任，明确主要原辅料和关键外购组分料的采购渠道，明确采购管理质量问题的责任方。⑤必须建立质量问题台账，如实记录日常原辅料供应中发现的质量问题，并及时处理。

6. 原辅料使用

（1）风险点：原辅料作为直接调和组分在使用过程中，因调和比例不准或调和不均匀，造成质量风险。

（2）管控措施：①调和前应根据调和组分实际质量情况，制定调和方案；②调和计量设备应定期进行校准，保证调和比例精准；③需要母液稀释的添加剂，应精准核算稀释比例，并保证充分溶解；④科学测算，保证管道调和或储罐调和均匀。

（三）生产过程质量风险识别与管控

1. 工艺卡片和操作规程管理

（1）风险点：企业工艺卡片和操作规程管理制度缺失或工艺卡片设置不合理或未严格执行制度，造成按照工艺卡片和操作规程执行过程中质量管控未达到预期要求。

（2）管控措施：①建立健全生产装置工艺卡片和操作规程（岗位操作法）方面的生产管理制度，工艺卡片应考虑相关质量管理要求，各生产单位严格按工艺卡片和操作规程（岗位操作法）等要求组织生产，生产管理制度的建立必须考虑相关质量管理要求；②定期组织炼油生产装置、公用工程装置、环保装置进行工艺卡片和操作规程的评审和修订，关注文件之间质量要求的统一性表述；③工艺卡片和操作规程变更，要考虑到变更带来的质量风险。

2. 生产过程

（1）风险点：企业生产过程中存在偏差及瑕疵，造成生产过程中质量管控未达到预期要求。

（2）管控措施：①企业生产过程需严格执行工艺卡片和操作规程；②对于生产过程的质量风险要建立识别、管控机制，对可能影响质量的阀门、盲板、管线、在线仪表等设备进行专门标识并建立台账，质量阀门、盲板、管线、仪表的管理需纳入质量管理范围；③变更需由质量管理部门参与确认并制定质量风险管控措施；④装置开停工方案或生产变更方案需包括质量控制内容，相关质量风险需进行评估并有管控措施；⑤质量管理部门应建立中间物料（半成品）质量标准和分析计划，明确分析检验方法，并采用适当的方法标识中间物料（半成品）的检验和试验状态，上下游装置对中间物料（半成品）的质量要求要达成一致，对中间物料（半成品）的质量波动风险要有识别及管控措施，质量检验不合格物料应按规定程序进行评审、处置，并做好记录。

（四）产品出厂质量风险识别与管控

1. 产品入库质量检查

（1）风险点：产品入库质量检查存在质量状态不明确或错误，质量检验管控不规范，检验出现偏差造成产品质量状态不明确或错误。

（2）管控措施：①产品入库、储存、出厂质量必须建立管理制度；②产品的已检、待检、合格、不合格等检验状态需标识清晰，未检验合格的产品不得入库；③不合格品经重新加工处理后需再次检验，经检验合格后，方可办理入库手续。

2. 产品储存过程

（1）风险点：产品在储运过程中因装载容器污染，储运系统设备使用或管理不到位以及人为的误操作引起的物料串线风险，储存环境的防护措施不符合要求，造成产品质量特性出现变化直至质量状态出现差异。

（2）管控措施：①应按规定加强产成品储存过程中的质量管理。储运管理部门应按照相关标准对储存容器定期排污并清洗，清洗检查合格后方可使用，并对清洗工作进行记录。气、液体成品的储存和运输要符合 NB/SH/T 0164《石油及相关产品包装、储运及交货验收规则》；②储运系统的管线流程、阀门内漏、盲板管理及运输工具清洁度对产品质量影响的风险需识别到位，根据储运实际情况评估产品串线、污染的质量风险，对终端产品进行相应指标抽检，管控质量风险。固体成品应按品种牌号、按批次分区存放并进行标识。

3. 成品质量

（1）风险点：成品由于检验分析不准确、标准执行不到位、质量管控不规范，造成出厂质量风险。

（2）管控措施：①质量检验部门应当按相关的产品质量标准对成品进行分析检验，检验分析数据应在方法误差范围内；②由质量管理部门取得授权的人员确认符合标准后，方可同意出厂并签发产品质量合格证；③质量管理部门对质量、品种、规格不符合标准要求的，未分析或分析项目不全的，没有质量合格证、分析单的，包装物品不符合标准规定的，未按规定留样的产成品，应不允许出厂。只有取得质量合格证的产品方可出厂。质量管理部门应按照相关规定签发合格证。

4. 成品出厂质量交接

（1）风险点：成品出厂因未明确质量交接点及质量交接责任不明确，造成质量争议。

（2）管控措施：①对出厂过程产品流程进行确认，避免出现物料串线情况，对运输工具进行挑选、检查、清洗，必要时特洗，避免造成成品污染、破损等情况；②成品出厂需和客户明确质量交接点和共同留样规则，以及出现质量争议时的处理方案；③在相关质量责任明确的基础上，本着对客户负责的原则，对可预知的相关风险向客户进行提醒并提出管控建议。

5. 出口及特殊产品质量风险管控

（1）风险点：出口及特殊产品质量风险主要来源于生产全过程的合规性，以及供需双方在质量交接标准、不同国情带来的质量差异性风险。

（2）管控措施：①生产管理部门应严格按照规定的工艺及质量标准组织生产出口产品及特殊产品（工艺和质量标准为合同明确或专门委员会评审确定的工艺路线和质量验收指标）；②企业相关产品的质量保证体系应该满足相关方要求；③质量交接协议中，除正常质量交接要求外，还要对相关信息的保密性、产品中所用原料等内容进行充分沟通确认。

（五）分析检验质量风险识别与管控

分析检验机构应通过对检测结果相关的、影响其实现管理体系预期结果的各种内外部环境因素的识别与评价，有效管控分析检验质量风险，从而避免由于分析检测结果的偏差带来的质量风险。

1. 人员

（1）风险点：参与分析检验的人员由于自身条件或相匹配的岗位检测能力不足导致检测结果出现偏差；参与检测人员的独立性无法保证导致结果出现偏差。

（2）管控措施：①实验室应建立对人员资质的培训、考评管理机制；②定期对分析检验人员进行上岗资格复查。分析检验人员上岗或转岗前应经过相应培训和考核，考核合格后方可上岗；③新仪器设备投用、试验方法更新或重新修订时，应及时对相关人员进行培训与考核，经考核合格后方可上岗；④人员检测能力还应包括与分析岗位相匹配的身心状态及知识能力，以及确保不受外界干扰的独立性。

2. 离线仪器设备

（1）风险点：仪器设备性能、校准或检查、使用和维护、状态标识、档案记录等环节的缺陷及不足导致检测结果偏差风险。

（2）管控措施：①实验室应依据相关产品标准要求，配备必要的分析仪器设备，并保证其处于正常使用状态；②要建立仪器设备申报、选型、采购、验收、使用、维护、停用管理规定；③仪器设备档案要对其主要性能、参数及安装、调试、运行、校验、维修、更新等进行记录；④仪器设备首次使用前应进行全面校准，符合规定要求后方可使用，有表明其校准状态的标识，并按规定周期重新检定，保证仪器设备符合使用要求；⑤维修后的仪器设备要进行检定，合格后方可使用，试验数据稳定的标准物质或质控样品的复测是确认仪器状态，控制风险的有效手段。

3. 试剂耗材

（1）风险点：试剂耗材质量、试剂/耗材有效期、标准物质、标准溶液配制、试剂耗材存放、安全使用与管理等环节的缺陷或不足导致检测结果的偏差风险。

（2）管控措施：①实验室应对标准物质进行验收、登记、储存、保管和分发，并保存相关记录；②建立化学试剂和基准物质的使用、保管、发放台账，化学试剂和基准物质经验证合格方可使用，并保存相关记录；③设专人按照国家标准及试验方法规定的技术条件配制标准溶液，标准溶液应标识清楚，配制及发放记录齐全。检验分析用水应符合国家标准和试验方法规定的要求；④应对试剂耗材的存储条件进行管控，确保正常使用；⑤建立对供应商的评价机制，保证优质、稳定的供货渠道。

4. 检测方法

（1）风险点：检测方法是导致检测结果出现差异性的主要风险因素，检测方法选择、样品基质将对检测方法带来影响，检测过程中各种操作的符合性控制都有可能对检测结果造成影响。

（2）管控措施：①分析检验机构要保持与上级标准化管理部门和标准化信息网络协会的联络，及时掌握最新的国家和行业标准动态，收集最新版本的标准文本，对收集到的最新版本检测方法标准进行确认和方法验证，并保存相关记录；②样品采集要充分考虑样品代表性及采集、储存、保管方式对样品检测的影响，样品采集方式要匹配检测目的，对采样设备完好性、适应性进行风险管控；③检测人员在样品不同的试验状态，应根据检测活动的具体情况做好样品状态标识，样品在制备、测试、传递过程中，分析人员应加以防护，严禁将测试过的样品混入未测试样中，避免样品污染和受到损坏；④检验人员应按试验方法规定的步骤和要求操作，操作现场应放置相关计量器具修(校)正表及分析岗位作业指导书，当检验数据出现异常时，应及时复查确认；⑤必要时，供需双方对相关检测方法要统一操作和结果判断准则。

5. 环境

（1）风险点：检测环境未进行有效监控或检测环境条件与检测要求不一致，导致检测结果出现偏差。

（2）管控措施：①实验室应按有关规定要求做好能源、照明、供水、供气、通风、温度、湿度、磁场等设施和环境条件的日常维护，定期检查设施的完好性和环境条件的符合性，并做好记录；②若环境条件对检验结果和仪器设备精度有影响，应按影响程度配备相应的设备(空调、干燥机等)及监控设施。

6. 安全环保职业健康

（1）风险点：检测工作的安全环保职业健康风险对检测结果的影响存在不确定性，但作为实验室管理的重点，仍需要对风险点进行识别及管控。

（2）管控措施：①实验室应定期检查维护水、电、气及防火、防盗等设施，安装的通风设备有利于有毒、有害气体及时有效排放；②实验室应定期检查安全防护装备和设施(如个人防护装备、洗眼器、紧急喷淋器、灭火器等)、消防器材及其功能的有效性，并做好记录；③对检测活动中产生的废弃物进行无害化处理，并做好记录；④要落实不同检测工作对检测地点、检测方式的健康、安全、环境等方面的要求，使用有毒有害试剂时要做好劳动保护及废弃物处理等。

7. 信息传递

（1）风险点：检测工作中相关样品的采样地点、时间、采样人、样品状态以及分析检测条件和分析检测数据的传递过程中出现偏差、缺失，导致检测结果无法按照要求管控。

（2）管控措施：①实验室要对样品的采样地点、时间、采样人、样品状态等采样信息，分析检测方法、设备环境等条件信息，以及分析检测数据的传递有明确管理规定，保证信息能溯源、不失真；②实验室的每个分析数据都要能够对采样、分析、审核、外报全过程的信息传递进行管控，识别传递失真、信息缺失、失密风险，并按要求对书面、电子、图片等各类信息记录按周期保管、销毁，尤其注意在实验室信息化建设中相关信息记录的符合性及在不同系统中传递的一致性。

8. 计量器具和在线分析仪表

(1) 风险点：离线、在线分析检测环节所用器具、仪器、仪表未符合计量管理要求，导致检测结果出现偏差。

(2) 管控措施：①质量管理部门或检验计量管理部门应依据国家、地方要求并结合生产经营实际需要，制定和调整计量器具和在线分析仪表的周期检定(校准)计划，按规定权限进行审批；②计量管理部门应按照周检计划和检定标准(规范)对所有计量器具和在线仪器、仪表进行检定。属检定范畴的计量器具应向当地政府计量行政主管部门授权的计量技术机构申请计量检定，属校准范畴的计量器具，应执行国家校准规范或自行制定的校准规范规定的周期；③未按照规定检定/校准或者检定/校准不合格或者超过计量检定/校准周期的计量器具，不得使用，计量器具和仪器、仪表使用时要充分评估使用条件是否满足对使用结果影响的风险；④检验计量部门或承包商应对在线质量分析仪定期进行离线比对和标准物质校准；⑤检验人员(含计量、检定人员)应持证上岗。

二、风险评价与处置

(一) 质量风险清单管理

质量风险清单管理贯穿于整个质量风险评估与管控过程。为加强质量风险识别和管控能力，全面、持续地认识所面临的各种质量风险以及分析质量风险事故发生的潜在原因，系统地推进质量风险识别与管控工作，应建立质量风险清单库。质量风险清单应由基层单位依据本部门实际排查建立，并持续进行滚动识别更新调整，制定的风险防控措施应定期进行评估，已消除的质量风险应该从清单中去除，新增加的风险要及时列入清单库并进行评估、管控。企业质量管理部门应督促基层单位进行质量风险识别、管控，建立质量风险台账，指导基层单位合理评定质量风险等级，帮助基层单位提高应对质量风险的识别能力，结合日常质量管理、三基检查等形式评价基层单位责任落实情况。

1. 质量标准体系风险

风险描述：未建立健全包括生产设备条件、生产技术水平、原料组成、产品规格、售后服务在内的产品/服务质量标准体系，无法有效进行产品数(质)量管控，导致产品/服务出现数(质)量问题。

2. 人为因素引发质量事故风险

风险描述：未制定操作标准、员工技术培训不当、员工操作不当等人为因素造成的产品/服务质量事故。

3. 质量控制执行不当风险

风险描述：未严格按照质量标准体系执行包括原材料采购、产品生产、存储以及交付等环节在内的产品/服务质量控制，导致产品/服务质量不合格，公司利益和声誉受损或引发诉讼风险。

4. 质量合规风险

风险描述：产品质量未达到国家有关产品质量标准，导致客户/消费者投诉、公司被监管机构处罚，公司利益受损。

5. 质量事故应对风险

风险描述：发生质量事故时，未及时上报有关部门、调查不充分、处理不妥当、改进不及时，损害公司利益、声誉，甚至被监管机构处罚。

6. 质量纠纷风险

风险描述：未建立健全售后服务体系，未妥善解决产品/服务质量纠纷，导致公司被监管机构处罚、诉讼失败，公司利益和声誉受损。

7. 质量管理考核风险

风险描述：对质量管理考核缺失或考核不当，激励约束机制不合理，影响公司实现经营目标。

8. 质量事故统计分析风险

风险描述：缺乏对质量事故进行统计分析或者分析不当，不利于企业质量管理提升，影响公司实现经营目标。

（二）质量风险评估

对企业而言，产品质量风险的影响是显而易见的，因而必须有针对性地对其进行管理，而采取的有效方法之一就是进行产品质量风险评估，它是质量风险管理的基本活动。风险评估的最终目的，不仅要辨识和清楚风险，重要的是以某种方式将它们分级分类，并有效管控。

1. 日常（动态）风险评估

每年应组织开展一次全面质量风险评估，并根据年度风险评估结果，结合日常经营管理，持续收集各类信息，识别质量风险，对相关风险进行动态评估，跟踪调整。

2. 质量风险评估标准

质量风险评估标准见表 5-6-1。

表 5-6-1 质量风险评估标准

严重性		
类别	严重性值（S）	描述
非常严重	5	导致重大及以上质量事故，或因产品质量问题，严重影响装置安稳运行，或对企业形象造成伤害
严重	4	导致一般质量事故，或因产品质量问题，影响装置安稳运行，或对本企业质量形象造成伤害
一般	3	导致轻微质量事故，或因产品质量问题造成质量投诉
轻微	2	未造成质量事故，但因产品质量问题造成经济损失
可忽略	1	对产品质量的影响忽略不计
可能性		
类别	可能性值（P）	描述
几乎肯定	5	事故每年发生的次数很高
很可能	4	一年发生一次或几次的事件
可能	3	每 1~5 年可能发生 1 次
不可能	2	每 5~10 年可能发生 1 次
罕见	1	每 50 年可能发生 1 次

续表

可检测性		
类别	可检测性值(D)	描述
极差	5	无检测手段，只有发生严重后果后才能发现
差	4	检测手段不全，风险难以察觉，问题出现时才能发现
中等	3	检测手段不全，风险不易察觉，问题出现前才能发现
较易	2	有检测手段，风险或风险趋势能够发现
容易	1	有检测手段，风险或风险趋势能够及时、便利地发现

风险等级	分值
极高	36~125
高	26~35
中等	16~25
低	6~15
轻微	0~5

(三) 质量风险复核

对已经识别确定的质量风险要逐项跟踪，定期进行复核确认，动态调整处理方式。

(1) 质量风险复核频次：高级及以上，每季度一次。

(2) 中等质量风险：每半年一次。

(3) 低级质量风险：每年一次，或不参与复核。

(4) 轻微质量风险：按关闭处理。

三、投诉管理

(一) 投诉信息管理

1. 投诉信息传递流程

专业销售公司接到顾客投诉后，应及时把顾客投诉意见转至被投诉企业，企业在接到顾客投诉信息后按程序进行处理，处理结果通报专业销售公司。

2. 投诉信息传递的主要内容

(1) 顾客信息、使用用途、主要产品及投诉内容。

(2) 发货日期、收货日期及运输方式。

(3) 产品品种(规格)、牌号、数量、等级、批号、提单号。

(4) 接卸及储存状况、剩余数量。

3. 投诉处理的时效

一般和轻微事故及厂内质量事故由企业组织调查处理，制定纠正预防措施并组织实施；对事故责任单位和责任人进行处罚。

对于厂外质量事故，企业在调查的基础上，查清事故原因，制定防范措施，提出处理意见，形成事故报告，对事故责任单位和责任人进行处罚，并在规定的时间内报上级主管部门。

（二）调查与处置管理

1. 质量投诉分类

（1）按投诉对象分类：分为向生产企业的投诉、向销售企业的投诉。

（2）按产生原因分类：分为产品内在质量问题、外部质量问题（产品包装及标识、产品储存及发货、运输交付及销售衔接）和其他。

（3）按责任分类：分为生产单位责任、经销单位责任和顾客责任。

（4）按处理方式分类：分为技术服务、沟通、退换货、保险理赔、赔偿（和解或诉讼）。

2. 质量投诉调查

对于产品所发生的客户投诉，企业在接到客户投诉信息后，应立即组织内部调查并与客户沟通。内部调查应追溯相关产品全过程质量控制情况，确认产品质量，有驻厂代表的投诉产品，须双方共同确认保留样品的质量。经与客户沟通后不能解决的，应立即组织内外部调查。企业对客户投诉信息的登记实行首问负责制，要详细记录客户投诉的内容，包括投诉者、投诉时间、投诉对象、投诉要求等，争取第一时间解决客户提出的问题。如需其他部门人员配合的，记下联系人、联系方式和主要内容，并在最短时间内通过客服人员将投诉信息反馈到相关部门。对不能受理的客户投诉需迅速答复，婉转说明理由，取得理解。

属合同纠纷的由销售、法律和相关部门协商处理或交由企业高层主管裁定。属产品质量的投诉，由质量管理部门迅速组织公司内部核查，通过产品相关质量控制过程的排查，及时查找投诉的质量缺陷可能产生的原因，需要到用户现场核查时，应组成投诉处理小组进行客户现场服务。当确认产品质量不合格时，由质量管理部门和客户沟通后提出处理意见。当核查结论确认产品质量合格时，由质量、销售部门负责向客户做出解释。

销售部门销售的产品发生客户投诉，应立即与客户沟通解决，不能解决的，立即组织外部调查。外部调查确需生产部门协助处理的，应立即将客户投诉信息反馈企业组织内部调查，追溯相关产品全过程质量控制情况，确认产品质量，协助销售部门进行外部调查。

3. 质量投诉处理

企业应坚持“用户第一、服务至上”的宗旨，树立“下游是上游用户”“上道工序为下道工序服务”的质量意识，建立质量信息沟通渠道，保证企业内部质量信息有效传递，做好中间产品质量控制工作，确保企业内部用户满意。

质量事故按区域分为厂内事故和厂外事故。凡已经出厂的产品，不符合质量标准，造成损失，责任在企业的，均为厂外质量事故；因生产问题、原（辅）材料不合格等原因造成产品质量不合格，以及出厂产品因质量问题主动追回，其责任在生产企业的为厂内质量事故。

企业质量管理部门应加强质量事故的管理，建立健全质量事故管理制度，明确划分厂内和厂外质量责任，建立质量事故台账，将质量事故纳入经济责任制考核，确保质量事故得到有效处置。

企业、经销单位接到投诉信息需及时组织外部调查，确认责任，并提出处理方案。责任非企业或经销单位时，需向客户说明原因或提供技术服务。外部调查质量责任难以界定时，应与客户沟通并收集相关物证，并将调查结果向客户反馈。

经内部调查取证，确认属于企业责任或部分责任时，应与客户协商处理方案，提出投诉处理建议。如质量责任非企业时，需将证明材料提交客户。当客户对责任界定提出异议时，由企业与客户协商解决，如仍存在质量争议，或就处理方案未达成一致意见，必要时按照合同条款委托双方认可的权威部门进行检测或仲裁。

质量投诉处理要进行闭环管理，完毕后要建档保存。对于责任明确的客户投诉，自接受投诉之日起在规定时间内完成投诉处理。对于复杂、存在争议的客户投诉，其处理时限经与客户沟通后适当延长。

如果发生产品质量诉讼，需经本单位法律事务部门审查同意、登记备案并指导。

企业应在政策允许范围内尽力帮助客户解决困难，维护好同客户的友好关系；积极协商，坚持实行包换、包退、包赔的“三包”制度，构成事故的，企业内部按照“四不放过”原则进行整改提升。

四、质量改进

（一）计划的制定

质量改进计划是指企业为了向本企业及其客户提供更多的利益，而根据其质量发展的规划和计划目标的要求，针对某个质量问题，进行有目的、有计划的持续不断的质量改进。

企业应根据国家法规标准、市场对产品质量的改进要求，结合自身经营管理和中长期发展规划确定质量改进计划，内容包括改进项目、措施、进度及主要负责部门等，并保证质量改进所需费用。针对产品质量存在的问题和用户需要，制定质量改进计划，尽快实现产品升级换代和质量提升。要编制长期、近期新产品开发计划，制定质量升级目标、技术措施、拟建项目和实施步骤等。质量标准应采用国际标准和国外先进标准。较重大的炼油新产品开发应列入企业科技发展计划。

企业应整理、分析各类信息，识别内部改进需求，制定质量改进计划，组织相关部门开展产品质量和服务质量持续改进工作。解决客户反映集中的问题并实施改进措施。质量改进计划表见表 5-6-2。

表 5-6-2 质量改进计划表

编号：	日期： 年 月 日						
部门		所在单位		负责人		参与者	
目前质量状况分析	1						
	2						
存在问题	1						
	2						
原因分析	1						
	2						
质量改进方案	（可附单独的质量改进方案）						
相关协助部门							
主管副总		质量管理部经理		相关部门经理			

（二）计划的实施

质量改进是质量管理的一部分，它致力于增强满足客户质量要求的能力。当质量改进是渐进的并且不断寻找改进机会时，通常使用术语“持续质量改进”。质量改进的最终效果是获得比原来目标高得多的产品(或服务)。

1. 确定产品质量改进的项目并做好活动的准备工作

质量改进项目的输入通常有质量风险、外部投诉问题、质量改进后提升企业的效益或形象、质量会议提出的问题、标准升级等。对质量改进项目及活动的范围、计划、资源配置和重要性都应加以明确规定和论证。规定应包括有关的背景和历史情况，相关的质量损失以及目前的状况。如可能，应尽量具体。应将项目及活动分配到小组、组长和员工。应制定日程表并配置充足的资源。也应对质量改进活动进展情况的定期评审做出规定。

制定计划要根据用户的需求和生产过程中出现的质量问题，确定各个阶段质量改进措施项目和项目负责部门。各负责部门制定出每一项目的改进措施计划后，经质量管理部门综合平衡，汇编成企业的年度、季度或月度计划草案。

2. 调查可能的因果关系

通过数据的搜集、分析和确认，提高对改进过程性质的认识。应认真按照制定的计划采集数据；以事实为依据，通过对数据进行分析，掌握待改进过程的性质，并确定可能的因果关系。

3. 采取预防和纠正措施

在确定因果关系后，针对相应的原因，制定不同的预防或纠正措施方案，组织参与该措施实施的成员研究各方案的优缺点。

4. 确认改进措施的执行效果

在采取了预防和纠正措施后，必须搜集有关的数据加以分析，以确认预防和纠正措施取得的结果。要注意的是，搜集数据的环境应与以前调查和确定因果关系时搜集数据的环境相同。

如果在采取预防或纠正措施之后，没有达到预期目的，那就需要重新确立质量改进项目及活动。

5. 保持改进成果

质量改进结果经确认及认可后需持续保持。对改进后的过程则需要在新的水平上加以控制。

6. 持续完善及改进

对改进效果不显著的措施及改进实施过程中出现的问题，要予以总结，为开展新一轮质量改进活动提供依据。如果所期望的改进已经实现，则应根据企业自身的情况再选择和实施新的质量改进项目或活动。

（三）群众性质量改进活动

质量管理小组(亦称 QC 小组)是企业中群众性质量管理活动的一种有效的组织形式。

1. QC 小组概念

由生产、服务及管理等工作岗位的员工自愿结合，围绕组织的经营战略、方针目标和现场存在的问题，以改进质量、降低消耗、改善环境、提高人的素质和经济效益为目的，运用质量管理理论和方法开展活动的团队。

2. QC 小组主要特点

（1）自主性：以职工自愿参加为基础，实行自主管理、自我教育，互相启发，共同提高，充分发挥小组成员的聪明才智和积极性、创造性。

（2）群众性：吸引广大职工群众积极参与，不但包括领导人员、技术人员、管理人员，而且更注重吸引在生产、服务工作第一线的操作人员参加。广大职工群众在 QC 小组活动中学技术、学管理，群策群力分析问题、解决问题。

（3）民主性：组长可以民主推选，成员可以轮流担任课题小组长；小组成员不分职位与技术高低，各抒己见，互相启发，集思广益，高度发扬民主。

（4）科学性：在活动中遵循科学的工作程序，步步深入地分析问题、解决问题；在活动中坚持用数据说明事实，用科学的方法来分析与解决问题。

3. 活动宗旨

提高职工素质，激发职工的积极性和创造性；改进质量、降低消耗，提高经济效益；建立文明的、心情舒畅的生产、服务、工作现场。

4. 组建原则

“实事求是、结合实际、自愿参加、自愿结合”是组建 QC 小组的基本原则；“由上而下，上下结合”是组建 QC 小组的基础；领导、技术人员和普通员工“三结合”是通常做法。QC 小组可以在班组或部室内部建立，也可以内外联合设立。

QC 小组人数以 3~10 人为宜，按课题活动内容小组成员分工明确，各负其责。

5. QC 小组课题的来源

QC 小组选择活动课题要结合本企业的方针目标和中心工作，针对生产、服务或工作现场的关键或薄弱环节以及用户迫切需要解决的问题。一般有指令性课题、指导性课题、自选性课题。

小组自选课题时，可考虑以下几个方面：

（1）落实组织方针、目标的关键点；

（2）在质量、效率、成本、安全、环保等方面存在问题；

（3）内、外部顾客的意见和期望。

6. 活动课题类型

根据所选课题的特性、内容的不同，可将小组活动课题分为问题解决型课题和创新型课题。

问题解决型课题是小组针对已经发生不合格或不满意的生产、服务或管理现场存在的问题进行质量改进所选择的活动课题。问题解决型课题包括现场型、服务型、攻关型、管理型 4 种类型：

（1）现场型：以稳定生产工序质量，改进产品、服务、工作质量，降低消耗，改善现场环境等为选题范围的课题。

（2）服务型：以推动服务工作标准化、程序化、科学化，提高服务质量为选题范围的课题。

（3）攻关型：以解决技术关键问题为选题范围的课题。

（4）管理型：以提高工作质量，解决管理中存在的问题，提高管理水平为选题范围的课题。

创新型课题是小组针对现有的技术、工艺、技能和方法等不能满足实际需求，运用新的思维研制新产品、服务、项目、方法所选择的活动课题。

7. QC 小组注册登记

一般每年在企业管理归口部门登记公布一次，内容包括小组名称、成立时间、小组人数、组长及成员姓名、课题形式、课题计划内容、课题起止时间、注册编号等。注册登记的目的在于确认该小组是否存在，并便于日后的管理和指导帮助。

8. QC 小组活动程序

问题解决型课题目标根据来源不同分为自定目标和指令性目标。自定目标和指令性目标的课题在活动程序上有所差异，如图 5-6-1 所示。

创新型课题按照图 5-6-2 所示的程序开展活动。

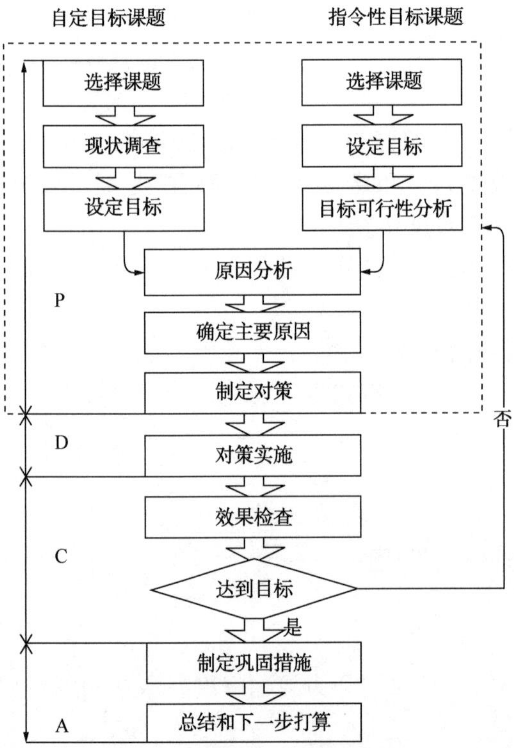

图 5-6-1　问题解决型课题活动程序

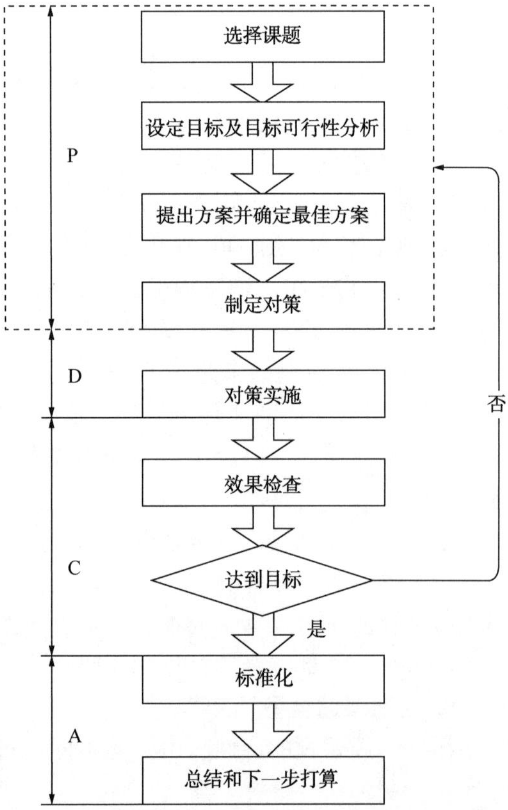

图 5-6-2　创新型课题活动程序

五、考核与处罚

（一）质量工作与考核

企业应严格进行产品质量统计和考核。由质量管理部门对质量指标进行统计，并制定相应的考核项目、标准和考核办法，将监督检查和年度检查纳入经济责任制考核，以确保质量体系得以有效运行。

企业每年将根据年度质量工作计划，组织开展质量活动，主要包括以下几个方面：

（1）开展企业实验室能力验证及比对工作。积极参与国家认可委组织的能力验证活动，每年对重点产品编制实验室间分析项目比对工作计划，并与权威部门比对实验结果，指导校准分析方法，减少再现性误差，确保实验室检验分析的准确性。

(2) 开展质量风险识别、预判与管控工作。为进一步推动质量管理工作，加强质量风险识别和管控能力，发挥集体智慧对产品全过程进行风险识别、分析、评价和应对，全面、持续地认识所面临的各种质量风险，并分析质量风险事故发生的潜在原因，系统地推进油品质量风险识别与管控工作，为产品出厂质量合格率100%打好坚实的基础。

(3) 建立质量奖励制度，保证质量工作经费。对在年度新产品研究开发、产品质量升级、解决重大质量问题和推进现代化质量管理等工作中涌现出的先进集体和个人，给予表彰和奖励，以促进企业质量管理水平和产品质量的提高，对于日常工作中发现质量隐患、避免质量事故的集体或个人给予表彰、奖励或授予荣誉称号。

(4) 对产品质量管理不力，视情节严重性，可对直接责任人和主管人员给予处罚、处分；对单位给予通报批评、处罚并责令限期整改；情节严重的责任人可以留厂察看直至开除；触犯刑律的，依法追究刑事责任。

(二) 实施考核管理

企业应对产品质量升级、产品质量、质量管理、质量检验、顾客服务及投诉处理等方面的工作情况进行监督、检查和考核。分管质量的领导每年至少针对产品质量、质量改进计划的组织落实情况、质量管理细则执行情况、质量体系运行情况以及用户反馈的意见等进行一次管理评审活动。

应制定年度质量检查计划，如工作需要可不定期组织专项检查。应建立考核机制，考核指标应有利于提升质量管控能力、优化检测分析频次、降低质量成本，要确定馏出口关键质量控制点的考核指标，对馏出口、半成品、产成品质量，包括外包装质量建立考核指标，考核指标的建立要充分考虑企业实际，奖优罚劣，体现公平性、科学性、推动性和先进性。

企业应建立健全质量事故管理制度，明确划分厂内和厂外质量责任，建立质量事故台账，将质量事故纳入经济责任制考核，确保质量事故得到有效处置。

对质量事故责任人的处理应按照管理权限分级进行。对在质量事故中负有责任的领导干部进行责任追究。对质量事故其他责任人，依照情节给予相应处理。构成犯罪的，由国家执法机关依法追究刑事责任。

六、实践案例

(一) 案例1：车用柴油硫含量超标

1. 案例情况

2017年某炼油企业接石油公司投诉，14日发往某地的车用柴油，在入库验收时发现硫含量不合格。经查，企业操作人员在进行普通柴油、车用柴油切换发油操作中，因普通柴油装汽车泵入口阀(气动阀)处于未完全关闭状态，该阀门连通管线与装车用柴油管线相通，导致车用柴油装火车时将普通柴油一起发出，引起车用柴油硫含量超标。串油事故发生后，操作人员也未按规定及时上报追回不合格柴油，导致本次质量事故的发生。

2. 原因分析

(1) 制度执行不到位。操作人员未按照《油品储运车间罐区主操岗位操作手册》规定的“导通装车流程后，进行流程复查”，没有严格执行车间“三级复查”的制度。

(2) 违反质量管理制度要求。装车后未按程序对首车样品进行硫含量分析。

（3）未按程序上报事故。操作人员在确认火车中串入普通柴油后，获悉车已经出厂，未立即采取措施追回不合格油品，也未按相关程序上报车间调度和车间值班人员。

（4）盯表不严。在发油过程中，对作业储罐的液位仪表趋势变化跟踪不严，未能及时发现生产操作存在的问题。

（5）风险识别、管控不到位。对于普通柴油与车用柴油出厂共线的质量风险识别、管控不到位；对于质量意识缺失的风险识别不到位。

3. 整改措施

（1）油品出厂必须严格执行《装运作业区技术规程》，严格执行装车流程，强化监控措施，确保"三级复查"执行到位。实施签字制度，整个流程切换环节，操作、复查、抽检等人员进行签字确认。

（2）油品装车、船出厂时应按程序采集首车、首船或油头油样，对关键项目进行检测。

（3）完善车间操作记录。《生产操作记录》要重点记录储罐的介质、温度、液位等主要工艺参数和主要操作情况，以及运转设备主要操作参数。确保职工对生产状况更加了解，异常变化更加清楚。

（4）应加强岗位操作人员培训，提升操作人员岗位技能和工作责任心，发现问题应尽快上报，及时补救，防止事态扩大。

（二）案例 2：92#乙醇汽油组分油未洗胶质超标

1. 案例概况

销售公司反映某企业输送的92#车用乙醇汽油组分油在 7 个油库卸载进罐后，未洗胶质含量和溶剂洗胶质含量与合格证数据不一致。

接到反馈后，企业立即会同销售公司赶赴输送首站，抽取本次输送过程中 31 个留样中的 7 个样品送检分析，其中 6 个样品未洗胶质含量在 10～18. 2mg/100mL，且随着储存时间的增加，未洗胶质含量增加，并出现分层现象，个别储罐下部油品未洗胶质含量已超过 30mg/100mL，最高达到 37mg/100mL。

2. 原因分析

（1）直接原因：开工期间，储运系统用加裂尾油进行顶线操作，顶线结束后未及时回装盲板，控制阀门内漏，导致加裂尾油串入抽余油中，胶质含量增加；抽余油作为汽油调和组分，未分析胶质含量直接调和汽油，且成品油出厂合格证仍采用检修前胶质的保留数据。

（2）间接原因：盲板作业管理规定落实不到位，未对盲板作业进行有效监督和风险评估；未严格执行产品保留项目管理规定，在装置开停工及生产波动期间未取消保留项目。

3. 整改措施

（1）将此次问题产品全部拉回厂里进行再加工处理。

（2）取消出厂汽油未洗胶质和溶剂洗胶质保留项目。加强调和组分管理，对所有参与汽油调和的组分均增加未洗胶质和溶剂洗胶质含量分析。进一步完善开停工期间保留项目管理要求。

（3）严格作业程序管理。完善顶油作业标准程序作业卡，明确盲板加拆步骤、作业负责人、作业时间和风险评估等内容，做好检维修和正常生产状态下的现场盲板管理及台账记录。

4. 管理提升

(1) 强化调和组分风险管理。对于自产组分，及时跟踪、分析生产变化对产品质量的影响；对于外购及互供调和组分，做好入厂产品质量管控，直接调和的产品需进行全项分析。

(2) 严格保留项目管理。汽油未洗胶质不得作为保留项目，装置开停工及波动异常情况下，立即取消保留项目，待生产平稳后，按保留项目程序评审，通过后方可恢复。

(3) 重视异常情况分析，及时发现潜在质量风险。强化日常化验数据的分析，对出现异常波动的指标(虽然符合标准)必须要查明原因，判断存在的质量风险。

第七节 质量管理与信息化

质量管理体系是指在质量方面指挥和控制组织的管理体系。质量管理体系是组织内部建立的、为实现质量目标所必需的、系统的质量管理模式，主要以保障产品质量和增强顾客满意度为主，是组织的一项战略决策。通过质量管理体系的有效运行，包括持续改进体系的有效性，保证符合顾客需求和适用法律法规的要求，达到不断增强顾客满意度的目的。

质量管理体系将资源与过程结合，是以过程管理方法进行的系统管理，根据企业特点选用若干体系要素加以组合，一般包括与管理活动、资源提供、产品实现以及测量、分析与改进活动相关的过程，主过程是产品实现过程，这一过程的直接输入是顾客需求，主要输出的是产品和服务；目标是顾客满意，可以理解为涵盖了从确定顾客需求、产品设计研制、生产、检验、销售、交付之前全过程的策划、实施、监控、纠正与改进活动的要求，一般以文件化的方式，成为组织内部质量管理工作的要求。

企业应重视质量管理体系建设，坚持与时俱进原则，紧跟市场变化，及时调整质量管理目标，持续改进并不断完善质量管理体系。企业应不断提升质量管理体系运行的有效性，建立健全体系运行考核机制，认真开展体系运行有效性检查。定期组织内审、外审，进行体系运行评价。

为全面落实质量管理体系的相关要求，实现炼化产品质量信息共享，实现质量异常信息精准管控，提高质量管理效率和管控能力，实现产品质量全过程、全生命周期信息化、智能化管控，建立质量管理信息化系统必不可少。

质量管理信息化系统包括产品质量信息管理系统和实验室信息管理系统，结合在线分析仪表管理系统、生产执行系统等，实现产品质量分析和产品质量控制的优化、高效、精准管理。

产品质量信息管理系统是协同应用实验室信息管理系统、在线分析仪表管理系统和生产运行管理系统等，深化实验室分析数据和在线分析数据的应用，结合生产管理系统的实时生产数据，对产品生产过程各环节实施信息化管理，提升产品质量控制力，增强产品异常的自动感知力，提高产品质量预判力，实现产品质量变化和趋势精准预测、产品质量异常提前感知。

实验室信息管理系统是以样品生命周期为中心，对分析过程中的人员、设备、计量器具、分析方法、标准曲线、标准溶液等实施信息化管理，实现分析任务自动生成、仪器原始数据自动上传、分析结果自动计算、分析数据辅助审核、分析结果自动传输等功能。

一、质量管理体系与信息化

（一）质量管理体系

1. 质量管理体系的内容

质量管理体系建设主要包括文件编制、要素控制、管理策划、品质管理等方面。

（1）文件编制：包括质量手册、程序文件、作业指导书、标准表格等。

① 质量手册是阐明企业质量方针并描述管理体系的文件，它全面地规定了企业的管理要求和技术要求，是指导企业全部质量管理活动的法规性、纲领性文件。

② 程序文件是描述实施管理体系要素所涉及的质量活动由谁来做，做什么，何时何地做。它是质量手册的支持性文件。程序文件的内容要求与质量手册的规定一致，对企业工作中的每个质量活动环节做出具体、可行的规定。

③ 作业指导书是企业生产各运营环节具体操作规程，包括生产装置操作规程、储运操作规程、检测分析规程等。

④ 标准表格规范了企业操作记录，包括质量记录和技术记录等，所有的记录应统一设计，简明、规范，便于归档和查阅。

（2）环节要素：包括人（人员）、机（机器、设备）、料（原材料、耗材）、法（技术、方法）、环（环境）。

"人机料法环"是全面质量管理理论中五个影响产品质量的主要因素的简称。人，指制造产品的人员；机，指制造产品所用的设备设施；料，指制造产品所使用的原材料；法，指制造产品所使用的方法、技术；环，指产品制造过程中所处的环境。

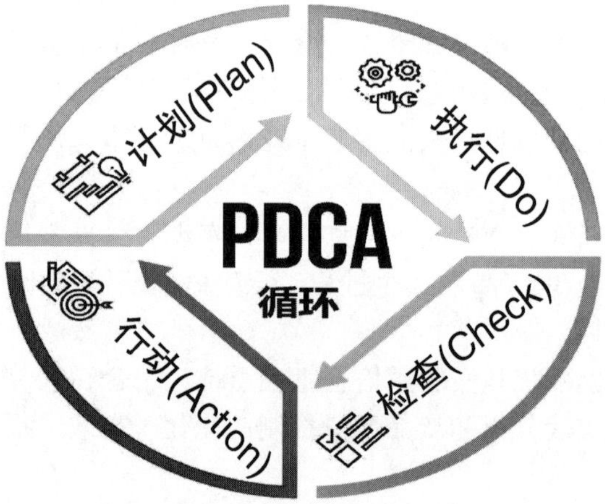

图 5-7-1

（3）管理策划：包括 P（计划）、D（执行）、C（检查）、A（行动），如图 5-7-1 所示。

Plan——计划，确定管理方针、目标和活动计划；

Do——执行，实地去做，实现计划中的内容；

Check——检查，总结执行计划的结果，关注效果，找出问题；

Action——行动，对总结检查的结果进行处理，成功的经验加以肯定并适当推广、标准化；失败的教训加以总结纠正，以免重现，未解决的问题放到下一个 PDCA 循环中解决。

（4）品质管理：包括质量方针、质量目标以及质量策划、质量控制、质量保证和质量改进。

① 质量方针：是组织的声明与承诺，是组织向顾客和社会打出的一面旗帜。

② 质量目标：是要达到的产品和服务的水平指标。

③ 质量策划：是质量管理的一部分，致力于制定质量目标并规定必要的运行过程和相关资源以实现质量目标。是对包括有关质量管理体系、质量目标、过程、质量改进等活动

实现的保障，是连接质量方针和具体质量管理活动之间的桥梁和纽带。

④ 质量控制：也是质量管理的一部分，致力于满足质量要求。通过全过程监控，及时发现偏离，迅速调整恢复正常，使各因素始终处于可控状态。

⑤ 质量保证：致力于提供质量要求会得到满足的信任。通过各种方式向用户证明组织有足够的能力满足相应的质量要求。

⑥ 质量改进：致力于增强满足质量要求的能力，是全面质量管理的精髓，是一个渐进的过程，基于过程的持续改进。

2. 质量管理体系的建立

质量管理体系的建立包括：质量体系的策划与设计，质量体系文件的编制，质量体系的试运行，质量体系的审核与评审四个阶段。

（1）质量体系的策划与设计：是一种宏观质量策划，由最高管理者负责进行，根据企业质量方针确定的方向，设定质量目标，确定质量管理体系要素，分配质量职能等，主要是做好各种准备工作，包括：教育培训，统一认识，组织落实，拟定计划；确定质量方针，制定质量目标；现状调查和分析；调整组织结构，配备资源等方面。

（2）质量体系文件的编制：是质量管理体系建立的标志，要十分重视体系文件的编制工作，它是贯标与认证的重要环节。合理设计质量管理体系文件框架结构，按质量手册、程序文件和作业文件三个层次拟定文件清单，认真做好体系文件的编号、校审、统稿、批准与印制。编制质量体系文件的关键是讲求实效，不走形式，既要从总体上和原则上满足ISO 9000族标准，又要在方法上和具体做法上符合本企业的实际。

（3）质量体系的试运行：是质量体系文件编制完成后开展的，其目的是通过试运行，考验质量体系文件的有效性和协调性，并对暴露出的问题采取改进措施和纠正措施，以达到进一步完善质量体系文件的目的。

（4）质量体系的审核与评审：在体系建立的初始阶段往往更加重要，在这一阶段，质量体系审核的重点，主要是验证和确认体系文件的适用性和有效性。审核与评审的主要内容一般包括：

① 规定的质量方针和质量目标是否可行；

② 体系文件是否覆盖了所有主要质量活动，各文件之间的接口是否清楚；

③ 组织结构能否满足质量体系运行的需要，各部门、各岗位的质量职责是否明确；

④ 质量体系要素的选择是否合理；

⑤ 规定的质量记录是否能起到见证作用；

⑥ 所有职工是否养成了按体系文件操作或工作的习惯，执行情况如何。

3. 质量管理体系的日常运行管理

（1）做好质量管理体系宣贯与培训，让每一名员工都清楚质量管理的要求与职责。

（2）把质量管理作为企业全体员工参加的质量管理活动，从而将质量问题由只与某些人有关系提升到与人人工作都有关系的高度。

（3）把质量管理看作是全过程的质量管理活动，质量问题与整个工作过程中的所有环节和各种因素有关。

（4）强调质量管理要用数据说话，必须依据正确的数据资料进行加工、分析和处理，找出规律，再结合专业技术和实际情况，对存在问题作出正确判断并采取正确措施。

（5）强调质量管理要以预防为主，对产品质量进行事前控制，把事故消灭在发生之前，使每一道工序都处于控制状态。

（6）推崇持续改进的思想。始终不断地寻求改进的机会，不断地提高质量。

4. 质量管理体系的第三方审核

质量管理体系的第三方审核就是生产与使用双方当事人以外的第三方对质量管理体系进行的监督管理。其目的主要是：

（1）确定质量管理体系的要求是否符合规定要求。

（2）确定现行的质量管理体系要求是否符合规定要求。

（3）确定受审方的质量管理体系是否能被认证或被注册。

（4）为受审方提供改进质量管理体系的机会。

（二）质量管理信息化

1. 质量管理系统（QMS）搭建

质量管理信息系统的搭建，首先需要梳理质量管理所涉及的各个过程环节管理要素、关键控制点，包括质量计划、过程管控、分析诊断、客户服务、风险控制等环节。

针对每个要素环节的管理目的、管理程序、关键控制点要求，逐项制定闭环控制流程。

根据每个要素环节管理要求，设计信息系统获取内容、获取方式、控制标准、管理要点、异常警示、处理完成等闭环过程。如：原材料进厂质量管控，获取内容：原材料检测报告、入厂验证报告；获取方式：供应商合格单扫描入系统，验证报告由 LIMS 系统直接传递；控制标准：原材料质量标准；管控要求：实物质量是否满足标准及管理要求；异常预警：超过标准指标数据翻红；处理：专业评审，确定退换货、让步接收或使用监控，形成闭环。

结合质量管理业务需求，用信息化手段汇集信息数据，通过日常信息自动抓取、大数据积累、关联分析等手段，实现过程控制、异常预警、动态追踪保障等自动管理功能，提高效率，减少人为因素带来的质量问题。

2. 质量管理系统主要功能

质量管理系统是通过信息化手段将质量管理过程各要素进行有效管控，起到规范运行、提高效率、事前预警、及时提升的作用。系统覆盖石油化工产品生产全过程，实现原辅料进厂、生产过程、产成品出厂的全过程质量管控，对质量实现过程和质量风险的闭环管理更加有效，形成一套标准化的质量管理系统模板，支撑企业全面质量管理，防控质量风险，促进提质增效。质量管理系统功能构架如图 5-7-2 所示。

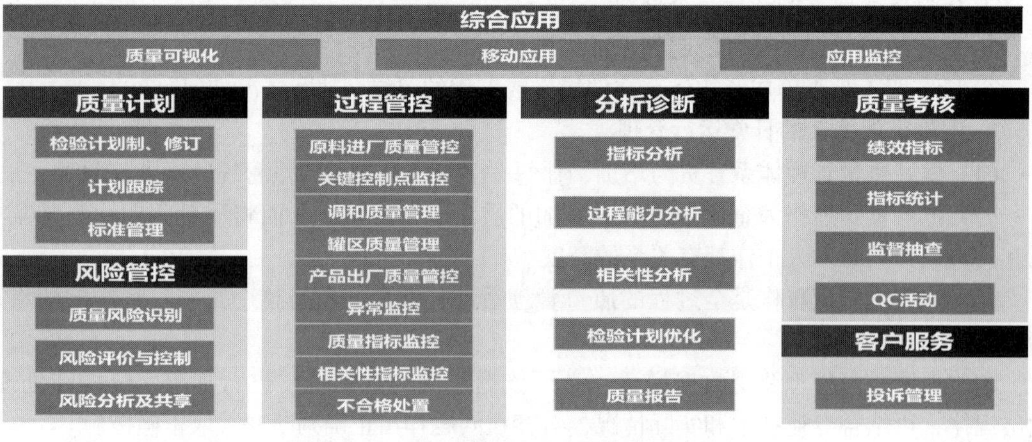

图 5-7-2　质量管理系统功能构架

3. 质量管理信息系统的日常应用

(1) 通过系统应用，提高质量平稳率水平。依托信息化强大数据储存和处理能力，可根据特定的统计计算方法，自动计算出生产过程或出厂产品的质量稳定性，依据质量稳定性评价结果，制定质量改进目标，为企业质量持续改进提供数字化支撑。

系统根据预先设定的边界条件，自动推送稳定性较差的产品信息，或稳定性明显下降时，自动向管理人员提出预警，确保及时查找原因，采取有效对策措施，实现事先、事中质量管理，降低质量重调率和等外品率，增加企业的质量效益。

(2) 通过系统应用，提升质量风险管控水平，实现质量管控从事后处置到事前预警、事中管控模式的转变。

应用大数据分析方法，实现产品质量数据预测，将质量管理工作前移，提高质量过程管控能力，降低质量风险。

结合生产过程的仪表数据，应用大数据技术，实现产品质量数据的实时监控，自动发现产品质量异常波动，精准推送异常信息，及时采取纠正措施，降低产品不合格率，降低能耗成本，同时确保产品质量。

(3) 通过系统应用，增强企业全过程质量跟踪及质量追溯能力。通过质量全过程可视化模型，按业务的类型对相关装置、中间罐、调和设施、成品出厂等全过程相关指标、异常、不合格等信息进行集中监控，实现全过程质量跟踪和追溯。

(4) 通过系统应用，提升客户满意度。通过提高全过程质量管控能力，提升产品质量，减少产品“合格不好用”的比例，降低客户投诉，提升客户满意度。

通过客户投诉问题清单的结构化处理、信息化记录，对客户投诉信息可按用户、处理时间、产品类别、投诉原因、解决方案和采取的措施等多方位统计分析，使企业能及时处理投诉并采取纠正预防措施；采用信息化工具记录企业客户走访情况，形成企业内部与客户共享的客户走访反馈报告，便于维持良好的客户关系。

二、实验室管理体系与信息化

(一) 实验室管理体系的建立

实验室应建立与本实验室业务、检验活动范围、工作内容相适应的管理体系，并配置相应的资源，使管理体系持续运行，并不断寻求改进，以便保持管理体系的有效性。

依据 CNAS-CL01《检测和校准实验室能力认可准则》、CNAS-CL10《检测和校准实验室能力认可准则在化学检测领域的应用说明》的要求和实验室的质量方针、质量目标，企业组织有关部门和人员建立文件化的管理体系，最终达到“人、机、料、法、环”符合检验的要求，确保分析数据的技术有效性和实验室的公正性，从体系层面为实验室分析数据互认提供保障。

管理体系应达到以下要求：一是能满足管理要求和技术要求，具有可操作性和可检查性；二是各项活动过程均被规定，并且按照文件规定贯彻实施；三是管理体系过程输出符合预期目标；四是管理体系具有自我完善、预防机制和改进机制。

建立实验室管理体系并有效运行后，实验室可向 CNAS 申请认证，由 CNAS 指派专家对体系进行审核，审核通过后获得认可证书，证明实验室经认可的项目符合实验室认可准则要求的能力。

(二) 中国合格评定国家认可委员会(CNAS)

中国合格评定国家认可委员会(China National Accreditation Service for Conformity Assessment，CNAS），是根据《中华人民共和国认证认可条例》的规定，由国家认证认可监督管理委员会批准设立并授权的国家认可机构，统一负责对认证机构、实验室和检验机构等相关机构的认可工作。

（三）实验室信息化系统

1. 实验室信息化构架

实验室信息化是指用信息化技术对实验室业务进行管控，实现纸面记录电子化、结构化；分析任务委托网络化，数据一次录入全业务流程应用；分析报告电子化。可分为基础业务信息化和基于基础业务系统之上的智能化。实验室基础业务信息化主要以分析数据产生过程为核心的实验室信息管理系统（LIMS）为主，辅以实验室设备、计量、人员培训等管理模块。

实验室信息化建设，根据企业实验室管理特点，对实验室管理、实验室业务进行全面梳理，可划分为实验过程智能化、实验管理（运营）智能化、实验保障（设施）智能化、实验安全（环境）智能化四大类14个业务方面的智能化，如图5-7-3所示。

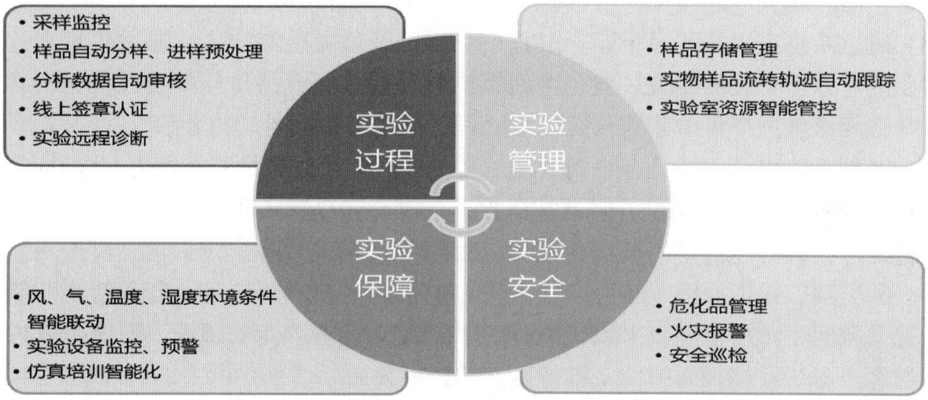

图5-7-3 实验室信息化框架结构

2. 实验室信息管理系统

实验室信息管理系统（LIMS），作为提升实验室管理和劳动效率、提高实验室管理水平、减少分析差错的手段，它承载和记录了大量的基础信息和原始分析数据，从本质上实验室信息化管理系统已是一个半实时应用系统，在安全稳定运行、数据避免丢失、数据保密等方面必须有明确的要求。要建立制度，明确管理人员、维护人员、实验室内部使用人员和实验室外部查阅人员的业务职能和权限；要有定期备份机制，对模型搭建的基础数据、对应用过程中产生的数据，特别是原始分析数据要做好定期备份；应有应急处理预案，确定应急事件级别评估、应急预案启动审批、应急预案启动、故障处理、应急终止申请、应急终止审批、发布应急终止通知、数据补录操作等工作流程，并根据应急业务的界定，对这些应急业务制定详细的应急处理措施，正常使用时，系统服务器采用双机热备模式，系统故障时能在半小时恢复；LIMS系统的模型搭建数据是后续所有工作的基础，修改或新增模型搭建数据时应进行双确认且需采用模拟录入数据的方式检查最终输出的准确性。分析化验数据属于企业保密内容之一，查阅LIMS系统数据应进行授权，产品合格证等与企业外部相关数据的打印应有追溯机制，后台记录打印人、打印时间和打印数量等详细信息。

实验室信息管理系统，包括分析任务管理、分析数据流程管理、分析操作过程管理、分析报告管理及围绕分析检验环节的计量器具管理、人员培训管理、标准溶液管理、仪器设备管理等。LIMS 系统应用于分析检验业务场景，应用单位一般会对其进行扩展，增加外部人员查询实验室报告(数据展示)功能模块。其主要功能如图 5-7-4 所示。

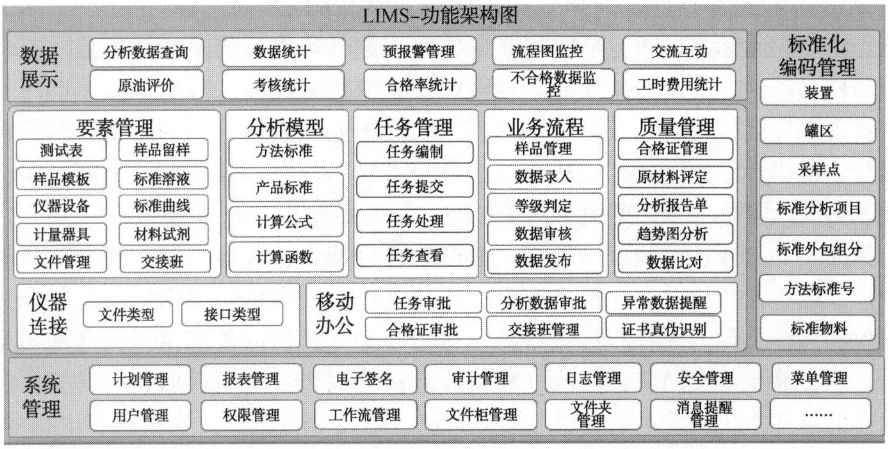

图 5-7-4 实验室信息管理系统功能架构

实验执行系统(LES)，是根据分析方法对具体实验步骤实验过程进行管控的信息化系统。应用对象是实验室的检验人员和审核人员，保证检验过程有效控制和可追溯，真正实现原始记录“原始录入无法修改”的合规性要求，应用范围是分析检验部门。其主要功能如图 5-7-5 所示。

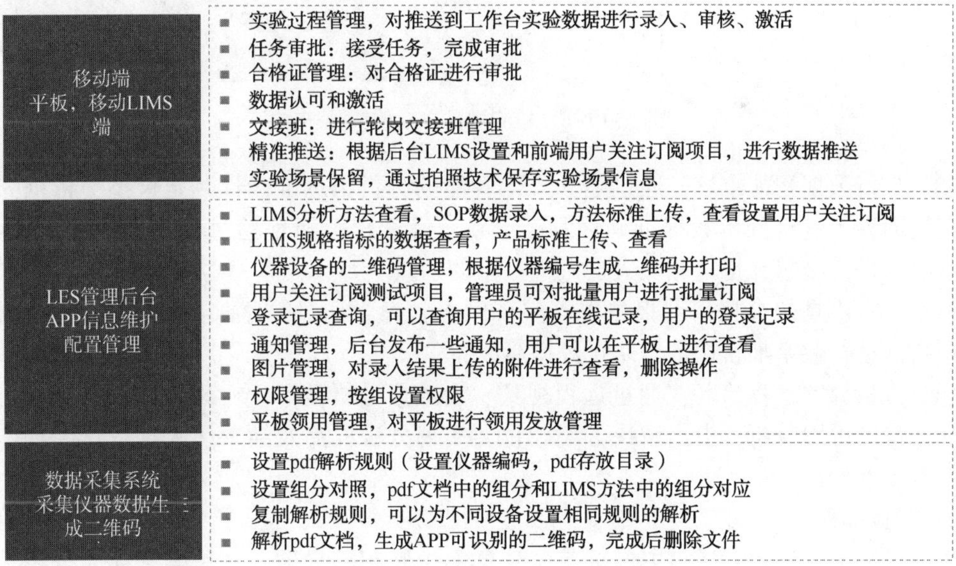

图 5-7-5 实验执行系统功能构架

3. 实验过程智能化

1）采样分样过程

(1) 采样监控：实施采样智能化系统，使用 5G 移动设备对采样过程进行监控，并与采样点、采样计划自动比对一致性，用智能化手段保证所采样品与委托计划的一致性；匹配无线射频识别器自动记录采样时间，为每个样品建立了一个精准的时间标记。根据各装置采样需求，系统规划最佳采样路线，并记录采样过程的行动轨迹。

应用视频监控智能化技术，对采样全过程进行视频监控，对不符合操作规范的行为自动报警提醒，对有特殊安全要求的样品，采样时自动提醒采样人。

实施二维码样品标签打印，采样前根据分析任务打印出与需采样品信息一一对应带二维码标识的样品标签，采样时，扫描二维码即可获取需采样品的所有信息，同时在每一个采样点配置含采样点信息的无线射频识别器，采样智能化系统自动判断无线射频识别器获得的信息与二维码标签的信息、委托计划信息三者是否一致，若任何一方有区别，系统自动向采样人员发出警告信息，避免拿错采样瓶、采错采样点。

（2）样品自动分样、预处理、进样：通过分样机器人、转运机器人和分析机器人的组合，实现样品的智能分析。分样机器人通过样品条码自动识别采回的样品，把样品自动分配至各岗位的运输机器人或者对样品进行分瓶后，把分瓶样品分配至岗位运输机器人，运输机器人转运样品至对应岗位；岗位分析机器人从运输机器人中获取样品，把样品置于自动分析仪器的进样系统触发自动分析仪器分析，或者由分析机器人模拟人工进行样品分析。自动分析过程中样品信息全过程一一对应传递，分析结果自动上传至 LIMS 系统，分析异常智能识别并自动向岗位人员推送。检测样品自动传输分配如图 5-7-6 所示。

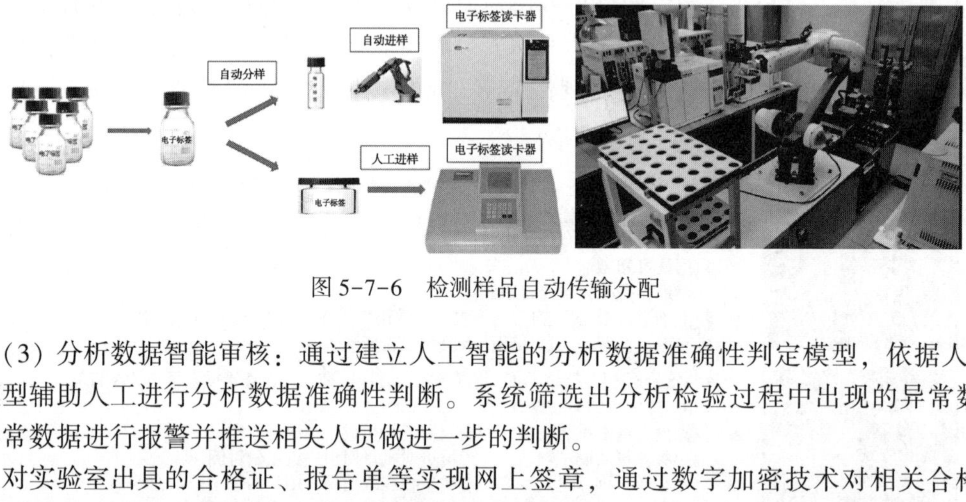

图 5-7-6　检测样品自动传输分配

（3）分析数据智能审核：通过建立人工智能的分析数据准确性判定模型，依据人工智能模型辅助人工进行分析数据准确性判断。系统筛选出分析检验过程中出现的异常数据，对异常数据进行报警并推送相关人员做进一步的判断。

对实验室出具的合格证、报告单等实现网上签章，通过数字加密技术对相关合格证、报告单数据进行数字加密认证，防止数据篡改，

（4）分析异常远程诊断：通过远程视频、大数据分析技术，实现仪器设备异常、分析结果异常辅助原因分析，提出解决方案建议，实现分析样品及结果多人远程诊断功能，确保分析数据准确性。

2）实验过程

（1）样品流转管控：通过电子标签实现样品流转跟踪导航，从采样到样品分析，一直到样品留样处理全流程定位，通过样品任何关键信息，均能查询到样品状态、样品所处的位置等详细信息。检测样品批处理与流转跟踪如图 5-7-7 所示。

（2）留样储存管理：采用智能样品留样系统和设施，自动入库保存样品，记录样品保存位置、留样时间等信息，达到储存日期的样品自动出库，库存样品异常信息，例如非法取用等及时推送预警。

（3）实验室资源智能管控：建立实物资源全生命周期管控体系，对资源采购到资源应

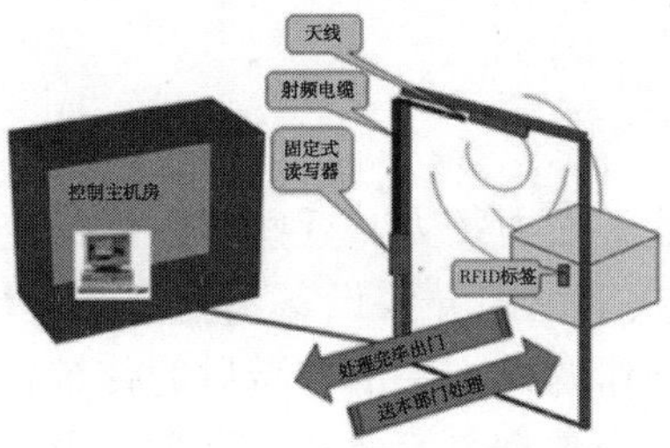

图 5-7-7 检测样品批处理与流转跟踪

用，一直到资源报废全流程进行跟踪，实现实物资源无管理员领用，低于最低库存自动提出采购需求，实物资源接近有效期自动预警，非正常使用自动报警等智能管控。

3）实验保障

（1）环境条件自动联动：实时采集实验环境的温湿度，实现环境条件自动带入原始记录；根据实验要求，自动对实验室的温湿度进行调节。

预先设定各个环境条件的联动性规则，实时对温度、湿度、空气洁净度等条件信号进行分析，达到触发限值，自动调节相关环境条件，依据设定的规则，实现多个环境条件联动触发。

实现供气系统的实时监控，集中对氢气、氧气、氮气等 10 余种易燃易爆气体的监控预警，智能判断实验室所用气体介质的使用情况，主动进行气体用尽提醒，气体存在泄漏风险警告，有效确保实验室安全。

（2）实验设备监控预警：利用大数据、知识库及时预警仪器设备状态异常趋势，提出仪器设备主动性维护和故障处理的专家建议；提出仪器设备易损件的储备建议。对分析仪器的使用率进行监控，优化资源利用效率。实验设备监控预警与处理如图 5-7-8 所示。

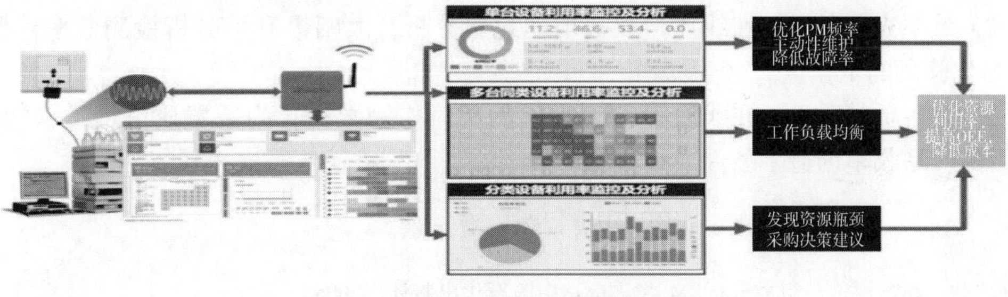

图 5-7-8 实验设备监控预警与处理

（3）仿真培训智能化：构建实验室及分析设施的三维数字平台，实现桌面仿真分析仪器功能，集成分析操作和仪器检维修操作培训模块，通过 VR 虚拟现实术，实现仿真培训智能化。

4）实验安全

协同物联网、LIMS 系统、门禁系统，对危险化学品存放位置、存放区域环境参数实施监测，自动统计危险化学品的库存量、消耗量、损耗量，数量变化超出正常可控范围时，自动发送报警信息。

三、实践案例

1. 基本情况

在线质量仪表因其分析数据及时、效率高、节省人力物力，近些年在炼油企业逐步推广应用，但是由于装备技术、管理机制、运维模式等原因导致设备不完好、运行不稳定、数据不准确，难以取代化验分析，装置产品质量操作调控主要依靠滞后的传统化验分析数据，造成装置操作人员不相信、不关心在线质量仪表数据，专业技术管理人员不重视，仪表欠投入，没有发挥在线质量仪表的应有作用。某企业通过管理创新等手段，提升完好率、取代率、配置率，实现了“效果、效率、效益”的全面升级。

2. 创新做法

（1）创新管理模式，提高完好率。优化管理职能，将在线分析仪表的管理职能调整至业务应用部门，业务部门对用好质量仪表最关心，对布局最专业，其受益最直接。整合管理团队，实现分析专业与仪表专业强强联合，以软件、硬件的双向融合提升专业管理能力。创新运保模式，通过公开招标实施“大运保”模式，实现从“半包”到“全包”的转变、从“有限责任”到对“最终结果负责”的提升，通过“合同化管理、专业化管控”，推进专业承包商加强预防性维护，尽最大努力提高在线质量仪表完好率。

（2）推行“六大联动”，提高取代率。建立健全质量仪表与化验分析、质量管理、生产操作、职能部门、外包队伍联动机制，加强联合攻关。同时强化专业管理，制定实验室分析取代计划，加强考核激励；开发质量仪表管控系统，加强运行监管，努力提高取代率。

（3）加强系统规划，提高配置率。围绕生产优化、创效增效、质量保障、安全环保和人力资源，突出质量效益，系统策划并滚动推进在线质量仪表规划方案，努力实现由点到面、从量变到质变的系统化、功能化提升。

3. 效果

（1）效果显著提升。在线质量仪表运行效果大幅提升，投用比率显著提高。

（2）效率充分显现。在线质量仪表取代化验分析，大幅提升了分析检测效率，替代了30多名化验员的工作量。

（3）效益贡献巨大。在线质量仪表提供的实时检测数据，为装置质量精准卡边控制、提高目的产品收率创造了条件。

参 考 文 献

[1] 孙兆林．原油评价与组成分析[M]．北京：中国石化出版社，2005.

[2] 方虹．石油产品标准与检测实用手册(一)：汽油、柴油和航空煤油分册[M]．北京：中国标准出版社，2016.

[3] 呼小洲，程小红，夏德强．实验室标准化与质量管理[M]．北京：中国石化出版社，2018.

[4] 朱屋彪，高军林，杨秋菊．分析样品制备技术[M]．北京：化学工业出版社，2020.

[5] 符青灵，王森．在线分析仪表工工作手册[M]．北京：化学工业出版社，2013.

[6] 王森．在线分析仪器手册[M]．北京：化学工业出版社，2008.

[7] 付伟．中国石化标准化工作手册[M]．北京：中国石化出版社，2014.

第六章

营销管理

炼油企业生产19大类约2000多个品种产品，市场消费量大，主要产品有汽油、柴油、煤油、润滑油、燃料油、石脑油、液化气、沥青、石油焦、硫黄等。其中，汽油、柴油、煤油是乘用车、商用车与航空飞机使用的燃料，统称为成品油，约占炼油产品的60%；石脑油、混合芳烃、加氢裂化尾油、直馏柴油、饱和液化气等富含烷烃或富含芳烃的炼油产品，常被提供给下游乙烯裂解装置或PX装置作为原料，称为化工原料，占炼油产品的5%~45%；润滑油、石蜡、燃料油、液化气、石油焦、沥青、硫黄等其他炼油产品统称为炼油特色产品。炼油是连续生产的流程工业，炼油产品的出厂、储输和销售关系到炼油企业能否维持正常运行，关系到企业经营效益和资金良性循环，因而炼油产品销售管理显得尤为重要。

成品油销售包括成品油内贸和成品油出口，内贸供应国内市场，外贸执行出口配额。成品油销售需要根据国内供需矛盾情况，充分利用国内、国际两个市场，统筹优化成品油资源配置。成品油内贸在资源组织管理上，根据国内区域市场需求，按照"运距最短、费用最省、效益最佳"的原则优化分用户、分资源流向配置。成品油出口在保证保税油和港澳需求的前提下，通过出口品种和区域分布的优化，平衡国内和国际两个市场，对于缓解国内品种和区域间供需矛盾、保障炼油企业正常生产运营发挥着重要作用。化工原料以满足化工装置的生产需求为目标，自产为主，互供和进口作为补充，通过规范化工原料生产、供应和采购过程管理，优化化工原料配置，为稳定炼油生产负荷、实现炼化企业整体效益最优发挥了一体化优势。炼油特色产品品种丰富，不同炼油加工流程生产出不同炼油特色产品，通过市场需求预测，合理规划设计炼油特色产品的产出和销售，构建炼油特色产品销售模式，可最大限度提高原油加工经济价值。

随着国家碳达峰碳中和目标深入推进，国家将调整和优化能源结构和消费结构，国内成品油将不可避免出现达峰并供大于求，然而我国高端化工产品和特种油产品仍存在许多短板，部分产品还存在"卡脖子"风险，根据市场需求开发"补链""增链""延链"且附加值高的产品，促进炼油企业向"油转化""油转特"结构调整与转型还任重道远。国家高新产业发展和人们个性化消费增长将增加特色化工产品和炼油产品需求，成品油过剩而高端化工品、特种油产品供应不足的供需矛盾将带给炼油企业新的机遇和挑战。

本章包含炼油企业成品油内贸管理、成品油出口管理、化工原料管理和炼油特色产品销售管理四个小节，阐述了各产品市场分析、计划配置、物流优化和执行考核等管理内容，炼油特色产品销售还介绍了价格管理、品牌管理、客户管理等内容，并通过列举典型实践案例，呈现了炼油主要产品的营销管理过程。

第一节 成品油内贸管理

一、成品油内贸现状

（一）成品油市场参与主体

2019年8月16日，国务院办公厅发布《关于加快发展流通促进商业消费的意见》（国办发〔2019〕42号），提出要扩大成品油市场准入，取消石油成品油批发仓储经营资格审批，将成品油零售经营资格审批下放至地市级人民政府，加强成品油流通事中事后监管，强化安全保障措施落实。乡镇以下具备条件的地区建设加油站、加气站、充电站等可使用存量集体建设用地，扩大成品油市场消费，也降低了成品油市场准入门槛。

随着外资加油站的规模不断增长，炼油与零售环节对外开放程度继续扩大；同时国内一系列具有国际先进水平的大型炼油厂陆续投产，国内成品油市场多元化竞争格局将进一步形成和发展，市场竞争日益激烈。

（二）成品油消费趋势

我国经济结构转型升级继续推进，节能减排降碳不断深入，汽车工业发展与市场趋于成熟，汽车产销量进入低速增长新常态。随着汽车市场发展进入成熟期，加之燃油效率提升、新能源的快速发展及共享单车等出行方式的变革，碳达峰碳中和政策的实施，汽油需求已由高速增长换挡为中低速增长。有专家指出，随着新能源汽车的发展，预计未来数年内汽油消费将出现拐点，达到峰值；传统高耗油行业需求回落，交通运输业的柴油需求增长动力不足，柴油需求将进入长期下行通道；我国人均可支配收入、飞机保有量、新建机场数量持续增加，将推动煤油消费持续增长。

（三）成品油价格机制

国家发展改革委多次对成品油价格机制进行调整，形成目前国内成品油价格与国际原油价格挂钩，每10个工作日调整一次的机制。在当前成品油价格机制下，成品油经营企业可根据市场情况，在不超过最高零售价格、最高批发价格的前提下，自主确定或由供销双方协商确定具体销售价格。

二、成品油产销衔接

充分发挥产销一体化优势，强化成品油资源管理，保障国内市场稳定供应。

（一）需求计划的提报

销售企业根据本地区成品油市场消费趋势及自身销售、库存情况，提出下季（月）度市场消费预测及资源需求，在规定时间内提报分品种、分牌号、分油库的需求及测算依据报有关物流管理部门，并同时上报油品销售主管部门。

物流管理部门认真分析辖区内各省市经营情况、资源到货情况和库存等情况，结合销售企业提报的市场消费预测、经营预计、资源需求安排建议，做好区域资源进销存平衡分析预测工作，提出下期分省市经营预计、资源安排建议上报油品销售主管部门。

油品销售主管部门对物流管理部门上报的需求计划进行汇总分析，确定下一个季（月）的总体需求计划草案，为与生产主管部门进行产销衔接做准备。

（二）生产计划的对接

生产主管部门根据季（月）度生产经营计划安排，下达原油加工计划和成品油生产计划，生产企业按照下达的生产计划组织生产。生产企业根据生产装置在运和检修情况，分品种、分牌号确定下一个季（月）的产能，编制下一个季（月）的生产和交库计划，上报生产主管部门。主管部门对企业上报的生产计划进行汇总分析，确定下一个季（月）的总体生产计划方案，为下一步与油品销售主管部门进行产销衔接做准备。

（三）配置计划的下达

生产主管部门与销售主管部门根据生产能力和市场需求，进行充分的讨论平衡，达成一致意见后，形成成品油配置计划，下达给生产企业和销售企业。

三、成品油资源供应

生产企业根据生产主管部门下达的原油加工计划、成品油生产计划，加强优化测算，制定生产方案，按生产计划安排的品种、数量、质量组织生产，努力提高一次调和成功率，均衡生产、均衡交库。严格执行下达的配置计划，按资源流向配置计划安排的品种、数量，从量从价按时间进度组织成品油均衡出厂。当有影响成品油生产的装置开停工的情况时，应根据生产实际进行调整和交库，并及时将成品油品种、牌号产量超欠情况向生产主管部门报告，并通报物流管理部门，做到产销平衡，既要确保生产后路畅通，又要确保市场供应。生产主管部门根据生产企业的生产情况和产品产量情况进行平衡安排，确保满足资源供应。

四、物流与优化

销售企业（部门）采用计算机辅助优化软件，按照“运距最短、费用最省、效益最佳”的原则编制季（月）度分用户、分资源流向配置计划。与生产企业（部门）加强沟通协调，共同做好成品油出厂的物流优化。要统筹兼顾好管输、铁路、水路、公路四种出厂运输方式。原则上要在确保能满足生产企业后路不堵的前提下，做到运费最低。

五、执行与协调

生产企业与销售企业需要严格执行成品油配置计划。为了增强应对市场需求变化能力、提高产运销各环节效率，提升企业的竞争力，生产企业与物流管理部门之间需要紧密配合，严格执行下达的配置计划。当市场因素发生变化或企业生产波动，造成生产企业库存高企或市场需求激增等情况时，需要及时沟通，相互协助，调整销售需求计划或生产企业负荷。

六、完成与考核

生产企业和销售企业均要对成品油计划完成情况进行分析，找出未能完成的原因，并提出改进意见和建议；双方应分别对没有完成计划的部门进行严格考核。

七、实践案例：某燃料型炼油厂月度成品油生产计划执行流程

某燃料型炼油厂月度计划安排过程主要根据年度、季度原油加工量的时间进度，了解整个市场价格走势及配置产品的库存情况，确定装置检修、原料油库存，参考计划优化软件测算原油加工量的效益拐点，初步确定月度原油加工量计划安排。

在确定一次加工装置加工量后，做出重整料、航煤组分、粗柴油、蜡油、渣油平衡表，再确定二次加工装置负荷，并根据调度日报对每个装置收率进行调整，在催化-加氢、焦化-沥青、石脑油-航煤-柴油等之间进行择优选择，从而计算出各调和组分产量。

与上级主管部门沟通大致了解成品油和其他主要产品配置需求，确定重整料、烷基化油、MTBE、粗柴油等外购汽柴油原料的品种数量，结合当前市场价格走势，确定汽油、航煤、柴油成品油的数量及牌号。

计划优化人员编制初步生产流程及产品产量，在计划部门内部进行讨论，结合部门主管、其相关业务部门对当月生产及下月生产建议，综合考虑后汇编上报至上级主管部门。

在上级主管部门经平衡后下达最终原油加工量与产品配置后，细化生产方案下发至各生产运行部门征集意见，调整后报公司领导，过会审核修改后下发各运行部执行，并对其进行月度考核。

第二节　成品油出口管理

一、成品油出口现状

（一）目的与意义

成品油出口通过对出口品种和区域分布的优化，平衡国内市场供需矛盾，保障炼油企业正常生产运营，发挥国内国际两个市场、两种资源的作用。

（二）出口贸易类型

成品油出口可通过两种途径开展：加工贸易复出口和一般贸易出口。其中加工贸易复出口分为来料加工复出口和进料加工复出口。国内常用的成品油出口方式为来料加工复出口和一般贸易出口。

1. 来料加工复出口

原材料由外商提供，生产企业按照外商要求进行加工、产品交付，生产企业仅赚取加工费，原材料及产品所有权归外商，外商是业务的盈亏主体。

特点：一是整个业务环节的原料进口、产品出口、企业收取的加工费免征增值税和消费税。二是生产企业没有原料货款资金占压及货款资金回笼问题。三是出口货物所耗用国内原料支付的进项税额不得抵扣，转入生产成本，其国内配套的原材料已征税款不予退税。

2. 进料加工复出口

国内外贸企业进口原材料、出口产品，拥有原料及产品的所有权，国内外贸企业是业务的盈亏主体。生产企业仅赚取加工费。

特点：一是进料加工自营或委托代理出口的货物生产企业增值税执行“免、抵、退”税办法，其应税消费品免征消费税。二是外贸企业增值税执行“免、退”税办法，其应税消费品退还消费税。

3. 一般贸易出口

生产企业承担原料油成本，拥有原料油、产品所有权，承担原料进口、产品出口产生的税费，是整个业务环节的盈亏主体。2016 年 11 月财政部、国税总局联合发布的《关于提高机电、成品油等产品出口退税率的通知》（财税[2016]113 号），成品油出口退税率与征税率持平。

特点：一是业务流程相对较短。二是相对于加工贸易，原材料及产品权责相对简单。

三是增值税享受“免、抵、退”政策。四是增值税进销项倒挂部分税退税时间较长。不同贸易类型对比见表 6-2-1。

表 6-2-1 不同出口贸易类型对比

项目	一般贸易出口	来料加工出口	进料加工出口
所有权	原料、产品所有权归生产企业	原料、产品所有权归外商	原料、产品所有权归国内进口企业
税费	原料进口照常征税，成品油出口免消费税，增值税享受“免、抵、退”政策	进口原料、出口产品全程免税	生产企业增值税执行“免、抵、退”政策，免征消费税；外贸企业增值税执行“免、退”税办法，其应税消费品退还消费税
收益	生产企业享有加工销售全部收益	生产企业仅赚取加工费，其他收益归委托方享有	生产企业仅赚取加工费，其他收益归进料方享有
流程	整体业务流程短，但增值税退税周期较长	从原料进口、产品出口、手册核销整体业务流程较长	从原料进口、产品出口、手册核销整体业务流程较长

（三）出口计划制定

1. 年度计划

了解企业目标市场新增产能、装置检修计划等影响资源供应等因素，了解国家对于成品油出口整体政策导向，结合企业自身年度生产计划安排，编制成品油出口年度计划。年度计划重点考虑成品油出口总量、国家政策可能对全年出口带来的影响。

2. 季度计划

根据外贸成品油需求的季节性变化及企业季度生产计划，对年度计划进行分解。季度计划重点考虑成品油出口结构和数量等因素。

3. 月度计划

根据市场供需和价格情况、生产经营情况、季度计划安排，结合当期生产经营运行重点，优化安排月度出口结构和数量。月度计划重点考虑国内分品种、分区域的供需平衡情况，在保证国内市场供应的同时，兼顾效益。

（四）出口定价机制

国际上不同区域油品参照不同的计价基准，亚洲区内成品油主要参照普氏新加坡价格。由于炼油企业多为 FOB 价格成交，炼油企业成品油出口计价公式为：基准价+贴水。

1. 贸易类型费用差别

贸易类型选择是合同谈判的基础工作。成品油出口主要采用的贸易类型如下，主要区别在于运费及保险由谁承担，货物所有权及风险转移事项。国内成品油出口采用 FOB 条款较多。不同出口贸易运输类型对比见表 6-2-2。

表 6-2-2 不同出口贸易运输类型对比

类型	交接点	备注
FOB	装货港船舷	买方承担运费和保险，货物越过船舷至船上，所有权及风险转移至买方
CFR	卸货港船舷	卖方承担运费，买方承担保险费，货物越过船舷至码头，所有权及风险转移至买方
CIF	卸货港船舷	卖方承担运费及保险，货物越过船舷至码头，所有权及风险转移至买方

2. 计价基准油及计价期

普氏新加坡市场每个交易日公布相关产品评估价格，主要计价基准油品种如下：

汽油(Gasoline)：97#、95#、92#；

柴油(Gasoil)：硫含量10μg/g、500μg/g；

航煤(Jet Kero)：Jet Kero。

计价基准油是产品价格的主要组成部分。企业可以与代理公司协商选择计价基准油的品种。例如，某企业计划出口硫含量50μg/g柴油，可以选择Gasoil 10μg/g作为计价基准，也可以选择Gasoil 500μg/g作为计价基准。计价基准确定后，贴水会根据基准价的选择作相应调整。出口成品油计价期通常有提单日前后5天、全月计价等，由买卖双方协商约定。

3. 贴水及运费

贴水主要受市场供需，产品品质、基准油选择、距离目的地市场距离等因素影响。运费主要受供需、批次装载量大小、航线等因素影响。

4. 杂费

杂费主要指代理、报关等环节产生费用，通常按单位重量或批次收取，金额相对较小。

（五）出口流程

1. 一般贸易出口流程

根据出口计划，外贸代理公司与企业签订代理出口协议、成交确认函等文件，确定出口油品牌号、数量、质量指标、计价基准油、计价期、贴水、付款期、代理费用、船期等信息。外贸代理公司与外商签订外贸合同，依据代理出口协议、外贸合同等资料向国家商务部许可证局申领出口许可证。

企业按约定计划生产备货，凭出口协议、出口许可证等单证向所在地海关报关；海关放行后，安排产品发货。企业与外贸代理公司以海关岸罐检尺或海关认可的其他计量方式的计量数据作为结算依据。双方按照约定付款期进行收付款，付款期通常为提单日后30天，或指定发货完成后的某一天。

完成出口后，外贸代理公司凭出口报关单办理代理出口货物证明，企业凭出口报关单、代理出口货物证明、发票、收付汇单据等材料到地方税务部门办理退税工作。

2. 来料加工复出口流程

相比一般贸易出口，来料加工贸易出口增加手册开办、内销、核销、收取加工费等内容，无需办理出口退税工作。

（1）来料加工手册(以下简称手册)开办：根据原油进口计划及成品油出口计划，外商、外贸代理公司、企业签订原油来料加工合同，约定原油品种、数量、到港计划、价格等信息；依据海关总署下发的[2003]18号文件规定，确定手册中各产品收率。外贸代理公司根据原油来料加工合同等资料申领原油进口许可证。原油到港后凭进口许可证报关，办理手册备案等工作。

（2）来料加工手册内销：经与外商协商，对手册中不再出口的产品折算为原油进行内销，通过原油来料加工合同补充协议形式约定内销原油品种及数量。外贸代理公司凭原油来料加工补充协议等资料申领内销原油进口许可证，企业凭补充协议、许可证等资料办理内销原油核价、补证补税等工作。企业凭外商开具的发票支付内销原油货款。

（3）收取加工费：当手册中的产品通过内销及出口等方式余量为零时，企业与外商对账，根据实际出口产品数量折算出加工原油数量，计算加工费，外商支付加工费，企业开具相应发票。

(4) 来料加工手册核销：外贸代理公司凭手册出口产品报关单、加工费发票、手册文件、原油来料加工合同及其补充协议等资料，办理来料加工手册免税证明。企业凭来料加工手册免税证明等材料办理手册核销工作。

二、国际成品油市场

国际成品油价格与原油价格关联紧密，同时受炼油厂开工负荷、季节性需求变化、经济形势、地缘政治、国家政策等因素影响。国际成品油市场主要关注以下参数：裂解价差、月间差、基差等。

(一) 裂解价差

裂解价差为成品油与原油价差，可反映炼油毛利。不同品种与原油价差走势差异，一定程度上能反映出该种油品供需情况及当期的盈利水平。

图 6-2-1 为 2020 年 1 月至 2021 年 7 月新加坡市场成品油与迪拜原油价差情况。由图中可以看出，2020 年 3 月至 5 月期间，受新冠病毒肺炎疫情影响，各国加强管制，限制出行，经济形势恶化，新加坡市场成品油需求大幅减少，成品油与原油价差一度倒挂。后续随着疫情逐步得到控制，各国经济形势逐步好转，成品油需求得到恢复，成品油与原油价差逐步拉大。

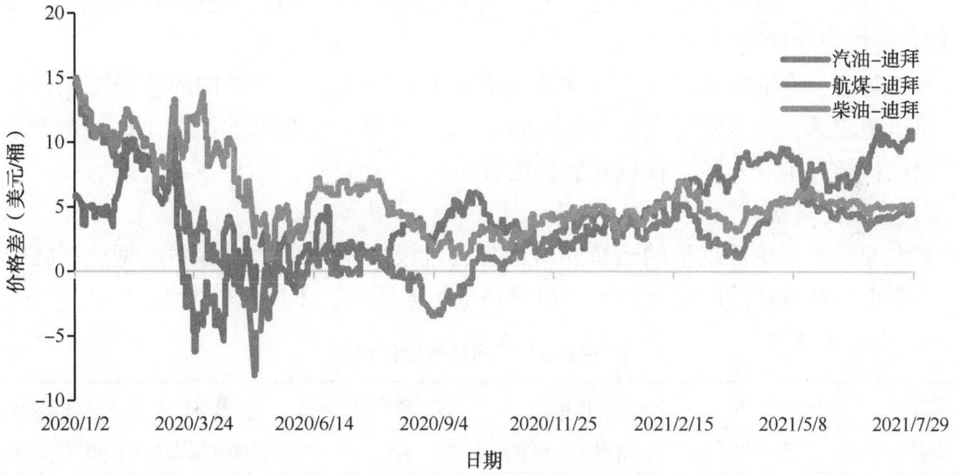

图 6-2-1　近年新加坡成品油裂解价差走势

(二) 月间差

月间差主要反映的是同一种油品不同计价月之间的价格差异，主要反映出市场对该品种油品远期价格走势的预判。若远期月份价格整体高于当期，即“前低后高”，反映多数参与者看好该油品的未来市场；若远期月份价格整体低于当期，即“前高后低”，反映多数参与者更看好该油品的当期市场。企业结合对价格走势预判，可以在出口成品油计价期选择、出口计划安排方面进行优化调整。

(三) 基差

不同基准油之间的价格差异称为基差。某一时期，市场对不同品种油品供需情况存在差异，导致油品间基差出现较大变化。例如日本冬季寒冷，取暖用煤油需求旺盛导致航煤与柴油基差拉宽，企业在出口油品时，结合市场研判可考虑选用航煤作为基准价格进行计价。

三、出口计划与优化

（一）出口品种优化

通常成品油需求有一定季节性、事件性的变化规律，例如：夏季驾驶出行对汽油的需求增加，冬季取暖用煤油需求增加，旅游旺季航煤用量增加，穆斯林斋月前后伊斯兰国家油品需求整体增加等。企业可通过相关信息为出口计划制定提供支撑。

（二）出口质量优化

不同国家和地区对油品质量的需求不同，企业可根据出口目的地的市场供需情况选择适合本企业生产工艺的油品品质，避免质量过度富余。企业在生产及储运设施允许情况下，可以考虑针对出口目标市场的定制化销售。例如印尼摩托车用汽油量较大，但对汽油牌号要求不高，可以考虑向其出口 88#等低牌号汽油；菲律宾对柴油十六烷指数、硫含量等指标有特殊要求，在其价格具备优势情况下可以结合企业实际，选择向其出口相应规格的柴油。

（三）出口时机优化

每年春季是亚太区域炼油厂相对集中的检修时间，区域内供求矛盾缓解带动油品价格向好。企业可结合自身装置运行情况，适当调整检修和生产计划，把握市场机遇。

（四）出口流向优化

亚洲石脑油、汽油需求较多，欧洲柴油消费占比较大，消费结构的差异带动跨区贸易开展。因运距较远，跨区贸易通常选择 60kt 级以上船舶。企业可关注两个区域的产品价差及运费情况，结合企业实际，择机开展跨区贸易。

（五）物流工具优化

通常大吨位船型单位重量的运费相对优惠，且投放距离更远。运输船型选择需要考虑企业及目标市场具备相应的储运能力，尽量降低运输成本。不同运输船型对比见表 6-2-3。

表 6-2-3　不同运输船型对比

船型	载重	范围	船型	载重	范围
小型	30kt 以下	近程，东南亚	LR2	100kt 以上	远程，洲际航行
MR	30～50kt	中程，亚洲区域	VLCC	200kt 以上	远程，洲际航行
LR1	50～100kt	远程，洲际航行			

（六）整体效益优化

国内成品油需求增速放缓，且存在较为突出的消费结构不均衡，部分品种出厂困难可能限制整体加工负荷提升等问题。企业可以利用优化测算模型在不出口降低加工负荷、适量出口维持加工负荷、增出口提高加工负荷等方面进行整体效益测算。以此调整加工负荷，优化产品流向，实现效益提升。

（七）储运设施优化

随着国内成品油市场竞争日益激烈，开展成品油出口业务的企业逐步增加。但多数企业的储运设施规模及条件不能很好地适应出口需求。例如，可用于出口使用的储罐罐容较小，码头可作业船型受限等。导致出口效率偏低，出口规模有限，经济效益不理想。企业在新增投资项目时，可结合企业发展的方向及实际需要，加强储运设施建设，为更好开展成品油出口工作奠定基础。

四、出口计划执行

（一）生产备货

生产备货环节重点需要关注出口产品的质量控制。例如是否可以使用添加剂，对使用的添加剂是否有特殊要求等。

（二）报关

及时了解海关对于报关工作的最新要求，在合规的前提下，争取获得海关支持，最大限度压缩报关时间，提高通关效率。需要关注节假日期间海关对于报关工作的安排，提前做好相应资料准备或船期调整等工作。

（三）物流运输

目前成品油出口主要采用船舶运输，需要关注来港船型是否适合码头作业，船舶船龄是否过长，是否来自敏感地区，海事、边防、检验检疫等单位是否有特殊要求等。

船舶到港时间存在不确定性，企业一方面需要协调外贸代理公司船舶尽可能均衡并按期到港，另一方面需要根据己方预计到港船期、备货及码头作业情况，及时调整船舶作业顺序，避免或减少油轮滞期时间，尽可能避免油轮连锁滞期。详细记录船舶到港、接臂、拆臂、离泊等环节时间，以及影响作业正常开展的因素，为滞期责任划分做好准备。

（四）计量

目前计量结算依据有海关岸罐人工检尺和海关监管下的质量流量计两种方式。发生计量纠纷时，做好数据资料收集并组织开展复检，争取尽快查明偏差原因，与外贸代理公司协商解决方案。

五、成品油套期保值管理

油品市场分为实货和纸货市场，两个市场配合操作可规避市场波动风险。

套保原则：纸货操作必须有对应的实货业务开展。

套保目的：规避市场波动风险，实现既定目标。

套保利弊：按照既定目标实施套保操作后，规避风险的同时也丧失了获取更多收益的可能性。

盈亏计算：实货盈亏与纸货盈亏相结合。

常用套保项目：固定价、裂解价差、月间差等。

六、实践案例：裂解价差锁价操作

在对后续市场不确定性较为担忧的情况下，可以考虑锁定远期成品油裂解价差，锁定加工毛利。

例如当前 M 月实货汽油与原油价差为 7 美元/桶，纸货市场 $M+1$ 月价差为 6 美元/桶，相应加工效益可接受，可通过纸货锁定此价差。若实际 $M+1$ 月价差为 6.5 美元/桶，则实货盈利 0.5 美元/桶、纸货亏损 0.5 美元/桶，实纸货加总实现锁定为 6 美元/桶的价差；若

实际 $M+1$ 月价差为 5.5 美元/桶，则实货亏损 0.5 美元/桶，纸货盈利 0.5 美元/桶，实纸货结合实现最终价差 6 美元/桶。

锁定裂解价差是炼油企业用以规避价差波动风险、锁定加工效益较为常用的操作方法，需要匹配成品油和原油纸货进行操作。

第三节　化工原料销售管理

化工原料是指用作乙烯、芳烃等化工装置生产的原料，主要包括石脑油(全馏分石脑油、轻石脑油)、加裂尾油、AGO、饱和液化气、富乙烯气、富乙烷气、苯、甲苯、二甲苯等炼油装置生产的产品。做好化工原料的销售管理，对于发挥炼化一体化优势、保障生产装置生产负荷、提高整体加工效益有着重要的作用。

一、计划与价格管理

化工原料资源有自产、互供和进口等供应渠道，通过化工原料生产、供应、采购过程的计划优化管理，满足化工装置的生产需求。

(一) 计划管理

化工原料生产和互供计划的编制应遵守国家法律、法规和有关产业政策，符合整体效益最大化以及产用整体平衡，确保生产装置安全稳定生产，符合长期发展战略和生产经营策略。

(1) 年度计划：了解企业年度炼油化工产能变化、装置检修计划等影响化工原料生产供应等因素，编制并下达化工原料生产、互供和进口的年度计划。

(2) 季度计划：根据企业季度生产情况，对年度计划进行分解。

(3) 月度计划：根据季度计划的安排，结合月度生产经营具体情况，优化安排化工原料的数量和品种。

(4) 化工轻油进口计划：化工轻油进口指标由相关部门统一管理，根据企业申请，经综合平衡后按季度分批次下达。外贸代理公司和企业根据进口计划，就采购与租船商谈达成一致后，由外贸代理公司办理相关手续。

(5) 计划调整：当市场供需、整体效益、生产运行等情况发生变化，根据实际情况对月度计划进行调整，企业按照调整计划严格执行。

(二) 互供价格管理

内部互供的化工原料价格的制定考虑国内外市场价格、整体资源平衡、对供需双方的激励引导等因素，由相关部门下达各种化工原料价格。

二、化工原料供应

(一) 品种数量

企业按照月度计划组织化工原料的生产，确保数量和品种达到计划要求。企业应根据当期加工的原油原料、装置运行工况、全厂物料平衡、库存物料变化等条件，整体统筹优化，细致测算，制定化工原料的生产方案。根据化工装置的原料需求安排生产节奏，原则上保持均衡生产和交库。

（二）质量指标

企业结合质量指标、实际生产情况和化工装置进料指标要求，制定化工原料的质量内控指标，互供的化工原料质量指标要与需方达成一致。在生产过程中要抓好质量的跟踪和管控，提高化工原料品质。化工原料应分品种单独储存、输送、接卸，避免造成污染影响质量。

三、物流与优化

在化工原料整体平衡的基础上，综合考虑生产企业的地理位置、存货周转能力、进出厂条件、运输方式、费用构成等多种因素，对企业间化工原料互供的流向进行优化，在确保资源供应的前提下，最大限度降低物流费用。

承担运输的企业要对化工原料的运输过程进行优化，选择效益最佳的运输方式。

互供的化工原料按照出厂价交接，原则上由需方组织运输并承担运费，并根据相关的计量与交接要求执行。

化工原料供需双方要积极做好沟通协调，供方企业要及时向需方企业或承担运输的内部专业公司通报发货的数量、质量和时间；需方企业或承担运输的内部专业公司要积极组织接卸，加快车(船)返空，并及时支付货款。

四、执行与协调

供方在发货前向需方提供化验单，经需方确认质量后方可发货，需方在接收货物时需再对数量和质量进行计量化验，如双方结果出现差异且无法达成共识，以第三方商检结果作为最终依据。

供方企业由于原料、生产等发生变化，导致互供的化工原料部分质量指标达不到质量标准，在不影响装置安全生产的前提下，双方协商处理。

供需双方应提前约定未完成计划部分的量价结算方案，意外事件、不可抗力或市场变化临时调整生产安排，由供需双方沟通后调整。

五、完成与考核

生产企业对化工原料计划完成情况进行分析检查，包括化工轻油生产情况、供应出厂数量、接卸使用数量、库存情况等内容。对于执行中存在的问题，提出改进措施和整改意见。

对于无正当理由不能完成月度计划的企业，按照“造成责任者承担损失”的原则，根据企业相关管理办法和规定进行考核。

六、实践案例

近几年，随着石化产业退城入园工作的不断推进，园区逐渐成为石化行业高质量发展的重要载体，同时石化园区的产业布局、资源优化利用更为合理的优势亦愈加凸显。A 公司是乙烯裂解装置及相应的烯烃下游产业链，其中乙烯产能为 740kt/a，每月共需要石脑油资源 200~210kt，除内部互供资源外，还需外采部分石脑油资源满足原料需要，受原料缺口及物料流向限制，乙烯产的加氢汽油抽余油通常又回到乙烯裂解装置作为原料。同处化工园区的 B 公司拥有原油加工能力 12. 50Mt/a，乙烯产能 800kt/a，芳烃产能 1. 40Mt/a(2 套共

3.00Mt/a 重整装置），自产的化工轻油基本可以满足乙烯及重整装置需要，但受加工原油品种的变化，部分更适合作乙烯原料的直馏石脑油资源去了重整装置作为芳烃原料。自产的石脑油流向没有最优化，部分适合作乙烯原料的石脑油进入了重整装置加工，而 A 公司由于受资源可获取性及物料流向影响，加氢汽油抽余油被迫作乙烯原料。A 公司和 B 公司部分石脑油的 PONA 值见表 6-3-1。

表 6-3-1　A 公司和 B 公司部分石脑油的 PONA 值　　%

原料名称	正构烷烃（*n*-P）	异构烷烃（*i*-P）	烯烃（O）	环烷烃（N）	芳烃（A）
直馏石脑油	25.00	35.00	0.00	32.00	8.00
加氢汽油抽余油	19.24	12.10	0.12	68.34	0.20

从两种石脑油的 PONA 值可以看出，该部分直馏石脑油烷烃含量高达 60.0%左右，更适合作为乙烯原料，而加氢汽油抽余油环烷烃含量高达 68.34%，更适合作为重整原料，并且苯收率较高。

两种石脑油的乙烯裂解模拟收率进一步验证了前面的分析。加氢汽油抽余油的乙烯、丙烯收率只有 42.2%，直馏石脑油乙烯、丙烯收率在 47.23%，提高了 5.03 个百分点。从 2015 年起两家企业统筹做好石脑油流向优化，将部分自产的适宜作乙烯原料的石脑油资源供 A 公司乙烯裂解使用，并将 A 公司的加氢汽油抽余油作为 B 公司的重整装置原料，增产芳烃。

两种石脑油乙烯裂解模拟收率见表 6-3-2。

表 6-3-2　两种石脑油乙烯裂解模拟收率　　%

名称	加氢汽油抽余油	直馏石脑油	差值
乙烯	28.17	32.57	4.40
丙烯	14.03	14.66	0.63
丁二烯	6.41	5.28	-1.13
碳四抽余液	4.14	5.33	1.19
裂解轻油	24.23	19.97	-4.26
碳三液化气	0.53	0.46	-0.07
甲烷	14.62	14.99	0.37
氢气	1.32	1.17	-0.15
裂解焦油	6.35	5.37	-0.98
合计	99.80	99.80	

第四节　炼油特色产品销售管理

原油加工后生产的炼油产品，除成品油、化工轻油之外，还包括润滑油、润滑脂、液化石油气、沥青、石油焦、硫黄、石蜡、船用燃料油等，约占炼油产品总量的 1/3，这些炼油产品涉及众多下游行业，关系到国计民生和社会经济的发展，是炼油企业销售管理的重要工作之一。

一、特色产品出厂管理

（一）管理原则

（1）严格执行企业内部控制实施细则和 ERP 销售业务流程，确保出厂业务规范、有序。

（2）严格执行当地安全、交通法律法规及企业相关管理制度，确保产品出厂安全、高效。

（二）不同物流方式出厂管理

1. 公路出厂

（1）公路订单创建及发货。根据客户到款金额、信用额度和有效凭证或企业销售采购订单，在 ERP 系统中创建标准销售订单。对公路采用代保管销售订单发货的，根据标准销售订单创建交货单、发货过账，并根据标准订单创建代保管销售订单。

（2）公路订单发货过账。产品装车计量后，根据销售订单创建交货单并发货过账。如遇价格调整时：按月度价格结算的产品，待结算价格下达后及时更新销售订单价格，并进行结算；按实时价格结算的产品，销售价格调整时应及时办理结算手续，各发货点按当日开具的销售订单发货。

（3）公路订单结算。根据销售订单、已发货过账的交货单和发货清单核对销售数量和价格，在 ERP 系统中创建销售发票，输入至防伪税控系统，开具销售发票。

2. 水路出厂

（1）水运计划下达。根据产品月度销售计划、客户需求、款到情况和客户提供的船舶名称、吨位等信息，在船舶到港前，在 ERP 系统中创建销售订单。

（2）水运计划执行。根据船舶到港动态、提货订单、产品库存、生产节奏等信息，预安排每日水运出厂计划，做好港口申报等工作，确保计划的落实。

（3）水运过账及结算。及时记录、比对装船数据，在 ERP 系统中根据销售订单创建交货单并核准发货过账，做好产品水运出厂的票据核对、开票、统计等工作。

3. 铁路出厂

（1）铁路月运输计划申报及增补。根据月度销售计划和客户的预报，向铁路部门申报运输计划。若销售计划调整和客户需求变更，及时做好铁路运输的增补计划。

（2）铁路装运计划下达。结合月度铁路运输计划、产品库存、出厂进度，安排产品的铁路“日要车计划”。按照铁路部门批复的“日要车计划”，落实铁路发运。

（3）铁路过账及结算。装货结束后，做好罐号、密度、数量等数据的核对工作，在 ERP 系统中根据销售订单和出厂票创建交货单，核准发货过账。

4. 管输出厂

（1）管输计划下达。根据销售计划，配置、统销产品按月度或按旬开具产品管输订单；自销产品管输计划根据月度销售计划、出厂进度和到款情况，开具每批次产品管输提货订单。

（2）管输计划执行与结算。根据发货通知实施产品管输作业。输送完毕后，确认计量数据准确无误，参考销售订单在 ERP 系统中创建交货单并核准发货过账。

二、自销产品管理

自销产品是指各炼油生产企业自主生产并定价外销社会的炼油产品。自销产品管理主要包括：价格管理、产品流向管理、客户管理、合同管理等。

（一）自销产品价格管理

（1）成立价格领导小组，分析产品市场行情及价格执行情况，研究市场价格变化，调整企业价格策略，协调解决价格执行过程中存在的问题；价格领导小组办公室负责产品销售价格的日常管理，包括价格调整报批、价格下发、价格主数据维护、价格执行监督以及价格报表填报。

（2）自销产品价格调整，由业务部门根据市场变化情况提出产品销售价格调整建议，财务部审核后报价格领导小组审批。

（3）企业价格调整由企业价格领导小组办公室发文执行。

（二）自销产品流向管理

（1）加强自销产品的流向监控。

（2）针对非应税产品(不需缴纳消费税)，在与客户签署合同时，在双方合同中对“禁止流入应税市场”进行约束。

（三）自销产品客户管理

1. 新客户准入

（1）准入要求。符合产品营销策略和市场布局要求，经销型客户在某一区域市场有一定竞争优势、分销能力和仓储设施以及良好的企业信誉；生产型客户具备一定的生产规模和优良经营状态，其下游产业链竞争力较强。

（2）资质条件。经营的产品须符合营业执照中经营范围和国家、行业有关的方针政策、法律法规，经营危险化学品须具备危险化学品经营(生产)许可资质。

2. 新客户准入评审与档案管理

（1）准入评审。各专业部门对客户的生产经营状况、仓储设施情况等进行书面资料或现场评审，并报审批通过后执行。

（2）档案管理。建立客户档案，包括客户营业执照、税务登记证明、危险化学品经营(生产)许可证和开户银行、账号以及诚信资料等内容，定期审核现有客户资质，保证客户持续符合要求。

3. 客户变更

（1）客户因更改原有单位的名称、重新办理工商注册的，应视同新客户，须重新评审。不符合准入条件或未履行审批手续，不得开展销售业务。

（2）客户仅银行、账号等变更，经企业内部审批通过后，可继续开展正常销售业务。

4. 客户业务停止

（1）因客户经营资质发生变化，不符合经营范围和化学危险品经营(生产)许可以及违背国家法律法规而经营的客户，必须停止销售业务。

（2）对存在的主要问题屡次不改且直接影响企业日常生产经营和销售策略的客户，可停止销售业务。

（3）企业必须与客户签订廉洁从业责任书，双方严格遵守廉洁从业相关规定。

（四）自销产品合同管理

（1）自销产品销售实行合同化管理，企业合同管理员负责销售合同审核和销售合同的日常管理。

（2）销售合同评审、签订与合同管理按相关管理办法执行。

（3）检查、评审合同履约情况，合同评审按照相关管理办法执行。

三、统销产品管理

集团化炼油企业特色产品由下属企业单独对外销售，面临的主要问题是：生产企业各自为政，跨区域相互无序竞争，整体渠道优势和规模竞争优势得不到发挥，产业链整体效益也就无法实现最大化。企业有必要创新体制机制，按照“统一市场销售、统一市场开拓、统一售后服务、统一产品品牌、统一对外合作”的五统一原则，实施炼油特色产品统销专业化经营。建立“产销协调紧密、市场反应迅速、运转高效便捷”的产销协同机制，对生产企业与专业化销售企业间加强产销计划管理，实施以买断经营为主、代理销售为辅的经营策略，充分调动供需双方积极性，实现产业链整体效益最大化。

（一）计划管理

1. 计划制定

（1）年度计划。销售企业根据公司发展规划、经营发展需要和企业年度排产计划制定年度经营计划。

（2）月度计划。销售企业根据上级管理部门下达的配置计划、企业生产计划、资源供应能力、公司经营实际、下游市场需求等，结合公司年度经营目标分解情况编制月度经营计划。

炼油统销产品年度、月度计划包含计划的上报、计划制定、计划下达等。

2. 计划执行

年度经营计划为指导性计划，统筹平衡生产企业和销售企业年度的供需，为月度经营计划提供参考。月度经营计划直接影响生产企业产品后路和客户的需求，一经下达，必须严格执行。销售企业下属各部门、代表处、子公司分解落实公司下达的月度经营计划，提报月度分客户销售计划。

3. 计划调整

月度经营计划原则上不做调整，如因非计划停工等突发问题导致资源供应、资源需求出现重大变化，确需调整月度计划时，计划执行部门可向计划管理部门提出调整计划的建议，经计划管理部门研究同意后下达月度调整计划。

4. 执行检查

为保证计划的严肃性，销售企业计划管理部门对计划进度完成情况进行检查，计划执行部门应以书面形式说明计划偏离度较大原因。计划完成情况纳入企业业务考核体系，作为年度考核依据，计划管理部门于每月上旬提出考核建议，由考核部门审核落实。

5. 产销协调

销售企业与生产企业之间建立产销协调机制，定期开展产销各方的协调。

（二）价格管理

1. 生产企业与销售企业间结算价格管理

（1）管理主体。生产企业与销售企业之间炼油统销产品的结算价格，由上级业务管理部门负责。

（2）管理原则。以市场为导向，密切产销衔接，贴近市场定价，发挥当期引领，实行优质优价，引导细分市场，机制公平透明，易于操作执行。

（3）结算方案。结算方案坚持市场化原则，以买断经营为主、代理销售为辅。业务管理部门选取具有市场份额稳定和影响力的外部标杆，结合买断产品产量、品质变化情况确定制定买断结算方案，买断结算方案可根据市场变化情况，定期回顾调整。代理销售产品在外销价格基础上减去代理手续费率确定结算价格。

（4）结算执行。业务管理部门于每月下旬发布买断和代理结算价格，于月底进行实际结算。当价格存在争议时，按照相关规定提出价格调整申请，在价格调整前仍按原价格执行。

2. 销售价格管理

（1）组织管理。销售企业成立价格领导小组，在价格领导小组的组织下开展各项价格管理工作。通过健全价格管理制度，建立定价例会制度，规范价格管理工作流程，做到科学决策。

（2）定价原则。以“产业链整体效益最大化，贴近市场定价，同一品质、同一目标区域内落地价一致，保障生产企业后路畅通”为原则制定销售价格。

（3）定价方法。根据不同类型产品的特点，确定不同的定价方法：

① 炼油统销产品内贸业务。实行分级授权定价，企业价格领导小组于每月组织价格会议，确定下月各产品的销售基准价，并授予产品销售部一定的销售价格浮动权限。当价格调整在价格浮动权限之内时，由产品销售部按照定价原则制定销售价格。当市场发生较大变化导致价格调整幅度需超出价格浮动权限时，价格调整方案需报企业价格领导小组批准，必要时重新开会或会签确定基准价。

② 炼油统销产品外贸业务。在研判国际市场行情的基础上，根据长约公式价或现货询比价确定出口价格，现货询比价需报公司价格领导小组批准。

③ 销售企业自营业务。自营业务模式分为代理自营模式和贸易自营模式。参考采购完全成本和当期目标市场行情，以实现盈利为目标确定销售价格。代理自营业务纳入炼油统销产品内贸业务管理，实行分级授权定价。贸易自营业务由销售部门根据当期目标市场行情和采购成本提出销售价格建议，报公司价格领导小组批准。

④ 新产品销售业务。参照同类产品市场价，原则上以不低于研发、生产成本确定结算价。对于市场开发初期的产品，制定销售价格时可暂不分摊固定费用。

⑤ 工业协议品销售业务。按照工业协议品相关管理规定执行。

⑥ 前沿库、堆场移库销售业务。综合考虑货物完全成本，根据当期目标市场确定销售价格。

⑦ 企业间内部互供业务。内部互供产品价格由上级管理部门根据市场化原则、企业互利共赢原则制定。

（4）定价程序。实行分级授权销售的，月底确定下月基准价，其余销售业务产品销售价格原则上走会签程序：

① 价格建议编制时间要求及流程。销售企业下属产品销售部编制市场分析和月销售基准价建议，以及当期销售策略和客户差别化价格建议，于每月底前以统一格式书面提报价格管理部门。价格领导小组召开价格会或会签审核批准后，价格管理部门起草、下发价格文件。

② 基准价确定原则。每月底确定下月产品销售的基准价。基准价的确定以市场分析为依据，综合分析判断市场趋势稳定或向好时，基准价原则上不得低于价格会议当日或会签发起日的执行价；市场趋势不明或下跌迹象明显时，基准价可以比当日执行价低，但调低的幅度一般不超过某个设定值。

（5）价格调整。当市场形势发生变化或生产出现特殊情况时，需进行价格调整。当价格调整在公司授权范围内时，由产品销售部制定销售价格并备案。当价格调整幅度超出授权范围时，应先调整基准价。产品销售部门应根据销售情况做好价格变动预测，提前将基准价的调整建议报价格领导小组审批。

（6）特殊价格政策。当市场波动较大需采取批量优惠、翻牌回顾等特殊价格政策，以及实行等级客户优惠政策时，优惠或找补的金额可以采取在某次提货结算时锁定结算价或调整当月整批订单的结算单价兑现。结算找平要有详细的计算数据和政策依据，由价格建议提出部门负责经办，通过业务系统申报结算找平相关信息。必要时产品销售部门按照价格管理部门要求提供计算数据及依据，以书面形式报价格管理部门审核。

（7）价格执行分析。销售企业做好产品销售价格的过程管理，做好跟踪、监督、检查。每月召开经济活动分析会对产品销售价格的执行情况进行分析，关注并反馈价格调整的市场反应。

（8）价格监督管理。销售企业相关管理部门监督检查价格执行情况，及时处理发现的问题，重大问题逐级上报。

3. 比价考核

（1）考核体系。业务管理部门充分考虑企业产品品质、区域市场情况、物流及储运条件，参照历史数据，在充分征求企业意见基础上，制定比价考核体系并纳入月度、年度绩效考核。

（2）考核评价。业务管理部门跟踪产品价格、每周分析、每月评价，年底进行绩效考核兑现，并进行月度通报。销售企业可对评价结果和比价指标提出申诉，但理由必须充分。因外部因素导致指标未完成时，可以由业务管理部门酌情适当调整。

（3）内部比价。销售企业建立内部比价考核体系，每月经济活动分析会上通报比价情况，通过内部比价对标考核，不断提高营销水平。

（4）产销联动。各生产企业对销售企业销售产品的定价进行监督，对于产品质量明显变化的情况要及时与销售企业沟通，销售企业及时将市场需求变化通报给生产企业，引导企业多产适销对路的产品。

（三）经营策略

销售企业的总体经营策略是服务于生产企业和下游客户，稳定生产、满足需求，传递市场信息，促进企业进步与结构优化，开发新产品提高市场竞争力，充分调动供需双方积极性，实现整体效益最大化。

1. 商情研究

销售企业组建商情团队，开展市场行情分析和研究，收集整理分析各类信息，包括但不限于行业政策、竞品情况、价格走势、期货市场、装置负荷、社会库存、需求动态等，定期召开市场分析例会，做到精准分析和把握市场走势，基于信息形成商情报告，指导生产经营有序运行，向上级管理部门和相关炼油企业通报。

2. 营销策略

销售企业根据年度经营目标和市场开发目标，组织策划制定炼油产品市场的全面营销策略，指导下属销售部门、代表处、子公司抓好营销管理和销售节奏把控，推进营销政策有效实施，事后进行效果评价。

（1）液化石油气。液化石油气产品依托生产企业内部资源，推动产业链上下游的合作，稳定销售渠道，不断拓展业务范围。根据市场行情动态调整轻烃深加工和民用燃烧领域流向，提升整体价值。

（2）石油焦。做好不同品质资源的分级销售，持续开展生产企业间石油焦置换工作，实现优质优价，并协助好生产企业不断提升产品品质。推进高端碳材料的产销工作，不断向产业链中高端迈进。

（3）沥青。推进沥青仓储布点，加强前沿市场销售力度。注重品牌建设，加强国家重点项目的投标力度。积极开拓防水沥青市场，扩大国内领先优势。服务“一带一路”，推进海外市场的拓展。

（4）硫黄。发挥配送优势，做好仓储布局、物流优化及渠道掌控。加强下游市场细分，实施区别化销售策略。根据市场与仓储情况，引导企业调整固体硫黄与液体硫黄的生产比例。推进附加值较高的硫黄品种的产销工作。

（5）异辛烷。根据生产企业烷基化装置布局情况，在优化区域资源的基础上，推进库点布局，实现资源、市场、效益最优化。根据市场行情，把握采销节奏，实现降本增效。

（6）石蜡。充分发挥市场驱动作用，利用产销研用协同机制，与生产企业共同推动特种产品的开发。

3. 品牌管理

（1）制度建设。健全品牌管理的组织机构，做好品牌建设的组织实施。科学确立品牌定位，完善品牌战略、品牌识别、品牌传播、品牌资产、品牌应用等品牌管理制度和管理流程。

（2）品牌战略。品牌战略与企业发展战略同步实施、系统推进。围绕品牌战略，优化资源配置，提升产品品质，促进品牌建设与业务发展的协同。

（3）品牌传播。利用各种媒体媒介，做好形象公关，广泛传播品牌形象，传递品牌价值。坚持品牌与知识产权保护工作相结合，建立品牌保护体系，将品牌资产纳入价值管理范畴。

（4）品牌价值。通过推进品牌建设实现炼油统销产品由简单的价格竞争变为品牌竞争，充分发挥品牌优势，体现品牌溢价，提升综合效益。

4. 风险管理

（1）合规经营风险。销售企业严格落实“三重一大”决策制度，细化各层级决策事项和权限，加强对决策事项的合法合规性论证把关，保障决策依法合规。健全合规管理体系。强化合规论证、尽职调查，完善合规风险评估应对机制。妥善处置合规风险并及时报告，防止合规风险扩大蔓延。

（2）市场风险管控。销售企业以全产全销为原则，优化库存管理，把握销售节奏，实现当期效益，及时回笼资金，为生产企业疏通后路留出空间，并防范市场出现较大的跌价风险。

（3）金融衍生业务。为规避炼油产品价值的涨跌风险，销售企业按照金融衍生品业务相关管理要求，建立健全相关管理制度，择机有序开展套期保值业务，规避现货敞口风险。

（四）客户管理

1. 基本原则

坚持以客户为中心。根据不同区域的不同市场特征，结合客户个性化需求，构建标准化服务体系，为客户提供便捷、优质的服务，增加客户黏性，提高客户满意度和忠诚度，通过为客户创造价值来推动企业自身的发展，实现合作共赢。

2. 准入管理

1）入户程序

（1）资质审查。新客户需按要求提供相关经营证件，经营危险品需提供危险品经营许可证或安全生产许可证等相关证件。相关销售部门对新客户提供的相关材料进行初步审查，并签订安全运输协议书、廉洁从业责任书等协议。

（2）客户入户。相关销售部门负责在客户管理系统中申报客户资料，发起审批流程。审批通过后，新客户在客户管理系统中的信息将申报至企业客户信息系统，客户主数据将由客户信息系统分发进销售企业 ERP 系统，完成客户入户程序。

2）客户信息变更

（1）客户除名称外的信息变更时，相关销售部门需在客户管理系统中申请修改，并上传相应的证件。修改税号，需提供营业执照和税务登记证复印件；修改营业执照号码，需提供新的营业执照复印件；修改发票地址，需提供新税务登记证复印件；修改银行信息，需提供 12 位银行码及新的开户银行许可证。

（2）已入户客户，相关销售部门要检查并及时将客户最新年检资料（如营业执照、危险品经营许可证等）上传客户管理系统，确保客户资质现行有效性。

3）客户冻结

当客户出现下列情况之一时，对客户进行冻结：变更名称并长时间未开展业务；失去相关产品合法经营资质；严重违反国家安全生产规定；恶意欠款不还；伪造公司资料或使用虚假票据；利用实际控制的关联企业与销售企业开展融资性贸易；严重损害销售企业形象和利益；严重损害消费者利益并拒不赔偿等。

3. 客户分级管理

1）客户分类

根据客户的生产经营规模、资信情况、提货数量、计划执行率等情况，可将客户分为三类：AAA 类客户、AA 类客户、A 类客户。

（1）AAA 类客户。能长期、连续、大量、稳定采购产品，且生产/经营规模大、实力强、资信好，在其所属行业内有较高的知名度，重合同、守信用、履约能力强的大型直供厂家或有较强分销能力的经销商。最近的 12 个月中有 11 个月以上的购货记录，工厂类客户有 10 个月以上的购货记录（不连续生产的可适当放宽）。月度购货数量均衡，月计划兑现率 90%以上，客户量化考核达 90 分以上。达到该产品 AAA 类客户最低购货量标准之上。在其所属行业中有较高的知名度。认同公司的营销理念，具备长期合作的基础。资金实力雄厚，货款支付良好，合同履行良好，无不良经营记录。

（2）AA 类客户。能连续、稳定采购产品，且具有一定生产/经营规模，实力较强、资信较好、重合同、守信用、履约良好的客户，认同公司的营销理念，具备长期合作的基础。资金实力雄厚，货款支付良好，合同履行良好，无不良经营记录。达到该产品 AA 类客户最低购货量标准之上，客户量化考核达 75 分以上。

（3）A 类客户。采购行为不连续、采购量不稳定、随意性较大的客户或新客户。

2）优惠政策

为了鼓励客户进一步加强与公司的业务联系，争取向 AAA 类客户发展，不同类别客户的待遇进行区别管理。在货源紧张时，资源的安排在确保已签订合同正常执行的前提下，根据客户类别按照 AAA→AA→A 的优先级顺序依次安排。原则上，AAA 类客户的价格可比 AA 类低，AA 类价格可比 A 类低，具体优惠办法在各产品营销策略或价格文件中明确。

3）客户评价

（1）量化指标。采用关键指标的量化考核办法对客户逐月考核。通过月度销售计划完成率，考察客户的月度计划完成情况。通过资金到位率，考察客户资金到位情况。通过提货均衡率，考察客户提货均衡情况。通过合规性检查，考察客户诚信规范情况。

（2）考评调整。AAA、AA 类客户连续 3 个月达不到该等级客户要求，相应降低一个客户等级；AA、A 类客户连续 3 个月达到上一等级客户要求，可相应提升一个客户等级。出现不良交易记录的，立即中止合作，冻结该客户的一切业务。在市场困难时期，对销售企业产品销售给予大力支持、作用显著的，在客户类别调整时，经客户管理领导小组批准，可提升其客户类别到上一级。

4. 客户服务

（1）制定客户分级走访计划。加强客户沟通联系，销售企业联合生产企业共同走访客户，深入客户现场，了解客户真实需求。根据客户评级及重要程度不同，安排不同层级管理人员进行走访。客户管理部门负责制定分级客户走访计划，产品销售部门负责协调安排落实。AAA 类客户原则上每年走访不少于 3 次，重点 AA 类客户原则上每年走访不少于 2 次，A 类客户原则上每年走访不少于 1 次。客户管理部门定期对客户走访计划完成情况进行跟踪检查。

（2）为重点客户提供解决方案。准确把握客户需求，向产业链上下游延伸，针对不同地区、不同产品、不同客户的个性化需求，提供差异化的客户服务。从资源配置、营销支持、运输服务、仓储服务、技术合作、商情信息沟通等方面为重点客户提供支撑，采用灵活定价方案，定制化产品和服务，实行“一品一策”“一户一策”等不同营销政策，为客户创造价值，培育忠诚稳定的客户群。

（3）推行“产销研用”一体化服务机制。销售企业联合生产企业、科研单位做好客户技术服务。建立“以客户价值”为导向的“产销研用”一体化机制，开发适销对路的产品，为客户提供售后技术服务指导。有针对性地为客户解决生产研发过程中遇到的困难，助力客户提高产品品质，获取更高的价值回报。

（五）物流管理

1. 物流选商

销售企业建立健全物流服务商的选商机制，涵盖供应商准入、评价、考核与选择、租赁费与单位运费的竞价机制等相关要求。根据招投标相关规定，通过公开招标、邀请招标、询比价和定向议价等方式选取物流服务商。选取的物流服务商应具备相应的运输、仓储、服务、报关、危化品等资质要求，一般应具备该项业务的成熟运作经验。

2. 物流计划管理

销售企业依据月度经营计划和物流需求，制定月度物流运输计划并优化实施；根据月度经营计划，提前筹备物流资源，并根据市场需求组织物流运输。销售企业对每月物流执行情况进行统计分析、费用核算，持续细化降本措施，不断优化运营成本。

3. 物流服务商管理

销售企业建立物流服务商管理规定，明确物流服务商考核管理细则，定期进行考核管理，并根据考核管理结果进行奖惩。定期组织物流服务商进行业务指导和培训，定期组织检查物流服务商运输工具、从业人员资质、安全管理制度与执行、安全风险识别、应急响应等落实情况。建立投诉反馈机制，有效处置物流服务中的商务投诉、数量质量纠纷。对产生投诉的服务商进行量化考核，推动服务质量提升。

4. 铁路自备罐车管理

销售企业自行管理发运沥青产品的自备罐车，根据销售需求在各生产企业间进行灵活调配，保证企业铁路出厂。销售企业做好自备罐车资产总体规划，科学制定报废处置、采购更新计划，确保整体铁路运力可持续稳定满足铁路出厂需求。通过加强专业人才引进培养，实现自备罐车运营专业化，统筹负责自备罐车发运、返空、跟踪、调配、考核、检维修、统计分析等工作，形成专业规范的业务链流程。

四、润滑油产品管理

(一) 润滑油产品概述

润滑油是最具品牌效应的石化产品，与其他石化产品相比，润滑油具有“多品种、大市场、高科技”的特点。伴随着中国经济的快速发展，国内润滑油市场已成为全球成长最快、市场规模最大的市场，同时也是市场竞争极为激烈的市场。随着我国加快构建新发展格局，特别是以国内大循环为主体的发展战略的实施，将加快推动国内润滑油企业走“专业化、市场化、国际化”的发展道路，实现高质量发展。

(二) 润滑油市场分析

1. 全球基础油及润滑油市场

1）全球及主要地区基础油生产情况

2019 年全球共有 133 个润滑油基础油生产厂，总能力约 58Mt/a。从分类来看，全球基础油质量持续提升。Ⅰ类基础油需求逐渐下降，Ⅱ类基础油逐步取代Ⅰ类基础油成为市场主流资源，Ⅲ类基础油的需求也在稳步提升。为应对基础油市场需求的转变，全球各基础油炼油厂纷纷改进工艺、装置升级。自 2014 年以来，全球共有十多家基础油炼油厂关闭，其中大部分是Ⅰ类基础油炼油厂。与 2009 年相比，2019 年Ⅰ类基础油产能占比由 60%降低至 36.3%，Ⅱ类基础油产能占比则从 24.5%上升至 37.5%，Ⅲ类基础油产能占比由 6.6%提高至 16.5%。环烷基油和可再生润滑油基础油占了其他部分。

2）全球及主要地区润滑油消费情况

2019 年全球经济增长放缓，GDP 增长率从 2018 年的 3.2%下降至 2.6%；全球工业增长仅为 0.8%，是 2010 年以来的最低增速；同时欧盟、美国、中国、印度等国家都提出并实施了更加严格的汽车排放标准，提高燃油经济性，对车用润滑油的产品规格和使用量都有一定限制。因此，2019 年全球润滑油消费量约 40Mt，同比下降 0.4%。

分地区来看，亚太地区是润滑油消费最多的区域，占比达到 43%；其次为北美和欧洲。亚太地区也是近年来增量最大的地区，增量主要来自中国和印度；非洲和拉美也是有增量的地区，巴西增量比较稳定；北美和欧洲需求下降，中东主要是伊朗和沙特需求下降较多。

3）全球主要润滑油供应商情况

全球润滑油行业的行业集中度仍然较高，最大的 10 家公司控制着全球销售量的 50%以上。壳牌、美孚、BP、道达尔和雪佛龙这五个国际领先专业公司 2019 年销售了约 14Mt 润滑油，占全球销量的 35%；中国石化、中国石油排名第六和第七名。

2. 国内润滑油供应链发展状况

1）润滑油基础油产能

2019 年全国基础油有效产能达 11.87Mt/a。2018 年新增的多数基础油装置于 2019 年上半年集中投产，由于新增装置以生产Ⅱ类基础油为主，且主要产品集中在中低黏度，国内低黏度过剩、高黏度不足的供应现状愈发严峻。

尽管近些年我国基础油生产结构不断调整，Ⅰ类油逐渐被Ⅱ类油替代，但是从与国内基础油进口结构对比来看，我国基础油生产依然存在高品质Ⅰ类基础油供应不足、单体规模不高、生产成本高、重质资源不足需要进口补充等问题。此外，Ⅲ类基础油存在生产规模小、供给不平稳、产品性能和竞争力不高的问题。

2）润滑油基础油市场供应

产量大幅增加，结构不断调整。2019 年我国基础油产量 6.07Mt，产量自 2015 年的低点逐步回升，产能集中在 2017 年和 2019 年释放。国内部分炼油企业新投产了多套加氢基础油装置，Ⅱ类基础油产量相对提高，产能结构发生较大变化。

2018 年国内Ⅱ类基础油产量已经超过Ⅰ类基础油。由于Ⅰ类基础油逐渐无法满足生产高品质润滑油的需求，2019 年Ⅰ类基础油产量比重已降至 26%；Ⅱ类基础油产量快速提高，产量比重提升至 49%，Ⅱ类基础油占比高出Ⅰ类 23 个百分点；国内Ⅲ类及以上基础油产量大约 40kt 左右，主要是加氢装置产出部分Ⅲ类标准的基础油和煤基的Ⅲ$^{+}$基础油；环烷基油产量大幅提升，主要是电力行业和橡胶行业的发展，尤其是橡胶生产中以环烷基基础油代替芳烃基油以满足环保要求。

2019 年中国基础油进口总量为 2.67Mt，较 2016 年最高点的 2.85Mt 下降近 200kt。从进口类别来看，Ⅰ类基础油占比逐年下降至 17%；Ⅱ类基础油 2012 年首次超过Ⅰ类，之后以年均 6.7%的速度增长；Ⅲ类基础油进口量也于 2017 年首次超过Ⅰ类基础油，达到 670kt。

3）调和能力

润滑油调和能力更加向头部企业集中。目前国内润滑油调和能力约 12Mt/a，每年增加约 500kt。调和企业比较分散，约 2000 多家。内资企业调和能力约 8.70Mt/a，外资企业调和能力 3.30Mt/a 左右。

随着竞争加剧，国内需求逐渐转向更高质量的产品，部分小型调和企业有可能在中长期内被市场淘汰。

3. 润滑油消费市场

中国是世界上最主要的润滑油脂消费市场之一，2020 年全国表观消费量约为 6.40Mt，其中交通用油占比约 54%、工业用油占比约 40%、润滑脂占比约 6%。

1）交通用油

在汽车保有量快速增加的推动下，国内交通用润滑油消费量逐年提高，成为推动润滑油消费的主要动力。但是，由于汽车年均行驶里程的缩短，换油周期的延长，商用车保有量增速放缓，以及摩托车保有量逐年下降，近几年交通用油消费增速放缓。2020 年国内交通用油消费量约为 3.48Mt，较 2010~2015 年期间 8%~9%的增速有所下降。

近几年，受经济增长方式转变，交通运输行业发生了较大变化。以消费为目的的私家车出行保持快速增长，而生产带来的运输出行有所放缓。交通用油的消费结构随之改变，其中汽油机油所占比重明显增加，占比从2010年的26%提高至2020年的37%；柴油机油占比则从46%下降至39%；车辆齿轮油随着汽油机油和柴油机油的增加稳定上升，所占比重保持在9%左右；摩托车用油明显降低，其他变化不大。

近两年重卡用油值得关注，随着排放控制技术和柴油质量的持续提高，车辆主机厂研发了特定发动机上使用配套机油可实现$(10\sim15)\times10^4$km换油，油品质量级别进一步升级。目前我国柴油机油消费主要以CH-4为主，但CI-4很快会替代CH-4成为主流，同时CK-4的用油呈快速增长态势，低黏度节能机油已成为商用车用油发展的主要方向。

2）工业用油

工业用油包含液压油、齿轮油、压缩机油、变压器油、汽轮机油、金属加工液、导热油、冷冻机油等十几大类品种，与国民经济和工业生产息息相关，尤其是钢铁、水泥、矿山、发电、有色金属、装备制造等行业，是保证工业机械设备节能、高效、长周期正常运转的基本措施，是机械运作的命脉。工程机械、发电、电网、煤炭、钢铁、炼油化工这些行业用量约占工业润滑油消费总量的84%以上。

2009年之前，工业生产带动工业用润滑油消费量快速增长，之后，受国内经济结构转型调整，工业生产明显放缓，工业用油随之降低，尤其是2015年同比大幅降低24.3%，之后进入稳定恢复增长，2016年同比大幅增长18.1%，近几年基本稳定在2.50Mt左右。一是与工业生产息息相关的大宗商品产量增速下降；二是企业提高管理水平、严控成本消耗以及用油设备升级换代、油品使用效率提升；三是润滑油产品质量升级、换油周期延长，这些均造成了工业用润滑油消费量在润滑油消费总量中的占比有所下降。

4. 市场竞争状况

润滑油市场是国内石化产品中开放最早、竞争最为充分的市场，目前基本呈现大型石化企业、外资品牌、地方企业三分天下的市场格局。

大型石化企业利用基础油优势、研发能力和销售网络优势，保持整体市场份额的领先。随着我国加快构建新发展格局，特别是实施以国内大循环为主体的发展战略，将加快推动国内产业链上下游深化合作，有利于润滑油企业开拓高端及高附加值市场，实现高质量发展，在高档油市场拓展更大的市场发展空间。

5. 润滑油市场趋势

(1) 润滑油需求量进入平台期。“十四五”期间，经济增速放缓，产业结构调整，工业产业升级，产品质量提升，多种因素影响使我国润滑油大幅增长的可能性较小。我国润滑油脂需求总量将进入小幅增加的平台期，预计2025年需求量为6.43Mt，2019~2025年年均增长0.1%。

(2) 高档油发展具有较大空间。车辆润滑油质量升级加快，在满足使用、节能、环保和经济性要求的同时，发展节能油、无特殊要求的通用油是行业后续重点。在基础油方面，Ⅰ类基础油需求逐渐减少，加氢的Ⅱ类油、Ⅲ类油和合成油需求逐步加大。

在工业油方面，制造业装备水平迅速提高，机器人、风电等高端装备制造业的发展也带动了高档工业油的品种差异化和长寿命化，大量精密、自动化设备需要高品质、个性化润滑油产品确保其有效运行，合成润滑油市场发展空间巨大。与常规润滑油相比，合成润滑油和半合成润滑油在质量稳定性、使用周期等方面具有优势，可以减少油耗和设备维修费用、降低换油频次，减轻对环境的污染。合成润滑油有较为显著的综合经济效益和社会效益，在工业润滑油领域的市场份额正逐步提升。2020 年合成润滑油的市场渗透率为 15%，预计未来五年，全球合成润滑油需求将以年均 2.9%的速度增长。

（3）大客户集中度越来越高以及区域性产业集群化趋势，使采购模式更具规模、更专业、更集中，对润滑油产品、技术、服务等要求越来越高，需要润滑油企业的营销及服务管理更具标准化和专业化。

（4）润滑油行业竞争不断加剧。当前中国润滑油行业已从高速增长阶段转向高品质发展阶段，正处在转变发展方式、转换增长动力的攻关期，兼并和淘汰将成为未来几年润滑油市场的主题。在国内润滑油市场需求量相对稳定的情况下，润滑油市场将更加倾向于“技术+市场+服务”的一体化营销。

（5）互联网应用与传统产业的结合影响更加深入。大数据、互联网思维、人工智能、直播带货等被越来越多地应用在客户沟通、服务、运营管理以及产品推广等方面，对润滑油企业运营模式产生深刻影响，也促使客户对于服务方面的要求进一步提升。

（三）润滑油产品生产运营管理

1. 润滑油产品计划管理

结合润滑油产品生产经营完成情况及未来市场形势和竞争状况，以推进高质量发展为目标，制定年度生产经营计划。依据年度计划指标结合市场、资源、产能等情况，每月组织召开月度经营策划会，制定月度润滑油产品相关生产经营计划，并将润滑油产品生产所需基础油计划提报上级主管部门予以配置。每月召开月度经济活动分析会对上月生产经营计划完成情况进行分析，同时对计划完成情况进行考核，确保年度生产经营计划任务目标的实现。

2. 润滑油产品生产调度管理

润滑油企业根据整体生产经营状况和月度计划，组织生产调度会议协调处理生产运营和调拨过程中出现的各种问题，其他部门根据归口业务管理职责分别负责安全生产、环保、技术、采购、成本效益核算等管理职责。生产单元根据月度生产经营计划和生产调度指令，负责商品生产组织和内部调拨，对生产执行情况和需要协调解决的问题在生产调度会议上及时汇报，由相关部门协调解决。调度排产方式按照常规商品备货式生产，特殊品种按照订单式生产。

3. 润滑油产品物流管理

实施两个层级物流管理：管理层面立足于建章立制、规范管理、统筹优化以及考核奖惩等方面职能；执行层面强化规章制度的管理与执行、仓储物流优化、现场运行与管理等方面职责。

运用产品交付平台，实现企业物流业务平台化运作，系统可覆盖订单下达、调度派车、仓储发货、预警跟踪、可视化、客户评价等产品交付全流程，打通内部应用与物流商外部应用，并实现不同管理系统一体化集成。

（四）润滑油产品及营销特点

1. 产品特点

1）产品范围广、规格多、包装形式多样化

润滑油是石油化工产品中品种牌号最多、使用范围广泛的一类产品。涉及汽车、航天、机械、能源、冶金、造纸、电力等各行业，与生产、生活密切相关，润滑油共有内燃机油、齿轮油、液压油、汽轮机油等 19 大类，同时每类产品又有不同的黏度级别和质量等级，包装形式也是多种多样。这些特点使得润滑油在使用、销售、管理等方面有别于其他石油化工产品，对科学选油、技术服务、仓储物流、成本管理等都有更高的要求。

2）具有工业品与消费品双重属性

随着家庭轿车的日益普及，车用润滑油已经进入寻常百姓家，润滑油不再仅仅是工矿企业、车队使用，润滑油产品具有了工业品与消费品的双重属性。

（1）工业品属性：从产品属性上看，产品技术、质量性能、运行可靠等构成了产品的核心；从用户属性上看，工业品的用户不是个人而是团体，由技术专家、财务专家、采购专家、管理者、操作人员等组成，具有集团采购、团体决策的特点，这些都与大众消费品有着本质的区别。

（2）消费品属性：用户更注重产品购买的便利性，受产品包装、促销、广告影响大，购买决策感性、简单、快速。因此，润滑油产品不仅在汽修厂、加油站销售，而且也可以在超市、便利店等日用消费品商店售卖，润滑油的广告、促销也是最常用的宣传推广手段。随着互联网的发展，电商、直播带货等直达消费者的方式成为新的销售方式。

3）小价值大作用

润滑油在整个设备或车辆中可以说只算配件，自身价值低，但由于它的特殊性，对关键点的润滑将对整个设备的正常运行起到至关重要的作用，尤其是在航天、航空、石油、冶金等大型生产设备上，如果出现问题，将会造成巨大的经济损失，因此，对润滑油产品的质量和稳定性具有很高的要求。同样，一旦使用就不会轻易更换，对品牌的依赖度较高。设备制造商的技术和品牌指定及技术认证、初装配套等对后续的工业用户的质保、选油决策起着非常重要的作用。

4）对技术及服务要求高

润滑油产品的技术含量高，具有很强的专业性和针对性，对不同的设备、不同的润滑点、不同的使用工况都需要有不同的润滑方案，因此，润滑油的应用要求有丰富的润滑油专业知识。而面对品种众多、使用情况复杂的润滑需求，用户在购买或使用润滑油产品时就需要获得更多专业方面的指导，因此，润滑油销售不仅仅是卖产品，更多的是卖服务。

2. 营销特点

润滑油所具备的消费品和工业品属性使其在营销中也体现为消费品营销和工业品营销的不同特点。

（1）作为消费品的车用油营销特点：消费场景多，产品周转期短，销售通路短而宽，对终端覆盖率要求比较高；对市场生动化要求高，现场演示、路演、促销、折价销售以及随着互联网发展应运而生的线上线下互动、直播带货等对促进产品销售十分有效，媒体宣传、线上引流、店面建设等投入大；售后服务主要体现在对客户投诉的迅速反馈和有效处理上。这些是润滑油与其他石油石化产品在营销上的最明显区别，也使得润滑油在宣传推广方面需要大量的投入，品牌效应明显。

（2）工业油销售或大客户开发具有典型的工业品营销特点：项目成交时间长，成交金额大，决策过程复杂，决策主体多为小组或委员会；专业性强，注重服务并可能成为项目评估的重要因素；传播途径独特，广告效应不大，但品牌影响力大，口碑传播及行业示范效应大；工业品技术含量高的销售特点，要求大客户开发必须保证技术、认证、服务一条龙，利用科研与销售紧密结合的方式，开展团队化的客户开发和服务。

3. 销售渠道分类

渠道类型大体可以分为经销商渠道、直销零售以及新兴的网络平台销售，其中车用油经销渠道由于消费场景多，渠道相对复杂，如表 6-4-1 所示，工业油渠道多是有一定技术服务能力、客户开发能力的社会经销商。

表 6-4-1 润滑油销售渠道分类

销售渠道	定义
润滑油经销商	润滑油经销商(一级经销商)向润滑油生产商直接采购机油，再销售给分销商、修理店。润滑油经销商不是机油的消费者或修理店，而是贸易商
主机厂	乘用车、商用车以及工程机械主机厂直接通过润滑油生产商采购机油，再将机油销售给 4S 店及其他渠道。这些机油产品通常是纯主机厂品牌或主机厂和润滑油生产商的联名品牌
线上平台	直接通过润滑油生产商采购机油，通过线上平台销往修理店或个人车主
主机厂修理店	主机厂建立的自营或授权的修理店，瞄准汽车后市场
共享汽车平台	包括网约车平台和租车平台。网约车平台是连接个人车主和乘客的在线平台，可帮助个人车主(包括出租车司机)向乘客提供出行服务。这些平台直接通过润滑油生产商采购机油，然后出售给自营或授权修理店，主要为该平台下的车辆提供服务
连锁修理店	直接通过润滑油生产商采购机油的大型连锁修理店
其他直销渠道	除以上直销渠道外的其他直销渠道，主要包括大型超市和加油站

1）渠道发展趋势及策略

当前经销渠道仍是润滑油企业最主要的销售渠道，厂家通过经销商以覆盖广大市场并得以迅速获得现金回流。

随着润滑油市场的发展，渠道建设趋向于建立紧贴市场的扁平化、密集型分销网络，提高产品分销效率。同时随着乡村振兴、汽车下乡等一系列利好于县域经济发展的政策，加快渠道下沉，开发县域市场，提高整体市场覆盖率成为渠道竞争的一个重点。

经销商由批发型向客户开发型转型是大势所趋，部分没有客户开发能力和终端资源的经销商，未来会沦为润滑油企业的服务提供方，仅以提供物流仓储服务为主。

润滑油企业要加强对经销商的培育和管理，提高渠道的质量。一是按照布局有效、终端渗透的原则，筛选合格的经销商、合理布局经销网络，达到有效覆盖；二是实施培训激励计划，推动经销商转型，如优秀经销商评选、示范经销商培育等；三是建立经销商评价体系，对经销商优胜劣汰，保持渠道活力。

2）直销零售渠道

直销零售渠道就是终端销售环节，直接将产品销售给最终消费者，主要包括大型汽修连锁店、大型商超和加油站等。

连锁修理店的采购量近年来增长迅猛。部分连锁汽修店体量大，可以从润滑油厂商直接进货，进而成为一个独立于经销商的渠道。目前，全国大约有 40 万家修理店，仅有 10%~20%的修理店是品牌连锁修理店。但是，汽车修理店连锁化是行业发展必然的趋势。

大型商超受到网络平台的冲击，销量有一定程度的下降。

加油站普遍不提供换油服务，仅有部分加油站与周边修理店合作，让消费者在加油站购油后在附近修理店换油，销量比较平稳。当前也有企业尝试利用互联网手段链接加油站和汽修厂，构建新消费生态圈，给车主提供便利。

3）新兴渠道

目前，新兴渠道在中国汽车后市场机油销售中所占的份额虽然不足10%，但增速较快。其中网络渠道近年来增速较快，目前在新渠道中占比93%。网络渠道包括汽车后市场O2O平台、电商平台和有网络平台背景的汽车后市场服务公司。例如某石化企业正在积极推进以加油站为核心、互联网和加油站并举引流，同时加快汽修连锁养护店的布局，实现线上线下一体化车用润滑油销售模式，打造特色的汽车后市场生态圈，并取得了良好的成效。

共享汽车渠道的销量占比较低，其包括打车平台和汽车租赁平台。

4. 客户开发管理及策略

客户资源尤其是重点大客户资源是每一个润滑油企业的核心资源，也是每一家润滑油企业竞争的焦点。大客户开发体现了润滑油企业的技术、服务的实力水平，同时大客户的成功开发也将体现出强大的示范效应，促进其他行业客户的开发，提升企业的影响力。

1）客户分类

根据客户规模、影响力、行业发展、需求量等对客户进行分类、分级管理，一般可分为大客户、规模客户和零散客户。针对不同客户分类，在商务政策、服务等级、资源投入、开发模式等方面进行差异化开发和维护。

2）客户开发管理方式

（1）大客户管理：

① 开发方式：各润滑油企业都非常重视对大客户，尤其是行业龙头客户的开发和管理，一般都设有专门的大客户开发部或大客户业务中心，统筹管理，整合资源进行开发和维护。

大客户是企业最重要的合作方，企业会优先保障产品供应、技术服务，并建立高层拜访机制，通过资源共享、共同研发、合作推广等形成紧密的战略合作共同体。大客户的开发以“项目制”开发为主，围绕开发项目组成由技术、市场、服务、运营等各相关部门人员参加的开发小组，从需求调研、产品认证，到商务谈判、技术交流，再到产品配送交付、服务跟进等各环节都由项目组统筹推进。

② 管理办法：由于大客户的重要性，润滑油企业都建有对大客户的管理办法，一般都会设立大客户准入/退出机制、客户拜访沟通服务机制，从产量规模、行业排名、销量贡献等维度设立量化标准，保证客户质量，并建立完善的客户开发维护档案。

（2）规模客户管理：规模客户以企业自主开发和渠道商开发相结合，其中用油量较小的中小规模客户以渠道商开发为主。规模客户开发可以充分利用大客户开发的示范效应，带动规模客户和中小客户的开发。规模客户管理随着信息化的发展，可以通过CRM系统对客户信息、主要设备、用油品种等关键信息进行管理、更新。

（3）零散客户：主要包括网络平台C端客户及汽修厂、加油站等终端销售客户。润滑油企业对零散客户管理，主要是基于互联网线上管理，线上业务面向C端客户，通过认知客户、兴趣客户、购买客户以及忠诚客户进行分类管理。

3）国际市场开发

随着中国制造不断走出国门，越来越多的中国企业和工程项目落地海外，同时一带一路合作倡议及RCEP（区域全面经济伙伴关系协定）的推进和落地，拓展海外市场成为国内润滑油企业新的发展目标。

目前拓展海外市场的主要路径有：一是中资企业海外企业或建设项目配套用油，通过国内合作延伸至海外合作；二是关注产业转移动向，以中资产业集群为桥梁，向当地同行业外资及当地企业进行扩展开发；三是开发海外经销商，在当地建设销售网络；四是海外建厂、寻找代工厂或收购国外润滑油厂，建立生产基地，提高拓展海外市场的能力。某润滑油公司经过多年的经营，在亚太等重点地区建立了自己的经销网络，通过加大品牌宣传，拥有了一批忠实客户，销量持续增长，产品已销往多个国家和地区。

4）加快数字化营销转型

随着互联网、云计算等技术的不断发展，润滑油企业通过数字化创新引领产业和结构转型升级，以数字化带动全方位转型发展已成为趋势。以客户为中心，搭建面向市场和客户的平台化运营系统，推进各项业务管理模式与流程的优化与调整，提升内部运营效率与竞争力，为前端客户开发提供平台化支持，实现赋能市场、赋能客户的目的。对外建立基于客户需求的信息化综合服务平台，为客户提供全面、优质、便捷的服务，包括订单交付、物流跟踪、服务支持、市场推广等实现与客户信息互通、共享、互动。对内建立完善的营销服务支持系统，实现客户的全流程在线管理。利用可视化工具，实现对平台系统数据的统计分析，及时了解客户需求变化、重点项目开发进展、交付实现、库存变化等，为制定营销策略提供决策支持。

五、实践案例

（一）案例 1：加强商情分析，助力攻坚创效

2021 年以来，某销售企业通过组建商情团队、推动销售经理管理分析系统和商情信息管理网站建设、组织专题市场分析、坚持比价考核等方式，为客户、企业、员工提供商情信息服务，用商情分析指导产品定价、用市场预判来引导企业调整产品结构、用比价考核来评判营销策略执行，助力企业攻坚创效。

一是组建商情团队，召开商情分析会。2021 年，该公司组建了一支紧贴市场、直觉敏锐的商情搜集分析团队。商情团队每周定期召开商情分析会，就宏观经济、行业动态、产品市场变化等信息进行充分讨论，并形成商情分析报告，为公司确定经营方向，制定价格策略提供依据。

二是开展专题市场分析，助力营销企划。该公司针对细分市场、区域市场开展商情团队专题分析，组织专题市场分析会，将专题市场分析应用于营销策划、工作安排，将商情分析融入营销工作，提高工作质量。

三是推动系统建设，完善信息平台。该公司持续推进推动销售经理管理分析系统和商情信息管理网站建设，对外部市场信息、内部生产及产品信息进行实时更新，让生产企业及时了解到市场前沿信息，让销售人员能够全面掌握市场行情。

四是组织开展价格预测竞赛，营造良好氛围。通过开展价格预测竞赛活动，鼓励公司员工密切关注市场行情，提升公司整体市场分析研判能力，激发员工干事创业动力，在公司营造了良好的“比学赶帮超”氛围。

2021 年以来，该公司商情团队各项工作有序推进，市场信息掌握更加快速，营销策略制定更加精准，生产优化建议更加及时。2021 年该公司实现了“跑赢大市，优于同行”的比价目标，该公司经营产品对炼油版块的创效水平大幅提高。

（二）案例 2：优化资源配置，推进石油焦置换创效

石油焦作为焦化装置的副产品，其质量主要取决于焦化原料的品质。石油焦广泛运用于电解铝行业预焙阳极的生产，同时，也可作为煤炭的替代品作为燃料或者煤制氢的原料。某集团化公司下属各炼油企业的石油焦产品品质由于焦化原料的不同存在着较大的差异，存在着部分企业将品质相对较好的石油焦自用于锅炉燃烧以及煤制氢装置的情况。由于高品质的石油焦是生产预焙阳极的优质原料，市场需求好、价值高，被用作燃料或煤制氢原料将产生较大的效益流失。

该公司下属某销售企业作为石油焦产品统一经营的企业，通过平台优势，充分利用各企业石油焦品质差异，开创了石油焦置换工作，以更好地优化石油焦资源，确保优质产品从市场上创造更多效益。

一是发掘客户需求，合理优化资源。通过整合产业链上下游，坚持以客户为中心，根据不同客户对石油焦品质需求的差异，制定科学的销售方案，不断提升客户满意度，确保将不同品质石油焦均卖出当期最好价格。

二是捕捉创效时机，适时开展置换。通过动态跟踪不同品质石油焦之间、煤炭与燃料焦之间的价差，并结合当期各生产企业石油焦品质特点及客户需求情况，及时捕捉创效机会，制定置换方案。主要方法是采购低价资源满足企业生产，置换出企业品质相对较好的自用资源以满足市场需求，通过控制安全合理的价差空间，确保置换效益。

三是针对企业特点，灵活制定方案。站在生产企业的角度，提供定制化的服务。针对 C 公司、L 公司等品质较为稳定的生产企业，采取公式作价的置换方案，确保创效的稳定性；对于品质或产量不稳定的企业，采取“一单一谈”的方案，体现置换的灵活性。

四是坚持让利企业，提高置换积极性。该销售企业坚持服务企业的初心，不与企业争效益，确保置换创效大部分留在企业，有效提高了产销双方的合作效率以及企业参与置换的积极性，达到整体效益最大化的目的。

石油焦产品统销以来，该销售企业通过持续做好石油焦置换工作，坚持满足下游客户需求，石油焦产品的市场影响力显著增强。同时，通过加强市场研判，严控方案的设计与执行，取得了较好的创效成果，使得该销售企业的服务水平进一步提升。

第七章

财 务 管 理

市场经济条件下，企业自主经营、自负盈亏、自我发展、自我约束，以盈利为目标、以价值为导向的驱动模式促使企业聚焦价值创造。企业管理中的生产管理、技术管理、质量管理等都成为实现价值创造的手段之一，而财务管理则贯穿于生产经营的各个环节，发挥着越来越重要的中心作用。

近年来，国际原油价格大幅震荡，原油原料成本受影响较大，结构调整、安全环保投入导致辅助材料、燃动费用、折旧等大幅增加，新能源替代使原油加工量增幅有限，炼油企业面临资产创效能力下降的挑战。为了提高竞争力，企业必须深化业财融合，丰富财务管理职能，提高财务人才队伍素质，完善与财务管理中心作用相匹配的财务管理体系，进一步提升战略谋划能力、价值创造能力、财务监督能力和风险防控能力。

本章结合炼油企业生产经营特点，从全面预算管理、成本管理、税务管理、资产管理等方面，介绍炼油专业财务管理工作做法以及实践案例。

第一节　全面预算管理

一、全面预算管理的概念及目标

（一）全面预算管理的概念

全面预算管理，是指围绕公司发展战略和中长期发展规划，通过预算目标管理、过程控制、责任考核等活动，合理配置企业资源，组织、协调、指导和调整生产经营活动，改善生产经营执行效果，完成既定经营目标和战略目标的管理行为。

（二）全面预算管理的目标与原则

全面预算管理坚持战略引领和价值导向，提升价值创造能力；推进布局优化和结构调整，引导资源合理配置；加强目标管理和过程控制，全面强化风险防控；推动管理创新和效率变革，着力提高发展质量。

全面预算管理主要应遵循以下原则：

（1）战略引领原则。落实战略规划，统筹兼顾长远发展和短期经营目标，推动实现可持续和高质量发展。

（2）价值导向原则。坚持价值引领，加强资源优化、结构调整、成本管控和行业对标，提高投入产出回报，实现整体价值最大化。

（3）全面覆盖原则。实现全员、全过程、全要素管理，资本预算、业务预算和财务预算全面协同融合。

(4) 积极合理原则。各级预算责任主体要充分发挥主观能动性，统筹考虑经营环境、行业发展、市场形势、资源供需等现实条件，在可靠的业务计划和科学系统的财务预测基础上，制定并实施积极可行的预算目标。

(5) 责权对等原则。坚持预算责任主体责权利相统一，确保预算责任落实，预算执行有效、过程受控、目标可实现。

二、全面预算管理的特点及重点

(一) 全面预算管理的特点

炼油企业全面预算管理的特点是围绕投入产出效益，做好生产过程和产品结构的优化、成本费用的控制，提高投入产出率，追求企业效益最大化。

企业一般采用以资源优化和成本控制为中心的全面预算管理模式，以零基预算为基础，以全面预算管理信息系统为平台，从分预算到总预算，从业务预算到财务预算，坚持“量价分离、互相匹配”的原则，形成全员、全要素、全方位、全过程的预算、控制、考核体系。

(二) 全面预算管理的重点

全面预算管理应秉持整体效益最大化原则，以企业发展战略为出发点，以投资回报率和经营效益为中心，优化资源配置和产品结构，做好炼油装置之间的生产优化；依据资源和市场信息重点做好系统平衡和优化，使企业经营效果达到最佳。

全面预算编制既要实事求是，使预算指标具有可操作性，又要适当增加内部压力，保证装置各项经济技术指标的先进性、合理性，充分发挥预算指标的指导和控制作用。

全面预算应做到内容全面、层次清晰，对可能影响目标利润完成的业务、事项均以货币或其他计量形式具体反映，将各项指标层层分解，明确责任，确保经营目标的实现。

三、全面预算管理的组织机构和职责

全面预算管理组织是指负责公司预算编制、审定、监督、协调、控制与信息反馈、业绩考核的组织机构，包括全面预算管理委员会、全面预算管理委员会办公室、全面预算责任执行主体。

企业是全面预算管理的责任主体，拥有与管理目标相协调、与职能责任相匹配的预算决策权，承担相应的预算管理责任。全面预算责任主体一般应设立全面预算管理委员会或全面预算管理领导小组，成员由班子成员及相关部门负责人组成。

(一) 全面预算管理委员会

全面预算管理委员会(预算管理领导小组)负责审议预算原则和条件，提出预算编制的方针和程序；负责审查资本预算、业务预算和财务预算，提出预算目标和预算方案，提交预算管理决策机构审议、审批；负责组织分解、下达预算目标；负责组织预算执行监控，协调解决预算管理重大事项。

(二) 全面预算管理委员会办公室

全面预算管理委员会下设办公室，具体负责全面预算的编制、审核、控制、调整、分析、考核等工作。全面预算管理委员会办公室一般设在财务部门。

(三) 全面预算责任执行主体

全面预算责任执行主体是预算管理执行部门，根据组织机构设置和部门职责，确定各职能部门预算管理责权。

（1）发展规划部门：负责资本预算管理，提出发展战略、制定中长期发展规划；负责资本预算的编制、下达、调整、执行监控和统筹协调；负责提出资本预算目标考核建议。

（2）生产计划部门：负责编制生产计划流程；负责参与制定中长期发展规划，根据预算期企业的资源配置计划，在销售预算的基础上，结合装置检维修计划及产品库存、自营来料原油结构等情况编制生产计划流程；负责提出业务预算目标考核建议。

（3）物资采购部门：负责对预算期内原油、化工原料、催化剂等主要生产材料提出采购计划；负责参与制定中长期发展规划；负责提出业务预算目标考核建议。

（4）产品销售部门：负责对预算期的产品销售或提供劳务所获得的收入进行测算；负责参与制定中长期发展规划；负责提出业务预算目标考核建议。

（5）生产管理部门：负责装置能耗、物耗预算的编制、审核、调整、执行监控和统筹协调；负责参与制定中长期发展规划；负责提出业务预算目标考核建议。

（6）科技管理部门：负责提出费用性科研项目业务计划，开展科研经费合同管理；负责费用性研发支出预算的编制、执行监控和统筹协调；负责提出业务预算目标考核建议。

（7）设备管理部门：负责检维修费用、安全生产费用预算的编制、审核；负责提出业务预算目标考核建议。

（8）人力资源部门：负责统筹人工成本和工资总额预算编制、下达、调整、执行监控和统筹协调；负责提出业务预算目标考核建议。

（9）财务管理部门：负责财务预算管理，参与制定中长期发展规划；负责研究执行预算编制原则和条件，基于资本预算和业务预算编制财务预算，以价值引领推动财务预算与资本预算、业务预算协同优化；负责财务预算目标下达、调整、执行监控和统筹协调；负责提出财务预算目标考核建议。

（10）绩效考核管理部门：负责建立健全预算考核规则，促进预算目标形成机制的优化完善；负责组织开展绩效考核工作，审核预算考核目标。

（11）其他预算责任部门：负责安全隐患治理、环境保护治理、信息化建设与维护、法律事务等相关专项预算的编制、执行监控和统筹协调。

四、预算编制流程和方法

（一）预算编制基本流程

预算编制基本流程可分为“自上而下式”“自下而上式”和“上下结合式”三种，多数企业采用后两种方法编制预算。

1.“自下而上式”预算编制流程

“自下而上式”预算编制流程，由母公司提出责任目标，子公司确认预算责任。具体程序如下：

（1）母公司董事会提出预算编制的指导性原则。

（2）子公司提出年度可完成的任务指标及相应的说明。

（3）子公司编制内部预算。

（4）母公司下达执行预算。

“自下而上式”的预算编制流程适用于资本性的控股集团（即财务控制型的母子管理关系）。该编制模式优点在于：提高了子公司的主动性，体现了分权主义和人本管理的要求，同时将子公司置于市场前沿，提高子公司独立作战的能力。不足之处在于：可能引发管理失控，“宽打窄用”浪费资源，不利于最大限度发挥子公司盈利潜能。

2.“上下结合式”预算编制流程

“上下结合式”预算编制流程与战略控制型母子管理关系相对应，按照“上下结合、分级编制、逐级汇总”的程序进行编制。具体程序如下：

(1) 下达目标。母公司根据企业发展战略和预算期经济形势做出初步预测，提出下一年度企业的预算目标，确定预算编制的政策。

(2) 编制上报。各预算执行单位按照预算目标和政策，结合自身特点以及预测的执行条件，编报预算方案。

(3) 审查平衡。预算管理部门对各预算执行单位上报的预算方案进行审查、汇总，提出综合平衡建议，提出预算调整意见，反馈预算执行单位修正。

(4) 审议批准。预算管理部门在相关预算执行单位修正调整的基础上，编制预算方案，上报全面预算管理委员会。根据调整意见修正后，正式编制年度预算草案，提交母公司审议批准。

(5) 下达执行。根据母公司审议批准后的年度总预算，分解预算指标，由全面预算管理委员会逐级下达各预算执行单位执行。

“上下结合式”预算编制流程的优点是：体现了预算编制过程的民主集中制原则，有利于激发基层单位的积极性，强化其参与意识，同时，可避免基层单位在预算编制时“宽打窄用”，确保母公司预算目标完全执行。缺点是：会出现过多的讨价还价，削弱预算的严肃性。

（二）全面预算编制方法

全面预算编制方法，按照编制基础可划分为增量预算法和零基预算法；按照预算的状态可划分为固定预算法和弹性预算法；按照预算的时间可划分为定期预算法和滚动预算法。

(1) 增量预算法。又称调整预算方法，是指以基期成本费用水平为基础，结合预算期业务量水平及有关影响成本因素的未来变动情况，通过调整原有相关费用项目而编制预算的一种方法。

(2) 零基预算法。是指不考虑过去的预算项目和收支水平，以零为基点编制预算的方法。零基预算法的基本特征是不受以往预算安排和预算执行情况的影响，一切预算收支都建立在成本效益分析的基础上，根据需要和可能编制预算。

(3) 固定预算法。又称静态预算法，是指在编制预算时，只根据预算期内正常的、可实现的某一固定业务量(如生产量、销售量)水平作为唯一基础来编制预算的一种方法。固定预算法存在过于机械呆板和可比性差的缺点。

(4) 弹性预算法。又称变动预算法、滑动预算法，是指以预算期间可能发生的多种业务量水平为基础，分别确定与之相应的费用数额而编制的、能适应多种业务量水平的费用预算。能够分别反映在各业务量的情况下所应开支的费用(或取得的利润)水平。

(5) 定期预算法。又称阶段性预算，是指在编制预算时以不变的会计期间(如日历年度)作为预算期的预算编制方法。其优点是能够使预算期间与会计年度相匹配，便于考核和评价预算的执行结果。其缺点是缺乏远期指导性，不利于随情况的变化及时调整。

(6) 滚动预算法。又称连续预算法或永续预算法，是指在编制预算时，将预算期与会计年度脱离，随着预算的执行不断延伸补充预算，逐期向后滚动，使预算期始终保持为一个固定期间的预算编制方法。其优点是能够保持预算的持续性，有利于结合企业近期和长期目标适当调整预算，使预算与实际情况更相适应。滚动预算法的缺点是编制工作量大。

（三）炼油企业预算编制流程

预算编制一般采用“上下结合式”的预算编制流程，按照“上下结合、分级编制、逐级汇总”的程序进行编制。

年度全面预算编制流程图如图 7-1-1 所示。

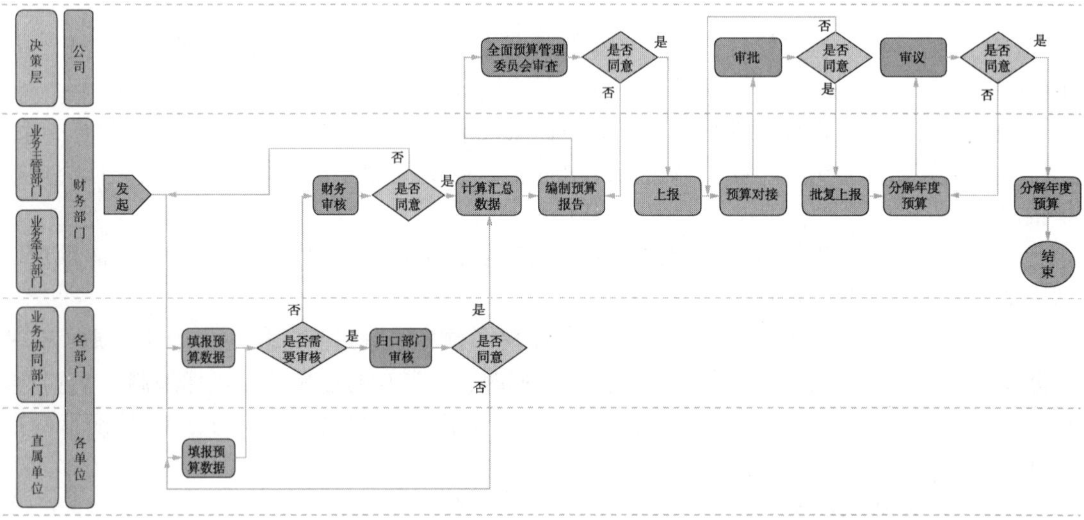

图 7-1-1　年度全面预算编制流程图

（1）预算启动及初步测算。企业根据中长期发展规划和对下一年度经济形势的预测，于每年 9 月启动下一年度生产经营计划、投资计划和财务预算编制工作，完成初步测算。

（2）确定预算目标。企业有关部门研究确定财务预算基础条件，包括预算编制价格条件及其他政策，根据生产经营计划和投资计划，编制财务预算。根据财务预算再调整投资计划和生产经营计划，综合平衡，做到“三大计划”有机结合，合理配置企业资源。

（3）审议批准。企业总体预算方案报公司管理层审议。经审议、调整后，提交董事会审议批准。

（4）下达指标。年度预算经董事会审议批准后，企业向下级单位分解下达业务及财务预算指标，在全面预算管理信息系统中完成上报年度预算编制说明及预算报表。

月度预算是对年度预算工作的细化和分解，是全面预算管理的重要组成部分。通过实行“以月保季、以季保年”的月度滚动预算，组织各项生产经营活动，加强预算过程监控，推动预算目标的实现。

五、预算编制内容

全面预算是由资本预算、业务预算和财务预算等一系列预算构成相互衔接和钩稽的综合预算体系，是计划的数字化、表格化、明细化的表达，体现了全员、全过程、全要素的特征。

企业应在分析上年度预算执行情况、研判预算年度生产经营形势的基础上，组织编制资本预算、业务预算和财务预算，各预算之间应相互融合、有机衔接、相互支撑。

资本预算、业务预算和财务预算的主要内容如图 7-1-2 所示。

- 全面预算
  - 资本预算
    - 投资预算
    - 筹资预算
  - 业务预算
    - 销售预算
      - 销售数量预算
      - 销售价格预算
    - 生产预算
      - 原油加工量及产品产量预算
      - 产品库存预算
    - 采购预算
      - 原材料采购预算
      - 原材料库存预算
    - 材料成本预算
      - 原材料成本预算
      - 辅助材料成本预算
    - 动力及燃料成本预算
    - 人工成本预算
    - 费用预算
      - 制造费用预算
      - 管理费用预算
      - 销售费用预算
      - 财务费用预算
  - 财务预算
    - 利润预算
    - 现金流预算
    - 资产负债预算

图 7-1-2　预算编制内容

（一）资本预算

资本预算主要包括投资预算和筹资预算。

资本预算要坚持战略匹配、效益优先的原则。新增投资应根据战略定位、投资回报水平比选项目，确保资源向战略匹配度高、经济价值好的项目倾斜。资本预算应兼顾规模、效率和风险，科学设定企业资产负债率和现金流预算控制边界，严控超越企业财务承受能力、过度依赖负债的投资。

1. 投资预算

投资预算反映了公司关于投资业务有关的业务安排，可分为固定资产投资预算、权益性资本投资预算和债券投资预算等。从炼油企业看，投资具有数额大、占用时间长、风险性大等特点。通常所说的投资是指购建固定资产的投入。每年 9 月企业编制次年投资预算。

1）固定资产投资预算

按照相关投资决策和规划，编制预算期内购入、改造、扩建和更新固定资产预算，以及处置固定资产所导致的现金流入等。固定资产投资预算分为设备及工器具购置费预算、安装工程费预算、建筑工程费预算和其他工程费预算。

2）权益性资本投资预算

根据投资决策和计划，编制在预算期内为获得其他公司股权和收益分配权而进行资本投资的预算，以及转让投资或者收取股利所引起的现金流入等。

3）债券投资预算

债券投资预算参照相关投资决策与债券市场行情进行编制。

2. 筹资预算

筹资预算是反映公司为保证生产经营业务和资本性支出对资金需求的预算。企业筹资预算主要依据有关资金需求决策资料、发行债券审批文件、借款余额及利率等编制，比如发行股票、配股和增发股票等。

筹资方式主要分为以下三种：

1）权益资本

权益资本是获得债务资金的信用基础之一。募集资金时，不但要符合国家规定应达到的最低权益资本比例(即项目资本金比例)，而且要考虑债权人的需求。同时根据项目具体情况和投资者的状况，参照行业平均水平，合理确定建设项目权益资本比例。公司融资方式下的权益资本来源包括：企业可用于项目的现金；企业资产、经营权等变现获得的资金；扩充权益资本；政府财政性资金。项目融资方式下的权益资本来源包括：股东直接投资；发行股票；政府财政性资金。

2）债务资金

债务资金是以借款方式从金融机构、证券市场等资本市场取得的资金。债务资金的筹措可分为直接融资和间接融资。直接融资是指在没有金融机构介入的情况下直接向市场筹集资金，比如企业债券、国际债券等。间接融资是指有金融机构介入的情况下向市场筹集资金，比如商业银行贷款、政策性银行贷款、外国政府贷款、国际金融组织贷款、出口信贷和银团贷款等。

3）准股本资金

准股本资金也称为“准股本”，是因为资金既含有权益资本的性质，又含有债务资金的性质。常见的准股本资金有优先股股票、可转换债券等。

（二）业务预算

业务预算是指与企业生产经营活动相关的预算，主要包括销售预算、生产预算、采购预算、材料成本预算、动力及燃料成本预算、人工成本预算、费用预算等。

业务预算要坚持市场和效益导向，聚焦主责主业和核心竞争力培育，注重质量和效益，严控低效、无效和高风险业务规模扩张，严控非主业、非优势业务预算安排，实现整体效益最大化。

1. 销售预算

销售预算是业务预算编制的基础，应以产品或劳务市场的需求预测、价格走势分析为基础，努力拓展市场，制定积极合理的经营策略和销售计划。

销售预算主要依据市场预测或销货合同，结合企业生产能力、产品销售计划、综合产品库存情况等测算预算编制期的产品销售、提供劳务或者公用工程(水电气风)所获得的收入。

销售预算是全面预算编制的起点，也是采购预算、生产预算编制的依据，主要包括销售数量预算和销售价格预算。

1）销售数量预算

企业产品销售数量主要是根据企业生产能力和客户需求量情况预测，主要产品为汽油、煤油、柴油、石脑油、润滑油、沥青、石油焦、硫黄、石蜡、燃料油等。

2）销售价格预测

价格预测主要分为定量预测及定性预测两种方式。在定性预测方面主要通过以下途径了解相关价格信息：一是通过一些专业网站或购买信息系统了解诸如汽煤柴、石脑油等价格走势情况；二是采取直接与下游客户沟通的方式了解产品行情，并同时关注信息网站。

2. 生产预算编制

生产预算遵循“以销定产、以产促销”的原则，以销售预算为依据，综合考虑装置加工能力、产品储运能力、产品出厂协调能力、装置检维修计划及产品库存、原料库存等因素编制生产计划，应包括原油加工、装置处理量、产品产量、产品结构、各项能耗物耗等。

1）原油加工量及产品产量预算

企业根据购进原油的性质、市场需求、加工模式，以及生产装置、储运设施和公用工程的能力制定优化的生产方案。生产计划的编制要掌握三点原则：一是实现供应链价值的最大化；二是保证市场上的产品供应；三是抢占市场空白，生产高端特色产品。

生产计划是企业最重要的计划之一，它的编制科学与否直接影响企业的正常生产和最佳经济效益，是实现全面预算的关键环节。

2）生产计划的经济技术指标

经济技术指标是企业对各种设备、物资、资源利用状况及其结果的度量标准，反映各种经济技术现象与过程相互依存的多种关系，反映生产经营活动的技术水平、管理水平和经济成果。

炼油企业主要经济技术指标包括原油加工损失率、综合自用率、综合商品率和轻质油收率。

(1) 原油加工损失率。反映原油(包括外购原料)在加工过程中的损失程度，等于原油加工损失量占原油及外购原料加工量的百分比。

(2) 综合自用率。反映石油产品在加工过程中的消耗水平，同时也是计算炼油企业综合能耗指标的基础。

(3) 综合商品率。指石油产品商品量占原油和外购原料加工量的百分比，反映炼油装置运行效率。该指标越高，代表从一定量原油中得到的石油产品商品量越多。

(4) 轻质油收率。指汽油、柴油、航煤等轻质油品产量占原油和外购原料加工量的比值，反映企业生产轻质油品的能力。

综合商品率和轻质油收率两项指标，要结合半成品增减率，剔除库存变动影响后，据实测算后进行分析评价。

3）产品库存预算

库存预算包括库存量预算及库存成本预算：

(1) 库存量预算。以销售预测为依托，确定产品和半成品等库存量，确保在市场需求不确定(即销售预测存在误差)的情况下最大限度地满足生产所需，同时将库存量控制在合理水平；将库存管理与生产优化整合在一起，实现供应链系统的优化。

(2) 存货成本预算。结合石化产品连续性、流动性等特点，采用加权平均法编制存货成本预算。

3. 采购预算编制

采购预算指对预算期内原油、催化剂、设备等主要生产材料的采购计划，主要依据生产预算、资本预算安排，充分考虑市场供需关系、物价水平等因素进行编制。

1）原材料采购预算

采购预算主要基于销售预测、生产预测、总体经济形势预测等信息编制。其中，销售预测，即对材料需求、产品及获得服务的预测；生产预测，即对所需材料、产品、服务的预测；总体经济形势预测，即对主要原材料价格水平、社会平均工资水平和其他成本总趋势的预测。

物资供应部门在生产经营计划和投资计划的基础上，结合企业原料库存和库存控制指标等情况，统筹考虑材料价格趋势、供应商等信息，预判价格走势，制定采购计划。采购计划要充分考虑市场变化趋势、市场供需状况、季节变化、采购费用、产品保管费用等因素影响，既要保证连续生产刚需，又要避免计划不周造成保管费用增加、资金长期占用。

2）原材料库存预算

为保证企业的正常生产，企业应针对不同的原材料制定不同的库存政策。库存政策制定主要受生产周期、原材料价格走势、库容能力和运输条件等因素影响。

4. 材料成本预算编制

1）原材料成本预算编制

（1）原材料主要构成情况。炼油企业原材料主要包括原油、外购原料油、外购原料及添加剂：

① 原油：主要包括进口原油、海洋原油和陆上原油。

② 外购原料油：主要包括进口凝析油、蜡油、煤油返回料、重整原料、重整生成油、分离汽油、混合芳烃、异辛烷、甲醇、氢气和其他外购原料油等。

③ 外购原料：主要包括制氢用煤、丙烯等。

④ 添加剂：主要包括润滑油脂添加剂、燃料油添加剂、金属加工油添加剂、石蜡添加剂等。

（2）原材料到厂价格。原油按照所挂靠的基准油种，加减贴水，考虑运保费及手续费等测算到厂价格。

其他原材料按照市场价格及到厂运杂费等测算到厂价格。

（3）原材料成本预算方法。综合考虑原材料期初库存、本期采购、本期加工、期末库存的品种、数量、单价及储运损失等因素编制预算，采用加权平均法计算加工成本。

2）辅助材料成本预算编制

（1）催化剂：

① 长期待摊催化剂：固定床催化剂一次采购量大，加入装置中可以使用一年以上，视同固定资产管理。按照催化剂需求数量、单价及摊销期限，编制成本费用摊销预算。

② 消耗性催化剂：根据装置运行情况、消耗定额及市场价格，编制催化剂费用预算。

（2）助剂：根据装置运行情况、助剂预算消耗量、单价编制预算。

（3）包装材料：根据包装产品数量、包装材料需求种类、数量、单价等编制预算。

5. 动力及燃料成本预算编制

1）动力成本预算编制

综合考虑正常生产、开停车、季节性影响、实施节能措施等因素，按水、电、汽、风、氮气等明细编制动力成本预算，主要包括消耗数量、单价、金额等。

2）燃料成本预算编制

综合考虑正常生产、开停车、季节性影响、实施节能措施等因素，按燃料气、燃料油、石油焦和煤炭等明细编制燃料成本预算，主要包括消耗数量、单价、金额等。

6. 人工成本的预算编制

人工成本预算是根据预算期内产品预计产量、单位产品工时定额、单位工时工资和福利费预计列支等资料，对一定预算期内人工工时的消耗和人工成本所做的经营预算。

炼油企业主要基于人工成本项目，考虑人员变动、费用标准等情况编制人工成本预算。

7. 费用预算编制

1）制造费用预算

制造费用预算是反映预算期内炼油生产车间为组织和管理生产经营活动所发生的不能直接计入生产成本的各项间接费用的预算，主要包括：职工薪酬类、劳动保护费、修理费、折旧费、财产保险费、办公费、通信费、印刷费、差旅费、低值易耗品摊销费、运输费、租赁费、环境卫生费、水费、电费、取暖费、化(检)验计量费、外部加工(劳务)费、设计制图费、停工损失费、车辆使用费、中试产品扣除费、信息系统运行维护费、长期待摊费用摊销等费用。

制造费用预算可分为变动性制造费用预算和固定性制造费用预算。变动性制造费用预算可以根据预计生产量和预计的制造费用分配率来计算；固定性制造费用预算可根据历史数据做必要调整后确定，也可采用零基预算方法编制。

炼油企业的修理费是制造费用中最重要的费用，也是炼油完全费用中最重要的费用。因此，其预算管理要坚持以下原则：第一，在立项的预算编制上，要遵循“横向到边、纵向到底”的预算管理原则，设备管理部门根据全年生产经营计划，严把修理项目审核关，发挥企业装置专家和技术专家的优势，实行“专家会诊制”。坚持项目审核与设备日常管理相结合、与设备历史情况相结合、与相关专业的管理工作相结合的原则，按照固定资产情况、设备新度系数情况、设备隐患情况、装置运行周期等来科学编制单装置和单设备修理费实施计划，并将计划报财务和物资采购等相关部门。第二，要突出预算刚性。财务部门严格按计划控制费用，遵照“有项目才能有费用、资金跟着计划走、没有项目就不能发生费用”的原则，全过程参与修理计划的提报、实施、采购、结算等工作，严格预算考核的刚性。第三，严格修理费用的月度预算管理，对于日常维修计划，从时间、流程和职责方面健全并落实月度审批制度，及时进行修理费结算情况预警和通报。第四，建立、健全修理费专项预算调整和考核制度，将修理费预算纳入相关部门的年度业绩指标责任状，将修理项目的实施效果纳入相关责任人的考核范围，而且对于出现预算外的调整事项，按照规定的审批权限，实行预算申请部门、预算审批部门和预算执行部门“连带”责任考核，以确保修理费预算、使用和效果的全过程受控，避免出现“指标超支、秋后算账”等弊端。第五，做好修理项目的审计关。要将修理项目的材料采购、实施和结算纳入审计，保证每个环节的合法、合规，避免错弊。

2）管理费用预算

管理费用预算是预算期内为维持基本组织机构和经营能力，保证生产经营活动正常进行而发生的管理部门各项费用支出安排。

管理费用预算编制内容主要包括：

（1）工资：根据预算年度工资总额和管理人员人数、工资标准等计算编报。

（2）职工福利费、工会经费、教育经费、社会保险费、住房公积金：基于工资总额，按规定的计提比例计算编报。

（3）劳动保护费：根据实际需要并结合上年度情况测算编报。

（4）管理部门修理费：按照年度检维修计划和费用标准，编制修理费预算。

（5）折旧费：根据年度应计提折旧的固定资产原值和规定的折旧率，并考虑因在建工程转资等新增固定资产和资产报废、逾龄等资产退出等情况编制。

（6）无形资产摊销：按规定摊销比例编制。

（7）办公费、业务招待费、差旅费、会议费、低值易耗品摊销、物料消耗：按预算年度业务需要，本着节俭原则编制。

（8）咨询、审计、评估费：根据实际需要并结合上年度情况估算编制。

（9）污染物处置费：按照年度预算危险废物、固体废物数量及处置价格测算编制。

（10）其他支出：根据年度预计情况、以前年度历史资料和国家有关规定编制。

管理费用应采用零基预算法编制，对每一费用项目编写详细说明，列出全年工作计划、费用开支项目及明细预算，对每一个费用项目尤其是开支较大的非正常项目进行严格的成本效益分析，确定费用开支项目和预算数额，强化事前管控。

3）销售费用预算

销售费用预算是指为了实现销售计划所需安排的费用预算。它以销售预算为基础，分析销售收入、销售利润和销售费用的关系，力求实现销售费用的高效利用。

销售费用预算可以分为变动性销售费用预算和固定性销售费用预算。变动性销售费用预算是指为实现产品的销售量所需支付变动销售费用的预算，以预计销售量为基础分费用项目编报；固定性销售费用预算是指为实现产品销售所需支付的固定性销售费用的预算。

销售费用预算编制内容主要包括：

（1）产品自销费用：企业负担的包装费、保险费等。

（2）产品促销费用：为促销而发生的展览费、广告费、经营租赁费、销售服务费用。

（3）销售部门费用：为销售商品而专设的销售机构的职工工资及福利费、类似工资性质的费用、业务费等经营费用。

（4）委托代销费用：委托其他单位代销按代销合同规定支付的委托代销手续费。

4）财务费用预算

财务费用预算是预算期内企业为了维持正常生产经营活动筹集资金而发生的费用。根据现金流变化、贷款利率、汇率情况编制。主要包括以下内容：

（1）利息支出：指企业短期借款利息、长期借款利息、应付债券利息、票据贴现利息、未确认的融资费用摊销、预计弃置费利息、内部分割借款利息支出、境外金融机构长短期借款利息。

（2）利息收入：指企业将资金提供给他人使用但不构成权益性投资，或者因他人占用本企业资金取得的收入，包括存款利息、贷款利息、债券利息、欠款利息等收入。利息收入，按照合同约定的债务人应付利息的日期确认收入的实现。

（3）汇兑损失：指企业因向银行结售或购入外汇而产生的银行买入、卖出价与记账所采用的汇率之间的差额，以及月度终了，各种外币账户的外币期末余额按照期末规定汇率折合的记账人民币金额与原账面人民币金额之间的差额等。

(4) 其他财务费用：如手续费、担保费、承诺费、承销费、现金折扣等。

(三) 财务预算

财务预算是全面预算内容编制的最后环节，可以从价值方面总括地反映业务预算和资本预算的结果。财务预算应将全部生产经营和投资活动纳入预算编制范围，主要包括利润预算、现金流预算、资产负债预算等。

1. 利润预算

利润预算是财务预算的核心，也是全面预算体系的核心，是反映企业预算期经营成果的预算。

利润预算是面向预算期、按照利润表的内容和格式，在汇总营业收入、营业成本、销售及管理费用、营业外收支等预算的基础上编制的。编制利润表预算一般分为三个步骤：

(1) 根据销售预算测算营业收入，再减去营业成本、税金及附加、销售费用、管理费用、研发费用、资产减值损失、信用减值损失，加上其他收益、投资收益等，计算出预算营业利润。

(2) 以预算营业利润为基础，加上营业外收入，减去营业外支出，计算出预算利润总额。

(3) 以预算利润总额为基础，减去所得税费用，计算出预算净利润(或净亏损)。

2. 现金流预算

现金流预算是按照现金流量表主要项目内容编制的反映企业预算期内一切现金收支及其结果的预算。它以业务预算、资本预算为基础，是企业控制货币资金的收支、组织财务活动、平衡调度资金的直接依据。

现金流预算内容主要包括：

(1) 期初资金余额：反映企业所有银行账户的期初余额，包括内部存款。

(2) 经营活动产生的现金流：包括现金流入和现金流出，其中，现金流入是指反映销售商品和提供收到的现金、收到税费返还的现金的合计数；现金流出是指反映企业采购商品支付的现金、现金操作费用支付的现金、各项税费支付的现金等支付现金的合计数。

(3) 投资活动产生的现金流：包括现金流入和现金流出，其中现金流入是指反映企业在投资活动中收到的现金；现金流出是指反映企业在投资活动中支付的现金。

(4) 筹资活动产生的现金流：包括现金流入和现金流出，其中现金流入是指反映企业在筹资活动中产生的现金流入情况；现金流出是指反映企业在筹资活动中产生的现金流出情况。

3. 资产负债预算

资产负债预算，反映预算期末公司流动资产、非流动资产、流动负债、非流动负债和所有者权益的变化预期。资产负债预算一般根据预算期初实际资产负债表、销售预算、生产预算、采购预算、资本预算等有关资料，结合预计现金流量表和预计利润表分析编制。

六、预算的管理控制

企业在实际管理过程中，更多地偏重于业务预算和效益预算。预算范围具有完整的系统性，涵盖了生产经营的全部要素、全部过程，业务活动涉及全部人员。因此预算的控制要从业务预算和财务预算两方面着手，从预算指标分解控制、预算执行制度控制、财务日常控制和财务重点控制等关键控制点上实现对预算执行的实时控制。

(一)预算指标的分解

实施预算指标的分解控制关键在于明确责任和细化指标，明确责任有助于将预算指标落实到人，进行合理评估；细化指标有助于了解不同时期的预算完成情况，以便发现问题及时修正。

1）预算指标的逐级分解

预算指标的逐级分解，即以企业为中心，合理安排企业内部各单位预算控制的权责关系，实现预算指标的统一领导与分级管理。预算一经批复下达，各预算执行单位应将预算指标层层分解，从横向和纵向分别落实，形成全方位的预算执行责任体系。

2）预算指标的时段分解

预算指标的时段分解，即年度预算指标要分季、分月落实，合理安排预算期内各项预算指标在季度和月度的平衡与实施。企业应当将年度预算作为预算期内组织协调各项生产经营活动和管理活动的基本依据，通过季度、月度预算的实施与控制实现年度预算目标。

(二)预算指标的控制

(1) 完善管理制度，健全凭证记录。管理制度、凭证记录是保证生产计划、费用定额、定率标准能认真执行的基础工作。企业要按照有关规定，结合企业自身特点，设计和制定出一套适应管理需要的管理制度和凭证记录。严格执行生产经营月度计划和成本费用的定额、定率标准，并加强监控。

(2) 实行经济活动分析例会制度。各级预算责任主体对预算执行情况进行跟踪监测，按月分析预算指标完成情况，及时查找预算执行中存在的偏差与问题，分析差异原因，落实管理责任，制定工作措施，修正预算执行差异，为生产经营决策提供支撑。建立经济活动分析报告机制，下级预算责任主体必须按上级要求上报经济活动分析报告。

(3) 建立预算执行情况预警机制。通过科学选择预警指标，合理确定预警范围，及时发出预警信号，积极采取应对措施。全面预算的预警系统包括四类：预算内事项预警、超预算事项预警、预算外事项预警、反常事项预警。

(4) 建立预算执行结果质询制度。对预算指标与实际结果之间的重大差异进行解释和答辩。

(5) 预算调整。预算执行过程中，如国家政策发生重大调整，市场环境发生重大变化，企业发生分立、合并等重大资产重组行为，或出现自然灾害不可抗力等因素，导致预算基本假设发生重大变化，企业需对年度预算进行调整。

(三)预算的重点事项控制

1. 现金流的控制

企业进行预算的重点在于维持企业现金的收支能力。现金的流转和收支能力一直是制约企业能否继续经营甚至存亡的关键因素，因此细化和落实现金流量预算是预算执行控制的关键。

企业强化现金流量的预算管理，应按时组织预算资金的收入，严格控制预算资金的支付，调节资金收付平衡，控制支付风险。对于预算内的资金拨付，按照授权审批程序执行；对于预算外的项目支出，应当按预算管理制度规范支付程序执行；对于无合同、无凭证、无手续的项目支出，不予支付。

2. 成本费用的控制

在企业的经营管理中，抓住涉及资金最多的部门和业务环节，也就抓住了节约成本、增加利润的关键。预算不仅要关注投入，还要关注产出与投入的配比。成本费用的控制主要体现在以下三个环节：

(1) 根据预算制定成本费用控制标准体系。成本费用标准是对各项费用开支和资源消耗规定的数量界限，是成本费用控制和成本费用考核的依据，并便于分清部门责任。成本费用控制标准种类繁多，要在实践中不断总结整理，使其形成有机的科学体系，以提高控制的实际效果。

(2) 建立成本费用控制的组织体系和责任体系。由财务部门牵头，各预算归口管理部门配合，建立成本费用控制责任制，定岗、定人、定责，并定期检查，对成本费用的形成过程进行控制和监督。

(3) 建立成本费用控制信息反馈系统。及时准确地将成本费用标准与实际发生的成本费用之间的差异，以及成本费用控制实施情况反馈到企业决策层，以便适时地采取措施，组织协调企业财务活动，完成成本费用预算。

(四) 预算日常管理控制

1. 预算内项目的控制

企业各项生产经营业务和事项均应在预算指标内执行，符合预算要求。财务部门根据实际下达的月度预算指标在 ERP 系统中设置适当的成本费用支出预警值和支出限额，监督和控制预算执行。

2. 预算项目调整控制

预算调整按原预算编报审批程序办理，由全面预算管理委员会负责审批。因特殊情况或应急任务需要发生的预算外费用或超预算费用，又无法等待调整预算的，则须按照内控制度的要求履行相应报批程序，全面预算管理办公室依据特别审批调整预算指标。

3. 预算外项目的控制

预算外事项采取“一事一批”“先批后办”的原则从严控制。企业发生预算外事项的，应由各部门提出申请，经本单位预算管理委员会审核同意后执行。

4. 重点项目的控制

企业应密切跟踪重大预算项目和内容的实施进度和完成情况，实行严格监控。对重大预算项目和内容，应责成该业务预算主管领导和具体负责人实施特殊管理。对预算执行中发生的特殊情况、问题及出现偏差较大的重大项目，应责成有关预算执行单位查找原因，提出改进措施和建议。

(五) 预算内控稽核与检查监督

通过业务预算的内控稽核和审计监督，加强预算管理、确保业务预算正常有序实施。

1) 合理设置内部组织结构、职责划分

企业各业务部门要明确相关部门和岗位的职责、权限，确保业务预算工作中的不相容岗位互相分离、制约和监督，按照职责分工分管预算指标执行的监控、分析。

审计部门要充分发挥内部审计、监督职能，每年围绕年度主要预算经营绩效、成本费用指标等完成情况开展内部专项审计检查工作，并将结果反馈考核部门。对涉及当期损益、成本不实问题，考核时进行还原；对审计查处以前年度预算执行结果不实问题，实行追溯考核、当期兑现。

2) 全面预算的检查监督

企业应针对内部分解、下达的专业预算控制指标，制定覆盖各层次、各专业的内部考核办法，严格考核、兑现，严肃全面预算管理的约束性，充分调动、发挥内在积极性。

七、预算的分析与考核

(一) 预算分析

预算分析是预算管理中的一个重要环节，也是预算机制作用发挥的关键。通过周密的预算分析，科学确定企业预算管理目标对于企业加强全面预算管理、提高企业经济效益起着先决作用。

预算分析包括预算正式确定、下达之前的财务预算分析和预算下达后的预算差异分析。其中，财务预算分析是指在预算正式确定、下达之前进行的对预算指标的分析调整工作，也就是在预算执行前所进行的预算分析工作。预算差异分析是指通过比较实际执行结果与预算目标，确定其差异额及其差异原因。预算差异分析有利于及时发现预算管理中存在的问题，是其控制和评价职能作用赖以发挥的最重要的基本手段。

1. 损益分析

企业损益分析包括当月利润完成情况分析以及累计利润完成情况分析。分析按照构成损益的收入、税金、成本费用、营业外以及其他业务损益等明细项目，逐项分析其对利润的影响。

在收入分析时，采用三因素法，分别分析量、价、结构对收入额的影响，找出原因并加以改进。

在分析成本费用时，一般采用量本利分析法，同时还应考虑库存对成本以及对未来经营的影响，及时调整结构和规模。

原(料)油加工量变化影响成本降低额 = Σ{[原(料)油预算(标准)/基期加工量-原(料)油实际加工量]×预算(标准)/基期价格}。

原(料)油价格变化影响成本降低额 = Σ{[预算(标准)/基期价格-实际价格]×原(料)油实际加工量}。

2. 吨油完全费用分析

炼油企业完全费用变动影响成本费用降低额=[预算(标准)/基期单位完全费用-实际单位完全费用]×原(料)油实际加工量。

1) 辅助材料、燃料、动力消耗的分析

辅助材料、燃料、动力消耗额变动影响费用降低额 = Σ[(预算(标准)/基期单耗-实际单耗)×原(料)油实际加工量×预算(标准)/基期价格]。

辅助材料、燃料、动力价格变动影响费用降低额 = Σ[(预算(标准)/基期价格-实际价格)×实际耗量]。

2) 固定费用的分析(不含折旧费、摊销和财务费用)

固定费用相对升降影响费用降低额=[实际加工量-预算(标准)/基期加工量]×预算(标准)/基期单位固定费用。

固定费用绝对额升降影响费用降低额 = Σ[预算(标准)/基期固定费用-实际固定费用]。

3. 两金占用分析

两金占用分析是对应收款项和存货的分析。合理控制两金占用预算规模，有助于提高资金使用效率。

两金占用预算增幅原则上不得超过营业收入增幅，存货和应收账款周转率应稳步提升。从炼油企业看，重点做好原油库存分析，从数量和价格两方面与年初、年末、期初、期末等不同时期分析变动原因和存货资金占用的影响。

4. 专项分析

企业在进行预算分析时，应根据实际情况开展不同层次和重点的专题分析，如对管理费用、销售费用、研发费用、财务费用变动分析，对原油成本、修理费、人工成本等重点成本费用分析，对销售收入、税金及附加的分析等。

根据对标对象不同，还可分为与预算、与标准成本、与上期、与同行、与历史最好水平等专题分析，找出问题，发现差距，控制、提高效益，降低成本费用支出。

（二）预算考核

以预算为基础的考核评价是预算管理的硬约束。要将全面预算考核指标纳入企业绩效考核指标体系，并不断调整、完善，使预算考核依托于绩效考核，以预算指标为基础评价企业业绩。

1. 考核内容

预算考核的内容应包括全面预算管理制度建设及落实情况、年度预算的指标完成情况、预算执行情况分析报告的及时性和质量以及其他预算编制和执行情况。主要预算考核指标包括利润、净利润、单位完全费用、“两金”占用等。

2. 考核方法

预算的考核采取自下而上、上下结合、各部门明确分工的考核流程，实行分级考核、专项考核相结合的考核办法。绩效考核部门根据预算指标完成结果进行考核兑现，并通报考核结果。对预算执行结果不实问题，实行追溯考核，当期兑现，考核过程及结果需保留完整的记录。

八、预算管理信息化

全面预算管理信息系统是企业以预算指标体系为基础，以预算模型为核心，以业务流程为支撑，以分析控制为目标搭建的预算管理信息化平台，通过对全面预算的编制、分解、执行、控制、分析、考核等环节闭环管理，为全面预算管理的有效实施提供保障。

（一）全面预算管理信息系统建设的目标及意义

全面预算管理信息系统旨在建设在线式、分级控制、实时交互的预算数据管理平台，集成预算编制、预算跟踪、预算分析、预算考核等管理模块，以流程为驱动实现事前预算、事中控制、事后分析，提升全员预算管控水平。

1）提高了预算编制效率

预算管理信息系统可以帮助预算编制人员摆脱繁杂的预算编制工作，通过各单位、各部门协同工作，实现预算信息的传递、审批和反馈。同时，利用系统强大的计算和逻辑关系定义功能，通过预算报表、预算项目之间的联动关系，提高预算报表的编制效率和编制质量。

2）实现了预算刚性控制

预算管理信息系统通过与 ERP 等其他信息系统集成，可以实时归集预算项目在预算周期内的实际发生数据，自动根据预算设置的预警控制条件实时检查预算情况，如果超出预算或达到预算控制条件则给予提示，实现了预算过程的刚性控制和业务执行的实时控制。

3）提升了预算分析质量

预算管理信息系统可以实现对组织结构、预算项目、预算期间及预算版本多个维度即时查询分析，对比分析预算数据与执行数据差异，层层穿透分析。同时，还可以灵活采用指标分析、对比分析、环比分析、定基分析、分析报告、指标预警等多种分析方法，为企业改进预算管理体系和经营决策提供支持。

4）强化了预算绩效考核

预算管理信息系统可以及时获取预算周期内的预算和执行数据，既可以通过建立考评模型等方式自动形成考评结果，也可以依据预算系统数据进行人工处理完成预算考评。

5）健全了预算管控体系

预算管理信息系统可以帮助企业细化预算目标，落实预算责任，同时也可以及时发现预算管控体系存在的问题和不足，对体系做出进一步的改进和完善，形成一个良性的循环，健全完善预算管控体系。

（二）全面预算管理信息系统主要功能及作用

通过对全面预算管理信息系统深化应用，实现预算主数据标准化、报表模板标准化、预算流程标准化、业务逻辑标准化内容，支撑企业层面统一的预算管理要求，提高预算工作效率。在预算编制方面，针对预算组织、制度、指标、报表等体系标准进行了统一推行和流程化管理；在预算编制方面，实现了预算指标分解下达以及流程化编报等；在预算管控方面，实现了预算执行过程中监控预警、预算变更流程化控制等；在预算分析方面，针对不同管理层级管理需要提供多类型指标对比分析。

全面预算管理信息系统主要包括预算体系模块、预算编制模块、预算管控模块和预算分析模块：

1）预算体系模块

该模块是预算管理系统的基础模块，搭建了预算管理信息系统基本框架，主要包括预算组织管理、标准化管理、预算版本管理、预算指标管理等。

2）预算编制模块

该模块包含预算编制报表、可控费用申报、归口费用审批、专项费用申报审批、工作流设定等功能，通过预算编制流程化管控和过程化审批，实现预算编制、审批、上报以及分解、下达等。

3）预算管控模块

该模块包括预算阈值设置、预算预警查询、预算调整申请、预算调整审批等功能。“预算阀值设置”可设定需要预警的预算指标，在预算执行过程中通过“预算预警查询”功能实时进行监控预警，“预算调整申请”及“预算调整审批”实现了线上流程审批，并将调整结果传输至 ERP 系统控制端，使预算指标及预算执行进度保持一致。

4）预算分析模块

该模块借助系统固化预算分析体系和预算指标，通过系统实现多维度、多层级的灵活分析与监控，主要包括灵活查询报表、固定格式报表和图形化报表功能等。

九、实践案例：抓实“体、面、线、点”四级次，构建全面预算管控体系

1. 抓“体”：围绕中心逐步搭建“4×4”管控体系

某企业紧紧围绕经营创效中心工作，创新预算管控模式，搭建“4×4”全面预算管控体系。一是坚持“四个原则”：以价值引领为方向，引导一切资源向价值创造流动。以业财融合为抓手，将预算管理嵌入到生产经营各环节。以效益优先为目标，调动业务单元主动创效积极性。以过程管控为途径，通过监控、分析评价等手段，为经营决策提供支撑。二是

抓牢“四个工具”：强化“零基预算”，坚持支出行为和支出标准“双控制”。实施“滚动预算”，增加分析维度，为月度排产提供评判依据。强化“刚性预算”，努力提高全员对预算管理重视程度。实施“归口预算”，将所有业务事项归口到管理部门，提升精细管理水平。三是开好“四个会议”，即全面预算月度工作会、月度生产计划会、生产经营优化会和经济活动分析会。通过“四个会议”，强化预算指标过程管控，实现预算、执行、优化、考核的闭环管理。四是利用“四个渠道”，每日编报价格日报，通报公司主要原材料和产品价格情况；每周编报边际贡献报告，测算炼油产品净价等；每旬编报预算监控报告，监控月度预算执行情况，发现问题及时预警；每月召开公司经济活动分析会，深入查找供、产、销重点环节存在的问题，突出“问题导向、问题管理”，助力提质增效。

2. 抓“面”：借力业财深度融合强化全面预算管控

突出全域覆盖、全员参与、全要素管理，将预算管理嵌入到生产经营活动各个环节，促进业务与财务深度交叉融合：一是落实预算管理职责，完善预算指标责任分工。全面融合“投资、业务、财务”三大预算，通过与同行业指标、历史最好水平、公司年度生产经营优化措施相结合，组织与公司各专业部门完成内部预算指标对接，确定各生产指标、技术经济指标、费用指标、存货及资金指标的归口部门，确保预算横向到边、纵向到底，做到职责清晰、分工明确。二是强化合同经济性审核，实现业务全过程管控。以全面预算目标为依据，以合同全生命周期管理为抓手，全面融入业务各环节。从财务视角，参与选商、招投标、合同谈判，增强源头管控。源头参与合同文本建设，规范合同条款，固化标准文本 80 多个，实现财务和法务要求有机统一。过程严控合同审核，审查招标选商方案，参与合同谈判，扩大审核专业覆盖面，严把风险关、效益关。三是严格外包业务管控，全力压降业务外包费用。鼓励“自己能干的活自己干”，有序推进业务外包计划管理，建立外包费用总额及费用构成要素月度分析机制，确保费用可控。

3. 抓“线”：沿“四会”中轴线强化预算闭环管理

建立以“四会”为中轴线的工作机制，通过财务与业务的有机结合，推动三大计划的深度融合，实现预算目标：一是全面预算月度工作会，在生产经营活动中发挥引领作用，有利于实现战略目标、落实年度目标任务、确定经营目标、合理配置资源。。通过“事前算赢”，保证预算指标的高标准和严肃性，实现价值引领。二是月度生产计划会，重点做好“事中控制”，发挥基层单位的积极性、主动性，体现预算执行力。三是生产经营优化例会，根据市场变化和装置运行情况，进行滚动优化和动态优化。生产经营优化例会重点关注预算执行过程，要求按照“快、准、灵”的经营要求，体现“事中优化”。四是经济活动分析会，对公司生产经营活动进行全方位、全过程分析，查找实际执行与预算指标的偏差，分析问题定措施，总结成绩和经验。经济活动分析会体现“事后闭环”，通过将分析通报与绩效考核相结合，体现全面预算管理的导向引领作用。四个会议有机衔接，实现了预算、执行、优化、考核的闭环管理。

4. 抓“点”：推进财务优化管控抓牢效益增效点

结合公司各项专业管理工作，财务部门全程参与生产经营，发挥好财务管理支撑、引领、服务和监督作用，推动生产经营持续优化：一是扎实开展“从严管理”工作。财务部门从专业管理入手，以效益为中心，坚持问题导向，深入推进业财融合，将“严”字贯穿降本减费全过程，有力推动了成本费用压降和优惠政策落实。二是持续推进生产经营优化。结合主要原料及产品市场价格变化，每周测算产品盈利能力、炼油产品净价排序和燃料性价比排序，运用边际贡献科学指导优化排产，强化效益过程监控，引导各预算主体聚焦价值创造，牢牢把握效益增长点。特别是在产品牌号切换时，及时提供边际贡献测算数据，提出优化排产建议，为生产部门排产提供决策支持。三是深入开展管理问题剖析。坚持从细微处入手，针对生产经营管理过程中的问题、难题，组织开展业务专题调研，及时跟踪整改，每月编发管理建议报告，补齐了管理短板，提高了管理质量。

第二节　成 本 管 理

一、成本管理的概念及作用

成本管理是指企业生产经营过程中成本预测、成本决策、成本核算、成本计划、成本控制、成本分析和成本考核等一系列科学管理行为的总称。成本管理由成本规划、成本计算、成本控制和业绩评价四项内容组成。其目的是动员和激励全体人员积极参与，在保证产品质量的前提下，挖掘降低成本的途径，以最少的耗费取得最大的成果。

成本管理是企业财务管理的重要组成部分，对促进企业挖潜增效、加强成本过程控制、提升经营绩效、提高企业整体成本竞争力具有重大意义：

一是成本关系效益水平的高低。经济效益通常用投入与产出之比来表达。成本作为投入与产出之比的一个方面，其水平高低制约企业经济效益的大小。当销量和价格一定时，成本与盈利存在着此消彼长的关系，即产品成本降低，盈利就相应增加；反之，产品成本提高，盈利相应减少。

二是成本反映企业生产经营状况。成本是反映企业生产经营状况的综合指标，在很大程度上反映着企业各项经营活动的经济效果，展现出企业生产经营管理水平的高低。企业的产品材料物资消耗量、劳动生产率、机器设备利用率、生产工艺和技术先进程度、供产销各环节业务活动的协调性，以及产品质量的高低、品种与产量的多少等，都会直接或间接地从产品成本中反映出来。通过具体的成本指标分析，我们可以找出成本高低的原因，采取相应措施降低成本。

三是成本能衡量企业是否具有发展潜力。影响企业发展的因素很多，如国家政策、市场因素、资金限制、技术革新、产品新颖、营销策略、成本高低等。但单从企业内部因素来说，一个企业的生命力强弱很大程度上取决于成本管控水平。成本是万源之本，企业的成本高，竞争力就会下降，企业就难以在竞争激烈的市场环境下生存和发展壮大。

四是成本影响企业经营预测、决策和分析能力。在市场经济条件下，市场竞争异常激烈，企业要在激烈的竞争中取胜，就要面向市场，采用现代化管理的科学手段进行经营预测，从而做出正确的决策。同时，为了更好地对企业的生产经营情况进行分析，必须采取有效措施促进企业完成各项任务。只有及时提供准确的成本资料，才能使预测、决策和分析等活动建立在可靠的基础之上。所以，成本指标就成为进行经营预测、决策和分析的重要数据资料。

二、成本管理的主要方法

成本管理的主要方法有标准成本管理法、目标成本管理法、作业成本管理法等。

（一）标准成本管理法

标准成本管理法是企业以事先制定的标准成本为基础，通过标准成本与实际成本的比较，计算和分析成本差异、探究成本差异动因，进而实施成本控制、评价经营业绩的一种成本管理方法。标准成本管理法亦称“标准成本系统”或“标准成本法”，该方法将成本计算和成本控制有机地结合起来，由制定标准成本、分析成本差异、处理成本差异三个环节所组成。

标准成本管理包括事前、事中和事后三个阶段。事前阶段是产品计划阶段，要制定标准成本，作为成本控制的依据；事中成本控制是对标准定额现场的控制，要将成本控制列入基层领导工作范围之内；事后控制是会计部门根据所记录的每日差异分析汇总，根据可控与不可控，明确差异的责任，并计算产品的实际成本。

标准成本值能否合理确定关系到成本预测的准确性。根据企业经济活动规律、成本发生与发展特点，可将成本划分为理想标准成本、正常标准成本、历史平均成本三类。理想标准成本是以现有生产技术和经营管理处于最佳状态为基础制定的；正常标准成本是以企业已达到的生产技术水平和现实经营管理状态为条件制定的；历史平均成本是以某一年度的生产技术和经营管理为基础制定的。标准成本的制定既要先进合理，又要适应当前的生产经营条件，它既非轻易可得，又非高不可攀。

（二）目标成本管理法

目标成本管理法，是指以企业收益为目的，在企业的经营生产过程中，依据预先设定的成本计划来调节影响成本的各种因素，以使企业内部的各部门耗费在计划范围内，从而达到控制企业成本、提升企业经济效益目的的一种成本管理模式。

目标成本管理是一种以目标成本为对象的管理概念，是目标管理的一种具体形式，是企业目标管理的重要内容。它具体是指企业在经营活动中，把成本目标从企业目标体系中抽取和突出出来，用它来指导、规划和控制成本的发生和费用的支出，借以达到降低成本耗费、提高资本增值效益的目的。

目标成本管理法是根据事先确定的成本目标进行企业管理的一种有效方法，按目标进行管理，要求企业在一定期间内确定总的奋斗目标，如成本总额、利润总额、资产利润率等，并据以指导、组织、动员全体员工为完成企业总目标而努力奋斗。围绕这个总目标，企业各部门、各环节乃至每个员工都应当制定自己的奋斗目标，如产量目标、销售目标、成本目标、技术目标、质量目标、资金目标、费用预算目标等，并制定实现目标的措施，以保证目标的实现。实行目标成本管理可以提高企业成本管理工作的主动性和计划性，克服盲目性，提高企业的成本管理水平。

（三）作业成本管理法

作业成本管理法是指以“作业消耗资源、产出消耗作业”为原则，把开展经济活动中被运用或使用的经济要素，以及所发生的各项资源耗费追溯或分配至各项作业，然后根据作业动因，继续追溯或分配至具体成本对象，最后把各项作业的资源耗费汇总相加在一起的成本管理方法。

作业成本管理是将管理深入到作业层次，以作业为核心，持续改善和优化价值链的过程。作业成本管理要求企业在生产作业过程中，包括生产、营销、装卸运输、售后服务等基本活动以及原料供应、技术操作、产品包装等辅助活动，深入挖掘各个作业阶段中的每一项成本投入，分析和研究各项作业成本的产生来源以及投入与产出的比例关系，尽可能避免不必要的资源消耗并减少无价值作业，加强企业对成本的控制，最大限度地提升企业成本管理水平。

三、全员成本目标管理

全员成本目标管理是指全员参与，以目标管理为导向，对生产经营实施全过程、全方位控制与优化的成本管理体系。其突出特点是全员参与和目标管理，旨在通过全员优化目标、分步追赶目标，形成系统化和持续改善的成本管理机制，提升成本管理水平和成本竞争能力。

（一）全员成本目标管理的总体目标

全员成本目标管理工作围绕企业发展战略目标，以提升企业价值为核心，以“比学赶帮超”活动为抓手，通过优化体制机制，创新管理手段，进一步健全完善成本管理体系，细化成本管理单元，完善成本控制激励约束机制，形成系统优化、持续改善的成本管理机制，全面提升成本管理水平，增强成本竞争力。

（二）全员成本目标管理工作内容

持续推进全员成本目标管理的工作内容主要是建立完善三大体系：全员成本目标管理责任体系、全员成本目标管理指标体系、全员成本目标管理考核评价体系。

（1）建立全员成本目标管理责任体系。这是实现管理目标的必要基础，是组织实施目标的具体落实要素。企业要从自身组织架构的特点出发，按照层级管理的原则，以部门、单位的职能和员工的岗位职责为纽带，将管理的对象（各项指标）和管理者（责任者）紧紧联系在一起，形成“人人肩上扛指标，各个指标有人扛”的“双扛”责任体系。按照“干什么管什么，管什么算什么，算什么考核什么”的管理原则，建立企业、职能部门、二级单位、班组的层级责任体系。

以企业的行政管理单元为基础，以部门或单位的职能为纽带，结合专业管理的特点，将指标体系中的相关指标与企业的责任体系连接在一起，实现指标体系与责任体系中的各项内容相对应。责任体系中的各个责任体，是各项成本费用目标的载体。在建立责任体系过程中，要科学合理地划分责任，对同一指标（或目标）涉及若干部门或单位的，要根据各自的责任确定好责任权重。成本目标逐层负责、逐级分解，各层级均对上一级分解的成本目标负责，对下一级成本单元设置及成本控制提出要求、提供指导帮助，承担本级成本管理责任。在落实各层级成本管控及分析责任的基础上，建立成本异常的快速反应机制，实现全员成本目标管理全过程闭环控制。

（2）建立全员成本目标管理指标体系。建立健全成本指标体系是持续推进企业成本目标管理的基础。从成本管理角度上看，企业发生的各项消耗、费用都是成本管理的内容。企业结合自身生产经营管理特点，将单位现金操作成本、成本费用利润率、单位完全费用、资产利润率等核心指标进一步细化、分解，组织建立成本指标体系。在细化成本管理单元基础上，按照不同业务类型，建立健全系统科学、分层级成本管理指标体系。上级指标统领下级指标，下级指标对应到最小责任单元。指标体系既包括财务类指标，也包括技术经济指标、操作控制指标；既要以价值量指标为核心，又要辅以实物量指标。企业要围绕中远期目标要求，开展“建标、对标、追标、创标”活动，指标体系要不断完善修订，实现动态优化，引导成本持续改善。同时还要将成本文化建设等管理类“软指标”也纳入其中，不断强化全体员工的成本管理意识，充分调动全员参与成本管理的积极性、主动性，形成人人关注成本、人人参与成本管理的良好氛围。

(3) 建立全员成本目标管理工作考评体系。这是保障全员成本目标管理工作运行的有效手段。企业结合全员成本目标考评办法制定专项考评细则，将全员成本目标管理工作融入企业绩效考核体系，从狠抓关键成本指标、控制装置运行成本、深化成本管理工作、加强监督执行等方面制定考核激励措施，引导和激励企业所有单位与员工做好成本目标管理工作。

设立全员成本目标管理专项奖励基金，细化财务绩效和成本文化建设考核指标，对于不同的考评项目和指标，根据各自特点，制定不同的考评奖励办法，对影响成本费用管理的关键指标和重点项目可加大考核力度，奖励工作出色、取得成效的单位和部门，通过激励机制的灵活运用，提高各级单位和全体员工参与成本管理的积极性与主动性，持续推进成本管理工作。

四、炼油生产经营特点及成本基本概念

(一) 炼油生产经营特点

炼油是以原油为原料，加工生产各种燃料油(汽油、煤油、柴油等)、润滑油、液化石油气、石油焦炭、石蜡、沥青以及各种石油化工原料的加工过程，具有多工序连续式复杂生产，在同一生产过程中用同一种或几种原料油生产两种或两种以上的炼油联产品的特点。炼油的主要生产装置通常有：原油蒸馏(常、减压蒸馏)、催化裂化、加氢裂化、延迟焦化、催化重整以及炼油厂气加工、石油产品精制等。

(二) 炼油成本基本概念

1. 联产品

联产品是指用同样原料，经过同一个生产过程，生产出两种或两种以上不同性质和用途的产品，这些产品在经济上有不同性质和用途，而且服务于企业生产的主要目的。

2. 石油产品标准系数

石油产品标准系数是指分配石油联产品成本时将分配标准折算成相对固定的系数，按照系数在各种产品之间分配费用，计算产品成本。

3. 单位现金操作成本

单位现金操作成本是指平均每加工 1t 原料油(含来料加工)所消耗的不含原料成本的各项付现生产支出以及付现管理和销售费用，包括外购的辅助材料、燃料、动力、修理费用、职工薪酬以及除非付现的折旧和摊销以外的其他生产、管理、销售费用支出。外送、转供的水、电、蒸汽及其他产品和劳务费作为减项扣除。

单位现金操作成本 = (外购辅助材料、燃料、动力费用 + 不包括折旧和摊销项目以外的其他生产、管理、销售费用支出 − 外供、转送的水、电、蒸汽及其他产品和劳务费) ÷ 原料油加工量(含来料加工)。

外送、转供的水、电、蒸汽及其他产品和劳务费，是指对外部单位销售，结转到其他业务成本以及由工程项目等承担的水、电、蒸汽及其他产品和劳务费。

4. 单位完全费用

单位完全费用是指平均每加工 1t 原料油(含来料加工)而发生的不含原料成本的各项付现和非付现的生产、管理、销售和财务费用，包括外购的辅助材料、燃料、动力和其他生产、管理、销售、财务费用。外供水、电、蒸汽及其他产品和劳务费作为减项扣除。

单位完全费用=(外购辅助材料、燃料、动力费用+折旧和摊销+其他生产、管理、销售、财务费用−外供水、电、蒸汽及其他产品和劳务费)÷原料油加工量(含来料加工)。

5. 含自用燃料的单位完全费用

含自用燃料的完全费用总额是指包含自用的燃料油、燃料气、催化烧焦、用作燃料的其他油品成本在内的完全费用总额。

含自用燃料的单位完全费用=含自用燃料的完全费用总额/原料油加工量(含来料加工)

五、原油成本管理

(一) 原油采购成本管理

原油成本主要包括原油买价、运杂费、运输及管道输送过程中发生的合理损耗和其他费用等。运杂费包括运输费、装卸费、保险费用、储运费、港杂费、代理费、商检费、包装费等。原油是炼油企业的主要原料，主要有国内陆上原油、海洋原油和进口原油，原油成本占总成本约85%~90%。

进口原油工作是一项系统工程，包括采购、运输、保险、报关、商检、接卸等各个环节，涉及供货商、炼油厂、船务公司、代理公司、管道公司、保险公司、银行、海事部门、港务局、海关、质量检验等多个单位，因此降低进口原油成本是一项复杂的系统工程。通过选择合理计价基准、提高劣质原油加工能力、优化运输、利用计划优化软件优化原油结构、做好库存运作等措施，可有效降低原油采购和加工成本。

(1) 加强市场预测分析，选择合理计价基准。我国90%以上的进口原油都以DTD BRENT或PLATTS DUBAI+OMAN作为基准原油，BRENT与DUBAI原油的价差对企业原油成本影响重大，通过优化进口原油计价结构可大幅降低进口原油成本。

(2) 提高劣质原油加工能力。原油贴水很大程度上受品质的影响，轻质、低硫、低酸等优质原油贴水较高，而重质、高硫、高酸等劣质原油贴水较低，企业可充分利用装置条件，发挥重质、高硫、高酸等劣质原油加工潜力，制定合理的加工路线。

(3) 降低原油滞期费。随着进口原油数量的不断增长，码头和罐容不足、原油中转不及时、坏天气、集中到港等各种因素都可能会造成滞期。降低滞期费的措施：一是加快基础设施建设，增加码头、罐容以及管线的投用；二是加强原油国内运输的调度管理，加快原油中转；三是加强船期计划安排和动态管理，尽量做到均匀到港；四是做好滞期费的合理索赔工作。

(4) 利用计划优化软件优化原油结构。利用计划优化软件，根据企业原油品种及价格、装置构成、生产状况、产品质量、产品销售情况等测算出最佳原油结构，实现效益最大化。

(5) 结合期纸货套期保值手段，做好库存运作。根据基准油价走势，企业可以通过合理调节原油库存来降低进口原油成本。在原油价格相对较高时，通过消化库存原油、减少进口原油采购来避开高油价；而当原油价格相对较低时，通过增加进口原油采购回补库存。但是，需要注意的是，由于进口原油采购一般提前2~3个月，通过调整库存来优化进口原油采购需要对基准油价走势做出比较准确的判断，一旦实际基准油价走势和前期判断相反，就会增加原油成本，因此要结合套期保值手段减少库存运作的风险。

(6) 优化原油运输。运输费用也是原油到岸价格中非常重要的部分，由远洋运费和滞期费两部分组成。降低运输费用的措施主要有提高VLCC油轮运输比例；提高单港装和单港卸比例，降低空载率；减少中转次数等。

（二）原油损耗管理

原油途耗是企业重要的经济技术指标，途耗的产生主要与原油装货港口、运输船只、采样方法、原油密度、黏度、温度等密切相关。进口原油途耗包括一程途耗和二程途耗，一程途耗是指进口原油从进口国码头到本国海关码头因运输或接卸产生的损耗；二程途耗主要是指沿江炼油企业进口油海进江至运输到企业码头或储罐产生的损耗。

原油途耗作为一项采购原油的损失，降低原油途耗可直接减少损失，增加企业利润。降低原油途耗的主要方法有：

（1）优化油种的采购、中转。在冬、春季气温较低的时期，尽量少采购蜡含量高、黏度大的原油。针对石蜡基原油和中间基原油的品质特点，优化原油接卸与中转方案，对蜡含量高、黏度大、倾点高的原油重点关注，全程跟踪一程到港温度、罐区保温、二程装卸等环节，降低因挂壁造成的一程途耗损失。

（2）加强油轮跟踪及监控。根据原油采购、中转台账，对易出现途耗、含水超标的原油供应商（部分产油国在装船过程中存在计量卡边操作）、油轮（尤其是船龄较老的船只）重点监控；同时做好与港口、商检、罐区等部门的衔接，确保油轮卸净离港，尽量避免损失。对于途耗偏大的情况，要对检验、卸船等情况进行复核及认真分析，查找原因，并与港口、商检积极沟通，挽回损失；在原油采购代理合同中，要对代理公司明确途耗超标索赔标准及条款，对超标途耗联系代理进行索赔。

（3）加强原油二程运输管理。优先考虑信誉好、船龄新、加温设备好、船舱具备收油槽、航速快的油轮，确保二程中转及时、保质、保量。力争原油二程中转船只相对固定。

（4）加强原油计量管理。强化对原油性质的分析和了解，优化原油接卸方案，做好计量准备工作；加强油轮舱底残油和挂壁的回收和计量，做到应收尽收。

六、人工成本管理

（一）人工成本管理内容

人工成本作为企业成本中的重要组成部分之一，是指企业在一定时期内，在生产、经营和提供劳务活动中因使用劳动力而支付的所有的直接费用和间接费用的总和，包括职工工资总额、社会保险费用、职工福利费、职工工会经费、职工教育经费、劳动保护费、职工住房费用和其他人工成本。有效的人工成本管理对企业和人力资源的开发至关重要，不仅有助于激发企业员工的内在活力，也能提高企业外部市场的竞争力。

（二）人工成本控制

（1）制定公司内部分配制度。企业人力资源部门根据国家和所在地地方政府及公司政策规定，结合市场调查，制定内部分配制度，经办公会研究通过后实施。

（2）编制年度工资总额计划。人力资源部门根据年度经营业绩情况、用工总量计划和各类用工实际使用情况，编制企业年度工资总额、劳务费和人工成本计划。

（3）合理安排工资和劳务费。人力资源部门根据内部绩效考核情况，按照年度工资总额计划和劳务费总额计划，拟定企业工资总额（包括奖金总额）和劳务费总额使用安排意见，报办公会研究通过后执行。

（4）规范工资、奖金的计算和发放。人力资源部门负责工资、奖金、劳务费及有关保险的计算、监督和审核，财务部门依据人力资源部门提供的计算表，发放工资、奖金，交纳各种保险费，支付劳务费用。

（5）按规定缴纳社会保险及企业年金。企业社会基本保险，均按属地原则管理。人力资源部门会同财务部门等有关部门制定企业年金制度、医疗保险指导意见，按规定权限审批后组织实施。

（6）加强人工成本分析及优化。企业要对用工总量和用工需求实行动态管理，人力资源部门会同财务部门定期进行人工成本分析，并提出优化方案，以追求效益最大化为目标。

七、期间费用管理

（一）期间费用管理内容

期间费用是指企业日常活动发生的、不能直接或间接归入营业成本，而是直接计入当期损益的各项费用，包括销售费用、管理费用和财务费用等。

1. 销售费用

销售费用是指企业销售商品和材料、提供劳务的过程中发生的各种费用，包括保险费、包装费、展览费和广告费、运输费、装卸费等以及为销售本企业商品而专设的销售机构（含销售网点、售后服务网点等）的职工薪酬、业务费、折旧费等经营费用。

2. 管理费用

管理费用是指企业为组织和管理企业生产经营所发生的费用，包括企业在筹建期间内发生的开办费、董事会和行政管理部门在企业的经营管理中发生的或者应由企业统一负担的公司经费（包括行政管理部门职工薪酬、物料消耗、低值易耗品摊销、办公费和差旅费等）、工会经费、董事会费（包括董事会成员津贴、会议费和差旅费等）、聘请中介机构费、咨询费（含顾问费）、诉讼费、业务招待费、技术使用费、安全生产费用、矿产资源补偿费等。

3. 财务费用

财务费用是指企业为筹集生产经营所需资金等而发生的筹资费用，包括利息净支出（利息支出减利息收入）、汇兑差额以及相关的手续费、企业发生的现金折扣或收到的现金折扣等。为购建或生产满足资本化条件的资产发生的费用应予资本化，不在财务费用中列支。

（二）期间费用控制

（1）分解落实费用预算指标。加强费用预算编制，运用零基预算等方法，科学、合理编制，提高预算编制质量，通过推进零基预算应用，推动预算直达业务源头，挖掘成本节约潜力，实现业务行为与开支标准双重控制，进一步强化预算管控。将预算指标分解落实到各责任部门，然后由专业责任部门逐级、逐层落实预算目标，形成一级保一级的预算控制体系。

（2）建立费用管理制度。企业应建立费用管理制度，明确管理职责，划分管理责任，明确各项费用的审批权限，并经审批后执行，保证费用支出合理、有效。费用管理制度包括但不限于差旅费管理、业务招待费管理、通信费管理、运输（车辆）费管理、销售服务费管理、罚款捐赠支出管理、驻外单位费用管理等内容。

（3）严格费用支出。费用支出实行滚动控制，确保全年费用控制在预算范围内。各级预算执行单位（部门）负责本单位日常经费和归口专项费用的管理；费用归口管理部门对所负责费用的支付与报销事项建立管理台账，并及时与财务部门核对。对于需要进行事前审批的事项，经办单位（部门）在费用发生前，提交费用发生的依据或申请，经相关部门负责人审核确认，按规定权限审批后办理。发生预算外费用支出或超预算费用的，须按照规定权限报批。

(4) 规范费用核算与账务处理。规范费用核算，保证费用核算真实、准确、完整，账务处理及时。财务部门要按企业内部会计制度规定正确计算资产折旧、财务费用、职工薪酬等费用，并按照“权责发生制”原则合理确认应计入当期的费用。财务部门负责审核费用报销手续完备性，经不相容岗位人员复核后，办理款项的支付或报销，正确归集、核算及入账。记账凭证须经不相容岗位人员稽核。各种费用的分摊、分配规则不得随意更改，如需更改须获得财务部门负责人审批。

财务部门对跨期费用，依据有关规定计算和分配，由财务部门负责人审批后进行账务处理；对已发生但未收到发票以及暂无结算依据的费用，根据实际情况和有关证据，经相关管理部门确认、财务部门负责人审核确认后暂估入账。

八、装置成本管理

(一) 装置成本管理内容及方法

装置成本管理是炼油企业加强成本控制的基本单元，企业内部的成本管理基本上是以石油化工装置为最小的成本控制中心，在对装置成本组成的各要素分析的基础上，突出成本管理的重点，有效地控制和降低操作成本。

装置成本由原材料成本和加工成本两部分组成。原材料成本相对装置本身所消耗的成本关联不大，降低装置原材料成本主要通过降低加工损失和优化原料结构。加工成本包括装置加工过程中所消耗的辅助材料、燃料、动力成本、人工成本和其他制造成本等，其中动力成本主要由新鲜水、过滤水、凝结水、电、蒸汽、净化风、非净化风、氮气等成本组成。

装置成本管理与分析，按其成本性态细分装置各成本要素，并分别采取措施加强成本管理。结合约束性固定成本特点，着眼于长期规划和项目决策，从源头控制成本；结合酌量性固定成本、约束性变动成本和混合成本特点，本着厉行节约原则，做到总量上减少成本支出，又能兼顾生产实际需要。

在炼油企业装置成本中，酌量性变动成本占装置总成本的90%以上，且与企业日常管理、运行操作密切相关，降本潜力大，是企业成本控制的关键。酌量性变动成本主要包括直接材料、辅助材料(固定床催化剂摊销除外)、燃料和动力等。降低酌量性装置变动成本的方法有：

(1) 推进目标定额成本管理，降低装置成本。目标定额成本管理在装置成本管理中的作用有以下几个方面：一是目标定额成本可以作为成本预算和管理的标准，也可作为奋斗指标；二是作为对原料成本、燃料动力消耗实行量价分离的成本控制与分析的依据；三是便于及时分析、掌握成本变化的走向、趋势；四是促进成本管理规范化，使于从业务源头寻找降本增效的潜力增长点。

目标定额具有数据化的定额特征，是量化管理行为的尺度和依据。目标定额具有科学性、先进性的特点。所谓科学性，就是指标制定有根据，不是凭主观臆断得出，在正常条件下经过努力能够达到，便于调动单位(部门)和员工积极性；先进性代表国内、国际同行业先进水平。

企业制定目标定额，可结合企业实际情况，参照设计值、历史最好水平、国内外同行业或本系统先进水平等标准；或者按历史最好水平、行业先进水平等结合装置运行负荷等参数，制定更切合装置实际运行水平的目标定额。

（2）以绩效考核为导向，推进责任单元成本控制，降低装置成本。企业加强成本管理，以绩效考核为导向，推进责任单元成本控制。责任单元是指企业内部的部门或个人，与企业的组织机构相适应，承担企业活动的组织或岗位，它有自身可以控制的成本发生，能够清楚地承担成本责任，即对责任单元的资源消耗具有控制权。它有别于责任中心的概念，它不一定是我们组织架构上单位(部门)，不一定要求是核算主体或一个独立的成本中心。它的成本控制目标是与企业生产经营活动目标相一致。

（3）开展班组经济核算，加强装置成本的过程控制。开展班组经济核算，按“干什么、算什么、管什么”的原则，弱化折旧、人工成本等与班组操作基本无关的成本项指标，突出与班组人员操作相关的指标，如装置投入产出、燃料动力消耗、操作参数、质量控制等，建立实时化、动态化的班组经济核算体系，加强成本的过程控制。

通过开展班组经济核算，将财务指标-经济技术指标-班组控制方法作逐一分解和关联，实现从目标到措施的有效落实。也可将班组人员能直接控制并对成本有重大影响的质量、安全、平稳率等因素纳入核算范围，作为班组经济核算的“自选动作”，建立“事故成本”“质量成本”“环保成本”等“大成本”理念。

（二）装置原料成本管理

原油成本是炼油企业最主要的成本，约占产品成本的85%~90%，原料成本对成本影响主要有两个方面：一是原料结构对成本的影响。原料结构影响产品结构和收率，降低原料成本，优化原料结构，增加高附加值产品产量和提高轻油收率，努力降低单位产品成本，是提高炼化企业毛利的有效途径。二是原料单耗对成本的影响。原料单耗体现装置投入产出的运行水平，在原料结构相同且其他消耗水平不变的前提下，原料单耗越低，产品成本越低；反之，原料单耗越高，则产品成本越高。

装置原料成本管理以企业整体效益最大化为基本目标和出发点，局部的、个体的利益服从企业整体利益，降本增效是核心。对于炼油企业降低原料成本不能仅考虑某一个装置或某一部门的经济利益，而需统筹考虑企业整体效益最大化；对于炼化一体化企业，降低原料成本不仅需考虑某一个板块的经济效益，更要致力于炼油和化工两个板块的整体效益最大化的目标。加强原料成本管理，降低原料成本可以从以下几个方面考虑：

（1）结合优化工艺过程，优化原料结构，降低企业原料成本。当国际市场轻、重质原油差价大时，原油重质化是降低原料采购成本、提高经济效益的有效措施。炼化一体化企业采用原油重质化降低原油采购成本、外采石脑油资源弥补由于原油重质化而减产石脑油的方案，其综合效益优于原油轻质化、提高化工轻油自给率的方案，特别是重油深加工能力有富余的炼化一体化企业，其原油重质化的降本增效潜力更大。简单概括为“宜油则油、宜芳则芳、宜烯则烯”，即通过建立经济模型，测算不同产品链(如成品油、芳烃、烯烃产品链等)的经济效益差异，并应用于原油资源结构优化方案，从而降低企业原料成本。

（2）结合产品结构调整优化原料结构，降低企业原料成本。通过分析对比不同加工方案的成本水平和增值能力，决定装置的开停工方案以及负荷水平，从而优化排产，合理配置原料资源，实现整体效益最大化。

（3）结合产能利用优化原料结构，降低企业原料成本。对于加工能力有富余的企业，如果提高装置负荷的情况下存在边际贡献，应积极为装置找“米”下“锅”，开展来料加工或进料加工业务，进一步拓宽原料资源，给装置的原料结构优化提供更多的机会和空间。另外，装置负荷提高，也有利于降低原料单耗，减少加工损失率，从而达到降本增效的目的。

（4）降低原料单耗，降低企业原料成本。确保装置“安、稳、长、满、优”运行，提高装置负荷，从而提高装置加工量，是降低原料单耗的途径之一。减少加工损失，是降低原料单耗最直接的方式。加工损失率是体现炼油企业生产管理水平高低的一个重要指标，降低加工损失率同时也是实现减少排放、环境保护的客观要求。

（三）装置辅材成本管理

辅助材料是指生产过程中投入的有助于产品形成和设备长周期运行的化学药剂，在炼油企业中通常称为“化工三剂”。按其用途主要分为以下几类：催化剂（触媒）、助剂、溶剂、吸附剂、添加剂、包装物等。

辅助材料成本占炼油完全费用的8%左右。炼油企业的辅助材料涉及品种多达几百种。降低辅助材料成本，除了在采购环节加强成本控制外，还应结合装置生产实际，实施有效的降本管理措施：

（1）强化年度费用计划管理。本着“不留余地、积少成多”的原则，尽量减少因计划差异而造成的浪费。

（2）降低辅助材料单耗。根据装置运行水平，制定精细操作方案，降低辅助材料单耗。

（3）按功能分级控制辅助材料消耗成本。根据辅助材料在装置运行、产品分布、降低能耗、清洁生产、安全环保、产品质量中所起的作用大小，将辅助材料按使用功能分为Ⅰ、Ⅱ、Ⅲ级，并按等级区分消耗控制力度，在提高效益和确保安全生产的前提下，增效性的辅助材料适量多用，保驾性辅助材料适度控制使用量。

（4）扩大辅助材料使用的通用性。提高三剂使用的性价比，分专业按剂种进行通用性专题分析，拓宽装置辅助材料的选择范围，从而减少三剂的采购成本，降低辅材材料消耗成本。

（5）按照费用权重大小，进行个性化管理。大宗辅助材料（即月消耗量较大的剂种）种类虽然不多，但费用权重却很大；有些助剂含有稀有金属，消耗量不大，但成本昂贵；部分辅助材料用量不多，但品种多，成本总额也不低；引入ABC管理理念，将不同剂种的单耗按照使用方式（连续使用或周期性更换）以及参考成本高低，按成本比重分层次进行管理。

（6）定期分析与评价。总结和分析是提高的基础，定期对辅助材料使用情况进行分析与评价，评价情况作为供应商的考评依据，建立供应商退出机制。通过认真分析消耗情况，提出降耗措施。

（7）实行“管用分开”，加强资源市场管理。按照“管用分开，相互制约”的原则，优化资源市场管理的运作机制，从市场准入、产品目录变更、动态量化考核、年度评审以及供应商淘汰等各个环节进行规范。资源市场的建立，实现资源管理的决策权和执行权的分离，使监督制约机制进一步加强。

（四）装置燃动成本管理

石化行业是高能耗行业，燃动成本占炼油完全费用的30%左右，企业应从优化结构、科学管理、技术进步和合理有效利用资源等途径，减少生产各个环节中燃料、动力的损失和浪费，降低企业燃动成本，提高经济效益。

（1）优化燃料结构，降低燃料成本。炼油企业的燃料资源多样化，为企业优化燃料结构优化提供了前提条件。从加强日常燃料系统的平衡管理入手，测算干气、天然气等各种燃料的性价比优势，积极争取廉价、优质资源，在满足生产的同时，优化燃料结构。减少液化气、碳五等高附加值组分对燃料气系统的补入量，降低燃料气成本。企业有自备电站的，做好电站的燃料结构优化，停开燃油锅炉，积极寻找廉价、稳定的燃料资源。

(2) 优化能量利用，降低燃动成本。从能量转换、能量工艺利用和能量回收三个环节入手，优化能量利用。能量转换子系统主要包括锅炉、加热炉、汽轮机、压缩机、泵和蒸汽加热器等能量转换设备，提高能量转换设备的效率是企业降低能耗成本的关键；工艺利用环节是过程系统的核心部分，减少装置生产过程的能源消耗及损失；化学工业用能80%以上是以热能的形式利用的，因此，通过热能的回收、再次甚至多次重复、逐级利用，如做好蒸汽的等级利用，是降低燃料成本的一个重要途径。

(3) 积极利用技术进步，降低燃动成本。在企业新建项目或者整体扩建时，关注项目的能源综合优化和节能降耗评估工作，按照流程化的设计理念，打破装置之间的界线，通过系统内部能源的合理匹配，实现最小的能源消耗、最经济的系统运行；重点推进高能耗设施的节能工作，加快淘汰高能耗落后设备和技术，改造企业主要能耗装置设备和生产工艺；优化产品结构，发展低能耗、低排放产品。

(4) 加强计量工作，是降低燃动成本的基础条件。完善的计量和评价体系是节能降耗具体工作的基本保障。提高计量仪表配备水平，规范计量管理的工作程序，不断提高企业计量检测与自控水平，真正做到“数出一门、量出一家”，使消耗统计真实、全面、及时、准确，为企业生产经营过程控制与成本分析、指标评价、成本考核提供可靠依据。

(5) 加强燃动成本分析与监控。按照基本容量费和最大需量收费进行对比计算，选择合理外购电的计费方式，炼化企业一般适合按照最大需量缴纳基本电费；企业有自备电站的，可以实时监控电站燃料成本，并根据测算结果，及时调整发电、发汽方案，降低用电、用汽成本；同时存在自发电和外购电的企业，开展自发电成本与外购电成本的对比分析，优化电力资源，降低用电成本。

(6) 开展节能专项活动。深入开展节能检查，挖掘装置节能潜力，对每一套重点耗能装置进行诊断，并制定诊断方案，查找节能潜力，提出对策措施，以及落实相关责任人员；开展系统性的节能专题调查，通过专题调查进行数据的横向比较，可以较容易地找出相关装置之间存在的差距，找到节能降耗的潜力与改造方向。

九、库存成本管理

(一) 库存成本管理内容

库存是指为了保证生产的正常进行，必须在各个生产阶段之间设置必要的物资储备。库存一般包括储备的原材料、辅助材料、燃料以及备用设备、零件、工具等，存放着等待加工的在制品、半成品、等待销售的成品。

库存成本主要包括采购成本、保管成本、购置成本和缺货成本。采购成本指采购物资过程中发生的各种费用，包括物资运输与装卸、验收入库等费用以及采购人员的差旅费等。总的采购成本随采购次数的增加而增加，随采购批量的增加而减少。保管成本随库存储备的数量与时间的增加而增加。购置成本是指购置物资所花费的成本，为用户提供批量折扣，对大批订货给予价格优惠是极为普遍的做法，企业可以通过增加每次订货的批量，获得较低的总的购置成本。缺货成本是指由于不能满足需求而产生的成本：一是延误工期追加的生产与采购费用；二是误期的赔偿费用损失。缺货成本随缺货量的增加而增加。

企业需要保持一定的库存，主要作用有：一是保持适当的原材料库存，防止供应中断、交货误期，确保生产正常运行；二是能使总的采购费用降低，从而降低总的生产费用；三是维持一定的在制品库存，可以防止生产中断；四是便于顾客订货，适应产品需求的增加，以免丧失商机。维持适当数量的物资储备，对调节供需、保证生产经营活动正常而有效地进行、获得良好的经济效益是非常必要的。但过量的库存会占用企业的资金成本，使保管成本增加。因此，企业需要加强库存管理，在保证企业生产、经营需要的前提下，使库存成本保持合理水平，控制库存资金占用水平，加快资金周转，最终提高企业的经济效益。

（二）库存成本控制

库存成本控制，是指企业对生产经营全过程所需要的各种物品，产成品以及其他资源进行管理和控制，使其储备保持在经济合理的水平。主要有以下几个方面：

（1）推进集中采购，降低采购成本。在集中采购模式下，通过对各种类别的需求进行集合和统一，构成大的采购订单，通过招标、联合谈判、询比价、动态竞价等采购方式，提高采购质量，降低采购成本。集中采购模式主要体现在：一是对大宗、通用、重要物资发挥规模化采购优势，提高物资供应效率和效益，主要包括煤炭、三剂消耗、备品备件等；二是进口原油的集中代理采购，发挥代理公司在进口原油采购方面的专业优势来降低采购成本。

（2）制定重要存货目录与合理库存、安全库存。企业相关责任部门确定重要存货目录，并根据年度生产经营计划、财务预算和市场情况，针对重要存货拟定合理库存及安全库存，经企业管理层审批后实施，合理确定存货采购日期和数量，确保存货处于最佳库存状态。日常根据重要存货的上限库存和下限库存组织安排采购、生产计划，保障生产稳定运行。加强重要存货监控与分析工作，并对重要存货的库存状况每半年进行一次分析。

（3）加强原油库存指标控制。原油库存与原油加工量水平密切相关，在保证企业正常生产经营的基础上，按照“合理安排、从紧控制”的原则，每年初根据当年年度加工计划制定企业国内实物原油库存控制指标，为实现“降低资金占用成本、降本减费”的目标奠定基础。企业根据原油加工相关设计规范，考虑进口原油海外装港、海上运输和国内港口卸货等实际情况，结合炼油装置对原油调和和分储分炼的加工需求确定库存控制原则，以确保完成库存控制指标。

（4）统一物资储备管理。企业应充分利用现代物流信息技术，建立完善物资仓储与配送信息系统，推进数字化、标准化、智能化管理，推进库存资源共享，开展储物于商，合理确定储物于商物资品种，降低物资储备规模，减少库存资金占用。企业应建立物资仓储与配送标准化管理体系，严格按程序办理到货验收、入库出库等业务，做好仓储物资的维护保养，优化配送模式，实施物资集中统一配送，合理规划配送网点和仓储设施，提高资源配置效率。

（5）建立物资库存成本考核体系。企业要将物资需求计划的准确性和及时性、库存资金占用、积压物资等关键指标纳入绩效考核，明确各部门、单位的责任，建立库存成本考核体系。企业应明确库存资金占用责任主体，加强库存分析，建立定期全面清仓查库机制，强化长期无动态积压物资和账外物资监管，严格防范和控制新增积压物资，严肃追究物资积压责任，严禁账外物资，严禁账实不符，有效控制库存成本。

十、实践案例：降本减费助力企业提高竞争力

某企业立足生产经营管理，深度挖掘自身潜力，着力于能耗降本、优化降本、政策降

本、管理降本，持续攻坚创效，帮助企业迅速扭亏为盈，取得实效。

1. 能耗降本

（1）做好蒸汽系统平衡，降低蒸汽消耗。企业组织专家攻关，优化常减压装置减顶抽真空蒸汽流量，降低蒸汽耗量2t/h，降低汽提塔蒸汽量和循环机转速，两套渣油加氢装置减少蒸汽耗量3t/h，优化整合装置溶剂系统，节约蒸汽12t/h，每年实现节能降耗1000多万元。

（2）挖掘低温热热源热阱，加大低温热利用力度。企业对二甲苯装置与国内同类型芳烃装置进行对比，发现能耗的差距主要体现在塔顶低温热利用水平上，以及更优化的局部换热流程上。企业组织对芳烃装置进行节能改造，一是异构化反应部分增设热高分系统；二是在抽出液塔、邻二甲苯塔和重芳烃塔顶增设热媒水取热流程，生产的135℃、1300t/h热水，一部分送至异丁烷装置和公用工程水汽工区，替代原先作为热源的低压蒸汽；另一部分热媒水送至溴化锂制冷系统生产冷媒水，用冷媒水代替催化装置部分塔顶冷却器的循环水，解决了催化装置夏季冷却负荷不足的问题。

该节能项目正式投用以来，运行平稳，节省燃料气0.4t/h，蒸汽35t/h，每年节约动力费用4000多万元。

（3）加强热供料管理，提高热直供料比例。为进一步提高热供的比例和效果，深入开展热供料管理工作：一是建立直热供料监控平台。由信息化与计量中心、生产计划部、技术质量部共同开发的直热供料监控平台，能直观监控企业的直热供率和节能效果，提升直热供料管理效率。二是推进直热供料完善项目有序推进。项目实施后，可实现渣油、蜡油、柴油全部热供。

自开展加强热供料管理工作以来，增加热功率27.12GW，降低企业能耗0.78kgEO/t，每年可节省动力费用2964万元。完善项目实施后，可再降低能耗0.26kgEO/t，节约动力费用1000多万元。

（4）外供能源精准管控实现同比降损400多万元。通过切除支农生活水线加强高压供电用户计量管理，对外部重点蒸汽用户实施计量和管线缩径改造，多项措施精准管控外供水电汽。

2. 优化降本

（1）“峰谷”发电，优化降低下网电成本。企业组建攻关小组，机动部牵头开展了深度调峰试验，差异化安排电力系统运行；生产计划部与信息中心共同设计开发了公司电力跟踪平台，动态跟踪优化“峰平谷”期间发电量；热电部组织专家编制了优化运行的操作规程，针对可能遇到的问题提前做好应急预案。利用“峰谷”电价差对下网时段进行优化，“峰”时段保持高负荷发电，减少外购电量，“谷”时段降低负荷，增加下网电量，降低企业总体用电成本。自错峰发电以来，全年节约下网电成本1000多万元。

（2）流程优化加大物料回收利用。煤浆气化装置采用煤浆作为原料，产生大量灰渣，设计粗渣产量10.48t/h。粗渣需要外送处理，但从渣场运输到码头的过程中容易造成环保问题。如梅雨季节煤渣外送困难，渣场存储趋于饱和，届时气化炉将减负荷运行，影响氢气供应。粗煤渣中残炭含量达30%以上，具有一定的发热量，干化后可作为电厂CFB炉发电燃料，可有效解决运输困难和用煤指标两个问题。

通过检测分析，当水煤浆装置掺焦15%时，所产干燥粗渣的低位发热量(收到基)为3500cal/g，而电厂CFB炉原料煤的平均低位发热量为5006cal/g，1t粗渣燃烧所释放出的热量约为电厂CFB路原料煤的70%左右。掺焦比例提高时，煤渣中固定碳含量将会进一步升高，热值进一步增加。水煤浆粗渣干化项目实施后，有效降低了粗渣的外送量，减轻了企业环保压力和增加效益；同时粗渣干化回用热电，进一步提高了对煤炭的综合利用水平，对于完成政府的控煤指标具有积极的促进意义，维护了公司绿色企业的环保形象。

3. 政策降本

充分争取税收优惠，应得尽得。企业积极与地方税务部门协调争取，申请税金缓交，同时充分利用出口退税相关政策，减少税金留底资金占用上亿元。通过上述措施，减少财务费用上千万元。

4. 管理降本

企业通过实施单车费用限额核算、优化修理模式、提高车辆使用效率、制定相关管理制度等措施，车辆使用费及修理费同比减少 100 万元以上，降幅达 40%。

第三节　税 务 管 理

一、税务管理的概念及作用

税务管理，是指企业通过明确和规范涉税业务的职责、内容、流程、计划、控制、检查与考评等工作内容，对涉税业务和纳税实务实施研究和分析、计划和筹划、处理和监控、协调和沟通、预测和报告等方式，对税务基础工作、税务风险防控和税务筹划进行全过程管理的行为。

税务管理作为企业管理的重要组成部分，在规范涉税行为、规避税务风险、降低税收成本方面发挥着积极作用，加强税务管理意义重大。税务管理的作用如下：

第一，加强税务管理有助于降低涉税风险。企业涉税风险主要有税款负担风险、税收违法风险、信誉与政策损失风险。这些风险的发生，不仅导致企业税收成本的增加，更重要的是威胁着企业的声誉和生存发展。企业通过组织协调，对涉税业务所涉及的各种税务问题和后果进行谋划、分析、评估和处理，能够有效降低涉税风险。

第二，加强税务管理有助于降低税收成本。税收是企业一项重要的成本支出，具有高风险性和高弹性。企业可以运用多种方法加强税务管理，依法合规降低企业税收成本，提高效益，这也是税务管理最本质、最核心的作用。

第三，加强税务管理有助于合理配置资源。通过及时掌握和正确理解国家的各项税收政策，进行合理的投资、筹资和技术改造，进而优化资源的合理配置，提升企业竞争力。

二、税务基础管理

（一）制度建设

企业按照国家、地方财税政策法规，建立健全税务管理办法和业务流程，对税务管理办法的执行情况进行监督与检查。

（二）税务登记

企业根据工商部门登记信息，依照税收法律法规及政策规定，办理税务登记的变更、注销及税(费)种认定等事项。

企业跨省(自治区、直辖市和计划单列市)临时从事生产经营活动的，应在外出生产经营以前，按照生产经营活动所在地税务机关要求，申报跨区域涉税事项报验登记。在省内跨县(市)临时从事生产经营活动的，由省税务机关确定是否进行跨区域经营信息报告。跨区域经营活动结束后，应结清经营地税务机关的应纳税款以及其他涉税事项，向经营地的税务机关填报《经营地涉税事项反馈表》。

（三）发票管理

企业按照《中华人民共和国发票管理办法》及实施细则、企业内控管理权限要求，制定发票管理规定，健全发票管理内部流程。具体内容如下：

(1) 按照不相容岗位分离的原则，由专人负责发票领用、开具、缴销、审核、保管等工作，保证发票管理全过程受控。

(2) 做好开票系统的日常维护和升级，保证系统正常运行。

(3) 发票开具应满足以下要求：项目齐全，与实际交易相符；字迹清晰，不得压线、错格；发票联和抵扣联加盖发票专用章；发票的所有联次必须一次性打印，不得拆联打印。开具红字专用发票，应符合税法规定。

(4) 企业相关人员应对发票的真伪及合规性进行检查，取得的不合规发票应按照要求进行换开，否则不得入账。取得的增值税专用发票，要及时进行认证和抵扣。

(5) 电子发票、财政电子票据、电子客票、电子行程单等与纸质原始凭证具有同等法律效力。

（四）涉税档案保管

涉税资料主要包括：月度及年度纳税申报表、税务 UKEY、税务自查报告、纳税评估资料、税务稽查报告、专业机构出具的税务鉴证报告、向税务机关报备(批)的资料、税收优惠备案资料、预约定价安排资料、税务机关的批复资料、企业专用的税务文件及其他涉税档案资料。企业需做好涉税档案保管工作：

(1) 按照档案管理规定，对各类涉税资料妥善保管、整理成册，会计年度结束后保管一年，满一年后向相关档案管理部门移交归档。

(2) 档案查阅原则上采取电子档案查阅形式。如遇特殊情况借阅原始资料，应建立各类涉税资料借阅使用登记簿，记录各类涉税资料借阅使用情况。

(3) 专职税务管理岗位人员或涉税岗位人员调离或离职时，应按规定提前办理涉税工作交接手续，编制岗位移交清册及涉税资料，保证税务管理业务的顺利移交和有序衔接。

（五）税务培训

企业要做好财税政策法规及涉税业务的培训工作。对与企业业务相关的，特别是新颁布的税收法律法规及政策，及时组织培训宣贯，做好政策知识传授和辅导。确保税务管理岗位人员每年参加一定时间的学习或培训，提升税收专业知识和生产经营业务知识，为业务部门提供税收政策支持、咨询、指导建议。

三、税费计提、申报与缴纳

与炼油企业有关的税费主要包括：增值税、消费税、企业所得税、城镇土地使用税、房产税、印花税、城市维护建设税、环境保护税、资源税(含水资源税)、个人所得税、车船使用税、教育费附加、地方教育费附加等。

企业应严格执行税收法律法规及政策规定，及时、准确计提各项税费，由不相容岗位人员进行稽核，按照内控业务流程办理相关审批手续后，由财务人员进行账务处理。

企业要按照国家税收政策法规及时准确填报各项纳税申报资料，在规定期限内向税务机关申报，并加强纳税信用评级管理；对于需要进行税务事项审批和备案的涉税业务，在税法规定时限内按时完成。

企业在规定期限内向税务机关缴纳各项税费，取得税收完税(费)证明、银行回单等缴款凭证，确保税款足额缴纳入库。

如果需要预缴或延付税款的，应履行内部管理审批手续，并取得税务机关核准的税务行政许可凭据。

四、税收预算

根据生产经营安排，编制所得税费用年(月)度预算，并做好增值税、消费税、资源税、城建税及教育费附加等其他税费的年(月)度税收预算编制与管理工作。

税收预算要与资金预算相结合，对资金收支有重大影响的税收因素进行分析，并及时向资金管理岗位人员反馈。

通过开票系统、增值税发票综合服务平台、会计核算系统对税收预算执行情况进行监控，分析税收预算与执行的差异。

对应纳税的税种、课税对象、纳税环节、计税依据、税率、计算方法等，做好预警及复核工作，对异常情况要分析原因，及时进行处理。

五、税务成本管控

(一) 税收政策争取

企业要研究分析国家财税政策法规对生产经营的影响，及时提出税收政策建议及税务筹划方案。对生产经营涉及的税收政策，与主管税务机关做好沟通协调，争取地方税收政策的支持。

(二) 税收优惠落实

企业应依据国家法律法规、国家或地方发布的税收优惠政策规定，制定企业适用的税收优惠管理流程，依法合规落实各项税收减免政策，合理降低税务成本。

目前炼油企业税收优惠主要包括但不限于：资源综合利用减计收入、研发费用加计扣除、残疾职工工资加计扣除、税率优惠(高新技术企业、西部大开发企业、技术先进型企业、软件企业、海南自贸港等)、技术转让所得减免、环保节能节水安全生产专用设备投资抵免、小微企业税收优惠等企业所得税优惠政策；资源综合利用即征即退等增值税优惠政策；安全防范用地、物流仓储用地等土地使用税优惠政策等。

具体税收优惠政策如下：

1. 企业所得税

1）研发费加计扣除

制造业企业开展研发活动中实际发生的研发费用，未形成无形资产计入当期损益的，在按规定据实扣除的基础上，再按照实际发生额的100%在税前加计扣除；形成无形资产的，按照无形资产成本的200%在税前摊销。

2）残疾人员工资加计扣除

企业安置残疾人员的，在按照支付给残疾职工工资据实扣除的基础上，可以在计算应纳税所得额时按照支付给残疾职工工资的100%加计扣除。

3）资源综合利用减计收入

企业以《资源综合利用企业所得税优惠目录》规定的资源作为主要原材料，生产国家非限制和禁止并符合国家和行业相关标准的产品取得的收入，减按90%计入收入总额。

4）三项专用设备投资抵免

企业购置并实际使用《环境保护专用设备企业所得税优惠目录》《节能节水专用设备企业所得税优惠目录》和《安全生产专用设备企业所得税优惠目录》规定的环境保护、节能节水、安全生产等专用设备的，该专用设备的投资额的10%可以从企业当年的应纳税额中抵免；当年不足抵免的，可以在以后5个纳税年度结转抵免。

5）环境保护、节能节水项目所得减免

企业从事符合条件的环境保护、节能节水项目的所得，自项目取得第一笔生产经营收入所属纳税年度起，第一年至第三年免征企业所得税，第四年至第六年减半征收企业所得税。

6）税率优惠

对设在西部地区的鼓励类产业企业、注册在海南自由贸易港并实质性运营的鼓励类产业企业、国家需要重点扶持的高新技术企业，减按15%的税率征收企业所得税。

2. 增值税

纳税人销售自产的资源综合利用产品和提供资源综合利用劳务，可享受增值税即征即退政策。

3. 消费税

生产企业将自产的石脑油、燃料油用于本企业连续生产乙烯、芳烃类化工产品的免征消费税；生产企业按照国家税务总局下发的石脑油、燃料油定点直供计划销售自产石脑油、燃料油的免征消费税；对使用石脑油、燃料油生产乙烯、芳烃的企业购进并用于生产乙烯、芳烃类化工产品的石脑油、燃料油，按实际耗用数量暂退还所含消费税。

4. 城镇土地使用税

1）安全防范用地减免

对于各类危险品仓库、厂房所需的防火、防爆、防毒等安全防范用地，可由各省、自治区、直辖市税务局确定，暂免征收土地使用税；对仓库库区、厂房本身用地，应照章征收土地使用税。

2）铁路专用线、公路等公共用地减免

对企业的铁路专用线、公路等用地，除另有规定者外，在企业厂区（包括生产、办公及生活区）以内的，应照章征收土地使用税；在厂区以外、与社会公用地段未加隔离的，暂免征收土地使用税。

5. 环境保护税

1）固体废物综合利用免税

纳税人综合利用的固体废物，符合国家和地方环境保护标准的，暂予免征环境保护税。

2）排放浓度低于标准减免

纳税人排放应税大气污染物或者水污染物的浓度值低于国家和地方规定的污染物排放标准30%的，减按75%征收环境保护税。纳税人排放应税大气污染物或者水污染物的浓度值低于国家和地方规定的污染物排放标准50%的，减按50%征收环境保护税。

六、税务筹划

企业应严格遵循国家现行政策法规，研究和运用税收政策，依法、科学、合理安排各项生产经营活动，加强税收合法性、合规性审查，避免因税务违规造成效益损失。

企业在投资、筹融资、重组改制、合并分立、对外合资合作等重大经营活动中，通过对注册地、组织架构、股权结构、资产交易方式等进行选择和安排，做好税务筹划工作，合理降低税务成本。

企业税务筹划方案实施前要与主管税务机关做好政策咨询和沟通工作，做好税务风险防范工作。税务筹划方案应采用书面方式，须征得企业财务、法律、业务等部门意见，报总会计师或分管财务领导批准后实施。

七、税务风险防范

税务风险是指企业涉税行为未能正确有效遵从税法规定，导致企业遭受法律制裁、财务损失或声誉损害的可能性，是企业风险在税务业务管理领域的体现。

（一）税务风险管理原则

税务风险管理是企业围绕税务管理目标，以税收法律法规和会计准则为基础，通过经营过程中相关环节涉税业务流程管控，从源头发现和识别风险，建立健全税务风险防控体系，最终实现税务风险全级次、全员、全过程管理的方法体系和工作目标。税务风险管理的原则如下：

（1）合规性原则。税务风险管理应符合相关税收法律法规及税收政策，并满足税务机关相关管理要求。

（2）全面性原则。税务风险管理应贯穿决策、执行和监督全过程，覆盖企业各类业务和事项，做到事前、事中、事后的风险管控，形成全方位、全级次、全员税务风险防控体系。

（3）重要性原则。税务风险管理应关注重要及重大涉税业务事项和高风险涉税项目的防控。结合所处行业与企业特点，重点关注企业所得税、增值税、消费税、印花税等高风险税种风险管理。

（4）适用性原则。税务风险管理应与企业经营规模、业务范围、竞争状况和风险水平等相适应，随情况变化及时调整税务风险控制措施。

（5）效益性原则。税务风险管理应权衡税收成本与节税效益，规避少缴税造成的税务处罚损失，以及控制未充分争取、落实优惠政策和未有效筹划造成的多缴税款情况。

（二）税务风险识别、防范和应对

企业按照国家财税政策法规、国家税务总局《大企业税务风险管理指引（试行）》的要求，建立税务风险防范机制，制定税务风险控制措施，开展税务风险识别、防范和应对工作，及时防范和化解税务风险。

对战略规划、经营决策制定等重大涉税业务，企业需建立内部税务风险协调会商机制，及时组织计划、采购、生产、销售、科技、财务、法律、信息等相关部门会商，进行涉税风险评估，研究编制税务优化方案，做到事前预警、事中管控、事后评价。

（三）税务风险自查

企业制定税务检查办法，每年至少组织一次涉税业务自查，充分识别税务风险，建立税务风险台账，出具检查报告，并采取防范措施及整改措施，必要时可借助中介机构协助进行。

（四）税务检查处理

企业依法接受税务机关的检查。对税务机关出具的检查结论，应按照内控管理权限和程序，报主管领导审核，对检查发现的问题及时落实整改。

（五）税务争议处理

企业做好与主管税务机关的沟通协调，依法处理各种税务争议事项，可申请行政复议或行政诉讼。

八、重点税种管理内容

（一）增值税管理

增值税是以单位和个人生产经营过程中取得的增值额为课税对象征收的一种税。

1）纳税义务人

凡在我国境内销售货物或者提供加工、修理修配劳务，销售服务、无形资产或者不动产，以及进口货物的单位和个人，为增值税纳税义务人。

2）应纳税额及税率

一般纳税人销售或者进口货物、提供加工、修理修配劳务、提供有形动产租赁服务的税率为13%。一般纳税人发生应税销售行为，其计算公式如下：

应纳税额=当期销项税额-当期进项税额

当期销项税额小于当期进项税额不足抵扣时，其不足部分可以结转下期继续抵扣。

3）风险提示

（1）用于简易计税方法计税项目的进项税额，抵扣了增值税。

（2）用于免征增值税项目的进项税额，抵扣了增值税。

（3）用于集体福利项目的进项税额，抵扣了增值税。

（4）用于个人消费项目的进项税额，抵扣了增值税。

（5）租入固定资产、不动产，既用于一般计税方法计税项目，又用于简易计税方法计税项目、免征增值税项目、集体福利或者个人消费的，未将进项税额全额抵扣。

（6）无法合理区分用途的固定资产，未抵扣增值税。

（7）由于管理不善造成货物被盗、丢失、霉烂变质，以及因违反法律法规造成原材料、商品被依法没收、销毁，未按规定作进项税额转出。

（8）非汇总纳税企业的分公司间的资产调拨未视同销售计提销项税额。

（9）个税手续费返还收入未计提增值税。

（10）质保金超过年限未退还给销售单位，未计提增值税。

（11）收取的银行承兑汇票贴息费未计提增值税。

（12）对外销售下脚料和生产各环节产生的个别废品，未确认收入、未计提销项税额。

（13）兼用简易计税方法和一般计税方法的企业，一般计税方法下应纳税额为留抵税时，未缴纳简易计税方法下的应纳税额。

（14）兼营不同税率或者征收率的货物、应税劳务及应税服务，未分别核算导致从高适用税率。

（15）向关联方提供资产无偿使用未按规定缴纳税款。

（16）统借统还业务中，向下属单位收取高于支付给金融机构借款利率水平的利息，未按规定缴纳增值税。

（17）未正确判断统借统还业务和委托贷款业务，导致错误缴纳增值税。

（18）可以加计抵减进项税，未加计抵减。

（19）符合增值税留抵退税政策，未申请退还。

（20）一般纳税人销售自己使用过的不符合简易计税的固定资产，适用了简易计税，导致少交增值税。

（二）消费税管理

消费税是对在我国境内从事生产、委托加工和进口应税消费品的单位和个人，就其销售额或销售数量，在特定环节征收的一种税。

1）纳税义务人

在中华人民共和国境内生产、委托加工和进口应税消费品的单位和个人，以及国务院确定的销售应税消费品的其他单位和个人为纳税义务人。

2）成品油征税范围及税率

成品油税目有汽油、柴油、石脑油、溶剂油、润滑油、燃料油、航空煤油 7 个子目，见表 7-3-1。

表 7-3-1 成品油消费税税率

成品油税目	税率	吨与升换算标准	成品油税目	税率	吨与升换算标准
汽油	1.52 元/L	1t=1388L	润滑油	1.52 元/L	1t=1126L
柴油	1.20 元/L	1t=1176L	燃料油	1.20 元/L	1t=1015L
石脑油	1.52 元/L	1t=1385L	航空煤油	1.20 元/L	1t=1246L
溶剂油	1.52 元/L	1t=1282L			

3）应纳税额

成品油消费税实行从量定额的办法计算应纳税额。其基本计算公式为：

应纳税额=应税消费品的销售数量×单位税额

当以外购或委托加工收回的已税汽油、柴油、石脑油、燃料油、润滑油为原料生产应税消费品时，准予从消费税应纳税额中扣除原料已纳的消费税税款。其基本计算公式为：

当期应纳税额=当期销项税额-当期进项税额

当期销项税额小于当期进项税额不足抵扣时，其不足部分可以结转下期继续抵扣。

4）风险提示

（1）未按税法规定计算抵扣用于连续生产应税消费品的外购油品消费税。

（2）成品油子税目和税率适用错误少计缴消费税。

（3）定点直供计划外销售的石脑油、燃料油未计缴消费税。

（4）个别应征消费税产品，如进入成品油市场的粗白油等未计缴消费税。

（5）自产自用应税消费品，用于职工福利、作为燃料耗用或生产非应税消费品等其他方面，未计缴消费税。

（6）部分应税产品改变名称后应计缴未计缴消费税。

（7）符合国家税务总局 2012 年第 47 号公告和 2013 年第 50 号公告的消费税应税产品应

取得省级以上(含)质量技术监督部门出具的产品质量检验证明，做好行业标准备案备查工作。

(8) 外购、进口和委托加工收回的汽油、柴油、石脑油、燃料油、润滑油用于连续生产应税成品油的，应凭通过增值税发票选择平台确认的成品油专用发票、海关进口消费税专用缴款书以及税收缴款书(代扣代收专用)，按规定计算扣除已纳消费税税款，其他凭证不得作为消费税扣除凭证。

(三) 企业所得税管理

企业所得税是对我国境内的企业和其他取得收入的组织生产经营所得和其他所得征收的一种税。

1) 纳税义务人

在我国境内，企业和其他取得收入的组织(以下统称企业)为企业所得税纳税义务人。企业所得税纳税义务人包括居民企业和非居民企业，不包括个人独资企业和合伙企业。

2) 征税范围及税率

居民企业就来源于中国境内、境外的所得作为征税对象。非居民企业在中国境内设立机构、场所的，就其所设机构、场所取得的来源于中国境内的所得，以及发生在中国境外但与其所设机构、场所有实际联系的所得，缴纳企业所得税。基本税率为25%。

3) 应纳税额的计算

$$居民企业应纳税额=应纳税所得额\times适用税率-减免税额-抵免税额$$

$$非居民企业应纳税额=应纳税所得额\times实际征收率$$

4) 风险提示

(1) 代扣代缴个人所得税取得的手续费返还、施工单位上交违约金等未确认为应税收入。

(2) 分公司与子公司之间资产处置未确认收入。

(3) 不征税收入对应支出形成的费用或资产折旧在税前扣除。

(4) 不征税的财政性资金结余，在5年(60个月)内未使用的结余部分未确认收入。

(5) 销售产品、提供劳务计税价格明显偏低、未按照市场价格收费或提供给关联方无偿使用。

(6) 非货币性资产用于市场推广、礼品赠送、职工奖励或福利等未按税法规定作视同销售处理。

(7) 确实无法偿付的应付款项未确认收入。

(8) 实质属于但未在职工福利费、业务招待费、教育经费、研究开发费等科目核算，未准确进行重分类。

(9) 非在职人员费用、职工个人应负担费用、为职工支付的个人商业保险、资产折旧等与生产经营无关的支出在税前扣除。

(10) 资产损失、税收优惠备查资料等证明材料不齐全。

(11) 符合税法要求资本化条件的固定资产大修理支出一次性计入当期费用。

(12) 应计入固定资产初始成本的运输费、保险费、安装调试费等费用一次性在费用中列支。

(13) 未正确核算固定资产因税务加速折旧产生的暂时性差异。

(14) 资产购置、建造期间发生借款费用直接作为财务费用在税前扣除。

(15) 关联方借款利息超过规定债权性投资与权益性投资比例部分在税前扣除。

(16) 经营亏损企业所得税汇算清缴事项存在应调未调事项。

(17) 未正确识别可享受研究开发费加计扣除优惠的研发项目。

(四) 城市维护建设税管理

1) 纳税义务人

城市维护建设税的纳税义务人，是在中华人民共和国境内缴纳增值税、消费税的单位和个人。

2) 征税范围及税率

城市维护建设税是一种附加税，是以缴纳增值税、消费税为计税基础计算征收的一种附加税。

对进口货物或者境外单位和个人向境内销售劳务、服务、无形资产缴纳的增值税、消费税税额，不征收城市维护建设税。

城市维护建设税实行地区差别比例税率。纳税人所在地在市区的，税率为7%；纳税人所在地在县城、镇的，税率为5%；纳税人所在地不在市区、县城或者镇的，税率为1%。

3) 应纳税额

应纳城市维护建设税=(实际缴纳的增值税+实际缴纳的消费税+审批当期免抵的增值税税额)×适用税率

4) 风险提示

(1) 生产企业出口货物未对当期免抵的增值税计提和缴纳城市维护建设税。

(2) 代扣代缴、代收代缴增值税、消费税的单位，未同时代扣代缴、代收代缴城市维护建设税。

(五) 教育费附加和地方教育费附加管理

1) 纳税义务人

教育费附加、地方教育费附加的纳税义务人，是在我国境内缴纳增值税、消费税的单位和个人。

2) 征税范围及税率

教育费附加、地方教育费附加是对缴纳增值税、消费税的单位和个人，就其实际缴纳的增值税、消费税税额为基础计算征收的一种附加费。

海关对进口产品征收的增值税、消费税，不征收教育费附加及地方教育费附加。

教育费附加计征比率为3%；地方教育费附加计征比率为2%。

3) 计征金额

应纳教育费附加=(实际缴纳的增值税+实际缴纳的消费税+审批当期免抵的增值税)×3%

应纳地方教育费附加=(实际缴纳的增值税+实际缴纳的消费税+审批当期免抵的增值税)×2%

4) 风险提示

(1) 生产企业出口货物未对当期免抵的增值税计提和缴纳教育费附加。

(2) 代扣代缴、代收代缴增值税、消费税的单位，未同时代扣代缴、代收代缴教育费附加、地方教育费附加。

(六) 环境保护税管理

环境保护税是以企事业单位和其他生产经营者直接向环境排放的应税污染物为课税对

象征收的一种税。

1）纳税义务人

环境保护税的纳税义务人为在中华人民共和国领域和中华人民共和国管辖的其他海域，直接向环境排放应税污染物的企业事业单位和其他生产经营者，依照环境保护法规定缴纳环境保护税。

依法设立的城乡污水集中处理、生活垃圾集中处理场所超过国家和地方规定的排放标准向环境排放应税污染物的，应当缴纳环境保护税。

企业事业单位和其他生产经营者储存或者处置固体废物不符合国家和地方环境保护标准的，应当缴纳环境保护税。

2）征税范围

环境保护税的征税范围是指环境保护法所附《环境保护税税目税额表》《应税污染物和当量值表》规定的大气污染物、水污染物、固体废物和噪声。

3）应纳税额计算

应税大气污染物的应纳税额=污染当量数×具体适用税额

应税水污染物的应纳税额=污染当量数×具体适用税额

应税固体废物的应纳税额=固体废物排放量×具体适用税额

应税噪声的应纳税额=超过国家规定标准的分贝数对应的具体适用税额

4）风险提示

（1）环境保护主管部门数据与企业申报数据不一致，产生税收风险。

（2）企业实际污染物排放口与排污许可证上载明排放口不一致，未按照实际污染物排放口计算征税，导致少纳税风险。

（3）安装使用污染物自动监测设备当月自动监测的应税大气污染物浓度值未按照小时平均值再平均所得数值计算大气污染物污染当量，导致税收计算错误。

九、实践案例：创新合同税务联动，推动管理增效升级

某企业为进一步控制税务风险，有效实现税务价值创造，推动企业高质量发展，以“大成本”管理理念为指导，积极探索税务成本管控新路径，尝试构建实施以“控风险增效益”为目标的合同税务联动机制，全流程延伸税务管理触角，推动实现业税有效衔接、良好互动，以期提升税务风险防控水平和价值创造能力。

1. 主要做法

以合同为源头，以重塑管理架构为基础，以信息系统为依托，建立合同税务联动“一带三轴”，优化合同全生命周期涉税事项管理。

1）构建机制系统，部门协作拓宽联动管理“基础带”

① 创设“3+3”管控模式。从人员设置、制度建设、职责分工三方面，全域、全员、全程三维度入手，实现管理制度化、流程规范化、风险表单化。同时，按照“管业务必须管税务”原则，将有关税种管理职责落实到业务部门，奠定合同税务联动管理机制基础。

② 打造“一键双效”系统模块。开发印花税管理信息系统，实现应税合同和非应税合同自动甄别，打通税企线上通道，极大提高印花税计提准确性和及时性。

2）重塑管理架构，活用政策把握联动管理“核心轴”

构建“业务梳理—研讨确定—部门协作—制度落地”高效运作模式，实现合同涉税管理

架构重塑。

① 梳理税目税率表单。深入基层梳理供产销全流程涉税业务实质，确定了400余项经济业务税目税率，做到各项经济业务发票管理涉税事项统一规范。

② 完善合同涉税文本。坚持问题导向，依据业务场景设计优化合同文本，打通政策落实“最后一公里”：

一是新增合同涉税条款。将发票内容条款和应对税率变动条款嵌入合同文本；明确采购序列，优先采用国家规定优惠目录下的设备。

二是优化合同计税方式。事前完成合同文本固化，根据业务内容灵活选择差额计税或简易计税方式，实现合同增效。

三是规范技术合同文本。规范技术许可合同许可方式、许可期限、备案要求等，避免企业因技术转让收入不符标准而无法享受税收优惠。

③ 再造涉税业务流程。梳理并完善相关税务制度，推动公司各专业部门、二级单位形成“工作过程有重点、业务开展有抓手、制度遵循有保障”的高效管理模式，源头整合规范，进一步激发合同税务联动机制控险增效动能。

3）严格经济审核，明晰权责用好联动管理“关键轴”

① 固化“6+8+5”合同审核要点。“六看”，即看合同业务实质、商品和服务税收分类编码简称、发票类型、税率、发票金额以及合同发票备注栏事项约定的准确性。“八查”，即查合同当事人类别、合同标的与发票条款对应性、合同标的数量、合同质保金比例、专用设备采购序列约定、合同价款、履行期限地点方式、违约责任及合同争议解决条款的风险性。“五问”，即问独家采购项目合同选商方式是否合理、竞争性选商项目合同对应附件材料是否齐全、续签项目合同是否上传既往合同辅证材料和续签说明、应急合同项目合同是否存在应急实施证明、变更项目合同是否上传变更依据。

② 配置税务辅助协审权限。建立“逐级提审、内部协审”合同审核模式，复杂涉税问题由业税、财税人员协同处理，真正实现合同经济性审核权责清晰明确、过程严谨规范、结果合法合规。

4）打通反馈渠道，事后跟踪紧抓联动管理“实效轴”

一是执行合同后履约闭环管理，为后续合同变更、续签、终结等涉税工作处理提供依据。

二是建立合同后评价互动交流，识别合同涉税管理短板，从严从细强化合同管理封闭把关。

2. 主要成效

1）畅通税务增效通道，实现了较好的经济效益

通过实施合同税务联动管理，一年创效3000多万元。

2）助力财务“四力”提升，取得了较好的管理效益

一是拓展合同管控新途径，进一步加强了公司合同规范管理，提高了风险防控力。二是创建业税协同新样板，税务管控参与到合同全流程管理中，提升了财务监督力。三是营造业务合作新关系，税务管控走向业务前端，提升了税务价值创造力。四是探索智能管理新实践，打通了一条连接合同与税务的“数据高速路”，提升了决策支撑力。

3）强化企业责任担当，取得了较好的社会效益

通过税务角度介入合同管控，企业相关专用设备采购均以绿色、可持续发展为前提，

进一步强化了企业责任担当。

创新合同税务联动，以合同为纽带，从前期设计管理流程、过程推进业税联动、后期固化制度保障三个层面，源头构建机制系统、事前规范合同文本、事中严格合同审核、闭环跟踪合同管理四个维度，进一步打通了业务与税务间的沟通桥梁，助力公司实现了预期控险增效目标，全面保障了财务中心作用力的发挥。

第四节　资 产 管 理

一、资产管理的概念及原则

（一）资产的概念及基本特征

资产是指企业过去的交易或事项形成的、企业拥有或者控制的、预期会给企业带来经济利益的资源。同时满足与该资源有关的经济利益很可能流入企业，该资源的成本或者价值能够可靠计量，应确认为资产。资产的基本特征如下：

（1）资产是由企业过去的交易或者事项形成的。资产应当由企业过去的交易或者事项所形成，过去的交易或者事项包括购买、生产、建造行为或者其他交易或者事项，只有过去的交易或者事项才能产生资产，企业预期在未来发生的交易或者事项不形成资产。

（2）资产是由企业拥有或者控制的资源。资产作为一项资源，应为企业拥有或者控制，具体是指企业享有某项资源的所有权，或者虽然不享有某项资源的所有权，但该资源能被企业控制。通常在判断资产是否存在时，所有权是考虑的首要因素，但在有些情况下，虽然某些资产不为企业所拥有，即企业并不享用其所有权，但企业控制这些资产，同样表明企业能够从这些资产中获取经济利益。例如，融资租入的固定资产，按照实质重于形式的要求，也应将其作为企业资产予以确认。

（3）资产预期会给企业带来经济利益。资产预期会给企业带来经济利益是指资产直接或间接导致资金或现金等价物流入企业的潜力。这种潜力可以来自企业日常的生产经营活动，也可以是非日常活动；带来的经济利益可以是现金或者现金等价物，或者是可以转化为现金或者现金等价物，或者是可以减少现金或现金等价物流出。如果预期不能给企业带来经济利益，就不能将其确认为企业的资产，前期已经确认为资产的，如果不能再为企业带来经济利益，也不能再将其确认为企业的资产。例如，已失效、已毁损的存货，已经不能给企业带来经济利益，就不应该再将其确认为企业的资产。

（二）资产管理的概念及原则

资产管理是指围绕国有资产进行的国家出资企业产权登记管理、资产运营管理、资产分类评价管理、资产处置管理及资产评估管理等相关经济活动。资产管理的原则如下：

（1）依法合规。遵守国家法律法规和政策规定，严格执行公司章程，严格履行法定程序，规范资产管理行为，避免资产流失，确保资产安全完整、处置规范。

（2）效益优先。以企业价值最大化为目标，运用资产分类评价创效工作体系，持续进行资产配置和经营运作，不断提升资产质量和创效能力。

（3）账实相符。真实客观反映资产价值，加强对实物资产的管理和清查，使会计账簿记录与实物、款项实有数核对相符，保证会计资料真实、完整。

(4) 全生命周期管理。结合价值管理、实物管理、专业技术管理，对资产取得、运营、处置环节实施全生命周期管理，形成制度化、标准化运行机制，保证各类资产权责清晰、运行高效。

二、产权登记管理

产权登记是国有资产监督管理机构对政府授权管理的国家出资企业的产权及其分布状况进行登记管理的行为，是国资监管工作的重要基础性工作。企业按照“谁投资、谁拥有产权”的原则对各级国有产权进行界定，建立健全产权登记管理制度，以明晰产权关系为基础，有效维护国有出资权益。

企业必须及时申请办理产权登记，确认产权归属的情形包括：

(1) 因投资、分立、合并新设企业的。

(2) 因收购、投资入股首次取得企业股权的。

(3) 国有控制出资人企业名称、持股比例改变的。

(4) 企业注册资本、名称、组织形式、注册地、主营业务改变的。

(5) 因解散、破产进行清算，并注销企业法人资格的。

(6) 因产权转让、减资、股权出资、出资人性质改变等导致企业出资人中不再存续国有控制出资人企业的。

(7) 其他应当办理产权登记的情形。

三、资产运营管理

资产按其流动性，分为流动资产和非流动资产。流动资产主要包括货币资金、应收账款、存货等；非流动资产包括固定资产、无形资产、长期股权投资等。

(一) 资金管理

资金是指企业在境内外生产经营、投资及筹融资等活动中涉及的货币性资产。

资金管理是指企业依据资金管理制度，利用资金管理信息系统，对资金业务进行统筹、规划、平衡、监督和考核的管理活动。

资金管理主要是企业对资金账户、筹融资、资金预算、资金结算、票据、授信和担保等资金业务的管理以及资金风险的防控。具体管理内容如下：

1) 资金账户管理

企业按照经营管理实际需求开立和使用资金账户，不得出租、出借账户，不得为外单位或个人代收、代付各类款项。

2) 筹融资管理

企业依据年度资金预算安排，制定筹融资计划，并上报董事会审批。按照年度筹融资计划，在预算额度内办理筹融资业务。

3) 资金预算管理

企业对资金业务实行全面预算管理。按照“以收定支、量入为出、自求平衡”的原则，结合成本效益预算、生产经营安排和投资计划，做好年度资金预算的编制工作。

企业以年度资金预算为基础，结合生产经营和投资计划安排，科学编制月度资金预算。按照“以日保月、以月保季、以季保年”的滚动预算管理原则，分解落实年度资金预算、月度资金预算和日资金计划。

4）资金结算管理

企业实行资金收支两条线管理。严格按照资金预算和用途安排资金支出，未纳入预算或改变用途的，不得安排付款。企业结合内控权限规定，制定资金支付分级审批和权限管理制度。在办理资金支付时，严格履行内部审批程序，并做好付款真实性审核。需制定大额资金认定标准，涉及大额资金收支的，列为重点监管事项，避免发生资金风险。

企业严格规范资金收支管理，严禁通过银行基本户、个人资金账户办理一般资金结算业务，严禁通过商户号对外付款，不得将商户号出借给单位或个人使用，严禁通过个人微信、支付宝等代收对公款项。

5）票据管理

企业根据真实交易和债权债务关系，规范票据的保管、签发、收票、转让、托收、到期兑付和贴现等业务的全生命周期管理。

6）授信和担保业务管理

企业应对授信额度实行集中管理和分类控制，主要包括短期借款、商业汇票、法人账户透支、保函、信用证和其他授信业务。按照经批准的授信额度、品种、期限、金融机构开展业务。

企业应按照“集中管理、分级负责”的原则，对担保业务的办理、变更、终结实行全周期动态管理。担保方式主要包括：融资类担保、非融资类担保、支持意愿函、融资类保函、非融资类保函。企业严格按照国家相关监管规定规范开展担保业务，强化担保业务申请、审批、变更、撤销的流程管控，确保业务办理流程合规、担保风险持续受控。

7）资金风险管理

企业应建立、完善资金风险管理体系，加强对资金风险的动态监控。制定和完善资金管理制度，严格执行岗位不相容原则，建立定期轮岗制度，明确岗位职责和业务审批流程；加强资金管理岗位人员风险意识和风险识别能力培训，增强资金业务风险防控能力；建立健全资金风险检查和应急处理机制，定期组织线上线下检查和不定期抽查，开展资金风险检查工作；制定资金风险应急处理预案，防范和化解资金风险。

企业应对高风险业务实行集中统一管理，高风险业务包括证券、基金、期货、投资性房地产以及其他本外币金融衍生品等。严禁开展融资性贸易、“空转”“走单”贸易等违规业务。

（二）应收款项管理

应收款项管理是指企业在赊销、预付等业务中，从债权确立到应收款项实际收回或作为坏账处理过程的管理。企业根据应收款项及信用管理相关规定，规范应收款项管理，保证足额、及时收回，避免出现呆坏账，造成经济损失。

按照“谁批准、谁经办、谁负责”的原则，直接责任单位、部门及其责任人负责应收款项的清收，其他有关部门全力协助。直接责任部门和责任人有义务、有责任确保应收款项及时全额回收。具体管理内容如下：

1）应收款项事前管理

建立事前信用评估分析制度。企业在业务合同签订前，对交易对手的企业性质、注册资金、财务状况、资金状况、资信情况等进行调查分析、信用评估，严格按照信用审批流程履行授信审批，按照信用等级评估和审批结果情况，确定交易对手的赊销额度及授信期限。授信完成后，授信业务管理单位、部门动态跟踪交易对手的经营情况，及时申请调整交易对手的信用等级和信用额度，避免授信导致资金回收风险。

2）应收款项日常管理

企业应建立赊销、预付款项台账，及时反映应收款项的发生、增减变动、余额、账龄等财务信息及交易对手的工商登记、资信状况最新变化情况、诉讼时效等法律信息，指定专人负责台账的动态维护，实施应收款项全过程监管。建立健全应收款项原始资料档案，包括但不限于合同、协议及与合同订立、履行、变更、终止、违约相关的补充协议、交接记录、付款/发货凭证、往来函件、会议纪要、传真、电子邮件等。

定期编制应收款项账龄分析表，安排专人对应收款项清理情况进行跟踪和监督，按月核对，年末全部进行函证核查，确保债权明晰、账实相符、账账相符。对即将到期或逾期的应收款项及时催收；对金额大、超合同执行期限的应收款项进行重点监控和动态跟踪，并落实责任，法律、纪检监察、审计、财务等部门制定清收方案，采取有效措施，避免坏账风险。

对于欠款单位以非现金资产清偿的，经有资质的中介机构评估，同时双方签订协议或取得法院判决裁定书，按规定及时进行相关的账务处理。实物清偿协议需经企业总会计师和主管领导审批，经批准后处理。

3）应收款项事后监督

企业将应收款项指标逐级分解到责任单位，制定完善的清收措施和奖惩办法，逐级进行考核兑现。

（三）存货管理

存货是指在日常生产经营过程中持有以备出售的产成品、处在生产过程中的在产品、为在生产经营过程中耗用而储备的物资及材料等。依据企业经营性质、经营范围，并结合存货的用途，存货分为原材料、在途材料、包装物、库存商品（产成品）、委托加工物资、在产品及自制半成品、发出商品等；依据在正常生产经营过程中的重要程度及占用资金比例等因素，存货分为“重要存货”和“一般物资存货”，炼油企业“重要存货”包括原油、汽油、柴油、煤油等。

存货管理是指通过对存货验收与入库、仓储、领用和出库、盘点、处置等进行全过程管理，以满足企业生产经营需要，确保库存合理储备，防止存货积压、闲置造成浪费，科学保管，保证账实相符，规范存货处置，避免资产流失。具体管理内容如下：

1）存货验收与入库管理

存货验收与入库管理的目的是加强对存货验收的管控，保证数量准确、质量合格、成本准确计量。

（1）进库存货的验收。对进库存货，仓储部门审核到货清单、产品交付清单及剩余存货的进料清单，并与实物一一核对，同时与质检部门检验存货的质量和技术规格，合格后办理入库手续。

（2）直接运抵现场存货的验收。对直接运抵现场存货，采购、质检及使用部门有关人员进行现场验收，办理交接手续，使用单位签字确认或系统收货确认。

（3）外购和自制存货的验收。对外购存货，验收人员核对合同、发票等原始单据与存货数量、质量、规格的一致性，对技术含量较高货物，必要时委托具有检验资质的机构或聘请外部专家协助验收；对自制存货，验收人员检查产品质量，通过检验合格的半成品、产成品才能办理入库手续，不合格品及时查明原因、落实责任、报告处理。

（4）其他方式取得存货的验收。对其他方式取得的存货，验收人员重点关注存货来源、质量状况、实际价值是否符合有关合同或协议的约定。

验收与入库管理要求建立存货收发存动态管理台账制度，仓储部门设置实物明细账（或电子明细账），仓储人员根据存货入库单，详细登记存货的类别、编号、名称、规格、型号、计量单位、数量等内容。对代管、代销、暂存、受托加工的存货，单独记录，避免与自有存货相混淆。

2）存货仓储管理

存货仓储管理要求对存货实施保护措施，确保存货安全，提高存货运营效率，保证合理确认存货价值。

（1）仓储权限管理。建立仓储接触权限管理制度，除存货管理、监督部门及仓储人员以外的其他部门人员接触存货，应当经过本部门负责人授权，仓储部门同意。

（2）记录、保管管理。仓储单位详细记录存货入库、出库及库存情况，做到存货账面库存与实际库存相符。仓储人员按照仓储保管规程，对存货分类保管，按仓储物资所要求的储存条件储存。仓储部门每月进行一次存货安全性检查，并做好检查记录，及时处理安全隐患；每半年进行一次存货状态分析，对异常情况报警明示。

（3）库存物资管理。库存物资管理的原则是保证库存物资供应的安全性、及时性和经济性。库存物资管理要求优化物资储备和库存，及时处置积压物资和工程余料，充分发挥物资改代利用和调度调剂作用，考评考核企业物资储备和库存管理情况。库存物资管理的对象包括常规储备物资、特殊储备物资、积压物资、工程余料以及库存物资的改代利用和调度调剂。

（4）应急抢险物资管理。建立应急抢险物资供应管理制度，在风险评估基础上确定本单位应急抢险物资目录，实行特殊储备管理。编制应急抢险物资储备计划，实施储备保养，确保物资完好备用。根据损耗情况及时补库，对库存信息实现共享。定期对现场应急抢险物资储备情况进行检查、检测，汛期和重大自然灾害来临前进行专项检查、检测，确保应急储备物资完好、备用。

3）存货领用和出库管理

存货领用采用“以耗定出”原则，由物资使用部门根据批准的需求计划领用，超计划领用时，应按照需求计划审批权限审批。对剧毒、放射性、贵金属等高危或贵重存货建立限额领用审批制度。

存货发出采用授权制度，经相关部门授权后，仓储部门发出货物。存货发出的责任人核对有关票据凭证，确保其与存货品名、规格型号、数量、价格一致，保持对发货记录的核对和追溯。

4）存货计量与核算管理

存货按成本进行初始计量，包括采购成本、加工成本和其他成本。发出存货成本按照企业规定的存货计价方法正确核算实际成本。常见的存货计价方法包括先进先出法、一次加权平均法、移动加权平均法及个别计价法。计价方法一经确定，不得随意变更。

5）存货盘点管理

存货的盘点清查，实际上就是检验“账实是否相符”的过程。

（1）月度分类盘点。仓储部门根据存货的品种按月分类盘点，并将清查的结果与库存数据核对，形成书面报告。若存在盘点差异，仓储部门等相关部门须对盘点差异进行分析，经采购或供应、生产、营销、财务等相关部门负责人审核签字后报管理层审批。

（2）年度全面盘点。根据实际情况，财务部门每半年组织一次全面盘点，并出具存货盘点报告。盘点人员填写盘点表，并与实物账册、财务账表核对，由不相容部门(人员)监督、审核、签字。存货全面盘点中如发现账实不相符的情况，查明原因并提出处理意见，经管理层审核后上报，并对相关责任人进行追责。

6）存货分析与考核管理

存货分析与考核管理要求建立定期分析和考核制度，仓储部门每半年对其所负责的存货进行全面分析，并向管理层汇报。对人为原因造成存货非正常毁损、报废或者丢失、被盗的，应当追究相关单位(部门)或人员责任，并纳入绩效考核。

(四）在建工程管理

在建工程是指企业生产经营过程中发生的工程支出，包括企业固定资产的新建、改建、扩建，或者企业设备的更新、技术改造等尚未达到预定可使用状态的工程支出。

石油炼制是一项复杂的特种工作，从石油运输、加工处理到成品油储存，都需要大量专业的装置，如催化裂化装置、常减压装置以及重油加氢装置等，装置的建设以及各装置之间的衔接，都对能否正常进行石油炼制起着举足轻重的作用。在建工程管理具体内容如下：

1）在建工程决策管理

（1）可行性研究报告。在建工程项目实施前原则上应编制可行性研究报告，根据项目具体情况确定是否需要开展专项论证和综合评估论证，并按照审批流程进行审批。

（2）投资项目总体设计和基础设计。根据批复的可行性研究报告及其附件编制总体设计和基础设计，并向相关部门履行审批手续；一经批准，基础设计概算不得擅自调整。

（3）年度投资计划。根据年度投资计划的投资方向、投资重点等确定项目的投资规模、投资时点，并根据上述计划对项目实行全过程动态管理。

2）在建工程实施管理

（1）资金拨付。各单位对资金进行统筹管理，根据财务承受能力编制投资资金使用计划，同时合理安排资金拨付进度。

（2）物资采购。采购申请获批后，才能实施集中采购和招标采购工作，并对采购过程进行监督管理。

（3）工程建设。工程主管部门对在建工程开展全过程、全生命周期的整体优化，根据各单位发展规划和建设目标，落实各阶段关键控制点。

（4）合同管理。包括合同签订管理、合同履行过程控制以及合同关闭管理。强化在建工程合同管理，能够加强对资金和工程物资等方面的管控，填补制度性规范的缺失。

（5）生产准备与试车。在建工程在转为固定资产之前，需进行生产准备与试车，确保工程建设项目在转为固定资产之后能够正常运行、生产出合格产品。

（6）决算审计。审计部门对工程建设项目进行竣工决算审计，并出具审计报告，相关部门根据审计报告对项目进行概算调整批复。

（7）竣工验收。各单位在规定期限内完成试生产和竣工验收各项手续，做到合法开车和运营。

3）在建工程转资管理

（1）达到预定可使用状态的判断。同时符合以下条件时，表明在建工程达到预定可使用状态：资产的实体建造(包括安装)或者生产工作已经全部完成或者实质上已经完成；在建工程项目与设计要求、合同规定或者生产要求相符或者基本相符，即使有极个别与设计、合同或者生产要求不相符的地方，也不影响其正常使用或者销售；继续发生在该在建工程项目上的支出金额很少或者几乎不再发生。

(2) 在建工程转资。在建工程项目开工的同时，将能够形成固定资产的实物设备编入《实物清单》，作为在建工程转资的基础资料，同时根据项目建设和工艺流程的变化情况，及时对《实物清单》进行调整。在建工程达到预定可使用状态时，企业及时按生产装置或单项固定资产进行预转资。不需要进行预转资的项目，可直接按单项固定资产进行正式转资。审计决算后(不需审计项目依据完工报告结果)，在《实物清单》的基础上，按照实际决算金额，进行正式转资。

4）在建工程项目后评价

在建工程项目后评价是指根据项目实施的实际情况，对项目目标、决策程序、实施过程、实施效果、发挥作用和影响等进行系统、客观的评价分析，评定项目预期目标的实现程度、项目规划和决策的合理性以及项目效益，并分析产生偏差的主要原因，总结经验教训，提出对策建议，实现在建工程项目全过程闭环管理。

(五) 固定资产管理

固定资产是指同时具有下列特征的有形资产：①为生产商品、提供劳务、出租或经营管理而持有的。②使用寿命超过一个会计年度。其中，使用寿命是指企业使用固定资产的预计期间，或者该固定资产所能生产产品或提供劳务的数量。

单项固定资产是指企业直接管理的最小资产单元，它能够独立发挥作用，并由单台(个)或多台(个)设备(或实物)共同组成。固定资产的各组成部分具有不同使用寿命或者以不同方式为企业提供经济利益，适用不同折旧率或折旧方法的，应当分别将各组成部分确认为单项固定资产。具体管理内容如下：

1）固定资产购建管理

购建固定资产在取得时需确定固定资产的取得成本。取得成本包括企业为购建某项固定资产达到预定可使用状态前所发生的一切合理的、必要的支出。企业取得固定资产最主要的方式有两种，即外购和自行建造。外购固定资产的成本，包括购买价款及相关税费，使固定资产达到预定可使用状态前所发生的可归属于该项资产的运输费、装卸费、安装费等；自行建造固定资产的成本，由建造该项资产达到预定可使用状态前所发生的必要支出构成，包括工程物资成本、人工成本、交纳的相关税费、应予资本化的借款费用以及应分摊的间接费用等。

2）固定资产后续支出管理

固定资产的后续支出是指固定资产使用过程中发生的更新改造支出、修理费用等。固定资产后续支出需遵循以下原则：符合资本化条件的，应当计入固定资产成本或其他相关资产的成本，同时将被替换部分的账面价值扣除；不符合资本化条件的，应当计入当期损益。

3）固定资产分类管理

对固定资产进行分类是指按照选定的属性(或特征)区分分类对象，将具有某种共同属性(或特征)的分类对象集合在一起的过程。炼油企业对固定资产进行分类时，依照国家标准分类架构，按固定资产的基本属性和特征，在国家标准门类、大类、中类、小类四层的基础上扩展和细化。

4）固定资产折旧管理

折旧是指固定资产由于使用磨损或陈旧等因素，导致价值降低，因而在固定资产的使用寿命内，按照确定的方法对固定资产原值扣除净残值的金额进行的系统分摊。企业应对所有的固定资产计提折旧，但是已提足折旧仍继续使用的固定资产除外。企业应当根据与固定资产有关的经济利益的预期消耗方式，合理选择折旧方法。可选用的折旧方法包括年限平均法、工作量法、双倍余额递减法和年数总和法等。固定资产的折旧方法一经确定，不得随意变更。

一般将炼油装置，如常减压蒸馏装置常压塔、催化裂化装置再生器、连续重整装置重整加热炉等固定资产折旧年限设为 14 年，预计净残值率为 3%。

5）固定资产清查管理

企业应每年对固定资产进行全面清查，编制相关的清查报表和清查报告。固定资产清查程序包括：确定清查基准日，梳理固定资产明细表，实物管理部门依据资产账务数据进行账物核对，确定固定资产归属等。

6）固定资产盘盈、盘亏管理

对于盘盈固定资产，需查清来源、原始价值、已使用年限、技术状况，由资产使用单位填写审批表，提交相关部门审批，依据各单位内控要求履行审批流程，由财务进行账务处理，将盘盈资产纳入正常固定资产管理。

对于盘亏固定资产，必须认真分析原因，追究相关人员的责任，由资产使用单位填写审批表，连同有关固定资产盘点表及对相关责任人的处理结果，提交相关部门审批，依据各单位内控要求履行审批流程，由财务进行账务处理。

（六）股权管理

股权是指投资单位直接或间接在境内外对被投资企业以各种形式出资形成的出资人权益，出资的形式可以是现金或者非现金资产。股权管理是指与法人单位管理和投资管理衔接，按照相关规定对股权形成、股权变动进行过程管控，开展股权统计、分析和评价等日常管理工作，以及对控股、参股股权实施投后管理等。股权管理应遵循依法合规、保值增值、权责对等和全程管控的原则。具体管理内容如下：

1）股权形成管理

股权形成是指按照规定，设立具有法人资格的事业单位、全资及控股子企业，或者以控股、参股等形式与外部企业开展合资合作形成股权等。股权形成应当严格执行相关规定，注重投资回报和风险防控，切实做到科学决策、审慎投资。投资形成股权时，需要的资料包括但不限于：尽职调查报告、可行性研究报告、合资合作方情况、投资决策文件、合资合同、合作协议、公司章程、议事规则、营业执照复印件等。

2）股权变动管理

股权变动是指因企业增资（包括我方单方增资、合资合作方单方增资、同比例增资、不同比例增资、外部新股东增资）、股权对外转让或无偿划转、内部重组整合导致的股权结构变动（包括股比或权益比例变动），以及企业清算注销。

（1）境内股权变动。企业增资、投资方股权对外转让、无偿划转、投资方股权内部重组整合及企业清算注销，按照相关规定履行程序。

（2）境外股权变动。投资方股权对外转让、引入外部新股东，应当多方比选意向方。

具备条件的，应当公开征集意向方并竞价交易。股权变动完成后，股权管理主体应当及时申请办理变动产权登记或注销产权登记，并督促尽快完成变更工商登记或注销工商登记工作。

3）股权日常管理

股权日常管理是指在股权形成之后，对股权进行日常管理工作，以提升公司整体股权价值。股权日常管理主要包括：建立股权档案（如投资决策文件、合资合同、产权登记表等），对股权实施信息化管理；及时对存量股权产权登记办理情况进行核对，组织做好产权登记年检工作；了解被投资企业财务状况、经营成果等，重点关注被投资企业重大变化，防范股权投资风险；对存量股权从经济性、战略性和管控性三方面进行动态评价；开展存量股权结构调整，主动退出低效、无效股权；对存量股权进行统计、分析，梳理总结全年股权管理工作开展情况等。

4）股权投后管理

股权投后管理是指对本单位控股子企业以及直接或间接合计持股不超过50%的参股企业履行股东权责，对参股企业实施重大事项报告、开展财务监管等。股权投后管理主要包括投资方派出人员履职管理、重大事项管理、收益分红管理等。

（七）无形资产管理

无形资产是指公司拥有或控制的没有实物形态的可辨认非货币性资产。通常包括专利权、非专利技术、商标权、著作权、土地使用权、特许权等。具体管理内容如下：

1）土地管理

土地管理是指包括土地规划计划、新增用地、保护利用、经营与处置、监督检查等的全流程管理。土地全流程管理包括以下10个管理程序：

（1）土地规划计划。企业应根据本单位生产经营实际需要，编制土地利用总体规划。

（2）建设用地取得。进入征地流程或拟有偿取得的新增建设用地，取得“新增建设用地准许号”后纳入土地档案管理，完成土地费用的入账工作。

（3）土地节约集约利用。企业用地实行统一管理及科学有效利用，禁止乱占、滥用土地等违法违规和闲置土地行为。

（4）不动产登记。企业持当地政府批复文件或建设用地批准书、划拨决定书等，及时向所在地自然资源主管部门申请土地登记，办理相关不动产权证。

（5）土地权属与价值管理。企业应妥善处理生产经营和改革发展涉及的土地权属问题。存量土地应与财务账目相匹配，按照会计核算组织架构编制地籍信息，做到账实相符；新增用地应完备财务手续，加强“在建工程”等相关会计科目管理，具备转资条件的及时转资。土地处置应及时收回价款并核销账目。

（6）土地档案与数字信息化管理。企业应高度重视和规范土地档案归档工作，建立健全规章制度，保证档案资料管理的连续性和完整性，同时纳入档案管理体系；加强不动产数字化管理，实现管理信息数字化，管控节点信息化，督导巡查智能化，依托大数据管理防范不动产管理风险。

（7）土地经营。企业应采用合作经营、租赁、复垦、整理等有效措施，挖掘、培育和创造低效利用土地价值。

（8）土地处置。当土地取得时的批准用途及性质发生变化，土地使用权转移（内部划转、政府收回或置换、对外转让、联合开发等），以及股权变动涉及土地使用权等，企业应按规定进行土地处置。

（9）土地评估。企业应严格依据国家规定的评估标准、评估程序和评估方法进行土地评估。

（10）土地备案管理。包括新增建设用地备案、土地评估备案和土地处置结果备案。

2）内部研究开发管理

内部研究与开发活动发生的费用除要遵循无形资产确认的一般要求外，还需要满足下列两个条件：一是为评价内部产生的无形资产是否满足确认标准，企业应当将资产的形成过程分为研究阶段与开发阶段两部分；二是对于开发阶段发生的费用，在符合一定条件的情况下才可确认为一项无形资产。在实务工作中，具体划分为研究阶段与开发阶段，以及是否符合资本化的条件，应当根据企业的实际情况以及相关信息予以判断。

企业内部研究和开发无形资产，其在研究阶段的支出全部费用化，计入当期费用；开发阶段的支出符合条件的资本化，不符合资本化条件的计入当期费用。如果确实无法区分研究阶段的支出和开发阶段的支出，应将其所发生的研发支出全部费用化，计入当期损益。

3）无形资产摊销管理

无形资产按使用寿命是否能够确定划分为使用寿命有限的无形资产和使用寿命不确定的无形资产。使用寿命有限的无形资产应在估计的使用寿命期间平均进行摊销，使用寿命不确定的无形资产不进行摊销，于每年年末进行减值测试。企业在每个会计期间对使用寿命不确定的无形资产的使用寿命进行复核，如果有证据表明无形资产的使用寿命是有限的，应当估计其使用寿命，并按照使用寿命有限的无形资产的规定进行后续会计处理。

（八）使用权资产管理

使用权资产是2018年底财政部颁发的《企业会计准则第21号——租赁》的产物，是指在一定期间内，出租人将资产的使用权让与承租人，承租人可在租赁期内使用租赁资产的权利。

1）使用权资产的确认

（1）在租赁期开始日，承租人应当对租赁确认使用权资产和租赁负债，进行简化处理的短期租赁（租赁期不超过12个月的租赁）和低价值资产租赁除外。租赁期是指承租人有权使用租赁资产且不可撤销的期间。如果承租人有权选择续租该资产，并且合理确定承租人将行使该选择权，租赁期还应当包含续租选择权涵盖的期间。

（2）租赁资产为已识别的资产，指的是租赁过程中要明确指定所租赁的资产，出租方不会中途替换新的资产给承租方。

（3）承租人能够主导租赁资产的使用方式，如：在合同中对租赁资产的使用方式和目的已经确定好的情况下，承租人可以在整个租赁期间使用该租赁资产，或者指挥他人使用该租赁资产，出租人在合法保护该租赁资产的权利之外，无权控制该租赁资产。

2）租入使用权资产程序

企业租入使用相关资产前，需认真组织开展可行性论证，按照使用权资产确认原则，详细说明租赁情况，明确作为使用权资产管理的建议，严格履行审批决策程序。

企业通过融资租赁方式取得资产前，比照固定资产投资项目开展项目论证、报批程序通过后实施。承租单位需规范履行公开招标等采购程序确定最终供货方，并签订三方融资租赁合同。企业对融资租入资产定期维护保养，确保资产有效运转，延长资产可使用年限。融资租赁合同到期后，承租单位结合资产日常使用需求、可使用年限、回报水平等因素，确定是否行使优先购买权或选择继续租赁使用。

四、资产分类评价管理

资产分类评价是根据资产的创效能力，依据一定的评价标准，对企业所有资产进行评价，根据评价结果将资产分为高效资产、低效资产、无效资产和负效资产，据此来改善资产结构和质量，提高资产创效能力。

企业通过开展资产分类评价工作，揭示资产运营方面存在的问题，制定有效管理措施，促进优良资产创效，推动低效、无效、负效资产止亏止损，全面提升资产质量和资产创效能力。

（一）资产分类评价标准

企业将资产分为高效、低效、无效和负效，其中：对应收款项、存货及工程物资类资产按照账龄的时间长短进行分类评价；对股权投资和生产装置类资产的未来净现金流进行测算，以现金流量的大小进行分类评价；对出租资产的租金收益率高低与同期贷款利率比较进行分类评价；对车辆、房屋及在建工程等资产，按照资产的使用效率进行分类评价。

（二）资产分类评价结果的应用

企业制定资产清查监督项目实施方案，全面摸清资产现状，核实资产价值及质量，重点强化对“账外资产及无效、负效资产和资产处置”的监督，对闲置生产装置、无动态存货、长期挂账的应收款项等低效、无效、负效资产，制定有针对性、可行性的提效增效计划措施，促进优良资产创效，推动低效、无效、负效资产止亏止损，全面提升资产质量和资产创效能力。

五、资产处置管理

资产处置行为包括调剂、对外出租、对外转让、计提资产减值、资产报废和资产损失财务核销等。

（一）资产调剂管理

资产调剂是指企业内部通过划转、转让、出租等方式对资产以及列入长期待摊费用核算的实物资产进行运营管理，进而实现优化资产配置，提高使用效率，增加资产经营收益的行为。

企业定期组织闲置资产和低效在用资产清查，梳理资产使用需求，通过资产调剂平台发布资产调剂供需信息，及时跟踪关注资产调剂平台供需信息，积极推动实施资产调剂。通过资产调剂平台发布调剂信息，超过 2 个月仍未征集到意向调入方的资产，通过对外出租或转让等方式进行处置。

（二）资产出租管理

资产出租是指企业按规定将资产交由外单位使用一定期限并收取报酬的行为。

企业资产租金的水平参照当地市场价格确定。整体资产或部分资产租赁给其他企业，且难以通过公开市场获取租金确认依据的，按照资产评估管理规定，选聘具有相关资质的资产评估机构进行评估，根据资产评估结果确定租赁价格。对租金收益偏低的资产，通常通过其他方式盘活。

（三）资产对外转让

资产对外转让是改善经营、提高整体资产产出能力的客观需要。通过市场组织，适时地调剂和处理陈旧、老化和报废的资产以及因技术进步和产品、工艺调整而闲置不需用的资产，可以减少资产损失，盘活资产存量，优化资产结构，从而提高资产的总体产出效益。

企业资产对外转让主要包括通过产权交易机构公开转让、其他公开方式转让、协议转让3种方式。资产对外转让履行资产评估及备案程序，并以备案结果为基础确定转让价格。

1. 交易机构公开转让

1）公开转让范围

对外转让以下资产时在国务院国资委公布的产权交易机构公开进行：房产；码头；出让性质的土地使用权以及按照国家法律法规相关规定允许进场交易的其他性质的土地使用权；账面值(含减值准备，下同)在100万元(含)以上的单项机械设备、交通运输工具以及在建工程；账面值在500万元(含)以上的机组、生产线、装置等成套设备；一次性处置账面值在300万元(含)以上的物资材料、备品备件、工具器具；按照国家有关规定允许转让的非油气采矿权、经营权、商标权。

2）转让价格

资产挂牌对外转让以备案结果为基础确定转让价格。首次挂牌价格不低于经备案的资产评估结果。经公开征集未产生意向受让方的，可调整挂牌价格并重新公告，如新的挂牌价格低于资产评估结果的90%，取得资产转让行为批准机构书面同意后，重新挂牌。

3）挂牌公示

通过产权交易机构对外转让资产，公开披露资产转让信息，广泛征集意向受让方。挂牌价格高于100万元(含)、低于1000万元的项目，公告期不低于10个工作日；挂牌价格高于1000万元(含)的项目，公告期不低于20个工作日。

2. 协议转让

企业转让相关资产不适宜采取公开方式进行的，采取协议转让的方式实施。

3. 其他公开方式转让

除上述通过产权交易机构公开转让、协议转让等方式外，其他资产对外转让必须采取拍卖、招标等公开方式进行，鼓励进场交易。政府拆迁征用企业土地房产，定点单位回收报废车辆、废旧电子设备等，按照国家或地方有关规定执行。

(四) 资产减值准备

资产减值是指资产的可收回金额低于其账面价值时，表明资产发生了减值，企业应当确认减值损失，并把资产的账面价值减记至可回收金额。

以资产清查结果为基础，在会计期末对存在减值迹象的资产进行减值测试，估计其可收回金额，然后将所估计的资产可收回金额与其账面价值相比较，以确定资产是否发生了减值，以及是否需要计提资产减值准备并确认相应的减值损失。

在对资产进行减值测试后，资产的可收回金额低于其账面价值的，按照内控权限要求，在取得合法证据之后，将资产的账面价值减记至可收回金额。

(五) 资产报废管理

资产报废是指资产由于参加生产或某种特殊原因，丧失其使用价值而发生的废弃。

资产报废经专业技术鉴定后，按照企业内控权限逐级审批，并对报废残值回收。资产报废一般需符合下列条件之一：

一是已满规定使用年限，并丧失使用效能，无修复使用价值的资产；

二是属于设备老化陈旧、技术性能落后、能耗高、效率低、污染严重、经济效益差的资产；

三是因生产工艺改变，已丧失原有价值又无改造利用价值的资产；

四是由于生产建设、城市建设规划等原因，必须拆除又无法再利用的资产；

五是自然灾害或事故造成设备毁损严重，无修复使用价值的资产；

六是设备腐蚀、磨损程度严重，虽可修复利用，但修复费用较大，利用价值低的资产；

七是国家有关部委正式颁布或因技术进步必须淘汰的资产；

八是其他符合报废条件的资产。

（六）资产财务核销

对已形成事实损失的资产（含减值准备），按照规定取得合法及有效证据，并规范履行财务核销程序。

1. 核销存货、固定资产、在建工程损失

发生资产盘亏的，由内部有关责任部门取得完整、有效的资产清查盘点明细材料，并说明原因、落实责任、按内控权限审批后对资产进行核销。

发生资产毁损和报废的，专业技术部门进行鉴定或质量检测，实物部门取得清理完毕的证明，以及残值回收入账证明，并按内控权限审批后对资产进行核销。

因故停建或被强令拆除的，实物部门取得政府相关部门确认文件，以及拆除清理及补偿完毕证明，并按内控权限审批后对资产进行核销。

由责任人或保险公司赔偿的，实物部门取得责任人缴纳赔偿的收据或保险公司的理赔计算单及银行进账单，并按内控权限审批后对资产进行核销。

对外折价销售的，销售部门取得合法的折价销售合同和收回资金的证明，并按内控权限审批后对资产进行核销。

涉及诉讼的，应当取得司法机关的判决或裁定及执行完毕的证据，无法执行或被法院终止执行的，应当取得法院终止裁定等法律文件，并按内控权限审批后对资产进行核销。

涉及抵押资产的，应当取得抵押资产被拍卖或变卖证明，并按内控权限审批后对资产进行核销。

其他情形的，应当取得足以证明资产发生损失的合法、有效证据，并按内控权限审批后对资产进行核销。

2. 核销坏账损失

债务人被依法宣告破产、注销或被政府有关部门责令关闭的，需取得法院破产公告、注销工商登记的证明或政府部门有关行政决定文件，以及清算报告、清算完毕证明等。

债务人对应收债权实施债务重组的，债权人取得债务重组协议和已收回资金证明。债务人死亡或被依法宣告失踪、死亡的，其财产或遗产不足以清偿且没有继承人的，法律部门取得相关的法律文件或证明文件。债权超过诉讼时效，债务人拒绝履行且通过法律途径追索不得的，取得相关法律文件，并按内控权限审批后对资产进行核销。

逾期 3 年以上未收回的债权，单笔数额较小、不足以弥补清收成本的，或有依法催收记录、确认债务人无偿还能力的，经中介机构经济鉴证后认定为损失，并按内控权限审批后对资产进行核销。

3. 核销长期股权投资损失

被投资单位依法宣告破产、注销或被政府有关部门责令关闭的，法律部门取得法院破产公告、注销工商登记的证明或政府部门有关行政决定文件，以及清算报告、清算完毕证明，并按内控权限审批后对资产进行核销。

4. 核销无形资产损失

已被其他新技术所替代，且无使用价值和转让价值的，专业部门提供专业技术鉴定。已超过法律保护期限，且已不能给企业带来未来经济利益的，法律部门取得已超过法律保护的证明，并按内控权限审批后对资产进行核销。

六、资产评估管理

资产评估管理是履行出资人职责的机构依据相关法律法规对资产评估进行监督管理活动的总称。其中，资产评估是指评估机构及其评估专业人员接受委托，依照有关规定和数据资料，按照特定的目的，遵循适当的原则、方法和计价标准，对不动产、动产、无形资产、企业价值、资产损失或者其他经济权益进行评定、估算，并出具评估报告的专业服务行为，其评估结论可为资产在交易、账务处理过程中提供定价参考。

企业委托资产评估机构开展资产评估项目时，需对资产评估机构选聘、资产评估结果公示、资产评估报告审核备案等环节进行管理。其主要目的是为进一步规范资产评估行为，切实维护股东合法权益，发现资产价值，实现资产保值增值。

（一）资产评估分类

资产评估业务按照评估对象不同可分为单项资产评估业务和企业价值评估业务。

资产评估业务按照业务类型不同可分为法定评估业务和非法定评估业务。法定评估业务是指按照法律法规及公共利益要求，必须进行资产评估的业务。主要包括国有企业整体或者部分改建为有限责任公司或者股份有限公司；以非货币资产对外投资或偿还债务；合并、分立、破产、解散、非上市公司国有股东股权比例变动、产权转让；资产转让、置换；整体资产或者部分资产租赁给非国有单位；资产涉讼；收购非国有单位的资产；接受非国有单位以非货币资产出资或抵债；法律、行政法规规定的其他需要进行资产评估的事项。非法定评估业务是指企业可自由选择是否进行资产评估的业务，主要包括企业资产抵押及其他担保、减值测试、企业租赁、确定资产纳税基础等。

（二）国有资产评估流程

国有资产评估项目实行核准制和备案制。其中，经各级人民政府批准经济行为的事项涉及的资产评估项目，由其国有资产监督管理机构负责核准。经国务院国有资产监督管理机构批准经济行为的事项涉及的资产总额账面值5000万元及以上的资产评估项目，由国务院国有资产监督管理机构负责备案。

（1）评估项目立项申请：企业确需进行资产评估时，按照内部控制权限，完成资产评估项目内部审议并提请管理层审核。

（2）评估机构选聘：企业应建立资产评估机构备选库并进行动态监督管理，按照“公开、公正、公平”原则，选聘具有相应资质的评估机构后开展日常评估工作。评估机构资质目前主要有证券期货评估资质、资产评估资质、矿权评估资质、房地产评估资质等。

（3）评估基本事项确定：企业在开展具体评估业务前，事先同评估机构沟通确定评估基本事项，如评估目的、价值类型、评估方法等，确保评估结论恰当反映国有资产内在价值。一般情况下，单项资产交易定价采用市场价值，运用收益现值法、重置成本法或现行市价法评定估算。产权交易等涉及的企业价值评估，至少运用上述两种方法对比确定，若在公开市场下交易则采用市场价值，若针对特定投资者则采用投资价值。资产减值测试等以财务报告为目的的评估一般采用市场价值、在用价值确定资产可回收金额，对应运用现行市价法、收益现值法评定估算。资产处于清算状态下则采用清算价值，运用清算价值法评定估算。

（4）评估项目公示：资产评估工作完成后，企业通过内部信息系统、公示栏、书面文件等方式进行公示。其中，资产评估项目公示时间不得少于5个工作日。

（5）评估结论使用要求：资产评估报告有效期为自资产评估基准日起1年，企业在完成资产评估核准备案后，应在评估报告使用有效期内合理使用评估报告，按规定程序进行资产处置流程。

七、实践案例：资产管理转型推动提质增效

某企业资产多，分布范围广，管理人员少，业务量大，资产管理效率和水平不高，资产管理信息"孤岛"现象严重，资产分析评价质量不高。该企业认真分析问题，开拓创新，通过建立资产管理系统，组织全体员工共同参与实施资产管理。

1. 正视问题，提升资产管理质量

炼油企业在建工程及固定资产管理依托ERP系统，侧重于会计核算，缺少对资产全生命周期的动态分析和价值引领。在建工程及固定资产实物的日常管理业务都是在线下开展，易出错，业务申报审批层级多、时间长，ERP系统中PS（项目管理）、EM（设备管理）、AA（财务资产）等模块相互独立，彼此形成信息孤岛，已不能满足资产精益管理要求，影响了财务共享上线后的资产管理工作的效率和质量。

2. 多措并举，推动资产管理转型

（1）建立资产管理信息系统。某企业建立具有周期性、及时性、便捷性和系统性等特点的资产管理信息系统。一是周期性。实现固定资产全生命周期的监控，对固定资产的形成、管理及报废处置整个生命周期提供分析管理的平台。二是及时性。资产信息系统与财务共享系统、ERP、合同管理系统、OA系统均建立关联接口，实现资产数据的及时互通。第一时间反馈投资项目的完工、资产调拨、报废等信息，实现对现场的远程监控。三是便捷性。减少资产业务的审批时间，同OA系统关联并进行手机短信提示，便于领导及时审批；线上审批通过的同时，形成电子版的印章，代替纸质版印章的签盖过程。四是系统性。资产全生命周期内的信息数据按照在建工程项目WPS编码和固定资产编码自动进行分类汇总，并建立在建工程项目与固定资产的一一对应关系，形成资产生命周期内系统性的归纳和分析，为领导决策提供全面的信息资料。

（2）建立资产管理网络责任体系。横向上，将管理责任落实到具体业务（技术）部门或处室，并将法律、审计、监察等监督部门纳入管理体系中。纵向上，将资产的使用、保管责任一直落实到基层使用单位和具体保管责任人，形成横向到边、纵向到底、动态清晰、权责明确的资产管理网络责任体系。既体现相关岗位在管理过程中资产使用的权利，也明确了资产管理的责任，将资产与岗位密切联系在一起。

（3）建立资产管理标准化业务流程。参照资产管理制度，深度剖析每个业务流程，关注影响投资成本和资产价值的关键节点，形成标准统一的工程转资、资产交付、资产处置等业务流程。

（4）深入实施资产分类评价。落实资产分类评价要求，按照效益导向原则，以提高资产创效能力为核心，将资产能否为企业创造现金流，作为评价资产质量高低的基本标准。对低效、无效和负效资产重点分析，制定增效措施，实现"用好高效资产，转化低效资产，

唤醒沉睡资产，加快处置无效、负效资产”的效果。

（5）建立全过程资产管控机制。一是事前介入。在项目可研、合同审核等阶段提前介入项目管理，对有关条款和事项及时指出存在的风险或问题，提出修改意见。二是事中管理。规范在建工程转资，强化项目考核，确保各工程项目管理规范有序开展；强化资产清查、资产调拨、资产租赁、资产盘活、盘盈盘亏、资产调剂、资产投保等日常管理。三是事后评价。利用资产管理平台，对资产全生命周期数据进行汇总分析，开展投资项目的后评价和资产分类评价，推动资产提质增效工作。

3. 资产管理转型，取得初步成效

该企业积极推动资产管理转型工作，实施全生命周期的资产管理，建立资产管理信息系统，实现了资产的全员、全过程管理：一是提升了在建工程转资的效率，减少了不规范转资造成的账实不符问题，把住了资产“入口关”；二是规范了报废资产的集中处置流程，把住了资产“出口关”；三是盘活了低效无效资产，提高资产运营效率；四是提高了资产清查的准确性，降低了资产管理风险；五是实时掌握资产状态，及时落实资产管理责任；六是实现了资产管理的信息化、规范化与标准化，提升了资产管理工作效率与质量。

参 考 文 献

[1] 王化成，佟岩，李勇．全面预算管理[M]．北京：中国人民大学出版社，2003.
[2] 张琼．浅析全面预算管理在我国企业实施中存在的问题[J]．经济管理，2007，(2)：67-72.
[3] 陈留平，刘通，黄娇娇．基于全面预算管理的企业内部控制研究[J]．会计之友，2011，(3)：96-97.
[4] 王建红，王硕，李春晓．战略角度下企业全面预算管理体系构建[J]．财会通讯，2016，(8)：82-85.
[5] 闻方．企业成本管理[M]．北京：中国石化出版社，2014.
[6] 唐纯．财务信息化在企业财务管理中的应用[J]．财会学习，2021，(26)：49-50.
[7] 王家贵．企业税务管理[M]．北京：北京师范大学出版社，2011.
[8] 闫娟．资产评估基础[M]．北京：中国财政经济出版社，2021.
[9] 程越，高昂，王双，等．对我国资产管理标准化的探讨[J]．标准应用研究，2019，(10)：64-67.
[10] 陈澎，高欣．会计学基础[M]．南京：南京大学出版社，2019.
[11] 王晓燕，张秀梅，王旸．中级财务会计[M]．北京：人民邮电出版社，2018.
[12] 中国注册会计师协会．会计[M]．北京：中国财政经济出版社，2021.
[13] 韩东．固定资产管理对国有大型企业成本管理的作用[J]．中国高校科技与产业化，2009，(6)：67-68.

第八章

生产优化管理

炼油企业生产优化是充分利用存量资产，以较少的投入和代价，以效益最大化为目标，开展炼油厂生产运营、产品结构、节能降耗等挖潜增效工作，实践证明这是一种投入少、见效快的方法。炼油优化覆盖炼油厂规划、原油采购、生产运行、产品销售等各个环节，如计划、调度、工艺、节能、安全和环保、设备、储运、财务、物流和销售等相关业务。炼油优化涉及专业门类也十分广泛，包括运筹学、最优化、工艺、设备、安全、环保、计算机、通信、自动控制、人工智能和大数据等。当前世界各国投入巨大人力、物力研究炼油优化技术，无论是在学术界还是在工业界，相关研究和/或实践活动均十分活跃，优化技术呈现出日新月异、蓬勃发展的良好局面。优化工作是炼油企业开展生产经营工作的永恒课题，其开展效果综合体现了企业的管理和技术水平。炼油优化本身包含的内容十分丰富，本章只讨论与工艺紧密相关的优化课题，即炼油生产过程的优化，如计划、调度、装置及公用系统的优化。

第一节　生产优化概述

一、生产优化的目的、必要性和基本方法

炼油加工是连续性生产过程，具有工艺流程复杂，原油、生产方案、装置产品分布、全厂产品结构灵活可调的特点。由于加工过程复杂，影响效益的因素多，炼油行业很早就运用系统工程、运筹学的方法辅助生产经营决策：线性规划技术发明后不久，炼油行业就开始尝试利用大型计算机编制线性规划程序，求解计划优化、存储和运输优化问题。

目前炼油厂面临越来越严格的安全环保和质量要求，同时面对市场竞争日趋激烈的环境，如何有效发挥存量资产的潜力，在不大幅增加投资的情况下，通过深入开展过程系统优化，提高高价值产品收率，降低生产成本，提高盈利能力，是炼油生产优化工作的目的。

炼油厂主要产品是成品油和化工轻油，原油加工方案、装置运行及产品调和方案的变化均会对产品分布和性质造成影响，因此炼油优化工作要采用系统工程的方法，兼顾各种约束，目的是整体增效，不单独强调某一装置、某一产品或某几个指标。由于炼油厂加工的原油多样、价格多变、加工流程复杂、产品品种较多，如果不采用系统工程的方法，难以实现整体效益最大。

炼油生产是有库存的连续生产过程。本旬或月效益最大化，并不表示本月或本季效益最大化。必须从时间维度上，考虑整个周期效益最大化。在实际生产中，仅靠人工经验，仅能做到整个周期物料平衡、产品质量合格、库存在目标范围内，而借助于现代计算机软硬件技术，辅之以专家经验，则能较好完成方案优化的目标。

炼油生产涉及物理化学变化，如反应和分馏过程。如何优化装置的操作条件、催化剂活性等参数是一个复杂的问题。单套装置追求的优化目标和全厂效益最大化的目标有时是冲突的。如催化裂化以最大化汽油收率为目标，往往就会和全厂整体效益最大化的目标相冲突。一旦确定了催化裂化的优化操作条件后，如何控制住这些操作条件，也是一个突出的问题。虽然人们已意识到单回路控制的效果不佳，而单元设备的模型预测控制性能更好，但是实践中发现，仅考虑单元设备而不考虑上下游单元操作时，控制性能也不好，比如APC控制器的投用效果受影响。只有上下游协调一致的控制方案，控制效果才比较好。这些都说明开展炼油优化要注重装置和整体之间、单元设备和上下游之间的相互影响，才能实现整体优化、兼顾局部的目的，才能实现单元设备、单装置控得住、控得稳。

炼油生产过程涉及很多不确定因素，如原油和产品价格经常波动、市场需求频繁波动等，这就要求生产加工方案具有一定的弹性，如原油存在可替换方案，价格在一定范围波动，不影响整体优化方案等。必须针对不确定性开展风险评估和替代方案研究，考虑到系统的复杂性和计算工作量巨大，单纯靠人工，变得几乎不可能，必须借助于现代计算机的高速计算能力，采用数学规划的算法，辅之以专家经验，才能较好完成该任务。

从20世纪50年代开始，随着各种优化算法、软件的问世及普及，世界各地炼油厂普遍在计划、调度、产品调和、装置操作和公用工程系统平衡等方面应用了各种解决方案，获得了巨大的经济效益。目前在规划、计划优化业务中，普遍采用分布递归(Distributive Recursion)和逐次线性规划(Sequential Linear Programming)优化技术；在调度作业计划中普遍采用基于模拟+专家规则的技术；而在装置优化层面，则普遍采用先进控制技术(APC)、智能控制和在线实时优化技术(RTO)。据了解，ExxonMobil、印度Reliance在其炼油厂全面应用严格机理在线实时优化技术(RTO)，韩国GTX炼油厂在装置RTO平台之上，进一步建立了数字孪生应用(Digital Twin)。国内外部分炼油厂建立了氢气、蒸汽系统监控和实时离线优化平台，部分炼油厂还增设了原油实时在线调和设施，大部分炼油厂投用了汽油在线调和设施。这些优化技术、设施及解决方案，已成为确保一个现代化炼油厂平稳高效运行的关键基础设施之一。

二、生产优化的原则和主要类型

（一）原则

生产过程优化是指在确保安全、环保、质量和长周期运行的前提下，在能源消耗、污染物排放浓度和总量、二氧化碳排放总量受控范围内，本着“炼销一体化、炼化一体化、区域资源一体化、局部服从全局”的原则，统筹考虑国内、国际两个市场两种资源，优化炼油厂的原油和原料采购方案、生产和调度作业计划、生产装置、公用工程运行方案以及产品调和方案，实现炼油加工整体效益最佳。可见，炼油生产过程优化具有全局性、长期性、动态性和时效性的特点。

（二）主要类型

炼油加工流程按不同的产品方向可分为燃料型、燃料-润滑油型、燃料-芳烃型、燃料-化工型、燃料-化工-芳烃型、燃料-化工-润滑油型以及燃料-特油型等，不同加工流程，原油和产品结构不同，优化目标也不尽相同。如燃料型和燃料-芳烃型，其适宜的原油和重整装置苛刻度不同；燃料型和燃料-化工型，其石脑油产率不同。

1. 燃料型

燃料型主要以产汽、煤、柴油等成品油为主，副产石脑油、石油焦、液化气、丙烯、芳烃、低硫重质船燃、石油焦等产品。按渣油加工路线的不同，主要分为加氢型(渣油加氢)和脱炭型(延迟焦化、溶剂脱沥青等)。随着环保要求趋严、柴油消费见顶以及化工裂解料供应偏紧等，不少炼油厂相继投产渣油加氢、加氢裂化和柴油加氢改质等装置，不仅具备脱炭加工路线，也具备加氢路线，加工手段灵活多样，为炼油过程系统优化提供了很好的基础。

目前国内部分地区的成品油已明显过剩，且在汽车电动化快速推进的背景下，成品油市场需求进一步萎缩，为了求生存和发展，各炼油厂均加大了转型发展的力度，优化产品结构，降低成品油收率，提高烯烃、芳烃、石脑油、沥青、船燃、特种油品、润滑油基础油等产品的收率。

(1) 降低柴油收率

普通燃料型炼油厂柴油收率一般在25%~30%以上，柴汽比大于1。受市场需求驱动，目前某炼油厂平均柴油收率已降低至23.5%，柴汽比小于1。柴油主要转化为汽油、石脑油、芳烃、重裂解料、航煤或调和船燃等产品。目前催化柴油经加氢裂化生产芳烃和裂解料的技术已开展了工业侧线试验，催化柴油吸附分离的技术已工业化。

催化柴油，尤其是MIP、DCC、RTC催化工艺的柴油，其密度大、芳烃含量高、十六烷值低，加工转化难度大，氢耗高、成本高，是炼油厂进一步降低柴油收率的难点。某企业年产约1500×10^4t催化柴油，其主要加工流向见表8-1-1。

表8-1-1 某企业催化柴油加工流向 10^4t/a

催化柴油产量	LTAG/FDFCC副提升管	低硫重质船燃	轻燃	加氢裂化	渣油加氢	柴油加氢及加氢改质
1500	250	100	15	240	86	809

① 柴油加氢精制及改质工艺

催化柴油密度大、芳烃含量高、十六烷值低、产量大(约占柴油出厂量的23%,)，考虑到加工成本，目前主要进柴油加氢精制及改质装置。受柴油消费见顶的影响，如何低成本加工转化催化柴油是当前面临的重要课题。一旦催化柴油能实现低成本转化，柴油池的十六烷值就有富裕，炼油厂就有条件开展直馏柴油加氢改质、吸附分离等工艺，增产富含烷烃的裂解料，实现进一步降低柴油产量的目的。

② LTAG工艺

LTAG工艺是先选择性加氢饱和催化柴油中的多环芳烃，然后进催化裂化装置开环断裂加氢催化柴油中的环烷烃。LTAG工艺有两种模式：一是把加氢催化柴油单独进提升管或副提升管；二是加氢催化柴油和蜡渣油混合或单独进提升管。

实践表明，采用模式一的LTAG或单独进副提升管回炼的工艺，催化柴油转化率和汽油选择性较高，汽油RON值高且不影响重油转化，但苯含量也较高；采用模式二的LTAG，有企业反映达不到设计转化率，汽油选择性降低，主要是难以同时兼顾柴油和重油的反应选择性，表现为运转一段时间后，循环的催化柴油存在重芳烃累积问题。

③ FD2G、RLG工艺

中国石化开发了催化柴油选择性加氢饱和、部分开环裂化生产高辛烷值汽油的工艺，即大连石油化工研究院开发的FD2G工艺和石油化工科学研究院开发的RLG工艺。这两类工艺的共同特点是通过优化加氢精制和加氢裂化深度，在提高未转化油十六烷值、降低硫含量的同时，提高汽油 RON 值和收率。

④ 高压加氢裂化工艺

催化柴油进加氢裂化装置主要转化为航煤及重石脑油，所产重石脑油芳潜较高，但航煤芳烃含量升高，烟点降低，尾油 BMCI 值升高。催化柴油进加氢裂化加工可以避免重芳烃累积的问题，如某企业把芳烃含量高的重油催化柴油送加氢裂化装置加工，而把芳烃含量较低的蜡油催化柴油进柴油加氢和改质装置加工，在不影响航煤产品质量的情况下，增产了高芳潜的重石脑油，同时保证了柴油十六烷值和多环芳烃含量合格。催化柴油进加氢裂化装置，精制反应温升较高，容易飞温。同时为保证航煤质量，加氢裂化装置掺炼二次装置产品的总比例有上限要求，要严格遵守。

为保证乙烯裂解和 PX 原料供应，目前部分加氢裂化装置设计以直馏柴油、焦化柴油和催化柴油为原料，主要产石脑油。单独以催化柴油为原料进选择性加氢裂化装置制取芳烃的技术，目前正在开展工业侧线试验。

⑤ 作为低硫重质船燃的调和组分

催化柴油十六烷值较低，即便经过加氢后，一般仍要采用高十六烷值的柴油组分以约 3：1的比例，才能调和出国Ⅵ车柴。催化柴油只要经过浅度加氢即可作为低硫重质船燃的调和组分，催化柴油的调入比例主要受黏度所限。提高催化柴油比例，一方面能降低船燃的生产成本，另一方面高十六烷值的柴油组分可以转产裂解料或进催化裂化装置产液化气和汽油。部分炼油厂加氢重油或减压渣油的硫含量较低，未加氢的催化柴油可直接调和船燃，催化柴油因芳烃含量高，对于低硫重质船燃渣油体系的稳定性有利。

⑥ 作为锅炉燃料

柴油作燃料存在烟气 NO_x 含量容易超标的问题。某企业把改质柴油送乙烯装置，产裂解柴油作为锅炉燃料，相应对锅炉的脱硝系统进行改造，以满足污染物排放指标的要求。

⑦ 其他

某些柴油组分可产超高压变压器用油、各类白油等高附加值产品；常一线馏分、石蜡基原油常二线馏分、中压加氢未转化柴油、加氢裂化柴油等氢含量较高的柴油也可产乙烯裂解原料。

柴油转化相关工艺如图 8-1-1 所示。

(2) 降低汽油收率

汽车电动化趋势发展迅速，2021 年中国电动汽车产量超过 300 万辆，出现了井喷行情。按目前的发展趋势，汽油消费很可能在“十四五”期间见顶。下一步汽油质量升级要求降低 90%点馏出温度，届时部分重芳烃将从汽油池改出。为此降低汽油收率，提高化工轻油、芳烃液化气和丙烯收率将成为炼油厂转型发展的重要方向。汽油调和组分中，按比例从大到小排列，一般是催化汽油、重整汽油、轻石脑油、MTBE 和烷基化油等。降低汽油收率的关键是降低催化汽油的收率、重整汽油抽出芳烃(三苯+重芳烃)、部分轻石脑油改产裂解料以及提高液化气和丙烯收率等。

① 降低催化汽油收率

通过提高催化裂化反应温度和剂油比、适当降低反应压力、控制催化剂活性、优化催化剂配方、添加择型分子筛含量、粗汽油回炼等措施，可以明显降低催化汽油收率，提高液化气和丙烯收率。部分炼油厂通过综合运用各项优化措施，液化气收率能提高 3~5 个百分点甚至更高，但进一步提高液化气收率，则受设备材质、再生能力、旋风入口线速度、

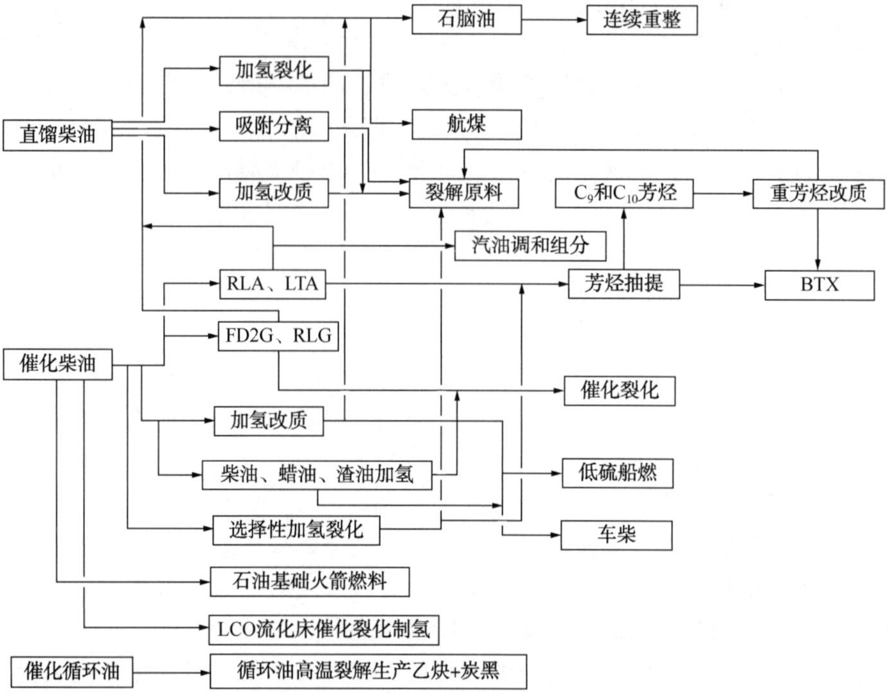

图 8-1-1　柴油加工流向图

富气压缩机能力、稳定塔顶取热负荷、气分能力等的限制。优化催化裂化的操作条件，达到降低汽油收率、提高液化气和丙烯收率的目的，是炼油厂产品结构优化的重点工作之一。

近年来，各研究和设计单位加大了利用催化裂化增产低碳烯烃的研究开发工作，已投入工业化应用的有如 DCC、DCC-Plus、RTC 等催化裂解工艺。利用石脑油作为原料，进行催化裂解反应的技术，目前也正在工业化开发中。

② 提高芳烃收率

重整生成油中的芳烃含量约在 75%以上，除苯和甲苯外，尚有 50%以上是 C_{8+}芳烃，不少炼油厂将这部分 C_{8+}芳烃作为了汽油调和组分。目前很多炼油厂汽油池中芳烃含量卡边，有必要增设混二甲苯抽出设施，降低汽油池的芳烃含量。对于已有混二甲苯塔的装置，可采取优化脱庚烷塔、混二甲苯塔的操作条件，应用 APC、RTO 等先进技术的方法，提高混二甲苯的回收率。中国石化还拥有重整 C_{9+}重芳烃轻质化技术，可消化汽油池中改出的重芳烃。重整 C_{9+}芳烃基本不含茚和茚满，选择性加氢裂解后，可作为 PX 装置的低成本原料。

③ 提高化工轻油收率

乙烯裂解产能近年来增长较快，裂解料缺口较大。预计在汽油消费逐渐见顶的背景下，减产汽油、增产裂解料，将是炼油厂转型发展的又一条重要途径。炼油厂可利用常减压轻石脑油、重整拔头油(包括预加氢和重整单元)、芳烃抽提非芳烃、加氢粗石脑油、加氢焦化汽油(终馏点提高到 220℃以上)等石脑油组分增产裂解料。

④ 提高 C_3 和 C_4 资源的综合利用率

(a) 丙烷：炼油厂的丙烷可产民用液化气、车用液化气，也可以作为制氢、裂解原料以及燃料。丙烷的用途不同，边际效益差别较大。天然气、煤和饱和液化气也可以作为炼油厂的燃料和制氢的原料，石脑油和饱和液化气还可以作为裂解原料。由于不同燃料和原料的价格波动较大，系统优化要求常态化跟踪测算不同燃料和原料的边际效益，动态调整这些组分。集中炼油厂的丙烷、异丁烷资源，建设丙丁烷脱氢装置，联产丙烯、C_4 烯烃和氢气，是提高 C_3 和 C_4 资源综合利用率的重要途径，该工艺路线国内正在开发中。

(b) 醚后 C_4：无烷基化装置的炼油厂，醚后 C_4 基本作为民用液化气出厂。醚后 C_4 中含有未利用的丁烯组分(1-丁烯、顺 2-丁烯、反 2-丁烯)，可以作为许多化工产品的原料。如 1-丁烯，可以作为线型低密度聚乙烯的共聚单体，也可作为聚 1-丁烯的原料。

醚后 C_4 是异壬醇的原料，异壬醇主要用于生产增塑剂邻苯二甲酸二异壬酯，这是优良通用、无毒型增塑剂，其需求量正快速增长。我国无异壬醇的生产技术，2020 年国内消费量达到了 650kt，其中 77%依靠国外进口。2015 年中国石化和巴斯夫公司合资在茂名建设了 180kt/a 异壬醇装置，2020 年 4 月齐翔腾达公司引进法国 Axens 的丁烯齐聚 Dimersol 技术建设 200kt/a 的异壬醇项目。

(c) 异丁烷：异丁烷在 C_4 中属于性质较稳定、用途较少的一种组分。目前大规模工业化用途有丙烯和异丁烷共氧化法制备环氧丙烷/MTBE 以及丙丁烷脱氢。

(d) 正丁烷：正丁烷可作乙烯裂解原料，也可氧化生产顺丁烯二酸酐(马来酸酐)，后者可以制取马来酸酐接枝改性 EVA(乙烯-醋酸乙烯酯共聚物)，市场前景较好。

(3) 提高航煤收率

随着国产大飞机的研发成功，未来中国航空市场预计发展潜力较大，发展速度也较快。航空煤油至少在可预见的将来还无法用其他能源介质替代，因此，增产航煤成为炼油厂产品结构调整的重要方向之一。

炼油厂主要通过常减压装置常一线加氢精制、加氢裂化装置生产航煤。生产优化上主要通过优化航煤/柴油切割点、加氢裂化催化剂级配等方法增产航煤。实际生产中，常一线的终馏点最高可提高到 258℃左右，加氢裂化航煤终馏点可提高到 270℃左右，再进一步提高切割点，会导致航煤的冰点等指标不合格。通过优化催化剂级配和操作条件，加氢裂化装置可以做到基本不产柴油，航煤收率最高可达 50%。为增产航煤，大连石油化工研究院开发了直馏常二线生产航煤的技术，目前已工业化。

日本、韩国等国家冬季时使用取暖油供热。取暖油主要就是航煤组分油经深度加氢精制制取。

(4) 提高沥青产量，增产特种沥青

2020 年我国沥青产量达 32. 43Mt，首次突破 30Mt。2021 年随原油价格上涨、汽柴油价格回暖，国内沥青产量下跌到 30. 28Mt，2021 年我国进口沥青约 3. 20Mt，净进口沥青 2. 65Mt。预计有三方面的因素将支撑沥青市场进一步发展：一是随着大规模公路网络建成，未来周期性公路养护将对沥青市场形成支撑；二是随着城市化进程的推进，沥青总需求量将进一步增加；三是为满足人们美好出行对路面品质的追求、公路建设适应国家环保要求的进一步提高，预计高品质沥青、特种沥青、建筑沥青、改性沥青(SBS 沥青)和高强(环氧)沥青、乳化沥青、彩色沥青、净味沥青等产品的市场需求和产量将增加。

炼油厂通过增产沥青，可降低成品油收率，能耗、氢耗和 CO_2 排放量也降低，但沥青生产有季节性，冬季受道路施工暂停的影响，沥青需求量下降。沥青的生产主要依靠原油品种选择和现场操作经验，目前基于核磁共振分析仪得出原油中某些关键分子结构的信息或红外分析仪检测减压渣油性质，结合现场操作条件，可以快速预测沥青的软化点、针入度、延度和膜后延度等指标，有望实现沥青生产的自动化控制。

(5) 低硫重质船燃

2016年国际海事组织要求自2020年起将全球船舶使用的燃料油硫含量上限由3.5%降至0.5%，有关机构预计低硫船用燃料油的市场总规模约200Mt/a，其中主要为低硫重质船燃。目前，中国大陆低硫重质船燃年产量约20Mt，这和我国作为世界贸易第一大国、世界船运第一大国的地位不匹配。生产低硫重质船燃，能降低成品油收率，平衡重油系统，是炼油厂产品结构转型的重要方向。目前某些炼油厂主要采用加氢重油生产船燃，其成本较高，不经济。优化低硫船燃调和配方，提高油浆、催化柴油等低价值组分的调入比例，使得硫含量和黏度两个指标同时合格，是大部分炼油厂降低船燃成本的优化方向。目前以固定床渣油加氢为主的配方生产低硫船燃，残炭和金属含量过度富裕，开发低硫船燃专用重油加氢催化剂、沸腾床渣油加氢催化剂，提高脱硫选择性是降低船燃成本的一条可行途径。

(6) 高端石墨材料

2021年我国电动汽车市场呈现爆发式增长局面，储能材料、锂离子负极材料用针状焦需求迅速增长。预计到2025年，国内市场锂离子负极材料需求约2.7Mt/a。针状焦和优质石油焦是锂离子负极材料不可或缺的原料，估计需生焦约4.0Mt/a作为锂离子负极材料等高端石墨材料用原料；同时随着"双碳"目标各项措施的落实，钢铁行业节能降耗的力度将进一步加大，短流程电炉炼钢的比例预计将逐年上升，电炉炼钢用石墨电极需求随之增加。电炉大型化迫切需要大规格超高功率石墨电极，优质针状焦是超高功率石墨电极的原料，预计2025年超高功率石墨电极用针状焦需求将达到750kt/a规模。

从高端石墨材料的市场需求分析，目前需要拓宽针状焦的原料来源，如优质催化油浆、乙烯焦油等。储能领域的负极材料用石油焦，其硫含量要求不高，如≤2.0%等，可通过现有焦化装置生产，实现石油焦产品的转型发展，优化增效。

2. 燃料-润滑油型

润滑油产业链的优化转型是增产高端润滑油产品，如API Ⅲ、Ⅲ$^+$、PAO等基础油及添加剂；低温性能和电器绝缘性能好的环烷基润滑油基础油，以及相变蜡等特色蜡产品。由于环烷基原油资源稀少，生产上要优化储运、加工流程，做到资源最佳利用；石蜡基原油价格较高，原油安排上优先供应燃料-润滑油型炼油厂；中间基原油资源较丰富，可建设高压润滑油加氢异构装置，生产API Ⅲ、Ⅲ$^+$类基础油。高压润滑油加氢异构装置的主要优化方向是控制加氢单元的芳烃饱和程度、长链断裂程度以及降低异构单元的黏度指数损失和石脑油收率。橡胶互溶性好的环保型低芳烃含量橡胶填充油、低倾点高黏度白油等特种油品也是转型发展的重点产品。

3. 燃料-芳烃型

虽然PX生产技术已国产化，但我国目前仍属于PX净进口国。近年来新投产的大型炼化一体化企业，总流程均设有柴油加氢裂化装置，为连续重整和乙烯裂解装置供料，从而实现最大化减产成品油、增产化工原料的目的。这些新建炼油厂的芳烃联合装置规模大、技术先进，现金操作费用明显低于现有的芳烃联合装置，优势明显。如何优化现有芳烃产业链，提高赢力能力，是炼油-芳烃型炼油厂面临的紧迫课题。应用新工艺(重芳烃轻质化)、新吸附剂、催化剂和设备、提高歧化和异构化反应的单程转化率和选择性，降低二甲苯循环量、提高分离过程的热集成度、高效利用低温热等措施可有效降低PX生产的原料成本，降低吨产品的能耗和现金操作费用。如降低原料成本方面，催化柴油、重整C_{9+}芳烃经选择性加氢裂化反应后生产PX原料，该技术也有利于进一步降低汽、柴油的收率，提升炼油-芳烃产业链的竞争力；催化剂方面，应用新型歧化催化剂，提高歧化单元 C_{10+} 重质芳烃的比例，降低 C_{10+} 调和柴油量；选用脱乙基型异构化催化剂，增产苯和乙烯原料，同时降低二甲苯循环量，降低能耗和现金操作费用；热量回收方面，深入开展热联合，应用高效缠绕管式换热器，提高热量回收率；利用低温热生产的蒸汽驱动重整增压机，提高低温热的利用效率等。

常减压—轻烃回收—预加氢—连续重整—芳烃抽提—PX(含混合二甲苯分离、PX 分离、异构化和歧化单元)产业链的优化参数有很多，如连续重整装置，其原料中 C_5 含量、终馏点、反应苛刻度(反应温度、空速和氢油比)、四合一炉氧含量和排烟温度、CCR 催化剂循环量和待生催化剂积炭、催化剂水氯平衡、重整生成油分离系统各塔回流比、塔压等；PX 联合装置二甲苯循环量、各精馏塔产品纯度和回收率、歧化单元反应原料 C_7 ∶ C_{9+} 比例、芳烃抽提单元溶剂比等。目前沿产业链建立各单元装置在线实时优化(RTO)系统是先进炼油厂的普遍做法。如 BP 公司的 PX 装置均增上了 RTO 系统，自动实现装置的优化操作，推动效益最大化。国内部分炼油厂则增上了连续重整装置的 RTO 系统。

4. 燃料-化工型

目前国内当量乙烯净缺口较大，且随着生活和环保水平的提高，对聚烯烃产品以及高、精特殊化学品的需求会进一步增加。虽然我国乙烯裂解产能近年来增加较快，但面临的主要问题是缺原料，利用炼油存量资产增产裂解原料成为炼油转型发展的主要方向。炼油厂过去以生产成品油为主，今后逐步要向以燃料和化工原料并重的方向转型。

(1) 炼油厂干气中 C_1 ~ C_4 和 H_2 资源优化

从炼油厂干气(以及轻石脑油)中回收乙烷、乙烯和饱和液化气作裂解原料是炼化一体化企业的普遍做法。炼油和化工物料互供，可以达到资源互补及组分最佳利用的目的，如回收催化裂化干气的富乙烷和乙烯气作裂解原料，乙烯裂解装置生产的甲烷氢送制氢装置作原料。为了缓解裂解原料缺口、降低裂解原料的成本，同时更好地利用乙烯装置副产的氢气和甲烷氢，部分新建的炼化一体化企业采用的回收流程是：

① 催化裂化干气含 H_2、甲烷、乙烷、乙烯、N_2、CO、CO_2 和微量的 O_2 以及少量不饱和液化气(主要是丙烯)。催化干气进一单独的低温浅冷 C_4 吸收塔，脱除甲烷、H_2、N_2、CO 和 CO_2 等组分后，再进解吸塔，解吸塔塔顶气脱除 CO_2 及微量 O_2 后富乙烯气送乙烯分离单元作进料。吸收塔塔顶气则进共用的汽油吸收塔，吸收塔塔顶气进氢气提浓装置回收氢气，也可作燃料气。

② 焦化干气含较高的甲烷、乙烷、H_2 以及少量不饱和液化气等组分，此外还有少量的乙烯、丙烯和丁烯，其乙烯含量明显比催化干气低。焦化干气、临氢装置干气中回收的富乙烷气、PSA 尾气三股气混合后进另一单独的低温浅冷 C_4 吸收塔，脱除甲烷、H_2、N_2、CO 和 CO_2 等组分后，再进另一解吸塔，解吸塔顶富乙烷气去乙烯裂解气压缩机入口。吸收塔塔顶气进共用的汽油吸收塔，吸收塔塔顶气富含甲烷和氢气，送制氢装置作原料或进氢气提浓装置回收氢气，也可作燃料气。

③ 临氢装置干气含较高的 H_2、甲烷、乙烷以及少量的饱和液化气，不含烯烃。临氢装置干气进第 3 个低温浅冷 C_4 吸收塔，脱除甲烷、H_2 等组分后，再进第 3 个解吸塔，解吸塔塔顶气富含 C_2，和焦化干气混合后进焦化干气低温浅冷设施。C_4 吸收塔塔顶气进共用或单独的汽油吸收塔，吸收塔塔顶气富含甲烷和氢气，送制氢装置作原料或进氢气提浓装置回收氢气，也可作燃料气。

④ 乙烯甲烷氢送炼油制氢装置作原料气，顶出焦化干气进 C_2 回收装置。炼油厂干气回收乙烯和乙烷作裂解原料，其经济性受 C_2 回收装置的边际成本、炼油厂制氢产 H_2 的边际成本、各种燃料的边际成本和裂解单元的边际效益影响。如在冬季，天然气价格和液化气价格较高，如石脑油价格当时较低，即便把炼油和化工作为一个整体分析，C_2 回收装置未必是增效的。C_2 回收装置的负荷优化可借助线性规划+流程模拟模型详细测算，由于价格体系经常变化，需要动态调整该装置的负荷和回收率。

⑤ 乙烯氢。乙烯氢含有约5%左右的甲烷，不宜直接进高压加氢装置，一般均直接供航煤和/或柴油加氢等装置。但当柴油加氢掺炼二次柴油比例较高时，往往需要提高氢分压或排放废氢，否则难以同时保证产品质量。部分炼油厂设计时考虑乙烯氢进 PSA 装置，PSA 装置尾气含有较高浓度的甲烷和氢气，和焦化干气混合后进浅冷吸收装置。

（2）石脑油组分优化

成品油市场已供大于求，加上出口收紧，促使炼油厂加快步伐调整产品结构。乙烯裂解装置近年新建产能集中释放，原料出现供不应求、价格上涨的现象，2021 年以来国际市场上经常出现石脑油价格高于92#汽油的现象。

正构烷烃是裂解单元的优质原料，而异构烷烃、环烷烃则适合进连续重整装置作原料。不同原油，其石脑油的 PONA 组成差别较大，如科威特和沙中原油的石脑油组分，其正构烷烃含量高，是较好的裂解料；但伊朗轻油的石脑油组分，其环烷烃含量较高，是较好的重整料。炼油厂中各种石脑油其 PONA 组成随不同装置、不同切割点变化较大。正构烷烃含量较高的石脑油一般是常减压装置初顶石脑油、焦化汽油和直馏柴油加氢装置的粗汽油；异构烷烃含量较高的石脑油一般是加氢裂化装置轻石脑油、连续重整拔头油和芳烃抽提非芳烃；加氢装置粗汽油中环烷烃和芳烃含量较高，如渣油加氢、蜡油加氢和柴油改质装置产粗汽油。为改善石脑油进乙烯和连续重整装置的族组成性质，UOP、中国石化等公司相继开发了石脑油吸附分离技术，能得到纯度至少 90%的正构烷烃作裂解料，既改善了乙烯原料的性质，又改善了连续重整原料的性质。目前由于石脑油吸附分离装置的投资和运行费用较高，尚未大面积推广。

目前新建的炼化一体化企业，通过增上柴油加氢裂化装置，生产重石脑油作为重整原料，顶出直馏石脑油作裂解料；也有炼油厂不新建连续重整装置，而是新建丙丁烷脱氢装置，直馏石脑油可全部产裂解料；部分炼油厂连续重整装置按 C_{7+} 原料设计，把 $C_5 \sim C_6$ 组分全部作裂解料。由于石脑油资源较紧张，炼油厂已开始把连续重整反应单元产 C_5、芳烃抽提加氢非芳烃从汽油池部分改出产裂解料。为弥补原料的不足及降低成本，炼化一体化企业普遍回收了催化干气、焦化干气中的富乙烯气和富乙烷气，丙烷、常减压和连续重整等饱和液化气作裂解原料。在柴油需求量降低时，炼油厂也把部分改质柴油和加氢航煤等送裂解装置作原料。原油直接进裂解单元的技术，国内也正在研发中。

目前，炼油厂一般主要采取外购石脑油和轻烃，拓宽石脑油终馏点，增产重裂解料，减产汽油调和组分，提高 C_2 资源回收量，提高饱和液化气作裂解料的量，外购采购 API 度较大、密度小的轻油或凝析油等手段保证乙烯原料的供应。

炼化一体化企业应用生产计划模型来优化测算原油采购、石脑油外购、装置加工、油化互供、产品储运和调和方案，以确保炼化一体化整体效益最大化。例如常减压装置初顶石脑油和加氢焦化汽油终馏点控制指标等需要用炼化一体化全流程模型或者炼油全流程模型+SPYRRO 模型测算；过去曾认为加氢裂化轻石脑油不宜作裂解料，但这只是针对三烯收率而言，SPYRO 测算表明，其产品分布中芳烃含量较高，只要芳烃价格足够高或者汽油市场需求不足，加氢裂化轻石脑油就可以作乙烯料；柴油、航煤组分进裂解装置的三烯收率较低，一般不安排去乙烯装置。但当成品油市场受限、柴油或航煤价格低、降低原油加工量效益损失更大时，部分柴油和航煤组分可以进乙烯装置，这些生产方案的调整，需要用模型加以评估，测算炼化一体化整体的效益。另外，乙烯抽余油调和汽油和进连续重整预加氢装置的比例、连续重整进料中 C_5 含量的优化、加氢裂化装置负荷、尾油后路优化(去乙烯裂解炉还是去催化裂化装置)、尾油 BMCI 值的优化控制，均需利用炼化一体化模型进行整体测算和分析。

(3) 燃料和原料优化

炼化一体化企业要为乙烯装置供料，无论是富乙烷、乙烯气、饱和液化气、石脑油、加氢裂化尾油以及柴油组分均要求较高的氢含量，因此单位原油加工量对应的氢气消耗量较大。由此制氢、连续重整等产氢装置负荷较高，加氢裂化和加氢改质等耗氢装置负荷也较高，并且回收了干气中的 C_2，因此造成炼化一体化炼油厂燃料气普遍不足，建有芳烃联合装置的企业，燃料气尤其不足。

近年来新建的一些炼化一体化企业其总流程的主要特点是渣油转化率、柴油转化率很高，除渣油加氢装置的未转化油去 POX 炉作燃料之外，大部分减压渣油转化为气体、石脑油以及轻质油品。这种类型的炼油厂需要大量廉价的 H_2 和燃料气，其总流程设计时应考虑采购大量的煤及天然气，煤气化后的合成气作燃料气和制氢原料，不足部分外购天然气作为燃料和制氢原料。

图 8-1-2 是炼化一体化企业燃料、乙烯裂解原料、制氢原料的关系图。从图中可以看出，富乙烯气既可以进提浓装置，也可以当作燃料；富乙烷气既可以进 C_2 回收装置，也可以作燃料和制氢原料；饱和液化气既可作燃料，又可以作乙烯裂解和制氢原料；天然气可以作燃料和制氢原料；煤可以发电、产蒸汽，作制氢原料。可见，炼化一体化企业的原料和燃料结构优化是一个较复杂和灵活的问题，需要常态化测算和动态跟踪。

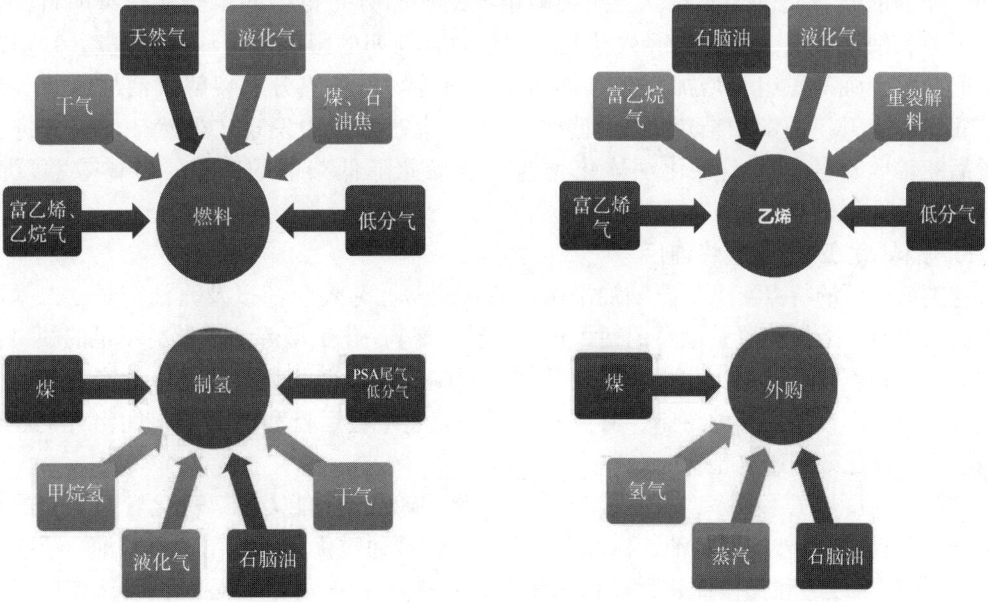

图 8-1-2 燃料、制氢和乙烯原料优化

在数学上上述优化属于混合整数非线性规划问题，可联合使用 PIMS、Petro-SIM 和 SPYRO 软件，求解优解。

燃料-化工型企业通过开展物料直供、换热网络优化，降低跨夹点换热量、降低空冷和水冷前物料温度、提高加热炉效率，降低冷热公用工程负荷；用蒸汽重沸器代替加热炉加热；临氢装置要开展优化降低氢油比、延迟焦化优化降低循环比等工作；系统管线则加强保温，减少散热损失等措施，降低燃料消耗。

（4）加氢裂化尾油

尾油氢含量高、链烷烃含量高、芳烃含量低、BMCI 低，是较好的裂解原料。由于氢含量高，进催化裂化装置的汽油收率高(RON 值低)、生焦低。高压加氢裂化尾油经异构降凝后，还可生产 API Ⅲ或 API $Ⅲ^+$高黏度指数润滑油基础油。

如仅考虑裂解单元三烯收率，那么降低尾油的 BMCI 值则三烯收率更高，BMCI 值如控制在 8~10 之间，要求加氢裂化装置提高精制深度和控制裂化深度，操作上一般是通过提高氢分压、提高精制反应温度、改善原料性质和优化催化剂级配来实现的，这是以装置增加 H_2 消耗及操作成本为代价实现的。从炼化一体化整体效益而言，大炼油厂尾油的 BMCI 值控制在 11~13 左右，也有的炼油厂控制在 15 左右对整体效益更有利。BMCI 的最优值，和全厂总流程、产品分布和价格体系有关，要借助 PIMS 模型+Petro-SIM 模型+SPYRO 模型详细测算和评估。油化一体化 PIMS 模型测算发现，近年来，在某些企业，如果柴油价格足够低，那么加氢改质柴油供乙烯装置、尾油送催化裂化装置，炼化一体化整体效益更好。

（5）柴油组分

国内市场柴油消费已见顶，尤其华北和山东地区，市场早已饱和。新建炼化企业通过柴油加氢裂化生产石脑油，满足重整和乙烯装置的原料需求，同时又降低了柴油收率。但这种方法消耗大量氢气，成本较高，近来柴油吸附或萃取分离的技术颇受关注。柴油吸附分离技术主要解决抽余液中的芳烃如何高价值利用以及柴油池十六烷值资源平衡的问题。

柴油组分作乙烯裂解料，不能单凭 BMCI 值或三烯收率判断是否可行，即便 BMCI 值相同，柴油的族组成也会不同，从而裂解单元的产品分布也不同。柴油作裂解料，要考虑乙烯原料缺口程度、测算边际效益及对炉管运行周期的影响。柴油组分进乙烯装置后，会引起裂解焦油等重组分增加、换热器结垢、急冷塔压降上升、裂解汽油加氢及芳烃抽提装置负荷上升、裂解炉结焦周期缩短等问题。生产实践中发现，虽然柴油组分进乙烯装置后三烯收率较低，但炼化一体化企业若能借此降低柴油的产量，整体效益反而能提升。

5. 燃料-化工-芳烃型炼油厂

这类炼油厂的特点：一是石脑油平衡要兼顾裂解、芳烃负荷以及汽油产量；二是燃料缺口比较明显。芳烃装置是燃料消耗大户，会扩大燃料-化工型炼油厂燃料不足的缺口；三是加氢裂化和连续重整的优化操作对整体效益影响较大。这两类装置是炼油产业链、化工产业链和芳烃产业链之间的纽带，其原料供应、装置平稳运行和产品分布优化对企业整体平稳生产、优化效益影响很大。

这类炼油厂加工手段多，产品分布灵活可调，应对市场能力强。优化管理工作的重点是确保裂解料供应(外购石脑油、内部企业互供、内部通过优化措施增产石脑油、重裂解料等)；依靠技术改造和操作优化，降低燃料单耗；强化 HSE 体系化运行，确保加氢裂化和连续重整装置长周期运行。

催化柴油、重整生成油重芳烃转化技术正在某企业开展工业化试验，这两种技术均同时增产乙烯裂解原料和芳烃原料，既缓解了化工原料的缺口，又降低了芳烃的原料成本，同时又消化了影响汽柴油质量进一步升级的不利组分，可谓一举多得。该技术单程氢耗较高，在总流程方面的经济性尚需结合工业试验数据，经全厂模型(炼油-化工-芳烃)整体核算后才能评估。

燃料-化工-芳烃型炼油厂加工流程高度复杂，各种影响和制约因素多，除整体效益最大化外，尚有其他目标要优化，如节能降碳目标，其优化方向通常必须采用炼油-化工-芳烃的集成模型整体测算。

第二节 生产优化的内容、方法和工具

炼油生产优化包括生产计划优化(包括原油和原料采购)、调度作业计划优化、装置运行优化、产品调和优化和公用工程运行优化等，其中调度作业计划优化包括原油和产品进出厂物流优化，装置原料供应优化；装置运行优化包括装置产品分布、节能降耗和长周期运行优化等；公用工程运行优化包括燃料、制氢原料、蒸汽动力系统提高运行效率和平稳性、降本减费等。

一、生产计划优化

原油成本(包括运输成本)在炼油加工成本中占90%以上，是影响炼油企业经济效益的最主要因素。在正常情况下，炼油厂的吨油净利润约200元/吨原油。受炼油厂总流程的限制及原油管道运输费用影响，一般内陆炼油厂的到厂原油成本比沿海炼油厂要高200元/吨原油，可见原油成本对炼油厂的经济效益的影响巨大。炼油厂的产品结构对企业经济效益的影响也较大，例如沿海典型燃料型炼油厂之间吨产品价值(扣除税金及附加)相差约150元/吨产品，比燃料-芳烃型炼油厂高约50元/吨产品(受炼油供芳烃物料价格影响)，比燃料-化工-芳烃型炼油厂高约200元/吨产品(受炼油供化工、芳烃物料的价格影响)，但比炼油-润滑油型炼油厂低150元/吨产品，可见炼油厂产品结构优化也是提高效益的重要方面。优化装置和公用工程运行方案，深入开展节能降耗工作，降低单位完全加工费用，则是炼油厂永恒追求的优化目标。但是，经过几十年来的努力挖潜增效，不同炼油厂的吨油完全费的差别相比原油和产品结构而言是较小的，例如典型沿海炼油厂之间的单位完全加工费差距约50元/吨原油，其对效益的影响不如前两者大。

原油采购和生产计划优化就是综合上述三方面的业务，通过一个综合性的优化平台，结合特定炼油厂的总流程、库存信息、装置开停工和检修情况，统筹考虑原油成本、产品结构及加工费的影响，以全厂整体效益最大化为目标，优化一个时期内的原油采购方案、常减压蒸馏加工方案、二次及后续装置的加工方案和产品调和方案等。炼油装置加工方案包括加工负荷、原料构成和产品后路流向等；产品调和方案包括调和产品的种类、数量、调和配方等。原油采购和生产计划是炼油厂生产组织的基础，其优化与否直接影响炼油厂的经济效益。

由于炼油厂加工的原油品种多、数量大，价格变动频繁，且炼油厂加工流程复杂多变、加工方案灵活多变，产品配置也受市场需求约束，因此采用数学规划的方法辅助编制原油采购和生产计划优化方案是世界各地炼油厂的普遍做法。目前世界上计划排产优化工具有

很多，比较知名的有 Honeywell RPMS、Aspen PIMS、Haverly GRTMPS(G5)、AVEVATM Unified Supply Chain，国外有些大型的石油公司如 Chevron 也开发了自己的计划排产优化软件，中国石化也开发了 S-GROMS 和 VISPRO 等计划排产优化软件。随着软件技术、优化算法和计算机硬件的快速发展，目前计划排产优化软件的功能和性能均较强大，其模型考虑了越来越多的非线性，和实际生产吻合度越来越高。例如，有的排产软件还增加了外挂装置机理模型、黑箱模型(包括神经元网络模型)。模型生成和求解过程不再依赖分布递归技术，模型和算法实现了分离，从而可以建立更复杂的模型、选用更好的非线性优化求解器，并且计算过程支持多核 CPU 平行计算。由于模型和算法分离，不再依赖分布递归技术，模型求解不再需要提供可靠的初始值和误差分配系数，能更好地避免局部优解，有更大的可能性找到全局优解，提高了计划方案的可靠性。

在计划排产优化业务领域，学术界研究工作和工业界生产实践结合较紧密，各种计划排产优化软件的应用早已普及，且应用水平和深度逐步提高，目前计划排产软件已成为世界各地炼油厂指导原油采购和生产计划编制、发展规划、商业并购和优化咨询服务不可或缺的工具。为了使编制的方案更贴合实际生产过程，体现出原料和操作条件对产品收率和性质的影响，需要对现有的计划优化模型在切割点优化、装置子模型、公用工程系统模型等方面进行完善，同时在结果分析、方案回溯、计划执行效果评估等方面进行逐步改进和提高，以便更好地挖掘炼油厂增效潜力。

1. 切割点优化

石脑油和煤油、煤油和柴油、柴油和蜡油以及蜡油和渣油之间切割点优化是炼油厂日常生产优化的重要内容。不同切割点对馏分收率和性质有明显影响，且其关联关系往往是非线性的，例如，切割点提高，和重组分含量相关的性质如倾点、冰点等变化较明显；切割点降低，和轻组分含量相关的性质如闪点等变化更明显。目前大部分计划排产模型中要么没有考虑切割点自动优化，导致模型和实际分馏塔操作效率不匹配。大部分排产软件中，其悬摆(Swing)馏分带着整体馏分的硫、密度等性质并入毗邻的实际轻重馏分中，没有考虑切割点对 Swing 馏分性质的非线性影响。部分排产软件则考虑了切割点对 Swing 馏分性质的非线性影响。利用流程模拟软件建立分馏塔模型，利用该模型计算出毗邻馏分的相互重叠度的方法也已逐步应用中。计划排产软件不仅在切割点优化方面需要借助于流程模拟，在装置产品分布和性质预测方面也需要和机理模型、流程模拟相结合。

2. 装置子模型

大部分计划排产软件本身并不提供炼油装置子模型，少数软件则提供了部分装置子模型的模板，模型的参数、结构和计算结果在应用之前，需要和实际数据进行对比验证。原油采购和生产计划优化方案要求结果可靠、准确，同时模型复杂度和优化计算耗时适中。在目前的技术条件下，要达到上述目的，计划优化模型的装置子模型就不能全部采用非线性方法建模，普遍做法是采用多元线性回归模型(Base Delta 模型)，把产品收率、产品性质、公用工程消耗、装置负荷约束表示成原料性质和操作条件的多元线性方程。该方程可以用实际数据回归，普遍做法是应用机理模型生成。目前国外各大公司的炼油厂都很重视这项工作，配备专职人员从事机理模型及 Base Delta 模型的开发、应用和维护工作。国内有些炼油厂，主要是合资和独资的炼油厂，也采用国外的通常做法，但大部分国内炼油厂在这方面差距较大。计划优化模型中装置子模型这部分通常较为简单，难以表达出装置实际运行情况，由此，其编制的生产计划方案结果是否真正优化，尚不具备很强的说服力。

3. 结果分析及生产计划回溯

(1) 结果分析

计划排产软件会根据模型中输入的价格体系、原油品种范围、装置负荷、物流流向、原料性质、产品质量指标等各种约束，自动优化原油品种和数量、常减压加工方案、二次装置原料的组成、数量、装置操作条件、产品流向，计算出产品收率和性质，优化产品调和方案等。但该方案是否具备可行性、是否过度优化或是否还有进一步优化的潜力，还需要审慎检查和全面评估。模型中的价格体系、预设条件、各种约束、基础数据(原油评价、产品收率、产品性质、物流流向、物流性质和误差分配系数的初始值)、原油品种和数量是否对应现实可行的采购方案，模型的收敛状态是否存在局部优解等，计划排产软件给出的优化方案需要组织生产相关各专业部门进行评估，分析其合理性和可行性。由于基础数据和装置子模型不完备，软件给出的优化方案很可能不是优化的，甚至可能是不可行的。有时价格体系、约束或者基础数据不合理，排产软件给出的优化方向和我们凭经验得出的优化方向是相反的。分析和评估排产方案给出的优化方向不仅需要借助经验，往往还需要借助 RSZM 模型(基于反应动力学模型)来辅助判断分析。中国石化从 2008 年以来，持续开展了 10 多年的炼油全流程优化工作，基于 Petro-SIM 软件建立全厂流程模拟模型，用该模型测算比选原油性价比，测算渣油、蜡油、柴油和石脑油各种加工路线的边际效益，评估切割点优化、装置原料和操作条件变化后对全厂的影响等，也用来辅助审核规划和计划排产方案。

(2) 生产计划回溯

主要是分析生产计划和实际执行结果的差别，识别出下一步改进的潜力。该潜力包含两部分内容：一是实际生产中是否存在执行不到位的情况，提出下一步改进的措施。二是计划排产是否过于理想，如全月加工的原油按平均性质进常减压装置加工，装置的产品收率和原料性质、操作条件关联度小，存在催化生焦低、液收高、产品性质固定、催化柴油进催化回炼的产品分布较理想等，如果是这方面的问题，则下一步需要调整模型结构，输入合理的模型基础数据。

上述这两方面的工作，国内大部分炼油厂开展得不充分和缺乏系统性，和业界的最佳实践相比尚有差距，是开展生产优化管理工作需要着重加强的环节。

二、调度作业计划优化

调度作业计划负责分解和落实炼厂生产计划，它是按时间顺序列出的一系列可执行的指令和操作的集合，这些指令和操作的持续时间不同，有些是同步进行，有些是按先后顺序执行，有些是按条件执行。由于炼油生产过程是连续进行的，同时又有大量的原料罐和中间罐作为缓冲，原油进厂还包括原油靠港、卸油、存储脱水、管道运输、原油调和等一系列操作，产品出厂还涉及很多调和组分罐和产品罐。调度作业计划和生产计划不同，调度作业计划具有时间属性，必须和当时的现场天气状况、管线、设备、装置的运行工况、库存和出厂情况结合起来，本质上是一种多目标、动态优化问题，其复杂性和求解难度相比生产计划显著增加。就目前计算机软硬件的发展水平而言，单纯依靠混合整数非线性优化算法求解调度作业计划问题只限于特定的子系统或特定的炼油厂，通用型的调度作业计划自动排产软件尚在研究和开发中，一般需要结合人工智能、专家系统等优化技术进行辅助决策。

虽然学术界到目前为止投入了大量资源进行研究，但到目前为止，炼油厂全厂调度作业计划自动排产优化软件尚未普遍应用。一般而言，炼油厂采用基于模拟的方法，辅之以人工经验的方法编制和优化调度作业计划。部分调度业务子系统，如原油调度业务，开始逐步应用计算机辅助排产。

（一）原油调度作业计划

原油调度作业计划包括原油管输、原油调和、加工调度等。原油调度作业计划是保证炼油厂连续平稳运行的基础。原油调度作业计划的首要目标是保证常减压蒸馏装置连续加工；其次是减少原油切换频次、稳定原油性质；然后是稳定二次装置原料供应和原料性质。依靠调度员的生产经验，尤其是在遇到极端天气、油轮不能及时靠港时，人工经验依然十分重要。但要达到减少原油切换频次、稳定原油性质这个目标，仅靠人工经验不足以胜任，还需要依靠原油调度排产工具，制定卸油、管输和加工计划，达到减少原油切换频次的目的，同时配套增设原油调和设施和应用调和算法达到稳定原油性质的目的。炼油厂平稳生产要求原料性质平稳，通过优化原油调度方案和原油调和设施，达到稳定原油的 API 度、硫含量、酸值和水含量等主要性质，对炼油厂全厂的安全平稳生产大有益处。装置原料性质平稳，各装置的操作优化才具备较好的基础，各种优化技术，如在线实时优化（RTO）、先进控制（APC）、油品在线调和等技术才能更好、更卡边操作。原油管输调度属于变周期长度的多周期混合整数非线性规划问题，在模型构建及优化求解方面难度较大，目前尚未有大规模应用的成熟解决方案。目前很多企业建设了原油调和实施，部分企业则开始尝试建立原油调和调度排产系统（含原油管输）。

（二）生产调度作业计划

由于原油是按时间顺序到厂，月初不可能加工月末才到厂的原油，因此生产调度作业计划的主要任务是分解落实月度生产计划，确定每天、每周或每旬的原油加工、装置生产、产品调和和出厂、配套公用工程运行方案。目标是在确保安全环保质量达标的前提下，炼油厂能平稳、连续、经济高效地进行生产，完成月度计划规定的生产任务。调度作业计划是具体可实施的生产方案，要具体到时间点的装置原料如何供应（量和性质稳定）、确定装置产品后路、确定装置产品收率、确定公用工程供应方案，保证系统和装置平稳运行，确定罐供、进罐、调和和出厂方案，确保罐容适宜，保证连续安全生产。

生产调度作业计划首先要关注库容和公用工程系统平衡，因为这是保证连续生产的基础。这部分调度排产业务，目前已有成熟的软件解决方案，如 Aspen Tech、Haverly、AVEVA 和 KBC 均有相应的产品。生产调度作业计划还要负责分解落实月度生产计划，完成月度计划规定的任务，例如针对具体的原油，其渣油、蜡油、柴油等各馏分的加工路线如何安排才是优化的？如蜡油是安排加氢后去催化装置还是去加氢裂化装置？针对具体的产品出厂需求，如 70A 沥青、高标号汽油等，如何安排原油、装置调整操作和调和配方组织生产？针对某个装置的临时维修情况，如何安排负荷和库存？产品后路以及公用工程系统如何调整？如直馏减四线去向优化、油浆是去延迟焦化还是去调和低硫船燃、催化柴油是去加氢裂化还是去柴油加氢、催化柴油加氢后去 LTAG 还是去调和车柴或是去调和低硫船燃；常减压蒸馏装置石脑油、常一线的终馏点、常三线 95%馏出温度、减三线 95%馏出温度优化等。这些生产方案虽然在计划方案中也有给出，但考虑到生产实际针对的是确定比例的几种原油，而不是生产计划设置的很多种原油的混合物，因此蜡渣油、二次装置的产品后路、切割点等情况在实际生产中会发生变化，和计划方案并不完全一致。由于生产调度作业计划问题的复杂性，目前还不能实现计算机自动优化排产，大部分炼油厂还是凭经验编制。

近年来，随着成品油消费逐渐见顶，市场竞争加剧，炼油毛利下降。为了提高盈利和竞争能力，逐渐出现了依靠模拟和专家经验相结合，来编制和优化调度作业计划的解决方案。其中炼油全流程模拟模型利用全厂的动力学模型模拟炼油厂的操作运行，预测产品收率和性质，其可以作为生产调度作业计划编制的辅助工具。应用该模型，可以很方便地比较不同加工路线的边际效益、对公用工程系统的影响、对全厂各装置和产品性质的影响等。炼油全流程模拟模型(RSZM)基于第一性原理或半理论半经验方程，采用模拟的思路对炼油厂的当前操作进行计算，为编制调度作业计划提供决策依据。国内有炼油厂建立了“日优化”平台，用动力学模型更新计划排产模型，用计划排产模型测算装置原料和产品的边际价格/价值，据此计算出每套装置的日效益。根据日效益的变化，调度员对调度作业计划进行动态调整。

三、装置运行优化

(一) 分馏系统优化

炼油企业有大量的分馏塔，分馏系统是能量消耗大户，其运行是否优化，既影响产品收率，也影响节能降耗。因此分馏系统的优化操作十分重要。

分馏系统的优化目标是在保证产品质量合格的前提下，降低能耗，最大化毛利。分馏系统的优化控制技术比较成熟，无论是单塔及多塔、有无热集成、两相及三相、萃取及精馏、普通精馏及反应精馏、普通塔及分壁塔、板式塔及填料塔、工艺计算及水力学计算、控制方案评估等，均可用现有软件完成建模、模拟(静态或动态)、故障诊断、优化操作等。如采用联立方程组建模法，则还可对分馏系统整体进行优化(独立变量数可超过200个，如乙烯裂解单元的分馏系统)。

分馏系统一般用 Aspen Plus、Pro II、Hysys、Unisim、Petro-SIM、ChemCAD、ROMeo 等软件进行模拟计算和优化，目前多套国产化的流程模拟软件正在开发中，如青岛科技大学和中国石化联合开发的 OPEN 等。大部分流程模拟软件采用序贯法建模，适合优化不带热集成和循环物流少的分馏系统；复杂分馏系统优化采用联立方程法，如复杂的带热集成的分馏系统，常减压蒸馏装置、催化裂化主分馏塔及吸收稳定系统、PX 分离系统、乙烯分离、环已酮精馏系统等，还可以计算出某个因变量对自变量的灵敏度，以此作为 APC 控制器被控变量的增益。Aspen Plus、AVEVATM ROMeo、AVEVATM Process Simulation 和西门子公司的 gPROMS 等软件支持联立方程建模法。目前部分流程模拟软件也提供塔板水力学计算功能，并绘制出塔板的水力学负荷性能图，便于分析分馏塔的操作工况。

近 10 多年来，国内加强了流程模拟软件的应用推广力度，如中国石化部分炼油厂把会使用 Aspen Plus、Hysys 或 Petro-SIM 等流程模拟软件作为工艺技术员的认证资格之一，模拟软件的普及应用解决了很多生产实际问题，如催化裂化稳定塔优化进料温度，确保塔顶和塔底产品质量均合格；气分装置通过降低脱丙烷塔塔压，提高装置的负荷；分馏塔塔盘吹翻等故障诊断等。随着数字化转型、智能炼油厂等解决方案的推进，国内炼油厂开始重视在线实时优化和数字孪生技术，国内大型石化企业、民营炼油厂均开始投资建设常减压蒸馏、催化裂化、连续重整等装置的在线实时优化系统。炼油厂的技术人员也开始了解、学习和掌握联立方程建模法和优化技术，青岛科技大学、石化盈科、浙江中控等也在自主研发联立方程法建模平台。

(二)反应系统优化

装置增效的重点主要体现在反应系统或反再系统部分,如催化裂化装置,反再系统的增效潜力比分馏系统大约5倍以上。但炼油反应涉及的原料表征困难、反应网络复杂、反应产物的性质也难以准确计算,因此炼油反应的工艺模拟较困难。分子炼油虽然是目前的研究热点,但真正应用到工业实践中仍不常见。大部分炼油反应机理模型均基于集总动力学模型,需要定期用实际数据进行标定,产品性质则采用半理论和半经验的公式计算。常见的炼油装置如延迟焦化、连续重整、加氢裂化、渣油加氢、蜡油加氢、柴油加氢、焦化汽油加氢、烷基化以及C_5/C_6异构化等装置已有商用的动力学机理模型,其中部分模型精度较高,如连续重整、烷基化装置等,但MIP催化裂化、DCC或RTC催化裂解、CPP等国内专有的催化裂化工艺,以及沸腾床渣油加氢裂化、浆态床渣油加氢裂化等工艺目前尚无成熟的动力学机理模型。国内相关单位正在开发能用于在线实时优化系统的并流、逆流连续重整反应-再生机理模型,目前开发工作较为顺利。

反应系统的主要优化变量包括反应温度、压力、空速、催化剂装填量、品种活性、转化率和处理量等,优化目标可以是毛利或目的产品收率、产量等。如连续重整反应系统,在考虑反应器贴壁因素、加热炉负荷、每台反应器温降、再生器负荷、重整生成油RON值等约束的前提下,通过优化加工量、每台反应器的入口温度和氢油比,使得装置毛利最大,或芳烃和H_2产量最大。反应系统的优化问题在数学上属于求解一类非线性约束规划问题,对于反应器而言,该非线性约束属于一类微分代数方程组,因此寻求优化解的难度也较大。反应系统优化除了追求最优值外,还要重点研究反应条件是否稳定的问题,如对于放热反应系统,系统是否处于稳态,对装置的安全操作关系重大。反应系统模拟和优化首先要对反应器或反应-再生器进行建模,然后在离线和在线情况下评估不同原料、操作条件、催化剂活性对产品分布和性质的影响,最后在考虑各种约束条件的前提下,求解最优工况,使得目标达到极值。反应系统优化一般都是多变量优化,多变量的各种组合对增效影响较明显。如优化计算表明,在催化裂化装置的主风量已满负荷的情况下,通过优化催化剂活性、提升管出口温度、原料预热温度、掺渣量等,装置仍有明显的增效潜力。反应系统优化的核心是准确的反应器模型,该模型还可以用于更新生产计划排产模型中装置子模型的Base-Delta数据向量,也可以跟踪催化剂性能,预测其寿命、优选催化剂配方等。

目前得到普遍应用的商品化炼油反应器模型是KBC的Petro-SIM模型。近年来,AVEVA公司的Romeo炼油反应器模型也开始在在线实时优化项目中应用,该模型是基于联立方程法建立的,更适用于在线实时优化系统。其他软件也有部分炼油反应器模型,国内不少单位也在开发炼油反应器模型,如催化裂化反再模型。据了解,近年来日本、韩国、印度、新加坡和泰国部分炼油厂陆续实施了催化裂化、加氢裂化、连续重整等装置、甚至全厂所有主力装置的在线实时优化系统,中国石油部分炼油厂也开始试点实施催化裂化装置在线实时优化系统。

四、产品调和优化

产品调和优化不仅要研究每批产品的调和配方优化问题,还要研究产品调和批次优化问题,因此在数学上是一类带连续时间变量的多周期混合整数非线性规划问题。产品调和优化目标是动态的、多目标的,不仅指每批产品成本最低,要考虑到调和下一批次产品所要求的合理的组分性质、量、库容等因素。

产品调和优化除优化调和过程外，同时也关注生产过程的优化。例如催化裂化汽油中烯烃含量过低，将会导致 RON 值偏低，从而要求调入高价值的 MTBE、烷基化油和芳烃等组分，导致炼油厂效益流失。催化裂化汽油中烯烃含量偏低，是催化裂化反应过程中氢转移反应过度的表现，这也会导致催化裂化液化气中丙烯、丁烯产量降低(高价值的 MTBE 和烷基化油产量降低)。上述问题不是产品调和过程产生的，需要从降低催化裂化氢转移反应深度入手，优化催化剂配方和操作条件，提高催化汽油的烯烃含量、RON 值、催化裂化液化气的烯烃含量，从而降低汽油调和成本。

不同产品控制质量指标控制值不同，如汽油主要控制辛烷值、馏程、蒸气压等；柴油主要控制十六烷值、闪点、倾点等；喷气燃料主要控制馏程、冰点、密度、燃烧性能、氧化安定性等。由于汽油调和组分多，性质差异大，因此目前汽油调和主要采用在线实时调和。汽油在线调和应用较多的技术是近红外光谱法，该技术已实现国产化。其技术核心是近红外光谱数据的获取、建模和维护、调和及控制算法。由于汽油组分性质多变，前期建立的光谱库可能不适用，导致模型预测精度变差，这是汽油在线调和设施存在的主要问题。汽油在线调和设施运行良好与否与模型的运维有较大关系。

五、公用工程优化——氢气和瓦斯系统优化

(一) 氢气系统

随着我国对环境保护工作的重视，各种污染物的排放指标日趋严格，汽柴油、船用燃料油的质量指标也日益严格，氢含量越来越高，炼油厂对氢气的需求量越来越大。不同炼油厂的加工路线不同，原油和原料构成不同，产品结构不同，氢耗差别较大。目前炼油厂的吨原油纯氢耗量约 60~450Nm^3，氢气成本已成为炼油厂原料成本中仅次于原油的第二大成本要素。氢气系统优化，降低用氢成本已成为炼油厂提高经济效益的重要手段。由于吨原油纯氢耗量受很多因素影响，如原油品种、炼油厂总流程、产品结构和产品质量、用氢成本、环保排放指标等，不能很好体现炼油厂用氢水平，故一般用氢气有效利用率来表征炼油厂的用氢水平。氢气有效利用率是指炼厂各装置化学氢耗总和除以扣除外供后的全厂纯氢供应量。装置化学氢耗等于该装置纯氢总耗量减去废氢、低分气、汽提塔及分馏塔塔顶气中的纯氢量，即真正化学反应消耗的氢气量。目前大部分炼油厂氢气的有效利用率约 85%~95%，不同炼油厂氢气有效利用率相差较大。

炼油厂的氢气系统由供氢、用氢装置以及氢气管网组成。供氢装置主要是连续重整、制氢(如天然气蒸汽重整或煤部分氧化等)、乙烯裂解、氢气回收(PSA 或膜分离)、丙丁烷脱氢等装置。有些炼油厂自产氢气不足，部分氢气外购。用氢装置主要包括加氢裂化、加氢处理、加氢精制以及 S Zorb、异构化、硫黄回收装置等。不同来源的氢气压力等级和氢气纯度不同，不同用氢装置需要的氢气压力和纯度等级也不同，同时不同来源的氢气成本差别也较大。氢气系统优化的目标是在保证氢气产耗平衡的基础上，提高氢气有效利用率，降低用氢成本。

1. 提高氢气有效利用率

(1) 降低氢气损耗

一是优化氢气产耗平衡，平稳控制氢气管网压力，避免产耗、压力不平衡等造成部分氢气排放燃料气系统；二是优化匹配氢源和氢阱的纯度、压力，实现氢气梯级利用，降低

氢气损耗；三是优化加氢装置的新氢纯度，避免柴油加氢、汽油加氢、航煤加氢使用高纯氢，降低溶解氢损失；避免含较高浓度甲烷的乙烯氢作为渣油加氢、加氢裂化、蜡油加氢和柴油加氢改质用新氢或补充氢，造成废氢排放增加。目前不少柴油加氢、航煤加氢装置使用高纯氢，而连续重整产氢全部进 PSA 提纯，氢气系统存在优化潜力；四是应用新型传质设备，增强氢气在油中的溶解度，降低氢分压、降低氢耗和能耗。目前在液相循环加氢装置正在开展分形气泡等新型传质设备的工业应用研究，工业运行表明应用该设备后，装置氢耗、能耗均明显降低。

(2) 增上 H_2 回收设施

炼油厂含氢气体有加氢装置的低分气、汽提塔和分馏塔塔顶气、燃料气、PSA 或膜分离装置尾气等。目前大部分炼油厂均已回收了低分气中的 H_2，但加氢装置汽提塔顶、分馏塔塔顶气、燃料气中的 H_2，仅少数企业进行了回收。炼化一体化企业通过浅冷低温吸收装置，可回收焦化、临氢装置干气中的氢气、甲烷，送制氢装置作原料；部分企业催化干气送乙苯/苯乙烯装置作原料，尾气再进 VPSA 装置回收 H_2。这些氢气回收项目在技术上较成熟，主要考虑投资回报率以及对燃料气系统的影响。

根据氢气夹点原理，在夹点之上不建氢回收装置，即进氢回收装置的原料气 H_2 纯度不超过氢夹点处对应的 H_2 纯度。根据这个原则，连续重整产氢全部进 PSA 装置进行回收是违反氢夹点原则的，会增加氢气损耗。目前几乎所有的连续重整装置都会配套建设 PSA 装置，实际运行中，要根据中低压加氢装置的用氢情况，改部分连续重整产氢直接进中低压加氢装置，降低 PSA 尾气中的 H_2 损耗。

(3) 优化产品中的氢含量，优化产品结构

一是催化裂化氢转移反应过度，造成催化柴油中芳烃含量上升、液化气和汽油中烯烃含量降低、汽油 RON 值低，不仅降低了催化液化气和汽油的价值，还增加了催化柴油后处理的氢耗。如催化汽油中烯烃含量低于 18%，RON 值只有 89；催化液化气中异丁烷/异丁烯的比值大于 4，甚至达到 6，导致 MTBE 和烷基化原料中丁烯含量低；催化柴油相对密度超过 0.96。二是部分炼油厂出厂柴油的十六烷值富裕度较大。这些都反映了炼油厂主要产品中氢分布不合理的问题。目前炼油厂平均汽油产率约 25%，柴油约 23%，丙烯约 1.9%，商品液化气约 4%。若能优化降低催化裂化的氢转移反应，则能提高催化汽油的 RON 值、提高液化气的烯烃含量、降低催化柴油的芳烃含量，不仅提升了产品的价值，还降低了催化柴油后处理的氢耗。

产品结构对氢耗影响较大，如提高沥青、石油焦、低硫重质量船燃等重组分收率，则全厂氢耗降低；而提高汽油、石脑油、液化气和干气收率，则全厂氢耗增加。

2. 降低用氢成本

① 优化氢气系统，降低运行成本(氢气损耗+新氢和循环氢压缩功)。在学术界，一般采用建立氢气系统的超结构模型，采用非线性规划算法求解在满足供氢需求的前提下求解最低的氢气系运行成本。在工业界，一般依靠专家和模拟工具相结合的方法，优化氢气系统。超结构的方法更适合新建炼油厂，而现有氢气系统的优化则主要依靠专家经验和模拟工具相结合的方法，如氢气系统串级利用(乙烯氢供航煤加氢一次通过、连续重整氢气供预加氢一次通过等)、停用压缩机、合理设置管网压力等级和供氢方案，避免先升压再降压做无用功，避免高质低用，避免高 CH_4、CO 含量的氢气供高压加氢装置。

② 优化氢源，降低产氢成本。制氢装置的原料可以是饱和液化气，也可以是天然气或

炼厂饱和干气，而这些组分可以作炼厂的燃料，除天然气外，其他组分还可以作裂解原料。由于炼油厂的加工流程复杂，装置原料和燃料灵活可变，采用计划排产模型+流程模拟模型相结合的方法，求解出在满足各种约束的前提下，最低化产氢成本。

③ 优化临氢装置苛刻度，降低氢耗。优化装置氢分压、加氢苛刻度和催化剂级配，在保证产品质量合格的前提下，控制合理的转化率、脱杂质率和循环氢纯度，降低装置化学氢耗和溶解氢耗。

④ 优化回收装置 H_2 回收率，降低氢气排放损失。如优化 PSA 原料流量和氢纯度、PSA 的吸附剂级配、吸附时间常数、吸附塔运行方案，提高氢气回收率，降低排放损失。

⑤ 优化产氢装置操作条件，提高氢气产率，降低产氢成本。如提高制氢原料的转化率和选择性，提高氢气收率；优化连续重整原料、反应器入口温度、氢油比、水氯平衡等，提高氢气收率。

（二）瓦斯系统

近年来，随着汽柴油质量升级，环境保护力度的加强，加氢装置的能力占一次加工能力的比例持续提高，二氧化碳排放的压力不断加大。当前及今后一段时期，受汽车市场电动革命的影响，炼油行业面临加快转型发展的压力。炼油向产化工原料和化工产品转型是主要的转型方向，预计将建设催化裂解、加氢裂化、连续重整等油转化的枢纽装置，进一步增加二氧化碳排放的压力。

为达到“双碳”目标，炼油厂势必要深入开展节能减排工作，降低二氧化碳的源头排放，如优化装置操作条件、优化换热网络和公用工程、降低燃料气的硫含量，提高加热炉热效率，降低燃料单耗等。不同炼油厂因总流程不同、原料和产品结构不同、节能管理水平不同，燃料单耗差别较大，如炼油厂吨原油瓦斯消耗约 20～35kg 瓦斯，差别较大，部分炼油厂节瓦斯潜力较大。

1. 提高加热炉及换热、传质设备的效率

进一步提高加热炉热效率，需要兼顾投资回报率，首先应提高热负荷较高（10MW 以上）的加热炉热效率，如加强炉体保温、降低漏风量、优化燃料质量，降低烟气排放温度（瓦斯进加热炉前深度脱硫）、增设烟气余热回收系统，降低排烟温度、利用低温余热加热瓦斯、优化控制方案（APC 控制烟气氧含量或改烟气氧含量控制为 CO 含量控制等）等。目前工业上通过上述综合措施，炼油厂大型加热炉的热效率可达 95.5%。

应用新型高效换热器，回收低温位、降低换热温差，进一步提高热量回收量。如常减压初常顶低温位热量，加氢装置汽提塔顶、分馏塔顶油气的热量回收、缠绕管式换热器在加氢裂化、加氢改质、连续重整、PX 等装置上应用后，节能效果较明显。

新型的塔盘、降液管以及填料，在维持相同或更高分离精度时，能提高处理能力或者降低回流比，从而降低瓦斯单耗。

2. 优化装置反应参数、催化剂级配及分馏系统

装置反应温度、氢油比、急冷氢流量、原料和反应器出口物流换热量（旁路、结垢等）、循环比、溶剂比、高低分入口温度、催化剂级配及活性、原料是否热直供、分馏系统分离热集成或采用分壁塔技术、分馏塔过汽化率、回流比、进料位置和温度、空冷器和水冷器前温度等操作条件及产品纯度、回收率等对瓦斯的消耗均有明显影响。

近年来，加氢装置负荷占一次加工能力逐年提高，大部分加氢装置设计了反应炉和分馏塔，一方面日常操作的氢油比明显高于设计值，另一方面加氢是放热反应，在如何充分利用催化剂活性、充分利用反应热、降低氢油比、提高原料入加热炉的温度等方面存在较大的潜力。目前部分装置通过降低氢油比、提高原料和反应产物换热的比例、优化催化剂级配、降低急冷氢流量等，明显降低了反应炉的负荷；但也有较多的加氢装置，氢油比较高、原料走换热器旁路的比例较高，这些装置的反应炉存在明显节瓦斯的潜力。新建设的柴油加氢裂化、柴油加氢改质装置，原料和反应器出口物流换热采用缠绕管式换热器，不设反应炉，只设置了开停工用炉，即正常生产反应单元不消耗瓦斯。而针对加氢装置的分馏单元，设计部门正在考虑取消分馏炉，改造为汽提蒸汽+抽真空的方式，改造后预计分馏单元将停用瓦斯。

3. 换热网络优化

已在运的换热网络，优化目标是通过降低跨夹点的换热量，降低冷热公用工程热负荷。根据夹点原理，跨夹点换热量越大，热公用工程和冷公用工程的热负荷就越大。在换热网络及换热负荷已确定的情况下，不同的夹点温差对应不同的换热面积，夹点温差越接近，所需要的换热面积越大。对于在运的换热网络而言，换热负荷和换热面积已知，夹点温差即被确定。根据夹点温差，就确定冷热物流的温焓曲线的靠近程度，从而可得出该换热网络对应此夹点温差的最低冷热公用工程介质用量，结合在运的换热网络分析，就可以得出跨夹点换热量以及跨夹点的换热器位置和数量。操作调整上，可以通过提高冷物流换热前温度或降低热物流换热前的温度来降低跨夹点的换热量。

已有换热网络的改造，可通过增加换热面积、应用高效换热器、提高传热效率、优化换热网络结构等方法降低夹点温差，提高冷热物流温差垂直换热量，降低跨夹点换热量，达到节能目的。在综合考虑投资回报率的情况下，尽可能降低夹点温差，提高换热终温。如增加常减压蒸馏装置初底油换热器的换热面积，即提高夹点之下冷物流的温度，从而降低跨夹点换热量；取消常减压高温位热源发蒸汽，利用该热量给冷物流加热；利用低温位热源或低温热水加热进加热炉的瓦斯等。

对于新建装置的换热网络，在设计阶段，要优化投资回报率，确定最优的夹点温差。确定夹点温差后，设计换热网络时，尽量按最大化换热推动力设计：垂直换热、支路换热终温基本相同，目的是在换热负荷一定时，最小化换热总面积。新建装置换热网络还要考虑到柔性问题(换热器结垢、某台换热器切出检修)，使得换热网络具备一定的弹性，能适应原料、操作条件和负荷的变化；能适应一个运行周期的前、中、末期部分关键换热器结垢的工况。

炼油装置中常减压蒸馏、延迟焦化、连续重整的换热网络属于夹点问题，即温度最高的冷物流需要用瓦斯(热公用工程)加热；催化裂化、加氢裂化、加氢精制换热网络属于阈值问题，即温度最高的冷物流热量需要回收。属于夹点问题的换热网络，其优化目标是节省瓦斯、蒸汽等热公用工程和循环水、空冷等冷公用工程消耗；属于阈值问题的换热网络，其优化目标是尽可能多发压力等级高的蒸汽、多用压力等级低的蒸汽。

换热网络优化工具目前应用较多的是 Aspen Energy Analyzer 和 Super Target，国内石化行业的主要设计院也自主开发了换热网络优化工具。这些工具比较适用于优化新建或改造的换热网络。对于在运的换热网络，应用流程模拟工具进行案例指导，指导性更强。用流程模拟工具指导在运换热网络的优化操作，有离线优化和在线优化两种方案。

(1) 换热网络离线优化。一是在离线环境下，利用流程模拟软件建立装置全流程模型，此时换热网络和装置其他单元操作高度耦合，通过不同方案的模拟计算，比较判断各种方案的优缺点，指导现场调整操作，通过多个案例比较，达到更优化的操作方案；二是在离线环境下，利用序贯-联立方程混合法(SM-EO Mixed Mode)建立装置全流程模型，用序贯(Sequential Model，SM)子模型严格计算出每台换热器的参数，如总传热系数、压降、换热面积、逆流校正系数，然后把这些参数自动导入联立方程(Equation Oriented，EO)子模型进行迭代。这种方法可以自动严格计算出换热网络的优化方案。

(2) 换热网络在线优化。利用联立方程法(EO)建立全装置模型，在每个优化运行周期(1 至数小时)内，先进行数据整定(Reconciliation)优化，该步骤中，系统自动收集每台换热器进出口物流温度，估算出每台换热器的热力参数，使得计算值和测量值整体误差平方和最小。数据整定步骤得到所有换热器的热力参数，然后用这些参数用于本周期的换热网络优化。在每个周期的滚动优化中，换热器的热力参数都进行了更新，因此换热网络优化能较准确地自动在线进行。

4. 加热介质优化

由于核电、风电和光伏发电二氧化碳排放量低，炼油厂已开始考虑部分压缩机用电机驱动代替蒸汽透平驱动，节省的蒸汽可用作重沸器的热源代替加热炉。随着技术的进步，用电加热炉代替常规加热炉作热源，也是降低瓦斯消耗、降低二氧化碳排放的有效途径。

5. 数字技术应用

先进控制技术(APC)、在线实时优化技术(RTO)、数字孪生技术(Digital Twin)在亚太地区炼油厂已普遍应用。APC 在国内炼油厂已普遍应用，如降低加热炉烟气氧含量，平稳控制加热炉各分支的出口温度；而 RTO 则能优化加热炉出口温度，降低过汽化率，优化分馏塔中段回流取热方式、各换热分支流量，提高换热终温。目前中国石化、中国石油、中国海油以及部分民营炼油厂已开始在常减压、催化裂化、连续重整等装置上开展 RTO 项目的试点建设。据现场调研，韩国某千万吨级炼油厂主要装置均实施了 RTO，并在此基础上部署了数字孪生平台，能实时监控、优化和诊断装置的运行工况。如常减压蒸馏装置数字孪生平台，能实时检测换热器的压降、传热效率(垢阻)，也能评估某台换热器切出维修后对装置的影响及最优的调整措施。

六、蒸汽动力系统优化

蒸汽动力系统包括产汽单元、用汽单元、蒸汽输送单元和蒸汽压力等级变换单元等，承担全厂蒸汽平衡、电平衡甚至燃料平衡任务，是最重要的公用工程系统之一。产汽单元既包括动力锅炉、电站锅炉等燃料产汽设施，也包括催化裂化等装置的余热产汽设施，还包括抽背式汽轮机和减温减压器等压力转换单元。用汽单元分布较广，几乎包括所有的装置。不同压力等级的蒸汽用于驱动设备、加热、汽提、伴热等。蒸汽输送单元主要是蒸汽管网，包括附属的疏水系统等，一般企业均配备了全厂性的中压(约 3.5MPa)蒸汽和低压(约 1.0MPa)蒸汽管网，另有局部的高压(约 10.0MPa)和低低压(约 0.35MPa)蒸汽管网。

(一) 优化目标

蒸汽动力系统优化的目标是提高系统效率，降低燃动成本。

(二) 降低蒸汽供给成本

降低蒸汽供给成本是指在供给侧降低蒸汽成本，包括优选汽源和从源头降低自产汽成本。

1. 优化汽源，降低供给成本

（1）根据自产汽成本及外购蒸汽价格选择蒸汽来源。

（2）催化裂化等装置产高压蒸汽，提高产汽能效，降低蒸汽成本。

（3）根据操作条件合理匹配汽源，减少特殊压力等级蒸汽。一方面减少蒸汽压力能损失；另一方面避免特殊压力等级的蒸汽导致减温减压能量损失或增加管网输送损失。

（4）采用燃气联合循环发电等方式产汽，提高燃料能效，降低产汽成本。

2. 优化燃料结构，降低产汽成本

（1）根据煤、石油焦性价比优化电站锅炉燃料结构，降低产汽成本。

（2）根据高、低硫石油焦、进口焦和国产焦、弹丸焦与非弹丸焦的价差及性价比合理选择石油焦种类，降低产汽成本。

（3）根据自产液体、气体燃料与外购燃料性价比优选燃料。

（4）降低连续重整、制氢等装置加热炉余热产汽(实为燃料气产汽)，装置余热用于提高换热终温，降低蒸汽成本。

（5）禁止在油价高及无燃料气过剩时，燃煤、燃焦锅炉正常运行时用燃料油、燃料气助燃。

3. 优化装置操作，降低蒸汽成本

（1）提高工业锅炉、电站锅炉及装置余热锅炉运行效率，提高产汽量，降低产汽成本。

（2）装置操作优化增加产汽量，如催化裂化提高直供温度，增加循环油浆产汽，催化裂化分馏塔取热优化提高循环油浆产汽量等。

（3）以透平抽汽或排汽替代蒸汽减温减压，提高透平发电量，减少蒸汽能量损失，降低蒸汽成本。

（4）提高锅炉上水温度，增加产汽量，提高系统运行效率。

（5）根据锅炉热化学试验确定炉水水质，降低锅炉排污率，提高产汽量。

（6）加强透平机组运行参数监测，及时发现透平机组级间及轴封漏汽。

（三）降低蒸汽消耗

降低蒸汽消耗是从源头上降低蒸汽成本。整体上可采取两种方式：一是采用操作优化降低蒸汽用量；二是用余热等价廉易得工质替代。

1. 操作优化，降低蒸汽消耗

（1）流程优化降低蒸汽消耗。如降低重质油品库存，减少储罐数量，降低油品加热、维温蒸汽；在确保质量情况下，优化降低过剩的含硫污水量、脱硫溶剂循环量以节约蒸汽等。

（2）分馏塔等操作优化，降低蒸汽消耗。如柴油加氢分馏塔等通过降低塔压来降低汽提蒸汽量，溶剂再生、污水汽提装置通过优化冷回流量来降低蒸汽消耗等。

（3）提高进料温度，降低塔汽提蒸汽量。溶剂再生、污水汽提、苯抽提等装置分馏塔可通过提高换热终温、提高进塔温度来降低塔底重沸器蒸汽消耗。

2. 工质替代降低蒸汽消耗

（1）余热替代蒸汽。余热替代蒸汽场景较多，如：气分装置取消蒸汽，原油、润滑油罐取消加热蒸汽等；气分脱丙烷塔与催化裂化装置顶循环油热联合换热，脱丙烯、脱乙烷塔等与循环热水换热，装置取消蒸汽；原油罐区采用热水加热及维温，取消加热蒸汽；润滑油罐采用热水加热、维温，保持产品质量稳定；蜡油罐采用高温热媒水维温加热；新鲜水加热用热媒水替代蒸汽；除盐水与工艺物料换热，提高进除氧器温度，降低除氧器蒸汽消耗等。

（2）以电代蒸汽，降低总成本。蒸汽抽真空改为机械抽真空以降低蒸汽消耗；根据蒸汽平衡，凝汽透平改为背压透平或电机，降低蒸汽消耗；以电伴热替代蒸汽伴热节能等。

（3）以饱和水替代蒸汽。焦化大吹汽改为注饱和水，节能及降低其间断用汽对蒸汽系统的影响。用高温凝结水直接作汽包给水，降低除氧水消耗，降低除氧蒸汽量。

（四）优化蒸汽管网运行

1. 合理设置蒸汽管网压力

（1）只设中压(3.5MPa)和低压(1.0MPa)两个全厂性蒸汽管网，高压(10MPa)和低低压(0.35MPa)蒸汽设局部管网或装置间直供。其他压力等级用户宜改造用汽设备，避免蒸汽减温减压及增加蒸汽管网长度。

（2）蒸汽管线管径要求能保证管内蒸汽流速为经济流速，兼顾压力和散热损失。冬夏季蒸汽流量相差过大时，宜设双线运行。

（3）优化蒸汽管线的投停，在降低管线散热损失的同时维持中压蒸汽管网压力最高点与最低点压力差不超过0.1MPa，低压汽不超过0.15MPa。

2. 优化管网运行压力，提高做功能力

中压蒸汽管网压力宜保持在3.7MPa以上，低压蒸汽系统压力至0.8MPa以下，提高透平做功能力，减少中压蒸汽耗量，避免低压蒸汽过剩放空。

3. 降低管网散热损失

（1）加强蒸汽管网保温，降低散热损失。在日常环境下，管线表面温度不应较环境温度高20℃。

（2）管线阀门、法兰等管件均需保温，管托宜用绝热管托。

（3）饱和蒸汽、流速过低及爬坡处管线均应设疏水器，消除管线积水，避免水击及降低管线压力、温度的线损。

（五）做好蒸汽系统的一体化平衡

蒸汽平衡即蒸汽系统中各压力等级的蒸汽产、耗基本一致，蒸汽管网压力保持相对稳定，不会出现因某一压力等级蒸汽产大于耗时蒸汽管网压力持续上升、耗大于产时蒸汽管网压力持续下降的情况。蒸汽平衡是一个即时的动态过程，原则上以耗定产，可通过锅炉产汽、汽机凝汽发电等措施进行调节。蒸汽系统平衡原则为压力等级低一级的蒸汽产汽不足，由上一级补充。

对于自产汽不足的企业，蒸汽平衡可通过外购蒸汽量来调节；对于蒸汽过剩的企业，过剩蒸汽外销是最佳利用途径，凝汽发电是有效途径。蒸汽凝汽发电优点是电用途广泛，缺口大，不会出现过剩情况；缺点是能效低。蒸汽系统封闭运行的企业，抽背透平+纯凝透平发电是最佳调节手段，抽凝透平及备用机组较多的企业配置凝汽透平驱动泵和压缩机组也是比较好的调节手段。

（六）蒸汽动力系统优化解决方案

燃料、蒸汽和动力系统优化要运用全局优化、整体优化的方法解决。

对于目前在运的蒸汽动力系统，国外不少炼油厂实施了AVEVA在线实时优化(RTO)项目，项目覆盖自备电厂、锅炉、汽机、各级蒸汽管网、减温减压器、装置产用汽需求(温度、压力、流量)等。根据用气需求，RTO系统根据燃料价格、锅炉和汽机的效率，自动优化锅炉负荷、汽机负荷以及热电比、减温减压器流量等，目标是使得发汽成本最低。RTO系统可以动态跟踪管网压力的变化。国内某合资炼化企业实施了离线的 AVEVA 实时优化项目，部分炼化企业基于 Aspen Utilities Plannner 建设了离线的蒸汽动力系统的实时优化项目。这些系统均采用联立方程组法建模，以确保高效求解混合整数非线性规划问题。

对于蒸汽动力系统改造项目，有一种方法是对每套工艺装置进行夹点分析，并建立全厂蒸汽动力系统模型（含锅炉、燃料、发电机及经济评价），应用 KBC 公司的 Total Site 软件，给出全厂公用工程夹点，在此基础上提出各装置发汽或用汽的优化方案。基本原理是：工艺物流发生压力等级更高的蒸汽，工艺物流用压力等级更低的蒸汽，直到蒸汽和工艺物流换热温差达到或接近夹点温差；再用全厂蒸汽动力系统模型评估全厂蒸汽平衡，优化燃料结构和用量、优化热电比，使得效益最大化；最后给出技术改造的路线图，对系统和装置需要改造的部分列出时间节点，细化每个改造方案。蒸汽动力系统模型也可以实时在线运行，根据煤、天然气、燃料气、液化气不同的等热值价格，不同锅炉、汽机的效率，不同的热电比等，实时调整燃料、动力和汽机系统运行模式，实现燃料成本最优。

第三节　炼油生产优化实践

一、原油采购和加工

原油成本占炼油厂总成本的90%以上，原油市场价格波动较大，为确保原油资源供应和炼油厂物料平衡，需动态测算原油采购和加工方案，灵活处理长期合同与现货的关系，以便捕捉市场机会，实现资源的最佳利用。

特定时期（价格体系、市场需求、加工量等基本确定），特定的炼油厂应采购哪些原油、采购多少量、选择何种加工方案才能使炼油厂的经济效益最好，这是一个比较复杂的问题，且一般都带有一些不确定性，如原油的价格波动较大，可购买量也经常变化。炼油厂总流程的复杂程度也进一步增加了上述问题求优的困难程度。虽然对炼油厂而言这是一个基本问题，但受多种不确定性因素的影响，这个问题往往不只有一个答案或方案。通常的做法是用炼油厂的混和整数-线性规划-分布递归模型（MIP-LP-DR）或混合整数-序贯线性规划（MIP-SLP）模型求解，从而得到几种原油采购和加工方案进行比选。

上述方法的好处是求解速度快，便于快速筛选可能的原油采购和加工方案，且能得到边际油种（购买量达上下限）、边际油种的影子价格以及边际油种的赢利能力分析、边际油种的灵敏度分析，即采购量和采购价在多大的范围内变化时边际油种保持不变。上述方法的缺点是模型是否收敛、是否是局部优解很大程度上与建用模技巧、初值和算法有关。因为从本质上而言，炼油加工过程的数学模型是属于非线性模型，用线性去模拟非线性过程，不可避免会带来偏差。视原油评价数据、常减压的分离精度以及装置子模型的准确程度，该方法往往会倾向于购买和加工低成本的劣质化原油，而没有充分考虑劣质原油对产品分布和性质的影响。

针对已有方法的缺陷，某炼化企业提出联合应用炼油全流程优化模型（RSIM）和 PIMS 模型，比选测算原油采购和加工方案。这种方法是先用 PIMS 模型优选原油，然后应用 RSIM 模型对原油采购和加工方案进行验证，相当于在原油真正采购和加工前，在计算机上用一个较准确的带动力学机理的模型“模拟加工”一遍，测算和评估装置原料性质、产品分布的变化、各种约束和瓶颈是否在安全可控范围内、经济效益是否符合预期。如 PIMS 和 Petro-SIM 测算结果不一致，就开放溯源分析，找到问题的根源，并尝试解决。如某次在评估是否采购玛雅原油时，PIMS 模型和 Petro-SIM 模型测算结论相反。以往加工玛雅原油的经验是延迟焦化装置容易产弹丸焦，为此需要降低常减压装置减压炉、延迟焦化装置加热炉出口温度。把这些实际参数输入到 Petro-SIM 模型计算后发现，当时加工玛雅原油是没有效益的，炼油厂最终没有采购和加工玛雅原油，防止了效益流失。原油性价比的测算和验证也可以采用该方法。

外购原油/原料进二次装置加工，则用 Petro-SIM 模型先测算产品分布和产品性质以及对装置的影响，并把测算结果作为基础数据输入到 PIMS 模型，再进行经济效益的测算。

案例：

某企业计划首次加工 D 原油，此原油为高酸、高镍含量的低硫石蜡基原油，结合总流程及装置特点，考虑此原油直接进 3#催化装置按一定比例进行掺炼，同时将 1#常减压装置掺炼此原油作为备用方案。加工此新油种时需重点注意以下几点：

(1) 加工此原油必须建立在常减压、催化裂化、加氢等主要装置安全稳定生产的基础上，汽油、柴油、航煤等产品质量确保合格，不影响各项环保指标。

(2) 此原油直接进 3#催化装置掺炼时，考虑到装置混合原料油中“Ni+V”含量上升对平衡催化剂活性的影响，需密切关注产品分布及性质、催化剂性质、两器流化等变化，如有异常停止掺炼。

(3) 受外取热部分管束泄漏切出影响，在掺炼 D 原油过程中应充分关注 3#催化装置外取热器发汽量(≤100t/h)。当外取热器发汽量>100t/h 时，需要降低重油加氢装置掺渣量或外甩部分加氢重油，确保外取热器运行安全。

(4) 1#常减压装置掺炼 D 原油时应加强与调度、原油罐区的联系，掺炼初期加强对电脱盐工艺参数的调整，稳定住操作工况，提高脱盐效果，根据脱后原油含盐、含水情况逐步增加 D 原油掺炼比。如脱盐乳化严重，经调整无效，影响到常压和下游环保装置操作，应立即降低掺炼比或停止掺炼，待工况稳定后再恢复掺炼。

利用 Petro-SIM 模型对 3#催化装置掺炼不同比例的 D 原油时装置原料、产品收率及性质变化情况进行测算。原料性质变化如表 8-3-1 所示，主要是馏程变宽，因原油含石脑油和渣油组分，馏程前端组分变轻，后端变重；原料密度下降，酸值上升，芳烃含量有所下降，饱和烃含量上升；原料残炭明显上升，掺炼 15%时残炭值达到 4.53%；硫含量、氮含量及酸值变化不明显；当掺炼比例达到 15%时，金属 Ni+V 含量达到 18.24mg/kg，超过装置原料工艺卡片指标(15mg/kg)，测算的平衡剂金属含量将达到镍 14000mg/kg、钒 1230mg/kg、铁 8600mg/kg，因此建议掺炼比例不超过 15%。

3#催化装置掺炼 D 原油后，反应温度按 534℃控制，若主要操作条件及新鲜催化剂补充量不做调整，由于原料残炭及重金属含量高，产品分布变化主要表现为油浆及生焦产率明显上升，如表 8-3-2 所示。掺炼比达到 15%时，油浆收率达到 6.30%，生焦将达到 9.43%；催化汽油及液化气收率上升，液化气收率提高 1.59 个百分点，汽油提高 0.79 个百分点；催化柴油收率下降明显，降低 2.83 个百分点；干气收率下降 1.17 个百分点。在外取热取热负荷受限的情况下(≤100t/h)，再生稀、密相温度有超指标的风险，需要根据再生温度情况，退出部分加氢重油，适当降低反应温度同时加大新鲜剂补充量。

表 8-3-1 3#催化装置掺炼 D 原油时原料性质情况

项目		不掺炼	掺炼 D 原油比例为 10%	掺炼 D 原油比例为 15%
密度		0.929	0.921	0.919
K 值		11.59	11.63	11.65
酸值/(mg KOH/g)		0.11	0.39	0.54
芳烃含量		31.12	30.09	29.58
饱和烃含量		65.12	66.02	66.54
碱氮含量/%(质)		0.12	0.12	0.13
碳氢比/%(质)		7.35	7.29	7.27
残炭/%(质)		3.78	4.28	4.53
馏程/℃	1%	314.99	275.86	232.58
	5%	335.68	329.94	326.92
	10%	348.30	345.08	342.28
	30%	366.05	366.81	366.48
	50%	423.20	428.85	431.91
	70%	497.64	506.24	510.78
	90%	579.42	665.36	720.51
	95%	713.63	769.00	835.52
	99%	779.14	849.06	850.99
铁含量/(mg/kg)		10.29	10.25	10.23
镍含量/(mg/kg)		7.14	13.80	17.12
钒含量/(mg/kg)		0.98	1.10	1.12
氮含量/%(质)		0.28	0.29	0.30
硫含量/%(质)		0.11	0.11	0.11

表 8-3-2 3#催化装置掺炼 D 原油时产品收率情况

产品	不掺炼	掺炼 D 原油比例为 10%	掺炼 D 原油比例为 15%
总进料/(t/h)	240	240	240
干气/%	6.24	5.39	5.07
液化气/%	18.24	19.27	19.83
汽油/%	42.43	43.08	43.22
柴油/%	19.97	17.03	16.14
油浆/%	5.21	6.07	6.30
生焦/%	8.91	9.16	9.43

催化汽油性质变化如表 8-3-3 所示，其研究法及马达法辛烷值均有所下降；芳烃及烯烃含量略有下降；汽油苯含量变化不明显。测算结果反映整体上汽油质量可控，对汽油调和的影响较小，只需适当提高高辛烷值汽油组分的比例，即可保证辛烷值合格。

表 8-3-3 催化汽油性质变化情况

项目	不掺炼	掺炼 D 原油比例为 10%	掺炼 D 原油比例为 15%
密度	0.744	0.742	0.741
K 值	11.50	11.49	11.51
硫含量/(mg/kg)	182	104	102
氮含量/(mg/kg)	25	25	25
RON	92.95	92.86	92.78
MON	81.19	81.10	81.04
抗暴指数	87.07	86.98	86.91
芳烃含量/%(体)	27.29	26.98	26.85
苯含量/%(体)	0.53	0.53	0.53
烯烃含量/%(体)	23.78	23.36	23.12

催化柴油性质变化如表 8-3-4 所示，其柴油十六烷指数有所上升。掺炼比例达到 15%时，十六烷指数增加 0.36 个单位，密度、硫氮含量略有下降；柴油整体性质向好，可适当提高柴油 95%点温度，在充分利用十六烷资源的前提下，提高柴油收率，尽量降低油浆收率。

表 8-3-4 催化柴油性质变化情况

项目		不掺炼	掺炼 D 原油比例为 10%	掺炼 D 原油比例为 15%
密度/(kg/m^3)		957.02	955.10	953.37
馏程/℃	1%	184.32	184.78	183.13
	30%	245.22	244.45	244.16
	50%	262.19	262.12	262.21
	90%	344.01	345.09	346.71
	99%	365.27	365.84	366.89
十六烷指数		22.19	22.32	22.55
闪点/%		70.04	69.56	68.48
硫含量/(mg/kg)		1232	1207	1194
氮含量/(mg/kg)		2501	2474	2458

综合分析，当 3#催化装置掺炼 D 原油量达到新鲜进料量的 15%时，预测主要影响是：

(1) 混合原料金属 Ni+V 含量为 18.24mg/kg，超工艺卡片指标(15mg/kg)，同时平衡剂镍含量将达到 14000mg/kg，需要加大新鲜剂置换。

(2) 3#催化装置产品分布会受到较大影响，油浆及生焦量上升明显，汽油及液化气收率会上升，但操作上因外取热取热负荷受限，再生温度有超温的风险。

(3) 掺炼 D 原油后，3#催化装置需要外甩部分加氢尾油，会拉高重油库存，对全厂蜡、重油库存造成一定压力。因此，D 原油安排进 3#催化装置进行掺炼时，首次加工时按新鲜进料 5%比例(15t/h 左右)进装置掺炼，后续将根据装置运行工况以及产品质量分析数据逐步上提掺炼比例，但比例不超过 15%(35t/h)。

根据上述测算结果，该企业采购并加工了 42.7kt D 原油，成本降低 117 元/吨，增效约 500 万元。

原油直接进催化裂化装置加工，无法直接用现有的 PIMS 模型测算，本案例展示了利用动力学模型测算原油进催化装置后对产品分布、产品性质、汽柴油调和、催化剂性能、再生温度等方面的影响。产品分布和性质进一步提供给 PIMS 模型作为基础数据，测算加工该原油的经济效益。外购石脑油、柴油、蜡渣油等组分时，也可以按上述方法进行技术经济指标的测算。

二、渣油加工流程优化

减压渣油的加工路线有溶剂脱沥青-IGCC、减压深拔-延迟焦化或溶剂脱沥青、固定床渣油加氢-重油催化、催化裂化掺渣、沸腾床或浆态床渣油加氢、生产低硫重质船燃等。不同的加工路线，在不同的价格体系下，效益变化较大。需要利用机理+数据模型准确计算不同加工路线的产品分布和产品性质。

在正常生产经营环境下，渣油加工路线优化的原则是能直接去催化裂化装置掺渣的渣油不去其他装置或产燃料油，催化裂化装置应尽可能提高掺渣比；能去渣油加氢装置的渣油不去产沥青、溶剂脱沥青或焦化，渣油加氢装置提高掺渣比和延长运行周期需要进行全厂模型测算并综合平衡；延迟焦化装置原料尽可能劣质化；DOA 去延迟焦化、产沥青、气化炉原料；渣油产沥青、去焦化和去溶剂脱沥青则主要视价格体系和减压渣油的性质而定，通常是动态变化的。随着技术的发展，沸腾床或浆态床渣油加氢工艺已投入工业运行，渣油加工处理手段更加丰富。原理上，降低原料成本有利于提高这两类装置的经济性，但减压渣油劣质化后，将引发结焦等长周期运行问题，降低装置的利用率，因此和固定床渣油加氢类似，需要全厂模型测算，并综合平衡。

低硫重质船燃主要由低硫减压渣油或固定床渣油加氢渣油为主调和生产，其成本较高。低成本生产船燃也是渣油加工路线优化领域面临的一个课题。

（一）案例 1

1. 案例背景

某公司 2 套常减压蒸馏装置的定位不优化：一是由于沥青罐和焦化原料罐罐容均较小，分别是 $4\times5000m^3$ 和 $1\times10000m^3$，3#蒸馏装置在生产沥青时，必须同时兼顾沥青和焦化原料的要求。沥青和焦化原料对渣油的性质要求不同，沥青要求适度深拔或浅拔，焦化料则要求深拔。在沥青方案切换及生产期间，焦化料没有深拔，存在部分重蜡油进焦化装置生焦的问题。二是由于 2#蒸馏装置 2.5Mt/a 系列没有减压塔，常渣全部进渣油加氢装置，造成加氢渣油黏度偏低，不能调入低价值催化柴油，公司只能用全加氢的渣油生产低硫船燃，成本较高。三是在渣油加氢装置满负荷生产时，3#蒸馏装置全月有 10 天时间减渣供渣油加氢，期间 3#蒸馏装置减渣同时产焦化料，造成焦化料金属、残炭、沥青质等性质偏低，造成效益损失。

2. 优化思路及方案测算

为此某公司提出 2.5Mt/a 蒸馏装置增加配套的减压塔，同时改造换热网络。改造后，2#蒸馏装置 2.5Mt/a 和 3.5Mt/a 系列可按沥青、焦化料方案分别组织生产，3#蒸馏装置减四线及减压渣油供渣油加氢装置，不足部分用两套蒸馏装置的减三线补充。按此思路测算，固定汽油、航煤配置量、乙烯裂解料总量、低硫重质船燃、MGO、沥青产量，2#连续重整装置最低负荷率设置为60%，1#延迟焦化装置停工，原油购买量上限按目前可供资源量上限设定。原油加工总量和柴油出口量放开约束，由模型自动优化，优化方案比基础方案增效 8396. 5 万元/月。

3. 结论与建议

2#蒸馏装置 2. 5Mt/a 系列加工巴士拉轻+瓦斯卡尼亚(7∶3)原油，渣油产沥青料；2#蒸馏装置 3. 5Mt/a 系列加工科威特、福蒂斯等原油，渣油产焦化料；3#蒸馏装置加工阿曼、巴士拉轻和卢拉等原油，渣油产渣油加氢料。可见 2. 5Mt/a 常压蒸馏装置增设减压塔，沥青、低硫重质船燃、渣油加氢和延迟焦化原料的生产优化空间打开，3#蒸馏装置不需要在焦化料和渣油加氢料之间切换，有利于原油降本和降低过渡料损失；3#蒸馏装置也不需要同时产焦化料和沥青料，避免了效益损失。

（二）案例 2

1. 案例背景

某公司渣油加工有两条路线：一条是原油经过 2#常减压装置减压深拔后，减压渣油供 800kt/a 焦化装置加工；另一条路线是 1#常减压装置减压渣油进 1. 5Mt/a 渣油加氢装置，加氢后给 900kt/a 和 2. 2Mt/a 催化裂化装置提供原料，但由于各种原因，焦化装置需要长期停工，减压渣油处理能力不足。

2. 优化方案测算

焦化装置停工后，约 150kt/a 的油浆和约 650kt/a 的减压渣油需要平衡，油浆只能外卖，减渣平衡有三种手段：一是源头减量，即降低常减压装置加工量；二是通过常减压深拔生产道路沥青；三是催化装置掺炼不加氢减压渣油。针对减压渣油进渣油加氢装置、生产沥青和直接进催化装置掺炼渣油三种加工路线的边际效益进行测算，根据原油价格和产品价格走势，本着安全第一且效益最大化的目的，三种加工路线可随时进行调整。

建立该公司焦化装置停工后的全流程模型，根据各装置实际生产数据，对全流程模型进行校核，以生产沥青为基准模型，再分别测算出减压渣油进渣油加氢装置和进催化裂化装置掺炼渣油两种加工路线的效益情况，与生产沥青的效益进行比较，最终得出三种路线的优劣，从而对减压渣油加工路线进行优选。图 8-3-1 为一段时期内减压渣油三种加工路线的效益差对比。

从图 8-3-1 可以看出，一段时期内，减压渣油生产沥青的效益好于减压渣油进催化装置掺炼渣油的效益，则此段时期内尽可能多地生产沥青，减少催化装置掺炼渣油量，之后随着沥青价格的回调或原油价格的上涨，减压渣油进渣油加氢装置的效益增加明显，进催化装置掺炼渣油的效益也好于生产沥青，故此期间安排渣油加氢装置满负荷生产，残炭尽量控制在 12%~12. 5%，催化装置最大能力掺炼渣油，减少沥青产量。

三、蜡油加工流程优化

无加氢裂化装置的企业，蜡油加工路线比较固定。例如直馏蜡油和焦化蜡油进蜡油加氢或渣油加氢装置加工，视催化剂级配和活性、原料反冲洗过滤器运行情况不同，焦化蜡油可进蜡油加氢装置或渣油加氢装置加工。有加氢裂化装置的企业，蜡油加工路线比较灵活。例如焦化装置可抽轻重蜡油，轻蜡油可去加氢裂化、蜡油加氢或渣油加氢装置，而重蜡油不能去加氢裂化装置；直馏减二、减三线可去蜡油、渣油加氢装置，也可去加氢裂化

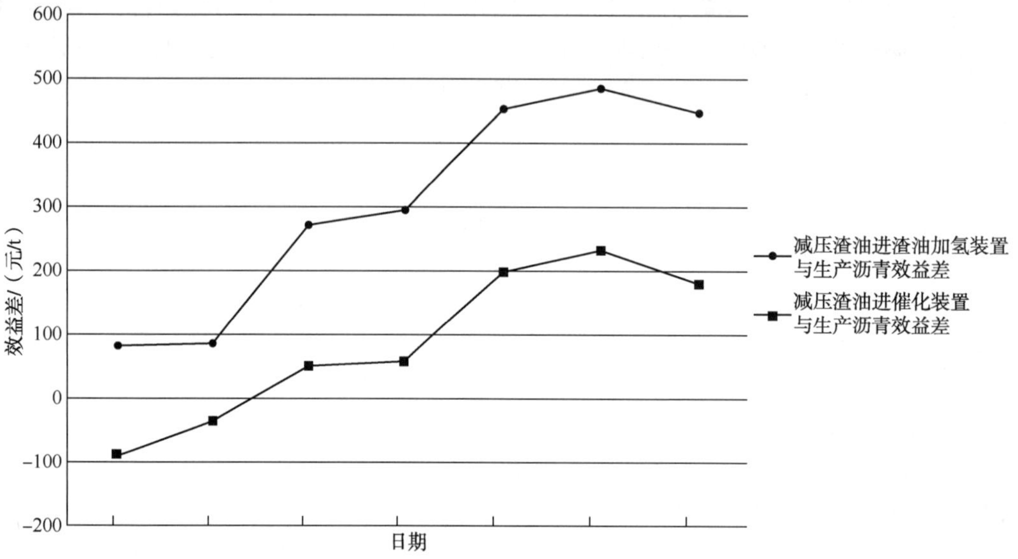

图 8-3-1　减压渣油三种加工路线的效益差对比

装置；加氢裂化尾油可循环、可去催化裂化装置，也可作重裂解料、润滑油基础油原料或者白油原料等。正常生产经营环境下，蜡油系统优化的原则是：一是如果后路是去催化裂化装置，那么蜡油组分加氢比不加氢好，安排进芳烃饱和程度高的加氢装置好，有利于增效，如焦化蜡油、DAO 等组分，即便氢气成本会增加；二是重蜡油不去延迟焦化装置生焦，如常减压装置开展减压深拔、延迟焦化装置降低循环比等；重蜡油也不去加氢裂化装置，防止催化剂中毒、床层压降过快上升；三是如减三线一般去渣油加氢或蜡油加氢装置，而减二线一般去加氢裂化装置；四是加氢裂化尾油一般去作重裂解料或产润滑油基础油、白油原料；五是避免蜡油系统中重芳烃累积，如催化裂化油浆进延迟焦化装置、焦化蜡油去蜡油或渣油加氢装置、加氢尾油去催化装置的流程，随时间延长，焦化蜡油的芳烃含量上升、密度上升。总流程配置中最好有油浆脱固设施，部分油浆外送调和低硫船燃或出厂等。

如果价格体系发生较大变化，那么上述原则就不一定成立。如柴油价格较低时，柴油作重裂解料、加氢裂化尾油进催化裂化装置反而整体效益更好；如果汽柴油的价格不高，但石脑油、芳烃的价高较高，那么进加氢裂化装置的效益将比进催化裂化装置高，应尽可能提高加氢裂化装置的负荷、降低催化裂化负荷；视市场价格体系，优化加氢裂化尾油 BMCI 值，如果芳烃价格高，但烯烃价格低，那么加氢裂化尾油的 BMCI 值应提高，如提高到 15 左右；如果烯烃价格高，但芳烃价格低，那么加裂尾油的 BMCI 值应降低，如降低到 11 左右。蜡油加工路线的测算需要采用炼化一体化带机理的 PIMS 模型和/或 RSIM 模型。受化工产品价格变化的影响，蜡油加工路线的优劣要动态测算，择优调整。

目前不少炼油厂蜡油加工能力富裕，因此实际生产中采取减压深拔或提高溶剂脱沥青负荷、外购蜡油、常一线或减一线进催化装置、焦化柴油切轻后进焦化蜡油、常四线直接进催化装置、减四线进渣油加氢装置或直接进催化裂化装置、LTAG 等优化手段。

四、柴油加工流程优化

柴油中催化裂化柴油因芳烃含量高、密度大、十六烷值低，是最难处理的组分。部分炼油厂把氢含量高的柴油改作裂解料，如加氢裂化和加氢改质柴油，前提是该厂出厂柴油的十六烷值有富裕，但大部分炼油厂柴油池的十六烷值较紧张，因此把柴油作为重裂解料，矛盾的焦点还是催化柴油的加工转化问题。

催化柴油的加工技术有：两种模式的LTAG-柴油加氢、蜡油加氢或渣油加氢、FD2G、RLA、LTA、催化柴油重芳烃改质、作为低硫重质船燃的调和组分、进加氢裂化装置掺炼、进柴油加氢装置掺炼等。不同的加工路线，随总流程和价格体系不同，效益差别较大。生产实践表明，加氢催化柴油单独进提升管回炼的LTAG模式一工艺，其转化率和选择性较好，但存在汽油苯含量较高的问题；许多炼油厂反映LTAG模式二存在重芳烃累积问题，导致运行一段时间后，催化柴油的转化率和选择性下降；催化柴油作为低硫重质船燃的调和组分，提高调入比例主要受黏度和硫含量的约束。

考虑到柴油压减的要求，目前直馏重柴油或直馏柴油拔轻，重组分进入减压蜡油，之后进加氢裂化装置、催化裂化装置加工；改质柴油、加氢裂化柴油改作裂解料等在实际生产中较常见。

结合总流程和价格体系，综合运用机理模型、数据模型、实验数据、计划模型动态测算上述各种柴油加工路线的边际效益，择优调整。优化的原则是尽可能减少循环、降低氢耗、提高转化率和选择性，提高效益。

案例

1. 案例背景

因华北地区柴油市场需求低迷，柴油出厂困难，库存高，影响企业生产经营。为缓解产销平衡的突出矛盾，某企业运用各种优化措施压减柴油收率。

2. 优化方案

(1) SSOT装置加工直馏柴油，生产重裂解料。依托现有的SSOT装置加工直馏重柴油原料，按柴油加氢裂化方案组织生产，其中重柴油产裂解料。SSOT重柴油BMCI值约10.6~13.5，满足重裂解料要求，可压减柴油55t/h。

(2) 作为低硫重质船燃的调和组分。通过优化VRDS装置操作，提高柴油抽出量，以提高VRDS常压渣油黏度，进而提高低硫重质船燃中催化柴油调入比例。通过配方优化，船燃中催化柴油调入比例达12%。按1.0Mt/a低硫船燃测算，可压减催化柴油120kt/a。

(3) 生产轻质船用燃料油。调整3#加氢装置原料组成，每月生产5000t轻质船用燃料油。根据氢气平衡及装置操作情况调整催化柴油掺炼比例，保持3#加氢装置加工总量不变。

(4) 催化柴油加工。提高催化柴油进蜡油加氢装置的掺炼量，加大蜡油加氢装置柴油抽出量进催化裂化装置，LTAG喷嘴回炼柴油按照设计最大负荷运行，提高柴油组分的转化率，降低柴油收率。按上限控催化柴油95%点温度，以便提高作为船燃调和组分的催化柴油黏度。提高VRDS常渣调和船燃总量，提高船燃产量。2#催化装置、3#催化装置多进蜡油组分，降低催化柴油产量。

(5) 切割点优化。提高两套常减压装置常一线终馏点，同时提高柴油初馏点，降低航煤、柴油重叠度，减少柴油中的航煤组分，降低柴油产量。

提高催化汽油终馏点，同时提高柴油初馏点，降低汽柴油重叠度，汽柴油清晰分割，降低催化柴油产量。

(6) 直馏柴油直接并入蜡油。3#、4#常减压蒸馏装置优化调整操作，将柴油馏分并入蜡油馏分。如3#常减压装置减一线并入减二线作加氢裂化原料；4#常减压装置常三线、减一线并减三线作为蜡油加氢原料。

五、石脑油加工流程优化

炼油结构调整、转型发展的主要方向是向化工转型，降低成品油收率，提高化工轻油的收率。如把炼油厂不饱和干气、饱和干气及饱和液化气中的优质乙烯裂解料 C_2、$C_2^=$、C_3、饱和 C_4 分离后送乙烯，补充原料缺口；柴油加氢裂化产连续重整原料，顶出直馏石脑油进乙烯装置；增设原作汽油调和组分的轻石脑油正异构分离设施，轻石脑油和重整拔头油、C_5、加氢轻石混合后经过正异构分离后，正构烷烃去乙烯装置，异构去调汽油，提高裂解料的同时降低汽油产量；提高初顶石脑油、加氢焦化汽油终馏点；常减压装置掺炼凝析油；提高柴油、加氢裂化尾油等重裂解料的供应量。

（一）案例 1

1. 选择适宜石脑油组分产裂解料

某企业生产的石脑油组分有：加氢汽油（Ⅱ、Ⅲ、Ⅳ、Ⅵ加汽）；直馏石脑油（Ⅰ常顶一级、Ⅱ常初顶、Ⅱ常常顶、Ⅲ常顶一级、Ⅲ常重石、Ⅰ轻烃回收石脑油）；芳烃抽提非芳等。各组分烷烃含量排列顺序是：Ⅰ轻烃回收石脑油>Ⅱ加汽>Ⅲ常重石>Ⅱ初顶>Ⅰ常顶一级>Ⅱ常顶>Ⅲ常顶一级>Ⅲ加汽>Ⅳ加汽>Ⅵ加汽。其中Ⅱ加氢汽油的烷烃在 75%左右，正构烷烃 35%左右，Ⅲ、Ⅳ、Ⅵ加氢汽油的终馏点在 200℃时，烷烃分别为 56%、45%、48%，其随着掺炼焦化汽油、加氢原料的性质及终馏点而变化。

按烷烃含量从大到小排列，不同原油的优劣排序为：科威特>巴士拉>阿曼>贝莱那克>沙轻>撒哈拉>巴尤乌当>南帕斯>文昌>萨里尔>锡瑞>乌拉尔>伊重>卡宾达>伊轻>福蒂斯>索鲁士>NWS 凝析油>拜若根>马琳>荣卡多。

根据各石脑油组分的性质，适宜产裂解料的石脑油组分有：Ⅰ轻烃回收石脑油、Ⅱ加汽、Ⅲ常重石、Ⅱ初顶、Ⅰ常顶一级、Ⅱ常顶、Ⅲ常顶一级、加氢后非芳及部分未加氢非芳。适宜产重整原料的石脑油组分有：Ⅰ加裂重石、Ⅱ加裂重石、Ⅴ加氢汽油以及Ⅱ常常顶、Ⅲ常顶一级石脑油等。根据常减压装置加工的原油性质，确定Ⅲ常重石脑油、Ⅰ常顶一级石脑油适宜的后路。如以烷基类原油为主，则选择产裂解料；如以环烷基原油为主，则选择产连续重整原料。

2. 提高裂解料产量、保证裂解料质量

（1）安排适宜作裂解料的组分生产裂解原料，各组分相对固定；

（2）根据不同原油石脑油烷烃含量，动态调整Ⅰ常顶一级终馏点指标、Ⅲ常重石脑油Ⅰ常顶一级的适宜后路，增产和优化石脑油资源；

（3）优化原油采购、运输和加工过程，加强当期加工的原油品种、数量与当期的石脑油供需平衡相匹配，提高资源利用率；

（4）优化控制产裂解料的各组分石脑油的终馏点，确保石脑油产量和质量；

（5）根据外购石脑油的质量，进行分储，质量较好的去裂解装置作原料。

3. 优化裂解单元操作条件，提高双烯收率

选择 4 组典型石脑油组成进行全组分分析，见表 8-3-5，通过 SPYRO 软件进行模拟测算不同石脑油对双烯收率的影响，以及双烯收率最大化对应的最优操作。

石脑油 1：渣油加氢石脑油、Ⅳ加氢粗汽油、Ⅵ加氢石脑油、Ⅲ加氢石脑油、焦气回收石脑油、苯抽提非芳、Ⅲ常重石、Ⅰ芳烃抽提非芳；

石脑油 2：渣油加氢石脑油、Ⅲ加氢石脑油、焦气回收石脑油、苯抽提非芳、外购石

脑油；

石脑油3：渣油加氢石脑油、Ⅳ/Ⅶ加氢粗汽油、Ⅱ加氢石脑油、Ⅰ轻烃石脑油、Ⅱ加氢石脑油；

石脑油4：渣油加氢石脑油、Ⅲ/Ⅳ/Ⅶ加氢粗汽油、Ⅱ加氢石脑油、焦气回收石脑油、Ⅰ轻烃石脑油。

表 8-3-5 石脑油全组分分析

项 目	烷烃(P)含量/%	烯烃(O)含量/%	环烷烃(N)量/%	芳烃(A)含量/%
石脑油1	68.24	0.44	19.72	11.6
石脑油2	72.2	0.55	19.06	8.19
石脑油3	75.66	0.1	16.51	7.74
石脑油4	79.72	0.04	14.6	5.64

从表8-3-6和图8-3-2模拟结果可见，石脑油1最高双烯收率38.99%，对应最佳裂解温度为840℃；石脑油2最高双烯收率40.37%，对应最佳裂解温度为835℃；石脑油3最高双烯收率40.57%，对应最佳裂解温度为830℃；石脑油4最高双烯收率41.59%，对应最佳裂解温度为830℃。石脑油1的烷烃含量最低，环烷烃以及芳香烃的含量最高，对应的双烯收率最低；石脑油4的烷烃含量最高，环烷烃以及芳香烃的含量最低，对应的双烯收率最高。

表 8-3-6 模拟结果

项 目		820℃	825℃	830℃	835℃	840℃	845℃	850℃
石脑油1	乙烯收率/%	27.13	27.51	27.87	28.21	28.53	28.81	29.07
	丙烯收率/%	11.59	11.33	11.06	10.77	10.46	10.15	9.82
	双烯收率/%	38.72	38.84	38.93	38.98	38.99	38.96	38.89
	深度(P/E)	0.64	0.62	0.59	0.57	0.55	0.53	0.51
石脑油2	乙烯收率/%	28.25	28.61	28.96	29.27	29.57	29.84	30.1
	丙烯收率/%	11.93	11.67	11.39	11.1	10.79	10.48	10.15
	双烯收率/%	40.18	40.28	40.35	40.37	40.36	40.32	40.25
	深度(P/E)	0.63	0.61	0.59	0.57	0.55	0.53	0.51
石脑油3	乙烯收率/%	28.33	28.68	29.01	29.31	29.6	29.86	30.1
	丙烯收率/%	12.09	11.83	11.56	11.26	10.96	10.65	10.32
	双烯收率/%	40.42	40.51	40.57	40.57	40.56	40.51	40.42
	深度(P/E)	0.64	0.62	0.6	0.58	0.55	0.53	0.51
石脑油4	乙烯收率/%	29.22	29.56	29.87	30.16	30.43	30.67	30.9
	丙烯收率/%	12.26	12	11.72	11.42	11.12	10.8	10.48
	双烯收率/%	41.48	41.56	41.59	41.58	41.55	41.47	41.38
	深度(P/E)	0.63	0.61	0.59	0.57	0.55	0.53	0.51

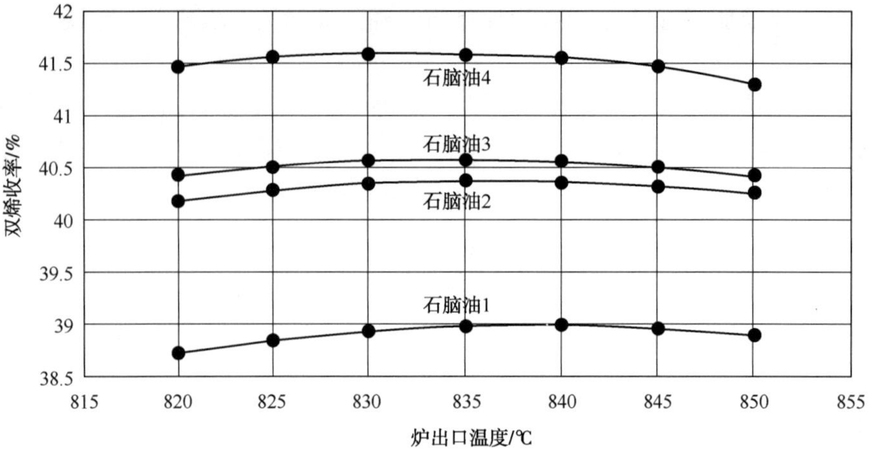

图 8-3-2　模拟结果对比

不同品质的石脑油，通过改变操作条件，可以调控裂解产物的分布。当石脑油中烷烃组分较高时，适当降低裂解温度；当石脑油中环烷烃及芳烃组分较高时，适当提高裂解温度；当乙烯价格较高时，适当提高裂解温度，提高乙烯收率；当丙烯价格较高时，适当降低裂解温度，提高丙烯收率。

4. 模拟分析

(1) 从表 8-3-6 以及图 8-3-2 中四种石脑油的对比结果可以看出，对 NAP 原料的模拟数据可知，NAP 的烷烃含量对双烯收率影响显著，通过对石脑油 1 与石脑油 4 中烷烃含量及双烯收率对比计算得，NAP 原料中烷烃含量降低 1%，对应的双烯收率将大约降低 0.23%。

(2) 从表 8-3-6 以及图 8-3-2 的数据对比可以得到，石脑油种类不同，对应的最佳裂解温度及深度也不同，不同的操作条件对双烯收率同样有着较大的影响，如：同种石脑油不同裂解温度对乙烯和丙烯收率有着显著的影响，在一定范围乙烯收率随着裂解温度的提高而增高，丙烯收率随着裂解温度的提高而降低。

因此，可以通过裂解原料的分析情况提前预测裂解产物分布，并根据工艺操作条件调整操作，通过优化操作条件调控裂解产物分布。

(二) 案例 2

1. 案例背景

某企业原油加工量 32kt/d，常减压直馏石脑油终馏点按 170℃ 控制时，产量约 203t/h，此时常一线航煤原料初馏点为 148℃ 左右，常一线馏分化验分析数据如表 8-3-7 所示。若按(石脑油终馏点-常一线初馏点)计算重叠度，达到 22℃。

为提高石脑油与常一线之间的分离精度，需要对塔的操作参数进行优化调整，但常压塔、初馏塔可调整的操作参数包括顶循回流量、冷回流量、各中段回流量、各侧线抽出量、汽提蒸汽、塔顶温度、各侧线抽出温度等 20 多个变量，很难确定各操作参数的最优值。因此应用流程模拟软件的联立方程法(Equation Oriented，简称 EO)功能，采用联立方程求解算法同时对多个自变量进行优化求解，避免常规序贯算法难以对多个自变量求优的问题，实现石脑油产量的最大化。

表 8-3-7 常一线馏分化验分析数据

统计	初馏点/℃	5%/℃	10%/℃	50%/℃	90%/℃	终馏点/℃	闪点(闭口)/℃	冰点/℃	氯含量/(mg/kg)	氮含量/(mg/kg)
分析次数	177	177	177	177	177	177	89	45	6	6
不合格次数	0	0	0	0	0	0	0	0	0	0
最大值	159.5	176.5	181.5	209	249	267	47	-49.1	1.2	8.3
最小值	138.5	162.5	170	197	233	253	40.5	-52.9	0.55	1.5
均值	148.6	168.9	174.4	202.8	241.5	259.7	44.1	-50.8	0.785	5.717

2. 优化方案设置

以当前操作工况为基准，分别对常压塔和初馏塔操作参数、石脑终馏点、常压塔改造等多种方案进行测算。

优化方案1(优化常压塔)：通过优化调整常压塔各项操作参数，提高石脑油与常一线之间的分离精度，在保持石脑油终馏点170℃不变的情况下，提高航煤原料的初馏点，增产石脑油。

优化方案2(优化常压塔+初馏塔)：同步优化常压塔和初馏塔的各项操作参数，在保持石脑油终馏点170℃不变的情况下，增产石脑油。

优化方案3(提高终馏点)：为进一步增产石脑油，考虑将终馏点提高至175℃，通过优化常压塔和初馏塔操作增产石脑油。

优化方案4(常压塔改造)：为实现石脑油与常一线完全脱空，考虑对常压塔进行部分改造，下移常一线抽出口塔盘位置，提高石脑油与常一线之间的分离精度。

3. 模拟测算结果及分析

测算各种方案的优化结果如表8-3-8所示。

表 8-3-8 各方案的优化测算结果

项目		基准(目前工况)	方案1(优化常压塔)	方案2(优化常压塔+初馏塔)	方案3(提高终馏点)	方案4(改造常压塔)
稳定石脑油流量/(kg/h)		202.75	209.65	212.42	231.67	239.87
常压塔	常压塔顶温度/℃	127.70	128.38	133.24	134.99	138.00
	常顶石脑油流量/(kg/h)	57943	64850	69266.2	69364	76365
	常顶循流量/(kg/h)	488266	584942	599983	599992	600000
	常顶冷回流量/(kg/h)	0	0	0	0	40898
	常一中流量/(kg/h)	380000	443432	499958	499894	481678
	常二中流量/(kg/h)	700000	437622	541388	371354	300000
	航煤原料量/(kg/h)	148000	152931.6	150088.2	135694.8	127719
	常一线抽出量/(kg/h)	78000	79636	279	1054	1958
	常一中补常一线/(kg/h)	70000	73296	149809	134641	125761
	常二线抽出量/(kg/h)	124000	142432	99771	96192	80000
	常三线抽出量/(kg/h)	148000	108159	155458	151661	165029
	常一线汽提蒸汽量/(kg/h)	1300	2523.44	1496.35	1866.41	6600

续表

项目		基准（目前工况）	方案1（优化常压塔）	方案2（优化常压塔+初馏塔）	方案3（提高终馏点）	方案4（改造常压塔）
初馏塔	初馏塔顶温度/℃	115.36	115.36	114.00	121.91	122.53
	初顶石脑油流量/(kg/h)	168000	168000	166443	184846	186010
	初馏塔顶循流量/(kg/h)	570000	570000	677475	401412	400000
	初顶冷回流量/(kg/h)	73656	73656	80324	47337	45031
	初馏塔侧线抽出量/(kg/h)	25000	25000	0	0	0
产品质量	稳定石脑油终馏点/℃	169.96	169.96	170.00	175.00	175.00
	稳定石脑油95%点/℃	162.50	163.31	164.45	169.44	172.00
	航煤原料初馏点/℃	145.19	157.00	163.76	169.46	179.48
	航煤原料5%点/℃	163.28	171.49	175.01	182.20	189.17
	航煤原料10%点/%	174.02	179.58	182.12	189.05	193.75
	航煤原料终馏点/℃	257.37	256.81	255.05	255.03	260.00
	常三线95%点/℃	387.77	381.89	378.00	378.00	375.00
	航煤闪点/℃	43.80	47.41	51.16	57.66	63.77
	重叠度(95%点-5%点)/℃	-0.78	-8.18	-10.56	-12.76	-17.17
	重叠度(终馏点-初馏点)/℃	24.78	12.96	6.24	5.54	-4.48

方案1(优化常压塔)：通过减少常压塔的二中回流量，提高顶循和一中回流量，将常压塔热量上移，增加塔上部内回流量，提高石脑油和常一线的分离效果；同时适当增加常一线汽提蒸汽量，减少常一线馏分中的轻端组分。优化调整后，可增产石脑油6.9t/h，重叠度减少至13℃左右。

方案2(优化常压塔+初馏塔)：同步优化常压塔和初馏塔操作，停止抽出初馏塔侧线，调整常压塔中段回流，增加常一中补常一线流量(常一线抽出口为第38层塔盘，常一中抽出口为第34层塔盘)，相当于抽出口下移4层塔盘。与基准方案比，可增产石脑油9.7t/h，重叠度减少至6.2℃左右。此时航煤原料闪点达到51.2℃，可通过与其他几股航煤组分油混合，控制航煤产品闪点不高于50℃的指标。

方案3(提高终馏点)：若将石脑油终馏点提高至175℃，则通过优化常压塔和初馏塔操作后，与基准方案比可多产石脑油28.9t/h，重叠度减少至5.5℃，此时航煤原料量相应减少，闪点达到57.7℃。

方案4(常压塔改造)：将常一中及常一线抽出口继续下移2层塔盘，此时优化常压塔和初馏塔操作后，与基准方案比可多产石脑油37.1t/h，重叠度为-4.5℃，实现石脑油与常一线完全脱空。航煤原料闪点达到63.8℃，可参照部分炼油厂经验，引入一小股石脑油来调和闪点，对于130t/h航煤原料，测算仅需掺入30kg/h石脑油即可。

3. 方案实施

结合模拟测算结果，对常减压装置、初馏塔的操作及石脑油终馏点进行优化调整后，常一线的初馏点由141℃提高至152℃左右，石脑油的终馏点提高至174℃左右，如

图 8-3-3及图 8-3-4 所示，增产石脑油约 11t/h。下一步将结合装置大检修计划，对常压塔进行相应改造，进一步提高石脑油产量。

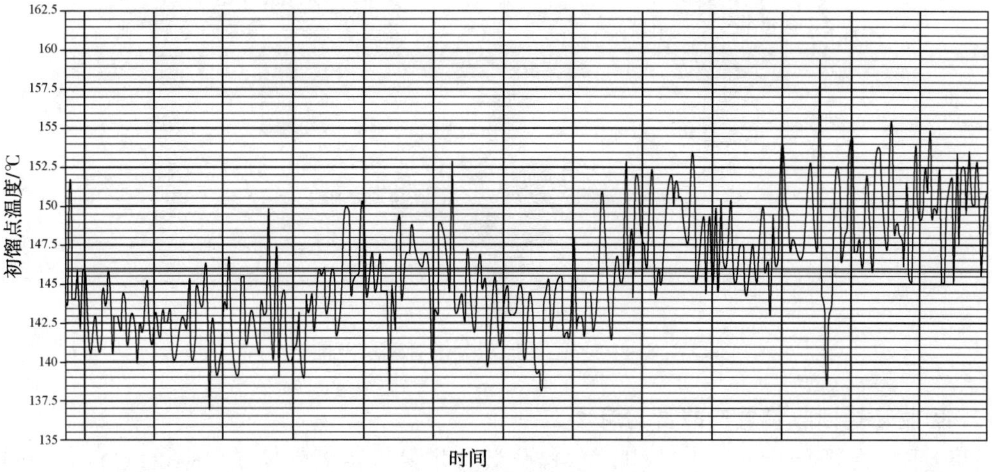

图 8-3-3　常一线初馏点变化趋势图

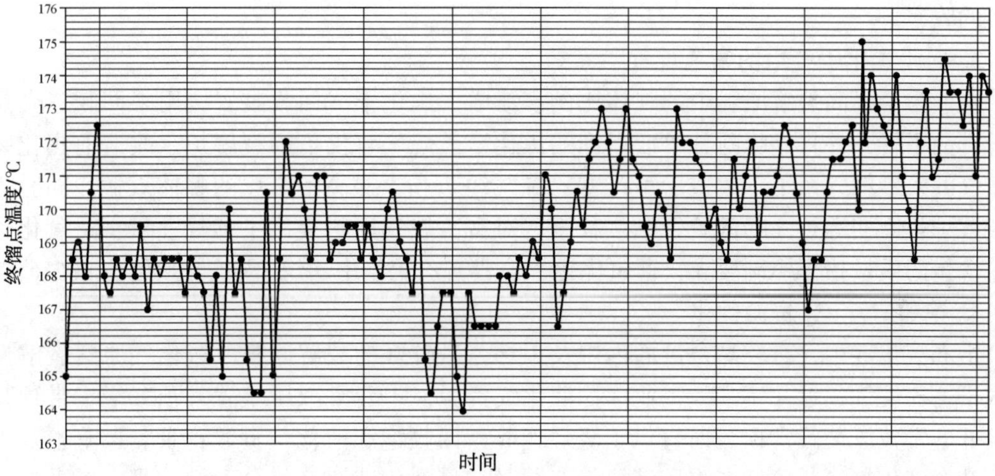

图 8-3-4　石脑油终馏点变化趋势图

六、$C_1 \sim C_4$ 资源利用优化

炼油厂在原油加工生产过程中会产生大量的富含 $C_1 \sim C_4$、H_2 等轻组分，回收这些轻组分并经过简单的工艺处理后，部分热值较高的气体并入燃料气管网，提纯后的 H_2 可再次利用，而烯烃经过进一步精馏则可直接作为乙烯下游装置的优质原料。通过分子炼油的理念，将 $C_1 \sim C_4$ 物尽其用，有效地降低加工过程的物耗、能耗，也充分提升了这些组分的价值，如图 8-3-5 所示。

1. 回收催化干气的富乙烯气

通过干气预精制单元提纯某企业两套催化装置产干气，富乙烯气体直接进入乙烯装置分离单元回收乙烯及乙烷。两套催化干气产量约 17t/h，经提纯后得到富乙烯气约 5t/h。

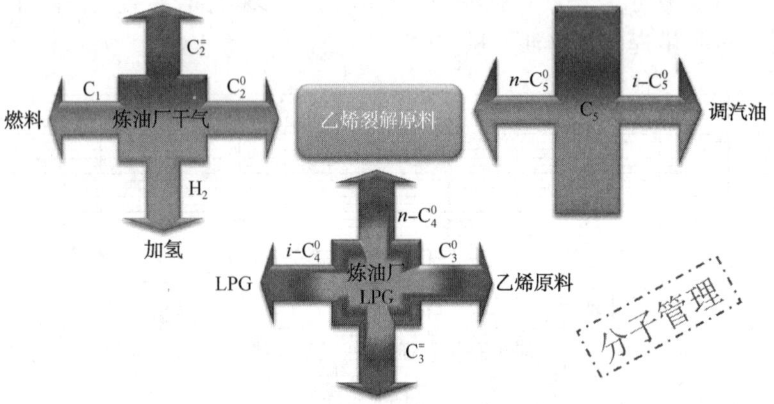

图 8-3-5　乙烯原料分子管理示意图

2. 回收轻烃回收装置产的富乙烷气

两套重整装置产干气、PSA 解吸气(歧化装置尾氢等富氢气体是 PSA 的原料)、歧化装置汽提塔顶气等富含乙烷的饱和干气进轻烃回收单元回收，产品富乙烷气直供乙烯裂解炉。轻烃富乙烷气中乙烷+丙烷含量可达到 70%(体)以上，大大提高了目标产物氢气、乙烯、丙烯的收率。

3. 回收焦化干气中的富乙烷气

企业为了提高裂解原料中的气体比例，新增了焦化干气回收装置，用来回收三套焦化装置产的干气，并将经吸附分离后得到的焦化富乙烷气直供乙烯裂解炉。改造前焦化装置产干气并入燃料气系统，改造后可产富乙烷气约 7t/h，提高了全厂的整体效益。同时为确保裂解炉长周期运行，降低炉管结焦程度，对富乙烷气原料提出了烯烃、氧、一氧化碳以及硫含量的质量指标控制要求，通过优化，该股富乙烷气中乙烷+丙烷含量可达 90%(体)。

4. 饱和 C_3、C_4 资源优化

饱和液化气中含有较高含量的丙烷及丁烷，是较好的裂解原料。液化气原料裂解性能仅次于富乙烷气，近几年来，企业深挖液化气资源，Ⅰ套常减压装置常顶二级、常顶瓦斯以及Ⅱ套常减压装置常顶瓦斯直供Ⅰ轻烃回收，回收饱和液化气资源；Ⅲ、Ⅳ重整及Ⅲ常减压装置液化气经脱硫后产饱和液化气；同时催化裂化装置产气分丙烷，Ⅲ、Ⅳ重整装置产液化气，Ⅰ、Ⅱ气分装置产丙烷等都可作为裂解原料。

七、氢气资源系统优化

氢气，既是加氢装置的重要原料，又是连续重整及乙烯裂解装置的副产品，是炼油厂重要的资源。近年来，随着重质高硫原油加工比例上升，且我国对汽柴油的质量要求不断提高，加氢装置加工能力在炼油厂逐渐增大，氢气消耗量也日益增加，氢气成本已成为炼油厂原料成本中仅次于原油的第二大成本。因此，氢气资源的优化利用具有重要意义。提高氢气资源有效利用率，降低氢气成本，是提高炼油加工效益的重要措施。

案例

1. 案例背景

某企业拥有 23.0Mt/a 的综合加工能力，1.0Mt/a 乙烯、1.0Mt/a 芳烃、950kt/a 聚烯烃生产能力，45.0Mt/a 吞吐能力的深水海运码头，以及超过 $330\times10^4m^3$ 的储存能力，其中含硫原油加工能力17.0Mt/a。随着原油加工量不断增加，并且在高油价下，高硫高酸等劣质原油加工量也逐年增加，汽柴煤油产品质量不断升级，加氢装置耗氢大幅增加，氢气消耗量逐年也有较大幅度的增加，主力产氢装置油制氢负荷接近极限，其余产氢装置也均满负荷生产，氢气系统已基本无调整余量。随着Ⅶ套柴油加氢装置开工，企业柴油产品质量全面升级到国Ⅴ标准后，氢气系统供需矛盾更加突出。因此，需要进一步优化氢气系统运行，在产氢端需要保持产氢装置高负荷稳定运行，提高氢气回收装置的回收率，避免氢气放空或并高瓦；在供氢端需要提高加氢装置操作苛刻度，在保证循环氢纯度的基础上尽可能降低废氢排放，减少氢气资源浪费。

2. 氢气系统运行现状

(1) 产氢系统。产氢装置包括：Ⅲ/Ⅳ套重整(UOP超低压连续重整)、油制氢、乙烯裂解、膜分离和Ⅲ/ⅣPSA，具体规模和产氢情况见表8-3-9。

表8-3-9 企业产氢装置情况汇总表

产氢装置	设计规模/(10^4t/a)	实际产能/(Nm^3/h)	氢气纯度/%(体)	备 注
Ⅲ重整(ⅠPSA)	100	45000	97	重整氢进ⅠPSA提纯
Ⅳ重整(ⅡPSA)	120	67500	97	重整氢进ⅡPSA提纯
油制氢	90000Nm^3/h	88000	97.5	
乙烯裂解	100	54000	95	供氢压力3.5MPa
膜分离	15000Nm^3/h	7000	94.5	
ⅢPSA	19000Nm^3/h	9500	97.5	
ⅣPSA	35000Nm^3/h	13000	97.5	压力1.2/7.2MPa
合 计		284000		

(2) 耗氢系统。主要耗氢装置包括：Ⅰ套加氢裂化(包括裂化系列和精制系列)、Ⅱ套加氢裂化、Ⅱ/Ⅲ/Ⅳ/Ⅴ/Ⅵ/Ⅶ套加氢、航煤加氢、PX异构化、歧化、乙烯裂解C_2/C_3加氢、裂解汽油加氢、PO/SM、Ⅰ/ⅡS Zorb、焦化干气回收等装置。另外，聚丙烯、聚乙烯、硫黄回收、裂解汽油抽提等装置还有少量用氢，具体情况见表8-3-10。

表8-3-10 企业用氢装置情况汇总表

耗氢装置	设计规模/(10^4t/a)	纯氢耗氢/(Nm^3/h)	备 注
Ⅰ套加氢裂化	120(裂化系列) 120(精制系列)	59900	中油型加氢裂化
Ⅱ套加氢裂化	150	39500	轻油型加氢裂化
Ⅰ套加氢	10(生物航煤加氢) 60(军柴加氢)		装置停运改造
Ⅱ套加氢	120	7000	石脑油加氢
Ⅲ套加氢	200	2600	航煤加氢
Ⅳ套加氢	300	14000	柴油加氢
Ⅴ套加氢	180	23000	蜡油加氢脱硫

续表

耗氢装置	设计规模/(10^4t/a)	纯氢耗氢/(Nm^3/h)	备 注
Ⅵ套加氢	300	28000	柴油加氢
Ⅶ套加氢	300	48000	柴油加氢
航煤加氢	100		低压航煤加氢(停运)
PX 异构化	60	9000	C_8A 异构化
PX 歧化	120	22000	传统歧化
乙烯裂解 C_2/C_3 加氢	100	6000	乙烯、丙烯中炔烃加氢
裂解汽油加氢	70	5500	裂解汽油加氢
PO/SM	28.5/62	2500	苯乙酮加氢
Ⅰ S Zorb	90	4000	催化汽油脱硫
Ⅱ S Zorb	150	4350	催化汽油脱硫
焦化干气回收	60	8000	石脑油/液化气混合加氢
Ⅰ PP	20	50	环管聚丙烯工艺
Ⅱ PP	30	50	环管聚丙烯工艺
PE	45	50	低压气相法
Ⅳ Ⅴ Ⅵ Ⅶ硫黄	7/7/10/10	450	Claus+SCOT 硫黄回收技术
裂解汽油抽提	2.7	50	苯乙烯抽提技术
合 计		284000	

(3) 氢气管网概况。某企业氢气系统管网分为7.2MPa 管网、3.5MPa 管网、1.2MPa 管网，其中7.2MPa 管网主要指油制氢内部氢气管网及化肥氢供炼油管网，7.2MPa 管网通过减压阀与1.2MPa 管网连通，7.2MPa 管网另一路通过减压阀供Ⅰ加氢裂化，化肥氢作为1.2MPa 氢气管网的重要备用氢源，在炼油1.2MPa 氢气平衡出现较大缺口时，通过增加化肥氢减压量来保证炼油装置用氢。3.5MPa 管网是乙烯内部氢气管网，乙烯氢供裂解汽油加氢、PO/SM、裂解汽油抽提等装置后，多余乙烯氢一路直供炼油歧化、Ⅲ加氢和焦化气体回收装置，另一路并入炼油1.2MPa 管网。1.2MPa 氢气管网包含了炼油所有产、耗氢装置，管网氢源是Ⅲ/Ⅳ重整 PSA 氢、膜分离氢气、Ⅲ/Ⅳ PSA 氢气和减压化肥氢；氢气用户是Ⅰ/Ⅱ加氢裂化、Ⅱ/Ⅳ/Ⅴ加氢、航煤加氢和 PX 异构化、歧化单元、Ⅰ/Ⅱ S Zorb 装置。POX 氢气一路直供渣油加氢，另一路并入化肥氢。氢气管网流程框图见图 8-3-6。

3. 优化增产氢气措施

(1) 重整装置高负荷高苛刻度运行，增产廉价氢气。催化重整主要反应是环烷烃脱氢生成芳烃，因此在生成芳烃产品同时大量副产氢纯度约92%的氢气，通过费用较低的 PSA 工序即可得到氢纯度>97%的 PSA 氢。由于重整氢气是重整装置的副产品，因此重整装置是石化行业中众多大规模产氢工艺中最经济的产氢装置。某公司拥有两套百万吨级的连续重整装置，在生成芳烃的同时大量副产重整氢气。该公司自 2005 年 3 月开始通过实施重整四合一加热炉火嘴改造、加强加热炉运行调节等措施逐渐提高两套重整装置负荷和反应苛刻度，并通过更换芳烃和纯氢产率更高的 PS-Ⅵ催化剂提高氢气产量。Ⅲ套重整装置重整进料已提到 124t/h(设计进料 115.7t/h)，Ⅰ PSA 产氢稳定在 45000Nm^3/h 以上；Ⅳ套重整装

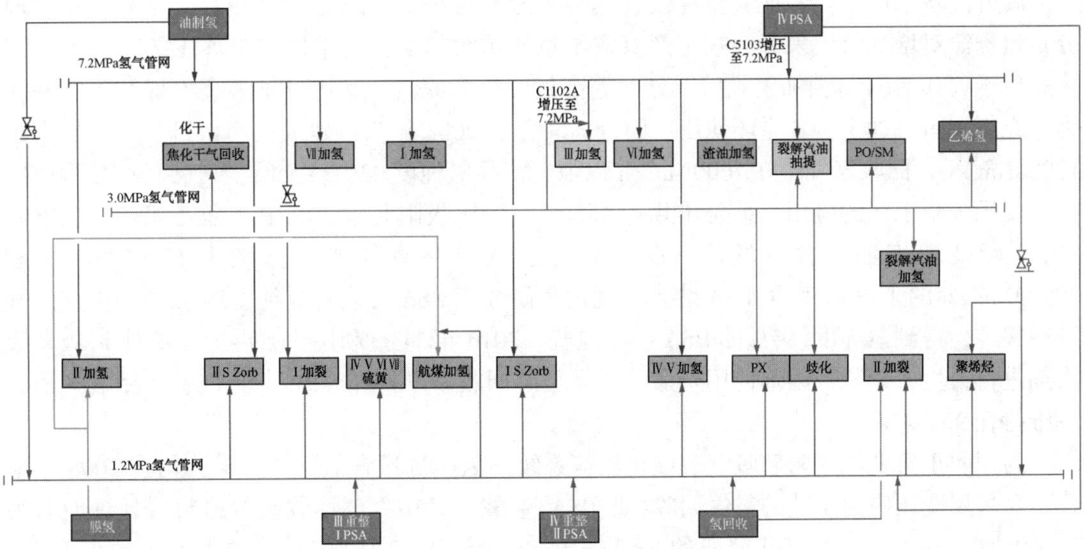

图 8-3-6 企业氢气管网流程框图

置重整进料已提到 165t/h(设计进料 150t/h)，Ⅱ PSA 产氢稳定在 66000Nm³/h 以上。

(2) 优化乙烯原料，增加乙烯副产氢气。某公司 1.0Mt/a 乙烯工程在 2010 年建成投产后，通过将合计约 150kt/a 的富含乙烷和丙烷的芳烃歧化装置汽提塔顶气、炼厂气 PSA 装置解吸气、焦化干气回收富乙烷气(组成分析数据见表 8-3-11)改进乙烯裂解炉。这三股优质裂解料的引入，既增加了乙烯和丙烯的收率，又大幅提升了廉价的副产氢产量。副产氢气收率由设计值 1.20%提到 1.37%，氢气产量稳定在 54000Nm³/h 以上。

表 8-3-11 富乙烷气组成分析数据 %(体)

组成	歧化汽提塔不凝气	炼油厂 PSA 装置解吸气	焦气回收富乙烷气
H_2	5.02	24.69	0
CH_4	4.6	15.58	7.37
C_2H_6	50.24	30.51	70.6
C_2H_4	0.02	0	0
C_3H_8	30.32	16.12	18.49
C_3H_6	0.01	0.1	0
i-C_4H_{10}	2.34	4.78	1.22
n-C_4H_{10}	2.69	5.52	2.04
C_5H_{12}	4.76	2.7	0.28
合计	100.00	100.00	100

(3) 利用膜分离和变压吸附技术，回收炼油厂富氢气体。炼油厂富氢气体主要有重整氢变压吸附所产的解吸气、各加氢装置干气和低分气、催化干气和焦化干气等。回收炼油厂富氢气体通常采用的技术有变压吸附(PSA)、膜分离和深冷分离等，这些技术各有特点，都很成熟且有竞争力。某公司近年来采用处理成本较低的膜分离和变压吸附技术，回收各重整氢变压吸附单元所产的解吸气、加氢装置干气、低分气、催化干气尾气中的氢气。

膜分离技术应用：各加氢装置低分气中氢含量较高，一般在70%左右，充分利用这部分富氢资源对增加氢气来源、减少产氢成本意义重大。某公司采用膜分离工艺，以加氢裂化脱后干气和蜡(柴)油加氢脱后低分气等富氢废气为原料，利用分子膜技术提纯氢气并作为补充氢重新进加氢装置循环使用。膜分离装置于2003年7月建成投产，目前处理能力近$17000Nm^3/h$，回收氢气量在$7000Nm^3/h$以上，产品氢纯度92%~95%，氢气回收率约60%。

变压吸附工艺的应用：某公司共有4套氢气变压吸附装置，其中2套处理连续重整氢气，2套处理炼油厂含氢气体。设计处理连续重整氢气能力分别为$50000Nm^3/h$和$70000Nm^3/h$的Ⅰ PSA和Ⅱ PSA装置，利用某研究所PSA工艺将氢纯度约92%的重整氢气进行提纯，得到氢纯度>97%的PSA产品氢气。2016年11月利用热氮再生技术对Ⅰ PSA吸附剂进行再生，延长吸附剂使用寿命，产品氢气回收率维持在80%。Ⅱ PSA产品氢气回收率维持在93%左右。

为回收重整变压吸附解吸气、歧化反应系统尾氢等炼厂含氢气体，某公司在2008年新建1套采用变压吸附工艺的氢气回收(Ⅲ PSA)装置。其中氢气回收装置原料气处理能力为$19000\times10^4Nm^3/a$，采用某研究所的8-2-3V-PSA流程，2床吸附，3次均压，真空解吸，实现床层之间运行平稳转换和氢气充分回收，产品氢产量约$9000Nm^3/h$，纯度为97.1%，氢气回收率为88%。

为回收催化干气尾气中的氢气(氢含量约52%)，2016年炼油Ⅳ PSA装置投料开工，原先直接返回炼油燃料气系统的催化干气尾气(量约$20000Nm^3/h$)作为Ⅳ PSA原料利用。另外两股原料为歧化装置尾氢(氢气占77%)设计约$10000Nm^3/h$，裂解汽油加氢一段高压尾气(氢气占87.25%)约$5200Nm^3/h$。Ⅳ PSA装置原料处理能力为$35200Nm^3/h$，采用某研究所开发的Ⅴ PSA氢提纯吸附剂，吸附剂动态吸附量大、脱除杂质精度高，可有效保证产品质量和回收率。装置在满负荷工况下，产品氢产量约$20000Nm^3/h$，纯度为99.9%，氢气回收率为93.5%。

4. 优化挖掘氢气资源

(1) 正常情况下，化肥氢不放空，膜氢及相关原料不并入高压瓦斯。做好正常生产和事故状态下的氢气平衡工作，严格控制油制氢装置气化炉负荷，确保油制氢装置平稳运行，减少化肥氢气放空量。优化膜分离装置运行工况，膜产品氢及相关原料不并入高瓦。

(2) 优化乙烯氢、化肥氢利用，减少加氢装置新氢机电耗，正常情况下歧化、Ⅰ/Ⅱ S Zorb新氢机停运。优化利用乙烯氢进歧化、焦化气体回收装置，停运歧化新氢机，合理安排焦化气体回收装置乙烯氢压缩机运行方式，提高Ⅴ加氢新氢纯度，减少废氢排放。正常情况下，化肥氢供Ⅰ/Ⅱ S Zorb，新氢机停运。视化肥氢减压量，停运Ⅳ加氢新氢机。为避免低纯度膜氢影响Ⅰ加裂循环氢纯度，膜氢尽量在Ⅱ加氢和航煤加氢消耗。

(3) 充分回收加氢低分气、Ⅰ/Ⅱ PSA解吸气、歧化尾氢、催化干气尾气，减少富氢资源浪费；Ⅳ/Ⅴ/Ⅵ加氢低分气、Ⅰ加裂干气直供膜分离，Ⅰ/Ⅱ PSA解吸气直供Ⅲ PSA，歧化尾氢进Ⅱ/Ⅲ/Ⅳ PSA，催化干气尾气进Ⅳ PSA，减少富氢资源浪费。

(4) 通过合理调配Ⅲ/Ⅳ PSA相关原料，提高PSA产品氢气纯度，增产乙烯裂解原料富乙烷气。

(5) 优化膜分离工况，摸索膜分离新膜+旧膜运行模式，进一步优化膜分离原料压缩机3#机一回一、二回一返回阀仪表参数，减少膜原料并高瓦，维持膜氢回收率在61%以上。

为提高膜分离装置氢气产量，在用好新膜的基础上，投运旧膜，为此对每根膜性能参数进行了测试，根据膜分离指数摸索调整每根膜进气量，在保证氢纯度的前提下最大化生产氢气，最终确定了3组旧膜+2组新膜运行模式的氢气产量最大。膜组件运行模式试验数据见表8-3-12。

同时，对膜分离装置操作工况进行优化，进一步增加原料气增压机02/3出口压力，提高膜尾气侧压力，提高压差，提高膜氢产量。膜分离装置产氢量由原来的5000Nm^3/h提高至7000Nm^3/h以上。在航煤加氢停工前，安排膜氢尽量在Ⅱ加氢和航煤加氢消耗；在航煤加氢停工后，安排Ⅱ加氢一台新氢机带足负荷，减少Ⅰ加裂低纯度膜氢消耗。

表8-3-12 膜组件运行模式试验数据

运行模式	原料氢含量/%	产品氢含量/%	尾气氢含量/%	产品气产量/(Nm^3/h)	纯氢产量/(Nm^3/h)
3组新膜	70.02	98.38	56.14	3237	3185
3组新膜 1组旧膜	70.7	97.24	56.93	5046	4907
3组新膜 2组旧膜	69.84	96.31	52.48	5778	5565
3组新膜 3组旧膜	70.31	98.50	48.87	6370	6274
2组新膜 3组旧膜	71.93	94.28	55.06	7519	7089

(6) 控制PSA解吸气中氧含量<5mL/m^3。Ⅰ/Ⅱ/Ⅲ/Ⅳ PSA解吸气氧含量与运行部绩效和班组经济责任制挂钩，督促装置内操加强在线氧分仪测量数据巡屏，发生异常时及时联系外操查漏处理。

(7) 维持装置安稳长运行，全年非计划停工和切断进料次数为零。提高程控阀等装置硬件设施运行可靠性，避免非计划停工事故；上游乙烯裂解装置做好干气冷箱运维工作，避免故障时催化干气尾气带烃影响Ⅳ PSA吸附剂寿命。正常生产工况下重整氢进Ⅰ/Ⅱ PSA严禁走跨线，避免重整氢中的氯和加氢装置循环氢中的胺结合生成铵盐，在氢气压缩机机入口结盐。

(8) 优化装置运行，氢气回收率提高1%。Ⅲ/Ⅳ重整装置做好氨冷机运维工作，尽量降低冷后氢气温度，确保Ⅰ/Ⅱ PSA原料氢不带液；优化Ⅰ/Ⅱ PSA真空泵运行，在确保产品氢纯度合格前提下，优化步进时间，兼顾收率提升；针对Ⅰ PSA吸附剂末期运行，收率偏低问题，利用热氮再生设施，维持吸附剂较高活性运行，适时推进Ⅰ PSA装置吸附剂换剂工作，换剂期间同步考虑程序升级；在确保Ⅲ/Ⅳ PSA产品氢合格情况下通过调整吸附时间来提高氢气回收率；上游乙烯裂解装置做好干气冷箱运维工作，故障时及时切出部分催化干气尾气。

(9) 加强废气排放管理。严格控制各装置废氢排放，根据循环氢纯度及时调整废氢排放阀开度。根据实际运行工况，各装置制定了废氢排放原则：Ⅴ加氢装置在循环氢纯度<82%时方可申请排放废氢，且在循环氢纯度稳定≥82%后及时停止排放；为确保长周期生产国Ⅴ柴油，Ⅳ/Ⅵ/Ⅶ加氢装置在循环氢纯度<85%时方可申请排放废氢，且在循环氢纯度稳定≥85%后及时停止排放；Ⅱ加氢、Ⅰ/Ⅱ加氢裂化等正常工况下无需排放废氢的装置杜

绝排放废氢。Ⅰ、Ⅱ S Zorb 装置根据实际氢纯度情况，停止废氢排放，减少废氢排放量 $150Nm^3/h$；焦化干气回收装置为提高氢气利用效率，经专家讨论，确认碳二加氢单元可以使用氢纯度在 80%左右的补充氢，之后就将混合加氢单元排放的废氢($600Nm^3/h$)后路由高瓦系统改至碳二加氢单元作为补充氢，同步停用乙烯氢 $600Nm^3/h$。

（10）优化乙烯裂解装置甲烷化反应器单元操作。根据甲烷化反应器出口 CO 含量变化情况，及时优化甲烷化反应器入口温度；优化二元机冷量分配，并根据氢气中甲烷含量变化趋势及时调整氢气、甲烷分离罐进料温度；监控好氢气干燥期床层水含量，及时切出再生，优化操作后乙烯裂解装置未发生氢气产品质量不合格情况，乙烯氢纯度稳定在 95.52%，同比提高 0.07 个百分点。

5. 优化成效

目前，某公司氢气系统运行平稳，未发生因氢气系统异常造成的装置切断进料和非计划停工的异常情况，经过近十项优化措施的落实，全年回收氢气量增加约 7800t，直接降低生产成本 7100 多万元。

八、燃料气资源系统优化

炼化一体化企业，由于回收了瓦斯中的富乙烷、富乙烯气以及液化气中 C_3^0、C_4^0 产裂解料，普遍存在燃料气不足的问题。冬季时往往需要外购天然气或液化气、C_5 组分作为燃料，从而影响炼油加工效益。

案例

1. 案例背景

在当前深入开展节能减排、降本增效活动的背景下，随着公司炼化一体化逐步成型，不断回收利用炼厂气中的有效资源，导致瓦斯数量和组成变化较大，突出表现为瓦斯总量降低，C_2 及以上组分明显减少，热值大幅下降。产生这一现象的原因主要有以下几方面：

（1）乙烯裂解装置建成投产后对气体原料的需求增加，炼油厂自产瓦斯中的 C_2 及以上组分被不断回收；

（2）炼化一体化相关装置逐步改造升级，操作精细度增加，C_2 及以上组分排放至瓦斯系统中的量进一步减少；

（3）随着对环保的重视程度越来越高，高架火炬尽量避免排放，促使主管部门加强监管工艺介质向瓦斯系统的排放。

综合以上几方面，燃料气系统组分逐渐变轻、变杂，为燃料气系统的优化管理带来挑战。

2. 现状

某公司的瓦斯系统按压力等级分为低压瓦斯(简称低瓦)和高压瓦斯(简称高瓦)。高压瓦斯系统压力控制为 0.4~0.6MPa，主要由各装置排放、低压瓦斯回收、汽化器补烃以及外来天然气组成，消耗高压瓦斯的有常减压、柴油加氢、重整等装置。低压瓦斯系统压力控制为 4~10kPa，依靠气柜缓存，主要由各装置排放气组成，低压瓦斯通过压缩机加压、气体脱硫精制后，并入高压瓦斯系统作为燃料气。

高压瓦斯与低压瓦斯有连通压控阀，当高压瓦斯压力超过设定值时，通过该压控阀向低压瓦斯系统泄压，工艺流程如图 8-3-7 所示。

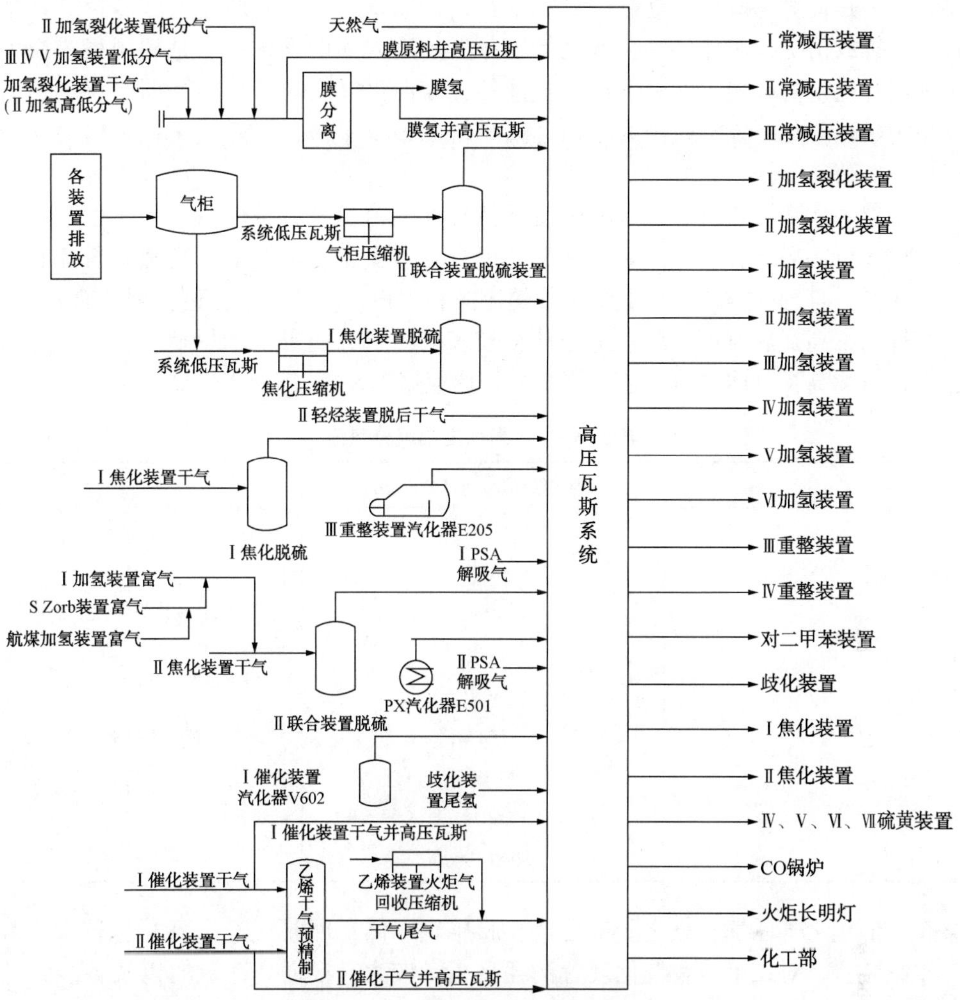

图 8-3-7 瓦斯系统工艺流程简图

3. 优化措施

通过总体把控瓦斯产耗平衡、重点关注瓦斯热值、协同优化瓦斯结构、动态管理、系统消缺等手段，实现对瓦斯系统的优化管理。

(1) 总体把控瓦斯产耗平衡。瓦斯系统产耗平衡主要分为两种情况：一种是正常生产期间，另一种是特殊工况期间。

正常生产期间的瓦斯产耗平衡：装置正常生产期间，低瓦系统总产量要远小于低瓦回收能力，瓦斯系统产耗平衡主要在高瓦系统的平衡上，此期间应遵循“先高后低、经济环保”的调节原则，确保系统压力稳定，特别是高瓦系统，为装置平稳运行创造有利条件。当高瓦压力偏低时，通过调整天然气补入量、加大各汽化器补烃量等手段补充高瓦，以实现高瓦系统压力稳定；当高瓦压力偏高时，及时减少天然气补入量和各汽化器补烃量，防止高瓦放火炬；监控各装置瓦斯产耗情况，严禁高瓦、氢气窜入低瓦系统，严禁氢气(包括尾氢)、膜分离原料窜入高瓦系统，避免浪费。

特殊工况期间的瓦斯产耗平衡：在装置开停工或检修期间，经常会出现低瓦系统生产大于回收、高瓦系统产大于耗的情况，为瓦斯系统平衡带来较大难度，此时的平衡优化手段主要为：一是针对瓦斯排放重点位置制定瓦斯排放检查清单，通过电脑监控和现场检查各装置瓦斯排放情况，避免氢气、富气等组分大量进入瓦斯系统；二是利用昼夜温差对低瓦产量和高瓦耗量的影响，夜班拉低气柜液位，为白班气温高时平衡瓦斯系统创造有利条件；三是把延迟焦化装置负荷作为平衡瓦斯系统的最终手段，当系统条件好转时，及时安排恢复焦化负荷。

(2) 重点关注瓦斯热值。为最大限度维持高瓦热值稳定，首先从全局出发，系统性调整高瓦热值；再从局部着手，针对特殊组分进行合理安排，根据全厂高瓦系统流程，结合各组分的热值，合理安排特殊、重要组分的流向和用户，为装置平稳运行创造有利条件。

系统性调整高瓦热值：高瓦中组分种类较多，各组分的量也不尽相同，燃烧热值区别很大，直接影响高瓦总体热值，各主要组分的热值见表 8-3-13。

表 8-3-13　高瓦主要组分热值

组　分	体积热值/(kcal/Nm^3)	性　质
天然气	8592	十分稳定
加氢裂化干气	5536	稳定
柴油加氢低分气	9346	废氢排放时热值下降
焦化干气	11205	波动
焦化干气尾气	8687	稳定
催化干气	10428	开工期间组分较重
催化干气尾气	5173	稳定
膜尾气	6079	稳定
低瓦回收气	6000~9000	变化极大

某企业催化干气尾气、焦化干气尾气、膜尾气、低瓦回收气产出高瓦量较大，常减压装置、重整装置、对二甲苯和歧化装置消耗高瓦量较大，根据高瓦流向以及各装置的高瓦产、耗量，可判断出各装置具体消耗的高瓦组分，再根据各组分的热值可判断出装置消耗高瓦的热值情况，以此为依据，对高瓦系统流程做出优化调整，实现各高瓦组分的分流，即可达到装置消耗的高瓦热值稳定且流量符合要求。

(3) 合理安排特殊组分。从表 8-3-13 中可看出，各组分燃烧热值相差较大，且部分组分热值很低或很不稳定，所以合理安排特殊组分对装置高瓦热值稳定有很大帮助。

① 低瓦回收气。低瓦组分十分不稳定，特别是装置异常排放或开停工泄压、吹扫时，热值变化极大，所以低瓦回收气组分不适宜全部给一套装置消耗，最好在高瓦系统中与其他较稳定组分混合后，再分摊至各装置，避免对一套装置产生较大影响。

② 催化干气尾气。催化干气尾气是催化干气经过乙烯干气预精制装置回收重组分后的返回气，其中氢气 50%(体)、氮气 12%(体)、甲烷 24%(体)，热值较低，其并入高压瓦斯系统管网后，用户依次为Ⅵ加氢、Ⅱ加氢裂化、对二甲苯、歧化、Ⅳ重整等装置。Ⅵ加氢装置与Ⅱ加氢裂化装置正常情况下基本产耗平衡，不使用系统高压瓦斯，同时考虑到Ⅳ重整装置对高压瓦斯热值要求相对较高，且对二甲苯、歧化系统瓦斯消耗量较大(共约 29000Nm^3/h)，所以调整催化干气尾气全部作为对二甲苯、歧化装置的燃料气。

为避免高瓦影响对二甲苯、歧化装置的稳定运行，对这一区域制定了局部的高压瓦斯控制方案：一是对二甲苯、歧化装置燃料气分液罐压力设定值为 0.44MPa，根据瓦斯热值变化，加热炉阀位情况可适当调整，调度配合提高高压瓦斯系统压力；二是对二甲苯、歧化装置加热炉的燃料气控制阀开度在70%左右，当其中任一炉燃料气控制阀开度连续30min在80%以上时，装置先提高燃料气分液罐压力，如压力设定值已达0.44MPa，则允许装置适当增加汽化器补烃量；当两炉控制阀开度均在65%以下超过30min时，装置适当减少汽化器补烃量。

③ 天然气。天然气组分及热值稳定，不含重组分，用量大，正常情况下用量约25000Nm^3/h，对于高瓦系统稳定有很大帮助。一是通过优化系统流程，做到天然气的分流使用；二是优化天然气使用方案，分区域控制，部分区域采用定压控制，部分区域采用手动控制，灵活、精确调整瓦斯系统总体稳定。

④ 协同管理，优化燃料气结构，保平稳同时争效益。液化气汽化和天然气补入是调节燃料气结构、平衡瓦斯系统的两大重要手段，但是受市场影响，天然气与液化气价格会有较大浮动，根据价格变化合理选择气源，是瓦斯系统一个重要增效点，需要系统具有一定的灵活调节能力。

⑤ 动态管理，做好系统消缺相关工作。瓦斯系统串联所有炼油装置，“牵一发动全身”，所以一般不具备大面积停运的条件，无法经常切出检修，导致系统管线运行年限长，出现缺陷的概率较高。为确保能够及时处理缺陷，且处理缺陷时能够保障装置正常运行，需要时刻掌握系统最新工况，通过动态管理做好充分准备。

(a) 建立台账：针对需要整改的系统管线、阀门(包括装置内与系统相连管线、阀门)，要建立相应台账备案，加强关注薄弱点的运行情况，条件具备时及时安排处理，并做好闭环工作。另外，随着装置改造，系统运行工况也会发生变化，要及时更新系统相关数据，评估系统运行情况，做好优化工作。

(b) 选好时机：突发事故的处理多数是点对点的针对处理，范围较小，所以大修是处理系统管线、阀门缺陷的黄金时期。大修前应加强对系统管线检测，扩大检测范围，及时制定消缺方案并做好相关材料准备工作，从根本上消除可能存在的隐患。

(c) 提前处理：为配合系统调整，低瓦回收压缩机需频繁开停，且物料组分变化较大，运行环境比较恶劣，不利于机组的长周期运行，所以在重大调整操作前，应对低瓦回收压缩机进行全面检查，及时处理缺陷，确保重大调整操作期间低瓦回收能力充足。

(d) 信息共享：系统管线的切出会导致瓦斯流向、压差发生明显改变，在调整操作时要充分考虑其影响，特别是在操作调整较多的开停工期间，要统筹安排所有系统相关工作，做好调整信息的收集与共享，同时避免多头指挥，确保下达的指令完全符合当时工况。

4. 优化效果

通过挖掘轻烃资源、回收C_{2+}等高附加值组分、控制各装置气相物料排放已是必然趋势，势必会导致炼油厂瓦斯的热值越来越低，但通过系统优化和管理手段可以有效确保瓦斯系统运行平稳。

第四节　主要生产装置操作优化实践

一、常减压蒸馏装置

常减压蒸馏装置的优化目标是保证长周期平稳运行及产品质量合格的前提下，最大化产品价值和尽可能降低能耗，或最小化不合理的能耗。常减压装置的主要单元操作包括电脱盐、加热炉、换热网络、抽真空系统、分馏塔等。除电脱盐外，其他单元操作和设备均可用常见的流程模拟软件建模和优化。常减压蒸馏装置有20多个独立操作变量，如常压炉和减压炉的出口温度、常压塔塔顶压力、常顶石脑油外送量、回流量、各侧线抽出流量、中段回流抽出量、返回温度等。常减压蒸馏装置的操作，就是优化组合这些操作变量，确保优化目标的实现。

常见的操作优化：一是提高或降低目的产品的收率，如提高石脑油、航煤收率，降低减压渣油收率。与此相关的操作是提高石脑油、航煤终馏点，提高石脑油/航煤/柴油分离精度，实施减压深拔操作，降低减压渣油收率等；二是提高换热终温，如优化各中段取热比例、优化各换热分支的换后温度、优化各换热器的取热负荷、应用高效换热器等；三是降低能耗，如提高加热炉热效率、加热炉出口温度优化、低温热回收和利用等；四是优化电脱盐操作，如电脱盐温度、界位、混合强度、注水量等；五是加强腐蚀监控，延缓高温硫腐蚀、低温 $H_2S-HCl-H_2O$ 腐蚀、环烷酸腐蚀等。以下是常减压装置几个典型的优化案例。

（一）增产航煤原料

1. 增产航煤原料的潜力分析

某公司12.0Mt/a的常减压装置常一线航煤原料的拔出量在140~145t/h之间，下游航煤加氢装置的最大加工能力可以达到155t/h。目前常一线终馏点已达到255~260℃，继续拔重会造成冰点不合格，但常一线与常二线之间的重叠度约有16℃，在提高分离精度方面还有一定潜力。因此结合流程模拟的测算分析，在常减压装置初馏塔侧线抽出、常压塔操作、流程改造等几个方面进行优化，进一步提高常一线航煤原料的拔出率。

2. 操作优化调整措施

（1）优化初馏塔侧线抽出量

初馏塔侧线抽出有利于降低加热炉负荷。但当抽出量过大时，初馏塔内回流不足，容易导致操作波动影响产品质量，装置曾发生过初馏塔侧线抽出量控制不合适，进而导致航煤原料不合格改污油的情况。因此利用模型对不同原油种类、生产方案、初侧线抽出量进行测算，避免产品质量波动。以原油加工量31000t/d为基准，测算当原油品种分别为沙中+沙重、科威特、巴士拉+沙重时，初侧线抽出量分别控制在28t/h、32t/h、38t/h左右；加工量每变化1000t/d，初侧线抽出量可相应调整2t/h。

（2）优化常压塔中段回流取热

一般情况下，为提高原油换热终温，常压塔3个中段回流中应尽量提高下部高温位回流的取热比例，但下部中段回流取热较多时，会对塔的分离精度产生一定影响。模型测算表明，将二中回流返回温度由目前的205℃提高到215℃，同时增加顶循回流量50t/h来维持全塔热量平衡，可以提高常一线与常二线之间的分离精度，多产航煤3.22t/h。实际测算结果表明，适当减少二中回流取热，增加顶循取热，原油换热终温约降低1.5℃，常压炉瓦斯增加消耗约180Nm³/h，常一线与常二线之间的重叠度由16.2℃减少至13.0℃，可以增产航煤原料2300t/月。

（3）适当调整常二线与常三线的抽出比例

提高常一线与常二线之间分离精度的另一个措施是适当降低常二线抽出塔板位置，其相当于增加常一线与常二线之间的塔板数。但目前无法实施，可考虑适当减少常二线抽出量，提高常三线抽出量，在保持混合柴油抽出总量不变的情况下，提高常二线抽出位置上下几块塔盘的内回流量，进而提高分离精度。模型测算表明，在优化工况的基础上，再减少常二线抽出量20t/h，相应增加常三线抽出，可继续提高航煤原料量3.6t/h。

(4) 增加常二中至常二线汽提塔的跨线

在上述优化工况基础上，若继续减少常二线抽出、增加常三线抽出，会受到常三线泵最大能力及塔盘气液相负荷限制。因此，增加一条常二中至常二线汽提塔的跨线流程，利用常二中来代替部分常二线，相当于降低了常二线的抽出位置。模型测算表明，当将常二线抽出量降低至20t/h，剩余用常二中来补充，常一线与常二线之间的重叠度将降低至10.2℃，可继续提高航煤原料量至155.7t/h。

增加常二中至常二线汽提塔的跨线流程后，相当于增加了一条侧线，降低了常二线与常三线之间的分离精度，但常二线与常三线混合后进柴油加氢装置，因此不受影响。

3. 增产航煤措施的实施

(1) 当原油加工量调整、原油品种变化、生产方案调整时，及时调整初馏塔侧线抽出量，以保证航煤原料质量稳定。

(2) 为提高常一线与常二线之间分离精度、航煤原料产量，适当减少常二中回流取热，减少常二线抽出，相应增加常三线、常四线抽出，同时可考虑增加一条常二中至常二线汽提塔的跨线流程。经过优化调整后，常一线与常二线之间的重叠度降低，航煤原料量增加10.4t/h。

(二) 减压深拔操作优化

1. 减压深拔背景及优化目的

某5.0Mt/a的常减压装置开工后，由于各种客观因素影响，常减压装置加工负荷长期维持在50%~60%，根据公司的总流程排布要求，常减压装置的重蜡油给渣油加氢装置供料，减压渣油给下游焦化装置供料，这就要求常减压装置必须进行减压深拔操作，拔出部分重蜡油供渣油加氢，减少焦化原料中的重蜡油量，从而提高公司的总体效益水平。

常减压装置由于负荷低，减压炉长期处于低处理量下运行，减压炉一旦结焦严重，会造成炉管超温等现象，影响装置运行，因此，需要结合流程模拟模型的测算分析，通过优化减压炉炉管注汽量和减压炉炉出口温度，保证在较高的减压深拔程度下，减压炉低负荷下减少生焦，从而维持常减压装置正常的开工周期，降低运行风险。

2. 优化减压炉出口温度和注汽量，保证减压深拔效果的同时减压炉降低结焦

减压炉在油种和加工量固定的情况下，一般通过调整加热炉出口温度和炉管注汽量来降低减压炉结焦风险。所以利用模型可以测算不同温度下减压炉的结焦曲线和不同炉管注汽量下减压炉的结焦曲线。在常规生产方案期间，以原油加工量7800t/d为基准，当加工某混合原油时，若炉管不注蒸汽，那么减压炉出口温度控制在不超过395℃，当减压炉出口温度达到410℃时，加热炉结焦倾向已经非常明显，此时必须进行炉管注汽的操作。

(1) 优化减压炉出口温度(优化工况1)

在减压塔负压一定的情况下，为提高减压深拔程度，可采用提高减压炉出口温度的方式，带来的后果是减压炉炉管结焦倾向增加，缩短运行周期。根据某炼油厂常减压装置55%的实际加工负荷模型进行测算，减压炉出口温度从395℃开始至410℃，随着温度提高，结焦倾向增加，当减压炉出口温度达到410℃时，预计会出现减压炉结焦的情况。所以为了减少结焦，必须降低减压炉出口温度。但只按照降低减压炉出口温度操作进行，常减压减压深拔程度不够，故还需要继续优化其他条件。

（2）优化减压炉炉管注汽量(优化工况2)

在减压塔负压和减压炉出口温度一定的情况下，为提高减压深拔程度和避免减压炉炉管结焦，可采用提高减压炉炉管注汽量的方式。根据某炼油厂常减压装置55%的实际加工负荷模型进行测算，减压炉出口温度395℃的情况下，炉管注汽量提高至0.9t/h时，减压炉炉管结焦趋势不明显。当减压炉出口温度达410℃时，炉管注汽量0.9t/h，减压炉炉管结焦趋势也不明显。

3. 减压深拔操作优化措施的实施

（1）常减压装置原油加工量按照55%最低负荷进行控制。

（2）为提高减压深拔程度，同时最大程度避免加热炉结焦，工艺操作上根据减压渣油538℃馏出量情况，控制减压炉出口温度在395~410℃，减压炉炉管注汽量控制在0.9~1t/h左右，控制渣油538℃馏出量均值维持在7%以下。538℃馏出量控制见图8-4-1。

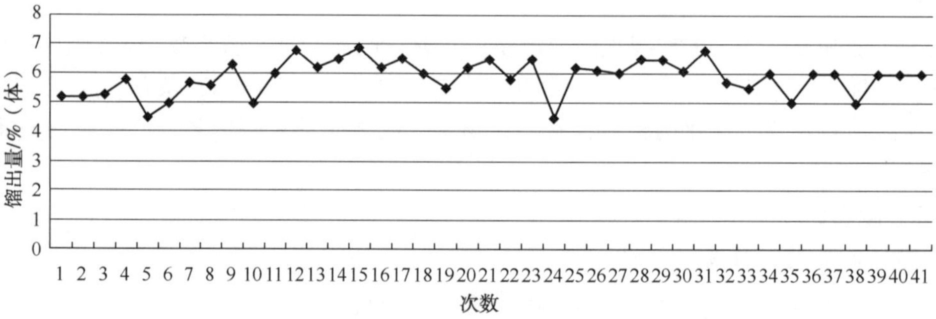

图8-4-1 538℃馏出量

4. 停工检查情况

某炼油厂常减压装置运行两个周期后，大检修期间按照计划进行减压炉炉管清焦检查，拆开炉管出口短节，未见明显结焦情况，采用机械清焦手段进行减压炉炉管清焦检查，通球后排水未见大量焦块，球面上未有磨损和破损迹象。故认为减压炉运行良好，基本没有结焦。减压炉炉管通球情况见图8-4-2。

图8-4-2 减压炉炉管通球情况

二、催化裂化装置

催化裂化装置工艺十分复杂，其优化涉及多方面课题，如催化剂、反应工程、再生工程、分馏过程、烟气脱硫脱硝等，且每一个课题都比较复杂。仅反应-再生系统独立操作变量就包括：回炼比、预提升蒸汽/干气流量、原料预热温度、掺渣比、提升管出口温度、中止剂介质和流量、汽提蒸汽流量、外取热器负荷、烟气氧含量、再生催化剂碳含量、催化剂配方、平衡催化剂活性、再生催化剂藏量、反应和再生压力等。如再考虑分馏和吸收稳定系统的独立变量，大约有 50 多个独立操作变量。催化裂化现有很多不同的工艺、催化剂，原料和反应过程均比较复杂，目前无普遍适用的反应-再生动力学模型，因此在软件模拟计算的基础上，还要结合专家经验。

催化裂化装置的优化目标是在确保装置长周期平稳运行和产品质量合格的前提下，通过优化原料、装置操作条件和催化剂配方，最大化产品价值总量，降低操作费用(蒸汽、电、催化剂和药剂)。催化裂化烧焦已转化为蒸汽、电等能源介质，可以不考虑价值，其他产品要视后路加工流程考虑其价值。如催化液化气，如果炼油厂总流程中有 MTBE、烷基化装置，那么催化液化气的价值等于外购同样性质的液化气进后续加工流程的保本价，该保本价可以用 PIMS 模型或 Petro-SIM 测算得到。用这种方法测算产品的价格，还要综合考虑该产品的性质和组成，如干气和液化气的组成、汽油的 RON 值、柴油的密度等。

催化裂化是炼油厂最主要的创效装置，有很多优化案例，涉及反再、分馏和吸收系统、烟机能量回收系统，主要是增效的案例，还有一些是故障诊断分析的案例。

（一）提高催化汽油 RON 值

1. 案例背景

某公司自 8.0Mt/a 油品质量升级改造开工以来，1#催化装置原料中芳烃含量下降、饱和烃含量上升，引起汽油中芳烃及烯烃含量降低，致催化汽油辛烷值下降明显，辛烷值由升级改造开工前的均值 91 降至开工后的 89 左右。为提高催化裂化汽油辛烷值，发挥装置潜能，利用模拟软件优化原料性质、操作参数，保证装置设备长周期运行、产品质量合格。

2. 优化目的

通过模型测算原料组成、工艺条件、催化剂活性、汽油蒸气压等因素对催化裂化汽油辛烷值的影响，通过改变装置反-再系统相关工艺操作条件，控制适宜的催化剂基质活性，适度降低原料中饱和烃含量，控制适宜的反应温度和剂油比，催化汽油辛烷值由调整前的 89 左右提至 91.5 以上，催化装置达到提高汽油辛烷值、降低高标号汽油的调和成本的目的。

3. 测算过程和数据分析

流程模拟测算应用于装置生产，从而提高了催化汽油辛烷值，得到最佳操作参数。

(1) 原料性质对催化汽油辛烷值的影响。

模拟测算结果表明，在固定原料处理量、提高加氢重油量、降低尾油流量的操作调整过程中，随着原料性质变重、饱和烃含量降低、芳烃含量增加，催化汽油辛烷值上升但汽油辛烷值桶呈下降趋势。在实际生产操作中，为提高催化汽油辛烷值并降低油浆外甩量，可将原料油配比控制为加氢重油 55%~60%、冷蜡油 25%~30%、加裂尾油 10%~15%。

(2) 反应温度对催化汽油辛烷值的影响。

反应温度是对催化裂化汽油 RON 最大的影响因素。提高反应温度，有利于稠环芳烃裂解成小分子烯烃，带有长侧链或多侧链的重芳烃在高温下侧链易断裂，以低沸点芳烃的形式进入汽油馏分。同时，由于氢转移反应是放热反应，提高反应温度降低了氢转移反应速率，使汽油中芳烃和烯烃含量增加，进而提高了汽油的RON。在一定转化率下，反应温度每增加10℃，汽油RON增加0.7~0.9个单位。

模拟测算过程中，随着反应温度的升高，汽油收率先上升后下降，汽油辛烷值桶上升，油浆收率下降。在提升管出口温度提至518℃时，汽油收率开始下降。

（3）催化剂活性对催化汽油辛烷值的影响。

通常，催化剂活性增加会引起氢转移活性也相应增强。因此，产品中烯烃含量减少会使汽油辛烷值下降；但催化剂活性过低会引起催化裂化程度降低、汽油中的催化裂化汽油含量减少、热裂化汽油含量增加，导致辛烷值降低。

模拟测算过程中，随着催化剂活性的上升，催化汽油收率先上升后下降，汽油辛烷值先上升后下降，可按照汽油辛烷值桶最大为目标调整催化剂活性。

（4）剂油比对催化汽油辛烷值的影响

提高剂油比可提高转化深度，裂化、异构化、芳构化以及氢转移等都会加快。尽管氢转移会降低汽油烯烃含量，但其他反应的加快会使汽油中小分子烃、异构烃及芳烃含量增加，总的结果会使辛烷值上升。实际生产中，剂油比每提高1个单位，汽油RON可上升0.6单位。由于反应温度不宜过高，同时为了保证再生效果，再生温度不能太低，因此工业上可在保证原料充分雾化效果的基础上，通过降低进料预热温度来提高剂油比。

原料预热温度的降低提高了剂油比和反应深度，使汽油中小分子烃、异构烃及芳烃含量增加，汽油辛烷值上升，汽油烯烃含量下降，有利于产品性质控制。从转化率角度来看，增加剂油比增大了反应强度、增加了反应转化率，进而影响汽油的族组成，改进了支化程度，增加了汽油辛烷值。

（5）丙烯助剂藏量占比对催化汽油辛烷值的影响

从添加助催化剂的角度来讲，丙烯助剂可以提高催化汽油辛烷值1单位左右。一般根据丙烯助剂供应商的技术要求调整丙烯助剂占装置催化剂总藏量比例。

提高丙烯助剂藏量占比会导致液化气收率及丙烯含量上升，提高了催化汽油辛烷值，但催化汽油辛烷值桶下降。

（6）催化汽油蒸气压对催化汽油辛烷值的影响

由于丁烷的辛烷值、调和辛烷值、蒸气压较高，因此汽油中丁烷含量直接影响辛烷值及汽油蒸气压。在满足汽油标准允许的蒸气压的前提下，可通过优化稳定塔操作参数实现蒸气压上限卡边操作，进而增加汽油中丁烷含量，提高汽油辛烷值。

测算表明，随着稳定塔塔底温度的降低，汽油收率、烯烃含量、辛烷值均上升。实际操作中，催化汽油蒸气压按照上限进行控制。

4. 优化结果

（1）原料中烷烃含量高，汽油辛烷值低。原料中环烷烃和芳烃含量高，汽油辛烷值相对高。在原料性质方面，催化装置应提高加氢重油量、降低尾油量，达到降低饱和烃含量、增加芳烃含量的目的。

（2）提高反应温度会使催化裂化反应速度加快，但各类反应速度加快程度不同。裂化和芳构化反应是生成芳烃的吸热反应，氢转移和异构化反应是消耗烯烃的放热反应，因此提高反应温度会导致氢转移和异构化反应速率下降，汽油辛烷值上升。

（3）催化剂活性中心数目增加会引起催化剂整体活性增加，氢转移反应的比例上升，从而导致汽油辛烷值先上升后下降。可以适当控制催化剂活性，提高反应深度，在保证增产汽油的同时提高汽油辛烷值。

(4) 通过降低再生器烧焦罐温度、原料预热温度、提高剂油比及反应深度，汽油中小分子烃、异构烃、芳烃含量增加，辛烷值上升。

(5) 维持丙烯助剂藏量占比在3%左右，提高液化气中丙烯含量及催化汽油辛烷值。

(6) 汽油中丁烷含量直接影响辛烷值及蒸气压，催化裂化汽油辛烷值随蒸气压升高而增加。受其小分子高辛烷值烃类组分减少，汽油蒸气压每下降10kPa左右，辛烷值(RON)下降约0.2~0.4个单位。实际按蒸气压上限卡边操作。

5. 应用效果

自各项措施实施以来，催化汽油辛烷值逐步提高，柴油收率下降，达到了调整优化的目的。目前装置催化汽油辛烷值已达91.5以上，比实施前平均增加近3个单位，装置汽油辛烷值的提高增大了汽油调和的灵活性，降低了高标号汽油的调和成本。

三、加氢裂化装置

加氢裂化装置产品分布灵活可调，其优化目标是在满足长周期平稳运行、产品质量合格的前提下，通过优化原料、装置操作条件和催化剂级配，使产品价值总量-原料总价值-氢气成本-操作费用(蒸汽、电、催化剂和药剂)最大化。原料和产品的价格采用其保本价，保本价可以用PIMS模型或Petro-SIM模型测算，氢气价格采用氢气的边际价格，相当于提供新增氢气的产氢装置的氢气成本。不同性质的产品其对应的保本价不同，如尾油BMCI值，应根据不同的尾油BMCI值开展保本价测算，确定特定BMCI值的尾油保本价。

加氢裂化装置的独立操作参数大约有30多个，如催化柴油掺炼量、精制和裂化反应器各床层入口温度、氢油比、高分压力、高分温度、废氢排放量、脱后循环氢中H_2S含量、冷高分温度、注水量、尾油循环量、分馏及吸收稳定各塔独立操作参数等。不同的操作参数对应不同的产品分布和产品性质，不同的产品性质对应不同的产品保本价。应用数学规划法，即可求出装置毛利最大时对应的各操作参数。

需要注意，上述加氢裂化单装置优化方法中，尾油价格并不用内部炼油-化工互供价，而是采用炼油-化工一体化PIMS模型测算得到的尾油保本价。否则，加氢裂化单装置优化的方向和全厂整体效益最大化是矛盾的。例如，若尾油价格取石脑油价格×0.98，那么当石脑油价格较低时，加氢裂化单装置优化的结果是提高转化率，尽可能少产尾油，不去考虑乙烯裂解原料有缺口，这样的优化方向显然不符合炼油-化工整体效益最大化的方向。

像催化裂化装置一样，加氢裂化装置的优化案例有很多。如预测掺炼催化柴油对温升、氢耗、产品分布和产品性质的影响；预测氯化铵和硫氢化化铵的结晶温度；预测和跟踪催化剂寿命；预测氢油比对能耗和催化剂寿命的影响；预测氢分压和转化率对尾油BMCI值的影响等。某公司应用分馏塔模型发现了困扰多个运行周期的重石脑油硫含量偏高问题的原因，改造后一举解决了该问题。

某公司目前柴油池的十六烷值处于过剩状况，存在较大的富裕度。因此结合模型测算，优化加氢裂化原料，减少柴油十六烷值过剩。

基准方案：月度配置计划车柴50kt，出口柴油80kt，剩余为普柴；加氢裂化原料为60t/h减二线+10t/h催柴，尾油及柴油全循环。

优化方案1：在基础方案上，用10t/h常二线代替催柴作加氢裂化装置原料。

优化方案2：在方案1的基础上，继续增加常二线作加氢裂化装置原料，使普通柴油十六烷指数接近内控指标，此时由于加氢裂化装置负荷增加，全厂航煤产量增加较多。

优化方案3：在方案1的基础上，用常二线代替部分减二线作加氢裂化装置原料，维持加氢裂化装置负荷和航煤产量基本不变，氢耗降低。

（1）优化方案1测算

用10t/h常二线代替催柴作加氢裂化装置原料，由于常二线馏程范围为220~290℃，大部分为航煤组分，因此加氢裂化装置在维持航煤收率不变的情况下，反应深度降低，氢耗减少。顶出的10t/h催柴进柴油加氢，全厂产品结构变化不大。

经模型测算，制氢装置产氢量减少2.17kNm^3/h，外购天然气成本减少127万元，装置操作费用减少77万元，合计每月增效157万元。此时普柴十六烷指数由基准方案的48.3降低至46.5。

（2）优化方案2测算

在方案1的基础上，继续增加常二线作加氢裂化装置原料。模型测算当常二线增加到35t/h时(加裂原料为60t/h减二线+35t/h常二线)，全月可增产航煤12.2kt，多产石脑油6898t，多产汽油461t，少产柴油18.7kt。

由于加氢裂化装置负荷增加，制氢产氢量增加2.0kNm^3/h，外购天然气成本增加102万元，装置操作费用增加302万元，合计每月增效511万元。此时普柴十六烷指数由基准方案的48.3降低至43.9。

（3）优化方案3测算

方案2每月增产航煤12.2kt，考虑到目前配置计划，公司航煤产能过剩，因此加氢裂化装置应维持低负荷。用常二线代替部分减二线作加氢裂化装置原料(加氢裂化装置原料为35t/h减二线+35t/h常二线)，维持加氢裂化装置负荷和航煤产量基本不变；顶出的减二线作催化装置原料，适当提高焦化柴油和直馏柴油切割点，维持催化装置负荷不变。

经模型测算，全月汽油产量减少1289t，石脑油产量增加432t，柴油产量增加540t，产品收入减少187万元。

由于加氢裂化装置氢耗减少，制氢产氢量减少5.2kNm^3/h，外购天然气成本减少315万元，装置操作费用减少164万元，合计每月增效291万元。此时普柴十六烷指数由基准方案的48.3降低至44.8。

（4）测算小结及方案实施

根据测算结果，在维持加氢裂化装置负荷不变的情况下，用常二线代替催柴和部分减二线作加氢裂化装置原料，以降低制氢装置负荷，同时减少出厂普柴十六烷指数过剩；若航煤配置计划增加，则增加常二线或常三线作加氢裂化装置原料。

四、加氢精制装置

加氢精制包括了焦化汽油、催化汽油、石脑油、航煤、柴油、蜡油和固定床渣油加氢精制等工艺。以柴油、蜡油和固定床渣油加氢精制装置为例，这些装置的优化目标是在确保产品质量合格的前提下，尽可能降低装置生产成本，包括氢气、催化剂、公用工程和能源消耗的成本。

加氢精制类装置的独立操作参数约几个到十几个不等，其中对运行成本影响较大的是新氢耗量、氢油比、反应器入口温度、高分入口温度、产品切割温度、产品杂质(硫、金属、残炭等)含量等。其中新氢耗量、氢油比和产品杂质含量的影响最大。应用单装置加氢精制机理模型，可以研究在同样产品质量的情况下，针对性质不同的原料，预测适宜的反应温度，不同纯度的氢气(其他杂质主要为甲烷)进装置后的化学氢耗和溶解氢耗的变化；预测催化剂寿命和反应器床层压降；预测不同氢油比对催化剂寿命和能耗的影响；提高或降低产品杂质含量后，对氢耗、能耗和催化剂寿命的影响等。分馏塔的切割方案，某公司曾用分馏塔模型发现了航煤产品铜片腐蚀和闪点难以同时合格的问题。

(一) 案例1：高压换热器故障处理

某公司4.1Mt/a柴油加氢装置运行过程中，高压换热器E203A/B(原料柴油与精制柴油换热器)存在微内漏的现象，导致精制柴油硫含量高于10mg/kg，无法满足车用柴油的质量指标要求，若装置停工进行检修处理需要7~10天时间，且公司仅有一套柴油加氢装置，其停工将对全厂生产平衡造成较大困难及效益损失，装置运行瓶颈问题亟待解决。

1. 解决方案分析

为避免装置停工，公司决定增加E203的临时跨线流程，将精制柴油改出E203A/B，解决柴油产品硫含量高的问题。根据现场流程，借用一台换热器(E204)出口分馏热循环线，自该线双阀间增加一条管线，引至精柴自正丁烷返回线，直接进入下一台换热器(E206)。

换热器E203停用后，壳程处于切除静止状态。为防止管程高压侧介质内漏至壳程低压侧造成壳程超压，新增两条撤压线：一条*DN*80管线至滤前原料罐，一条*DN*40管线至滤后原料罐。

2. 模型建立及测算

高压换热器E203A/B为装置关键的换热器，目前热负荷约为8234kW，切除后主要对原料加热和精制柴油产品冷却两个方面造成影响，需要核算换热器切除后反应进料加热炉负荷以及精制柴油出装置温度能否满足要求，以确定此方案是否可行。

因此建立柴油加氢装置反应、高低压分离、分馏及换热网络模型，对E203A/B切除后的热平衡优化调整进行模拟测算分析，并制定生产优化调整操作，在控制精制柴油出装置温度不超标的同时，尽量降低装置能耗。

经过核算，原料加热所需要的负荷通过原料/反应产物高压换热器E102和反应加热炉F101基本能够满足要求，但产品冷却受到一定制约，在不做较大调整的情况下冷后温度上升至55℃左右。通过测算分析，建议进行以下调整：

(1) 减产航煤工况时，在保证航煤加氢装置汽提塔底重沸器热量需求前提下，将分馏塔底重沸炉出口温度由目前的292℃降低至287℃。

(2) 将分馏塔侧线组分油从第7层抽出改为从第11层抽出，抽出量提高至35t/h以上，减少塔底柴油冷却负荷。

(3) 适当降低低压蒸汽汽包E211产汽压力，由1.0MPa降低至0.95MPa以下；同时低低压汽包E204尽量关闭副线阀，多产低低压蒸汽。

(4) 除盐水换热器E206对降低柴油冷后温度具有重要作用，目前此换热器负荷约6297kW，与设计的11279kW相比具有较大差距。需要全开除盐水进出装置界区阀、全开E206出入口阀、关紧副线阀，将除盐水换热温度由目前的92℃左右提高到105℃以上。

(5) 焦化汽柴油改为热供料，将柴油加氢装置混合原料温度由目前的80~90℃提高至100℃左右。

(6) 关小高压换热器E102副线阀开度，将反应产物进热低分温度控制在235℃左右。

3. 方案实施

装置按上述方案进行调整并增加跨线，方案实施后，部分关键参数控制点与模型预测结果基本一致，达到预期效果，避免了装置临时停工检修：

（1）E206 除盐水出口温度由 92℃提高到 107℃（预测 105℃），说明 E206 取热基本达到理想效果。

（2）E102 出口进热高分温度 236℃（预测 235℃）。

（3）E203 入口温度 158℃，与预测结果一致，此温度在 E203 切除前后变化不大。

（4）柴油出装置温度 38℃。

（二）案例 2：柴油加氢分馏塔抽侧线方案

某公司柴油加氢装置原料为直馏柴油、焦化汽油、焦化柴油以及催化柴油，经过加氢精制反应之后，从分馏塔顶部拔出<170℃的石脑油组分作为重整装置原料，分馏塔底部>170℃的馏分作为精制柴油产品。若通过在分馏塔增加一条侧线，拔出 170~205℃之间的重石脑油组分作为裂解石脑油产品或者用于调和汽油，则有利于全厂压减柴油；在冬季，还可利用此部分重组分油调和低凝柴油，增加全厂经济效益。

1. 侧线抽出石脑油方案

模型测算结果表明，当柴油加氢分馏塔增加一条侧线时，可以抽出终馏点≤200℃的重石脑油组分 8.64t/h，同时石脑油、精制柴油分别减少 0.98t/h 和 7.87t/h，装置产品结构变化如表 8-4-1 所示。

柴油加氢分馏塔侧线抽出的重石脑油的馏程范围在 140~205℃之间，辛烷值较低，仅为 35 左右，优先考虑作为裂解石脑油原料，在全厂辛烷值过剩的情况下也可以作为汽油调和组分。

表 8-4-1　柴油加氢抽侧线石脑油前后产品结构变化

项　目	基准工况		优化工况		变化值	
	流量/(t/h)	占比或收率/%	流量/(t/h)	占比或收率/%	流量/(t/h)	占比或收率/%
进料	461.29	100.00	461.09	100.00	-0.21	0.00
直馏柴油	238.24	51.65	238.24	51.67	0.00	0.02
催化柴油	92.80	20.12	92.59	20.08	-0.21	-0.04
焦化汽柴油	122.75	26.61	122.75	26.62	0.00	0.01
罐区原料	7.50	1.63	7.50	1.63	0.00	0.00
其他进料						
轻烃	6.84	1.48	6.84	1.48	0.01	0.00
新氢	9.50	2.06	9.50	2.06	0.00	0.00
产品						
干气	4.07	0.88	4.07	0.88	0.00	0.00
酸性气	4.44	0.96	4.44	0.96	0.00	0.00
低分气	2.60	0.56	2.60	0.56	0.00	0.00
轻烃	16.18	3.51	16.18	3.51	0.00	0.00
石脑油	45.84	9.94	44.86	9.73	-0.98	-0.21
重石脑油	0.00	0.00	8.64	1.87	8.64	1.87
精制柴油	404.43	87.67	396.56	86.01	-7.87	-1.67

2. 侧线抽出低凝柴油方案

冬季北方地区-35#低凝柴油需求量较大，因此可将此侧线抽出油用于调和-35#低凝柴油。同时可以提高侧线抽出油终馏点，增加侧线抽出油流量，达到增产-35#低凝柴油的目的。模型测算出将重石脑油终馏点由204℃提高到228℃时，重石脑油流量增加了6.7t/h左右，同时精制柴油流量减少6.7t/h左右。

3. 方案实施及效果

企业利用大检修机会，实施了柴油加氢分馏塔增加侧线抽出改造，重石脑油自第7层塔盘抽出(总共31层塔盘)，并设置了侧线汽提塔、机泵、控制阀等相关工艺流程。优化方案实施后，精制柴油收率降低了2个百分点左右。

冬季将侧线抽出的重石脑油的终馏点提高到227℃左右，将15t/h的重石脑油组分直接用于调和-35#低凝柴油，每月增加-35#低凝柴油产量11kt左右。

五、连续重整装置

连续重整装置的优化目标是在保证长周期平稳运行、产品质量合格的前提下，使装置毛利最大化，即产品总价值-原料总价值-操作成本(燃料、电、蒸汽等)最大化。一般装置的主要瓶颈是四合一炉负荷、再生烧焦负荷、重整增压机负荷等。连续重整装置模型几乎是分子级的动力学模型，相比其他炼油反应器模型，准确性比较高。产品的价格确定和总流程有关，如抽三苯、抽两苯，或只抽苯，芳烃抽提非芳组分是去产裂解料还是去调和汽油等，可以应用PIMS模型或Petro-SIM全厂模型测算各产品的保本价。

连续重整装置(包括预加氢、不包括抽提)大约有20~25个左右的独立操作变量，对装置效益有影响的有处理量、原料中C_5组分含量或初馏点、四个反应器入口温度、氢油比、原料/产品换热器热端温差、四合一炉排烟温度和烟气氧含量、催化剂循环量、催化剂积炭、催化剂比表面积、催化剂氯含量、再接触系统冷却温度、分馏塔回流比、塔压、进料温度等。

连续重整单装置模拟结果表明，提高反应器入口温度，无论对于芳烃型还是汽油型的装置，其效益均是增加的。如果按重整生成油量×RON最大作为目标函数，那么WAIT的值处于510~515℃，装置的效益并没有达到最大；应用该模型还发现，对于贫料而言，效益最大化要求第一、第二反应器温度低一些，第三、第四反应器温度高一些较好；模型测算也表明，目前大部分连续重整装置氢油比偏高，降低氢油比对于降低循环氢压缩机能耗有利，但对于加热炉能耗却不明显，原因是氢油比降低，作为热载体的循环氢流量下降，也会导致四个反应器的温降升高，从而影响加热炉负荷。

(一) 典型案例1：最大化增产二甲苯

1. 案例背景

某公司连续重整联合芳烃抽提装置，以2#加氢装置石脑油、4#加氢装置石脑油、外购石脑油、直馏石脑油为原料，经过预加氢装置进行原料处理生产合格重整料，经重整反应后生产高辛烷值汽油调和组分、苯和混合二甲苯。

增产混合二甲苯针对于重整装置，其主要分为两部分：其一为优化重整原料，其二为调节芳烃三塔抽出混合二甲苯操作。

2. 优化模拟测算

(1) 优化重整原料增产二甲苯。

结合重整反应特点，重整主体反应为分子重排反应，故生成油中碳原子数目不变，因而增产混合二甲苯需选择高含量 C_8 组分石脑油作为重整原料。

从原料分析数据来看，2#加氢装置石脑油 C_8 含量为 20.15%，4#加氢装置石脑油 C_8 含量为 20.13%，加氢裂化装置重石脑油 C_8 含量为 29.94%，直馏石脑油 C_8 含量为 22.53%，在当前条件下，C_8 组成几乎完全转化成芳烃，故在原料侧调节混合二甲苯产量，可增加加氢裂化重石脑油掺炼比，其规律为加氢裂化重石脑油>直馏石脑油>2#加氢石脑油≈4#加氢石脑油。

（2）优化芳烃三塔操作增产二甲苯。

通过调整芳烃混合二甲苯三塔抽出控制，可以最大化将混合二甲苯从 C_{6+} 中抽出，获取混合二甲苯，图 8-4-4 为芳烃混合二甲苯抽出单元相关的三塔关系图。

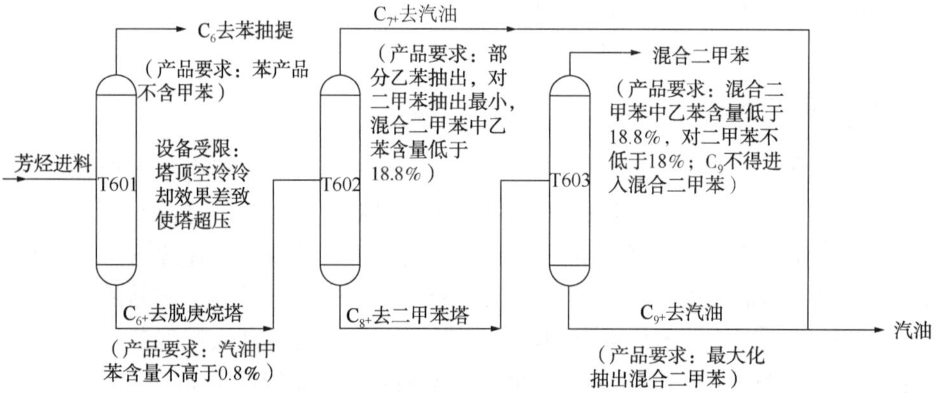

图 8-4-4　混合二甲苯抽出控制方案及影响因素逻辑关系图

从图中可以看出，混合二甲苯能否最大化抽出最主要是由 T602 和 T603 控制。利用流程模拟软件，构建芳烃三塔模型，模型包括 T601、T602、T603，分别按照优质原料抽出方案(乙苯含量低于对二甲苯)和劣质原料方案(乙苯含量高于对二甲苯)测算相应的三塔最佳操作条件。

3. 优化结论

为最大化增产混合二甲苯，且保证苯和汽油的产品质量均合格，采取如下措施：

（1）增加加氢裂化重石脑油的掺炼比例，提高混合二甲苯产量，按对混二甲苯产量影响的大小，有以下规律：加氢裂化重石脑油>直馏石脑油>2#加氢石脑油≈4#加氢石脑油。

（2）根据重整生成油中乙苯含量和对二甲苯含量的比值，优化调整 T601、T602 和 T603 各塔的灵敏板温度。

4. 实施效果

二甲苯除了作为芳烃原料外卖外，也是高辛烷值汽油调和组分，实际生产中二甲苯也可以作为汽油调和组分使用。当二甲苯市场价格偏低，单位辛烷值价格低于 MTBE 时，生产调度会安排较少二甲苯抽出量，转而作为高辛烷值汽油组分使用，减少对外购 MTBE 的需求，降低汽油调和成本。

在实际生产中，一方面调度为调和汽油辛烷值会要求不完全抽出混合二甲苯；另一方面，则因混合二甲苯中对二甲苯含量受限，需要适当控制邻二甲苯抽出量，故导致产品中部分二甲苯留于二甲苯塔底液中。混合二甲苯产品质量分析情况见表 8-4-2。

从表 8-4-3 可见，二甲苯塔底混合二甲苯含量平均约为 5.3%，含量较低，塔底抽出液中二甲苯约 1~2t/h，二甲苯抽出效果较好。

表 8-4-2 混合二甲苯产品质量分析 %(质)

采样样本	乙苯	对二甲苯	间二甲苯	邻二甲苯
1	15.54	19.10	42.22	22.81
2	14.81	18.44	40.38	25.93
3	15.36	19.05	41.74	23.47
4	14.09	18.92	42.38	24.33
5	15.71	19.82	43.69	20.62

表 8-4-3 二甲苯塔底液 C_8 芳烃含量 %(质)

采样样本	乙苯	对二甲苯	间二甲苯	邻二甲苯
1	0.06	0.08	0.19	5.91
2	0.04	0.06	0.14	2.25
3	0.03	0.06	0.15	4.05
4	0.00	0.03	0.10	4.31
5	0.03	0.17	0.47	6.94

（二）案例 2：优化重整操作参数，降低脱戊烷油 C_8 非芳含量

1. 案例背景

某公司连续重整装置加热炉负荷高、空速高、氢油比低，造成脱戊烷油中 C_8、C_{9+}非芳含量较高，无法满足芳烃装置进料要求，影响芳烃装置产品质量及高负荷运行。2013 年装置扩能改造，将重整进料换热器更换为板壳式换热器，运行过程中发生内漏，处理后仍存在轻微泄漏，导致未经反应的重整进料进入反应产物，进一步影响脱戊烷油产品质量。

脱戊烷油中 C_8 非芳含量见图 8-4-3，脱戊烷油中 C_8 非芳含量平均为 5.294%，高于芳烃装置进料中 C_8 非芳含量不大于 3.05%的质量要求。

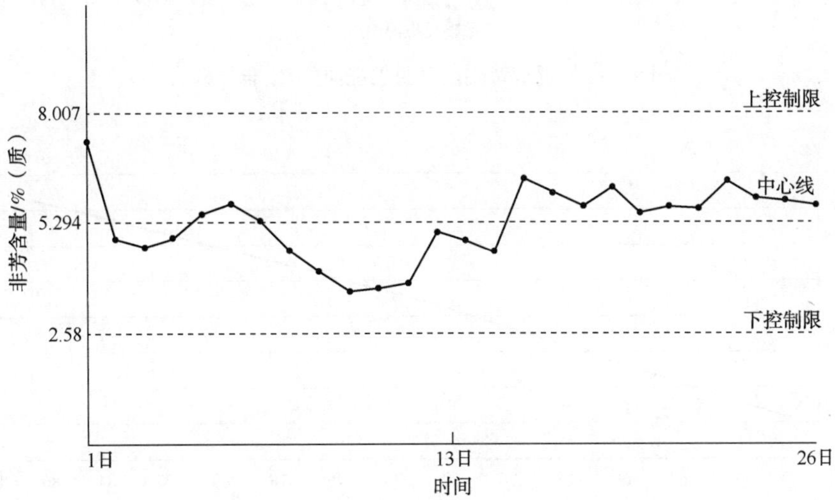

图 8-4-3 连续重整装置 C_8 非芳含量图

2. 优化模拟测算

利用模型，模拟测算精制油中 C_6 含量(精制油初馏点)、反应苛刻度、空速(进料量)对重整脱戊烷油质量影响，进而通过优化调整降低脱戊烷油中 C_8 非芳含量，降低对芳烃装置影响。精制油中 C_6 含量(精制油初馏点)、反应苛刻度、空速对重整脱戊烷油质量影响分别见图 8-4-4～图 8-4-6。

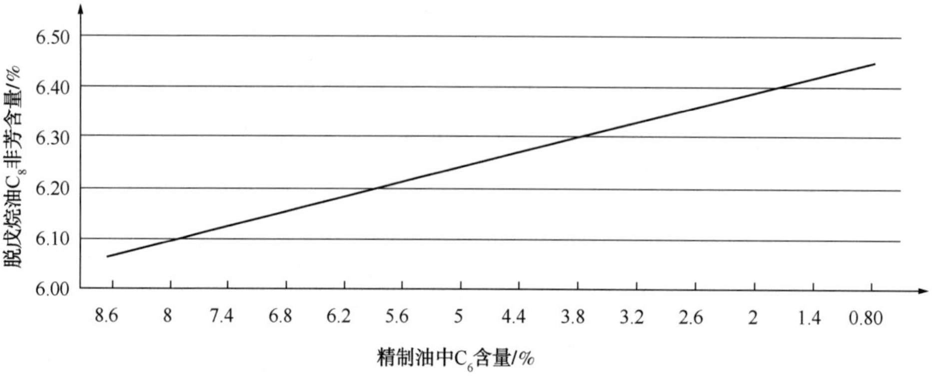

图 8-4-4　精制油中 C_6 含量对脱戊烷油中 C_8 非芳影响

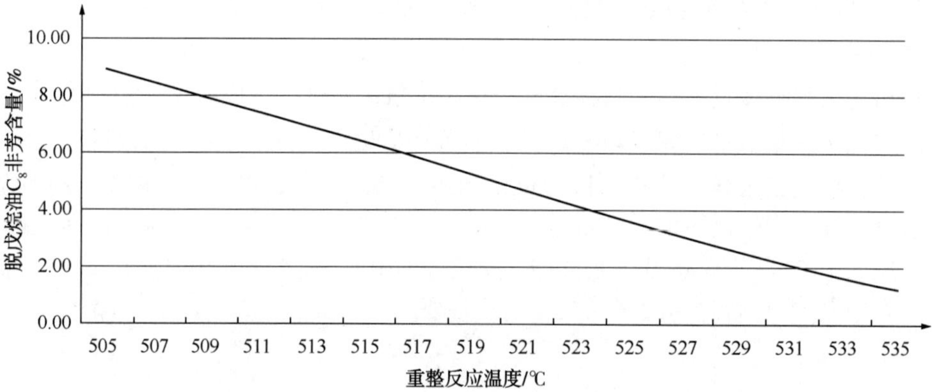

图 8-4-5　反应苛刻度对脱戊烷油中 C_8 非芳影响

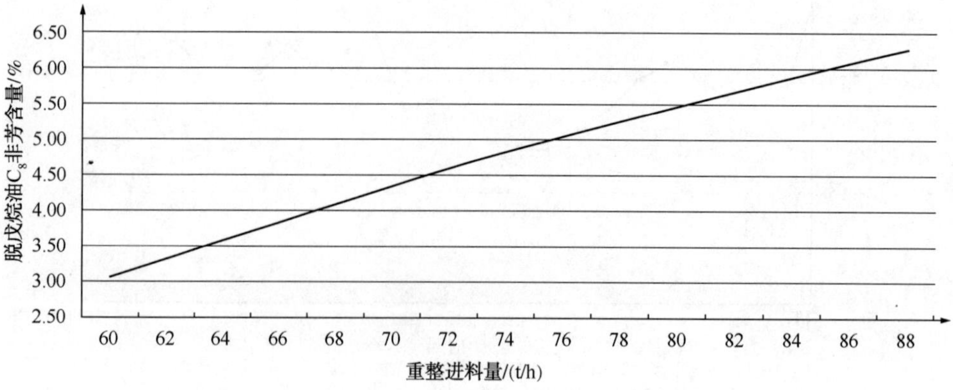

图 8-4-6　空速(进料量)对脱戊烷油中 C_8 非芳的影响

由图中可以看出，随精制油中 C_6 含量降低（精制油初馏点升高），脱戊烷油中 C_8 非芳会逐渐上升，但上升幅度不大。随反应苛刻度升高，脱戊烷油中的 C_8 非芳会明显降低，随空速（进料量）升高，脱戊烷油中 C_8 的非芳含量升高，影响也较大。三个工艺变量中，反应苛刻度对产品质量变化最为明显。

3. 实施及结论

由于加热炉负荷、空速等工艺参数已无调整余地，可通过提高循环氢压缩机转速来提高氢油比。提高循环氢压缩机转速后，可有效提高循环氢量，改善反应器内温度分布。

根据测算情况，进行重整循环氢压缩机提转速试验，循环机 K201 转速由 10900r/min 逐渐提高至 11300r/min，同时对精制油、脱戊烷油质量进行跟踪，由于重整第三反应器加热炉负荷限制，第三反应器入口温度采取不等温操作。

通过提高循环氢压缩机转速，在加热炉负荷受限的不利影响下，重整反应苛刻度升高，在原料性质基本稳定的前提下，脱戊烷油总芳随着反应苛刻度的升高逐步升高，同时，在降低重整反应空速后，脱戊烷油中 C_8 非芳最低降至 3%以下。反应苛刻度对产品质量有决定性影响，维持重整装置较高的氢油比有利于反应温度的均匀分布和重整反应。

六、延迟焦化装置

由于石油焦价格较低，延迟焦化优化目标是提高液收、降低石油焦收率、提高换热终温、降低能耗等，因此优化方向是提高加热炉出口温度、降低炉出口到焦炭塔入口的温降、降低焦炭塔操作压力、降低循环比等。延迟焦化装置（含分馏、吸收稳定系统）独立操作参数有 30 个左右。

目前石油大学的定向反射、深度裂解技术效果比较好。延迟焦化在提高加热炉出口温度、缩短生焦时间、降低循环比、优化加热炉炉管注汽位置和注汽量、分馏塔洗涤段优化设计、优化焦炭塔放水和暖塔操作缩短生焦周期、回收大吹气和小给水时放空塔顶油气等方面存在优化空间。国内设计的焦炭塔操作压力在 0.17MPa（表），明显高于国外设计值 0.10~0.13MPa（表），主要是担心焦粉携带严重以及低压造成焦炭塔、富气压缩机设备大型化，投资较高；国外一般采取高苛刻度操作、在线清焦技术，国内为延长运行周期，苛刻度较低，加热炉出口温度一般只有 495℃，生焦周期一般大于 18h，在线机械清焦还未普遍实施。

实际生产中，不少装置为了长周期运行，加热炉出口温度较低，循环比较高。提高加热炉出口温度后，为控制蒸发段温度，往往又加大蜡油洗涤量，实际提高了循环比。应借鉴一些企业的经验，把循环比降到 0.1 同时提高加热炉出口温度到 497℃，半年炉管在线机械清焦一次。

总之，延迟焦化装置需要改变为了长周期操作而降低苛刻度的理念，提高苛刻度，定期（半年一次）进行在线机械清焦。延迟焦化装置和催化裂化装置的吸收稳定系统优化相似，可以利用计算机模型来指导优化操作。

（一）案例1：优化焦炭塔切塔操作条件

1. 案例背景

某公司2#焦化装置原料波动大，操作波动大，导致焦化分馏塔工艺参数变化较大，给产品质量调整带来很大的困难。为了优化装置控制，提高产品质量，流程模拟小组通过模型来分析各工艺参数变化时产品质量的变化，一方面给操作人员提供参考，另一方面也为后续装置APC先进控制项目积累资料。

2. 优化模拟测算

通过搭建焦化分馏塔模型，模拟分馏塔在顶压、蒸汽吹扫、加工负荷等三个主要波动工况下，分馏塔各侧线产品质量的变化，并模拟对应的质量调整方法，保证汽油、柴油质量稳定合格。

3. 测算分析

（1）分馏塔模型初始条件：

分馏塔模型初始条件参数见表8-4-4，各侧线回流量控制与实际装置一致。

表8-4-4 分馏塔模型初始条件

分馏塔顶压/MPa	汽油终馏点/℃	柴油95%馏出点/℃	分馏塔顶温/℃	柴油抽出温度/℃	负荷/（t/h）	蒸汽量/（t/h）
0.08	240	350	143	249	200	15

模型调节手段模拟真实操作，通过顶循回流量及回流温度调节汽油质量，通过柴油下回流改变柴油、蜡油产品分布，从而调节柴油质量。

（2）分馏塔顶压变化时，产品质量的变化及调整方法：

分馏塔顶压变化时，产品柴油质量基本不变，产品汽油质量变化较大，故调节时主要调整顶循回流量及回流温度，模拟结果见表8-4-5。

表8-4-5 分馏塔顶压变化质量模拟

分馏塔顶压/MPa	汽油终馏点/℃	柴油95%馏出点温度/℃	分馏塔顶温/℃	柴油抽出温度/℃	顶循回流量调节	顶循回流温度调节
0.08	240	350	143	249		
0.07	243	350	143	249	提高10t	降低3℃
0.09	236	350	143	249	降低20t	提高+3℃
0.06	245	350	143	250	提高25t	降低-6℃

注：表中调节手段为单独调节顶循回流量或单独调节顶循回流温度。

（3）分馏塔加工负荷变化时，产品质量的变化及调整方法：

分馏塔加工负荷变化时，产品汽油质量指标（辛烷值）及产品柴油质量指标（十六烷值）点均有所上升；模拟调节时采用先将产品柴油质量调整到位，再将产品汽油质量调整到位。加工负荷变化时，产品质量变化情况及产品调节方式模拟结果见表8-4-6。

（4）分馏塔塔内蒸汽负荷增加、油气分压减少时，产品质量的变化及调整方法：

分馏塔内蒸汽负荷增加、油气减少主要模拟焦炭塔小吹汽操作过程时的质量调整，也为加热炉在线清焦时质量调整提供依据。模拟结果见表8-4-7。

表 8-4-6 加工负荷变化时质量模拟调整

加工负荷/(t/h)	汽油终馏点/℃	柴油 95%馏出点温度/℃	分馏塔顶温/℃	柴油抽出温度/℃	蜡油产量	顶循回流量调节	顶循回流温度调节
200	240	350	143	249		提高 10t/h	降低 3℃
210	242	357	145	252	提高 3t/h		
190	236	343	140	245	降低 3t/h	降低 15t/h	提高 4℃
180	233	342	137	242	降低 6t/h	降低 30t/h	提高 8℃

注：表中加工负荷指分馏塔进料总量；表中提到蜡油产量调节影响柴油质量为模拟调整时约束调节，在实际操作中为调节柴油下回流，使柴油产量下降，蜡油产量上升；表中汽油调节依然为柴油质量调整到位后的调整方式。

表 8-4-7 馏塔蒸汽负荷变化时质量模拟调整

蒸汽量/(t/h)	汽油终馏点/℃	柴油 95%馏出点温度/℃	分馏塔顶温/℃	柴油抽出温度/℃	蜡油产量	顶循回流量调节	顶循回流温度调节
15	240	350	143	249			
18	238	355	142	247	提高 4t/h	降低 5t/h	提高 2℃

模型模拟过程中发现分馏塔蒸汽负荷增加时，产品柴油质量指标上升明显，产品汽油质量指标不升反降，故模型调节时先将产品柴油质量指标调低后，再调整产品汽油质量指标。

该模拟工况与焦化装置在线清焦时产品质量变化趋势一致，结果具有操作指导意义。

4. 测算结论

（1）模型模拟了分馏塔顶压力变化、加工负荷变化时产品汽油、柴油质量的调节手段及调节幅度，为生产运营操作提供指导建议。

（2）模型模拟出了在分馏塔蒸汽量增加时柴油质量指标与汽油质量指标相反的变化趋势，解释了加热炉在线清焦期间汽油质量超下限的原因，为今后的质量调整提供依据。

（3）模型数据可提供给 2#焦化装置 APC 控制项目，为项目实施打好基础。

（二）案例 2：根据焦化加热炉检修周期模型预测最优加热炉出口温度

1. 案例背景

某公司焦化装置对加热炉进行了机械清焦，根据统一安排，公司计划于下一年同月进行大检修，期间不再安排对加热炉进行清焦。根据生产经验，焦化装置加热炉每次机械清焦后可继续运行 1.5~2 年，以往为了避免焦化加热炉生焦过快提前到达运行末期，往往人为降低焦化加热炉出口温度以控制炉管表面生焦速度，因此造成加热炉温度偏低，导致轻油收率偏低、焦炭收率偏高。

利用计算软件建立焦化加热炉模型，模拟加热炉炉管相关工艺参数，通过加热炉模型测算，得出检修周期一定的条件下焦化加热炉最佳出口温度，优化操作条件降低焦炭产率。

2. 优化模拟测算

（1）焦化加热炉模型生焦参数校准：

结合上个运行周期（2018 年 7 月至 2020 年 3 月）初期和末期加热炉实际运行数据

(表 8-4-8)对加热炉模型进行校正，利用校准模的型对本周期焦化装置反应温度进行优化测算。

表 8-4-8 焦化加热炉上周期初期与末期运行数据

项 目	2018 年 7 月	2020 年 3 月
炉管壁焦炭厚度/mm	0. 1	6. 1
炉管壁最高温度/℃	525	603

首先对加热炉模型运行初期数据进行因子校正，结合加热炉运行初期实际参数，设置加热炉炉管壁焦炭初始厚度为 0. 1mm，调整模型中的炉管金属热传导因子，校正后的炉管管壁最高温度为 524. 8℃，与装置 2018 年 7 月运行初期工况一致。

反复模拟运行加热炉模型，结合加热炉末期运行数据，对模型中生焦因子和焦炭热传导因子进一步调整，模拟出 2020 年 3 月消缺前的加热炉运行工况。炉管壁最高温度为 602. 8℃，管壁焦厚 6. 125mm，与实际吻合。

焦化加热炉初期与末期炉管表面结焦情况对比见图 8-4-7。

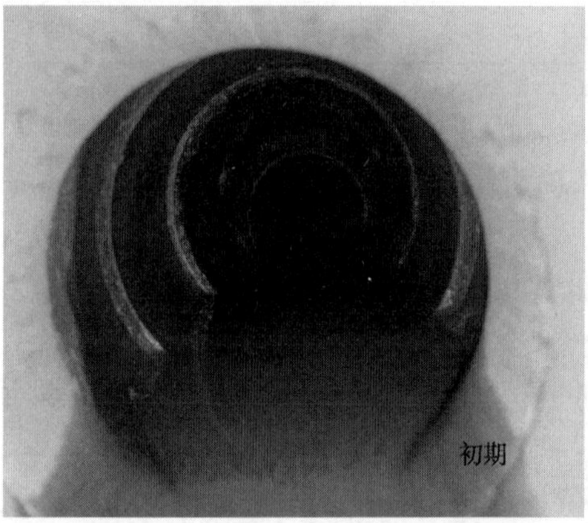

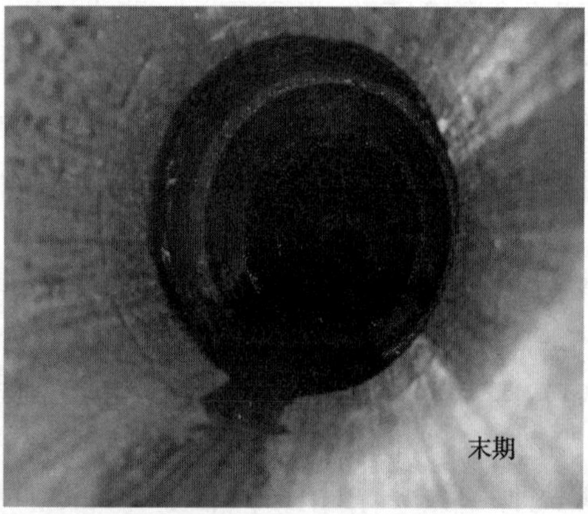

图 8-4-7 焦化加热炉初期与末期炉管表面结焦情况对比

(2) 焦化加热炉运行参数优化：

结合上周期焦化装置原料配比(渣油 110t/h，油浆 7t/h，脱油沥青 19. 5t/h)，调整进料参数，将加热炉设置为运行初期工况，初始化管壁焦厚及管壁温度，通过运行至大检修(2021 年 4 月)的炉管数据确定本周期(2020 年 4 月至 2021 年 4 月)的安全反应温度。焦化加热炉出口反应温度指标为 485～505℃，当前实际为 499℃，从 499℃逐步提温至 505℃，统计至大检修(2021 年 4 月)的炉管运行参数见表 8-4-9。

表 8-4-9 加热炉运行至 2021 年 4 月管壁温度与焦炭厚度模拟结果

炉出口温度/℃	末期最高管壁温度/℃	末期管壁焦炭厚度/mm	末期加热炉负荷/MW
499. 0	593. 9	5. 840	30. 34
499. 5	596. 2	5. 919	30. 44
500. 0	598. 5	6. 000	30. 54
500. 5	600. 9	6. 083	30. 64

续表

炉出口温度/℃	末期最高管壁温度/℃	末期管壁焦炭厚度/mm	末期加热炉负荷/MW
501.0	603.4	6.168	30.75
501.5	605.9	6.256	30.85
502.0	608.5	6.344	30.95
502.5	610.2	6.392	31.05
503.0	612.7	6.478	31.16
503.5	615.9	6.595	31.25
504.0	618.2	6.669	31.36
504.5	621.0	6.766	31.46
505.0	624.4	6.887	31.56

3. 优化结果

模型可预测焦化装置加热炉运行周期，结合实际目标运行周期最大化炉出口温度，提高焦化装置液体产品收率。根据测算结果可得出以下结论。

（1）若考虑加热炉安全运行，炉管壁温度按照≤600℃控制，按照目前装置工况继续运行至2021年4月大检修，炉出口温度最高可提至500.5℃，较目前反应温度可提高液体收率0.35%。

（2）若考虑加热炉运行负荷，按照设计值≤31.254MW控制，则炉出口温度最高可提至503℃，较目前反应温度可提高液体收率0.95%。

5. 实施情况

2021年4月大检修中实测管壁焦层厚度为6.0mm，本周期加热炉反应温度为499℃，实际管壁焦层厚度与模型预测基本吻合，而实际运行末期炉管壁最高温度达到了608℃，偏差较大，主要原因是模型预测过程中的加热炉负荷保持稳定，而实际生产中受焦化装置负荷调整、预热、切塔等因素影响，加热炉热负荷经常性发生变化，造成加热炉运行末期实际炉管壁最高温度与模型预测结果有偏差，但偏差在可接受范围内。综合模型预测和实际运行情况，说明实际生产运行中存在提高加热炉出口温度、优化装置液体产品收率的空间。

（三）案例3：油浆进焦化装置的产品分布试验

某企业为确定延迟焦化装置在掺炼不同催化油浆比例的情况下，对装置产品分布以及产品性质的具体影响，进行了催化油浆不同掺炼量的标定试验。

1. 标定工况说明

分别进行三种工况的标定，每种工况维持操作2天左右：

工况一：油浆掺炼量10t/h；

工况二：油浆掺炼量0t/h；

工况三：油浆掺炼量20t/h。

本次标定只对油浆掺炼量进行调整，其余操作条件不变。标定期间焦化装置维持循环比0.15以及加热炉出口温度498℃不变，原油为沙中：沙重=3：1，原料性质基本稳定。

该企业催化裂化装置原料全部为加氢精制蜡油，与掺炼渣油或重油型催化裂化装置产油浆相比，其油浆馏程相对较轻，残炭值相对较小。

2. 产品分布变化

延迟焦化装置各工况下产品收率数据见表8-4-10，在掺炼不同比例催化油浆、不改变操作条件的工况下，延迟焦化装置石油焦收率变化并不明显，差值在0.1%以内。焦化蜡油收率则随着催化油浆掺炼比例的增加而上升，在掺炼10t/h的催化油浆时，蜡油收率较未掺炼时上升0.6%；在掺炼20t/h的催化油浆时，蜡油收率较未掺炼时上升1.48%。随着催化油浆掺炼比例的增加，焦化装置轻收(汽油+柴油)呈下降趋势，油浆掺炼量为10t/h和20t/h时，分别下降了0.59%和1.94%；而装置液收(液化气+汽油+柴油+蜡油)略有上升，油浆掺炼量为10t/h和20t/h时，分别上升0.54%和0.56%，主要是蜡油收率增加所引起；干气收率稍降，分别降低0.49%和0.57%。

表8-4-10 焦化装置产品收率(%)

项　目	工况一(油浆掺炼量10t/h)	工况二(油浆掺炼量0t/h)	工况三(油浆掺炼量20t/h)
焦化干气	4.08	4.57	4
焦化液化气	2.99	2.48	3.49
焦化汽油	15.57	16.49	14.64
焦化柴油	25.11	24.78	24.69
焦化蜡油	17.83	17.23	18.71
石油焦	34.41	34.45	34.47
合　计	100	100	100
轻　收	40.68	41.27	39.33
液　收	61.51	60.97	61.53

总体来看，延迟焦化装置掺炼催化油浆之后，石油焦收率无明显变化，说明催化油浆和减压渣油在生焦倾向上基本接近；焦化蜡油收率上升，轻油收率下降，说明与减压渣油相比，催化油浆中蜡油组分含量较高，其经过升温之后发生裂解反应生成小分子轻油的数量较少，大部分催化油浆以蜡油组分在分馏塔中蒸发被抽出；另外，虽然掺炼催化油浆之后焦化装置液体收率稍有增加，但增加的是蜡油组分，轻油收率则降低较多。

3. 产品性质变化

延迟焦化装置掺炼催化油浆之后，焦化原料运动黏度(100℃)由约7000mm²/s降低为4000mm²/s左右；残炭值由25.5%左右下降为24.5%，掺炼油浆量20t/h时，原料残炭值降低为24.07%。说明与减压渣油相比，催化油浆黏度和残炭值均较低。

在掺炼催化油浆之后，焦化蜡油残炭值从0.18%上升到0.35%左右，密度由950kg/m³左右上升到970kg/m³左右。说明掺炼催化油浆之后，由于蜡油收率上升，蜡油集油箱下部气相负荷增加，重组分受气相携带至蜡油集油箱中的量增加，导致蜡油残炭值和密度增加。

石油焦灰分稍微增加，但并不明显，主要原因为油浆掺炼比例较小(6.7%以内)，对石油焦灰分的影响并不显著。在标定的第二阶段停止掺炼催化油浆期间，连续4天生成弹丸焦；在第三阶段重新开始掺炼油浆之后，未再生成弹丸焦，说明适量掺炼油浆有利于延迟焦化装置减少弹丸焦的生成。

另外，由于催化油浆中催化剂含量较高，延迟焦化装置掺炼油浆之后，会加剧对设备、机泵、控制阀的磨损，同时更容易产生结焦和沉积，对装置的长周期运行带来一定影响。

参 考 文 献

[1] 马占伟，王明东，司长庚，等. 提高催化裂化汽油辛烷值的可行性研究[J]. 炼油技术与工程，2014，44(10)：40.

[2] 高飞，王文清，崔俊峰. 提高催化裂化汽油辛烷值技术途径[J]. 工业催化，2010，18(1)：360-362.

[3] 陈焕章，李永丹，赵地顺，等. 提高 FCC 汽油辛烷值的技术进展[J]. 化工科技市场，2005(1)：28.

[4] 陈俊武，曹汉昌. 催化裂化工艺与工程[M]. 2 版. 北京：中国石化出版社，2005.

[5] 赵长斌，张晶，何洪涛. 中小型炼厂提高汽油辛烷值的可行性途径探讨[J]. 天然气与石油，2001，19(2)：25-27.